实用工程技术丛书

传感器技术大全
（中　册）

主　编　张洪润
副主编　傅瑾新　吕　泉　张亚凡

北京航空航天大学出版社

内容简介

本书是《实用工程技术丛书》之一,是根据现代电子技术、信息技术、计算机技术发展的最新趋势,以及广大科学研究人员、工程技术人员的迫切需要,参考国内外 1 000 余种传感器及技术成果,从实用角度出发编写的具有实用性、启发性、资料性、信息性的综合工具书,也是我国第一部最全面、最系统的大型传感器技术工具书。

本书分上、中、下三册,共 44 章。其中涵盖了详尽示图达 5 000 幅和附表近 1 000 个。本书内容包括传感器的常用术语、材料、信号分析、精确评定、检验标定,以及光电、光纤、光栅、CCD、红外、颜色、激光、码盘、压电、压磁、压阻、电化学、生物、气敏、湿敏、热敏、核辐射、陀螺、超声、电容、电感、变压器、同步器、磁电、霍尔、磁敏、磁栅、涡流、谐振、电位器、电阻应变、半导体、符号、光阵列、荧光(磷光)新型特种传感器等多达数百种的实物外形、特性、工作原理、选用方法和使用技巧等。本书是三册中的中册。

本书适用于各个领域从事自动控制的选件人员,以及科研、生产、设计、开发、计算机应用、管理、维修等部门的有关工程技术人员,也可作为高等院校师生的教学参考书。

图书在版编目(CIP)数据

传感器技术大全. 中册/张洪润主编. —北京:北京航空航天大学出版社,2007.10
ISBN 978-7-81124-233-1

Ⅰ. 传… Ⅱ. 张… Ⅲ. 传感器 Ⅳ. TP212

中国版本图书馆 CIP 数据核字(2007)第 111737 号

传感器技术大全
(中册)

主　编　张洪润
副主编　傅瑾新　吕　泉
　　　　张亚凡

责任编辑　王　鹏　张冀青

*

北京航空航天大学出版社出版发行
北京市海淀区学院路 37 号(100083)　发行部电话:010-82317024　传真:010-82328026
http://www.buaapress.com.cn　E-mail:bhpress@263.net
涿州市新华印刷有限公司印装　各地书店经销

*

开本:787×1 092　1/16　印张:40.75　字数:1 043 千字
2007 年 10 月第 1 版　2007 年 10 月第 1 次印刷　印数:5 000 册
ISBN 978-7-81124-233-1　定价:76.00 元

《实用工程技术丛书》编委会

主　编　张洪润
副主编　傅瑾新　吕　泉　张亚凡　刘秀英

编　委
（以工作进入时间为序）

张洪润	傅瑾新	吕　泉	张亚凡	周肇飞	林大全
曾兼权	李德宽	吉世印	肖戈达	刘国衡	王广照
金伟萍	林焦贤	傅松如	蓝清华	周立锋	赵荣生
金有仙	张洪凯	傅琅新	傅琲新	傅伟新	龙太昌
易佑华	文登明	杨指南	张洪载	程新路	张　宇
吴国仪	吴守辉	孙　悦	王恩宏	张洪南	张素华
傅　强	隋福金	隋　毅	傅泊如	傅　涛	范述和
刘秀英	马平安	马　昊	王　川	田维北	陈德斌
李正光	李正路	张　红	程雅荣	袁　平	梁德富
高开俊	盛余康	尤伟康	汪明义	冉　鸣	王德超
张晓东	胡淑群	吴佳惠			

序 言

随着科学技术的不断发展,世界正面临一场规模宏大的新工业革命(又称信息革命)。特别是我国加入 WTO(世界贸易组织)后,各行各业也都正经历着深刻的变革,此种形势下人们对信息资源的需求就显得尤其迫切。而在信息技术领域被誉为"电子技术的五官"的传感器技术和被称为"电子技术的脑"的计算机技术,又是信息采集和处理两个关键环节的基本技术,所以显得尤其重要了。

目前,电子技术、传感技术、计算机技术(包括单片机、计算机技术)已成为 21 世纪最常用、最基础、最实用的技术。而在我国信息技术领域中,传感器和单片计算机应用技术担任了重要角色。从某种意义上来说,这也是衡量一个国家科学技术进步的一个基准。放眼现阶段信息技术类工具书市场,能满足广大科技人员迫切需要的工程技术类书籍相当缺乏,并且很多已有书籍也很难谈得上系统、全面与实用兼具,而这恰恰是广大科研与工程技术人员最迫切需要的。

为此,我们特地组织了多位有着丰富教学经验与科研经验的专家、教授,参照国内外 1000 余个研究成果、数千种传感器及应用技术,基于"能够解决科研难题、实际工程问题"的思想,耗时 13 年精心编写了该套《实用工程技术丛书》,希望能够为广大信息技术类从业人员提供一套全面、实用、权威的专业丛书。

目前该套丛书包括:
➢《传感器技术大全》;
➢《传感器应用电路 200 例》;
➢《传感器应用设计 300 例》;
➢《单片机应用设计 200 例》;
➢《FPGA/CPLD 应用设计 200 例》。

《传感器技术大全》一书,是根据现代电子技术、信息技术、计算机技术发展的最新趋势以及广大科学研究人员、工程技术人员的迫切需要,参考国内外 1000 余个传感器及技术成果,从实用角度出发编写的具有实用性、启发性、信息性的大型工具书。书中介绍了传感器常用术语、材料、信号分析、精确评定、检验标定,以及光电、光纤、光栅、CCD、红外、颜色、激光、码盘、压电、压磁、压阻、电化学、生物、气敏、湿敏、热敏、核辐射、陀螺、超声、电容、电感、变压器、同步器、磁电、霍尔、磁敏、磁栅、涡流、谐振、电位器、电阻应变、半导体、新型特种传感器等达数百种的实物外形、特性、工作原理、选用方法和使用技巧。本书适用于各个领域从事自动控制的选件人员以及科研、生产、设计、开发、计算机应用、管理、维修等部门的有关工程技术人员,也可作为高等院校师生的教学参考书。

《传感器应用电路 200 例》一书,在参照了国内外 1000 余种现代传感器电路的基础上,为

序言

使用方便,从实用角度归纳为传感器常用电桥电路(15种)、放大电路(20种)、功率驱动电路、二极管及相敏电路、调制解调电路、检波器电路、限幅器电路、继电器电路、可控硅开关电路、电源电路(10种)、滤波器电路(10种)、信号转换电路(10种)、专用集成电路(10种)、接口电路(18种)、抗干扰电路(20种)、特种信号检测电路(10种)、非线性化电路(18种)以及其他电路等达200余例。本书特别适合于科学研究人员、工程技术人员在工程设计开发时选择、使用。

《单片机应用设计200例》一书,也参照了国内外1000余个研究成果,基于使用方便与实用的思想,归纳为单片机在网络通信、家用电器、工业控制、仪器仪表方面的应用设计实例,以及单片机程序设计技巧、产品开发技巧与秘诀等240余个实例。本书特别适合于科学研究人员、工程技术人员、维护修理人员以及大专院校师生在设计、开发、应用单片机以解决现代科研和生产中的许多实际问题时参考、借鉴。

《传感器应用设计300例》一书,主要介绍了近300个传感器的应用实例,以及传感器在机器人、飞行器、遥感技术、汽车工业、过程工业控制、信息系统、环境污染和公害检测、医学领域、节能系统中的应用。为方便使用,还介绍了传感器与计算机的接口、传感器选用指南(含传感器型号、性能参数、生产厂家)以及厂商名录。本书特别适合于科学研究人员、工程技术人员、维护修理人员以及大专院校师生在设计、开发、应用传感器以解决现代科研和生产中的许多实际问题时参考、借鉴。

本套《实用工程技术丛书》,严格遵循以下特点:
- 内容新颖,分类规范,使用方便、快捷;
- 结构严谨,系统全面,语言精炼;
- 图文并茂,讲述深入浅出,通俗易懂,注重理论与实践的紧密结合;
- 详尽介绍了其他书籍中涉及不到的技术细节、技术关键,实用性强。

鉴于此,本套丛书的应用范围相当广泛,不仅可以作为科学研究人员、工程技术人员在解决现代生产和科研中实际问题时的参考与借鉴,还可以作为维护修理人员以及大专院校高年级本科生、研究生、再教育培训班中相关专业(电子技术、电子信息、仪器仪表、应用物理、机械制造、测控计量、工业自动化、自动控制、生物医学、微电子、机电一体化、计算机应用等专业)的教学参考书,同时也可以充当信息技术爱好者自学时的重要工具书。

本套丛书在编写过程中,得到了众多高等院校、科学研究单位、厂矿企业、公司的鼎力支持,特别是北京航空航天大学出版社,为此套图书的出版给予了大力支持和帮助,我们借此一并表示最衷心的感谢!

鉴于该套丛书涉及的知识面相当广,而编者水平有限,书中难免存在不足和失误之处,敬请广大读者批评、斧正。

《实用工程技术丛书》编委会
2007年3月

前 言

当今时代,是"信息时代"。计算机被称为"大脑",传感器被称为"五官"。信息的获取和处理都离不开"大脑"和"五官"。作为提供信息的传感技术及传感器倍受重视,已进入到了一个飞速发展的新阶段。

由于传感技术的空前发展,其应用不断深入并且更加广泛,所以人们渴望掌握这方面的知识,特别是掌握传感器电路这方面知识的要求愈来愈迫切。这是因为传感器电路好似传感器的敏感神经,它能将力、热、声、光等众多非电量参数转换成电量输出,并且应用在航空航天、仪器仪表、工业制造、通信网络、生物医学、家用电器等控制领域中。虽然目前已有不少传感器方面的书籍,但比较系统、全面地介绍传感器技术方面的书籍比较少见。为此,我们组织了大量在教学、科研、生产实践方面有丰富经验的专家、教授,根据现代电子技术、信息技术、计算机技术发展的最新趋势,以及高等院校师生及广大科学研究人员、工程技术人员的要求,参照国内外1000余种传感器及技术成果,从实用角度出发,编写了《传感器技术大全》这本书。

全书分上、中、下三册,共44章。主要介绍传感器常用术语、材料、信号分析、精确评定、检验标定,以及光电、光纤、光栅、CCD、红外、颜色、激光、码盘、压电、压磁、压阻、电化学、生物、气敏、湿敏、热敏、核辐射、陀螺、超声、电容、电感、变压器、同步器、磁电、霍尔、磁敏、磁栅、涡流、谐振、电位器、电阻应变、半导体、符号、光阵列、荧光(磷光)、新型特种传感器等达数百种的实物外形、特性、工作原理、选用方法和使用技巧等。

本书内容新颖、齐全,分类规范,使用方便、快捷。它融实用性、启发性、资料性、信息性于一体,可作为航空航天、机械、计量、汽车、电气、计算机应用、自动控制、传感器研究制造等领域从事科研、生产、设计、开发、维修、管理、选件等工程技术人员的必备工具书,可作为技术资料室和设备供应部门必备的资料书,也可作为大学本科高年级、研究生、再教育培训班等有关专业的教学参考书或自学用书。

在本书的编写过程中,曾得到中国工程院院士、国家光学和光电跟踪测量系统工程研究主要开拓者、中国光学会常务理事、中国宇航学会测控专委会副主任、四川省技术顾问团副主任、四川省光学学会理事长、国家863计划808重大专项

前 言

专家组组长、中国科学院光电技术研究所副所长、中国科学院成都分院院长、西南科技大学校长、获国家科技进步特等奖等多项(7次)科技进步奖的知名光学技术与仪器工程专家和学科带头人，四川大学国防学院院长博士生导师林祥棣院士，美国仪器学会(ISA)国际高级会员、中国光学学会光电技术专业委员会委员、中国机械工程学会测试技术专业委员会委员、四川大学测控系博士生导师周肇飞教授，教育界老前辈傅松如老师和张素华、张洪载、张洪南、张洪凯、傅朗新、傅琲新、傅伟新老师，以及众多高等院校、科学研究单位、厂矿企业、集团公司等的大力支持和帮助，特别是得到北京航空航天大学出版社的大力支持和帮助，在此一并表示衷心的感谢。

本书由张洪润担任主编，傅瑾新、吕泉、张亚凡担任副主编，并负责全书的统稿和审校。参加编写的人员有：张洪润、傅瑾新、吕泉、张亚凡、周肇飞、林大全、李德宽、吉世印、肖戈达、刘国衡、王广照、傅松如、蓝清华、周立峰、赵荣生、金有仙、龙太昌、易佑华、杨指南、傅昱强、程新路、刘秀英、张宇、吴国仪、曾兼权、王恩宏、隋福金、隋毅、傅泊如、傅涛、马平安、马昊、王川、田维北、陈德斌、张红、程雅荣、盛余康、袁平、尤伟康、汪明义、冉鸣、王德超、孙悦、张晓东、金伟萍等。

由于编者的水平和经验有限，书中难免存在不足和错误之处，敬请广大读者批评指正。

《传感器技术大全》主编

张洪润

2007年5月

目 录

上 册

第1章 概 述
- 1.1 传感器的作用 ………………… 4
- 1.2 传感器的定义 ………………… 6
- 1.3 传感器的分类 ………………… 7
  - 1.3.1 按工作原理分类 …………… 7
  - 1.3.2 按输入信息分类 …………… 9
- 1.4 传感器的构成方法 …………… 9
  - 1.4.1 基本型 ……………………… 9
  - 1.4.2 电路参数型 ………………… 11
  - 1.4.3 多级变换型 ………………… 11
  - 1.4.4 参比补偿型 ………………… 12
  - 1.4.5 差动结构型 ………………… 12
  - 1.4.6 反馈型 ……………………… 12

第2章 传感器常用术语
- 2.1 传感器输入参数术语 ………… 14
  - 2.1.1 振动、速度和加速度 ……… 14
  - 2.1.2 声 …………………………… 16
  - 2.1.3 力、压力 …………………… 20
  - 2.1.4 流量 ………………………… 21
  - 2.1.5 温度 ………………………… 22
  - 2.1.6 位移、角度和转速 ………… 24
  - 2.1.7 冲击波 ……………………… 24
- 2.2 传感器性能术语 ……………… 25
  - 2.2.1 传感器通用性能术语 ……… 25
  - 2.2.2 振动、冲击、加速度传感器性能术语 ……………………… 30
  - 2.2.3 力、压力传感器性能术语 … 32
  - 2.2.4 流量传感器性能术语 ……… 33
  - 2.2.5 温度传感器性能术语 ……… 33
  - 2.2.6 位移、角度、转速传感器性能术语 ……………………… 34

第3章 传感器的检测信号分析
- 3.1 信号及其描述与分类 ………… 36
  - 3.1.1 信号及其描述 ……………… 36
  - 3.1.2 信号的分类 ………………… 36
- 3.2 典型信号的数据表达式和波形 … 38
  - 3.2.1 指数信号 …………………… 38
  - 3.2.2 正弦信号 …………………… 38
  - 3.2.3 复指数信号 ………………… 39
  - 3.2.4 $Sa(t)$信号(抽样函数) …… 39
  - 3.2.5 钟形脉冲信号(高斯函数) … 40
  - 3.2.6 单位斜坡信号 ……………… 40
  - 3.2.7 单位阶跃信号 ……………… 41
  - 3.2.8 单位冲激信号 ……………… 42
  - 3.2.9 冲激偶信号 ………………… 42
- 3.3 周期和非周期信号 …………… 43
  - 3.3.1 周期信号的傅里叶级数和离散频谱 ………………… 43
  - 3.3.2 非周期信号的傅里叶变换(或积分)和连续频谱 …………… 46
  - 3.3.3 常用的17种信号及频谱函数 …… 47
- 3.4 随机信号的特性描述 ………… 50
  - 3.4.1 均方值、均值和方差 ……… 50
  - 3.4.2 概率密度函数 ……………… 51
  - 3.4.3 相关函数 …………………… 51
  - 3.4.4 功率谱密度函数 …………… 53

第4章 传感器测试误差、数据处理与精确度评定
- 4.1 误差的基本概念 ……………… 55
  - 4.1.1 误差的定义及其相关术语 … 55
  - 4.1.2 误差的分类 ………………… 63
- 4.2 随机误差 ……………………… 64
  - 4.2.1 随机误差的产生及其与系统误

目 录

　　　　差的联系 …………………… 64
　4.2.2　随机误差的分布 …………… 65
4.3　系统误差 ……………………………… 68
　4.3.1　系统误差的特征、来源及分类 …… 68
　4.3.2　如何发现实验或测量中存在系统
　　　　误差 ………………………… 71
　4.3.3　如何消除实验或测量中的系统
　　　　误差 ………………………… 76
　4.3.4　如何确定实验或测量中的系统误差
　　　　已被消除 …………………… 81
　4.3.5　系统误差的综合与分配 …… 83
4.4　测量的数据处理 ……………………… 85
　4.4.1　直接测量结果的数据处理 … 85
　4.4.2　间接测量结果的数据处理 … 88
　4.4.3　粗大误差的处理方法 ……… 102
　4.4.4　静态测量结果的数据处理 … 103
　4.4.5　动态测量结果的数据处理 … 110
4.5　测量结果分析的常用方法 …………… 122
　4.5.1　最小二乘法 ………………… 122
　4.5.2　回归分析法 ………………… 128
　4.5.3　图解分析法 ………………… 137
　4.5.4　逐差法 ……………………… 142
4.6　测量结果的不确定度表示法 ………… 143
　4.6.1　不确定度与误差在概念上的
　　　　区别 ………………………… 144
　4.6.2　不确定度与误差在误差处理上的
　　　　区别 ………………………… 144
　4.6.3　测量结果的不确定度的分析
　　　　与表示 ……………………… 145
4.7　传感器的精确度评定 ………………… 148
　4.7.1　传感器的误差分析 ………… 149
　4.7.2　传感器精确度的评定方法 … 155

第5章　判定和建立数学模型的重要方法——量纲分析法

5.1　量纲的引入及定义 …………………… 159
5.2　π定理 ………………………………… 159
5.3　量纲分析法在理论上的应用 ………… 161
　5.3.1　量纲分析法的意义 ………… 161
　5.3.2　典型应用 …………………… 161
5.4　量纲分析法在实验中的应用 ………… 164
5.5　无量纲结构式与模型实验 …………… 166

第6章　传感器的检验

6.1　传感器的工作特性 …………………… 168
　6.1.1　静态特性 …………………… 168
　6.1.2　动态特性 …………………… 172
　6.1.3　时间稳定性 ………………… 174
　6.1.4　工作条件 …………………… 174
6.2　传感器的检验规程 …………………… 175
　6.2.1　质量检验和规则 …………… 175
　6.2.2　测量方法和测量器具 ……… 176
　6.2.3　检验项目和规定条件 ……… 177
　6.2.4　基本性能检验 ……………… 178
　6.2.5　工作条件试验 ……………… 184

第7章　传感器的标定

7.1　传感器的标定方法 …………………… 186
　7.1.1　单独标定法 ………………… 186
　7.1.2　组合标定法 ………………… 187
　7.1.3　标定工作线的选择方法 …… 187
　7.1.4　典型实例 …………………… 189
7.2　传感器的标定设备 …………………… 193
　7.2.1　传感器的常用标定设备 …… 194
　7.2.2　传感器动态标定设备 ……… 201

第8章　传感器弹性敏感元件

8.1　弹性元件的特性及形式 ……………… 214
　8.1.1　弹性元件的固有频率 ……… 214
　8.1.2　非弹性效应 ………………… 214
　8.1.3　刚　度 ……………………… 216
　8.1.4　灵敏度 ……………………… 217
　8.1.5　常用弹性元件的力学特性 … 218
　8.1.6　常用弹性敏感元件的形式 … 220
8.2　常用弹性元件 ………………………… 221
　8.2.1　等强度梁 …………………… 221
　8.2.2　等截面梁 …………………… 222
　8.2.3　两端固定梁 ………………… 223
　8.2.4　环式弹性元件 ……………… 223
　8.2.5　波纹膜片与膜盒 …………… 225
　8.2.6　平膜片 ……………………… 227
　8.2.7　垂链式膜片 ………………… 233
　8.2.8　圆柱弹性元件 ……………… 235
　8.2.9　波登管(弹簧管) …………… 237

8.2.10　波纹管 …………………… 239
　　8.2.11　薄壁半球 …………………… 241
8.3　敏感元件的加工新技术
　　8.3.1　薄膜技术 …………………… 242
　　8.3.2　微细加工技术 ……………… 243
　　8.3.3　离子注入技术 ……………… 243

第9章　传感器材料

9.1　金属传感器材料
　　9.1.1　弹性合金 …………………… 244
　　9.1.2　特殊合金材料 ……………… 247
　　9.1.3　国外常用金属材料 ………… 247
　　9.1.4　常用金属材料处理规范 …… 249
9.2　陶瓷传感器材料 ………………… 250
　　9.2.1　陶瓷材料的物理性质 ……… 252
　　9.2.2　各种传感器用陶瓷材料 …… 256
　　9.2.3　陶瓷敏感元件的集成化与多
　　　　　功能化 …………………………… 264
9.3　有机传感器材料 ………………… 267
　　9.3.1　有机敏感材料的种类 ……… 267
　　9.3.2　有机热敏元件材料 ………… 268
　　9.3.3　有机力敏元件材料 ………… 269
　　9.3.4　有机化学敏元件材料 ……… 271
9.4　半导体传感器材料 ……………… 275
　　9.4.1　半导体的基本物性 ………… 275
　　9.4.2　半导体传感器的特性与工艺
　　　　　技术 …………………………… 280
9.5　传感器材料的设计 ……………… 281
　　9.5.1　选择材料 …………………… 281
　　9.5.2　材料实用化 ………………… 282
　　9.5.3　探索新的功能材料 ………… 282
9.6　传感器材料的应用 ……………… 284

第10章　光电式传感器

10.1　国内外光电式传感器展示 …… 289
　　10.1.1　光敏二极管与光敏三极管
　　　　　　系列 ………………………… 290
　　10.1.2　光电池系列 ………………… 303
　　10.1.3　光电倍增管系列 …………… 304
　　10.1.4　光电耦合器系列 …………… 304
　　10.1.5　光电开关系列 ……………… 310
　　10.1.6　光电管系列 ………………… 321

　　10.1.7　LED数码显示管系列 ……… 321
　　10.1.8　其他类型光电传感器系列 … 323
10.2　光电传感器基本理论 ………… 325
　　10.2.1　光电效应 …………………… 325
　　10.2.2　光子理论 …………………… 328
10.3　光电传感器器件 ……………… 329
　　10.3.1　光电管 ……………………… 329
　　10.3.2　光电倍增管 ………………… 333
　　10.3.3　光敏电阻 …………………… 341
　　10.3.4　光电池 ……………………… 349
　　10.3.5　光敏二极管和光敏三极管 … 355
　　10.3.6　光电耦合器 ………………… 385
　　10.3.7　数码显示器 ………………… 388
10.4　光电传感器的测量电路 ……… 398
　　10.4.1　光　源 ……………………… 398
　　10.4.2　测量电路 …………………… 398
10.5　光电传感器的应用 …………… 400
　　10.5.1　模拟式光电传感器 ………… 400
　　10.5.2　数字式光电传感器 ………… 402
　　10.5.3　光电测温传感器 …………… 403
　　10.5.4　表面缺陷光电传感器 ……… 406

第11章　光纤传感器

11.1　国内外光纤传感器展示 ……… 410
　　11.1.1　FM型微型光纤传感器 …… 410
　　11.1.2　FE7B-F/C-F小型光纤式光电
　　　　　　开关传感器 ………………… 411
　　11.1.3　GGO102光纤型60 kV高压模拟
　　　　　　传输光耦合器 ……………… 411
　　11.1.4　E32型光纤传感器件 ……… 411
11.2　光纤传感器基本理论 ………… 419
　　11.2.1　光导纤维导光的基本原理 … 419
　　11.2.2　光纤的性能及类型 ………… 421
　　11.2.3　光纤传感器的分类 ………… 423
11.3　光纤传感器与光波调制技术 … 424
　　11.3.1　光纤传感器与光波强度调制
　　　　　　技术 ………………………… 425
　　11.3.2　光纤传感器与光波偏振调制
　　　　　　技术 ………………………… 442
　　11.3.3　光纤传感器与相位调制技术 … 448
11.4　光纤传感器的主要元器件及其
　　　选用原则 ………………………… 456
　　11.4.1　光　纤 ……………………… 456

目 录

11.4.2 光　源 …………………… 457
11.4.3 检测器 …………………… 459
11.5 光纤温度传感器 ………………… 460
 11.5.1 辐射(红外)型光纤温度
   传感器 ………………… 462
 11.5.2 半导体吸光型光纤温度
   传感器 ………………… 464
11.6 光纤速度和流量传感器 ………… 466
 11.6.1 激光多普勒测速传感器 … 466
 11.6.2 光纤旋涡式流量计 ……… 467
11.7 光纤加速度传感器 ……………… 468
 11.7.1 相位变化型光纤加速度
   传感器 ………………… 468
 11.7.2 振幅型光纤加速度传感器 … 470
11.8 光纤压力和振动传感器 ………… 470
11.9 光纤位移传感器 ………………… 473
11.10 光纤形变传感器 ……………… 477
 11.10.1 光纤形变与传输特性的变化 … 477
 11.10.2 光纤形变传感器 ……… 477
11.11 光纤声传感器 ………………… 478
 11.11.1 相位型光纤声传感器 … 478
 11.11.2 传输损耗型光纤声传感器 … 480
11.12 光纤磁传感器 ………………… 481
 11.12.1 用法拉第效应的光纤磁
   传感器 ………………… 481
 11.12.2 用磁致伸缩效应的光纤磁
   传感器 ………………… 482
11.13 光纤电压和电流传感器 ……… 483
 11.13.1 光纤电压传感器 ……… 483
 11.13.2 光纤电流传感器 ……… 485
11.14 光纤电磁场传感器 …………… 486
 11.14.1 微波传感器 …………… 486
 11.14.2 光电磁场传感器 ……… 488
11.15 光纤射线传感器 ……………… 489
 11.15.1 光纤射线传感器的结构
   原理 …………………… 489
 11.15.2 吸收型光纤射线传感器 … 490
11.16 光纤分光传感器 ……………… 491
 11.16.1 检测微量气体的光纤分光
   传感器 ………………… 491
 11.16.2 检测生物体内的光纤分光
   传感器 ………………… 492
11.17 光纤折射率传感器 …………… 493

11.17.1 结构原理 …………………… 493
11.17.2 分析混合液体和非混合液体 … 494
11.18 光纤传感技术的发展及其动向 …… 494

第12章　光栅式传感器

12.1 国内外光栅式传感器展示 ……… 496
 12.1.1 圆光栅系列 ……………… 496
 12.1.2 光栅位移数字测量系统 … 496
12.2 光栅式传感器的基本理论 ……… 497
 12.2.1 光栅式传感器的基本工作
   原理 …………………… 497
 12.2.2 计量光栅的种类 ………… 498
 12.2.3 莫尔条纹 ………………… 503
 12.2.4 光栅式传感器常用光学(光路)
   系统 …………………… 509
 12.2.5 光栅式传感器的零位光栅 … 515
12.3 光栅式传感器的设计 …………… 518
 12.3.1 照明系统 ………………… 518
 12.3.2 光栅副 …………………… 520
 12.3.3 光电接收元件 …………… 523
 12.3.4 机械结构 ………………… 523

第13章　电荷耦合器件(CCD图像传感器)

13.1 国内外CCD图像传感器展示 …… 525
 13.1.1 TCD 102C-1型CCD线性图像
   传感器 ………………… 525
 13.1.2 TCD 201C型CCD面积图像
   传感器 ………………… 526
 13.1.3 CCD型图像传感器 ……… 527
 13.1.4 1/3″CCD彩色摄像机 …… 528
 13.1.5 1/2″数字处理彩色摄像机 … 529
 13.1.6 1/3″CCD彩色摄像机
   WV-CP210/212/214 …… 530
 13.1.7 1/3″CCD彩色摄像机
   WV-CP100E …………… 532
 13.1.8 1/3″CCD彩色摄像机
   WV-CF20 ……………… 533
 13.1.9 1/2″CCD彩色摄像机 …… 534
 13.1.10 1/3″CCD黑白摄像机
   WV-BP310/312/314 …… 535
 13.1.11 1/3″CCD黑白摄像机
   WV-BP500/504 ………… 536
 13.1.12 1/3″CCD黑白摄像机

　　　　WV – BP100/102/104 ……… 537
　13.1.13　1/3″CCD 黑白摄像机
　　　　WV – BP110/114 …………… 538
　13.1.14　1/2″CCD 黑白摄像机 …… 539
　13.1.15　集成监视系统 WV – CS500 … 540
　13.1.16　集成监视系统 WV – CS300 … 542
　13.1.17　集成监视系统 WV – BS200 … 544
　13.1.18　低光 CCD 摄像机 ………… 545
　13.1.19　工业彩色 CCD 微型摄像机
　　　　GP – US502 ………………… 546
　13.1.20　工业彩色 CCD 微型摄像机
　　　　GP – KS252/252S …………… 547
　13.1.21　集成化智能监视控制系统 …… 552
13.2　CCD 图像传感器基本理论 ……… 556
　13.2.1　信号电荷的存储 ……………… 556
　13.2.2　信号电荷的耦合 ……………… 558
　13.2.3　信号电荷的注入和检测 ……… 559
　13.2.4　CCD 的特性参数 ……………… 561
　13.2.5　电荷耦合摄像器件 …………… 563
13.3　典型 ICCD 及其驱动器 …………… 568
　13.3.1　二相线阵 ICCD ………………… 568
　13.3.2　典型面阵 ICCD ………………… 572
13.4　CCD 摄像机 ……………………… 575
　13.4.1　CCD 摄像机的扫描制式 ……… 575
　13.4.2　DL32 型面阵 CCD 黑白
　　　　摄像机 ……………………… 575
　13.4.3　CCD 彩色摄像机 ……………… 579
13.5　CCD 图像传感器的应用 …………… 585
　13.5.1　工件尺寸的高精度检测 ………… 585
　13.5.2　物体缺陷检查 …………………… 586
　13.5.3　安全监测 ………………………… 587
　13.5.4　光学字符识别 …………………… 587

第 14 章　红外传感器

14.1　国内外红外传感器展示 …………… 589
　14.1.1　OWL – 1 型主动式红外入侵
　　　　探测器 ……………………… 589
　14.1.2　IA – 200 型红外入侵探测器 … 589
　14.1.3　SDOZ – SNS – 1 型热释电红外
　　　　传感器 ……………………… 590
　14.1.4　IR – LPF650 红外滤光片 ……… 590
　14.1.5　无源红外线探测器 ……………… 591
　14.1.6　IRA – EOOIS 型红外线传感器 … 591
　14.1.7　HW 系列红外接收器 …………… 591
　14.1.8　钽酸锂和铌酸锶钡红外

　　　　探测器 ……………………… 592
　14.1.9　红外线传感器 …………………… 593
　14.1.10　NJP 型非接触温度测量装置 … 594
　14.1.11　红外线温度传感器 …………… 594
　14.1.12　RD 型红外线辐射温度
　　　　检测器 ……………………… 594
　14.1.13　EFP 型热释电式红外线
　　　　传感器 ……………………… 596
　14.1.14　TTS 型热释电非接触式温度
　　　　传感器 ……………………… 597
　14.1.15　NJF 型红外热电温度传感器 … 598
　14.1.16　HDG 型光导碲镉汞红外
　　　　探测器 ……………………… 598
　14.1.17　HRD – 1 型钽酸锂热电
　　　　探测器 ……………………… 599
　14.1.18　NJL9102F 型热电堆 ………… 600
14.2　红外传感器基本理论 ……………… 600
　14.2.1　红外光 …………………………… 600
　14.2.2　红外光检测的基本定律 ………… 601
　14.2.3　红外传感器系统的构成 ………… 602
　14.2.4　红外传感器的光学系统 ………… 603
14.3　红外探测器 ………………………… 604
　14.3.1　红外探测器的特性参数 ………… 605
　14.3.2　热敏红外探测器 ………………… 606
　14.3.3　光电红外探测器 ………………… 611
14.4　红外传感器的应用 ………………… 615
　14.4.1　在测温系统中的应用 …………… 615
　14.4.2　在报警系统中的应用 …………… 617
　14.4.3　在其他方面的应用 ……………… 619

第 15 章　颜色传感器

15.1　国内外颜色传感器展示 …………… 621
　15.1.1　色调传感器 ……………………… 621
　15.1.2　E3S – GS/VS 型颜色传感器 … 622
15.2　颜色传感器的基本理论 …………… 625
　15.2.1　色敏传感系统与色度学基础 …… 625
　15.2.2　色彩的测定 ……………………… 629
　15.2.3　光电型色彩计 …………………… 629
15.3　半导体色敏传感器 ………………… 631
　15.3.1　双色硅色敏传感器 ……………… 631
　15.3.2　无定形硅色敏传感器 …………… 634

参考文献 ……………………………… 638

目录

中 册

第16章 激光传感器
- 16.1 激光传感器的基本理论 …………… 643
  - 16.1.1 激光的本质 …………… 643
  - 16.1.2 激光的形成 …………… 644
  - 16.1.3 激光的特性和激光的频率稳定 … 646
  - 16.1.4 激光器 …………… 648
  - 16.1.5 激光的应用 …………… 653
- 16.2 激光传感器 …………… 656
  - 16.2.1 激光干涉传感器 …………… 656
  - 16.2.2 激光衍射传感器 …………… 660
  - 16.2.3 激光扫描传感器 …………… 663
  - 16.2.4 激光流速传感器 …………… 665

第17章 码盘式传感器
- 17.1 国内外编码器展示 …………… 668
  - 17.1.1 国外编码器展示 …………… 668
  - 17.1.2 国产编码器系列 …………… 697
- 17.2 编码器的基本理论 …………… 717
  - 17.2.1 码制与码盘 …………… 717
  - 17.2.2 二进制码与循环码（格雷码）的转换 …………… 719
  - 17.2.3 编码器脉冲当量变换 …………… 720
- 17.3 编码器的基本类型 …………… 721
  - 17.3.1 角度数字编码器 …………… 721
  - 17.3.2 直线位移编码器 …………… 728
  - 17.3.3 双盘编码器 …………… 730
  - 17.3.4 编码器应用举例 …………… 732

第18章 压电式传感器
- 18.1 国内外压电式传感器展示 …………… 734
  - 18.1.1 压电加速度传感器系列 …………… 734
  - 18.1.2 压电式压力传感器系列 …………… 748
  - 18.1.3 压电振动传感器系列 …………… 757
  - 18.1.4 压电力传感器系列 …………… 758
- 18.2 压电式传感器基本理论 …………… 758
  - 18.2.1 压电转换元件的工作原理 …………… 758
  - 18.2.2 压电材料 …………… 763
  - 18.2.3 压电元件常用结构形式 …………… 766
- 18.3 压电式传感器的等效电路及测量电路 …………… 767
  - 18.3.1 等效电路 …………… 767
  - 18.3.2 测量电路 …………… 768
- 18.4 压电式传感器的应用 …………… 777
  - 18.4.1 压电式测力传感器 …………… 777
  - 18.4.2 压电式压力传感器 …………… 786
  - 18.4.3 压电式加速度传感器 …………… 792
  - 18.4.4 压电式声表面波传感器 …………… 807
  - 18.4.5 压电式超声波传感器 …………… 811
- 18.5 压电式传感器的误差 …………… 811
  - 18.5.1 环境温度的影响 …………… 811
  - 18.5.2 湿度的影响 …………… 812
  - 18.5.3 横向灵敏度和它所引起的误差 … 812
  - 18.5.4 电缆噪声 …………… 812
  - 18.5.5 接地回路噪声 …………… 813

第19章 压磁式传感器
- 19.1 国内外压磁式传感器展示 …………… 814
  - 19.1.1 CLJ型压磁式测力计 …………… 814
  - 19.1.2 ZLJ型压磁式张力计 …………… 815
- 19.2 压磁式传感器基本理论 …………… 815
  - 19.2.1 压磁式传感器工作原理 …………… 815
  - 19.2.2 压磁式传感器的特性及测量误差 …………… 816
  - 19.2.3 压磁式传感器的测量电路 …………… 820
- 19.3 压磁式传感器的类型 …………… 821
  - 19.3.1 阻流圈式压磁传感器 …………… 821
  - 19.3.2 变压器式压磁传感器 …………… 822
  - 19.3.3 桥式压磁传感器 …………… 825
  - 19.3.4 磁弹性应变计 …………… 826
  - 19.3.5 逆魏德曼效应及渥赛姆效应传感器 …………… 826
  - 19.3.6 巴克豪森效应传感器 …………… 827
- 19.4 压磁元件的形状及制造工艺 …………… 827
  - 19.4.1 压磁元件的冲片形状 …………… 827
  - 19.4.2 压磁元件的制造工艺 …………… 829
- 19.5 压磁式传感器的应用 …………… 831
  - 19.5.1 压磁式温度传感器 …………… 831
  - 19.5.2 压磁（磁致伸缩）式转矩传感器 … 832
  - 19.5.3 压磁式力传感器 …………… 834
- 19.6 压磁式传感器的基本计算方法 ……… 835

目 录

第20章 压阻式传感器
- 20.1 国内外压阻式传感器展示 …… 838
  - 20.1.1 压阻式压力传感器系列 …… 838
  - 20.1.2 压阻式加速度传感器系列 …… 852
- 20.2 压阻式传感器基本理论 …… 855
  - 20.2.1 压阻式传感器的工作原理 …… 855
  - 20.2.2 压阻式传感器的测量线路 …… 856
  - 20.2.3 压阻式传感器的温度漂移与补偿 …… 857
- 20.3 压阻式传感器硅芯片的设计 …… 865
  - 20.3.1 硅杯结构的选择 …… 865
  - 20.3.2 硅杯膜片材料的选择 …… 865
  - 20.3.3 硅杯几何尺寸的确定 …… 866
  - 20.3.4 扩散电阻条的阻值、几何尺寸与位置的确定 …… 867
- 20.4 压阻式传感器量程的计算 …… 870
- 20.5 压阻式传感器的类型 …… 871
  - 20.5.1 压阻式压力传感器 …… 871
  - 20.5.2 压阻式加速度传感器 …… 876
- 20.6 压阻式传感器的应用 …… 882

第21章 电化学式传感器
- 21.1 国内外电化学式传感器展示 …… 887
  - 21.1.1 氢离子敏感场效应晶体管 …… 887
  - 21.1.2 8012-00型袖珍pH计 …… 887
- 21.2 电化学式传感器基本理论 …… 888
  - 21.2.1 电化学基础 …… 888
  - 21.2.2 离子敏选择电极的工作原理及组成 …… 896
- 21.3 玻璃电极 …… 899
  - 21.3.1 玻璃电极的结构与性能 …… 899
  - 21.3.2 复合玻璃电极和微型玻璃电极 …… 901
- 21.4 晶体膜电极 …… 901
  - 21.4.1 晶体膜电极的结构及其工作原理 …… 902
  - 21.4.2 氟离子选择性电极 …… 902
  - 21.4.3 其他晶体膜电极 …… 904
- 21.5 活动载体膜电极 …… 905
  - 21.5.1 几种活动膜电极 …… 905
  - 21.5.2 活动载体膜的性能 …… 907
  - 21.5.3 微型液膜电极 …… 911
- 21.6 离子选择性场效应管 …… 912
  - 21.6.1 ISFET的结构与性能 …… 912
  - 21.6.2 ISFET的集成化 …… 912
- 21.7 离子敏选择性电极的应用 …… 913
  - 21.7.1 流动系统测量基本类型 …… 913
  - 21.7.2 对连续ISE分析器的基本要求 …… 914
  - 21.7.3 工业pH测量与控制 …… 914
  - 21.7.4 工业流程自动电位滴定系统 …… 915

第22章 生物传感器
- 22.1 国内外生物传感器展示 …… 917
  - 22.1.1 生物电极 …… 917
  - 22.1.2 医用涂胶电极 …… 918
  - 22.1.3 YSI27型工业用酶电极分析仪 …… 919
  - 22.1.4 YSI23A型人体血液葡萄糖分析仪 …… 920
  - 22.1.5 YSI23L型人体血液乳酸盐分析仪 …… 920
  - 22.1.6 YSI2000型乳酸酶和葡萄糖酶电极分析仪 …… 920
  - 22.1.7 YSI5300型液晶显示生物氧测量仪 …… 920
- 22.2 生物传感器基本理论 …… 921
  - 22.2.1 生物传感器的基本原理 …… 921
  - 22.2.2 生物传感器的分类 …… 922
  - 22.2.3 生物功能物质的分子识别机理 …… 923
- 22.3 生物传感器及其应用 …… 931
  - 22.3.1 酶传感器 …… 931
  - 22.3.2 免疫传感器 …… 936
  - 22.3.3 半导体生物传感器 …… 937
  - 22.3.4 酶热敏电阻 …… 940

第23章 气敏传感器
- 23.1 国内外气敏传感器展示 …… 946
  - 23.1.1 QM-B型薄膜气敏元件 …… 946
  - 23.1.2 TGS816型气敏传感器 …… 946
  - 23.1.3 TGS109型气敏传感器 …… 946
  - 23.1.4 EGS-NO2A型气敏传感器 …… 947
  - 23.1.5 TC-4型可燃气体探测器 …… 948
  - 23.1.6 氧气测定器 …… 948
  - 23.1.7 FT626环境氡氡仪 …… 949
  - 23.1.8 ZAL型红外气体分析仪 …… 949
- 23.2 固态电解质气敏传感器 …… 950
  - 23.2.1 固态电解质材料 …… 950

目录

23.2.2 电位式气敏传感器 …………… 953
23.2.3 安培式气敏传感器 …………… 957
23.2.4 氧化锆氧敏传感器 …………… 960
23.3 声表面波(SAW)气敏传感器 …… 962
23.3.1 传感器材料及构造 …………… 962
23.3.2 传感器工作原理 ……………… 964
23.3.3 气敏选择膜 …………………… 967
23.4 半导体气敏传感器 ……………… 968
23.4.1 半导体气敏传感器材料 ……… 969
23.4.2 半导体气敏传感器构造 ……… 970
23.4.3 半导体气敏传感器的气敏机理 … 971
23.4.4 半导体气敏传感器的气敏选择性
………………………………… 972
23.4.5 半导体气敏传感器的分类 …… 974
23.5 金属栅MOS气敏传感器 ………… 980
23.5.1 金属栅MOS元件基本原理 …… 980
23.5.2 氢敏Pd-MOS传感器 ………… 985
23.6 真空度气敏传感器 ……………… 987
23.6.1 热导式真空计 ………………… 988
23.6.2 热阴极电离真空计 …………… 988
23.6.3 冷阴极电离真空计 …………… 989
23.6.4 粘滞性真空计 ………………… 989
23.7 气体成分传感器 ………………… 989
23.7.1 质谱计 ………………………… 989
23.7.2 四极质谱分析仪(QMS) ……… 990
23.7.3 氦检漏器 ……………………… 990
23.7.4 气相色谱分析仪 ……………… 991
23.7.5 微波气体成分传感器 ………… 991
23.8 光成分分析传感器 ……………… 992
23.8.1 原子吸收光分析法 …………… 993
23.8.2 化学发光法 …………………… 993
23.8.3 吸光度分光法 ………………… 994

第24章 湿敏传感器

24.1 国内外湿敏传感器展示 ………… 996
24.1.1 EYH-HO1C型湿度传感器 …… 996
24.1.2 PQ653J型湿度传感器 ………… 997
24.1.3 D型陶瓷湿敏传感器 ………… 998
24.1.4 氧化铝湿度分析仪 …………… 998
24.1.5 M系列氧化铝湿度传感器 …… 999
24.1.6 HC-1型电容式湿敏器件 …… 999
24.1.7 HN电子湿度计 ……………… 1000
24.1.8 MC741-HP型 RANAREX

湿度校准仪 …………………… 1001
24.1.9 EYH-S22型露点传感器 ……… 1001
24.1.10 露点传感器 ………………… 1002
24.1.11 HD型湿度和露点检测仪 …… 1002
24.2 湿敏传感器的分类 ……………… 1003
24.3 水分子亲合力型湿敏传感器 …… 1004
24.3.1 陶瓷湿敏传感器 ……………… 1004
24.3.2 电解质湿敏元件 ……………… 1009
24.3.3 高分子湿敏传感器 …………… 1010
24.3.4 尺寸变化式湿敏元件 ………… 1012
24.3.5 干湿球湿度计 ………………… 1012
24.4 非水分子亲合力型湿敏传感器 … 1012
24.4.1 微波湿敏传感器 ……………… 1012
24.4.2 红外湿敏传感器 ……………… 1013
24.4.3 热敏电阻湿敏传感器 ………… 1014

第25章 热敏传感器

25.1 国内外热敏传感器展示 ………… 1018
25.1.1 热敏电阻系列 ………………… 1018
25.1.2 E-R35型极细式测温电阻 …… 1019
25.1.3 PXN-64型热敏电阻传感器 … 1019
25.1.4 BXB-53型热敏电阻传感器 … 1020
25.1.5 BYE-64型热敏电阻传感器 … 1020
25.1.6 PXA-24型热敏电阻传感器 … 1021
25.1.7 PXK-67型热敏电阻传感器 … 1021
25.1.8 热敏电阻传感器 ……………… 1022
25.1.9 热敏电阻线性换向器 ………… 1022
25.1.10 热偶组合式传感器 ………… 1023
25.1.11 热电偶系列 ………………… 1023
25.1.12 5901(STP-100Q)型粘贴式测温片
………………………………… 1025
25.1.13 厚膜白金测温电阻器 ……… 1025
25.1.14 CR和CRF型铂测温电阻 … 1026
25.1.15 薄膜热敏传感器 …………… 1026
25.1.16 2541型袖珍式温度传感器 … 1027
25.1.17 5821(FR-1)型薄膜热电堆热流计
………………………………… 1028
15.1.18 5810系列圆箔式辐射热流计
………………………………… 1028
25.1.19 5831(ELE-1)型电子束能量计
………………………………… 1029
25.1.20 SYSTEM3无接触式温度
测量系统 ……………………… 1029

25.1.21	热敏电阻液位传感器 ……	1029
25.1.22	FTC 型热敏实芯继电器 ……	1030
25.2	热电偶型传感器 ……	1031
25.2.1	热电偶型传感器的理论基础 ……	1031
25.2.2	热电偶传感器的结构及所用材料 ……	1035
25.2.3	热电偶型传感器的类型 ……	1040
25.2.4	热电偶的分度法及主要特性 ……	1052
25.2.5	热电偶自由端温度 ……	1065
25.2.6	热电偶实用测温线路 ……	1070
25.2.7	热电偶动态时间误差及校正 ……	1074
25.2.8	热电偶使用中的注意事项 ……	1076
25.2.9	热电偶的故障及其修复 ……	1077
25.3	热敏电阻型传感器 ……	1078
25.3.1	热敏电阻的主要特性 ……	1078
25.3.2	热敏电阻的基本参数 ……	1082
25.3.3	热敏电阻的应用 ……	1083
25.4	热膨胀型热敏传感器 ……	1088
25.4.1	双金属片式热敏传感器 ……	1088
25.4.2	压力式热敏传感器 ……	1088
25.5	电容量变化型热敏传感器 ……	1089
25.6	铁氧体型传感器 ……	1089
25.7	压电型热敏传感器 ……	1090
25.7.1	压电石英热敏传感器 ……	1090
25.7.2	压电超声热敏传感器 ……	1091
25.7.3	压电 SAW 热敏传感器 ……	1091
25.8	晶体管型热敏传感器 ……	1092
25.9	其他热敏传感器 ……	1092
25.9.1	热噪声型和 NQR 型热敏传感器 ……	1092
25.9.2	热或光辐射型热敏传感器 ……	1092
25.9.3	电阻温度计 ……	1093

第 26 章 核传感器

26.1	国内外核传感器展示 ……	1094
26.1.1	核传感器总汇 ……	1094
26.1.2	FJ377 型热释光剂量仪 ……	1095
26.1.3	FJ411 型热释光退火炉 ……	1097
26.1.4	FJ417 型热释光照射器 ……	1098
26.1.5	碘化钠(铊)闪烁探测器 ……	1099
26.1.6	FH458 型甲状腺功能仪 ……	1102
26.1.7	FT604 型铅准直 γ 闪烁探头 ……	1103
26.1.8	FT610 型甲状腺功能仪探头 ……	1105
26.1.9	FT611 型医用 γ 井型探头 ……	1106
26.1.10	FD603 型井型 γ 闪烁探头 ……	1107
26.1.11	FJ374 型 γ 能谱探头、FJ374A 型 X 能谱探头 ……	1107
26.1.12	FJ367 型通用闪烁探头 ……	1108
26.1.13	BH1220 型自动定标器 ……	1109
26.1.14	FJ391A 放射性活度计 ……	1110
26.1.15	BH3084 型 X-γ 个人辐射报警仪 ……	1112
26.1.16	半导体探测器 ……	1113
26.1.17	BH1216 型低本底 α、β 测量装置 ……	1114
26.1.18	直读式低能 X、γ 射线袖珍剂量仪 ……	1115
26.1.19	BH-6012 型二维骨密度仪 ……	1116
26.1.20	FT-638G 型微机肾图仪 ……	1117
26.1.21	FH463A 自动定标器 ……	1119
26.1.22	FJ365 型计数管探头 ……	1120
26.1.23	FJ373 型携带式 n-γ 辐射仪 ……	1121
26.1.24	热释光探测器和剂量计 ……	1122
26.1.25	FH1073A 型 3 kV 高压电源 ……	1124
26.2	核传感器基本理论 ……	1125
26.2.1	放射源 ……	1125
26.2.2	探测器 ……	1128
26.2.3	核传感器测量电路 ……	1137
26.2.4	放射性辐射的防护 ……	1139
26.3	核传感器在人体器官功能诊断中的应用 ……	1140
26.3.1	甲状腺功能测定仪 ……	1140
26.3.2	肾功能测定仪 ……	1142
26.3.3	脏器功能测定仪 ……	1150
26.3.4	心功能测定仪 ……	1153
26.3.5	γ 射线肺密度图测定仪 ……	1157
23.3.6	局部大脑血流量测定系统 ……	1158
26.3.7	骨密度测定仪 ……	1164
26.4	核传感器在医学显影诊断中的应用 ……	1165
26.4.1	闪烁扫描机 ……	1165
26.4.2	医用 γ 照相机 ……	1174
26.5	核传感器在医学实验仪器中的应用 ……	1207
26.6	核传感器在工业领域中的应用 ……	1213
26.6.1	厚度计 ……	1213

26.6.2 液面计及雪量计 …………………… 1215
26.6.3 密度计 …………………………… 1216
26.6.4 X 荧光材料成分分析仪 ………… 1216
26.7 核医学中的磁共振成像 ……………… 1218
26.7.1 成像原理 ………………………… 1218
26.7.2 磁共振成像中的有关参数 ……… 1219
26.7.3 成像方法 ………………………… 1220

第 27 章 陀螺传感器

27.1 国内外陀螺传感器展示 ……………… 1228
27.1.1 角速率陀螺系列 ………………… 1228
27.1.2 角加速度陀螺系列 ……………… 1233
27.1.3 角度陀螺系列 …………………… 1233
27.1.4 激光陀螺系列 …………………… 1234
27.2 陀螺传感器基本理论 ………………… 1235
27.2.1 陀螺 ……………………………… 1235
27.2.2 陀螺传感器的分类 ……………… 1235
27.2.3 陀螺传感器的特性 ……………… 1235
27.3 陀螺式陀螺传感器 …………………… 1236
27.3.1 垂直陀螺传感器 ………………… 1236
27.3.2 定向陀螺传感器 ………………… 1237
27.3.3 陀螺指南针 ……………………… 1237
27.3.4 电动链式陀螺传感器 …………… 1237
27.3.5 比例陀螺传感器 ………………… 1237
27.3.6 比例积分陀螺传感器 …………… 1237
27.4 光陀螺传感器 ………………………… 1238
27.4.1 环型激光陀螺传感器 …………… 1238
27.4.2 光纤陀螺传感器 ………………… 1240
27.5 其他类型的陀螺传感器 ……………… 1241
27.5.1 压电射流陀螺传感器 …………… 1241
27.5.2 静电悬浮陀螺传感器 …………… 1247
27.5.3 气体比例陀螺传感器 …………… 1247

27.5.4 振动陀螺传感器 ………………… 1247
27.5.5 核磁共振陀螺传感器 …………… 1247

第 28 章 超声式传感器

28.1 国内外超声式传感器展示 …………… 1248
28.1.1 SLM-4 型超声自动界面
检测传感器 ……………………… 1248
28.1.2 400 型液体界面传感器 ………… 1249
28.1.3 高温液体检测超声流量计 ……… 1250
28.1.4 污泥水检测超声流量计 ………… 1250
28.1.5 MA40LIR/S 型超声传感器 …… 1251
28.1.6 PZT-SRM 型窄脉冲宽带换能器
…………………………………… 1252
28.1.7 PVDF-BFUT-1 型换能器 ……… 1252
28.1.8 PVDF-ST-1-P 型水听器 ……… 1253
28.1.9 EAC-2M 型超声换能器 ………… 1254
28.1.10 EFE-HEM 型超声探头 ……… 1254
28.1.11 EFR-RSB40K 型超声陶瓷话筒
…………………………………… 1255
28.1.12 微量煤烟浓度计 ……………… 1256
28.1.13 4940 型超声浓度传感器 ……… 1256
28.1.14 超声积雪计 …………………… 1257
28.2 超声式传感器基本理论 ……………… 1258
28.2.1 超声波的发生 …………………… 1258
28.2.2 超声波的接收 …………………… 1259
28.2.3 超声波的传播特性 ……………… 1259
28.3 超声式传感器的应用 ………………… 1261
28.3.1 超声探伤 ………………………… 1261
28.3.2 超声测液位 ……………………… 1262
28.3.3 超声测厚度 ……………………… 1262

参考文献 …………………………………… 1263

下 册

第 29 章 电容式传感器

29.1 国内外电容式传感器展示 …………… 1269
29.1.1 E2K-C 型静电电容式接近开关
…………………………………… 1269
29.1.2 E2K-F 型静电电容式接近开关
…………………………………… 1271
29.1.3 LVCT 型电容式位移测量仪
…………………………………… 1273

29.1.4 DPL101 型电容传感器 ………… 1273
29.2 电容式传感器基本理论 ……………… 1274
29.2.1 电容式传感器的工作原理 …… 1274
29.2.2 电容式传感器的结构类型 …… 1274
29.2.3 电容式传感器的性能及优缺点
…………………………………… 1279
29.3 电容式传感器的设计要点 …………… 1284
29.3.1 减小环境温度、湿度等变化所产
生的误差,保证绝缘材料的绝缘

目 录

性能 …………………………… 1284
29.3.2 消除和减小边缘效应 …… 1284
29.3.3 消除和减小寄生电容的影响
　　　 …………………………… 1285
29.3.4 防止和减小外界干扰 …… 1287
29.3.5 尽量采用差动式电容传感器
　　　 …………………………… 1287
29.4 电容式传感器的等效电路 …… 1288
29.5 电容式传感器的转换电路 …… 1289
29.5.1 普通交流电桥 …………… 1289
29.5.2 紧耦合电感臂电桥 ……… 1290
29.5.3 变压器电桥 ……………… 1291
29.5.4 双T二极管交流电桥 …… 1292
29.5.5 脉冲调宽电路 …………… 1293
29.5.6 调频电路 ………………… 1295
29.5.7 调幅电路 ………………… 1296
29.5.8 运算放大器式电路 ……… 1296
29.6 电容式传感器的应用 ………… 1297
29.6.1 电容式压力传感器 ……… 1297
29.6.2 电容式加速度传感器 …… 1300
29.6.3 电容式位移传感器 ……… 1301
29.6.4 电容式荷重传感器 ……… 1302
29.6.5 电容式形变传感器 ……… 1302
29.6.6 电容式液位传感器 ……… 1303
29.6.7 电容式料位传感器 ……… 1304
29.7 影响电容式传感器精度的因素 … 1304
29.7.1 温度变化对结构尺寸的影响
　　　 …………………………… 1304
29.7.2 温度变化对介质介电常数的影响
　　　 …………………………… 1305

第30章　电感式传感器

30.1 国内外电感式传感器展示 …… 1306
30.1.1 电感位移传感器 ………… 1306
30.1.2 电感式差压传感器 ……… 1306
30.1.3 BWG系列电感调频式位移
　　　 传感器 …………………… 1307
30.1.4 HEL型电感式位移计 …… 1308
30.1.5 UO5型电感式位移传感器 … 1308
30.1.6 电感传感器——记录仪 … 1308
30.1.7 电感式表面轮廓测量传感器
　　　 …………………………… 1308
30.1.8 BWG系列电感调频式位移

　　　 传感器 …………………… 1309
30.2 电感式传感器基本理论 ……… 1309
30.2.1 电感式传感器工作原理 … 1309
30.2.2 自感计算及分析 ………… 1310
30.2.3 电感式传感器的等效电路 … 1315
30.3 电感式传感器的转换电路 …… 1318
30.3.1 带相敏整流的交流电桥 … 1318
30.3.2 变压器式电桥电路 ……… 1319
30.3.3 紧耦合电感比例臂电桥 … 1320
30.3.4 谐振式调幅电路 ………… 1322
30.3.5 调频电路 ………………… 1322
30.3.6 调相电路 ………………… 1323
30.4 电感式传感器的灵敏度及零点残余
　　 误差 …………………………… 1323
30.4.1 电感式传感器的灵敏度 … 1323
30.4.2 电感式传感器的零点残余电压
　　　 …………………………… 1324
30.5 电感式传感器的设计 ………… 1327
30.5.1 方案选择 ………………… 1327
30.5.2 机械结构设计 …………… 1327
30.5.3 电源电压和频率的选择 … 1330

第31章　变压器式传感器

31.1 国内外变压器式传感器展示 … 1332
31.1.1 LVDT型差动变压器位移传感器
　　　 …………………………… 1332
31.1.2 WE－Ⅰ型位移传感器 …… 1333
31.1.3 GW3型位移测量仪 ……… 1333
31.2 变压器式传感器基本理论 …… 1333
31.2.1 变压器式传感器的工作原理
　　　 …………………………… 1333
31.2.2 互感计算与分析 ………… 1334
31.2.3 差动变压器的结构类型和主要
　　　 特性 ……………………… 1341
31.3 差动变压器式传感器的测量电路
　　 ………………………………… 1351
31.3.1 相敏检波器 ……………… 1351
31.3.2 差动整流电路 …………… 1354
31.3.3 直流差动变压器电路 …… 1355
31.4 差动变压器的设计 …………… 1356
31.4.1 量程设计 ………………… 1356
31.4.2 灵敏度的设计 …………… 1358
31.4.3 零位误差的控制 ………… 1359

31.4.4 材料的选择 …………… 1359
31.4.5 导向或支撑结构的选择 ……… 1360
31.5 差动变压器的应用 …………… 1360
31.5.1 位移量测量 ……………… 1360
31.5.2 力的测量 ………………… 1362
31.5.3 厚度测量 ………………… 1363
31.5.4 流量测量 ………………… 1363
31.5.5 振动加速度的测量 ……… 1364
31.5.6 液位测量 ………………… 1364

第32章 感应同步器

32.1 国内外感应同步器展示 ……… 1366
32.2 感应同步器的基本理论 ……… 1366
  32.2.1 感应同步器的工作原理 …… 1366
  32.2.2 感应同步器的信号处理方式
        ……………………………… 1368
32.3 感应同步器的类型 …………… 1371
  32.3.1 长感应同步器 …………… 1371
  32.3.2 圆感应同步器 …………… 1372
  32.3.3 感应同步器的绕组结构 …… 1373
32.4 感应同步器的设计及误差分析 … 1373
  32.4.1 感应同步器的设计 ……… 1373
  32.4.2 误差分析 ………………… 1376
  32.4.3 感应同步器的接长 ……… 1376

第33章 磁电感应式传感器

33.1 国内外磁电感应式传感器展示 … 1378
  33.1.1 磁传感器 ………………… 1378
  33.1.2 MS-D型磁传感器 ……… 1379
  33.1.3 MS-0501型磁传感器 …… 1380
  33.1.4 B3型磁传感器 …………… 1381
  33.1.5 TP-2621型磁传感器 …… 1381
  33.1.6 FS-200型磁传感器 …… 1382
  33.1.7 TIM-2型感应磁力计 …… 1383
  33.1.8 WMCT型磁敏无接触式传感器
        ……………………………… 1383
33.2 磁电感应式传感器基本理论 …… 1384
  33.2.1 磁电感应式传感器工作原理及
        类型 ……………………… 1384
  33.2.2 磁电感应式传感器的动态特性
        ……………………………… 1386
  33.2.3 磁电感应式传感器主要元件的
        工程设计计算 …………… 1389
33.3 磁电感应式传感器的误差及补偿
        ……………………………… 1394
  33.3.1 温度误差补偿 …………… 1394
  33.3.2 永久磁铁不稳定性误差及补偿
        ……………………………… 1394
  33.3.3 非线性误差及补偿 ……… 1395
33.4 磁电感应式传感器的测量电路 … 1395
  33.4.1 测量电路方框图 ………… 1395
  33.4.2 积分测量电路 …………… 1396
  33.4.3 微分测量电路 …………… 1396
33.5 磁电双向式传感器 …………… 1396
33.6 磁电感应式传感器的应用 …… 1397
  33.6.1 磁电感应式传感器在航空工业
        上的应用 ………………… 1397
  33.6.2 磁电感应式传感器在兵器工业
        上的应用 ………………… 1398
  33.6.3 磁电感应式传感器在民用工业
        上的应用 ………………… 1398

第34章 霍尔传感器

34.1 国内外霍尔传感器展示 ……… 1401
  34.1.1 霍尔电子接近开关 ……… 1401
  34.1.2 H-300B型高灵敏度霍尔元件
        ……………………………… 1402
  34.1.3 THS型霍尔传感器 ……… 1402
  34.1.4 OH型砷化镓霍尔元件 …… 1404
  34.1.5 DN型霍尔集成电路 …… 1404
  34.1.6 集成霍尔器件UGN(S)3019T
        ……………………………… 1406
34.2 霍尔传感器基本理论 ………… 1407
  34.2.1 霍尔传感器的工作原理 … 1407
  34.2.2 霍尔传感器的基本结构 … 1409
34.3 霍尔传感器的应用 …………… 1412
  34.3.1 霍尔传感器的使用方法及使用
        注意事项 ………………… 1412
  34.3.2 霍尔传感器应用实例 …… 1417

第35章 磁敏管传感器

35.1 磁敏二极管 …………………… 1426
  35.1.1 磁敏二极管的结构原理 … 1426
  35.1.2 磁敏二极管的主要特性 … 1427

35.1.3　温度补偿及提高磁灵敏度的措施
　　　　　　……………………………………1430
35.2　磁敏三极管 ……………………………1433
　　35.2.1　磁敏三极管的结构原理 ………1433
　　35.2.2　磁敏三极管的主要特性 ………1434
　　35.2.3　温度补偿及提高磁灵敏度的措施
　　　　　　……………………………………1436
35.3　磁敏管传感器的应用 …………………1437
　　35.3.1　测量弱磁场 ……………………1437
　　35.3.2　测量电流 ………………………1437
　　35.3.3　测量转速 ………………………1439
　　35.3.4　制作无触点开关和电位器 ……1439
　　35.3.5　漏磁探伤 ………………………1440

第36章　磁栅传感器

36.1　磁　栅 ………………………………1441
　　36.1.1　磁栅传感器的结构 ……………1441
　　36.1.2　磁栅的类型及其要求 …………1444
36.2　磁栅传感器的工作原理及信号处理
　　　……………………………………………1445
　　36.2.1　磁栅传感器的工作原理 ………1445
　　36.2.2　磁栅传感器的信号处理 ………1446
36.3　影响磁栅传感器性能的有关因素
　　　……………………………………………1447

第37章　涡流式传感器

37.1　国内外涡流式传感器展示 ……………1448
　　37.1.1　涡流流量传感器 ………………1448
　　37.1.2　YEWFLO 涡流流量计 …………1449
　　37.1.3　高频涡流差动变压器 …………1450
37.2　涡流式传感器基本理论 ………………1450
　　37.2.1　涡流式传感器工作原理 ………1450
　　37.2.2　涡流式传感器参数计算与分析
　　　　　　……………………………………1453
37.3　涡流式传感器的类型 …………………1456
　　37.3.1　变间隙型电涡流传感器 ………1456
　　37.3.2　变面积型电涡流传感器 ………1457
　　37.3.3　螺管型电涡流传感器 …………1458
　　37.3.4　低频透射型电涡流传感器 ……1460
37.4　涡流式传感器的测量转换电路 ………1463
　　37.4.1　电桥法 …………………………1464
　　37.4.2　谐振法 …………………………1464

37.5　涡流式传感器设计要点及静态标定
　　　……………………………………………1468
　　37.5.1　涡流式传感器设计要点 ………1468
　　37.5.2　涡流式传感器的静态标定 ……1469
37.6　涡流式传感器的应用 …………………1470
　　37.6.1　测位移 …………………………1470
　　37.6.2　测振动 …………………………1470
　　37.6.3　测转速 …………………………1471
　　37.6.4　测厚度 …………………………1471
　　37.6.5　测温度 …………………………1471
　　37.6.6　电涡流探伤 ……………………1472
　　37.6.7　其他用途 ………………………1472

第38章　谐振式传感器

38.1　国内外谐振式传感器展示 ………1473
38.2　振筒式传感器 …………………………1474
　　38.2.1　结构与工作原理 ………………1474
　　38.2.2　振筒的固有振动频率和振型
　　　　　　……………………………………1475
　　38.2.3　振动频率和压力的关系 ………1476
　　38.2.4　测量电路 ………………………1476
　　38.2.5　振动管式密度传感器 …………1478
　　38.2.6　误差分析 ………………………1478
38.3　振弦式传感器 …………………………1479
　　38.3.1　工作原理 ………………………1479
　　38.3.2　振弦振动的激励方式 …………1480
　　38.3.3　振弦式传感器的特性分析 ……1483
　　38.3.4　振弦式传感器的应用 …………1485
　　38.3.5　振弦式传感器的测量电路 ……1487
38.4　振膜和振梁式传感器 …………………1488
　　38.4.1　振膜式传感器 …………………1488
　　38.4.2　振梁式传感器 …………………1490
38.5　压电式谐振传感器 ……………………1490
　　38.5.1　石英晶体的振动模式 …………1491
　　38.5.2　石英晶体谐振式压力传感器
　　　　　　……………………………………1492
　　38.5.3　谐振梁式差压传感器 …………1494
　　38.5.4　石英晶体温度-频率传感器 ……1496

第39章　电位器式传感器

39.1　国内外电位器式传感器展示 ……1501
　　39.1.1　普通线绕电位器系列 …………1501

目 录

　39.1.2　精密、特殊线绕电位器系列 …　1503
　39.1.3　微调线绕电位器系列 ………　1504
　39.1.4　预调玻璃釉电位器系列 ……　1505
　39.1.5　微调玻璃釉电位器系列 ……　1507
　39.1.6　电视机用线绕电位器和预调电
　　　　　位器系列 …………………　1508
39.2　电位器式传感器基本理论 ………　1510
　39.2.1　直线位移型电位器式传感器
　　　　　工作原理 …………………　1510
　39.2.2　角位移型电位器式传感器
　　　　　工作原理 …………………　1510
39.3　电位器式传感器的结构及类型 …　1510
　39.3.1　金属膜电位器 ………………　1513
　39.3.2　导电塑料电位器 ……………　1513
　39.3.3　导电玻璃釉电位器 …………　1513
　39.3.4　光电电位器 …………………　1513
39.4　电位器式传感器的应用 …………　1514

第40章　电阻应变式传感器

40.1　国内外电阻应变式传感器展示 …　1516
　40.1.1　国内电阻应变式传感器展示
　　　　　…………………………………　1516
　40.1.2　国外电阻应变式传感器展示
　　　　　…………………………………　1525
40.2　电阻应变式传感器基本理论 ……　1550
　40.2.1　电阻应变片的工作原理 ……　1550
　40.2.2　应变片的结构形式 …………　1552
40.3　电阻应变片的选用 ………………　1553
　40.3.1　电阻应变片的选用原则 ……　1553
　40.3.2　国内应变片参数及特性 ……　1554
　40.3.3　国外应变片的参数及特性 …　1567
40.4　应变片的粘合剂及粘贴方法 ……　1572
　40.4.1　粘合剂 ………………………　1572
　40.4.2　应变片的粘贴方法 …………　1582
40.5　几种常用的布片和组桥方式 ……　1589
40.6　最佳供桥电压的选择 ……………　1592
40.7　电桥电路的补偿方法 ……………　1595
　40.7.1　初始不平衡误差及其补偿 …　1595
　40.7.2　温度补偿 ……………………　1597
　40.7.3　非线性补偿 …………………　1605
　40.7.4　输出灵敏度标准化补偿 ……　1606
　40.7.5　输入电阻标准化补偿 ………　1606
　40.7.6　电桥的非线性误差补偿 ……　1607

40.8　电阻应变片的标定 ………………　1609
　40.8.1　灵敏系数 K 值的标定 ………　1609
　40.8.2　横向灵敏度 H 值的标定 ……　1613
　40.8.3　疲劳寿命的标定 ……………　1615
　40.8.4　高、中温温度应变计的标定 …　1616
　40.8.5　应变片低温热输出曲线的标定
　　　　　…………………………………　1620
40.9　电阻应变式传感器的结构与设计
　　　…………………………………………　1620
　40.9.1　应变式测力与称重传感器 …　1621
　40.9.2　应变式压力传感器 …………　1631
　40.9.3　应变式位移传感器 …………　1643
　40.9.4　应变式加速度传感器 ………　1646
　40.9.5　带放大器组件的应变式传感器
　　　　　…………………………………　1648
　40.9.6　应变花 ………………………　1648
　40.9.7　多个传感器的组合与输出 …　1652
　40.9.8　多个传感器的误差计算 ……　1654
　40.9.9　应变式测力传感器动态测量误
　　　　　差的近似估算方法 …………　1654

第41章　半导体应变计

41.1　国内外半导体应变计展示 ………　1656
　41.1.1　半导体应变片式力敏传感器及
　　　　　其配套二次仪表 …………　1656
　41.1.2　通用型半导体压力传感器 …　1657
41.2　半导体应变计基本理论 …………　1657
　41.2.1　半导体应变计的工作原理 …　1657
　41.2.2　半导体应变计的种类和结构
　　　　　…………………………………　1659
　41.2.3　半导体应变计的规格 ………　1663
　41.2.4　半导体应变计的特性 ………　1666
41.3　半导体应变计的补偿方法 ………　1668
　41.3.1　温度补偿 ……………………　1669
　41.3.2　非线性补偿 …………………　1670
41.4　使用半导体应变计的注意事项 …　1672
41.5　半导体应变计传感器 ……………　1673

第42章　新型及特种传感器

42.1　国内外新型及特种传感器展示 …　1674
　42.1.1　MA-1001型浊度检测仪 ……　1674
　42.1.2　TO型运动粘度计 ……………　1675

42.1.3 比浊分析仪 …………………… 1675
42.1.4 微量煤烟浓度计 ………………… 1676
42.1.5 4940型超声浓度传感器 ………… 1676
42.1.6 密度传感器 …………………… 1677
42.1.7 FT-1914型管道煤浆密度测定仪
  …………………………………… 1677
42.1.8 MD沉子法密度传感器 ………… 1678
42.1.9 扭矩传感器 …………………… 1679
42.1.10 压力仪表 ……………………… 1680
42.1.11 数字式压力计 ………………… 1680
42.1.12 SYY型数字压力计 …………… 1681
42.1.13 HCPL-3700型电平检测隔离器
  …………………………………… 1681
42.1.14 电流传感器 …………………… 1682
42.1.15 直流传感器系统 ……………… 1683
42.1.16 400型液体界面传感器 ………… 1684
42.1.17 SLM-4型超声自动界面检测
  传感器 …………………………… 1684
42.1.18 621S型间接式液位传感器 …… 1685
42.1.19 GJ系列固体继电器 …………… 1686
42.1.20 K11-12型磁性开关 ………… 1687
42.1.21 WY型位移传感器 …………… 1687
42.1.22 TL-Q/TL-G型接近开关
  …………………………………… 1688
42.1.23 TL-N/TL-H/TL-F型接近
  开关 ……………………………… 1689
42.1.24 TL-W型扁平式接近开关
  …………………………………… 1693
42.1.25 E2EZ型铝屑对策用接近开关
  …………………………………… 1695
42.1.26 E2FQ型溅散对策式接近开关
  …………………………………… 1696
42.1.27 TL-T型狭窄式接近开关 …… 1698
42.1.28 TLE型感应式接近开关 ……… 1700
42.1.29 E2F型圆柱式接近开关 ……… 1700
42.1.30 E2E型圆柱式接近开关 ……… 1703
42.2 扩散型半导体压力传感器 ………… 1708
  42.2.1 结 构 ………………………… 1708
  42.2.2 原 理 ………………………… 1709
  42.2.3 特 性 ………………………… 1709
  42.2.4 应 用 ………………………… 1710
42.3 高油压传感器 ……………………… 1710
  42.3.1 应力-磁性特性 ………………… 1710

42.3.2 基本结构和原理 ……………… 1711
42.3.3 高油压传感器的耐久性测量
  …………………………………… 1712
42.3.4 输出特性 ……………………… 1712
42.4 石英真空传感器 …………………… 1713
  42.4.1 工作原理 ……………………… 1713
  42.4.2 检测电路 ……………………… 1714
  42.4.3 特 点 ………………………… 1715
42.5 石英扭矩传感器 …………………… 1716
  42.5.1 工作原理 ……………………… 1716
  42.5.2 应 用 ………………………… 1717
42.6 磁温度传感器——热簧片开关 …… 1718
  42.6.1 基本结构和工作原理 ………… 1718
  42.6.2 一般特性及用途 ……………… 1719
  42.6.3 选择时的注意事项 …………… 1720
42.7 荧光式光纤温度传感器 …………… 1720
  42.7.1 检测原理 ……………………… 1721
  42.7.2 检测装置概况 ………………… 1721
  42.7.3 特 征 ………………………… 1722
  42.7.4 应 用 ………………………… 1723
42.8 水晶温度传感器 …………………… 1723
  42.8.1 一般特性 ……………………… 1724
  42.8.2 水晶温度探针 ………………… 1725
  42.8.3 性能及应用 …………………… 1725
42.9 核四重共振温度传感器 …………… 1726
  42.9.1 工作原理 ……………………… 1726
  42.9.2 结构及应用 …………………… 1727
42.10 电磁流量传感器 …………………… 1728
42.11 涡流量传感器 …………………… 1731
  42.11.1 工作原理 …………………… 1731
  42.11.2 结 构 ……………………… 1732
  42.11.3 特 征 ……………………… 1733
  42.11.4 规 格 ……………………… 1733
  42.11.5 选择时的注意事项 ………… 1733
42.12 流体传感器 ………………………… 1734
  42.12.1 工作原理 …………………… 1734
  42.12.2 特性和规格 ………………… 1735
  42.12.3 应 用 ……………………… 1736
42.13 超声流量传感器 …………………… 1736
  42.13.1 工作原理 …………………… 1736
  42.13.2 渡越时间流量计 …………… 1737
  42.13.3 连续波多普勒流量计 ……… 1739
  42.13.4 脉冲多普勒流量计 ………… 1742

目 录

42.14　静电电容式表面传感器……………　1743
　42.14.1　工作原理 ……………………　1744
　42.14.2　存在的问题及改进方法 ……　1746
　42.14.3　使用注意事项 ………………　1747
　42.14.4　用　途 ………………………　1747
42.15　压差式液面传感器 …………………　1748
　42.15.1　测定原理 ……………………　1748
　42.15.2　原理和结构 …………………　1749
　42.15.3　特　点 ………………………　1750
　42.15.4　选择要点 ……………………　1750
42.16　浮子式液面传感器 …………………　1750
　42.16.1　工作原理 ……………………　1750
　42.16.2　特　点 ………………………　1751
　42.16.3　规格标准 ……………………　1751
　42.16.4　结　构 ………………………　1751
　42.16.5　精　度 ………………………　1753
42.17　地震传感器 …………………………　1754
　42.17.1　工作原理 ……………………　1754
　42.17.2　结　构 ………………………　1755
　42.17.3　特　性 ………………………　1756
　42.17.4　应　用 ………………………　1756
42.18　电镀膜厚度传感器 …………………　1757
　42.18.1　荧光 X 射线法的原理 ………　1757
　42.18.2　SFT157 的装置结构 …………　1758
　42.18.3　测定的对象 …………………　1759
　42.18.4　荧光 X 射线法测定膜厚的方法
　　　　　………………………………　1760
42.19　电导率传感器 ………………………　1761
　42.19.1　液体电导率 …………………　1761
　42.19.2　基本原理 ……………………　1761
　42.19.3　测定电路 ……………………　1763
　42.19.4　用　途 ………………………　1763
42.20　浊度传感器 …………………………　1763
　42.20.1　浊度传感器的种类 …………　1764
　42.20.2　浊度的标准液 ………………　1765
　42.20.3　浊度测定的注意事项 ………　1765
　42.20.4　表面散射光方式浊度计的实例
　　　　　………………………………　1765
　42.20.5　浸渍型透射光、散射光方式的
　　　　　浊度计 ………………………　1766
　42.20.6　发酵浊度计 …………………　1767
42.21　脸像自动识别传感器 ………………　1768
　42.21.1　侧面像的脸像识别 …………　1768

　42.21.2　正面像的脸像识别 …………　1769
42.22　手写签字自动核认传感器 …………　1770
　42.22.1　手写签字验证的方法 ………　1771
　42.22.2　具体传感系统介绍 …………　1771
42.23　指纹自动识别传感器 ………………　1772
　42.23.1　指纹自动鉴定方法 …………　1773
　42.23.2　指纹自动识别系统的技术分析
　　　　　………………………………　1774
42.24　说话人自动识别传感器 ……………　1775
　42.24.1　发音基本原理 ………………　1776
　42.24.2　说话人自动识别的基本原理
　　　　　………………………………　1776
　42.24.3　具体传感系统介绍 …………　1777
42.25　电触传感器 …………………………　1778
　42.25.1　工作原理 ……………………　1778
　42.25.2　结构与电路举例 ……………　1780
　42.25.3　误差及其测定 ………………　1782
　42.25.4　设计要点 ……………………　1783
42.26　声传感器 ……………………………　1784
　42.26.1　碳粒送话器 …………………　1785
　42.26.2　压电声传感器 ………………　1785
　42.26.3　静电扬声器 …………………　1786
42.27　漏油传感器 …………………………　1791
　42.27.1　线传感器及其检测系统 ……　1792
　42.27.2　点传感器及其检测系统 ……　1794
42.28　粉状体传感器 ………………………　1794
　42.28.1　微型音叉(压电音叉)的基本
　　　　　原理 …………………………　1794
　42.28.2　粉状体传感器(PKT02B)的工作
　　　　　原理 …………………………　1795
　42.28.3　形状和结构 …………………　1795
　42.28.4　优　点 ………………………　1796
　42.28.5　应用实例 ……………………　1796
42.29　火焰传感器 …………………………　1796
42.30　静电电容型接近开关 ………………　1798
　42.30.1　工作原理 ……………………　1799
　42.30.2　结　构 ………………………　1799
　40.30.3　特　性 ………………………　1800
　42.30.4　应用及注意事项 ……………　1801
42.31　水银开关 ……………………………　1802
　42.31.1　工作原理、结构及种类 ……　1802
　42.31.2　特　征 ………………………　1804
　42.31.3　安装方法 ……………………　1805

42.31.4 用 途 ……………………… 1805
42.32 尿素传感器 ……………………… 1806
　42.32.1 工作原理 …………………… 1806
　42.32.2 结 构 ………………………… 1806
　42.32.3 制 法 ………………………… 1807
　42.32.4 特 性 ………………………… 1807
　42.32.5 应 用 ………………………… 1808
42.33 过氧化氢传感器 ………………… 1808
　42.33.1 极谱式过氧化氢传感器 …… 1808
　42.33.2 生物传感器式 H_2O_2 传感器 … 1809
　42.33.3 应 用 ………………………… 1811
42.34 氨传感器 ………………………… 1812
　42.34.1 结构原理 …………………… 1812
　42.34.2 特 性 ………………………… 1812
　42.34.3 应 用 ………………………… 1813
42.35 生化需氧量传感器 ……………… 1814
　42.35.1 测定原理 …………………… 1814
　42.35.2 测定装置简介 ……………… 1815
　42.35.3 与 JIS 法 BOD 值的相关关系
　　　　　………………………………… 1816
42.36 极谱仪式氧气传感器 …………… 1816
　42.36.1 测定原理和基本特性 ……… 1816
　42.36.2 使用注意事项 ……………… 1818
42.37 原电池式氧传感器 ……………… 1819
　42.37.1 结 构 ………………………… 1819
　42.37.2 工作原理 …………………… 1820
　42.37.3 检测电路 …………………… 1820
　42.37.4 特 性 ………………………… 1820
　42.37.5 用 途 ………………………… 1821
42.38 光干涉仪式气体传感器 ………… 1822
　42.38.1 工作原理 …………………… 1822
　42.38.2 对干涉条纹的移动进行光电
　　　　　转换的气体传感器 ………… 1824
　42.38.3 应 用 ………………………… 1825
42.39 鲜度传感器 ……………………… 1825
　42.39.1 基本原理 …………………… 1825
　42.39.2 结构和特性 ………………… 1826
　42.39.3 K 值的实测 ………………… 1827
　42.39.4 应用前景 …………………… 1827
42.40 硬度传感器 ……………………… 1827
　42.40.1 基本原理 …………………… 1828
　42.40.2 结构和工作原理 …………… 1830
　42.40.3 优 点 ………………………… 1831

42.41 设备诊断用振动传感器 ………… 1831
　42.41.1 测定函数 …………………… 1831
　42.41.2 滚动轴承的振动发生机理 … 1831
　42.41.3 滚动轴承的固有振动频率 … 1832
　42.41.4 最新探测器的结构和振动特性
　　　　　………………………………… 1833
　42.41.5 测定点偏离引起的测定误差
　　　　　………………………………… 1834
42.42 微波位移传感器 ………………… 1834
　42.42.1 检测原理 …………………… 1834
　42.42.2 结 构 ………………………… 1836
　42.42.3 特 性 ………………………… 1836
　42.42.4 应 用 ………………………… 1836
42.43 粘度传感器 ……………………… 1837
　42.43.1 粘度的基本知识 …………… 1838
　42.43.2 粘度计的种类 ……………… 1838
　42.43.3 粘度计典型例子的说明 …… 1839
42.44 接触传感器 ……………………… 1839
42.45 光断续器 ………………………… 1842
　42.45.1 工作原理 …………………… 1842
　42.45.2 安装方法 …………………… 1843
　42.45.3 检测电路 …………………… 1843
　42.45.4 使用时的注意事项 ………… 1844
　42.45.5 展 望 ………………………… 1845
42.46 露点传感器 ……………………… 1845
　42.46.1 氯化锂露点计 ……………… 1845
　42.46.2 石英露点计 ………………… 1846
42.47 商业电子秤用传感器 …………… 1847
42.48 集成温度传感器 LM134 及 AD590
　　　　………………………………… 1848
　42.48.1 LM134 集成温度传感器 …… 1848
　42.48.2 AD590 集成温度-电流传感器
　　　　　………………………………… 1853
42.49 符号传感器 ……………………… 1860
　42.49.1 定 义 ………………………… 1860
　42.49.2 "符号测量"的相关性 ……… 1861
　42.49.3 变换、概念和说明 ………… 1862
　42.49.4 从概念到模糊概念 ………… 1862
　42.49.5 建立新的概念 ……………… 1863
　42.49.6 进入计算环境 ……………… 1868
　42.49.7 结 论 ………………………… 1870
42.50 光阵列传感器 …………………… 1870

目 录

- 42.50.1 引言 …………………… 1870
- 42.50.2 传感系统的结构特点 …… 1870
- 42.50.3 测量原理 ………………… 1871
- 42.50.4 光阵列传感器基本实验和基本装置 …………………………… 1874
- 42.50.5 结 论 …………………… 1877

第43章 传感检测技术

- 43.1 激光多普勒测速(LDA)技术 …… 1878
  - 43.1.1 LDA 光学布置 …………… 1880
  - 43.1.2 双光束多普勒频移公式 …… 1882
  - 43.1.3 LDA 中的微粒光散射 …… 1884
  - 43.1.4 LDA 中的方向鉴别和频移 … 1885
  - 43.1.5 二维激光测速原理 ……… 1890
  - 43.1.6 LDA 的信号处理 ………… 1892
  - 43.1.7 LDA 的应用 ……………… 1896
  - 43.1.8 LDA 技术的发展动态 …… 1903
- 43.2 超声波检测技术 ………………… 1905
  - 43.2.1 工作原理 ………………… 1905
  - 43.2.2 超声波换能器 …………… 1906
  - 43.2.3 超声波在检测中的应用 … 1909
- 43.3 核辐射检测技术 ………………… 1916
  - 43.3.1 核辐射测试工作原理 …… 1916
  - 43.3.2 α、β、γ 射线 ……………… 1918
  - 43.3.3 核辐射探测器 …………… 1920

- 43.4 荧光(磷光)测压技术 …………… 1922
  - 43.4.1 测压原理 ………………… 1923
  - 43.4.2 测压方法 ………………… 1924
  - 43.4.3 测压数据处理 …………… 1925
  - 43.4.4 测压实验 ………………… 1926
  - 43.4.5 测压结论 ………………… 1929

第44章 传感器的发展动向

- 44.1 传感器的技术动向 ……………… 1931
  - 44.1.1 发现新现象 ……………… 1931
  - 44.1.2 开发新材料 ……………… 1932
  - 44.1.3 发展微细加工技术 ……… 1933
  - 44.1.4 仿生传感器 ……………… 1934
- 44.2 传感器的需求动向 ……………… 1936
  - 44.2.1 家用电器与传感器 ……… 1937
  - 44.2.2 汽车电子控制与传感器 … 1938
- 44.3 传感器研究的工作方法 ………… 1939
- 44.4 传感器的未来 …………………… 1939
  - 44.4.1 智能化传感器 …………… 1939
  - 44.4.2 传感器与传动装置一体化 … 1941
  - 44.4.3 向生物体传感器系统方向发展 …………………………… 1941
  - 44.4.4 智能化的现状 …………… 1941

参考文献 …………………………………… 1942

第 16 章

激光传感器

激光是在20世纪60年代初问世的。由于激光具有方向性强、亮度高、单色性好等特点，使其不仅成为一种新颖光源而且还发展成一种新技术——激光技术。该技术被广泛应用于工农业生产、国防军事、医学卫生及科学研究等方面。

激光器是发射激光的装置。按工作物质不同可分为固体激光器、气体激光器、半导体激光器和染料激光器等。它们各有各的特点和应用场合。

由激光器、光学零件和光电器件所构成的激光测量装置能将被测量（如长度、流量、速度等）转换成电信号。因此，广义上也可将激光测量装置称为激光传感器。本章着重讲述激光传感器的基本理论及各类激光传感器。

16.1 激光传感器的基本理论

16.1.1 激光的本质

原子在正常分布状态下，多处于稳定的低能级 E_1 状态。如果没有外界的作用，原子可以长期保持这个状态。原子在得到外界能量后，由低能级向高能级跃迁的过程，叫做原子的激发。原子处于激发的时间非常短，处于激发态的原子能够很快地、自发地从高能级跃迁到低能级上去，同时辐射出光子，这种发光叫做原子的自发辐射，如图16-1(a)所示。

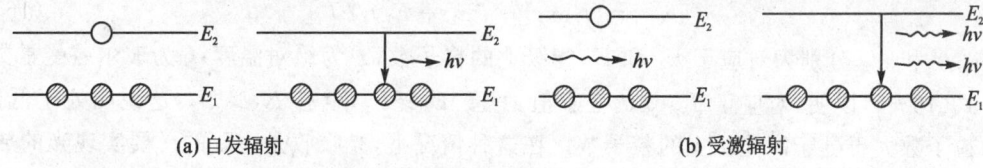

(a) 自发辐射　　　　　　　　　　(b) 受激辐射

图 16-1　原子自发辐射和受激辐射

进行自发辐射时，各个原子的发光过程互不相关。它们辐射光子的传播方向，以及发光时原子由高能级向哪一个能级跃迁（即发光的频率 ν）等都具有偶然性。因此，原子自发辐射的光是一系列不同频率的光子混合。对于光源的大量原子来说，这些光子的频率只是服从于一定的统计规律。

如果处于高能级的原子在外界作用影响下，发射光子跃迁到低能级上去，这种发光叫做原子的受激辐射。设原子有能量为 E_1 和 E_2 的两个能级,而且 $E_2 > E_1$。当原子处于 E_2 能级上时,在能量为 $h\nu = E_2 - E_1$(h 为普郎克常数,$h = 6.626 \times 10^{-34}$ J·s,ν 为光的频率)的入射光子影响下,这个原子可发生受激辐射,跃迁到 E_1 能级上去,并发射出一个能量为 $h\nu = E_2 - E_1$ 的光子,如图 16-1(b)所示。在受激辐射过程中,发射光子不仅在能量上(或频率上)与入射光子相同,它们在相位、振动方向和发射方向上也完全一样。如果这些光子再引起其他原子发生受激辐射,这些原子所发射的光子在相位、发射方向、振动方向和频率上也都和最初引起受激辐射的入射光子相同,如图 16-2(a)所示。这样,在一个入射光子影响下,会引起大量原子的受激辐射,它们所发射的光子在相位、发射方向、振动方向和频率上都完全一样,这一过程也称光放大。所以在受激发射时,原子的发光过程不再是互不相关的,而是相互联系的。这种光就是激光。

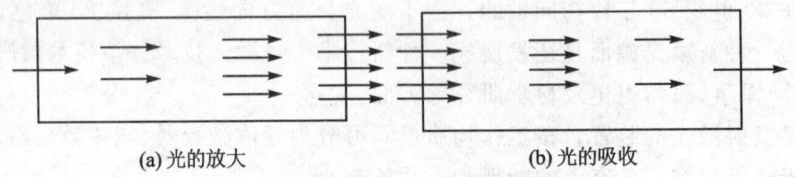

图 16-2 光的放大与吸收示意图

另一方面,能量为 $h\nu = E_2 - E_1$ 的光子在媒质中传播时,也可以被处于 E_1 能级上的粒子所吸收,而使这个粒子跃迁到 E_2 能级上去。在此情况下,入射光子被吸收而减少,如图 16-2(b)所示,这个过程叫做光的吸收。

光的放大和吸收过程往往是同时进行的,总的结果可以是加强或减弱,这取决于这一对矛盾中哪一方处于支配地位。

16.1.2 激光的形成

激光是媒质的粒子(原子或分子)受激辐射产生的,但它必须具备下述的条件才能得到。

1. 粒子数反转

如何才能实现光放大呢?当媒质处于热平衡状态时,它的粒子在各能级上的分布遵从一定的统计规律。在恒定的温度下,粒子数据能量的分布用下式表示

$$N_2 = N_1 \exp[-(E_2 + E_1)/kT] \tag{16-1}$$

式中,N_1 和 N_2 分别为对应于 E_1 和 E_2 能级上的粒子数;T 为绝对温度;k 为玻尔兹曼常数。

式(16-1)说明,对应于 $T>0$ 的任意值,只要 $E_2 > E_1$,就有 $N_1 > N_2$,这说明处于低能级上的粒子数大于处于高能级上的粒子数。在这种情况下,光吸收是主要的。要实现光的放大,必须使 $N_2 > N_1$,这种不平衡状态分布叫做粒子数反转,可以通过气体放电或光照射等从外界供给能量的方法来获得粒子数反转分布。图 16-3(a)表示媒质中粒子能级的正常分布,媒质中大部分粒子处在低能级(以黑点表示),只有少数粒子处于高能级(以圆圈表示)。图 16-3(b)表示在外界激发的条件下形成了粒子数反转。

2. 激发器的光振荡放大

要想产生激光,单靠外界激发而得到的初级受激辐射是不行的。实际的激光器都是由一个粒子数反转的粒子系统(叫做工作物质)和一个光学共振腔组成。光学共振腔由两端为各种

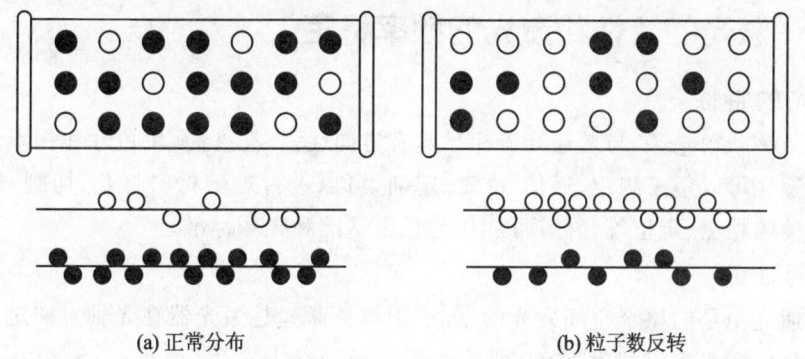

(a) 正常分布　　　　　　　　(b) 粒子数反转

图 16-3　媒质中粒子能级的正常分布和粒子数反转

形状的曲面反射镜构成。最简单的光学共振腔是两面相互平行的平面反射镜,镜面对光有很高的反射率,而工作物质封装在有两个反射镜的封闭体中。

当工作物质产生受激辐射时,受激辐射在两反射镜之间作一定次数的往返反射,而每次返回时都会经过建立了粒子数反转分布的工作物质,这样将使受激辐射一次又一次地加强,如图 16-4所示。这样几十次、几百次的往返,直至能获得单方向的强度非常集中的激光输出为止。我们把激光在共振腔内的往返放大过程叫做振荡放大。被激发的工作物质中的某些原子受激辐射而放出光子,如果发射方向正好和腔轴线平行,则可能在腔内起放大作用。一部分偏离轴线方向的光子则跑出腔外面而成为一种损耗,如图 16-4(a)所示。若光在来回反射过程中,放大作用克服了各种衰减作用(如共振腔的透射、工作物质对光的散射和吸收等),就形成稳定的光振荡而产生激光,以很好的方向沿轴向输出,如图 16-4(b)和图 16-4(c)所示。

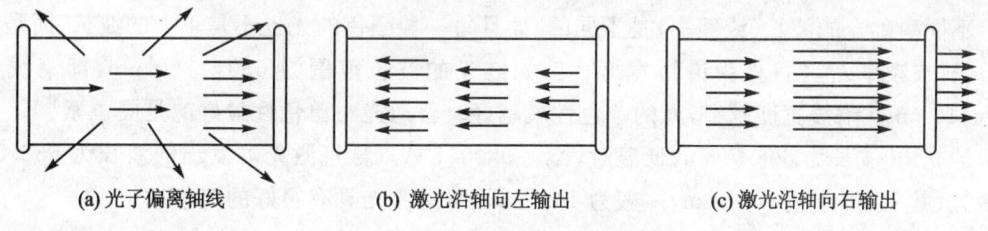

(a) 光子偏离轴线　　　(b) 激光沿轴向左输出　　　(c) 激光沿轴向右输出

图 16-4　光振荡器的工作过程

在实际应用中,激光器发出的光按受激方法不同,有连续激光器和脉冲激光器之分。前者的激光输出是连续光,如氦氖气体激光器;后者的激光输出是脉冲式的,如固体红宝石激光器,它的持续时间约 1~2 ms,由脉冲氙灯激励。

3. 激光输出

激光光束在激光器的共振腔内往返振荡放大,那么怎样输出呢?共振腔内的反射镜起着反射光束使其往返振荡作用,从光放大角度看,反射率越高,光损失越小,放大效果越好。在实际设计中,尽量使一侧反射镜对激光波长的反射率接近 100%,而另一侧反射镜则稍低一些,例如 98% 以上。这样输出端的透镜将有激光穿透,该端即为激光的输出端。

对于输出端透镜的反射率要适当选择,如果反射率太低,虽然透光能力强了,但对腔内光束损失太大,就会影响振荡器的放大倍数,这样输出必然减弱。目前,最佳反射率一般在给定激光条件下由实验来确定。

16.1.3 激光的特性和激光的频率稳定

1. 激光的特性

激光是一种新颖光源,与普通光源相比具有方向性强、亮度高、单色性和相干性好等特性。这些特性使激光可以用来测距、通信、准直、定向,可以进行难熔材料打孔、切割、焊接等加工,还可以用来精密检测、定位等,并有可能作为长度基准和光频标准。

1) 方向性强

一般普通光源是向整个空间发光的,如白炽灯。激光是激光器在光轴方向定向发射的光,因此方向性强。激光光束的发散角(即两光线之间的最大夹角)很小,一般约 0.18°,在 mrad 范围内。其中气体激光器的发散角最小(为几分),固体的次之,半导体激光器的发散角最大,约几度到十几度。

2) 亮度高

光源的亮度是指光源在单位面积上向某一方向的单位立体角内发射的光功率,单位为 $W/(cm^2 \cdot sr)$。

激光光束方向性强,立体角极小,一般可小至 10^{-6} rad,而普通光源发光的立体角要比激光大百万倍。因此,即使二者在单位面积上的功率相差不大,激光的亮度也比普通光的亮度高百万倍。另外,有些激光器的发光时间极短,光输出功率很高,如巨脉冲红宝石激光器,其激光能量在空间和时间上高度集中,使亮度比太阳表面亮度高几百亿倍。功率 1×10^{-2} W 氦氖激光器的亮度约 10^6 $W/(cm^2 \cdot sr)$。

3) 单色性好

不同颜色光的波长(或频率)是不同的,而且每一种颜色的光也不是单一的波长,而是有一个波长(或频率)范围,称为谱线宽度。例如红光的波长范围为 650~760 nm,即谱线宽度 $\Delta \lambda = 110$ nm。谱线宽度越窄,光的单色性就越好。普通光中单色性最好的是同位素 ^{86}Kr 灯所发出的光,其波长为 605.7 nm,低温时,$\Delta \lambda = 0.0047$ Å。氦氖激光器发出的波长为 632.8 nm 的激光,其 $\Delta \lambda$ 可小至 10^{-8} nm,一般为 10^{-5} nm,可见激光具有很好的单色性。

4) 相干性好

光的相干性是指两束光相遇时,在相遇区域内发出的波的叠加,能形成比较清晰的干涉图样(即亮暗交替条纹)或能接收到稳定的拍频信号。不同时刻,由同一点出发的光波之间的相干性称为时间相干性。同一时间,由空间不同点发出的光波的相干性称空间相干性。

激光是受激辐射形成的,各个发光中心发出的光波在传播方向、振动方向、频率、相位等是完全一致的,因此激光的空间相干性和时间相干性好,谱线宽度窄。光的时间相干性与谱线宽度是密切相关的,谱线越窄时间相干性越好,能产生干涉图样的最大光程差(即相干长度)也就越长。设单色光的中心波长为 λ,谱线宽度为 $\Delta \lambda$,则当光程差 ΔL 大到一定程度后,会出现波长 $\lambda + \frac{\Delta \lambda}{2}$ 的光为 m 次加强时,波长为 $\lambda - \frac{\Delta \lambda}{2}$ 的光恰为 $m+1$ 次加强,这时干涉图样就很模糊,亮暗难分了,因此相干长度

$$\Delta L = m(\lambda + \frac{\Delta \lambda}{2}) = (m+1)(\lambda - \frac{\Delta \lambda}{2})$$

$$\Delta L = \frac{\lambda^2}{\Delta \lambda} - \frac{\Delta \lambda}{4} \approx \frac{\lambda^2}{\Delta \lambda} \qquad (16-2)$$

由此可知,当光波波长 λ 一定时,其谱线宽度 $\Delta\lambda$ 越窄,可相干的最大光程差 ΔL 也就越长。例如,^{86}Kr 辐射,理论上的可相干长度 $\Delta L = 77$ cm。氦氖激光理论上的 ΔL 可达 40 km,在实际中可在几十米范围内有清晰的干涉条纹。光通过相干长度所需的时间称相干时间 Δt_c,即 $\Delta t_c = \Delta L/c$,其中 c 为光速。因此光的相干长度越长,即光谱线宽度越窄,则光的时间相干性越好,所以激光的时间相干性好。

气体激光器的单色性和相干性比其他激光器好,且能长时间较稳定地工作。其中研究最成熟、应用最广泛的是氦氖激光器,氦氖比例为 5∶1～10∶1,外形同普通放电管。它常用直流电源(电压几 kV,电流几至几十 mA)放电方式进行气体放电激励,能获得数十种谱线的连续振荡。目前,应用最多的是 6328 Å 红光,此外还有 11523 Å 和 33913 Å 的红外光。它的单色性好,谱线宽度很窄,相干长度可达几 km,方向性强,发散角约 1 mrad。它能获得极高的频率稳定度,一般是多波长(多模)振荡,波长稳定度约 10^{-6}。在要求较高的场合,如精密测长,需用单波长(单模)振荡,并采用稳频技术。它的使用寿命已达几万 h。它的缺点是功率较小,一般只有几毫瓦至 100 mW,能量转换效率约 1/1000 弱。因此广泛用于精密计量、准直、测距等方面。

2. 激光的频率稳定

当激光用于精密计量,如干涉测长时,是以激光波长作为计量的基准,因此激光波长的稳定与否,或者说激光频率的稳定性如何,将直接影响测量的精度。引起激光器激光频率变化的主要因素是温度、气压、气流、振动和噪声等。温度变化、空气扰动、外界振动都将改变激光器谐振腔的几何长度(如玻璃管、金属支架长度)和腔内介质的折射率,使输出激光的频率变化。激光管内气体成分的比例、放电电流,以及原子自发发射等造成的噪声也使输出激光频率不稳定。一般氦氖激光器的频率稳定度约 3×10^{-6},已能满足一般长度的计量要求,但不能满足精密计量(如 1 m 激光比长仪测量精度要求 2×10^{-7})的需要。因此,在精密计量中,除了采取恒温、防震、密封等措施,并采用稳压、稳流电源作激励,以减小温度、振动、气流、噪声对激光频率的影响外,还采用线膨胀系数小的石英玻璃作氦氖激光器的管子,殷钢作支架,这样频率稳定度可达 10^{-7} 数量级。在要求更高的场合,必须采取稳频措施。

目前,较常用的稳频方法是利用增益曲线的兰姆下陷现象进行反馈控制,将腔长控制在一定范围内,即兰姆下陷稳频法。气体激光在一定条件下,其输出功率(或光强 I)调谐曲线中心(频率为 f_0)处将出现一个极小值,这个极小值称为兰姆下陷,如图 16-5(a)所示。将氦氖激光器谐振腔的一块反射镜胶粘上压电陶瓷圆筒,如图 16-5(b)所示,圆筒两壁加以约 0.5 V 的 400 Hz～1 kHz 的正弦电压,压电陶瓷的电致伸缩使腔长、输出激光频率和功率都随所加正弦电压的频率 f_a 而周期变化。当输出激光频率的中心值为 f_0 时(图 16-5(a)),输出功率周期变化的频率为 $2f_a$,幅值较小,经选频放大输出为 0 V。输出频率中心值在 $f_1\sim f_0$ 或 $f_0\sim f_2$ 之间时,输出功率以频率 f_a 而周期变化,幅值较大,经光电转换、选频放大后,输出误差信号,在相敏检波器中与参考信号相比较,输出与频率中心偏差 f_0 的方向和大小有关的直流电压给压电陶瓷,使腔长发生相应改变,从而使激光输出频率稳定在 f_0 的一个极小范围内,频率稳定度约 $10^{-8}\sim 10^{-9}$。但由于管内气体成分和压力的变化,兰姆下陷容易漂移,因此重复性为 10^{-7}。兰姆下陷稳频方法结构简单,稳定度较高,因此广泛应用于精密测量和工业自动化以及科学研究中。

除了兰姆下陷稳频方法外,还可采用反兰姆下陷(饱和吸收)等稳频方法,稳定度更高,如碘饱和吸收稳定激光器的稳定度可达 $10^{-11} \sim 10^{-12}$。在此不作讨论。

目前,在长度测量技术中,普遍采用氦氖激光器作为光源进行激光干涉测长(如线纹尺检定)、激光衍射测量(如细丝直径测量)和激光扫描测量(如热轧圆棒直径的在线测量)。因此,激光式传感器根据测长工作原理可分为激光干涉传感器、激光衍射传感器和激光扫描传感器。其中以激光干涉原理应用最多。

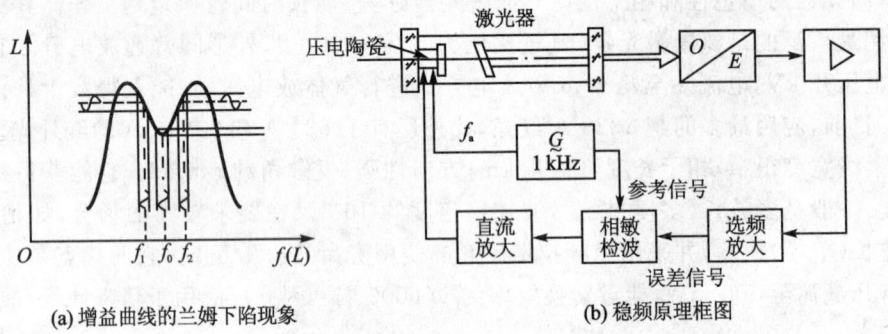

(a) 增益曲线的兰姆下陷现象　　　(b) 稳频原理框图

图 16-5　兰姆下陷稳频原理和方框图

16.1.4　激光器

激光器分类方法很多。按工作物质可分为气体、液体、固体和半导体激光器。

1. 气体激光器

气体激光器的工作物质是气体,其中有各种惰性气体原子、金属蒸气、各种双原子和多原子气体,以及气体离子等。

气体激光器通常是利用激光管中的气体放电过程来进行激励的。光学共振腔一般由一个平面镜和一个球面镜构成,球面的半径要比腔长大一些,如图 16-6 所示。

氦氖激光器是应用最广泛的气体激光器,其结构形式如图 16-7 所示。它分内腔式和外腔式。在放电管内充有一定气压和一定氦氖混合比的气体。共振腔长 l 要满足

$$l = \frac{N\lambda}{2}$$

式中,N——任意整数。

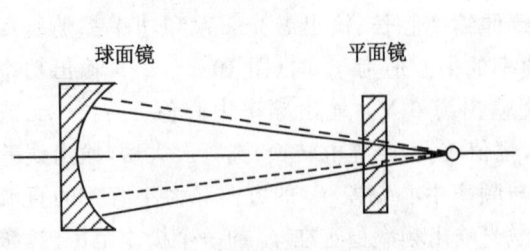

图 16-6　平凹腔

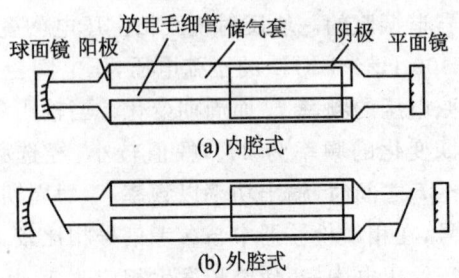

图 16-7　氦氖激光器结构示意图

氦氖激光器有许多振荡谱线,主要振荡波长是 6 328 Å(最强,呈橘红色),11 523 Å 和 33 913 Å(红外光)。它的发光机理是:在激光管内充入按比例的几个毫米水柱压力的氦氖混合气,形成低压放电管。在阳极与阴极之间加几 kV 高压,使之产生辉光放电,产生大量的动能很高的自由电子去碰击氦原子,氦原子被激发到 2^1S 和 2^3S 能级。氦的 2^1S 和 2^3S 能级是亚稳态,它的粒子数积累增加。由于氦的 2^1S 能级与氖的 3S 能级、氦的 2^3 能级与氖的 2S 能级接近,氦原子与氖原子碰撞后,氦原子回基态,而氖原子被激发到 2S 和 3S 能级(亚稳态),并且很快地积累增加。氖的 2P 和 3P 是激发态,粒子数比较少,但在 2S 与 2P 之间,3S 与 3P 和 2P 之间建立了粒子数反转分布。在入射光子的作用下,氖原子在 2S、3S 与 2P、3P 之间产生受激辐射。然后以自发辐射的形式,从 2P 和 3P 能级回到 1S 能级,再通过与管壁碰撞形式释放能量(即产生管壁效应),回到基态,如图 16-8 所示。从以上分析可以看出,氦(He)原子只起了能量传递作用,产生受激辐射的是氖(Ne)原子。它的能量小,转换效率低,输出功率一般为 mW 级。

二氧化碳(CO_2)激光器是典型的分子气体激光器,如图 16-9 所示。它的工作物质是 CO_2 气体,常加入氮、氦及一些其他辅助气体。最常用的激光波长是 10.6 μm 的红外光。CO_2 激光器的能量转换效率很高,可达百分之十几到 30%。它的输出功率大,可有几十到上万瓦。因此它可用于打孔、焊接、通信等方面。

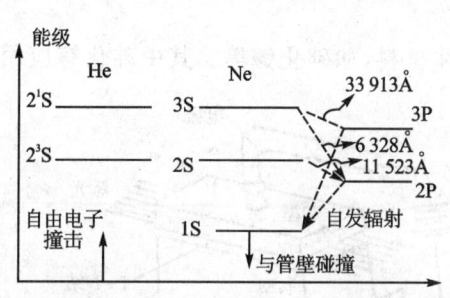

图 16-8 发光机理示意图

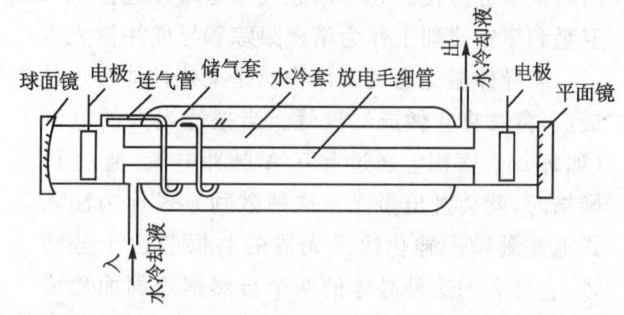

图 16-9 二氧化碳激光器

2. 固体激光器

固体激光器的工作物质主要是掺杂晶体和掺杂玻璃,最常用的是红宝石(掺铬)、钕玻璃(掺钕)和钇铝石榴石(掺钕)。

固体激光器的常用激励方式是光激励(简称光泵),也就是用强光去照射工作物质(一般为棒状,在光学共振腔中,它的轴线与两个反光镜相垂直),使它激发起来,从而发出激光。为了有效地利用泵灯(用脉冲氙灯、氪弧灯、汞弧灯、碘钨灯等各种灯作为光泵源的简称)的光能,常采用各种聚光腔,如图 16-10 所示。如果工作物质和泵灯一起放在共振腔内,则腔内壁应镀上高反射率的金属薄层,使泵灯发出的光能集中照射在工作物质上。

红宝石激光器是世界上第一台成功运转的激光器,它发出的是红色的波长为 6 943 Å 的激光。但在常温下,它只能脉冲运转,而且效率较低。

钕玻璃激光器的效率比红宝石激光器要高,它发出 1.06 μm 的红外激光。钕玻璃激光器是目前脉冲输出功率最高的器件,通常只能脉冲运转。钇铝石榴石激光器是目前性能最好的固体激光器之一,能连续运转,连续输出功率可超过 1 kW。它发出的激光波长是 1.06 μm 的红外光。图 16-11 示出了固体激光器的一般结构。

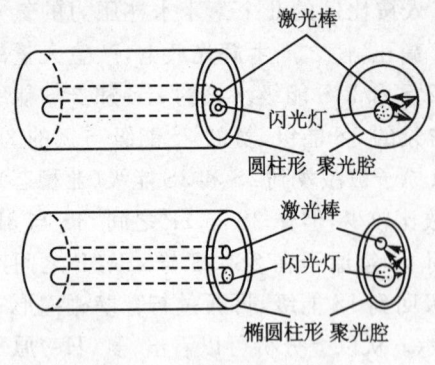

图 16-10 常用的各种聚光腔

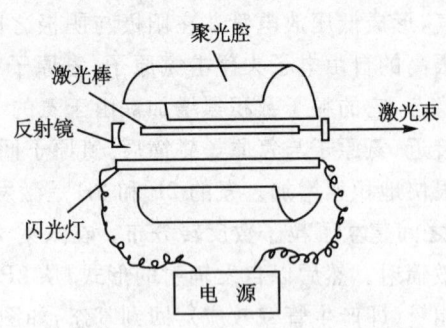

图 16-11 固体激光器的一般结构

3. 半导体激光器

半导体激光器最明显的特点是体积小、质量轻、结构紧凑。一般气体和固体激光器的长度至少几厘米，长的达几米以上。但半导体激光器本身却只有针孔那么大，它的长度还不到 1 mm，将它装在一个晶体管模样的外壳内，或在它的两面安上电极，质量可以不超过 2 g，因此用起来十分方便。它可以做成小型激光通信机，或做成装在飞机上的激光测距仪，或装在人造卫星和宇宙飞船上作为精密跟踪和导航用激光雷达。

半导体激光器的工作物质是某些性能合适的半导体材料，如砷化镓等。其中砷化镓应用最广，常常将它做成二极管。当把适当大的电流（如每 cm^2 面积上通过上万 A 脉冲电流）通过 P-N 结时，就会发出激光。这种激励方式称为注入式电流激励。砷化镓激光器的共振腔也十分巧妙，它是利用这种晶体的两个自然解理面而形成的。它们本身十分平滑，而且彼此平行，无需再外加反射镜，如图 16-12 所示。

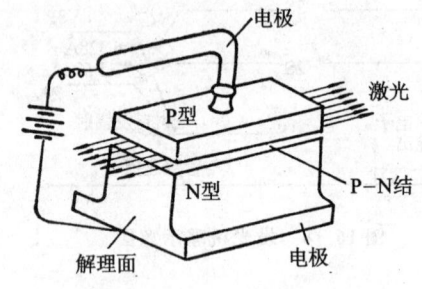

图 16-12 砷化镓激光器的谐振腔

半导体激光器效率很高，但是它也有一些缺点，如激光方向性比较差，输出功率比较小，受环境温度影响比较大等。

下面列出一些激光器的参数以供参考，见表 16-1～表 16-5。

表 16-1 半导体激光器(LD)特性参数表

型号或名称	峰值波长 $\lambda_P/\mu m$	正向压降 V_F/V	反向压降 V_R/V	寿命 /h	阈值电流 /mA	光纤功率 P_f/mW
GJ221-B 多模光纤 LD 组件	0.85	1.5	≥4	>5×10⁴	≤80	≤1
						>1～2
						>2～3
GJ1351J 多模光纤 LD 组件	1.3	1.4	≥2	10⁵	≤50	≥1

续表 16-1

型号或名称	峰值波长 $\lambda_P/\mu m$	正向压降 V_F/V	反向压降 V_R/V	寿命 /h	阈值电流 /mA	光纤功率 P_f/mW
GJ1352J 单模光纤 LD 组件	1.3	1.4	≥2	10^5	≤50	0.4~1
						>1~1.5
						>1.5~2
						>2
GJ1342B 单模光纤无制冷 LD	1.3	1.4	≥2	10^5	≤50	1
GJ1551J 多模光纤 LD 组件	1.5	1.5	—	10^5	≤50	1
GJ1552J 单模光纤 LD 组件	1.5	1.4	≥2	10^5	≤50	0.5~1
						>1~1.5
						>1.5~2
						>2
GJ1542B 单模光纤无制冷 LD	1.5	1.4	—	10^5	≤50	0.5~1
GJ7830Y 可见光 LD	0.78	1.5~2	≥3	3 000	≤60	5

表 16-2　GaAlAs 光窗型大功率脉冲激光器特性参数表

型号	波长 λ_P/nm	阈值电流 I_{th}/A	正向电压 V_F/V	反向电压 V_R/V	输出功率 P_o/W	半宽 $\Delta\lambda/nm$	发散角 $\theta_\perp/\theta_m$	工作温度 $t_R/℃$
GJ9031T 型大功率 LD	900	5	7	10	100	3.5	25/20°	−10~+60
GJ8071T 型大功率 LD	805	8	5	10	70	5	25/20°	−10~+60

表 16-3　InCaAsP/InP 大功率脉冲激光器特性参数表

技术参数	最小值	典型值	最大值	技术参数	最小值	典型值	最大值
发射波长 λ/nm	1280	1300	1320	50℃环境下制冷电流/mA	—	250	—
	1520	1550	1580	热敏电阻的温度系数/ $(\times 10^{-2}/℃)$	—	−5	—
光纤功率/mW				20℃下热敏电阻/kΩ	9	10	11
（多模光纤）	10	—	100	50℃环境温度下的制冷电压/V		1.5	
（单模光纤）	5		20				
阈值电流 I_{th}/nm	20	—	40	工作温度/℃	−10	20	50
光谱半宽 $\Delta\lambda/nm$	—	2	—	储存温度/℃	−20	—	60
正向压降/V	1.2	1.5	1.8	寿命/h		>100 000	

表16-4 半导体脉冲功率激光器特性参数

型号	总功率/W (27℃)	管芯数	正向峰值电流/A	正向电压/V	阈值/A	脉宽/ns	占空比/%	发光面积/μm²
MHL-101	3 2	1	4~5	4.5(5 A) 3.8(4 A)	1.2~1.5	400	<0.2	150×2
MHL-102	2 1.5	1	4~5	4.5(5 A) 3.8(4 A)	1.2~1.5	400	<0.2	150×2
MHL-103	1.2 0.8	1	4~5	4.5(5 A) 3.8(4 A)	1.2~1.5	400	<0.2	150×2
MHL-201	1.5 1	1	3	3.2	0.8	400	<0.2	80×2
MHL-202	1 0.7	1	3	3.2	0.8	400	<0.2	80×2
MHL-301	15 10	2	12~15	8	3~4	200	<0.1	360×2
MHL-302	8 5	1	6~10	5	1.8~2.5	200	<0.1	180×2
MHL-401	100 60	12~16	50	30	3~5	50	<0.05	—
MHL-402	40 20	12	25~40	25	3~5	100	<0.1	
MHL-501	80 40	4×3	40	30	8	30	<0.04	
MHL-502	30 20	3×2	25	20	6	30	<0.04	—

表16-5 光纤、激光光源器件特性参数

名称	主要参数
红宝石腔倒空激光器	输出能量为1.5 J;脉宽≤5 ns;重复频率为0.3~1次/s
红宝石调Q激光器	输出能量≥2 J;脉宽为15~30 ns;重复频率为0.3~1次/s
红宝石静态脉冲激光器	输出能量为2~3 J;重复频率≤1次/s
连续泵浦声光调Q YAG激光器	峰值功率为1~10 kW;脉宽为50~250 ns;重复率为0.5~20 kHz;稳定度为±5%;发散角为2~5 mrad
连续泵浦YAG锁模激光器	平均功率≥200 mW;脉宽为200~500 ns;锁模频率为150~200 MHz
连续泵浦YAG激光器	输出功率:单模1~5 W,多模10~100 W;稳定度为±5%;发散角为3~6 mrad
非稳腔YAG脉冲激光器	脉冲能量:本振250 mJ;一级放大为700 mJ;重复频率为10~20次/s
单纵模YAG脉冲激光器	脉冲能量:50 μJ或1 mJ两种(自注入开关型);重复频率为1~40次/s
主被动双锁模YAG脉冲激光器	能量为5 mJ;单脉冲能量为0.5 J;脉宽为20~200 ns;锁模频率为150 MHz;重复频率为1~10次/s
JYM-1型YAG激光器	脉冲能量≥100 mJ;脉宽≤10 ns;重复频率为1~40次/s,具有良好的耐高、低温和耐冲击振动性能

续表 16-5

名　称	主要参数
JYM-2 型 YAG 激光器	脉冲能量≥170 mJ；脉宽≤10 ns；重复频率为 1～40 次/s 环境温度为-40～+55℃；具有耐冲击振动性能
JYM-4 型 YAG 基横模激光器	脉冲能量为 30 mJ；脉宽≤10 ns；重复频率为 20～80 次/s 在多模工作、重复频率 20 次时，输出可达 250 mJ，具有良好的耐高、低温和耐冲击振动性能
一级放大 YAG 脉冲激光器	脉冲能量为 600 mJ；脉宽≤7 ns；重复频率为 1～40 次/s 多模
高亮度 YAG 激光器	脉冲能量为 800 mJ($\lambda=1.06\ \mu m$)或 300 mJ($\lambda=0.53\ \mu m$) 脉宽≤7 ns；重复频率为 3～10 次/s；TEM_{00} 模
高效倍频 YAG 激光器	脉冲能量>50 mJ($\lambda=0.53\ \mu m$) 脉宽≤5 ns；重复频率为 1～10 次/s；TEM_{00} 模
新型掺杂 YAG 脉冲锁模放大倍频系统	单脉冲输出能量≥4 mJ($\lambda=0.53\ \mu m$) 　　　　　　　　≥10 mJ($\lambda=1.06\ \mu m$)； 锁模几率≈100%；稳定性优于±10%；重复频率为 1～10 次/s 经放大后，$\lambda=0.53\ \mu m$ 时的最大输出能量可为 150 mJ
连续或脉冲 1.32 μm 固体激光器	连续功率为 3 W，或脉冲能量>300 mJ；重复频率为 1～10 次/s；锁模单脉冲序列再现几率为 100%；锁模脉宽≤0.35 ns
YAG 染料喇曼移频调谐激光系统	本系统是一种从紫外、可见光到近红外的可调谐高功率新型光源。最大可调谐输出 65 mJ(0.03 Å)，可调谐范围为 0.21～1.8 μm 1.064 μm 输出能量 750 mJ，脉宽 8 ns，0.532 μm 输出能量 350 mJ，0.3547 μm 输出能量 150 mJ；重复频率为 1～10 次/s
小型 YAG 倍频脉冲激光器	峰值功率为 0.7 mW；波长为 0.53 μm；重复频率为 20 次/s
自注入 Nd:YAG 激光器	波长为 1.06 μm；功率为 5 mW(经放大可提高) 脉宽为 2 ns；重复率为 1～5 次/s
多脉冲调制 Nd:YAG 激光器	波长为 1.06 μm；功率为 10 mW(经放大可提高) 脉宽为 1 ns；重复率为 1～5 次/s

16.1.5 激光的应用

激光具有高亮度、高方向性、高单色性和高相干性的特点，应用于测量方面，可实现无触点远距离测量，高速、高精度测量，测量范围广，抗光、电干扰能力强，因此激光得到了广泛的应用。下面举例说明应用激光测量的原理。

1. 长度检测

一般用的干涉测长仪是迈克尔逊干涉仪，其结构如图 16-13 所示。L_1 为准直透镜；M_B 为半透过式分光镜；M_1 和 M_2 为反射镜；L_2 为聚光透镜；PM 为光电倍增管。

从 He-Ne 激光器发出的光，通过准直透镜 L_1 变成平行的光束，被分光镜 M_B 分成两半：一半反射到反射镜 M_1，另一半透射到反射镜 M_2。被 M_1 和 M_2 反射的两路光又经 M_B 重叠，被聚光透镜 L_2 聚集，穿过针孔 P_2 进到光电倍增管 PM。设从 M_B 到 M_1 和 M_2 的距离分别为

l_1 和 l_2，则被分后再合的两束光的光程差 δ 为

$$\delta = 2(l_2 - l_1) = 2\Delta l \quad (16-3)$$

如果反射镜 M_2 沿光轴方向从 $l_2 = l_1$ 的点平行移动 Δl 的距离，那么光程差 $\delta = 2\Delta l$。当 $\Delta l = N\dfrac{\lambda}{4}$ 时，出现明暗干涉条纹。因此，在移动 M_2 过程中，PM 端计数得到的干涉条纹数 N，将 N 乘以 $\dfrac{\lambda}{4}$，就得到了 M_2 移动的距离 Δl，从而实现了长度检测。

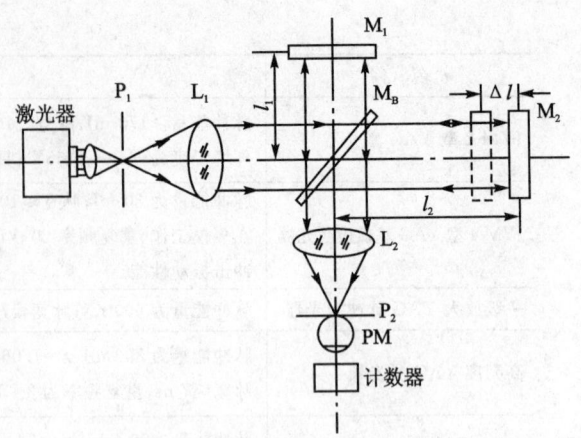

图 16-13 迈克尔逊干涉仪

2. 流速测量

用激光进行流速测量的原理结构，如图 16-14 所示。

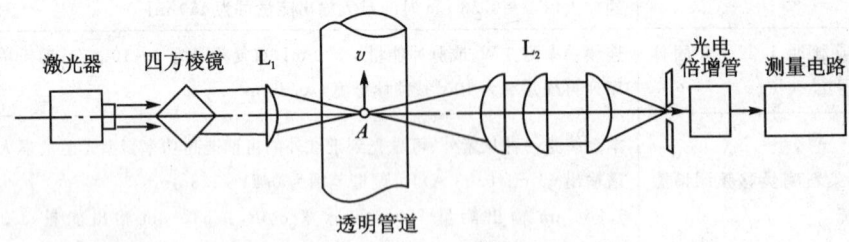

图 16-14 流速测量结构原理图

激光器产生的激光被四方棱镜分成两束光，这两束光经透镜 L_1 汇聚于 A 点。两束光同时照在 A 点的被测流体的某一微粒上，这时便产生向各个方向的散射。用一组透镜 L_2 收集散射光，并汇集到光电倍增管的阴极上。由于两束光入射方向不同，产生多普勒频移的结果使产生的散射光频不同，因而光电倍增管所接收到的光频不同。借用光电倍增管的非线性，将两束不同频率的光进行混频，产生和频及差频信号，用滤波器取出差频信号，然后再利用差频信号与流速之间的固定关系测出流速 v。

光学多普勒效应是光源发出 ν_0 频率的光时，接收器相对于光源以速度 v 运动，或光源相对于接收器以速度 v 运动，这时接收器接收到的频率 ν 为

$$\nu = \nu_0 \left(1 \pm \dfrac{v}{c}\right) \quad (16-4)$$

式中，c——光速；"+"——二者相对运动；"−"——二者远离运动。

根据光学多普勒效应可推导测速关系式。流体中粒子 A 的直径与激光波长相当，当光速 φ_1 和 φ_2 照射 A 后，因散射，A 实际上变成了点光源。在 A 没有运动时，散射光与入射光频率相同。当 A 以速度 v 运动时，在 B 处观察其频率变化，如图 16-15(a) 所示。

入射光 φ_1 在 B 处被接收到的频率为 ν_1''。A 处所接收到 φ_1 的光频 ν_1' 为

$$\nu_1' = \nu_0 \left(1 - \dfrac{v}{c}\cos\theta_1\right)$$

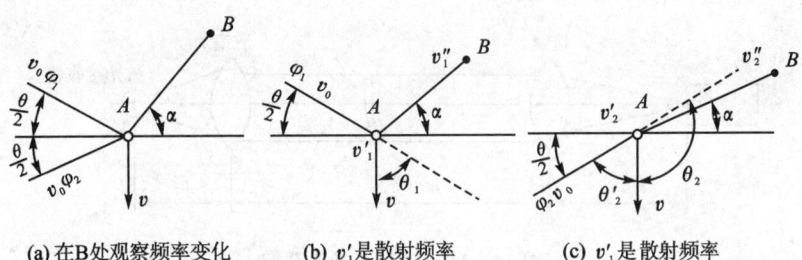

(a) 在B处观察频率变化　　(b) v_1' 是散射频率　　(c) v_1' 是散射频率

图 16-15　B 处频率的变化

如图 16-15(b)所示，v_1' 是散射频率。作为光源的粒子 A，它相对于接收器 B 也有运动，在 B 处接收到的光频为

$$v_1'' = v_1'\left(1 - \frac{v}{c}\sin\alpha\right) = v_0\left(1 - \frac{v}{c}\cos\theta_1\right)\left(1 - \frac{v}{c}\sin\alpha\right)$$

$$= v_0\left[1 - \frac{v}{c}(\cos\theta_1 + \sin\alpha)\right] \tag{16-5}$$

入射光 φ_2 在 B 处接收到的频率为 v_2''。A 处接收到光束 φ_2 的光频 v_2' 为

$$v_2' = v_0\left(1 + \frac{v}{c}\cos\theta_2'\right)$$

$$= v_0\left(1 - \frac{v}{c}\cos\theta_2\right)$$

如图 16-15(c)所示。v_2' 是散射频率。粒子 A 同样作为光源，相对于接收器 B 有运动，在 B 处接收到的光频为

$$v_2'' = v_2'\left(1 - \frac{v}{c}\sin\alpha\right) = v_0\left(1 - \frac{v}{c}\cos\theta_2\right)\left(1 - \frac{v}{c}\sin\alpha\right)$$

$$= v_0\left[1 - \frac{v}{c}(\cos\theta_2 + \sin\alpha)\right] \tag{16-6}$$

因此在 B 处得到的多普勒频移 v_D 为

$$v_D = v_2'' - v_1'' = v_0\frac{v}{c}(\cos\theta_1 - \cos\theta_2)$$

$$= 2v_0\frac{v}{c}\sin\frac{\theta}{2} \tag{16-7}$$

由式(16-7)可以看出：v_D 与 α（即 B 点的位置）无关，与 v 成正比。由于 θ 和 v_0 为已知，测出频移 v_D 就可计算出测速 v。

3. 车速测量

以速度 v 行走的车辆，行走时间为 t，行走距离为

$$s = vt$$

选 $s = 1$ m，使车辆行走时先后切割相距 1 m 的两束激光，测得时间间隔 t，即可算出车速 v。

若采用计数显示，在主振荡器振荡频率为 100 kHz 情况下，计数器的计数值为 N 时，车速的表达式可写成

$$v = \frac{f}{N}\frac{3600}{1\times10^3} \text{ km/h} = \frac{36\times10^4}{N} \text{ km/h} \tag{16-8}$$

激光测车速的光路系统，可考虑采用图 16-16 的形式。

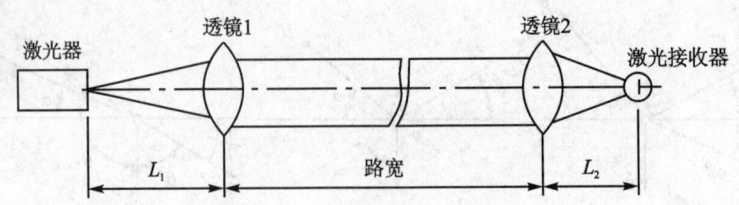

图 16-16 测车速光路系统

激光测车速的测量电路,可考虑采用图 16-17 所示的组成方案,用数字显示。

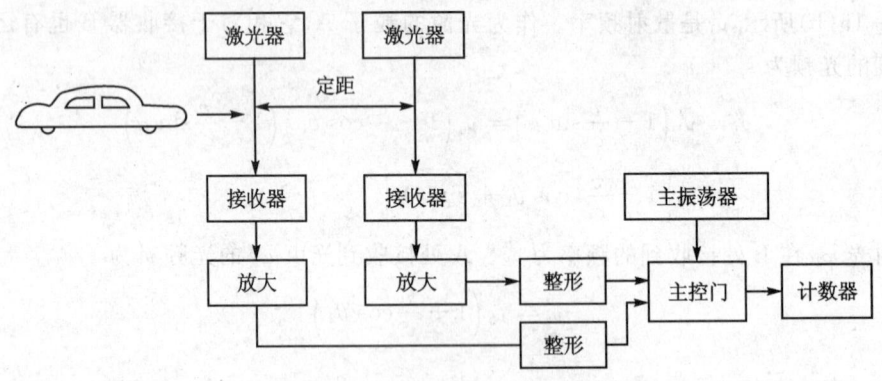

图 16-17 激光测车速测量电路方案

16.2 激光传感器

16.2.1 激光干涉传感器

激光干涉传感器以激光为光源,测量精度高、分辨率高,测量 1 m 长度精度可达 $10^{-7} \sim 10^{-8}$ 量级,并可测出 10^{-4} nm 以下的长度变化,量程可达几十米,便于实现自动测量。激光干涉传感器可作用普通干涉系统(迈克尔逊干涉系统),这时所用的激光器可以是一般的稳频激光器(即单频激光器),也可以用塞曼效应或声光效应分成两个频率相近的双频激光器作光源,其抗干扰能力较强。另外,激光干涉传感器也可用作全息干涉系统,用来检测复杂表面。

1. 基本工作原理

激光干涉传感器的基本工作原理就是光的干涉原理。在实际长度测量中,应用最广泛的仍是迈克尔逊双光束干涉系统。如图 16-18 所示,来自光源 S 的光经半反半透分光镜 B 后分成两路,这两路光束分别由固定反射镜 M_1 和可动反射镜 M_2 反射在观察屏 P 处相遇产生干涉。当镜 M_2 每移动半个光波波长时,干涉条纹亮暗变化一次,因此测长的基本公式为

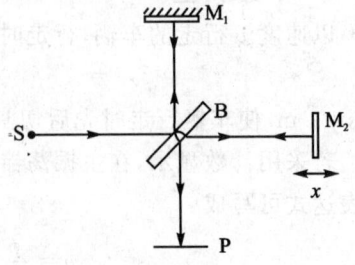

图 16-18 迈克尔逊干涉系统

$$x = N\frac{\lambda_0}{2n} \tag{16-9}$$

式中,x——被测长度;n——空气折射率;λ_0——真空中光波波长;N——干涉条纹亮暗变化的数目。干涉条纹由光电器件接收,经电路处理由计数器计数,则可测得 x 值。当光源为激光时就成为激光干涉系统。所以激光干涉测长是以激光波长为基准,用对干涉条纹计数的方法进行的。

由于激光波长随空气折射率 n 而变化,n 又受测量环境条件(温度、气压、湿度、气体成分等)的影响。因此在高精度测量中,特别是较长距离高精度测量中,对环境条件要求甚严,而且必须实时测量折射率 n,并自动修正它对激光波长的影响。

2. 单频激光干涉传感器

单频激光干涉传感器是由单频氦氖激光器作为光源的迈克尔逊干涉系统,其光路系统如图 16-19 所示。氦氖激光器发出的激光束经平行光管 14(由聚光镜、光阑、准直物镜组成)成为平行光束,通过反射镜 12 反射至分光镜 7。分光镜 7 将光束分成两路:一路透过分光镜 7 经反射镜 6 和固定角锥棱镜 3 返回;另一路由分光镜 7 反射至可动角锥棱镜 4(固定在工作台上)返回。这两路返回光束在分光镜 7 处汇合形成干涉。被测物 1 安置在工作台 2 上,随工作台带着角锥棱镜 4 一起平稳移动,从而改变了该路的光程,使干涉条纹亮暗变化。工作台每移动 $\lambda/2$(λ 为激光波长),干涉条纹亮暗变化一个周期。相位板 5 是用来得到两路相位差为 90° 的干涉条纹信号为电路细分和辨向用。该两路相差 90° 的条纹信号分别经反射镜 11 和 10 反射,由各自物镜 9 汇聚于各自的光电器件 8 上,产生两种相位差 90° 的光电信号,经电路处理成为具有长度单位当量的脉冲,由可逆计数器计数并显示工作台移动的距离(即被测长度);或由计算机处理,打印出测量结果。

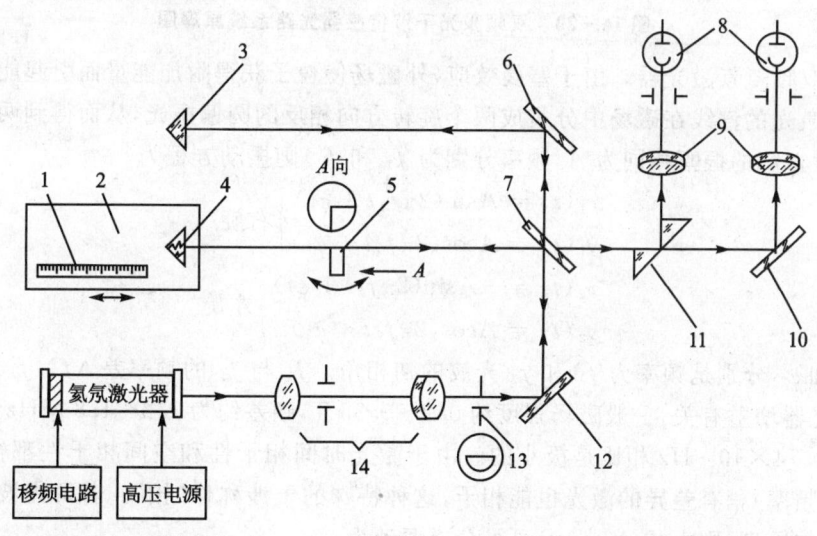

1—被测物;2—工作台;3 和 4—角锥棱镜;5—相位板;6,10,11 和 12—反射镜;
7—分光镜;8—光电器件;9—物镜;13—半圆光阑;14—平行光管

图 16-19 单频激光干涉传感器光路系统原理图

光路系统中的可动反射镜 4 和固定反射镜 3 均采用角锥棱镜,而不采用平面反射镜,这是为了消除工作台在运动过程中产生的角度偏转而带来的附加误差。半圆光阑 13 是为了防止返回的光束经反射镜12返回到激光管中,从而保证激光器的工作稳定。也可利用1/4波片来改变激光束的偏振方向,使激光器正常工作。

单频激光干涉传感器精度高,例如采用稳频单模氦氖激光器测10 m长,可得0.5 μm精度,但对环境条件要求高,抗干扰(如空气湍流、热波动等)能力差,因此主要用于条件较好的实验室以及被测距离不太大的情况下。

3. 双频激光干涉传感器

双频激光干涉传感器采用双频氦氖激光器作为光源。其精度高,抗干扰能力强,空气湍流、热波动等影响甚微,因此降低了对环境条件的要求,使它不仅能用于实验室,还可在车间条件下测量大距离用。

双频激光干涉传感器的光路系统如图16-20所示。通常将单频氦氖激光器置于轴向磁

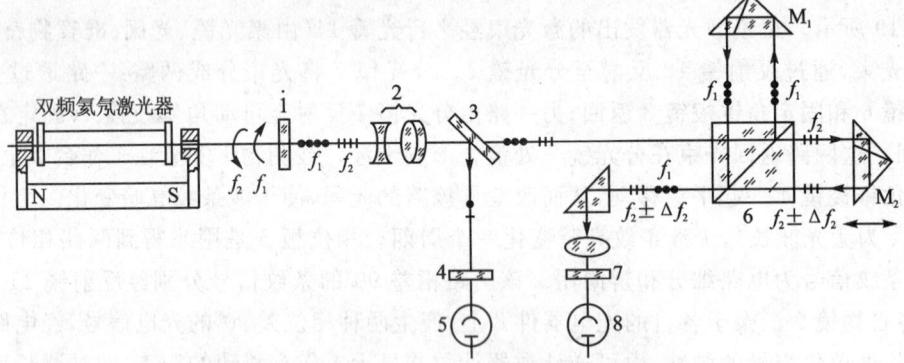

1—1/4波片;2—扩束透镜;3—分光镜;4和7—检偏器;5和8—光电器件;6—偏振分光镜

图16-20 双频激光干涉传感器光路系统原理图

场中,成为双频氦氖激光器。由于塞曼效应(外磁场使粒子获得附加能量而引起能级分裂和谱线分裂)使激光的谱线在磁场中分裂成两个旋转方向相反的圆偏振光,从而得到两种频率的双频激光。设它们的振幅相同为A,频率分别为f_1和f_2,则振动方程为

$$\left.\begin{aligned}x_1(t) &= A\sin(2\pi f_1 t + \varphi_1) \\ y_1(t) &= A\cos(2\pi f_1 t + \varphi_1)\end{aligned}\right\}\text{右旋}$$

$$\left.\begin{aligned}x_2(t) &= -A\sin(2\pi f_2 t + \varphi_2) \\ y_2(t) &= A\cos(2\pi f_2 t + \varphi_2)\end{aligned}\right\}\text{左旋} \quad (16-10)$$

式中,φ_1和φ_2分别是频率为f_1和f_2光波的初相角。f_1与f_2的频率差$\Delta f = f_1 - f_2$,与磁场强度及激光器增益有关,一般磁场强度约0.2~0.35 T,频差约为1.2~1.8 MHz。Δf与氦氖激光频率4.74×10^{14} Hz相比是极小的。由于激光时间相干性和空间相干性都很好,因此两种波长(或频率)稍有差异的激光也能相干,这种特殊的干涉称作"拍"。若两光波在水平方向合成,按叠加原理,则由式(16-10)可得合成振动为

$$y(t) = 2A\cos\left(\pi\Delta f t + \frac{\Delta\varphi}{2}\right)\cos(2\pi f t + \varphi) \quad (16-11)$$

式中,$\Delta\varphi = \varphi_1 - \varphi_2$,$\varphi = (\varphi_1 + \varphi_2)/2$;$f = (f_1 + f_2)/2$,$\Delta f = f_1 - f_2$。由式(16-11)可知,合成振动仍可看作频率为$f$的高频简谐振动,其振幅$2A\cos(\pi\Delta f t + \Delta\varphi/2)$是随时间$t$作缓慢周期变化的,变化频率为$\Delta f = f_1 - f_2$,这种现象就叫做"拍"(也叫振幅的调制),幅值变化的频率Δf

称为拍频。

合成振动的光强 I 可用振幅的平方表示：

$$I = 4A^2\cos^2\left(\pi\Delta ft + \frac{\Delta\varphi}{2}\right) \qquad (16-12)$$

可知光强也是随时间 t 从 0 到 $4A^2$ 周期地变化，变化频率就是拍频 $\Delta f = f_1 - f_2$。光强变化用光电器件接收，则可得到频率为拍频 Δf 的正弦电信号。

双频激光器所输出的两个旋向相反的圆偏振光（参见图 16-20）经 1/4 波片 1（其光轴与水平方向 45°放置）后，变成垂直和水平方向的两个线偏振光，经扩束透镜 2 扩束并准直，由分光镜 3 分成两种，反射的一路光（约 4%～10%）经检偏器（只让一个特定方向的线偏振光通过）4 在光电器件 5 上取得频率为 $f_1 - f_2$ 的拍频信号作为参考信号 $\cos 2\pi(f_1 - f_2)t$，参看式(16-11)，其余大部分光透过分光镜 3 进入干涉系统。偏振分光镜 6 对偏振面垂直于入射面频率为 f_1 的线偏振光产生全反射，使之进入固定角锥棱镜 M_1；同时，偏振分光镜 6 使偏振面在入射面内频率为 f_2 的线偏振光全透过，使之进入可动角锥棱镜 M_2。f_1 和 f_2 分别经 M_1 和 M_2 反射后，返回到偏振分光镜 6 的分光面的同一点上。当 M_2 随被测物以速度 v 移动时，根据多普勒效应，频率 f_2 将产生偏移变成 $f_2 + \Delta f_2$

$$f_2 + \Delta f_2 = f_2\sqrt{\frac{c \pm 2v}{c \mp 2v}}$$

式中，c——光速。当 M_2 移近分光镜 6 时，上式分子取 $(c+2v)$，分母取 $(c-2v)$；M_2 移远时，则反之。由于 $c \gg 2v$，因此可将上式展开取前两项作近似值，则得

$$f_2 + \Delta f_2 = f_2\left(1 \pm \frac{2v}{c}\right) \qquad (16-13)$$

在分光镜 6 的分光面汇合的频率分别为 f_1 和 $f_2 + \Delta f_2$ 的两束互相垂直的线偏振光，在 45°方向上的投影经检偏器 7，在光电器件 8 上获得频率为 $f_1 - (f_2 \pm \Delta f_2)$ 的测量信号 $\cos 2\pi(f_1 - f_2 \mp \Delta f_2)t$。

参考信号和测量信号分别经放大、整形后，由减法器进行相减。减法器输出的脉冲数就是多普勒频差 Δf_2 在 M_2 移动的间距所对应的时间 t 内求积分，即

$$N = \int_0^t \Delta f_2 \mathrm{d}t = \int_0^t \frac{2v}{c} f_2 \mathrm{d}t = \int_0^l \frac{2}{c} f_2 \mathrm{d}l = \int_0^l \frac{2}{\lambda_2} \mathrm{d}l = \frac{2l}{\lambda_2} \qquad (16-14)$$

式中，λ_2——频率 f_2 的光波波长；l——M_2 的位移（即被测位移）。由 N 值则可得到被测位移。

由上述分析可知，双频激光干涉传感器输出的是频率为 Δf 及 $\Delta f \pm \Delta f_2$ 的交流电信号，被测位移仅使信号的频率 Δf 变化，变化量为 $\pm \Delta f_2$，是一种频率调制信号，中心频率 Δf 与被测物移动速度无关，因此可用高放大倍率窄带交流放大电路，从而克服了单频激光干涉仪直流放大器的零漂，且在光强衰减 90%的情况下仍能正常工作。$\Delta f = f_1 - f_2$ 在 f_1 和 f_2 受外界干扰而变化时，仍能基本保持稳定，所以双频激光干涉传感器抗干扰性能好，不怕空气湍流、热波动、油雾、尘烟等干扰，可用于现场大量程精密测量。在波长稳定性为 10^{-8} 情况下，在 10～50 m 范围内可得到 1 μm 的精度，分辨力＜0.1 μm，测速低于 300 mm/s。它不仅用来测量长度，而且还能直接测量小角度。

激光干涉传感器可应用于精密长度计量，如线纹尺和光栅的检定，量块自动测量，精密丝杆动态测量等，还可用于工件尺寸、坐标尺寸的精密测量中。在这些测量中，除了应用激光干涉传感器测定工作台（或测杆）位移外，还需有相应的瞄准装置。常用的有光电显微镜瞄准（应

用于线纹尺及某些工件尺寸和坐标位置测量),白光干涉瞄准(用于量块检定)及接触瞄准(用于一般精密量块及工件尺寸和坐标位置测量)。激光干涉传感器还可应用于精密定位,如精密机构加工中的控制和校正、感应同步器的刻划、集成电路制作等的定位。

16.2.2 激光衍射传感器

光的衍射(或称绕射)是光的波动性的反映。当光遇到障碍物或孔时,可以绕过障碍物到达按几何光学(光的直线传播)要成为"阴影"的区域或到孔的外面去,这种现象称为光的衍射。由于光的波长较短,因此只有当光通过很小的孔或狭缝或细丝时,才能有明显的衍射现象。激光衍射传感器利用了激光单色性好、方向性好、亮度高的特点,使光的衍射现象能真正应用于微小直径、位移、振动、压力、应变等高精度非接触测量中。例如,测量 0.1 mm 以下的细线外径,测量精度可达 0.05 μm。

1. 基本工作原理

光束通过被测物产生衍射现象时,在其后面的屏幕上形成光强有规则分布的光斑。这些光斑条纹称为衍射图样。衍射图样和衍射物(即障碍物或孔)的尺寸,以及光学系统的参数有关,因此根据衍射图样及其变化就可确定衍射物,也就是被测物的尺寸。

按光源 S、衍射物 x 和观察衍射条纹的屏幕 P 三者之间的位置,可将光的衍射现象分为两类:菲涅耳衍射(S,x 和 P 三者间距较小,是有限距离处的衍射)和夫琅和费衍射(S,x 和 P 三者间距无限远,是无限距离处的衍射)。若入射光和衍射光都是平行光束,就好似光源和观察屏到衍射物的距离为无限远,因此产生的衍射就是夫琅和费衍射。由此可知,利用两个透镜,光源和观察屏幕分别在两个透镜的焦平面上,就可将菲涅耳衍射转化为夫琅和费衍射。由于夫琅和费衍射在理论分析上较为简单,所以在此仅讨论夫琅和费衍射。

1) 夫琅和费单缝衍射

平行单色光垂直照射宽度为 b 的狭缝 AB,经透镜在其焦平面处的屏幕上形成夫琅和费衍射图样。若衍射角为 φ 的一束平行光经透镜后聚焦在屏幕上 P 点,如图 16-21 所示,AC 垂直 BC,因此衍射角为 φ 的光线从狭缝 A 和 B 两边到达 P 点的光程差,即它们的两条边缘光线之间的光程差为

$$BC = b\sin\varphi$$

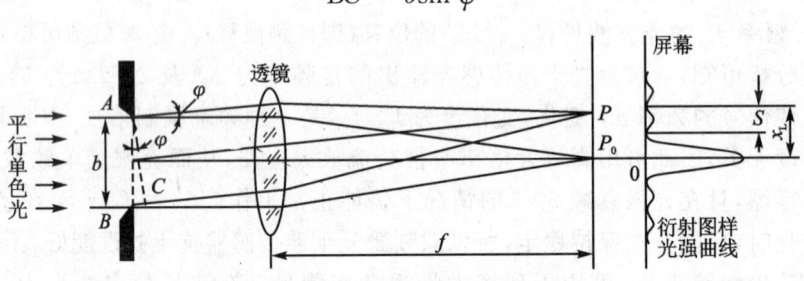

图 16-21 夫琅和费单缝衍射原理图

P 点干涉条纹的亮暗由 BC 值决定:BC 值为光波半波长 $\lambda/2$ 的偶数倍,P 点为暗条纹;BC 值为 $\lambda/2$ 的奇数倍,P 点为亮条纹。用数学式表示如下:

$$\begin{cases} -\lambda < b\sin\varphi < \lambda \text{ 为零级(即中心)亮条纹,其中心位置则为 } \varphi = 0 \\ b\sin\varphi = \pm 2k\dfrac{\lambda}{2} \qquad (k=1,2,3\cdots) \\ b\sin\varphi = \pm(2k+1)\dfrac{\lambda}{2} \qquad (k=1,2,3\cdots) \end{cases} \quad (16-15)$$

式中,"±"号表示亮暗条纹分布于零级亮条纹的两侧;$k=1,2,3\cdots$ 表示相应为第一级、第二级等亮(或暗)条纹。中央零级亮条纹最亮最宽,为其他亮条纹宽度的 2 倍。两侧亮条纹的亮度随级数增大而逐渐减小,它们的位置可近似地认为是等距分布的。暗点等距分布在中心亮点的两侧。当狭缝宽度 b 变小时,衍射条纹将对称于中心亮点向两边扩展,条纹间距增大。

当采用氦氖激光器作为光源时,由于激光的方向性好,发散角仅 1 mrad,因此相当于平行光束,可以直接照射狭缝。又由于激光单色性好、亮度高,因此衍射图样明亮清晰,衍射级次可以很高。此时,若屏幕离开狭缝的距离 L 远大于狭缝宽度 b,将透镜取掉,则仍可在屏幕上得到垂直于缝宽方向的亮暗相间的夫琅和费衍射图样。

由于 φ 角很小,因此由图 16-21 和式(16-15)可得

$$b = \dfrac{kL\lambda}{x_k} = \dfrac{L\lambda}{S} \qquad (16-16)$$

式中,k——从 $\varphi=0$ 算起的暗点数;x_k——第 k 级暗点到中心亮条纹之间距;λ——激光波长;$S=x_k/k$ 为相邻两暗点的间隔。图 16-22 示出了屏幕离狭缝距离 L 为 1 m 时,不同 b 值所形成的几种衍射图样。由于 b 值的微小变化将引起条纹位置和间隔的明显变化,因此可以用目测或照相记录或光电测量出条纹间距,从而求得 b 值或其变化量。用物体的微小间隔、位移或振动等代替狭缝或狭缝的一边,则可测出物体微小间隔、位移或振动等值。

夫琅和费单缝激光衍射测量装置的误差由 L 和 x_k 的测量精度决定。狭缝宽度 b 一般为 $0.01\sim0.5$ mm。

2) 夫琅和费细丝衍射

由氦氖激光器发出的激光束照射细丝(被测物)时,其衍射效应和狭缝一样,在屏幕(在焦距为 f 的透镜的焦平面处)上形成夫琅和费衍射图样,如图 16-23 所示。与上同理,相邻两暗点或亮点间隔 S 与细丝直径 d 的关系为

$$d = \dfrac{\lambda f}{S} \qquad (16-17)$$

当被测细丝直径变化时,各条纹位置和间距也随之变化。因此可根据亮点或暗点间距测出细丝直径。其测量范围为 $0.01\sim0.1$ mm,分辨力为 $0.05\ \mu m$,测量精度一般为 $0.1\ \mu m$,也可高达 $0.05\ \mu m$。

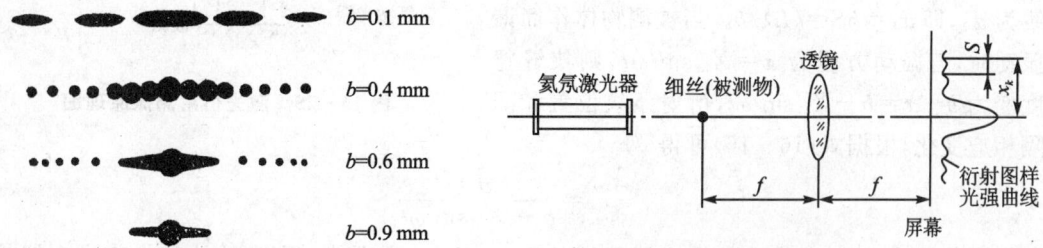

图 16-22 不同狭缝宽度 b 的衍射图样　　　　图 16-23 激光细丝衍射原理图

第 16 章 激光传感器

由激光器、光学零件和将衍射图样转换成电信号的光电器件所组成的激光衍射传感器的特点是：结构简单，精度高，测量范围小，需选用 1.5 mW 较大功率的氦氖激光器，激光平行光束要经望远镜系统扩束成直径大于 1 mm（有时为 3 mm）的光束。

2. 应用举例

利用激光衍射传感器可以测量微小间隔（如薄膜材料表面涂层厚度）、微小直径（如漆包线、棒料直径变化量）、薄带宽度（如钟表游丝）、狭缝宽度、微孔孔径、微小位移以及能转换成位移的物理量（如质量、温度、振动、加速度、压力等）。

1) 转镜扫描式激光衍射测径仪

该测径仪的测量范围为 0.01~0.3 mm，精度为 0.1 μm。其工作原理如图 16-24 所示，氦氖激光器 1 发出的平行激光束照射被测细丝 2，在反射镜 3 处形成夫琅和费衍射图样。同步电机 4 带动反射镜 3 稳速转动。随着反射镜 3 的转动，使衍射图样亮暗条纹相继扫过狭缝光阑 5 而被光电倍增管接收，转换成电信号。若将某两暗点（例如第 2 暗点和第 3 暗点）之间的扫描时间 t 由电路测出，则可根据式（16-16），经数显电路最后显示出被测细丝的直径 $d = (L_1+L_2)\lambda/(4\pi nL_2t) = k/t$。其中，$L_1$ 为反射镜到被测细丝的距离；L_2 为光电倍增管到反射镜的距离；n 为电机转速（r/s）。

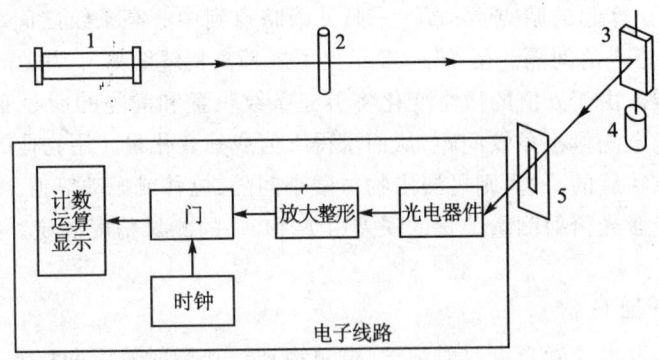

1—氦氖激光器；2—被测细丝；3—反射镜；4—同步电机；5—光阑
图 16-24 转镜扫描式激光衍射测径原理图

2) 激光衍射振幅测量

激光衍射测量振动振幅原理如图 16-25 所示。氦氖激光器发出的激光照射由基准棱和被测物所组成的狭缝，在 P 处产生夫琅和费衍射图样。设狭缝初始宽度为 b，光电器件置于第 k（一般取 2 或 3）级条纹的暗点处，距零级中心线为 x_k，即 $x_k = kS = kL\lambda/b$。当被测物体作简谐振动时，若振动方程为 $x = X_M \sin\omega t$，则狭缝宽度变为 $b - x = b - X_M\sin\omega t$，衍射条纹位置和间隔相应变化，根据式（16-16）可得

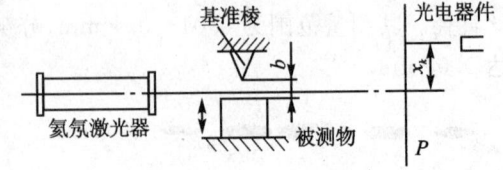

图 16-25 激光衍射测振原理图

$$x'_k = \frac{kL\lambda}{b - X_M\sin\omega t}$$

因此，x'_k 是 X_M 的函数。由于光电器件位置固定，即 x_k 为定值，所以 x'_k 的变化使光电器件所

接收的光强随之变化。若满足被测振幅 $X_M < \dfrac{b}{2}$ 条件,则可直接根据光电信号幅值测得 X_M 值。

16.2.3 激光扫描传感器

激光束以恒定的速度扫描被测物体(如圆棒),由于激光方向性好、亮度高,因此光束在物体边缘形成强对比度的光强分布,经光电器件转换成脉冲电信号,脉冲宽度与被测尺寸(如圆棒直径)成正比,从而实现了物体尺寸非接触自动测量。激光扫描传感器经常用于加工中(即在线)的非接触主动测量,如热轧圆棒直径的测量、拉制粗导线线径的测量等。激光扫描传感器的精度较高,可达 0.01%~0.1% 数量级,但结构较复杂。

1. 基本工作原理

图 16-26(a)是激光扫描测长的原理图。氦氖激光器发出的激光细束经扫描装置以恒定速度 v 对直径为 D 的被测物体进行扫描,并由光电器件接收,转换成图 16-26(b)所示的电脉冲,由于

$$D = v \Delta t \tag{16-18}$$

所以测出 Δt,即可求得被测直径 D。

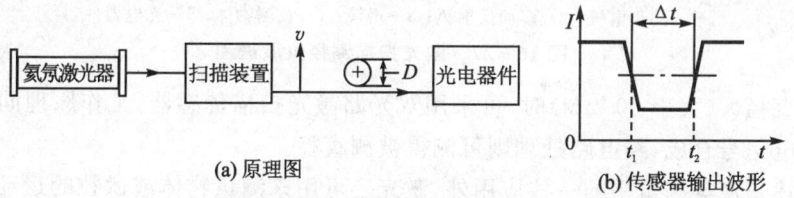

图 16-26 激光扫描测长原理图及传感器输出波形

激光扫描测长是非接触测量,适用于柔软的不允许有测量力的物体,不允许测头接触的高温物体,以及不允许表面划伤的物体等的在线测量。由于扫描速度可高达 95 m/s,因此允许测量快速运动或振幅不大、频率不高的振动着的物体的尺寸,每秒能测 150 次,一般采用多次测量加算平均的方法可以提高测量精度。激光扫描测长的测量范围约 0.1~100 cm,允许物体在光轴方向的尺寸小于 1 m。测量精度约 ±0.3~±7 μm,扫描宽度越小精度越高。为了保证测量精度,要求激光扫束要细,且平行性要好,还要防止周围空气的扰动。被测件在扫描区内纵向位置变化会因光束平行性不够好而带来一定的测量误差。

2. 应用举例

图 16-27 是激光扫描测径仪原理图。同步电机 1 带动位于透镜 3(能得到完全平行光和恒定扫速的透镜)焦平面上的多面反射镜 2 旋转,使激光束扫描被测物体 4,扫描光束由光电器件 5 接收转换成电信号并被放大。为了确定被测物轮廓边缘在光电信号中所对应的位置,采用两次微分电路,其输出波形如图 16-28 所示。由于物体轮廓的光强分布因激光衍射影响而形成缓慢的过渡区,见图 16-28(a),因此不能准确形成边缘脉冲。为此,要尽量减小衍射图样,除了选取短焦距透镜外,还采用了电路处理方法。在一般的信号处理中,取最大输出的半功率点(即 $I_0/2$)作为边缘信号。这种方法受激光光强波动、放大器漂移等影响,而不易得到高的精度。为了得到较高的测量精度,可对光电信号通过电路二次微分,并根据二次微分的

过零点作为轮廓的边缘位置。这种方法当激光光束直径为 0.8 mm 时，可得到 1 μm 的分辨力和 ±3 μm 的测量精度。二次微分电路的输出控制门电路（见图 16-27），即在表征轮廓边缘的电脉冲之间让时钟脉冲通过，经电路运算处理，最后以数字形式显示出被测直径。

当被测直径较小时，例如金属丝或光导纤维，直径在 0.5 mm 以下，若采用激光扫描法测量，由于线径小，扫描区间窄，扫描镜不需要大幅度的转动，因此可以采用音叉等作为镜偏转驱动装置。其测量范围为 60~200 μm，测量精度为 1%。

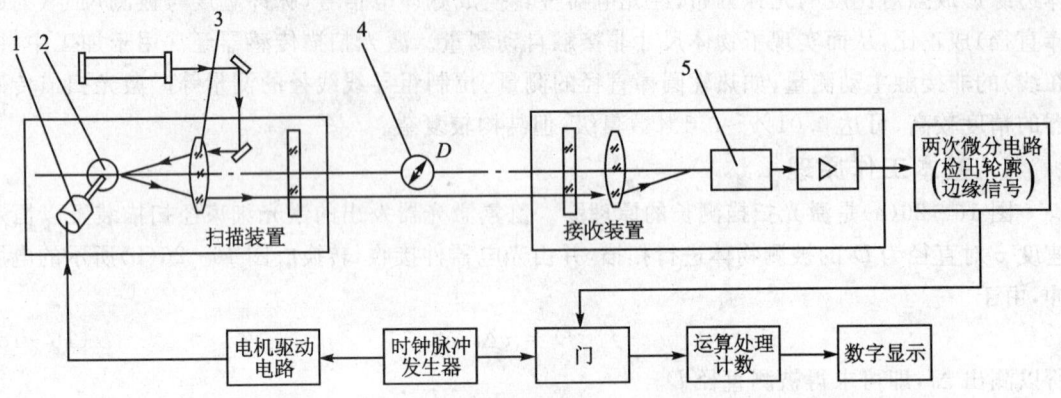

1—同步电机；2—多面反射镜；3—透镜；4—被测物体；5—光电器件

图 16-27　激光扫描测径仪原理图

当被测直径大（大于 50 mm）时，可采用双光路激光扫描传感器，工作原理同上，只需将两个光路的光电信号合成，经电路处理则可测得被测直径。

除了上述长度等测量中的一些应用外，激光还可用来测量物体或微粒的运动速度，测量流速、振动、转速、加速度、流量等，并具有较高的测量精度。如图 16-29 所示为激光多普勒测速示意图，当激光作为光源照射运动物体或流体时，由于多普勒效应，被物体或流体反射或散射的光的频率将发生变化。将频率发生变化的光与原光（作为参考光束）拍频，经光电转换得到与物体或流体运动速度成比例的电信号，由此测出速度。由于激光频率高，而频率的测量又可达到极高的精度，因此激光多普勒测速可用于高精度、宽范围（1 cm/h 的超低速~超音速的高速）的非接测量中。

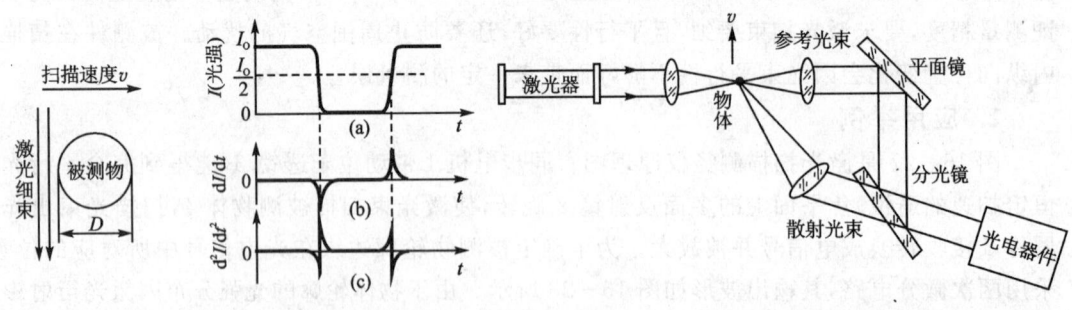

图 16-28　检出被测物轮廓边缘两次微分输出波形　　图 16-29　激光多普勒测速示意图

16.2.4 激光流速传感器

激光流速传感器的主要类型是激光多普勒流速计(Laser Doppler Velovimetor, LDV),其优点是检测速度时需要的面积测点小,空间分辨率高,能进行非接触测定且不需要校正,响应特性好,适用于很宽的流速范围,能够测定逆流和多相流等。另一方面,其缺点是信号的质量要受流体中散乱粒子的影响,必须要有测定窗口,测量高速流体时信号频率高,因而处理较困难等。

但是,LDV 能够测量其他流速计难以测量的流体,例如燃烧流体、高温高压流体、探头难以插入的局部范围的流体,所以在这些领域中的应用成果特别显著。

1. 工作原理

图 16-30 表示两束激光照射到粒子上的情况。ω 是入射光束的角频率,K_1 和 K_2 是入射光束的波矢,θ 是二入射光束的交角,K_{S1} 和 K_{S2} 是由于粒子引起的散射光的波矢,ω_{s_1}、ω_{s_2} 是散射光的角频率。设粒子的速度矢量为 V,则下列二式成立:

$$\omega_{s_1} = \omega + (K_{S1} - K_1)V \quad (16-19)$$
$$\omega_{s_2} = \omega + (K_{S2} - K_2)V \quad (16-20)$$

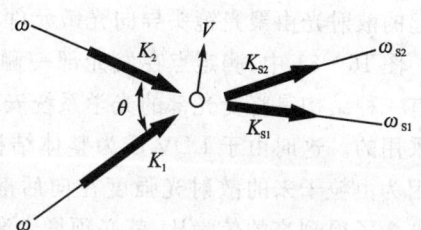

图 16-30 工作原理

将具有这些角频率的光导入光电转换元件,测出脉动信号就能得出多普勒漂移量 ωd。如果设检测出的散射光方向都相同,则 $K_{S1}=K_{S2}$,所以,$\omega d=\omega_{s_1}-\omega_{s_2}=(K_1-K_2)V$。

因为 $|K_1|=|K_2|=2\pi/\lambda$(λ 是激光的波长),所以可将上式改写成

$$\omega d = \frac{2\pi}{\lambda} 2\sin(\frac{\theta}{2})V\cos\varphi \quad (16-21)$$

式中,φ——V 和 K_1-K_2 所成的角。

如果设多普勒频率为 fd,则 $fd=\omega d/2\pi$,再令 $V_n=V\cos\varphi$ 则得到

$$V_n = \frac{\lambda}{2\sin(\theta/2)} fd \quad (16-22)$$

因为 λ 和 θ 是已知参数,所以根据测定 fd 就可以求出速度 V。

式(16-19)~式(16-22)仅仅是根据多普勒效应展开成从频率角度看,比较醒目的式子。但实际上,激光束的直径是有限的,而且激光束的分布是中心强、边沿弱(基本上是高斯分布),所以由光电转换器输出的信号如下式表示:

$$i = I_0 \exp\left(-\frac{2V_i^2}{r^2/4}\right)\left[1 + V_i\cos\left(\frac{2\pi}{df}V_i\right)\right] \quad (16-23)$$

式中,i——光电转换元件的输出电流;I_0——熄灭信号($V_i=0$ 时的信号)时 i 的最大值;r——测定点的半径;t——时间;V_i——能见度(取值范围为 0~1)。

V_i 可以看成是表示由于光学系统的结构及粒子的直径等所引起的变化信号的质量的系数。

此外,由于 $df=\lambda/[2\sin(\theta/2)]$,所以余弦项中的 V_i/df 表示多普勒频率。

因为 LDV 是利用流体中所含粒子引起的散射光制成的,所以粒子的大小、浓度、折射率

等都会给信号的质量造成大的影响。为了得到良好的 S/N（信噪比），LDV 中使用激光的波长，要比使用的粒子的直径小。

在测定点内，从一个粒子可得到一个信号，但在测定点存在多个粒子时，从各个粒子散射出来的信号就被叠加，而得到连续的信号。但是，当粒子浓度太高时，由于很多相位不同的信号合成的结果，散射光的直流电平上升，信噪比 S/N 就会下降，信号处理就比较困难。相反，粒子浓度低的场合，信号就变成短脉冲群状。由于这样的情况下，时间序列处理困难，所以就以进行统计处理为主。实际上，将测定对象和 LDV 的特性相对照，并据此对粒子的直径或浓度进行调整是最好的办法。

2. LDV 的结构

图 16-31 是最基本的 LDV 结构。从激光源射出的激光束通过偏振面偏转器后，由光束分解器分成两束，再由镜头聚焦在焦点位置。这个焦点就是 LDV 的测定点。测定点的粒子引起的散射光由聚光镜头导向光敏元件，并被转换成电信号。

图 16-31 中，测定点在发光部一侧和受光部一侧的光学系统之间，称为"向前散射型"。还有一种结构是将受光部的光学系统安装到发光部一侧，这种结构叫"向后散射型"，也是经常被采用的。这时由于 LDV 成为整体结构，纵向调整测定点来检查速度分布就比较容易。但是因为由粒子来的散射光强度在向后散射时比向前散射时弱（只相当于后者的百分之一左右），为了得到高的信噪比，就必须增大激光光源的输出。

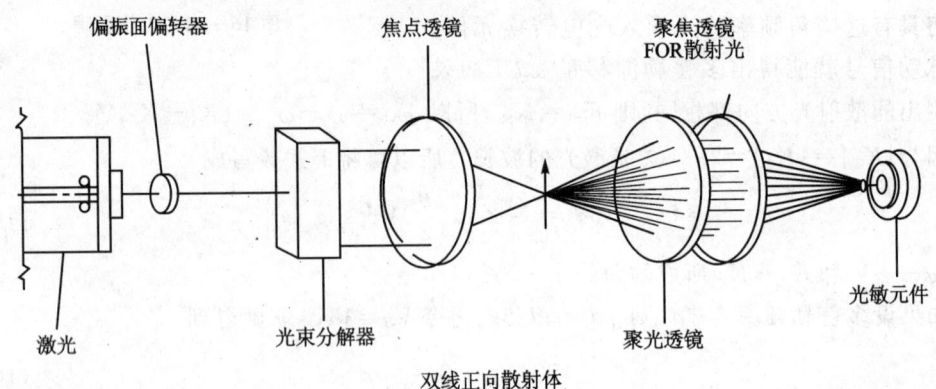

图 16-31 LDV 的结构

图 16-32 是在激光的传输中使用了光纤，从而使激光光源和光学系统与探头分离，分离后的探头与以往的探头比较，则显得非常小巧轻便。图 16-32 的激光源采用氩离子激光器，应用氩离子激光器射出的绿光和蓝光由于颜色不同，因而能同时进行二维测定。

3. LDV 的应用

如前所述，LDV 具有多种特征，灵活运用这些特征，LDV 就能在各种领域中获得广泛的应用。

LDV 的测定范围很宽，适用于从数 mm/s 到超音速的速度测定。由于能够测定方向相反的流速（连同方向一并测出），所以也适用于测定与主流相互垂直的流速成分的波速和含涡旋的流体的流速。

测定点的尺寸取决于激光束的直径和镜头的焦距，但如果将测定点的尺寸设定得很小，就

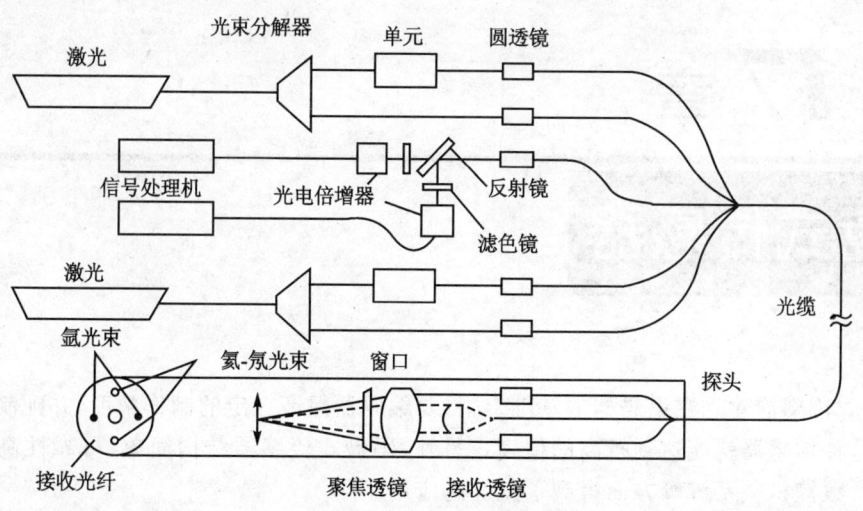

图 16-32 LDV 二维测定

能够测定管内径小于 1 mm 时的流速分布。

　　LDV 最有效的应用是能够进行非接触测定。例如,以往不能定量测定的透平、泵、鼓风机等的叶片间的流速,通过与转动取得同步的方法也已经能够测定了。此外,LDV 在高温气体和烟的速度、引擎内的流速的测定中也是有效的。此外还应用于金属、纸、塑料、棉纱等固体表面速度的测定。

　　LDV 的应用范围虽然广,但目前其大部分还只是在研究部门使用,主要原因是使用麻烦和价格太高。由于光纤的应用和对测定范围进行限制等措施,上述问题正在逐步解决之中。我们认为,作为工业检测装置,LDV 将获得广泛的应用。

第 17 章

码盘式传感器

码盘式传感器建立在编码器的基础上,只要编码器保证一定的制作精度,并配制合适的读出部件,这种传感器就能达到较高的精度。另外,码盘式传感器结构简单、可靠性高,因此,在空间技术、数控机械系统等方面得到了广泛的应用。

由于编码器是码盘式传感器的核心部件,只要了解编码器的原理及应用,就能正确地掌握和使用码盘式传感器。鉴于此,本章将重点介绍编码器的基本理论及其种类。考虑到编码器的使用程序较为复杂,我们特地在编码器展示部分扼要介绍了编码器的使用方法及其注意事项。

17.1 国内外编码器展示

选择编码器的品种时,应注意以下几点:
① 分辨率与位置精度的关系。
② 外形尺寸与安装占地面积的关系。
③ 轴允许荷重与编码器寿命、安装状况的关系。
④ 允许最大转速(最高响应频率)与电动机等驱动轴转速和分辨率的关系。
⑤ 输出相位差与数控机床等控制装置的匹配关系。
⑥ 耐环境性与使用环境的关系。
⑦ 增量型、绝对型与成本的关系,电源 OFF 时的绝对位置检测、计数器有无耐噪声性等关系。

17.1.1 国外编码器展示

这里主要展示日本生产的编码器产品。

1. 型号规格标注含义及分类特点

E6 型编码器型号为:

$$E6\ \boxed{1}\boxed{2} - \boxed{3}\boxed{4}\boxed{5}\boxed{6}\boxed{7}\ 型$$
$$\underbrace{}_{\text{型}}\ \underbrace{}_{\text{式}}$$

其型号含义如表 17-1 所列,分类特点如表 17-2 所列。

表 17-1 E6 型编码器型号含义表

记 号	区 分	记号的意义	适用型号
E6	基本型式	E6 表示编码器	—
1	分类	A:外径 φ25	
		B:外径 φ40	
		C:外径 φ50	
		D:外径 φ55	
		F:外径 φ60	
		G:外径 φ76	
2	系列	无表示:基本形	—
		P:塑料外壳	E6CP 型
3	检出方式	A:绝对型	E6C 型,E6CP 型,E6F 型,E6G 型
		C:增量型	E6A2 型,E6B 型,E6C-C 型,E6D 型
4	输出方式	增量型时 W:可塑型(矩形波输出) S:单向型	E6A2 型,E6B 型,E6C-C 型,E6D 型
		绝对型时 N:二进制 BIN 代码 B:BCD 码 G:格雷码	E6C 型,E6CP 型,E6F 型,E6G 型
5	基准点	Z:有原点输出	E6A2 型,E6B 型,E6C-C 型,E6D 型
		无表示:无原点输出	E6C 型,E6G 型
6*	电源电压	1:DC,+5 V	E6C 型,E6D 型,E6G 型
		2:DC,+12 V	E6C 型,E6D 型,E6G 型
		3:DC,5~12 V	E6A2,E6B,E6C-C,E6CP,E6F 型
		4:DC,24 V	E6C 型
		5:DC,12~24 V	E6A2 型,E6C-C 型,E6CP 型
7*	输出状态	C:NPN 集电极开路输出	E6A2 型,E6B 型,E6C-C 型,E6C 型 E6CP 型,E6D 型,E6F 型,E6G 型
		E:NPN 电阻负载输出	E6A2,E6B,E6C-C,E6D,E6G 型
		G:"非门"输出	E6C 型

* 在 E6A-CS10/-CS60/-CS100/-CS200/-CW-100 中,这部分表示分辨率。

表 17-2 E6 型编码器分类表

分类	增量型	绝对型
	E6A 型,E6B 型,E6C-C 型	E6CP 型,E6F 型
特点	● 只在旋转期间输出和旋转相对应脉冲的型式,在静止状态下不输出。从而要另用计数器计数输出脉冲数,根据计数来检测旋转量的方式 ● 增量式的脉冲信号不能个个识别,所以为从某输入轴知道其位置的旋转量,则用计数器累积计算从其位置输出的脉冲数,从而能任意选择基准位置,并能无限计测旋转量。之后,再把回路加以发展,提高发生频度 2.4 倍,能提高电气分辨率也是最大特点。(注)对 1 转可发生 1 次的 Z 相型可作为坐标原点用 注：需要高分辨率时,一般采用 4 倍增回路方式(A 相、B 相的各自上升和下降波形微分后,则可得到 4 倍输出,分辨率为 4 倍)	● 不管有无旋转,和旋转角度相对应的绝对位置信号以电码并行输出的型式,所以不需要计数器,就总能确认旋转位置(分辨率增大则输出数增多) ● 编码器一旦装入机器内,输入转轴的零位置定了。经常以零位置为坐标原点的旋转角度,以数字表示。不是由于噪声产生的畸变,也不必启动时的调整。高速旋转时,即使不能读符号,即使降低转速,或因停电切断电源再投入电源时,也能读取正确的旋转角。对于机械的转动或振动造成的颤动现象、开关等引起的电噪声也能稳定工作
结构	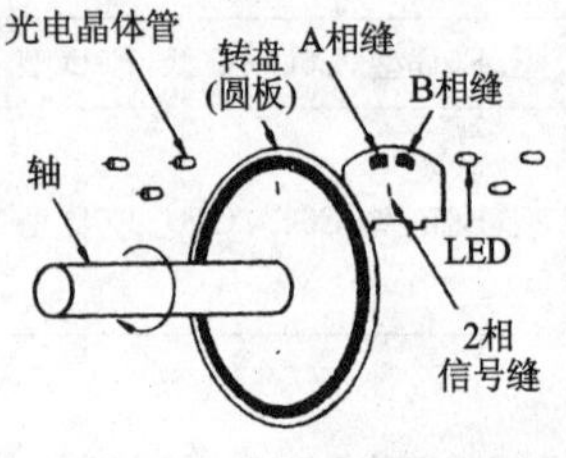 光电晶体管、转盘(圆板)、A 相缝、B 相缝、轴、LED、2 相信号缝 随着轴旋转,黑白图形写入的盘旋转,相应地,通过 2 处缝隙的光透过或遮断。此光靠各自与缝隙配合的晶体管变成电流经波形整形而成为 2 个矩形波列,而之外的缝隙配置使矩形波列输出相位错开 1/4 节距	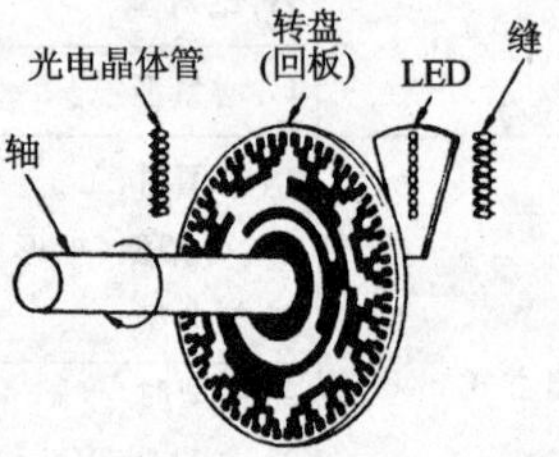 光电晶体管、转盘(回板)、LED、缝 写入图形的圆板旋转时,则按图形通过缝隙的光有的透过,有的遮断。透过光由光电晶体管变成电流,经波形整形回路完全变成数字信号
输出波形	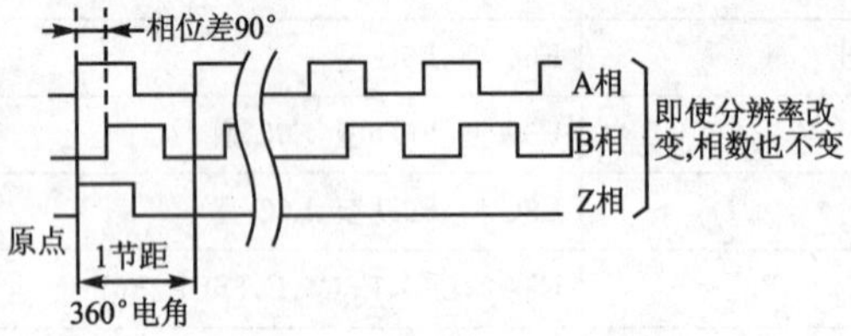 相位差 90°,A 相,B 相,Z 相,原点,1 节距,360°电角,即使分辨率改变,相数也不变	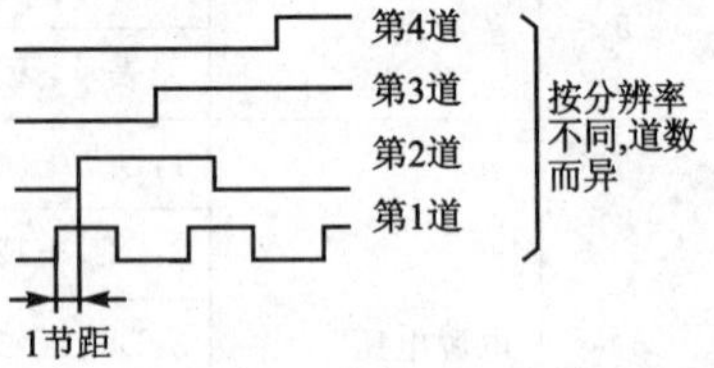 第 4 道,第 3 道,第 2 道,第 1 道,1 节距,按分辨率不同,道数而异

2. 增量式编码器系列

1) E6A2 型编码器

这种型号的编码器已经替代了 E6A 型,使耐噪声性有所提高。但产品外形、安装间距完全一样,二者的互换如表 17-3 所列。E6A2 型编码器可用于工厂自动化、高速化。

● **外形、特性参数及附件**

E6A2 型编码器外形及结构尺寸如图 17-1 所示,其特性参数如表 17-4 所列,附件及附件的安装状态分别如图 17-2 和图 17-3 所示。

附带有 E69-C04B 型耦合器(尺寸见附件)。

表 17-3 E6A 型与 E6A2 型编码器产品互换表

E6A 型	相当于 E6A2 型产品	备 注
E6A-CS10 型 E6A-CS60 型	C6A2-CS3C 10P/R,60P/R 型 E6A2-CS3C 10P/R,60P/R 型	和(H7ER 型)数字转速表配套使用时,E6A2-CS3E 型(电压输出)较为方便
E6A-CS100 型 E6A-CS200 型 E6A-CS3C 100P/R,200P/R	E6A2-CS3C 100P/R,200P/R 型	—
E6A-CS4C 100P/R,200P/R	E6A2-CS5C 100P/R,200P/R 型	—
E6A-CW100 型 E6A-CW3C 100P/R 型	E6A2-CW3C 100P/R 型	—
E6A-CW4C 100/R 型	E6A2-CW5C 100P/R 型	—

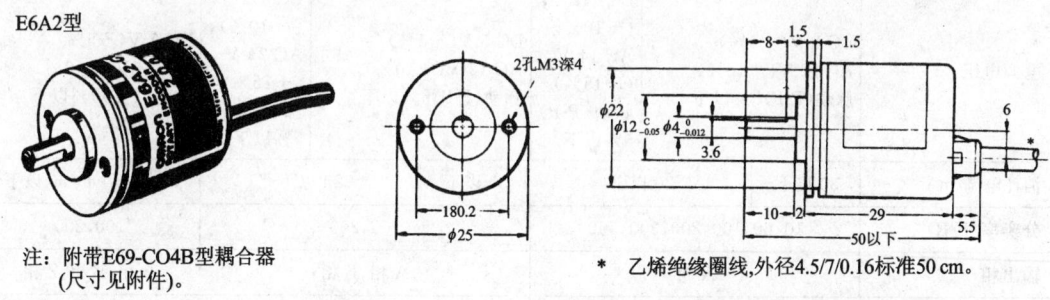

图 17-1 E6A2 型编码器外形结构尺寸图

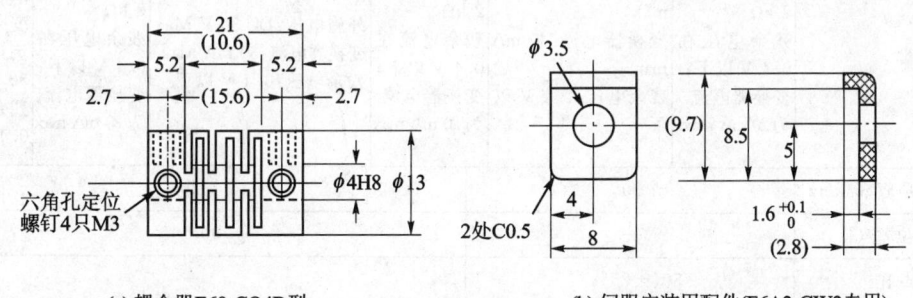

图 17-2 E6A2 型编码器用附件结构尺寸图

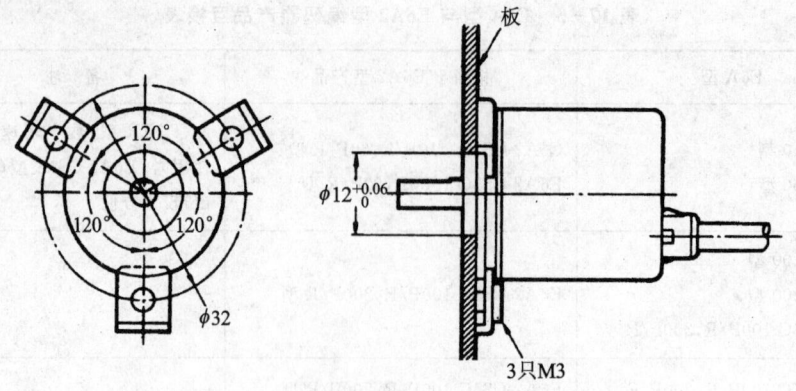

图 17-3　E6A2 型编码器附件安装状态图

表 17-4　E6A2 型编码器特性参数表

项　目	E6A2-CS3E 型	E6A2-CS3C 型	E6A2-CS5C 型	E6A2-CW3E 型	E6A2-CW3C 型	E6A2-CW5C 型	E6A2-CWZ3E 型	E6A2-CWZ3C 型
电源电压	DC 5 V(−5%) AC 12 V(+10%) 脉动(P-P)5%以下		DC 12 V(−10%) AC 14 V(+15%) 脉动(P-P) 5%以下	DC 5 V(−5%) AC 12 V(+10%) 脉动(P-P)5%以下		DC 12 V(−10%), AC 24 V(+15%) 脉动(P-P) 5%以下	DC 5 V(−5%) AC 12 V(+10%) 脉动(P-P)5%以下	
消耗电流/mA	30 以下	20 以下		30 以下	20 以下		50 以下	30 以下
分辨率(P/R)	10,60,100,200,300,360			100,200			100,200	
输出相	A 相			A 相, B 相			A 相, B 相, Z 相	
输出形态	电压输出	集电极开路输出		电压输出	集电极开路输出		电压输出	集电极开路输出
输出容量	输出电阻：2 kΩ 残余电压在 0.4 V 以下；变换器电流为 20 mA max.	外施电压：DC 30 V max 变换器电流：30 mA max		输出电阻：2 kΩ 残余电压在 0.4 V 以下；变换器电流为 20 mA max.	外施电压：DC 30 V Max 变换器电流：30 mA Max		输出电阻：2 kΩ 残余电压在 0.4 V 以下；变换器电流为 20 mA max	外施电压：DC 30 V max 变换器电流：30 mA max 残余电压：0.4 V 以下
最高响应频率/kHz	30			20				
输出相位差/(°)	—			90±45				
输出负载比	50(±25%)			—				
输出上升、下降时间	1.0 μs 以下；线长 2 m；变换器电流 10 mA	1.0 μs 以下；线长 2 m；控制输出电压 5 V；负载电阻 1 kΩ		1.0 μs 以下；线长 2 m；变换器电流 10 mA	1.0 μs 以下；线长 2 m；控制输出电压 5 V；负载电阻 1 kΩ		1.0 μs 以下；线长 2 m；变换器电流 10 mA	1.0 μs 以下；线长 2 m；控制输出电压 5 V；负载电阻 1 kΩ

续表 17 - 4

项目		E6A2-CS3E 型	E6A2-CS3C 型	E6A2-CS5C 型	E6A2-CW3E 型	E6A2-CW3C 型	E6A2-CW5C 型	E6A2-CWZ3E 型	E6A2-CWZ3C 型
启动转矩		10 g·cm 以下							
惯性转矩		1 g·cm 以下							
轴允许荷重	径向	1 kg							
	推力	0.5 kg							
允许最高转速		5 000 r/min							
工作环境温度		−10~55℃（但不结冰）							
工作环境湿度		35%~85%RH（但不结霜）							
保存环境温度		−25~+80℃							
防护结构		IEC 标准 IP50							
绝缘电压		10 MΩ 以上（DC 500 V 摇表），带电部分一起和壳体间							
耐电压		AC 500 V,50/60 Hz, 1 min,带电部分一起和壳体间							
振动		耐久 10~55 Hz 复振幅 1.5 mm,X,Y,Z 各向 2 h							
冲击		耐久 500 m/s²（约 50g）,X,Y,Z 各向三次							
质量		约 35 g 以下（带 50 cm 线）							

● **E6A2 型编码器内部电路图**

E6A2 型编码器内部电路如图 17 - 4 所示，使用时应注意以下几点：

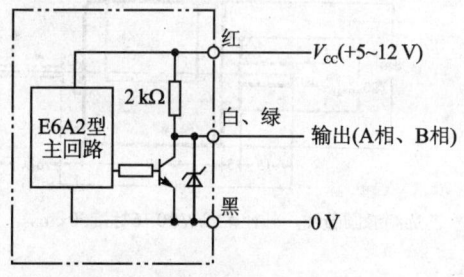
电压输出/E6A2-CS3E 型

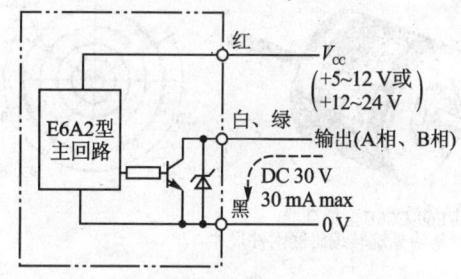
集电极开路输出/E6A2-CSxC 型,-CWxC 型

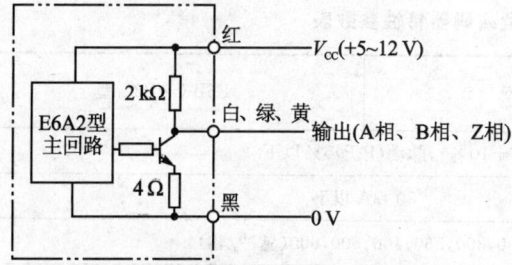
电压输出/E6A2-CWZ3E 型

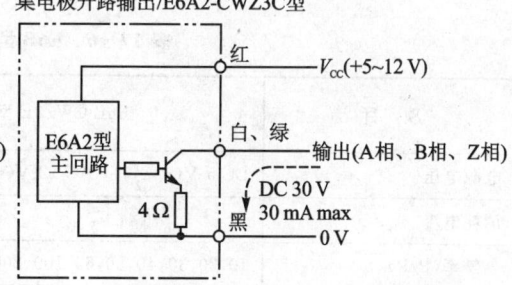
集电极开路输出/E6A2-CWZ3C 型

注：(1) 单型(E6A2.CSxx 型)时绿和黄无输出（未接）；
(2) 逆型(E6A2-CWxx 型)时，黄无输出（未接）；
(3) 电压输出型，可吸收 20 mA 的电流。

图 17 - 4　E6A2 型编码器内部电路图

第17章 码盘式传感器

① 单型（E6A2-CSxx 型）时绿和黄无输出（未接）；
② 逆型（E6A2-CWxx 型）时，黄无输出（未接）；
③ 电压输出型，可吸收 20 mA 的电流；
④ 编码器线色所对应的内容如表 17-5 所列。

表 17-5 编码器线色对应表

线颜色	内 容
红	V_{cc}
白	A 相
绿	B 相
黄	Z 相
黑	0 V（共用）

● 输出波形

E6A2 型编码器输出波形如图 17-5 所示。

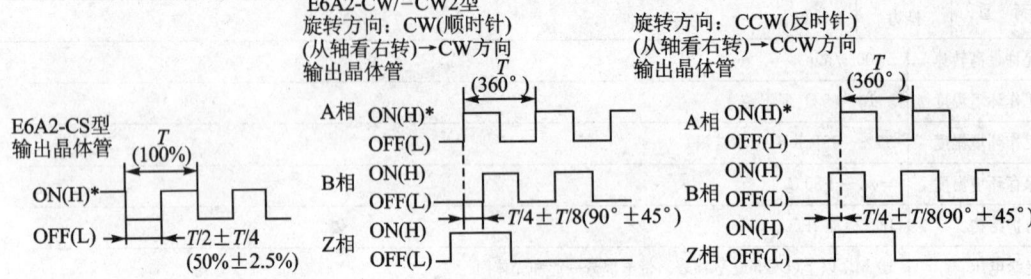

图 17-5　E6A2 型编码器输出波形

2）E6B 型（工业机械用）编码器

该型号备有外径为 $\phi 40$，600 P/R 的高分辨率产品。

● 外型、特性参数及配件

E6B 型编码器外形结构尺寸如图 17-6 所示，其特性参数如表 17-6 所列，附件及附件安装状态分别如图 17-7 和图 17-8 所示。

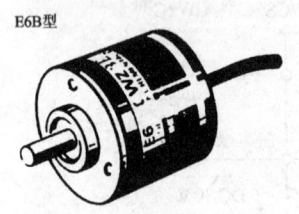 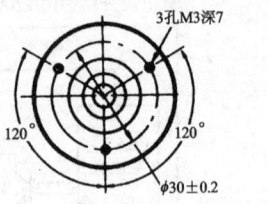

注：附带 E69-C06B 型耦合器，其尺寸等请见旋转编码器附件尺寸。

* 乙烯绝缘圆蔽线，外径 $\phi 3.5/7/\phi 0.16$ 标准 50 cm。

图 17-6　E6B 型编码器外形结构尺寸图

表 17-6　E6B 型编码器特性参数表

项 目	E6B-CWZ3E 型	E6B-CWZ3C 型
电源电压	DC 5 V(-5%)，AC 12 V(+10%)，脉动(P-P)5% 以下	
消耗电流	50 mA 以下	
分辨率(P/R)	10,20,30,40,50,60,100,200,300,360,400,500,600(脉冲/转)	
输出相	A 相，B 相，Z 相（可逆）	
输出形态	电压输出	集电极开路输出

续表 17-6

项 目		E6B-CWZ3E 型	E6B-CWZ3C 型
输出容量		输出电阻：2 kΩ （残余电压：0.4 V 以下 变换器电流：最大 20 mA）	外施电压：DC 30 V 最大 变换器电流：最大 80 mA 残余电压：1 V 以下（变换器电流 80 mA 时） 0.4 V 以下（变换器电流 20 mA 时）
最高响应频率		30 kHz	
输出相位差		A 相，B 相差 90°±45°（T/4～T/3）	
输出上升、下降时间		4.0 ms 以下 （线长 50 cm 变换器电流 10 mA 以下）	4.0 ms 以下 （控制输出电压 5 V 负荷电阻 1 kΩ，线长 50 cm）
启动转矩		10 g·cm 以下	
惯性转矩		3 g·cm 以下	
轴允许荷重	径向	2 kg	
	推力	1 kg	
允许最高转速		5 000 r/min	
工作环境温度		-10～+55℃（但不结冰）	
工作环境湿度		35%～85% RH（但不结霜）	
保存环境温度		-25～+80℃	
绝缘电阻		10 MΩ 以上（DC 500 V 摇表）带电部分一起和壳体间	
耐电压		AC 500 V，50/60 Hz，1 min 带电部分一起和壳体间	
振动		耐久 10～55 Hz，复振幅 1.5 mm，X、Y、Z 各向 2 h	
冲击		耐久 500 m/s²（约 50 g）X、Y、Z 各向 3 次	
保护结构		IEC 标准 IP50	
质量		约 150 g 以下（带 50 cm 线）	

- **E6B 型编码器内部电路图**

E6B 型编码器内部电路如图 17-9 所示，使用时应注意以下几点：
① 屏蔽线的外芯（屏蔽）未接内部及壳体；
② A 相、B 相、Z 相均为同一回路；
③ 通常 GND 接 0 V 或接大地；
④ 编码器线色所对应的内容如表 17-7 所列。

第17章 码盘式传感器

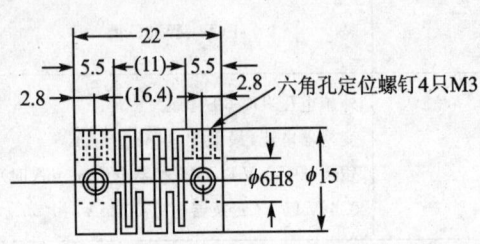

注：材料采用含玻璃缩醛树脂(CG 25)*E6B,E6C-C,
E6CP型的附件。

(a) E69-C06B型

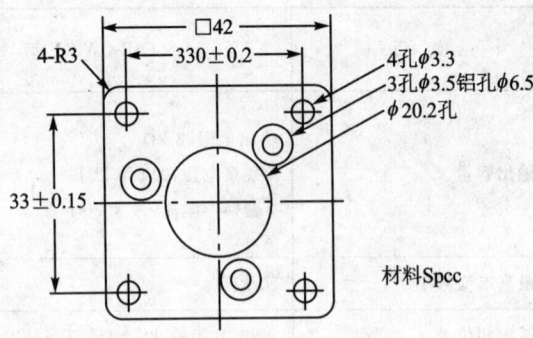

(b) E69-FBA型

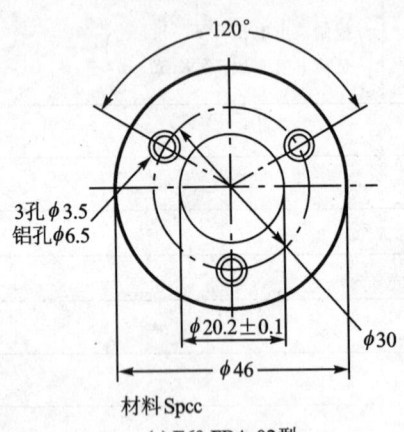

(c) E69-FBA-02型

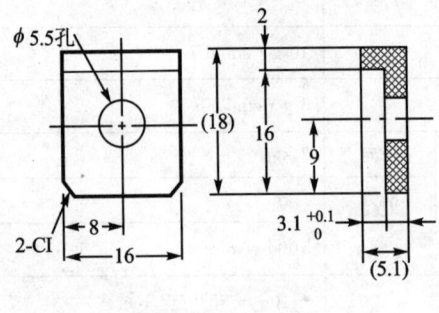

(d) 安装配件

图17-7　E6B型编码器用附件结构尺寸图

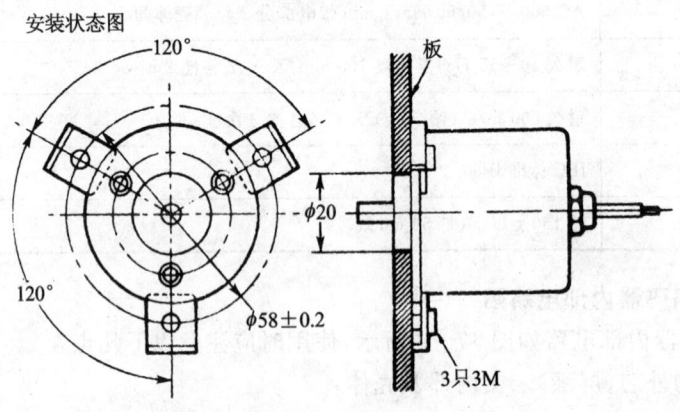

图17-8　E6B型编码器附件安装状态图

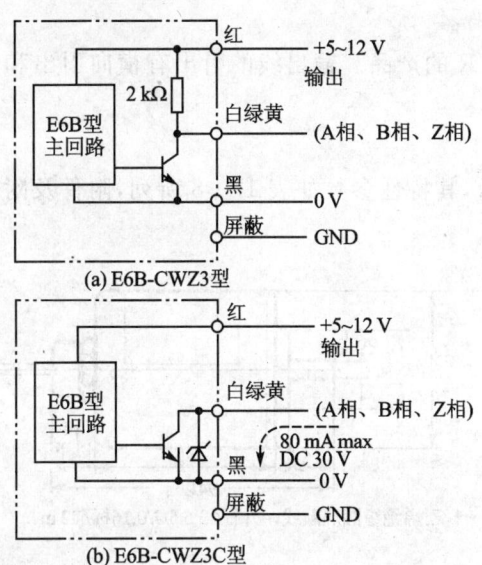

表17-7 编码器线色对应表

线 色	内 容
红	电源5～12 V
白	A相输出
绿	B相输出
黄	Z相输出
黑	0 V（共用）
屏蔽	接地（GND）

图17-9 E6B型编码器内部电路图

● 输出波形

E6B型编码器输出波形如图17-10所示。

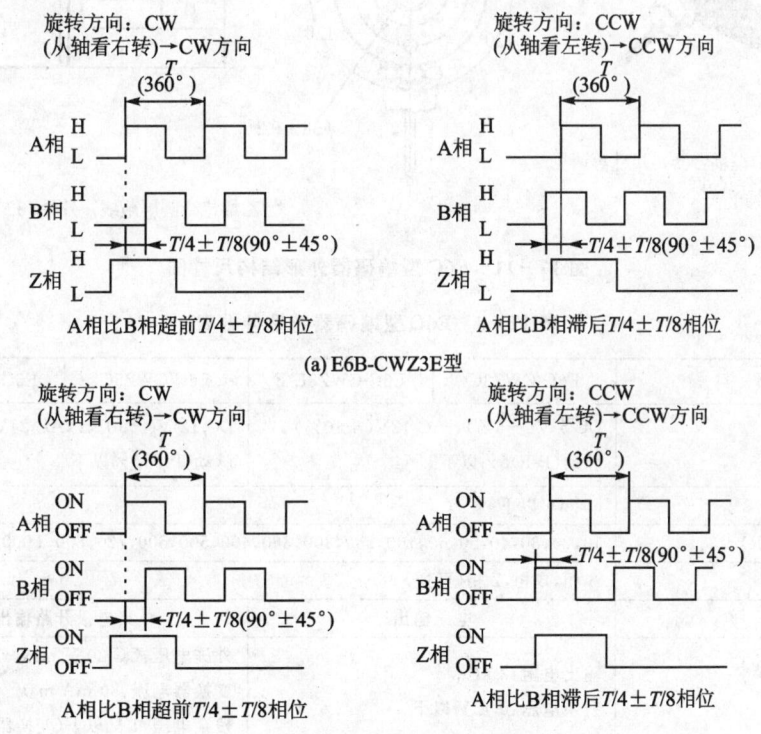

注：动作波形图的ON和OFF为输出晶体管的ON和OFF之意。

(b) E6B-CWZ3C型

图17-10 E6B型编码器输出波形图

3) E6C型(防滴、防油、恶劣环境用)编码器

该型号备有外径为 φ50,分辨率达到 1.024 P/R 的产品。输出线的引出有横向引出和后部引出。

● **外形、特性参数及附件**

E6C型编码器外形结构尺寸如图 17-11 所示,其特性参数如表 17-8 所列,附件及附件安装状态分别如图 17-12 和图 17-13 所示。

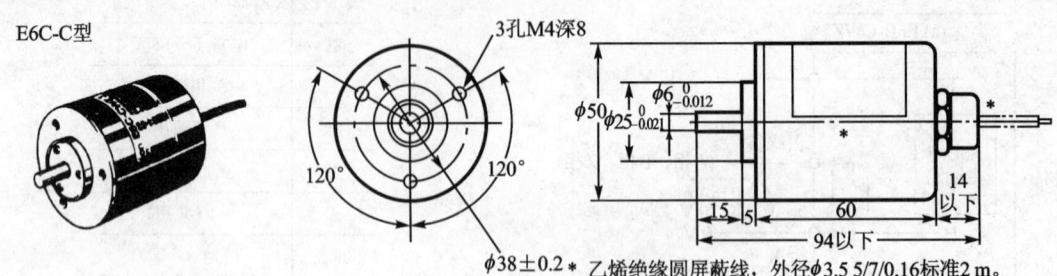
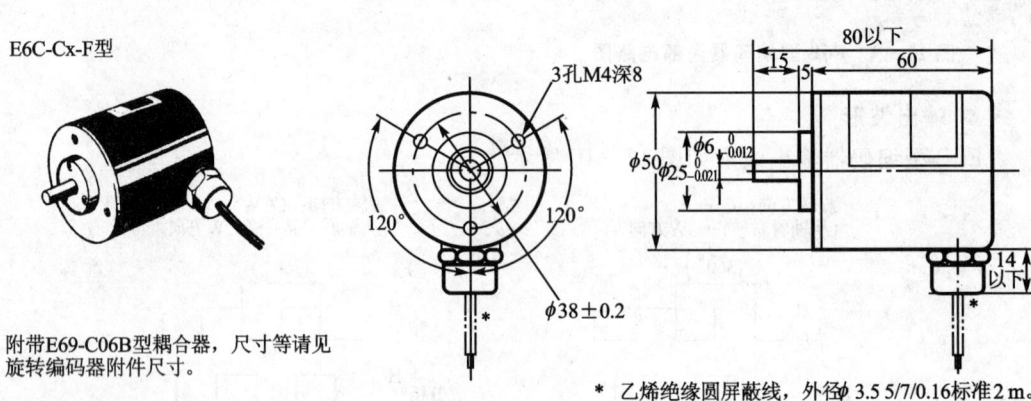

图 17-11 E6C型编码器外形结构尺寸图

表 17-8 E6C型编码器特性参数表

项 目	E6C-CWZ3C	E6C-CWZ3E-F	E6C-CWZ5C	E6C-CWZ5C-F
电源电压	DC 5 V(-5%),AC 12V(+10%) 脉动(P-P)5%以下		DC 12 V(-10%),AC 24V(+15%) 脉动(P-P)5%以下	
消耗电流	50 mA 以下			
分辨率(P/R)	10,20,30,40,50,60,100,200,300,360,400,500,600,720,800,1000,1024			
输出相	A相,B相,Z相(可逆)			
输出形态	电压输出		集电极开路输出	
输出容量	输出电阻:2 kΩ 残余电压:0.4 V 以下 变换器电流:20 mA max		外施电压:DC 30 V max 变换器电流:80 mA max 残余电压:1 V 以下(变换器电流80 mA 时),0.4 V 以下(变换器电流20 mA 时)	
最高响应频率	30 kHz			
输出相位差	A相、B相差 90°±45°($T/4+T/3$)			

续表 17-8

项　目		E6C-CWZ3C	E6C-CWZ3E-F	E6C-CWZ5C	E6C-CWZ5C-F
输出上升、下降时间		1.0 μs 以下（线长 2 m 变换器电流 10 mA 以下）		1.0 μs 以下（控制输出电压：5 V 负载电阻 1 kΩ 线长 2 m）	
启动转矩		100 g·cm 以下			
惯性转矩		10 g·cm 以下			
轴允许荷重	径向	2 kg			
	推力	1 kg			
允许最高转速		5 000 r/min			
线到出口		后	横	后	横
工作环境温度		－10～＋55 ℃（但不结冰）			
工作环境湿度		25%～95% RH（但不结露）			
保存环境温度		－20～＋55 ℃			
绝缘电阻		10 MΩ 以上（DC 500 V 摇表）带电部分一起和壳体间			
耐电压		AC 360 V，50/60 Hz，1 min，带电部分一起和壳体间			
振动		耐久 10～55 Hz，复振幅 1.5 mm，X、Y、Z 各向 2 h			
冲击		耐久 500 m/s²（约 50 g），X、Y、Z 各向 3 次			
防护结构		IEC 标准 IP52［IEM 标准 IP52F（防滴、防油）］			
质量		400 g 以下（带 2 m 线）			

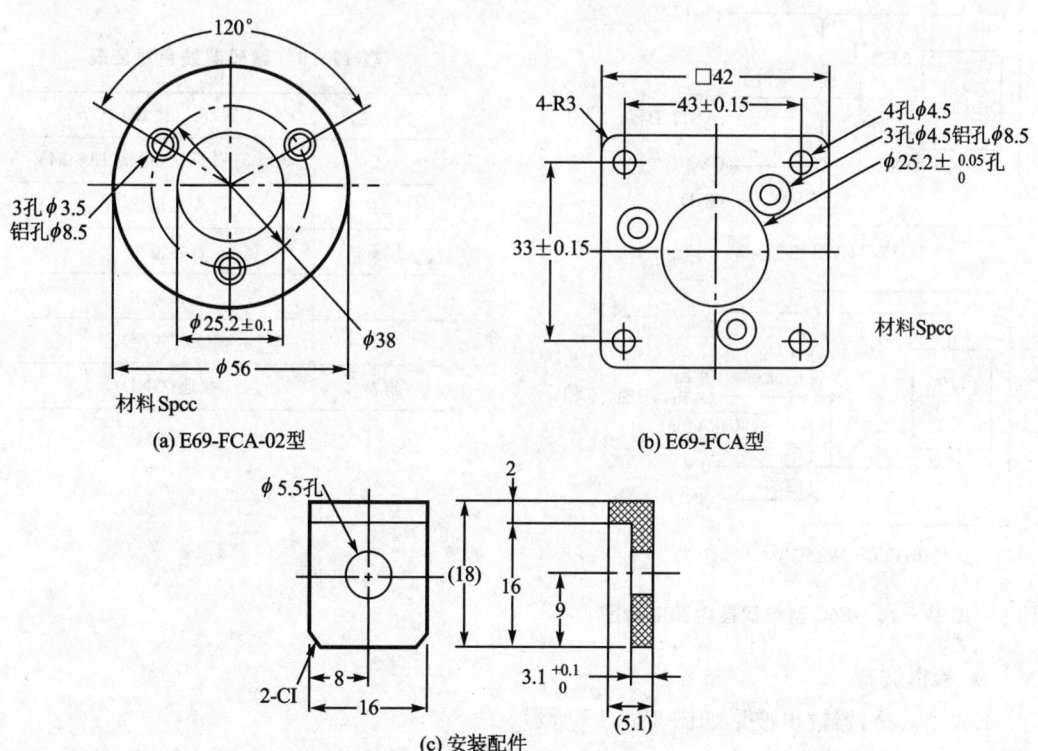

图 17-12　E6C 型编码器用附件结构尺寸图

第 17 章 码盘式传感器

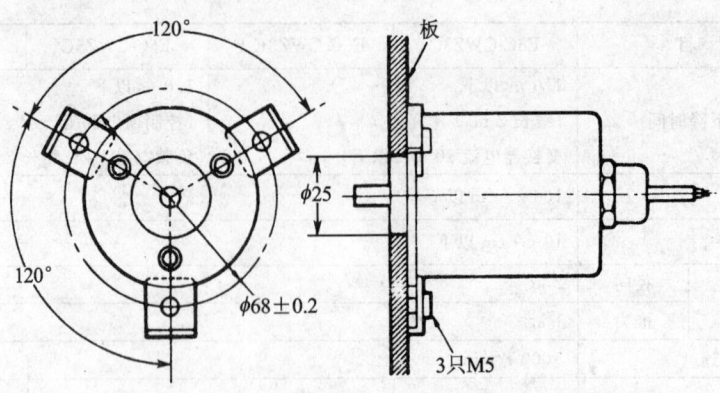

图 17-13 E6C 型编码器附件安装状态图

● **E6C 型编码器内部电路图**

E6C 型编码器内部电路如图 17-14 所示,使用时应注意以下几点:

① 屏蔽线的外芯(屏蔽)未接内部及壳体;
② A 相、B 相、Z 相均为同一回路;
③ 通常 GND 接 0 V 或接大地;
④ 编码器线色所对应的内容如表 17-9 所列。

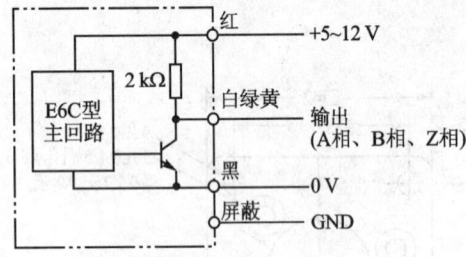

(a) E6C-CWZ3E 型

表 17-9 编码器线色对应表

线 色	E6C-CWZ3E	E6C-CWZ5C
红	电源 5～12V	电源 12～24V
白	A 相输出	
绿	B 相输出	
黄	Z 相输出	
黑	0V(共用)	
屏蔽	接地(GND)	

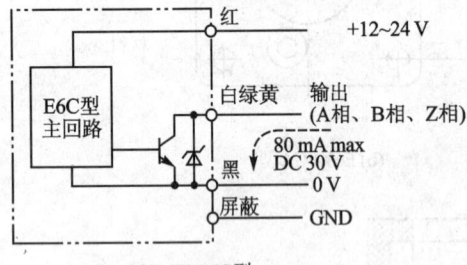

(b) E6C-CWZ5C 型

图 17-14 E6C 型编码器内部电路图

● **输出波形**

E6C 型编码器输出波形如图 17-15 所示。

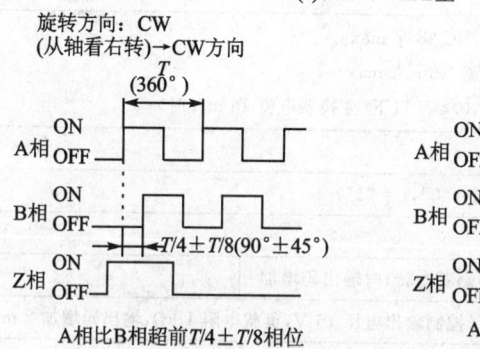

(a) E6C-CWZ3E型

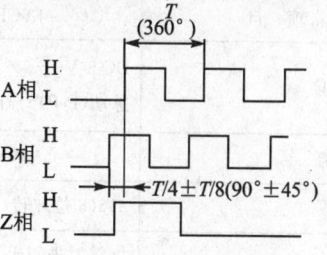

(b) E6C-CWZ5C型

注：动作波形图的ON和OFF为输出晶体管的ON和OFF之意。

图 17 – 15 E6C 型编码器输出波形图

3. 绝对式编码器系列

1) E6CP 型（机器人限位信号用）编码器

● 外形、特性参数及附件

E6CP 型编码器外形结构尺寸如图 17 – 16 所示，其特性参数如表 17 – 10 所列。

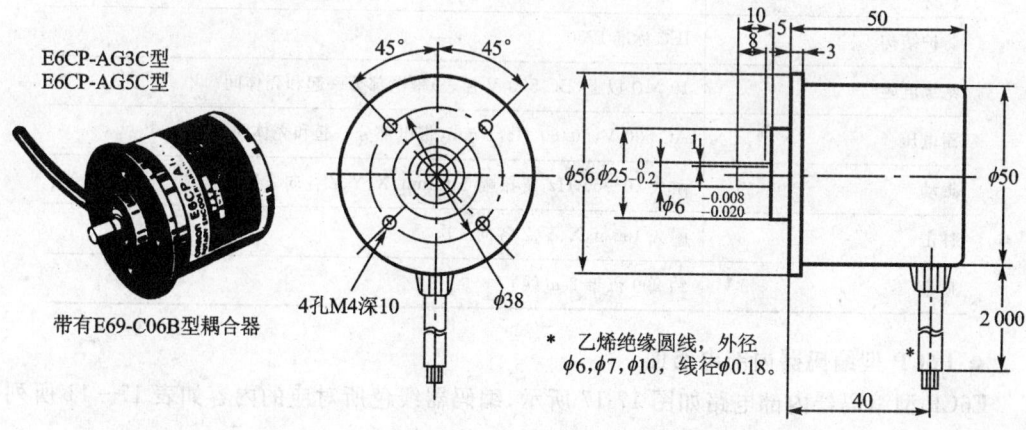

图 17 – 16 E6CP 型编码器外形结构尺寸图

表 17-10　E6CP 型编码器特性参数表

项　目		E6CP-AG3C 型	E6CP-AG5C 型
电源电压		DC 5 V(−5%), AC 12 V(+10%) 脉动(P-P)5%以下	DC 12 V(−10%), AC 24 V(+5%) 脉动(P-P)5%以下
消耗电流		90 mA 以下	70 mA 以下
分辨率		256(8 位)/转	
输出码		格雷二进制码	
输出形态		集电极开路输出	
输出容量		外施电压：DC 28 V max 变换器电流：16 mA max 残余电压：0.4 V 以下(变换器电流 16 mA 时)	
最高响应频率		5 kHz	
逻辑		负逻辑(H="0",L="1")	
精度(绝对误差)		±1°以下	
旋转方向		CW(从轴侧看右转)时输出码增加	—
输出上升、下降时间		1 μs 以下(控制输出电压 16 V,负载电阻 1 kΩ,输出码增加 2 m 以下)	
启动转矩		10 g·cm 以下	
惯性转矩		10 g·cm 以下	
轴允许荷重	径向	3 kg	
	推力	2 kg	
允许最高转速		1 000 r/min	
工作环境温度		−10～+55℃(但不结冰)	
工作环境湿度		35%～85% RH(但不结露)	
保存环境温度		−25～+85℃	
防护结构		IEC 标准 IP50	
绝缘电阻		10 MΩ 以上(DC 500 V 摇表)带电部分一起和壳体间	
耐电压		AC 500 V,50/60 Hz,1 min,带电部分一起和壳体间	
振动		耐久 10～55 Hz,复振幅 1.5 mm,X,Y,Z 各向 2 h	
冲击		耐久 100 g,X,Y,Z 各向 3 次	
质量		约 200 g(带 2 m 线)	

● **E6CP 型编码器内部电路图**

E6CP 型编码器内部电路如图 17-17 所示,编码器线色所对应的内容如表 17-11 所列。

表 17-11 编码器线色对应表

线 色	E6CP-AG3C 型	E6CP-AG5C 型
红	电源 5~12 V	电源 12~24 V
黑	0 V (共用)	
茶	输出 2^0	
橘黄	输出 2^1	
黄	输出 2^2	
绿	输出 2^3	
蓝	输出 2^4	
紫	输出 2^5	
灰	输出 2^6	
白	输出 2^7	

注：各位的输出皆为同一回路。

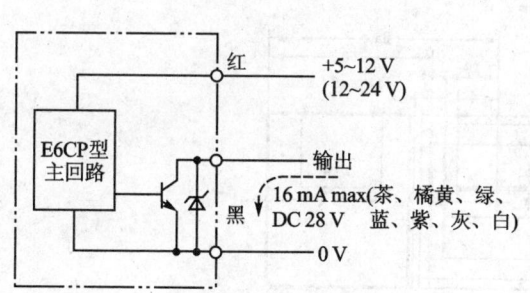

图 17-17 E6CP 型编码器内部电路图

● 输出波形

E6CP 型编码器输出波形如图 17-18 所示。

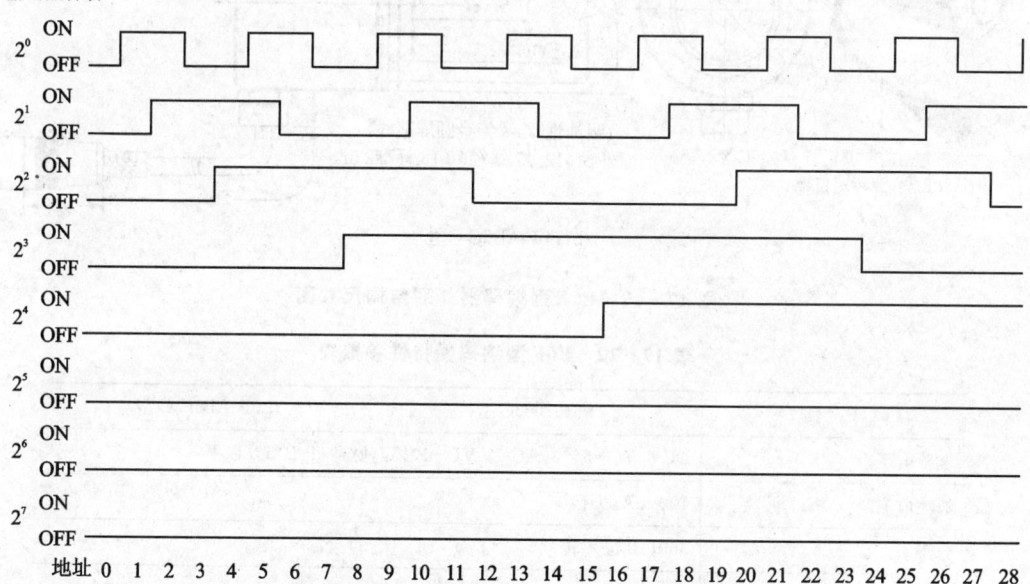

图 17-18 E6CP 型编码器输出波形图

2) E6F 型（高精度，检测自动机械的工作定时）编码器

这种型号的编码器绝对位置能以 BCD 码输出，不需要启动时的初期设定。其分辨率为 360°，能检测 1°的微小角度。圆盘采用金属盘，不会因冲击造成损坏，且有防油结构，可用于有水滴和油污的环境中。

第17章 码盘式传感器

● 外形、特性参数及附件

E6F型编码器外形结构尺寸如图17-19所示,其特性参数如表17-12所列,附件如图17-20所示。

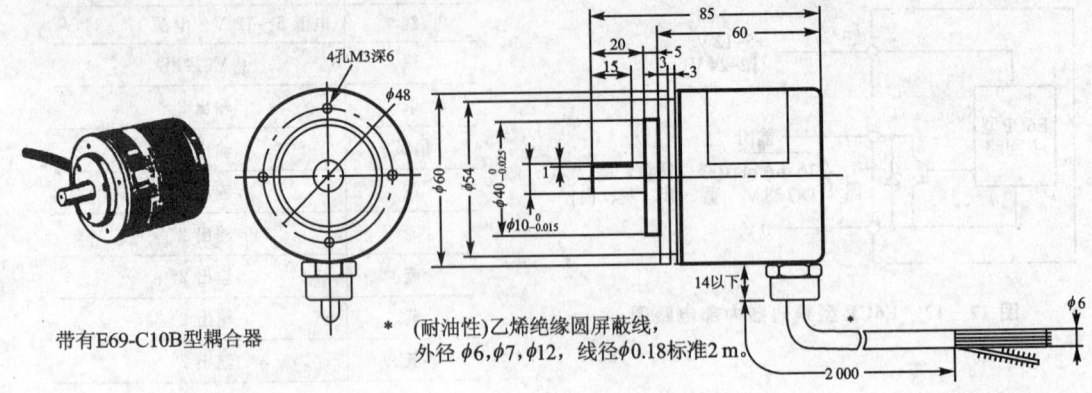

(a) E6F-AB3C型

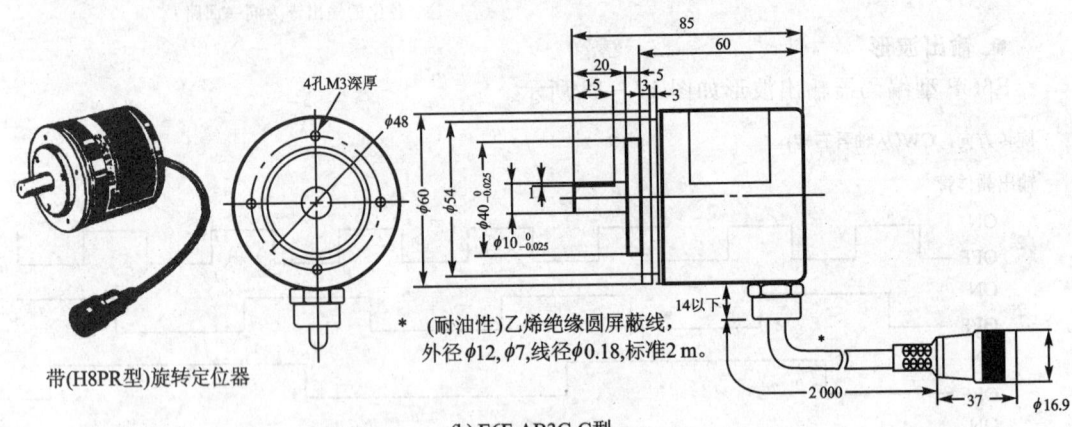

(b) E6F-AB3C-C型

图17-19　E6F型编码器外形结构尺寸图

表17-12　E6F型编码器特性参数表

项目	E6F-AB3C型	E6F-AB3C-C型
电源电压	DC 5 V(−5%),AC 12 V(+10%),脉冲(P-P)5%以下	
消耗电流	100 mA 以下	
分辨率	360(10位)/转	
输出码	BCD	
输出形态	集电极开路输出	
输出容量	外施电压：DC 30 V max(变换器电流 35 mA 最大) 残余电压：0.4 V max(变换器电流 35 mA 时)	
最高响应频率	10 kHz	

第17章 码盘式传感器

续表 17-12

项目		E6F-AB3C 型	E6F-AB3C-C 型
逻辑		负逻辑(H="0",L="1")	
精度		±0.5°以下	
旋转方向		CW(从轴看右转)时输出增加	
输出上升、下降时间		1.0 μs 以下(控制输出电压 5 V,负载电阻 470 Ω,输出线 2 m 以下)	
		2.0 μs 以下(控制输出电压 5 V,负载电阻 1 kΩ,输出线 2 m 以下)	
启动转矩		100 g·cm 以下	
惯性转矩		15 g·cm 以下	
轴允许荷重	径向	10 kg	
	推力	3 kg	
允许最高转速		5 000 r/min	
工作环境温度		−10～+70℃(但不结冰)	
保存环境温度		−25～+80℃	
工作环境湿度		35%～85%RH(但不结露)	
绝缘电阻		10 MΩ 以上(DC 500 V 摇表,带电部分一起和壳体间)	
耐电压		AC 500 V,50/60 Hz,1 min,带电部分一起和壳体间	
振动		耐久 10～55 Hz,复振幅 1.5 mm,X、Y、Z 各向 3 次	
冲击		耐久 100 g,X、Y、Z 各方向 3 次	
防护结构		IEC 标准 IP52[JEM 标准 1P52F(防滴、防油)]	
质量		约 500 g(带 2 m 线)	

● **内部电路图**

E6F 型编码器内部电路如图 17-21 所示,编码器线色所对应的内容及各端子所对应的内容分别如表 17-13 和表 17-14 所列。

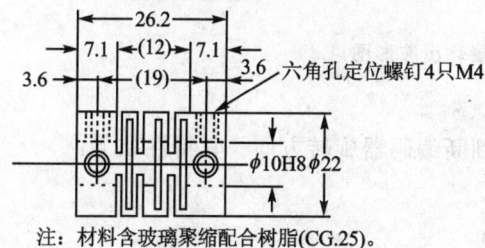

注:材料含玻璃聚缩配合树脂(CG.25)。

图 17-20 E6F 型编码器用附件结构尺寸图(耦合器 E69-C10B 型)

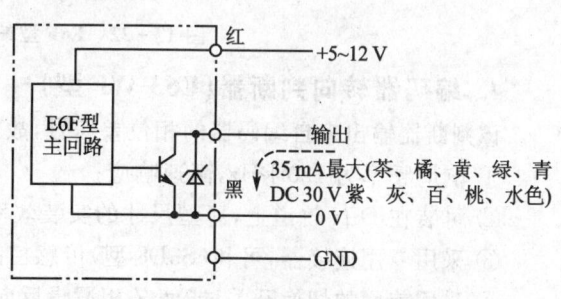

图 17-21 E6F 型编码器内部电路图

第17章 码盘式传感器

表 17-13 编码器线色对应表

线 色	E6F-AB3C 型
红	电源 5～12 V
黑	0V(共用)
茶	输出 2^0
橘黄	输出 2^1
黄	输出 2^2
绿	输出 2^3
蓝	输出 $2^0 \times 10$
紫	输出 $2^1 \times 10$
灰	输出 $2^2 \times 10$
白	输出 $2^3 \times 10$
桃	输出 $2^0 \times 100$
水色	输出 $2^1 \times 100$
屏蔽	GND

表 17-14 端子所对应的内容表

端子号	E6F-AB3C-C 型
1	输出 2^0
2	输出 2^1
3	输出 2^2
4	输出 2^3
5	输出 $2^0 \times 10$
6	输出 $2^1 \times 10$
7	输出 $2^2 \times 10$
8	输出 $2^3 \times 10$
9	输出 $2^0 \times 100$
10	输出 $2^1 \times 100$
11	GND
12	电源 5～12 V
13	0 V(共用)

- **输出波形**

E6F 型编码器输出波形如图 17-22 所示。

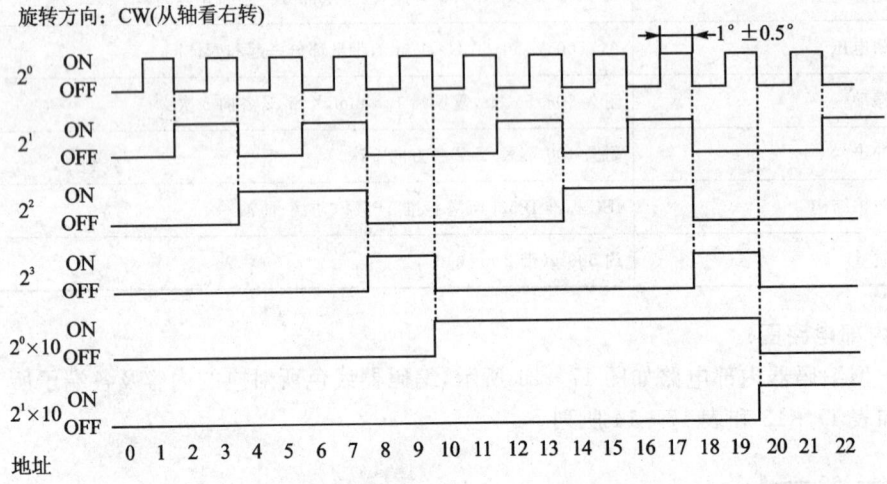

图 17-22 E6F 型编码器输出波形图

4. 编码器转向判断器(E63-WF 型)

该判断器输出来自编码器的相位差信号,故能判断编码器旋转方向。其特性如下:

① 响应频率为 120 kHz,高速响应;

② 可装在 DIN 轨道上,薄型尺寸的实装效率高;

③ 采用专用连接器,可和(S3D8 型)传感控制器(稍后介绍)直接结合;

④ 采用前面的切换开关,能使 Z 相逻辑反向,所以无论电压输出型或集电极开路型,任一种编码器都能连接。

● 外形及特性参数

E63-WF型编码器转向判断器外形结构尺寸如图17-23所示,特性参数如表17-15所列。

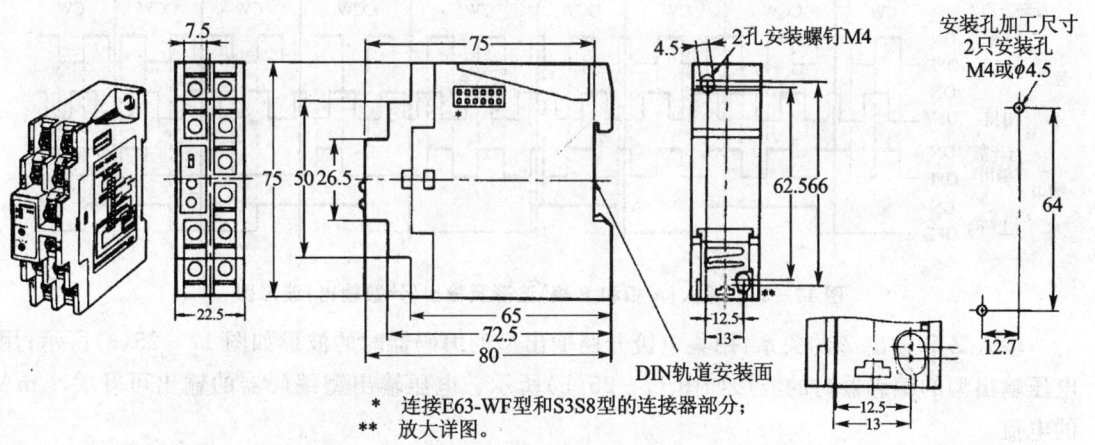

* 连接E63-WF型和S3S8型的连接器部分;
** 放大详图。

图17-23 E63-WF型编码器转向判断器外形结构尺寸图

表17-15 E63-WF型编码器转向判断器特性参数表

电源电压		DC 12 V(-10%),AC 24 V(+15%),脉动(P-P)5%以下
消费电流		50 mA 以下
输入	输入信号	A,B,Z(相位差信号)
	相位差	90°±45°以内
	ON	0~2 V,6 mA 以上
	OFF	8~24 V,1.5 mA 以下
	输入短路电流	9 mA
	最大外施电压	30 V 最大
	输入阻抗	约 1 kΩ
输出	输出信号	上/下(方向判断),计数输出(数),输出 2
	输出形态	集电极开路输出
	输出容量	外施电压:DC 30 V 最大 变换器电流:80 mA 最大 残余电压:1 V 最大(变换器电流 80 mA 时),0.4 V 最大(变换器电流 20 mA 时)
最高响应频率		120 kHz
输出响应时间		2 μs 以下
显示		电源显示(红),Z相输出显示(绿)
工作环境温度		-10~+55℃(但不结冰)
工作环境湿度		35%~85%RH
保存环境温度		-25~+80℃
振动		耐久 10~55 Hz,复振幅 1.5 mm,X,Y,Z 各方 2 h
冲击		耐久 300 m/s²(约 30 g)
质量		约 100 g

- 输入/输出波形

输入（A 相和 B 相）和输出（计数输出，上/下）的关系如图 17-24 所示。

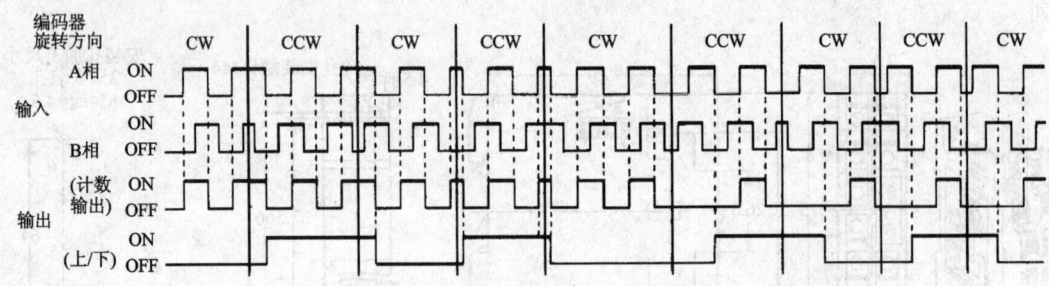

图 17-24　输入（A 相和 B 相）波形及输出（计数输出）波形图

输入 Z 和输出 Z 的关系：用集电极开路输出型的编码器时的波形如图 17-25(a)所示；用电压输出型的编码器时的波形如图 17-25(b)所示。电压输出型编码器的输出可开关 9 mA 的电流。

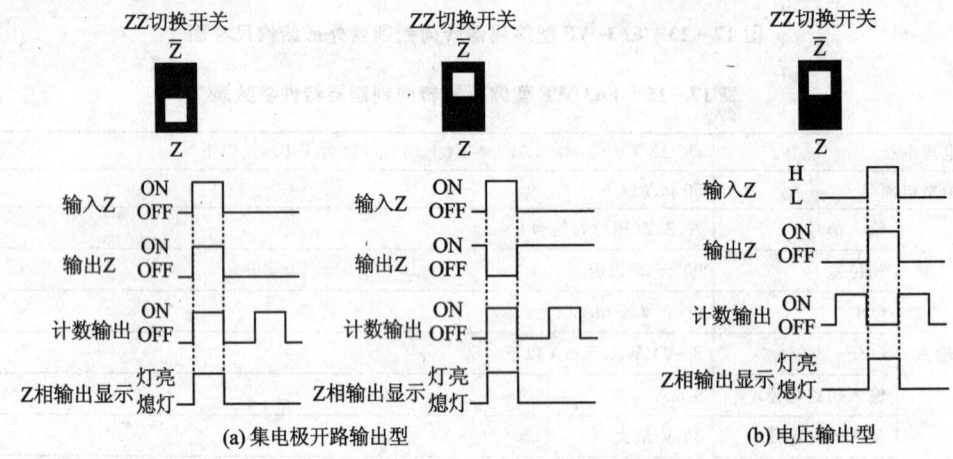

图 17-25　输入 Z 波形及输出 Z 波形图

- 输入/输出回路

输入回路（INA、INB、INC）如图 17-26 所示。

输出回路（UP/DOWN、COUNTS OUTPUT、OUT Z）如图 17-27 所示。

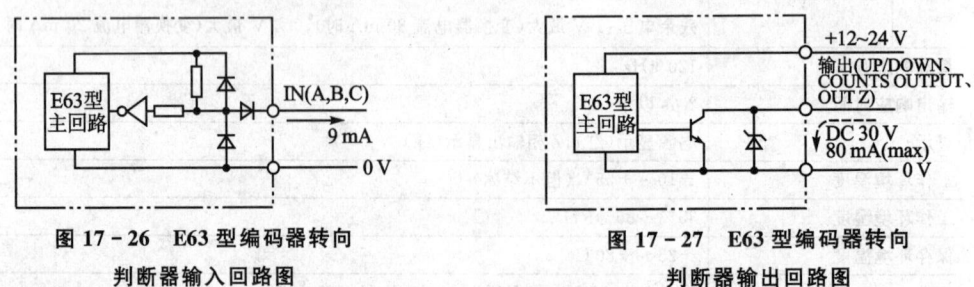

图 17-26　E63 型编码器转向判断器输入回路图

图 17-27　E63 型编码器转向判断器输出回路图

5. 编码器使用的有关事项

1) 前述特性参数表中最高响应频率与电气最高响应转速及分辨率的关系为：电气最高响应转速$(r/min) = \frac{最高响应频率}{分辨率} \times 60$，若按超出最高响应转速旋转，则电信号不能跟踪。

2) 编码器连接可否一览表如表17-16～表17-19所列，其中符号"◎"表示可直接连接；符号"○"表示可连接（"○"标记为电阻负载，要采用别的电源和软件对应等处理）；符号"×"表示不可接。

表17-16 E6A2型编码器连接可否一览表

种类	E6A2-CS3E型 E6A2-CW3E型 E6A2-CWZ3E型	E6A2-CS3C型 E6A2-CW3C型 E6A2-CWZ3C型	E6A2-CS5C型 E6A2-CW5C型
TTL、LSTTL	◎	○	×
CMOS	◎	○	○
S3D8型传感控制器	○	◎	◎
H7AN型数字计数器	○	○	○
H7ER型数字转速表	○	○	○
SYSMAC36型高速计数器输入	×	○	◎
SYSMACV8系列C系列-高速计数器单元	○	◎	◎

表17-17 E6B型、E6C型编码器连接可否一览表

种类	E6B-CWZ3E型	E6B-CWZ3C型	E6C-CWZ3E型	E6C-CWZ5C型
TTL,LSTTL	◎	○	◎	×
CMOS	◎	○	◎	○
S3D8型传感控制器	○	◎	○	◎
H7AN型数字计数器	◎	○	◎	○
H7ER型数字转速表	◎	○	◎	○
H8PA型多重计数器	○	◎	○	◎
SYSMACS6型高速计数器输入	×	◎	×	◎
SYSMAC V8系列C系列-高速计数器单元	◎	◎	◎	◎
SYSMAC V8系列C系列-位置控制单元	×	◎	×	◎
伺服定位系统	×	◎	×	○
多轴定位系统	×	◎	×	○

表 17 - 18 E6CP 型编码器连接可否一览表

种 类	E6CP-AG3C 型	E6CP-AG5C 型
TTL、LSTTL	○	×
CMOS	○	○
SYSMAC C20	○	◎
SYSMAC C 系列 DC 输入单元	○	◎
旋转定位器型号 H8PR	×	×

表 17 - 19 E6F 型编码器连接可否一览表

种 类	E6F-AB3C 型	E6F-AB3C-C 型
TTL、LSTTL	○	×
CMOS	○	×
SYSMAC C20	○	×
SYSMAC C 系列 DC 输入单元	○	×
旋转定位器型号 H8PR	×	◎

3) S3D8 型传感控制器

这种传感控制器如图 17 - 28 所示，它实现了 1 ms 的高速检查，并有示教功能，不需程序。其特点如下：

① 响应速度为 1 ms，例如 1 min 可快速检查 200 根材料；

② 采用新算法示教功能，不需要程序和回路设计；

③ 可连接 8 个传感器；

④ 运行中可用 0.01 s 单位进行计时器时间设定；

⑤ 放大器分离型传感器由于采用狭窄的小型放大器单元，连接不要配线。

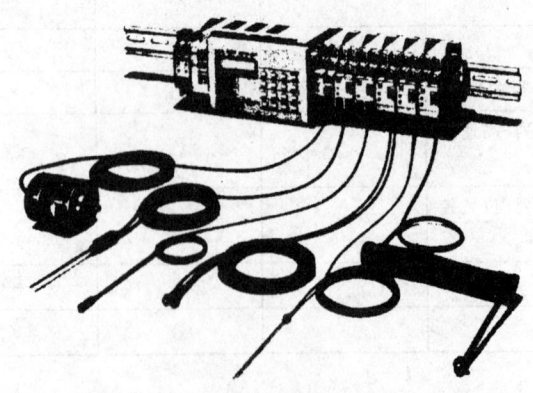

图 17 - 28 S3D8 型传感控制器外形图

系统构成举例如图17-29所示。系统的性能参数如表17-20所列。

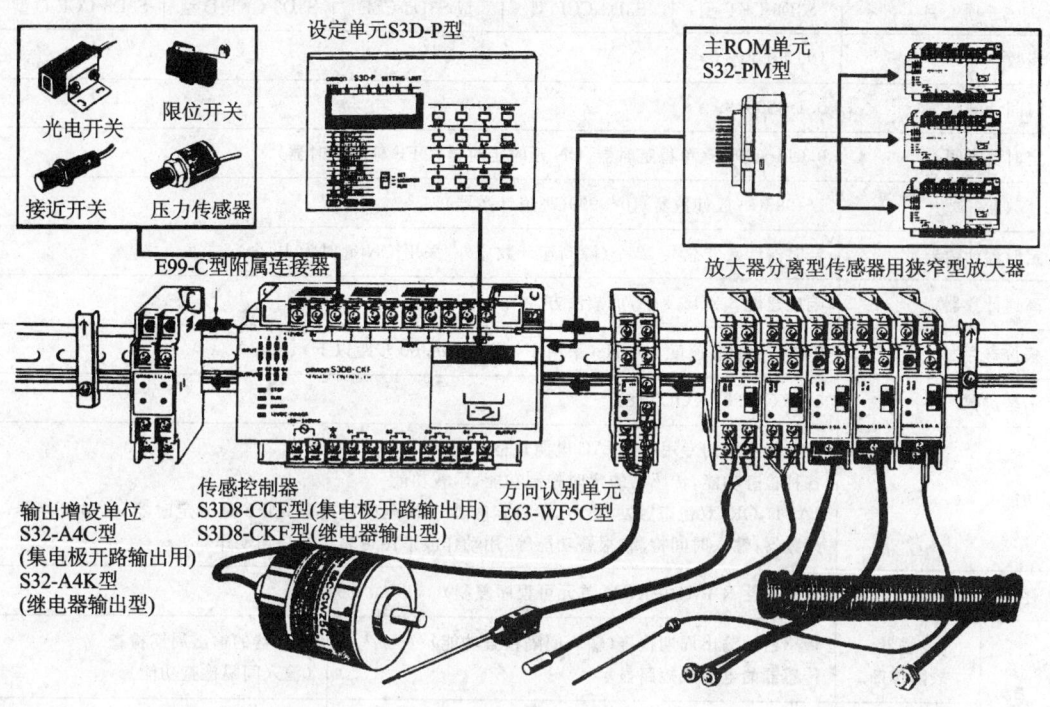

图17-29 S3D8型传感控制器系统构成示图

表17-20 S3D8型传感控制器特性参数表

项　目		S3D8-CKF型	S3D8-CCF型	型 S3D8-CSF	S3D8-CKF-D型	S3D8-CCF-D型
电源电压		AC 100～240 V(±10%);50/60 Hz共用 45 VA以下			DC 24 V(±10%);15 VA以下;脉动(P-P)1 V以下	
传感器电源输出		DC 12 V(±10%);400 mA(包括全波动,带短路保护回路)			—	
连接传感器		微型开关、限位开关等的有触点输出传感器或接近开关、光电开关、编码器等的无触点输出传感器(NPN集电极开路输出或NPN电流输出型)				
输入数		8(IN1～IN8)				
输出数	外部输出	4(OUT01～OUT04)＋4(输入增设单元使用时OUT05～OUT08)*				
	内部输出	8(OUT09～OUT16,但OUT16和峰鸣器输出共用)				
输入响应时间**(包括扫输时间)		1 ms固定(到使用IN键时,No、60步距以下时),2 ms固定(使用IN键,No、61步距时)或22 ms＋跳动时间("*"键使用时及停止输入)				
输出型态		继电器触点AC 250V3 A(cos g＝1)	NPN集电极开路输出DC 30 V,80 mA ON时残余电压1 V以下 OFF时漏电流0.1 mA以下	SSR出力AC 85～250 V 0.3 A 最小适用负荷50 mA(100 V)	继电器触点AC 250 V 3 A(cos g＝1)	NPN集电极开路输出DC 30V,80 mA ON时残余电压1 V以下 OFF时漏电流0.1 mA以下

第17章 码盘式传感器

续表 17-20

项目		S3D8-CKF 型	S3D8-CCF 型	型 S3D8-CSF	S3D8-CKF-D 型	S3D8-CCF-D 型
步数		100 步(00～09)				
时间计测范围		0.1～999.99 s				
定时器时间		0.015～999 s(单稳定时器,ON 延时定时器,OFF 延时定时器)				
计数器		1～999(一般计数器),0～999(高速计数器)				
定时器计数器数		定时器计数器总共 12 个(除高速计数器外,采用 [CN] 键时为 10 个)				
高速计数器		响应速度 3 kHz,1 个,加减法方式				
移位寄存器		8 位 1 个响应速度 400 Hz(采用 [IN] 键时,No.60 步距以下)				
示教次数		8 次(OUT01～OUT08)				
功能		各种传感器的专用电源(AC 电源规格) 各种检查功能,传感器的定时控制功能,示教功能 (AND,OR,双稳态触发,微分,单稳定时器,ON 延时定时器,OFF 延时定时器,位移寄存器,计数器,输入时间检测,报警功能等)用动作波形图可表达的一切动作				
存储		非易失性 RAM(主 ROM 单元可程序复制)				
诊断功能	传感器故障诊断	传感器的输出周期检查(输入间隔检查功能) 传感器的电源线短路显示			传感器的输出周期检查 (输入间隔检查功能)	
	S3D8 型本体	CPU 错误检查,存储器错误键操作检查,定时器计数器个数是否超过的检查,示放语音等				
工作环境温度		－10～＋55℃ S3D-P 型;0～＋40℃(但不结冰)				
工作环境湿度		38％～85％ RH				
耐噪声		操作电源:1500 V(p-p)以上,脉宽 100 ns 上升 1 ns 的脉冲 输入/出继电器:1000 V(p-p)以上,脉宽 100 ns 上升 1 ns 的脉冲			操作电源:240 V(p-p)以上,脉宽 100 ms 上升 1 ms 的脉冲 输出/入继电器:1000 V(p-p)以上,宽 100 ms 上升 1 ns 的脉冲 其他 240 V(p-p)以上,脉宽 100 ms 上升 1 ns 的脉冲	
振动		10～55 Hz,复振幅 0.75 mm,X、Y、Z 各向 2 h				
冲击		300 m/s²(约 30 g),X、Y、Z 各向各 3 次				
绝缘电阻		50 MΩ 以上(DC 500 V 摇表)(电源端子一起、输出/入端子和非带电金属零件间)				
耐电压		AC 1500 V 以上(电源端子一起、输出/入端子及非带电金属零件之间)				
质量		约 620 g(仅控制器本体)				

* 不采用输出增设单元时,OUT05～OUT08 可作为内部输出使用;

** 已安装好 S3D-P 型(设定单元)的状态动作时,则输入响应时间有时约迟后 0.2 ms。

4) 编码器连接举例

① 编码器与数字转速表(H7ER 型)的连接如图 17-30 所示。

适用品种:E6A2-CS3E,10P/R 和 60P/R 型。

② 编码器与数字计数器(H7AN 型)的连接如图 17-31 所示。

适用品种：E6A2-CW3E 型、E6B-CWZ3E 型和 E6C-CWZ3E 型。

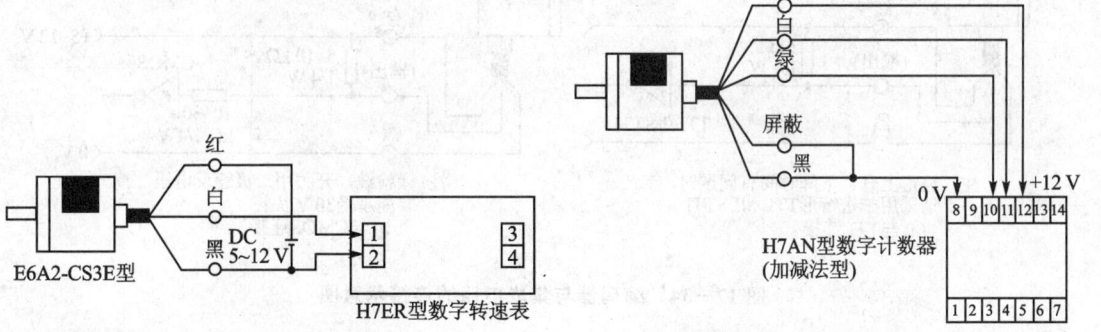

图 17-30　编码器与数字转速表的连接示意图　　图 17-31　编码器与数字计数器的连接示意图

③ 编码器与传感控制器(S3D8 型)的连接如图 17-32 所示。

适用品种：E6A2-CWE3C 型、E6B-CWZ3C 型、E6C-CW25C 型和 E6D-CWZ2C 型。

④ 编码器与 SYSMAC V8 系列 C 系列高速计数器单元(3G2A2-CT001/3G2A5-CT001型)的连接如图 17-33 所示。

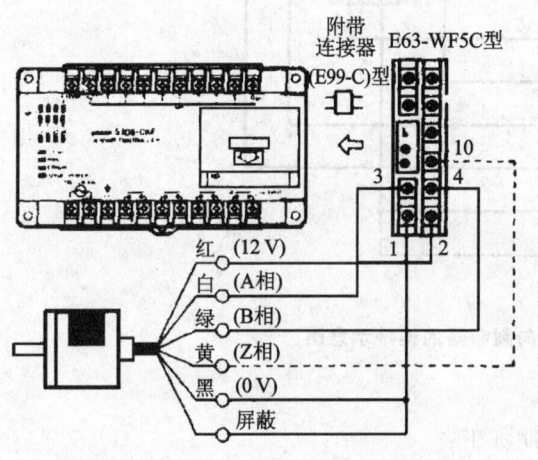

图 17-32　编码器与传感控制器的连接示意图

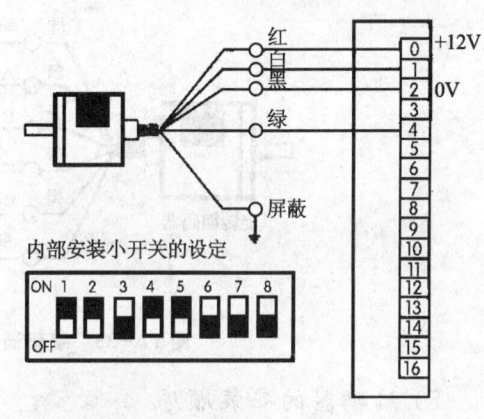

图 17-33　编码器与高速计数器单元的连接示意图

适用品种：E6A2-CW3C 型、E6A2-CW5C 型、E6B-CWZ3C 型、E6C-CWZ5C 型和 E6D-CWZ2C 型。

⑤ 编码器与集成电路连接(E6CP-AG3C 型)如图 17-34 所示。

⑥ 编码器与 E63-WF5C 型方向判断器的连接如图 17-35 所示。

⑦ 编码器与格雷码—二进制码转换电路的连接如图 17-36 所示。

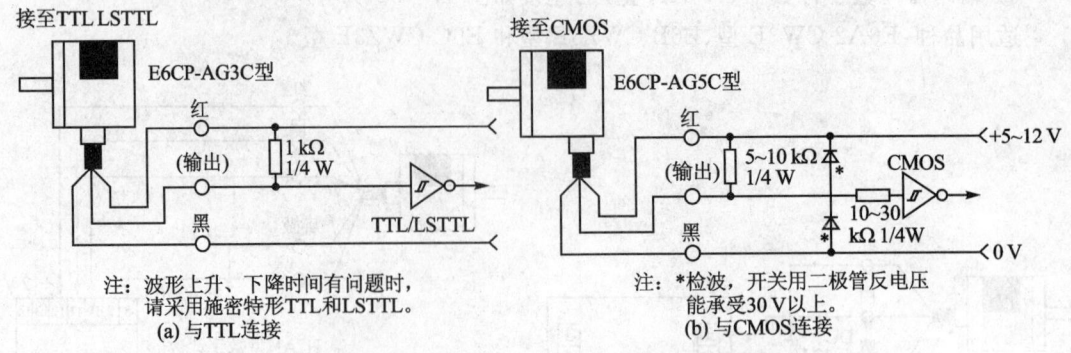

图 17-34 编码器与集成电路的连接示意图

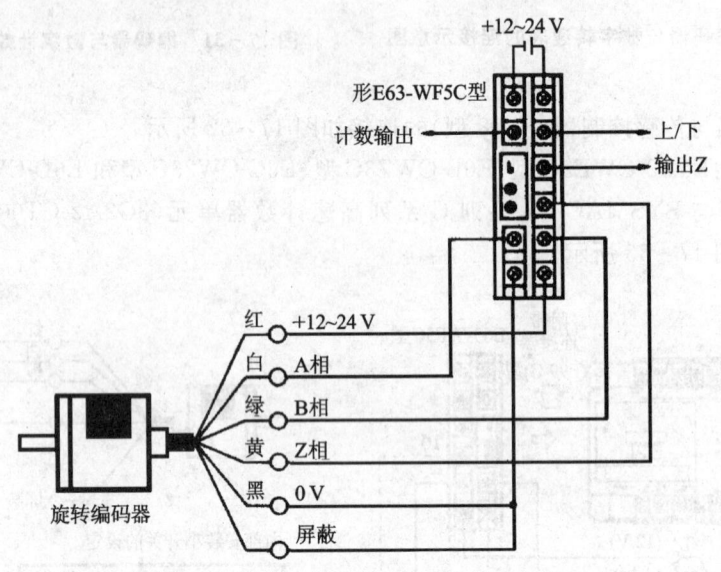

图 17-35 编码器与方向判断器的连接示意图

5) 编码器的安装顺序

编码器的安装顺序如图 17-37 所示,现说明如下:

① 采用标准耦合器时,在表 17-21 所列允许值内安装;

② 链定时带及齿轮结合时,先用别的轴承支住,再用编码器和耦合器结合起来,如图 17-38 所示;

③ 齿轮结合时,请注意勿使轴受到过大荷重;

④ 用螺钉紧固编码器时,用 5 kg·cm 左右的紧固力矩;

⑤ 固定本体进行配线时,勿用大于 3 kg 的力量拉线,如图 17-39 所示;

⑥ 轴插入耦合器时,用锤子敲打等,勿给以冲击;

⑦ 可逆旋转使用时,充分注意本体的安装方向和加减法方向;

⑧ 把设置的装置原点和编码器的 Z 相对准时,必须边确认该 2 相输出边安装耦合器;

⑨ 使用时勿使本体上粘水滴和油污,如侵入内部会产生故障。

第17章 码盘式传感器

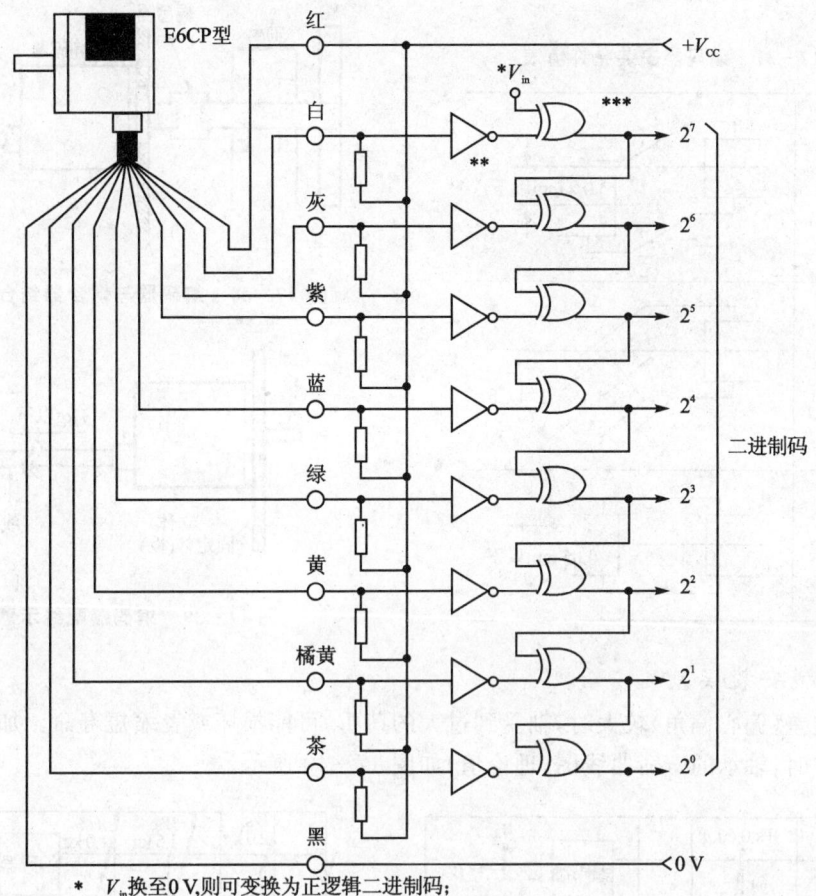

* V_{in} 换至 0 V,则可变换为正逻辑二进制码；
** 逆变器；
*** "异"门回路(互斥"或")。

图 17-36 编码器与转换电路的连接示意图

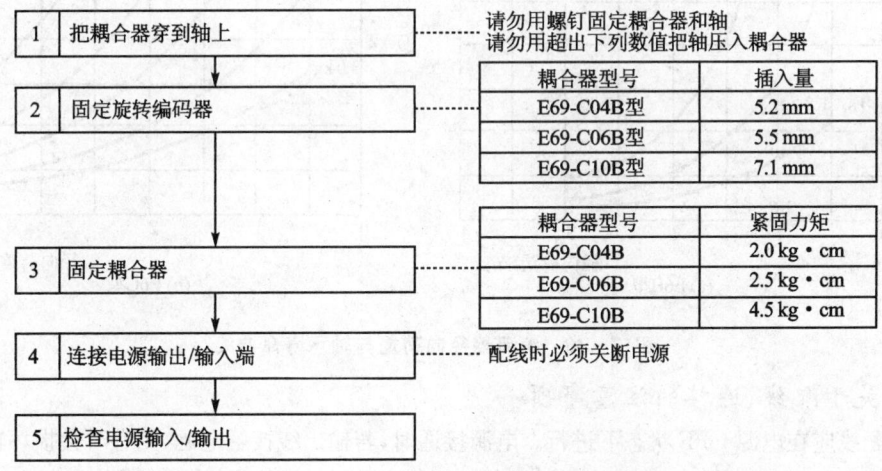

图 17-37 编码器的安装顺序示意图

表 17-21 编码器安装允许值表

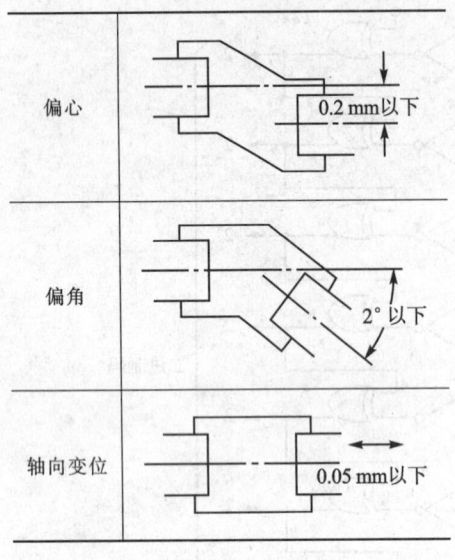

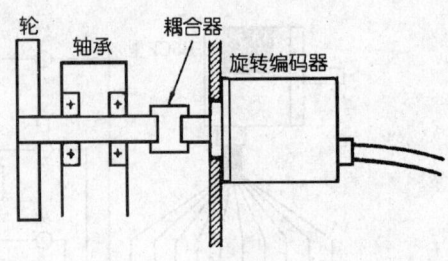

图 17-38 编码器与耦合器结合顺序图

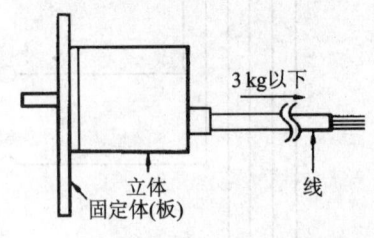

图 17-39 编码器配线示意图

6) 机械安装误差

安装误差(偏心偏角)较大时,轴受到过大的荷重,可能损坏或者缩短寿命。加上径力荷重及推力荷重时,轴承的寿命曲线图(理论值)如图 17-40 所示。

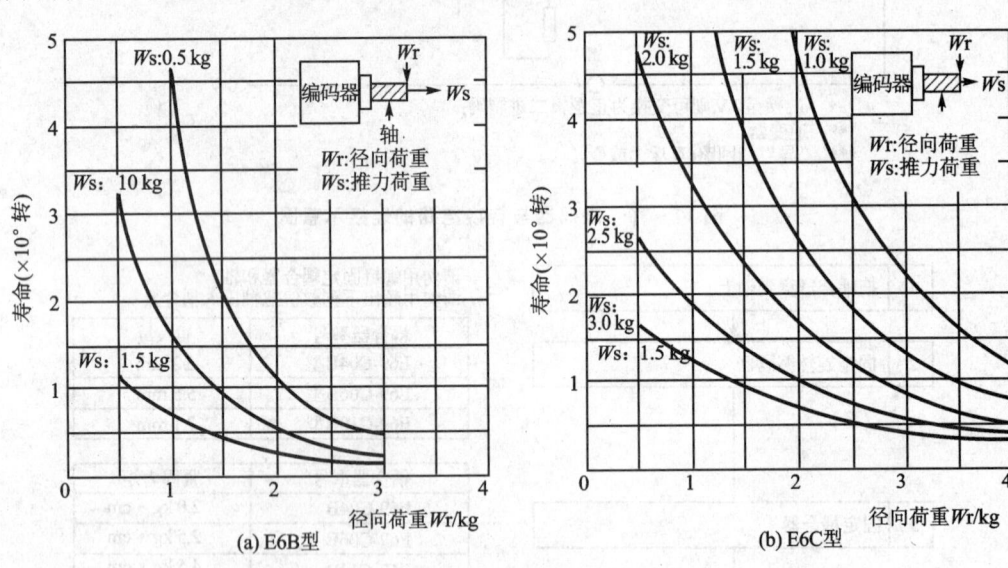

图 17-40 编码器径向荷重与轴承寿命曲线

7) 关于配线、连接的注意事项

① 配线应在电源 OFF 状态下进行。电源接通时,若输出线接触电源,则有时会损坏输出回路。

② 若配线错误,则有时会损坏内部回路,所以配线时应充分注意电源的极性等。若和高压线、动力线并行配线,则有时会受到感应造成误动作或损坏,所以要分离开另行配线。

③ 延长电线时,应在 10 m 以下。由于电线的分布容量的影响,波形的上升、下降时间会

延长,所以有问题时,应采用施密特回路等对波形进行整形。还有,为了避免感应噪声,要尽量用最短距离配线。向集成电路输入时,特别需要注意。

④ 电线延长时,因导体电阻及线间电容的影响,波形的上升、下降时间延长,容易产生信号间的干扰(串音),因此应用电阻小,线间电容低的电线(线绕对线和屏蔽线)。

8) 电缆延长特性

电缆延长特性如图 17-41 所示,现说明如下:

① 若延长电缆,则输出波形的上升时间增长,影响 A 相和 B 相的相位差特性。

② 输出波形的上升时间除取决于电缆长度外,还取决于负载电阻和电缆的种类。

③ 若延长电缆,除上升时间变化外,输出残余电压也增高。

④ 工作电源产生浪涌时,应在电源间接上浪涌吸收器以吸收浪涌。

⑤ 电源投入、切断时,有时会产生错误脉冲,所以后续的机器应在电源投入后隔 1 s 再使用。

9) 关于防止错误计数

使用单型时,若在信号的上升、下降沿附近静止,则由于振动会产生错误脉冲,会造成错误计数,此时,若组合可逆型和加减法计数器使用,可防止累积错误脉冲计数。

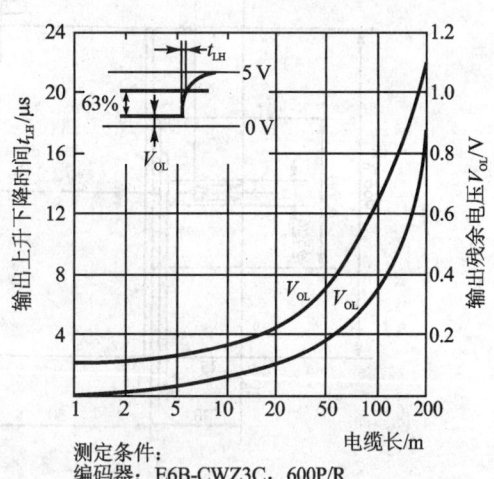

测定条件:
编码器: E6B-CWZ3C, 600P/R
负载电压: 5 V DC
频率: 30 kHz
负载电阻: 1 kΩ
电缆: 专用电缆

图 17-41 电缆延长特性曲线

17.1.2 国产编码器系列

1. 增量式编码器

1) 小型部分

(1) 型号规格

型号规格如表 17-22 所列。

表 17-22 增量式编码器的小型部分型号规格表

型号	用途及特点	接线方式	每转输出脉冲数/(P·r^{-1})					
LEC	小型(经济型),用于一般数控制装置,轴径 ϕ5	电缆侧出	20	120	320	800	1500	3000
			25	125	360	900	1600	3125
LMA	电机用(分大小法兰两种)轴径 ϕ6	插座侧出	30	150	384	1000	1800	3600
			40	200	400	1024	2000	4000
LMA-F	电机用(轴头为开口槽式)	电缆侧出	50	240	500	1080	2048	4090
			60	250	512	1200	2160	5000
LF	机床用(密封性好)轴径 ϕ15	插座侧出	90	256	600	1250	2400	
			100	300	720	1270	2500	

(2) 外形尺寸

① LEC 型小型编码器结构尺寸如图 17-42 所示。

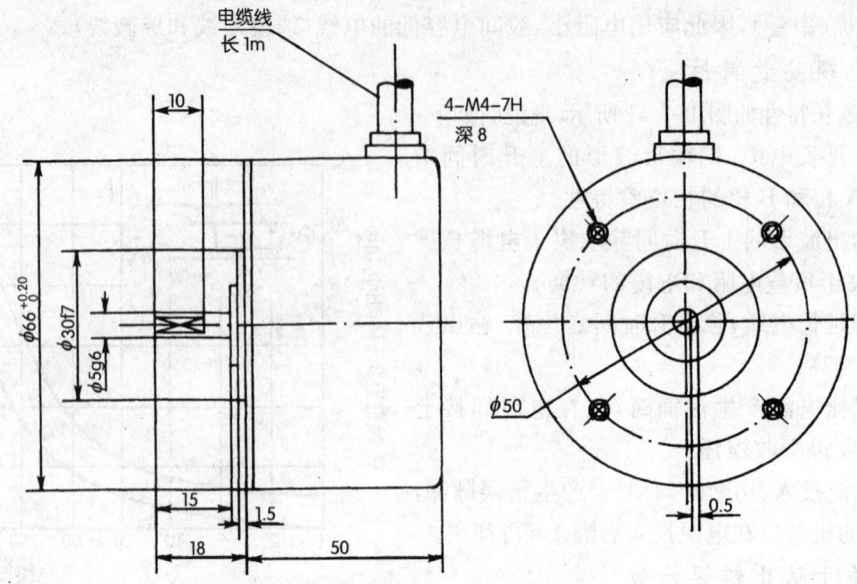

图 17-42　LEC 型编码器结构尺寸图

② LMA 型电机用编码器结构尺寸如图 17-43 所示。

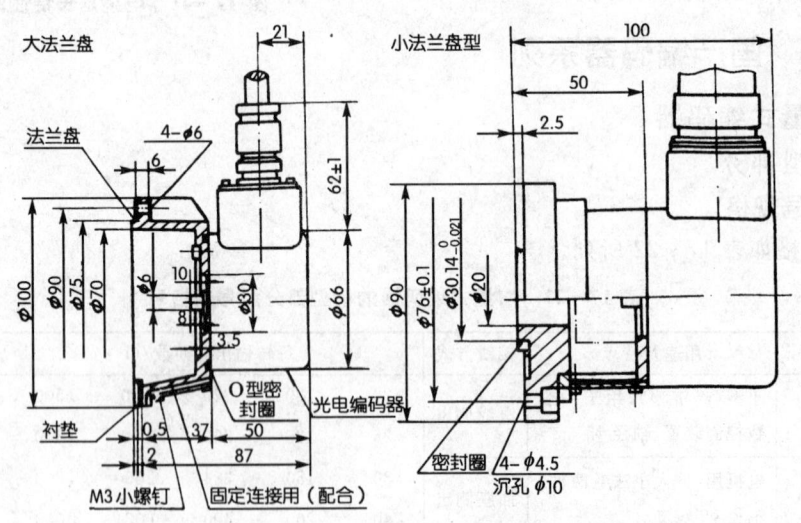

图 17-43　LMA 型电机用编码器结构尺寸图

③ LMA-F 型电机用编码器如图 17-44 所示。

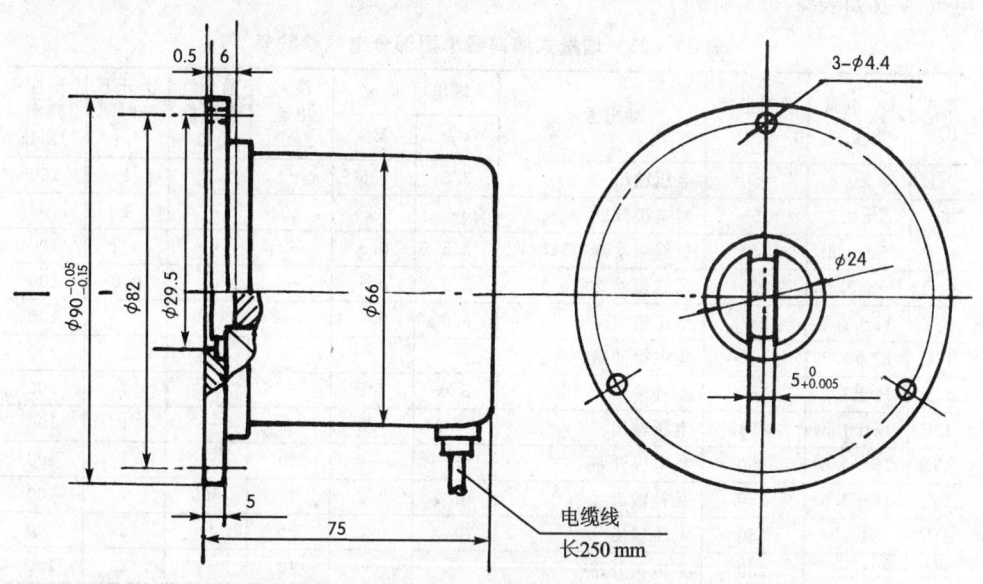

图 17-44　LMA-F 型电机用编码器结构尺寸图

④ LF 型机床用编码器结构尺寸如图 17-45 所示。

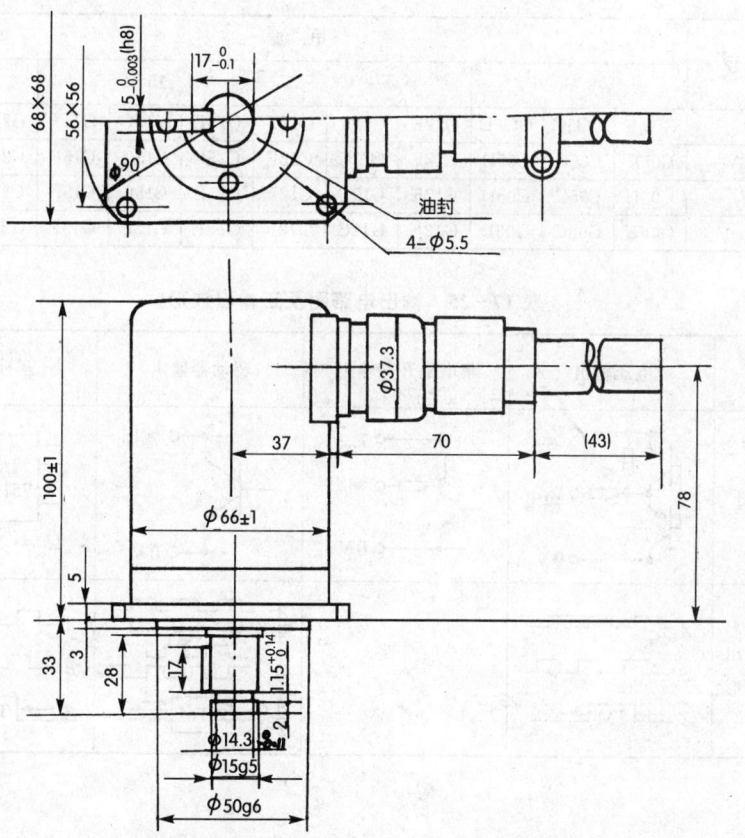

图 17-45　LF 型机床用编码器结构尺寸图

(3) 电气参数

电气参数如表 7-23 所列。

表 17-23 增量式编码器小型部分电气参数表

型式代号	DC电源电压/V	消耗电流/mA	输出方式	输出电压/V V_H	输出电压/V V_L	注入电流/mA	最小负荷阻抗/Ω	上升下降时间/μs	响应频率/kHz
05E	5±0.5	150	电压输出	3.5	0.5	—	—	1	100
05C	5±0.5	150	集电极开路	—	—	40	—	1	100
05P	5±0.3	150	长线驱动器(75183)	2.5	0.5	—	—	0.2	100
05D	5±0.3	250	长线驱动器(75113)	2.5	0.5	—	—	0.2	100
12E	12±1.2	150	电压输出	8.0	0.5	—	—	1	100
12C	12±1.2	150	集电极开路	—	—	40	—	1	100
12F	12±1.2	150	互补输出	8.0	1.2	—	500	1	100
15E	15±1.5	150	电压输出	10.0	0.5	—	—	1	100
15C	15±1.5	150	集电极开路	—	—	40	—	1	100
15F	15±1.5	150	互补输出	10.0	1.2	—	500	1	100
24E	24±2	180	电压输出	20.0	0.5	—	—	2	100
24C	24±2	180	集电极开路	—	—	40	—	2	100

(4) 使用注意事项

① 可供产品规格如表 17-24 所列。输出电路图及正转输出波形如表 17-25 所列。

表 17-24 可供产品规格表

型 号	电 源 5 V			12 V			15 V			24 V	
LEC	G05E	G05C	G05D	G12E	G12C	G12F	G15E	G15C	G15F	G24E	G24C
LMA	C05E	C05C	C05D	C12E	C12C	C12F	C15E	C15C	C15F	C24E	C24C
LF	C05E	C05C	C05D	C12E	C12C	C12F	C15E	C15C	C15F	C24E	C24C
LMA-F	G05E	G05C	G05D	G12E	G12C	G12F	G15E	G15C	G15F	G24E	G24C

表 17-25 输出电路图及正输出波形

信号输出形式	电压输出	集电极开路输出	驱动器输出	互补输出
电路图				
正转输出波形				

② 编码器轴头切忌采用刚性连接,应采取弹性联轴节。其联轴节型号如表17-26所列,结构尺寸如图17-46所示。

表 17-26 编码器联轴节型号规格表

型 号	编码器端（孔/mm）	用户端（孔/mm）	适用编码器型号
BL-3	ϕ15	ϕ15	LF
BL-4	ϕ5、ϕ6	ϕ6、ϕ8、ϕ10、ϕ12	LEC、LMA

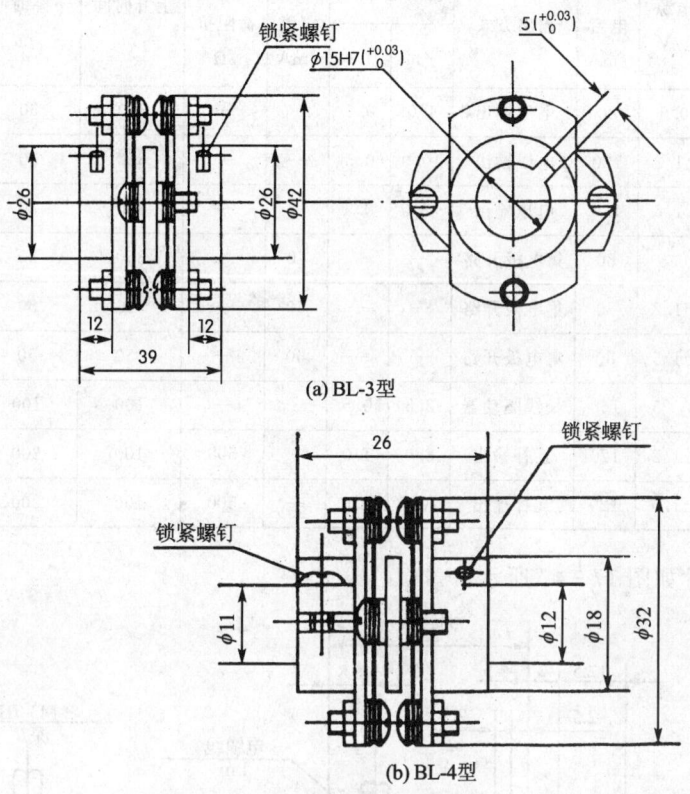

图 17-46 编码器联轴节结构尺寸图

2) 微型部分

(1) LBJ 型

① 型号规格如表17-27所列。

表 17-27 LBJ 型编码器型号规格表

型号	用途特点	接线方式	每转输出脉冲数/(P·r^{-1})						
LBJ	外形小巧,用于机器人,轴径ϕ6	电缆侧出	15	200	400	625	1000	1500	2048
			25	250	500	635	1024	1536	—
			50	300	512	720	1200	1800	—
			100	360	600	900	1250	2000	—

② 型号规格标注含义如下：

LBJ，LFA，LHB 型：

```
LBJ
LFA ——  ○○○      ○○○○
LHB      性能代号    输出脉冲数
```

③ 电气参数如表 17-28 所列。

表 17-28　LBJ 型编码器电气参数表

型式代号	DC电源电压/V	消耗电流/mA	输出方式	输出电压/V V_H	V_L	注入电流/mA	最小负荷阻抗/Ω	上升时间/ns	下降时间/ns	响应频率/kHz
001	5±0.5	80	电压输出	4.0	0.5	—	—	350	30	100
002	12±1.2	120	电压输出	10.0	0.5	—	—	350	30	100
003	15±1.5	120	电压输出	12.0	0.5	—	—	350	30	100
004	5±0.5	80	集电极开路	—	—	40	—	350	50	100
005	12±1.2	80	集电极开路	—	—	60	—	350	50	100
006	15±1.5	80	集电极开路	—	—	60	—	350	50	100
007	5±0.25	160	长线驱动器	2.5	0.5	—	—	100	100	100
084	12±1.2	120	互补输出	8.0	1.0	—	500	100	200	100
085	15±1.5	120	互补输出	10.0	1.0	—	500	100	200	100

④ 结构尺寸如图 17-47 所示。

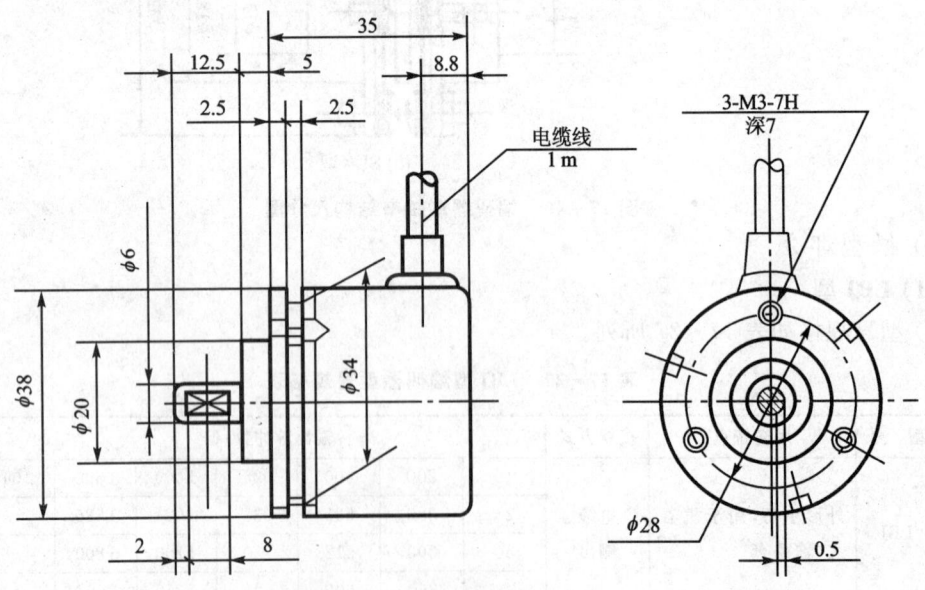

图 17-47　LBJ 型编码器结构尺寸图

(2) ZXB-8/GSX-002 型

ZXB-8/GSX-002 型编码器结构尺寸如图 17-48 所示。其特性如下：

① 主要用于机器人及纵横坐标测量。

② 电源电压：DC 5 V 或 12 V。

③ 信号输出方式：电压或集电极开路。

④ 响应频率：30 kHz。

⑤ 可供规格(P/r)：300,360,500,512,646 和 1 000。

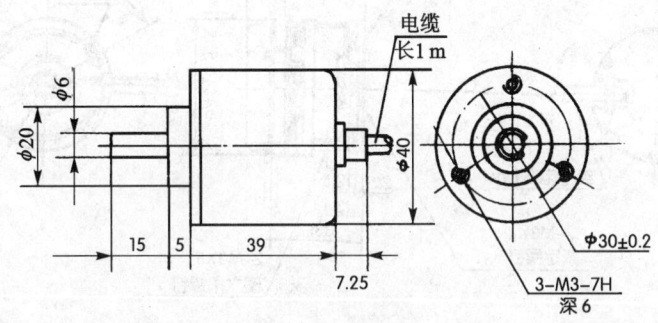

图 17-48 ZXB-8/GSX-002 型编码器结构尺寸图

(3) ZVY-2/GSX-005 型

ZVY-2/GSX-005 型编码器结构尺寸如图 17-49 所示。其特性如下：

① 用于医疗仪器"B 超"机及坐标测量。

② 电源电压：DC 5 V。

③ 信号输出方式：电压。

④ 响应频率：50 kHz。

⑤ 可供规格(P/r)：300。

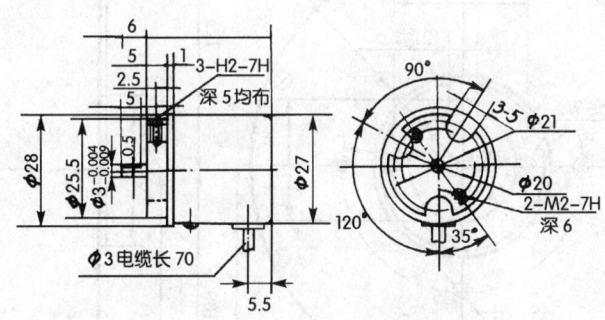

图 17-49 ZVY-2/GSX-005 型编码器结构尺寸图

3）空心轴编码器

(1) ZKD/LHB 型

ZKD/LHB 型编码器结构尺寸如图 17-50 所示，其特性如下：

① 可供AC无刷交流伺服电机控制用。空心轴孔径 $\phi 8$。具有测AC电动机磁极位置的 U、V和W信号,规格有2、3和4P之分(每个P有6种状态码)。
② 电源电压:DC 5 V。
③ 信号输出方式:驱动器(终端接收器 AM26LS32 为选购件)。
④ 响应频率:200 kHz。
⑤ 可供规格(P/r):1024、1200、2000 和 2500。

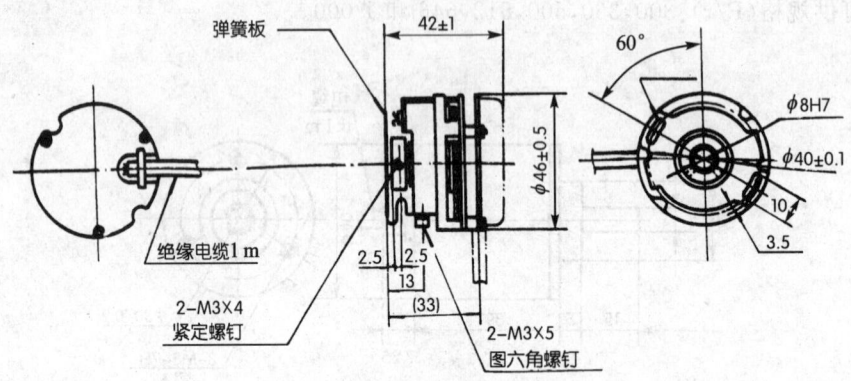

图 17-50 ZKD/LHB 型编码器结构尺寸图

(2) ZKT/ZKT-1 型

ZKT/ZKT-1 型编码器结构尺寸如图 17-51 所示,其特性参数如表 17-29 所列。

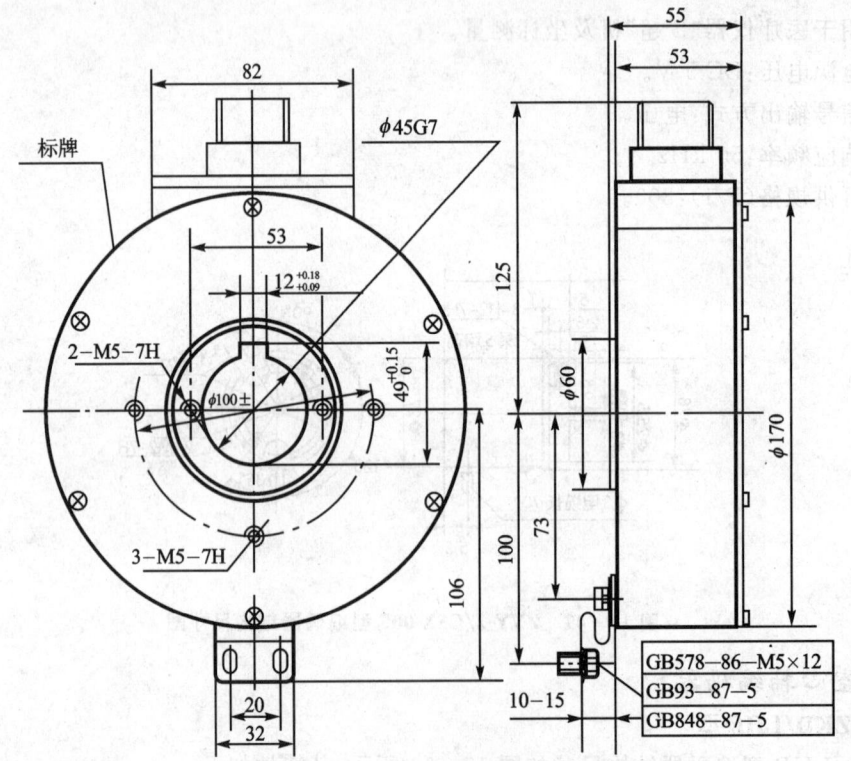

图 17-51 ZKT/ZKT-1 型编码器结构尺寸图

表 17-29 ZKT/ZKT-1 型编码器特性参数表

型 号	用途及特点	DC电源电压/V	信号输出方式	响应频率/kHz	可供规格/(P·r^{-1})
ZKT(LH-S1)	用于电梯数控系统,空心轴孔径 ϕ45,插座侧出	15	集电极开路	50	512
ZKT-1(LH-S7)			电压	2	48

(3) ZKD-2/LH-S2 型

ZKD-2/LH-S2 型编码器结构尺寸如图 17-52 所示,其特性如下:

① 用于数控机床及坐标测量。

② 半空心轴孔径 ϕ8。

③ 电源电压 DC 5 V、12 V、15 V、24 V。

④ 信号输出方式:电压、集电极开路、驱动器和互补。

⑤ 响应频率:100 kHz。

⑥ 可供规格(P/r):10~5000(同 LEC 型)。

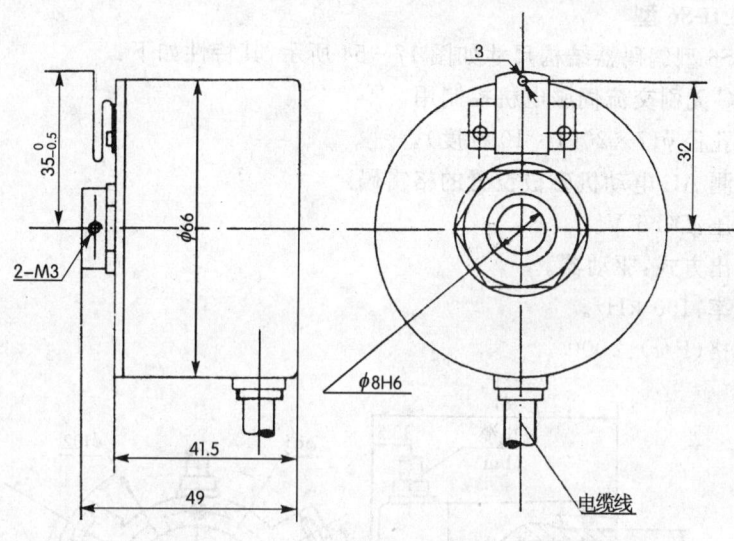

图 17-52 ZKD-2/LH-S2 型编码器结构尺寸图

(4) ZKJ/LH-S4 型

ZKJ/LH-S4 型编码器结构尺寸如图 17-53 所示,其特性如下:

① 用于数控机床和电机空心轴孔径 ϕ17×20(1∶10 锥度)。可耐 100℃以下的高温环境。

② 电源电压:DC 5 V。

③ 信号输出方式:驱动器(55113)。

④ 响应频率:160 kHz。

⑤ 可供规格(P/r):10~5000(同 LEC 型)。

第 17 章 码盘式传感器

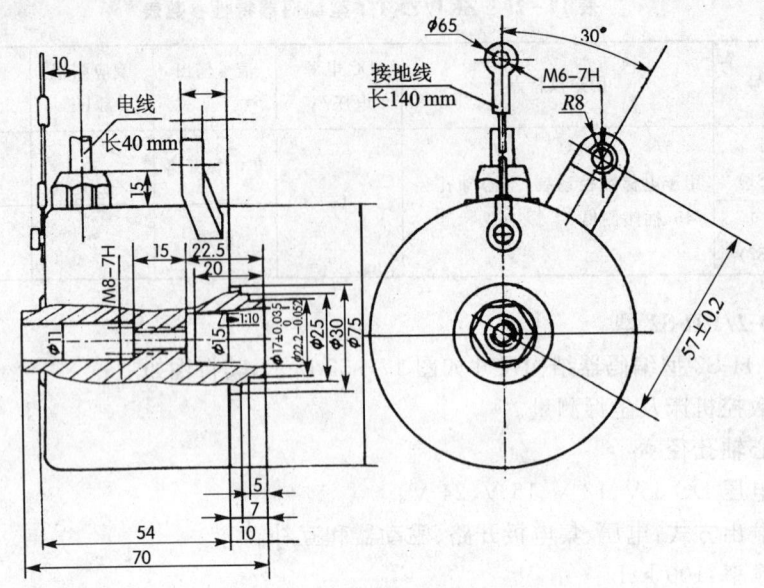

图 17-53 ZKJ/LH-S4 型编码器结构尺寸图

(5) HKJ/LH-S6 型

HKJ/LH-S6 型编码器结构尺寸如图 17-54 所示，其特性如下：

① 可供 AC 无刷交流伺服电机控制用。
② 空心轴孔径 $\phi 17 \times 20$（1∶10 锥度）。
③ 具有检测 AC 电动机磁极位置的格雷码。
④ 电源电压：DC 5 V。
⑤ 信号输出方式：驱动器。
⑥ 响应频率：100 kHz。
⑦ 可供规格（P/r）：2 000。

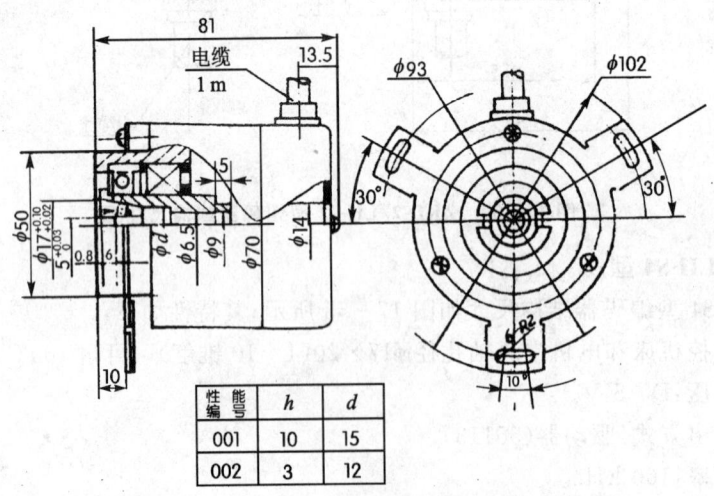

性能编号	h	d
001	10	15
002	3	12

图 17-54 HKJ/LH-S6 型编码器结构尺寸图

(6) ZKJ-3/LH-S14 型

ZKJ-3/LH-S14 型编码器结构尺寸如图 17-55 所示,其特性如下:
① 用于自动控制和电机。
② 空心轴孔径 $\phi 17 \times 20$(1:10 锥度)。
③ 采用板弹簧与电机连接。
④ 电源电压:DC 5 V。
⑤ 信号输出方式:驱动器(75113)。
⑥ 响应频率:100 kHz。
⑦ 可供规格(P/r):10～5000(同 LEC 型)。

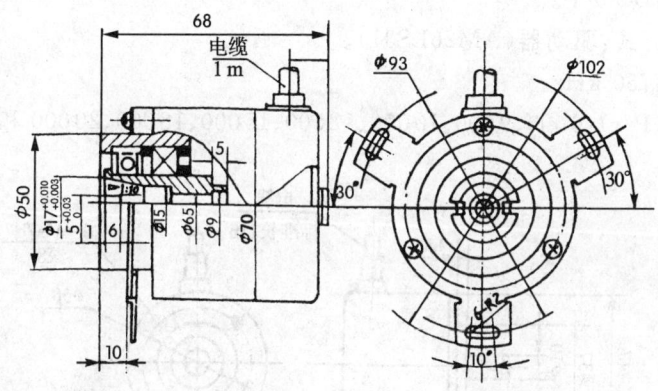

图 17-55　ZKJ-3/LH-S14 型编码器结构尺寸图

(7) ZKT-4/GKZ-002B 型

ZKT-4/GKZ-002B 型编码器结构尺寸如图 17-56 所示,其特性如下:
① 用于电梯数控系统。
② 空心轴孔径 $\phi 20 \times 14$。

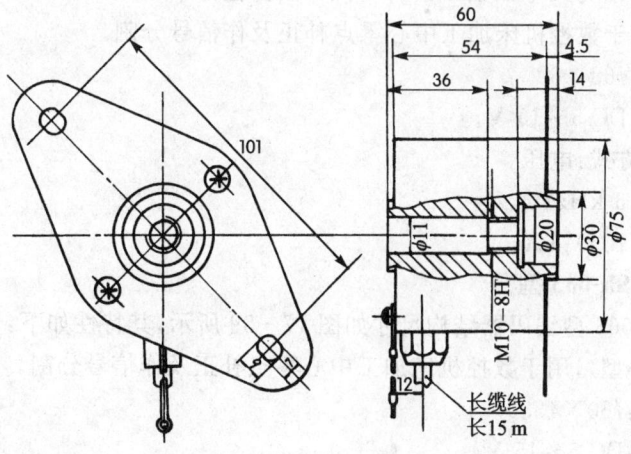

图 17-56　ZKT-4/GKZ-002B 型编码器结构尺寸图

③ 电源电压：DC 5 V。
④ 信号输出方式：驱动器(75183)。
⑤ 响应频率：100 kHz。
⑥ 可供规格(P/r)：10～5000(同 LEC 型)。

4) 其他增量式编码器

(1) ZPJ/LFA 型

ZPJ/LFA 型编码器结构尺寸如图 17-57 所示，其特性如下：
① 高脉冲，用于精密数控机床。
② 轴径：ϕ10。
③ 电源电压：DC 5 V。
④ 信号输出方式：驱动器(AM26LS31)。
⑤ 响应频率：750 kHz。
⑥ 可供规格(P/r)：6 000、9 000、10 000、12 500、15 000、18 000、20 000 和 25 000。

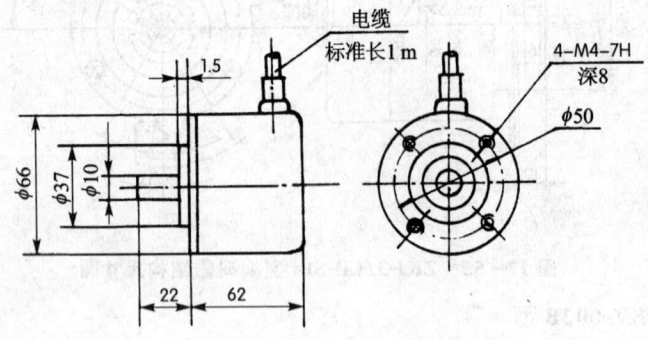

图 17-57 ZPJ/LFA 型编码器结构尺寸图

(2) MG 型

MG 型编码器结构尺寸如图 17-58 所示，其特性如下：
① 手动型，用于数控机床加工中心零点补正及作信号分割。
② 外形尺寸：ϕ68×62。
③ 电源电压：DC 5～15 V。
④ 信号输出方式：电压。
⑤ 响应频率：5 kHz。
⑥ 可供规格(P/r)：100。

(3) ZSG-1/GSX-063 型

ZSG-1/GSX-063 型编码器结构尺寸如图 17-59 所示，其特性如下：
① 手动型(小型)，用于数控机床加工中心零点补正及作信号分割。
② 外形尺寸：ϕ60×43.5。
③ 电源电压：DC 5～15 V。
④ 信号输出方式：电压。
⑤ 响应频率：5 kHz。

⑥ 可供规格(P/r):100。

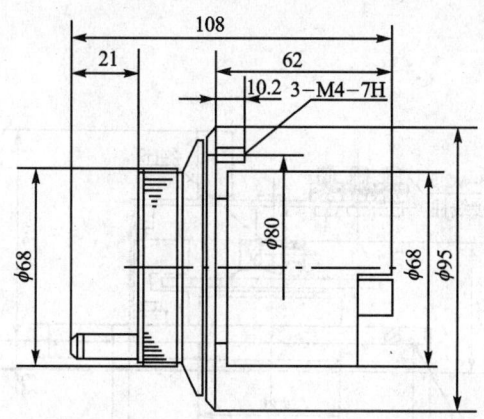

图 17-58 MG 型编码器结构尺寸图

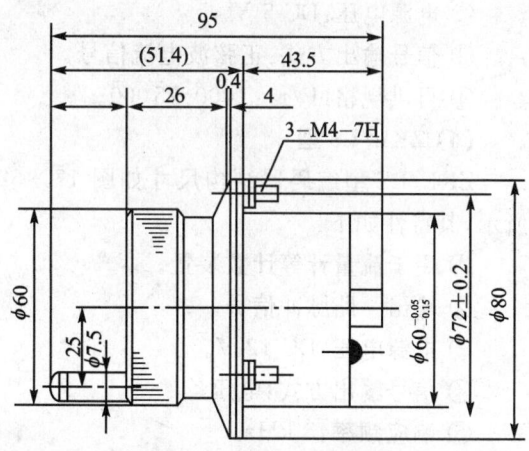

图 17-59 ZSG-1/GSX-063 型编码器结构尺寸图

(4) ZQZ/GQZ-001 型

ZQZ/GQZ-001 型编码器结构尺寸如图 17-60 所示,其特性如下:

① 该模球编码器用于医疗仪器"B 超"机。球体 ϕ50.8。

② 外形尺寸 85 mm×85 mm×50 mm。

③ 电源电压:DC 5 V。

④ 信号输出方式:电压。

⑤ 可供规格(P/r):170、200、340、400 和 680。

● **ZNZ/GSZ-001 型**

ZNZ/GSZ-001 型编码器结构尺寸如图 17-61 所示,其特性如下:

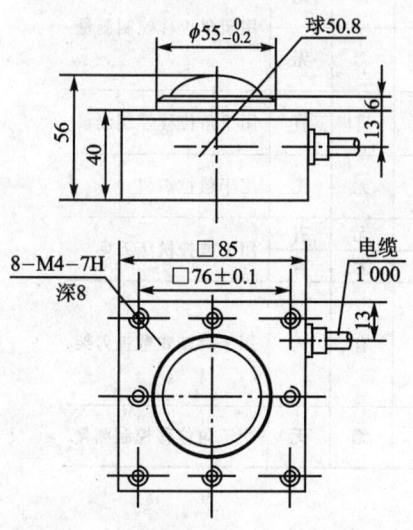

图 17-60 ZQZ/GQZ-001 型编码器结构尺寸图

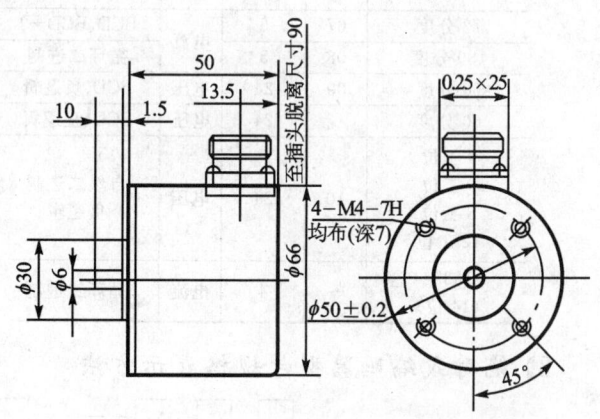

图 17-61 ZNZ/GSZ-001 型编码器结构尺寸图

① 输出二路正弦波信号,适于高倍细分或模拟量输出,主要用于高精度数控机床。
② 电源电压:DC 5 V。
③ 信号输出方式:正弦波电流信号。
④ 可供规格(P/r):1000~5000。

(6) ZKL/LS 型

ZKL/LS 型编码器结构尺寸如图 17-62 所示,其特性如下:

① 用于流量计等计数装置。
② 输出一路脉冲信号。
③ 电源电压:DC 12 V。
④ 信号输出方式:电压。
⑤ 响应频率:5 kHz。
⑥ 可供给规格(P/r):20、25、30、40、50、63、90、100、120、125、150、160、180 和 200。

2. 绝对式编码器系列

1) 规格与性能

绝对式编码器规格与性能如表 17-30 所列。

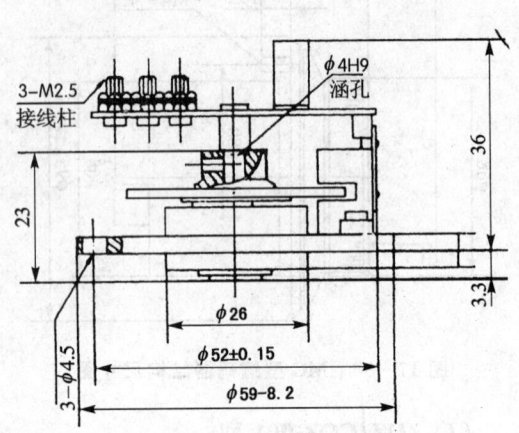

图 17-62 ZKL/LS 型编码器结构尺寸图

表 17-30 绝对式编码器规格性能表

分辨率	性能代号	DC电源电压/V	输出形式	输出码制	放大整形	译码	选通锁存	备 注
256(8位)	01	5	电压	自然二进制	有	有	无	用于角位移控制测量
512(9位)	02	12						
1024(10位)	03	5	电流	循环二进制	有	无	无	
	04	12						
256(8位)	05	5	电压	自然二进制	有	有	有	用于角位移控制测量
512(9位)	06	12						
72分度	07	5	电流	BCD、BCD+1	有	无	有	用于数控织机
180分度	08	5		循环二进制				
60分度	09	24	电压	BCD、负逻辑	有	无	有	用于数控机床刀库
60分度		24	电压	BCD、正逻辑	有	无	有	
4工位 6工位 8工位 12工位	10	24	电压	自然二进制 负逻辑	有	有	无	用于旋转式数控刀架
16384(14位)	—	4	电流	循环二进制	无	无	无	用于角位移控制测量

2) 绝对式编码器型号规格表示方法

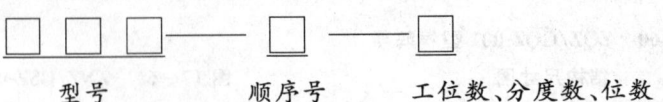

3) 绝对式光电编码器外形尺寸图

① JZW-(01-06)/AL-(01-06)-256/512/1024 型(8、9、10位,分辨率 256、512 和 1024)编码器结构尺寸如图 17-63 所示。

② FZX 型(AL-07-72)(分度)及 FZX-1 型(AL-08-180)(分度)编码器结构尺寸如图 17-64 所示。

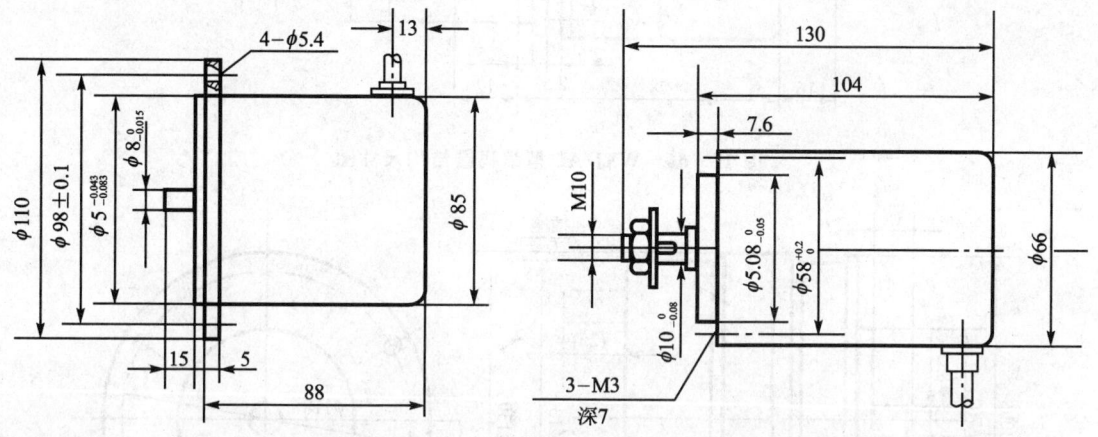

图 17-63　JZW/AL 型编码器结构尺寸图　　图 17-64　FZX/AL 型编码器结构尺寸图

③ FZJ 型(AL-09-60)及 FZJ-1 型(GSX-057-60JA)(分辨率 60)编码器结构尺寸如图 17-65 所示。

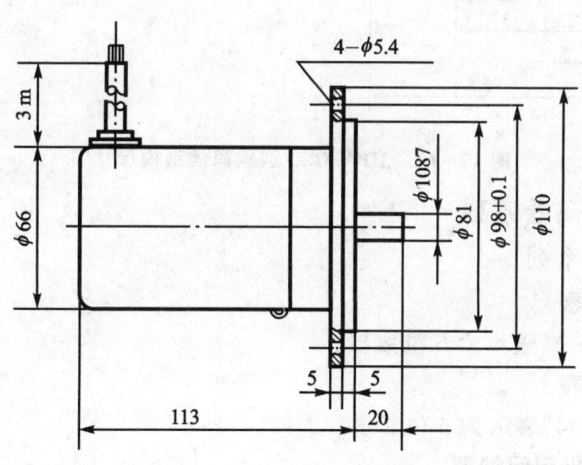

图 17-65　FZJ/AL/GSX 型编码器结构尺寸图

④ WXJ 型 AL-10-4、6、8、12 工位编码器结构尺寸如图 17-66 所示。

⑤ JDW 型(GSD-001-14J)(14位、分辨率 16384)编码器结构尺寸如图 17-67 所示。

第17章 码盘式传感器

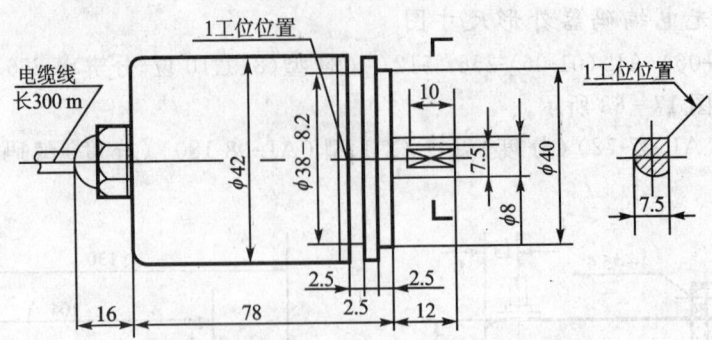

图 17-66　WXJ/AL 型编码器结构尺寸图

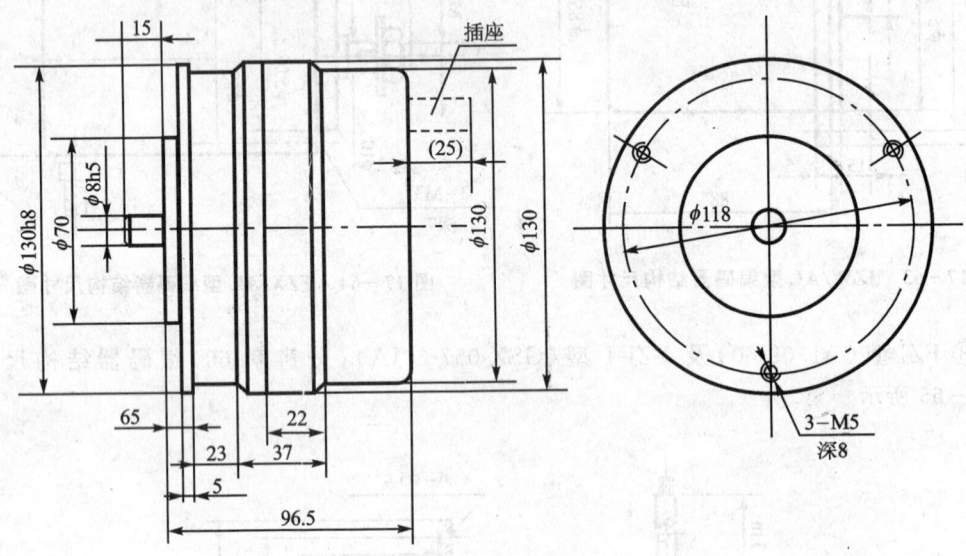

图 17-67　JDW/GSD 型编码器结构尺寸图

3. 国产其他编码器系列

1) 自动化仪表系列

(1) SX 系列数显表

例如 SX-6 型，"-6"表示为 6 位数显。

(2) SZ 系列转速表

例如 SZ-4 型，"-4"表示为 4 位显示。

(3) HBQ 型红外光电保护器

HBQ 型红外光电保护器结构尺寸如图 17-68 所示，其特性如下：

① 用于切纸机、剪板机、冷冲压设备的人身安全保护，有四组和五组两种规格。

② 电源电压：DC 24 V。

③ 消耗电流：≤100 mA。

④ 触点容量：DC 24 V(5 A)；AC 120 V(5 A)。

⑤ 输出形式：常闭、常开触点各一对。

⑥ 响应时间：100 ms。

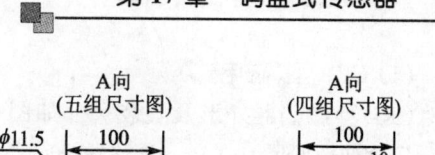

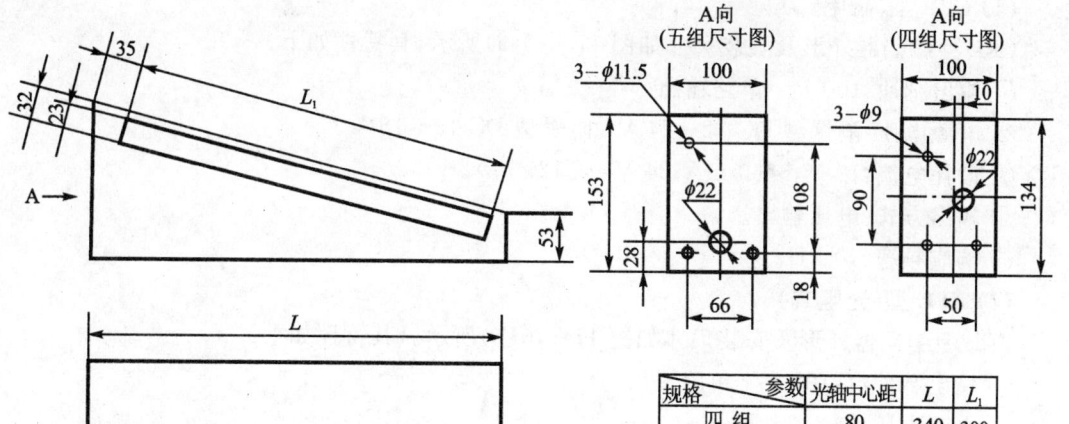

图 17-68 HBQ 型红外光电保护器结构尺寸图

⑦ 控制距离：≥5m。

2）ZKX 型空心轴编码器

ZKX 型空心轴编码器结构尺寸如图 17-69 所示，其特性如下：

① 用于数控机床，作纵横坐标测量等。ZKX-2 型为 $\phi8$ 轴，ZKX-2A 型为 $\phi6$ 轴。

② 电源电压：DC 5 V($\pm5\%$)。

③ 消耗电流：160 mA。

④ 输出方式：驱动器 AM26LS31。

⑤ 响应频率：100 kHz。

⑥ 输出电压：$V_H \geq 2.5$ V，$V_L \leq 0.5$ V。

⑦ 可供规格（P/r）：15～2048。

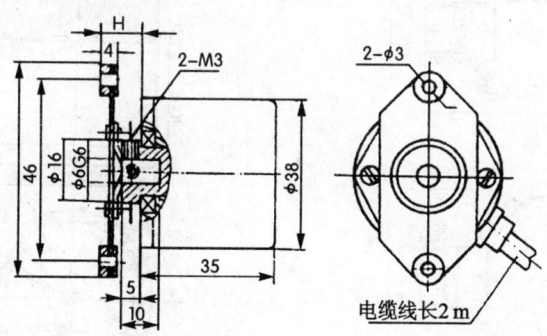

图 17-69 ZKX 型空心轴编码器结构尺寸图

3）防爆型编码器

这种编码器可用于石油、化工、采掘矿井、医疗卫生、轻工食品、木材加工制品等防爆环境。防爆编码器型号、规格表示方法如下：

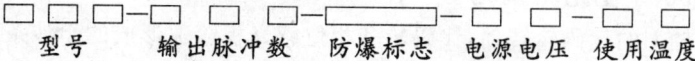

(1) CFL 型(磁电式)

CFL 型编码器外形及安装尺寸如图 17-70(a)所示,其特性如下:

① 输出脉冲:100 P/r 单路输出。

② 电源电压:隔爆型 DC 12~24 V,防爆型 DC 12~18 V。

③ 消耗电流:12 V,≤60 mA;24 V,≤120 mA。

④ 输出方式:电压输出。

⑤ 响应频率:10 kHz。

(2) ZFL 型(光电式)

ZFL 型编码器外形及安装尺寸如图 17-70(b)所示。其特性如下:

① 输出脉冲数:100 P/r 单路输出。

② 电源电压:DC 12~24 V。

③ 消耗电流:12 V,≤50 mA;24 V,≤100 mA。

④ 输出方式:电压。

⑤ 响应频率:10 kHz。

(3) HFL 型(光、磁混合式)

HFL 型编码器外形及安装尺寸如图 17-71 所示,其特性如下:

① 电源电压:DC 12~24 V。

② 消耗电流:12 V,≤100 mA;24 V,≤140 mA。

③ 输出方式:电压输出,其中零信号为集电极开路输出。

④ 响应频率:10 kHz。

⑤ 可供脉冲规格:36、100、192、200、256、360、400、500 和 512。

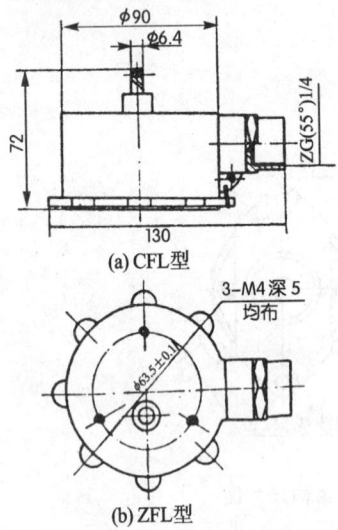

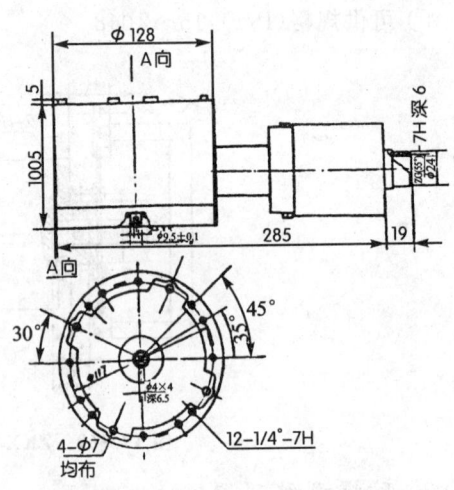

图 17-70 CFL 型和 ZFL 型外型与安装尺寸

图 17-71 HFL 型外型与安装尺寸

4) HEDS-5000 型光轴编码器

装在被测量轴上的代码轮转动,代码轮和相位感光板缝隙形成的干涉条纹,由光学系统用推挽检测法将其转换为数字信号。工作原理和结构尺寸如图 17-72 和图 17-73 所示。

HEDS-5000 型适用于小型、高分辨率的编码器。通过相位角为 90°的 A 和 B 波道可检测旋转方向。

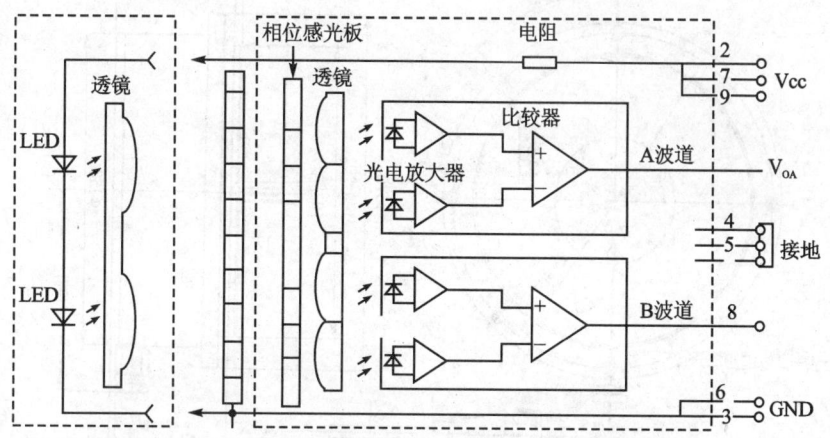

图 17-72　HEDS-5000 型光轴编码器工作原理图

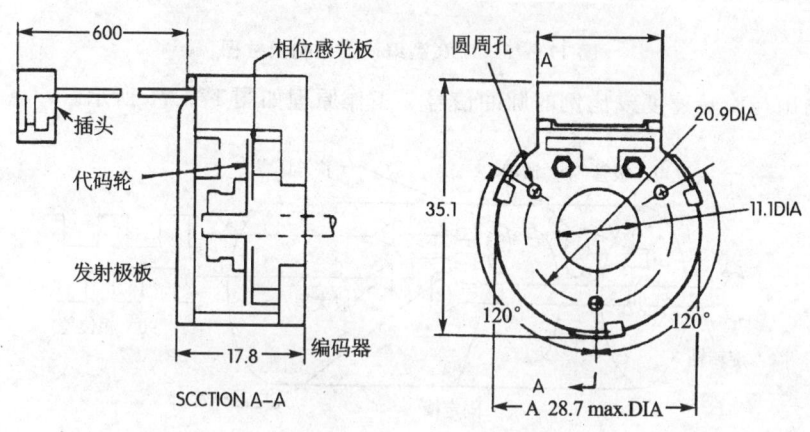

图 17-73　HEDS-500 型光轴编码器结构尺寸图

5) USR 型光电旋转式编码器

转动的输入轴使与其连接的脉冲圆盘也随之转动，固定的指针和刻度盘通过光的明暗状态多次重复，可读出感光元件经光电转换后的输出。刻在脉冲圆盘上的缝隙数与轴转一周产生的信号数（输出脉冲数）相对应。工作原理和结构尺寸如图 17-74 和图 17-75 所示。

6) RP 型自动编码器

该编码器刻有一系列狭缝的圆盘装在旋转轴上，当圆盘转动时，狭缝进入光路为"白"，离开光路为"黑"，从而使通过的光量发生变化。光信号转换

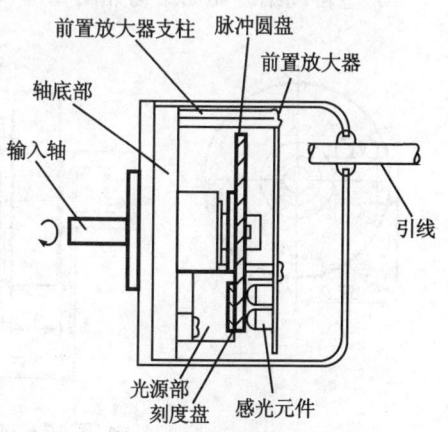

图 17-74　USR 型编码器工作原理图

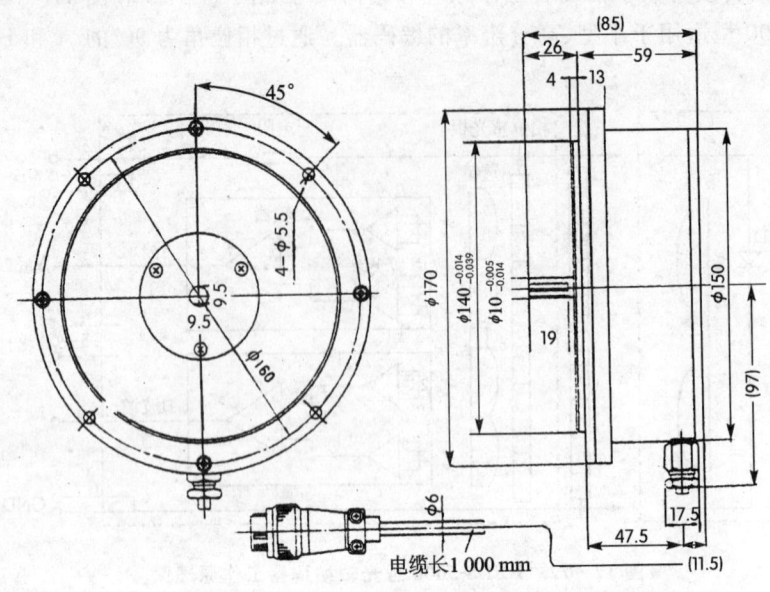

图 17-75　USR 型编码器结构尺寸图

为电信号,输出与旋转速度成比例的脉冲信号。工作原理如图 17-76 所示。

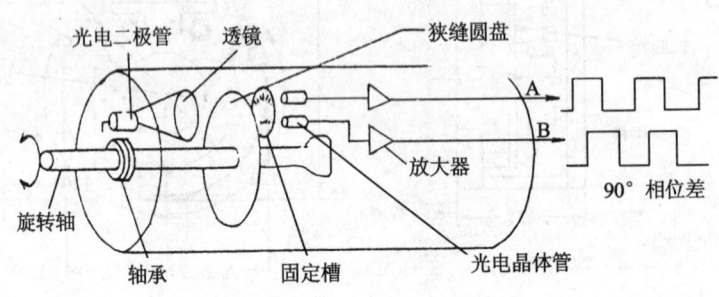

图 17-76　RP 型编码器工作原理图

RP 型自动编码器的结构如图 17-77 所示,它属内装形,不需匹配,并且很薄(仅 33 mm 厚)。

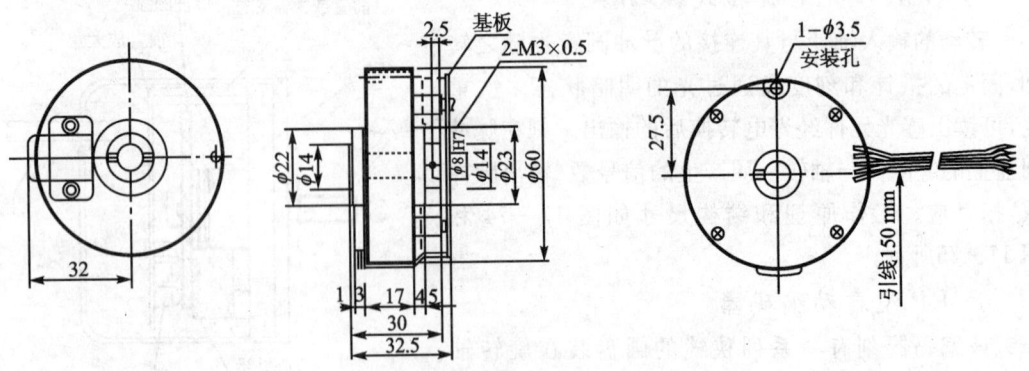

图 17-77　RP 型编码器结构尺寸图

7) BMQ/2^x 接触式轴角编码器

这种编码器(见图 17-78)是一种自动测角 A/D 转换装置,它能将轴角变化的模拟量转换为数字量,实现角位移信息的数字输出。码盘是编码器的核心组件,上面设计有各种编码图形。数字编码靠接触电刷读出,码盘随输入轴每变化一个角位置,都对应一组固定的数字编码,此时与码盘(图 17-79)相接触的电刷即读取编码信息,再传输出去。

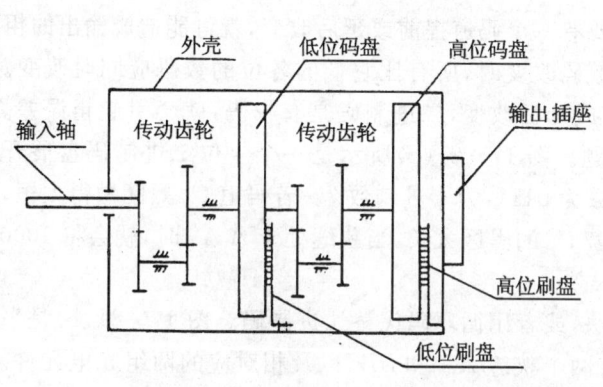

图 17-78 编码器结构图

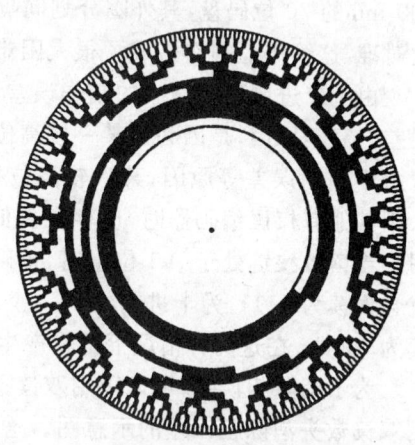

图 17-79 码盘图形(2^{10} 循环码)

该编码器作为角位移(或线位移)的传感部件,可应用于自动检测和控制系统中,它能与计算机和显示装置或设备相连接,实现动态测量和随机控制等。因其结构简单、维修方便、稳定、价格较低和抗干扰能力强,故可用于远距离数字传输和停电记忆。目前,该产品在交通运输、机械动力、水文水电等部门的自动控制设备中得以应用。

17.2 编码器的基本理论

17.2.1 码制与码盘

码盘是个薄的圆盘。按其所用码制可分为二进制码、循环码(格雷码)、十进制码、六十进(度、分、秒进制)制码等。

图 17-80 所示是一个 6 位的二进制码盘。最内圈称为 C_6 码道,一半透光,一半不透光。最外圈称为 C_1 码道,一共分成 $2^6=64$ 个黑白间隔。每一个角度方位对应于不同的编码。例如,零位对应于 000000(全黑),第 23 个方位对应于 010111。测量时,只要根据码盘的起始和终止位置就可确定转角,与转动的中间过程无关。

二进制码码盘具有以下主要特点:

① n 位(n 个码道)的二进制码码盘具有 2^n 种不同

图 17-80 6 位二进制码盘

编码，称其容量为 2^n，其最小分辨力 $\theta_1 = 360°/2^n$，它的最外圈角节距为 $2\theta_1$。

② 二进制码为有权码，编码 $C_n C_{n-1} \cdots C_i$ 对应于由零位算起的转角为 $\sum_{i=1}^{n} C_i 2^{i-1} \theta_1$。

③ 码盘转动中，C_k 变化时，所有 $C_j (j<k)$ 应同时变化。

为了使二进制码盘达到 1″左右的分辨力，需要采用 20 或 21 位码盘。一个刻划直径为 400 mm 的 20 位码盘，其外圈分划间隔为 1 μm 多。不仅要求各个码道刻划精确，而且要求彼此对准，这给码盘制作造成了很大困难。

由于二进制码盘微小的制作误差，只要有一个码道提前或延后改变，就可能造成输出的粗误差。究其原因，是因为当某一较高位的数码改变时，所有比它低的各位的数码应同时改变。若由于刻划误差等原因，某一较高位提前或延后改变，二进制码是有权码，就会引起粗误差。采用其他有权码编码器时，也存在类似问题。图 17-81(a) 所示是一个 4 位二进制码盘展开图。当读数狭缝处于 AA 位置时，正确读数为 0111，为十进制数 7。若码道 C_4 黑区做得太短，就会误读为 1111，为十进制数 15。反之，若 C_4 的黑区太长，当狭缝处于 $A'A'$ 时，就会将 1000 读为 0000。在这两种情况下都将产生粗误差。

为了消除粗误差，可以采用双读数头法，或者用循环码代替二进制码。图 17-81(b) 是采用双读数头消除粗误差的示意图。这里有两个狭缝 AA 和 BB，以及相对应的两组光电元件。各个码道上 AA 与 BB 的间距可以不一样，但不能超过该码道分划间隔的一半。最低位码道 C_1 只按 AA 读数，其余各位按比它低一位码道的读数值而定。若 C_{i-1} 的读数为 1，C_i 码道按 AA 读数；反之若 C_{i-1} 位读数为 0，则 C_i 位按 BB 读数。其逻辑关系可以用图 17-81(c) 所示电路实现。这样，当刻划误差小于相应码道 AA 与 BB 间距时，可以避免粗误差。这种方法的缺点是读数头的个数需增加一倍，码道很多时光电元件安放位置也有困难。

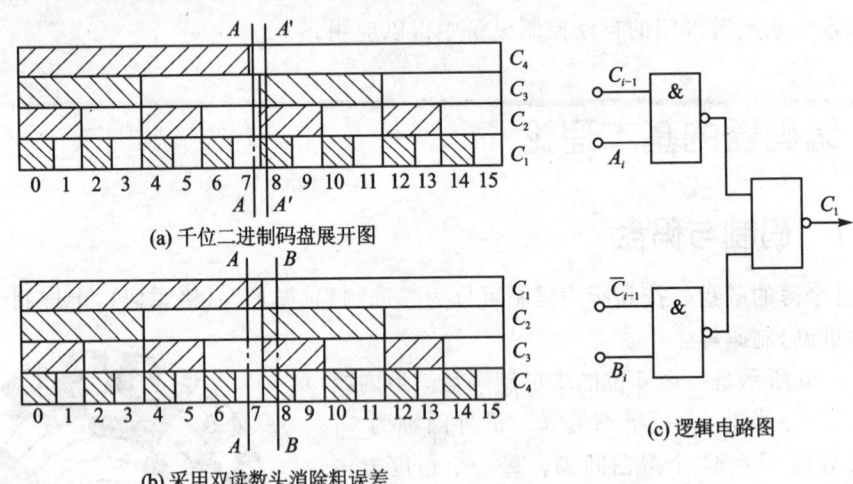

(a) 4 位二进制码盘展开图

(b) 采用双读数头消除粗误差

(c) 逻辑电路图

图 17-81 二进制码盘的粗误差及用双读数头消除粗误差

图 17-82 所示是一个 6 位的循环码码盘。循环码码盘具有以下特点：

① n 位循环码码盘与二进制码一样，具有 2^n 种不同编码，最小分辨力为 $\theta_1 = 360°/2^n$。最内圈称为 R_n 码道，也与二进制码一样一半透光，一半不透光。其他第 i 码道相当于二进制码码盘第 $i+1$ 码道向零位方向转过 θ_i 角。它的最外圈 R_1 码道的角节距为 $4\theta_1$。

② 循环码码盘具有轴对称性,其和为(2^n-1)的两个数,其最高位相反,而其余各位相同。
③ 循环码为无权码。
④ 循环码码盘转到相邻区域时,编码中只有一位发生变化。只要适当限制各码道的制作误差和安装误差,就不会产生粗误差。由于这一原因,使得循环码码盘获得了广泛的应用。

图 17-83 所示是一个十进制码盘。这里有 8 个码道,但只有 2 位。该码盘里面四圈为高位,外面四圈为低位,共有 10^2 个不同编码,最小分辨力为 $360°/10^2=3.6°$。编码方法实质上是二-十进制。十进制数 0~9 对应为二进制码 0000~1010。

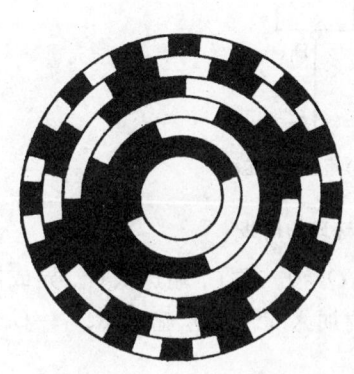

图 17-82 6 位循环码码盘

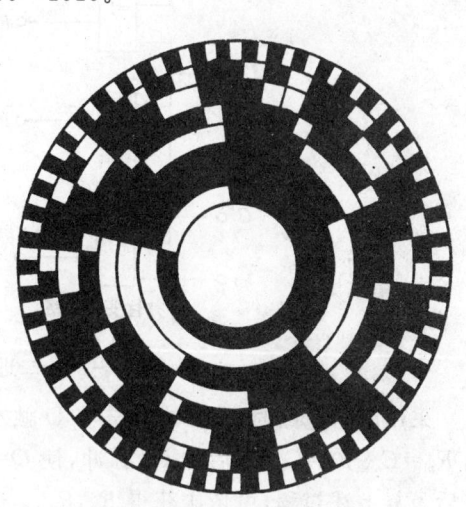

图 17-83 十进制码盘

十进制码的容量小,8 个码道采用二进制码或循环码可以有 256 个编码,这里只有 100 个编码。二-十进制也是有权码,也会产生粗误差,所以应有纠错措施。由于它无太多的优点,目前使用较少。

17.2.2 二进制码与循环码(格雷码)的转换

因为循环码是无权码,这给译码造成了一定困难。通常先将它转换成二进制码后再译码。表 17-31 是 4 位二进制码与循环码的对照表。

表 17-31 4 位二进制码与循环码对照表

十进制数	二进制码	循环码	十进制数	二进制码	循环码
0	0000	0000	8	1000	1100
1	0001	0001	9	1001	1101
2	0010	0011	10	1010	1111
3	0011	0010	11	1011	1110
4	0100	0110	12	1100	1010
5	0101	0111	13	1101	1011
6	0110	0101	14	1110	1001
7	0111	0100	15	1111	1000

按表 17-31 所列,可以找到循环码和二进制码之间存在一定的转换关系

$$\left.\begin{array}{l} C_n = R_n \\ C_i = C_{i+1} \oplus R_i \\ R_i = C_{i+1} \oplus C_i \end{array}\right\} \tag{17-1}$$

图 17-84 所示为将二进制码转换为循环码的电路。

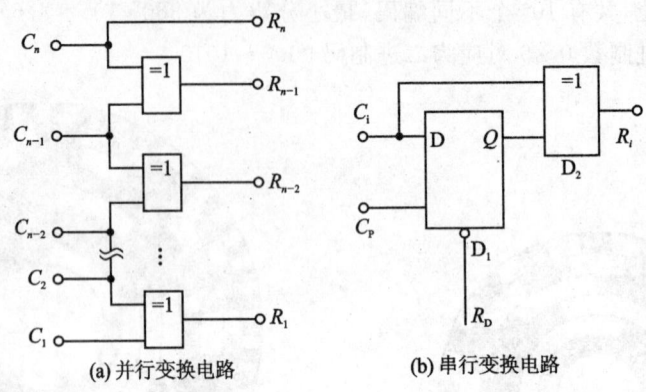

(a) 并行变换电路　　(b) 串行变换电路

图 17-84　二进制码转换为循环码的电路

采用串行电路时,工作之前先将 D 触发器 D_1 置零,$Q=0$。在 C_i 端送入 C_n,异或门 D_2 输出 $R_n = C_n \oplus 0 = C_n$;随后加 C_p 脉冲,使 $Q=C_n$;在 C_i 端加入 C_{n-1},D_2 输出 $R_{n-1} = C_{n-1} \oplus C_n$。以后重复上述过程,可依次获得 $R_n, R_{n-1}, \cdots, R_2$ 和 R_1。

图 17-85 所示为将循环码转换为二进制码的电路。采用串行变换电路时,开始之前先将 JK 触发器 D 复零,$Q=0$。将 R_n 同时加到 J 端和 K 端,再加入 C_p 脉冲后,$Q=C_n=R_n$。以后若 Q 端为 C_{i+1},则在 J 端和 K 端加入 R_i,根据 JK 触发器的特性,若 J 和 K 为"1",则加入 C_p 脉冲后 $Q=\overline{C_i}+1$;若 J 和 K 为"0",则加入 C_p 脉冲后保持 $Q=C_{i+1}$。这一逻辑关系可写成

$$Q = C_i = R_i \overline{C_{i+1}} + \overline{R_i} C_{i+1} = C_{i+1} \oplus R_i \tag{17-2}$$

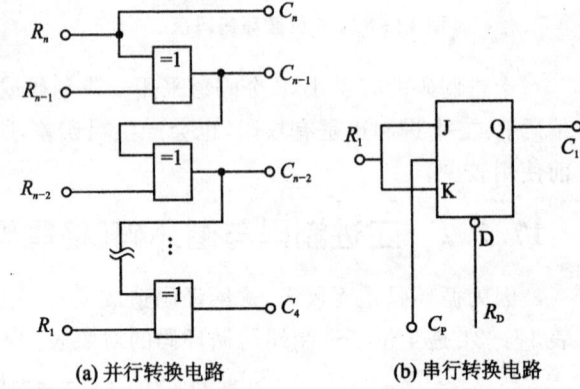

(a) 并行转换电路　　(b) 串行转换电路

图 17-85　循环码转换为二进制码的电路

重复上述步骤,可依次获得 $C_n, C_{n-1}, \cdots, C_2$ 和 C_1。

由于要把循环码转换成二进制码后再译码,决定了由循环码转换成二进制码的电路使用较多。并行转换速度快,所用元件多;串行转换所用元件少,但转换速度慢,只能用于速度要求不高的场合。

17.2.3　编码器脉冲当量变换

编码器的分辨力所代表的角度不是整齐的数。例如,一个 14 位的码盘,其分辨力为 $\theta_1 = 360°/2^{14} = 1'19\left(\dfrac{13}{128}\right)''$。显示器总是希望以度、分、秒来表示,为此需要使用脉冲当量换算电

路。图 17-86 所示是当量变换一例。

工作之前,先把二进制计数器与脉冲当量变换计数器同时复零。然后,将码盘来的二进制编码信号(若为循环码盘,先变成二进制码信号)输入,这时振荡器 D_1 发出的计数脉冲通过"与"门 D_2 同时进入这两个计数器。每进一个脉冲,当量变换计数器所计之数增大 θ_1。图 17-86 中按 14 位码盘安排,分值计数板进 1 个脉冲,秒值的十位与个位分别进 1 个和 9 个脉冲,128 进制计数单元进 13 个脉冲。各计数单元之间具有进位关系。当二进制计数器所计之数与二进编码输入相符时,相符比较电路发出一个脉冲,"与"门 D_2 关闭,停止计数。当量变换计数器所计之数值经译码输出。

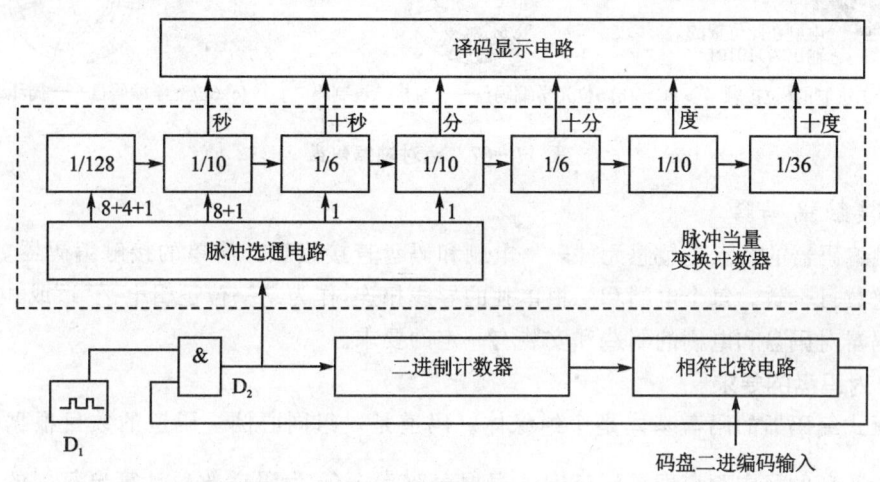

图 17-86 当量变换一例

17.3 编码器的基本类型

如前所述,编码器能把角位移或线位移经过简单的转换变成数字量,所以相应的编码器分为角度数字编码器和直线位移编码器。现代的编码器比目前同样尺寸的任何模式传感器都具有更高的分辨率、更好的可靠性和更高的精度。由编码器制作的码盘式传感器,其分辨率取决于码道的多少。目前,已能生产出提供 20 位或 21 位的二进制输出的编码器。

17.3.1 角度数字编码器

角度数字编码器码盘的材料根据与之配套的敏感元件不同而不同。码盘的内孔由安装于被测轴的轴径所决定,码盘的外径由码盘上的码道数决定,而码道的数目由分辨率决定。如若码道数目为 n,则分辨率为 $1/2^n$。码道的宽度由敏感元件的几何参数和物理特性决定。角度数字编码器有两种基本类型:绝对式编码器和增量式编码器。

1. 绝对式编码器

绝对式编码器能给出与每个角位置相对应的完整的数字量输出。由单个码盘组成的绝对式编码器,所测的角位移范围为 0~360°。若要测量大于 360°的角位移或者轴的转数,需要多个码盘。因为单个码盘组成的绝对编码器在某一位置输出的二进制码与它旋转 $n \times 360°$ 后到达原先位置输出的二进制码是一样的（$n=$码道数）。换句话说，码盘和与之相连的轴，在上述情况下认为位置是一样的。所以该种编码器输出的是"位置参数"。由于码盘式传感器由敏感元件和码盘所组成，所以对采用不同的敏感元件，码盘的制造和形式也不同。图17-87示出了三种典型的绝对轴编码盘。最常用的绝对式编码器有接触编码器、光学编码器和磁性编码器。

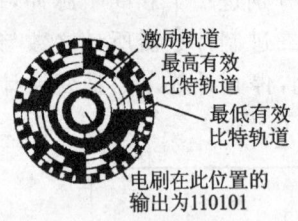
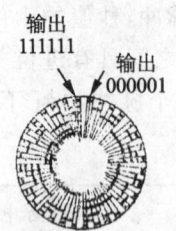

(a) 直接二进制的6位接触　　(b) 6位光学编码盘——直接二进制码　　(c) 6位光学编码盘——循环二进制码

图 17-87　绝对轴编码盘

1) 接触编码器

接触编码器的特点是敏感元件——电刷和码盘直接接触。简单的接触编码器，电刷的数目和码道数目一致。每个电刷和一根单独的导线相连，作为某一位逻辑电平"1"或"0"的输出。这种编码器对码盘和电刷的制造和安装有一定的要求。

(1) 对码盘的要求

接触式编码器的码盘基体是个绝缘体。码道是一组同心圆。码道的数目根据分辨率决定。同心圆环的径向距离即是码道宽。根据分辨率$\frac{1}{2^n}$（n为码道数），计算出每周的分辨角度$360°/2^n$。以这个角度为间隔，在一周可产生2^n个扇形区，这样由正交的极坐标曲线族就可以得到2^n组扇形网格。根据二进制数的规律，某位为"1"，则对应码道的相应小网格，也应为高电平，即是导电区；相反是低电平，即非导电区。这样，每一组扇区对应一个二进制数。一般外轨道是低位，内轨道是高位。为了供电，需要另加一个供电码道，并与供电电刷相连。所有码区的导电区与供电码道相连，如图17-87(a)所示。

为了提高码盘的制造精度，制造码盘时，先要绘制一张比实际码盘大若干倍的标准码盘图，根据各组码数，涂出导电区，然后照相、缩小，制成和实际码盘一样大的版，再经显影电镀就得到了可实际应用的码盘。

(2) 对编码器的安装要求

接触式编码器的主要组成部分是码盘和电刷，它们的安装直接影响编码器的精度。码盘安装时，要求码盘的中心孔和被测体刚性连接，同心度要好，并且码盘要和被测轴垂直。这样就避免了在旋转过程中某个轨道的电刷在相邻轨道间跳动。

电刷是由金属丝组成的，安装时既要保证每个电刷与相应码道精确对应，又要使所有的电刷在同一直线上。

(3) 提高编码器精度的途径

直接二进制码盘虽然简单，但是对码盘的制作和安装要求很严格，否则容易出错。例如，图17-88所示的4位二进制码盘，当电刷由h(0111)向位置i(1000)过渡时，本来是7变为8，但若电刷进入导电区的先后有差别，就可能出现8~15之间的任一十进制数，造成的误差可能相当大。为了解决这一问题,通常采用的方法之一是应用循环码盘。

这种方法已在 17.2 节讲述,为说明问题,这里再作一些重复。

循环码盘的特点是相邻的两组数码之间只有一位是变化的。因此,即使制作和安装不准,产生的误差最多也只是最低位的一个位。4 位循环码盘如图 17 - 89 所示。设 R 为循环码,C 为二进制码,则由二进制码转换成循环码的规律为

$$R_1 = C_1$$
$$R_i = C_i \oplus C_{i-1}$$

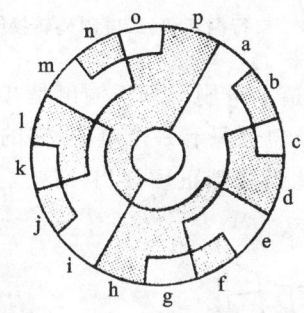

图 17 - 88　4 位二进制码盘

图 17 - 89　4 位循环码盘

一般形式为

$$\begin{array}{r} C_1 C_2 C_3 \cdots C_n \\ \oplus\quad C_1 C_2 \cdots C_{n-1} \\ \hline R_1 R_2 R_3 \cdots R_n \end{array}$$
　　二进制码
　　右移 1 位二进制码
　　循环码

它表示将某个二进制码右移一位并舍去末位码,然后与原二进制码作不进位加法,即得循环码。

同样可导出由循环码转变为二进制码的关系式为

$$C_1 = R_1$$
$$C_i = R_i \oplus C_{i-1}$$

循环码转变为二进制码可由逻辑电路实现。图 17 - 90 是 4 位并行循环码-二进制码转换器。这种转换器转换速度快,但是所需元件多。

对于转换速度不高的,可采用图 17 - 91 所示的串行转换器。它是由与非门组成的不进位加法器和 JK 触发器构成。

解决直接二进制码可能产生较大误差的另外一种办法是扫描法。广泛应用的有 V 扫描法、U 扫描法和 M 扫描法。这些方法的特点是最低位码道上安装一个电刷,其他高位码道上安装两个电刷。一个电刷放在被测位置的前边,称超前电刷;

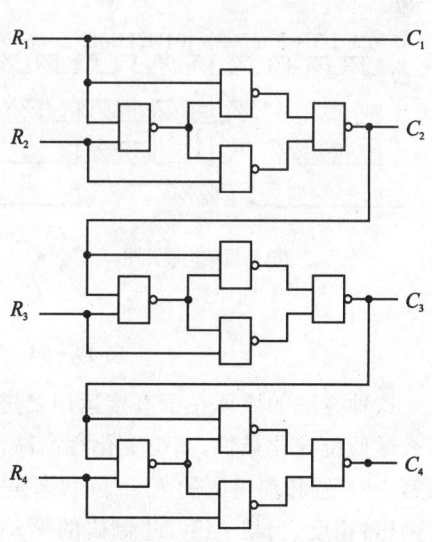

图 17 - 90　并行循环码-二进制码转换器

另一个电刷放在被测位置的后边,称为滞后电刷。如果最低位码道有效位的增量宽度为 x,则高位电刷对应的距离依次为 $1x,2x,4x$ 和 $8x$ 等。这样在每个确定的位置,最低位电刷的输出电平反映了它真正的值,而高位码道由于有两个电刷,就会输出两种电平。为了读出反映该位置的高位二进制码对应的电平值,必须在某个轨道上电刷对真正输出是"1"的时候,

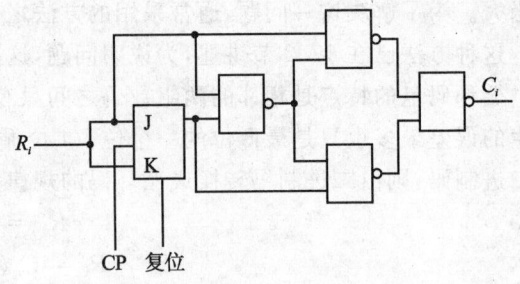

图 17-91 串行循环码-二进制码转换器

高一级轨道上的真正输出要从滞后电刷读出;如果某个轨道上电刷对真正输出是"0"的时候,高一级轨道上的真正输出要从超前电刷读出。由于最低位轨道只有一个电刷,它的电刷输出代表此真正的位置,这样较高级轨道的真正输出就能以此为基础正确读出。这就是 V 扫描法。V 扫描的电刷布置和扫描逻辑见图 17-92。

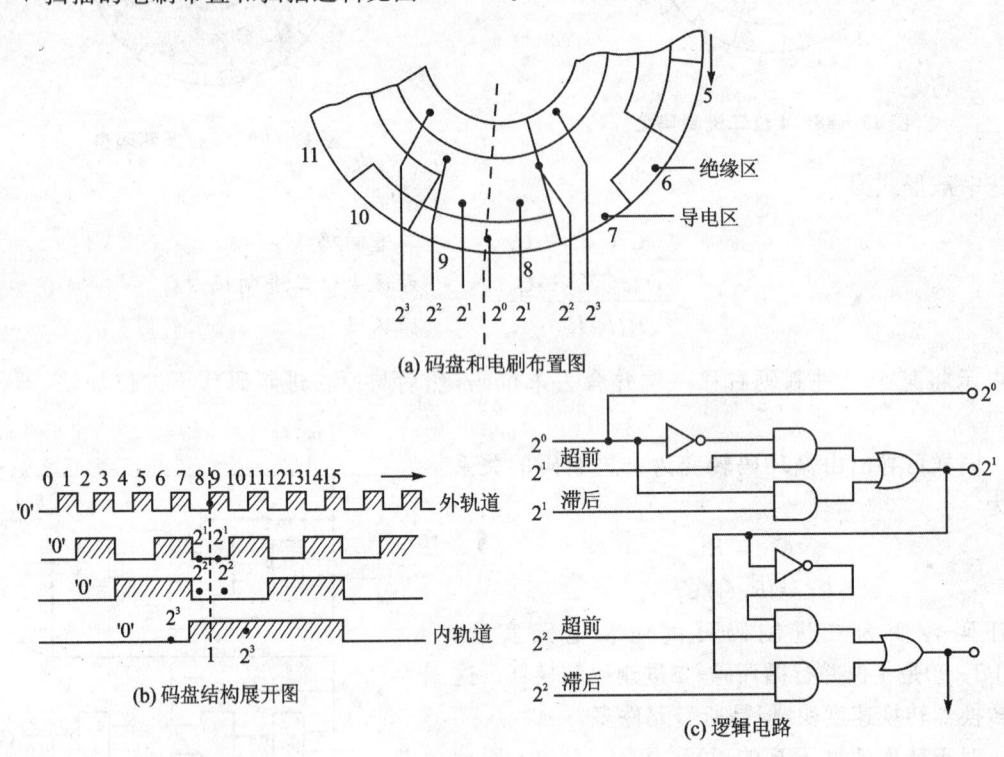

图 17-92 V 扫描的电刷布置和逻辑电路

这种方法的原理在于直接运用二进制码的特点。由于二进制码是从最低位逐级进位的,那么最低位变化最快,高位变化逐渐减慢。当某一组二进制码的第 i 位是"1"的时候,该组码的第 $i+1$ 位和前组码的 $i+1$ 位状态是一样的,故该组码的第 $i+1$ 位的真正输出要从滞后电刷读出;相反,当某一组二进制码的第 i 位是"0"的时候,该组码的第 $i+1$ 位和后组码的 $i+1$ 位状态是一样的,故该组码的第 $i+1$ 位的输出要从超前电刷读出。这可以从任一个二进制的数码表中得到证实。

(4) 提高分辨率的途径

为了提高分辨率,可以采用几个码盘通过机械传动装置连成一起的码盘组。这是因为靠增加单个码盘的码道来提高分辨率有时要受到安装和敏感元件的限制。利用传动比变化的机械装置把几个分辨率一般的码盘和相应的电刷安装在一起,则可大大提高分辨率,而且可以用来测定转速。这一点单个绝对编码器是作不到的。当传动比大于 1 时,可用于测转速;当传动比小于 1 时,可用于测量角位移。分辨率的提高和传动比有关。自然,其精度也就和机械传动精度有关。这里的机械传动起"放大"和"缩小"的作用。

接触编码器在应用中不需要特殊的开关逻辑,只需简单地改变电源就能将每条线上的电压输出调整到需要的电平上。但它存在电刷与编码盘的磨损,特别是电刷在导电区和绝缘区的滑动产生的电弧造成码盘和电刷寿命降低,并经不起振动。因为振动的存在将会使电刷和码盘间跳闸。为了避免接触编码器使用电刷造成的码盘与电刷磨损的问题,人们研制生产出了非接触编码器,主要是光学编码器和磁性编码器。

2) 光学编码器

这种编码器由光源、码盘和光电敏感元件所组成。基本的光学编码器如图 17-93 所示。

(1) 码 盘

光学编码器的码盘是在一个基体上形成透明和不透明的码区,类似于接触编码盘上的导电区和绝缘区。其制成方法也是利用一个精密加工出来的码盘通过照相,生产出使用的码盘。光学编码器除了要求在透明区和不透明区的转接处有较高的精度外,还要求转接

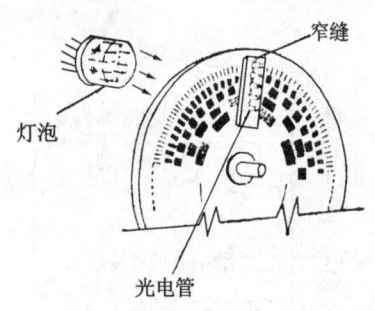

图 17-93 基本光学编码器

处有陡峭的边缘,否则在敏感元件中会引起噪声。虽然利用 V 扫描法也可以提高输出精度,但是相应的光学系统复杂,故不经济,所以码盘多用循环码盘。

(2) 光 源

光源是光学编码器的重要组成部件之一,而且是光学编码器最经常发生故障的根源。对光源的选择应当考虑以下几点:第一,光源的光谱要和光电敏感元件相适应。因为光电元件都有自己的光谱特性。国内常用的光电元件大多数对红外线敏感,故光源多用白炽灯泡和发光二极管。第二,要考虑光源的工作温度范围。因为光源的输出功率和温度有关,图 17-94 是作为工作温度函数的白炽灯、发光二极管以及通常的光电管敏感元件的相对性能对比图。可以看出,白炽灯-光电管组合的温度范围(-40~130℃)比发光二极管-光电管组合(-40~100℃)更宽。第三,为了减少故障,应当考虑灯泡的寿命。一般来说,发光二极管的寿命比白炽灯泡要长,也能在较为恶劣的条件下工作。图 17-95 是白炽灯泡和发光二极管的寿命特性比较。提高白炽灯泡寿命的办法之一是让它工作在额定电压之下。

另外,为了尽可能减小光噪声的影响,在光路中要加入透镜和狭缝装置。狭缝不能太窄,要保证所有轨道的光电敏感元件的敏感区都处在狭缝内。

(3) 光电敏感元件

光电敏感元件可采用光电二极管、光电三极管或硅光电池。使用硅光电池时,输出一般为 10~20 mV。为了产生希望的逻辑电平,需要后接放大器,而且每个轨道需接一个。放大器通常是由一个集成差动高增益运算放大器组成的,其作用类似一个施密特触发器。因此,需要输

第17章 码盘式传感器

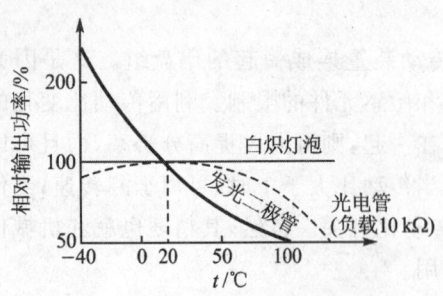

图17-94 典型的灯泡温度曲线

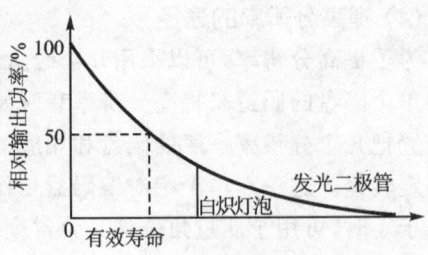

图17-95 白炽灯泡和发光二极管寿命特性比较

入一个预置触发电平,这个预置触发电平单独用一个敏感元件扫描一个完全清晰的轨道来产生,称为监控器电平,它输入到所有数据轨道的放大器中。这样可以克服光源照度变化和电源电平变化产生的输出电平的漂移。图17-96是光电管放大器电路。

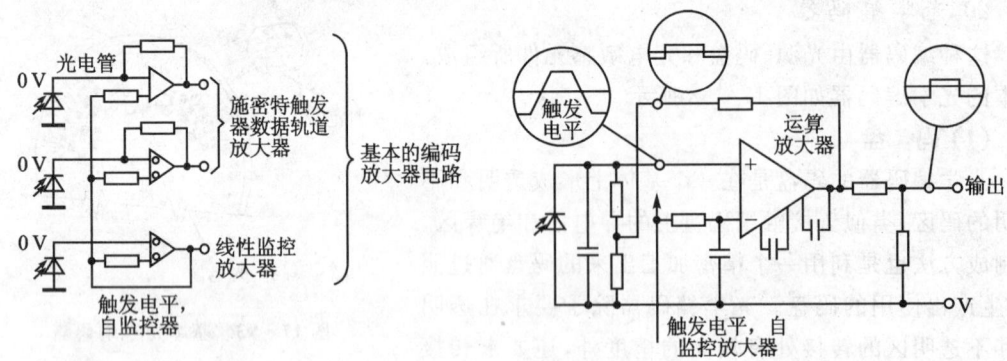

图17-96 光电管放大器电路

光学编码器和接触式编码器相比,寿命较长,但成本也高。

3) 磁性编码器

磁性编码器应用了电磁感应的原理。它是在各码道的码区进行磁化处理。一般用磁化区表示逻辑"0",非磁化区表示逻辑"1"。

敏感元件是小磁环。每个环上绕有两个线圈,磁环和码道靠近,但不接触。一个线圈通以恒幅、恒频的交流电,称为询问绕组;另一个线圈用来感受码盘上是否有磁场,称为读出线圈或输出绕组。

当询问绕组被激励时,输出绕组产生同频的信号,但其幅度和两绕组的匝数比有关,也与磁环附近有无磁场有关。当磁环对准磁化区时,磁路就会饱和,输出电压就会很低;如果对准一个非磁化区,它就像一个变压器,输出电压就会很高,输出信号是由码区的逻辑状态所调制的调幅信号,因此必须进一步将其解调并整形成方波输出。图17-97示出了磁性编码器的原理图和输出信号的特点。

磁性编码器工作比较可靠,能在比接触式编码器宽得多的环境条件范围内工作。但是由于需要磁环元件、询问电路和解调电路,成本比接触式高。

2. 增量式编码器(增量轴编码器)

和绝对式编码器相对应的是增量式编码器。增量式编码器能以数字形式确定轴相对于某

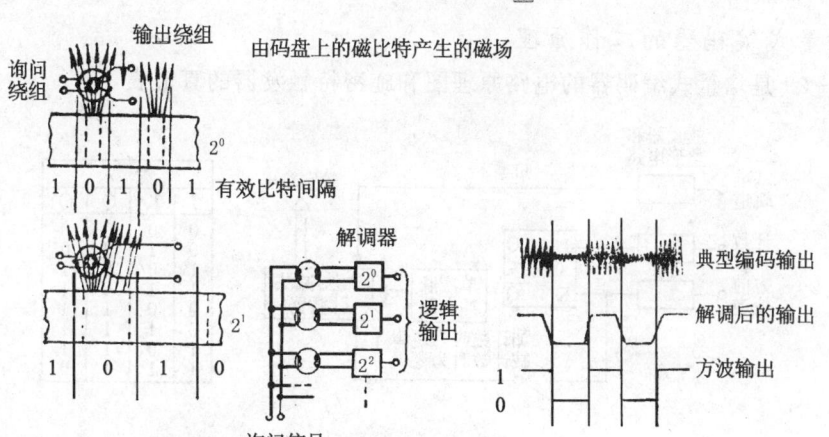

图 17-97 磁性编码器及输出信号特点

个基准点的瞬时角位置,也可以用于测量角速度。

1) 增量式编码器的组成

增量式编码器由码盘、敏感元件和计数电路组成,现分述如下:

(1) 码 盘

为绝对式编码器系统研究的大部分技术也适用于增量式编码器,只是码盘的构成不同。增量式编码器向码盘设立了内轨道和外轨道,外轨道有两个轨道:第一个外轨道是增量计数轨道,它根据分辨率的大小设置扇形区,即只有一位轨道;第二个外轨道是方向轨道,它和计数轨道有相同数目的扇形区,只是移动了半个扇形区。如果一个周期是两个扇形区(导电-不导电),那么这两个轨道的输出相差 90°(电角度),或超前,或滞后,用于识别是顺时针旋转,还是逆时针旋转,从而决定计数器作减法计数,还是作加法计数。内轨道称基准轨道,它只有一个单独标志的扇形区,用于提供基准点,其输出脉冲将用来使计数器归零。所以这种码盘的输出并非前述绝对式编码器的能指示绝对位置的二进制码或循环码,它的每一个位的"1"输出,只是角位移的增量。图 17-98 示出了增量编码器的轨道和输出的关系。

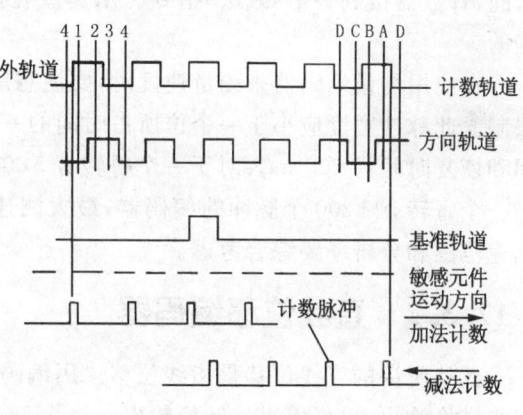

图 17-98 增量编码器的轨道和输出关系图

(2) 敏感元件

增量式编码器的敏感元件可以采用绝对编码器中的任一种。可以是接触式的(电刷),也可以是非接触式的(光电系统或磁电系统)。因此,它们要和码盘相适应。

(3) 计数器

增量式编码器由于计算的是角位移的增量,所以为了计算相对于某个基准位置角位移的实际大小和方向,必须设置一个计数器。送到计数器的计数脉冲,由施密特触发电路输出。

2) 增量式编码器的工作原理

图 17-99 是增量式编码器的电路原理图和施密特触发器的真值表。

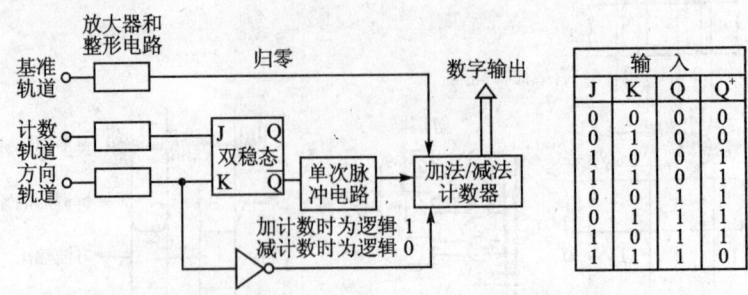

图 17-99　增量式编码器的电路原理图和施密特触发器的真值表

从图 17-98 和图 17-99 可以看出,考虑加法计数时,其敏感元件运动方向从左向右。计数轨道的输出从逻辑"0"变到逻辑"1"的这一跳变加到双稳态触发器的 J 输入端,并且只有当方向轨道的 K 输入端为逻辑"0"时,这个跳变才能将触发器的输出端 Q 触发到逻辑"1"。这种情况仅出现在"加法"计数方向上。触发器必须用"方向"输出端从逻辑"0"到逻辑"1"的跳变来进行归零。于是,只有当"计数"和方向脉冲交替地反馈给触发器时,加到计数器的"加法"计数脉冲才启动。这个过程可以通过研究真值表中标号(4 种状态)为 1,2,3,和 4 的各情况而得到验证。根据双稳触发器改变状态的瞬间,方向脉冲是负值这个事实,可用来将"加法计数"信号(逻辑"1")通过一个倒相器送到计数器本身。在"减法计数"的情况下,"计数"脉冲从逻辑"0"变到逻辑"1"也产生一个单次输出脉冲,但它只是当方向"脉冲"为逻辑"1"时才发生。在这一瞬间,计数器接到一个"减法"指令。用真值表校验位置 A,B,C 和 D 即可验证这一逻辑是正确的。

在应用增量编码器来测量速度时,要注意最大测速范围受触发器产生的单次脉冲宽度的限制。此脉冲宽度应小于一个位所占时间的一半。单次脉冲的典型宽度为 $4\sim6~\mu s$,其上升时间和恢复时间为 200 ns。对于一个每转有 5000 个脉冲的编码器,最大测速为 2000 r/min;对于一个每转有 1200 个脉冲的编码器,最大测速约为 5000 r/min。这就是说,单用一个码盘,测速范围和分辨率要综合考虑。

17.3.2　直线位移编码器

此处所讲的直线位移是指线位移。用编码器把线位移转换成数字量输出有多种方法,可间接转换输出,也可以直接转换输出。

1. 间接直线位移编码器

所谓间接直线位移编码器,就是通过机械转换装置,把被测体的直线位移转换成角位移。这样,前述角度数字编码器就可以直接应用来测量线位移。图 17-100 所示为一种典型的间接线位移编码器结构图。

这种装置常用在机床和类似的设备

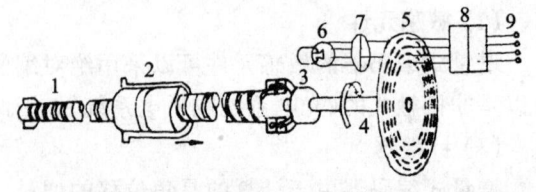

1—滚珠螺旋;2—预紧螺母组件;3—挠性连接轴;4—编码器轴;
5—码盘;6—灯泡;7—透镜;8—光电管;9—光电管输出

图 17-100　间接线位移编码器

中。轴的旋转将引起螺母的直线位移,被测体就装在这个螺母上。轴上装有标准的编码盘。若码盘是增量式的,则可测得位移的方向和相对于基准位置的大小,且行程范围比较大。这种系统的精度可在 1 m 行程上达到 0.003 mm。如果码盘采用绝对编码器,则码盘的分辨率将限制可测的直线行程。若需增大测量范围,就需用码盘组。

还有许多别的办法都能采用间接直线位移编码器,如图 17-101 所示。

需要指出的是,上述系统由于增加了直线-旋转的机械转换机构,因此要保持高的精度,除了注意前述角度编码器的许多技术问题外,还必须注意机械系统元部件的精度。

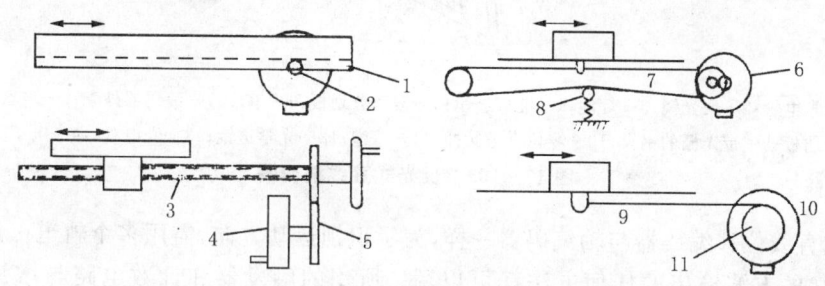

1—齿条;2—小齿轮编码盘;3—丝杠;4—码盘;5—齿轮;6—码盘;7—缆索;
8—缆索张紧装置;9—缆索;10—码盘;11—缆索卷盘和张紧弹簧

图 17-101 直线-旋转转换机构

2. 直接直线位移编码器

为了避免使用旋转式编码器所带来的问题,现在已经研究出了几种直接绝对式直线位移编码器和增量式直线编码器。这种编码器通常有一个长标尺和沿标尺运动的扫描点,用于感受和测量任何相对位移。这种编码器的优点是避免了一套直线-旋转转换的机械装置,也避免了由此产生的变换误差。

这种编码器的标尺就是"码盘",或者说是拉直了的轴编码器。码的形式可以采用直接二进制码,也可以用循环码;可以做成接触式的,也可以做成非接触式的;可以做成绝对编码式的,也可以做成增量编码式的。值得一提的是,角度编码器可以通过增加码道数(即扇形区数)来提高分辨率,而直接式直线编码器的分辨率单靠增加码道数是不能提高分辨率的,因为每组码区的宽度(类似扇形区)要受敏感元件变换原理的限制。比如接触式,就受到电刷接触金属丝直径的限制;使用光电系统,就要受光电管或光电池元件几何参数的限制。在这种情况下,增加码道数目只能增大量程。

在直线编码器中,多用光电敏感元件。在这种系统中,检测标尺和扫描头之间的相对位移可以通过两种变换输出:透光法和反射法。透光法如图 17-102 所示,与角度编码器类似。

反射式专门用于机床滑轨,并且只能用于增量测量。光栅用不锈钢带腐蚀而成,贴在一条不锈钢载体上,再装在滑动的表面上。光线从灯泡发出通过分划板射到标尺上,反射光再穿过分划板的缝隙射到光电管上,见图 17-103。

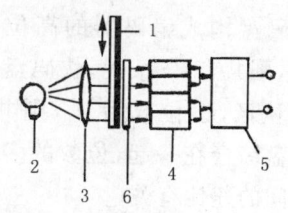

1—标尺;2—灯泡;3—光学透镜;
4—光电管;5—电子部件;6—扫描分划板

图 17-102 透光式直线编码器

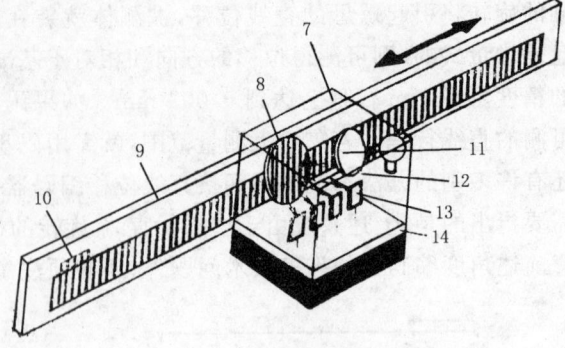

1—光电管；2—聚光镜；3—灯泡；4—准直透镜；5—玻璃分划板；6—钢尺；7—编码器外壳；8—玻璃扫描分划板；9—带光栅的钢尺；10—零位参考脉冲；11—灯泡；12—光学透镜；13—光电管；14—电子部件

图 17-103　反光式直线编码器

增量式直线位移编码器与轴编码器一样，为了识别运动方向，需用多个轨道。凡是能提供两个相差 90° 的方波输出的任何方法都可以用。所用的触发器和计数电路与增量式编码器一样。

17.3.3　双盘编码器

大多数编码器都是单盘的，全部码道在一个圆盘上，结构简单，使用方便。当位数很多时，要求具有很高的分辨力，这使制造困难，圆盘直径也要大。为此，在这里介绍一种双盘编码器以解决这个问题。

双盘编码器与单盘的区别在于它是由两个分辨力较低的码盘组合而成的一种高分辨力的编码器。两码盘间通过一个增速轮系相连接，相互之间保持一定的速比，并采用电气逻辑纠错以消除编码器的进位误差。

图 17-104 所示为双盘编码器的结构原理图。被测角度从输入轴 7 进入，通过增速轮系 8 传至轴 9，在两根轴上分别安装快码盘 1 和慢码盘 2。图 17-104 中的 3，4，5 和 6 分别为光源、非球面透镜、光学狭缝与光电元件。码制一般采用循环码。

慢码盘构成编码器的高位区。设位数为 n_s，则共有 2^{n_s} 个码；快码盘构成编码器的低位区，设位数为 n_F，则共有 2^{n_F} 个码。两盘综合在一起，位数的多少还与快慢盘之间的速比有关。

本来，快盘转一圈，慢盘只要转过去一个码即可。但是这里不行，因为容易出错。实际安排上，快盘转一圈，慢盘转过去两个码。因而两盘之间的速比 N 为

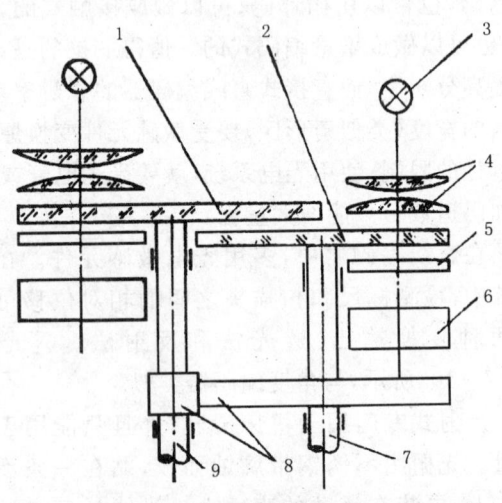

1—快码盘；2—慢码盘；3—光源；4—非球面透镜；5—狭缝；6—光电元件；7—输入轴；8—增速轮；9—轴

图 17-104　双盘编码器

$$N = \frac{360°}{2 \times (360°/2^{n_s})} = 2^{n_s - 1} \qquad (17-3)$$

这样,快盘的最高位(暂称为 G 位)不参加编码,只是用作"纠错"之用。例如,一个 9 码道的快盘和一个 6 码道的慢盘,构成一个 14 位的双盘编码器,其中快盘的第 9 码道只是用作"纠错"参考信号。

这样,上述 14 位($n=14$)双盘编码器各码道组成如下:

$$\underbrace{14\ 13\ 12\ 11\ 10\ 9}_{\text{慢盘}}\ \underbrace{G\ 8\ 7\ 6\ 5\ 4\ 3\ 2\ 1}_{\text{快盘}}$$

下面讨论纠错问题。若两盘各码道分别只设置一个检测点,由于码盘采用循环码,则各检测点的分辨力均为所在码盘的一个码,即快盘检测点的分辨力为快盘的一个码。慢盘检测点的分辨力为慢盘的一个码。但是慢盘的一个码却相当于快盘的 2^8 个码。如果编码器的输出是依照两盘输出简单组合而成的,则编码器的分辨力就达不到快盘的一个码。为此,在慢盘上采用双检测点的方法,即在慢盘各码道分别设置两个检测点 A 与 B,如图 17-105 所示,A 与 B 的位置恰好相邻一个码。因而,慢盘各码道的读出信息分别为 R_{iA} 与 R_{iB},其中 $i = 9 \sim 14$。

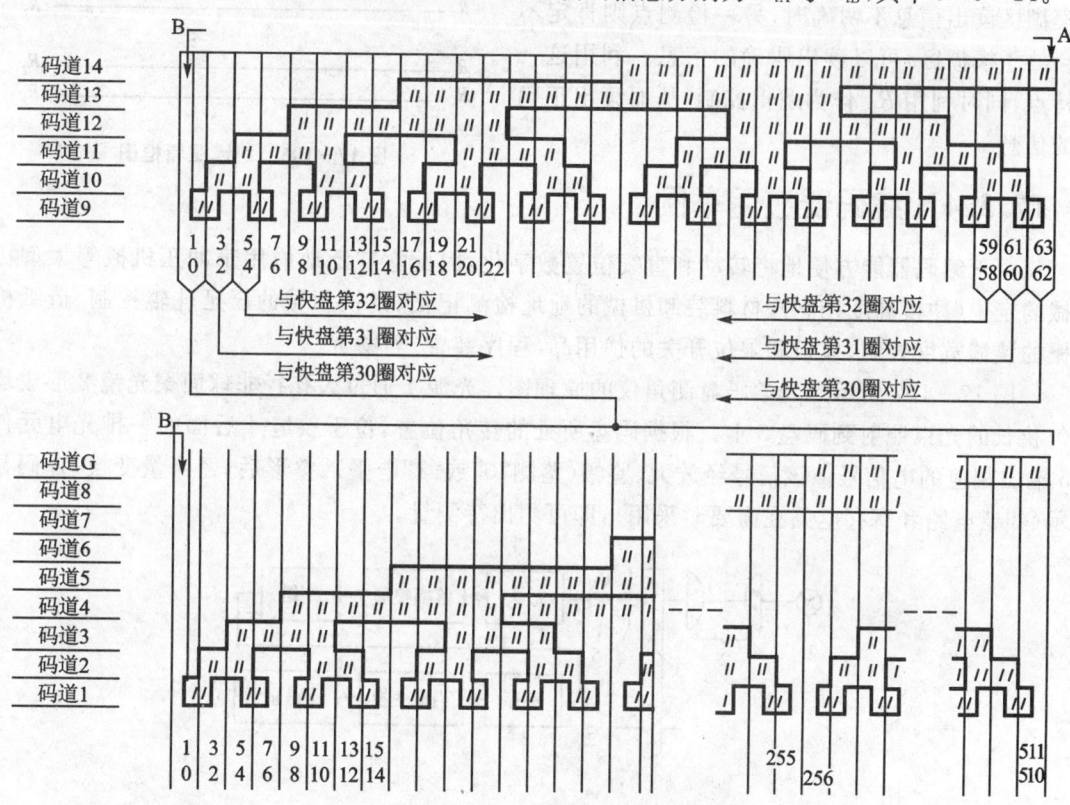

图 17-105 快慢码盘编码组合关系展开图

纠错的功能实际上是利用 R_G 对 R_{iA} 与 R_{iB} 进行选别,以便读出准确的进位信息。逻辑表达式为

$$R_i = \begin{cases} R_{iB} \cdot \overline{R_G} + R_{iA} \cdot R_G & i \geqslant n - n_s + 2 \\ R_{iB} \cdot R_G + R_{iA} \cdot \overline{R_G} & i = n - n_s + 1 \end{cases} \qquad (17-4)$$

第17章 码盘式传感器

对 R_9 来说(见图 17-105),它的 $0\sim1,2\sim3,4\sim5$ 等与快盘的一圈相对应。在快盘的头半圈,应该按 0,2,4 等位置读数,即按 A 位置读数,这时 $\bar{R}_G=1$,即 $R_9=R_{9A}\bar{R}_G$。在后半圈应按 1,3,5 等位置读数,即按 B 位置读数,这时 $R_G=1$,即 $R_9=R_{9B}R_G$。综合起来,就是式(17-4)第 2 式。对 $R_{10\sim14}$ 来说,在快盘头半圈应按 B 读数。并写成 $R_i=R_{iB}\bar{R}_G$。在后半圈应按 A 读数,写成 $R_i=R_{iA}R_G$。综合起来,就是式(17-4)第 1 式。

编码器的全部 n 位(这里 $n=14$)循环码信息可用图 17-106 的逻辑图实现。

由上可见,纠错的根据就是适当选择同一码道中两个检测点 A 和 B 的位置,这两个位置不可能同时处在模糊区,也就是当有一个检测点处在模糊区读出信息不明确时,另一检测点则肯定不会处于模糊区,可以读出明确的信息。利用这一特点,同时利用 R_G 作为逻辑控制,从而读出正确的信息。

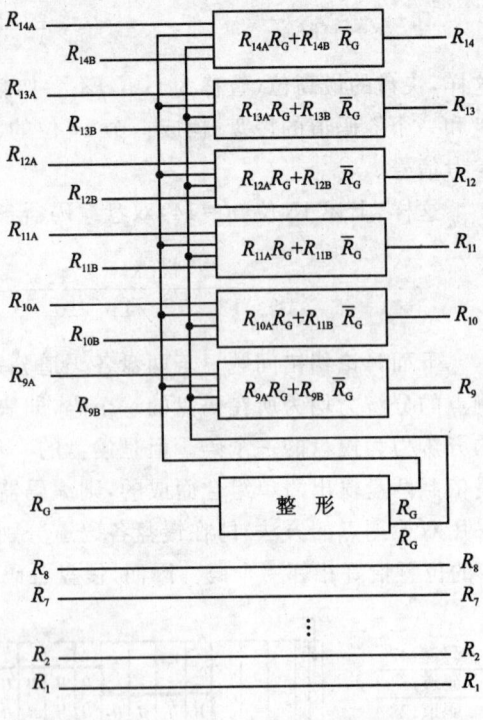

图 17-106 纠错逻辑框图

17.3.4 编码器应用举例

由于编码器能方便地将转动和直线位置数字化,因此它广泛地应用于冲压机械等大型机械的定位(冲模高度控制)、材料装卸机械的地址检测记忆、钢铁领域的压延轧辊控制、造纸机械的狭缝宽度控制、模板和限位开关的代用品(程序装置)等场所。

图 17-107 所示是光学码盘测角仪的原理图。光源 1 通过大孔径非球面聚光镜 2 形成均匀狭长的光束照射到码盘 3 上。根据码盘所处的转角位置,位于狭缝 4 后面的一排光电元件 5 输出相应的电信号。该信号经放大、鉴幅(鉴测"0"或"1"电平)、整形后,经当量变换、译码显示(纠错电路和寄存电路在需要时采用),即可测出待测量。

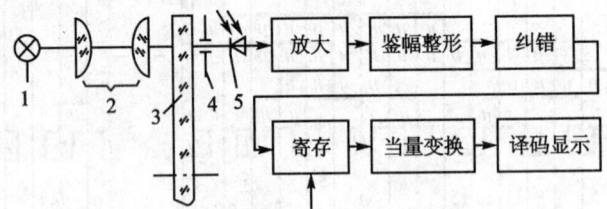

1—光源;2—聚光镜;3—码盘;4—狭缝;5—光电元件
图 17-107 光学码盘测角仪示意图

图 17-108 所示的是编码器在控制领域中的几个应用。

第17章　码盘式传感器

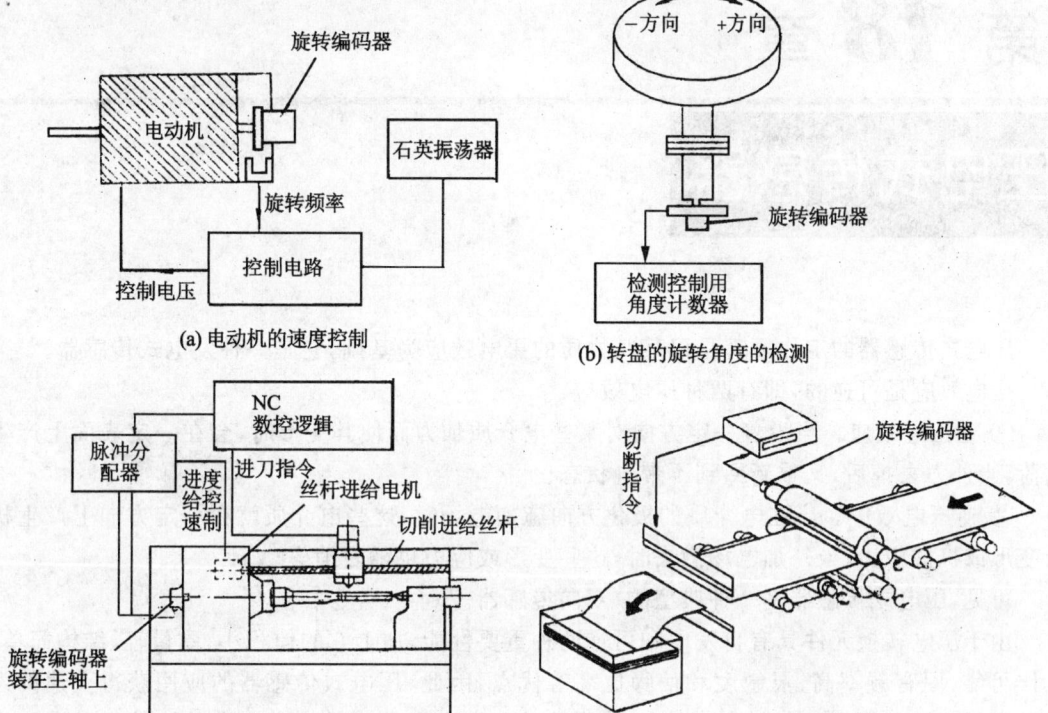

图 17-108　编码器在控制领域中的应用

第 18 章

压电式传感器

压电式传感器的工作原理是以某些物质的压电效应为基础,它是一种发电式传感器。

压电效应是可逆的,即有两种压电效应:

① 正压电效应。当沿着一定方向对某些电介质加力而使其变形时,会在一定表面上产生电荷,当外力去掉后,又重新回到不带电状态。

② 逆压电效应。当在电介质的极化方向施加电场时,这些电介质就在一定方向上产生机械变形或机械应力;当外加电场撤去时,这些变形或应力也随之消失。

可见,压电式传感器是一种典型的"双向传感器。"

由于压电转换元件具有自发电和可逆两种重要性能,加上它的体积小、质量轻、结构简单、工作可靠、固有频率高、灵敏度和信噪比高等优点,因此,压电式传感器的应用获得飞速的发展。利用正压电效应已研制成压电电源、煤气炉和汽车发动机的自动点火装置等多种电压发生器。在测试技术中,压电转换元件是一种典型的力敏元件,能测量最终可变换为力的那些物理量,例如压力、加速度、机械冲击和振动等。因此,在声学、力学、医学和宇航等广阔领域中都可见到压电式传感器的应用。利用逆压电效应可制成多种超声波发生器和压电扬声器等,如电子手表就要压电谐振器。利用正、逆压电效应可制成压电陀螺、压电线性加速度计、压电变压器、声纳和压电声表面波器件等。更有意义的是,根据研究生物压电学的结果认识到生物都具有压电性,人的各种感觉器官实际上是生物压电传感器。例如,根据正压电效应治疗骨折,可加速痊愈;用逆压电效应,对骨头通电具有矫正畸形骨等功能。

压电转换元件的主要缺点是无静态输出,要求有很高的电输出阻抗,需用低电容的低噪声电缆,很多压电材料的工作温度只有 250℃ 左右。

18.1 国内外压电式传感器展示

18.1.1 压电加速度传感器系列

1. 压电线性加速度传感器

当压电片受力时,压电片发生谐振,这种关系如下:

$$\frac{\Delta f}{F} = \frac{f}{2C_{ij}} = \frac{dC_{ij}}{dF}, f = \frac{1}{2t}\sqrt{\frac{C_{ij}}{\rho}}$$

式中,f——谐振频率;Δf——谐振频率的变化量;F——负荷压电片上产生的应力;C_{ij}——压电片的弹性常数;t——压电片的厚度;ρ——压电片的密度。压电线性加速度传感器就是利用这种力-频率特性构成的。其原理结构如图 18-1 所示,特性参数如表 18-1 所列。

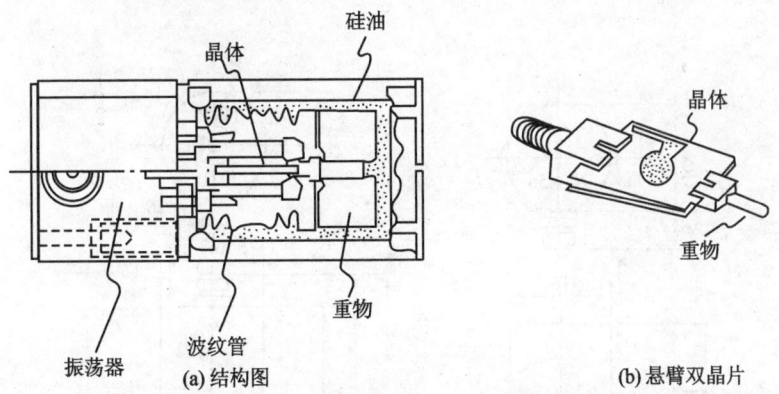

图 18-1 压电线性加速度传感器原理结构图

表 18-1 压电线性加速度传感器特性参数表

动态范围/g	比例系数/(Hz·g^{-1})	分辨率/mg	稳定性/(mg·h^{-1})
±30	200	<2	2.2

2. BBN501 型压电加速度传感器

这种传感器的工作原理同 TEAC700 型,内装的电压放大器将压电元件的高输出阻抗降低到 1500 Ω。其结构如图 18-2 所示,其特性参数如表 18-2 所列。

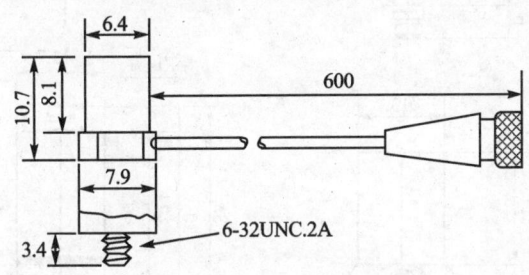

图 18-2 BBN501 型的结构

表 18-2 BBN501 型压电加速度传感器特性参数表

电压灵敏度/(mV·g^{-1})	噪声/μV	线性度	加速度/(m·s^{-2})	输出阻抗/Ω	工作温度/℃
2~10	2	1%	1000g	1500	-50~120

3. TEAC700 型压电加速度传感器

这种传感器的基本工作原理是压电效应。在传感器内装有前置放大器(阻抗变换电路),将压电元件的高输出阻抗降到 300 Ω 以下。

第 18 章 压电式传感器

如图 18-3 所示，在输入端连接压电加速度传感器，在输出端用示波器即可检测出振动波形。TEAC700 型压电加速度传感器的特性参数如表 18-3 所列。图 18-4 给出了一个应用电路。

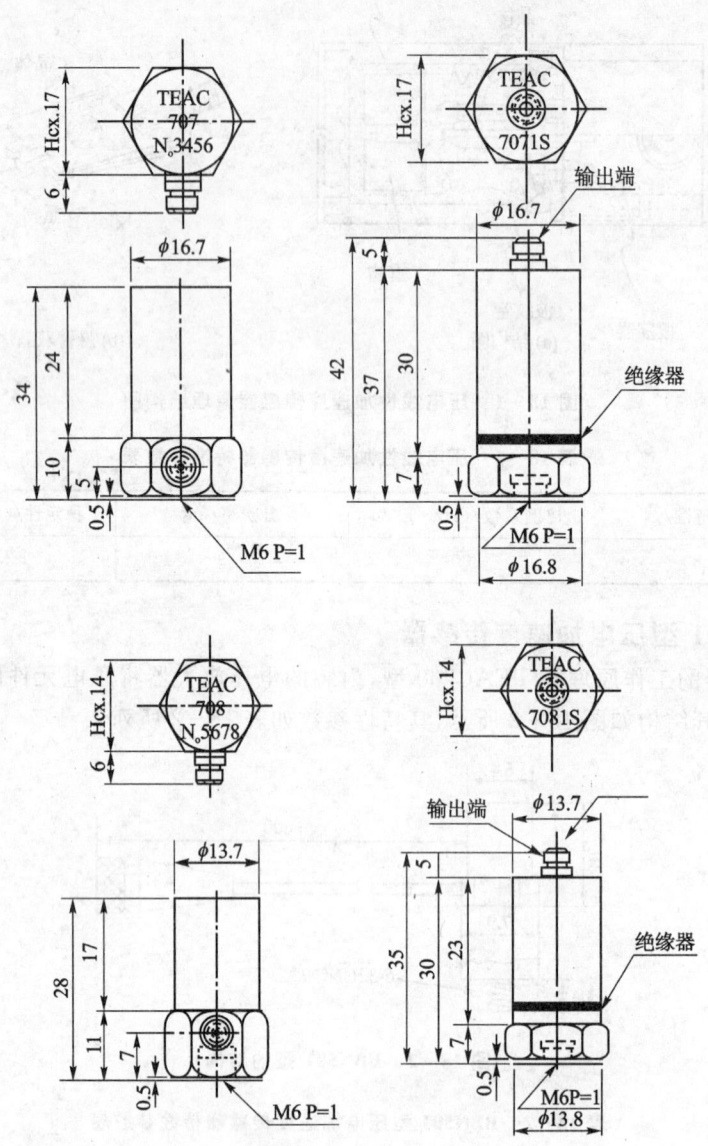

图 18-3 TEAC700 型结构图

表 18-3 TEAC700 型压电加速度传感器特性参数表

电压灵敏度 /(mV·g^{-1})	噪声/μV	线性度	加速度 /(m·s^{-2})	输出阻抗 /Ω	工作温度 /℃
10～100	20	1%	15～150g	<300	-40～110

4. 压电加速度计

这种加速度计中,除4321型设计成能测量三个相互垂直方向的加速度计外,所有加速度计都是测量单位轴向加速度的。除4374型小型加速度计、8306型低g加速度计和8309型冲击加速度计外,所有标准压电加速度计都采用三角切变设计,如图18-5所示,其中M是振动质量,P是压电元件,B是基座,R是夹持环。8309型的压电元件由压电陶瓷PZ45制成,4374型的压电元件用锆钛酸铅PZ27制成,其他型号的压电元件均用锆钛酸铅PZ23制成。图18-5给出了三角切变设计。其性能如表18-4所列。

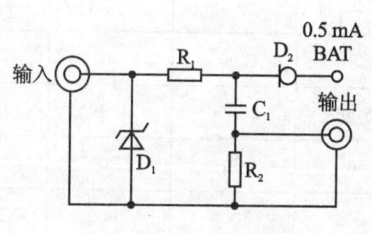

图18-4 TEAC700型

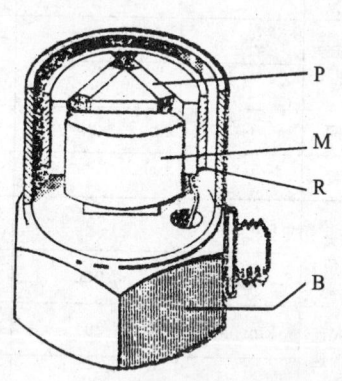

图18-5 三角切变设计

表18-4 压电加速度计的性能参数

参 数		4366	4368	4367	4369	4375	4393	4371	4384	4391	4382	4383
质量	g	28	30	13	14	2.4	2.4	11	11	16	17	17
电荷灵敏度	pC/ms^{-2}	≈4.8	≈4.8	≈2.2	≈2.2	0.316(±2%)	0.316(±2%)	1(±2%)	1(±2%)	1(±2%)	3.16(±2%)	3.16(±2%)
	pC/g	≈48	≈48	≈22	≈22	≈3.1	≈3.1	≈10	≈10	≈10	≈31	≈31
电压灵敏度	mV/ms^{-2}	≈4	≈4	≈1.8	≈1.8	≈0.48	≈0.48	≈0.8	≈0.8	≈0.8	≈2.6	≈2.6
	mV/g	≈40	≈40	≈18	≈18	≈4.8	≈4.8	≈8	≈8	≈8	≈26	≈26
安装谐振	kHz	27	27	32	32	55	55	42	42	40	28	28
频率范围	5%Hz	0.2~5800	0.2~5800	0.2~6900	0.2~6900	0.2~12000	0.2~12000	0.2~9100	0.2~9100	0.2~8700	0.2~6100	0.2~6100
	10%Hz	0.1~8100	0.1~8100	0.1~9600	0.1~9600	0.1~16500	0.1~16500	0.1~12600	0.1~12600	0.1~12000	0.1~8400	0.1~8400
电容	pF	1200	1200	1200	1200	650	650	1200	1200	1200	1200	1200
横向灵敏度	%	<4	<4	<4	<4	<4	<4	<4	<4	<4	<4	<4
横向谐振	kHz	7	7	12	12	18	18	15	15	12	10	10
典型基座应变灵敏度(基座平面250 με)	ms^{-2}/με	0.006	0.006	0.008	0.008	0.005	0.005	0.02	0.02	0.005	0.01	0.01
	g/με	0.0006	0.0006	0.0008	0.0008	0.0005	0.0005	0.002	0.002	0.0005	0.001	0.001

第18章 压电式传感器

续表 18-4

参　数		4366 4368	4367 4369	4375 4393	4371 4384	4391	4382 4383
典型温度瞬间灵敏度	ms^{-2}/℃	0.05	0.3	5	0.4	0.2	0.1
	g/℃	0.005	0.03	0.5	0.04	0.02	0.01
典型磁灵敏度 (50Hz—0.03T)	ms^{-2}/T	3	6	30	4	4	1
	g/kgs	0.03	0.06	0.3	0.04	0.04	0.01
典型声灵敏度	ms^{-2}	0.002	0.0005	0.04	0.01	0.01	0.002
	/g	0.0002	0.0005	0.004	0.001	0.001	0.0002
泄漏电阻	GΩ	>20	>20	>20	>20	>20	>20
工作温度	℃	−74～250	−74～250	−74～250	−74～250	−60～180	−74～250
承受最大冲击(峰值)	km·s^{-2}	50	100	250	200	20	50
	g	5000	10000	25000	20000	2000	5000
承受最大连续正弦加速度(峰值)	km·s^{-2}	20	30	50	60	20	20
	g	2000	3000	5000	6000	2000	2000
用磁铁安装的最大加速度(峰值)	/km·s^{-2}	1	1.5	—	1.5	1.2	1.2
	/g	100	150		150	120	120

参　数		4370 4381	4378 4379	8318	8306	4374	4321	8309
质量	g	54　　43	175	470	500	0.65	55	3
电荷灵敏度	pC/ms^{-2}	10(±2%)	31.6(±2%)	—	1000(±2%)	≈0.11	1(±2%)	0.004
	pC/g	≈100	≈310	—	≈10000	≈1.1	≈10	≈0.04
电压灵敏度	mV/ms^{-2}	≈8	26	316(±2%)	1000(±2%)	≈0.18	0.8	≈0.04
	mV/g	≈80	260	≈3100	≈10000	≈1.8	≈8	≈0.4
安装谐振	kHz	16	13	6.5	4.5	85	40	180
频率范围	5%Hz	0.2～3500	0.2～2800	10% 0.1～1000	10% 0.1～1000	1～18500	0.2～8700	1～39000
	10%Hz	0.1～4800	0.1～3900	3dB 0.06～1250	3dB 0.06～1250	1～26000	0.1～12000	1～54000
电容	pF	1200	1200	—	1000	600	1200	100
横向最大灵敏度	%	<4	<4	<5	<5	<5	<4	<5
横向谐振	kHz	4	3.8	1.6	0.75	21	14	28

续表 18-4

参　数		型　号								
		4370	4381	4378	4379	8318	8306	4374	4321	8309
典型基座应变灵敏度（基座平面 250 $\mu\varepsilon$）	ms^{-2}/$\mu\varepsilon$	0.003	0.002	0.0003		0.005	0.005	0.02		2
	g/$\mu\varepsilon$	0.0003	0.0002	0.00003		0.00005	0.0005	0.002		0.2
典型温度瞬变灵敏度	ms^{-2}/℃	0.02	0.04	0.001		0.0001	0.00002	10	0.4	400
	g/℃	0.002	0.004	0.0001		0.00001	0.000002	1	0.04	40
典型磁灵敏度（50Hz－0.03T）	ms^{-2}/T	1		0.5		1	2	30	4	20
	g/kGs	0.01		0.005		0.01	0.02	0.3	0.04	0.2
典型声灵敏度	ms^{-2}	0.001		0.001		0.001	0.0003	0.1	0.01	4
	g	0.0001		0.0001		0.0001	0.00003	0.01	0.001	0.4
最小泄漏电阻	GΩ	20		20		—	—	20	20	20
工作温度	℃	－74～250		－50～250		－50～85	－40～85	－74～250	－74～250	－74～180
承受最大冲击（峰值）	km·s^{-2}	20		5		0.015	0.01	250	10	1000
	g	2000		500		1.5	1	25000	1000	100000
承受最大连续正弦加速度（峰值）	km·s^{-2}	20		5		0.015	0.01	50	5	150
	g	2000		500		1.5	1	5000	500	15000
用磁铁安装的最大加速度（峰值）	km·s^{-2}	0.6		0.2		—	0.09		0.6	
	g	60		20			9		60	

5. Endevco 公司生产的压电式加速度传感器

产品的品种规格较多，如通用型、高灵敏度型、小型化、冲击式、三轴向式、高温和集成电路类的传感器都有，另外还有特殊用途的传感器。该公司生产的小型加速度传感器，其质量只有 0.14 g，而大量程的幅值范围竟高达十万个 g。该公司的各种传感器的技术性能指标，详见表 18-5 和表 18-6。它们的示意图和结构图如图 18-6 和图 18-7 所示。

6. 丹麦 B&K 公司生产的各种压电式加速度传感器

该公司生产的压电式加速度传感器在国际市场上是经常见到的产品之一。现将该传感器的技术性能指标列于表 18-7 中，它的示意图和结构图如图 18-8 所示。

7. 瑞士 Kistler 公司生产的压电式加速度传感器的产品

在国际市场上到处都可以看到该公司的产品，部分加速度传感器在输出端上直接加入一个阻抗变换器，使传感器变成低阻输出，这在加速度传感器中是不多见的。

该公司的各种压电式加速度传感器的技术性能指标，详见表 18-8，它的结构图和示意图如图 18-9 所示。

第18章 压电式传感器

表 18-5 Endevco 公司加速度传感器性能指标

	型号	灵敏度/(pC·g^{-1})	电容/pF	频率响应/Hz	安装频率响应/kHz	幅值范围/g	结构形式	外形尺寸/mm	质量/g	工作温度范围/℃	密封方式	备注
通用型	224C	11	750	3~6000	32	0~1000	剪切	14.3×16.3	16	−54~177	环氧	
	2271A	11.5	2000	2~5500	27	0~10000	隔离基座压缩	15.9×19.8	27	−270~260	气密	
	272	13	2700	2~7000	37	0~2000	中心压缩	15.9×20.3	27	−270~260	气密	
高灵敏度型	213E	60	1000	4~8000	32	0~1000	中心压缩	15.9×20.3	32	−54~177	环氧	
	215E	170	10000	4~8000	32	0~1000	中心压缩	15.9×20.3	32	−54~177	气密	
	217E	40	350	4~6000	27	0~250	中心压缩	15.9×20.3	35	−54~177	气密	
	7705-1000	1000	5600	1~1000	7.3	0~100	隔离剪切	25.4×22.9	107	−54~260	气密	
小型化	22	0.4	240	5~10000	54	0~2500	剪切	3.6×2.4	0.14	−73~204	硅封	
	2220C	2.8	750	5~10000	50	0~5000	剪切	9.5×5.3	2.3	−54~177	环氧	
	2221D	17	900	2~7000	30	0~2500	剪切	1562×8.0	12	−54~177	环氧	
	2222B	1.3	420	20~6000	32	0~2000	剪切	6.4×3.2	0.5	−73~177	硅封	
	226C	2.8	400	3~5000	24		剪切	9.5×8.4	2.8	−54~260	环氧	
冲击式	225	0.7	800	5~15000	80	0~20000	剪切	14.3×16.2	13	−54~177	环氧	
	2291	0.0035	11.5	20~50000	250	0~100000	剪切	7.9×5.6	1.3	−54~121	气密	
	2292	0.14	80	20~20000	125		剪切	7.9×7.6	1.3	−54~121	气密	
三轴式	23	0.4	240	5~10000	50	0~2000	剪切	7.6×6.4×5.1	0.85	−73~204	硅封	
	2223D	12	750	3~4000	17	0~1000	剪切	25.4×25.4×16.8	41	−54~177	环氧	
三轴	228C	2.8	390	3~4000	24		剪切	18.8×18.8×11.7	15.3	−54~177	环氧	
超高温式	2273A	3	110	2~6000	30	0~5000	隔离压缩	15.9×22.9	25	−185~400	气密	
	2276	10	660	2~5000	27	0~3000	隔离压缩	15.9×25.4	30	−54~480	气密	
	2285A	2.5	515	20~3000	30	0~2000	剪切	22.9×12.7×12.7	16	−54~760	不密封	
集成电路	2250A	10 mV/g±5%	—	4~15000	80	0~500	剪切	5.8×3.8	0.3	−50~125	环氧	
	2251A	10 mV/g±5%	—	5~8000	40	0~500	剪切	10.2×12	4.5	−50~125	气密	

第18章 压电式传感器

表18-6 Endevco公司特殊用途加速度传感器性能指标

	型号	灵敏度/(pC·g^{-1})	电容/pF	频率响应/Hz	安装频率响应/kHz	幅值范围/g	结构形式	外形尺寸/mm	质量/g	工作温度范围/℃	密封方式	备注
隔离剪切式	7701,2,3,4-50	50	2800	1~7000	26	0~2000	—	15.9×19.8	25	−54~260	气密	
	7701,2,3,4-100	100	2800	1~5000	20	0~2000	—	15.9×19.8	29	−54~260	气密	
	7705,6,7,8-200	200	5600	1~4000	17	0~1000	—	25.4×22.9	62	−54~260	气密	
	7705,6,7,8-500	500	5600	1~2000	10	0~500	—	25.4×22.9	80	−54~260	气密	
	7705,6,7,8-1000	1000	5600	1~1000	7.3	0~100	—	25.4×22.9	107	−54~260	气密	
工程监控	6221M13	50(±5%)	2000	5~5000	25	0~1000	—	25.4×22.4	40	260	气密	
	6222A	45(±3%)	1000	5~6000	30	0~500	—	33.9×26.7	100	177	环氧	
	6222M3	10(±5%)	2300	5~4000	30	0~1000	—	33.9×26.7	90	260	环氧	
	6222M8	50(±5%)	2000	5~5500	32	0~2000	—	33.9×36.8	91	260	气密	
	6222M11	50(±5%)	2000	5~5000	28	0~500	—	33.9×44.5	144	260	气密	
	6222M26A	20(±5%)	1900	5~10000	50	0~500	—	33.9×33.3	87	260	气密	
	6222M46	10(±5%)	3000	5~20000	40	0~1000	—	38.1×19.6	52	274	气密	
	6223M2	10(±5%)	550	5~5000	25	0~500	—	33.9×36.8	85	400	气密	
	6230M8	2	1400	20~20000	100	0~2000	—	×9.5×12.7	5	260	环氧	
	6233	10(±5%)	550	5~5000	25	0~500	—	33.9×36.8	85	480	气密	
	6237M9A	10(±5%)	60	5~3000	28	0~500	—	12.7×24.1×12.7	30	650	通气孔	
工业用	5210	250 mV/g(±5%)	—	2~3000	14	0~30	—	31.7×34.9	140	125	气密	最大压力/psi
	5241	790 mV/g(±5%)	—	0.2~2000	9	0~10	—	31.7×34.9	170	125	气密	
	2273AM1	10	660	2~5000	27	0~3000	隔离压缩	15.9×27	32	−54~371	气密	3500
	N2276M10	25	1300	1~2000	12	0~500	隔离压缩	31.8×30	100	0~360	气密	3500
	N2284M25	12	60	2~2000	12	0~250	剪切	19×32.8	50	−54~650	气密	3500
	N2284M42A	25	2000	1~4000	10	0~1000	剪切	9.5×35.6	15	−54~315	气密	—
	7717-200	200	5600	1~4000	17	0~250	隔离压缩	35.4×22.9	62	−54~288	气密	—
	7717-500	500	5600	1~2000	10	0~500	隔离压缩	25.4×22.9	80	−54~288	气密	

第18章 压电式传感器

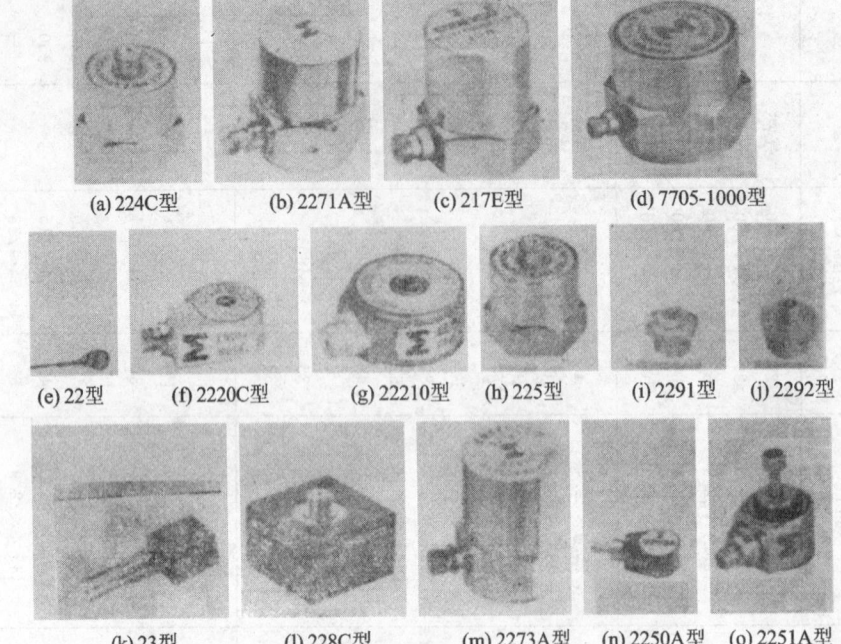

图18-6 Endevco 压电式加速度传感器图

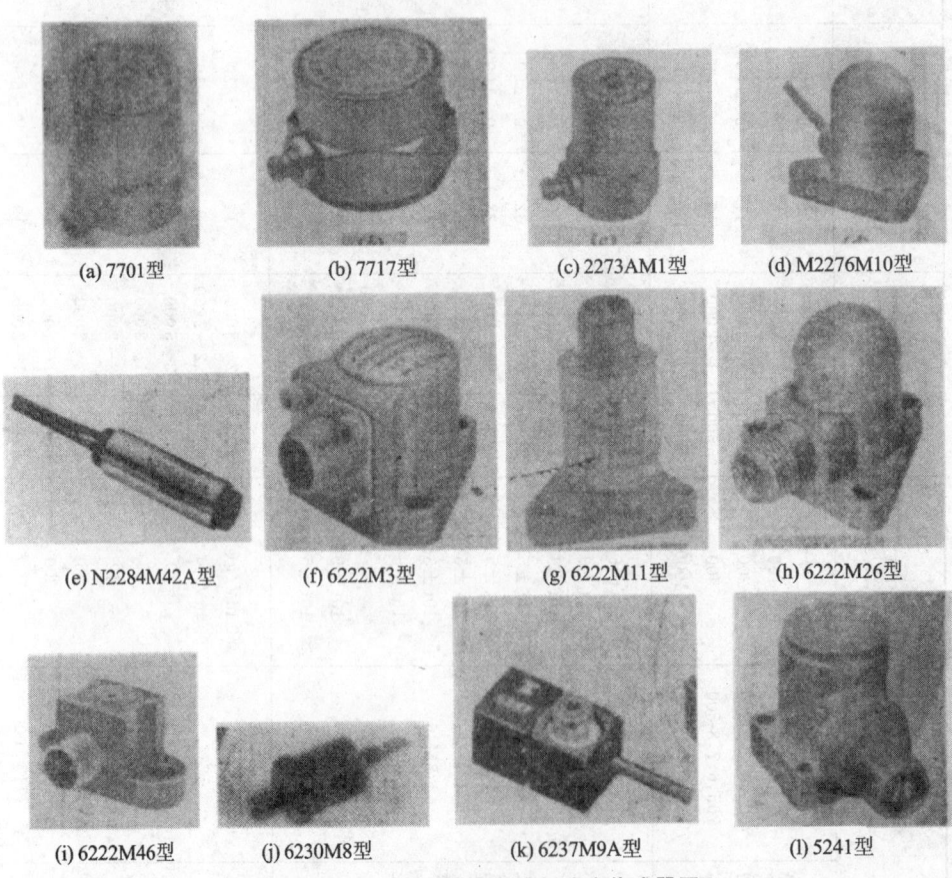

图18-7 Endevco 特殊用途加速度传感器图

第18章 压电式传感器

表 18 – 7 丹麦 B&K 公司各种加速度传感器性能指标

型号	测量范围/g	灵敏度/(pC·g⁻¹)	安装频率响应/kHz	频率范围(±5%)/Hz	横向灵敏度(/%)	工作温度范围/℃	绝缘电阻/GΩ	电容/pF	结构方式	质量/g	备注
4366	1000	45	27	0.2~5400	<4	250	20	1200	剪切	28	—
4367		20	32	0.2~6600	<4	180	20	1200	剪切	13	—
4368		45	27	0.2~5400	<4	250	20	1200	应剪切	30	
4369	1000	20	32	0.2~6600	<4	250	20	1200	应剪切	14	—
8305	100	1.2	30	(2%)0.2~4400	<2	200	1000 (在20℃)	180	倒置 压缩	40	—
4370	—	100	18	0.2~3500	<4	250	20	1200	剪切	54	
8309	1×10⁵	0.04	180	1~36000	<5	120	20	90	压缩	3	电缆
4321	—	10	40	1~8700	<4	250	20	12000	剪切	55	除外
4344	—	2.5	70	1~1400	<4	250	20	1000	压缩	2	
4374		1	90	(±10%)1~27000	—	250	—	—	剪切	0.65	
4375	—	3	60	(±10%)1~18000	—	250			剪切	2	
8306	1	1000	4.5	(10%)0.2~1000	<5	200	—	1000	压缩	600	—
8308		10	30	1~6000	<3	400	20 (在20℃)	20 1100	压缩式	100	监测用
8310	—	10	30	1~6000	<3	400	20 (在20℃)	1900	压缩式	100	监测用

	4368	4369	4370		4368	4369	4370
D	15.5	13.5	20.5	L_2	20.0	18.0	21.6
L_1	24.4	23.5	26.0	L_3	7.2	7.2	7.0

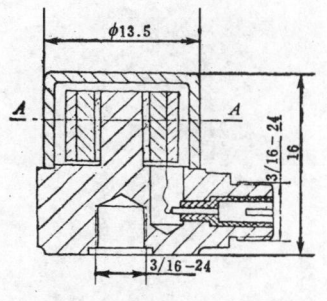

(a) 4366型

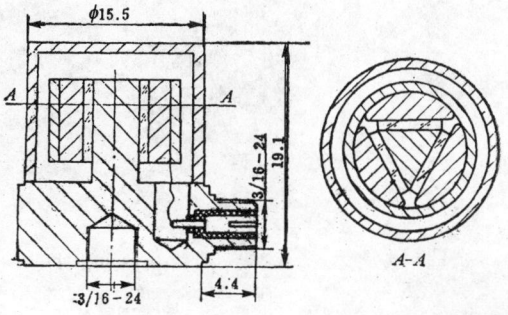
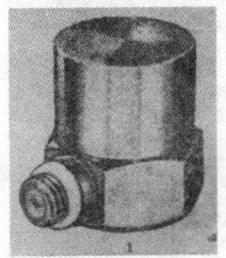

(b) 4367型

图 18 – 8 B&K 公司加速度传感器示意图和结构图

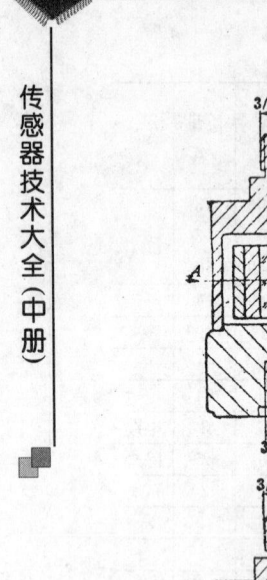

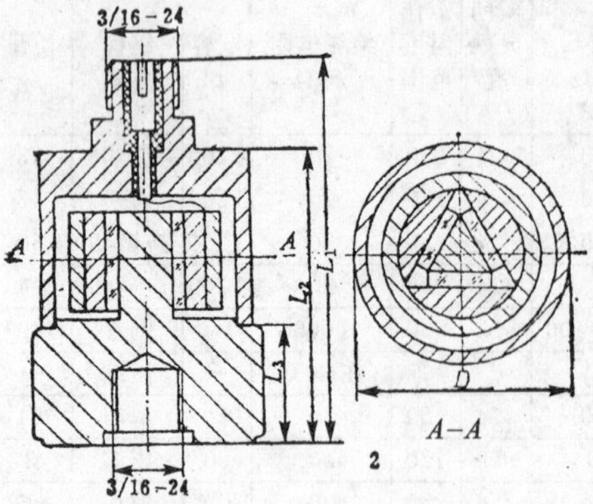

(c) 4368型

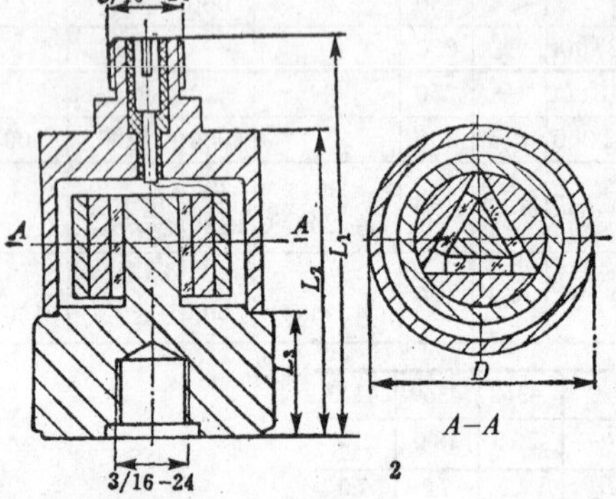

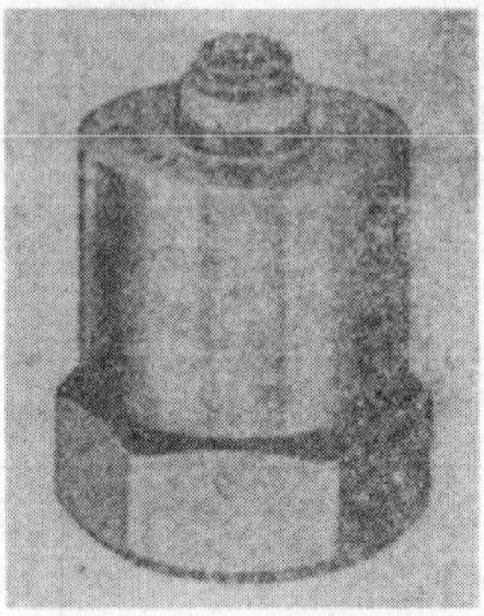

(d) 4369型

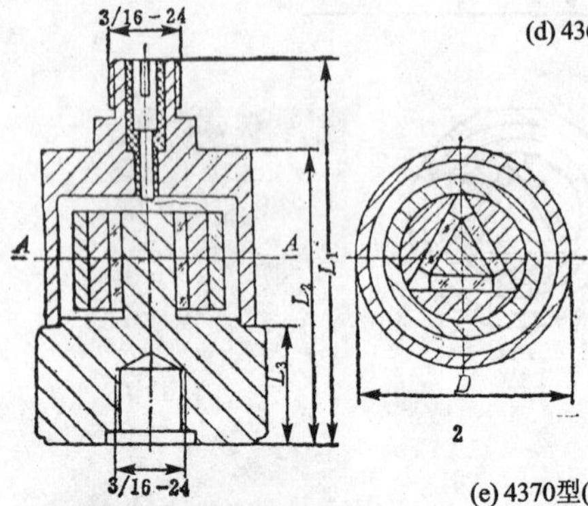

(e) 4370型(高灵敏度)

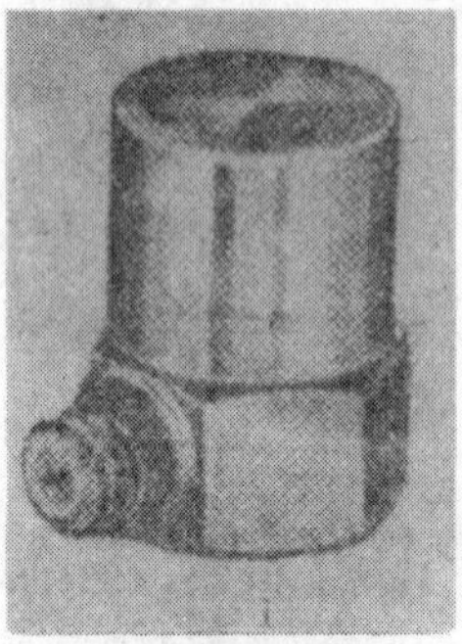

(f) 433型(小型化)

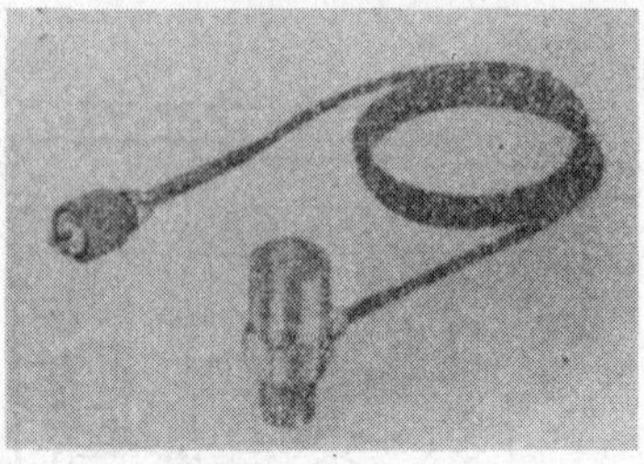

(g) 8309型(冲压)

图18-8　B&K公司加速度传感器示意图和结构图(续)

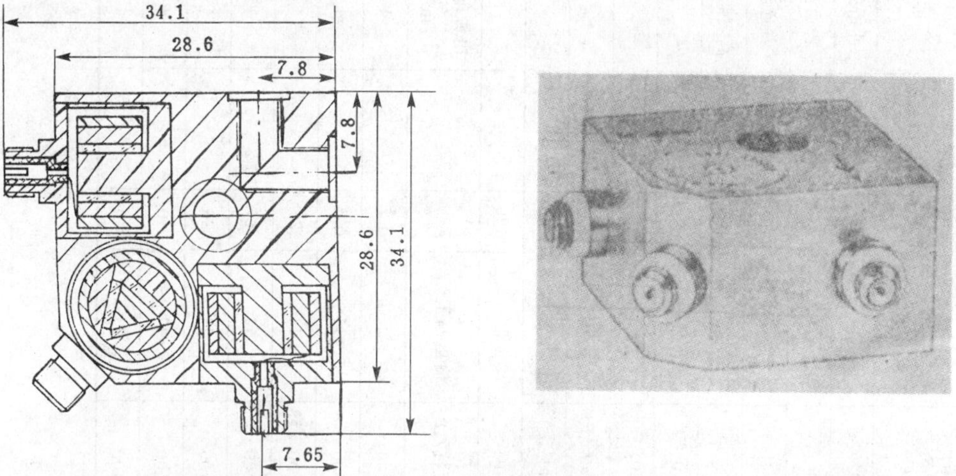

(h) 4321型(三轴向)

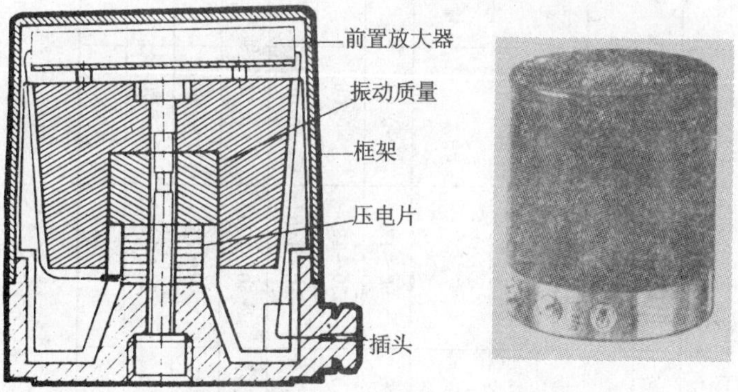

前置放大器
振动质量
框架
压电片
插头

(i) 8306型(集成电路) 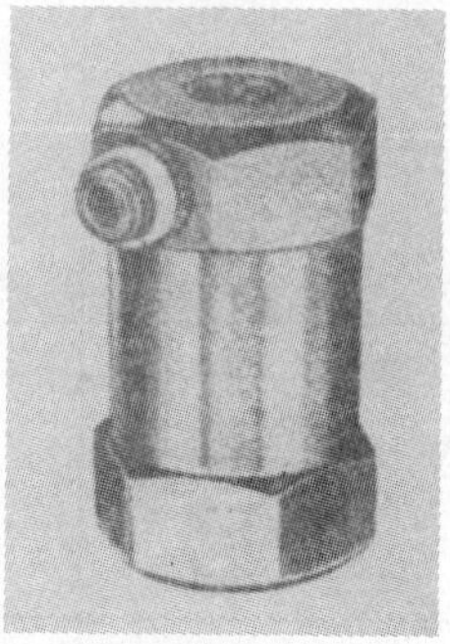　　　　(j) 8035型

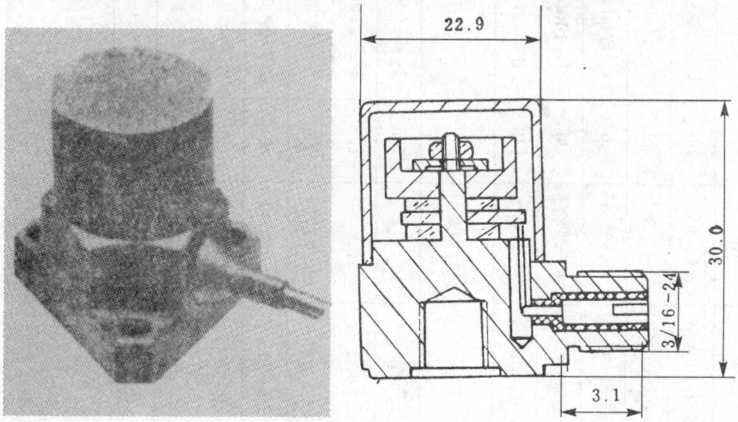

(k) 8308型 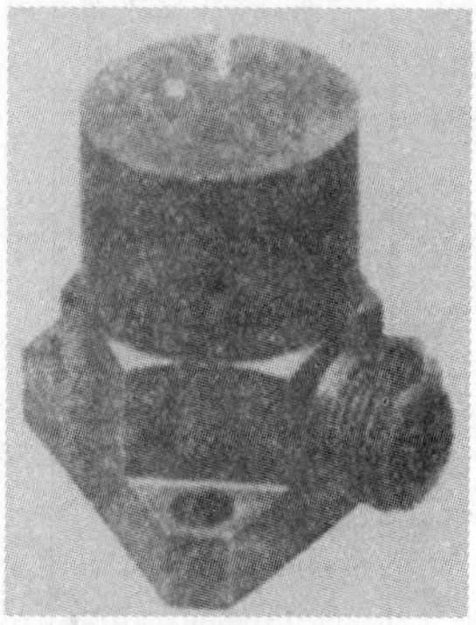　　　　(l) 8031型

图 18-8　B&K 公司加速度传感器示意图和结构图(续)

第18章 压电式传感器

表 18-8 瑞士 Kistler 公司压电式加速度传感器性能指标

型号	测量范围 /g	灵敏度 /(pC·g^{-1})	安装频率响应 /kHz	频率范围(±5%) /Hz	横向灵敏度 /%	工作温度范围 /℃	温度系数 /(%·℃$^{-1}$)	绝缘电阻 /Ω	电容 /pF	质量 /g	外形尺寸 /mm	备注
802B	50000~20000	0.5		40000	5	−150~240	−0.025	10^{13}	38	10	9.5×23.2	冲击式
808A	±10000	1		40000	3	−150~240	−0.025	10^{13}	92	21	12.7×27.3	普通型
816A	±5000	5		20000	3	−150~240	−0.025	10^{13}	165	64	19×31.5	普通型
817A	±100	100		2000	≤5	−150~240	−0.01	10^{13}	22	490	φ32×45	高灵敏度
8042	50000~100000	−0.05	60	0~12000	≤5	−150~200	−0.04	>10^{13}	25	8		
8044	20000~30000	−0.3	60	0~12000	≤5	−150~200	−0.02	>10^{13}	50	7		
8002	±10000	−1	40	0~7000	≤5	−150~249	−0.02	>10^{13}	90	20		
8005	±5000	−5	20	0~4400	≤3	−150~240	−0.02	>10^{13}	175	65		
8007	±100	−100	1.8	0~400		−150~240	−0.01	>10^{13}	22	490		
		mV/g						输出阻抗/Ω	输出端压/V			电源电流 /mA
8616A500	±500	4	125	1~25000	≤5	−50~120	−0.06	<100	2.5	0.5		4
8616A1000	±1000	2.5	125	1~25000	≤5	−50~120	−0.06	<100	11	0.5		4
8618A500	±500	10(±2%)	30	2~5000	≤5	−50~120	−0.06	<100	11	29		4
8604A5000	±5000	1(±2%)	40	0.2~6000	≤5	−50~120	−0.06	<100	11	14		4
8606A100	±100	50(±2%)	30	1~5000	≤5	−50~120	−0.06	<100	11	28		4
8608A50	±50	100(±2%)	35	0.4~5000	≤5	−50~120	−0.06	<100	11	40		4
8610A50	±50	100(±2%)	25	0.5~5000	≤5	−50~120	−0.06	<100	11	40		4

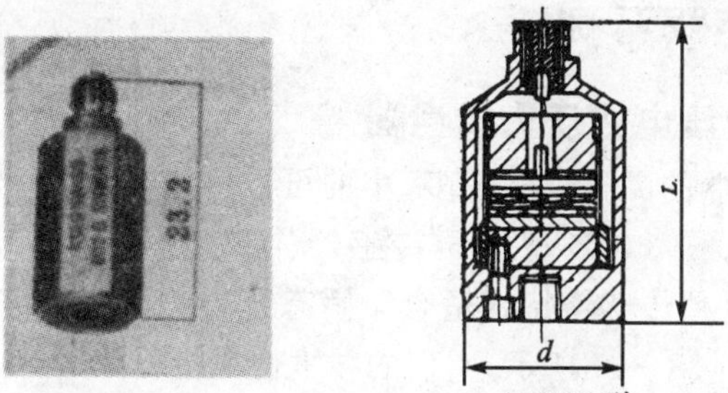

型号	d/mm	L/mm
802B	10	23.2

(a) 802B型

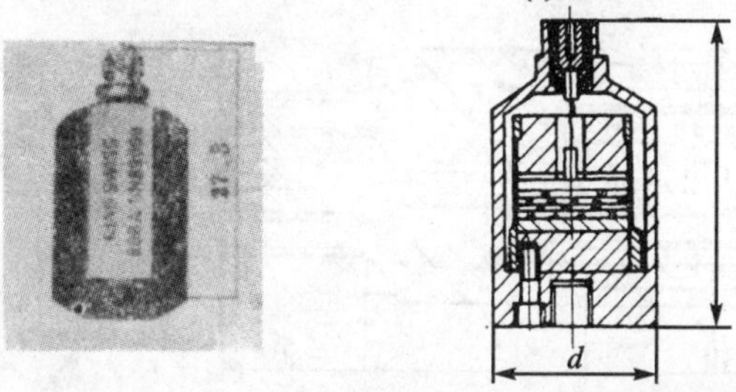

型号	d/mm	L/mm
802A	14	27.3

(b) 808A型

(c) 816A型 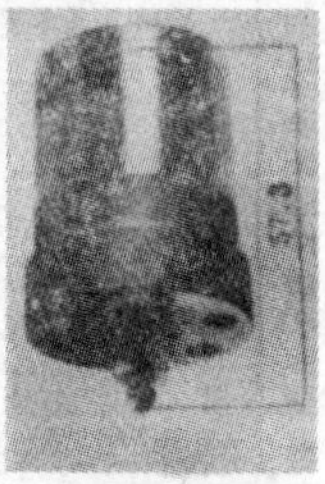　　(d) 817型

(e) 8042型 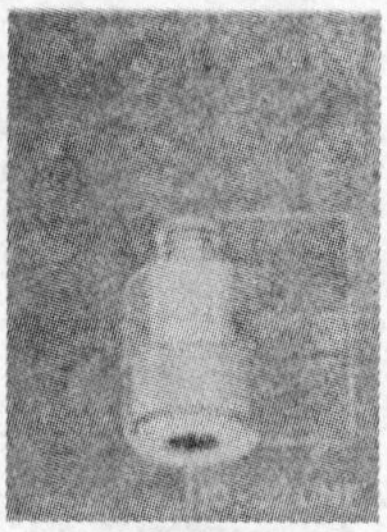　　(f) 8044型 　　(g) 8002型 　　(h) 8005型

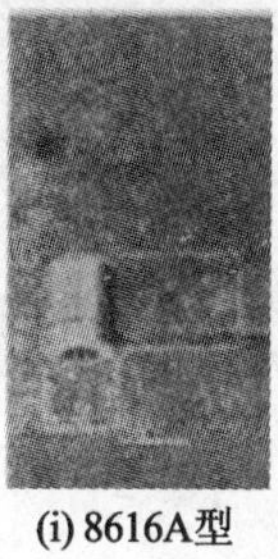

(i) 8616A型 　　(j) 8618A型 　　(k) 8604A型 　　(l) 8606A型

图 18-9　Kistler 公司压电式加速度传感器图

18.1.2　压电式压力传感器系列

1. 瑞士 Kistler 公司生产的压电式压力传感器

该公司生产的压电式压力传感器的品种规格较多，小的可以测量 10 bar(即 1 MPa)之内的压力，大的可测 10 000 bar 的压力。603B 型低压传感器体积小、质量轻、固有频率高于 400 kHz，上升时间在 1 μs 左右。这种传感器特别适合于瞬态压力的测量。该公司的各种量程传感器的示意图如图 18－10 和图 18－11 所示，它们的技术性能指标如表 18－9 所列。

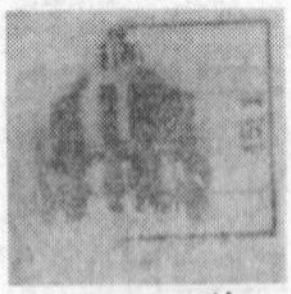

(a) 7261型

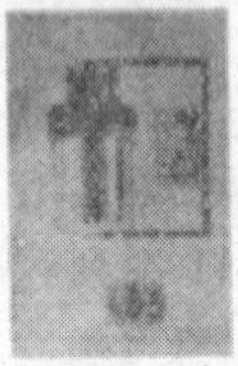

(b) 603B型

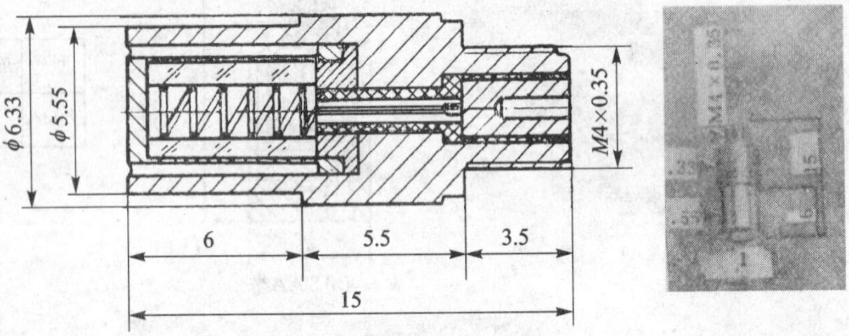

(c) 601A型

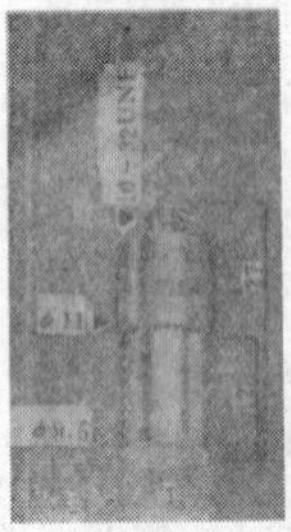

(d) 701A型

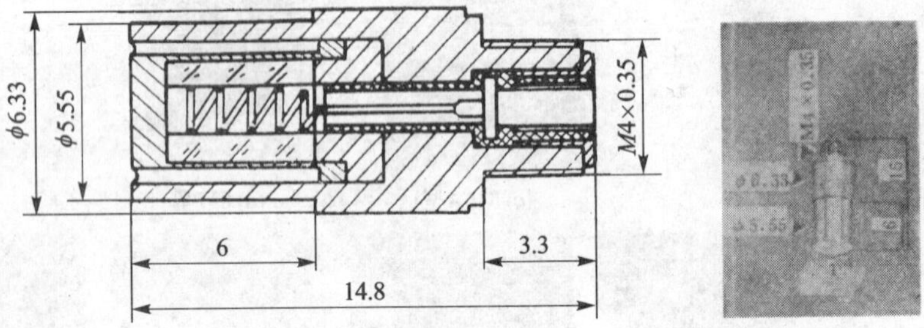

(e) 6001型

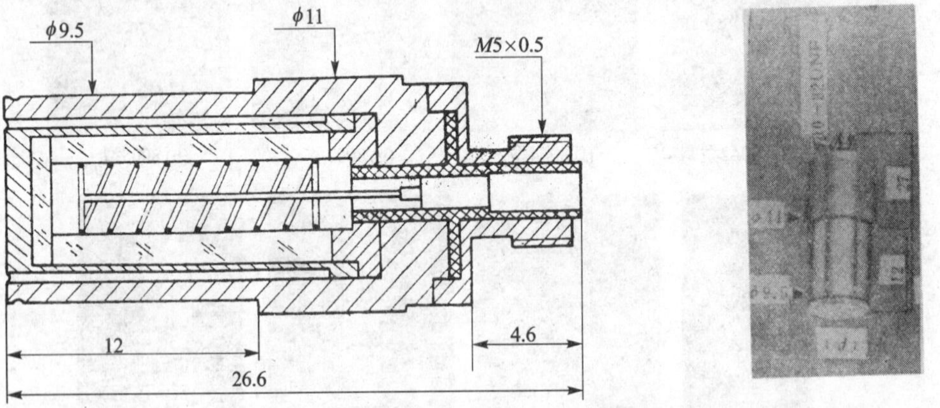

(f) 7001型

图 18－10　Kistler 公司石英压力传感器示意图

第18章 压电式传感器

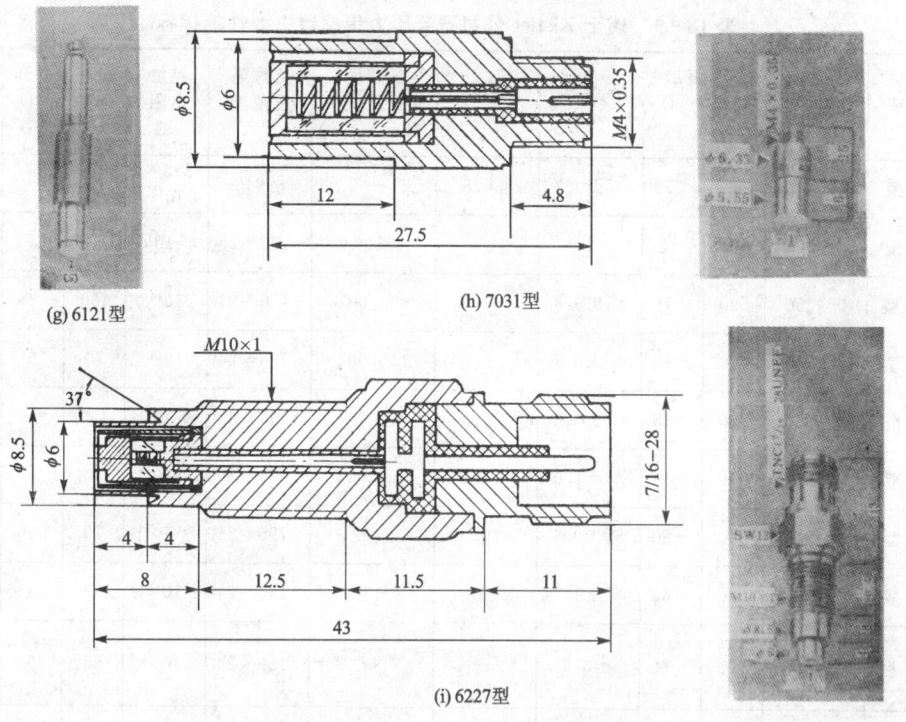

(g) 6121型　　(h) 7031型

(i) 6227型

图18-10　Kistler公司石英压力传感器示意图（续）

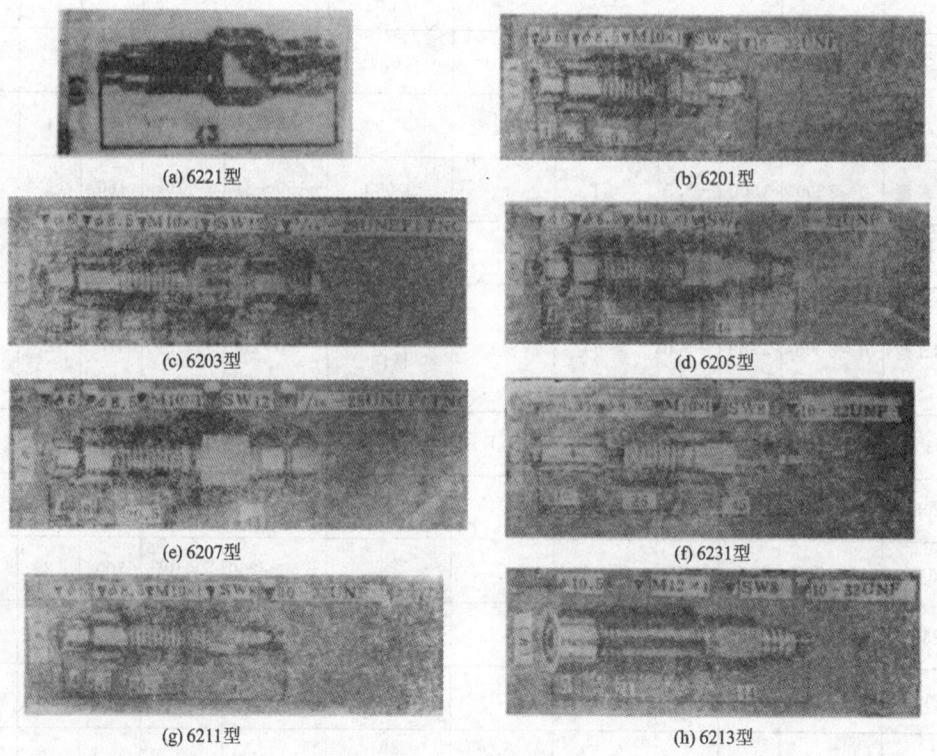

(a) 6221型　　(b) 6201型

(c) 6203型　　(d) 6205型

(e) 6207型　　(f) 6231型

(g) 6211型　　(h) 6213型

图18-11　Kistler公司2500 bar以上量程石英压力传感器示意图

第18章 压电式传感器

表18-9 瑞士 Kistler 公司石英压力传感器主要性能指标

型号	量程/bar	最大压力/bar	灵敏度/(pC·bar^{-1})	线性度/%FS	迟滞%FS	加速度灵敏度/(bar·g^{-1})	工作温度范围/℃	绝缘电阻/Ω	固有频率/kHz	上升时间/μs	备注
7261型	0~10	12	-2200	≤±0.8	<0.5	—	~240	>5×10^{13}	13	—	
603B型	0~200	350	-5	1	—	<10^{-4}	-196~260	>10^{13}	>400	1	
601A型	0~250	500	-16	≤±0.8	—	<0.001	-150~240	10^{14}	150	3	
701A型	0~250	400	-80	≤±0.8	—	<0.002	-196~240	10^{14}	70	6	
6001型	0~250	350	-15	≤±0.8	<0.5	<0.001	-196~350	>10^{13}	150	—	
6121型	0~250	350	-14	≤±1.0	<0.5	<0.003	-196~350	>10^{13}	60	—	
7001型	0~250	350	-80	≤±0.8	<0.5	—	-196~350	>10^{13}	70	—	
7031型	0~250	350	-65	±1	—	<10^{-4}	-150~240	10^{14}	80	5	
701H型	0~600	750	-80	±0.5	—	—	-150~240	10^{14}	65	6	此行压力以at为单位
7005型	0~600	1000	-50	≤±1.0	<1.0	轴向<0.005 横向<0.002	-196~240	>10^{13}	80	—	
6005型	0~1000	1500	-10	≤±0.8	<1.0	<0.01	-196~240	>10^{13}	140	—	
6227型	0~2000	3000	-1.8	≤±1	—	<0.005	-196~240	>10^{14}	100	4	
6221A型	0~2500	3000	-3.5	≤1	—	0.003	-150~240	5×10^{13}	160	2	
6201型	0~5000	5500	-2.5	1	—	0.0015	-150~240	5×10^{13}	170	2	
6201B型	0~5000	5500	-2.0	≤±1	≤1	轴向<10^{-2} 横向<5×10^{-3}	-50~200	5×10^{13}	170	2	
6203型	0~5000	5500	-2.6	≤±1	≤1	0.0015	-150~240	5×10^{13}	170	2	
6205型	0~5000	6000	-1.3	≤±1	≤1	<10^{-3} <10^{-3}	-50~200	5×10^{13}	300	2	
6207型	0~5000	6000	-1.3	≤±1	≤1	<10^{-3} <10^{-3}	-50~200	5×10^{13}	300	2	
6231型	0~5000	6000	-3	≤±1	≤1	<10^{-2} <5×10^{-3}	-50~200	—	130	—	
6211型	0~7500	8000	-1.7	≤±1	≤1	0.0015	-50~200	>10^{13}	>150	2	
6213型	0~10000	11000	-1.2	≤±1	≤1	<10^{-2} <5×10^{-3}	-50~200	—	150	—	

续表 18-9

型号	量程/bar	最大压力/bar	灵敏度/pC·bar^{-1}	线性度(%FS)	迟滞/%FS	加速度灵敏度/(bar·g^{-1})	工作温度范围/℃	绝缘电阻/Ω	固有频率/kHz	上升时间/μs	备注
607L	(psi) 0~30 000	(psi) 40 000	/pC·psi^{-1} −0.15	≤±1	—	(psi) 0.02	~200	10^{13}	250	1.5	
617C	0~75 000	80 000	−0.09	—	—	0.015	−55~200	10^{13}	200	2	
607A	0~70 000	100 000	−0.15	≤±2	—	0.02	~200	10^{13}	250	1.5	
607D	0~125 000	150 000	−0.05	±1	—	0.02	−195~200	10^{13}	250	1.5	

注：1 bar=0.1 MPa；1 at=98066.5 Pa；1 psi=6.89 kPa。

2. 奥地利 AVL 公司生产的压电式压力传感器

该公司生产的压电式压力传感器的品种规格较多，有低压量程，也有高压量程，而且还有用于发动机连续高温条件下的水冷式压力传感器。

该公司生产的低压和高压的各种量程的压电式压力传感器，其示意图和结构图分别如图 18-12 和图 18-13 所示，它们的技术性能指标，详见表 18-10 和表 18-11。

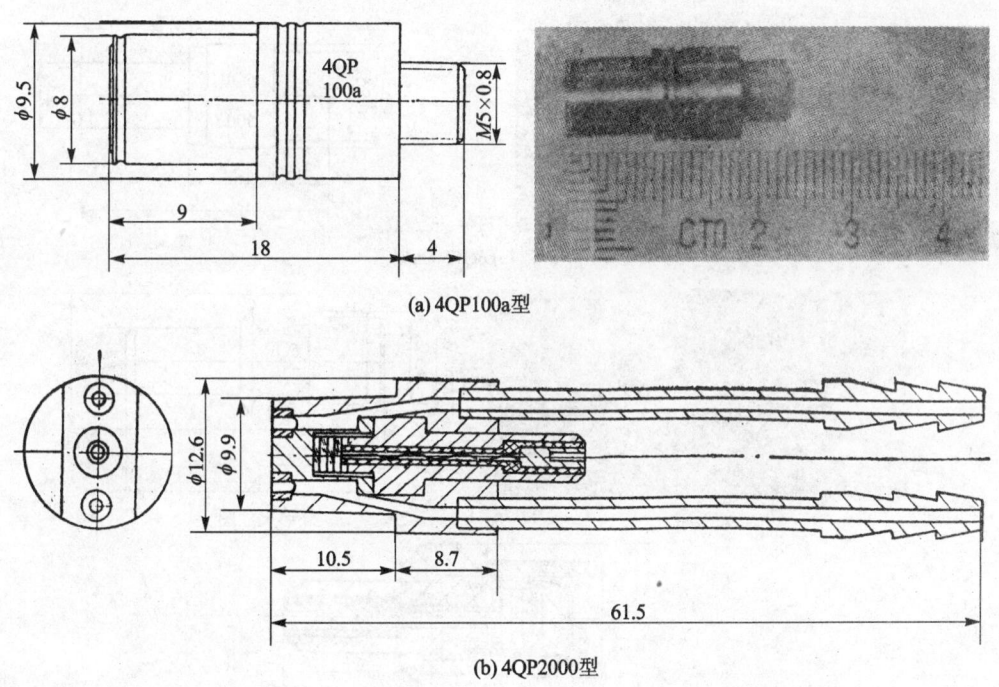

图 18-12　AVL 公司 4QP、6QP 压电式压力传感器示意图和结构图

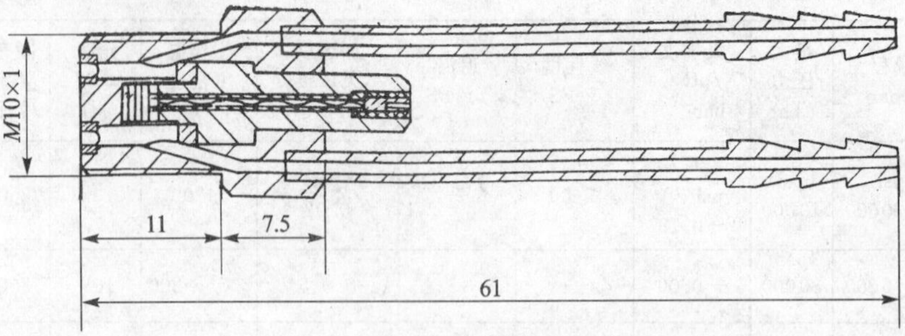

(c) 4QP6000型

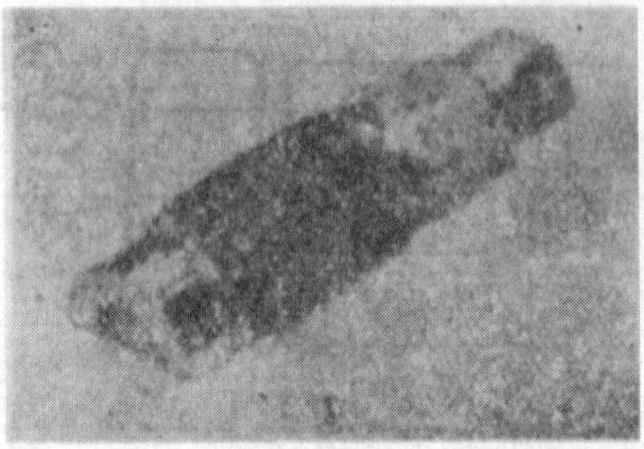

正面剖示图

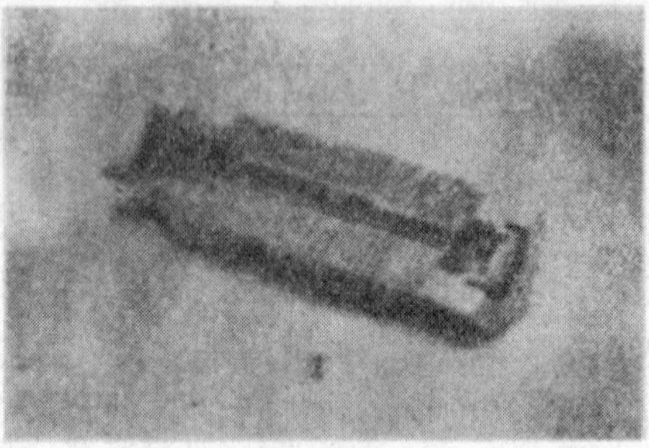

剖示图

(d) 4QP8000型

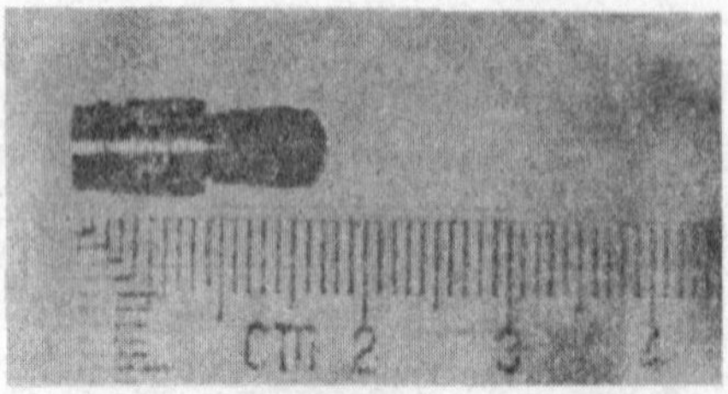

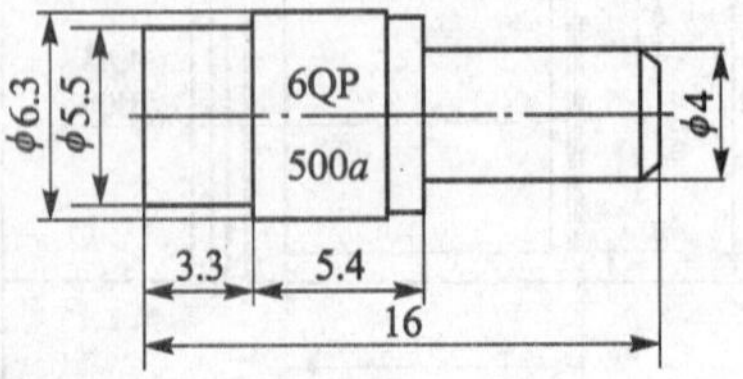

(e) 6QP500a型

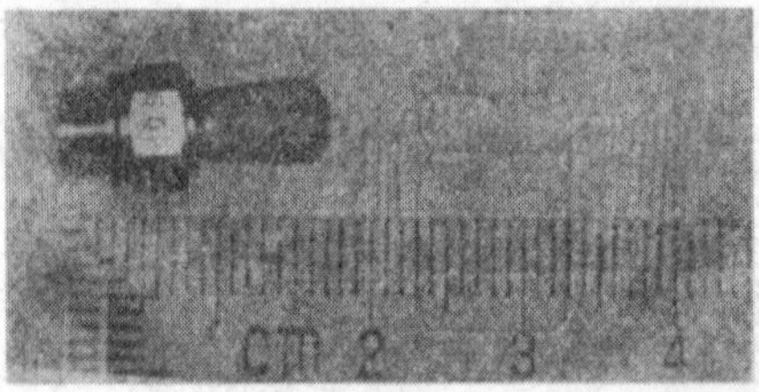

外形图

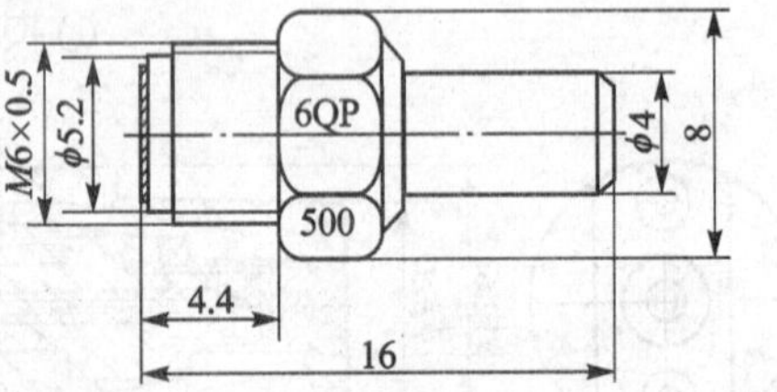

外形尺寸图

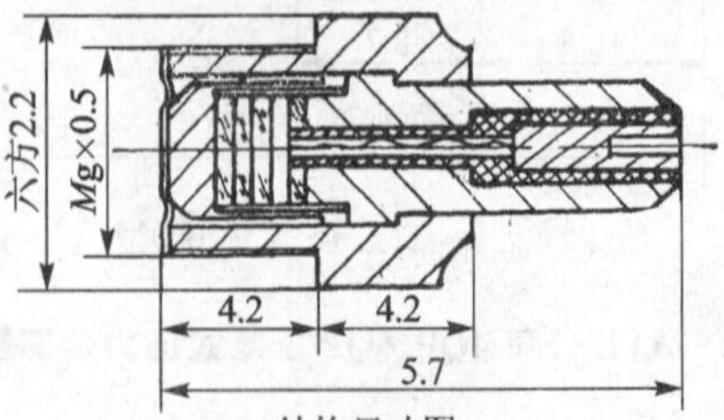

结构尺寸图

(f) 6QP500型

图 18 - 12　AVL 公司 4QP、6QP 压电式压力传感器示意图和结构图(续)

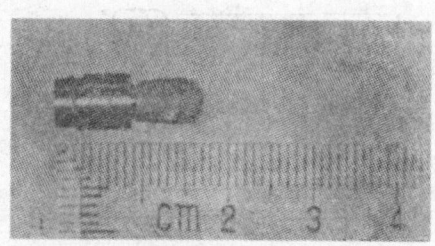
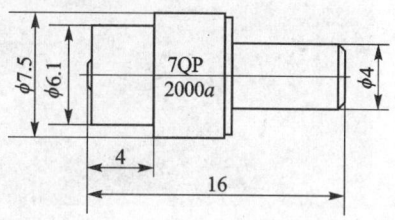

(a) 7QP2000a型

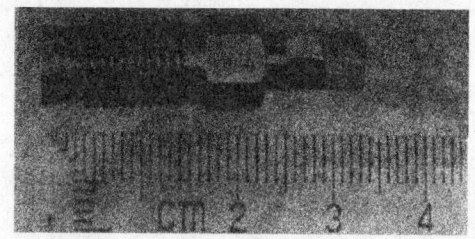
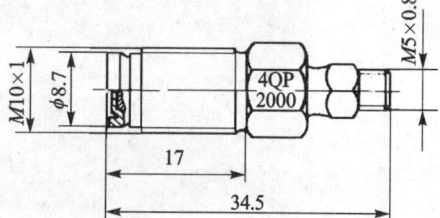

(b) 4QP2000型

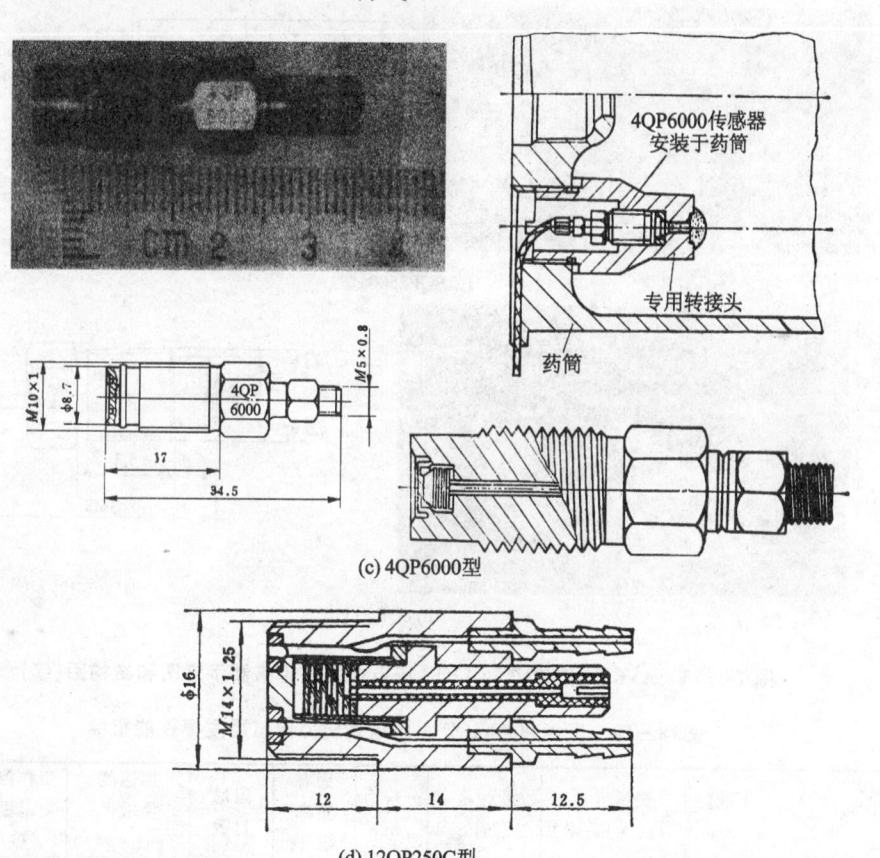

(c) 4QP6000型

(d) 12QP250C型

图 18-13 AVL 公司 7QP、8QP 和 12QP 压电式压力传感器示意图和结构图

第18章 压电式传感器

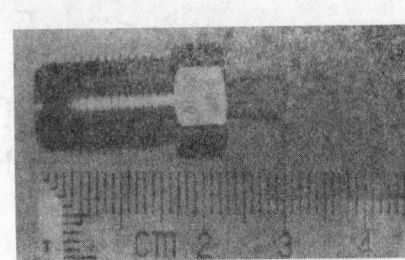 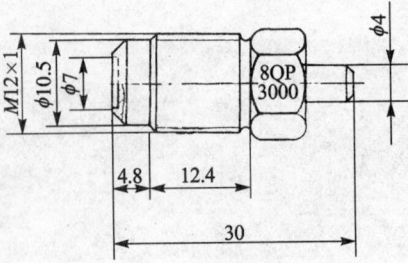

(e) 8QP3000型

 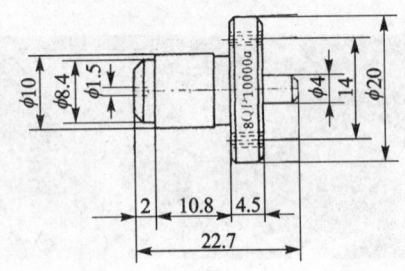

(f) 8QP10000a型

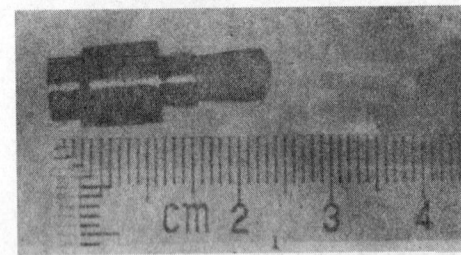 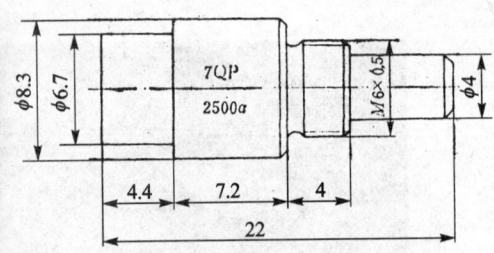

(g) 7QP2500a型

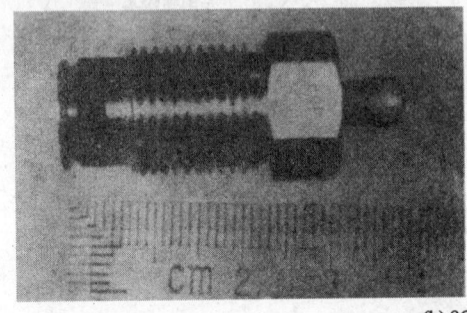 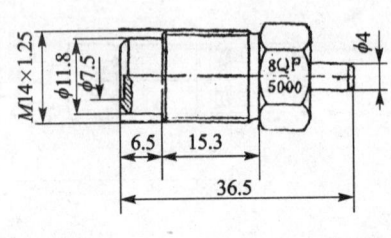

(h) 8QP5000型

图 18-13　AVL 7QP、8QP 和 12QP 压电式压力传感器示意图和结构图（续）

表 18-10　奥地利 AVL 公司压电式压力传感器主要性能指标

型号	量程 /bar	灵敏度* /(pC·bar^{-1})	线性度 /%FS	分辨力 /bar	固有频率 /kHz	阻尼对数	加速度灵敏度 /(bar·g^{-1})	工作温度范围 /℃	绝缘电阻 /Ω
4QP100a	100	21～23.9	≤1	0.006	220	0.35	0.001	200	≥10^{13}
4QP2000	2000	8.45～8.74	≤1	0.01	220	0.9	0.001	200	≥10^{13}
4QP6000	6000	2.01～2.20	≤1	0.04	250	1.1	0.001	200	≥10^{13}
4QP8000	8000	1.81～1.97	≤1	—	—	1.1	—	—	≥10^{13}
6QP500	500	5.54～6.68	≤1	—	160	0.9	—	—	≥10^{13}

续表 18-10

型号	量程 /bar	灵敏度* /(pC·bar^{-1})	线性度 /%FS	分辨力 /bar	固有频率 /kHz	阻尼对数	加速度灵敏度 /(bar·g^{-1})	工作温度范围 /℃	绝缘电阻 /Ω
6QP500a	500	7.55~7.96	≤1	—	160	0.9	—	—	≥3×10^{13}
7QP2000a	2 000	4.03~4.34	≤1	—	175	1.1	—	—	≥3×10^{13}
7QP2500a	2 500	5.01~5.03	≤1	—	175	1.1	—	—	≥3×10^{13}
8QP3000	3 000	4.09~4.25	≤1	—	175	1.1	—	—	≥3×10^{13}
8QP5000	5 000	3.88~4.18	≤1	—	175	1.1	—	—	≥3×10^{13}
8QP10000a	10 000	2.23~2.49	≤1	—	180	1.1	—	—	≥3×10^{13}

注：* 系指 051 靶场现有的几个传感器实测灵敏度的值。

表 18-11　奥地利 AVL 公司压电式压力传感器主要性能指标

型号	压力范围 /psi	灵敏度 /(pC·psi^{-1})	分辨力 /psi	加速度灵敏度 /(psi·g^{-1})	线性度（最佳拟合直线）/%FS	谐振频率 /kHz	工作温度范围 /℃	绝缘电阻 /Ω	备注
6QP500	7 100	0.49	0.06	0.011	<1	160	+240	10^{14}	Δ=0.9
8QP500C	7 100	0.77	0.06	0.028	<1	100	+240	10^{14}	Δ=0.35
8QP500ca	7 100	0.77	0.06	0.028	<1	100	+240	10^{14}	Δ=0.35
12QP250C	3 500	4.9	0.006	0.028	<1	67	+240	10^{14}	Δ=0.3

3. 美国综合数据控制公司生产的压电式压力传感器

该公司的压电式压力传感器在输出端直接加上一个阻抗变换器，使传感器的输出端由原来的高阻输出变成低阻输出，这样把传感器连接到二次仪表就比较方便。

近几年来，瑞士 Kistler 公司也生产了这种低阻输出压电式压力传感器。由于把阻抗变换器与传感器组装成一体，避免了像以往那样用长电缆把传感器输出连接到二次仪表而产生的途中泄漏，而且连接电缆也不一定需要用高绝缘低噪声电缆。

这种低阻输出的压电式压力传感器与普通的压电式传感器工作原理一样，技术性能也差不多，只是输出端由原来一般的压电式传感器的高阻输出变成低阻输出，而且是电压输出。另外，传感器的外形尺寸也稍大一些。这种低阻输出的压电式压力传感器美国与瑞士公司的示意图和结构图，如图 18-14 所示，它们的技术性能指标如表 18-12 所列。

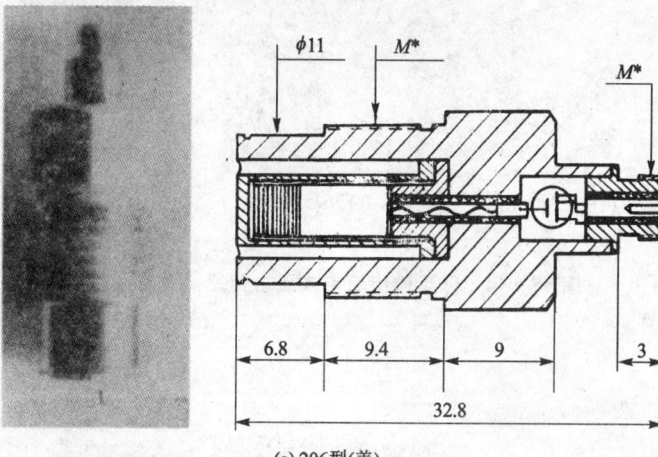

(a) 206型(美)

图 18-14　低阻输出压电式压力传感器示意图

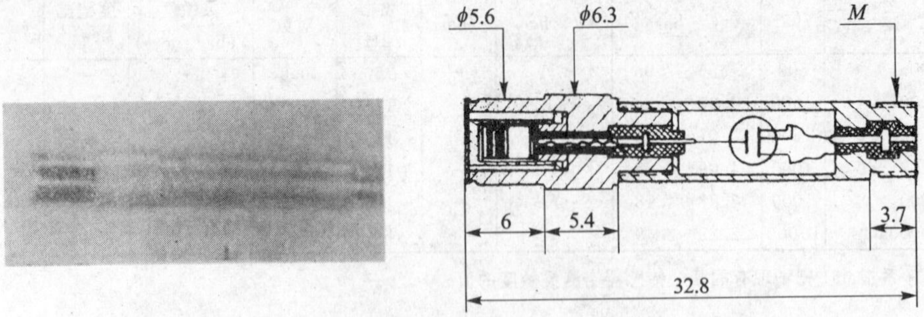

第18章 压电式传感器

(b) 211B₂(美)

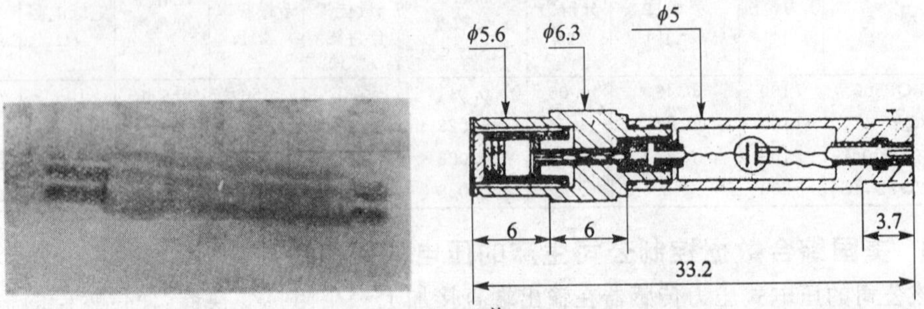

(c) 211B₁(美)

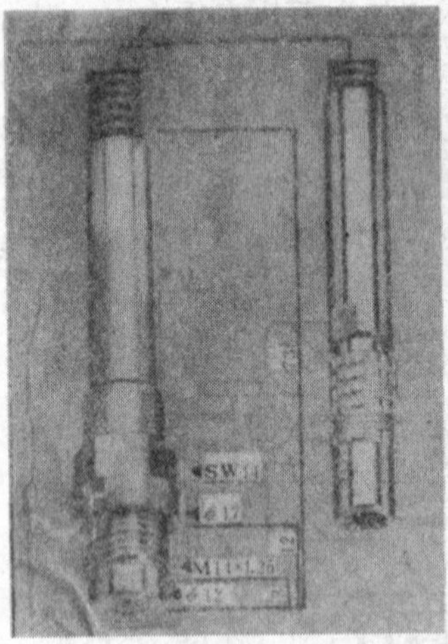

(d) 7613型 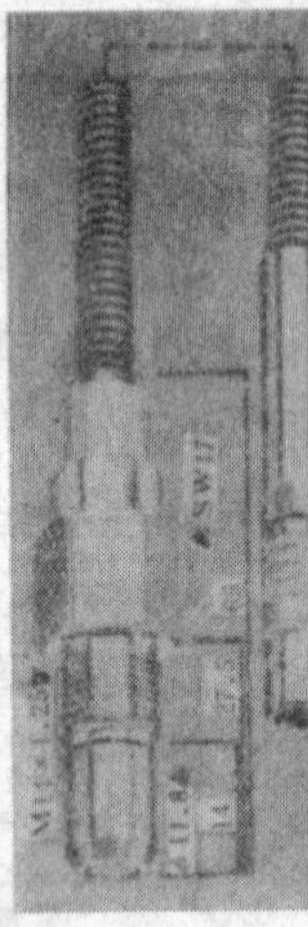   (e) 7625型    (f) 6705型    (g) 6715型

图 18-14　低阻输出压电式压力传感器示意图(续)

表 18-12 低阻输出传感器主要性能指标

型号		压力范围/bar	最大压力/bar	灵敏度/(mV·bar⁻¹)	线性度(%FS)	迟滞/%FS	加速度灵敏度/(bar·g⁻¹)	工作温度范围/℃	固有频率/kHz	上升时间/μs	超载能力/psi	分辨力/(r·m·s⁻¹)	备注
Kistler（瑞士）	7613	0~200		25	≤±1		<0.0002	−196~350	65				
	6725	0~1000		5	≤±1		<0.02	−196~240	100				
	6705	0~5000	6000	1	≤±1	≤1	<10⁻³	−50~120	300				
	6715	0~5000	6000	1	≤±1	≤1	<5×10¹³	−50~120	240				
		/psi	/psi	/(mV·psi⁻¹)			/(psi·g⁻¹)		/F				输出电阻
美国综合数据控制公司	206	80	500	100	1			−65~250	130	3		0.0008	100 Ω
	211B₁	10000	15000	0.5	1	1	0.002	−65~250	500	1	12000	0.1	
	211B₅	100	500	50	1	1	0.002	−65~250	250	2		0.001	

18.1.3 压电振动传感器系列

在这里主要介绍 EFP-P260DG01C 型压电振动传感器。

压电振动传感器的工作原理和结构分别如图 18-15 和图 18-16 所示，其特性参数如表 18-13 所列。当传感器固定在被测物体上时，传感器盒内与被测物体接触的压电元件因被测物体振动而发生弯曲，并输出与应力成比例的电压。

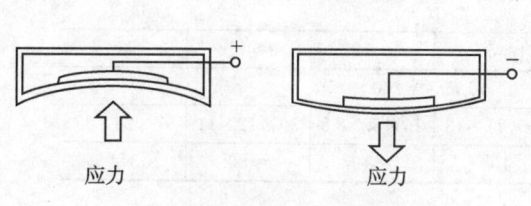

图 18-15 EFP-P260DG01C 型压电振动传感器工作原理图

表 18-13 EFP-P260DG01C 型特性参数表

输出/V	静电容量/pF
29.5±8.5	3700×(1±0.25)

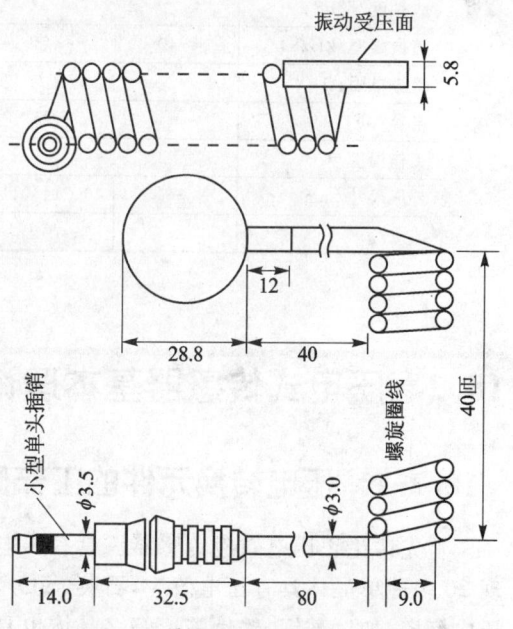

图 18-16 EFP-P260DG01C 型结构图

该传感器可用于电子血压计和低频微振动的检测。

18.1.4 压电力传感器系列

在这里主要介绍 5100 系列石英力传感器。

该传感器是利用石英晶体的纵向压电效应将力转换成电荷信号的变换装置,如图 18-17 和图 18-18 所示,其特性参数如表 18-14 所列。它结构坚固、刚度大、谐振频率高、动态范围宽、线性好、分辨率高、性能稳定、使用温度范围宽、尺寸小、质量轻、便于安装。该产品不仅可以测量动态力和准静态力,也可与加速度计一起实现机械阻抗测量。

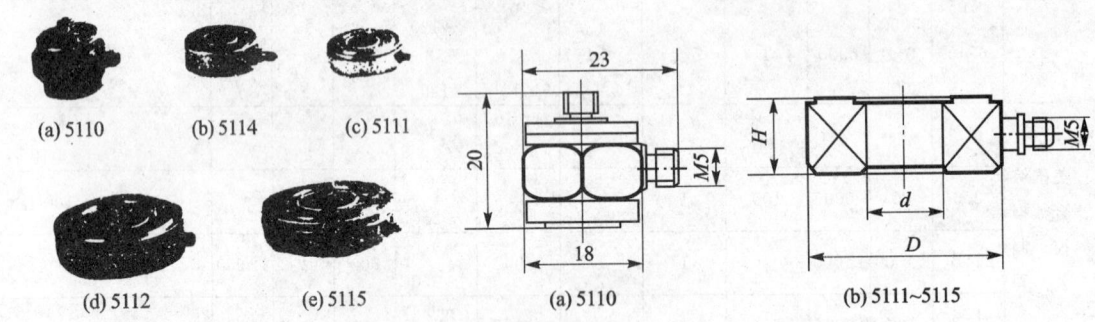

图 18-17　5100 系列石英力传感器外形图　　图 18-18　5100 系列石英力传感器结构尺寸图

表 18-14　5100 系列石英力传感器特性参数表

型号	5110	5111	5112	5113	5114	5115
测量范围/N	5 000	50 000	125 000	15 000	60 000	250 000
分辨率/N			2.5			5
灵敏度/(pC·N^{-1})			≈4			≈2
线性度/%FS			±1			
谐振频率/kHz	≈40	≈45	≈15	≈60	≈60	—
绝缘电阻/Ω			>10^{12}			
电容/pF	—	≈25	≈55	≈12	≈45	—
工作温度/℃			−196～+200			
外形尺寸/mm	—	40×14×11	46×21×13	15×5.5×8	30×12×11	67×26×17
质量/g	21	70	104	≈10	≈50	314

18.2　压电式传感器基本理论

18.2.1　压电转换元件的工作原理

首先讨论正压电效应传感器。具有压电效应的电介质称为压电材料。在自然界中,已发现 20 多种单晶体具有压电效应,石英(SiO_2)就是一种性能良好的天然压电晶体。此外,人造压电陶瓷,如钛酸钡、锆钛酸铅等多晶体也具有良好的压电功能。现以石英晶体为例,讨论正压电效应及其工作方式。

石英晶体有天然石英和人造石英单晶体两种。石英晶体属六方晶系,有右旋和左旋石英晶体之分,它们的外形互为镜像对称,理想外形都有30个晶面,图18-19(a)表示右旋石英晶体。由于晶体的物理特性与方向有关,因此就需要在晶体内选定参考方向,这种方向叫晶体轴。必须指出,晶体轴并非一条直线,而是晶体中的一个方向。按规定,不论右旋或左旋石英晶体都采用右手直角坐标系表示晶轴的方向,如图18-19(b)所示。其中,X轴是平行于相邻棱柱面内夹角的等分线,垂直于此轴的棱面上压电效应最强,故称为电轴;

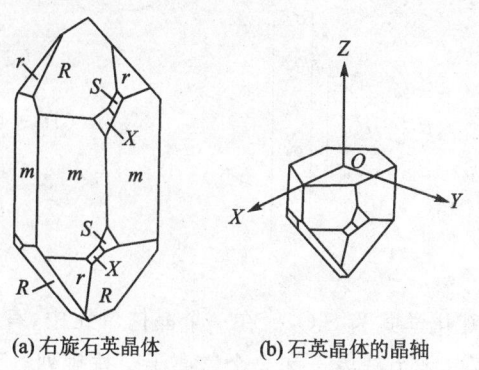

(a) 右旋石英晶体　　　(b) 石英晶体的晶轴

图 18-19 石英晶体

垂直于六边形对边的轴线 Y 轴称机械轴,在电场作用下,沿该轴方向的机械变形最明显;在垂直于 X 和 Y 轴的纵轴 Z 轴方向没有压电效应,此轴可用光学方法确定,故称光轴或中性轴。

1. 压电效应表达式

压电方程是关于压电体中电位移、电场强度、应力和应变张量之间关系的方程组。常表现为:当压电元件受到外力 F 作用时,在相应的表面产生表面电荷 Q,其关系为

$$Q = dF \tag{18-1}$$

式中,d 为压电系数,它是描述压电效应的物理量,对方向一定的作用力和一定的产生电荷的表面是一个常数。可以看出,上式仅适用于一定尺寸的压电元件,限制了使用的普遍性。为了使用方便,常用压电应变常数 d_{ij},则有

$$q = d_{ij}\sigma_j \tag{18-2}$$

两个下角 i 和 j 具有一定的含义:$i=1,2,3$,表示晶体管的极化方向;$j=1,2,3,4,5$ 和 6,分别表示沿 X,Y 和 Z 轴方向作用的单向应力和在垂直于 X,Y 和 Z 轴的平面内作用的剪切力,如图18-20(a)所示。单向应力的符号规定拉应力为正而压应力为负;剪切应力的符号用右手螺旋定则确定,图18-20(b)表示了它们的正向。另外,尚需要对因逆压电效应在晶体内产生的电场方向也作一规定,以确定 d_{ij}

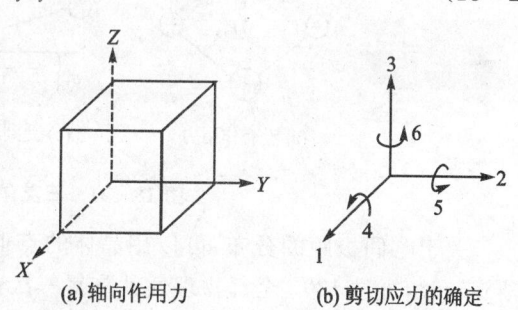

(a) 轴向作用力　　　(b) 剪切应力的确定

图 18-20 压电转换元件坐标系表示法

的符号,使所得方程组具有更普遍的意义。当电场方向指向晶轴的正向时为正,反之为负。因此,当晶体在任意受力状态下产生的表面电荷密度由下列方程组确定:

$$\left.\begin{aligned}q_1 &= d_{11}\sigma_1 + d_{12}\sigma_2 + d_{13}\sigma_3 + d_{14}\tau_{23} + d_{15}\tau_{31} + d_{16}\tau_{12} \\ q_2 &= d_{21}\sigma_1 + d_{22}\sigma_2 + d_{23}\sigma_3 + d_{24}\tau_{23} + d_{25}\tau_{31} + d_{26}\tau_{12} \\ q_3 &= d_{31}\sigma_1 + d_{32}\sigma_2 + d_{33}\sigma_3 + d_{34}\tau_{23} + d_{35}\tau_{31} + d_{36}\tau_{12}\end{aligned}\right\} \tag{18-3}$$

式中,q_1,q_2,q_3——平面 S_x,S_y,S_z 上的电荷密度;

$\sigma_1,\sigma_2,\sigma_3$——作用在平面 S_x,S_y,S_z 上的应力;

$\tau_{23},\tau_{31},\tau_{12}$——剪切应力,可用 $\sigma_4,\sigma_5,\sigma_6$ 表示。

这样，压电材料的压电特性可用压电常数矩阵表示，其矩阵形式为

$$\begin{bmatrix} q_1 \\ q_2 \\ q_3 \end{bmatrix} = \begin{bmatrix} d_{11} & d_{12} & d_{13} & d_{14} & d_{15} & d_{16} \\ d_{21} & d_{22} & d_{23} & d_{24} & d_{25} & d_{26} \\ d_{31} & d_{32} & d_{33} & d_{34} & d_{35} & d_{36} \end{bmatrix} \begin{bmatrix} \sigma_1 \\ \sigma_2 \\ \sigma_3 \\ \sigma_4 \\ \sigma_5 \\ \sigma_6 \end{bmatrix} \qquad (18-4)$$

2. 石英晶体压电效应的机理

石英晶体的压电特性与其内部分子结构有关，其化学式为 SiO_2。在一个晶体单元中，有 3 个硅离子 Si^{4+} 和 6 个氧离子 O^{2-}，后者是成对的，所以 1 个硅离子和 2 个氧离子交替排列。当没有力作用时，Si^{4+} 与 O^{2-} 在垂直于晶体 Z 轴的 XY 平面上的投影恰好等效为正六边形排列。如图 18-21(a) 所示，这时正、负离子正好分布在正六边形的顶角上，它们所形成的电偶极矩 $\boldsymbol{P}_1$，$\boldsymbol{P}_2$ 和 $\boldsymbol{P}_3$ 的大小相等，相互的夹角为 120°。因为电偶极矩定义为电荷 q 与间矩 l 的乘积，即 $\boldsymbol{P} = ql$，其方向是从负电荷指向正电荷，是一种矢量，所以正负电荷中心重合，电偶极矩的矢量和为零，即 $\boldsymbol{P}_1 + \boldsymbol{P}_2 + \boldsymbol{P}_3 = 0$。

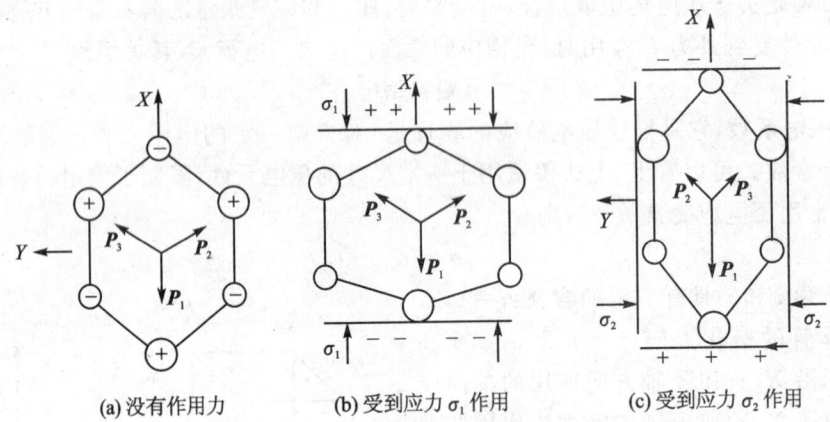

(a) 没有作用力   (b) 受到应力 σ_1 作用   (c) 受到应力 σ_2 作用

图 18-21 石英晶体的压电效应示意图

关于电偶极距的分布，可以用晶体的点群对称来判断。其 Z 轴是三阶转轴，当晶体绕 Z 轴旋转时，每过 120°，全部物理性就重复一次；X 轴是二阶转轴，当晶体绕 X 轴转 180°时，$Z \to -Z$，$Y \to -Y$，晶体的介电性、弹性和压电性都不变。所以 Z 和 Y 轴方向上的电偶极矩为零。但是，X 轴方向可以存在电偶极矩，因为当晶体绕 Z 轴旋转 120°和 240°后，X 轴可以与另外两个电偶极矩重合，晶体性质不变。

了解石英晶体的电偶极矩分布后，可以进一步讨论其压电效应和压电常数的特点。

当晶体受到应力 σ_1 作用时，晶体在 X，Y 和 Z 三个方向都产生伸缩变形。因为 X 方向的形变使正、负离子的相对位置发生变化，如图 18-21(b) 所示。此时，正、负电荷中心不再重合，电偶极矩在 X 轴方向上的分量由于 $\boldsymbol{P}_1$ 减小，以及 $\boldsymbol{P}_2$ 和 $\boldsymbol{P}_3$ 的增大而不等于零，因此在 X 方向上产生压电效应，而 Y 和 Z 方向的电偶极矩仍为零。从而使石英晶体的压电常数为

$$d_{11} \neq 0, d_{21} = d_{31} = 0$$

当受到应力 σ_2 作用时，如图 18-21(c) 所示，$\boldsymbol{P}_1$ 增大，$\boldsymbol{P}_2$ 和 $\boldsymbol{P}_3$ 减小，因此能在 X 方向产

生压电效应,其极性正好与 σ_1 引起的相反,而 Y 和 Z 方向上仍无压电效应。因此,压电常数为
$$-d_{11} = d_{12} \neq 0, d_{22} = d_{32} = 0$$

当受到应力 σ_3 作用时,晶体在 Z 方向和 XY 平面上都产生伸缩形变,可惜这种形变既不改变 Z 方向电偶极矩为零的状态,又不能改变 XY 平面上总电偶极矩等于零的状态。因此,σ_3 对压电效应无贡献。其压电常数为
$$d_{13} = d_{23} = d_{33} = 0$$

当切应力 σ_4 作用时产生切应变,同时有 X 方向上的伸缩应变,故在 X 方向有压电效应。压电常数为
$$d_{14} \neq 0, d_{24} = d_{34} = 0$$

当 σ_5 和 σ_6 作用时都产生切应变,这种应变改变了 Y 方向上 $\boldsymbol{P}=0$ 的状态。所以 Y 方向有压电效应。其压电常数为
$$d_{15} = 0 \quad d_{25} \neq 0 \quad d_{35} = 0$$
$$d_{16} = 0 \quad d_{26} \neq 0 \quad d_{36} = 0$$

并且有 $d_{25} = -d_{14}, d_{26} = -2d_{11}$。

由上可见,石英晶体的压电常数只有 d_{11} 和 d_{14} 是独立的。因此它的压电常数矩阵可写为
$$\boldsymbol{D} = \begin{bmatrix} d_{11} & -d_{11} & 0 & d_{14} & 0 & 0 \\ 0 & 0 & 0 & 0 & -d_{14} & -2d_{11} \\ 0 & 0 & 0 & 0 & 0 & 0 \end{bmatrix} \tag{18-5}$$

在 σ_1 和 σ_2 作用下产生的效应分别称为"纵向压电效应"和"横向压电效应"。

人工合成的压电陶瓷是又一种常用的压电材料,其压电常数为石英晶体的几倍,因此灵敏度高,但它们未极化时是非压电体。极化后,当力垂直于极化面作用时(即作用力沿极化方向时),在极化面上便产生电荷。其电荷密度 q 与 σ 的关系为
$$q = d_{33}\sigma$$

我们也可用电偶极矩来阐明其压电特性。经分析,压电陶瓷 $BaTiO_3$ 的独立压电常数只有 d_{31}, d_{33} 和 d_{15} 三个。因此它的压电常数矩阵表达式为
$$\boldsymbol{D} = \begin{bmatrix} 0 & 0 & 0 & 0 & d_{15} & 0 \\ 0 & 0 & 0 & d_{15} & 0 & 0 \\ d_{31} & d_{31} & d_{33} & 0 & 0 & 0 \end{bmatrix} \tag{18-6}$$

式中,d_{33}——纵向压电常数。其下角注的意义和石英晶体相同,只是在压电陶瓷中,常把它的极化方向定为 Z 轴。

3. 压电元件的基本变形

从压电常数矩阵还可以看出,对能量转换有意义的石英晶体的变形方式有以下几种。

1) 厚度变形(TE 方式)

如图 18-22(a)所示,该方式就是石英晶体的纵向压电效应,产生的表面电荷密度为
$$q_1 = d_{11}\delta_1$$

2) 长度变形(LE 方式)

如图 18-22(b)所示,这是利用石英晶体的横向压电效应,表面电荷的计算式为
$$q_1 = d_{12}\sigma_2 \text{ 或 } Q_1 = d_{12}F_\gamma \frac{S_x}{S_y}$$

式中，S_x 和 S_y——产生电荷面和受力面的面积。

该式说明，沿机械轴方向对晶片施加作用力时，在垂直于电轴的表面产生的电荷量与晶片的几何尺寸有关。

3) 面剪切变形（FS 方式）

如图 18-22(c)所示，计算式为

$$q_1 = d_{14}\sigma_4 \quad （X 切晶片）$$

或

$$q_2 = d_{25}\sigma_5 \quad （Y 切晶片）$$

有关晶片的切型及其符号是这样规定的：在直角坐标中，如切片的原始位置是厚度平行于 X 轴，长度平行于 Y 轴，宽度平行于 Z 轴，则以此原始位置旋转出来的切型为 X 切族；如切片的厚度、长度和宽度边分别平行于 Y，X 和 Z 轴，则以此原始位置旋转出来的切型为 Y 切族。规定逆时针旋转为正切型，而顺时针旋转为负切型。

4) 厚度剪切变形（TS 方式）

如图 18-22(d)所示，计算式为

$$q_2 = d_{26}\sigma_6 \quad （Y 切晶片）$$

5) 弯曲变形（BS 方式）

它不是基本变形方式，而是拉、压、剪切应力共同作用的结果。根据具体情况，选择合适的压电常数。

对于 $BaTiO_3$ 压电陶瓷，除掉 LE 方式（用 d_{31}）和 TE 方式（用 d_{33}）、FS 方式（用 d_{15}）以外，尚有体积变形（VE）方式可利用，如图 18-22(e)所示。这时产生的电荷密度按下式计算

$$q_3 = d_{31}\sigma_1 + d_{32}\sigma_2 + d_{33}\sigma_3$$

由于这时应力 $\sigma_1=\sigma_2=\sigma_3=\sigma$，又因 $d_{31}=d_{32}$，所以有 $q_3=(2d_{31}+d_{33})\sigma=d_V\sigma$。式中的 $d_V=2d_{31}+d_{33}$，为体积压缩的压电常数。

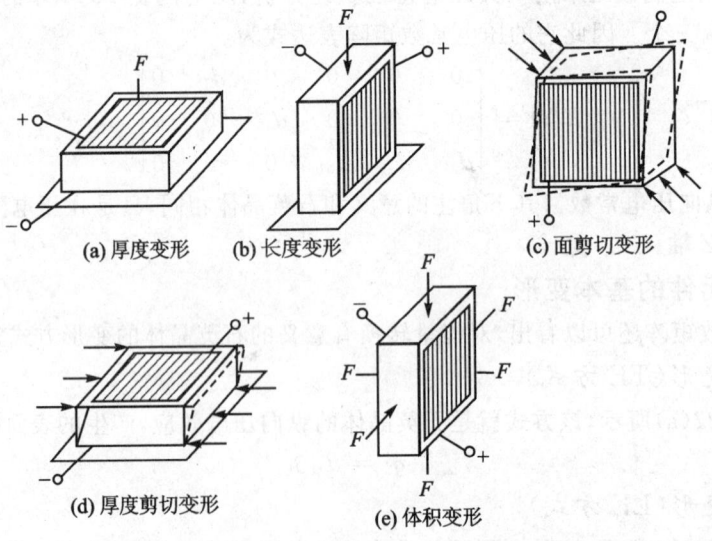

图 18-22　压电元件的受力状态及变形方式

4. 压电常数和耦合系数

以上讨论的压电常数 d_{ij} 的物理意义是：在"短路条件"下，单位应力所产生的电荷密度。"短路条件"是指压电元件的表面电荷从一产生就立即被引开，因而在晶体形变上不存在"二次效应"。

下面介绍实际使用时的其他压电常数。

1) 压电常数 g

在"断路条件"下，单位应力在晶体内部产生的电势梯度，它描述压电元件的电压灵敏度，其值为

$$g = \frac{d}{\varepsilon_r \varepsilon_0} \tag{18-7}$$

式中，ε_r 和 ε_0——相对介电常数和真空的介电常数。常数 d、g 和 ε 应有相同的下角注。

2) 压电常数 h

表示每单位机械应变在晶体内部产生的电势梯度，是关系到压电材料机械性能的参数，其值为

$$h = gE \tag{18-8}$$

式中，E——晶体的弹性模量。

3) 机电耦合系数 K

它是反映压电材料的机械能与电能之间相互耦合关系的物理量，其值为

$$K^2 = 由机械能转变成电能/输入的机械能$$

或

$$K^2 = 由电能转变而来的机械能/输入的电能$$

可见，K 为压电晶体压电效应强弱的一种无量纲表示，它与其他压电常数的关系为

$$K = \sqrt{hd} \tag{18-9}$$

18.2.2 压电材料

明显呈现压电效应的敏感功能材料叫压电材料。由于它是物性型的，因此选用合适的压电材料是设计高性能传感器的关键。主要应考虑以下几方面：具有大的压电常数 d 和 g；机械强度高、刚度大，以便获得高的固有振动频率；高电阻率和大介电常数；高的居里点；温度、湿度和时间稳定性好。

1. 石英晶体

石英晶体是常用的压电材料。其理想外形示于图 18-19(a) 中，共有 30 个晶面，其中 6 个 m 面或称柱面，6 个大 R 面或称大棱面，6 个小 r 面或称小棱面，还有 6 个 S 面及 6 个 X 面。天然和人造石英的外形虽有所不同，但是两个晶面之间的夹角是相同的。

晶体与非晶体材料区别在于，晶体的许多物理特性取决于晶体中的方向，而非结晶材料的特性则与方向无关。例如，我们可以不加条件地讲玻璃的硬度，但讲石英的硬度时则必须规定方向。为了利用石英的压电效应进行力-电转换，需将晶体沿一定方向割成晶片。适于各种不同应用的切割方法很多，最常用的就是 X 切和 Y 切。

石英最明显的优点是它的介电和压电常数的温度稳定性好，适于做工作温度范围很宽的传感器。压电式传感器的灵敏度定义为电输出值与机械输入值之比，它至少是压电常数 d_{ij}、ε

和电阻率 ρ 三个参数的函数,其中每个参数都与温度有关。由图 18-23 可见,在常温时,d 和 ε 几乎不随温度变化;在 20~200℃时,温度每升高 1℃,d_{11} 仅减小 0.016‰;当上升到 400℃时,也只减小 5%;但当温度超过 500℃时,d_{11} 急剧下降;当达到 573℃时,石英晶体就失去压电特性,该温度是其居里点或叫倒转温度。从图 18-23(c)可以看出,当温度变化到居里点时,ρ 变化是很大的,这种变化具有单调的特征,从室温到居里点,它几乎改变了 6 个数量级。

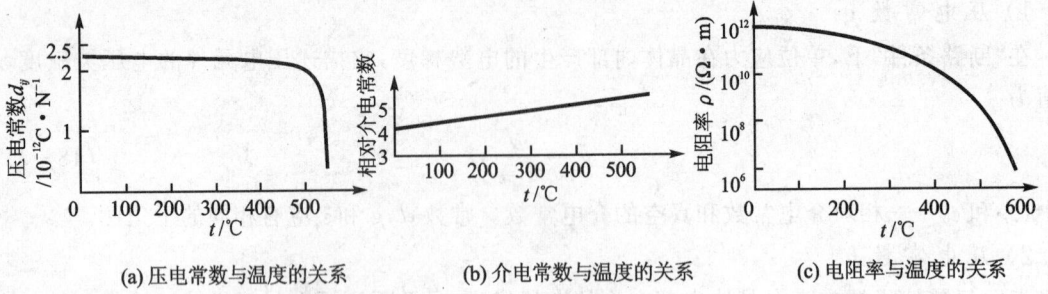

图 18-23　石英晶体特性与温度关系

石英晶体的机械强度很高,可承受约 10^8 Pa 的压力;在冲击力作用下,漂移很小;弹性系数较大。因此,可用来测量大量程的力和加速度。

天然石英的温度性很好,但资源少,并且大多存在一些缺陷。故一般只用在校准用的标准传感器或精度很高的传感器中。

2. 铌酸锂晶体

铌酸锂晶体是人工拉制的,像石英那样也是单晶体,时间稳定性远比多晶体的压电陶瓷好,居里点高达 1200℃,适于作高温传感器。这种材料各向异性很明显,比石英脆,耐冲击性差,故加工和使用时要小心谨慎,避免急冷急热。

3. 压电陶瓷

用作压电陶瓷的铁电体都是以钙钛矿型的 $BaTiO_3$,$Pb(Zr \cdot Ti)O_3$,$(NaK)NbO_3$,$PbTiO_3$ 等为基本成分,将原料粉碎、成型后,通过 1000℃以上的高温烧结得到的多晶铁电体。由于它有制作工艺方便,具有耐湿、耐高温等优点,因此在检测技术、电子技术和超声等领域中用得最普遍。

需要指出,原始的压电陶瓷材料没有压电性,但在材料内部有自发的电偶极矩形成的微小极化区域,称为"电畴",它们是压电特性的基础。可惜它们在原始材料中是无序排列的,如图 18-24(a)所示,它们各自的极化能力相互抵消。当这些小的电畴在 20~30 kV/cm 的强化电场中放 2~3 h 后,将使极性转到接近电场方向,如图 18-24(b)所示。当电场去掉后,电畴基本保持不变,这很像铁磁物质在磁场中被磁化的现象。图 18-25(a)表示铁电体的极化曲线,横轴为极化电场 E,纵轴为极化强度 P,当 $E=0$ 时的极化强度为剩余极化强度 Pr,图中 a 表示小的电滞回线。图 18-25(b)为非铁电体的特征线。

压电陶瓷的电极最常见的是一层银,它是通过锻烧与陶瓷表面牢固地结合在一起。电极的附着力极重要,如结合不好便会降低有效电容量和阻碍极化。

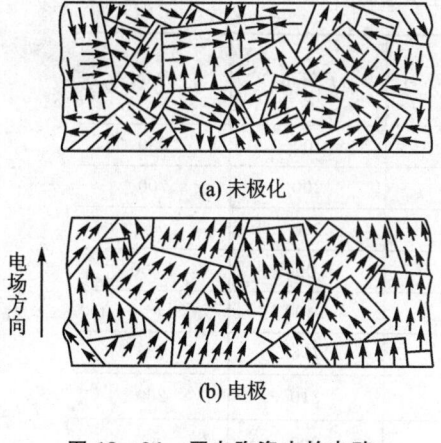

图 18-24 压电陶瓷中的电畴

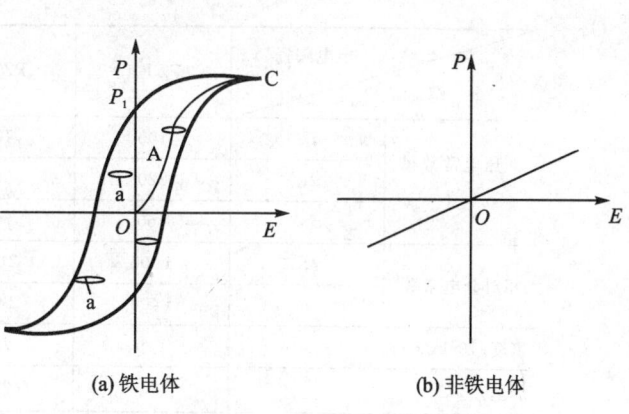

图 18-25 压电陶瓷的极化回线

1) 钛酸钡压电陶瓷

它是由碳酸钡和二氧化钛按 1∶1 摩尔分子比例混合经烧结得到的,其 d,ε,ρ 都很高,抗湿性好,价格便宜。但它的居里点只有 120℃,机械强度差,可以通过置换 Ba^{2+} 和 Ti^{4+},以及添加杂质等方法来改善其特性。现在含 Ca 或 Ca 和 Pb 的 $BaTiO_3$ 陶瓷得到了广泛的应用。

2) 锆钛酸铅系压电陶瓷(PZT)

PZT 是由 $PbTiO_3$ 与 $PbZrO_3$ 与按 47∶53 的摩尔分子比组成的,居里点在 300℃ 以上,性能稳定,具有很高的介电常数与压电常数,d_{33} 可达 500×10^{-12} C/N。用加入少量杂质或适当改变组分的方法能明显地改变机电耦合系数 K、介电常数 ε 等特性,得到满足不同使用目的的许多新材料。如几年前出现的铌镁酸铅压电陶瓷(PMN)就是在 $PbTiO_3$-$PbZrO_3$ 中加入一定量的 $Pb\left(\frac{1}{3}Mg, \frac{2}{3}Nb\right)O_3$ 组成的,其 d_{33} 很高,居里点为 260℃,能承受 7×10^7 Pa 的压力。

PZT 的出现,增加了许多 $BaTiO_3$ 时代不可能有的新应用。

压电陶瓷具有明显的热释电效应。该效应是指:某些晶体除了由于机械应力的作用而引起的电极化(压电效应)之外,还可由温度变化而产生电极。用热释电系数来表示该效应的强弱,它是指温度每变化 1℃ 时,在单位质量晶体表面上产生的电荷密度大小,单位为 $\mu C/(m^2 \cdot g \cdot ℃)$。

PZT 和 PMN 陶瓷的部分特性列于表 18-15 中。如果把 $BaTiO_3$ 作为单元系压电陶瓷的代表,则二元系代表就是 PZT,它是 1955 年以来压电陶瓷之王,而 PMN 属三元系列。我国于 1969 年成功地研制成这种陶瓷,命名为 PMS,成为我国具有独特性能的、工艺稳定的压电陶瓷系列,已成功地用在压电晶体速率陀螺仪等仪器中。

还有一类钙钛矿型的铌酸盐和钽酸盐系压电陶瓷,如 (K,Na)NbO_3 固溶体、(Na,Cd)NbO_3 等。尚有非钙钛矿型氧化物压电体,发现最早的是 $PbNbO_3$,其突出优点是居里点达 570℃。

表 18-15 常用压电陶瓷的主要参数

参数	压电陶瓷	PZT-4	PZT-5	PZT-8	PMN
压电常数 /(pC·N^{-1})	d_{31}	100	180	100	230
	d_{33}	220	500	200	700
	d_{15}	460	700	350	—
相对介电常数	ε_{33}^T	1000	2000	1000	2500
	ε_{11}^T	1400	2400	1400	—
密度/10^3 kg·m^{-3}		7.6	7.5	7.6	7.6
居里点/℃		330	270	310	260
品质因数		700	80	900	85
弹性模量/Pa		11.5×10^{10}	11.7×10^{10}	12.3×10^{10}	
静抗拉强度/Pa		7.6	7.6	8.3	
热释电系数/(μC·(m^2·g·℃)$^{-1}$)		3.7	4.0	—	
电阻率/(Ω·m)		≥10^{10}	≥10^{11}		
声速/(m·s^{-1})		3400	3000	3500	
耦合系数 K_{33}		≥0.63	≥0.70	≥0.60	

18.2.3 压电元件常用结构形式

在前面,我们已经从能量转换观点出发,介绍了压电晶片的六种基本变形方式,其中 TE,LE 和 TS 方式应用得最多。

在实际使用中,如仅用单片压电片工作的话,要产生足够的表面电荷就要有很大的作用力。而像用作测量粗糙和微压差时所能提供的力是很小的,所以常把两片或两片以上的压电片组合在一起。图 18-26 示出了几种"双压电晶片"结构原理图。

图 18-26(a)为双片悬臂元件工作情况。当自由端受力 F 时,晶片弯曲,上片受拉,下片受压,但中性面 OO 的长度不变,如图 18-27(a)所示。每个单片产生的电荷和电压为

$$Q = \frac{3}{8} d_{31} \frac{l^2}{\delta^2} F \tag{18-10}$$

$$U = \frac{Q}{C} = \frac{3}{8} g_{31} \frac{l}{b\delta} F \tag{18-11}$$

式中,l, b, δ——压电元件的长、宽和厚度;C——压电元件本身的静电容量。

由于压电材料是有极性的,因此存在并联和串联两种方法。

如图 18-27(b)所示,设单个晶片受拉力时,a 面出现正电荷,b 面为负电荷,分别称 a 和 b 面为⊕面和⊖面;受压力时则反之。图 18-27(c)示出双晶片⊕⊖⊕⊖连接,当受力弯曲时,出现电荷为 ⊕⊖⊖⊕,负电荷集中在中间电极,正电荷出现在两边电极。相当于两压电片并联,总电容量 C'、总电压 U'、总电荷 Q' 与单片的 C, U 和 Q 的关系为

$$C' = 2C \quad U' = U \quad Q' = 2Q \tag{18-12}$$

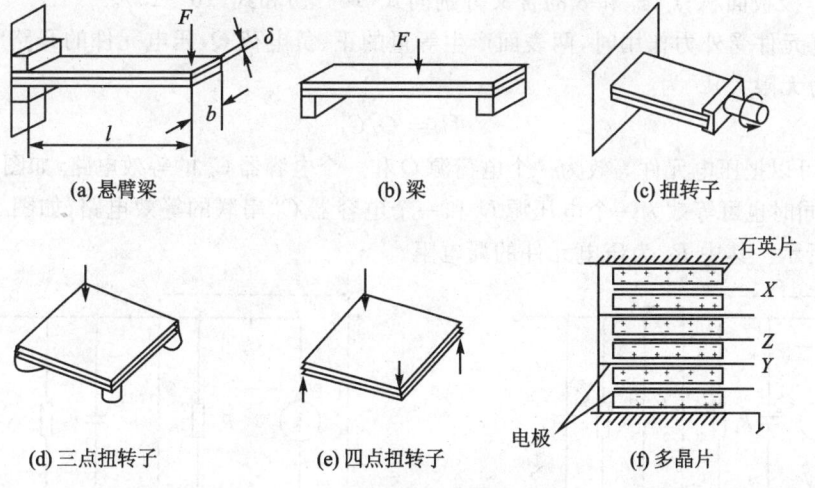

图 18-26 叠层式压电阻件结构形式

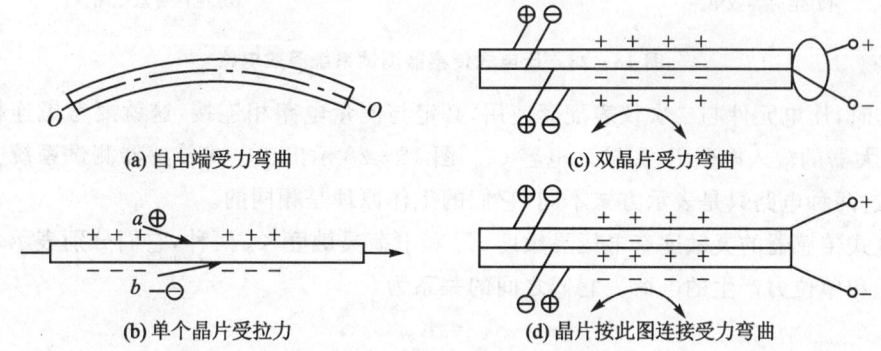

图 18-27 双晶片弯曲式压电元件工作原理

图 18-27(d)所示晶片按⊕⊖⊖⊕连接,当受力弯曲时,正、负电荷分别在上、下电极。在中性面上,上片的负电荷和下片的正电荷相消,这就是串联,其关系为

$$C' = C/2 \quad U' = 2U \quad Q' = Q \tag{18-13}$$

上述两种方法的 C'、U' 和 Q' 是不同的,可根据测试要求合理选用。

多晶片是双晶片的一种特殊类型,已广泛应用于测力和加速度传感器中,图 18-26(f)为三向测力传感器晶片的组合方式。

为了保证双片悬臂元件粘结后两电极相通,一般用导电胶粘结。并联接法时,中间应加入一铜片或银片作为引出电极。

18.3 压电式传感器的等效电路及测量电路

18.3.1 等效电路

压电元件两电极间的压电陶瓷或石英为绝缘体,因此就构成一个电容器,其电容量为

$$C_a = \varepsilon_r \varepsilon_0 S/\delta \tag{18-14}$$

式中,S——极板面积;ε_r,ε_0 和 δ 的含义分别同式(18-7)和式(18-10)。

当压电元件受外力作用时,两表面产生等量的正、负电荷 Q,压电元件的开路电压(认为其负载电阻为无限大)U 为

$$U = Q/C_a \qquad (18-15)$$

这样,可以把压电元件等效为一个电荷源 Q 和一个电容器 C_a 的等效电路,如图 18-28(a)的虚线方框;同时也可等效为一个电压源 U 和一个电容器 C_a 串联的等效电路,如图 18-28(b)的虚线方框所示。其中 R_a 为压电元件的漏电阻。

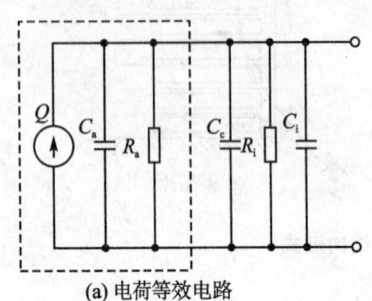
(a) 电荷等效电路

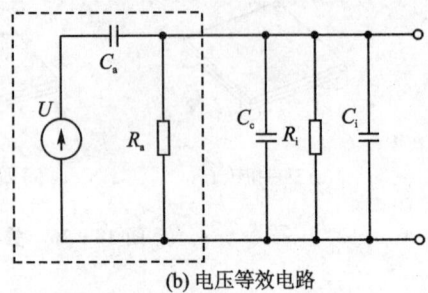
(b) 电压等效电路

图 18-28 压电式传感器测试系统等效电路

工作时,压电元件与二次仪表配套使用,必定与测量电路相连接,这就要考虑连接电缆电容 C_c、放大器的输入电阻 R_i 和输入电容 C_i。图 18-28 示出压电式传感器测试系统完整的等效电路,这两种电路只是表示方式不同,它们的工作原理是相同的。

压电式传感器的灵敏度有电压灵敏度 K_u 和电荷灵敏度 K_q 两种,它们分别表示单位力产生的电压和单位力产生的电荷。它们之间的关系为

$$K_u = K_q/C_a$$

18.3.2 测量电路

为了使压电元件能正常工作,它的负载电阻(即前置放大器的输入电阻 R_i)应有极大的值。因此与压电元件配套的测量电路的前置放大器有两个作用:一是放大压电元件的微弱电信号;二是把高阻抗输入变换为低阻抗输出。根据压电元件的工作原理及在图 18-28 中所示的两种等效电路,前置放大器也有两种形式:一种是电压放大器,其输出电压与输入电压(压电元件的输出电压)成正比;另一种是电荷放大器,其输出电压与输入电荷成正比。

1. 电压放大器

把图 18-28(b)的电压等效电路接到放大倍数为 A 的放大器,并进行简化,便得图 18-29。

其中等效电阻
$$R = R_a \,//\, R_i \qquad (18-16)$$

等效电容
$$C = C_c + C_i \qquad (18-17)$$

如果压电元件受到交变力 $\tilde{F} = F_m \sin \omega t$ 的作用,所用压电元件的材料为压电陶瓷,其压电系数为 d_{33},则根据式(18-17),在力 F 作用下所产生的电荷与电压均按正弦规律变化:

$$u = \frac{d_{33} F_m}{C_a} \sin \omega t$$

或

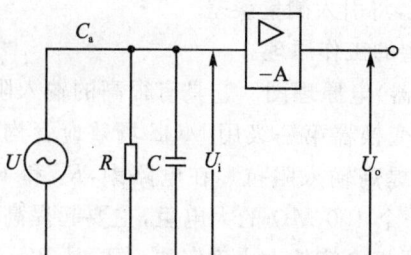

图 18-29 简化后的电压等效电路

$$u = U_m \sin \omega t \quad (18-18)$$

式中，U_m——电压幅值，$U_m = d_{33}F_m/C_a$。

由图 18-29 可见，送入放大器输入端的电压为 U_i，把它写成复数的形式，则得到

$$U_i = d_{33}F \frac{j\omega R}{1 + j\omega R(C + C_a)} \quad (18-19)$$

从上式可以看出，电压 U_i 的幅值以及它与作用力之间的相位差 φ 可由下列两式表示：

$$U_{im} = \frac{d_{33}F_m \omega R}{\sqrt{1 + \omega^2 R^2 (C_a + C_c + C_i)^2}} \quad (18-20)$$

$$\varphi = \frac{\pi}{2} - \arctan[\omega(C_a + C_c + C_i)R] \quad (18-21)$$

当 ω 很大，即 $\omega \to \infty$ 时，则放大器输入端电压的幅值为

$$U_{im} = \frac{d_{33}F_m}{C_a + C_c + C_i} \quad (18-22)$$

这时传感器的电压灵敏度为

$$K_u = U_{im}/F_m = d_{33}/(C_a + C_c + C_i) \quad (18-23)$$

此两式说明，由于电缆电容 C_c 及放大器输入电容的存在，使灵敏度降低。如果更换电缆，电缆电容变化，灵敏度也要随之变化。因此，如果要改变电缆长度，必须重新对灵敏度进行校正。

取式(18-20)和式(18-22)之比，就是相对幅频特性

$$K_j = \frac{\omega R(C_a + C_c + C_i)}{\sqrt{1 + \omega^2 R^2 (C_a + C_c + C_i)^2}} \quad (18-24)$$

取 $K_j(\omega) = 1/\sqrt{2}$，可求得其频率下限 ω_l 为

$$\omega_l = 1/[R(C_a + C_c + C_i)] = 1/\tau \quad (18-25)$$

式中，$\tau = R(C_a + C_c + C_i)$ 为测量回路的时间常数。同样，若下限频率已选定，时间常数 τ 应满足下式

$$\tau \geqslant 1/\omega_l$$

据此可选择与配置各电阻和电容值。

由式(18-24)可以看出，压电式传感器的高频响应是很好的，这是其显著的特点。

为了扩展低频端，应使时间常数 τ 增大。为此，常配制 R_i 值很大的前置放大器，但是要把放大器的输入电阻 R_i 提高到 10^9 Ω 以上是很困难的。压电元件的绝缘电阻 R_a 取决于材料，也不是轻易就能提高的。还有一点必须指出，由于输入阻抗很高，非常容易通过杂散电容拾取外界的交流 50 Hz 干扰和其他干扰，因此引线要进行仔细的屏蔽。另外，想靠增大测量回路的电容来提高 τ 的值是不合适的，因为这将导致灵敏度降低。

当压电式传感器与电压放大器相联时，系统输出电压与电缆电容 C_c（即电缆长度）有关。在设计时，常常把电缆长度定为常值（为 30 m），但也不能太长，增长电缆，电缆电容 C_c 也将随之增大，它将导致输入电压降低。一般在使用时保持电缆长度不变，改变电缆长度时，必须重

新校正其电压灵敏度值,否则由于电缆电容 C_c 的改变,将引入测量误差。

下面具体介绍两种阻抗变换器 ZK-1 型和 ZK-2 型的工作原理。

图 18-30 是 ZK-1 型电压前置放大器(阻抗变换器)电原理图。它具有很高的输入阻抗,低的输出阻抗,可接入一般放大器与记录器。该阻抗变换器第一级用 MOS 场效应管构成源极输出器,第二级用锗管构成对输入端的负反馈,以提高输入阻抗。在电路中,R_1 和 R_2 是 BG_1 的偏置电阻,可确定 BG_1 的静态工作点。R_3 是一个 100 MΩ 的大电阻,主要起提高输入阻抗的作用。R_5 是 BG_1 漏极负载电阻,它是由 BG_1 漏极电流的大小确定的。R_4 是 BG_1 的源极接地电阻,也是 BG_2 的负载电阻。R_4 上的交流电压通过电容 C_2 反馈到输入端,提高 A 点电位,使其更接近输入端电位,即 R_3 两段的电位差,因此可使输入阻抗提高。二极管 D_1 起保护场效应管的作用(防止 BG_1 的栅极对源极击穿),同时在温度变化时,又起补偿作用,即利用二极管的反向电流随温度变化的特点来补偿场效应管的泄漏电流 I_{SG} 和 I_{DG} 随温度的变化。

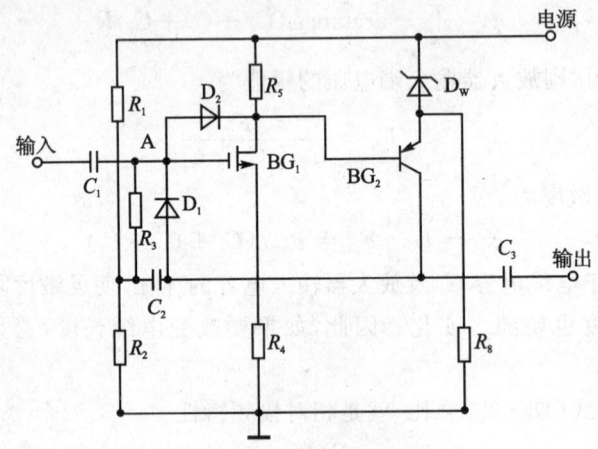

图 18-30　ZK-1 型阻抗变换器原理图

在该电路中,如只考虑第一级(BG_1)构成的场效应管源极输出器,则其输入电阻

$$R_{sr} = R_S + \frac{R_1 R_2}{R_1 + R_2} \tag{18-26}$$

引入第二级对第一级的电压负反馈后,输入阻抗则为

$$R_{srf} = \frac{R_{sr}}{1 - K_u} \tag{18-27}$$

式中,K_u——源极输出器的电压增益,其值接近 1。因此由式(18-27)可知,加入负反馈后,输入阻抗可提高几百甚至几千 MΩ。

在仅考虑 BG_1 构成的源极输出器时,其输出阻抗 R_{SG} 为

$$R_{SG} = \frac{1}{g_m} \mathbin{/\mkern-5mu/} R_4$$

式中,g_m——场效应管跨导。

由于引入电压负反馈,将使输出阻抗下降。

图 18-31 是 ZK-2 型阻抗变换器电路图。

ZK-2 型的主要性能指标为:输入阻抗>2000 MΩ;输出阻抗为<100 Ω;频率范围为 2 Hz～100 kHz;电压增益为±0.05 dB;动态范围为 200 μV～5 V(rms)。

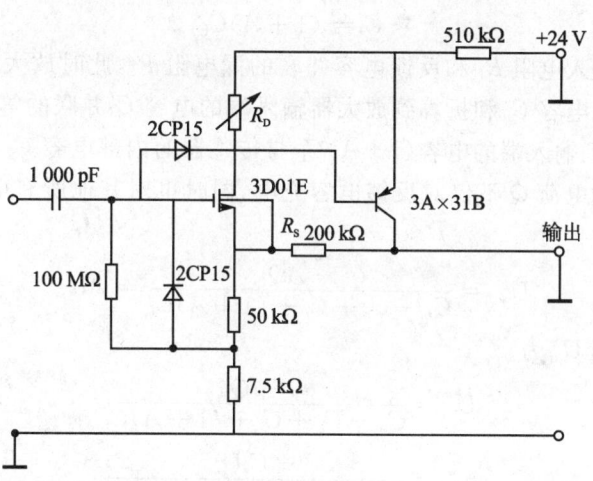

图 18-31　ZK-2 型阻抗变换器电路图

电压放大器的优点是线路简单,线性度和稳定性好。缺点是其电压灵敏度是系统阻抗的函数,且随连接电缆的长度而变化。

2. 电荷放大器

压电传感器内阻很高,且信号微弱。早期所配用的二次仪表-电压式阻抗变换器已不能满足某些使用要求。

前面已经介绍过,电压前置放大器所配接的压电传感器的电压灵敏度将随电缆分布电容,以及传感器自身电容而变化;传感器绝缘电阻的下降又必将恶化测量系统的低频特性。电荷放大器则可使测量系统的上述缺点得以克服。

1) 电荷变换原理

电荷放大器是一种输出电压与输入电荷量成正比的前置放大器。压电传感器实际上可等效为一个电容 C_a 和一个电荷源,而电荷放大器实际上是一个具有深度负反馈的高增益运算放大器。图 18-32 为压电传感器与电荷放大器联接的等效电路。

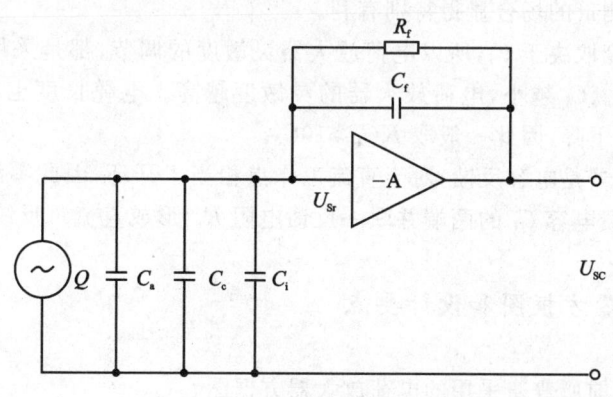

图 18-32　电荷放大器等效电路

其中,C_f——电荷放大器反馈电容;C_a——传感器电容;C_c——电缆电容;C_i——放大器输入电容;R_f——并在反馈电容两端的漏电阻;A——运算放大器开环增益。

反馈电容 C_f 折合到放大器输入端的有效电容 C_f' 为

$$C'_f = (1+A)C_f \qquad (18-28)$$

若忽略放大器输入电阻 R_i 和反馈电容并联的漏电阻 R_f，此时放大器的输入阻抗等于运算放大器本身的输入电容 C_i 和折算到放大器输入端的电容 C'_f 并联的等效阻抗。由于放大器输入电容 C_i 和折算到输入端的电容 $(1+A)C_f$ 与传感器的内部电容 C_a 和电缆电容 C_c 并联，因此压电晶体产生的电荷 Q 不仅对反馈电容充电，同时也对其他所有电容充电。此时，放大器的输出电压为

$$U_{sc} = \frac{-AQ}{C_a+C_c+C_i+(1+A)C_f} = AU_{sr} \qquad (18-29)$$

故放大器的输入电压 U_{sr} 为

$$U_{sr} = \frac{-Q}{C_a+C_c+C_i+(1+A)C_f}$$
$$= \frac{-C_a U_a}{C_a+C_c+C_i+(1+A)C_f}$$
$$(18-30)$$

因为 $A \gg 1$，一般 A 约为 $10^4 \sim 10^6$ 以上，故式(18-30)中

$$(1+A)C_f \gg (C_a+C_c+C_i)$$

此时传感器自身电容 C_a、电缆电容 C_c 和放大器输入电容 C_i 均可忽略不计，放大器输出电压可表示为

$$U_{sc} = -\frac{Q}{C_f} \qquad (18-31)$$

式中，负号表示放大器的输出信号与输入信号相反。式(18-31)清楚地说明电荷变换级的输出电压仅与传感器产生的电荷量及电荷放大器反馈电容有关，电缆电容等其他因素的影响可忽略不计。

在实际线路中，所采用的运算放大器开环增益为 $10^4 \sim 10^6$ 数量级，反馈电容 C_f 一般不小于 100 pF。故此，对测量系统中所使用的 100 pF/m 寄生电容的低噪音同轴电缆，即使长达 1 000 m 以上，其长度变化也不会影响测量精度。这对测量弱信号和经常需要更换不同长度的连接电缆或远距离测量的场合显得特别有利。

由于输出灵敏度取决于 C_f，所以电荷放大器灵敏度的调节，都是采用切换运算放大器负反馈电容 C_f 的办法。C_f 越小，电荷放大器的灵敏度越高。电缆长度也不是无限的，C_c 值过大，也会引起灵敏度下降，因此一般取 $KC_f > 10C_c$。

此外，由于放大器是电容反馈，对于直流工作点相当于开环，因此零漂很大。为了工作稳定，减小零漂，在反馈电容 C_f 的两端并联一反馈电阻 R_f，形成直流负反馈，以稳定放大器的直流工作点。

2) 电荷放大器方框图和设计要点

(1) 框 图

图 18-33 为目前所普遍采用的电荷放大器方框图。

电荷变换器是整个仪器的核心。由式(18-31)可知，U_{sc} 一般在 1～10 V 范围内变化为宜。为测量不同的输入电荷量 Q，C_f 一般是制成多量程的。为适应与不同灵敏度的压电传感器配接而使其输出电压归一化，应设置适调放大器。适调放大器可由多档开关连接比例电阻构成，也可采用多圈电位器。将适调开关置于所接传感器参考灵敏度位置，则不同灵敏度的压

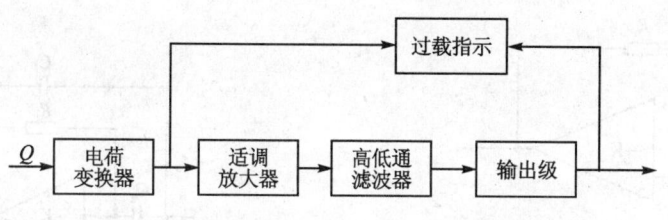

图 18-33 电荷放大器框图

电传感器感受等量输入(力、压力、加速度等)后,电荷放大器输出电压相同。比如,用两只电荷灵敏度分别为 42.5 pC/g 和 19.3 pC/g 的压电加速度计测量同一振动加速度,只要将两台电荷放大器灵敏度适调旋钮分别调到所接加速度计灵敏度的位置,放大器增益开关也置于同一档位,则两台电荷放大器输出电压应完全相同。

电荷放大器内配置的高、低通滤波器的作用是滤除高频或低频干扰。

输出级放大器是为了使放大器输出适宜的电流、电压信号,以用来驱动所配接的三次仪表——峰值电压表、光线示波器、磁带式数据记录仪等。

过载(或欠载)指示电路的设置是为了防止放大器进入非线性工作范围。若放大器过载,则应利用复位开关通过一个高绝缘的继电器使仪器迅速复位。

经电荷放大级倒相后,国内电荷放大器在归一化电压放大级再次倒相,再经输出放大,输出信号与传感器同相位。国内某些电荷放大器在归一化电压放大级接成同相输入,经输出放大后,输出信号与传感器异相位。末级采用中功率管互补输出,使输出电流可达 100 mA。

(2) 设计要点

① 电荷变换级

电荷变换级是整个仪器的核心,它由运算放大器和反馈网络组成。

运算放大器的选择要求是:低漂移、宽频带、高增益和高输入阻抗。一般运算放大器带宽至少要大于整台仪器所规定的带宽,上限通常不低于 100 kHz,增益要大于 80 dB。高增益有利于连接长电缆。

输入电阻应尽量高,至少不应低于反馈电阻。由图 18-34 可见,为减小低频漂移,R_i 必须尽量增高。R_i 是由压电传感器绝缘电阻、电缆电阻和放大器前级输入端绝缘漏电阻决定的。

为保证放大器的低频频响,需在增大 R_i 上采取措施。通常,如下措施较为有效:

其一,运算放大器输入级选用具有较高绝缘电阻的一对场效应管。对管的工作电流需细心调整,使其工作在零温度系数点。

其二,为保证 R_i 和 R_f 的高阻值(不小于 10^9 Ω),在图 18-34 中所示这两个电阻的接点要在专用的接线柱上(如聚四氟乙烯绝缘柱)来连接。

电荷变换级的反馈网络可由 R-C 并联支路组成,如图 18-35 所示。

反馈电容 C_f 一般不可选得太小,以免因寄生电容的影响给仪器调试和使用造成困难。一般 C_f 不小于 100 pF。

电容元件的选择标准和阻容积分网络的要求一致,即要求电容泄漏电阻高,集肤效应小,而且还要具有小温度系数和长时间稳定性。

C_g 是在某些特殊情况下利用的避免因传感器内阻太低而产生零点漂移的措施。

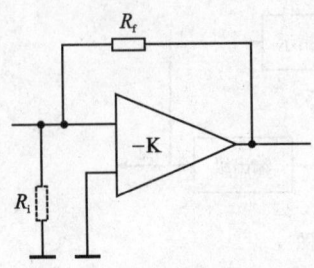 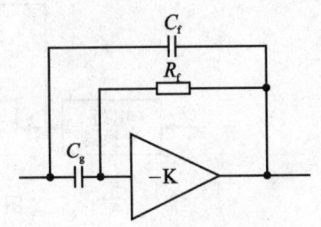

图 18-34　电荷放大器输入电阻与反馈电阻　　　　图 18-35　电荷交换级反馈网络

② 适调与滤波级

采用比例放大器的适调级,精度取决于比例电阻的精度,也与运算放大器的增益有关。

滤波器分高通和低通。低通多采用有源滤波,高通可采用无源阻容元件滤波器。电荷放大器输出端的高、低通滤波器,其作用是为了选择所需频率,抑制掉其他频率成分。

③ 系统频率特性

压电传感器灵敏度、频响特性可在专门试验台上实测。

当压电传感器与电荷放大器联用,且压电传感器自身绝缘漏阻足够高时,系统的低频下限主要由电荷放大器的反馈电容和反馈电阻决定,即

$$f_L = \frac{1}{2\pi R_f C_f} \tag{18-32}$$

式中,f_L——系统低频下限(-3 dB 点,单位:Hz);R_f——电荷放大器反馈电阻;C_f——电荷放大器反馈电容。

一般 R_f 可以取 10^{10} Ω 以上,电荷放大器的下限截止频率可以做得很低,$f_L < 0.2$ Hz,而超低频宽带电荷放大器甚至可达 10^{-4} Hz。

由于上述原因,压电式力、压力传感器可进行静态、准静态标定。

由于下限截止频率 f_L 取决于 R_f,因此电荷放大器的下限频率调节都采用切换反馈电阻 R_f 的方法。

电荷放大器高频上限,一般做到 100 kHz 是不困难的。所以压电式测试系统一般都具有足够的高频频响特性,这里不再赘述。

3) 差动式电荷放大器

在高温条件下工作的压电传感器,温度升至一定值时,本身绝缘电阻显著下降。而某些高温和其他特种环境条件下使用的压电传感器,为避免地电场对测试系统的干扰,需设计成使压电晶体与传感器基座间相互绝缘。这就要求传感器信号线需用双线引出,且电缆外屏蔽线仍与传感器座相连接。此时,单端输入式普通电荷放大器已难满足使用要求。于是,人们设计了差动式双端输入电荷放大器。

双点反馈式差动电荷放大器电路原理框图如图 18-36 所示。

双点反馈就是除了负反馈外,还同时用倒相后的输出向正输入端反馈。

双点反馈的优点是,放大器增益基本上不受从每个信号输入线到公共地线电容平衡值或绝对值的影响。

差动电荷放大器的输入-输出特性可用下式表示

$$U_o = \frac{Q_1}{C_f} - \frac{Q_2}{C_f} = \frac{1}{C_f}(Q_1 - Q_2) = \frac{1}{C_f}Q_{12} \tag{18-33}$$

式中，Q_{12}——差动输入电荷。

差动电荷放大器的优点是：

① 可与对地绝缘的差动式对称输出的压电传感器联用，增加测试系统抗干扰能力。

② 仅感受传感器的差动输入电荷信号，并将其转换为电压信号。

③ 具有抑制共模电压干扰的能力，并可把杂散磁场和电缆噪声的影响减至最小。

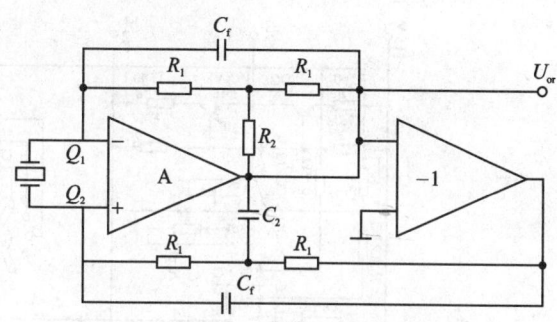

图 18-36　双点反馈电荷变换级原理框图

4）电荷放大器原理图及技术指标

国产 DHF 型电荷放大器电路原理图参见图 18-37。图 18-38 示出了部分国产电荷放大器的外观图片。

目前，国内使用的电荷放大器主要有丹麦、美国、瑞士、日本等国的产品和我国自己生产的产品。

电荷放大器性能参数如表 18-16 所列。

表 18-16　部分电荷放大器性能参数

参数 \ 型号	DHF-1	DHF-6	FDH-4	DHF-8*	5007※
测量范围/pC	10^6	10^6	$10^{-1}\sim10^6$	10^5	5×10^5
输出电压/V	$0\sim\pm10$	$0\sim\pm10$	$0\sim\pm10$	$0\sim\pm10$	$0\sim\pm10$
输出电流/mA	10	±50	10	±20	±5
频率响应/Hz	0.3～0.1 G	0.3～0.1 G	0.3～0.1 G	0.1～10k	0.0001～180k
输入电阻/Ω	10^9	10^9	10^9	10^{10}	10^{14}
噪声/mV	10	10	10	1	2
电源/V	AC 220	AC 200	AC 220	AC 220/DC 12	AC 220
外型尺寸/mm	160×250×80	200×135×70	72×120×250	360×240×160	—

注：* 六通道组合；※ 准静态电荷放大器。

电荷放大器的缺点是，它属于具有累加点的高增益运算放大器。它的累加点扩大到输入端遍及电缆全长，对电荷特别敏感。当电缆受到突然的弯曲或振动时，电缆芯线和绝缘体之间，以及绝缘体和金属屏蔽套（编织的多股镀金、银金属套）之间，由于相对移动，因摩擦而产生静电荷，构成了电缆自身产生的噪声（虚假信号）。由于电荷放大器的输入阻抗极高，所含动态电容分量在整个频率范围内是复数，尤其在低频时，数值很大。因而在低频（20 Hz 以下）时，电缆产生的噪声不会很快消失，噪声随电缆长度和输入电容的增加而增加，信噪比将相应地减小，噪声进入放大器后又被放大，成为一种干扰信号。

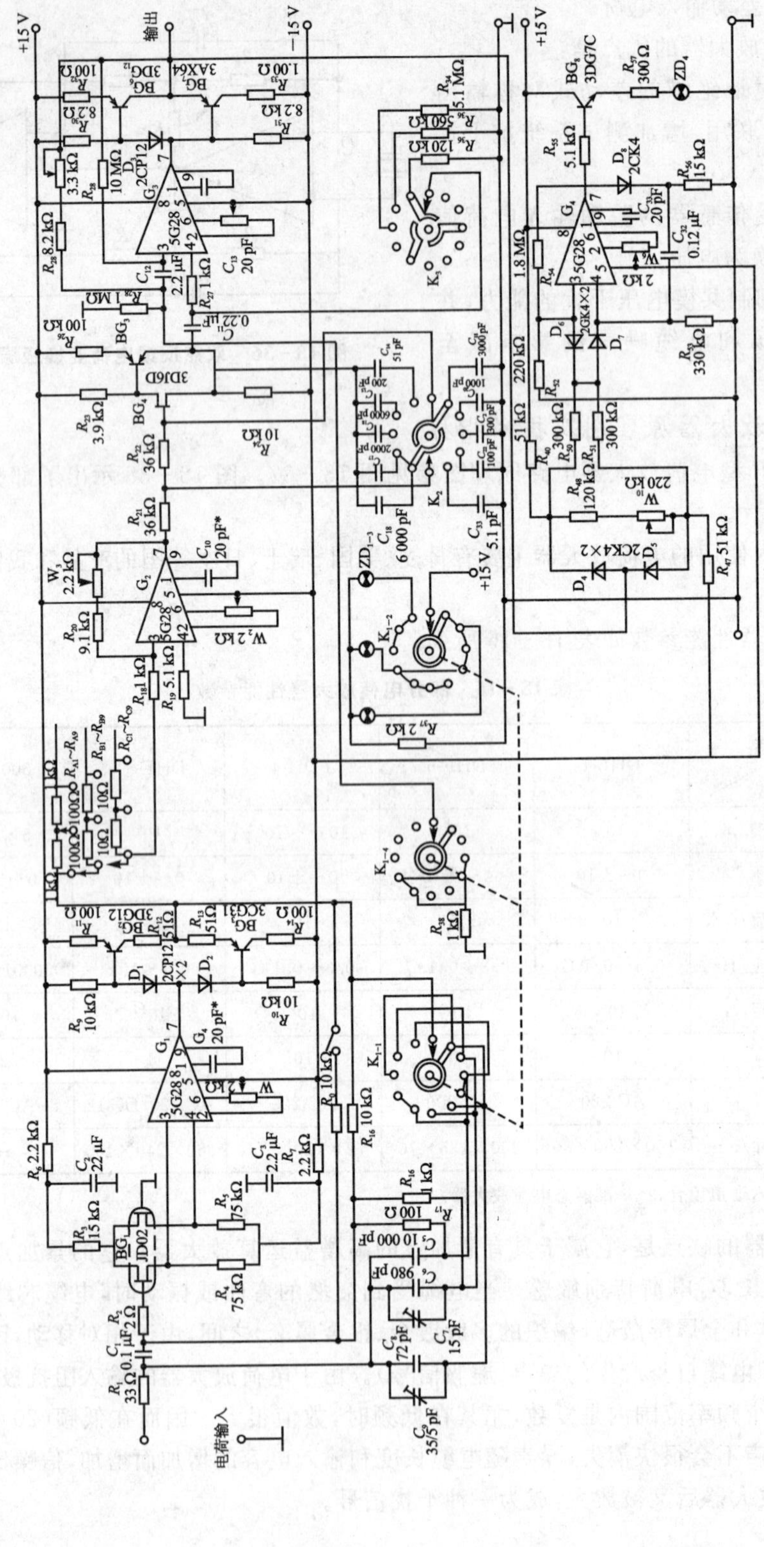

图 18-37 DHF-6A 型电荷放大器电路原理图

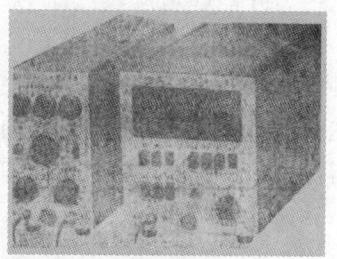
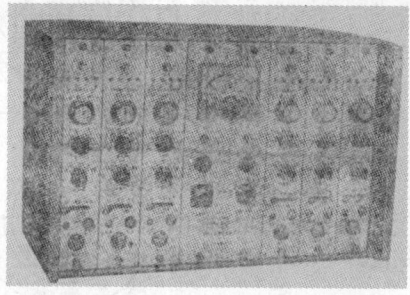

图 18-38　部分电荷放大器外观图片

为减小电缆噪声,除选用特制的低噪声电缆外,在测量过程中应将电缆紧固,以避免相对运动。同时,电缆应在振动最小处离开被测体,如图 18-39(a)所示。

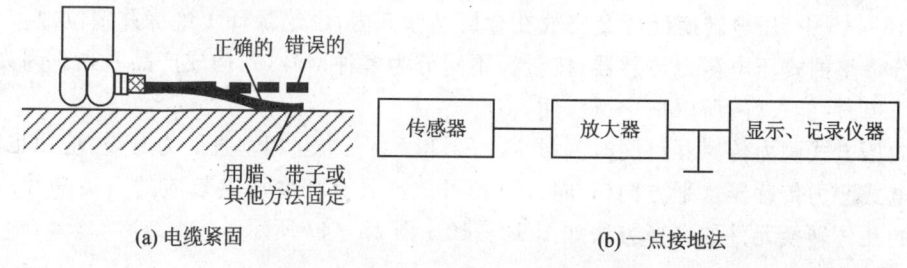

(a) 电缆紧固　　　　　　　　　　(b) 一点接地法

图 18-39　电缆的固定及系统接地方法

为防止测试系统中各仪器和传感器因分别接地而引起在不同接地点间产生电位差,在接地回路中形成电流,产生噪声信号,可采用在一点接地的方法,如图 18-39(b)所示。

一般合适的接地点应选择在指示器的输入端。因此,要将传感器和放大器对地隔离。传感器的隔离方法是用绝缘螺栓和绝缘垫片将传感器与被测体绝缘。目前,已有专门生产的自身基座对被测体绝缘的压电传感器。

18.4　压电式传感器的应用

18.4.1　压电式测力传感器

压电式测力传感器是以压电晶体为转换元件,输出与作用力成正比的力-电转换装置。国内外通常采用石英 $\alpha\text{-}SiO_2$ 晶体作为测力传感器的转换元件。此类传感器机械性能好,由于石英晶体不是铁电体,没有自发的极化效应,热释电效应、灵敏度稳定度高,线性度好,刚度大,滞后效应小,工作频带宽,并能够适应较严酷的试验环境,因而石英晶体测力传感器应用较为普遍。

1. 压电式测力传感器的结构

通常使用的压电式测力传感器是荷重垫圈式,它由基座、盖板、石英晶片、电极、绝缘件,以及信号引出插座等组成。其分类结构示意图如图 18-40 和图 18-41 所示。

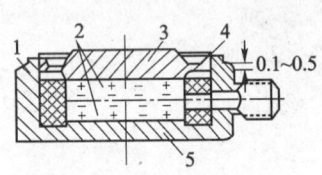

1—聚四氟套；2—晶片；3—盖；
4—电子束焊缝；5—基座

图 18-40　单向压电式测力传感器结构图

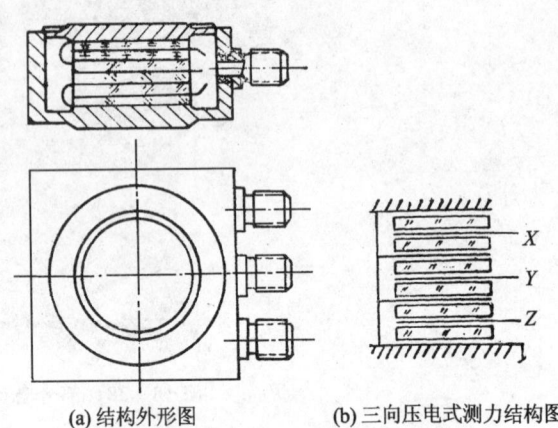

(a) 结构外形图　　(b) 三向压电式测力结构图

图 18-41　多向压电式测力传感器结构图

图 18-40 中,压电转换元件 2 安放在金属基座 5 内,由绝缘环 1 绝缘并定位。

单分量垫圈式压电测力传感器,按量程不同分为多种型号,并构成产品系列。因为该传感器构造简单,性能较好,所以被广泛应用。

三向压电式测力传感器可同时测量 F_X、F_Y 和 F_Z 三个互相垂直的力分量,应用也很普遍,三向压电式测力传感器水平方向(Y 向、X 向)可选择具有切变压电效应的石英晶片。各向力传感器的晶体转换元件的选择方法如图 18-42～图 18-47 所示。

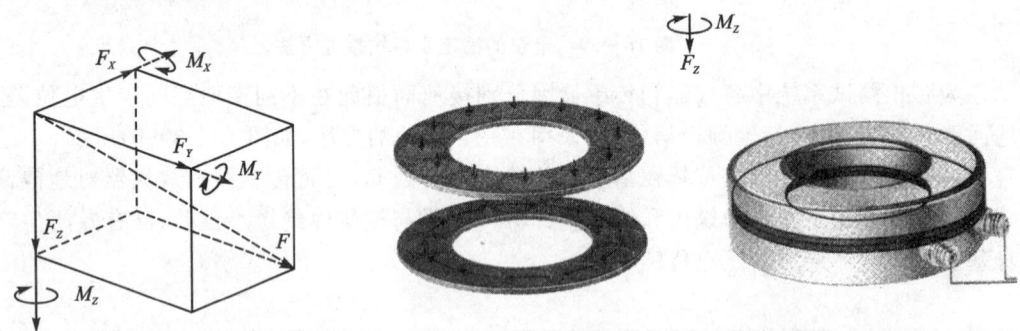

图 18-42　各个力分量测试单元　　图 18-43　测量 F_Z 和 M_Z 两分量的力传感器

2. 压电式测力传感器的主要性能指标

压电式测力传感器的主要性能指标有灵敏度、频率响应和线性度等。

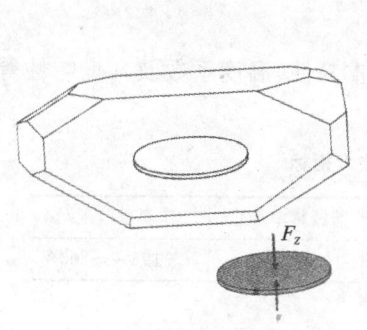
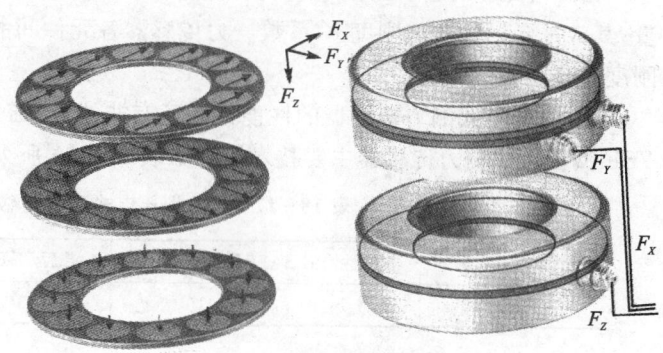

图 18-44 测量力 F_Z 图 18-45 测 F_X,F_Y 和 F_Z 的力传感器

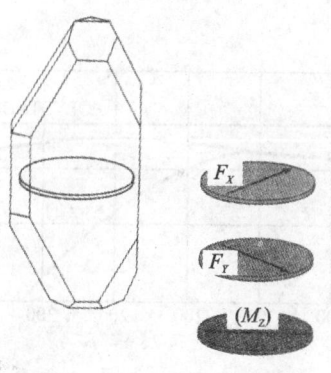
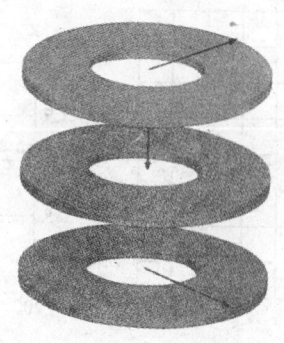
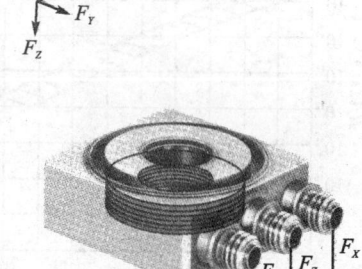

图 18-46 测量 F_X,F_Y 和 M_Z 图 18-47 三向力传感器

1) 灵敏度

压电式测力传感器灵敏度是指传感器输出电量与所承受外力的比值。压电式测力传感器多与电荷放大器联用,它的电荷灵敏度可由式(18-34)求得

$$K_Q = \frac{Q}{F} \tag{18-34}$$

式中,Q——传感器输出电荷量;F——被测力。

在设计传感器时,要适当选择其灵敏度。测量低频小力值的传感器应具有较高的灵敏度。

2) 工作频带

传感器的工作频带是指可保证一定测量精度的频率范围。

压电式测力传感器与电荷放大器联用,在保证传感器自身绝缘电阻的前提下,其低频下限主要由二次仪表决定,即

$$f_L = \frac{1}{2\pi R_f C_f}$$

其高频上限由压电传感器自身谐振频率所确定。自身谐振频率可由下式求得

$$\omega_n^2 = \frac{k}{m}$$

由式可见，要提高压电式测力传感器的谐振频率，其一是要尽量降低力传感器的端动态质量；其二是要尽量增加刚度 K 系数。力传感器各元件间的接触刚度以及预紧力对增加传感器刚度关系密切。

此外，压电式测力传感器的性能指标还有非线性、滞后、重复性、温度系数及环境特性等。YSL 型压电式测力传感器主要技术指标如表 18-17 所列。

表 18-17　YSL 型压电式测力传感器技术指标

灵敏度/(pC·N⁻¹)	非线性/%FS	绝缘电阻/Ω	滞后/%FS	谐振频率/kHz	工作温度范围/℃
4	1	10^{13}	0.5	50	-196～+200

3）温度、湿度和电缆对传感器的影响

随温度升高，压电式测力传感器绝缘阻抗下降，其变化规律如图 18-48 所示。

压电式测力传感器灵敏度与温度的关系示于图 18-49。

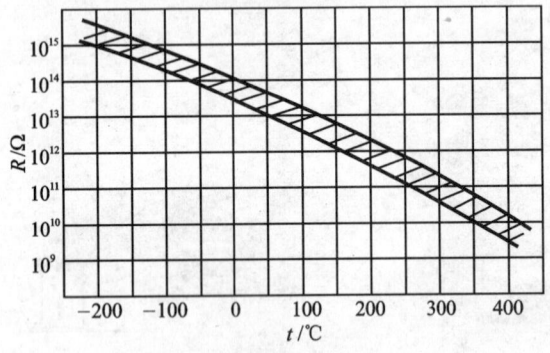

图 18-48　压电式测力传感器绝缘电阻与温度的关系　　图 18-49　传感器灵敏度与温度的关系

压电材料在湿度很大的环境中，其绝缘电阻将会下降。图 18-50 示出了湿度对经净化处理和未经处理的石英晶体绝缘电阻影响的情况。

与压电式测力传感器联用的电缆必须是高绝缘的，并在晃动时不会产生摩擦静电。一般均采用特制的低噪声电缆。图 18-51 示出了几种不同材料制成的电缆的绝缘阻抗与温度的关系。通常使用的以聚四氟乙烯为绝缘材料的电缆只在 240℃ 以下的环境温度中使用。

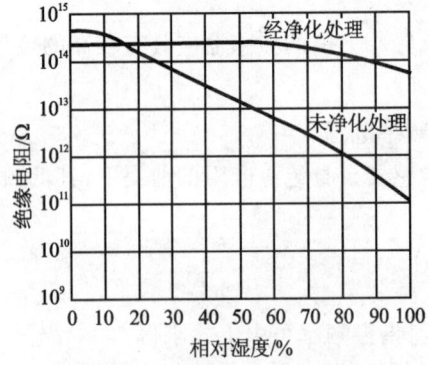 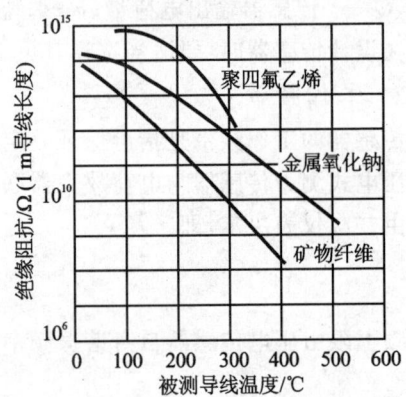

图 18-50　湿度对未处理和经净化
处理石英晶体绝缘电阻的影响　　图 18-51　各种电缆绝缘阻抗的温度特性

以陶瓷为绝缘材料的(例如铝或镁的氧化物)带金属护套的专用耐高温电缆或以其他含有矿物纤维绝缘的耐高温电缆的最高工作温度可达760℃。

3. 压电式测力传感器的类型

在实际使用中,根据待测力的具体情况,压电式测力传感器可以分为单分量和多分量两大类。

1) 单分量压电式测力传感器

单分量压电式测力传感器的特性参数如表18-18所列。

表18-18 单分量(单向)压电式测力传感器特性参数表

品类 项目	负荷垫圈式系列产品	微型系列产品	力连接头系列产品	高灵敏型系列产品
量程 /kN	7.5,15,35 60,90,120 200,400,…	2.5,5	±2.5,±5, ±20,±30, ±40,±60,…	0.1,0.5,1.5
典型产品	9001~9091 YSL0.75~100	9211,9213	9301A~9371A	9201~9203 YDL-1 YSL-50K
特点及 用途	测量轴向力,用于动态、短时间的准静态力测试	测量10^{-3}N~5 kN的力(插入式)	便于安装,测量张力和压缩力	灵敏度高,可达500 pC/N,用于小力值精密测量
举例	冲击、激振材料试验	直接测量塑料模槽力		打字机打印力等

部分单向负荷垫圈式压电式测力传感器技术数据如表18-19所列,其外形如图18-52所示。

表18-19 单向负荷垫圈式压电式测力传感器主要技术数据

参数 型号	量程 /kN	灵敏度 /(pC·N^{-1})	横向灵敏度 /%	刚度 /(kN·μm^{-1})	谐振频率 /kHz	非线性 /%FS	迟滞 /%	绝缘 /TΩ	温度系数 /(%·℃$^{-1}$)	温度范围 /℃
8200	5	~4	3	0.7	250	1	0.5	100	0.02	-196~200
9001	7.5	4	3	1	200	1	0.5	100	0.02	-196~200
YDL$_2$	15	4	3	1.8	150	1	0.5	100	0.02	-196~200
9031	60	4	3	6	80	1	0.5	100	0.02	-196~200
9051	120	4	3	9	55	1	0.5	100	0.02	-196~200
9071	400	4	3	26	30	1	0.5	100	0.02	-196~200
9091	1000	4	3	65	—	1	0.5	100	0.02	-196~200

图 18-52　单向负荷垫圈系列外形

高灵敏度型单向小力值力传感器如图 18-53 所示,主要技术指标如表 18-20 所列。

 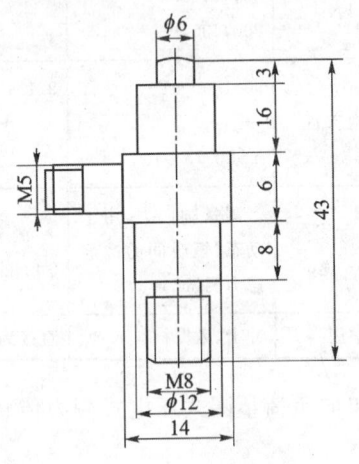

图 18-53　高灵敏度型单向测力传感器

表 18-20　高灵敏度型力传感器的技术数据

参数 型号	测量范围 /N	灵敏度 /(pC·N^{-1})	线性 /%FS	迟滞 /(%FS)	温度系数 /(%·℃$^{-1}$)	工作温度 /℃	绝缘电阻 /Ω	谐振频率 /kHz
YSXL	150 50 10	20 60 120	1	0.5	0.02	−196~ +200	10^{13}	30
YDL$_1$	100	500						

图 18-54 为 50 kg 小力值压电式测力传感器。图 18-55 为超载限荷大力压电测力传感器。

2) 多分量压电式测力传感器

多分量压电式测力传感器特性参数如表 18-21 所列。

图 18-54　50 kg 小力值压电式测力传感器

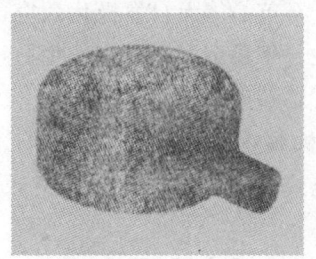

图 18-55　超载限荷力传感器

表 18-21　多分量压电式测力传感器技术参数表

分量	形式	量程	典型产品	特点及用途	应用举例
二分量	F_Z M_Z	−5～20 kN ±100 kNm	9063B 9065 9271A	测量动态双向力及扭矩	机床加工力的测量
三分量	F_X F_Y F_Z	±2.5～20 kN	9067 9251 YDL-2	测量任何方向的力分量	切削力测量
四分量	F_X F_Y F_Z M_Z	±5～20 kN ±100 Nm	9273	适用于测量多分量力及扭矩	人体工程测量等

三向测力传感器主要技术指标如表 18-22 所列。三分量测力平台技术指标如表 18-23 所列。

表 18-22　三分量(三向)测力传感器技术数据表

量程 F_Z, F_X, F_Y /kN	灵敏度 F_Z, F_X, F_Y /(pC·N^{-1})	横向灵敏度 /%	非线性 /%FS	迟滞 /%FS	谐振频率 /kHz	温度系数 /(%·℃$^{-1}$)	绝缘电阻 /TΩ	工作温度 /℃
40 20	3.8 7.6	4	1	1	30	0.01	50	−50～+200

表 18-23　三分量测力平台技术指标(9281B11)

量程 F_Z, F_X, F_Y /kN	灵敏度 F_Z, F_X, F_Y /(pC·N^{-1})	横向灵敏度 /%	非线性 /%FS	迟滞 /%FS	谐振频率 /kHz	绝缘电阻 /TΩ	工作温度 /℃
10～20 10	3.8 7.6	2	0.5	0.5	1	10	−20～+70

4. 压电式石英力传感器工作性能特点

1) 性能长期稳定

由于石英晶体无自发极化效应,在使用中性能稳定。通常以年稳定度来衡量传感器的时间稳定性。年稳定度指存放一年后,传感器灵敏度相对于一年前的灵敏度的变化率。压电式石英力传感器的年稳定度不大于 2%。

2) 机械特性良好

压电式石英力传感器具有良好的线性和重复性,迟滞小。它基本上可看作是无位移传感器。

3) 使用温度范围宽

压电式石英力传感器通常可在 $-196\sim200$ ℃ 这样宽的温度范围内工作,温度系数不大于 0.02%/℃。采用特种晶片的力传感器,使用温度甚至可高达 760 ℃,为火炮、导弹、金属冶炼工程中的测力提供了方便。

4) 频响范围宽

压电式石英力传感器可测准静态力,传感器自身谐振频率可高达 200 kHz,因此,压电式力传感器的频率覆盖范围为 $0\sim50$ kHz,优于其他类型测力传感器。

5) 使用方便,寿命长

压电单晶是脆性非金属材料,它没有明显的屈服极限和塑性变形,在许多应力范围内,属无疲劳材料。传感器的金属机壳也具有较高的强度极限,所以压电式石英力传感器工作寿命较长。

压电式石英力传感器结构小巧,与电荷放大器配套使用,输出电压归一,安装和使用方便。

此外,压电系统没有绝对零点。作用力的零点可以通过二次仪表任意选择,对测试系统来说,可以方便地去掉预紧力。如用于称重系统,可方便地扣除皮重。

6) 适应较恶劣的试验环境

压电式石英力传感器是全密封式结构,机壳选用不锈钢、钛合金、铍合金等耐腐蚀金属制成,能耐酸、碱腐蚀,可在水中进行测量。

压电式石英力传感器具有较强的抗声、磁场干扰的能力,可在强声、磁场中进行测量。

5. 压电式测力传感器的使用方法及注意事项

传感器的正确使用是十分重要的。同一传感器,由于使用方法不同测量结果可能会有很大不同,也就是说,使用不当将会给测量结果带来很大的误差。

1) 压电式测力传感器的安装

应保证传感器的敏感轴向与受力方向一致,安装传感器的上、下接触面要经过精细加工,以保证其平行度和平面度,如图 18-56(a) 所示。

当接触表面粗糙时,对环形传感器可以加装应力分布环 2,对并联型传感器可加装应力分布块,如图 18-56(b) 所示。在接触面不平行时,可加装球形环,如图 18-56(c)

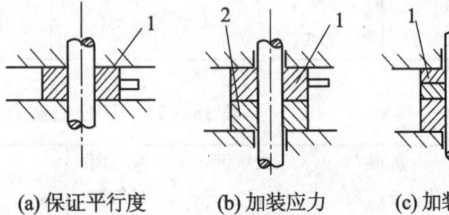

1—传感器;2—应力分布环(块)

图 18-56 压电式测力传感器的安装

所示。应力环、块的弹性模量应不低于传感器外壳金属材料。

为牢固地安装传感器,环形传感器可在中心孔加紧固螺栓。总之,装卡牢固是非常重要的,否则不仅会降低传感器的频响,还可能造成较大的测试误差。

2) 合理选择传感器的量程和频响

要首先对被测力做出估计,选用量程和频响都适宜的传感器。不要使传感器所测负荷超过额定量程,传感器工作频带要能够覆盖待测力的频带。

3) 合理选择二次仪表

测量低频力信号,因测试系统的频率下限主要取决于传感器、电荷放大器的时间常数 τ,因此,测准静态力信号一般要求电荷放大器输入阻抗高于 10^{12} Ω,低频响应为 0.001 Hz。

4) 合理选择电缆及注意电缆的安装

一般均采用低噪声电缆,并要注意将电缆固定,避免因晃动而产生的电缆噪声给测量带来误差。同时,要认真注意电缆插头及插座的清洁,以保证测试系统的绝缘电阻。压电式测力传感器测试系统如图18-57所示。

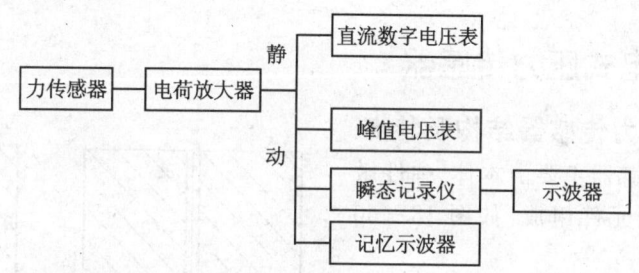

图 18-57 压电式测力传感器测试系统

6. 压电式测力传感器应用举例

1) 用压电式测力传感器测量激振力

图 18-58 为用压电式测力传感器测量振动台激振力测试系统框图。

压电式测力传感器安装在试验件与激振器之间,在试件上的适当部位装有多只压电加速度传感器。将压电式测力传感器测得的力信号和压电加速度传感器测得的(响应)加速度信号经多路电荷放大器后送入数据处理设备,则可求得被测试件的机械阻抗。该试验方法是进行大型结构模态分析的一种常用方法。

除单点激振外,有时对复杂机械结构也采用多点激振。多点激振法是用多只激振器同时激励试件,用多只压电加速度传感器拾取各测试点的信号。整个试验过程是在计算机控制下进行的,试验过程中需使试件各点均处于谐振状态。

2) 测量机械设备冲击力

在工程中,压电式测力传感器可用于测量各种机械设备及部件所受的冲击力。例如锻锤、打夯机、打桩机、振动给料机激振器、地质钻机钻探冲击器、船舶、车辆碰撞等机械设备冲击力的测量,均可采用压电式测力传感器。

3) 力 锤

锤击法是测量结构振型的一种常用方法。锤击法是将一只力传感器安装在一把锤子上,构成所谓"力锤"。用该力锤激励试件,在试件各点安装有压电加速度传感器,用于测量试件的响应,将响应信号和激励信号(力锤中力传感器测得的信号)同时输入频谱分析仪后,可测得结构的振型。

图 18-59 示出了锤击法测量结构振型的仪器方框图。

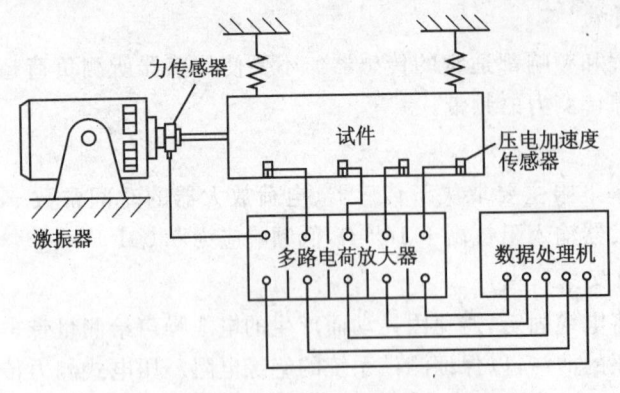

图 18-58 用压电式测力传感器测量激振力

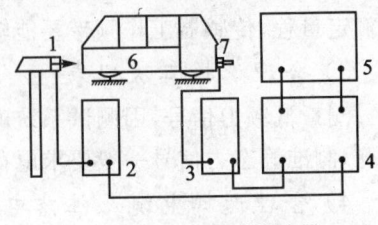

1—力锤;2 和 3—电荷放大器;
4—数据记录仪;5—频谱分析仪;
6—试件;7—压电加速度计

图 18-59 锤击法测量结构振型示意图

18.4.2 压电式压力传感器

1. 压电式压力传感器结构及特点

压电式压力传感器主要由本体、弹性敏感元件和压电转换元件组成,如图 18-60 所示。

图 18-60(a)为压电转换元件直接支承在本体上;图 18-60(b)为压电转换元件间接支承在本体上。

压电式压力传感器按弹性敏感元件的形式可分为活塞式和膜片式两类。

图 18-61 是压电式压力传感器膜片的结构。

图中 18-61(a)和图 18-61(b)为平膜片;图 18-61(c)和图 18-61(d)为垂链式膜片。

在压电式压力传感器中,常用的压电材料有石英晶体和压电陶瓷材料,以石英晶片应用得最为普遍。图 18-62 示出了压电式压力传感器中常用的几种石英晶片。

图 18-63 是高、中压活塞式压电式压力传感器结构图。

这种活塞式压力传感器的特点是结构简单,可拆卸更换零件。但是它要求活塞孔与活塞间有很高的配合精度。为了使传感器具有良好的线性度,活塞杆需经严格的热处理,使其硬度不低于 HRC50。机壳也需具有较高的刚度。

为使活塞在孔内运动灵活,活塞必须有足够的配合长度,这势必增加传感器晶体元件上的端动态质量。因为 $\omega_n^2 = \dfrac{k}{m}$,所以活塞式压力传感器谐振频率 ω_n 较低,通常不高于 30 kHz。如果采用导电胶粘接晶片和电极,以提高接触刚度,活塞式压力传感器谐振频率可提至

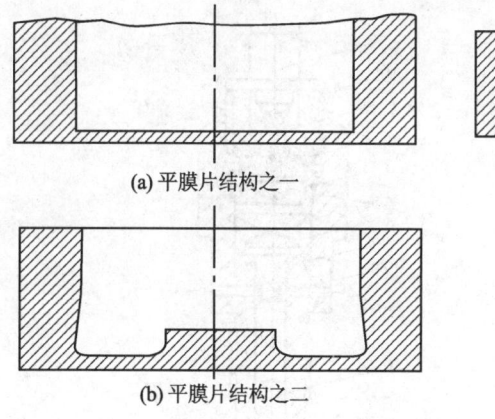
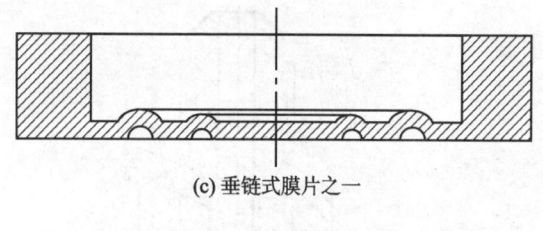
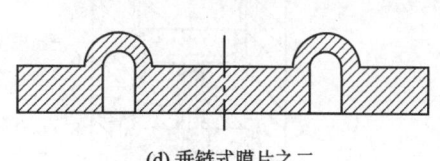

图 18-61 弹性膜片结构图

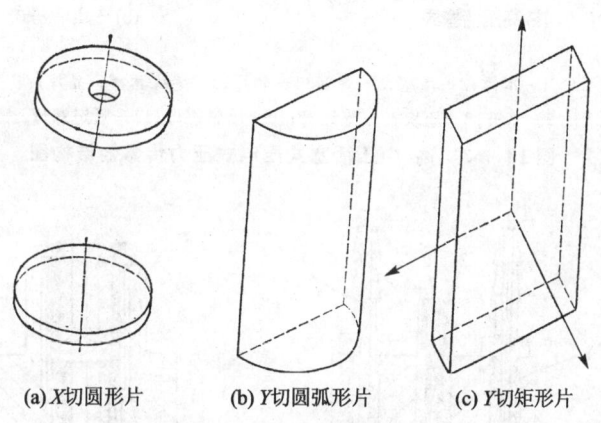

图 18-62 压电式压力传感器常用的几种石英晶体片

40 kHz。采用粘接法,晶片负极导角部分形成的胶环可减小由外向内的反射杂波的干扰。

每次使用后,都需将传感器拆开清洗和干燥,并再次在净化条件下重新装配,十分不便,且其频率特性也不理想。

图 18-64 和图 18-65 示出了几种膜片式压电式压力传感器的结构图。其中,图 18-65 示出了两种高压压电式压力传感器的结构。这种传感器结构紧凑,小巧轻便,是全密封结构,端动态质量很小,因而具有较高的谐振频率。

膜片式压电压力传感器无论是静、动态特性均较好,也具有较高的稳定性。低、中压压力传感器的量程为 50 MPa。

它们的弹性元件是由弹性套筒和膜片组合而成,这样,压电转换元件即被完全密封保护起来了,有一定的隔热作用,安装对它的影响也较小。这种结构还有冷却水通道,经水冷,传感器可在高温环境(高于 200℃)中使用。

图 18-64(a)所示的传感器是采用 X 0°切割石英晶片。这种传感器的突出优点是具有加速度效应补偿和温度补偿元件。

图 18-64(b)是采用 Y 0°切型的石英晶片。这种传感器可以通过改变压电转换元件的尺寸来提高灵敏度,也可以进行加速度、温度效应补偿。

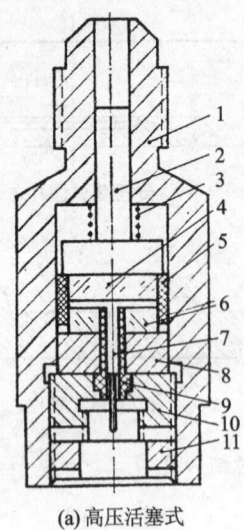
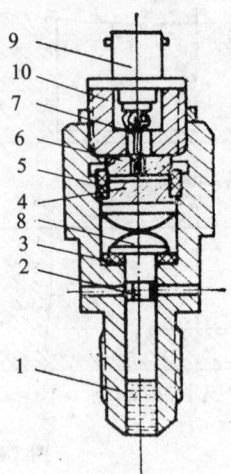

(a) 高压活塞式　　　　(b) 中压活塞式

1—本体；2—活塞；3—弹簧；4—晶片；5—绝缘套；6—晶片；
7—电极；8—压块；9—绝缘管；10—压紧螺母；11—紧定螺母

图 18-63　高、中压活塞式压电式压力传感器结构图

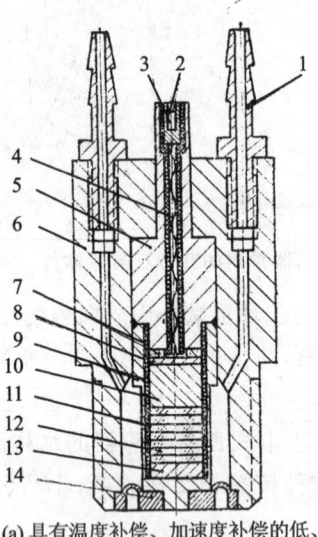
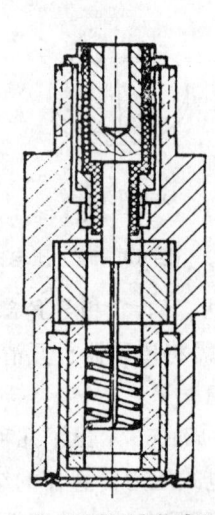

(a) 具有温度补偿、加速度补偿的低、　　(b) 横向效应压力传感器
中压纵向效应压力传感器

1—冷却水管；2—芯；3—绝缘管；4—导线；5—芯体；6—本体；
7—加速度补偿晶片；8—电极；9—弹性套；10—加速度补偿块；
11—绝缘套；12—晶体组件；13—温度补偿块；14—膜片

图 18-64　膜片式石英压力传感器结构图（Ⅰ）

低量程压力传感器，一般多选用较柔软的垂链式膜片或平膜片。

高压、超高压压电式压力传感器的量程范围是 4 000~10 000 MPa。

这种传感器不需要有太高的灵敏度，却要具有较高的谐振频率，以适应测量高频高压力变量。高压传感器通常选用垂链式膜片和平膜片。垂链式膜片有一个硬中心，有的平膜片也有

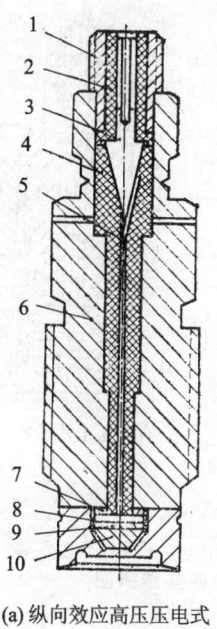 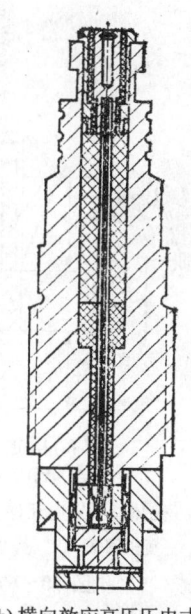

(a) 纵向效应高压压电式　　(b) 横向效应高压压电式

1—接头；2—绝缘套；3—芯体；4—绝缘管；5—电极引线；6—本体；
7—晶片；8—绝缘套；9—晶片；10—垫块

图 18-65　膜片式石英压力传感器结构图（Ⅱ）

一个硬中心。具有硬中心的膜片在压力作用下，其中心位移是平行移动。和无硬中心的膜片相比，改善了晶片受力状态，提高了传感器的线性度。

图 18-66 是其他类型的膜片式压电压力传感器外形图。

图 18-66　膜片式气压及土压传感器

图 18-67 是两种中等压力膜片式传感器结构。

2. 压电式压力传感器主要技术指标

压电式压力传感器的主要性能指标包括下述 7 项。

1) 量　程

压电式压力传感器不仅可测量动态压力，而且可以测量准静态压力，所以有的厂家给出了

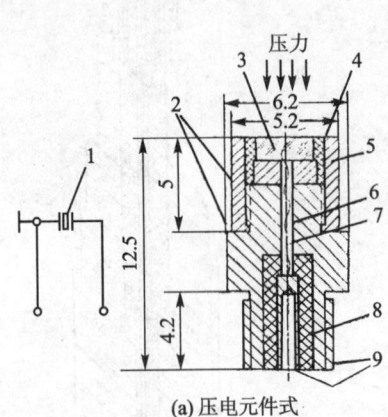
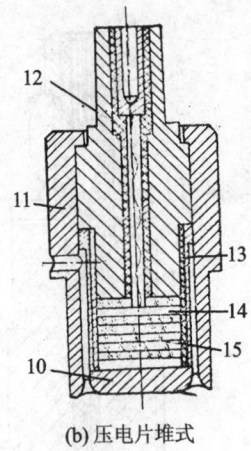

(a) 压电元件式　　(b) 压电片堆式

1—压电元件；2—壳体；3—压电元件；4—膜片；5—绝缘圈；6—空管；7—引线；8—绝缘材料；9—电极；
10—预压圆筒；11—壳体；12—绝缘件；13—电极；14—压电片堆；15—膜片

图 18-67　中等压力膜片式传感器结构图

传感器的静态和动态量程。

压电式压力传感器的量程是指在给定精度内，传感器所测物理量的上、下限。例如，某压力传感器的量程为 0～1 MPa（幅值线性度为 1%）。同一传感器，所规定的测试精度不同，其量程范围是不同的。

2）灵敏度

压电式压力传感器的定义为输出量与被测物理量的比值，即

$$K_Q = \frac{Q}{p} \tag{18-35}$$

纵向效应的石英压力传感器的设计灵敏度为

$$K_Q = nd_{11}A \tag{18-36}$$

横向效应的石英压力传感器的设计灵敏度为

$$K_Q = d_{12}\frac{A_x}{A_y} \cdot A \tag{18-37}$$

式（18-35）～式（18-37）中，p——压力；n——晶片片数；A——传感器膜片有效传压面积；A_x——与电轴（x 轴）垂直的晶片面积；A_y——与力轴（y 轴）垂直的晶片面积。

压力传感器的实际灵敏度往往偏离其理论设计值。影响的因素有压电转换元件和传感器的结构设计、制造和装配等。

3）绝缘电阻

压电式压力传感器的等效电路如图 18-68 所示。

因为压电式压力传感器需测量准静态压力信号，由等效电路图可见，如果传感器没有足够高的绝缘电阻，压电转换元件产生的电荷则将通过它迅速泄漏，给测量带来误差。通常要求压电式压力传感器绝缘电阻不得低于 10^{10} Ω，测量准静态压力的压电式压力传感器则需高达 10^{12} Ω 以上。

4) 谐振频率

压电式压力传感器的力学模型示于图 18-69,它可被看作是单自由度二阶力学系统。

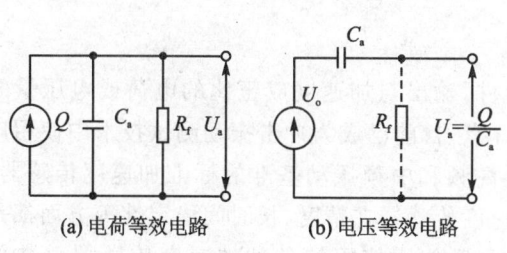

图 18-68 压电式压力传感器等效电路

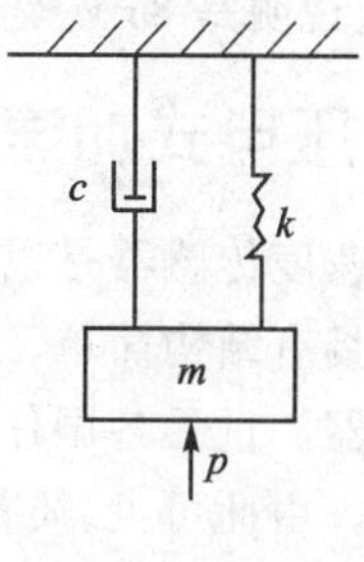

图 18-69 压电式压力传感器力学模型

压电式压力传感器的运动微分方程如下:

$$m\frac{d^2 x}{dt^2} + c\frac{dx}{dt} + kx = F(t) \tag{18-38}$$

式中,k——组合刚度;m——质量;c——阻尼系数。

按输入方式不同,传感器的振动可以是受迫振动或衰减振动。在受迫振动时,当被测信号频率与传感器固有频率相同时,传感器则发生共振。衰减振动时,传感器的有阻尼谐振频率为

$$f = \frac{1}{2\pi}\sqrt{\omega_n^2 - c^2} \tag{18-39}$$

式中,$\omega_n = \sqrt{\dfrac{k}{m}}$,为传感器无阻尼谐振频率。

固有频率和上升时间是对传感器频率特性的时域描述。

5) 非线性

压电式压力传感器的输出特性曲线一般为上翘、下翘乃至 S 形,如有阶跃跳动现象则说明传感器已损坏。产生阶跃跳动现象的原因是:弹性敏感元件质量有缺陷;膜片有效受压面积发生了变化;因加工零件、装配工艺等方面的原因使内部接触刚度不够。

一般认为压电式压力传感器的非线性是系统误差,但事实上并不全是这样。由于环境的和人为的诸方面原因,非线性也不可避免地具有一定的随机性。据此,有人认为非线性具有半系统误差的性质,这种误差不能完全修正。

对于同一传感器的输出特性曲线,由于计算方法不同将导致结果各异,因此,在给定非线性这一指标时,应注明所采用的计算方法。

6) 滞后(迟滞)

由于石英晶体本身滞后极小,所以,优质压电式传感器滞后极小。

压电式压力传感器的滞后主要是由结构设计、装配工艺不当造成的。滞后现象严重的压电式压力传感器不能用于动态参数测量。

7) 重复性

由多种材料和元件构成的传感器,每一环节都可能存在不理想因素,这些因素受环境的影响,不能再重复。合理的设计、先进的工艺能使传感器的重复性控制在一定精度范围内。也就是说,重复性是能够反映一个传感器的设计和工艺质量优劣的一项很重要的指标。重复性的

计算方法现大都采用标准法,即求出标准偏差σ,以$(2\sim3)\sigma$和满量程之比的百分数表示。但σ的数值和标定次数有关,一般来说,标定次数越多,σ就较小,通常是标定3～5次。在给出重复性指标时,应说明是2σ还是3σ,如:重复性$\leqslant1\%$FS(3σ)。

18.4.3 压电式加速度传感器

压电式加速度传感器是以压电材料为转换元件,输出与加速度成正比的电荷或电压量的装置。由于它具有结构简单、工作可靠等一系列优点,目前已成为冲击振动测试技术中使用广泛的一种传感器。世界各国作为量值传递标准的高频和中频振动基准的标准加速度传感器,都是压电式的。由此可见,质量优良的压电式加速度传感器在精度、长时间稳定性等方面都是有其独到之处的。目前,它的应用范围很广,约占目前所使用的各种加速度传感器总数的80%。压电式加速度传感器量程大、频带宽、体积小、质量轻、安装简单,并能适用于各种恶劣环境。它广泛地应用于航空、航天、兵器、造船、纺织、农机、车辆、电气等各系统的振动、冲击测试、信号分析、机械动态实验、环境模拟实验、振动校准、模态分析、故障诊断、优化设计等。

1. 压电式加速度传感器的工作原理

压电式加速度传感器的工作原理图如图18-70所示。

在压电转换元件上,以一定的预紧力安装一惯性质量块。惯性质量块上有一预紧螺母(或弹簧片),这就可组成一个简单的压电加速度传感器,图18-70是它的力学模型图。这是典型的惯性式传感器,通常它可以简化为单自由度二阶力学系统。

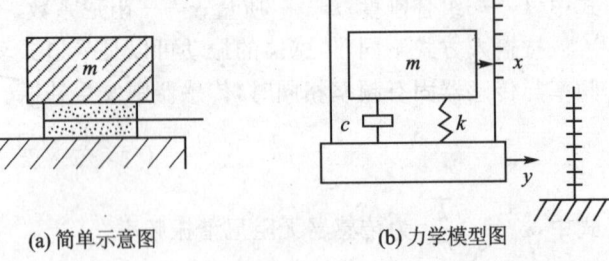

图18-70 压电式加速度传感器工作原理

压电式加速度传感器惯性质量块的运动规律可用下式表示:

$$m(\ddot{x}+\ddot{y}) + c\dot{x} + kx = 0 \tag{18-40}$$

式中,m——惯性质量;c——阻尼系数;k——弹性系数;x——惯性质量块相对于传感器壳体的位移;$\ddot{y}$——振动加速度,即传感器基座的加速度。

设绝对位移 $y = y_0 \sin \omega t$,

则式(18-40)可改写为

$$m\ddot{x} + c\dot{x} + kx = y_0 \omega^2 \sin \omega t \tag{18-41}$$

设

$$\xi = \frac{c}{2\sqrt{km}}, \quad \omega_n^2 = \frac{k}{m}$$

式中,ξ——因次阻尼比;ω_n——传感器的无阻尼谐振频率;ω——物体的振动频率。

压电式加速度传感器的阻尼比ξ很小,一般不大于0.04,可忽略不计。设计加速度传感器时,要尽量提高它的无阻尼谐振频率。在$\omega_n \gg \omega$时,式(18-42)成立,即

$$x = \frac{\ddot{y}}{\omega_n^2} \tag{18-42}$$

由此说明,质量的相对位移x与物体振动加速度$\ddot{y}$成正比。

压电转换元件在惯性质量块 m 的惯性力作用下,产生的电荷量为

$$Q = d_{ij}m\ddot{y} \tag{18-43}$$

对每只加速度传感器而言,d_{ij} 和 m 均为常数。式(18-43)说明压电加速度传感器输出的电荷量 Q 与物体振动加速度 $\ddot{y}$ 成正比。用适当的测试系统检测出电荷量 Q,就实现了对振动加速度的测量。

2. 压电式加速度传感器的结构及特点

由于压电式加速度传感器使用在非常广泛的领域里,而这些领域对传感器的要求各不相同,为适应这相当广泛的要求,产生了形式繁多的压电加速度传感器。

图 18-71 共示出了压电式加速度传感器常见的 11 种结构形式。下面分别介绍这些典型结构形式及其特点。

1) 基座压缩型

这种结构形式也称周边压缩型。整个加速度传感器主要由基座、压电转换元件、惯性质量和预紧螺母组成。惯性质量和压电转换元件被预紧在基座上。

这种传感器结构简单,工作可靠,可以做到高灵敏度和高频率响应。

但是它有明显的不足之处,如图 18-71(a)所示,由基座、惯性质量块、压电元件组成的质量弹簧系统,其预紧力是通过外壁施加上去的。这样一来,外界条件的变化(如温度、声音变化)都会影响到对压电转换元件的预紧力,使干扰信号附加到压电转换元件上,造成不希望有的非振动信号输出,增大了测试误差。

2) 单端中心压缩型

它主要由基座、中心螺杆、压电转换元件、惯性质量和预紧螺母组成。预紧力是通过中心螺杆施加到压电转换元件上的。它除保持了基座压缩型的灵敏度高、频响宽、工艺性好的优点外,其外壳与质量-弹簧系统不直接接触,可隔离一部分外界由于非振动因素造成的干扰。国产压电加速度传感器的大部分型号是此类结构,如图 18-71(b)所示。

3) 倒置中心压缩型

它的特点是将一单端中心压缩型结构中的惯性质量-压电转换元件系统倒挂在传感器的基座中,如图 18-71(c)所示。这种结构型式除保持了单端中心压缩型的基本特点外,还可以有效地隔离来自安装面的大基座应变信号的干扰。国外某些标准加速度传感器,如丹麦 B&K 公司的 8305 型标准加速度传感器即为此类结构。

4) 隔离基座压缩型

在单端中心压缩型的基座上加开了一个隔热、隔应力槽,即构成这种结构形式,如图 18-71(d)所示。这种结构是美国 Endevco 公司首先提出的一种设计方案,称之为隔离基座技术。

这种结构,除保持了单端中心压缩型的全部优点之外,环状槽增加了压电加速度传感器抗基座应变的能力,对提高传感器瞬变温度等环境特性也有益,并降低了传感器的自重。隔离基座技术不仅在单端中心压缩型结构中可采用,在其他压缩型传感器结构中也均可采用。

5) 隔离基座预载套筒压缩型

这是一种新颖的设计结构。惯性质量和压电转换元件上的预紧力是靠一薄壁弹性预载套筒施加上去的,如图 18-71(e)所示。它属于双层屏蔽式结构,预载套筒兼有第二层机壳的作用,增强了压电传感器的抗干扰能力。在同等质量或截面积下,预载薄壁套筒比中心螺杆具有

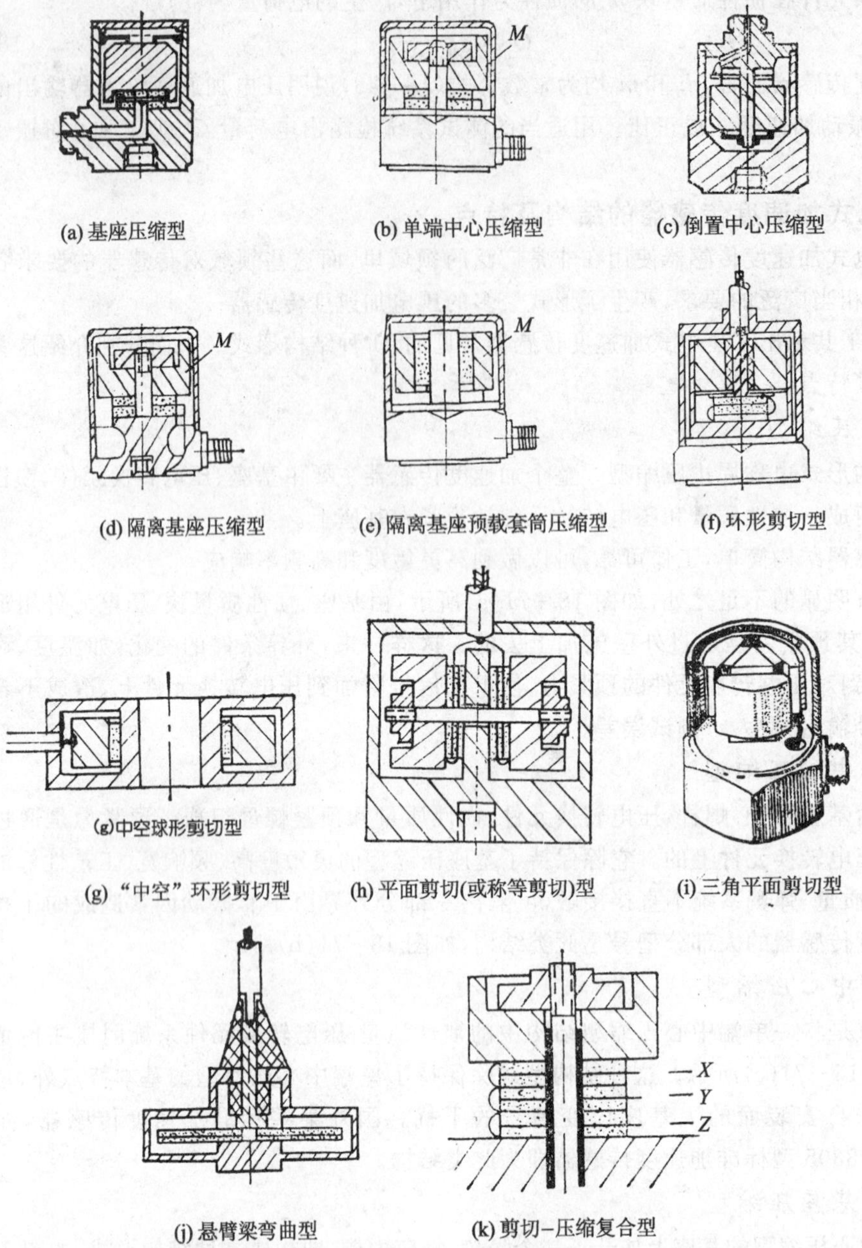

第18章 压电式传感器

(a) 基座压缩型　　(b) 单端中心压缩型　　(c) 倒置中心压缩型

(d) 隔离基座压缩型　　(e) 隔离基座预载套筒压缩型　　(f) 环形剪切型

(g) "中空"环形剪切型　　(h) 平面剪切(或称等剪切)型　　(i) 三角平面剪切型

(j) 悬臂梁弯曲型　　(k) 剪切-压缩复合型

图18-71　压电加速度传感器的各种结构形式简图

更高的抗弯截面模量,增大了加速度传感器的横向刚度,即增大了加速度传感器抗横向过载的能力。

在基座上加一应力槽,可使它抗基座应变能力与隔离基座压缩型加速度传感器处于同一数量级。目前,这种结构被认为是较为先进的结构之一。缺点是,它的加工和装配工艺复杂。

6) 环形剪切型

压电转换元件和惯性质量均为圆柱环。压电转换元件是经轴向极化的压电陶瓷,在其内外圆柱面上取电荷,其机电转换利用了压电陶瓷的切变压电效应,如图18-71(f)所示。

它有以下突出优点：

① 剪切型铁电元件没有热释电输出，故剪切型压电传感器抗环境干扰（主要指瞬变温度）能力强。

② 它同中心压缩型一样是设计成外壳仅起屏蔽作用的形式，可具有较高的抗声和抗磁干扰的能力。

③ 它的压电转换元件是压在基座中心柱上的，基座安装底面上的应变对压电转换元件的应力状态几乎无影响。这种结构传感器的基座应变灵敏度指标，优于其他结构类型的压电加速度传感器两个数量级以上。例如，丹麦 B&K 公司 8308 型加速度传感器，电荷灵敏度为 10 pC/g，基座应变灵敏度为 0.008 $g/\mu\varepsilon$；而与它灵敏度相同的国产 YD47 型环形剪切型压电加速度传感器的基座应变灵敏度仅 1.1×10^{-6} $g/\mu\varepsilon$（8308 为压缩型结构）。

④ 装配工艺性好，横向灵敏度低。

⑤ 结构简单，成本低，有利于推广应用。

这种结构形式的缺点是：因其靠切变压电效应实现机电转换，晶片及敏感质量全靠圆环接触面间的摩擦力和胶粘接固定，受大冲击后，易失效，抗过载能力稍差。

目前，国外已有抗冲击能力达 10^5 g 的环形剪切型加速度传感器。

7）"中空"环形剪切型

这种结构的压电加速度传感器的外形很像压电式测力垫圈，呈"中空"环状结构。安装时，可以用简单的标准螺栓穿过其中的孔，将加速度传感器像垫圈一样安装到被测物体上。这种安装方式的实用价值在于它的电缆线可按任意方向引出，在一些安装空间有限的被测点上，可以使用此类传感器。它具有剪切型压电加速度传感器的所有优点，其结构如图 18-71(g) 所示。

国外已用上述两种环形剪切结构制成了仅有 0.14 g 的微型压电加速度传感器。这是国外应用较多的一种先进的设计结构形式。

8）平面剪切（或等剪切）型

它和中心压缩型结构相似，所不同的是中心螺杆水平安装，对惯性质量和压电转换元件施加横向预紧力，如图 18-71(h) 所示。

这种结构除具有前文已述的剪切型结构的优点外，还可根据不同的要求制成加速度计，如：用叠加压电转换元件的方法增加传感器的灵敏度，也可以加上温度补偿片或加上电绝缘片以平缓温度效应或隔离地电场干扰。这种结构形式的传感器对非振动因素具有良好的隔离性能，即使在高温、强声场、底座弯曲变形（基座应变）大的场合，也能够获得较高的测试精度。

它的局限性在于不易做到小型化，频响也较难提高。

9）三角平面剪切型

这种结构中的压电转换元件是方形剪切型压电片，用一圆环状预紧筒将三块扇形惯性质量块和三片压电转换元件紧固在三角形棱柱上，如图 18-71(i) 所示。它具有良好的环境特性和技术特性。这种结构最先出现于丹麦 B&K 公司的产品中，我国已能够生产此类结构的传感器。它的局限性也在于目前还难以做到微型化，也不能用于测量高频高 g 值加速度。

10）悬臂梁弯曲型

弯曲型压电转换元件被夹持在基座与导电柱之间，即构成悬臂梁弯曲型压电加速度传感器。这里,压电转换元件同时作为惯性质量。当加速度传感器受到机械振动时,压电转换元件(悬臂梁)在自身惯性力载荷作用下产生了弯曲变形,同时输出正比于振动加速度的电信号,如图18-71(j)所示。这种结构的突出特点是体积小,质量轻,且灵敏度极高。例如,法国 Prodera 公司 AS 型悬臂梁式压电加速度传感器,压电转换元件为钛酸钡陶瓷,自重 1.2 g,而电荷灵敏度竟高达 40 pC/g。

11) 剪切-压缩复合型

在同时测量一点 X,Y,Z 三个方向振动或冲击加速度时,可采用三轴向压电加速度传感器,如图18-71(k)所示。目前,国外三轴向压电加速度传感器都是由在金属壳体中装入三只具有独立输出的单轴向加速度传感器组合而成的。这类压电加速度传感器大都具有三组压电转换元件和三个惯性质量块。

剪切-压缩复合型三向压电加速度传感器与上述普通三向压电加速度传感器不同,它仅有一个惯性质量块,压电转换元件分别测量 X,Y,Z 三个方向的加速度分量,并独立输出。

设计这种新型三向加速度传感器的理论依据是:在压电加速度传感器中,惯性质量块的运动是微位移运动,不论是纵向 Z 还是横向 X 和 Y,运动位移都处于相同的量级,也就是说,惯性质量块的运动是全向的。据此,可建立惯性质量块运动状态的三自由度力学模型。

在剪切-压缩复合式三向压电加速度传感器中,装有三组压电转换元件。

X 组压电转换元件仅对 X 向的振动敏感,这是一组敏感轴方向与 X 轴一致的剪切型压电转换元件。当加速度传感器感受 X 向加速度分量时,惯性质量与基座对压电转换元件施加 X 方向的剪切力,则 X 组压电转换元件产生正比于该方向上振动加速度分量的电荷输出。

Y 组压电转换元件仅对 Y 向加速度敏感,这是一组敏感轴向与 Y 轴一致的剪切型压电转换元件。当传感器感受到具有 Y 方向分量的加速度时,Y 向压电转换元件产生与 Y 向加速度成正比的电荷输出。

上述二组压电转换元件分别对平行于传感器安装面的 X 向和 Y 向水平加速度敏感。

Z 组压电转换元件为典型的压缩型晶片,利用其压电系数 d_{33} 检测垂直(Z 方向)方向的加速度分量,它与惯性质量(包括惯性质量块的质量和叠加在 Z 组晶片上的 X 和 Y 两组压电转换元件的质量)组成典型的中心压缩型压电加速度传感器。用它可检测 Z 向加速度。

3. 压电式加速度传感器的主要性能指标

1) 灵敏度

压电加速度传感器灵敏度是指其输出电量(电荷或电压)与所承受的振动(或冲击)加速度的比值。它是表征加速度传感器性能的最基本的参数。

与电压放大器配套使用时,需给出压电加速度传感器的电压灵敏度;与电荷放大器配套使用时,则要给出它的电荷灵敏度。

两种灵敏度的数学表达式分别为

$$\left. \begin{array}{l} K_Q = \dfrac{Q}{a} \\ K_u = \dfrac{u_{sc}}{a} = \dfrac{Q/C_a}{a} = \dfrac{K_Q}{C_a} \end{array} \right\} \quad (18-44)$$

式中,K_Q 和 K_u——压电传感器的电荷和电压灵敏度;Q——加速度传感器的输出电荷;u_{sc}——加速度传感器的输出电压;a——振动或冲击加速度;C_a——加速度传感器电容。

由传感器原理已知,压电传感器输出电量与压电转换元件所承受的作用力成正比,即

$$Q = d_{ij}F$$

又因作用在压电转换元件上的力等于惯性质量块的惯性力,即

$$F = ma$$

所以压电加速度传感器的电荷灵敏度计算公式为

$$K_Q = \frac{Q}{a} = \frac{d_{ij}F}{a} = d_{ij}m$$

$$K_u = \frac{d_{ij}m}{C_a}$$

采用并联多片压电转换元件,可以提高压电传感器的电荷灵敏度,但由于并联后传感器电容也成倍增加,因而并不能增加传感器的电压灵敏度。

压电加速度传感器灵敏度有:电压灵敏度(单位 $mV \cdot s^2 \cdot m^{-1}$)和电荷灵敏度($pC \cdot s^2 \cdot m^{-1}$)。

在工程上还通常以重力加速度 g 为单位(1 g = 9.81 m/s^2),所以传感器的灵敏度也惯用 pC/g 或 mV/g。

压电加速度传感器的灵敏度是按它与二次仪表配套后所测量的加速度范围(输入放大器的电荷或电压量)来设计的。

通常用于工程振动测量的压电加速度传感器的电荷灵敏度约为 10~100 pC/g,电压灵敏度为 10~100 mV/g,而用于测量低频微振的高灵敏度压电加速度传感器的灵敏度高达 10000 pC/g;用于测量 10^5 g 的冲击加速度传感器的灵敏度只有 0.02 pC/g。

2) 频率响应

如前所述,压电加速度传感器是由惯性质量和压电转换元件组成的二阶质量-弹簧系统。它的幅频、相频特性分别是

$$\left|\frac{x}{a}\right| = \frac{1}{\omega_n^2} \frac{1}{\sqrt{\left[1-\left(\frac{\omega}{\omega_n}\right)^2\right]^2 + \left(2\xi\frac{\omega}{\omega_n}\right)^2}} \qquad (18-45)$$

$$\varphi = \arctan \frac{2\xi\dfrac{\omega}{\omega_n}}{1-\left(\dfrac{\omega}{\omega_n}\right)^2} \qquad (18-46)$$

式中,ω——振动角频率;ω_n——传感器无阻尼谐振频率;ξ——无因次阻尼比;a——振动物体加速度。

因质量块与振动物体间的相对位移 x 就是压电转换元件受力后产生的变形量,它服从虎克定律,即

$$F = kx$$

式中,F——作用在压电转换元件上的力;k——传感器的等效刚度系数。

又因为

$$Q = d_{ij}F = d_{ij}kx$$

故可得到压电加速度传感器灵敏度与频率的关系式为

第18章 压电式传感器

$$\frac{Q}{a} = \frac{\dfrac{d_{ij}k}{\omega_n^2}}{\sqrt{\left[1-\left(\dfrac{\omega}{\omega_n}\right)^2\right]^2 + \left[2\xi\left(\dfrac{\omega}{\omega_n}\right)\right]^2}} \qquad (18-47)$$

由式(18-47)可得到传感器的频率响应曲线(见图18-72)。

由图18-72可见,当ω/ω_n相当小时,$K_Q=\dfrac{Q}{a}$近似为一常数。$\dfrac{Q}{a}$近似为常数的频率范围则是传感器的理想工作频带。

压电加速度传感器的主谐振频率可由下式求出其理论值

$$f_n = \frac{1}{2\pi}\sqrt{\frac{k}{m}} \qquad (18-48)$$

式中,f_n——压电加速度传感器的谐振频率。

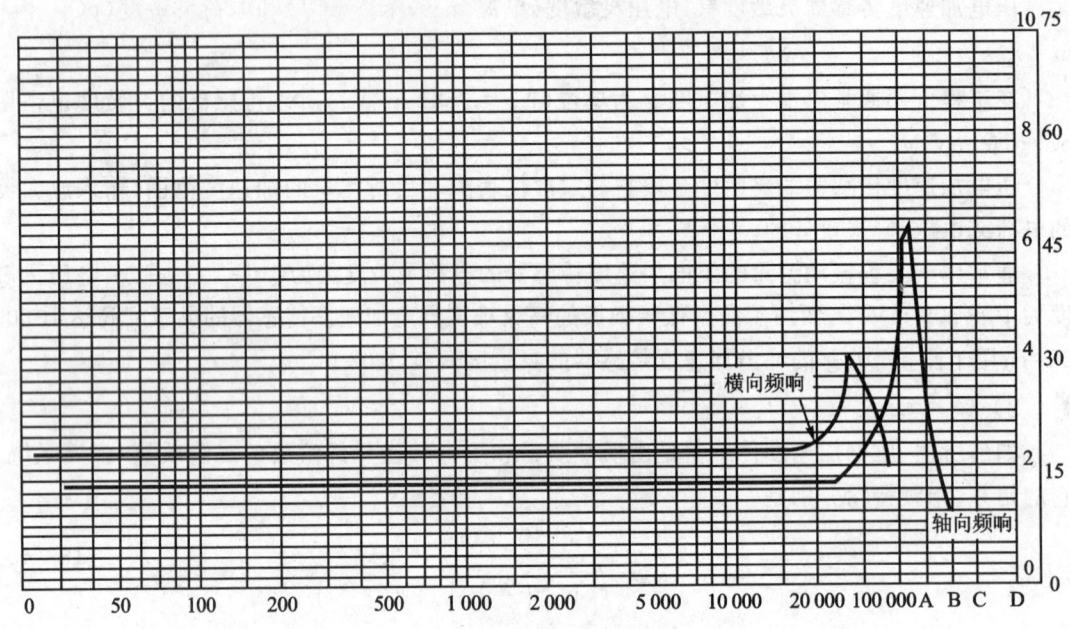

图 18-72 某型号压电加速度传感器的频率响应

仅用压电加速度传感器压电转换元件的弹性系数来计算其谐振频率所得出的结果往往偏高。这是由于实际上压电加速度传感器力学模型中的k值,除由压电转换元件弹性系数决定外,还要受惯性质量块、压电转换元件与导电片间接触刚度的影响。因此,式(18-48)中的k值应为加速度传感器的组合刚度,它低于压电转换元件的刚度。

压电加速度传感器的等效刚度系数k值设计得很大,而它的惯性质量也可以做得很小,故它有良好的高频响应,用于测量冲击的压电加速度传感器,谐振频率可达100 kHz以上。这种传感器常用来测量脉冲宽度很窄的高频冲击信号。

压电加速度传感器的低频响应与所选用的前置放大器关系极大。

当与电压放大器(阻抗变换器)配用时,压电加速度传感器的低频响应将由该系统的时间常数RC决定。图18-73示出压电加速度传感器配用电压前置放大器时低频响应与时间常数之间的关系。

时间常数 RC 由下列各项组成，即

$$R = \frac{R_a + R_i}{R_a R_i} \quad (18-49)$$

$$C = C_a + C_c + C_i \quad (18-50)$$

采用浮动附加分路电容，可以改进压电加速度传感器与电压前置放大器配套后的低频响应。例如，采用长电缆以增大 C_c。但是这样做将影响灵敏度，显然是不可取的。改善低频响应的最有效的途径是加大电压前置放大器输入电阻。压电加速度传感器与电压前置放大器配用后，低频下限可达 2 Hz。与电荷放大器配用时，压电加速度传感器的低频响应截止频率下限由下式确定

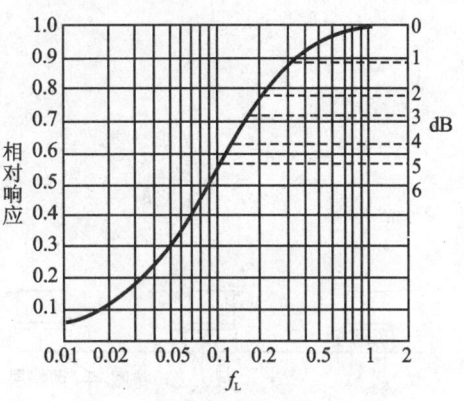

图 18-73 压电加速度传感器配用电压前置
放大器时低频响应与时间常数关系图

$$f_L = \frac{1}{2\pi R_f C_f} \quad (18-51)$$

式中，R_f——电荷放大器反馈电阻；C_f——电荷放大器反馈电容。

一般电荷放大器的下限截止频率为 0.16 Hz，超低频测量用的电荷放大器低频下限可达 0.001 Hz 以下，可用于测量准静态物理量。

低频弱信号测量中的关键是要提高传感器的灵敏度。因为环境温度、电缆噪声等各种干扰信号都是低频共生信号，只有用提高传感器灵敏度的方法才能保证测试精度，提高信噪比。

3) 安装谐振频率

实际测量时，加速度传感器总是要通过一定的方式安装在被测物体上，采用什么样的方式安装，对传感器的工作频带有着很大的影响。使用的上限频率并不是加速度传感器本身的谐振频率，而要受安装谐振频率的限制。安装谐振频率是指将加速度传感器牢固地（用钢螺栓）装在一个有限质量为 M（目前国际上公认的标准是取体积为 1 m³，M 为 180 g）的物体上时的谐振频率。加速度传感器说明书上标明的安装谐振频率指的便是这种安装方法下的谐振频率。

安装谐振频率与传感器固有频率 f_n 之间有以下关系，即

$$f'_n = f_n \sqrt{1 + \frac{m}{M}} \quad (18-52)$$

由上式可见，当 $M \to \infty$ 时，$f'_n = f_n$。

实际上安装谐振频率 f'_n 还受具体安装方法的影响。表 18-24 中列举了几种常用安装方法的性能比较，安装方法如图 18-74(a)所示，频响曲线如图 18-74(b)所示。由表 18-24 可见，用淬火钢螺栓是解决频响的最好方法，安装谐振频率最高，能传递较大加速度，与标定加速度传感器时的条件相近。

安装传感器时，表面的粗糙度、平直度，以及安装螺孔垂直度都应有严格要求。如安装面较粗糙，则在安装传感器之前，最好薄薄地涂上一层硅脂，这样，可以增加安装刚度。此外，安装螺栓不可拧入传感器螺孔过长，否则可造成基面弯曲而影响灵敏度。

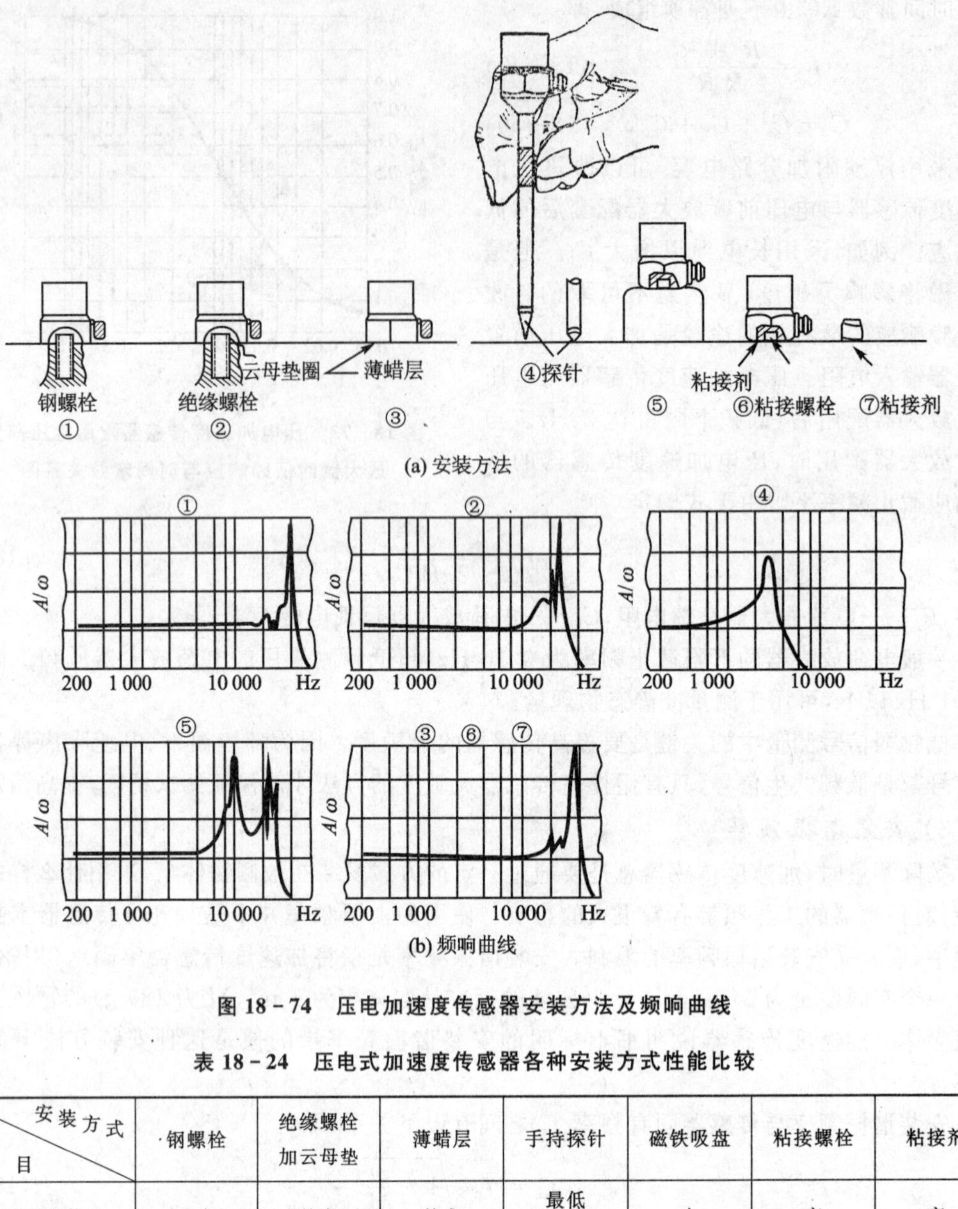

第18章 压电式传感器

(a) 安装方法

(b) 频响曲线

图 18-74 压电加速度传感器安装方法及频响曲线

表 18-24 压电式加速度传感器各种安装方式性能比较

安装方式 项 目	钢螺栓	绝缘螺栓加云母垫	薄蜡层	手持探针	磁铁吸盘	粘接螺栓	粘接剂
安装谐振频率	最高	较高	较高	最低 （<1000 Hz）	中	高	高
负荷加速度	最大	大	小	小	中 （<200 g）	大	大
其他	—	需绝缘时用	不适用于高温	方便	<150℃	—	—

绝缘螺栓是在需传感器与被测物体绝缘时采用的安装方法。这种安装，可有效地防止地电场对测量的干扰。

磁铁吸盘式安装法适用于测量不便钻安装孔的金属构件表面振动。它也可使传感器与振动物体电绝缘。该方法在高加速度和温度高于150℃时不宜使用。

此外,还可采用手持探针、腊粘接、胶粘接等安装方法。

采用钢螺栓安装传感器,对 M5 螺栓,一般规定安装扭矩为 1.8 Nm 左右。

一般说来,如被测信号频率为 f,那么安装谐振频率要大于 $5f_n$。这样才能保证足够高的测试精度。

压电式加速度传感器的主要指标还有线性度、年稳定度和环境特性指标等,这里不再一一介绍。主要材料性能如表 18-25 所列。

表 18-25 压电加速度传感器用金属材料性能

性能 材料	体积质量 /(g·cm^{-3})	弹性模量 /MPa	抚拉强度 /MPa	用途	备注
1Cr18Ni9Ti	7.8	20.3×10^4	550	基座、外壳材料	
钛合金	4.5	11.7×10^4	1050		
铝合金 LY12	2.8	7×10^4	500		加工有毒性
铍	1.86	30×10^4	492.0		
高体积质量合金	17.9			惯性质量用材料	—
钨棒	19.3	3.8×10^3	35~150		
65Mn	7.8	20.8×10^3	70	弹性材料	
铍青铜	8.9		115	接插件材料	

注:各种金属材料机械性能与热处理工艺关系极大,表中数据供参考。

常用的国产低噪声电缆主要性能如表 18-26 所列。

表 18-26 低噪声电缆性能表

型号 参数	STYV-2	STYVP-4	STYV-1	STFF-0.9
线芯根(ϕ)/mm	7/0.12	7/0.12	7/0.06	7/0.06
线芯外径/mm	0.36	0.36	0.20	0.3
绝缘外径(第一层)/mm	1.6±0.15	1.6±0.15	1	0.85
外径(第二层)/mm	—	4±0.2	—	—
电缆外径/mm	3.1	6	2	2
最长长度/m	200	30	200	200
电缆电容/(pF·m^{-1})	95	95(内) 180(外)	95	120
试验电压(50 Hz)/kV	2	2(内)3(外)	2	2
绝缘电阻/(MΩ·km^{-1})	5000	5000	5000	10000
噪声参数/mV	1	5	0.5	0.2

4. 压电式加速度传感器应用举例

振动和冲击是自然界和生产过程中普遍存在的物理现象。几乎每一种机械设备和建筑都存在振动问题,振动所能够造成的危害是众所周知的。在工程技术史上曾发生过多次由于振动而造成的严重破坏事故。随着机器日益高速化,大功率化和结构轻型化及其精密程度的不断提高,对控制振动的要求也更加迫切。由于振动现象和形成振动的机理变得越来越复杂,所以在观察、分析、研究机械动力系统产生振动的原因及规律时,除理论分析之外,直接进行测试始终是一个重要的、必不可少的手段。下面介绍振动加速度测量在工程中的一些应用。

1) 大型发电组的振动监测

火力发电厂中的十万 kW 以上的大型汽轮发电机组的安全运行是极重要的。这种高速旋转着的机器,转动惯量很大,如因叶片断裂、主轴断裂、弯曲、发电机线棒松动等故障而造成停机甚至发生"飞车"等严重事故,其经济损失将是相当严重的。据资料介绍,一台 1×10^5 kW 的中型汽轮发电机组如因机械事故发生停机,仅锅炉再次点火一项,就需耗费点火用柴油 50 t 以上。由此可见,传感器监测技术在自动化生产中具有举足轻重的地位。电厂振动监测仪表系统,就是保障电厂安全运行的重要措施之一。不论是汽轮机、发电机还是风机、球磨机等,在发生故障前的一段时间必然产生异常振动现象,用压电加速度传感器配振动仪表监测系统可以及时发现机组运行中的异常振动,及时排出隐患,防止事故。图 18-75 为电厂振动监测示意图。

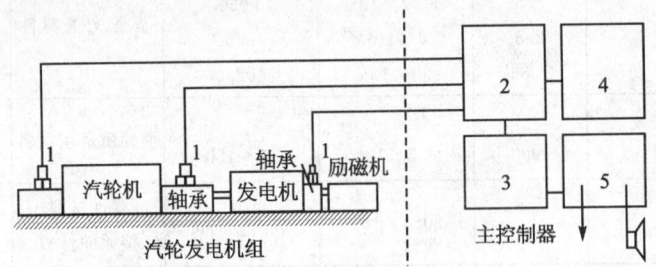

1—压电加速度传感器;2—多路电荷放大器;3—双积分电路;
4—示波器;5—终端处理(屏幕显示、报警、打印机接口)

图 18-75　电厂振动监测示意图

监测用压电加速度传感器多选用 XYZ 三向传感器,可测量一点空间各方向上的振动。一台 3×10^5 kW 汽轮发电机组监测点需 30 多个。

在大型客运飞机上,为保证飞行安全,也装有压电加速度传感器振动监测仪表系统。波音 747 客机上安装的监测用压电加速度传感器多达百余个。

2) 人体的动态特性研究

在物理学和生物学上,人体都是一个极为复杂的系统。当把人体作为一个机械系统的时候,它包含许多线性及非线性"部件"。力学性质十分不稳定,人和人也有所不同。在生物学上,特别是包括心理学效应时,情况就更为复杂。因此,关于人体的动态特性研究往往更要立足于实验研究。有些实验在人体上做非常困难,又花费时间,在极端情况下是不文明的,所以有些数据是从动物实验中得来的,有一定参考价值。

加速度传感器在人体动态特性研究方面有着特殊的意义,例如人体手部的颤振等。因为加速度传感器可以做得足够小,足够轻,灵敏度高,便于安装,在人体动态特性测试方面应用很广泛。

众所周知,一切机械设备都是要人去操作的。研究人体动态特性,对了解人所能承受的工作环境以及如何设计机械设备都是很有意义的。图 18-76 是通过人体动态特性实验而简化的人体机械振动模型及人体各部分的谐振频率。

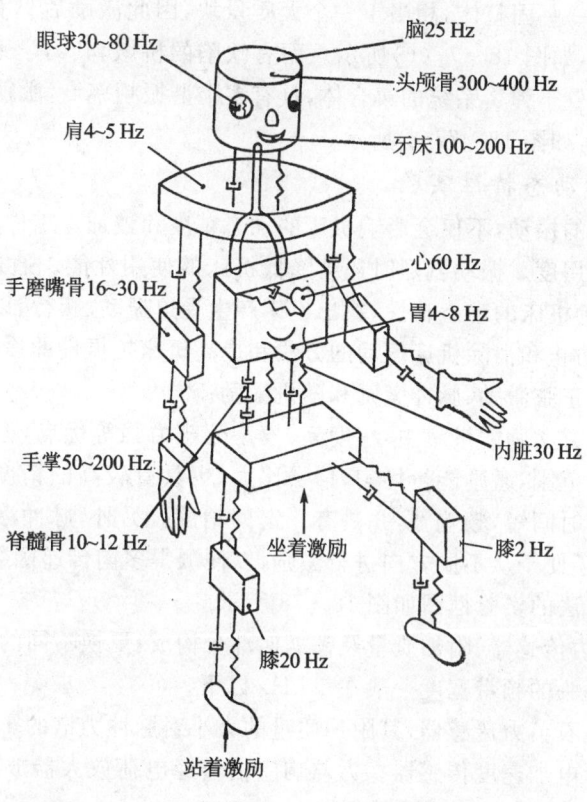

图 18-76 人体的机械振动模型及各部分的谐振频率

3) 桥墩水下部位裂纹探测

铁路、公路桥梁桥墩的检测对保证交通安全是十分重要的。桥墩水下和地表以下部位的缺陷是很难直接发现的,用压电加速度计检测桥墩的振动,再进行频谱分析,则可以准确地判定桥墩(或堤坝等大型建筑)的内部缺陷。图 18-77(a)为桥墩水下部位裂纹探测示意图。

用放电炮的方式,通过水箱使桥墩承受一垂直方向的激励,用压电加速度传感器测量桥墩的响应,将信号经电荷放大器进行阻抗变换和适调放大后送入数据记录仪,再将记录下的信号输入频谱分析设备。所测得的桥墩加速度响应,经频谱分析后,可判定桥墩有无缺陷。

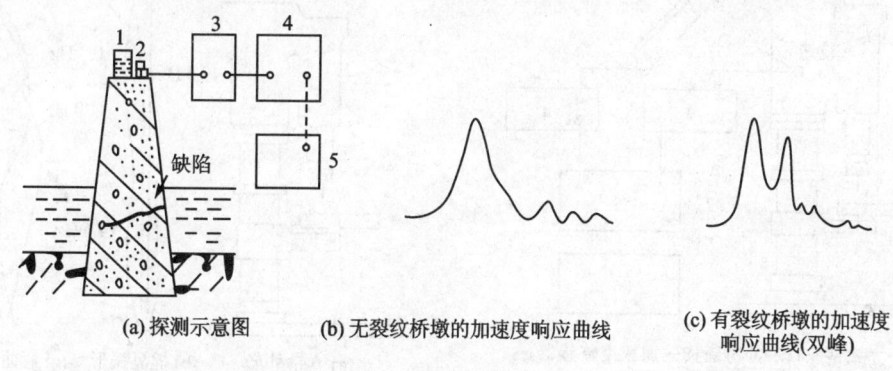

(a) 探测示意图　(b) 无裂纹桥墩的加速度响应曲线　(c) 有裂纹桥墩的加速度响应曲线(双峰)

1—放电炮用水箱(起振箱);2—压电加速度传感器;3—电荷放大器;4—数据记录仪;5—频谱分析仪

图 18-77　桥墩水下部位裂纹探测

无缺陷的桥墩为一坚固整体,相当于一个大质量块,因此激励后只有一个谐振频率点,加速度响应曲线为单峰,如图 18-77(b) 所示。而有缺陷的桥墩,其力学系统变得更为复杂,它相当于两个或数个质量-弹簧系统的集合体,具有多个谐振频率点,激励后的加速度响应曲线将显示出双峰或多峰,如图 18-77(c) 所示。

4) 机床结构的动态特性实验

机床工作时产生的振动,不仅会影响机床的动态精度和被加工零件的质量,而且还要降低生产效率和刀具的耐用度。振动剧烈时还会降低机床的使用性能。通过动态实验,进行模态分析,可充分了解各种机床的动态特性,找出机床产生受迫振动、爬行,以及自激振动(即颤振)的原因,从中寻找出防止和消除机床振动的方法和提高机床抗振性的途径。

实验方法有稳态正弦激励、脉冲激励和随机激励。

稳态正弦激励具有激励能量集中、精度高、模态分辨力强等优点,但是实验时间长。随机激励具有较宽的频率范围,激励能量均匀,信噪比大,也具有较高的精度。脉冲激励法简单方便,所需设备少,实验时间短,频响宽,并具有一定的精度。另外,脉冲激励法对被测试件不施加刚度及质量约束,还便于从不同方向进行激励,以便测得多向传递函数。

采用冲击激励方法的实验框图如图 18-78 所示。

冲击锤由锤头、力传感器、附加质量及锤柄四部分构成,更换不同的锤头,可获得不同的激励频率宽度。橡皮锤头的频带宽度一般在 1 kHz 以下。

力传感器为压电石英力传感器,其附加质量的大小对脉冲力谱的影响较大。

响应测量采用压电加速度传感器。力与响应信号经电荷放大器放大,输入至数据处理设备。数据处理设备可求出机床的模态参数。

图 18-79 是用实验法求得某立式钻床的谐振频率和振型。

图 18-79(a) 表示立钻外型,图 18-79(b) 和图 18-79(c) 表示振型,细实线表示未振动时钻床立柱的中心线。图 18-79(b) 中,10.3 Hz 是整机摇晃振型;14.6 Hz 相当于立柱下端固定,另一端自由的一阶弯曲振动;49.5 Hz 相当于同样状态下的二阶弯曲振动。图 18-79(c) 中,70 Hz 和 176 Hz 是主轴箱中点为节点时的振型;70 Hz 为一阶,176 Hz 是二阶,259 Hz 是更高阶的振型。

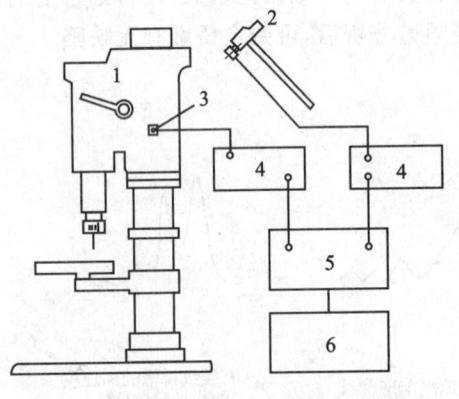

1—立式钻床;2—冲击锤;3—加速度传感器;
4—电荷放大器;5—数据分析设备;6—绘图仪

图 18-78 冲击实验法测试系统框图

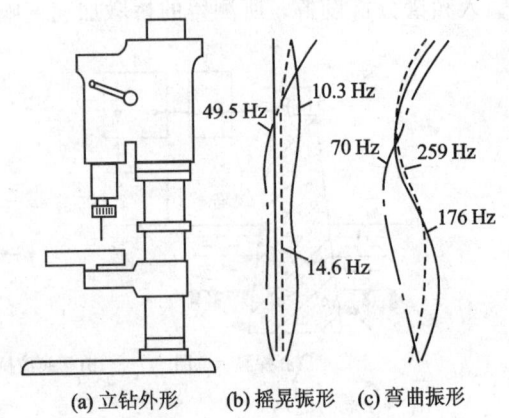

(a) 立钻外形　(b) 摇晃振形　(c) 弯曲振形

图 18-79 立式钻床固有振型

5) 火车环境振动测量分析

火车驶过时引起的地表面振动,对两旁建筑物的影响,可用压电式加速度传感器进行测量。图18-80为用压电式加速度传感器测量因火车引起地表振动的测点分布示意图。为评价火车振动对附近建筑物的影响,以一幢与铁路走向平行的七层楼为测量对象,该楼距铁路28 m,测点分布在各层楼板上,三个测点的平面坐标基本相同,均在较大房间地板中央。

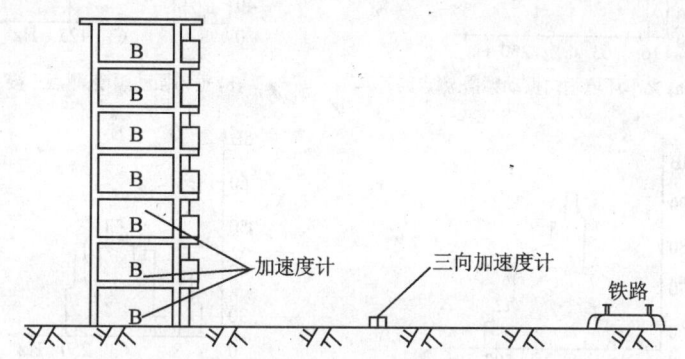

图18-80 火车引起地表振动的测点分布

表18-27给出了火车引起周围环境振动的幅值特性。可以看出,客车比火车激起的振动加速度小,即负载大的车辆激起的振动较大。经频谱分析可知,振动的主要能量集中在40～100 Hz频段内,其频谱如图18-81所示。

表18-27 火车激起环境振动的加速度值

测 点	垂直振动/dB		水平振动/dB	
	货车	客车	货车	客车
铁路道边(平均值)	81.5	78.5	90.5	84
一楼地面(平均值)	66.4	64.5	59.5	59
二楼地面(平均值)	65	63.5	55	53.5
三楼地面(平均值)	65.5	64.5	54.5	54

通过上述测试和分析,得出了火车环境振动的数据,为铁路及附近建筑物防震设计提供了科学依据。

6) 车辆道路模拟试验

车辆损坏的重要原因是在高低不平的道路上高速行驶时,车辆受到强烈的冲击。车辆道路模拟机是模仿路面对车辆的作用,将车辆的野外可靠性试验搬入实验室来做,加速对车辆的可靠性研究。

道路模拟试验过程的原理如图18-82所示。

上述模拟原理也可用于其他道路模拟中,如火炮牵引道路模拟试验。这些试验都离不开加速度的测量。

5. 集成式压电加速度传感器

普通压电传感器内阻很高,所产生的电荷量又极小,测量这样的信号往往需采用特制低噪音电缆和昂贵的电荷放大器。

第 18 章 压电式传感器

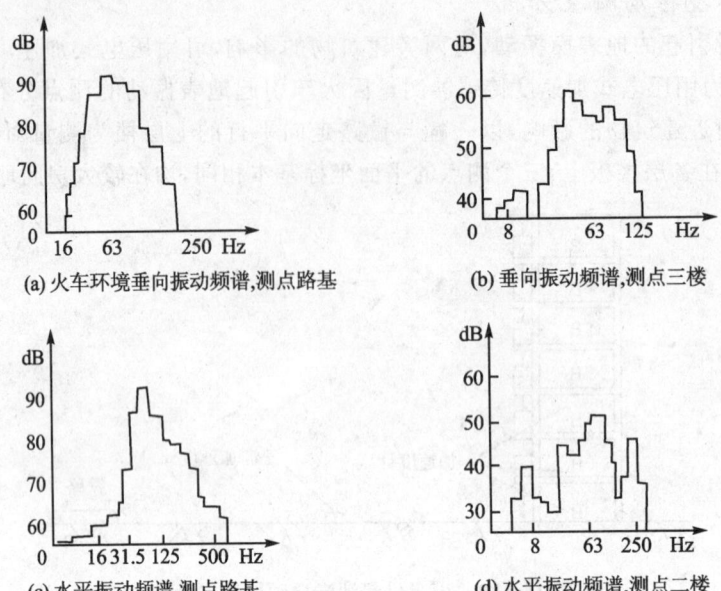

图 18-81 火车振动频谱及传递函数图

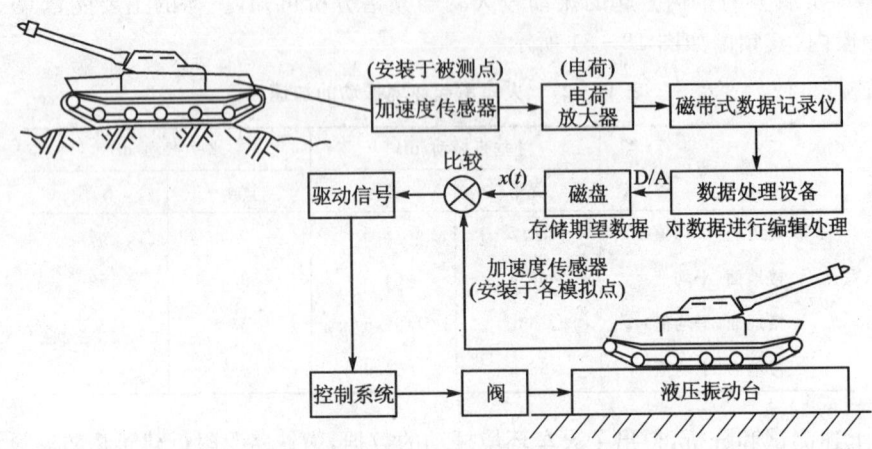

图 18-82 道路模拟试验过程原理图

在实际应用中,因传输信号内阻很高,易受外界电磁场干扰,加上电缆噪声的影响,需采取许多相当繁复的抗干扰措施。例如,远距离测量时需铺设专用金属电缆管道等。

自 20 世纪 70 年代以来,国外开始研制集压电传感器和电子线路于一身的集成式压电-电子传感器,并和晶体管一样,出现了"压电管"这一概念。

图 18-83 为一典型的集成式压电加速度传感器结构示意图。

由图 18-83 可见,传感器内部装有微型电荷变换器。该变换器可由恒流源供电,其输出信号将呈现低阻抗。可由一条电缆供电并同时用它作输出线,输出被测信号电压。集成式压电传感器典型电路原理图见图 18-84。

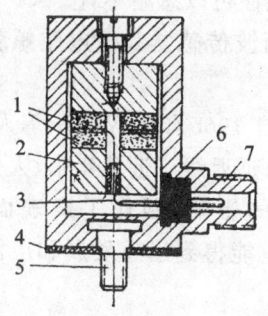

1—石英压电片;2—惯性质量;3—引线;4—绝缘垫圈;
5—绝缘螺钉;6—超小型阻抗变换器;7—电缆插座

图 18-83 集成式压电加速度传感器

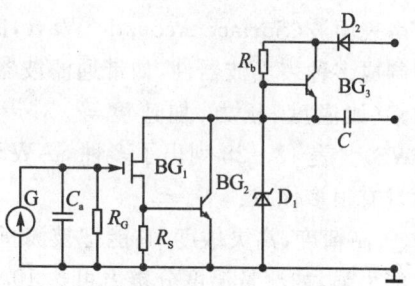

图 18-84 集成式压电传感器电路原理图

目前,国外集成式压电传感器已多采用这种输出线与供电线共用一条电缆的方法,用恒流源供电的方式,在输出信号端加隔直电容,使信号电压与供电直流偏压隔离。国内已有带阻抗变换器的低阻输出压电传感器问世。图 18-85 示出了同济 79 型低阻输出低频压电加速度传感器电路原理图。

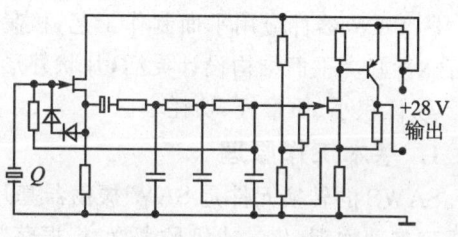

图 18-85 国产内装阻抗变换器压电
传感器(同济 79 型)电路原理图

随着电子技术的飞速发展,集成式压电传感器发展很快,已有质量仅 0.3 g,输出 10 mV/g,量程达 500 g 的集成式压电加速度传感器作为商品出售。

集成式压电传感器的优点是能直接输出一个高电平、低阻抗的信号(输出电压可达几 V),既可免除电缆所引起的噪声和虚假响应,也可省略昂贵的电荷放大器,降低了使用成本。这种传感器可用普通同轴电缆传输信号,电缆可长达几百米,而输出信号却无明显衰减。一般也不需再附加放大器,只有在测量较低电平的信号时,才需要放大。

集成式压电传感器的缺点是测量范围有限,难以承受 5000 $g(g=9.80665 \text{ m/s}^2)$,所能适应的温度范围较窄。

18.4.4　压电式声表面波传感器

当外加交变电场通过逆压电效应的耦合作用时,便在压电体中激发起各种形式的弹性波。当外电场的频率与弹性波在压电体中传播时的机械谐振频率一致时,压电体便进入机械谐振状态,成为压电振子。

逆压电效应来源于带电粒子在电场中所受的力。正负离子在电场中往往是反向移动,而电偶极子则往往旋转,直至与电场方向一致,其所引起的位移就称为逆压电效应的机械应变。

应当指出:逆压电效应与固体介质(如玻璃)发生的电致伸缩效应虽然都是电-机耦合效应,但它们对外场的响应特性则完全不同。主要有两个区别:逆压电应变通常比电致伸缩应变大几个数量级;压电应变与电场强度成正比,当外加电场反向(极化强度也反向)时,材料产生的应变也同时反向,而电致伸缩应变则与场强的平方成正比,因此与外加电场的方向无关。

这两种效应几乎同时发生,但电致伸缩效应在实际应用中往往可以忽略不计。

同时利用正逆压电效应可以制作多种器件,压电声表面波传感器和压电陀螺就是它们的代表。

声表面波(Surface Acoustic Wave,简写为 SAW)技术自 1965 年由 White 等人发现以来,已研制成多种表面波器件,如带通滤波器、振荡器、相关器和延迟线。近几年来,人们观察到外界因素(如温度、压力、加速度等)对声表面波传播参数的影响,制作了声表面波传感器(SAWS)。表 18-28 列出了多种 SAWS 及其主要特性。它能得到迅速发展和广泛应用是因为它具有很多优点:

① 高精度、高灵敏度,它能把被测量转变为电信号频率的测量,而频率的测量精度高,抗干扰能力强,如测量温度分辨力可达 10 μ℃。

② 被测量转换成频率变化的数字信息进行传输和处理,因此极易与微机直接配合,组成自适应实时处理系统。

③ SAW 器件应用平面制作工艺,极易集成化、一体化,并且结构牢固、质量稳定、重复性和可靠性好。平面结构设计灵活,片状外形易于组合。

④ 体积小、质量轻、功耗小。

1. 基本工作原理

SAWS 的转换元件是 SAW 振荡器基片,后者由石英晶体、压电陶瓷或压电薄膜构成。当它受到多种物理、化学或机械微扰时,振荡频率就发生变化,通过适当的设计使它仅对某一被测量敏感。由于 SAW 的振幅是随深度呈指数衰减的弹性波,敏感区就在表面薄层附近,因此SAWS 具有上述那些优点。

表 18-28 声表面波传感器及其主要特性

被测量	器件形式或工作方式		主要特点
压力	独石型	矩形片 R	f 为 77 MHz,监视心脏和肺等
		DL	f 为 82~170 MHz,灵敏度 8.85×10^{-4} μm/Pa,压力范围为 0~3.44×10^5 Pa
	粘接型 R		f 为 130 MHz,灵敏度为 3.12×10^{-3} μm/Pa,测压范围为 0~3.44×10^5 Pa,非线性 0.18%
质量	悬臂梁	R	f 为 100 MHz,测量 3 kg 误差小于 0.6 g,用作电子秤(精度 2×10^{-4}~3×10^{-4} kg)
		DL	f 为 40 MHz,灵敏度为 26.6 Hz/g,量程 1 kg
温度	接触式	R	f 为 75 MHz,灵敏度为 90 ppm/℃,分辨力为 0.1~0.01℃,测量范围为 -15~$+65$℃,非线性<±0.3℃
		DL	f 为 20~96 MHz,灵敏度为 32~115 μm/℃,测温范围为 -40~$+85$℃
	辐射式 DL		f 为 171 MHz,灵敏度为 10 Hz/℃,测温度为 0~200℃,分辨力 0.1~0.5℃

续表 18-28

被测量	器件形式或工作方式	主要特点
加速度	DL	f 为 251 MHz，灵敏度为 25 kHz/℃ 实验范围为 ±20g
	悬臂梁	f 为 251 MHz，灵敏度为 20～150 kHz/g
电压	DL	f 为 23～40 MHz，用 $LiNbO_2$ 或 PCM 检测范围为 0～1000 V
气体	DL	f 为 17～30 MHz，检测丙酮蒸氯、SO_2、氢气等
图像	光导薄膜 DL	根据输出频谱确定图像明暗位置
	液体超声波	叉指换能器激发水中集束超声观察物体表面

注：R 振子型；DL 延迟线型。

SAM 振荡器有延迟线型（DL）和振子型（R）两种。在信号处理中，经常要把信号延迟一段时间。最简便的方法是把电信号通过一段电缆后取出。因为声表面波的速度比电磁波速慢 5 个数量级，所以用 SAM 的传播来获得信号的延迟，可使延迟线尺寸缩小而得到大的时间延迟。它是由 SAM 延迟线和放大电路组成，如图 18-86(a) 所示。

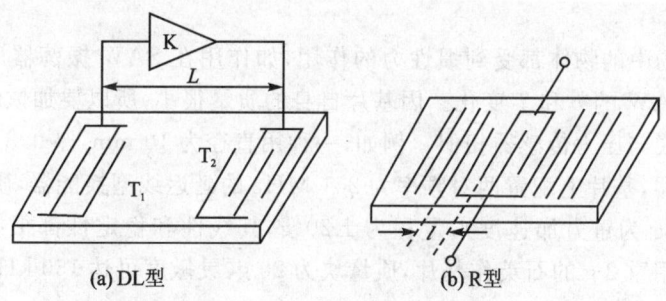

(a) DL 型　　　　　　(b) R 型

图 18-86　SAM 振荡器原理图

在抛光的压电基片上设置两个金属叉指换能器，若在输入换能器 T_1 上加电信号，便由逆压电效应在基片表面激励起弹性表面波，传播到 T_2 转换成电信号经放大后反馈到 T_1，以便保持振荡状态。SAM 在两个叉指换能器之间的传播时间 τ 即是所获得的延迟时间。τ 的大小取决于声表面波的速度 v 和两个叉指换能器之间的距离 L，即 $\tau=L/v$。如 $L=10$ cm，用 $Bi_{20}GeO_{20}$ 可获得延迟时间约 60 μs。

振子型结构如图 18-86(b) 所示，它由叉指电极与其两侧的反射栅组成。叉指换能器激发的表面波到达反射栅后，由于声阻抗的不连续反射便形成驻波，构成表面波振子，用一般的考必兹电路便可起振，其振荡频率 f 为

$$f = v/2l \tag{18-53}$$

式中，l——叉指换能器的指间距及栅阵反射条间距。

2. SAM 力和加速度传感器

这是当前研究和应用得较多的 SAMS，有延迟线型和振子型两种。

当 SAM 基片受到外力作用时，由于应力作用使基片的弹性系数和密度发生变化，应力在 SAM 传播方向上产生应变，使图 18-86 中的 L 和 l 改变，SAM 的传播速度和频率也相应地变化。所以这种传感器的灵敏度是由应变引起的长度变化和速度变化的影响之和决定的：

第18章 压电式传感器

$$\Delta f/f = \Delta v/v - \Delta L/L$$

由于大多数材料的 $\Delta L/L \ll \Delta v/v$,故频率的变化率主要与波速变化有关。石英晶片的灵敏度为 $0.5 \sim 1.5$ kHz/N;压电陶瓷基片约为 10 kHz/N。

图 18-87(a)示出振子型、结构为独石型的 SAM 膜片式压力传感器原理图。它是在一块压电基片上用超声波加工出一薄膜敏感区,上面刻换能器与电路组合成振荡器。为了提高测量精度,补偿温度对基片的影响,采用双换能器形式,即薄膜区中间和边缘各放置一只性能相同的换能器。当膜片中间那只换能器受到拉力作用时,边缘一只受到压力作用,传感器的输出为差频信号。由于两只换能器对温度的影响相同,但作用相反,因此可使传感器的分辨力达到 0.001%。

图 18-87(b)和图 18-87(c)是悬臂梁式结构。其中图 18-87(b)是用 38°Y 切石英基片的原理图,基片正反面都只刻有叉指换能器,因此输出为差频信号而与温度变化无关,也不受电源电压变化的影响。它用于数字电子秤时,可省去 A/D 转换器,满量程为 3 kg 时误差小于 0.6 g。图 18-87(c)是用漂移小的铝合金代替石英作梁,梁的正反面粘贴着石英晶片 SA 振子,工作频率 100 MHz,也是输出差频信号,其精度和用途与上述石英梁相似。图 18-87(d)所示的压力传感器敏感元件是在铝合金块上开有眼镜状的双孔,孔上面贴有石英基片 SAW 振子。受力后,左孔上的振子基片受拉伸,而右孔的振子基片受压缩,其效果同悬臂梁,但灵敏度更高。

处于加速度场中的物体都受到惯性力的作用,如作用在 SAW 振荡器的基片上就使其发生形变,从而使 SAW 的 v 和 f 变化。因基片自身的质量很小,所以要加惯性质量块。加速度传感器的结构形式与压力传感器相似。例如,一种用直径为 10 mm,厚 0.3 mm 的石英圆片制作的加速度传感器,基片上配置两对频率为 251 MHz 的延迟线型换能器,质量块为 13.8 g,灵敏度为 2 kHz/g(g 为重力加速度),量程为 $\pm 20\ g$,其线性和稳定性都很好。也有悬臂梁式 SAW 加速度计,用重 2 g 的石英作基片,质量块为 20 g,灵敏度可达 150 kHz/g(g 为重力加速度),基片尺寸为 $(15 \times 5 \times 0.5)$ mm³。

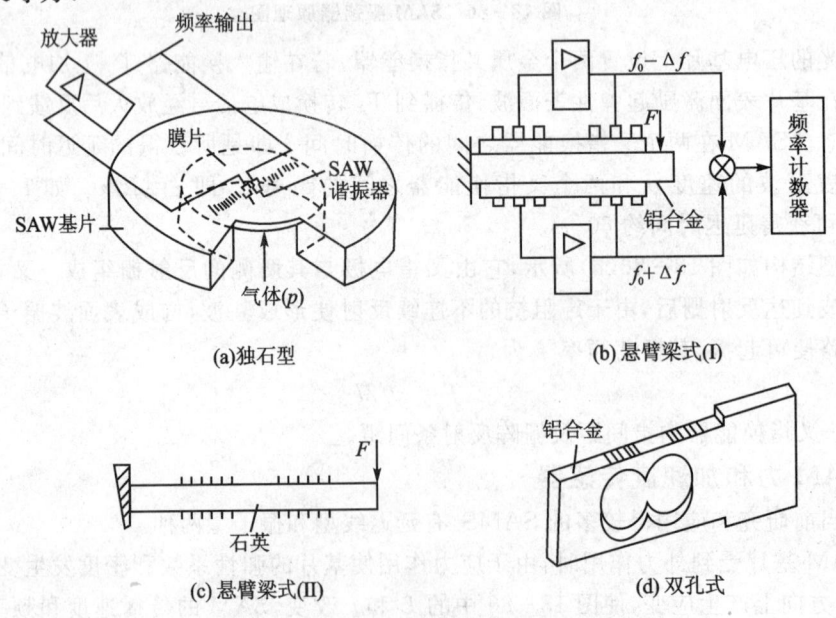

图 18-87 SAM 压力传感器原理图

此外,尚可利用哥氏加速度力对传播方向上的SAW的v产生作用,制作成角加速度传感器,这就是SAM陀螺仪的工作原理。

18.4.5 压电式超声波传感器

利用压电材料来发射或接收超声波信号的传感器,称为压电式超声波传感器。它在工程应用中,人们常称它为超声波探头。根据具体测试方案的不同,可作为单独的发射或接收探头,也可作为兼发射和接收为一体的探头。

图18-88是几种常用的压电式超声波传感器(探头)。

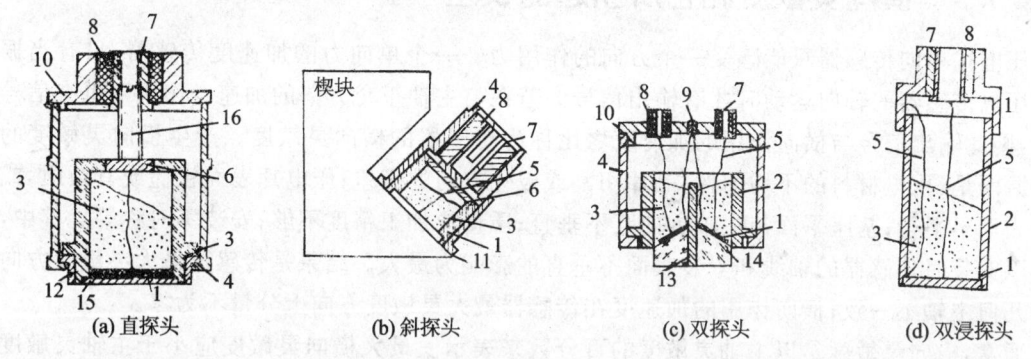

1—压电晶片;2—晶片座;3—吸收块;4—金属壳;5—导线;6—接线片;7—接线座;8—绝缘柱;
9—接地点;10—盖;11—接地铜箔;12—接地铜环;13—隔声层;14—延迟块;15—保护膜;12—导电螺杆

图18-88 几种常用的压电式超声波传感器

18.5 压电式传感器的误差

18.5.1 环境温度的影响

环境温度的变化对压电材料的压电系数和介电常数的影响都很大,它将使传感器灵敏度发生变化。压电材料不同,温度影响的程度也不同。当温度低于400℃时,其压电系数和介电常数都很稳定。

人工极化的压电陶瓷受温度的影响比石英要大得多;不同的压电陶瓷材料,压电系数和介电常数的温度特性比钛酸钡好得多。一种新型的压电材料铌酸锂晶体的居里点为(1 210±10)℃,远比石英和压电陶瓷的居里点高,所以可用作耐高温传感器的转换元件。为了提高压电陶瓷的温度稳定性和时间稳定性,一般应进行人工老化处理。但天然石英晶体无需做人工老化处理,因为天然石英晶体已有五百万年的历史,所以性能很稳定。经人工老化后的压电陶瓷在常温条件下性能稳定,但在高温环境中使用时,性能仍会变化。为了减小这种影响,在设计传感器时应采取隔热措施。

为适应在高温环境下工作,除压电材料外,连接电缆也是一个重要的部件。普通电缆是不能耐700℃以上高温的。目前,在高温传感器中,大多采用无机绝缘电缆和含有无机绝缘材料的柔性电缆。

18.5.2 湿度的影响

环境湿度对压电式传感器性能的影响也很大。如果传感器长期在高湿环境下工作,其绝缘电阻将会减小,低频响应变坏。现在,压电式传感器的一个突出指标是绝缘电阻要高达 $10^{14}\,\Omega$。为了能达到这一指标,采取的必要措施是:合理的结构设计,把转换元件组做成一个密封式的整体,有关部分一定要良好绝缘;严格的清洁处理和装配,电缆两端必须气密焊封,必要时采用焊接全密封方案。

18.5.3 横向灵敏度和它所引起的误差

压电式单向传感器只能感受一个方向的作用力。一个单向力的加速度传感器,只有当振动沿压电传感器的轴向运动时才有输出信号。若在与主轴正交方向的加速度作用下也有信号输出,则此输出信号与横向作用的加速度之比称为传感器的横向灵敏度。产生横向灵敏度的主要原因是:压电材料的不均匀性;晶片切割或极化方向的偏差;压电片表面粗糙或有杂质,或两个表面不平行;基座平面与主轴方向互不垂直;质量块加工精度不够;安装不对称等。其中,尤其以安装时传感器的轴线和安装表面不垂直的影响为最大。结果是传感器最大灵敏度方向与其几何主轴不一致;横向作用的加速度在传感器最大灵敏度方向上分量不为零。

通常,横向灵敏度是以主轴灵敏度的百分数来表示。最大横向灵敏度应小于主轴灵敏度的 5%。

横向灵敏度是具有方向的。图 18-89 表示最大灵敏度在垂直于几何主轴平面上的投影和横向灵敏度在正交平面内的分布情况。其中,K_m 为最大灵敏度向量,K_L 为纵向灵敏度向量,K_T 为横向灵敏度最大值,且将此方向定为正交平面内的 0°。当沿 0° 方向或 180° 方向作用横向加速度时,都将引起最大的误差输出。在其他方向,产生的误差将正比于 K_T 在此方向的投影值,所以从 0°~360° 横向灵敏度的分布情况是对称的两个圆环。横向加速度通过传感器横向灵敏度引起的误差用下式计算:

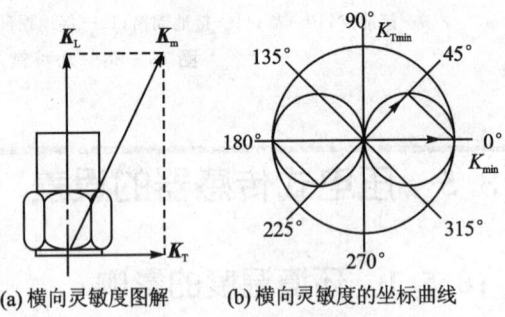

(a) 横向灵敏度图解　　(b) 横向灵敏度的坐标曲线

图 18-89　横向灵敏度

$$\gamma_T = \frac{a_T K_T}{a_L K_L} \tag{18-54}$$

式中,a_T——横向干扰加速度;a_L——被测加速度,即沿传感器主轴方向作用的加速度。

为了减小横向灵敏度,应针对上述产生横向灵敏度的原因逐项克服,其中特别注意使传感器的最小横向灵敏度 $K_{T\min}$ 置于存在最大横向干扰的方向,从而减小测量误差。

18.5.4 电缆噪声

普通的同轴电缆是由聚乙烯或聚四氟乙烯作绝缘保护层的多股绞线组成,外部屏蔽是将一个编织的多股镀银金属套包在绝缘材料上。工作时,电缆受到弯曲或振动时,屏蔽套、绝缘层和电缆芯线之间可能发生移动或摩擦而产生静电荷。由于压电式传感器是电容性的,这种静电荷不会很快消失而被直接送到放大器,这就形成电缆噪声。为了减小这种噪声,可使用特制的低噪声电缆,同时将电缆固紧,以免产生相对运动。

18.5.5 接地回路噪声

在测试系统中,接有多种测量仪器,如各仪器和传感器分别接地,各接地点又有电位差,这便在测量系统中产生噪声。防止这种噪声的有效办法是整个测量系统在一点接地,而且选择指示器的输出端为接地点。

第 19 章

压磁式传感器

压磁式传感器按其电磁原理可分为阻流圈式、变压器式、桥式、电阻式、魏德曼(Wiedeman)效应及巴克豪森(Barkhausen)效应传感器等。按被测机械量可分为压力、拉力、弯矩、扭矩、扭矩、推力、重量传感器等。其中阻流圈式、变压器式及桥式传感器使用较多。

压磁式传感器与其他传感器相比,具有输出功率大,抗干扰能力强,精度高,线性好,寿命长,维护方便,运行条件要求低(能在一般有灰尘、水和腐蚀性气体的环境中长期运行)等优点。因此,很适合于重工业、化学工业部门运用,是一种十分有发展前途的传感器。目前,这种传感器已成功地用在冶金、矿山、造纸、印刷、运输等各个工业部门,特别是在各种自动化系统中用来测量轧钢机的轧钢力、钢带的张力、卷扬机的定量自动提升力、纸张的张力、吊车提物的自动称重、配料斗的称重、金属切削过程的切削力,以及电梯安全保护等各方面。

19.1 国内外压磁式传感器展示

19.1.1 CLJ 型压磁式测力计

该测力计是根据传感元件的变形,再通过磁弹效应转换成电信号来测定轧机的轧制力的仪器,其特性参数如表 19-1 所列。它可用来充分发挥轧机的生产能力,提高产品质量,特别是厚度自动调节和正确地组织生产工艺的可靠检测手段,还可用于其他工业需要测力和称重的场合。

表 19-1 CLJ 型压磁式测力计特性参数表

规格/t	合力/t	单压力/t·m^{-2}	规格/t	合力/t	单压力/t·m^{-2}
120	0~120	0~60	1200	0~1200	0~600
200	0~200	0~100	1600	0~1600	0~800
400	0~400	0~200	1800	0~1800	0~900
600	0~600	0~300	2000	0~2000	0~1000
800	0~800	0~400	2200	0~2200	0~1100
1000	0~1000	0~500			

19.1.2 ZLJ 型压磁式张力计

该仪表是轧机专用仪表之一，用它检测带材在轧制过程中张力变化的大小，对充分发挥轧机的生产能力，保证轧机正常工作，统一产品厚度公差，以及实现轧机生产自动化起着较重要的作用。其特性参数如表 19-2 所列。

表 19-2　ZLJ 型压磁式张力计特性参数表

测力范围/tf	max 5	包 角	2°52′
线性度/%FS	<2	电 源	220 V (AC); 50 Hz
工作温度/℃	0~55	输出功率	0.05 W

19.2　压磁式传感器基本理论

19.2.1　压磁式传感器工作原理

压磁传感器的基本原理就是利用"压磁效应"。某些铁磁材料受到机械力 F（如压力、拉力、弯力、扭力）作用后，在其内部产生了机械应力 σ，由此引起铁磁材料的磁导率 μ 发生变化。这种由于机械力作用而引起磁材料的磁性质变化的物理效应称为"压磁效应"。利用压磁效应制成的传感器，叫做压磁式传感器（有时也叫做磁弹性传感器或磁滞伸缩传感器）。

当绕有线圈的铁芯磁导率 μ 变化时，引起磁路磁阻 R_m 的变化，而磁阻的变化又引起铁芯上线圈总阻抗 Z 的变化，则感应电势 E 发生变化。将此感应电动势 E 经过处理，即可得到输出电流 I（或电压 V）。其一系列变换为

$$F \to \sigma \to \mu \to R_m \to Z \to E \to I(V)$$

图 19-1(a) 所示为变压器型压磁传感器的压磁元件。在其两个对角线上，开有四个对称的小孔 1,2 和 3,4。在孔 1,2 和 3,4 间分别绕以绕组。其中，孔 1,2 间的绕组 W_{12} 通以励磁电流，叫做励磁(初级)绕组；孔 3,4 间的绕组 W_{34} 作为产生感应电势用，叫做测量(次级)绕组。W_{12} 与 W_{34} 的平面互相垂直，并与外力作用方向成 45° 夹角。当励磁绕组 W_{12} 通过一定的交流电流时，铁芯中就产生了磁场。现假设把孔间分成 A，B，C，D 四个区域，在传感器不受外力作用用，如图 19-1(b) 时，由于铁芯的磁各向同性，A、B、C、D 四个区域的磁导率 μ 是相同的，此时

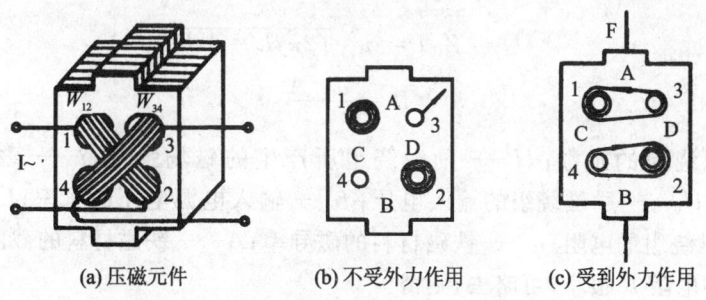

图 19-1　压磁式传感器原理图

第19章 压磁式传感器

磁力线呈轴对称分布,合成磁场强度 $\vec{H}$ 平行于次级绕组 W_{34} 的平面,磁力线不与绕组 W_{34} 交链,故 W_{34} 不会感应出电势。

当传感器受到压力 F 作用,如图19-1(c)所示时,A,B区将承受很大应力 σ,于是 A,B 区的磁导率 μ 下降,磁阻 R_m 增大,而 C,D 区基本上仍处在自由状态,其磁导率 μ 仍不变。这样,部分磁力不再通过 A,B 区,而通过磁阻较小的 C,D 区而闭合。于是原来呈现轴对称分布的磁力线被扭曲变形,合成磁场强度不再与 W_{34} 平面平行,而与绕组 W_{34} 交链,这样在测量绕组 W_{34} 中感应出电势 E。F 力值愈大,应力 σ 愈大,转移磁通愈多,E 值也愈大。将感应电势 E 经过一系列变换后,就可建立 F 与电流 I(或电压 V)的线性关系,即可由输出 I(或 V)来表示被测力 F 的大小。F 与 I(或 V)的特性曲线如图19-2所示。压磁检测元件单片形状如图19-3所示,当没有外力作用时,从理论上讲测量绕组没有电流(或电压)输出。但实际上,传感器中往往存在着零电流(如图19-2中的 I_0 或 V_0),这是由于传感器上小孔的几何尺寸误差、绕组在绕制时不对称等原因所引起的,因此在测量中必须加以补偿。

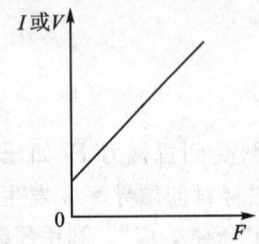

图19-2 压磁检测元件的特性　　　　图19-3 压磁检测元件单片形状

19.2.2 压磁式传感器的特性及测量误差

1. 励磁绕组的安匝特性

压磁元件输出电压的灵敏度和线性很大程度取决于铁磁材料的磁场强度,而磁场强度却取决于励磁安匝数。

选择励磁安匝数时,首先要根据选用的铁磁材料来考虑,因为不同铁磁材料的磁致伸缩曲线是不同的。过小和过大的激励都会出现严重的非线性,并使灵敏度降低。

当励磁绕组产生的磁场强度确定后,励磁绕组的安匝数就可由下式得到

$$n = \frac{Hl}{I} \tag{19-1}$$

$$U_0 = Z_H I = I\sqrt{(2\pi fL)^2 + R^2} \tag{19-2}$$

$$L = \frac{\mu n^2 A}{l} \tag{19-3}$$

式中,n——励磁绕组的匝数;H——励磁绕组所产生的磁场强度;l——磁路的平均长度;I——励磁电流;U_0——励磁绕组的输入电压;f——输入电源电压的频率;L——励磁绕组的电感;R——励磁绕组的电阻;μ——铁磁材料的磁导率;A——铁磁材料的截面积。

励磁绕组的电阻 R 很小,可略去,则得

$$n = \frac{U_0}{2\pi\mu fHA} \tag{19-4}$$

2. 输出特性

压磁元件的输出电压 U_{SC} 与作用在压磁元件上的外力 F 之间的关系称为压磁元件的输出特性，可写为：

$$U_{SC} = f(F) \qquad (19-5)$$

通常在额定压力为 p 时，磁导率的变化大约是 $10\% \sim 20\%$。一般对测力范围为 $10 \sim 500$ kN 的压磁式传感器，励磁绕组为 8 匝左右，测量绕组为 10 匝左右。对 $(5 \sim 50) \times 10^4$ N 的压磁式传感器，励磁绕组和测量绕组均为 10 匝左右。

传感器的输出特性曲线在负载增加与负载减少时是不重合的，如图 19-4 所示。这是由于材料的弹性后效与磁滞效应造成的。

由于铁磁材料 B-H 曲线的非线性，测量绕组中输出信号的波形就含有大量的高次谐波，其正常的输出波形如图 19-5 所示。

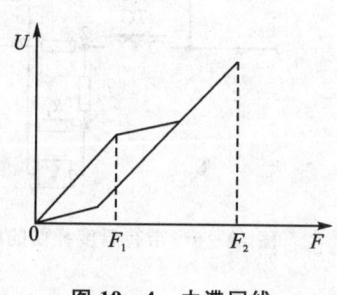

图 19-4 力滞回线

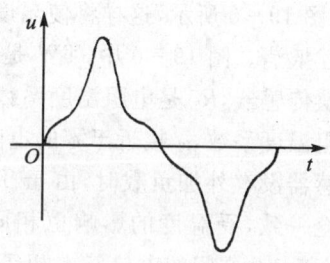

图 19-5 压磁式传感器的输出信号波形

3. 频响特性

压磁式传感器的频响可以按下列分析加以考虑。机械应力在固体中的传播速度是声速 c。所以若有一阶跃式负荷力作用在压磁传感器的磁芯柱上，则力在柱中传播所需时间为

$$t = \frac{L}{c}$$

式中，L——磁芯柱的高度。

一般在钢及大多数铁磁物质中的声速 c 约为 5 000 m/s，而磁芯柱的高度一般不超过 10 cm，所以其传播时间 $t \approx 2 \times 10^{-4}$ s。大部分传感器的磁芯柱可以看作是整块矩形的金属柱，其固有频率可由下式决定，即

$$f = \frac{nc}{2L} \qquad (19-6)$$

式中，n——谐波次数（1，2，3…）。

例如，$L = 6$ cm 的传感器，它的共振频率（基波）约为 4 kHz，因此动态负荷的最高频率不应超过 10 kHz。若减低磁芯高度，可适当提高被测动态负荷的频率。

由于磁性变化转换成电量的变化是借助磁芯上的线圈，而这种线圈为一感性阻抗，因此它成为限制传感器频响的主要因素。考虑到电感电阻回路的时间常数后，被测动态负荷的最高频率还将降低。由实验得出的资料说明，$1 \sim 2$ kHz 的动态负荷是完全可以用压磁式传感器来测量的。

第19章 压磁式传感器

4. 测量误差

压磁式传感器虽然优点很多,但由于铁磁特性还受很多其他因素的影响,因而将使测量结果产生很多误差。主要因素有环境温度、压磁元件的力滞回线、非线性,以及由于电源不稳定使磁化电流变化引起导磁率的初始值的变化,因而压磁效应也发生变化。降低这些因素对测量的影响是提高压磁传感器精度的重要措施。

1) 温度误差

温度误差是压磁传感器的一项主要误差,其产生主要原因是压磁元件材料的磁化特性受温度影响较大。一般型号的铁磁材料,其磁化性能随温度的变化系数约为 2‰/10℃,而且不是常数,是随材料型号、磁场强度、机械负荷性质不同而在 (0.3‰~2‰)/10℃ 内波动。对于这样大的温度系数,如果不采取措施,将无法正常使用。最常用的温度补偿方法是将受负荷作用的工作传感器和不受负荷作用的补偿传感器接成差动线路,如图 19-6 所示,这样将使温度影响的输出分量尽可能相互抵消。图 19-6 中,TW 是工作传感器,TC 是温度补偿传感器,R_1 是电阻温度系数 α_1 很大的电阻,R_2 则是电阻温度系数 α_2 接近于零的电阻,V 是电压表。当工作传感器没有外加负载时,由于 TW 和 TC 的参数和状态完全一致,受温度的影响也相同,所以在任何温度下,点 1 和点 2 之间的电位基本相等。而当 TW 上有负载作用时,输出电压 U_{12} 基本反映 TW 材料中应力 σ 引起的分量。实际上,总不可能达到完全补偿,所以传感器的输出电压可写为

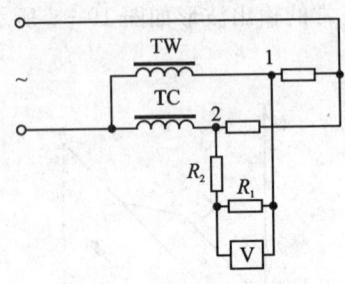

图 19-6 带有温度补偿的线路

$$U_T = U_0(1 - \alpha \cdot \Delta T) \tag{19-7}$$

式中,U_T——温度为 T 时,1,2 两点间的输出电压;U_0——温度为 T_0 时,1,2 两点间的输出电压;$\Delta T = T - T_0$;α——传感器输出电压的温度系数。

由式(19-7)可知,随着温度上升,输出电压 U_{12} 将稍有下降。适当地选择 R_1 和 R_2 的比值,就可以进一步减小输出电压受温度变化的影响。

电阻 R_1 随温度的变化为

$$R_{1T} = R_{10}(1 + \alpha_1 \cdot \Delta T) \tag{19-8}$$

欲使 R_1 上的电压不随温度变化,则要求

$$I_T \cdot R_{1T} = I_0 \cdot R_{10} \tag{19-9}$$

式中,I_T——温度为 T 时,传感器温度补偿线路$(R_2 + R_1)$中的电流;I_0——温度为 T_0 时,$(R_2 + R_1)$中的电流。

根据式(19-9)可得

$$I_T = \frac{I_0}{(1 + \alpha_1 \cdot \Delta T)} \tag{19-10}$$

如前所述,又有 $U_T = U_0(1 - \alpha \cdot \Delta T)$,又有 $U_T = I_T \cdot R_T$,$R_T = R_2 + R_{1T} = R_2 + R_{10}(1 + \alpha_1 \cdot \Delta T)$,由此可得

$$I_T = \frac{U_0(1 - \alpha \cdot \Delta T)}{R_2 + R_{10}(1 + \alpha_1 \cdot \Delta T)} \tag{19-11}$$

由式(19-10)和式(19-11)可直接得到

$$\frac{I_0}{1+\alpha_1 \cdot \Delta T} = \frac{U_0(1-\alpha \cdot \Delta T)}{R_2 + R_{10}(1+\alpha_1 \cdot \Delta T)}$$

上式两端各除以 I_0，且考虑到 $U_0 = I_0(R_{10}+R_2)$，则将上式简化后可得

$$R_{10} = R_2 \frac{\alpha_1 - \alpha(1+\alpha_1 \cdot \Delta T)}{\alpha(1+\alpha_1 \cdot \Delta T)} \qquad (19-12)$$

由式(19-12)可见，当 α，ΔT，α_1 已知时，有一个确定的 R_2 值，就可求得 R_{10} 值。这种补偿方法不能在整个 ΔT 得到完全补偿，而只能在 $\Delta T=0$ 和 $\Delta T=\Delta T_{max}$ 这两点实现完全补偿。而在 $0<\Delta T<\Delta T_{max}$ 时，还将存在一定的残余温度误差，它的大小随 ΔT_{max} 而增大，也随 α 与 α_1 的差值增大而上升。例如，$\Delta T=100℃$，$\alpha=0.0012/℃$，$\alpha_1=0.0043/℃$ 时，$|U_{\Delta T}-U_{0.5\Delta T}|/U_{\Delta T}=0.95\%$，如 $\Delta T=50℃$，则 $|U_{\Delta T}-U|/U_{\Delta T}=0.40\%$。

α 与 α_1 的差值缩小时，也可以改善温度补偿的情况，但输出电压降减小，传感器的灵敏度将降低。例如，当 $\alpha=0.0012/℃$，$\alpha_1=0.0043/℃$，$\Delta T=100℃$ 时，由式(19-9)可得 $R_{10}=1.516R_2$，此时 R_1 上的输出电压 $U_1=0.6035U$。当 $\alpha=0.001/℃$，而 $\alpha_1=0.0012/℃$，$\Delta T=100℃$ 时，$R_{10}=0.0715R_2$，$U_1=0.0669U$。其输出损失是较大的。

2) 磁弹性的滞环

传感器的特性曲线在负荷上升与下降时是不重合的。这主要是由于传感器材料在机械性能方面的弹性后效作用和磁化性能方面的磁滞作用所致。以上两种因素引起的磁滞回线经计算后可表示为

$$E_h = \frac{B'-B}{\Delta B_{max}} \times 100\% \qquad (19-13)$$

式中，B'，B——升负荷和降负荷时材料的磁感应强度；ΔB_{max}——对应于最大被测应力 δ_{max} 时磁感应强度的变化值。

E_h 的大小与材料磁化特性的磁滞环所包围的面积大小有关，即与材料中的磁滞损失有关。硬磁材料的 E_h 很大。例如硅钢片，在 $H=10$ A/cm 时，每一个磁化循环的磁滞损失 $\Delta E=1.2$ J/m³，E_h 可达 8%；矽钢片的相应值为 $\Delta E=0.0328$ J/m³，$E_h=0.8\%$；坡莫合金的相应值为 $\Delta E=0.012$ J/m³，$E_h=0.5\%$。由此可见，一般压磁元件的材料应选用软磁材料。

影响磁滞回线的第二个因素是弹性后效。采用弹性比例极限(拉伸的和压缩的)较大的材料可以减小弹性后效的作用。设计压磁元件时，一般应使传感器在弹性极限 $1/6\sim1/7$ 的负载时工作。在实际工作中，如果多次重复加载或卸载，可以减小弹性后效的影响。同时，还可在加上额定负载状态下进行老化处理。在适当地选择了压磁元件的材料和工作状态，以及经过了老化处理之后，因磁滞回线所引起的误差可降至 $1\%\sim1.5\%$。

实验证明，为使滞环最小，传感器中的工作磁场强度应尽可能大。

3) 电源的影响

电源电压幅值、频率的稳定、电流的波形和电源的内阻等对传感器的性能都有影响，因为它们都是直接影响磁化特性的因素。与传感器的测量精度要求相对应，压磁传感器的电源可以分为两类：一类是测量精度不超过 $1.5\%\sim2\%$ 的传感器所用的电源，此种电源可用铁磁谐振稳压电源，可直接使用电网，为减小纹波的影响，可多附加一级滤波器；另一类是变频率电源，它可根据需要变换到传感器选用的最佳电源频率，此时电网电压只作为能量的来源，需要另配一套变频电源。对要求高的使用场合，应选择稳频、恒流稳压电源。

4) 非线性

当传感器总的测量误差约 1% 时,对非线性的要求总可以满足。实验证明,电源频率从 50 Hz 增加到 1600 Hz 时,非线性一直在改善,可减小到 0.1% 左右。

5) 磁场强度的影响

欲使磁场强度的变动不影响压磁效应,最好选择 δ 为常数时压磁特性曲线 $\Delta\mu = f(H)$ 的弯折点作为工作点。一般情况下,弯折点的磁场强度 H 的值不会和 $\mu = \mu_{max}$ 时的 H 值相重合。

19.2.3 压磁式传感器的测量电路

压磁元件的次级绕组输出电压较大,因此一般不需要放大,只要通过滤波、整流即可。图 19-7 为压磁式传感器的简单测量电路。B_1 是供给初级绕组励磁电压的降压变压器,B_2 是一升压变压器,用来提高压磁传感器的输出电压。从变压器 B_2 输出的电压,通过滤波器 LB_1,把高次谐波滤去,然后用电桥整流,用滤波器 LB_2 消除脉动,最后以直流输出供给电压表及负载。线路 A 是一补偿电路,它用来补偿零位电压,其中 R_1 用来调电压幅值,R_2 用来调电压相位。

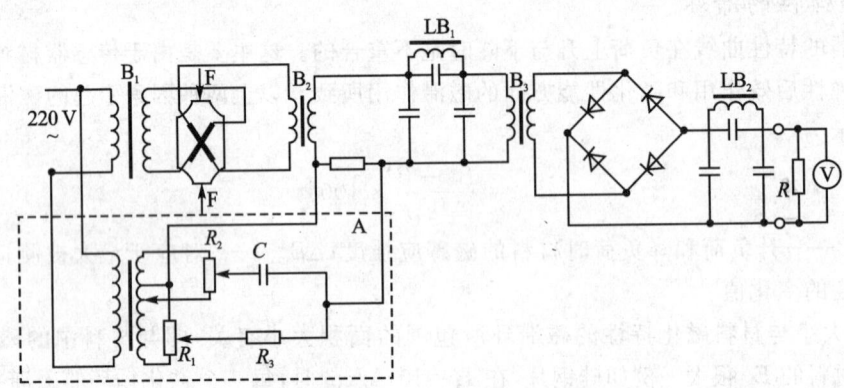

图 19-7 压磁式传感器的简单测量电路

图 19-8 所示的测量电路的方框图如图 19-9 所示。为了供给初级绕组稳定的励磁电压,采用了磁饱和稳压器。它由一个不饱和铁芯 L_1 和饱和铁芯 L_2 组成,在稳压器中带有电容 C_1 和电抗器 L_1 串联的回路,用来对三次谐波共振,使能有效地除去三次谐波,得到近似正弦形的电压,供给励磁回路 50 Hz 的稳定电压。励磁回路是为了给压磁传感器的初级线圈以一定的励磁电流,即一定的励磁安匝数。为了降低稳压器的负荷,并使初级电流接近于一个恒流源,故采用由 C_2 和 L_3 组成的并联共振回路,该回路对 50 Hz 基本共振,使 $\omega^2 C_2 L_3 = 1$,其中 L_3 远远大于传感器初级绕组的自感。B_3 为一匹配变压器,它的作用是使传感器的输出电压升高,并使输出阻抗匹配,输出功率增大。

相敏检波器由解调电源变压器 B_2,信号电压变压器 B_3 与二极管解调电路 $D_1 \sim D_4$,$D_5 \sim D_8$,R_1,R_5,R_{11},W_2 及微安表等组成。它将信号电压变为单向脉冲电压,经滤波 L_4 与 C_5 变成平稳的直流电压。

调整电路由 $D_9 \sim D_{12}$,R_2 及 W_1 等组成,它用来补偿因传感器原始磁不平衡和压磁元件装在基座中的与预压力所形成的初始输出。

由变压器 B_1 的输出绕组、变压器 B_2 的输入绕组和电容 C_4 及电阻 R_4 等组成的移相电路,

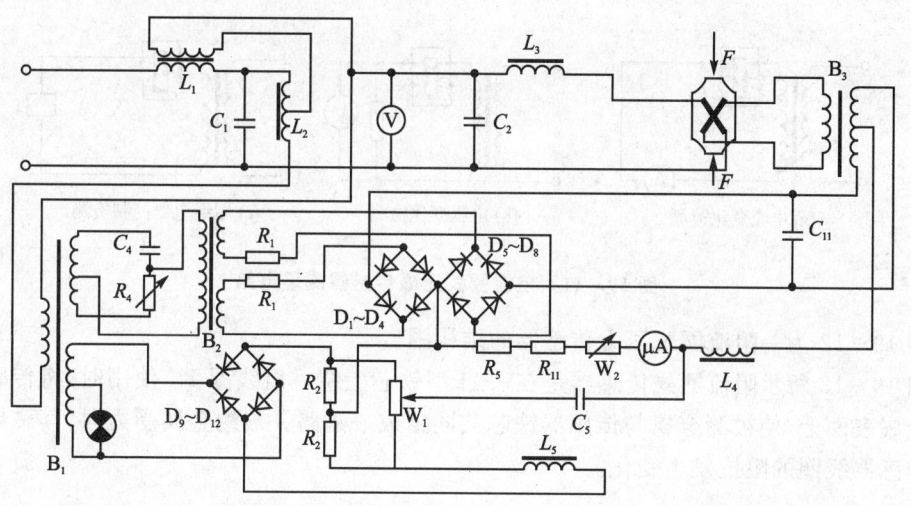

图 19-8 压磁测力仪测量电路原理图

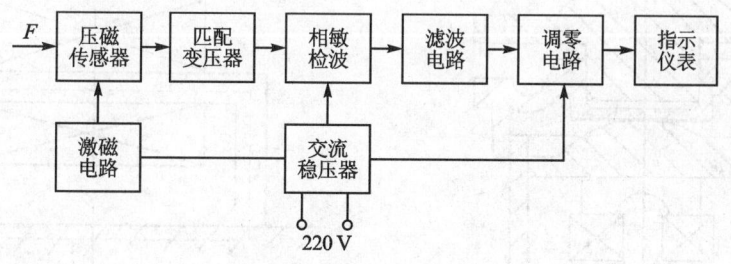

图 19-9 测量电路方框图

可调整解调电源的相位,使之与信号电压的相位同步,保证相敏检波器顺利工作。

指示仪表除采用大盘面的直流微安表或毫伏表外,还可采用数字电压表。

19.3 压磁式传感器的类型

19.3.1 阻流圈式压磁传感器

若线圈通以交流电流,感受元件(铁芯)在力 F 的作用下,其磁导率发生变化,磁阻和磁通也相应地发生变化,从而改变了线圈的阻抗(图 19-10)。这个变化可用各种方法加以检测。例如,可用电流(图 19-11(a))或用电压(图 19-11(b))的变化来检测或控制传感器的受力情况;或用继电器来执行某种控制职能(图 19-11(c))。

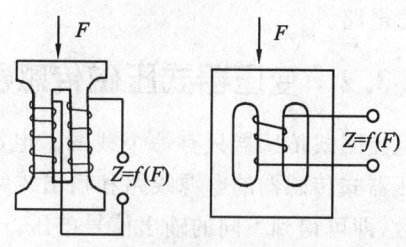

图 19-10 阻流圈式压磁传感器原理

第19章 压磁式传感器

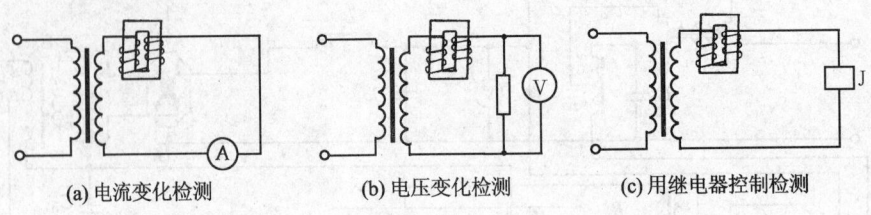

(a) 电流变化检测　　　　(b) 电压变化检测　　　　(c) 用继电器控制检测

图 19-11　阻流圈式压磁传感器测量电路

图 19-12 为一阻流圈式压力传感器的结构图。

图 19-13 所示阻流圈式传感器是在一 Π 型铁芯上绕一组线圈 1。使用时,将传感器放在被测金属表面上,使被测金属与传感器铁芯共同组成一磁路。被测金属受力时,其磁导率改变而使传感器线圈的阻抗发生变化。

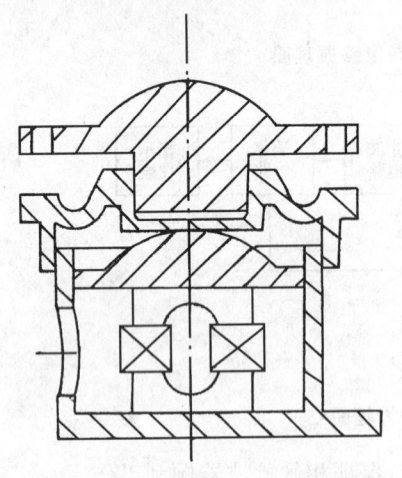

图 19-12　阻流圈式压磁压力传感器

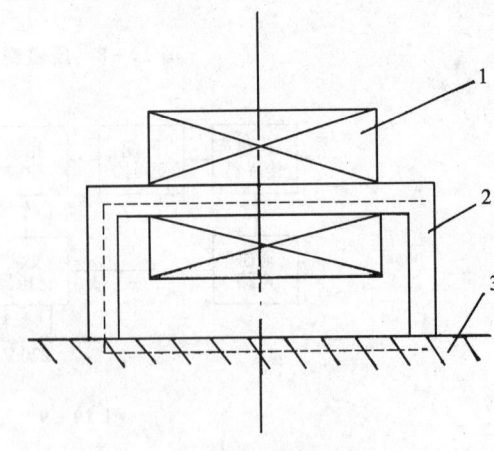

1—线圈; 2—铁芯; 3—被测体

图 19-13　阻流圈式压磁传感器测定残余应力

压磁阻流圈式传感器可用来测定或控制压力。例如,用来作传送带运送物料的自动称量系统、矿井起重荷载的安全设备、铁路轨道接触测试等方面,还可以测定或控制拉力,也可用于无损检测残余应力。例如,现在已研究应用磁弹性阻流圈式传感器结合采用剪切应力差积分法,得出铁磁金属材料平面残余应力,如图 19-13 所示。

阻流圈式传感器的优点是结构简单,使用可靠。缺点是不加载荷时,有初始信号,必须采用补偿电路。

19.3.2　变压器式压磁传感器

阻流圈式传感器只有一个线圈。电源电流既通过传感器线圈,也通过检测或控制装置。而变压器式传感器的电源线路和输出线路互相分离,它们之间只有磁的耦合。采用不同的变压系数,即可得到不同的输出信号电压。

图 19-14 为各种结构形式的变压器式压磁传感器。图 19-14(a)所示为一般结构形式的变压器式传感器示意图;图 19-14(b)表示具有磁分流的变压器式传感器。可以看出,未受力

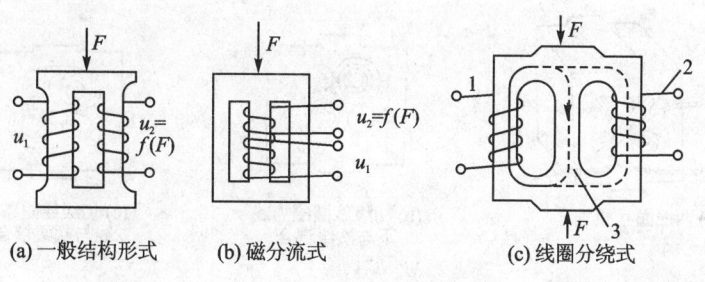

图 19-14 变压器式压磁传感器的结构形式

时,励磁线圈 1 所产生的磁通,主要通过铁芯的中心磁路来形成回路,而通过测量线圈 2 所围绕的铁芯的磁通则很少。在被测力(如压力)作用下,导磁体(磁性材料)3 在中心磁路部分的磁阻增大,一部分磁通分流到测量线圈 2 所围绕的铁芯上,从而在测量线圈中感应出电压。

图 19-15 所示的传感器与图 19-14(c)所示的传感器原理相同。励磁线圈绕在铁芯的一边(如左边),而测量线圈绕在另一边。这种传感器的初始(不受力)信号极小,接近于 0。

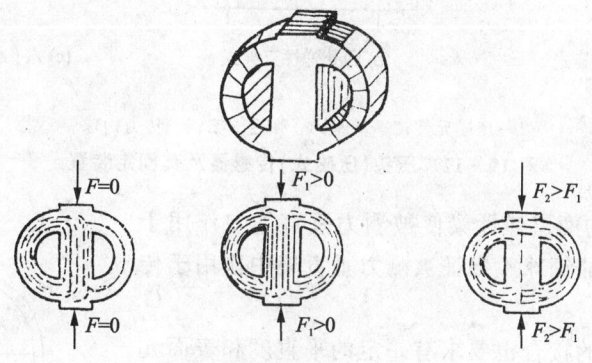

图 19-15 圆外形的变压器式压磁传感器

图 19-16 为另一种形式的变压器式压磁传感器。在其导磁体中放置着互相垂直的初级和次级圈(图 19-16(a)),初级线圈供以交流电流。在不受力时,传感器铁芯的磁性是各向同性的。初级线圈的磁力线对称地分布,不与次级线圈发生耦合(图 19-16(b))。因而不能在次级线圈里感应出电动势;当传感器受力时,其铁芯材料呈现出磁的各向异性特征,即平行于作用力方向与垂直于作用力方向的磁导率出现差异,因而磁场发生畸变,在磁导率强的方向拉长,并与次级线圈发生耦合,在其中感应出电动势(图 19-16(c),此电动势随加到传感器上的作用力的大小而成比例地变化。

由于这种变压器式压磁传感器铁芯在单向荷载下具有磁的各向异性特征,有时也称这种传感器为磁各向异性传感器。由于传感器本身直接承受载荷,并且都用于测量或控制压力,所以也称压头传感器,或简称压头。图 19-17 为瑞典 ASEA 公司制造的压头及其固定装置。

压磁元件 1 是由冲压成形的冷轧硅钢片,经热处理后叠成一定厚度,用环氧树脂粘合在一起,然后在两对互相垂直的孔中分别绕上励磁线圈和测量线圈而成的。为了在长期使用过程中保持力作用点的位置不变,将压磁元件装入一个由弹簧钢制成的弹性支架 3 内。由

第19章 压磁式传感器

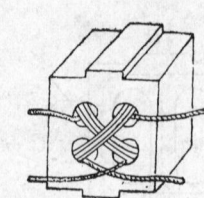
(a) 两线圈互相垂直

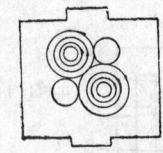
(b) 初级线圈磁力线不与次级耦合

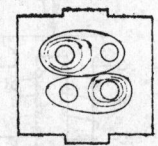
(c) 初级线圈磁力线与次级耦合

图19-16 另一种形式的变压器式压磁传感器

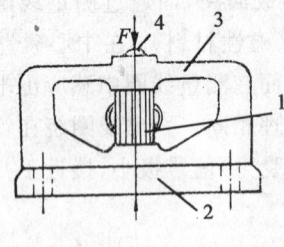
(a) 双孔弹性支架式

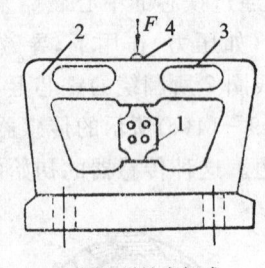
(b) 四孔弹性支架式

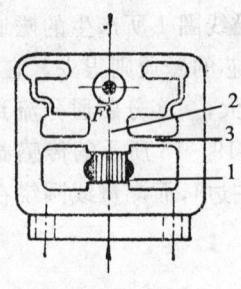
(c) 六孔弹性支架式

1—压磁元件；2—基座；3—弹性支架；4—传力钢球

图19-17 压头(压磁式)传感器及其固定装置

图19-17可见，支架的两道弹性梁使被测力垂直均匀作用于压磁元件上。支架上的钢球4保证被测力垂直集中作用于传感器上。

支架与压磁元件的接合也要求有一定的平直度和表面光洁度。它们的配合为有一定预压力的过盈配合，以保证在使用过程中压磁元件的位置和受力情况不会改变。预压力一般为额定压力的5%~15%。

图19-18所示也称变压器式压磁传感器，其铁芯具有一中心极，四周对称的有四个极。在中心极上绕上励磁线圈1，在两边相对的两个极A和B上绕上测量线圈2。测量时，将传感器放在被测铁磁金属上，使传感器铁芯与被测金属共同组成磁回路，这样传感器才能工作。它适用于测量单向受力的铁磁杆件，测量时应使传感器的方位与轴向受力方向一致。其用来检测残余应力的大小和方向。

图19-19是微分变压器式压磁传感器，可用于测量转动轴的扭矩。传感器铁芯有五个极：中心极上带励磁线圈；周围四个极上有测量线圈。对角线上两个极上的一对测量线圈串联，再将串联起来的两对线圈加以并联。测量时，传感器的方位是使四个极的两个对角线与轴中心线成45°，使磁路与轴表

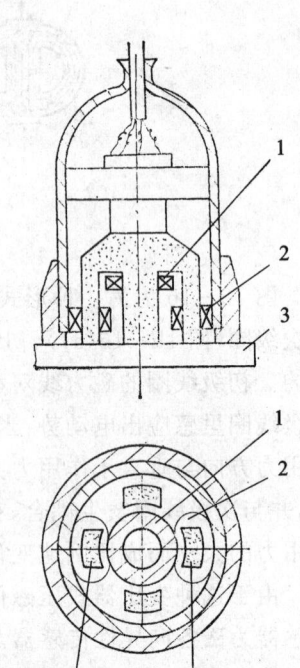

1—励磁线圈；2—测量线圈；3—基座

图19-18 具有中心极的变压器式压磁传感器

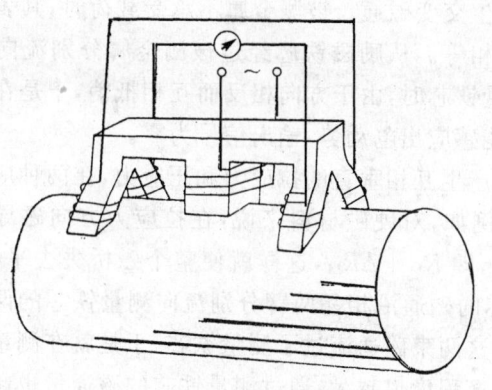

面的主应力方向一致,四个电极与中心电极形成磁的闭合回路。

当轴不承受扭矩时,由于两主应力方向磁阻相等,各分支的磁通分量相等,在各测量线圈内感应出来的电动势也相等,因而两对测量线圈电动势之差为零,处于平衡状态,无电压输出。在扭矩作用下,两个方向上的主应力出现差异,因而磁阻也不同,使得通过两对角线上磁矩的磁通量不等。由于在两对测量线圈内感应出的电动势出现差值,因而产生输出电压。

图 19-19 微分变压器式压磁传感器

19.3.3 桥式压磁传感器

图 19-20 是桥式压磁传感器的结构及作用原理示意图。传感器铁芯是两个互相垂直交叉放置的 Π 型铁芯,在铁芯上分别绕以励磁线圈及测量线圈。传感器铁芯与被测铁磁金属共同组成一个磁路。假如被测金属是一受扭曲的轴,则在轴的表面产生互相垂直的拉应力和压应力,并且与轴表面成 45°(图 19-20(b)),这时传感器放置的方向在如图 19-20(a)所示的位置,即其中一个铁芯,如励磁铁芯,顺轴的形成线放置。在两个铁芯与被测金属表面四个触点之间的磁阻,形成一个磁桥,其桥臂为 P_1S_1,P_1S_2,P_2S_1 及 P_2S_2(见图 19-20(c))。

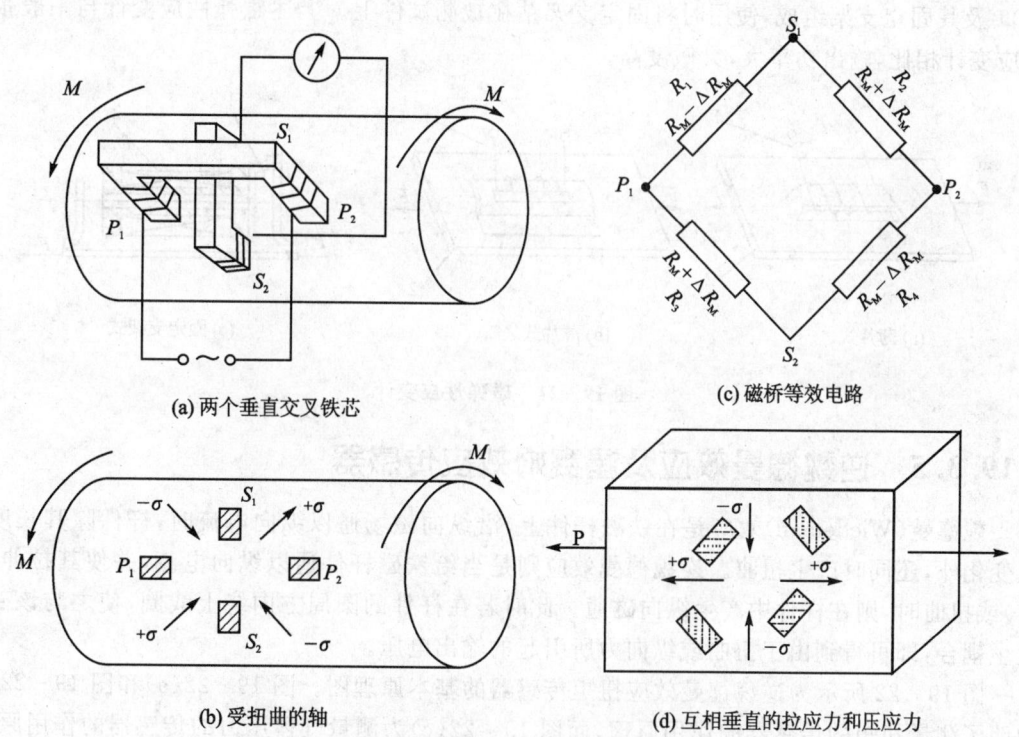

图 19-20 桥式压磁传感器原理

当给励磁线圈通以交流电流时,在其中产生交变磁通。被测金属不承受载荷时,其表面没有应力。因而是磁各向同性,各桥臂磁阻 R_M 相等。从励磁铁芯经过被测金属分别流向测量铁芯的两束磁通量相等。这两束磁通流经测量铁芯时,由于方向相反而互相抵消,于是在测量铁芯中就不存在交变磁通。所以其中也就不能感应出电动势,输出信号为零。

当被测金属承受扭曲载荷时,由于其表面产生互相垂直的拉应力和压应力,在两种应力方向上的磁导率(磁阻)也就发生不同的变化。例如,对硬磁材料来说,在拉应力方向磁导率增高,即 $R_M - \Delta R_M$,而在压应力方向磁导率降低,即 $R_M + \Delta R_M$,这样就使整个磁桥失去平衡,其等效电路如图 19-20(c)所示。来自励磁铁芯的磁通沿相邻两臂分别流向测量铁芯的两磁通量不相等,磁阻较小的臂通过的磁通量较多。这两束磁通流过了测量铁芯,于是就在测量线圈中感应出电动势。被测金属受力越大,磁桥失衡程度也越大,通过测量铁芯的磁通量也越多。

由此可见,这种传感器的原理与惠斯顿电桥相似,只不过桥臂的电阻用磁阻代替。

利用磁桥原理可制成扭矩传感器。这种扭矩传感器已在轮船螺旋桨轴的扭矩、航空发动机推进器轴的扭矩,以及其他扭曲杆件的扭矩的测定或控制中得到了应用。

19.3.4 磁弹性应变计

如图 19-21(a)和图 19-21(b)所示的磁弹性应变计,是用铁磁材料做成的薄片,在其上冲起一个小片,将片2向上弯曲,并绕上线圈。使用时,将此应变计贴在被测试件上。试件受力变形,引起应变计变形,并改变其磁导率,从而使磁弹性应变计线圈的阻抗相应地发生变化。图 19-21(c)为另一种磁弹性应变计。它是由线圈2及穿过线圈的透磁合金(一般为坡莫合金丝)1及其固定支架组成,使用时将固定支架粘在被测试件上。上述磁弹性应变计与一般张丝式应变计相比,输出功率大,灵敏度高。

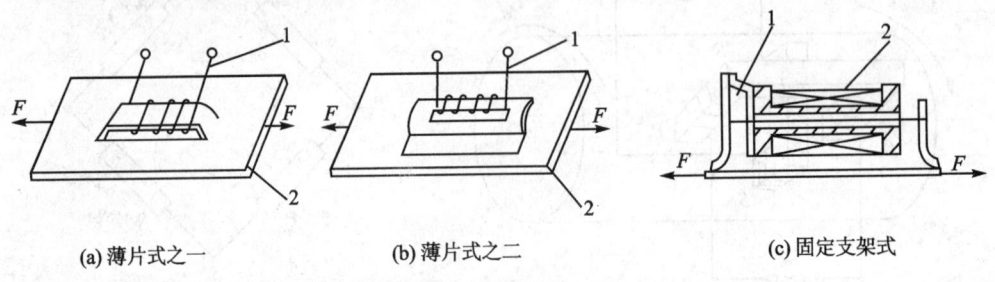

(a) 薄片式之一　　　　(b) 薄片式之二　　　　(c) 固定支架式

图 19-21　磁弹性应变计

19.3.5 逆魏德曼效应及渥赛姆效应传感器

魏德曼(Wiedeman)效应是在铁磁杆件上,沿纵向磁场通以纵向电流时,杆件除其长度发生变化外,还同时产生扭曲。逆魏德曼效应则是当给铁磁杆件通以纵向电流,并使其拉伸(压缩)或扭曲时,则在杆件中产生纵向磁通。此时若在杆件的圆周方向绕上线圈,使之与该磁通发生耦合,即可得到由于扭曲或纵向力所引起的输出电压。

图 19-22 所示为逆魏德曼效应扭矩传感器的基本原理图。图 19-22(a)和图 19-22(b)说明了测量扭矩的传感器的作用原理,而图 19-22(c)为测量气体压力的传感器的作用原理,它是将气体压力转换为扭转变形。在扭矩作用下所产生的感应电动势的有效值可由下式决定,即

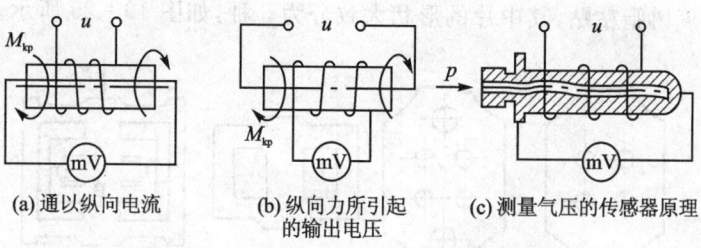

(a) 通以纵向电流　　(b) 纵向力所引起的输出电压　　(c) 测量气压的传感器原理

图 19-22　逆魏德曼效应扭矩传感器原理

$$E = 4.44 fB \frac{\lambda_M \mu}{B_M^2} \sigma \frac{L}{\pi R^2} M \tag{19-14}$$

式中，E——感应电势的有效值；B——当没有扭矩 M 作用时，流过轴杆的电流产生的磁场的感应强度；f——供电电压的频率；μ——杆件材料的磁导率；B_M——饱和磁感应强度；λ_M——最大磁致伸缩量；L——轴杆的长度；R——轴杆的半径；σ——材料的许用应力。

式(19-14)在 $\frac{\pi B_M^2 R^2}{24 \lambda_m \mu M} \gg 1$ 时才有效。当供电电压频率为 10^3 Hz 时，感应电势可达几十 mV。

若将铁磁杆件进行纵向磁化并使之扭曲，则在杆件圆周方向产生磁通，称之为渥赛姆（Wertheim）效应，图 19-23 为这种效应的扭矩（力）传感器示意图。

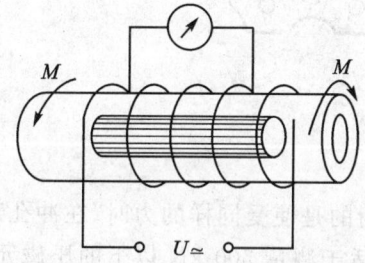

图 19-23　渥赛姆效应传感器原理

19.3.6　巴克豪森效应传感器

由于铁磁材料在磁化过程中产生巴克豪森（Barkhausen）跳跃，就使材料内部及周围的磁场相应地发生变化。于是，在置于磁场中的线圈内感应出电动势。巴克豪森跳跃与材料内残余应力有关。残余应力愈大，则"跳跃"愈频繁，相应的磁场变化也愈频繁，则感应出的电动势也愈强。图 19-24 为巴克豪森效应传感器原理图。

巴克豪森效应应力测定装置，已成功地用于无损检测火炮身管的自紧效果。

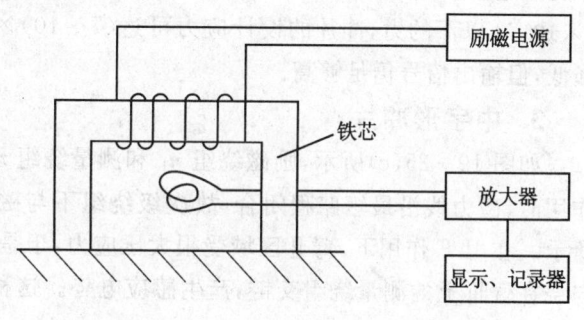

图 19-24　巴克豪森效应传感器原理

19.4　压磁元件的形状及制造工艺

19.4.1　压磁元件的冲片形状

压磁元件一般用冷轧硅钢片（其厚度多为 0.35 mm）、坡莫合金或其他铁氧体材料叠成，片与片之间用环氧树脂粘贴,其中片的形状大致分为5种,如图19-25所示。

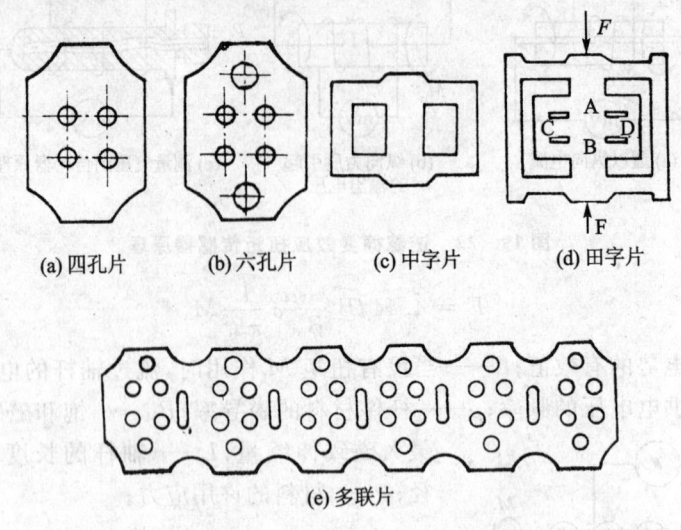

图 19-25　压磁元件的形状

1. 四孔圆弧形冲片

如图19-25(a)所示,它是把一个矩形削去四只角,为的是使受同样的力时,在冲孔部位得到较大压应力,从而增大输出,提高灵敏度。这种形状适于测量500 kN以下的压磁元件,设计时应力 σ 为 $(2.5\sim4)\times10^3$ N/cm²。

2. 六孔圆弧冲片

如图19-25(b)所示,它是由四孔发展而来,两个较大的分力孔是避免高压力时,中间部分受力过大使磁路出现饱和状态,开孔后使应力分散一部分至四个小孔的两侧。它适于测量 3×10^8 N以下的力,冲片的设计应力可达 $(7\sim10)\times10^3$ N/cm²。由于分力,灵敏度将会稍微降低,但输出信号仍足够高。

3. 中字形冲片

如图19-25(c)所示,励磁绕组 n_1 和测量绕组 n_2 分别绕在铁芯两侧的框柱上。在无外力作用时,磁力线沿最短路程闭合,故次级绕组不与磁力线交链,因此不产生电势,如图19-26所示。在力 F 作用下,臂Ⅱ区域受很大压应力,于是沿着应力方向的磁导率下降,部分磁力线与绕在臂Ⅲ上的测量绕组交链,产生感应电势。这种形状的压磁元件灵敏度高,但零电流也较大。设计应力为 $(2.5\sim3)\times10^3$ N/cm²。

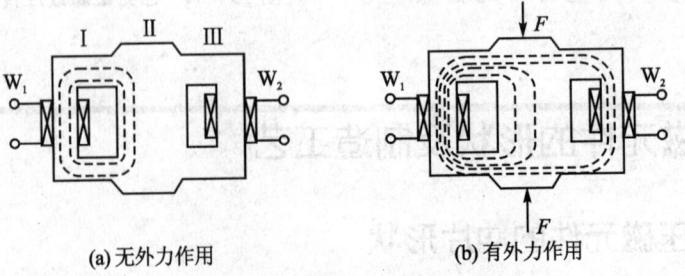

图 19-26　中字形压磁元件的原理图

4. 田字形冲片

如图 19-25(d)所示,这种形状的单片压磁元件主要是灵敏度高,线性好,当受外力 F 作用时,A 和 B 两臂在压应力作用下磁导率下降,电感量变小,而 C 和 D 两臂基本上不变,电桥因而失去平衡,输出一个与作用力 F 成正比的电压信号。它适用于测量 5 kN 以下的力,设计应力为 $(10\sim15)\times10^3$ N/cm²。

5. 多联冲片

在测量大的力值时,也常常把几个单片联在一起,形成一种多联单片,如图 19-27 所示。把各个单片叠起来,相当于把多个压磁元件连在一起,它们的初级绕组和次级绕组分别串联起来,总的输出即为各种压磁元件的总和。

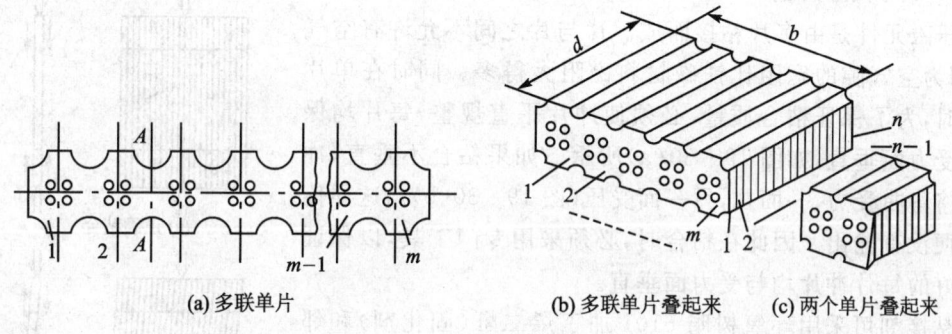

图 19-27 多联单片及其压磁元件

19.4.2 压磁元件的制造工艺

1. 冲剪材料的方向

在冲剪材料时,冲剪的方向可以沿轧制方向剪切或沿轧制的垂直方向剪切或与轧制的方向成 45°角剪切。试验证明,冲片沿轧制方向剪切时,压磁元件输出灵敏度高,但特性曲线很快即达拐点(图 19-28 中的曲线 1),压磁元件的片数需要增多,相同吨位的压磁传感器的尺寸就增大,材料利用系数很低。冲片沿轧制垂直方向剪切,压磁元件输出零电压较大,灵敏度较低(图 19-28 中的曲线 2)。冲片沿轧制 45°剪切,其性能在以上两种冲片之间(图 19-28 中的曲线 3)。在实践过程中得出:以沿轧制方向剪切的冲片和垂直于轧制方向剪切的冲片交替粘结成的压磁元件其性能最好,因为这样的压磁元件可使灵敏度高、零点电压小,材料的利用系数也好(图 19-28 中的曲线 4)。

2. 材料的热处理

热处理(退火)的目的是消除冲片在剪切加工时的残余应力与内应力,以提高铁磁材料性能的稳定性,但不改变晶体结构。热处理的好坏直接影响压磁元件的线性,以及零位电压大小和灵敏度高低,要严格控制退火工艺,如图 19-29 所示。退火时,上升温度的速度影响不大,材料的晶体排列主要取决于降温速度,因此降温速度要严格控制。退火后要酸洗、烘干,然后进行粘合。

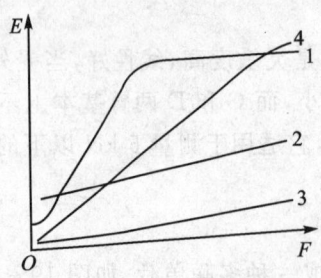

图 19-28 不同方向冲片的输出特性

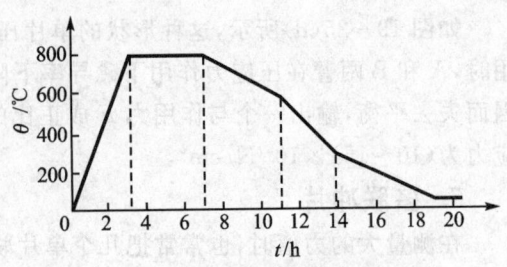

图 19-29 退火工艺图

3. 冲片的粘合

压磁元件是由多片粘接而成。片与片之间不允许有空气隙,因为空气隙的磁阻比铁磁材料磁阻大得多。同时在单片粘合时,为了保证粘合质量,必须使冲片平直规整,每片均保持与受力面垂直,如图 19-30(a)所示。如果粘合不垂直,冲片即将弯曲受力,一面拉,另一面受压(图 19-30(b)),这样传感器便没有输出。因此在粘合时,必须采用专门工具,以保证粘合好的每片冲片均与受力面垂直。

粘接剂可采用环氧树脂 6101 加丁烯二酐(固化剂)和邻苯二甲酸二丁脂(增塑剂),将上述粘接剂在 90℃ 左右熔化,粘好后在 150℃ 烘箱内烘烤 6 h,冷却后再取出脱模。利用该种热固性粘接剂,粘接强度大,并可避免在使用时受高温影响而软化。

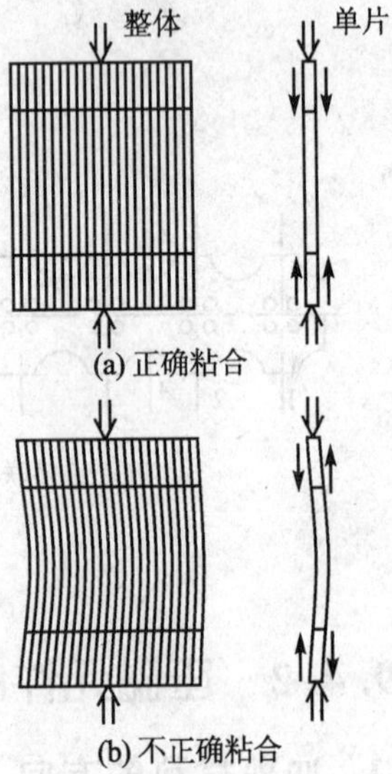

4. 穿线和装配

测量力值 $10^4 \sim 10^6$ N 的压磁元件,在互成直角的孔穿初级和次级绕组时,一般初级绕组为 8 匝左右,次级为 10 匝左右,随着力值的增大匝数减小。对于具有并联冲片的压磁元件,其穿线方向要互成反向,也就是初级线圈通过交变电流时,产生的磁场要互成反向,这样能消除相邻磁场的影响,如图 19-31所示,可采用 8 字形的穿线法。

初级和次级线圈穿好后,必须进行电气绝缘性能检验,合格后才能装配。通常在初级和次级线圈之间、线圈和铁芯之间通以 500~1 000 V 的电压 1 min。最后用绝缘漆浸渍,端部用环氧混合物浇注以提高绝缘性能。

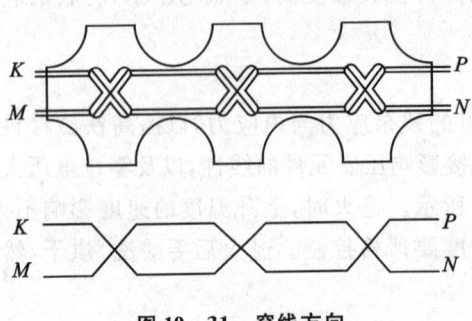

图 19-30 冲片粘合时的受力情况

在装配时,粘好的压磁元件上、下受力面要磨平,达到表面粗糙度 Ra0.8 和 3~5 级平行度和平面度。然后用工具将压磁元件装入尺寸略小的机架孔中,使其受到一定的预压力,一般预压力约为额定压力的 5%~10%。

图 19-31 穿线方向

19.5 压磁式传感器的应用

19.5.1 压磁式温度传感器

与压磁传感器的作用原理相似,利用某些铁磁材料磁导率 μ 与温度的关系,以及铁磁材料居里点的特性和饱和磁感应强度 B_m、矫顽磁力 H_c 与温度的关系,可以检测与控制温度。

1. 磁化特性与温度的关系

铁磁材料铁镍合金、镁铜铁氧体、镍铜合金等的磁特性对温度很敏感。一般当温度上升时最大磁感应强度 B_m 均缓慢减小,到居里点附近就急剧减小,如图 19-32 所示。图 19-32 中曲线 1 的居里点约为 50℃。调节材料成分的含量可以控制居里点,B_m-T 曲线也相应平移。

磁导率 μ_s 随温度的变化与励磁频率 f 和磁场强度 H 有关。图 19-33 是在 $f=1$ kHz,$H_{max}=0.8$ A/m 时镁铜铁氧体初始磁导率 μ_a 对温度的关系。随温度增加 μ_a 上升,当达到居里点后,μ_a 就非常快地下降到零值。

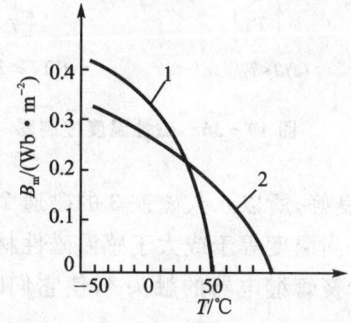

1—铁镍合金;2—镁铜铁氧体

图 19-32 最大磁感应强度随温度的变化

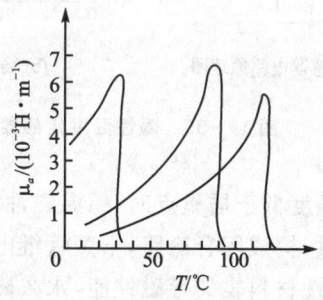

图 19-33 铁氧体材料导磁率随温度变化的曲线

矫顽磁力 H_c 随温度变化的曲线如图 19-34 所示。通常温度 T 上升时矫顽磁力 H_c 直线下降,当温度达到居里点后,H_c 急剧下降。

利用 B_m、H_c 和 μ_a 随温度的变化(缓慢段和急剧变化段)可以检测温度和定点控制温度。综合以上分析,磁性温度传感器的特点为:

① 在居里点温度上下感温磁性元件的阻抗变化比很大(几乎无限大),这种感温的灵敏度较大部分测温元件高,因此可作出可靠性及灵敏度很高的温度测量和保护用温度传感器。材料的居里点温度是很稳定的,可作为基准值,而热电偶等基准输出信号随周围温度而变。因此利用居里点温度可以实现恒温控制和过热保护,甚至居里点温度可作为温度基准值来利用。

② 铁氧体或磁性流体便于做成任意形状,以

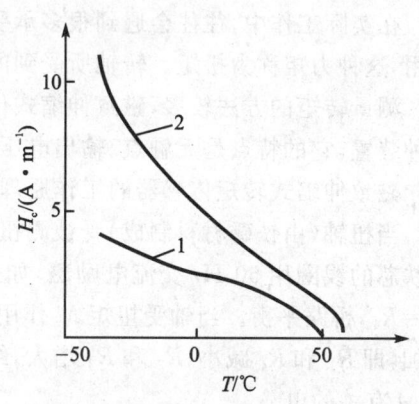

1—铁镍合金;2—镁铜铁氧体

图 19-34 矫顽磁力的温度变化曲线

便与复杂的被测体全面接触。热电偶、热敏电阻等对固体被测物只能做到点接触,难以测得物体的整体温度。

③ 在有潮气、有害气体的环境中,铁氧体也能稳定地工作。它很容易与周围绝缘。

2. 磁性温度传感器

图 19-35(a)是利用铁芯 T 的磁导率随温度变化的特点而构成的水温传感器。通过铁芯 T 将温度变化转换为频率的变化,根据测得的频率即可知水温。图 19-35(b)是该种传感器的输出特性。

图 19-36 是利用铁磁材料的磁通在居里点温度将消失的特性所构成的温度控制器。可作为温度过限的保护。

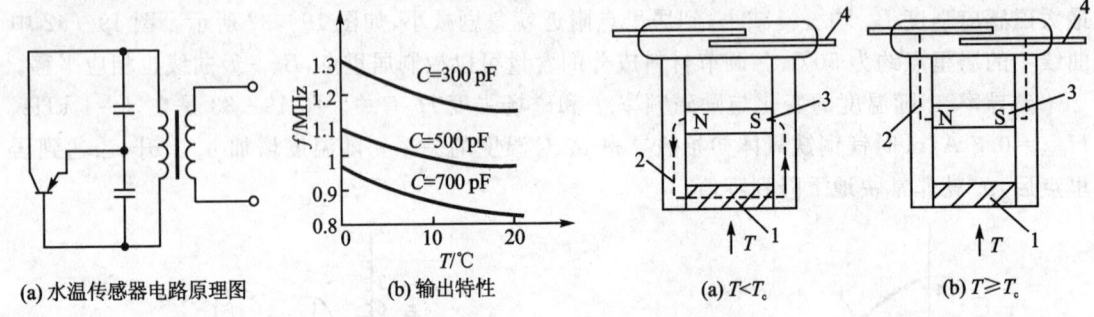

图 19-35　磁性温度传感器　　　　　图 19-36　磁性温度控制器

在温度低于居里点时,感温磁性材料 1 的导磁性能良好,所以永久磁铁 3 的磁通 2 大部分可以通过,构成闭合磁路,干簧管继电器的触头 4 断开。当温度等于或大于感温磁性材料居里点时,磁性材料丧失导磁性能,永久磁铁将通过上面的干簧管继电器的触头 4,使它们吸合,用干簧管继电器可以接通某个控制电路。

该种传感器没有线圈,不需电源,既简单又可靠。改变磁性感温元件材料的成分,可以改变它的居里点温度。磁性温度控制器很适于作控制、保护元件。

19.5.2　压磁(磁致伸缩)式转矩传感器

在实际工作中,往往会遇到很多承受扭转的试件,它们都受到与其轴线垂直的平面的力矩作用,这种力矩称为扭矩。转轴所受到的扭矩称为转矩。

测量转矩的方法较多,磁致伸缩式传感器及其配套仪表是在大型动力机械上广泛采用的一种装置,它的特点是无触点、输出电压高、抗干扰能力强等。

磁致伸缩式转矩传感器的工作原理如本章所述的桥式传感器原理。

当扭轴(由铁磁材料制成)受被测扭矩作用时,轴产生方向性应力,因此呈各向异性。当一个铁芯的线圈用 50 Hz 交流电励磁,如果轴不受应力作用,且原有磁各向同性,则 $R_1=R_2=R_3=R_4$,桥路平衡。当轴受扭矩 M 作用时,在应力 $+\sigma$ 作用下磁阻减小,而在 $-\sigma$ 作用下磁阻增加,即 R_1 和 R_4 减小,R_2 和 R_3 增大,结果产生一个不平衡磁通,在次级线圈中产生大小与扭矩 M 有关的电势。

1. 磁致伸缩式转矩传感器结构

传感器结构如图 19-37 所示。传感器的扭轴 1 承受被测扭矩的作用，它是传感器中的旋转部分，围绕扭轴是一个固定的检测装置，扭轴的两端分别由两个轴承座 7 支承，以保证轴和检测装置的同心度和防止扭轴在旋转时产生径向跳动，同时使转矩传感器成为一个整体而固定在底座 2 上。

传感器的检测装置是由三只圆环 3、5 和 6，两块导磁垫片 4 和线圈 8 等构成。圆环上设有若干在圆周上切布的径向磁极，极数有四极、六极和八极（图 19-37 所示为四极），依圆环尺寸而定，每个圆环是由若干硅钢片用环氧树脂粘接而成。安装时，左右两圆环的极和中间圆环的极之间相互错开 45°，在两圆环之间装入导磁垫片 4，在圆环的各极上装有线圈 8，中间环的四个线圈作为初级励磁线圈，左右两个环的八个线圈作为次级感应线圈。检测装置与扭轴之间是空气隙相隔开的。

如果用 50 Hz 的交流电进行励磁，则在扭轴的表面感应出一个磁场，把轴表面展开，假如在某时刻磁极的极性如图 19-38 所示。图中 N 和 S 为初级励磁绕组，A 和 B 为次级感应绕组。

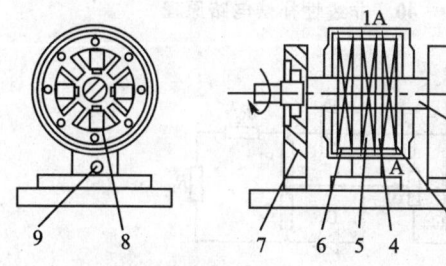

1—扭轴；2—底座；3—右环；4—导磁垫片；5—中环；
6—左环；7—轴承座；8—线圈；9—引线插头

图 19-37　磁致伸缩式转矩传感器结构

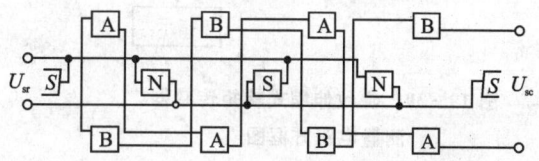

图 19-38　在各磁极下扭轴表面展开图

假如扭轴是空载的，且其材料具有各向同性而且没有内部应力，此时 N 和 S 间的磁场是对称的，磁等位线通过 A 和 B，因此次级感应线圈没有感应电势输出。

如果在扭轴上有转矩 M 作用，就在轴表面上产生与轴线成 ±45° 方向的应力，其拉应力 $+\sigma$ 与压应力 $-\sigma$ 相差 90°。此时线圈 A 的极性偏于 N，而线圈 B 的极性偏于 S，于是线圈 A 和 B 就产生极性相反的感应电势。线圈 A 和 B 按图 19-38 接线，即 A 组线圈和 B 组线圈分别按头尾顺序串联，A 与 B 组则进行头与头串联，这样得到一个总的输出电压 U_{sc}。转矩 M 越大，扭应力 σ 也越大，感应电压也越大，因此，感应电压 U_{sc} 正比于转矩 M 值。

2. 测量电路

磁致伸缩式转矩传感器的测量电路原理框图如图 19-39 所示。测量电路包括传感器供电电源、输入电路、交流放大、相敏整流、低通滤波、零点和非线性补偿电路、输出电路等部分。传感器供电变压器用于供给励磁电流，传感器的输出信号经调谐、滤波并经分压后进行放大，然后经相敏整流和低通滤波，输出平滑的直流电压。非线性补偿电路的作用原理如图 19-40 所示。图 19-40(a) 为传感器在补偿前的转矩 M 与输出电压 U_{sc} 的关系。在 M 较小时灵敏度高，M 大时灵敏度降低，在 A 点有一转折点。非线性补偿的作用就是使 M 小时灵敏度高，而

M 大时灵敏度保持不变。图 19-40(b) 所示电路中，D, R_2, R_3 组成补偿电路，电路中的电流 I_2 由辅助电源供给，电流 I_2 流经 D 和 R_3，这样使 R_2 和 D 的内阻，在输出信号 U_{sc} 较小时就作为它的输出附加负载。因此流过负载 R_L 的电流减小，输出电压下降，因而灵敏度下降。当通过 R_2 的电流 I_1 大于通过 R_3 的电流 I_2 时，二极管 D 截止，使输出灵敏度按原灵敏度不变。这里 $R_3 \gg R_2$，通过调节 R_3 和 R_2 就可得到非线性补偿。实际应用的补偿电路如图 19-41 所示。此线路与上述原理相同，D_1、R_2 和辅助电源组成补偿电路，所不同的是多加了与 D_1 和 R_3 完全相同的 D_2 和 R_4，以使电路对称而不影响输出信号的零电位。通过调节 R_2 和 W_1 的数值，可使输出的非线性大大改善。

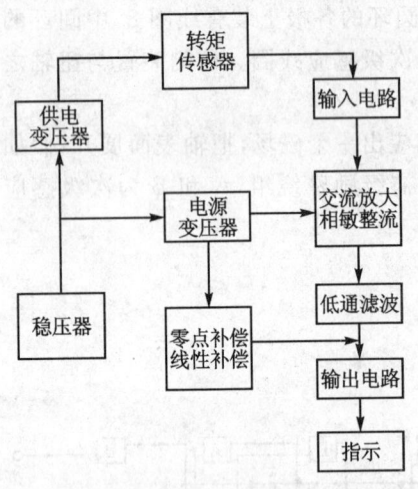

图 19-39 磁致伸缩式转矩传感器测量电路方框图

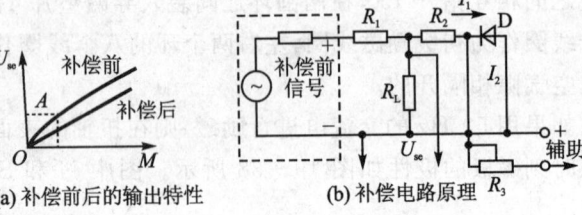

(a) 补偿前后的输出特性　　(b) 补偿电路原理

图 19-40 非线性补偿电路原理

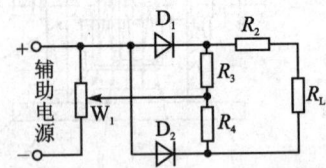

图 19-41 实用的非线性补偿电路

19.5.3　压磁式力传感器

如前所述，压磁式力传感器是应用相当普遍的传感器，关于压磁式力传感器的论述已相当充分，不再另作阐述。图 19-42 为一种 1000 T 的压磁式测力传感器的结构。

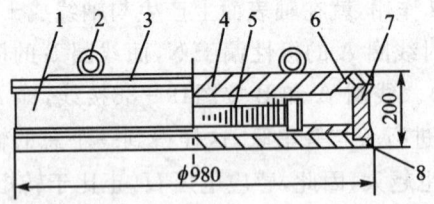

1—外壳；2—吊环；3—压环；4—传力板；
5—压磁铁芯；6—密封圈；7—固定板；8—底座

图 19-42　1000 T 压磁式测力传感器

19.6 压磁式传感器的基本计算方法

压磁式传感器铁芯尺寸的选择,受工作的条件及所选铁磁材料的许用应力限制。磁场强度对压磁效应的灵敏度也是有影响的。

在用 H 改变时,磁致伸缩不改变符号的那种材料做成的铁芯中,当 $\Delta\sigma$ = 常数时,其 $\mu=f(H)$ 及 $\Delta Z/Z=f(H)$ 的关系曲线如图 19-43 所示。

可以看出,$\Delta Z/Z$ 和 μ 的最大值出现在两个 H 值相差不大的位置上。正因为如此,变压器的磁场强度可以选在 $H=H_{max}$ 上。该值对各种不同材料,均可在一般手册中查到。

铁磁材料的相对磁弹性灵敏度 $S=\dfrac{\Delta\mu/\mu}{\sigma}$。

当 $H=0.02$ A/mm 时,坡莫合金(45%Ni)$S=9.4\times10^{-3}$ (N/mm²);

当 $H=0.2$ A/mm 时,变压器钢(45%Si)$S=0.84\%/1$ (N/mm²);

当 $H=0.15$ A/mm 时,工业纯铁 $S=8.1\times10^{-3}$ (N/mm²)。这里所有的 S 值基本上都与最大导磁率 μ_{max} 相对应。有一种 IO-12 合金具有最高的 S 值($S=2.5\times10^{-2}$ (N/mm²)),但这种合金只有在压应力作用下才能很好的工作。

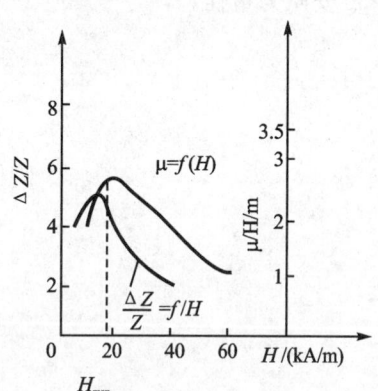

图 19-43　$\mu=f(H)$ 及 $\Delta Z/Z=f(H)$ 的关系曲线

在集肤效应较弱的情况下,承受变形的那一段磁阻的相对变化值为:$\Delta Z_M/Z_M=-\Delta\mu/\mu$。在集肤效应较强时,磁阻反比于 $\sqrt{\mu}$,因此磁阻相对变化量为 $\Delta Z_M/Z_M=-0.5\Delta\mu/\mu$。如果考虑到在压磁式传感器中不是所有的区段都承受变形,因而它的电阻抗也产生变化,同时还应考虑到传感器的全阻抗不但取决于变化的电感分量,还取决于绕组的有功电阻。因此,在没有集肤效应的情况下,阻抗的相对变化量将为 $\Delta Z/Z=0.5S_\sigma$,在集肤效应较强时,$\Delta Z/Z=0.25S_\sigma$。

在具有交叉绕组的变压器式传感器中,未加负载时 $E_2=0$,加载后,则电压 E_2 正比于传感器的磁通,即正比于加在初级绕组上的电压。因此,如果铁芯材料在磁场强度增大时,并不改变磁致伸缩的符号,则提高初绕组的电压,从而增强磁通,就可提高传感器的灵敏度。因此通常这类传感器工作在相应于饱和的强磁场状态下。

在有磁场强度 H 之后,绕组的参数可由下式求得,即

$$n=\frac{H\cdot l}{I} \qquad (19-15)$$

式中,n——绕组匝数;l——铁芯长度(cm);I——励磁电流(A)。

一般是在 n 和 l 两参数中先任选一个,另一个也就可定,绕组设计要考虑温升及绕制工艺。绕组匝数一般 10～20 匝,有时为穿线方便,甚至只取 3～5 匝。一般对测力范围为 1～50T 的传感器,一次绕组为 8 匝左右,二次绕组为 10 匝左右;对 50～500T 的力传感器,用 φ1.1 mm 的漆包线,一次与二次线圈各绕 10 匝;对测力范围为 0～1000T 以上的传感器,一次绕组为 3～5 匝,二次绕组适当选择,随测力范围的增加而匝数减少。对于具有并联冲片的传

感器,相邻单元的一次绕组(或二次绕组)的平面应相互垂直,这样能消除相邻磁场的影响。

供电电压可由下式决定,即

$$U = I \cdot \sqrt{(2\pi f L)^2 + R^2} \qquad (19-16)$$

式中 R——绕组直流电阻;f——供电频率;L——绕组电感值,$L = \dfrac{0.4\pi\mu A n^2}{l}$;$A$——磁路的截面积;$\mu$——磁导率。

对于不同的压磁元件,应选择适当的交流电源,以保证传感器有最佳的激磁安匝数,大约20~30安匝为最佳。

第 20 章 压阻式传感器

当力作用于单晶硅时,硅晶体的电阻率发生显著的变化,称为压阻效应。利用这一原理制成的传感器称为压阻式传感器。

利用硅的压阻效应和集成电路技术制成的传感器具有灵敏度高、动态响应快、测量精度高、稳定性好、工作温度范围宽、易于小型化和能够进行批量生产、使用方便等特点,因而获得了日益重要和广泛的应用,是发展非常迅速的一种新型传感器。目前,已在国防、石油、机械、气象、航空、冶金、邮电、生物医学、地质等领域得到广泛的应用。压阻式传感器可用作压力、拉力、压力差、液位、加速度、质量、应变、流量、真空度等物理量的测量和控制。

早期的硅压力传感器称为体型压力传感器(又称半导体应变技术压力传感器)。它是在 N 型硅片上,定域扩散 P 型杂质形成电阻条,连接成惠斯顿电桥,制成压力传感器芯片。使用时,将此芯片粘贴在弹性元件上。当压力作用于弹性元件时,弹性元件上的电桥在应力的作用下使电桥出现不平衡,输出一个正比于压力变化的电压信号。这种压力传感器由于采用粘片结构,故存在着较大的滞后和蠕变现象,固有频率较低,小型化、集成化有困难,精度不够高,因此,影响了它的使用和进一步发展。

20 世纪 70 年代以来,采用集成电路技术制造硅压阻压力传感器获得迅速的发展,制成了电阻与硅膜片一体化的硅杯式扩散型压力传感器。它克服了半导体应变式压力传感器存在的缺点,能够将电阻条、补偿线路、信号调整线路集成在一块硅片上,甚至还可将计算处理电路与传感器集成在一起,制成为"智能传感器"。

下面介绍压阻式传感器的主要优缺点。

压阻式传感器与其他类型传感器相比有很多优点,归纳起来有如下几点:

① 频率响应高。由于没有活动部件,其本身就是一个固定部件,因此固有频率很高,目前压阻式传感器的固有频率达 1.5 MHz 以上,这一特点对于系统的动态测量是十分重要的。

② 体积小,可微型化。由于采用了集成电路的工艺方法,因而硅膜片敏感元件可做得很小,这就使传感器结构微型化。传感器的外径一般可达 0.8 mm,最小可达 0.25 mm,这是其他类型传感器目前还达不到的。

③ 精度高。它没有传动机构造成的摩擦误差,还消除了一般压力传感器中金属膜片或应变计粘贴时因蠕变、迟滞产生的误差,所以大大提高了传感器的精度。目前,压阻式传感器精度一般为 0.1%~0.05%,最高可达 0.01%。

④ 灵敏度高。它比金属应变计的灵敏度高很多倍,有些场合可不加放大器。

⑤ 由于压阻式传感器无活动部件,所以它工作可靠、耐振、耐冲击、耐腐蚀、抗干扰力强,可工作在恶劣的环境条件中。

压阻式传感器的缺点:

① 由于压阻式传感器是用半导体材料制作的,受温度影响较大,因此在温度变化大的环境中使用时,必须进行温度补偿。

② 工艺比较复杂,对研制条件要求高而严格,尤其是烧结、封装工艺,因而其成本较高。

20.1 国内外压阻式传感器展示

20.1.1 压阻式压力传感器系列

1. 美国 Endevco 公司产品

美国 Endevco 公司生产的压阻式传感器小的可以测量 2 Pa 之内的压力,而大的可测量高达几万 Pa 的压力。该公司的所有压力传感器都采取了温度补偿措施,并且把全部温度补偿装置封在传感器壳体内,因此能在很大的工作温度范围内取得可靠数据。另外,该公司的产品坚固耐用、灵敏度高,并具有较高的信噪比。使用时即使在三倍满刻度压力下,仍能获得最大可能输出信号。其产品结构示意图及电路图如图 20-1 所示,技术性能如表 20-1 所列。

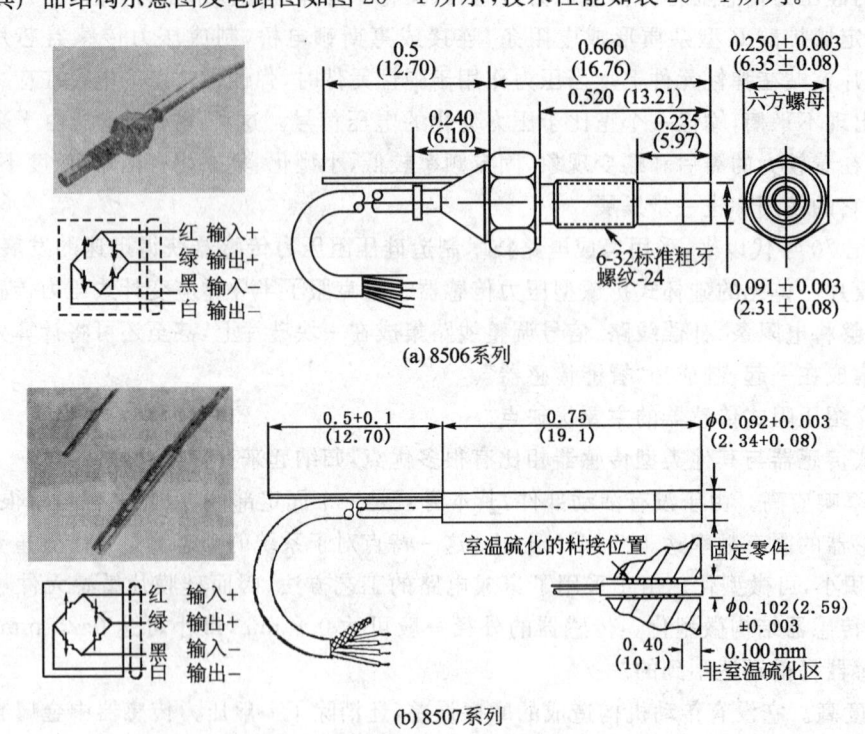

图 20-1 Endevco 公司压阻式压力传感器结构示意图及电路图

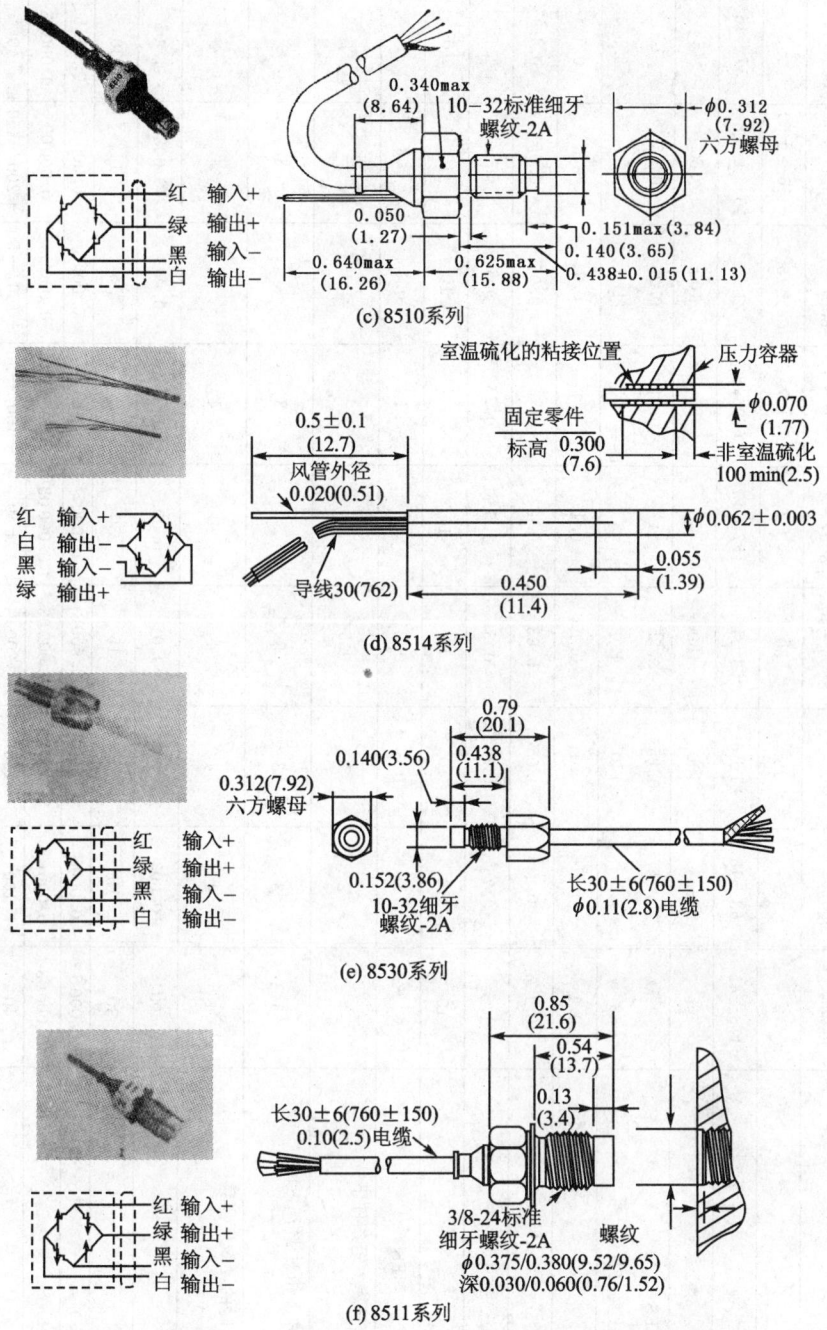

图 20-1 Endevco 公司压阻式压力传感器结构示意图及电路图(续)

第20章 压阻式传感器

表20-1 Endevco公司压阻式压力传感器主要性能指标

性能指标		8506-2	8506-5	8506-15	8506-50	8507-2	8507-5	8507-15	8507-50	8510-2
范围/psi		2	5	15	50	±2	±5	±15	−15～±50	±2
灵敏度(10 V 激励)/(mV·psi^{-1})		175±45	63±18	21±6	63±18	157±45	63±18	21±6	6.3±1.8	157±45
响应频率/kHz		45	65	100	180	45	65	100	180	45
线性误差	工作范围/±%FS	1	0.25	0.25	0.25	1	0.25	0.25	0.25	1
	3倍工作范围/±%3FS	3	2	1.0	1.0	3	2	1.0	1.0	2.5
迟滞误差/±%FS		0.1	0.1	0.1	0.1	0.1	0.1	0.1	0.1	0.1
重复性/±%FS		0.1	0.1	0.05	0.03	0.1	0.1	0.05	0.05	0.1
线性和迟滞综合误差/(±%FS)		1.5	0.75	0.5	0.5	1.5	0.75	0.5	0.5	1.5
零点输出/±mV		10	10	10	10	10	10	10	10	10
零点漂移	在3倍过载时/±%3FS	1	1	0.3	0.3	1	1	0.3	0.3	1
	在15磅一英尺安装力矩条件下/±%FS	4	2	1	0.5	—	—	—	—	3
	在极限温度条件下相对于75℉时/±%FS	3	3	3	3	3	3	3	3	3
在极限温度条件下相对于75℉时的灵敏度漂移/±%FS		4	4	4	4	4	4	4	4	4
热瞬态响应/(psi·℉$^{-1}$)		0.004	0.003	0.009	0.02	0.003	0.003	0.003	0.003	0.003
预热时间/s		30	15	15	15	30	15	15	15	30
加速度灵敏度	纵向/(psi·g^{-1})	0.0005	0.0003	0.0003	0.0003	0.0005	0.0003	0.0003	0.0003	0.0005
	横向/(psi·g^{-1})	0.00003	0.00003	0.00003	0.00003	0.00003	0.00003	0.00003	0.00003	0.00003
破坏压力	膜片/psi	40	100	150	200	±40	+100/−50	+150/−50	+200/−50	40
	壳体/psi	200	200	200	200	50	50	50	50	300

续表 20-1

性能指标		型号								
		8510-5	8510-15	8510-50	8510-100	8510-200	8510-500	8510-1000	8510-2000	8514-10
范围/psi		±5	±15	-15~±50	-15~+100	200	500	1000	2000	0~10
灵敏度(10 V 激励)/(mV·psi^{-1})		63±18	21±6	6.3±1.8	3.15±0.9	1.57±0.45	0.63±0.18	0.315±0.09	0.157±0.045	31.5±9.0
响应频率/kHz		65	100	180	240	320	500	700	900	140
线性误差	工作范围/±%FS	0.25	0.25	0.25	0.25	0.25	0.25	0.25	0.25	0.25
	3倍工作范围/±%3FS	2	1.0	1.0	1.0	1.0	1.0	1.0	1.0	0.7
迟滞误差/±%FS		0.1	0.1	0.1	0.05	0.05	0.05	0.2	0.3	0.1
重复性/±%FS		0.1	0.05	0.03	0.03	0.03	0.05	0.05	0.5	0.1
线性和迟滞综合误差/±%FS		0.75	0.5	0.5	0.5	0.5	0.5	0.7	1.0	0.5
零点输出/±mV		10	10	10	10	10	10	10	10	10
零点漂移	在3倍过载时/±%3FS	1	0.3	0.1	0.1	0.3	0.3	0.3	0.1	0.1
	在15磅一英寸尺安装力矩条件下/±%FS	1	0.3	0.1	0.1	0.1	0.1	0.1	0.1	—
	在极限温度条件下相对于75°F时/±%FS	3	3	3	3	3	3	3	3	3
在极限温度条件下相对于75°F时的灵敏度漂移/±%FS		4	4	4	4	4	4	4	4	4
热瞬态响应/(psi·°F^{-1})		0.003	0.003	0.003	0.003	0.01	0.01	0.05	0.16	0.001
预热时间/s		15	15	15	15	15	15	15	15	15
加速度灵敏度	纵向/(psi·g^{-1})	0.0003	0.0003	0.0003	0.0003	0.0002	0.0002	0.0003	0.0003	1.5×10^{-4}
	横向/(psi·g^{-1})	0.00063	0.00003	0.00009	0.00009	0.00004	0.00004	0.00007	0.00002	6×10^{-5}
破坏压力	膜片/psi	100	150	200	500	±1000	±2500	+5000	+10000	100
	壳体/psi	300	300	300	300	300	300	300	300	25

续表 20-1

性能指标		型号								
		8514-20	8514-50	8514-100	8530-15	8530-50	8530-100	8530-200	8530-500	8530-1000
范围/psi		0~20	0~50	0~100	0~15	0~50	0~100	0~200	0~500	0~1000
灵敏度(10 V 激励)/(mV·psi^{-1})		15.75±4.5	6.3±1.8	3.15±0.9	21±6	6.3±1.8	3.15±0.9	1.57±0.45	0.63±0.18	0.315±0.09
响应频率/kHz		180	320	410	120	240	280	360	600	800
线性误差	工作范围/±%FS	0.25	0.25	0.25	0.25	0.25	0.25	0.25	0.25	0.25
	3倍工作范围/±%3FS	0.7	0.5	0.5	0.5	0.5	1.0	1.5	2.0	1.0
迟滞误差/±%FS		0.1	0.1	0.1	0.1	0.1	0.1	0.1	0.1	0.1
重复性/±%FS		0.1	0.1	0.1	0.1	0.1	0.1	0.1	0.05	0.05
线性和迟滞综合误差/±%FS		0.5	0.5	0.5	0.5	0.5	0.5	0.5	0.5	0.5
零点输出/±mV		10	10	10	10	10	10	10	10	10
零点漂移	在3倍过载时/±%3FS	0.1	0.1	0.1	0.02	0.01	0.02	0.01	0.05	0.1
	在15磅一英尺安装力矩条件下/±%FS	—	—	—	0.2	0.2	0.2	0.2	0.1	0.1
	在极限温度条件下相对于75℉时漂移/±%FS	3	3	3	3	3	3	3	3	3
在极限温度条件下相对于75℉时的灵敏度漂移/±%FS		4	4	4	4	4	4	4	4	4
热瞬态响应/psi·℉$^{-1}$		0.003	0.005	0.01	0.004	0.003	0.009	0.02	0.02	0.04
预热时间/s		15	15	15	30	30	30	30	15	15
加速度灵敏度	纵向/(psi·g^{-1})	2×10^{-4}	3×10^{-4}	6×10^{-4}	0.0002	0.0002	0.0003	0.0003	0.00001	0.0002
	横向/(psi·g^{-1})	9×10^{-5}	2×10^{-4}	3×10^{-4}	0.00004	0.0004	0.00007	0.0002	0.000006	0.0001
破坏压力	膜片/psi	150	200	400	90	300	400	700	2000	4000
	壳体/psi	25	25	25	—	—	—	—	—	—

续表 20-1

性能指标		型号								
		8510-200	8510-500	8510-1000	8510-2000	8511-5K	8511-10K	8511-20K	8511-50K
范围/psi		200	500	1000	2000	5000	10000	20000	50000
灵敏度(10 V 激励)/(mV·psi^{-1})		1.57±0.45	0.63±0.18	0.315±0.09	0.157±0.045	0.10±0.030	0.05±0.015	0.025±0.008	0.01±0.003
响应频率/kHz		320	500	700	900	>500	>500	>500	>500
线性误差	工作范围/±%FS	0.25	0.25	0.25	0.25	0.3	0.6	0.4	0.5
	3倍工作范围/±%3FS	1.0	1.0	1.0	1.0	0.3	0.8	0.2	0.5
迟滞误差/±%FS		0.05	0.05	0.02	0.3	0.3	0.8	0.2	0.5
重复性/±%FS		0.03	0.05	0.05	0.5	0.1	0.5	0.1	0.5
线性和迟滞综合误差/±%FS		0.5	0.5	0.7	1.0	1.2	1.5	1.2	2.0
零点输出/±mV		10	10	10	10	10.0	10.0	10.0	10.0
零点漂移	在3倍过载时/±%3FS	0.3	0.3	0.3	0.1	0.1	0.2	注2	注1
	在15磅一英尺安装力矩条件下/±%FSO	0.1	0.1	0.1	0.1	0.1	0.1	0.1	0.1
	在极限温度条件下相对于75℉时/±%FSO	3	3	3	3	3.0	3.0	3.0	3.0
在极限温度条件下相对于75℉时的灵敏度漂移/±%FS		4	4	4	4	4.0	4.0	4.0	4.0
热瞬态响应/(psi·℉$^{-1}$)		0.01	0.01	0.05	0.16	1.1	1.5	0.4	0.1
预热时间/s		15	15	15	15	15	15	15	15
加速度灵敏度	纵向/(psi·g^{-1})	0.0002	0.0002	0.0003	0.0003	0.003	0.004	0.008	0.003
	横向/(psi·g^{-1})	0.00004	0.00004	0.00007	0.00002	0.001	0.002	0.004	0.003
破坏压力	膜片/psi	1000	2500	5000	10000	20000	30000	40000	75000
	壳体/psi	300	300	300	300	—	—	—	—

2. 美国 Kulite 公司产品

美国 Kulite 公司生产的压阻式压力传感器体积小、质量轻，可用于航天和航空工业，也可用于生物、医学等方面。生物和医学上用的传感器外形尺寸很小，有的传感器的外径竟小于 1 mm。该公司生产的传感器的最大压力量程，如 HEM-375 系列和 HKM-375 系列等最大压力可达 2 100 bar，这一量程目前是少有的。该公司有些产品的固有频率也很高。其示意图如图 20-2 所示，具体情况如表 20-2 所列。

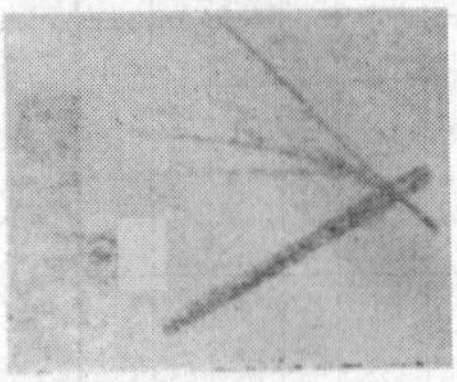

(a) CQ-030系列 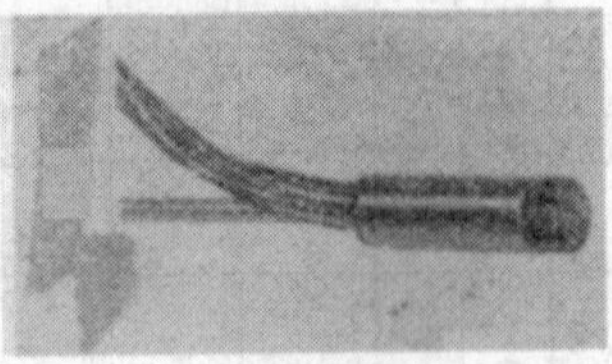　　(b) CQ-080系列 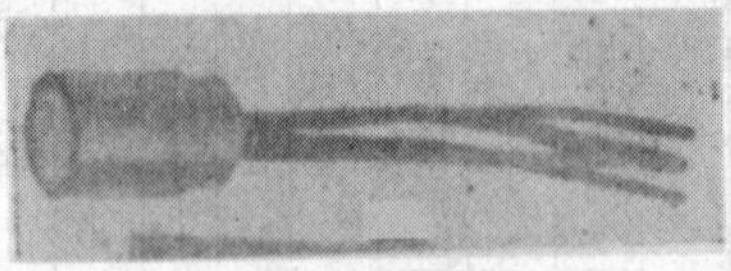　　(c) CQ-140系列

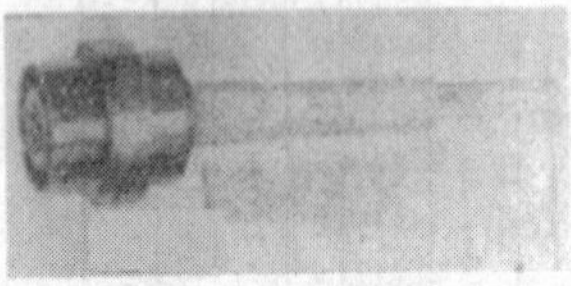

(d) SVQ-500系列 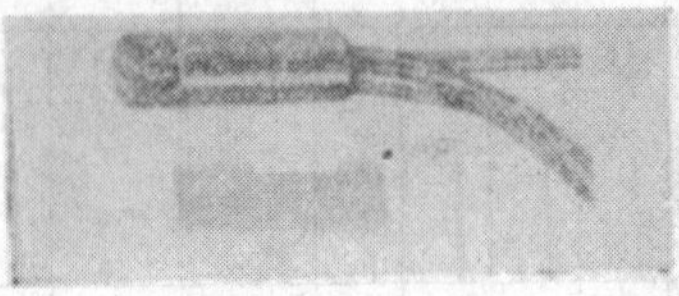　　(e) XCS-093系列 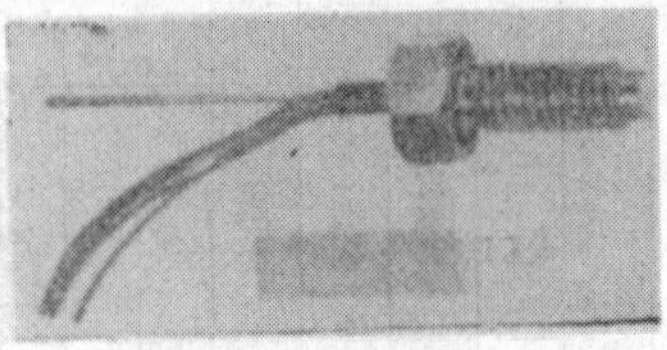　　(f) XCS-190系列

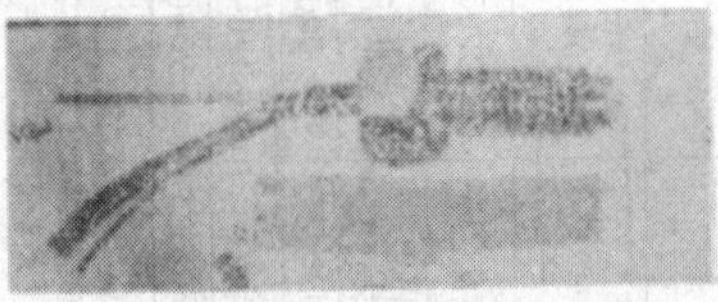

(f) XT-140系列 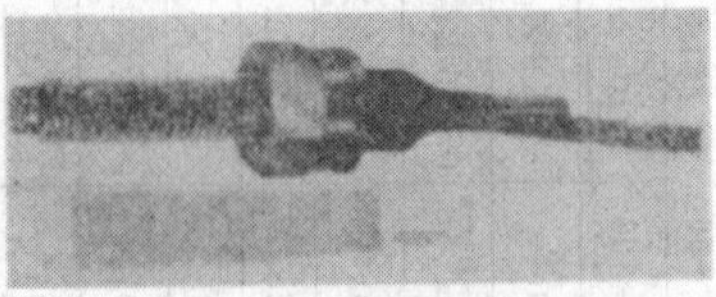　　(h) XTM-190系列

(i) HKM-375系列 　　(j) HKS-375系列

(k) EM-375系列 　　(l) IPT-750系列

图 20-2　Kulite 公司压阻式压力传感器示意图

第20章 压阻式传感器

表20-2 Kulite公司压阻式压力传感器技术性能指标

性能指标	超小型 CQ-030	超小型 XCQ-080	小型 CQ-140	小型 SVQ-500	输出5V型 ET-300-375	薄型 LQ-080
压力/(kg·cm^{-2})	7.0	1.7 3.5 7.0 17 35	1.7 3.5 7.0 17 35	0.35 0.70 1.4 3.5 7.0 14 28	0.35 0.70 1.4 7.0 14 28	1.7 3.5 7.0 14 28
最大压力/(kg·cm^{-2})	21	5.0 10 21 51 105	10 15.1 21 51 105	1.4 3.5 7.0 21 80 100 200	1.4 7.0 14 28 130 200	3.5 7.0 14 100 100
输出/mV	40	65 75 100 100 100	50 100 100 100 100	50 75 100 100 130 160 200	5V 5V 5V 5V 5V 5V	65 75 100 100
固有频率/kHz	1500	200 290 360 570 810	70 100 130 160 240 350	70 100 130 200	130 200	230 330 410 590
供桥电压/V	5	5	10	(0.35, 0.70 kg/cm²) 20, 其他 10	前置放大器输出电压 28±4V，前置放大器频宽为8～8 kHz(-3 dB)	5
电桥阻抗/Ω	输入 500/输出 750	输入 600/输出 750	输入 500/输出 350	(0.35, 0.70 kg/cm²) 1500, (1.7 kg/cm²) 1500, 其余 500	1000	750
零平衡/%FS	±10	±3	±3	(0.35 kg/cm²) ±5, ±3	±200 mV/±100 mV	±3
非线性/%FS	1.0	0.5	0.5	±0.5	±1	±1
重复性误差/%FS	0.5	0.1	0.1	0.25	0.25	±0.5
正常温度范围/℃	25~80	25~80	25~80	25~80	25~80	25~80
极限温度范围/℃	-20~120	-55~120	-20~120	-20~120	-55~120	-20~120
温度灵敏度系数(%FS55℃$^{-1}$)	定电压 8, 定电流 4	1.5	±2	±2	3±	2.5
温度零漂系数/(%FS·55℃$^{-1}$)	±5	0.5	±1	±1	3	±1
加速度灵敏度(垂直/水平)/(%FS·g^{-1})	0.001/0.0002	0.0002/0.00004	0.002/0.0004	0.004/0.0008	0.002/0.0004	0.0002/0.00004
测定方式	表压、差压、绝对压力	表压、绝对压力、差压	表压、绝对压力、差压	表压、绝对压力、差压	表压、绝对压力、差压	表压（常用密闭型）
电缆长度/cm	75	75	75	75	60	75
备注	硅膜片	硅膜片	硅膜片	硅膜片	硅膜片	硅膜

第20章 压阻式传感器

续表 20-2

性能指标	高温型 XTE-190	高灵敏度型 XCS-093	高灵敏度型 XCS-190	高温型 HEM-735	高压力型 HKS-375
压力/(kg·cm^{-2})	1.7　3.5　7.0　14　21　35	1.0　3.5　5.0　10	0.35　1.0　1.7　3.5　5.2	1.7　3.5　7.0　14　17　35　52	1.7　3.5　7.0　14　35　70　140　350
最大压力/(kg·cm^{-2})	3.5　7.0　14　21　32　53	5.0　10	5.2	35　52	210　525
输出/mV	50　75　100　100	225　225　225　300	225　225　225　300	75	100
固有频率/kHz	100　100　130　200　270　350	100　150　200　275	100　150	75　125　200　275　360　375　385　395	350　500　650　675　700　725
供桥电压/V	(1.7 kg/cm^3)15, 其余 10	15	15	10	5
电桥阻抗/Ω	输入 2000/输出 1000	1200/2500	1200/2500	650/750	350
零平衡/%FS	(1.7 kg/cm^2)±10, 其他±5	±3	±3	±5	±5
非线性/%FS	±0.05	0.5	±0.3	±1	±0.5
重复性误差/%FS	±0.05	0.1	0.1	0.25	0.1
正常温度范围/℃	25～235	25～80	25～80	27～232	25～80
极限温度范围/℃	−55～273	−55～120	−55～120	−55～260	−55～150
温度灵敏度系数/%FS/55℃	±10%/210℃	±2	±2	10%/205℃	±3
温度零票系数/%FS/55℃$^{-1}$	±20%/210℃	±2	±2	7%/205℃	±2
加速度灵敏度垂直(水平)/(%FS·g^{-1})	0.0005/0.0001	0.005/0.0005	0.005/0.0005	0.002/0.0004	0.0001/0.00002
测定方式	表压,绝对压力,差压	表面压力,差压	表压,绝对压力,差压	表压,绝对压力,差压	表压(常压密闭型)
电缆长度/cm	60	75	60	60	30
备注	硅膜	硅膜	硅膜	金属膜型	硅膜片,密封部采取特殊结构

3. Kistler 公司产品

Kistler 公司生产的压阻式绝对压力传感器和相对压力传感器等,可用于测量绝对压力和相对压力等。其技术性能指标详见表 20-3～表 20-5。

表 20-3 Kistler 公司压阻式压力传感器性能指标

性能指标	4025 型				
	A_2	A_5	A_{10}	A_{20}	A_{50}
范围/bar	0～2	0～5	0～10	0～20	0～50
过载能力/bar	5	12.5	25	50	125
破坏压力/bar(测量头/壳体)	5/125	12.5/125	25/125	50/125	125/125
灵敏限/mbar	<1	<2.5	<5	<10	<25
灵敏度/(mV·bar^{-1})	250	100	50	25	10
自然频率/kHz	>20	>30	>45	>70	>110
满量程输出/mV	500^{+0}_{-5}				
恒流源激励/mA	<10(最大 28 V)				
校准电流/mA	2～5				
输入/输出电阻/kΩ	3				
零点输出/mV	<±20				
线性误差/%FS	<±0.3				
迟滞误差/%FS	<0.1				
重复性误差/%FS	<0.1				
灵敏度稳定性/(%·a^{-1})	<0.2				
零点稳定性/%FS	<0.1/天　<0.5/a				
温度零点漂移/%FS	≤±0.5				
温度灵敏度漂移/%	≤0.1				
工作温度范围/℃	0～120				
极限温度范围/℃	-20～120				
加速度误差/(bar·g^{-1})	$<3\times10^{-4}$				
安装力矩/Nm	—				
冲击值	1000g(g 为重力加速度)				
绝缘电阻/MΩ	>100				
体积变化/mm³	<0.2				
质量/g	108				
外形尺寸/mm	φ42×44.5				

续表 20-3

性能指标	4043/4045 型							
	A_1	A2	A_5	A_{10}	A_{20}	A_{50}	A_{100}	A_{200}
范围/bar	0~1	0~2	0~5	0~10	0~20	0~50	0~100	0~200
过载能力/bar	2.5	5	12.5	25	50	125	250	500
破坏压力/bar	2.5	5	12.5	25	50	125	250	500
灵敏限/mbar	0.5	<1	<2.5	<5	<10	<25	<50	<100
灵敏度/(mV·bar^{-1})	500	250	100	50	25	10	5	2.5
自然频率/kHz	>14	>20	>30	>45	>70	>110	>150	>180
满量程输出/mV	$500\pm^{0.8}_{0.8}$							
恒流源激励/mA	<10(最大 28 V)							
校准电流/mA	2~5							
输入/输出电阻/kΩ	3(正常值)							
零点输出/mV	≤±20							
线性误差/%FS	≤±0.3							
迟滞误差/%FS	≤0.1							
重复性误差/%FS	—							
灵敏度稳定性/(%·a^{-1})	—							
零点稳定性/%FS	—							
温度零点漂移/%FS	≤+0.5							
温度灵敏度漂移/%	≤±0.1							
工作温度范围/℃	(4043 型)—20~50/<4045 型)20~120							
极限温度范围/℃	最小/最大(4043 型)—40/70(4045 型)0/140							
加速度误差/(bar·g^{-1})	$<3\times10^{-4}$							
安装力矩/Nm	采用 Delrin 密封时 3~5;采用铜密封时 12~20							
冲击值	1000g(g 为重力加速度)							
绝缘电阻/MΩ	>100							
体积变化/mm³	<0.2							
质量/g	33							
外形尺寸/mm	$\phi15.8\times45$							

表 20-4 压阻式绝对压力传感器性能指标

性能指标	4101 型			
	A_1	A_2	A_5	A_{10}
范围/bar	0～1	0～2	0～5	0～10
过载能力/bar	1.5	3	7.5	15
破坏压力/bar	1.5	3	7.5	15
灵敏限/mbar	<1	<2	<5	<10
灵敏度/(mV·bar^{-1})	500	250	100	50
自然频率/kHz	>15	>20	>35	>50
满量程输出/mV	500^{+1}_{-6}			
恒流源激励/mA	<10(最大 28V)			
校准电流/mA	2.5～5			
输入/输出电阻/kΩ	3(一般值)			
零点输出/mV	<±25			
线性误差/%FS	≤±0.6			
迟滞误差/%FS	<0.2			
重复性误差/%FS				
灵敏度稳定性/(%·a^{-1})	<0.1			
零点稳定性/%FS	<0.2/d <2/a			
温度零点漂移/%FS	<±1			
温度灵敏度漂移/%	<±2			
工作温度范围/℃	0～80			
极限温度范围/℃	−10～90			
加速度误差/(bar·g^{-1})	<4×10^{-4}			
安装力矩/Nm	3～7			
冲击值	1000g(g 为重力加速度)			
绝缘电阻/MΩ	>100			
电缆长度/m	2			
质量/g	74			
外形尺寸/mm	φ15.9×26			

表 20 – 5　压阻式相对压力传感器性能指标

性能指标	4053 型			
	A_1	A_2	A_5	A_{10}
范围/bar	0～1	0～2	0～5	0～10
过载能力/bar(上限/下限)	2.5/真空	5/真空	12.5/真空	25/真空
破坏压力/bar	2.5	5	12.5	25
灵敏限/mbar	<0.5	<1	<1.5	<5
灵敏度/mV·bar^{-1}	500	250	100	50
自然频率/kHz	>15	>25	>35	>50
参考压力范围/bar	0～1.2			
满量程输出/mV	$500^{+0.5}_{-0.8}$			
恒流源激励/mA	<10(最大 20 V)			
校准电流/mA	2～5			
输入/输出电阻/kΩ	3(一般值)			
零点输出/mV	<20			
线性误差/%FS	≤±0.3			
迟滞误差/%FS	<0.1			
重复性误差/%FS	<0.1			
灵敏度稳定性/%·a^{-1}	<0.2			
零点稳定性/%FS	<0.2/d　<0.5/a			
温度零点漂移/%FS	<±0.5			
温度灵敏度漂移/%	<±1			
参考压力误差/%FS	≤±0.1			
工作温度范围/℃	—20～50			
极限温度范围/℃	—40～70			
安装力矩/N·m	采用 Delrin 密封 3～5；铜密封 12～20			
加速度误差/bar·g^{-1}	<3×10^{-4}			
冲击值	1000g(g 为重力加速度)			
体积变化量/mm^3	<0.3			
绝缘电阻/MΩ	>100			
质量/g	33			
外形尺寸/mm	φ15.9×45±0.5			

4. DYC 型固态压阻压力传感器

DYC 型固态压阻压力传感器如图 20 – 3 所示。

5. DLYJ-760 型扩散硅绝对压力传感器

该传感器利用集成电路工艺在硅基上扩散电阻,然后加工成压力敏感元件,当压力变化时,直接输出电信号。因为参照真空压力,故指示绝对压力。其可用于大气和液体测量绝对压力。该传感器的结构尺寸如图 20-4 所示，其特性参数如表 20-6 所列。

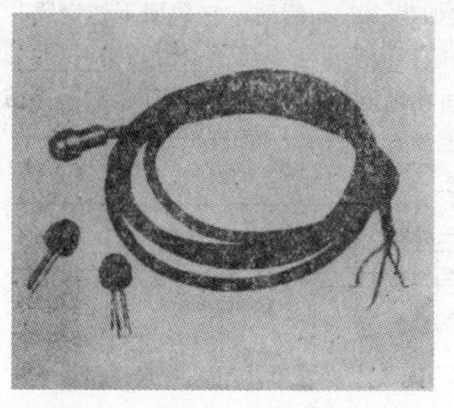

图 20-3 DYC 型固态压阻压力传感器

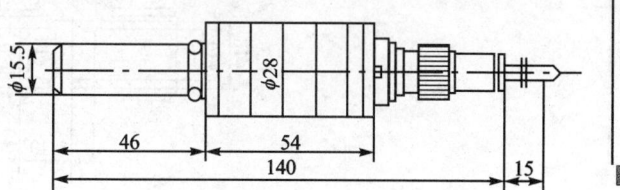

图 20-4 DLYJ-760 型结构尺寸图

表 20-6 DLYJ-760 型压力传感器特性参数表

性能指标	参　数	性能指标	参　数
测量范围/kPa	0～100	零位温漂(10^{-4}℃/FS)	2
供桥电流/mA	5	灵敏度温漂(10^{-4}℃/FS)	≤2
桥臂电阻/kΩ	1.4(±20%)	补偿温度范围/℃	0～+60
满量程输出/mV	>50	过载限制/%	200～300
重复性/%	≤±0.2	零位/mV	≤3

6. YJ 型系列压阻式绝对压力传感器

该传感器采用硅平面集成电路工艺，将一组电阻应变电桥制作在硅弹性元件的应变面上，弹性元件采用硅圆盘化学腐蚀成型。当引进压力时，弹性元件变形，应变电桥失去原平衡状态，输出与压力成正比的电压信号。该传感器可用于测量大气压等绝对压力。

该传感器的结构尺寸如图 20-5 所示，特性参数如表 20-7 所列。

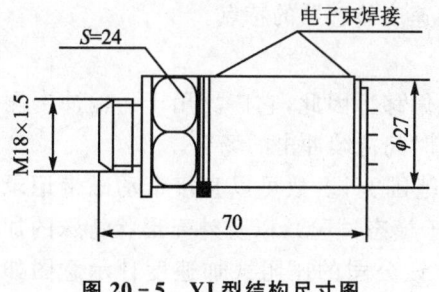

图 20-5 YJ 型结构尺寸图

表 20-7 YJ 型压阻式绝对压力传感器特性参数表

性能指标	参　数	性能指标	参　数
量程/MPa	0～0.1,0～6	内阻/Ω	1000(±20%)
满程输出/mV	≥100	绝缘电阻/MΩ	>100
零位输出/mV	±2	环境湿度/%RH	<93
允许过载/%FS	150	工作温度/℃	-40～+70
DC 工作电源/V	10,12	参考价格/元	1050～1300

7. CY16-1 系列压阻式压力传感器

该传感器结构尺寸如图 20-6 所示,其特性参数如表 20-8 所列。它采用不锈钢膜片作为压力弹性元件,采用高灵敏度的半导体应变片作为敏感应变元件。当感受到压力时,膜片产生形变,半导体应变片将其转换成电阻变化,通过电桥输出电信号。该传感器广泛用于国防建设和工业自动化等部门的气体或液体的压力测量与控制。

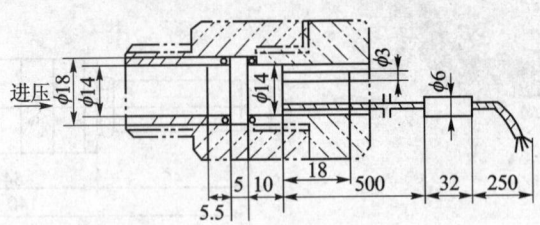

图 20-6 CY16-1 型结构尺寸图

表 20-8 CY16-1 型压阻式压力传感器特性参数表

性能指标	参数	性能指标	参数
量程/(kgf·cm^{-2})	5,10,25,100,200,300	输出阻抗/kΩ	1
		零位温漂/(10^{-4}·℃$^{-1}$)	4
输出灵敏度/(mV·V^{-1})	≥10	灵敏度温漂/(10^{-4}·℃$^{-1}$)	4
重复性/%	≤0.5	DC 工作电源/V	15

20.1.2 压阻式加速度传感器系列

1. 5410 和 5420 系列压阻式加速度传感器

5410 和 5420 系列压阻式加速度传感器(图 20-7)是测量各种机械振动部件,以及试验模型振动参数的传感器,主要用作测量加速度,也可用于工程控制中作为测量和反馈元件。该系列传感器广泛用于宇航、舰船、海洋、飞机、汽车、机车、桥梁、建筑等振动试验中。传感器采用压阻片作为敏感元件,具有灵敏度高、频响宽、体积小、质量轻等优点,输出信号可不用放大器直接送入记录装置。频响可从 0 Hz 开始,这是压阻式加速度传感器的特点。

2. 压阻式加速度计

压阻式加速度计低频下限能测量到 0 Hz 而无相位偏移。因此,它广泛用于运输冲击测量、封装试验、爆破研究及汽车碰撞研究等低频振动或长时间持续冲击的场合。

Endevco 公司传感器的特点是灵敏度高,频率响应范围宽,多数可以直接带动磁带记录器。该公司同时还生产灵敏度较高的小型加速度计(用于模态试验),以及外壳形状特殊的加速度计。另外,还有用于测量角加速度的特殊传感器。该公司的压阻式加速度计示意图如图 20-8 所示,其技术性能如表 20-9 所列。

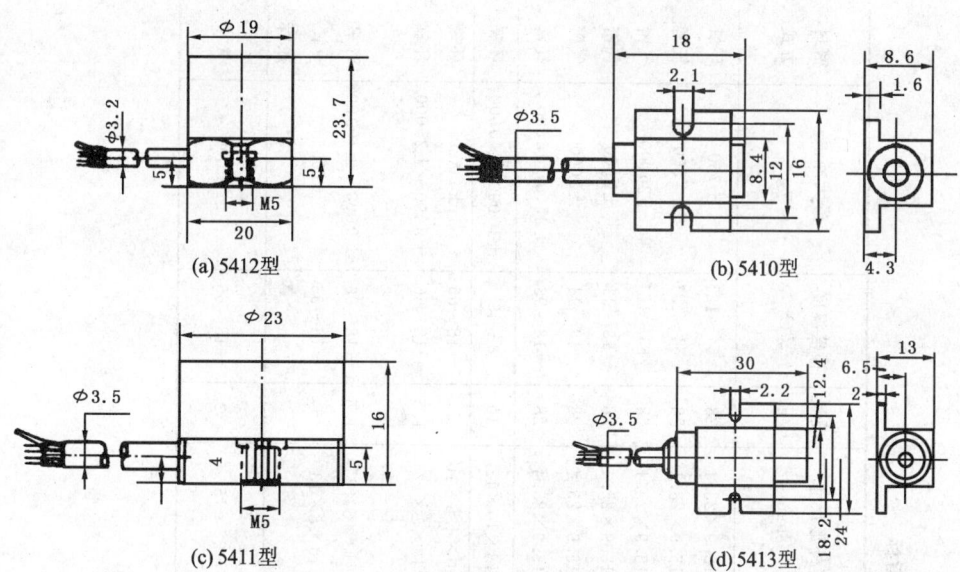

图 20-7 压阻式加速度传感器结构尺寸图

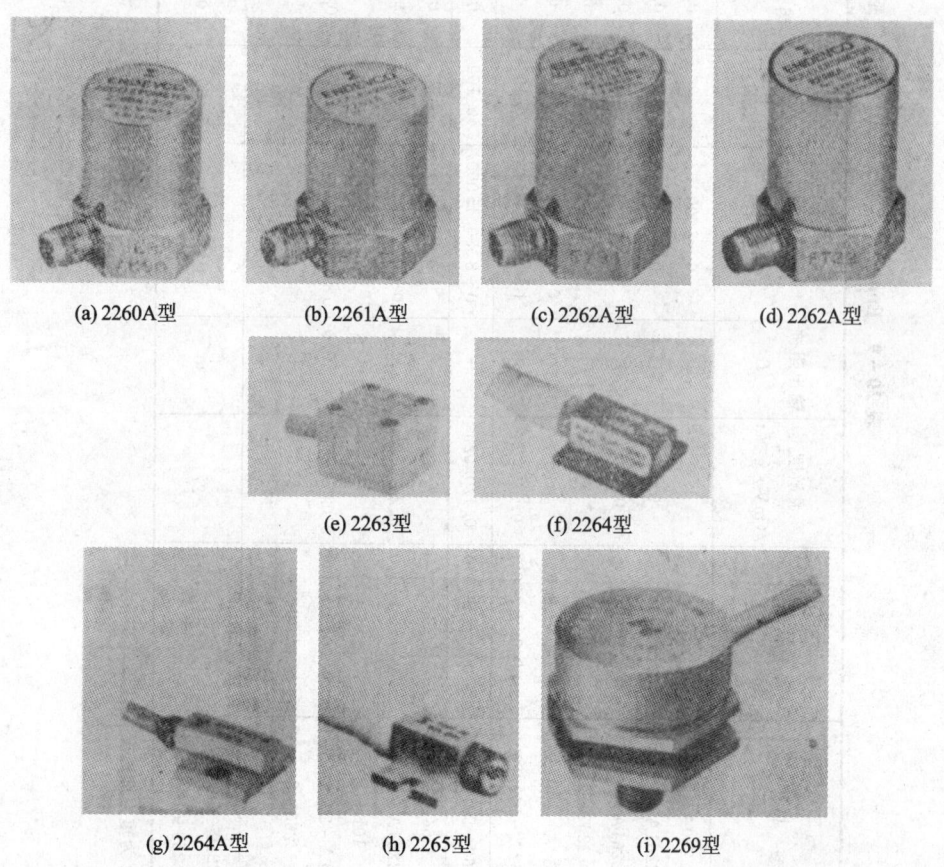

图 20-8 Endevco 公司压阻式加速度计示意图

第20章 压阻式传感器

表 20-9 Endevco 公司压阻式加速度传感器性能指标

	型 号	测量范围/g	灵敏度 /(mV·g^{-1})	输出阻抗 /Ω	频率响应 /Hz	安装频率响应 /kHz	阻尼比	外形尺寸 /mm	质量 /g	补偿温度 /℃	最大冲击 /g^*	密封方式
通用型	2260A-250	±250	1.4	345	0~2000	14	0.01	15.9×23.1	28	−54~121	±750	环氧
	2261A-2500	±2500	0.12	345	0~5000	31	0.01	15.9×23.1	28	−54~121	±7500	气密
	2261A-10K	±10000	0.025	345	0~8000	45	0.01	15.9×23.1	28	−54~121	±20000	气密
	2262-25	±25	20	1400	0~750	2.5	0.7	15.9×25.4	28	−18~93	±2000	气密
	2262A-100/200	±100/±200	5/25	1200	0~2000/3000	5/7	0.7	15.9×25.4	28	−18~93	±2000	气密
	2262A-100/2000	±1000/±2000	0.5/0.25	350	0~2000/4000	6/10	0.7	15.9×25.4	28	−18~93	±2500/±5000	气密
三轴	2263-5/10/20K	±5000/±20000	0.1/0.025	—	0~8000/15000	40/100	0.01	13×10×13	10	0~45	±10000/±40000	环氧
小型化	2264-200	±200	2.5	—	0~1200	4.7	0.01	10×4.6×10	1	−18~66	±1000	环氧
	2264A-2/5/10K-R	±2000/±10000	0.25/1.25	500	0~5000/12000	30/70	0.002	13×5×12	1.5	−18~66	±5000/±25000	环氧
	2264A-20/50K-R	±20000/±50000	0.025/0.010	500/850	0~16000/30000	100/180	0.002	13×5×2	1.5	−18~66	±50000~±100000	环氧
	2265-20	±20	30	—	0~200	1	0.01~0.05	10×8×13	6	−18~66	±200	环氧/胶管
集成	2269-5KM$_1$, 2269-10KM$_1$	±5000/±10000	2/1	30	0~10000	100	0.01	22×15	33	−18~66	±10000	气密

* g 为重力加速度。

20.2 压阻式传感器基本理论

20.2.1 压阻式传感器的工作原理

压阻式传感器是利用单晶硅材料的压阻效应制成的。单晶硅材料受到力的作用后,其电阻率就要发生变化,这种现象称为压阻效应。

根据欧姆定律,对于导体或半导体材料,其电阻 R 可用下式表示:

$$R = \rho L/A \qquad (20-1)$$

微分后得

$$\frac{\mathrm{d}R}{R} = \frac{\mathrm{d}\rho}{\rho} + (1+2\mu)\frac{\mathrm{d}L}{L} \qquad (20-2)$$

引用 $\dfrac{\mathrm{d}\rho}{\rho} = \pi\sigma$,则式(20-2)可写成

$$\frac{\mathrm{d}R}{R} = \pi\sigma + (1+2\mu)\frac{\mathrm{d}L}{L} = (\pi E + 1 + 2\mu)\varepsilon = K\varepsilon \qquad (20-3)$$

式中

$$K = \pi E + 1 + 2\mu$$

对金属来说,πE 很小,可以忽略不计,而泊松比 $\mu = 0.25 \sim 0.5$,故金属丝的灵敏系数 K_0 近似为

$$K_0 = 1 + 2\mu \approx 1.5 \sim 2$$

对半导体材料而言,πE 比 $(1+2\mu)$ 大得多,故 $(1+2\mu)$ 可以忽略不计,而压阻系数 $\pi = (40 \sim 80) \times 10^{-11} \ \mathrm{m^2/N}$,弹性模量 $E = 1.67 \times 10^{11} \ \mathrm{Pa}$,故

$$K_s = \pi E \approx 50 \sim 100$$

由此可见

$$K_s \approx (50 \sim 100)K_0$$

此式表示,硅压阻式传感器灵敏度系数 K_s 是金属应变计灵敏系数 K_0 的 50~100 倍。

由于半导体材料 $\pi\sigma$ 比 $(1+2\mu)$ 大很多,因而其电阻相对变化可写为

$$\Delta R/R = \Delta\rho/\rho = \pi\sigma \qquad (20-4)$$

式中,π——压阻系数;σ——应力;ρ——半导体材料的电阻率。

式(20-4)说明,半导体材料电阻的变化率 $\Delta R/R$ 主要是由 $\Delta\rho/\rho$ 引起的,这就是半导体的压阻效应。

在弹性变形限度内,硅的压阻效应是可逆的,即在应力作用下硅的电阻发生变化,而当应力除去时,硅的电阻又恢复到原来的数值。应力作用在硅晶体,使它的电阻发生变化,这是压阻效应的物理解释。依据 Herring 关于半导体多能谷导带/价带模型的公式,当力作用于硅晶体时,晶体的晶格产生形变,它使载流子产生从一个能谷到另一个能谷的散射,载流子的迁移率发生变化,扰动了纵向和横向的平均有效质量,使硅的电阻率发生变化。这个变化随硅晶体的取向不同而不同,即硅的压阻效应与晶体的取向有关。

20.2.2 压阻式传感器的测量线路

压阻式传感器的测量线路是在测试工作过程与标定传感器性能时使用的。

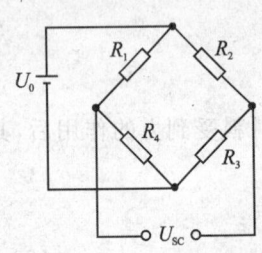

图 20-9 恒压源供电

通常压阻式传感器硅芯片上扩散出的 4 个电阻,连接成惠斯顿电桥形式。为使电桥的灵敏度最高,将一对增加的电阻对接,另一对减小的电阻对接,如图 20-9 所示。供电常采用两种方式:恒压源供电和恒流源供电。

1. 恒压源供电时电桥的输出

在图 20-9 中,电桥的输出为

$$U_{SC} = \frac{U_0(R+\Delta R+\Delta R_T)}{R-\Delta R+\Delta R_T+R+\Delta R+\Delta R_T} - \frac{U_0(R-\Delta R+\Delta R_T)}{R+\Delta R+\Delta R_T+R-\Delta R+\Delta R_T}$$

整理后得

$$U_{SC} = U_0 \frac{\Delta R}{R+\Delta R_T} \tag{20-5}$$

ΔR_T 是由于温度的增加而产生的电阻变化。4 个扩散电阻的起始阻值都相等且为 R_0。式(20-5)说明,电桥输出一方面与 $\Delta R/R$ 成正比,另一方面又与供桥电压 U_0 成正比,即电桥的输出电压除了与被测量成正比外,同时与电桥输入电压 U_0 的大小和精度有关。当温度改变时,输出电压 U_{SC} 还与温度有关,即 U_{SC} 与 ΔR_T 呈非线性关系,所以用恒压源供电时,不能消除温度的影响。

2. 恒流源供电时电桥的输出

恒流源供电时,电桥如图 20-10 所示。在图 20-10 中,假设电桥两个支路的电阻相等,即 $R_{ABC}=R_{ADC}=2(R+\Delta R_T)$,那么,通过每条支路的电流也相等,都等于总电流的 $I_0/2$。因此电桥的输出为

$$U_{SC} = \frac{1}{2}I_0(R+\Delta R+\Delta R_T) - \frac{1}{2}I_0(R-\Delta R+\Delta R_T)$$

经整理后得

$$U_{SC} = I_0 \Delta R$$

电桥的输出与电阻的变化量 ΔR 成正比,也与电源电流成正比,即输出与恒流源供给的电流大小与精度有关。但是电桥的输出与温度无关,不受温度的影响,这是恒流源供电的优点。

3. 压阻式传感器的测量线路

压阻式传感器常用的放大线路如图 20-11 所示。三极管 BG_1 和 BG_2 组成复合管与二极管 D_1 和 D_2,以及电阻 R_1,R_2,R_3 构成恒流源电路,供给传感器恒定电流,使传感器输出不受温度变化的影响。结型场效应管 BG_3 和 BG_4 与电阻 R_4 和 R_5 构成源极跟随器,将传感器与运算放大器 A 隔离开,使放大器的闭环放大倍数不受传感器输出阻抗的影响。

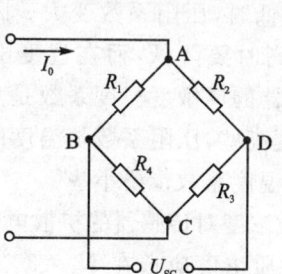

图 20-10 恒流源供电

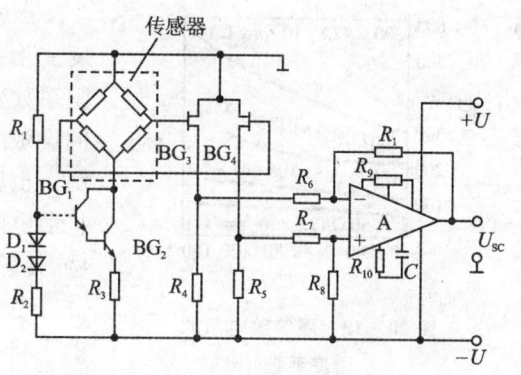

图 20-11 压阻式传感器常用放大线路

压阻式传感器常用的测量线路如图 20-12 所示。

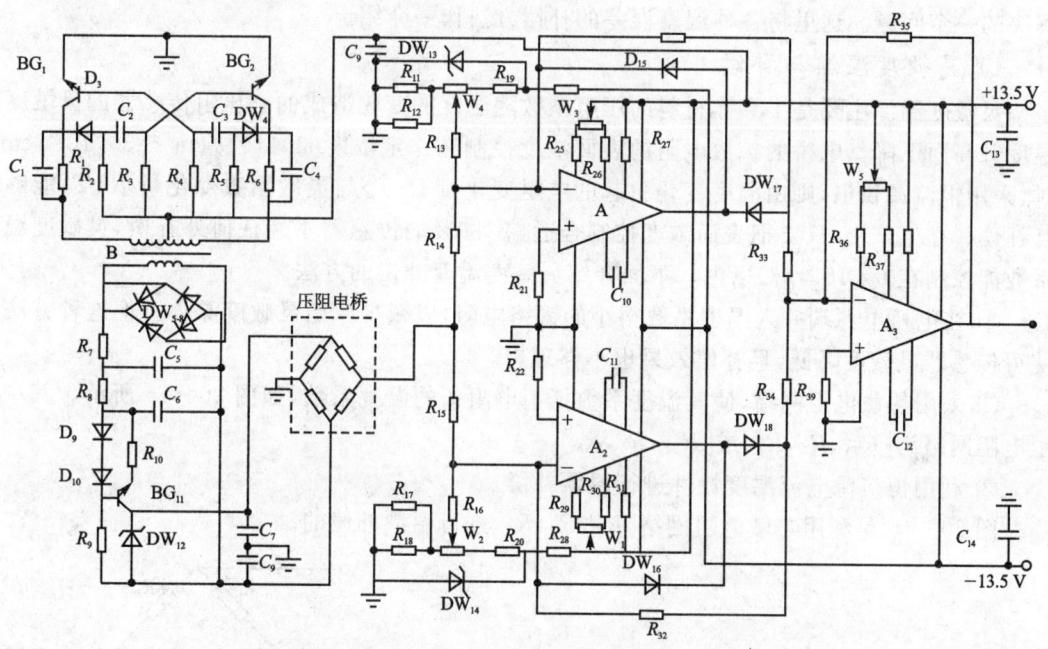

图 20-12 压阻电桥的桥路电源和测量电路

20.2.3 压阻式传感器的温度漂移与补偿

1. 压阻式传感器的温度漂移

压阻式传感器受到温度影响后,就要产生零位温度漂移和灵敏度温度漂移。这是压阻式传感器最大的弱点。

零位温度漂移的产生是由于扩散电阻的限值随温度变化引起的,而扩散电阻的温度系数随薄层电阻的不同而异,表面杂质浓度高时,薄层电阻小,温度系数也小;表面杂质浓度低时,薄层电阻大,温度系数也大。为减小温度系数,可提高表面杂质浓度,但这样做会使传感器的灵敏度降低。

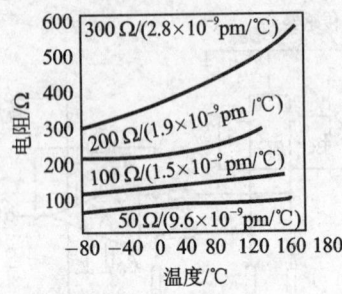

图 20-13 硼扩散电阻的温度系数

压阻式传感器的灵敏度漂移是由于压阻系数随温度变化引起的。从图 20-13 可以看出,温度升高时,压阻系数变小;温度降低时,压阻系数变大。因此传感器的灵敏度在温度升高时要降低,而在温度降低时要升高。也就是说,传感器的灵敏度温度系数是负的。如果扩散电阻的表面浓度高些,压阻系数随温度的变化要小些,传感器的灵敏度温度系数也要小些。

考虑到表面杂质浓度对传感器的扩散电阻和灵敏度的影响,表面扩散杂质浓度应选在 $N_s = 3 \times 10^{18}/cm^3 \sim 3 \times 10^{20}/cm^3$ 之间。

2. 温度补偿

压阻式传感器由于有很多优点,因而发展很快,但是温度误差却是这类传感器发展中需要解决的一个问题。这里将各种温度误差的补偿方法作一介绍。

1)灵敏度温漂与补偿

灵敏度温漂主要是半导体材料的压阻系数随温度的变化造成的。压阻传感器的灵敏度随温度升高而下降。电桥的扩散电阻的表面浓度控制在一定浓度($3 \times 10^{18}/cm^3 \sim 3 \times 10^{20}/cm^3$)时,采用恒流源供电,则由温度变化引起的电阻变化量 $R(T)$ 与灵敏系数变化量 $K(T)$ 能够相互补偿。在生产中,只要把表面浓度控制合适,有 80% 的传感器不经任何外补偿,灵敏度温度系数能控制在 $5 \times 10^{-4}/℃$ 以内。下面介绍灵敏度温度补偿的方法。

① 在电桥电源端并入温度系数很小的镍铬电阻,以减少原始灵敏度漂移。但这种方法将使得传感器灵敏度降低,且补偿效果也不够理想。

② 采用热敏电阻网络,使其温度系数抵消电阻条的温度系数,如图 20-14 所示。其中热敏电阻网络为 $[R_{T1}, R_5, R_7]$ 或 $[R_{T2}, R_6, R_8]$。

③ 利用恒流源电流温度特性进行温漂补偿。

图 20-15 是利用热敏电阻网络 $[R_T, R_5, R_6]$ 进行温漂补偿的。

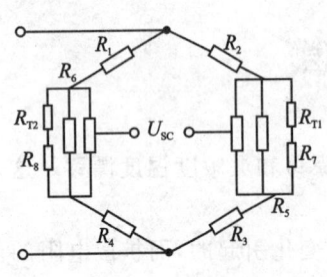

图 20-14 利用热敏电阻网络温度补偿

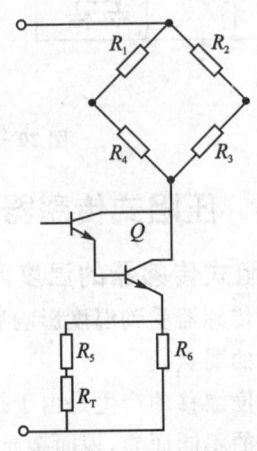

图 20-15 利用热敏电阻网络改变供电电流

电桥的输出 U_{SC} 可表示为

$$U_{SC} = I_0 \Delta R$$

其中,$\Delta R = R_0 K_s \cdot \varepsilon$,则

$$U_{SC} = I_0 R_0 K_s \varepsilon \tag{20-6}$$

式中,I_0——恒流源电流;R_0——初始电阻;K_s——扩散电阻的灵敏度系数;ε——应变量。通过实验可得到传感器的温度系数。当控制供电电流 I_0 具有与传感器符号相反、数值相等的温度系数时,就可使 U_{SC} 不随温度变化。

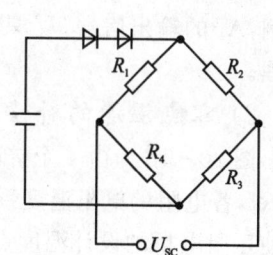

图 20-16　灵敏度温漂补偿示意图

④ 用恒压源供电,也可以在电源回路中用串联二极管的方法进行补偿,如图 20-16 所示。当温度升高时,传感器灵敏度降低,此时可适当提高电桥的电源电压,使电桥输出不改变,这样就可以达到补偿的目的。反之,温度降低时,传感器灵敏度升高,如使电桥的电源电压降低些,仍使输出保持不变,便能达到补偿目的。半导体二极管恰好具有这样的负温度特性(温度每升高 1℃时,正向压降要减小 1.9~2.4 mV)。在电源回路中串上适当数量的二极管,即可达到灵敏度温度补偿的目的。二极管的数量 n 由下式决定

$$n = \frac{\Delta U_0}{\theta \cdot \Delta T} \tag{20-7}$$

式中,θ——二极管 PN 结正向压降的温度系数,一般取值为 -2 mV/℃;ΔT——温度变化范围(℃);ΔU_0——电桥桥压需要变化的数值。

用该法进行补偿时,必须考虑到二极管正向压降的阈值,硅管为 0.7 V,锗管为 0.3 V,因此恒压源供电电压应稍加提高。

⑤ 利用解算电路进行温度补偿。当有压力和温度作用时,硅膜片上的径向电阻与切向电阻的阻值分别为 $R - \Delta R + \Delta R_T$ 和 $R + \Delta R + \Delta R_T$,将两式相减得 $2\Delta R$。$2\Delta R$ 只与压力有关,而与温度无关。

若将两式相加可得 $2(R + \Delta R_T)$,$2(R + \Delta R_T)$ 只与温度有关,而与压力无关。

根据以上特点,利用运算放大器解算,就可得到一种输出信号只与压力成比例和另一种输出信号只与温度成比例的结果。具体线路如图 20-17 所示。

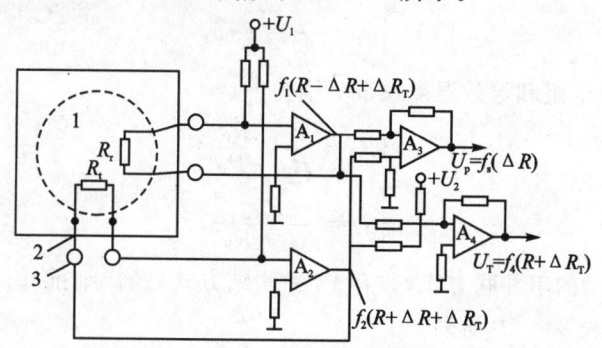

1—硅膜片;2—金丝;3—传感器壳体上的绝缘接线柱

图 20-17　一种解算线路

图 20-17 的 R_r 与 R_t 代表径向电阻与切向电阻,分别接到 A_1 与 A_2 运算放大器的反馈回路中,起到成比例运算放大作用。A_1 输出为 $f_1(R-\Delta R+\Delta R_T)$,$A_2$ 的输出为 $f_2(R+\Delta R+\Delta R_T)$,这两个输出信号又作为 A_3 与 A_4 运算放大器的输入信号。A_3 接成差动输入,结果输出为 $f_3(\Delta R)$,A_4 接成加法线路,输出为 $f_4(R+\Delta R_T)$,所以 A_3 的输出信号 U_P 只与压力 p 成比例,A_4 的输出信号 U_T 只与温度 T 成比例。另外,U_1 与 U_2 为参考电压,不影响运算工作原理。

2) 零点温漂的补偿

图 20-18 为由 4 个扩散电阻组成的压阻电桥。其中,扩散电阻的阻值分别为 R_1,R_2,R_3 和 R_4,各电阻的电阻温度系数分别为 $\alpha_1,\alpha_2,\alpha_3$ 和 α_4,且在设计温度点附近一定范围内为常数。若使压阻电桥的设计温度点和温度变化 Δt 后的桥路都能平衡,则不难证明,平衡条件应有两个,即

$$R_1 \cdot R_4 = R_2 \cdot R_3 \tag{20-8}$$

$$\alpha_1 + \alpha_4 = \alpha_2 + \alpha_3 \tag{20-9}$$

(1) 串并联补偿法

如果在扩散电阻上串联电阻 R_S 或并联电阻 R_P,都会对扩散电阻的温度系数有影响。不难看出,串联电阻后,其电阻温度系数降低;并联电阻后,也能降低其电阻温度系数。

如图 20-19 所示,在 R_1 上串联电阻 R_S,在 R_2 上并联电阻 R_P。

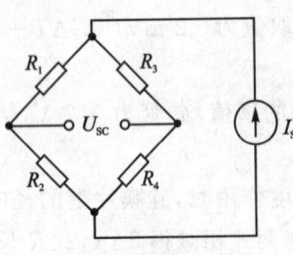

图 20-18 压阻电桥
桥路示意图

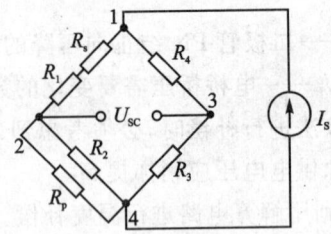

图 20-19 串并联电阻后的
桥路示意图

桥臂 1 上的等效电阻和等效温度系数分别为

$$\begin{cases} R_1' = R_1 + R_S \\ \alpha_1' = \dfrac{R_1}{R_1 + R_S}\alpha_1 \end{cases} \tag{20-10}$$

桥臂 2 上的等效电阻和等效温度系数分别为

$$\begin{cases} R_2' = \dfrac{R_2 \cdot R_P}{R_2 + R_P} \\ \alpha_2' = \dfrac{R_P}{R_2 + R_P}\alpha_2 \end{cases} \tag{20-11}$$

按图 20-19 所示的串并联方式,共有 12 种联结方式,经详细推导计算后,得出了一组判别式和计算公式,如表 20-10 所列。

表 20-10 串并联电阻的判别式和计算公式

序号	判别式	R_S,R_P 置于	K	R_S	R_P
1	$C_1>C_5$ $C_2>C_5$	1,2	$\dfrac{\alpha_4-\alpha_3}{2\alpha_2}+\sqrt{\left(\dfrac{\alpha_4-\alpha_3}{2\alpha_2}\right)^2+\dfrac{R_1R_4\alpha_1}{R_2R_3\alpha_2}}$	$\dfrac{R_2R_3K}{R_4}-R_1$	$\dfrac{R_2K}{1-K}$
2	$C_1>C_6$ $C_2>C_6$	2,1	$\dfrac{\alpha_3-\alpha_4}{2\alpha_1}+\sqrt{\left(\dfrac{\alpha_3-\alpha_4}{2\alpha_1}\right)^2+\dfrac{R_2R_3\alpha_2}{R_1R_4\alpha_1}}$	$\dfrac{R_1R_4K}{R_3}-R_2$	$\dfrac{R_1K}{1-K}$
3	$C_3>C_6$ $C_4>C_6$	3,4	$\dfrac{\alpha_2-\alpha_1}{2\alpha_4}+\sqrt{\left(\dfrac{\alpha_2-\alpha_1}{2\alpha_4}\right)^2+\dfrac{R_2R_3\alpha_3}{R_1R_4\alpha_4}}$	$\dfrac{R_{10}R_{40}K}{R_2}-R_3$	$\dfrac{R_4K}{1-K}$
4	$C_3>C_5$ $C_4>C_5$	4,3	$\dfrac{\alpha_1-\alpha_2}{2\alpha_3}+\sqrt{\left(\dfrac{\alpha_1-\alpha_2}{2\alpha_3}\right)^2+\dfrac{R_1R_4\alpha_4}{R_2R_3\alpha_3}}$	$\dfrac{R_2R_3K}{R_{10}}-R_4$	$\dfrac{R_3K}{1-K}$
5	$C_2>C_5$ $C_4>C_5$	1,3	$\dfrac{\alpha_4-\alpha_2}{2\alpha_3}+\sqrt{\left(\dfrac{\alpha_4-\alpha_2}{2\alpha_3}\right)^2+\dfrac{R_1R_4\alpha_1}{R_2R_3\alpha_3}}$	$\dfrac{R_2R_3K}{R_4}-R_1$	$\dfrac{R_3K}{1-K}$
6	$C_4>C_6$ $C_2>C_6$	3,1	$\dfrac{\alpha_2-\alpha_4}{2\alpha_1}+\sqrt{\left(\dfrac{\alpha_2-\alpha_4}{2\alpha_1}\right)^2+\dfrac{R_2R_3\alpha_3}{R_1R_4\alpha_1}}$	$\dfrac{R_4R_1K}{R_2}-R_3$	$\dfrac{R_1K}{1-K}$
7	$C_1>C_6$ $C_3>C_6$	2,4	$\dfrac{\alpha_3-\alpha_1}{2\alpha_4}+\sqrt{\left(\dfrac{\alpha_3-\alpha_1}{2\alpha_4}\right)^2+\dfrac{R_2R_3\alpha_2}{R_1R_4\alpha_3}}$	$\dfrac{R_1R_4K}{R_3}-R_2$	$\dfrac{R_4K}{1-K}$
8	$C_3>C_5$ $C_1>C_5$	4,2	$\dfrac{\alpha_1-\alpha_3}{2\alpha_2}+\sqrt{\left(\dfrac{\alpha_1-\alpha_3}{2\alpha_2}\right)^2+\dfrac{R_1R_4\alpha_4}{R_2R_3\alpha_2}}$	$\dfrac{R_2R_3K}{R_1}-R_4$	$\dfrac{R_2K}{1-K}$
9	$C_2<C_5$ $C_3<C_6$	1,4	$\dfrac{\alpha_2+\alpha_3}{\alpha_4+\alpha_1\dfrac{R_1R_4}{R_3R_2}}$	$\dfrac{R_2R_3}{R_4K}-R_1$	$\dfrac{R_4K}{1-K}$
10	$C_3<C_5$ $C_2<C_5$	4,1	$\dfrac{\alpha_2+\alpha_3}{\alpha_1+\alpha_4\dfrac{R_1R_4}{R_2R_3}}$	$\dfrac{R_2R_3}{R_3K}-R_4$	$\dfrac{R_1K}{1-K}$
11	$C_1<C_6$ $C_4<C_5$	2,3	$\dfrac{\alpha_1+\alpha_4}{\alpha_3+\alpha_2\dfrac{R_2R_3}{R_1R_4}}$	$\dfrac{R_1R_4}{R_3K}-R_2$	$\dfrac{R_3K}{1-K}$
12	$C_4<C_6$ $C_1<C_5$	3,2	$\dfrac{\alpha_1+\alpha_4}{\alpha_2+\alpha_3\dfrac{R_2R_3}{R_1R_4}}$	$\dfrac{R_1R_4}{R_2K}-R_3$	$\dfrac{R_2K}{1-K}$

表 20-10 中：

$$C_1=\frac{\alpha_1+\alpha_4-\alpha_3}{\alpha_2};\quad C_2=\frac{\alpha_2+\alpha_3-\alpha_4}{\alpha_1}$$

$$C_3=\frac{\alpha_2+\alpha_3-\alpha_1}{\alpha_4};\quad C_4=\frac{\alpha_1+\alpha_4-\alpha_2}{\alpha_3}$$

$$C_5=\frac{R_{10}\cdot R_{40}}{R_{20}\cdot R_{30}};\quad C_6=\frac{R_{20}\cdot R_{30}}{R_{10}\cdot R_{40}}$$

由表 20-10 可以看出：序号 1～8 属于相邻桥臂上串并联，序号 9～12 属于相对桥臂上串并联。进一步整理后可以使这两种情况各得到一个一般计算式为，相对桥臂上串并联：

$$K=\frac{\alpha_L+\alpha'_L}{\alpha_b+\alpha_c\dfrac{R_bR_c}{R_LR'_L}} \qquad (20-12)$$

$$R_S=\frac{R_L\cdot R'_L}{R_b\cdot K}-R_c \qquad (20-13)$$

$$R_P=R_b\frac{K}{1-K} \qquad (20-14)$$

相邻桥臂上串并联

$$K = \frac{\alpha'_c - \alpha'_b}{2\alpha_b} + \sqrt{\left(\frac{\alpha'_c - \alpha'_b}{2\alpha_b}\right)^2 + \frac{R_c \cdot R'_c \alpha_c}{R_b \cdot R'_b \alpha_b}} \quad (20-15)$$

$$R_S = \frac{R'_b R_b}{R'_c} K - R_c \quad (20-16)$$

$$R_P = R_b \frac{K}{1-K} \quad (20-17)$$

式中,R_b——待并桥臂上的电阻;R_c——待串桥臂上的电阻;R'_b——待并桥臂对臂上的电阻;R'_c——待串桥臂对臂上的电阻;R_L,R'_L——与待串桥臂相邻两臂上的电阻;α_b,α_c,α_L,α'_b,α'_c,α'_L——各对应电阻上的电阻温度系数。

(2) 串联补偿计算式

两个桥臂上都串联电阻来进行补偿的桥路原理示意图,如图20-20所示。

在图20-20中,在 R_1 上串联补偿电阻 R_{S1},在 R_2 上串联 R_{S2}。

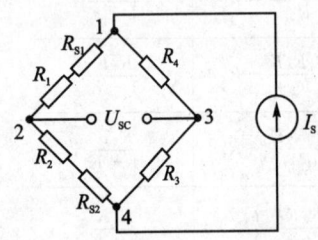

图20-20 串联补偿桥路原理示意图

桥臂1上的等效电阻和等效温度系数分别为

$$\left.\begin{array}{l} R'_1 = R_1 + R_{S1} \\ \alpha'_1 = \dfrac{R_2}{R_1 + R_{S1}} \alpha_1 \end{array}\right\} \quad (20-18)$$

桥臂2上的等效电阻和等效温度系数分别为

$$\left.\begin{array}{l} R'_2 = R_2 + R_{S2} \\ \alpha'_2 = \dfrac{R_2}{R_2 + R_{S2}} \alpha_2 \end{array}\right\} \quad (20-19)$$

按图20-20所示的串联方式,共有6种联结方式,经详细推导计算后,得出了一组判别式和计算公式,详见表20-11。

表20-11 串联电阻的判别式和计算公式

序号	判别式	串联位置	K	R	
1	$C_6 < C_1$ $C_5 > C_2$	1,2	$\dfrac{\alpha_3 - \alpha_4}{\alpha_1 - \dfrac{R_2 R_3}{R_1 R_4}\alpha_2}$	$R_{S1} = \dfrac{R_1(1-K)}{K}$	$R_{S2} = \dfrac{R_1 R_4}{R_3 K} - R_2$
2	$C_6 < C_4$ $C_5 > C_2$	1,3	$\dfrac{\alpha_2 - \alpha_4}{\alpha_1 - \dfrac{R_2 R_3}{R_1 R_4}\alpha_3}$	$R_{S1} = \dfrac{R_1(1-K)}{K}$	$R_{S3} = \dfrac{R_1 R_4}{R_2 K} - R_3$
3	$C_6 < C_1$ $C_5 > C_3$	4,2	$\dfrac{\alpha_3 - \alpha_1}{\alpha_4 - \dfrac{R_2 R_3}{R_1 R_4}\alpha_2}$	$R_{S4} = \dfrac{R_4(1-K)}{K}$	$R_{S2} = \dfrac{R_1 R_4}{R_3 K} - R_2$
4	$C_5 > C_3$ $C_6 < C_4$	4,3	$\dfrac{\alpha_2 - \alpha_1}{\alpha_4 - \dfrac{R_2 R_3}{R_1 R_4}\alpha_3}$	$R_{S4} = \dfrac{R_4(1-K)}{K}$	$R_{S3} = \dfrac{R_1 R_4}{R_2 K} - R_3$
5	$C_5 > C_3$ $C_5 > C_2$	1,4	$\dfrac{\alpha_2 + \alpha_3}{2\alpha_1} + \sqrt{\left(\dfrac{\alpha_2 + \alpha_3}{2\alpha_1}\right)^2 - \dfrac{\alpha_4}{\alpha_1}\dfrac{R_1 R_4}{R_2 R_3}}$	$R_{S1} = \dfrac{R_1(1-K)}{K}$	$R_{S4} = \dfrac{R_2 R_3 K}{R_1} - R_4$
6	$C_6 > C_4$ $C_6 > C_1$	2,3	$\dfrac{\alpha_1 + \alpha_4}{2\alpha_2} + \sqrt{\left(\dfrac{\alpha_1 + \alpha_4}{2\alpha_2}\right)^2 - \dfrac{\alpha_3}{\alpha_2}\dfrac{R_2 R_3}{R_1 R_4}}$	$R_{S2} = \dfrac{R_2(1-K)}{K}$	$R_{S3} = \dfrac{R_1 R_4 K}{R_2} - R_3$

表 20-11 中：

$$C_1 = \frac{\alpha_1 + \alpha_4 - \alpha_3}{\alpha_2}; \quad C_2 = \frac{\alpha_2 + \alpha_3 - \alpha_4}{\alpha_1}$$

$$C_3 = \frac{\alpha_2 + \alpha_3 - \alpha_1}{\alpha_4}; \quad C_4 = \frac{\alpha_1 + \alpha_4 - \alpha_2}{\alpha_3}$$

$$C_5 = \frac{R_1 R_4}{R_2 R_3}; \quad C_6 = \frac{R_2 R_3}{R_1 R_4}$$

(3) 并联补偿计算式

两个桥臂上都并联电阻来进行补偿的桥路原理示意图如图 20-21 所示。
在图 20-21 中，在压阻电桥 R_1 和 R_2 上，分别并联补偿电阻 R_{P1} 和 R_{P2}。
桥臂 1 上的等效电阻和等效温度系数分别为

$$\left. \begin{array}{l} R'_1 = \dfrac{R_1 \cdot R_{P1}}{R_1 + R_{P1}} \\ \alpha'_1 = \dfrac{R_{P1}}{R_1 + R_{P1}} \alpha_1 \end{array} \right\} \quad (20-20)$$

桥臂 2 上的等效电阻和等效温度系数分别为

$$\left. \begin{array}{l} R'_2 = \dfrac{R_2 \cdot R_{P2}}{R_2 + R_{P2}} \\ \alpha'_2 = \dfrac{R_{P2}}{R_2 + R_{P2}} \alpha_2 \end{array} \right\} \quad (20-21)$$

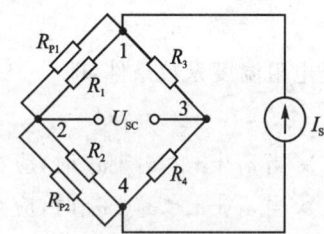

图 20-21 并联补偿桥路原理示意图

按图 20-21 所示的并联补偿，共有 6 种联结方式，经推导计算后，得出一组判别式和计算公式，详见表 20-12。

表 20-12 并联电阻的判别式和计算公式

序号	判别式	串联位置	K	R	
1	$C_5 < C_1$ $C_6 > C_2$	1,2	$\dfrac{\alpha_3 - \alpha_4}{\alpha_1 - \dfrac{R_1 R_4}{R_2 R_3} \alpha_2}$	$R_{P1} = \dfrac{R_1 K}{1 - K}$	$R_{P2} = \dfrac{R_1 R_2 R_4}{\dfrac{R_2 R_3}{K} - R_1 R_4}$
2	$C_5 < C_4$ $C_6 > C_2$	1,3	$\dfrac{\alpha_2 - \alpha_4}{\alpha_1 - \dfrac{R_1 R_4}{R_2 R_3} \alpha_3}$	$R_{P1} = \dfrac{R_1 K}{1 - K}$	$R_{P3} = \dfrac{R_1 R_3 R_4}{\dfrac{R_2 R_3}{K} - R_1 R_4}$
3	$C_5 < C_1$ $C_6 > C_3$	4,2	$\dfrac{\alpha_3 - \alpha_1}{\alpha_4 - \dfrac{R_1 R_4}{R_2 R_3} \alpha_2}$	$R_{P4} = \dfrac{R_4 K}{1 - K}$	$R_{P2} = \dfrac{R_1 K_2 K_4}{\dfrac{R_2 R_3}{K} - R_1 R_4}$
4	$C_5 < C_4$ $C_6 > C_3$	4,3	$\dfrac{\alpha_2 - \alpha_1}{\alpha_4 - \dfrac{R_1 R_4}{R_2 R_3} \alpha_3}$	$R_{P4} = \dfrac{R_4 K}{1 - K}$	$R_{P3} = \dfrac{R_1 R_4}{\dfrac{R_2 R_3 R_4}{K} - R_1 R_4}$
5	$C_6 > C_3$ $C_5 < C_2$	1,4	$\dfrac{\alpha_2 + \alpha_3}{2\alpha_1} + \sqrt{\left(\dfrac{\alpha_2 + \alpha_3}{2\alpha_1}\right)^2 - \dfrac{\alpha_4}{\alpha_1} \dfrac{R_2 R_3}{R_1 R_4}}$	$R_{P1} = \dfrac{R_1 K}{1 - K}$	$R_{P4} = \dfrac{R_2 R_3 R_4}{R_1 R_4 K - R_2 R_3}$
6	$C_5 > C_4$ $C_5 > C_1$	2,3	$\dfrac{\alpha_1 + \alpha_4}{2\alpha_2} + \sqrt{\left(\dfrac{\alpha_1 + \alpha_4}{2\alpha_2}\right)^2 - \dfrac{\alpha_3}{\alpha_2} \dfrac{R_1 R_4}{R_2 R_3}}$	$R_{P2} = \dfrac{R_2 K}{1 - K}$	$R_{P3} = \dfrac{R_1 R_3 R_4}{R_2 R_3 K - R_1 R_4}$

第 20 章 压阻式传感器

表 20-12 中：

$$C_1 = \frac{\alpha_1 + \alpha_4 - \alpha_3}{\alpha_2}; \quad C_2 = \frac{\alpha_3 + \alpha_2 - \alpha_4}{\alpha_1}$$

$$C_3 = \frac{\alpha_3 + \alpha_2 - \alpha_1}{\alpha_4}; \quad C_4 = \frac{\alpha_1 + \alpha_4 - \alpha_2}{\alpha_3}$$

$$C_5 = \frac{R_1 R_4}{R_2 R_3}; \quad C_6 = \frac{R_2 R_3}{R_1 R_4}$$

(4) 压阻式传感器零点温漂的最佳补偿

根据前述，由图 20-18 压阻式传感器零点温漂的基本补偿条件有两条：一是电阻平衡条件，即

$$R_1 \cdot R_4 = R_2 \cdot R_3 \tag{20-22}$$

二是电阻温度系数条件，即

$$\alpha_1 + \alpha_4 = \alpha_2 + \alpha_3 \tag{20-23}$$

- 当 $\alpha_1 + \alpha_4 > \alpha_2 + \alpha_3$ 时，应在 R_1 或 R_4 上串并电阻，以减小其温度系数；
- 当 $\alpha_1 + \alpha_4 < \alpha_2 + \alpha_3$ 时，应在 R_2 或 R_3 上串并电阻，以减小其温度系数；
- 当 $R_1 \cdot R_4 > R_2 \cdot R_3$ 时，应在 R_1 或 R_4 上并联电阻，在 R_2 或 R_3 上串联电阻；
- 当 $R_1 \cdot R_4 < R_2 \cdot R_3$ 时，应在 R_1, R_4 上串联电阻或在 R_2, R_3 上并联电阻。

以上这几条，是选择串并联电阻的基本要素。这两个条件必须同时满足，这是两个基本条件。

为了得到最佳补偿效果，还应增加两个补偿条件。

一是电流条件。扩散电阻所允许的电流大小，是由扩散电阻的面积等因素来考虑的。电流太小会降低桥路灵敏度；电流太大又会使扩散电阻发热。两电阻发热不同，会产生附加的测量误差，甚至烧坏。既然是桥路能平衡，还是以 $I_1 \approx I_2$ 为佳，即 $R_1 + R_2 \approx R_3 + R_4$。

二是电阻温度系数条件。由于扩散电阻随温度的变化基本是非线性的，其线性范围有限，故各电阻的温度系数 α 要能尽量接近。另外，虽然 α 各不相同也能达到电桥平衡，但 α 不同，造成扩散电阻相差较大，就会产生附加的测量误差。最佳的补偿应是

$$\alpha_1 \approx \alpha_2 \approx \alpha_3 \approx \alpha_4$$

根据以上分析，可以得出压阻式传感器零点温漂的最佳补偿条件为

$$R_1 \cdot R_4 = R_2 \cdot R_3 \tag{20-24}$$

$$\alpha_1 + \alpha_4 = \alpha_2 + \alpha_3 \tag{20-25}$$

$$R_1 + R_2 \approx R_3 + R_4 \tag{20-26}$$

$$\alpha_1 \approx \alpha_2 \approx \alpha_3 \approx \alpha_4 \tag{20-27}$$

式(20-24)和式(20-25)为基本补偿条件。式(20-26)和式(20-27)为补充补偿条件。

- 当 $R_1 + R_2 > R_3 + R_4$ 时，应在 R_1 和 R_2 上并联电阻，或在 R_3 和 R_4 上串联电阻。
- 当 $R_1 + R_2 < R_3 + R_4$ 时，应在 R_1 和 R_2 上串联电阻，或在 R_3 和 R_4 上并联电阻。

当压阻电桥的 4 个电阻温度系数不等时，应在其中 2 个 α 系数较大的电阻上分别串并电阻，以减小其电阻温度系数，使 4 个电阻温度系数尽量接近。

在实际应用中，首先是对扩散硅压阻器件的 4 个扩散电阻，在恒温条件下测定其温度特

性,确定其电阻参数 R_1,R_2,R_3,R_4,并经实验数据处理后,选择 α 线性段范围较大的元件,并确定其电阻温度系数 $α_1,α_2,α_3$ 和 $α_4$。其次是确定补偿电阻的判别分析法。然后由判别式计算出判别常数 C 和查表确定串并联桥臂的位置,且计算出 R_S 和 R_P。如遇到有两种以上串并联位置同时满足补偿条件时,可按补充条件作进一步分析。

对某压阻式压力传感器进行实测表明,采用上述简便的补偿方案能使零点漂移减小一个数量级。实测结果如表 20-13 所列。

表 20-13 某压阻式压力传感器零点温漂补偿的实测结果

参 数	补偿前			补偿后		
温度/℃	0.6	26.6	50.0	0.6	26.6	50.0
输出 V_{sc}/mV	25.043	35.520	45.070	−1.320	−0.810	−0.470
零点温漂/(mV·℃$^{-1}$)		0.405			0.021	

20.3 压阻式传感器硅芯片的设计

硅压阻芯片是压阻式传感器的核心。硅压阻芯片的设计,随其用途不同而异,以下叙述设计的一般原则。

20.3.1 硅杯结构的选择

如上所述,硅压阻芯片采用的硅杯结构有两种:周边固支的圆形硅杯和周边固支的方形或矩形硅杯。

采用周边固支的硅杯结构,可使电阻条与硅膜片组成一体,提高压力传感器的灵敏度,减少应变片式压阻传感器由于贴片而存在的滞后效应,改善线性,同时容易进行批量生产。

通常要依据传感器的用途、灵敏度要求、硅杯膜片制造的方便来选取硅杯结构,圆形硅杯结构多用于小型的传感器;方型硅杯结构多用于尺寸较大,输出较大的传感器。

20.3.2 硅杯膜片材料的选择

通常大都选用 N 型硅晶片作硅杯膜片,在其上扩散 P 型杂质,形成电阻条。这是由于 P 型电阻条压阻系数比 N 型的大,灵敏度高,而温度系数比 N 型的小,也较容易制造。

N 型硅膜片晶向的选取,除了满足获得压力灵敏度较高外,还应考虑各向异性腐蚀形成硅杯的制造工艺,一般选取[100]或[110]晶向的硅膜片。

N 型硅膜片的电阻率,通常选取 8~15 Ω·cm,这样用扩散法形成 P 型压阻条所产生的 PN 结的隔离作用能有足够的耐压,对于 P 型电阻杂质浓度的控制也较灵活。如果传感器的激励电源电压较低,也可用电阻率更小的硅膜片。常用半导体材料的参数如表 20-14 所列。

第20章 压阻式传感器

表 20-14 几种常用半导体材料参数

材料	电阻率/(Ω·cm)	弹性模量/GPa	灵敏系数	晶向
P 型硅	7.8	187	175	[111]
N 型硅	11.7	123	−133	[100]
P 型锗	15.0	155	102	[111]
N 型锗	16.6	155	−157	[111]
P 型锑化铟	0.54	—	−45	[100]
P 型锑化铟	0.11	74.5	30	[111]
N 型锑化铟	0.013	—	−74.5	[100]

20.3.3 硅杯几何尺寸的确定

1. 硅杯的直径与膜片的厚度

对于圆形硅杯膜片,它的几何尺寸是硅杯膜片的有效半径 r 和硅杯膜片的厚度 δ。

当硅杯膜片受一定压力作用时,要保证硅膜片的应力与外加压力的关系具有良好的线性,则硅膜片中心的挠度与其厚度的比要很小。硅膜片中心的挠度为

$$\omega = \frac{3(1-\mu^2)pr^4}{16E\delta^3} \tag{20-28}$$

式中,E——弹性模量。单晶硅的弹性模量为

- 晶向[100]时,$E = 1.30 \times 10^{11}$ Pa;
- 晶向[110]时,$E = 1.67 \times 10^{11}$ Pa;
- 晶向[111]时,$E = 1.87 \times 10^{11}$ Pa。

式(20-28)也可改写为

$$\frac{\omega}{\delta} = \frac{3(1-\mu^2)p}{16E}\left(\frac{r}{\delta}\right)^4 \tag{20-29}$$

由式(20-29)可知,硅膜片中心挠度与其厚度之比的大小由 r/δ 来决定。因此硅膜片的有效半径 r 和它的厚度 δ 的比要满足一定的条件,以保证硅压阻芯片的线性度良好。

硅具有良好的弹性变形特性,它的弹性极限 $\sigma l = 8 \times 10^7$ Pa,相应的应变为 $500\ \mu\varepsilon$,在弹性变形限度内,硅膜片的应力与应变具有良好的线性。其条件为硅膜片的半径与膜片厚度的比应满足下列关系

$$\frac{r}{\delta} \leqslant \sqrt{\frac{4}{3}\frac{\sigma l}{p}} \tag{20-30}$$

由式(20-30)可知,在给定压力下可以求出 r/δ 的比值;选定有效半径 r 后,则可求得硅膜片的厚度 δ。

硅压阻压力传感器在动态条件下使用时,应具有一定的固有频率。确定硅膜片的有效半径和厚度,要同时满足固有频率的要求。周边固支圆形硅杯膜片的固有频率表示为

$$f_0 = \frac{2.56\delta}{\pi r^2}\sqrt{\frac{E}{3\rho(1-\mu^2)}} \tag{20-31}$$

式中,r——硅膜片的有效半径;E——弹性模量;ρ——硅材料的密度;μ——泊松比;δ——膜片厚度。当 r 一定时,可以求出硅膜片厚度 δ 与固有频率 f_0 之间的关系,从而定出固有频率 f_0 满足要求的硅膜片厚度。

2. 硅杯高度

圆形硅杯的结构如图 20-22 所示，$2r$——硅杯有效直径；h——硅杯高度；δ——膜片厚度；b——固支环宽度；$\bar{r}$——固支环平均半径。

硅杯高度 h 与环宽 b、有效半径 r、固支环平均半径 $\bar{r}$ 之间的关系为

$$h \geqslant \sqrt{\frac{\bar{r}^2 \delta^3 l}{(1-\mu^2) rb}} \qquad (20-32)$$

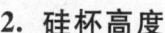

1—硅杯；2—静封面；3—硼硅玻璃

图 20-22 圆形硅杯的结构

由于硅片厚度固定，因此硅杯高度 h 值较小，承受的压力有限。对此往往采用静电封接方法使硅杯与圆形基座联结，使 h 高度增加为 h'，以便能满足大量程的要求。

20.3.4 扩散电阻条的阻值、几何尺寸与位置的确定

硅压阻芯片是在 N 型硅膜片上扩散 4 个 P 型电阻，连接成惠斯顿电桥制成。电阻条的阻值、几何尺寸、布置位置都对传感器的灵敏度有很大影响，需要计算确定。

1. 扩散电阻条阻值的确定

硅杯膜片上惠斯顿电桥的连接如图 20-23(a)所示。桥路采用恒流源供电时，通常要求较高阻值，以获得较大的输出，同时要考虑与连接电路的负载电阻相匹配。如果传感器的后面接的负载电阻为 R_f，如图 20-23(b)所示，则负载上所获得的电压为

$$U_f = U_0 \frac{R_f}{R_0 + R_f} = \frac{U_0}{R_0/R_f + 1}$$

只有当 $R_0/R_f \ll 1$ 时，$U_f \approx U_0$。

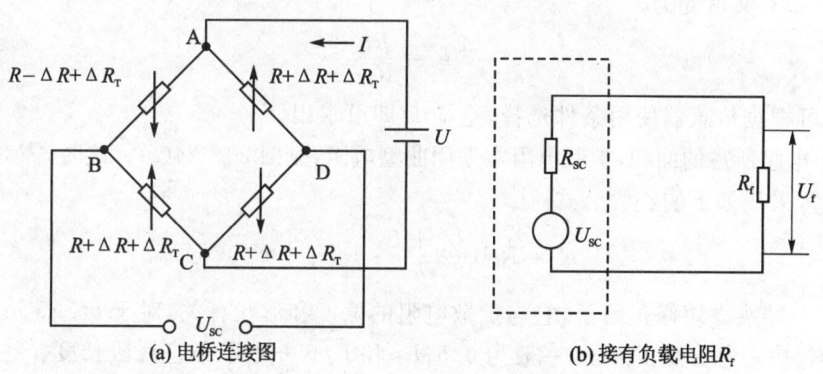

(a) 电桥连接图 (b) 接有负载电阻 R_f

图 20-23 惠斯顿电桥连接电路

由上式可以看出，传感器的输出电阻 R_0（等于电桥桥臂的电阻值）应该小些。因此，电阻条阻值的选择，要根据传感器的应用要求以及制造工艺上的方便决定。设计时一般取电桥桥臂的阻值，即每个扩散电阻条的阻值为 400～500 Ω。

2. 扩散电阻条几何尺寸的确定

扩散电阻有两种类型，如图 20-24 所示。图 20-24(a)为胖型，由于 PN 结面积较大，故较少采用。图 20-24(b)和图 20-24(c)均为瘦型，是常用的类型，其中图 20-24(c)是为了避

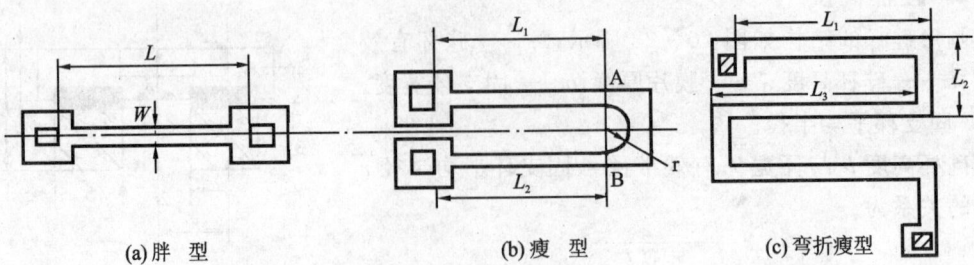

(a) 胖型　　　　　　　(b) 瘦型　　　　　　(c) 弯折瘦型

图 20-24　扩散电阻类型

免扩散电阻伸直时过长,而将扩散电阻弯成几折形成的。

瘦型扩散电阻的阻值按下式计算,即

$$R = R_\square \frac{L}{b} \tag{20-33}$$

式中,L——扩散电阻的长度;b——扩散电阻的宽度;$R_\square$——薄层电阻,也称方块电阻,即长度都等于 b 的电阻,其值可用符号 $\Omega/\square$ 表示。

方块电阻 $R_\square$ 的阻值由扩散杂质的表面浓度 N_s 和结深 x_j 决定。N_s 一般取 $(1\times10^{18} \sim 3\times10^{20})$ 个$/cm^3$,x_j 取 $1\sim3~\mu m$,则对应的 R_s 约为 $10\sim80~\Omega/\square$。式(20-33)中 L/b 称为方块数,由所需的电阻值与所选的薄层电阻值决定,一般取 $50\sim100$ 方。

扩散电阻的宽度 b 的选择从制版、光刻误差角度来考虑,在满足局部要求的条件下应尽可能宽些;从功耗角度来考虑,也希望 b 宽些,因为电流通过电阻之后,扩散电阻受热会引起温度漂移,较宽的 b 可使散射面积加大,抑制电阻的温度升高。根据经验,扩散电阻的功耗最好控制在 $5\times10^{-3}~mW/\mu m^2$ 以下。

式(20-33)又可变为

$$L = \frac{Rb}{R_\square} \tag{20-34}$$

$R, b, R_\square$ 都可根据传感器使用条件选择,这样 L 即可求出。

为减小电阻所占的面积,扩散电阻常采用曲型电阻,见图 20-24(c)。这时,需对式(20-33)进行修正,常采用如下的经验公式

$$R = R_\square \left(\frac{L_1 + L_2}{b} + K_1 + K_2\right) \tag{20-35}$$

式中,K_1——端头方块修正因子,它与扩散电阻的宽度和形状有关,对于 $b \leqslant 25~\mu m$ 的瘦长型,$K_1 = 0.8$;K_2——弯头修正因子,一般为 0.5;L_1 和 L_2——电阻条直线段长度。

采用小规模,中规模集成电路制造工艺,电阻条的线宽为 $5\sim10~\mu m$,线条间的间距为 $5\sim10~\mu m$,电阻条两端的引线孔选取 $10\sim15~\mu m^2$,还可更小。

3. 扩散电阻条在膜片中位置的确定

为得到较高的传感器灵敏度,电阻条应选择在压阻效应较大的晶轴及应变大的部位上。

压阻效应的应用可归纳为两类:只利用纵向压阻效应;既利用纵向压阻效应,又利用横向压阻效应。

从膜片的应力分布来看,应变大的部位是膜片的中心(拉伸应变)和边缘(压缩应变)。

在 N 型硅面上任意方向的纵向压阻系数和横向压阻系数可用下面两式表示,即

$$\pi_l = \pi_{44}\left(2\sin^2\alpha - \frac{3}{2}\sin^4\alpha\right) \tag{20-36}$$

$$\pi_t = -\frac{3}{2}\pi_{44}\sin^2\alpha \cdot \cos^2\alpha \tag{20-37}$$

式中，α——晶向偏离某轴向的角度。

与晶轴成 α 角的硅扩散电阻条的电阻变化可利用下式求得，即

$$\frac{\Delta R}{R} = \frac{\int_{r_1}^{r_1+l}(\pi_l\sigma_l + \pi_t\sigma_t)\mathrm{d}l}{\int_{r_1}^{r_1+l}\mathrm{d}l} \tag{20-38}$$

在(110)晶面上 P 型硅压阻元件电阻变化值为

$$\frac{\Delta R}{R} = A\left[(1+\mu)\pi_{44}\left(2\sin^2\alpha - \frac{3}{2}\sin^4\alpha - \frac{3}{2}\sin^2\alpha\cdot\cos^2\alpha\right) - \right.$$
$$\left.\frac{m}{\alpha^2}(3+\mu)\pi_{44}\left(2\sin^2\alpha - \frac{3}{2}\sin^4\alpha - \frac{1+3\mu}{3+\mu}\cdot\frac{3}{2}\sin^2\alpha\cdot\cos^2\alpha\right)\right]$$
$$= A(1+\mu)\frac{\pi_{44}}{2}\sin^2\alpha - \frac{A}{\alpha^2}m\pi_{44}\sin^2\alpha\left[\frac{3+\mu}{2} + 3(1-\mu)\cos^2\alpha\right]$$

式中，$m = r_1^2 + lr_1 + \frac{l^2}{3}$ 是和 r_1，l 有关的函数。$A = \frac{3p}{8\delta^2}r^2$

所以，$\Delta R/R$ 是晶向偏离晶轴角度 α 的函数，α 在 $0\sim2\pi$ 范围内变化。选择参数 r_1 和 l 分别为 0 和 1；r_1 和 l 分别为 α 和 0 时，m/α^2 的极限值实际上为零。当 $m/\alpha^2 = 0.1, 0.2, 0.5$ 和 0.8 时，可绘出 $\Delta R/R$ 值的表，如表 20-15 所列。

表 20-15 $\Delta R/R$ 随 α 变化的值

α	0	14°30′	30°	45°	50°	57°30′	60°	90°
$m/\alpha^2=0.1$	0		0.09	0.2			0.342	0.507
$m/\alpha^2=0.2$	0	-0.0015	0.012	0.0725			0.182	0.340
$m/\alpha^2=0.5$	0		-0.223	-0.325	-0.338		-0.305	-0.162
$m/\alpha^2=0.8$	0			-0.46	-0.723	-0.795	-0.79	-0.665

在(100)平面上，硅元件电阻变化值可根据式 $\Delta R/R = \pi_l\delta_l + \pi_t\delta_t$ 求出。我们知道，在(100)晶面上最大压阻系数晶向是[011]⊥[0̄11]，其压阻系数为 $\pi_l = |\pi_t| = -\frac{1}{2}\pi_{44}$，

则得

$$\left(\frac{\Delta R}{R}\right)_l = -\pi_{44}\frac{3pr^2}{8\delta^2}(1-\mu) \tag{20-39}$$

$$\left(\frac{\Delta R}{R}\right)_t = \pi_{44}\frac{3pr^2}{8\delta^2}(1-\mu) \tag{20-40}$$

可见

$$\left(\frac{\Delta R}{R}\right)_l = \left(\frac{\Delta R}{R}\right)_t$$

第 20 章 压阻式传感器

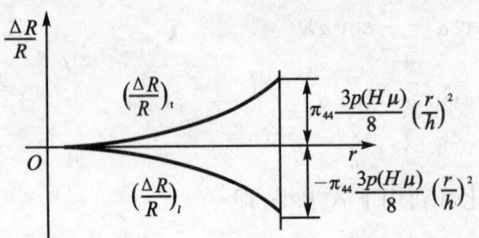

图 20-25 $(\Delta R/R)_l$、$(\Delta R/R)_t$ 与 r 的关系曲线

作出 $(\Delta R/R)_l$ 和 $(\Delta R/R)_t$ 与 r 的关系曲线，如图 20-25 所示。不难看出，r 越大，$(\Delta R/R)_l$ 和 $(\Delta R/R)_t$ 的数值也越大。因此，最好将扩散电阻放在膜片有效面积的边缘处，如图 20-26 所示。

对于晶向为〔100〕的方形硅杯，电阻条的布置则在正方形硅杯的边缘上，如图 20-27 所示。

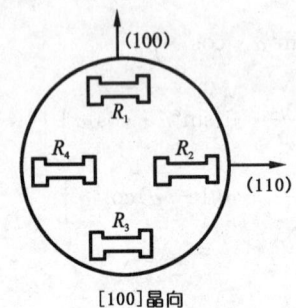

图 20-26 〔100〕晶向硅膜片上电阻条布置图

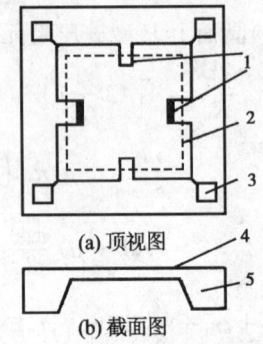

1—压敏电阻；2—膜片边缘；3—金属压点；4—扩散压敏电阻；5—固支圈

图 20-27 方形硅杯电阻条布置图

表 20-16 给出了常用硅膜片电阻条的形式和晶向选择。

表 20-16 几种常用硅膜片电阻条形式和晶向选择

序号	1	2	3	4
图形	（图）	（图）	（图）	（图）
原理	利用纵向压阻效应	利用纵向压阻效应	利用纵向压阻效应	利用纵向和横向压阻效应
晶面与晶向	(100)晶面 〔100〕〔110〕晶向	(110)晶面 〔110〕〔100〕晶向	(110)晶面 〔110〕〔111〕〔001〕晶向	(100)晶面 〔110〕〔110〕晶向

20.4 压阻式传感器量程的计算

本节以压阻式压力传感器为例，说明压阻式传感器量程的计算方法。

压阻式压力传感器的量程,是传感器能测量压力的大小。压力量程的确定原则是:对于圆形硅杯膜片,要保证硅膜片上的应力与压力具有良好的线性关系,硅膜片的有效半径与膜片厚度的比应满足式(20-30),即

$$\frac{r}{\delta} \leqslant \sqrt{\frac{4}{3}\frac{\sigma l}{p}}$$

在压力作用下,硅膜片挠度与硅膜片厚度的比满足式(20-29),即

$$\frac{\omega}{\delta} = \frac{3(1-\mu^2)p}{16E}\left(\frac{r}{\delta}\right)^4$$

因此,应依据传感器应用要求(尺寸、应用场合、制造工艺等)选定硅膜片的有效半径 r,然后由式(20-30)计算压力量程 p 所需的硅膜片厚度。

当传感器的压阻芯片为方形硅杯膜片时,类似于圆形硅杯膜片,硅膜片的长边 l 与膜片厚度 δ 的比应满足下式,即

$$\frac{l}{\delta} \leqslant \sqrt{\frac{4}{3}\frac{\sigma l}{p}}$$

硅膜片挠度与硅膜片厚度的比应满足下式

$$\frac{\omega}{\delta} = 1.638 \times 10^{-3} \frac{12(1-\mu^2)p}{E_x}\left(\frac{l}{\delta}\right)^4 \qquad (20-41)$$

式中,E_x——沿 x 边方向的弹性模量。由上述关系式确定量程后,可通过满量程输出时的应力进行校核。

按照强度能量理论

$$\sigma_{等效} = \sqrt{\sigma_r^2 + \sigma_t^2 + \sigma_r\sigma_t}$$

将圆形硅杯膜片或方形硅杯膜片的应力公式中的 σ_r 和 σ_t 代入,求出 $\sigma_{等效}$。当 $\sigma_{等效}$ 小于或接近弹性极限内允许的最大应力时,则量程的计算便是正确的。

20.5 压阻式传感器的类型

20.5.1 压阻式压力传感器

压阻式压力传感器一般为固态。它是将单晶硅膜片和电阻条采用集成电路工艺结合在一起,构成硅压阻芯片,然后将此芯片封接在传感器的外壳内,联结出电极引线而制成,有时也称作集成传感器。典型的压阻式压力传感器的结构原理如图20-28所示。硅膜片两边有两个压力腔,一个是和被测压力相连接的高压腔,另一个是低压腔,此低压腔通常是小管和大气相通。

目前,已有量程为 $130\sim3.43\times10^9$ Pa 的压阻式压力传感器,其外形因测压环境不同而异,其核心部分是一个单晶硅膜片。膜片成周边固支的圆型,有效直径与厚度之比常在 $20\sim60$ 之间。膜片上构成全桥的4片电阻条中有2片位于压应力区,另外2片位于拉应力区。彼此的位置对于膜片中心是相互对称的。

硅膜片除了圆形外,还有方形、柱形等。图20-29所示是这种压阻芯片结构。

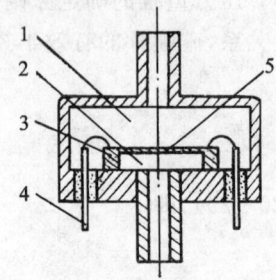

1—低压腔；2—高压腔；3—硅杯；
4—引线；5—硅膜片

图 20-28 固态压力传感器结构原理图

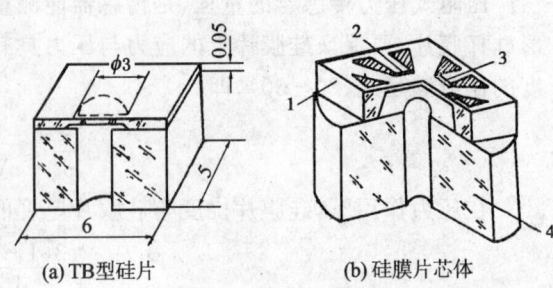

1—硅压阻芯片；2—切向应变计；
3—径向应变计；4—底座

图 20-29 TB型硅片及其芯体

图 20-30 是两种微型压力传感器的膜片。

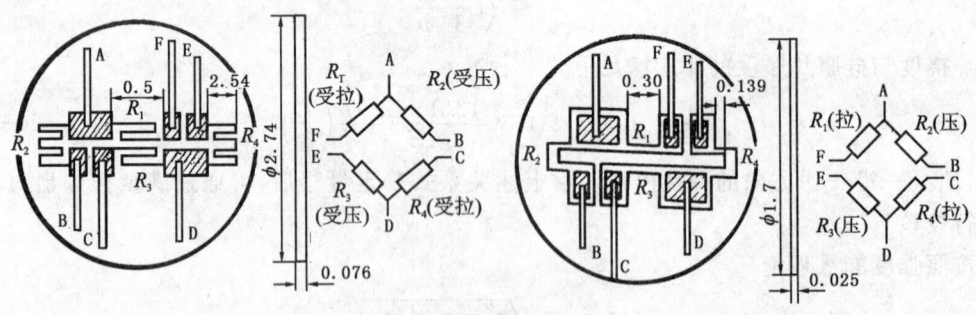

图 20-30 两种微型压力传感器的膜片

图 20-31 是三种医用固态压力传感器。图 20-31(a)是心压计传感器,图 20-31(b)是脑压计传感器,图 20-31(c)为脉象仪传感器。它们的共同特点是,压阻芯片用硅酸加以保护,同时又通过硅胶传递压力。这种传感器一般比较贵。

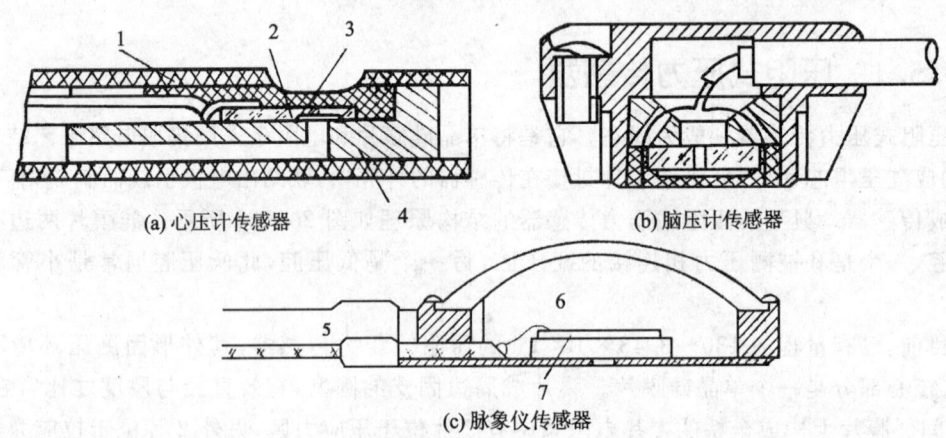

1—医用导管；2—扩散芯片；3—硅橡胶；4—金属部件；5—硅油注入管；6—硅油；7—芯片

图 20-31 医用固态压力传感器

图 20-32 是测定叶片表面风压的固态压阻压力传感器。它是一种超薄型传感器,厚仅 1 mm,长为 6 mm,宽为 2.5 mm,受压面积为 0.5 mm²。压力信号通过遥测仪传递。传感器的温度补偿、零点调整、输出信号的修正等全部用计算机处理。利用这种传感器也可以测定船舶的波浪冲击压力。这种压力传感器的量程可做得很小,可测 133 Pa 的微压。

图 20-33 是法国塞鲁姆贝克仪器和设备公司(S.I.S)的 CZ1023 型固态压阻压力传感器。它是 1970 年的产品,曾在航空、航天等方面试用。由英、法联合研制的"协和式"大型客机中曾选用 80 余只该传感器。其主要性能如下:量程为 0~2 Pa;灵敏度为 0~250 mV;输入阻抗为 1200 Ω;非线性为 0.5%FS;迟滞为 5×10^{-4};零点温漂为 $2 \times 10^{-4}/\varepsilon$。

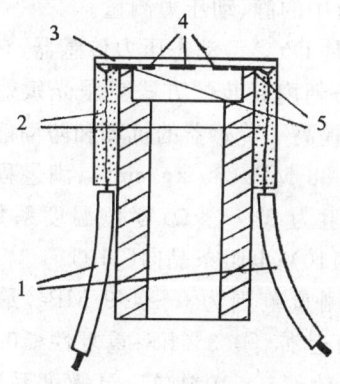

1—引线;2—填料;3—硅膜片;
4—电阻条;5—硬管路

图 20-32 测定叶片表面风压的压阻传感器

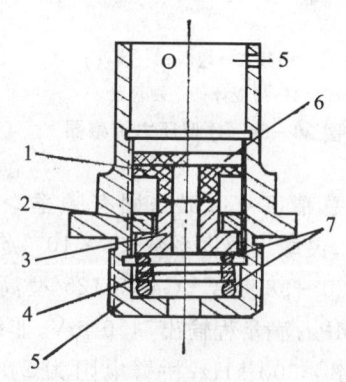

1—绝缘塞;2—螺母;3—导环;4—有导线的硅片;
5—外壳;6—绝缘片;7—氟硅橡胶封垫圈

图 20-33 CZ1023 型固态压阻压力传感器

该传感器的气密性不是靠将芯片固封在玻璃座上来保证的,而是靠氟硅橡胶密封圈来密封的,这就为膜片提供了一个弹性支撑,同时使传感器前后两部分分开。在装配过程中,不能受剪切力作用,否则会使膜片受到一个附加应力。

图 20-34 是另一种形式的微压传感器。它的硅膜片固定方式与 CZ1023 型压力传感器相似。但两种传感器的晶向选择是完全不同的。CZ1023 传感器硅膜片为(110)晶向,其中承受拉伸应变的电阻条设在膜片中心的[110]方向上。承受压缩应变的电阻条设在与[110]方向成 α 角的边缘上(见图 20-35),而图 20-34 这种微压差传感器,则选择(111)晶面,这是该种传感器的特点。

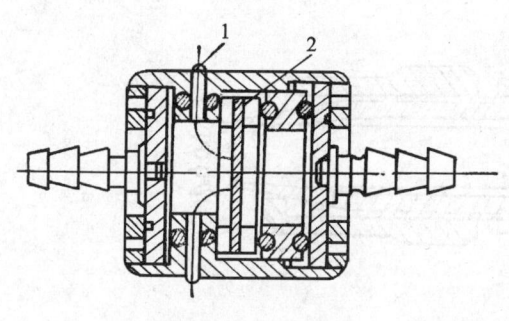

1—绝缘子;2—硅膜片

图 20-34 微压差压阻式压力传感器

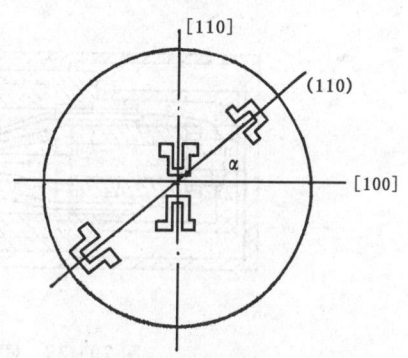

图 20-35 CZ1023 硅膜片的晶向

第 20 章 压阻式传感器

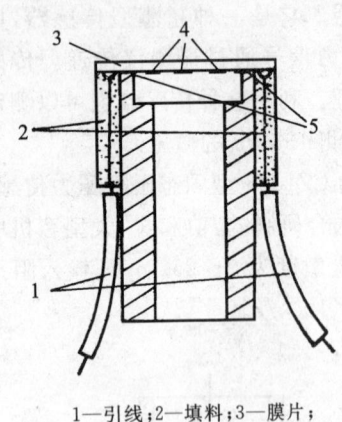

1—引线；2—填料；3—膜片；
4—应变计；5—硬管路

图 20-36 Q 型压力传感器

图 20-36 是美国 Kulite 公司的 Q 型传感器。它端面的保护膜片紧挨着敏感硅膜片，这样既保护了传感器在使用过程中受粒子冲击后不至毁坏，又提高了传感器的固有频率，使其适于瞬变压力的测量。这种传感器的引线连接用填料充实，传感器没有松挂的弯曲引线，因而坚定耐振。

图 20-37 和图 20-38 是高频固态压力传感器。它们是根据化爆试验的特点而设计的，也适用于室内或其他工作介质中的静、动压力测量。

图 20-37 是 DYC 型动态压力传感器，它采用整体结构与电阻条朝内封装的方式克服光敏效应和瞬态高温的影响，提高了传感器的抗震和防潮能力。测量范围为 0～5.88 MPa（60 kg/cm²）；满量程输出≥60 mV；总精度＜0.8%；固有频率＞500 kHz；桥臂电阻为 2～4 kΩ；零位温度系数＜5×10^{-4}/℃；灵敏度温度系数＜5×10^{-4}/℃；硅膜片晶向为（110）；电阻条晶向〔110〕。

图 20-38 是 CYG40-5-125 型高频压力传感器。测量范围为 0～4.9 MPa，最大可达 12.25 MPa；满量程输出≥50 mV；非线性≤±0.5%FS；迟滞≤0.3%FS；重复性≤0.3%FS；固有频率≥500 kHz；桥臂电阻为 2 000 Ω；零位温度系数≤5×10^{-4}/℃；灵敏度系数≥5×10^{-4}/℃；硅膜片晶向为（100），其 4 个电阻臂分布在〔110〕和〔1̄10〕晶向上。

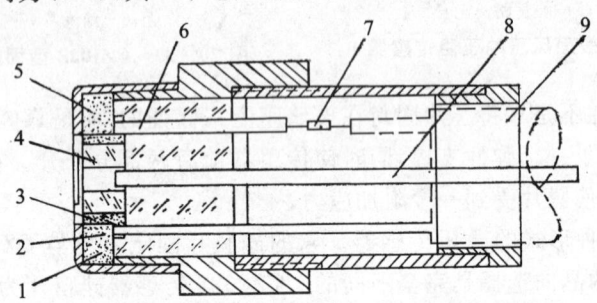

1—补偿电阻；2—金丝；3—芯片；4—硼硅玻璃；5—硅凝胶；
6—接线柱；7—调零电阻；8—通气管；9—电缆

图 20-37 DYC 型高频压力传感器

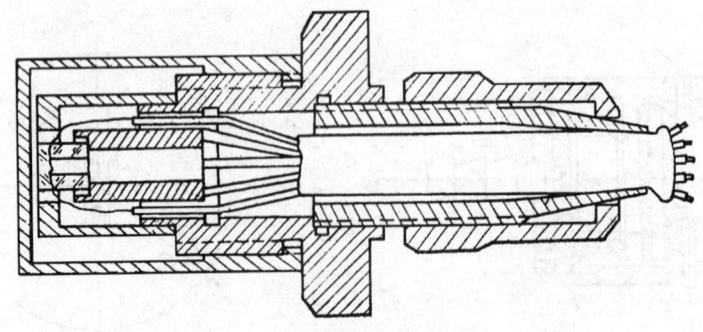

图 20-38 CYG40-5-125 型高频压力传感器

该传感器的硅膜片采用朝内封装的装配形式,从而保证了传感器的稳定性。

图20-39是D522型压力传感器,它的转换元件是一根单晶硅柱体,在其上沿一定晶向扩散四只等臂电阻构成惠斯顿电桥。为提高抗压、抗冲击和抗电磁波干扰能力,并改善其他性能,采用高绝缘的固溶体封装结构。

该传感器结构小巧,原理新颖,适用于小口径管路(如某些油路管道)压力测量,其测量范围为0～58.8 MPa;总精度为0.3～0.5%FS;灵敏度≥27 mV/V;固有频率>130 kHz;零位温漂≤0.1%FS/℃;灵敏度温漂为±(3～5)%FS/100°F;体积为$\phi 8 \text{ mm} \times 16 \text{ mm}$。

D522型固态压力传感器不仅可用于测压力(短期可测9.8×10^7 Pa的压力),而且可作力传感器用,其测量范围为$0 \sim 49 \times 10^6$ Pa,精度可达0.1%FS。

图20-40是一种高温固态压力传感器,其工作温度可达350℃,适用于测量喷气发动机工作压力。同时该传感器也可在腐蚀性介质中使用。

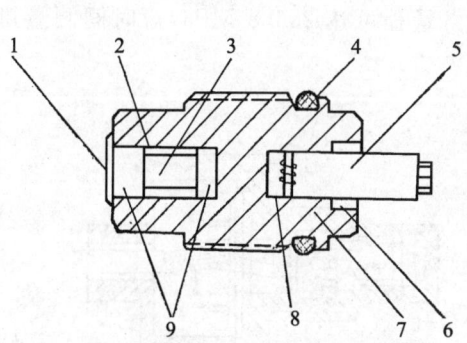

1—膜片;2—绝缘体;3—硅柱;4—密封圈;
5—电缆;6—压紧对;7—壳体;
8—补偿件;9—绝缘块

图20-39 D522型压力传感器

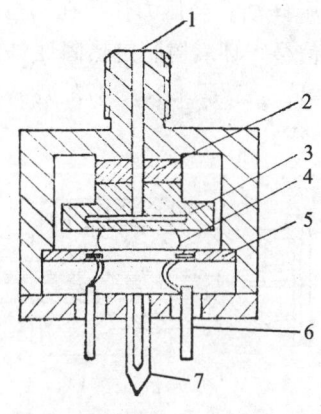

1—压力进口;2—派勒克斯玻璃;3—硅敏感元件;
4—接线;5—陶瓷接线柱圆环;6—溶封的连接线;
7—抽真空和密封用的焊接引脚

图20-40 高温固态压力传感器

表20-17为美国两家公司生产的有较好的线性和很大输出的固态压阻式压力传感器。

表20-17 美国两公司生产的固态传感器性能

Endveco公司			Kulite公司		
传感器型号	量程/MPa	非线性/%FS	传感器型号	量程/MPa	非线性/%FS
8510	1.38	0.25	CQ-030	1.38	±1.0
8510	3.45	0.25	CQ-080	3.45	±1.0
8510	6.89	0.25	XTM-1-190	6.89	±1.0
8510	13.78	0.25	XTS-190-2000	13.78	±0.5
8511	34.5	0.3	XTM-1-190	34.5	±1.0
8511	68.9	0.6	ETM-375-10000	68.9	±1

续表 20-17

Endveco 公司			Kulite 公司		
传感器型号	量程/MPa	非线性/%FS	传感器型号	量程/MPa	非线性/%FS
8511	13.8	0.4	ETM-375-20000	13.8	±1
8511	345	0.5	HKM-375-30000	206.8	±1

目前,固态压力传感器 8511 型的量程可达 345 MPa,短期测爆炸压力可达 517 MPa,固有频率为 500 kHz,非线性为 0.5%FS。

图 20-41 所示的高压传感器,它的测压范围仅为 8511 型的 1/5,即 68.9 MPa,称之为"开放型"高压传感器。该传感器在压力作用下,环氧树脂锥形部因承受压力而紧紧抱住压阻芯片的玻璃管基座,密封环是用耐热、耐泄漏的石墨制成的,在玻璃管四周仅有 0.127 mm 的间隙中充满了硅油。当压力作用在不锈钢膜上时,通过硅油将压力传递给芯片以获取与压力大小成正比的信号。环氧树脂是热固性材料,预热到 125℃ 灌入传感器,然后加热到 165℃ 固化成形。

图 20-42 是 HKM-375 型高压传感器,其压力量程可达 206.8 MPa,短时间测量可达 241.3 MPa。

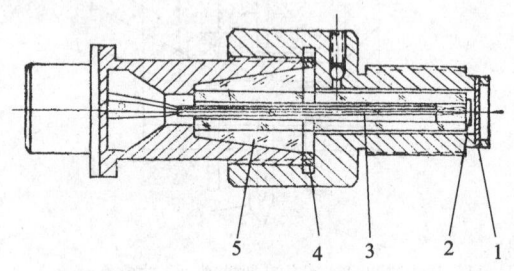

1—不锈钢膜片;2—压阻组件;
3—导电片;4—密封环;5—环氧锥形台

图 20-41 一种压阻式高压传感器结构

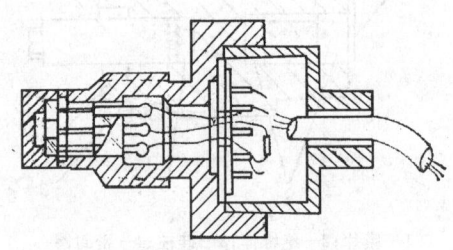

图 20-42 HK-375 型高压传感器

该传感器膜片为 17-4PH 不锈钢,它与壳体的连接是由电子束焊接完成的。压阻芯片是扣封在带引线插接柱的陶瓷环基座上的。电子束焊之前先将引线插接柱插入位于壳体中部有插接孔的陶瓷引线座中。内温度补偿线路位于传感器壳体上部,是在一块陶瓷片上制作的补偿块。不锈钢膜片的有效直径为 3 mm,厚 1.7 mm,它紧贴着硅压阻芯片的另一面(没有电阻条的一面)。壳体与不锈钢膜片相焊接处有一沟漕,以增大膜片的变形量。该传感器的使用温度是 27~82℃。

20.5.2 压阻式加速度传感器

压阻式加速度传感器,通常是采用矩形硅悬臂梁结构。如图 20-43 所示,在硅悬臂梁的自由端,装有敏感质量块。靠近梁的根部,扩散 4 个性能一致的电阻,构成惠斯顿电桥。

当悬臂梁自由端的质量块敏感外界加速度时,由于惯性力的作用,压阻元件上产生应变 ε,则电桥输出电压:

$$U_{SC} = U_0 K_S \varepsilon \quad \text{(对恒压源)} \quad (20-42)$$

$$U_{SC} = I_0 R K_S \varepsilon \quad \text{(对恒流源)} \quad (20-43)$$

式中,U_0——电源电压;K_S——压阻元件灵敏系数;ε——应变量;R——电桥桥臂电阻;I_0——恒流源电流。

加速度 a 产生的惯性力为

$$F = ma$$

悬臂梁根部所受的应力为

$$\sigma_1 = \frac{6ml}{bh^2} \cdot a \tag{20-44}$$

式中,m——质量块的质量(kg);b,h——悬臂梁的宽度与厚度(m);l——质量块中心至悬臂梁根部的距离(m);a——加速度。

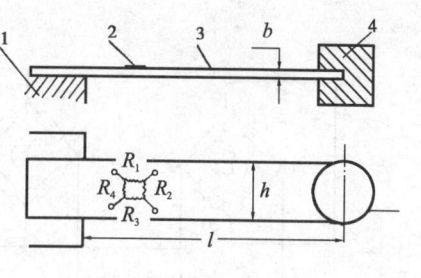

1—硅梁基座;2—压阻元件;
3—硅梁;4—质量块
图 20-43 硅悬臂梁结构

悬臂梁根部产生的应变为

$$\varepsilon_1 = \frac{6ml}{Ebh^2} \cdot a \tag{20-45}$$

式中,E——单晶硅的弹性模量。

为了保证输出有良好的线性,一般悬臂梁根部的应变值不应超过 400~500 $\mu\varepsilon$。

根据悬臂梁根部所能承受的最大应变 $\varepsilon_{\max}$,可以算出相应的最大作用力为

$$F_{\max} = \varepsilon_{\max} \cdot \frac{Ebh^2}{6l} \tag{20-46}$$

此时,自由端的挠度为

$$\omega_{\max} = \frac{2l^2}{3h} \cdot \varepsilon_{\max} \tag{20-47}$$

电桥的输出电压为

$$U_{sc} = K_S \varepsilon U_0 = K_S \frac{\sigma_1}{E} = K_S \frac{6ml}{Ebh^2} \cdot U_0 \cdot a \tag{20-48}$$

上述悬臂梁可以近似地认为是作单自由度振动的系统,其固有频率可由下式计算,

$$f_0 = \frac{1}{2\pi} \sqrt{\frac{Ebh^3}{4ml^3}} \tag{20-49}$$

为消除交叉干扰(沿梁非敏感方向的加速度干扰),一些高精度的压阻加速度传感器,在硅梁的上、下两面对称地做两个电桥,两桥独立供电并把输出串联反接。

图 20-44(a)为接线图,图 20-44(b)为结构示意图。此接线图的特点不仅是消除交叉干扰,使其横向输出为零,而且输出为单桥输出的两倍(即灵敏度比单桥增加一倍)。

如将尺寸和阻尼系数配置合适,这种加速度传感器则可用来测量低频加速度与直线加速度。

图 20-45 是一种压阻式加速度传感器结构图,传感器采用了开环输出的悬臂梁结构。自由端用 906 胶粘结上敏感质量块,基座可采用与单晶硅热膨胀系数相近的合金,如钛合金。为减小质量块的体积,可以采用高比重合金。悬臂梁的空腔灌满阻尼油,保证一定的阻尼系数。阻尼油可用硅油、甘油或变压器油。由于压阻元件的低频响应特性较好,上述传感器结构一般适于测试低频(0~100 Hz)、小量程加速度。

图 20-46 为一种高频、高 g 值的加速度传感器结构,它采用柱体受力形式,可作冲击加速

第20章 压阻式传感器

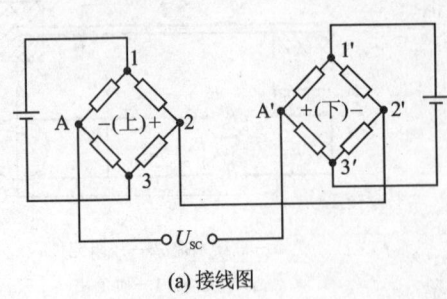
(a) 接线图

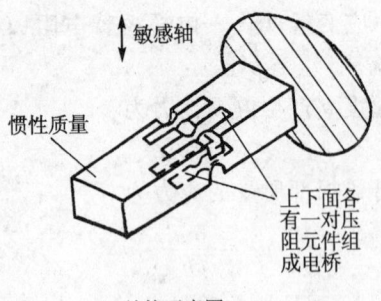
(b) 结构示意图

图 20-44 消除交叉干扰两电桥接线图

度测量。此类传感器类似于压缩型压电加速度传感器。传感器的灵敏度可由下式计算，

$$\varepsilon = \frac{ma}{Eb^2}$$

$$K_t = \frac{\varepsilon}{a} = \frac{m}{Eb^2} \tag{20-50}$$

式中，b——压阻元件柱体的长度。

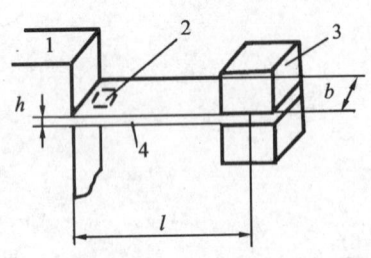

1—基座；2—扩散电阻；3—质量块；4—硅梁
图 20-45 悬臂梁式压阻加速度传感器

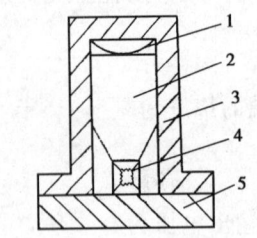

1—簧片；2—惯性质量；3—壳体；
4—压阻元件；5—基座
图 20-46 高频、高 g 值压阻加速度传感器

当被测加速度为 a 时，电桥的输出电压为

$$U_{SC} = \frac{IRK_t m}{Eb^2} \cdot a \tag{20-51}$$

应注意的是：要提高压阻式传感器的灵敏度，可以提高供桥电压，选用灵敏系数较大的压阻元件和增大应变量，但这些措施是有一定限度的。加大应变量受压阻元件强度和传感器线性的限制；提高供桥电压受扩散电阻反向击穿电压的限制。一般说来，供桥电压可提高到 10～15 V。

1. 体电阻应变计粘贴式加速度传感器

体电阻应变计粘贴式加速度传感器结构形式，如图 20-47 所示。

悬臂梁采用不锈钢等弹性材料，为提高灵敏度，加工成光滑对称的细颈，把 4 个体电阻应变元件粘贴在细颈部位，全桥结线，最后以恒流源

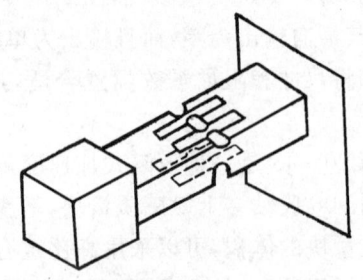

图 20-47 体电阻应变计粘贴式加速度
传感器结构示意图

或恒压源方式供电，其技术数据如表 20-18 所列。

表 20-18　一种体电阻粘贴式加速度传感器的主要技术数据

技术指标	数　据
量程/g	±20
超量程极限/g	±80
灵敏度(在额定电源条件下)/(mV·g^{-1})	30(标称值)，22(最小值)
非线性与迟滞/%	±2(对应±20 g 的读数)
频率响应/Hz	0~200(24℃时)
谐振频率/Hz	1000(标称值)
横向灵敏度/%	<5
灵敏度温度漂移/%	<10(在±50℃温度范围内，相对于 24℃时的读数)
阻尼	空气(为临界值的 0.01~0.05)
预热时间/min	1
电源/V	10(DC)
每臂电阻/Ω	1800
零位输出/mV	<50(24℃时)
零位温度漂移/mV	<25(在±50℃温度范围内的总漂移量)
外形尺寸/mm	10×10×5(不包括引线)

2. 硅悬臂梁式加速度传感器

硅悬臂梁加速度传感器，如图 20-48 所示。

该传感器采用弹性元件和应变敏感元件合为一体的结构，采用单晶硅作悬臂梁，采用平面扩散技术，在其上面构成惠斯顿电桥。在梁的自由端，联结上敏感质量块。

硅悬臂梁式加速度传感器，为了保证输出有良好的线性，一般选择硅器件所承受的最大应变量为 500~1000 $\mu\varepsilon$，对应最大应变质量 ε_{max} 相应有最大作用力 F_{max}、最大挠度 ω_{max} 和最大输出 U_{SC}。

例如，对有效梁长 $l=11$ mm，梁宽 $b=3$ mm，梁厚 $h=0.2$ mm 的硅梁，当最大应变量为 500 $\mu\varepsilon$ 时，由式(20-46)可以计算出硅梁自由端的最大作用力为

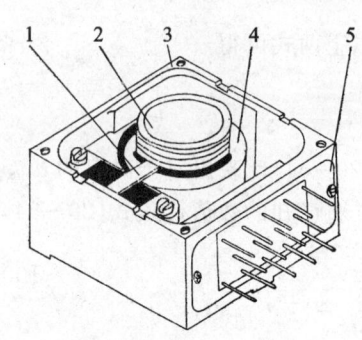

1—硅梁组件；2—惯性质量；3—壳体；
4—下磁路组件；5—插头座

图 20-48　硅悬臂梁式加速度传感器示意图

$$F_{max} = \varepsilon_{max} \cdot \frac{E \cdot b \cdot h^2}{6l} \approx 0.157 \text{ N}$$

如果敏感质量 $m=0.001$ kg，则相应的最大加速度为

$$a_{max} = \frac{F_{max}}{m} = 16g$$

硅梁最大挠度

第20章 压阻式传感器

$$\omega_{\max} = \frac{2l^2}{3h} \cdot \varepsilon_{\max} \approx 0.2 \text{ mm}$$

如果压阻元件的灵敏系数 $K_S = 50$，电桥的电源电压 $U_o = 6$ V，则最大输出电压为

$$U_{SC} = K_S \cdot U_o \cdot \varepsilon_{\max} = 150 \text{ mV}$$

为了进一步讨论硅悬臂梁式加速度传感器，下面举一个例子。

某硅悬臂梁式加速度传感器的技术指标如下：

量程　　　　　　$0 \sim 10$ g；

满量程输出　　　$\not< 50$ mV；

温度漂移　　　　$-40 \sim 60$℃ 范围内 $< 1\%$；

精度　　　　　　(满量程的)10^{-2}；

谐振频率　　　　> 100 Hz；

电源电压　　　　12 V(DC)；

输出阻抗　　　　1 kΩ。

根据技术指标要求的精度（包括线性），选择硅悬臂梁在满量程时对应的最大应变量为 $\varepsilon_{\max} = 500$ με，与此相应的最大加速度为 $a_{\max} = 10g$。

如前所述，这种带敏感质量的悬臂梁，可以近似地看作单自由度振动的弹簧系统，其谐振频率如式(20-49)所示，即

$$f_0 = \frac{1}{2\pi}\sqrt{\frac{Ebh^3}{4ml^3}} \tag{20-52}$$

同时，考虑到满量程时 $\varepsilon_{\max}$ 和 $\omega_{\max}$ 之间的关系

$$\omega_{\max} = \frac{2}{3} \cdot \frac{l^2}{h} \varepsilon_{\max} \tag{20-53}$$

由以上两式可得

$$f_0 = \frac{1}{2\pi}\sqrt{\frac{3}{2} \cdot \frac{h}{l^2} \cdot \frac{a_{\max}}{\varepsilon_{\max}}} \tag{20-54}$$

式(20-54)反映出对于确定的 $a_{\max}$，$\varepsilon_{\max}$ 与 f_0 值硅梁几何尺寸的关系。

将已知的数值代入式(20-54)，得出

$$100 = \frac{1}{2\pi}\sqrt{\frac{3}{2} \cdot \frac{h}{l^2} \cdot \frac{10 \times 980}{5 \times 10^{-4}}}$$

所以

$$\frac{h}{l^2} \approx 0.013 \text{ cm}^{-1}$$

若硅梁的有效长度选为 1.1 cm，则硅梁的厚度 h 必须满足上面的关系式，即 $h \approx 0.016$ cm。

对于一定的 l 和 h 值，即确定了硅梁满量程时的挠度为

$$\omega_{\max} = \frac{2}{3} \cdot \frac{l^2}{h} \cdot \varepsilon_{\max} = \frac{2}{3} \cdot \frac{(1.1)^2}{0.016} \times 5 \times 10^{-4} = 0.025 \text{ cm}$$

从加速度传感器的横向灵敏度应足够小的角度考虑，梁的宽度不能太小。

若选定 $b = 0.3$ cm，则可以确定出敏感质量 m 的值为

$$m = \frac{\varepsilon_{\max} \cdot E \cdot b \cdot h^2}{a_{\max} \cdot 6 \cdot l} = 1.1 \text{ g}$$

敏感质量块一般用高比重合金做成对称的两块(如每块 0.55 g),粘结在硅梁自由端。

对于温度漂移的要求,在 100℃温度变化范围内,输出信号的漂移量不大于 1‰,也就是输出信号的漂移量不应大于 $1 \times 10^{-4}/℃$。因此,应当选择相对温度漂移小的硅器件。当压阻电桥由恒流源供电时,可满足此温漂指标。

对于输出阻抗为 1 kΩ 的电桥,其每臂电阻值应为 1 kΩ,所以,压阻电桥的长宽比为

$$S = \frac{1000 \ \Omega}{10 \ \Omega/\square} = 100 \square \tag{20-55}$$

式中,10Ω/□——硅梁扩散电阻的方块电阻。如果选扩散电阻条的宽度为 20 μm,则电阻条的长度为 2 000 μm。其硅梁平面示意图如图 20-49 所示。

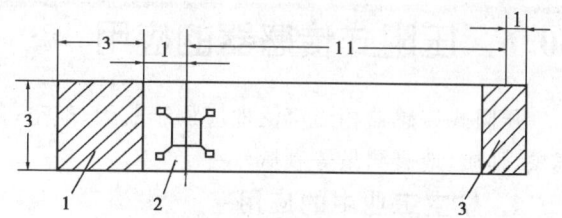

1—固定端;2—压阻电桥;3—自由端粘敏感元件处

图 20-49 硅梁平面示意图

以上所讨论的硅悬臂梁压阻式加速度传感器,与金属应变式加速度传感器相比,具有质量较轻,体积较小,频率响应较高,输出较大的特点。在有些场合,它可以不要经过电子放大器,而直接接到示波器、数字电压表或计算机上。与压电式加速度传感器相比,其突出特点是,低频响应特性很好,并可以用来测量稳态加速度(零频率)。零频率响应在运动体进行控制与测量的系统中是很关键的性能之一。

3. 闭环压阻式加速度传感器

对敏感质量进行力反馈,即敏感质量所感受的由外界加速度引起的惯性力与反馈力始终处于大小相等、方向相反的状态,这就成为闭环压阻式加速度传感器。闭环的传感器可以提高精度,扩大量程,并且还可以改善动态特性。

闭环压阻式加速度传感器的结构原理,如图 20-50 所示。作为弹性元件的单晶硅条形梁,一端与底座刚性连接,紧靠这一端制作有压阻电桥;另一端是自由端,上、下对称地连接着两个力矩器线圈,这两个线圈分别空套在上、下磁钢与轭铁形成的环形工作气隙中。

其工作过程如图 20-51 所示。

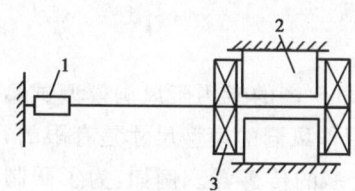

1—压阻电桥;2—力矩器磁钢(上、下各一个);
3—力矩器线圈(上、下各一个)

**图 20-50 闭环压阻式加速度
传感器原理图**

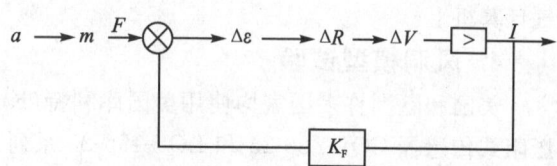

a—被测加速度;m—惯性质量;F—惯性力;
$\Delta\varepsilon$—硅梁应变增量;ΔR—压阻电桥电阻增量;
ΔV—压阻电桥输出电压增量;▷—放大器;
I—输出电流;K_F—反馈力系数

图 20-51 闭环压阻式加速度传感器工作过程方框图

当闭环压阻式加速度传感器感受外界加速度时,与硅梁自由端连接的力矩器线圈受到惯性力作用,使得硅梁发生应变,在硅梁根部的压阻电桥由此失去平衡,并有电压信号输出。这个信号经过放大器放大、整流以后,在输出与外界加速度成比例的电压(或电流)信号的同时,

把这个直流电流反馈到力矩器线圈中,经与永磁体磁场的相互作用,而产生一个与惯性力大小相等、方向相反的力作用于硅梁自由端,实现了零位检测。由此可以看出,这种闭环压阻式加速度传感器的特点是:

① 单晶硅条形悬臂梁既是弹性支承元件,又是力-电信号的变换器。
② 反馈力矩器线圈兼作敏感质量和电磁阻尼器,没有采用单独的摆组件和液体阻尼器。
③ 力矩器采用对称对顶磁路,提高了力矩器力矩系数,并降低了非线性误差。

20.6 压阻式传感器的应用

压阻式传感器相当广泛地应用于航天、航空、航海、石油、化工、动力机械、生物医学工程、气象、地质、地震测量等领域。

1. 航空工业中的应用

在航空工业技术中,压力是一个关键参数。测试中不仅要测静压,还要测动压;不仅要测稳态压力,还要测脉动压力;不仅要测局部压力,还要测整个压力场。因此,对测试系统的要求越来越高,特别是要求精度高,体积小,质量轻,工作可靠,响应快的压力传感器,而这些要求正是压阻式传感器广泛使用的原因。早在20世纪60年代,就用硅压力传感器测量直升飞机机翼的气流压力分布。20世纪70年代以来,应用更加广泛,如用于测试发动机进气口处的动压畸变、叶栅的脉动压力和机翼的抖动等。

2. 飞机喷气发动机中心压力的测量

专门设计能在高温工作的硅压阻压力传感器(工作温度高达480℃和537℃)来测量喷气发动机的中心压力,例如美国康拉克(Comrac)公司试验在空军战斗机的角台涡轮喷气发动机上安装25个高温的压力传感器来监测发动机的性能,取得良好的效果。

3. 应用于飞机的大气数据系统中

美国豪尼威尔(Honeywell)公司生产的高精度(0.05%)硅压阻压力传感器配套于亚音速客机 DC-10 的 HG280 数字大气数据计算机,配套于波音727和737客机的 HG480 数字式大气计算机上。

4. 风洞模型试验

美国和欧洲许多国家均使用美国库利特(Kulite)公司生产的专用于风洞模型试验的微型压阻式传感器 CQL-080-25 和 LQS-156-25 系列。由于用作风洞的模型尺寸是有限的,为了获得更多、更准确的实验数据,需要在很小的模型上安装较多的传感器。例如,为了研制某涡轮喷气发动机的轴对称进气管道相互作用,在模型上安装了非常密集的压阻式压力传感器(见图 20-52),其外径仅有 2.36 mm,固有频率为 300 kHz,非线性和迟滞均为满量程的±0.22%。在压气机入口流量的测试中,在同一点上既要测动压又要测静压,所以采用了双筒型探头。这样,就在进口处安排了8个测试靶,每个测试靶上有5个探头,因而共有探头40个(见图20-53),在进口处安装这样密集的探头在风洞测试中是少有的。

5. 生物医学上的应用

小尺寸、高输出和稳定可靠的性能,使得压阻式传感器成为生物医学上理想的测试手段。它可以直接插入生物体内作长期观测。这种扩散硅膜片的厚度可达到 10 μm,外径可到

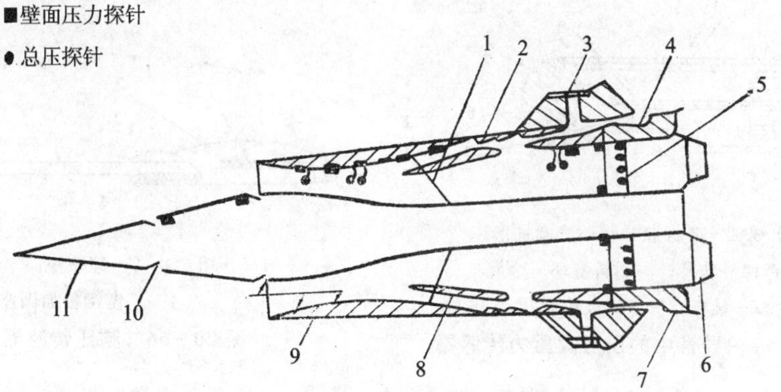

■ 壁面压力探针
● 总压探针

1—中心锥支撑杆；2—旁路舱门；3—脉冲器；4—辅助气道；5—压气机迎风测量排；6—压气机进口导流片；7—过渡段；8—开口喉道舱门；9—整流罩；10—吸除附面层；11—测试信号

图 20-52　超小型高频响压阻式压力传感器在进气道中的安装

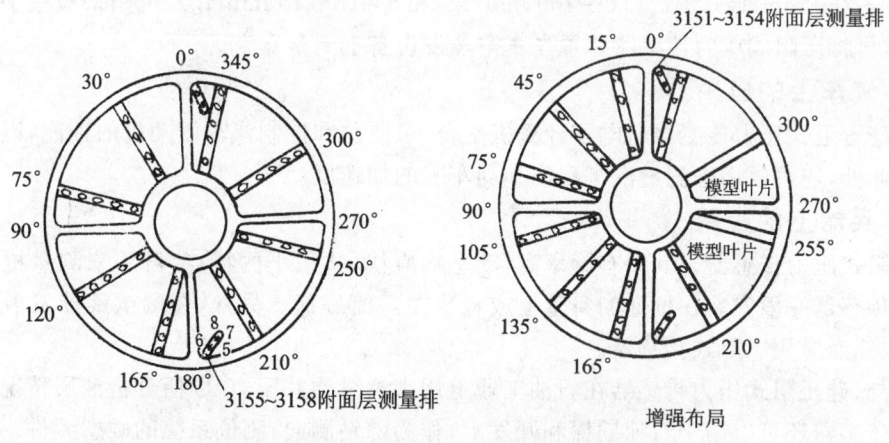

3155~3158附面层测量排　　　　　　增强布局

图 20-53　压气机迎风面测量排的安装

0.5 mm，传感器的外形尺寸如图 20-54 所示。

图 20-55 为一种可以插入心内导管中的压阻式压力传感器。这种传感器的主要技术指标是悬臂梁的固有频率和电桥的输出电压。图 20-55 中的金属插片是为了对上下两个硅片进行加固用，硅片与金属插片用绝缘胶粘合。在计算固有频率时，应将金属插头、胶合剂的影响考虑进去。为了导入方便，在传感器端部加一塑料囊。

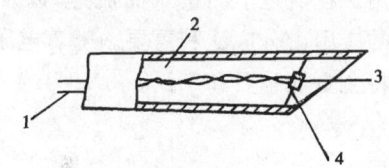

1—引出线；2—25号注射针；3—硅膜片；4—绝缘材料

图 20-54　注射针型压阻式压力传感器

该类传感器可以测量心血管、颅内、尿道、子宫和眼球内等的压力。目前，已有脑压传感器、脉搏传感器、食道、尿道压力传感器、小型血液压力传感器、检查青光眼和肾脏中血液压力传感器等。图 20-56 是一种脑压中的传感器结构图。

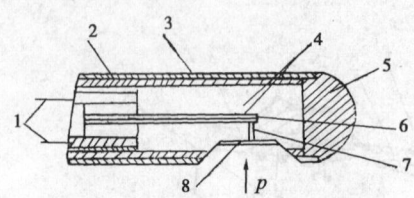

1—引出线；2—硅橡胶导管；3—圆柱形
金属外壳；4—硅梁；5—塑料囊；6—金属
插片；7—推杆；8—金属波纹膜片

图 20-55　心内导管中的压阻式压力传感器

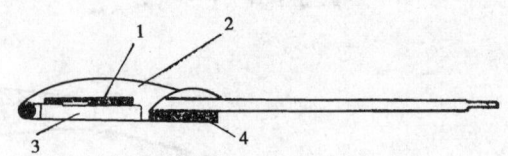

1—压阻芯片；2—硅胶片；3—玻璃底座；
4—不锈钢板加固座

图 20-56　脑压传感器结构图

6. 爆炸压力和冲击波的测量

在爆炸压力和冲击波的测试中，广泛应用压阻式压力传感器。

7. 真空测量仪器上的应用

压阻式压力传感器可用在真空测量仪器上。压阻式传感器低真空计 ZY-1 型，精度为 0.2%（0～760 mmHg），0.5%（0～100 mmHg）和 5%（0～10 mmHg），可用来检验手表的密封质量，也可将压阻式压力传感器装置在真空蒸发设备上测量真空。

8. 汽车上的应用

用硅压阻式压力传感器与电子计算机配合，可监测和控制汽车发动机的性能，以达到节能目的。此外，还可以用来测量汽车启动和刹车时的加速度。

9. 兵器上的应用

压阻式压力传感器以其固有频率高，动态响应快，体积小的特点，可用来测量枪炮膛内的压力。传感器一般安装在枪炮的身管上或者装在药筒底部。另外，在测试武器发射时的冲击波时，也广泛应用压阻式传感器。

此外，硅压阻式压力传感器在石油工业上用来测量油井压力，以便分析油层情况。压阻式加速度传感器还可以用于石油勘探和开发上，作为随钻测向、测位系统的敏感元件。在机械工业上可用来测量冷冻机、空调机、空气压缩机、燃气涡轮发动机等气流流速，以监测机器的工作状态。在邮电系统用作地面和地下密封电缆故障点的检测和确定，比机械式传感器精确，并且节省费用。在航运上测量水的流速，以及测量输水管道、天然气管道、灌溉沟渠内的流速等。总之它的应用十分广泛和重要。随着电子计算机、微处理机的普遍应用，硅压阻式压力传感器的应用将会更加重要和广泛。

第 21 章 电化学式传感器

电化学式传感器又称离子敏选择性电极,简称为 ISE(Ion-Selective Electrode)。它是对溶液中某种离子具有高度专属性的测量电极。1906 年柯里墨(Cremer)发现的 pH 玻璃电极是最早出现的 ISE。以后的几十年中,ISE 没有突破性进展,直至 1966 年,弗兰特(Frant)和罗斯(Ross)用氟化镧单晶成功地制出了氟离子选择电极之后,这一成果促使 ISE 得到了迅速的发展。各类固态膜电极、活动载体膜(即液膜)电极、离子敏化电极,以及在此基础上发展起来的电化学式生物传感器不断涌现。至今,除玻璃电极外,比较成熟的商品化 ISE 已有 20 多种,如表 21-1 所列。

表 21-1 Orion 离子选择性电极

ISE	类型	浓度范围/(mol·L^{-1})	温度(℃)/PH 范围	干扰离子
NH_3 NH_4^+	气敏组合	$5×10^{-7}$~1	0~50/11~13	挥发性氨
Br^-	固态	$5×10^{-5}$~1	0~80/2~14	I^-,Cl^-,S^{2-},CN^-,NH_3
Cd^{2+}	固态	10^{-7}~1	0~80/2~12	Hg^{2+},Ag^+,Cu^{2+} 必须不存在,较高浓度的 Pb^{2+},Fe^{2+}
Ca^{2+}	液膜	$5×10^{-7}$~1	0~40/2.5~11	Pb^{2+},Hg^{2+},H^+,Sr^{2+},Fe^{2+},Cu^{2+},Mg^{2+},Ni^{2+},NH_3,Na^+,$Tris^+$,Li^+,K^+,Ba^{2+},Zn^{2+}
CO_3^{2-}	气敏组合	10^{-4}~10^{-2}	0~50/4.8~5.2	挥发性弱酸
Cl^-	固态	$5×10^{-5}$~1	0~50/2~12	CN^-,Br^-,I^-,OH^-,S^{2-} 必须不存在
Cl_2	固态	10^{-7}~$3×10^{-4}$	0~50/2~14	强氧化剂(IO_3^-,BrO_3^-,MnO_2)
Cu^{2+}	固态	10^{-8}~10^{-1}	0~80/2~12	Hg^{2+},Ag^+ 必须不存在,高浓度的 Fe^{2+},Br^-,Cl^-
CN^-	固态	$8×10^{-6}$~10^{-2}	0~80/0~14	I^-,Br^-,Cl^-,S^{2-} 必须不存在
F^-	固态	10^{-6}~饱和	0~80/5~11	OH^-
BF_4^-	液膜	$7×10^{-6}$~1	0~40/2.5~11	Br^-,NO_3^-,HCO_3^-,Cl^-,OAC^-,F^-,SO_4^{2-},OH^-
I^-	固态	$5×10^{-8}$~1	0~80/0~14	CN^-,$S_2O_3^{2-}$,Cl^-,S^{2-},NH_3
Pb^{2+}	固态	10^{-6}~1	0~80/4~7	Hg^{2+},Ag^+,Cu^{2+} 必须不存在,高浓度的 Fe^{2+},Cd^{2+}

续表 21-1

IISE	类型	浓度范围/(mol·L^{-1})	温度(℃)/PH 范围	干扰离子
NO_3^-	液膜	$7\times10^{-6}\sim1$	$0\sim40/2.5\sim11$	ClO_4^-,I^-,ClO_3^-,CN^-,Br^-,HS^-,HCO_3^-,CO_3^{2-},Cl^-,PO_4^{3-},OAC^-,F^-,SO_4^{2-},NO_2
NO_2^-(NO_x)	气敏组合	$4\times10^{-6}\sim5\times10^{-3}$	$0\sim50/1.1\sim1.7$	CO_2 和挥发性弱酸
ClO_4^-	液膜	$7\times10^{-6}\sim1$	$0\sim40/2.5\sim11$	I^-,ClO_3^-,CN^-,Br^-,NO_2^-,NO_3^-,HCO_3^-,CO_3^{2-},Cl^-,$H_2PO_4^-$,HPO_4^{2-},PO_4^{3-},OAC^-,F^-,SO_4^{2-}
K^+	液膜	$10^{-6}\sim1$	$0\sim40/2\sim12$	Cs^+,NH_4^+,Ti^+,H^+,Ag^+,$Tris^+$,Li^+,Na^+
Ag^+/S^{2-}	固态	Ag^+:$10^{-7}\sim1$ S:$10^{-7}\sim1$	$0\sim80/2\sim12$	Hg^{2+}
Na^+	玻膜	$10^{-6}\sim$饱和	$0\sim100/3\sim12$	Ag^+,Li^+,K^+,Ti^+,H^+,Cs^+
SCN^-	固态	$5\times10^{-6}\sim1$	$0\sim80/2\sim10$	I^-,Br^-,CN^-,$S_2O_3^{2-}$,Cl^-,OH^-,NH_3,S^{2-}
水硬度	液膜	$6\times10^{-6}\sim1$	$0\sim40/7\sim10$	Cu^{2+},Zn^{2+},Ni^{2+},Sr^{2+},Fe^{2+},Ba^{2+},Na^+,K^+

按 IUPAC（国家理论化学和应用化学联合会）推荐的分类法，ISE 分类如下：

① 晶体膜电极。这种电极的敏感膜为难溶盐晶体膜。它又进一步分为均相膜和非均相膜。

② 非晶体膜电极。这类电极包括玻璃膜电极和活动载体膜电极，而后者又分为正电荷载体、负电荷载体和中性载体膜电极。

从 20 世纪 80 年代至今，ISE 的发展进入了较平稳的时期，人们正对 ISE 的反应机理进行深入的探讨，并努力寻找性能更优异的膜合成材料，以进一步提高电极的选择性、重现性和延长电极寿命。目前，ISE 仍向微型化、集成化发展，而且涂丝电极、化学修饰电极也在不断推出，但至今商品化 ISE 的种类并未明显增多。国内外许多科学家致力于 ISE 的发展和研究，是因为 ISE 有其独具的特点：

① ISE 结构简单、价廉、体积小、便于微型化。

② 它可以直接测定某种离子的活度而不是浓度，这在某些研究领域非常重要。例如在生物医学研究中，钙离子和氢离子的活度对生理功能有重大影响，而不是它们的浓度。当然，借助于某些分析技术，利用 ISE 亦可测定离子浓度。

③ 测定迅速，响应时间最快可达 10 ms。在不利的情况下，也可在 2 min 内得到读数。

④ 所需试液量少，对于微电极用 1 μL 试液便可进行测定，并便于非破坏性的原位分析。

⑤ 在许多情况下试液不需要预处理，一般不受试液颜色、浊度、体积等因素的影响。

⑥ ISE 的信号便于连续显示与自动控制，其电位测量仪器一般比较简单，便于仪器的小型化。如便携式 pH/mV 计有的仅有钢笔大小，甚至更小。

正是如上的这些特点，使 ISE 在科学研究和工农业生产中得到了广泛的应用。然而，某些 ISE 的性能尚待进一步提高，ISE 用于直接电位法测定时，测定精度不高。但一些分析技术和微机计算机技术的应用在一定程度上可以弥补这些不足。例如 Orion Research Co. 的 940 型 pH/ISE 计和 960 型自动化学装置相结合，可输入多种分析技术的程序，并可自动校正和故障自检等，提高了仪器的分析精度和分析速度。

21.1 国内外电化学式传感器展示

21.1.1 氢离子敏感场效应晶体管

该晶体管可用于化工、生物医学和环境保护等领域检测 pH 值。图 21-1 为特性曲线，表 21-2 为其特性参数，图 21-2 为内部结构示意图，图 21-3 为应用线路图。

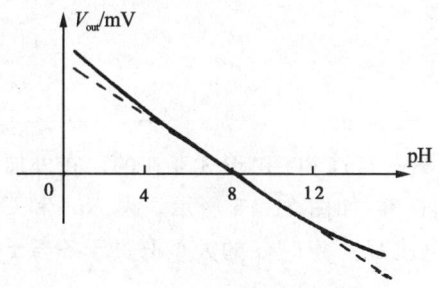

图 21-1 氢离子敏感场效应晶体管特性曲线

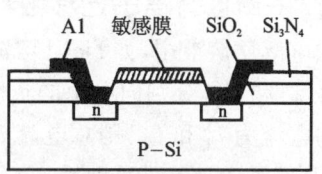

图 21-2 氢离子敏感场效应晶体管内部结构示意图

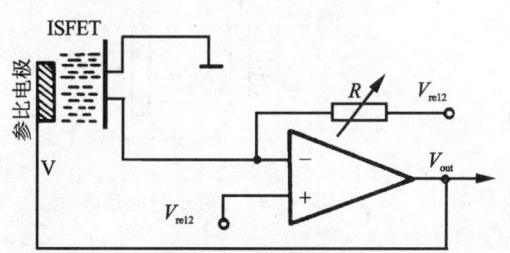

图 21-3 氢离子敏感场效应管应用线路图

表 21-2 氢离子敏感场效应晶体管特性参表

灵敏度	化学响应时间	时漂	测量范围 pH 值
45~55 mV/pH	<1 s	1 mV/h	1~13

21.1.2 8012-00 型袖珍 pH 计

8012-00 型袖珍 pH 计由能敏感氢离子的玻璃电极和比较电极构成，将其浸在液体试样中，它就产生和氢离子浓度相应的电位差。电位差用放大器放大后，推动 A/D 变换器（芯片）转换为数字输出，从而得到 pH 值的数字显示。这种 pH 计的结构如图 21-4 所示，特性参数如表 21-3 所列，质量约 300 g。

8012-00 型袖珍 pH 计用于测量 pH 值，在测 pH 值的同时还可以测量温度。

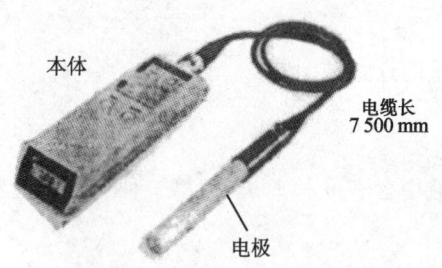

图 21-4 结构示意图

表 21-3　8012-00 型 pH 计特性参数表

量程 pH 值	精度 pH 值	测温准确度 /℃	响应时间 /s	测定对象温度 /℃	环境温度 /℃	电池寿命 /h
0~14	0.02	1	10	0~18	−5~45	200

21.2　电化学式传感器基本理论

21.2.1　电化学基础

1. 离子淌度与离子迁移数

在强电解质溶液中,如 NaCl 溶液中,NaCl 是以离子 Na^+ 和 Cl^- 形式存在的。在外加电场作用下,Na^+ 和 Cl^- 分别向电源的负极和正极作定向迁移,如图 21-5 所示。设 Na^+ 和 Cl^- 各自迁移的电流为 i_+ 和 i_-,则总电流 $i=i_++i_-$。当电压 U 一定时,i 的大小取决于各离子的浓度、价数及离子本身的可移动性。

离子的可移动性用离子淌度 u_i 表示。u_i 的定义为

$$u_i = \frac{v}{E} \quad (21-1)$$

式中,v——离子的移动速度(cm/s);E——离子移动方向上的电位梯度(V/cm)。

可见淌度是在单位电位梯度下离子的移动速度。u_i 的不同表示了离子的可移动性不同。

离子迁移数是溶液中每种离子所迁移的电流占总电流的分数,通常用符号 t_i 表示。显然,若溶液中仅含有正、负两种离子,则

$$i = i_+ + i_-$$

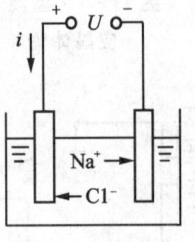

图 21-5　离子的电迁移

因此正离子的迁移数

$$t_+ = \frac{i_+}{i} = \frac{i_+}{i_++i_-}$$

负离子的迁移数

$$t_- = \frac{i_-}{i} = \frac{i_-}{i_++i_-}$$

若溶液中含有 n 种离子,则第 j 种离子的迁移数为

$$t_j = \frac{i_j}{\sum_{j=1}^{n} i_j}$$

2. 浓度与活度

电解质溶液中某种离子的浓度是化学计量浓度,以 C_i 表示;活度是指有效浓度,以 α_i 表示。二者是有区别的,例如浓度为 0.1 mol/L 的 NaCl 溶液,其活度却为 0.078 mol/L。活度

与化学计量浓度的关系为

$$\alpha_i = \upsilon_i C_i \tag{21-2}$$

式中，υ_i——离子的活度系数，一般 $\upsilon_i<1$，只有当 $C_i \to 0$ 时，$\upsilon_i = 1$。

实际上，由于无法得到仅含有单种离子的溶液，故(21-2)表示的单种离子的活度和活度系数是不可测的。为解决这一问题，提出了电解质的平均活度 $\alpha_\pm$ 和平均活度系数 $\upsilon_\pm$ 的概念。如果电解质 $M_{\upsilon_+} A_{\upsilon_-}$ 在溶液中有如下离解平衡：

$$M_{\upsilon_+} A_{\upsilon_-} \rightleftharpoons \upsilon_+ M + \upsilon_- A$$

设正离子 M 的浓度为 C_+、活度为 α_+、活度系数为 υ_+；负离子 A 的浓度为 C_-、活度为 α_-、活度系数为 υ_-；并令 $\upsilon = \upsilon_+ + \upsilon_-$，则电解质的平均浓度 $C_\pm$、平均活度系数 $\upsilon_\pm$、平均活度 $\alpha_\pm$ 为

$$C_\pm = (C_+^{\upsilon_+} \cdot C_-^{\upsilon_-})^{1/\upsilon}$$

$$\upsilon_\pm = (\upsilon_+^{\upsilon_+} \cdot \upsilon_-^{\upsilon_-})^{1/\upsilon}$$

$$\alpha_\pm = (\alpha_+^{\upsilon_+} \cdot \alpha_-^{\upsilon_-})^{1/\upsilon} = \upsilon_\pm \cdot C_\pm$$

电解质的总活度 α 为

$$\alpha = \alpha_\pm^\upsilon$$

总活度 α 是可测的，因此 $\upsilon_\pm$ 和 $\alpha_\pm$ 皆可测定。

活度系数受溶液离子强度的影响。离子强度 I 的定义为

$$I = \frac{1}{2}\sum_{i=1}^n C_i Z_i^2 \tag{21-3}$$

式中，Z_i——离子的价数。

由式(21-3)可见，溶液中所有离子对离子强度都有贡献。当 $I \leqslant 0.1$ 时，活度系数可由下列公式计算：

$$\lg \upsilon_i = -\frac{A Z_i^2 \sqrt{I}}{1 + B\mathring{a}\sqrt{I}}$$

$$\lg \upsilon_\pm = -\frac{A|Z_+ \cdot Z_-|\sqrt{I}}{1 + B\mathring{a}\sqrt{I}}$$

式中，A 和 B——与温度和溶剂的介电常数有关的系数；$\mathring{a}$——离子尺寸参数，约为 $0.3 \sim 0.9$ nm。

当 $I > 0.1$ 时，活度系数只能从电化学数据手册查取或由实验测定。

3. 化学位与电化学位

1）化学位

化学位是一个化学系统的热力学函数，它的定义为

$$\mu_i = \mu_i^0 + RT \ln \alpha_i \tag{21-4}$$

式中，μ_i——系统中组分 i 的化学位；μ_i^0——组分 i 的标准化学位；R——气体常数，$R = 8.314$ J/(mol·K)；T——绝对温度(K)；α_i——组分 i 的活度。

实际上，化学位表示一个化学系统在恒温恒压下，第 i 种组分的活度与自由能的关系。若在一个化学系统中有如下化学反应：

$$aA + bB = gG + rR$$

即反应物 A 和 B 转化为产物 G 和 R，系统的组分发生了变化，从而引起系统自由能的变化为

$$\Delta G = (a\mu_A + b\mu_B) - (g\mu_G + r\mu_R)$$

若 $\Delta G<0$，反应可自发进行；$\Delta G=0$ 时，则反应达到平衡。因此根据 ΔG 可以判断化学反应的方向，以及反应是否达到平衡。

2) 电化学位

如果在一个化学系统中有一定的电位，组分粒子 i 带电荷，若将 1 mol i 粒子从无穷远处移至物系内部，那么物系能量的变化由两部分组成：一部分是移动 i 粒子所做的电功，另一部分是 i 粒子进入物系后所引起的自由能的变化。物系的电化学位 $\bar{\mu}_i$ 可表示为

$$\bar{\mu}_i = Z_i F \varphi + \mu_i \tag{21-5}$$

式中，Z_i——组分 i 的带电荷数；F——法拉第常数，$F=96\,500$ C/mol；φ——物系的电位(V)；μ_i——组分 i 在物系中的化学位。

与化学位一样，根据电化学位的变化可以判断一个电化学系统的反应方向以及是否达到平衡。

4. 电极电位与双电层

图 21-6(a)为金属银与 $AgNO_3$ 溶液接触的银电极。由于银中有大量自由电子存在，因此在金属银中也有 Ag^+ 离子存在，设 Ag^+ 在固相电化学位为 $\bar{\mu}(\alpha)$。$AgNO_3$ 在溶液中以 Ag^+ 和 NO_3^- 离子形式存在，设 Ag^+ 的电化学位为 $\bar{\mu}(\beta)$ 及若 $\bar{\mu}(\alpha)>\bar{\mu}(\beta)$，则固相银中的 Ag^+ 就会自发地转移到溶液中去，即电极产生了氧化反应：

$$Ag \rightarrow Ag^+ + e$$

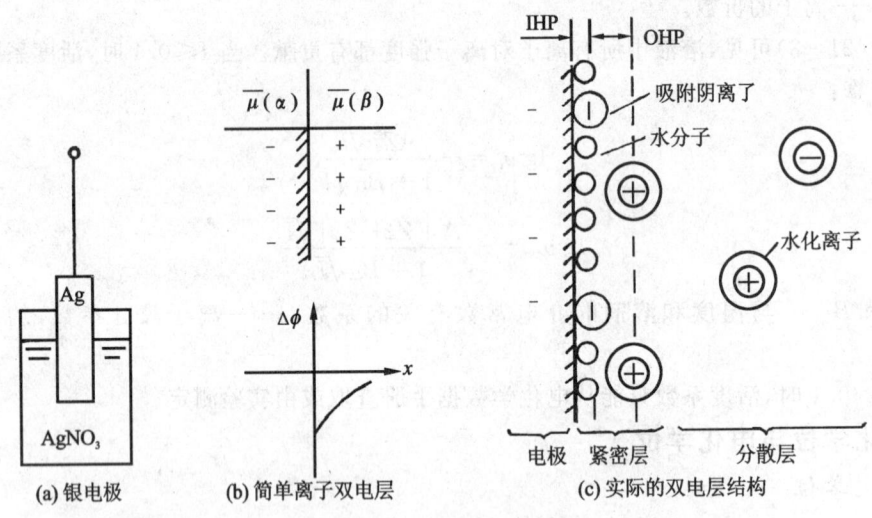

图 21-6 电极电位与双电层

电子 e 留在银电极的表面，形成了负电荷在银表面上的分布。由于库仑力作用，吸引溶液中的正离子 Ag^+，于是在固相银和溶液的界面两侧形成了如图 21-6(b)所示的电荷分布情况，即形成了双电层。双电层之间的电位差为相间电位。在相间电位的作用下，银电极氧化反应速度下降，相反，溶液中的 Ag^+ 会向固相转移，即

$$Ag^+ + e \longrightarrow Ag$$

这是一个还原反应，并以不断增加的速度进行。当 $\bar{\mu}(\alpha)=\bar{\mu}(\beta)$ 时，氧化和还原反应速度相等，

即反应达到了平衡,此时电极反应可写为

$$Ag^+ + e \rightleftharpoons Ag$$

反应达到平衡之后,双电层达到了稳定状态。

根据电化学位的定义可得

$$\bar{\mu}(\alpha) = Z_i F \varphi(\alpha) + \mu_{Ag}^\circ + RT \ln \alpha_{Ag}$$
$$\bar{\mu}(\beta) = Z_i F \varphi(\beta) + \mu_{Ag}^\circ + RT \ln \alpha_{Ag^+}$$

当电极反应达到平衡时,则 $\bar{\mu}(\alpha) = \bar{\mu}(\beta)$,因此可得相间电位

$$\Delta\varphi_{Ag} = \varphi(\alpha) - \varphi(\beta) = \varphi_{Ag^+/Ag}^\circ + \frac{RT}{Z_i F} \ln \frac{\alpha_{Ag^+}}{\alpha_{Ag}} \tag{21-6}$$

式中,$\varphi(\alpha)$、$\varphi(\beta)$——固相和液相中的电位;μ_{Ag}°、μ_{Ag}°——液相中 Ag^+ 的化学位和 Ag 在固相中的标准化学位;α_{Ag^+}、α_{Ag}——在液相中 Ag^+ 的活度和固相中 Ag 的活度;Z_i——电极反应的电子交换数,在此就是 Ag^+ 的价数;$\varphi_{Ag^+/Ag}^\circ$——$\alpha_{Ag^+/Ag} = 1$ 时的相间电位,$\varphi_{Ag^+/Ag}^\circ = (\mu_{Ag^+}^\circ - \mu_{Ag}^\circ)/Z_i F$。

相间电位 $\Delta\varphi$ 也称绝对电极电位。

在金属银与溶液接触的瞬间 $\bar{\mu}(\alpha) < \bar{\mu}(\beta)$,那么溶液中的 Ag^+ 首先转移到银电极的表面,最终仍可达平衡,并建立起双电层。但双电层的电荷符号与图 21-6(b)相反。

图 21-6(b)所示的双电层是由于离子转移所形成的,因此称为离子双层。实际的双电层结构要复杂得多,它称为斯特恩(Stern)结构模型,如图 21-6(c)所示。靠近电极的称为紧密层,其第一层为 IHP(Inter Helmholtz Plane)层,主要由极性水分子的吸附而形成的,某些阴离子或有机分子也可形成吸附;第二层为 OHP(Outer Helmholtz Plane)层,主要由水化阳离子构成,而且靠近电极表面排列比较紧密;最外层称为分散层,它一直延伸到溶液本体,而且越靠近 OHP 处,阳离子分布密度越大。紧密层和分散层中,总的正电荷量等于电极上的负电荷量。可以看出,双电层的结构与平板电容器类似,故双电层之间存在双电层电容。一般双电层中的紧密层受溶质浓度影响不大,而分散层的厚度及其所形成的电位受溶质浓度影响则较明显。对 ISE 而言,它与溶液的界面处同样会形成双电层。

式(21-6)所示的绝对电极电位是不可测的,为此可以组成图 21-7 所示的原电池,左侧为银电极,现要测出它的电极电位;右侧为标准氢电极 SHE,一般 SHE 作为参比电极使用。参比电极在原电池中的作用相当于电路中的"地",因此要求参比电极的电位必须高度稳定。SHE 正具有这种特点。SHE 用的是铂黑电极,其溶液(一般是 HCl)氢离子活度 $\alpha_{H^+} = 1$,H_2 的压力也必须是 101.325 kPa,其电极反应为

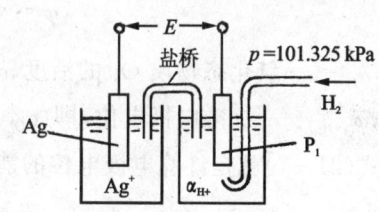

图 21-7 测量电极电位的原电池

$$H^+ + e \rightleftharpoons \frac{1}{2} H_2$$

国际上统一规定,任何温度下设定 SHE 的电极电位 $\Delta\varphi_H = 0$。图 21-7 中的盐桥是用于消除液接电位的。所谓液接电位就是在两种不同溶液的接触界面之间形成的扩散电位。按统一规定,图 21-7 所示原电池可写为

第 21 章 电化学式传感器

$$\text{SHE} \parallel \text{AgNO}_3, \alpha_{\text{Ag}^+} \mid \text{Ag}$$
$$\varphi_{左} \qquad\qquad \varphi_{右}$$

即把参比电极写在左侧,测量电极写在右侧。"|"表示相界,"∥"表示盐桥。在该电池中电极反应为

Ag 电极:
$$\text{Ag}^+ + e \rightleftharpoons \text{Ag}$$

SHE:
$$\frac{1}{2}\text{H}_2 \rightleftharpoons \text{H}^+ + e$$

电池反应为
$$\text{Ag}^+ + \frac{1}{2}\text{H}_2 \rightleftharpoons \text{Ag} + \text{H}^+$$

根据规定,电池的电动势 E 为
$$E = \varphi_{右} - \varphi_{左}$$

在此例中 $\varphi_{右} = \Delta\varphi_{\text{Ag}}, \varphi_{左} = \Delta\varphi_{\text{H}} = 0$,将式(21-6)代入后得
$$E = \left(\varphi^0_{\text{Ag}^+/\text{Ag}} + \frac{RT}{Z_i F}\ln\frac{\alpha_{\text{Ag}^+}}{\alpha_{\text{Ag}}}\right) - 0$$

以 SHE 为参比电极所测得的电池电动势 E 定义为氢标电极电位,简称电极电位,通常用 φ 表示。因此银电极的电极电位为
$$\varphi = \varphi^0_{\text{Ag}^+/\text{Ag}} + \frac{RT}{Z_i F}\ln\frac{\alpha_{\text{Ag}^+}}{\alpha_{\text{Ag}}}$$

对于纯固体和纯液体,因其活度为 1, $Z_i = 1$,故上式可写为
$$\varphi = \varphi^0_{\text{Ag}^+/\text{Ag}} + \frac{RT}{F}\ln\alpha_{\text{Ag}^+}$$

根据 IUPAC 的规定,对任何电极,无论其电极反应是还原反应还是氧化反应,都按还原反应考虑,即
$$\text{O}_x + ne \rightleftharpoons \text{R}_e$$

因此该电极反应的电极电位为
$$\varphi = \varphi^0_{\text{O}_x/\text{R}_e} + \frac{RT}{nF}\ln(\alpha_{\text{O}_x}/\alpha_{\text{R}_e}) \tag{21-7}$$

式中,α_{O_x} ——氧化态物质 O_x 的活度;α_{R_e} ——还原态物质 R_e 的活度;n ——电极反应的电子交换数;$\varphi^0_{\text{O}_x/\text{R}_e}$ ——标准电极电位,即 $(\alpha_{\text{O}_x}/\alpha_{\text{R}_e}) = 1$ 时的电极电位。

式(21-7)就是计算电极电位的能斯脱(Nernst)方程。应用能斯脱方程时必须注意如下几点:

① 该式仅适于平衡电极电位的计算,要求流过电极的电流为零。

② 一般不能用浓度代替活度。但式(21-7)也可写为如下形式(为简单可省去 φ^0 的下角标):

$$\begin{aligned}\varphi &= \varphi^0 + \frac{RT}{nF}\ln(v_{\text{O}_x}\cdot C_{\text{O}_x}/v_{\text{R}_e}\cdot C_{\text{R}_e}) \\ &= \left[\varphi^0 + \frac{RT}{nF}\ln(v_{\text{O}_x}/v_{\text{R}_e})\right] + \frac{RT}{nF}\ln(C_{\text{O}_x}/C_{\text{R}_e}) \\ &= \varphi^{0'} + \frac{RT}{nF}\ln(C_{\text{O}_x}/C_{\text{R}_e})\end{aligned} \tag{21-8}$$

该式为利用直接电位法测定浓度的依据。式中,$\varphi^{0\prime}$ 称为标准电极电位,它不仅与 φ^0 有关,还与活度系数有关,故测定浓度时要注意保持 $\varphi^{0\prime}$ 不随浓度变化。显然,若溶液浓度很小时,$v_{O_x} \approx 1, v_{Re} \approx 1$ 则可认为,

$$\varphi = \varphi^0 + \frac{RT}{nF}\ln(C_{O_x}/C_{Re})$$

③ 电极反应的电子交换数 n 是否与离子的价数一致,要根据具体电极反应而定,例如电极反应

$$Fe^{3+} + e \rightleftharpoons Fe^{2+}$$

其电子交换数 n 为 1,而不是任一离子的价数。对于 ISE,由于其电极电位的形成一般基于离子交换反应,因此其离子价数与 n 是一致的。

④ 若 $\alpha_{O_x} = 1$,则

$$\varphi = \varphi^0 - \frac{RT}{nF}\ln \alpha_{R_e}$$

通常对阴离子具有这种形式,而若 $\alpha_{R_e} = 1$,则

$$\varphi = \varphi^0 + \frac{RT}{nF}\ln \alpha_{O_x}$$

对阳离子一般具有此种形式,以阳离子为例,可进一步写为

$$\varphi = \varphi^0 + \frac{2.303RT}{nF}\ln \alpha_{O_x}$$

为简单,也可把 α_{O_x} 写为 α_i,并令 $s = \frac{2.303RT}{nF}$,于是

$$\varphi = \varphi^0 + s\ln \alpha_i \tag{21-9}$$

s 称为电极斜率,当 $T = 25℃$ 时,s 的理论值为 $59.16 \text{ mV}/n$。对于 ISE,一般其 s 值对理论值有某些偏离。

⑤ 电极电位(或电池电动势)是温度的函数,它受温度的影响可由式(21-9)求得

$$\frac{d\varphi}{dT} = \frac{d\varphi^0}{dT} + \frac{ds}{dT}\ln \alpha_i + s\frac{d(\ln \alpha_i)}{dT}$$

式中,$d\varphi^0/dT$——标准电极电位的温度系数;ds/dT——电极斜率的温度系数;$d(\ln \alpha_i)/dT$——溶液的温度系数。

因此,在测定 φ 时,必须采取恒温措施或进行温度补偿。

⑥ 利用能斯脱方程可计算电池电动势。例如有如下电池

$$\underset{\varphi_{Zn}}{Zn \mid ZnSO_4, \alpha_{Zn^{2+}}} \underset{E_j}{\parallel} \underset{\varphi_{Cu}}{CuSO_4, \alpha_{Cu^{2+}} \mid Cu}$$

其锌电极反应和铜电极反应分别为

$$Zn^{2+} + 2e \rightleftharpoons Zn$$
$$Cu^{2+} + 2e \rightleftharpoons Cu$$

由式(21-9)可得锌电极电位及铜电极电位为

$$\varphi_{Zn} = \varphi^0_{Zn^{2+}/Zn} + s\ln \alpha_{Zn^{2+}}$$
$$\varphi_{Cu} = \varphi^0_{Cu^{2+}/Cu} + s\ln \alpha_{Cu^{2+}}$$

因此,电池电动势为

$$E = \varphi_{Cu} - \varphi_{Zn}$$
$$= (\varphi^0_{Cu^{2+}/Cu} - \varphi^0_{Zn^{2+}/Zn}) + s\lg(\alpha_{Cu^{2+}}/\alpha_{Zn^{2+}})$$
$$= E^0 + s\lg(\alpha_{Cu^{2+}}/\alpha_{Zn^{2+}})$$

式中,E^0 为标准电动势。由该式可知 E 与 Cu^{2+} 和 Zn^{2+} 的活度比有关,故该电池也称为浓差电池。在电池中,一般液接电位 $E_j \neq 0$,考虑到它的存在,其 E 为

$$E = (E^0 + E_j) + s\lg(\alpha_{Cu^{2+}}/\alpha_{Zn^{2+}})$$
$$= E^{0\prime} + s\lg(\alpha_{Cu^{2+}}/\alpha_{Zn^{2+}})$$

即,$E^{0\prime} = E^0 + E_j$,因此,E_j 往往是引起 E 漂移的主要因素。

5. 扩散电位

也称液接电位,其形成过程如图 21-8(a)所示。由于相互接触的两溶液浓度不同,即在两液分界面两侧存在浓度梯度,在它的作用下,左侧的 H^+ 和 Cl^- 将不断地向右侧扩散。由于 H^+ 离子的淌度比 Cl^- 的淌度大得多,因此在某一段时间内,扩散到界面右侧的 H^+ 数量将大于 Cl^- 的数量,因而界面右侧将分布有过剩正电荷,左侧必有相应的负电荷,形成了图示的电荷分布情况,导致了液接电位 E_j 的存在。E_j 的产生又最终使两液中的 H^+ 和 Cl^- 的扩散速度达到一种动态平衡。可见,形成扩散电位的条件是相互接触的两溶液存在的浓差梯度,同时扩散的

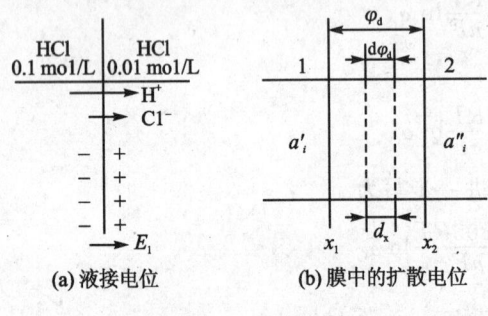

图 21-8 扩散电位的形成

离子其淌度不同。原电池一般都存在两种不同的溶液(参见图 21-7),故电位法所使用的电池多带有液接电位。

一般情况,两溶液的分界面有一定的厚度。如在 ISE 中,是通过敏感膜把两种溶液分开的,故在膜中也会产生扩散电位,如图 21-8(b)所示。φ_d 是膜两侧 x_1 和 x_2 之间的扩散电位,$d\varphi_d$ 是膜厚 d_x 的扩散电位,$\alpha_i^\prime$ 和 $\alpha_i^{\prime\prime}$ 是膜两侧溶液 1 和溶液 2 中的离子活度,由此可建立如下方程

$$d\varphi_d = -\frac{RT}{F}\sum_i (t_i/Z_i) d\ln \alpha_i$$

在 1 和 2 之间积分,则得扩散电位

$$\varphi_d = -\frac{RT}{F}\int_1^2 \sum (t_i/Z_i) d\ln \alpha_i \qquad (21-10)$$

式中,t_i——离子 i 的迁移数;Z_i——离子 i 的价数;α_i——离子 i 的活度。

若 t_i 为常数,α_i 是 x 的线性函数,那么

$$\varphi_d = -\frac{RT}{F}\sum (t_i/Z_i)\ln(\alpha_i^{11}/\alpha_i^1) \qquad (21-11)$$

当溶液 1 和 2 中仅含有一种 I-I 价电解质时,设 $\alpha_+ = \alpha_- = \alpha$,$|Z_+| = |Z_-| = 1$,可得

$$\varphi_d = -\frac{RT}{F}(t_+ - t_-)\ln(\alpha_i^{11}/\alpha_i^1) \qquad (21-12)$$

6. 道南(Donnan)电位

若用一离子选择性膜把两溶液隔开,如图 21-9 所示,膜中含有离子交换剂 IS,由于只有

I^+ 离子可与溶液中的 I^+ 发生交换反应,因此离子交换膜具有选择性。现分析溶液 1 与膜相的分界面 I 的情况。设 I^+ 离子在溶液 1 和与之接触的膜相界面处电化学位为 $\bar{\mu}_1(\omega)$ 和 $\bar{\mu}_1(m)$,I^+ 离子由溶液 1 转移到膜相还是与之相反,取决于 $\bar{\mu}_1(\omega)$ 和 $\bar{\mu}_1(m)$ 的大小,但最终总是形成双电层,并有 $\bar{\mu}_1(\omega) = \bar{\mu}_1(m)$,所以

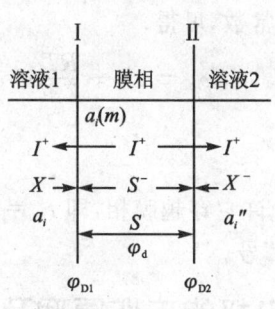

(a) 离子交换形成的道南电位

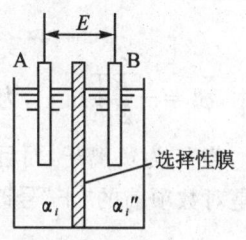

(b) ISE 的组成

图 21-9 离子交换膜和 ISE

$$\mu_{i_1}^0(\omega) + RT\ln \alpha_i + Z_{i_1}F\varphi_1(\omega) = \mu_{i_1}^0(m) + RT\ln \alpha_i(m) + Z_iF\varphi_1(m)$$

式中,$\mu_{i_1}^0(\omega)$,$\mu_{i_1}^0(m)$——I^+ 离子在溶液 1 中和膜相界面处的标准化学位;α_i,$\alpha_i(m)$——I^+ 离子在溶液 1 中和膜相界面处的活度;$\varphi_1(\omega)$,$\varphi_1(m)$——溶液 1 和膜相界面处的内电位;Z_i——离子价数,此例中 $Z_i=1$。

设 $\mu_{i_1}^0(\omega) = \mu_{i_1}^0(m)$,由上式可得膜相与溶液 1 的界面 I 处的道南电位

$$\varphi_{D1} = \varphi_1(\omega) - \varphi_1(m) = \frac{RT}{Z_iF}\ln\frac{\alpha_i(m)}{\alpha_i} \tag{21-13}$$

同理可求得溶液 2 与膜相的界面 II 处的道南电位

$$\varphi_{D2} = \frac{RT}{Z_iF}\ln\frac{\alpha_i''(m)}{\alpha_i''} \tag{21-14}$$

式中,α_i''——溶液 2 中 I^+ 离子的活度;$\alpha_i''(m)$——与溶液 2 接触的膜相截面处 I^+ 离子的活度。

由上述可知,道南电位是由于膜对离子有选择性穿越界面而形成的。

7. 膜电位

如图 21-9(a)所示,ISE 的选择性膜是有一定厚度的,不但膜的两个界面处有道南电位,而且在膜相内部若同时有其他离子(如 I^+ 离子),那么膜相内会存在不同离子扩散所产生的扩散电位 φ_d,因此整个膜电位

$$\varphi_m = \varphi_{D1} + \varphi_{D2} + \varphi_d$$

将式(21-10)、式(21-13)和式(21-14)代入可得

$$\varphi_m = \frac{RT}{Z_iF}\ln\frac{\alpha_i(m)}{\alpha_i} - \frac{RT}{Z_iF}\ln\frac{\alpha_i''(m)}{\alpha_i''}$$

$$= \frac{RT}{F}\int_I^{II}\sum(t_i/Z_i)\mathrm{d}[\ln\alpha_i(m)] \tag{21-15}$$

膜电位也可用如下等式表示

$$\varphi_m = -\frac{RT}{F}\int_1^2\sum(t_i/Z_i)\mathrm{d}(\ln\alpha_i) \tag{21-16}$$

式中的积分限是从溶液 1 到溶液 2。若选择性膜仅允许 I^+ 离子穿越膜(即 $t_i=1$),由式(21-16)可得

$$\varphi_m = -\frac{RT}{Z_iF}\ln(\alpha_i''/\alpha_i)$$

$$= -\frac{RT}{Z_iF}\ln\alpha_i'' + \frac{RT}{Z_iF}\ln\alpha_i$$

若 α_i'' 为内参比溶液的活度,且为常数,可得

$$\varphi_m = \varphi_m^0 + \frac{RT}{Z_i F} \ln \alpha_i \tag{21-17}$$

式中,$\varphi_m^0 = -\frac{RT}{Z_i F} \ln \alpha_i''$,为常数。

若 I^- 为负离子,而且膜仅允许它穿越膜相,即 $t_- = 1$,也可求得与式(21-17)相似的公式,仅是对数项前的"+"号改为"−"号。

21.2.2 离子敏选择电极的工作原理及组成

1. 离子敏选择电极的工作原理

图 21-9(b)是由 ISE 组成的原电池示意图。α_i 和 α_i'' 分别为试液和参比液中被测离子的活度,并由离子选择性膜分开,其膜电位 φ_m 分别由外参比电极 A 和内参比电极 B 引出,以便进行电位测量。实际上把选择性膜、内参比液(α_i'')和内参比电极 B 装配成一体,就构成了 ISE。它与外参比电极组成的原电池称为测量电池,可表示如下:

参比电极 A ‖ 试液,α_i | 选择性膜 | 内参比液,α_i'' | 内参比电极 B

因此,ISE 的电极电位由膜电位 φ_m 和内参比电极电位 φ_B 组成,即 ISE 的电极电位

$$\varphi = \varphi_m + \varphi_B$$

若 ISE 具有理想选择性,可将式(21-17)代入,于是

$$\varphi = (\varphi_B + \varphi_m^0) + \frac{RT}{Z_i F} \ln \alpha_i$$

$$= \varphi^0 + \frac{RT}{Z_i F} \ln \alpha_i \tag{21-18}$$

式中,φ^0——$\alpha_i = 1$ 时的常数。

实际的 ISE 的选择性并不是专一的,若溶液中有 J^+ 离子与 I^+ 离子共存,且 J^+ 离子在某种程度上会代替 I^+ 离子参与和膜离子的交换反应,即

$$J^+ + I^+(m) \rightleftharpoons J^+(m) + I^+$$

式中,J^+ 和 $J^+(m)$——试液中和进入膜相中的 J^+ 离子;I^+ 和 $I^+(m)$——试液中和膜相中的 I^+ 离子。这就是说,由于 J^+ 离子取缔了部分 I^+ 离子对膜的离子交换反应,而使电极出现了干扰。根据这种实际情况,尼可里斯基(Никодьский)给出了如下的修正式

$$\varphi = \varphi^0 + \frac{RT}{Z_i F} \ln(\alpha_i + K_{ij}^{pot} \alpha_j^{Z_i/Z_j}) \tag{21-19}$$

式中,K_{ij}^{pot}——电位选择性系数;α_j——干扰离子 J^+ 的活度;Z_j——干扰离子 J^+ 的价数。可见,K_{ij}^{pot} 越小,电极对被测离子 I^+ 的选择性越好,干扰离子 J^+ 的影响越小。例如,当 $K_{ij}^{pot} = 10^{-2}$ 时,电极对 I^+ 离子的响应能力为 J^+ 离子的 100 倍;若 $K_{ij}^{pot} = 100$,则电极实际上变成了响应 J^+ 离子的 ISE。而当 K_{ij}^{pot} 较大时,是否会形成干扰应根据乘积($K_{ij}^{pot} \alpha_j^{Z_i/Z_j}$)决定,若

$$\alpha_i \gg K_{ij}^{pot} \cdot \alpha_j^{Z_i/Z_j}$$

由式(21-19)可得

$$\varphi_g \approx \varphi_g^0 + \frac{RT}{Z_i F} \ln \alpha_i$$

K_{ij}^{pot} 需通过实验确定,它是实验值,而不是严格的常数,故不能用它对被测活度 α_i 值进行校正。

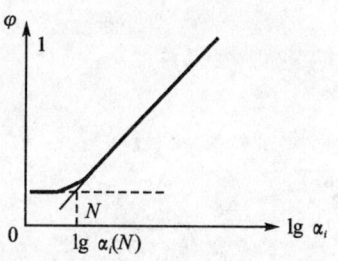

图 21-10 校正曲线和检测下限

ISE 的另一个重要参数是检测下限，它可根据图 21-10 所示的校正曲线来确定。其中直线部分 1 符合式(21-18)，它与曲线部分的延长线 2 的交点 N 所对应的活度 $\alpha_i(N)$ 就是 ISE 的检测下限。

ISE 的膜电阻一般较大，其中玻璃电极的膜电阻可达 $10^8\ \Omega$，微电极有的可达 $10^{11}\ \Omega$。实际上 ISE 的 φ_m^0 中还含有不对称的电位，当 $\alpha_i^I = \alpha_i^{II}$ 时，根据式(21-17) $\varphi_m = 0$，但实际 $\varphi_m \neq 0$，此值称为不对称电位。不对称电位会引起 φ 的缓慢漂移。响应时间也是 ISE 的一个质量参数。

根据图 21-9(b) 电池电动势为

$$E = \varphi - \varphi_A + E_j$$

代入式(21-18)可得

$$E = (\varphi^0 - \varphi_A + E_j) + \frac{RT}{Z_i F} \ln \alpha_i = E^{01} + \frac{RT}{Z_i F} \ln \alpha_i \tag{21-20}$$

$$E^{01} = \varphi^0 + E_j - \varphi_A$$

可见，E^{01} 中还包括液接电位 E_j 和不对称电位，它们往往是形成电位漂移的重要因素，特别是 E_j 的影响更为严重，使用 ISE 时必须予以注意。

2. 参比电极

上述 SHE 中的铂黑电极易污染中毒，并需用 H_2 源，故在实际测量中很少使用。实际中最常用的是甘汞电极和银-氯化银电极，结构如图 21-11 所示。

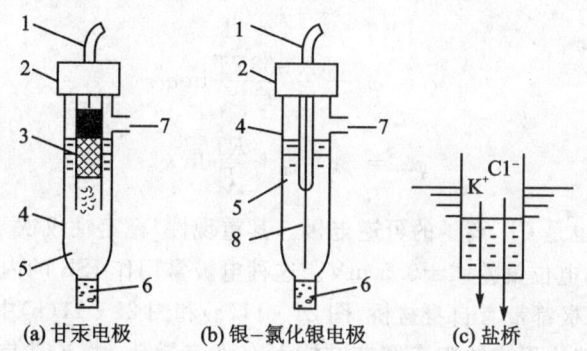

(a) 甘汞电极　　(b) 银-氯化银电极　　(c) 盐桥

1—电极引线；2—电极帽；3—甘汞芯；4—玻璃外壳；5—饱和 KCl 液；
6—多孔陶瓷塞；7—KCl 补液口；8—Ag-AgCl 丝

图 21-11　参比电极

甘汞电极的核心是甘汞芯，其上层为 Hg，中间为 Hg_2Cl_2（甘汞）与少许 Hg、饱和 KCl 液混合而成的糊状物，下层为脱脂棉起支撑作用。Hg_2Cl_2 是一种难溶盐，即

$$Hg_2Cl_2 \underset{}{\overset{k_{sp}}{\rightleftharpoons}} Hg_2^{2+} + 2Cl^-$$

其溶度积 k_{sp} 为

$$k_{sp} = \alpha_{Hg_2^{2+}} \cdot \alpha_{Cl^-}^2$$

所以

$$\alpha_{Hg_2^{2+}} = k_{sp}/\alpha_{Cl^-}^2 \tag{21-21}$$

电极反应为

$$Hg_2^{2+} + 2e \rightleftharpoons 2Hg$$

由能斯脱方程式(21-7)求得电极电位

$$\varphi = \varphi^0_{Hg_2^{2+}/Hg} + \frac{RT}{2F}\ln(\alpha_{Hg_2^{2+}}/\alpha_{Hg}^2)$$

由于 $\alpha_{Hg}=1$，因此将式(21-21)代入上式后可得

$$\varphi = \varphi^0_{甘汞} - \frac{2.303RT}{F}\ln\alpha_{Cl^-}$$

式中，$\varphi^0_{甘汞}$——标准电极电位，$\varphi^0_{甘汞} = \varphi^0_{Hg_2^{2+}/Hg} + \frac{RT}{2F}\ln k_{sp}$。

可见，甘汞电极是阴离子 Cl^- 的响应电极，其电极反应是可逆的。其中的 KCl 液有 0.1 mol/L,1 mol/L,3.5 mol/L 等不同的浓度。我国多为饱和 KCl 溶液，故称为饱和甘汞电极(SCE)。显然浓度高则 α_{Cl^-} 大，电极反应所引起的 α_{Cl^-} 的变化可忽略，从而利于保持电位的稳定性。SCE 的稳定性、重现性较好，但温度滞后大，使用温度应<70℃。用饱和 KCl 易析出结晶，使陶瓷塞处易堵，故欧美多使用 3.5 mol/L 的 KCl。

Ag-AgCl 参比电极是在银丝上镀一层 AgCl 膜制成的，其制作工艺比较简单。AgCl 也是一种难溶的盐，即

$$AgCl \xrightleftharpoons{k_{sp}} Ag^+ + Cl^-$$

与甘汞电极一样，可得

$$\alpha_{Ag^+} = k_{sp}/\alpha_{Cl^-}$$

$$\varphi = \varphi^0_{sc} - \frac{2.303RT}{F}\ln\alpha_{Cl^-}$$

$$\varphi^0_{sc} = \varphi^0_{Ag^+/Ag} + \frac{RT}{F}\ln k_{sp}$$

因此，Ag-AgCl 电极也是 Cl^- 离子的可逆电极。其重现性、稳定性仅次于 SHE，适用温度范围宽，在 25～225℃ 时，电位偏差<±0.5 mV。这种电极常用作 ISE 的内参比电极。

以上两种商品电极都带有自身盐桥，图 21-11(a)和图 21-11(b)中的陶瓷塞与 KCl 溶液就组成了自身盐桥，速烧而成的陶瓷塞在结构上有许多微孔，由 KCl 饱和液充满。当电极插入试液后，电极内的饱和 KCl 液与试液通过陶瓷塞发生液体接触，产生液接电位 E_j。由于饱和 KCl 液的浓度远大于试液的浓度，K^+ 和 Cl^- 将通过陶瓷塞向试液中扩散，如图(21-11(c))所示。而 KCl 具有离子等迁移的特点，即 $t_{K^+} \approx t_{Cl^-}$，由式(21-12)可知，此时 E_j（即 φ_d）≈0。因此盐桥消除了液接电位，但盐桥并不是使 E_j 完全为零。不加盐桥 E_j 可达 30～40 mV，加盐桥使 E_j 降至 1 mV 左右，其波动仍会引起电池电动势漂移。为使 E_j 尽量恒定，应选浓 KCl 溶液作为盐桥溶液，并使渗出速度保持常数。

为适应生物医学研究的需要，参比电极正向微型化发展。图 21-12 所示为一种微参比电极，参比微液

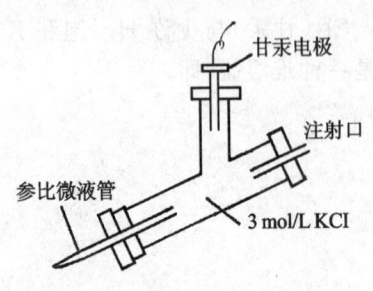

图 21-12 微参比电极

管起到了盐桥的作用,其管尖部口径仅几个 μm。当每次刺入细胞组织后,通过注射口使管尖部充满 KCl,以形成稳定的 E_j 值。为使用上的方便,在实验室中多使用把 ISE 和参比电极做成一体的复合型离子电极,这将在后面几节中进行介绍。

21.3 玻璃电极

21.3.1 玻璃电极的结构与性能

1. 玻璃电极的结构

pH 玻璃电极是 20 世纪初出现的 ISE。它有多种形式,其中如图 21-13 所示是应用较广泛的一种结构。首先把 pH 敏感玻璃膜的配料熔融为液态玻璃体,然后用铅玻璃管(对 H^+ 无响应)蘸取熔化的玻璃体,趁热吹制成球泡型。冷却后,装入内参比液和 Ag-AgCl 参比电极,接好电极引线(为带屏蔽的同轴电缆)封上电极帽后,就是 pH 玻璃电极了。

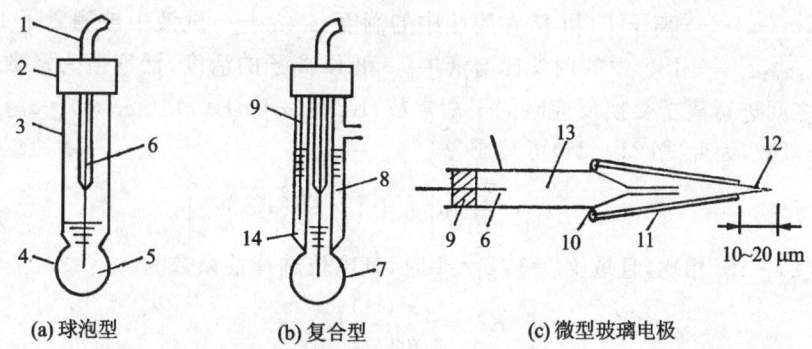

(a) 球泡型　　(b) 复合型　　(c) 微型玻璃电极

1—电极引线;2—电极帽;3—铅玻璃;4—pH 敏感玻璃膜;5—内参比液;6—Ag-AgCl 电极;
7—pH 玻璃电极;8—盐溶液;9—矿物油;10—水泥封接;11—聚苯乙烯涂层;
12—pH 敏感玻璃尖;13—0.1 mol/L HCl 溶液;14—液接砂孔

图 21-13　pH 玻璃电极

2. pH 玻璃电极的响应机理

pH 敏感玻璃膜对试液中的 H^+ 离子具有选择性响应,故根据式(21-18)可得其电极电位为

$$\varphi = \varphi^0 + \frac{RT}{F}\ln \alpha_{H^+}$$

而 pH 玻璃电极的主要干扰离子是 Na^+,当它与 H^+ 共存于试液中时,根据式(21-19),其电极电位

$$\varphi_g = \varphi_g^0 + \frac{RT}{F}\ln(\alpha_{H^+} + K_{H \cdot Na}^{pot}\alpha_{Na^+}) \tag{21-22}$$

式中,$K_{H \cdot Na}^{pot}$——电位选择性系数;α_{Na^+}——Na^+ 离子的活度。

显然,Na^+ 离子的存在会造成测量误差,此种误差称为碱误差。

pH 玻璃电极与 SCE 组成的测量电池为

$$\text{SCE} \parallel \text{试液, pH} \mid \text{玻璃电极}$$
$$\varphi_{\text{SCE}} \quad E_j \qquad \varphi_{\text{g}}$$

其电池电动势为
$$E = \varphi_{\text{g}} - \varphi_{\text{SCE}} + E_j$$

将式(21-22)代入后可得
$$E = (\varphi_{\text{g}}^0 - \varphi_{\text{SCE}} + E_j) + \frac{2.303RT}{F} \ln \alpha_{\text{H}^+} = E^{0\prime} - s\text{pH} \qquad (21-23)$$

式中,$s = \frac{2.303RT}{F}$,25℃时,$s=59.16$ mV;pH——试液的酸度,pH$=-\lg \alpha_{\text{H}^+}$;$E^{0\prime}$——pH$=0$ 时的电动势,$E^{0\prime} = \varphi_{\text{g}}^0 - \varphi_{\text{SCE}} + E_j$。

式(21-23)就是用玻璃电极测定 pH 值的理论依据。

3. pH 玻璃膜的性能

玻璃电极属于固态膜电极,埃森曼(Eisemman)等人给出的膜电位方程式为
$$\varphi_m = \frac{RT}{F} \ln \left[\alpha_i + \left(\frac{u_j(m)}{u_i(m)} K_{ij} \right) \alpha_j \right] / \left[\alpha_i'' + \left(\frac{u_j(m)}{u_i(m)} K_{ij} \right) \alpha_j'' \right] \qquad (21-24)$$

式中,$u_i(m)$,$u_j(m)$——离子 I$^+$ 和 J$^+$ 在膜相中的淌度;α_i,α_j——试液中被测离子 I$^+$ 和干扰离子 J$^+$ 的活度;α_i'',α_j''——ISE 中的内参比溶液中 I$^+$ 和 J$^+$ 离子的活度,活度值为常数;K_{ij}——膜相和溶液相之间进行离子交换反应时的平衡常数,$K_{ij} = [\alpha_j(m) \cdot \alpha_i]/[\alpha_i(m) \cdot \alpha_j]$。

由于 α_i'',α_j'' 为常数,因此式(21-24)可写成
$$\varphi_m = \varphi_m^0 + \frac{RT}{F} \ln \left[\alpha_i + \left(\frac{u_j(m)}{u_i(m)} K_{ij} \right) \alpha_j \right]$$

将上式与式(21-19)相比,且取 $Z_i=1$,$Z_j=1$ 时,其电位选择性系数为
$$K_{ij}^{\text{pot}} = \frac{u_j(m)}{u_i(m)} K_{ij} \qquad (21-25)$$

可见固态膜电极的电位选择性系数是由 I$^+$ 和 J$^+$ 离子在膜相中的淌度比 $u_j(m)/u_i(m)$ 与平衡常数 K_{ij} 共同决定的。$u_j(m)$ 和 K_{ij} 小,$u_i(m)$ 大,有利于提高电极的选择性。

pH 敏感玻璃膜的主要成分是 SiO_2。SiO_2 的分子结构如图 21-14 所示。

由于不存在自由活动的带电载体,因此没有导电性。但若在石英中掺杂一定量的一价碱金属氧化物 M_2O,则 SiO_2 的某些硅氧键被打破,形成如图 21-15 所示的结构,可记为 $\equiv$SiO$^-$ M$^+$。其 M$^+$ 离子在一定条件下可自由活动,即具有一定的淌度,而定域体 $\equiv$SiO$^-$ 虽带有负电荷,但它被固定在硅氧骨架上而不能自由活动。由于玻璃膜中存在 M$^+$,从而使膜有了导电的可能性。

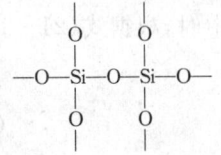

图 21-14 SiO_2 分子结构   图 21-15 SiO_2 的某些硅氧键被打破后的结构

通常干玻璃膜并不具有响应 H^+ 的功能,需在蒸馏水中浸泡约 24 h 之后,膜表面形成水化层,成为如图 21-16 所示结构。

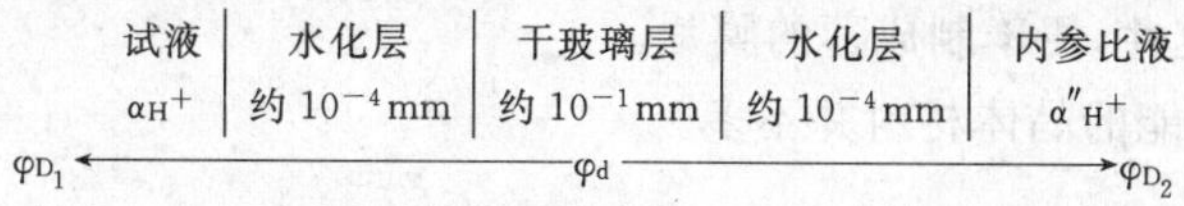

试液	水化层	干玻璃层	水化层	内参比液
α_{H^+}	约 10^{-4} mm	约 10^{-1} mm	约 10^{-4} mm	α''_{H^+}
φ_{D_1}		φ_d		φ_{D_2}

图 21-16 在蒸馏水中浸泡之后的结构

在界面处有离子交换反应,并形成道南电位 φ_{D_1} 和 φ_{D_2},该反应为

$$H^+(m) + M^+ \rightleftharpoons M^+(m) + H^+$$

式中,$H^+(m)$ 和 $M^+(m)$——玻璃膜水化层中的 H^+ 和 M^+ 离子;M^+ 和 H^+——溶液中的 M^+ 和 H^+ 离子。

在水化层中,由于溶剂水分子的渗入,H^+ 和 M^+ 离子有较大的淌度,并且水化层中靠近干玻璃层处 M^+ 活度较大,靠近溶液一侧 H^+ 活度较大,故在两水化层中会产生扩散电位 φ_d。但 H^+ 离子不能穿过干玻璃层,干玻璃层中的导电由 M^+ 离子担负。

由离子交换反应和式(21-19)可得电位式为

$$\varphi_g = \varphi_g^0 + \frac{RT}{F}\ln(\alpha_{H^+} + K_{H,M}^{pot} \cdot \alpha_{M^+}) \tag{21-26}$$

式中,α_M^+——干扰离子 $M+$ 的活度;$K_{H,M}^{pot}$——pH 玻璃电极的电位选择性系数,$K_{H,M}^{pot} = (u_{M^+}(m)/u_{H^+}(m))K_{H,M}$;$K_{H,M}$——离子交换反应的平衡常数;$u_{H^+}(m)$,$u_{M^+}(m)$——在水化层中 H^+ 和 M^+ 离子的淌度。

当 M^+ 为 Na^+ 离子时,式(21-26)就是式(21-22)。

玻璃电极的性能主要取决于敏感玻璃膜的成分。例如 Corning 015 号玻璃膜的组成(按摩尔百分比)为:21.4% Na_2O,6.4% CaO,72.2% SiO_2,其线性范围为 1~9.5 pH。Beckman E 型玻璃膜的组成为:25% Li_2O,8% BaO,67% SiO_2,其线性范围约为 1~14 pH。可见,以 Li_2O 代替 Na_2O 会提高电极的选择性,但锂玻璃膜电阻较大。其他添加物主要是为了提高电极寿命,降低膜电阻,改善可加工性等。若在玻璃中加入适量的 Al_2O_3,可制得 Na^+ 和 K^+ 等阳离子电极。埃森曼提出的钠离子电极成分为:11% NaO,18% Al_2O_3,71% SiO_2,pH=11 时,$K_{Na,K}^{pot} \approx 1/2800$,当 pH=7 时,$K_{Na,K}^{pot} \approx 1/300$。钠离子玻璃电极结构与 pH 玻璃电极基本相同,并得到较广泛的应用。钾离子玻璃电极受钠的干扰严重,它已被液膜钾离子电极所代替。

21.3.2 复合玻璃电极和微型玻璃电极

复合玻璃电极如图 21-13(b)所示。它是把 pH 玻璃电极与外参比电极合并制成一体,并以砂孔 14 作为盐桥接界。因此使用方便,把它插入试液就可进行测量。

为适应生物医学研究的需要,又出现了微型玻璃电极,如图 21-13(c)所示。这种电极所需试液的体积可小于 0.05 μL,适于体内测量。

21.4 晶体膜电极

晶体膜电极是以某些金属难溶于盐晶体,作为敏感膜的 ISE。其主要代表为氟化镧

（LaF_3）和卤化银（AgX）晶体膜电极。作为膜材料，对金属难溶盐体的要求是：

① 在室温下晶体物质有一定的离子导电性能；
② 具有机械稳定性，便于制成薄的膜片。

然而具有上述性能的晶体材料并不多。

21.4.1 晶体膜电极的结构及其工作原理

晶体膜电极的几种结构如图 21-17 所示。其中图 21-17(a)为一般的 ISE 结构，其电极膜的内侧电位是通过内参比电极与内参比液的离子接触产生的，因此称为离子接触型晶体膜电极。其敏感膜可以是一种晶体材料，如 Ag_2S，也可以是 Ag_2S-AgCl 等混合晶体材料。由晶体或混合晶体材料制成的膜片称为均相膜。把晶体粉末加入硅橡胶等惰性支持体材料中压制而成的膜片，称为非均相膜。在产生电极电位的机理上，二者没有差别，但后者机械性能和电极寿命优于前者，但膜电阻大。

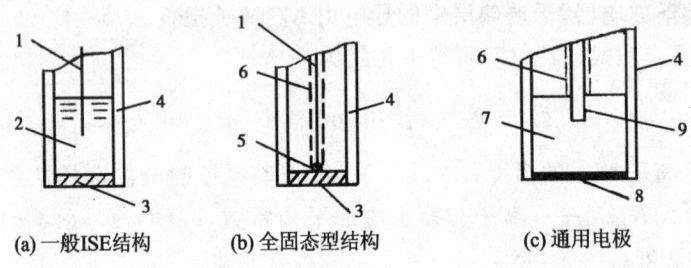

(a) 一般ISE结构　　(b) 全固态型结构　　(c) 通用电极

1—银丝；2—内参比液；3—Ag_2S 膜；4—电极外壳；5—银接触点；6—屏蔽；
7—疏水处理的石墨棒；8—涂布电活性物质的表面；9—不锈钢导线

图 21-17　晶体膜电极

图 21-17(b)为全固态型结构，即通过银丝与电极膜内侧直接接触而产生电极电位。图 21-17(c)所示的电极称为通用电极，它是先将石墨棒经疏水处理，然后将 2~4 mg 的 Ag_2S 粉末用力擦在石墨棒端面，使 Ag_2S 渗入石墨表面。在石墨端面上得到 Ag_2S 的一层薄膜，再把表面经手工抛光后即制成通用电极。当表面失去活性时，可把石墨端面切掉一段，再按上述步骤重新擦布上 Ag_2S，就又制得了新的电极。显然这种电极既属于非均相膜，又属于全固态电极。

当敏感膜为 Ag_2S 时，晶体膜电极可作为 Ag^+ 或 S^{2-} ISE 使用。现以测定 Ag^+ 离子为例。当采用离子键触型结构时，其电极电位为 $\varphi = \varphi^0_{Ag^+/Ag} + \dfrac{RT}{F}\ln \alpha_{Ag^+}$。在 25℃时，$\varphi^0_{Ag^+/Ag} = 0.799$ V。

采用全固态型结构时，其电极电位为

$$\varphi = \varphi^0 + s\ln \alpha_{Ag^+}$$

必须注意 φ^0 值的差异：当 Ag_2S 膜中有过量 Ag 存在时，以 Ag 或其他惰性导体（如铂或石墨）作为膜的直接接触时，则 $\varphi^0 = 0.799$ V；当膜中有过量硫存在时，并用石墨作为接触，则 $\varphi^0 = 1.002$ V；用银丝作为接触时，φ^0 值不稳定。

21.4.2 氟离子选择性电极

氟离子电极是除 pH 玻璃之外性能较佳的 ISE。这种电极的膜材料是 LaF_3 单晶，其晶格是六方晶系结构，F^- 离子在晶格中有较大的淌度，即 LaF_3 具有固体电解质的性能，其电导率为 $3.6 \sim 2.9 \times 10^{-7}$ S/cm($25°C$)，电荷的迁移可用下式表示：

$$LaF_3 + 分子空穴 \rightarrow LaF_2^+ + F^-$$

因此可以认为在晶体膜中只有 F^- 的移动形成电流，也就是在膜相中 $t_{F^-} = 1$。为了进一步提高膜的电导率，通常在 LaF_3 中掺杂约 0.5%（质量）的 EnF_3，使膜的电导率增加到 $2.8 \sim 4.3 \times 10^{-6}$ S/cm。因此种膜分开两溶液可表示为

溶液1	膜	溶液2
α_{F^-}	LaF_3	α''_{F^-}

考虑到 LaF_3 膜仅有 F^- 与溶液中的 F^- 进行交换反应，而且在膜中 $t_{F^-}=1$，$Z_{F^-}=-1$，由式(21-16)可得膜电位

$$\varphi_m = -\frac{RT}{F}\ln(\alpha_{F^-}/\alpha''_{F^-})$$

若 α_{F^-} 为试液的活度，α''_{F^-} 为内参比液的活度，且为常数，则上式可写为

$$\varphi_m = \varphi_m^0 - \frac{RT}{F}\ln \alpha_{F^-}$$

考虑到内参比电极电位，则氟离子电极电位

$$\varphi_F = \varphi^0 - \frac{RT}{F}\ln \alpha_{F^-}$$

氟离子电极的结构如图 21-18 所示。其中图 21-18(a)是离子接触型结构，也可采用固态结构，但接触方式应为

$$试液 | LaF_3 | AgF | Ag | Cu$$

即引线 Cu 不能直接与 LaF_3 接触，否则 φ^0 值不稳定。图 21-18(b)为测定微样品的电极，它可直接测定 μL 和 nL 的样品。

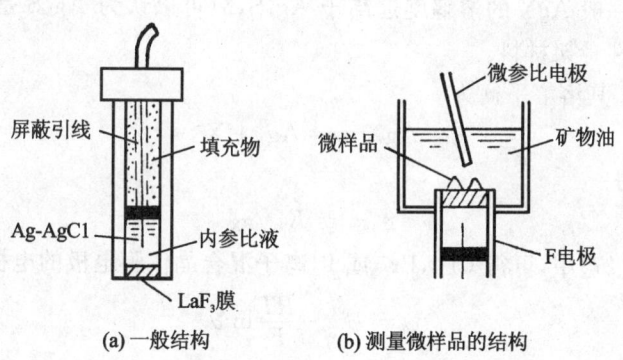

图 21-18 氟离子电极

氟离子电极的检测范围是 1×10^{-6} mol/L，其主要干扰是 OH^- 离子，电位选择性系数 $K_{F^-,OH^-}^{pot} = 0.1$。Al^{3+}，Be^{3+}，Fe^{3+} 等也会形成干扰。因此，在测量时应向试液中加入适量的总离子强度调节缓冲溶液(TISAB)，使试液的 pH 值为 $5 \sim 6$，并掩蔽掉 Al^{3+} 和 Fe^{3+} 等干扰离子。

21.4.3 其他晶体膜电极

1. Ag_2S 膜电极

Ag_2S 是一种低电阻的离子导体,在晶格中 Ag^+ 是可移动的离子。Ag_2S 的溶解度极低,对氧化剂和还原剂有良好的抵抗能力,并可用通常的压力技术制得细密的多晶膜。因此,Ag_2S 是制备晶体膜的良好材料。

Ag_2S 膜电极是 Ag^+ 离子选择性电极,其膜电极电位

$$\varphi = \varphi^0 + \frac{RT}{F}\ln \alpha_{Ag^+} \qquad (21-27)$$

式中,φ^0 值取决于电极的结构类型。电极对 Ag^+ 的检测范围是 $10^{-7} \sim 1 \text{ mol/L}$。

Ag_2S 是一种难溶盐,在溶液中有如下溶解平衡

$$Ag_2S \rightleftharpoons 2Ag^+ + S^{2-}$$

由它的溶度积 K_{sp},可得

$$\alpha_{Ag^+} = (K_{sp}/\alpha_{S^{2-}})^{1/2}$$

将上式代入式(21-27)中,则可得

$$\varphi = (\varphi^0 + \frac{RT}{2F}\ln K_{sp}) - \frac{RT}{2F}\ln \alpha_{S^{2-}}$$

$$= \varphi^{0\prime} - \frac{RT}{2F}\ln \alpha_{S^{2-}}$$

可见 Ag_2S 膜电极可同时作为硫离子电极,在纯硫化物溶液中检测范围约为 $1 \sim 10^{-7} \text{ mol/L}$。

2. $Ag_2S\text{-}AgX$ 混合晶体膜电极

这种电极的卤化物 AgX 是指 AgCl, AgBr, AgI 晶体。它们本身是离子导体,有能斯脱响应,但膜电阻大,并有明显的光电效应,因而没有得到实际应用。但用 $Ag_2S\text{-}AgX$ 混合晶体膜可清除如上缺陷。一般 AgX 的溶解度远高于 Ag_2S,故可以认为 Ag_2S 是 Ag^+ 离子可在其中自由移动的化学惰性骨架材料。

AgX 是难溶盐,其溶解平衡为

$$AgX \rightleftharpoons Ag^+ + X^-$$

由其溶度积 K_{sp} 可得

$$\alpha_{Ag^+} = K_{sp}/\alpha_{X^-}$$

将上式代入式(21-27)中,可得 Cl^-, Br^- 或 I^- 离子混合晶体膜电极的电极电位

$$\varphi = \varphi^{0\prime} - \frac{RT}{F}\ln \alpha_{X^-}$$

其电位选择系数为

$$K_{X,S}^{pot} \approx K_{sp}(Ag_2S)/K_{sp}(AgX)$$

式中,$K_{sp}(Ag_2S)$——Ag_2S 的溶度积;$K_{sp}(AgX)$——AgX 的溶度积。

用 $Ag_2S\text{-}AgX$ 膜制作的氯离子电极的检测范围为 $1 \sim 5 \times 10^{-5} \text{ mol/L}$,主要干扰离子为 S^{2-}, Br^-, I^-, CN^- 和 OH^-。以 Ag_2S^-, AgBr 作为敏感膜的溴离子电极检测约为 $1 \sim 10^{-6} \text{ mol/L}$,主要干扰离子为 S^{2-}, Cl^-, CN^- 等。碘电极也可测定 CN^- 离子,这是由于 CN^- 离子在膜表面发生如下置换反应:

$$AgI + 2CN^- = Ag(CN)_2^- + I^-$$

因此，通过碘电极对该反应形成的 I^- 离子的响应，可间接测量 CN^- 离子，其检测范围为 $10^{-2} \sim 10^{-6}$ mol/L。但作为氰离子电极其电极寿命较短。

3. Ag_2S-MS 晶体膜电极

其中 MS 是指二价金属硫化物，但除 CuS 外，其他纯 MS 的电导率很低，一般用 Ag_2S 和 MS 的混合物压制成电极膜。膜中的导电离子是 Ag^+ 离子，因此是一个银离子电极。若试液中原来不含有 Ag^+ 离子，但膜与溶液的界面处存在如下两个溶解平衡：

$$Ag_2S \overset{K_{sp_1}}{\rightleftharpoons} 2Ag^+ + S^{2-}$$

$$MS \overset{K_{sp_2}}{\rightleftharpoons} M^{2+} + S^{2-}$$

则两种盐的溶度积分别为

$$K_{sp_1} = \alpha_{Ag^+}^2 \cdot \alpha_{S^{2-}}$$

$$K_{SP_2} = \alpha_{M^{2+}} \cdot \alpha_{S^{2-}}$$

由 K_{sp_1} 和 K_{sp_2} 代入式(21-19)可得

$$\varphi = \varphi^0 + \frac{RT}{2F}\ln(K_{sp_1}/K_{sp_2}) + \frac{RT}{2F}\ln \alpha_{M^{2+}}$$

$$= \varphi^{0\prime} + \frac{RT}{2F}\ln \alpha_{M^{2+}}$$

因此，若试液中不含有 Ag^+ 离子，则该电极可测定 M^{2+} 离子。

MS 必须满足：

① 其溶度积 K_{sp_2} 应远大于 Ag_2S 的溶度积 K_{sp_1}。

② K_{sp_1} 必须足够小，使电极对 M^{2+} 离子具有足够低的检测下限。

③ 膜相中的 MS 与试液中的 M^{2+} 离子能迅速建立平衡，从而使电极具有实用的响应时间。

目前，能制备实用电极的 MS 还限于 CuS、CdS、PbS、Pb^{2+}、Cd^{2+} 和 Cu^{2+}。ISE 的检测范围和主要干扰离子可参见表 21-1。

21.5 活动载体膜电极

由上述分析可知，固体膜电极可测定的离子种类并不多，而活动载体膜电极为检测更多种类的离子提供了一种广泛的可能性。

21.5.1 几种活动膜电极

1. 一般的膜电极

图 21-19(a)为早期的 Orion 液膜电极结构，微孔膜 4 中的微孔由液态电活性物质充满，构成液态离子敏感膜。该膜仅与试液中的被测离子发生离子交换反应，而在界面处形成双电层，并产生膜电位。在内外两电极管之间充有电活性物质，保证微孔膜的微孔中完全由电活性物质充满，但实际难以完全充满。微孔膜通常用聚四氟乙烯制备，也可用经疏水处理的多孔陶瓷片。

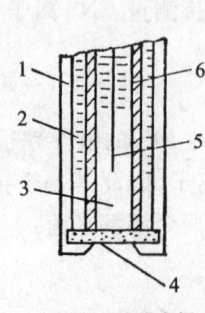
(a) Orion液膜电极

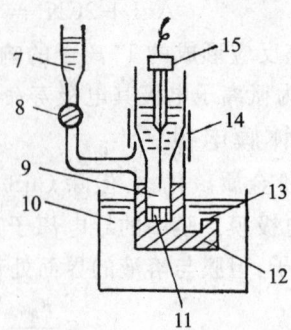
(b) 表面可更新式液膜电极

1—外电极管；2—液态电活性物质；3—内参比液；4—微孔膜；5—内参比电极；
6—内电极管；7—电活性物质贮槽；8—旋塞；9—内参比液；10—试液；
11—陶瓷塞；12—电活性物质；13—电极管口；14—PVC封接；15—内参比电极

图21-19 液膜电极

图21-19(b)是另一种电极结构。其最大优点是便于电极管口13处的液膜界面更新。当界面的电活性物质失去活性时,打开旋塞8,加入电活性物质,使表面更新。其缺点是结构复杂。

液膜中的多孔膜为惰性,仅对液态电活性物质起一种支持作用。使电极具有选择性响应的是电活性物质,它是由活动载体物质(如离子交换剂)溶于有机溶剂中制得,电极的选择性响应主要取决于活动载体物质。对电极的一般要求是：

① 被测离子能进入膜相,并能在膜相中自由移动,由于膜相为液态,该离子在膜相中有一定的淌度。

② 其他离子能被限制在膜相之外。

③ 电活性物质要与试液(通常为水溶液)接触,这就要求二者不能混溶,因此电活性物质是疏水性的有机溶液。

④ 液态电活性物质应有足够低的蒸汽压,以防止蒸发。

2. PVC(聚氯乙烯)膜电极

蒙德(Moody)等人提出制备PVC膜的方法是将0.4 g的电活性物质和0.17 g的PVC粉末溶于6 cm³的四氢呋喃中,在抛光的玻璃板上放一直径30～35 mm,高30 mm的圆筒,把上述混合液注入,在室温下干燥两天得到厚约0.2 mm的薄膜,切下直径约5 mm的圆膜片,用含有PVC的四氢呋喃粘在PVC电极管上,再嵌上玻璃管,装入内参比液和内参比电极,就制得了PVC膜电极。目前,多采用PVC膜电极,其发展较快。

3. 通用电极

利用PVC膜可制备通用电极,但一般PVC膜不直接与石墨棒接触,而是先用$Hg-Hg_2Cl_2-KCl$(固体)与$CaSO_4 \cdot 2H_2O$(溶液)调制成糊状物并擦布在石墨棒端面,再与PVC膜接触。

4. 涂丝电极

涂丝电极由PVC膜直接沉淀在金属丝(一般为铂)上构成,也可以用同轴铜电缆。其制作方法是:先去掉电缆端部的一段绝缘层,露出约2 cm的铜丝,使之清洁、干燥,然后将它在含有电活性物质 PVC 和增塑剂的混合液中浸入 1 cm 长,过一段时间后取出并垂直干燥约 1 min。如此重复几次,直到铜丝末端形成约 2 mm 的小球为止。干燥后,再在暴露的铜丝表面涂上绝缘层,即制得了涂丝电极。配制膜材料时,要注意增塑剂加入量,加入量不足就不能使小球的玻璃化临界温度低于室温以下。制备出的电极要在 0.1 mol/L 的被测物溶液中浸泡一夜。涂丝电极制作简单,易于微型化和集成化。

5. 化学修饰电极

化学修饰电极 CME(Chemically Modified Electrode)是在一般的电极(如铂和碳电极)上固定一层化学的、光学的(或其他性能的)物质分子,使电极具有所期望的性能。若在电极表面固定一层离子选择性膜,则可成为 ISE。固定的方法有静电沉积官能化、聚合物涂层等。例如,聚对苯胺修饰电极,它以铂为电极基体,洗净后将铂电极浸入含有 NaOH 和对氯苯胺乙醇的混合液中进行氧化聚合,在铂电极表面得到聚对氯苯胺膜,使电极仅对 H^+ 离子有选择性响应,线性范围为 2~12 pH,现已应用于家兔体液中血乳酸的测定。用静电法修饰 Nation 的碳纤维电极用于伏安法测定 Pb^{2+} 离子浓度,也已证明其性能优于纯碳纤维电极。

若把上述两种方法相结合,则可制备成双膜阿米替林涂丝电极。它是把铂丝电极在苯胺的盐酸液中电解制得聚苯胺膜修饰电极,然后在含有阿米替林离子络合物的混合液中浸渍成为涂丝电极。这种双膜电极的稳定性优于单膜涂丝电极,其他性能则接近普通 PVC 膜电极。另外,还有多单元微电极阵列等电极。

21.5.2 活动载体膜的性能

活动载体分两大类:一类为带电荷的活动载体,也称为液态离子交换剂;另一类为中性活动载体,也称为中性螯合剂。在理论上对液膜电极进行全面分析是困难的。下面仅对几种特殊情况进行一些分析。

1. 带电荷的活动载体膜电极

见图 21-9(a),图中 IS 表示膜中的液体离子交换剂,S^- 为带负电荷的活动载体,也称为定域体,I^+ 为它的抗衡离子,也是溶液中的被测离子,J^+ 为溶液中的干扰离子,X^- 为溶液中的阴离子,并设这些离子皆为 1 价。由于 S^- 带负电荷,因此能与膜相进行离子交换的是阳离子,即这种膜电极为阳离子 ISE。反之,若定域体带正电荷,则能与膜相进行离子交换的是阴离子,这种膜电极就为阴离子 ISE。设图中 I^+ 离子可以进入膜相,X^- 不能进入膜相,但若有干扰离子 J^+ 共存时,J^+ 离子也可能进入膜相,从而产生干扰。

1) 完全离解的极限情况

若膜相中溶剂的介电常数足够高,膜相中的 I^+ 和 S^- 不产生离子络合或络合可以忽略,则其膜电位为

$$\varphi_m = \frac{RT}{F} \ln \left\{ \left[\alpha_i + \left(\frac{u_j}{u_i} \frac{k_j}{k_i} \right) \alpha_j \right] \Big/ \left[\alpha_i'' + \left(\frac{u_j}{u_i} \frac{k_j}{k_i} \right) \alpha_j'' \right] \right\} \tag{21-28}$$

式中,α_i, α_i''——试液和内参比液中 I^+ 的活度;α_j, α_j''——试液和内参比液中 J^+ 的活度;u_i, u_j——I^+ 和 J^+ 在膜相中的淌度;k_i, k_j——I^+ 和 J^+ 在膜相与溶液相之间的分配系数。

由于膜相(离子交换剂本身就是由 I^+ 和 S^- 组成的盐)和溶液中同时存在 I^+,故两相接触后产生分配平衡反应,即

$$I^+(\omega) \xrightleftharpoons{k_i} I^+(m)$$

分配系数 k_i 和 k_j 的定义分别为

$$k_i = \frac{\alpha_i(m)}{\alpha_i(\omega)} \qquad k_j = \frac{\alpha_j(m)}{\alpha_j(\omega)}$$

式中,$\alpha_i(m)$,$\alpha_j(m)$ 和 $\alpha_i(\omega)$,$\alpha_j(\omega)$ 分别为 I^+,J^+ 离子在膜相(m)和溶液相(ω)中的活度。

由于内参比液的活度值 α_i'' 和 α_j'' 为定值,则式(21-28)可写成

$$\varphi_m = \varphi_m^0 + \frac{RT}{F}\ln(\alpha_i + K_{ij}^{pot}\alpha_j)$$

由上式可得 ISE 电位的一般表示式为

$$\varphi = \varphi^0 + \frac{RT}{F}\ln(\alpha_i + K_{ij}^{pot}\alpha_j)$$

式中,K_{ij}^{pot}——电位选择性系数。

$$K_{ij}^{pot} = \frac{u_j}{u_i} \cdot \frac{k_j}{k_i}$$

由此表明电极的选择性与 S^- 无关,而是由 I^+ 和 J^+ 的淌度比 u_j/u_i 和分配系数比 k_j/k_i 决定:$u_i > u_j$,利于选择性的提高;$k_i > k_j$,则表示膜相对 J^+ 离子的亲和力强,利于选择性的提高。选择性基本上由膜中有机溶液确定,例如若以硝基苯为溶剂,加入离子交换剂是磷酸盐或磷脂盐,则对选择性没有什么影响。

2) 强缔合的极限情况

若膜中溶剂的介电常数很低,则膜相中的 I^+ 和 S^- 离子将发生如下缔合

$$I^+(m) + S^-(m) \xrightleftharpoons{k_{is}} IS(m)$$

其低缔合常数为

$$k_{is} = \frac{\alpha_{is}(m)}{\alpha_i(m) \cdot \alpha_s(m)}$$

式中,$\alpha_i(m)$,$\alpha_s(m)$ 和 $\alpha_{is}(m)$——膜中 I^+,S^- 离子和络合物 IS 的活度。

同样,进入膜相中的 J^+ 离子也与 S^- 发生缔合,即

$$J^+(m) + S^-(m) \xrightleftharpoons{k_{js}} JS(m)$$

其缔合常数为

$$k_{js} = \frac{\alpha_{js}(m)}{\alpha_j(m) \cdot \alpha_s(m)}$$

式中,$\alpha_j(m)$,$\alpha_{js}(m)$——膜相中 J^+ 离子和络合物 JS 的活度。对这种体系,埃森曼等人给出的膜电位式为

$$\varphi_m = \frac{RT}{F}\left[(1-\tau)\ln\frac{\alpha_i + \frac{(u_j+u_s)k_j}{(u_i+u_s)k_i}\cdot\alpha_j}{\alpha_i'' + \frac{(u_j+u_s)k_j}{(u_i+u_s)k_i}\alpha_j''} + \tau\ln\frac{\alpha_i + \frac{u_{js}}{u_{is}}\cdot K_{ij}\cdot\alpha_j}{\alpha_i'' + \frac{u_{js}}{u_{is}}\cdot K_{ij}\cdot\alpha_j''}\right] \tag{21-29}$$

其中,$K_{ij} = \frac{\alpha_{js}(m)\cdot\alpha_i(\omega)}{\alpha_j(\omega)\cdot\alpha_{is}(m)}$ 或 $K_{ij} = \frac{k_j \cdot k_{js}}{k_i \cdot k_{is}}$

$$\tau = \frac{u_s(u_{js}\cdot k_{js} - u_{is}\cdot k_{is})}{(u_i+u_s)u_{js}\cdot k_{js} - (u_j+\mu_s)u_{is}\cdot k_{is}}$$

式中，u_i, u_j, u_s——膜相中 I^+, J^+, S^- 离子的淌度；u_{is}, u_{js}——膜相中中性络合物 IS 和 JS 的淌度；k_i, k_j——I^+ 和 J^+ 离子的分配系数；k_{ij}——$J^+(\omega)+IS(m) \rightleftharpoons JS(m)+I^+(\omega)$ 离子交换平衡的平衡常数，其中 (ω) 为溶液相，(m) 为膜相，可见 K_{ij} 由 I^+ 和 J^+ 的分配系数和缔合常数决定；τ——转移系数，$0 \leqslant \tau \leqslant 1$。

由式(21-29)可以看出，膜电位受离子交换剂和溶剂的共同影响，情况比较复杂。当 $k_{is} \gg k_{js}, u_{is} \approx u_{js}$ 时，转移系数 τ 为

$$\tau \approx \frac{u_s}{\mu_j + u_s}$$

因此可认为 τ 是 S^- 离子在膜相中的迁移数，而

$$1-\tau \approx \frac{u_j}{u_j + u_s}$$

因此 $(1-\tau)$ 是 J^+ 离子在膜相中的迁移数。这是因为当 $k_{is} \gg k_{js}$ 时，I^+ 与 S^- 强烈缔合成为中性络合物，所以膜中主要导电离子只能是 J^+ 和 S^- 离子。若膜中离解的 J^+ 离子流动性远大于 S^- 离子，即 $u_j \gg u_s$，则 $\tau \approx 0$，其膜电位表达式同(21-29)。若膜中 $u_s \gg u_j$，则 $\tau \approx 1$，由式(21-29)可得

$$\varphi_m \approx \frac{RT}{F} \cdot \ln \frac{\alpha_i + \left(\frac{u_{js}}{u_{is}} \cdot K_{ij}\right)\alpha_j}{\alpha''_i + \left(\frac{u_{js}}{u_{is}} \cdot K_{ij}\right)\alpha''_j}$$

用电极电位的形式表示，则为

$$\varphi = \varphi^0 + \frac{RT}{F}\ln(\alpha_i + K_{ij}^{pot} \cdot \alpha_j)$$

式中，K_{ij}^{pot}——电位选择性系数，$K_{ij}^{pot} = \frac{u_{js}}{u_{is}} \cdot K_{ij}$。

由上式可知，在 $u_s \gg u_j$ 的情况下，其选择性由中性络合物的淌度比 u_{js}/u_{is} 与平衡常数 K_{ij} 共同决定。而 u_{js}, u_{is}, K_{ij} 不仅受膜中溶剂性质的影响，也受定域体 S^- 化学性质的影响。若定域体和液剂的选择使 $u_{is} \gg u_{js}$，K_{ij} 值小，则有利于提高电极对 I^+ 离子响应的选择性。但 K_{ij} 小则意味着 J^+ 离子难以进入膜相，而 K_{ij} 由 k_j, k_i, k_{js} 和 k_{is} 决定。

某些带正电荷载体 ISE 和带负电荷载体 ISE 列于表 21-4 和表 21-5。近期国内报道的 PVC 膜山梨酸根 ISE，其活动载体为 336s(三辛基甲基氯化铵)，可用于测定食品中的山梨根含量，其线性范围为 $10^{-4} \sim 10^{-1}$ mol/L。

表 21-4 带正电荷活动载体电极

响应离子	活动载体	主要干扰
Cl^-, Br^-, I^-	16 烷基-$(CH_3)_3$NOH 溶于辨醇中	$ClO_4^-, NO_3^-, OH^-, SO_4^{2-}$
I^-	Aliquat-3365 涂丝	NO_3^-
SCN^-	Aliquat-3365 涂丝	I^-, SO_4^{2-}, OH^-
ClO_4^-	Fe(邻菲绕林)$_3$(ClO$_4$)$_2$ 于硝基苯中	OH^-
NO_3^-	16 烷基-$(CH_3)_3$NOH	Cl^-, Br^-, SO_4^{2-}

第21章 电化学式传感器

表 21-5 带负电荷活动载体电极

响应离子	活动载子	主要干扰
Ca^{2+}	二辛苯磷酸钙溶于苯基磷酸二辛脂	H^+, Ba^{2+}, Mg^{2+}
Zn^{2+}	二-正辛基磷酸锌盐	Mg^{2+}, Ca^{2+}, Sr^{2+}, Cu^{2+}, Pb^{2+}, Ba^{2+}
K^+	离子交换剂(Corning)	Cs^+, Rb^+, Na^+, NH_4^+, Ca^{2+}

2. 中性活动载体膜电极

图 21-20 为中性活动载体膜示意图。图中 S 为中性活动载体,它是一种天然或人工合成的大环有机分子,把它溶于有机溶剂中就可制得电极膜。I^+, J^+, X^- 分别为溶液中的被测离子、干扰离子和它们相应的阴离子。S 本身是电中性的,但它可以与 I^+ 生成络合物 IS^+,IS^+ 又可与 X^- 生成络合物 ISX。它们在膜相中的络合反应,以及与溶液中相应离子的平衡情况亦表示在表 21-6 中。

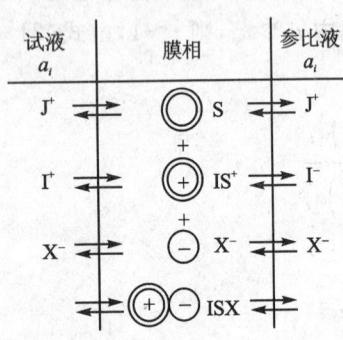

图 21-20 中性活动载体膜

在图 21-20 的体系中,设膜相很薄,S 优先分配于膜相的溶剂中,溶解于膜两侧溶液中的 S 的浓度相同,在两溶液相中,形成的络合物 IS^+ 和 ISX 可以忽略。在此种情况下,其膜电位为

$$\varphi_m = \frac{RT}{F}\ln\frac{\alpha_i + \left(\frac{u_{js}}{u_{is}} \cdot \frac{k_j}{k_i}\right)\alpha_j}{\alpha_i'' + \left(\frac{u_{js}}{u_{is}} \cdot \frac{k_j}{k_i}\right) \cdot \alpha_j''} \quad (21-30)$$

式中,u_{js}, u_{is}——络合物离子 JS^+, IS^+ 膜相中的淌度;
k_i, k_j——盐萃取反应的平衡常数。

盐萃取反应为

$$I^+(\omega) + X^-(\omega) + S(m) \xrightleftharpoons{k_i} IS^+(m) + X^-(m)$$

$$J^+(\omega) + X^-(\omega) + S(m) \xrightleftharpoons{k_j} JS^+(m) + X^-(m)$$

式中,符号 (ω) 表示溶液相,(m) 表示膜相。同样,也可将式(21-30)写成电极电位形式,即

$$\varphi = \varphi^0 + \frac{RT}{F}\ln(\alpha_i + K_{ij}^{pot}\alpha_j)$$

式中,K_{ij}^{pot}——电位选择性系数。

$$K_{ij}^{pot} = \frac{u_{js}}{u_{is}} \cdot \frac{k_j}{k_i} \quad (21-31)$$

由于 S 为大环分子,故在膜相中它与 I^+ 或 J^+ 离子生成的络离子 IS^+ 和 JS^+ 的活动性受 I^+ 或 J^+ 的影响很小,故可认为 $u_{is} \approx u_{js}$,因此式(21-31)可简化为

$$K_{ij}^{pot} \approx \frac{k_j}{k_i}$$

可见,为提高电极的选择性,应使 $k_i > k_j$,这就是要求膜中的 S 对 I^+ 的萃取能力大于对 J^+ 离子的萃取能力,从而限制 J^+ 离子进入膜相。因此,膜的选择性将主要取决于中性载体 S 的性质,而与溶剂的性能基本无关。

对于中性活动载体,要求如下:

① S及其络合物易溶于膜相而不溶于水，S应有较大的分子量。
② S及其络合物在膜相中有较大的活动性，因此要求S的分子量又不能过大。
③ 为提高选择性，应使$k_i > k_j$，但k_i又不能太大，否则，膜中的S太少，会使电极的能斯脱响应变差。
④ 应使盐萃取反应足够快，从而使电极的响应时间较短。

目前，能满足上述要求的天然或合成的材料并不多。较早发现的缬氨霉素是性能较佳的一种中性载体。在结构上，它的分子内部具有一种极性"空腔"，K^+离子恰好能进入此空腔。缬氨霉素分子的6个羰基（$C=O$）与K^+键结合形成稳定的络离子。因此这种膜电极是性能较佳的钾离子选择性电极，它取代了玻璃膜钾电极。除此之外，适于做中性载体的材料，还有类放线菌素合成的王冠化合物等。由于中性载体膜电极显示了较好的性能，所以人们正在努力寻求新的性能更优的中性载体材料。中性膜电极的中性活动载体及其溶剂的分子式都很复杂。表21-6中列出一些中性活动载体膜电极。

表21-6 中性活动载体膜电极

响应离子	活动载体	主要干扰
K^+	30-冠衍生物在PVC中	Rb^+, Cs^+, Ca^{2+}
K^+	缬氨霉素溶于二苯醚中	NH_4^+, Rb^+, Cs^+
Ca^{2+}	抗生素 A-23187	Sr^{2+}, Na^+, Mg^{2+}
Ba^{2+}	聚乙二醇类衍生物	Sr^{2+}

总之，带电荷活动载体膜电极的性能不如中性载体膜电极。很多带电荷活动的载体膜电极已被固态膜电极所代替。

21.5.3 微型液膜电极

最早出现的离子选择性微电极 ISME（Ion-Selective Microelectrode）是pH玻璃微电极（见图21-13），其电极尖径可小于1 μm。这类固态膜微电极的缺点是制备困难，内阻太高，响应时间长，因此适用于生物医学研究的多为液膜微电极。这种电极尖径可达0.5~1 μm，制作关键在于玻璃内壁硅化，使之具有疏水性能，从而使液态膜能长时间停留在玻璃管的尖端。

图21-21所示为两种可以测定Ca^{2+}离子的典型液膜微电极的结构图。其中，图21-21(a)为单管电极，可与微参比电极配合使用；图21-21(b)为双管电极，一支为ISE，另一支为参比电极，属复合式电极。电极尖端直径应根据样品需要而定，例如对血样测定其直径约为1 mm~1 cm，而对细胞内测定则要求直径小于1 μm。为提高电极的选择性，多采用中性载体为膜的活性材料，为降膜电阻，一般不加入PVC，而是加入极性溶剂和适当的

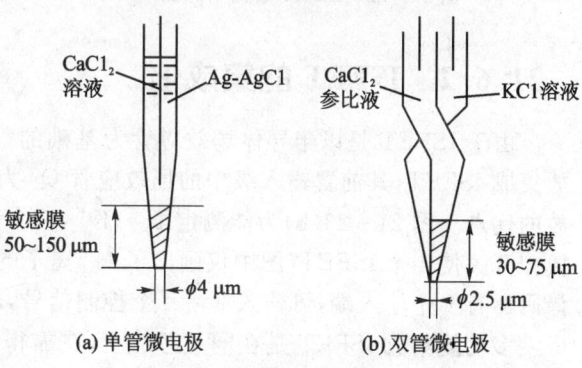

图21-21 微型液膜电极

添加剂。目前,这种微电极的膜电阻一般为 $10^{10} \sim 10^{11}$ Ω。这类电极主要有 pH,K^+,Na^+ 等微电极,Li^+,Mg^{2+},Na^+ 等 ISME 尚需进一步提高性能,而一些阴离子(如 PO_4^{3-}、HCO_3^- 等)尚待开发,如何进一步缩小微电极的尖径也需要进一步研究。

21.6 离子选择性场效应管

离子选择性场效应管 ISFET 是 20 世纪 70 年代出现的一种小型传感器。

21.6.1 ISFET 的结构与性能

ISFET 的结构如图 21-22 所示。其结构基本上与绝缘栅场效应晶体管相同,只是用离子敏感膜代替了原来的金属栅极。离子敏感膜可以是固态膜或液膜,敏感膜和 P 型基体之间的绝缘层可以是 Si_3N_3 或 SiO_2。由于试液和敏感膜接触,故场效应管工作时需通过试液中的参比电极施加栅极电压 U_G。其 S 和 D 极的用法和电路与一般场效应管没有区别。

若敏感膜为 K^+ 离子选择性膜,参比电极为 SCE,则

$$U_T = \varphi^0 + \frac{RT}{F} \ln \alpha_{K^+}$$

式中,φ^0——由场效应管、敏感膜和参比电极共同决定的常数电位值。

由式(21-19)可知,当其他参数为常数时,I_{DS} 与 $\ln \alpha_{K^+}$ 呈线性关系。几种 ISFET 列于表 21-7 中。

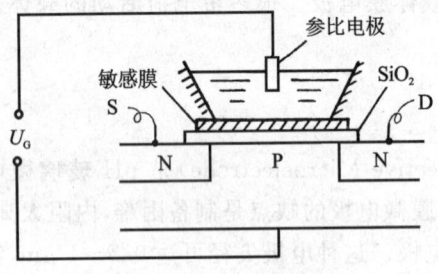

图 21-22 ISFET 结构示意图

表 21-7 几种 ISFET

响应离子	敏感膜
H^+	水化硅
Cl^-	AgCl
I^-、CN^-	AgI+AgCN
K^+	缬氨霉素

21.6.2 ISFET 的集成化

由于 ISFET 是以半导体场效应管为基础的,因此,ISFET 易集成化。图 21-23(a)为运放集成 ISFET,其前置输入级中的场效应管 Q_1 为 ISFET,与单只 ISFET 相比,它具有一般运放的优点。图 21-23(b)为能测定 H^+,K^+,Na^+ 和 Cl^- 离子的四功能全集成化 ISFET。通过模拟开关使 4 个 ISFET(图中仅画出了 H^+ 离子的 ISFET)输出信号,模拟开关由译码器控制,译码器有 2 个输入端,可输入 $2^2=4$ 个控制信号,从而使芯片的引出线减少。

多功能集成 ISFET 是在同一芯片上,在靠得很近的各个 ISFET 的栅区上制备出不同的敏感膜,因此制作工艺和技术难度很大。为简化成膜工艺,可采用延伸电极型 ISFET。它是以涂丝电极作为 MOSFET 的栅极,可以远离 ISFET 的栅介质,避免栅介质直接接触试液,有利于延长 ISFET 的寿命,但稳定性欠佳,有待于进一步改进。

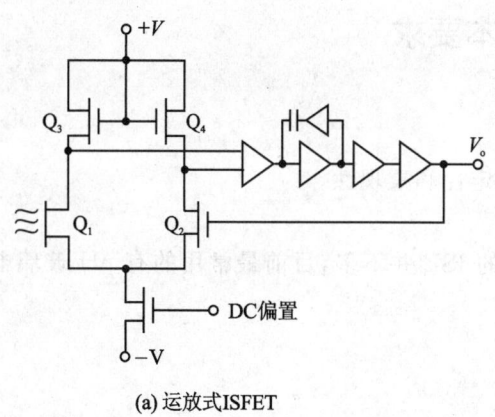
(a) 运放式ISFET

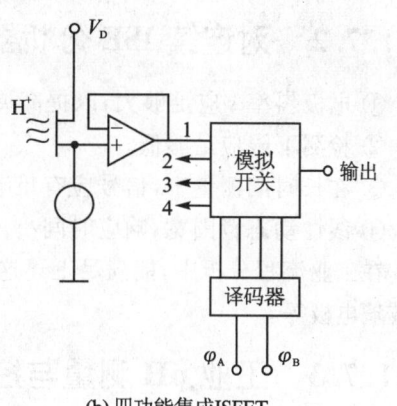
(b) 四功能集成ISFET

图 21-23　集成 ISFET

ISFET 具有易于微型化、集成化的优点,但其温漂和滞后较大。由于参比电极、试液和敏感膜组成为一个原电池,其电动势是温度的函数,而场效应管本身的温度系数也很明显。因此,在实际测量时,应采取试液恒温措施或采用微机技术进行温度补偿。克服滞后问题较困难,目前进展不大。

21.7　离子敏选择性电极的应用

ISE 的应用范围较广,尤其是其在生物医学领域中的应用研究发展得更为迅速。对此在前面已有较详细的叙述。这里仅对工业流程中的应用作些简单介绍。

21.7.1　流动系统测量基本类型

工业测量属于流动系统中的测量,流动系统中的测量有三种基本类型。

① 连续检测。它主要用于工业分析、环境控制和某些医学测量。

② 把不连续样品吸入流动系统,并有空气泡分隔的连续流动分析 CFA 和把样品注射到流动介质的流动注射分析 FIA 两种。FIA 的分析速度和分析精度优于 CFA,故近期 FIA 发展迅速,而 CFA 很少应用。FIA 系统如图 21-24(a)所示,其检测器宜采用图 21-24(b)所示的薄层流通电池。

③ 色谱仪的色谱柱流出物的连续检测。

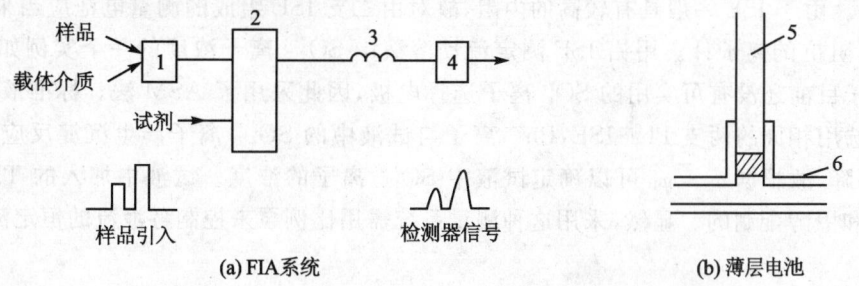

1—取样器;2—比例泵;3—混合器;4—检测器;5—ISE;6—流通池

图 21-24　FIA 示意图

21.7.2 对连续 ISE 分析器的基本要求

① 电极斜率 s 应足够大,以提高灵敏度。
② 检测下限应足够低。
③ 在长时间测量中,信号应有足够高的稳定性和重现性。
④ 线性动态范围宽,响应时间小。

在工业流程分析中,能满足上述这些要求的 ISE 并不多,目前最常用的有 pH 玻璃电极、钠玻璃电极等。

21.7.3 工业 pH 测量与控制

最常见的 pH 测量与控制如图 21-25(a)所示,图中 GE 和 RE 分别为玻璃电极和参比电极,TE 为温度传感器,用于测量溶液温度。由于工业介质温度变化较大,故工业 pH 计皆可实现对 pH 测量的自动温度补偿。pH 计的输出信号送入记录仪 AR 和自动调节器 AC,当溶液 1 的 pH 值偏离所要求的给定值时,则 AC 按一定的自动调节规律使调节阀的开度改变,即改变试剂溶液 2 的加入量,从而维持溶液 1 的 pH 值恒定。

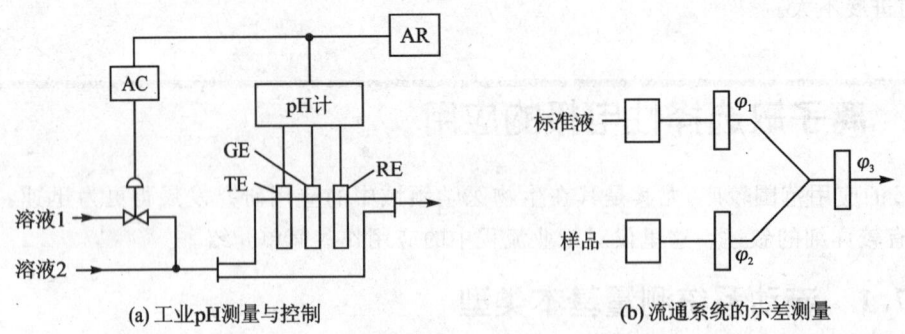

图 21-25 工业 pH 测量与示差测量

在图 21-25(a)的电池中,使用二级参比电极 RE(如 SCE),它的液接电位重现性较差,其盐桥易堵,在试液流动条件下标定困难,并需经常补充盐桥溶液。为避免这些缺点,可采用示差电池,如图 21-25(b)所示。三个相同的 ISE 置于流动系统的三个位置,那么测得的电位差 $\varphi_1-\varphi_2$ 就与试样增量法 AAM 测定浓度相同;$\varphi_3-\varphi_2$ 与 KAM 测定浓度相同;$\varphi_3-\varphi_1$ 则与 ASM 测定浓度相同。当然,对实际应用则应根据具体需要来确定用哪种加入法,用二个 ISE 就可以了。由于 ISE 一般具有较高的内阻,故对由二支 ISE 组成的测量电池应当采用具有双端高输入阻抗的离子计。用铅 ISE 测定流动溶液中 SO_4^{2-} 离子浓度的一个实例如图 21-26 所示,由于目前还没有可实用的 SO_4^{2-} 离子选择电极,因此采用了 ASM 法。标准液为 Pb^{2+} 离子溶液,选用相同的两支 Pb^{2+} ISE,Pb^{2+} 离子与试液中的 SO_4^{2-} 离子产生沉淀反应使 Pb^{2+} 离子浓度下降,故根据 $\varphi_3-\varphi_1$ 可以确定试液中 SO_4^{2-} 离子的浓度。试液中加入的 TISAB 是由 $NaClO_4$ 和甲醇配制的。显然,采用这种测量系统需用比例泵来控制各液流的恒定流速。

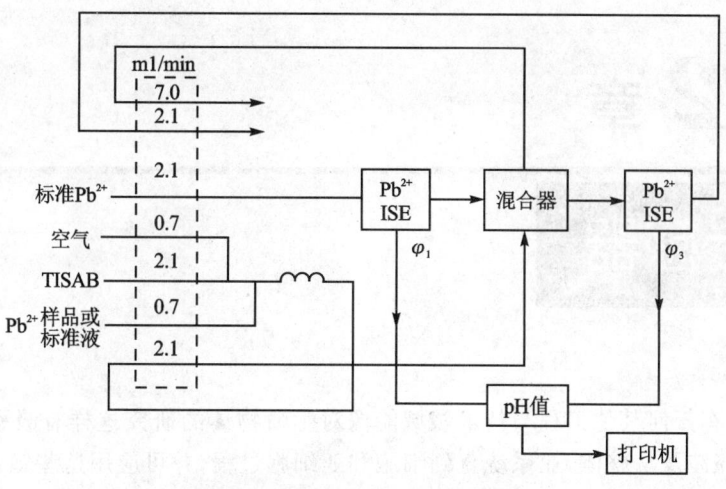

图 21-26 硫酸监测器

21.7.4 工业流程自动电位滴定系统

如图 21-27 所示，IR 是由 ISE 和参比电极构成的复合电极；TE 为温度计；APT 为自动电位滴定仪，内设时间程序控制；FT 为流量变送器；SV 为取样阀。显然，由 SV1 的开启时间和 FT1 给出的流速可知样品流的加入量 V_x。此时 SV2 开启，加入滴定试剂，通过 ISE 指示滴定终点。到达终点时，SV2 自动关闭，由 SV2 的开启时间和 FT2 给出的流速可得知输出量 V_s。滴定剂的浓度 C_s 已知，由此浓度可求得样品流的浓度 C_x。最后放掉溶液，SV1 又重新开启，重复上述的滴定过程。分析结果由记录仪给出，需要自动调节时，分析结果信号可送至调节器去控制调节阀。上述整个滴定过程和数据处理可由微机完成，故现代自动电位滴定仪皆配有微机。

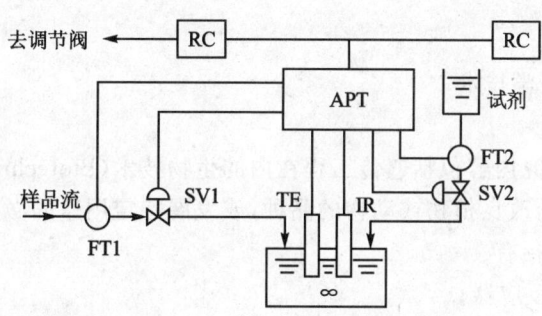

图 21-27 工业流程自动电位滴定系统

第 22 章

生物传感器

近年来,没有任何其他工程与技术领域能像对生命物体的研究这样有吸引力和为人们所关注。这种研究涉及从整体、亚系统直到细胞和亚细胞过程,并可应用这些知识开发新的产品和技术,以造福于人类。这个新兴的科学领域就是生物工程学科。

生物工程学科的研究目标大体有三个:其一是发展新的和改进型的医疗保健装置;其二是增进对有生命系统的了解和认识;其三是扩大和生产随生物学进展所出现的新产品。为实现上述目标,生物工程包含有两大部分,即生物医学工程部分和生物化学工程部分。

生物医学工程研究的内容包括:细胞、组织、器官和整个人体的构造与性质;活组织的生长和修复;强度和耐受性;电兴奋组织的行为;相应的表面和流动现象。所有这些课题均应用于疾病的诊断和治疗,以及康复、假肢、人工器官、老年化和外伤等。所以生物医学工程的主要研究领域和范围包括有:

① 系统生理学与建模;
② 用于人体康复的神经假肢;
③ 生物力学;
④ 生物材料;
⑤ 代谢现象;
⑥ 最少侵入性的医学技术;
⑦ 人工器官等。

生物化学工程的研究内容包括遗传工程在内的生物技术(Biotechnology)。实际上是用活的生物制造或改造产品,改良植物或动物的品种,或发展特定用途的微生物。生物化学工程的研究领域和范围主要包括有:

① 生物催化,生物反应器;
② 分离与提纯;
③ 生物加工过程的仪器与控制等。

可见由生物医学工程(Biomedical engineering)和生物化学工程(Biochemical engineering)所组成的生物工程(Bioengineering)的实质是各种传统工程学科与生物学、生物化学、医学和公共卫生等有关科学的结合与应用。

从生物医学工程和生物化学工程所涉及的若干研究方面看,都离不开测量。而测量的关键问题是如何拾取生物信息的问题。例如对葡萄糖、乙醇、丙酮酸、尿酸、L-氨基酸、L-谷氨酸、

L-酪氨酸、尿素、中性脂质、单胺等的检测,都需要一种能对其进行特征识别,并且可进行相应电信息转换的测量装置,即生物传感器。所以说,生物传感器是用于将生物信息转换为便于处理的电信号,以便于诊断、治疗和在体控制的装置,是一种对生物化学工程中的生物加工过程进行监测的装置。

生物传感器的雏形是1962年由Clark提出的。他在传统的离子选择性电极上固定具有生物功能选择性的酶而构成了"酶电极",使之具有酶法分析和电极法转换信号的传感功能。5年后,1967年由Updike试制出将葡萄糖氧化酶固定在氧电极上,使之用来反复测量血糖成为可能。以后又设计出了能够测量尿素、胆固醇、青霉素、乙醇等的各种专用的生物传感器。1977年后在纯酶的提取上的进步,相继研究出微生物电极和可以测抗原的免疫传感器。

在20世纪80年代,由于生物技术、生物电子学和微电子技术的发展,生物传感器不再仅仅局限于依靠生物反应的电化学过程,而是利用在生物反应中产生的各种信息来设计各种新型的、更先进的生物传感器。例如出现了利用复合酶体系同时测定多成分的多功能生物传感器,将生物功能材料与光效应结合而形成的光纤生物传感器,以及与热效应结合而形成的生物热敏电阻等,从而逐渐形成了一个较为完整的生物传感器领域。这些发展,为生物传感器的应用拓宽了领域,可用于医学的临床监测;在生物化工、发酵及食品工业的生产过程中可实现在线监测;另外,在环保等方面也显示了其广泛的应用前景。

22.1 国内外生物传感器展示

22.1.1 生物电极

生物体内各器官的电势使生物体表面产生电场,测量生物体表面两点之间的电位差即可得到生物体表面的电信号。生物体表面的这种感应换能器就是生物电极,它与检测仪连接,如图22-1所示。用这种生物电极能检测mV级的微弱信号。

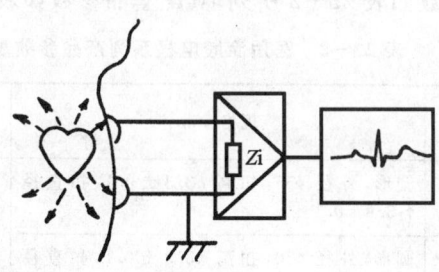

图22-1 生物电极工作原理图

生物电极的结构如图22-2所示,其特性参数如表22-1所列。

图22-2(a)中,1是磁性连接器,2是电缆,3是缓冲件,4是电极。图22-2(b)中,1是基极(铁氧体),2是外壳,3是纸片,4是衬垫纸,5是盖,6是电极,7是缓冲件,8是电缆接合件。图22-2(c)中,1是模型插件,2是磁体(TDK S_m-C_D 磁铁),3是连接器,4是引线,5是电缆线。

生物电极可用于心电图、筋电图和脑电图等的检测。

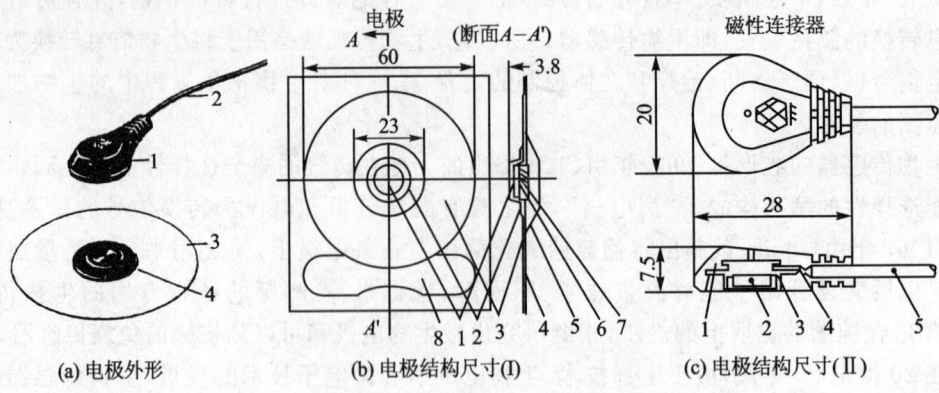

图 22-2 生物电极结构尺寸图

表 22-1 生物电极特性参数表

电压偏移/mV	漂移/($\mu V \cdot s^{-1}$)	阻抗/kΩ	过载恢复/mV	偏置电流误差/mA
<5	<10	<1	<10	<20

22.1.2 医用涂胶电极

医用涂胶电极是测定人体电位的传感元件,它用于心电图仪、脑电图仪、筋电图仪、监护仪踏车、平板和阻抗血流图仪等。

心脏起搏器电极,用于与进口的临时起搏器配套。

电极涂胶部分对患者皮肤无刺激,无副作用,与皮肤粘贴牢固,患者出汗和正常活动时都不影响粘贴的牢固性。对活动患者,一般可牢固粘贴 24 h 以上。电极与导联线连接紧密,不脱落,导电性能好,记录图像清晰,基线稳,抗干扰,误差小。

医用涂胶电极产品参数如表 22-2 所列,其配套品参数如表 22-3 所列。

表 22-2 医用涂胶电极系列产品参数表

型号及名称	规格/mm	替代国外典型电极	参考价格/元
YTD-1A 扣型电极	圆形,外径 ϕ55,扣高 h3.3±0.1,扣直径 $\phi_2$3.9±0.1	美国 I_{CR} 电极、日本光电扣电极 LIFE-PATCH 等扣连接电极	0.85~1.00
YTD-1B 扣型电极	圆形,外径 ϕ50,扣高 h3.3±0.1,扣直径 $\phi_2$3.9±0.1		0.85~0.95
YTD-1C 扣型电极	圆形,外径 ϕ48,扣高 h3.3±0.1,扣直径 $\phi_2$3.9±0.1		0.80~0.90
YTD-1D 扣型电极	圆形,外径 ϕ127,扣高 h3.3±0.1,扣直径 ϕ3.9±0.1		0.80~0.85

续表 22-2

型号及名称	规格/mm	替代国外典型电极	参考价格/元
YTD-2A 磁型电极	圆形,外径 $\phi55$,磁接座直径 $\phi29.8\pm0.2$,深度 $d2.7\pm0.2$	日本 FμKO-daDeNshi 等磁性连接电极	0.95~1.00
YTD-2B 磁型电极	圆形,外径 $\phi50$,磁接座直径 $\phi9.8\pm0.2$,深度 $d2.7\pm0.2$		0.95~1.00
YTD-2C 磁型电极	圆形,外径 $\phi48$,磁接座直径 $\phi29.8\pm0.2$,深度 $d2.7\pm0.2$		0.90~0.95
YTD-2D 磁型电极	圆形,外径 $\phi127$,磁接座直径 $\phi29.8\pm0.2$,深度 $d2.7\pm0.2$		0.90~0.95
YTD-3 起搏器电极	前胸 153,后背 126×164	替代 SLW 公司配套电极	—
YTD-4A 阻抗血流图电极	长方形对电极 2.5×3.5 间距 3	—	
YTD-4B 阻抗血流图电极	长方形对电极 2.5×3.5 间距 2.5	—	
YTD-4C 阻抗血流图电极	同心圆电极:圆心 $\phi20$,圆环,$\phi30$~40		
YTD-1 永久扣电极	圆形,外径 $\phi29$,扣高 h3.3±0.1,扣直径 $\phi3.9\pm0.1$	原西德永久电极	

表 22-3 医用涂胶电极配套品参数表

型号及名称	规格/mm	替代国外类似产品
YZT-1A 粘贴片	圆形,外径 $\phi67$,内径 $\phi10$,厚 1~2	德国进口粘贴片
YZT-1B 粘贴片	圆形,外径 $\phi55$,内径 $\phi16$,厚 1~2	德国进口粘贴片
YZT-1C 粘贴片	圆形,外径 $\phi50$,内径 $\phi14$,厚 1~2	德国进口粘贴片
YZT-2A 粘贴片	圆形,外径 $\phi76$,无内孔	美国一号监护仪用粘贴片
YZT-3A 双面胶圈	圆形,外径 $\phi50$,内径 $\phi14$	美国一号监护仪用粘贴片
YZT-3B 双面胶圈	圆形,外径 $\phi32$,内径 $\phi16$	美国一号监护仪用粘贴片
YZT-3C 双面胶圈	圆形,外径 $\phi32$,内径 $\phi10$	美国一号监护仪用粘贴片
导联线	根据用户要求加工	—
电极糊	与本厂电极配套使用	—

22.1.3 YSI27 型工业用酶电极分析仪

该分析仪用于检测动物胶、土豆、谷物、乳制品、含碳酸(或酒精)饮料、酵素汤类和生物溶液中的糖类、淀粉、乳酸盐及酒精的浓度。它有使用简便、测量准确、可靠等特点,已用于食品生产、生物工程和代谢研究。该分析仪结合了非移动性酶和呈线性反应的电化学传感器的最新技术,不需试剂,使测试过程简化。测定时间可少于 60 s。分析不受标本颜色、浊度、稠密度、粘度、重力、温度、折射度、光度或其他营养品存在的影响。酶薄膜根据标本的化学特性,通常可用数星期不等。测试标本需要量极微,标本可以是溶液、浆液和膏剂等,固体标本可先溶解、榨汁或使悬浮,再用 YSI 定量配出器注入反应室。

该分析仪还可配合各种酶电极薄膜分析标本中葡萄糖、左旋糖、乳糖、蔗糖、乙醇和淀粉等的含量。

22.1.4　YSI23A 型人体血液葡萄糖分析仪

该分析仪用于全血、血浆或血清的葡萄糖分析，能快速准确地检测葡萄糖含量。

调整仪器后，只需注入 25 μL 的全血、血浆或血清，就能在 40 s 内直接读出葡萄糖含量的 mmol/L 数值。由于样品需要量少，并能用全血测试，不需要离心分离，故特别适用于外科、急救及儿科。该分析仪使用简单，技术人员在极短时间内就能掌握操纵。由于仪器直接显示葡萄糖含量，不会发生计算等错误。

该分析仪采用了最先进的酶电极分析法。葡萄糖和氧在酶的作用下产生葡萄糖酸和过氧化氢。电极的线性信号根据过氧化氢的量度，直接测出葡萄糖含量。非移动性酶固定在电极前特殊薄膜内，不需每次试验后更换，可连续使用，从而降低了每次试验的成本。

22.1.5　YSI23L 型人体血液乳酸盐分析仪

该分析仪可直接用全血、血浆或脑脊髓液测量 L-乳酸盐含量。它能快速、灵敏、准确地分析，故可用作急救护理、化验室和抢救室的仪器。

动脉血乳酸盐含量是心肌梗塞和心力衰竭病人愈后的一个重要标志。研究发现病人血压、心跳频率和其他常规化验对病人存活率的预测，远远不及血中乳酸含量重要。YSI23L 分析仪则是能从血中快速测定乳酸盐的仪器。

当运动员进行训练时，会使血液中乳酸盐增加。监测运动员体内乳酸盐的变化可正确地改善训练效果，预测其潜能，检测出无益的过量训练。在游泳池边和运动场上，只需采集运动员指尖微量血滴，45 s 内就能在 YSI23L 型分析仪上得知其乳酸盐含量。

如果医务人员或研究人员同时想知道血液中和红血球内的乳酸盐含量。可先将血样注入 YSI 全血乳酸盐毛细管数秒钟，再用定量配出器注入 YSI23L 型分析仪。毛细管内的表面活化剂溶解了红血球，故可同时测量血液中和红血球内乳酸盐总含量。

YSI23L 型乳酸盐分析仪的酶电极将 L-乳酸盐氧化酶固定在特制的层压薄膜中间。血液标本稀释后，经第一层薄膜筛选，阻止大分子杂质。血中乳酸盐透过薄膜在酶的作用下产生过氧化氢，然后渗过另一薄膜抵达电极，进行电流分析。产生的信号与乳酸盐含量成比例。

22.1.6　YSI2000 型乳酸和葡萄糖酶电极分析仪

该分析仪是继前述 YSI27 型工业用酶电极分析仪之后新设计的全自动分析仪，可在极短时间内同时测定葡萄糖和乳酸两个参数。

22.1.7　YSI5300 型液晶显示生物氧测量仪

YSI5300 型液晶显示生物氧测量仪特性参数如表 22-4 所列。

该测量仪可快速测定生物耗氧量。它有两个独立通道，可同时测定两个标本——标准标本及微量标本。读数可同时显示在两个液晶板上，并有两个记录输出。该仪器给生物学家和农业学家的研究工作带来了方便。

表 22 - 4 YSI5300 型液晶显示生物氧测量仪特性参数表

标准型 /($\mu LO_2 \cdot h^{-1}$)	空气饱和液	7～300	测定时间/s	≈60
	氧气饱和液	35～1500	电源	230 V AC;50 Hz;0.06 A
微量型 /($\mu LO_2 \cdot h^{-1}$)	空气饱和液	0.35～15	输入记录/V	0～2
	氧气饱和液	1.75～75	输入阻抗/kΩ	>2
标本 /mL	标准标本	3～8	外形尺寸/cm	16.5×28.5×22
	微量标本	0.6	质量/kg	2.4

22.2 生物传感器基本理论

22.2.1 生物传感器的基本原理

生物传感器(Biosensor)是指用生物功能物质作识别器件所制成的传感器。

生物传感器的原理图如图 22-3 所示,主要由两大部分组成:一是生物功能物质的分子识别部分;二是变换部分。

生物传感器的分子识别部分的作用是识别被测物质,是生物传感器的关键部分。其结构是把能识别被测物的功能物质,如酶(E)、抗体(A)、酶免疫分析(EIA)、原核生物细胞(PK)、真核生物细胞(EK)、细胞类脂(O)等用固定化技术固定在一种膜上,从而形成可识别被测物质的功能性膜。例如,酶是一种高效生物催化剂,比一般催化剂高 10^6～10^{10} 倍,且一般都可常温下进行,利用酶只对特定物质进行选择性催化的这种专一性,则可测定被测物质。酶催化反应可表示为

$$酶 + 底物 \rightleftharpoons 酶 \cdot 底物中间复合物 \rightarrow 产物 + 酶$$

形成中间复合物是其专一性与高效率的原因所在。由于酶分子具有一定的空间结构,只有当作用物的结构与酶的一定部位上的结构相互吻合时,它才能与酶结合并受酶的催化,其中的作用物即被测物质。所以,酶的空间结构是其进行分子识别功能的基础。

图 22-4 表示酶的分子的识别功能及其反应过程的示意图。

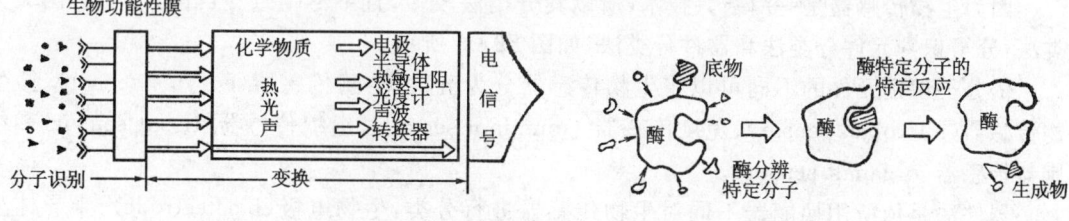

图 22-3 生物传感器原理图   图 22-4 酶的分子识别功能

依所选择或测量的物质不同,使用的功能膜也不同,可以有酶膜、全细胞膜、组织膜、免疫膜、细胞器膜、杂合膜等,但这种膜多是人工膜。尽管在少数情况下分子识别器件采用了填充柱形式,但微观催化仍应认为是膜形式,或至少是液膜形式,所以膜的含义在这里应广义理解。

表 22-5 为各种膜及其组成材料表。

生物传感器的变换部分。按照受体学说，细胞的识别作用是由于嵌合于细胞膜表面的受体与外界的配位体发生了共价结合，通过细胞膜通透性的改变，诱发了一系列的电化学过程。膜反应所产生的变化再分别通过电极、半导体器件、热敏电阻、光电二极管或声波检测器等变换成电信号。这种变换得以把生物功能物质的分子识别转换为电信号，形成生物传感器。

在膜上进行的生物学反应过程以及所产生的信息是多种多样的，微电子学和传感技术的发展，有多种手段可以定量地反映在膜上进行的生物学反应。表 22-6 给出了生物学反应和各种变换器间搭配的可能性。设计的先进与否则取决于搭配的可行性、科学性和经济性。

表 22-5 生物传感器分子识别膜及材料

分子识别元件	生物活性材料
酶膜	各种酶类
全细胞膜	细菌、真菌、动植物细胞
组织膜	动植物切片组织
细胞器膜	线粒体、叶绿体
免疫功能膜	抗体、抗原、抗标抗原等

表 22-6 生物学反应信息和变换器的选择

生物学反应信息	变换器的选择
离子变化	电流型或电位型 ISE、阻抗计
质子变化	ISE、场效应晶体管
气体分压变化	气敏电极、场效应晶体管
热效应	热敏元件
光效应	光纤、光敏管、荧光计
色效应	光纤、光敏管
质量变化	压电晶体
电荷密度变化	阻抗计、导纳、场效应晶体管
溶液密度变化	表面等离子体共振

例如有代表性的葡萄糖酶传感器则是由固定化酶膜与电极构成的。在酶膜上发生单酶反应式(22-1)或偶联酶反应式(22-2)。

$$\beta-D-葡萄糖 + O_2 \xrightarrow{GOD} D-葡萄糖 + H_2O_2 \qquad (22-1)$$

$$\beta-D-葡萄糖 + \frac{1}{2}O_2 \xrightarrow{GOD \cdot CAT} D-葡萄糖酸 \qquad (22-2)$$

基础电极多采用 Clark 型氧电极，也可以采用铂电极与碘离子选择性电极。

22.2.2 生物传感器的分类

因为生物传感器是一门新兴技术，所以其分类法较多，且不尽一致。目前，主要有两大分类法：分子识别元件分类法和器件分类法，如图 22-5 所示。

依分子识别元件的不同可以将生物传感器分为五大类：酶传感器(enzyme sensor)、微生物传感器(microbjal sensor)、免疫传感器(immunol sensor)、组织传感器(tissut sensor)和细胞器传感器(organall sensor)。

器件法是依所用换能器不同对生物传感器进行分类：生物电极(bioelectrode)、半导体生物传感器(semi conduct biosensor)、光生物传感器(optical biosensor)、热生物传感器(calorimetric biosensor)、压电晶体生物传感器(piezoelectric(PZ)biosensor)。

近年来还出现了不成熟但已开始流行的分类法：所有直径在 μm 级甚至更小的生物传感器统称为微型生物传感器(microbiosensor)，以半导体生物传感器和微型生物电极为代表，这类传感器在活体测定方面有重要意义；凡是以分子之间特异识别并接合为基础的生物传感器

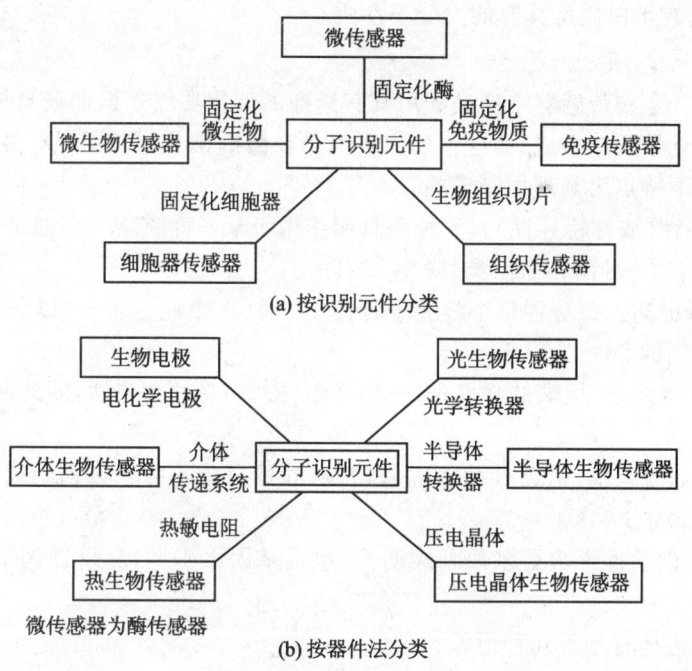

图 22-5 生物传感器的分类

统称为亲和生物传感器(affinity biosensor),以免疫传感器、酶 PZ 为代表;能够同时测定两种以上指标或综合指标的生物传感器称为多功能传感器(multifunctional biosensor),如滋味传感器、嗅觉传感器、鲜度传感器、血液成分传感器等;由两种以上不同的分子识别元件组成的生物传感器称为杂合生物传感器(hybridized biosensor),如多酶传感器、酶-微生物杂合传感器等。

22.2.3 生物功能物质的分子识别机理

生物传感器之所以可用来识别某些特定生物物质是基于在功能膜上进行的生物反应,它包括生理生化、遗传变异和新陈代谢等一切形式的生命活动。生物反应多种多样,这里简要介绍几种典型的生物反应,即酶反应、微生物反应和免疫反应。

1. 酶反应

1) 酶反应定义及酶的性质

过去人们是把微生物和酶混淆在一起的。1897 年由 Buchner 兄弟证明了二者间的区别,他们从被认为是微生物的酵母细胞滤液中成功的进行了糖至乙醇和二氧化碳的转化。一般认为,这项试验是酶学的开始,此后的 19 世纪是酶学研究获得重要发展的世纪。现在我们已经清楚地认识到,酶是一种蛋白质,一种在生物体中产生的具有催化能力的蛋白质,它与生命活动密切相关。

酶的蛋白质性质表现在:

① 蛋白质是由氨基酸组成的,而酶的水解产物都是氨基酸,可见酶是由氨基酸组成的。

② 酶具有蛋白质所具有的光学反应,如双缩脲反应、茚三酮反应,乙醛酸反应等。

③ 一切可使蛋白质变性的因素,例如热、酸、碱、紫外线等,同样也均能使酶变性失活。

④ 酶同样具有蛋白质所具有的大分子性质。

2）酶的催化性质

酶是催化剂。生物传感器主要是利用其有选择的催化功能来识别被测物质。新陈代谢是由无数的复杂的化学反应组成，而这些反应大都是在酶的催化下进行的。生物传感器则是利用酶催化中的如下特点为基理而制成的：

① 高度专一性（或称特异性）。一种酶只能作用于某一种或某一类物质（被酶作用的物质称为底物），因而有"一种酶，一种（类）底物"之说。

② 催化效率极高。每分钟每个酶分子转换 $10^3 \sim 10^8$ 个底物分子，以分作为基础，其催化效率是其他催化剂的 $10^6 \sim 10^{10}$ 倍。

③ 由于酶是蛋白质，极端的环境条件（如高温、酸碱）将使酶失活，因此酶催化一般在温和条件下进行。

④ 有些酶（如脱氢酶）需要辅酶或辅基，若从酶蛋白分子中除去辅助成分，酶便不表现催化活性。

⑤ 酶在体内的活性常常受多种方式调控，包括基因水平调控、反馈调节、激素控制、酶原激活等。

其催化反应大体有如下几种形式：

① 氧化还原酶类。催化氧化还原反应，其代表方程式为

$$A \cdot 2H + B \rightleftharpoons A + B \cdot 2H \tag{22-3}$$

这类酶包括氧化酶、过氧化物酶、脱氢酶等。式中 $A \cdot 2H$ 为氢的给体，B 为氢的受体。

② 转移酶类。催化某一化学基团从某一分子到另一分子，其代表方程为

$$A \cdot B + C \rightleftharpoons A + B \cdot C \tag{22-4}$$

式中，B 为被转移的基因，例如磷酸基、氨基、酰胺基等。这类酶包括转氨酶、转甲基酶等。

③ 水解酶类。催化各种水解反应，在底物特定的键上引入水的羟基和氢，一般反应式为

$$A \cdot B + H_2O \rightleftharpoons AOH + BH \tag{22-5}$$

包括肽酶（即蛋白酶、水解肽酶）、脂酶（水解脂酶）、糖苷酶（水解糖苷键）等。

④ 裂合酶类。催化 C—C，C—O，C—N 式 C=S 键裂解或缩合，其代表反应式为

$$AB \rightleftharpoons A + B \tag{22-6}$$

例如脱羧酶、碳酸酐酶等。

⑤ 异构酶类。催化异构化反应，使底物分子内发生重排，一般反应式为

$$A \rightleftharpoons A' \tag{22-7}$$

这类酶包括消旋酶（如 L-氨基酸转变成 D-氨基酸）、变位酶（如葡萄糖-6-磷酸转变为葡萄糖-1-磷酸）等。

⑥ 合成酶类。或称连接酶类，它催化两个分子的连接，并与三磷酸腺苷（ATP）的裂解偶联，其代表反应式为

$$A + B + ATP \rightleftharpoons AB + AMP + PPi \tag{22-8}$$

例如氨基酸激活酶类。

3）酶的选择性作用

在反应过程中，特别是开始时，反应底物分子的平均能量水平较低，称为初态（A）。高出初态的这部分能量称活化能（E_1），从而使之进入活化态 A^*，进入活化态的分子愈多，反应的

速度则愈快。而酶却能大大降低反应所需要的活化能,使活化能降到 E_2。由于活化能阈值的降低,使之有可能使更多的分子进入活化态,从而使得反应能在常温下极快地进行。这是酶与一般催化剂的不同之处。其酶对反应活化的影响如图 22-6 所示。

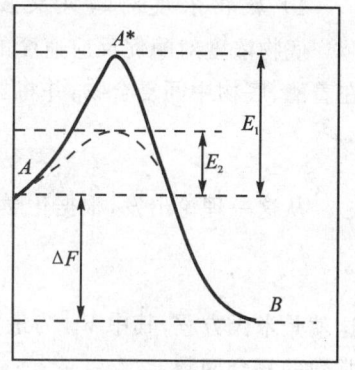

图 22-6 酶的活化能级图

酶的作用除可降低活化能使反应加快之外,从生物传感器的角度出发,我们更重视其另外一个特点,即酶催化的专一性。这是由酶蛋白分子的结构所决定的。根据酶对底物的专一性程度之不同,大致可分为三种类型。

第一种类型的酶的专一性较低,能作用于结构类似的一系列底物,可分为族专一性和键专一性两种。族专一性酶对底物的化学键及其一端有绝对要求,对键的另一端,有相对要求。如 β-D-吡喃葡萄糖苷酶对底物的吡喃式糖环、β-糖苷键、糖的 D-型结型和 2,3,4,5 位上羟基都有绝对要求,缺一不能催化;但对糖苷键的另一侧的 R 基团则无一定要求,只是随其性质不同,酶促反应有所差别。键专一性酶对底物分子的化学键有绝对要求,而对键的两端只有相对要求。如酯酶能催化酯键的水解,但对底物 $R-\overset{\overset{O}{\|}}{C}-R'$ 中的 R 和 R' 无一定要求。

第二种类型的酶仅对一种物质有催化作用,它们对底物的化学键及其两端均有绝对要求,如琥珀酸脱氢酶仅能催化丁二酸脱氢,而对丁二酸的同系物不能起催化作用。

第三种类型的酶具有立体专一性。这类酶不仅要求底物有一定的化学结构,而且要求有一定的立体结构。如精氨酸酶只能催化 L-精氨酸,而不能催化 D-精氨酸;葡萄糖氧化酶只能催化 α-D-葡萄糖,而不能催化 β-D-葡萄糖等。

专一性的微观现象是当酶分子与底物分子接近时,酶蛋白受底物分子的诱导,其构象发生有利于底物结合的变化,酶与底物在此基础上互补契合,这种现象被称为诱导契合,如图 22-7 所示。

实际上在诱导契合过程中,底物还进行变形,是利用一部分结合能使底物变形的。这种变形和契合是同时发生的,即当酶发生构象改变的时候,底物分子也相应地形变,从而形成相互契合的复合物,如图 22-8 所示。

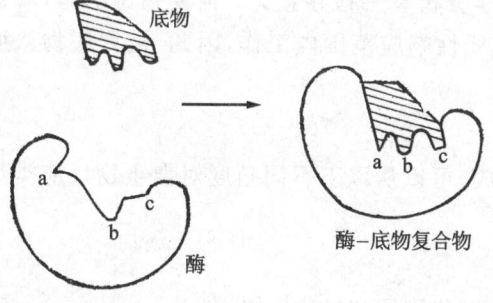

图 22-7 酶与底物的诱导契合

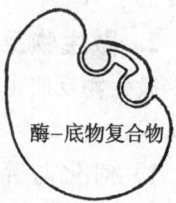

图 22-8 底物和酶在变形中的契合

4) 底物浓度对酶促反应速度的影响

底物浓度对酶促反应速度的影响比较复杂，Michaelie 和 Menten 首先提出酶促反应中存在着酶、底物中间复合物，并将酶促反应过程表示为

$$E + S \underset{k_2}{\overset{k_1}{\rightleftharpoons}} ES \overset{k_3}{\longrightarrow} E + P \tag{22-9}$$

从这一理论出发，根据化学平衡原理，推导出表示底物浓度与反应速度之间的关系方程式

$$v = \frac{V_m [S]}{K_m + [S]} \tag{22-10}$$

这就是米氏方程，其中 V_m 为最大反应速度，K_m 为米氏常数。根据规定，米氏常数是三个解离常数的复合函数

$$K_m = \frac{k_1 + k_3}{k_2} \tag{22-11}$$

在数值上等于酶促反应速度达到最大速度一半时的底物浓度，单位为 mol/L。

反应速度 v 和底物浓度 S 间的关系是：当底物浓度很低时，反应速度随底物浓度的增长成线性增长。当底物浓度增加时，其反应速度增高趋势逐渐变缓，表现为混合反应。继续加大底物浓度时，则反应速度趋于极限，说明酶已饱和。这是酶促反应特有的现象，可见 $K_m = 1/2 V_m$。

在设计酶传感器时，如何选择 K_m 是重要的。对 K_m 可作如下分析：

① 在一定条件下，酶的 K_m 是常数。对不同来源的酶，比较其 K_m，可初步确定哪些酶是同种酶，哪些酶是同工酶，即催化作用相同，但性质或构造不同的酶。

② K_m 受 pH 值与温度等环境因素的影响，在不同环境条件下求出 K_m，可探索环境对 K_m 乃至对酶活性的影响。

③ 如果酶作用底物有几种，则最小 K_m（也有用最小 $\frac{V_m}{K_m}$ 比值）表示底物与酶的最适底物或天然底物。

④ 从酶的 K_m 可粗略估计细胞内底物浓度变动范围。一般而言，底物浓度不会比 K_m 高出太多。

⑤ 从 K_m 与米氏方程可以求出达到规定反应速度的恰当的底物浓度，或已知底物浓度下相应的反应速度。理论上，若要达到最大反应速度，底物浓度至少需要 $20 K_m$。

米氏学说对生物传感器的设计和响应动力学分析具有指导意义。需要指出的是，酶被固定化后，K_m 会有所改变。多数生物传感器需在线性响应范围内工作，因此，被测底物浓度范围要低于 K_m。

2. 微生物反应

微生物反应由数以千计的基本酶促反应组成，可以从以下不同角度对微生物反应类型进行认识。

1) 同化与异化

根据微生物代谢流向，微生物反应可以分为同化作用和异化作用。

在微生物反应过程中，细胞同环境不断地进行物质和能量的交换，其方向和速度受各种因素的调节，以适应体内外环境的变化。细胞将底物摄入，并通过一系列生化反应转变成自身的

组成物质,并储存能量,称为同化作用或组成代谢(assimilation)。反之,细胞将自身的组成物质分解以释放能量或排出体外,称为异化作用或分解代谢(dissimilation)。代谢是由酶催化的,具有复杂的中间过程。例如葡萄糖进入细胞内氧化成水和 CO_2 要经过许多化学变化,这些过程总称为中间代谢。中间代谢步骤极多,顺序性很强,每一个环节上的化学物质都称为中间代谢物,它们在细胞内构成代谢流,并随着环境条件的变化通过可逆反应来调整反应。同化和异化之间的转化实际上就是代谢流方向的改变。

2) 自养与异养

根据微生物对营养的要求,微生物反应又分为自养性与异养性。自养微生物的 CO_2 作为主要碳源,无机氮化物作为氮源,通过细菌的光合作用或合成作用合成能量。

光合细菌(红硫细菌等)有发达的光合膜系统,以细菌叶绿素捕捉光能并作为光反应中心,其他色素(如类胡萝卜素)起捕捉光能的辅助作用。光合作用中心产生高能化合物 ATP(三磷酸腺苷)和辐酶 $NADPH_2$(烟酰胺腺嘌呤=核苷酸磷酸),用于 CO_2 的同化,使 CO_2 转化成储存能量的有机物,这是一个光能至化学能转化的反应。

化能自养菌从无机物的氧化中得到能量,同化 CO_2。根据能量的来源不同可以分成不同类型,主要有硫化菌、硝化菌、氢化菌等。

3) 好气性与厌气性

根据微生物反应对氧的要求与否,可以分为好氧反应与厌氧反应。

在有空气的环境中才易生长和繁殖的微生物称为好气性微生物,如枯草杆菌、节细菌、青霉菌、假单胞菌等。这些微生物的能力是多方面的,它们能够利用大量不同的有机物作为生长的碳源和能源,在反应过程中以分子氧作为电子或质子的受体,受到氧化的物质转变为细胞的组分,如 CO_2,H_2O 等。

必须在无分子氧的环境中生长繁殖的微生物称为厌气性微生物,一般生活在土壤深处和生物体内,如丙酮丁醇梭菌、巴氏菌、破伤风菌等。它们在氧化底物时利用某种有机物代替分子氧作为氧化剂,其反应产物是不完全的氧化产物。

许多微生物既能好气生长,也能厌气生长,称为兼性微生物,如固氮菌、大肠杆菌、链球菌、葡萄球菌等等。一个典型的底物反应是葡萄糖的代谢,葡萄糖进入细胞内首先经糖酵解途径发生一系列反应生成丙酮酸。在缺氧时,丙酮酸生成乳酸或乙醇;在供氧充足时,丙酮酸经氧化脱羧生成乙酰辅酶 A,继而进入三羧酸循环进一步氧化成水和 CO_2,并产生大量能。

在被分析底物能促进微生物代谢的情况下,关键是要获得对底物的专一性反应。实验菌株常常是一些经过变异的菌株,它们或成为对某些营养的依赖而称为营养缺陷型,或能在体内高浓度地积累某种酶,由此实现专一性的测定。

3. 免疫学反应

免疫指机体对病原生物感染的抵抗能力,可区别为自然免疫和获得免疫。自然免疫是非特异性的,能抵抗多种病原微生物的损害,如完整的皮肤、粘膜、吞噬细胞、补体、溶菌酶、干扰素等。获得性免疫一般是特异性的,是在微生物等抗原物质刺激后才形成的,如免疫球蛋白等,并能与该抗原起特异性反应。

上述各种免疫过程中,抗原与抗体的反应是最基本的反应。

1) 抗　原

抗原是能够刺激动物机体产生免疫反应的物质,但从广义的生物学观点看,凡是具有引起免疫反应性能的物质都可以称为抗原。抗原有两种性能：刺激机体产生免疫应答反应；与相应免疫反应产物发生特异性结合反应。前一种性能称为免疫原性（immunogenicity），后一种性能称为反应原性（reactionogenicity）。具有免疫原性的抗原是完全抗原（complete antigen，Ag）。那些只有反应原性，不刺激免疫应答反应的称为半抗原（hapten）。

抗原的种类按抗原物质的来源可分为如下三类：

① 天然抗原。来源于微生物或动植物，包括细菌、病毒、血细胞、花粉、可溶性抗原毒素、类毒素、血清蛋白、蛋白质、糖蛋白、脂蛋白等。

② 人工抗原。经化学或其他方法变性的天然抗原，如碘化蛋白、偶氮蛋白和半抗原结合蛋白。

③ 合成抗原。为化学合成的多肽分子。

下面介绍抗原的理化性状。

① 物理性状。完全抗原的分子量较大，通常在一万以上。分子量越大，其表面积相应扩大，接触免疫系统细胞的机会增多，因而免疫原性也就增强。分子量低于 5 000～10 000 就无免疫原性，如半抗原雌酮－3－葡萄糖苷酸的分子量只有 468。

抗原均具有一定的分子构型，或为直线或为主体构型。一般认为环状构型比直线排列的分子免疫原性强，聚合态分子比单体分子的强。

② 化学组成。自然界中绝大多数抗原都是蛋白质，既可为纯蛋白，又可为结合蛋白，后者包括脂蛋白、核蛋白、糖蛋白等。此外还有血清蛋白、病毒结构蛋白、微生物蛋白以及多糖体。近年来证明核酸也有抗原性。

下面介绍抗原决定簇。

抗原决定簇是抗原分子表面的特殊化学基团，抗原的特异性取决于抗原决定簇的性质、数目和空间排列。不同种系的动物血清蛋白因其末端的氨基酸排列，表现出各自的种属特异性，如表 22－7 所列。

表 22－7　抗原决定簇的种属特异性

种　属	－NH$_2$ 末端	－COOH 末端
人	门冬酰胺、丙氨酸	甘氨酸、缬氨酸、丙氨酸、亮氨酸
马	门冬酰胺、苏氨酸	缬氨酸、氨酸、亮氨酸、丙氨酸
兔	门冬酰胺	亮氨酸、丙氨酸

一种抗原常具有一个以上的抗原决定簇，如牛血清蛋白有 14 个，甲状腺球蛋白有 40 个。

2）抗　体

抗体是由抗原刺激机体产生的具有特异性免疫功能的球蛋白，又称免疫球蛋白。人类免疫球蛋白有五类：IgG，IgM，IgA，IgD 和 IgE。

免疫球蛋白都是由一至几个单体组成，每一单体由两条相同的分子量较大的重链（H 链）和两条相同分子量的较小的轻链（L 链）组成，链与链之间通过二硫键（－S－S－）及非共价键相连接，如图 22－9 所示。

每条重链的分子量为 55 000，由 420～460 个氨基酸组成。各种 Ig 重链的氨基酸组成不同，因而抗原性也各异，可分为 P，X，μ，S 及 ε，分别构成 IgG，IgA，IgM，IgD 及 IgE。一条重链

可分为四个功能区,每一功能区约含 110 个氨基酸,N
一末端的功能区是重链的可变区(VH),其余为重链的
恒定区(CH),分别称为 CH_1,CH_2 和 CH_3。

轻链分子量为 22000,由 213～216 个氨基酸组成。
每条轻链分为两个功能区。N一末端为轻链可变区
(VL),约含 109 个氨基酸,余下部分为恒定区(CL)。
轻链有两种类型,每一种 Ig 只能含一种类型的轻链,即
或为 H 型,或为 λ 型。

在 VL 区和 VH 区都发现了更易变化的区域,称
为高变区。

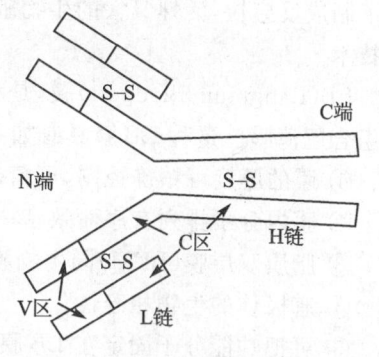

图 22-9 免疫球蛋白(Ig)结构模式图

3) 抗原-抗体反应

抗原-抗体结合时将发生凝聚、沉淀、溶解反应和促进吞噬抗原颗粒的作用。

抗体与抗原的特异性结合点位于 FabL 链及 H 链的高变区,又称抗体活性中心,其构型
取决于抗原决定簇的空间位置,两者可形成互补性构型。在溶液中,抗原和抗体两个分子的表
面电荷与介质中的离子形成双层离子云,内层和外层之间的电荷密度差形成静电位和分子间
引力。由于这种引力仅在近距离上发生作用,抗原与抗体分子结合时对位应十分准确。这种
准确对位是由于两个条件:一是结合部位的形状要互补于抗原的形状;二是抗体活性中心带有
与抗原决定簇相反的电荷。然而,抗体的特异性是相对的,这表现在两个方面:其一,部分抗体
不完全与抗原决定簇相对应,如鸡白蛋白的抗体可与其他鸟类白蛋白发生反应,这种现象称为
交叉反应,交叉反应与同源性抗原反应有显著差异;其二,即便是针对一定半抗原的抗体,本身
化学结构也不一致。

抗原与抗体结合尽管是稳固的,但也是可逆的。调节溶液的 pH 值离子浓度,可能促进可
逆反应。某些酶能促进逆反应,抗原抗体复合物解离时,都保持自己本来的特性,如用生理盐
水把毒素一抗毒素的中性混合物稀释 100 倍时得到的液体有毒性,该复合物能在体内解离而
导致中毒。

4. 膜技术

上述的各种基础反应,都是在一种称之为膜的表面或中间进行的,反应过程即识别过程。
生物传感器性能的优劣取决于分子识别部分的生物敏感膜和信号转换部分的变换器。在这两
部分中,尤以前者是生物传感器的关键部分。这里所谈及的不是天然的生物膜,而是由人工制
造的,是通过一种固定化技术把识别物固定在某些材料中,形成具有识别被测物质功能的人工
膜,我们称其为生物敏感膜(biosens membrane)。生物敏感膜是基于伴有物理与化学变化的
生化反应分子识别膜,研究生物传感器的主要任务就是研究这种膜元件。

固化的首要目的是将酶等生物活性物质限制在一定的结构空间内,但又不妨碍底物的自
由扩散及反应。制成的这种生物敏感膜应该具有可用于分析底物,能重复使用,分析操作简
单,不再需要其他试剂,对样品量要求小等特点。

近十几年来固定化技术发展很快。通常固定化方法分为:夹心法(sandwich)、包埋法
(eatrapment)、吸附法(adsorption)、共价结合法(covalant binding)、交联法(crss linking)等。

生物传感器的响应速度和响应活性是一对相互制约的因素。以酶传感器为例,随被固定
酶量的增多,其活性相应增大的同时而使其膜厚度必然增厚,其结果则导致响应速度的减慢。

为了制成反应快,活性又大的生物敏感膜,一些学者转向单分子层成膜技术,又称为"LB"膜成形技术。

LB(Langmuir-Blodgett)膜,是利用纳米技术,通过单分子层的多次连续转移所形成的多层组合超薄膜。这种LB膜具有如下优点:

① 膜的厚度可精确控制,可精确到 nm 级;
② 膜内分子排列有序而致密;
③ 脂质双层膜(BLM)同生物膜结构极其相似,是仿生物膜的理想模型;
④ 有极佳的生物相容性;
⑤ 可把功能分子固定在 LB 膜的预定位置上进行分子识别的组合设计,从而制成具有特殊功能的分子体系。

LB 膜的基本原理是:把许多生物分子,如脂质分子和一些蛋白质分子,在洁净水表面展开后形成水不溶性液态单分子膜,横向压缩其表面积,使液态膜逐渐过渡到成为一个分子厚度的拟固态膜。操作时对液相的纯度、pH 值和温度有一定的要求,液相是纯水,横向压力则通过压力反馈系统加以控制。

一旦制备好单分子膜,则可以将膜成形到基片上去。成形方法是通过电动机 μm 位移系统操作,基片在单分子膜与界面作升降运动。当基片第一次插入并提起时,就有一层单分子膜沉积在基片表面,若要沉积三层单分子膜,就需作第二次升降运动,如图 22-10 所示。

图 22-11 是在膜内掺入酶的过程,在水面上展开的脂质单分子膜将吸收溶于水中的酶,并将其吸在质脂膜中,如图 22-11(a)所示,进而把酶吸引到脂质分子上,如图 22-11(b)所示。沿水平面压缩的结果,使单位面积上的酶的密度增加,如图 22-11(c)和图 22-11(d)所示。然后采用上述的基片升降法,制成含有酶的 LB 膜。

LB 膜的研制成功不仅协调了响应速度和活性间的矛盾,而且由于其尺寸可做得很小,而可能利用 IC 技术而制成 μm 级的生物传感器。

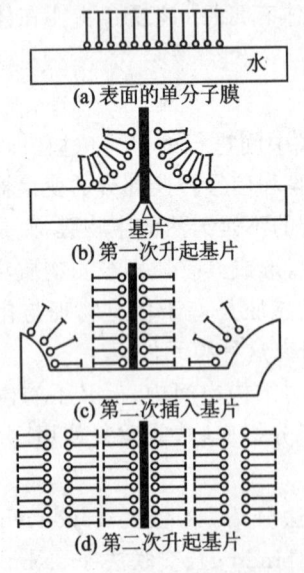

图 22-10 典型的 LB 膜成膜过程

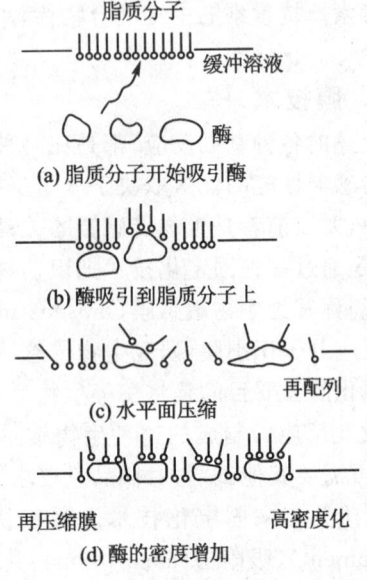

图 22-11 蛋白质 LB 膜的制作过程

22.3 生物传感器及其应用

22.3.1 酶传感器

酶传感器是最早问世的生物传感器,远在 1962 年 Clark 等就提出了酶传感器原理。1967 年 Updike 等制成酶电极,它是把无机离子或低分子气体作为测量对象而发展起来的电化学器件,如离子选择性电极或气敏电极,并与同时期迅速发展起来的酶固定化技术相结合而产生的传感器。

1. 酶电极原理

一种将酶与电化学传感器相连接的用来测量底物浓度的电极叫做酶电极(或称酶传感器)。按所用检测元件,它又可以分为离子选择性电极测电位和以克拉克型氧电极测电流两种方式。很多酶电极曾经是用酶膜和离子选择性电极相结合构成的。当底物与酶膜发生作用时,所产生的单价阳离子 H^+ 和 NH_4^+ 等即为离子选择性电极所测得。这种测量电位型传感器不大消耗待测物,但在生物溶液中存在着其他离子时很容易被干扰。其电位值可由 Nikolsky-Eisenmen 方程给出:

$$E = 常数 - \frac{2.303RT}{F}\lg(C_i + K_{ij}C_j) \quad (22-12)$$

式中,C_i——被测离子浓度;C_j——干扰离子浓度;K_{ij}——选择性系数。

由式(22-12)可见,电极电位与待测物离子浓度的对数成线性关系。由此可定量地检测待测物的含量。迄今使用的电位计式酶电极主要以 H^+ 和 NH_4^+ 电极为基础。

另一种酶电极采用测量电流的方式,如克拉克型氧电极、过氧化氢电极等。当工作电极相对于参考电极维持在一恒定的极化电压时,测量输出电流。工作电极通常是惰性金属,但也有采用碳的。浸透性甘汞电极(SCE)或 Ag/AgCl 电极为参考电极。当工作电极表面上电活性物质还原或氧化时,产生一个电流,该电流在一定的条件下可由下式给出

$$i = nFAf \quad (22-13)$$

式中,n——克分子量电极反应的电荷法拉第数;A——电极面积;f——电活性物质到电极的流通量。

在合适的极化电压下,电极能产生一个高而平稳的电流——极限电流。它与极化电压无关,而与活性物质的浓度成线性关系。

酶传感器的基本构成如图 22-12 所示。

在生物传感器中,向实用化方向发展最快的是酶传感器,早在 20 世纪 70 年代中期已有葡萄糖传感器作为商品。葡萄糖传感器基本上由酶膜和克拉克型氧电极或过氧化氢电极组成。在葡萄糖氧化酶(GOD)膜的作用下,葡萄糖发生氧化反应,消耗氧而生成葡萄糖酸和过氧化氢。被消耗的氧或生成的过氧化氢则可用上述的电极检测到。上述过程可用如下表示。

β-D-葡萄糖由 β-D-葡萄糖氧化酶(GOD)的作用消耗氧生成葡萄糖酸内脂和过氧化氢。

$$C_6H_{12}O_6 + O_2 \xrightarrow{\text{葡萄糖氧化酶}} C_6H_{12}O_{16} + H_2O_2 \quad (22-14)$$

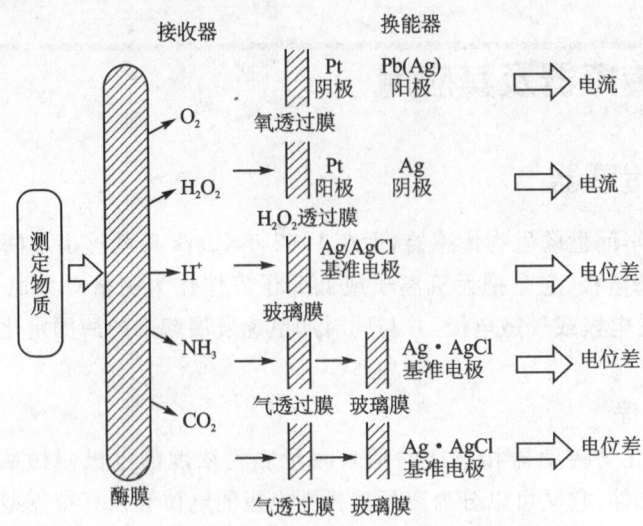

图 22-12 酶传感器的基本构成

生成的过氧化氢用过氧化物酶或无机催化剂等的作用质磺化物离子氧化,产生下列反应

$$H_2O_2 + 2I^- + 2H^+ \xrightarrow{\text{过氧化物酶}} I_2 + 2H_2O \qquad (22-15)$$

可见,葡萄糖可由检测氧或过氧化氢的电极、以及碘化物离子电极等作用酶电极来进行定量测量。用测定氧来定量葡萄糖的方法是 Clark 等提出的,也可以用测 pH 值的玻璃电极测定葡萄糖酸内酯。后来,Updike 等把 GOD 的聚丙烯酰胺凝胶固定化膜装在氧电极上,制成了葡萄糖传感器进行了葡萄糖定量测量。在氧电极上装有 GOD·清蛋白-戊二醛膜的传感器,是测定它和饱和甘汞电极(SCE)成 −0.6 V 时的电流变化,可稳定 4 个月以上。装有 GOD·原胶膜的传感器响应时间约为 2 min,电流变化量和葡萄糖浓度间有很好的线性关系。也有报道,在三醋酸纤维素、二氯甲烷、戊二醛的混合液中加入 1,8 二氨基-4-氨基甲基辛烷所得到的薄膜上,把 GOD 固定后,装在电极上,再包覆一层超滤膜的传感器,它具有极其稳定的性质。此外,把氧电极由棒状改为管状,使血液直接流过时进行测量的传感器;还有在氧电极的塔夫纶膜上,装上一层 GOD·清蛋白-多聚甲醛膜的传感器,将这些传感器安装在贝克曼公司的葡萄糖分析器上,可根据速度法定量测定葡萄糖等。

2. 酶电极结构

葡萄糖传感器所用的电化学检测装置为氧电极或过氧化氢电极。判断这两种电极中哪种为好是比较困难的。在综合判断酶传感器的检测灵敏度、反应速度、稳定性及使用的简易程度时,两者并无明显的差异。氧电极法又可分为极谱法和电流法两种。在极谱中常采用铂 Pt 阴极,Ag/AgCl 阳极,电解液用 KCl 等中性溶液。Pt 阴极电位相对于阴极设计为 −0.6 V。一般阴极表面靠透氧塑料膜(聚四氟乙烯、聚乙烯、聚碳酸酯、硅橡胶)覆盖。在电解液漏入样品中影响不大的情况下,也可采用多孔膜。电流法中多采用 Pt 阴极、Pb 阴极和碱性电解液,外覆透氧膜,如图 22-13 所示。应注意,不要让电解液外漏。

过氧化氢电极中 Pt 为阳极,Ag/AgCl 为阴极,电解液为 KCl 等中性溶液,外覆多孔膜,外加电压 0.6 V,如图 22-14 所示。

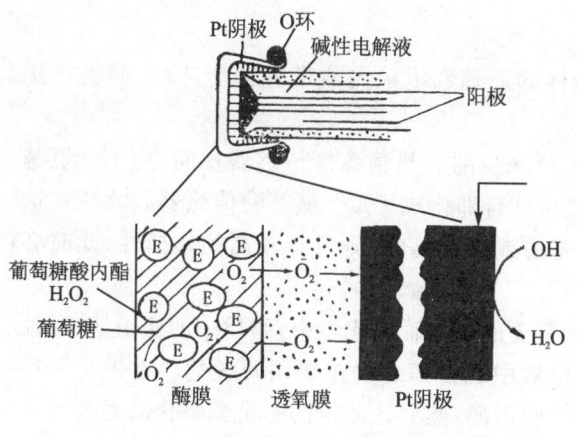
图 22-13 电流法葡萄糖传感器

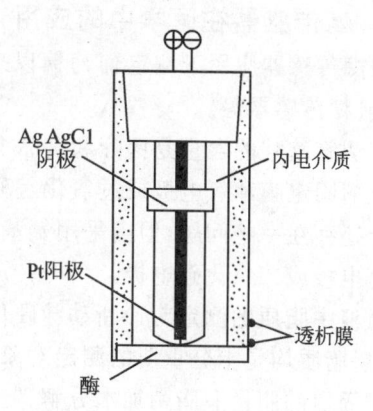
图 22-14 过氧化氢电极

葡萄糖传感器的测定液输入检测系统的方式有连续流动和非连续流动两种。这两种方式的传感器与测定液接触槽部分是有区别的。连续流动中,测定液无需搅拌,而在非连续式中必须有搅拌测定液的机构。非连续式葡萄糖传感器已实现了装置化。将血清或尿样等 10～100 μL 左右注入装置,1 min 后即可显示出葡萄糖的浓度。为适应人工肾所需的以全血为对象的直接接触连续流动型葡萄糖传感器,目前正在完善之中。

3. 酶传感器系统设计

在酶反应中有的消耗氧,有的产生过氧化氢、氨、铵离子、二氧化碳、氢离子和氰化物离子等。所以作为酶电极的基础电极要选择对这些离子或气体有响应的电极。依电极的测量方法,可分为电位测量型和电流测量型。电位测量型中有离子检出方式电极,如 pH 电极、氰化物离子电极、碘化物离子电极等;气体检出方式电极有氨电极、二氧化碳电极等。在电流测量型中,有氧检出方式电极和过氧化氢检出方式电极。

此外,只用一个酶反应电极不发生活性时,也可以把别的反应联合起来使电极产生活性。表 22-8 总结列出酶反应和电极活性物质间的关系。

表 22-8 酶反应和电极活性物质

底物	反应	电极活性物质
葡萄糖	葡萄糖 + O_2 $\xrightarrow{\text{葡萄糖氧化酶(GOD)}}$ 葡萄糖酸内酯 + H_2O_2	O_2, H_2O
	$H_2O_2 + 2I^- + 2H^+$ $\xrightarrow{\text{过氧化物酶}}$ $I_2 + 2H_2O$	I^-, I_2
	葡萄糖 + $Fe(CN)_6^{3-}$ $\xrightarrow{\text{或 GOD}}$ 葡萄糖酸内酯 + $2H^+$ + $Fe(CN)_6^{4-}$	$Fe(CN)_6^{3-}/$
	$Fe(CN)_6^{4-}$ $\xrightarrow{\text{铂电极}}$ $Fe(CN)_6^{3-} + e^-$	$Fe(CN)_6^{4-}$
	葡萄糖 + 苯醌 $\xrightarrow{\text{GOD}}$ 葡萄糖酸内酯 + 对苯二酚	
	对苯二酚 $\xrightarrow{\text{白金电极}}$ 苯醌	苯醌/对苯二酚
蔗糖	蔗糖 + H_2O $\xrightarrow{\text{蔗糖酶}}$ α-D-葡萄糖 + 果糖	
	α-D-葡萄糖 $\xrightarrow{\text{变旋酶}}$ β-D-葡萄糖	
	β-D-葡萄糖 + O_2 $\xrightarrow{\text{GOD}}$ 葡萄糖酸内酯 + H_2O_2	O_2, H_2O_2
麦芽糖	麦芽糖 $\xrightarrow[\text{或麦芽糖酶}]{\text{葡萄糖淀粉酶}}$ β-D-葡萄糖	
	β-D-葡萄糖 + O_2 $\xrightarrow{\text{GOD}}$ 葡萄糖酸内酯 + H_2O_2	O_2, H_2O_2

4. 酶传感器在医学中的应用

自酶传感器应用于测定葡萄糖以来，用同样的原理和电极制成了乳糖传感器、蔗糖传感器、半乳糖传感器等。

检测氨基酸的含量是医疗和食品工业中不可缺少的。与葡萄糖传感器相同，将 L－氨基酸氧化酶固定膜和氧电极或过氧化氢测定装置相结合即构成了 L－氨基酸传感器。此法在选择性上还存在一些问题，但当采用氨基酸脱氨基酶或脱羧酶时，则可有较高的选择性，此时必须用氨电极或二氧化碳电极。

血液中脂质的测定对诊断动脉硬化是极为重要的。在临床化学中，脂质中的胆甾醇、中性脂质、磷脂质均是十分重要的测定对象。测定血液中胆甾醇总含量要用两种酶。首先将胆甾醇脂用固定的胆甾醇脂酶加水分解，制成游离的胆甾醇，然后让固定的胆甾醇氧化酶对其起作用，使质胆甾醇氧化成胆甾烯酮。在此反应中，由于氧的消耗和生成过氧化氢，根据电极检测原理就可组成传感器系统，如图 22－15 所示。将固定的磷脂酶 D、胆碱氧化酶与电极相结合即得磷脂酰胆碱传感器。将固定的脂肪脂肪酶、丙三醇氧化酶与电极组合可做成测定中性脂质的传感器。

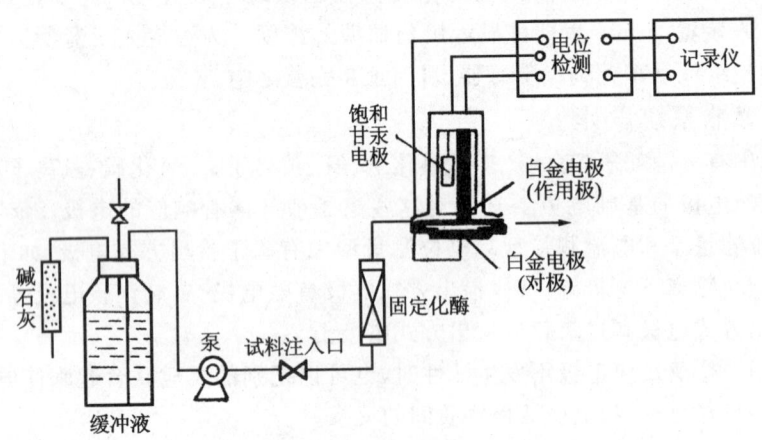

图 22－15　总胆甾醇传感器系统

测定尿素是诊断肾机能的重要手段，也是监护人工肾不可缺少的。由于尿素以脲酶进行分解而生成氨，故可将固定化的脲酶和铵离子电极或氨电极组合成尿素传感器。但在氨电极的选择性上尚存在一些问题。近年来，有人研究了一种硝化菌固定膜和氧电极组合而成的氨传感器，在该氨传感器上设置脲酶固定膜后，可以有选择性地定量测定尿素。

乙醇的定量测定是发酵工业、食品工业及医疗领域等不可缺少的。乙醇虽然用简单的气体分析法也可加以测定，但在生产线上在线测定则需要解决传感器的问题。乙醇的识别可采用乙醇脱水酶或乙醇氧化酶。将固定的乙醇氧化酶与氧电极或过氧化氢测定装置相连，即构成乙醇传感器。同理，用固定化的乳酸氧化酶或丙酮酸氧化酶与氧电极相连，即分别构成了乳酸传感器及丙酮酸传感器。

血液中酶含量的测定在医疗诊断中极为重要。如谷丙转氨酶（GPT）标准，对诊断肝炎是很重要的，该活性用前述的丙酮酸传感器就可测定。此外，也可测定谷草转氨酶（GOT）。

采用固定化乳酸菌与乳酸传感器组合，可测定血液中微量的苯丙氨酸，这对早期发现苯酮尿症极为重要。表 22-9 列出了各种酶传感器的特性。

表 22-9 酶传感器的应用实例

测定对象	酶	电极	测定范围/(mol·L^{-1})	应答时间	稳定性/日
乳酸	乳酸脱氢酶	Pt[Fe(CN)$_6$]$^{3-}$	$2\times10^{-3}\sim10^{-4}$ mg/dm^3	3~10 min	7
乳酸	乳酸氧化酶	O$_2$ 电极	$5\sim2\times10^3$	30 s	30
琥珀酸	琥珀酸脱氢酶	O$_2$ 电极	$10^{-2}\sim10^{-4}$	1 min	7
醋酸	乙醇氧化酶	O$_2$ 电极	$10^{-1}\sim10^{-4}$	30 s	120
乙醇	乙醇氧化酶	O$_2$ 电极	$5\sim10^3$ mg/dm^3	30 s	120
青霉素	青霉素酸	pH 电极	$10^{-2}\sim10^{-4}$	0.5~2 min	7~14
苦杏仁甙	β-葡萄糖甙酶	CN$^-$ 电极	$10^{-2}\sim10^{-5}$ M	10~20 min	3
磷酸盐	磷酸脂酶	O$_2$ 电极	$10^{-2}\sim10^{-4}$ M	1 min	120
葡萄糖	葡萄糖氧化酶	—	—	—	—
硝酸盐	硝酸还原酶	NH$_4^+$ 电极	$10^{-2}\sim10^{-4}$	2~3 min	—
亚硝酸	亚硝酸还原酶				
亚硝酸盐	亚硝酸还原酶	NH$_3$ 电极	$5\cdot10^{-2}\sim10^{-4}$	2~3 min	120
硫酸盐	烯丙基硫酸脂酶	Pt 电极	$10^{-1}\sim10^{-4}$	1 min	30
肌酸酐	肌酸脱水酶	NH$_3$ 电极	$4\cdot10^{-2}\sim9\times10^{-6}$	2~10 min	—
丙酮酸	丙酮酸氧化酶	O$_2$ 电极	$10^{-2}\sim10^{-4}$	2 min	10
过氧化氢	过氧化氢酶	O$_2$ 电极	$3\times10^{-3}\sim3\times10^{-5}$	2 min	30
儿萘酚	儿萘酚-1,2-氧合酶	O$_2$ 电极	$10^{-4}\sim5\times10^{-7}$	2~3 min	—
胆甾醇	胆甾醇酯酶	Pt 电极	$10^{-2}\sim3\times10^{-5}$ M	2 min	30
胆碱	胆碱氧化酶	Pt(H$_2$O$_2$)	$10^{-2}\sim10^{-5}$	3 min	—
中性脂质	脂肪酶	pH 电极	$5\sim5\times10$ mg/dm^3	1 min	14
磷脂质	磷脂酶	Pt 电极	$10^2\sim5\times10^3$ mg/dm^3	2 min	30
D-氨基酸	D 氨基酸氧化酶	阳离子电极	$10^{-2}\sim10^{-5}$	1 min	30
L-氨基酸	L 氨基酸氧化酶	O$_2$ 电极	$10^{-2}\sim10^{-4}$	2 min	—
L-酪氨酸	L-酪氨酸脱羧酶	CO$_2$ 电极	$10^{-1}\sim10^{-4}$	1~2 min	20
L-谷酰胺	谷酰胺酶	阳离子电极	$10^{-1}\sim10^4$	1 min	2
L-谷氨酸	谷氨酸脱氢酶	阳离子电极	$10^{-1}\sim10^{-4}$		2
L-天门冬酰胺	天门冬酰胺酶	阳离子电极	$10^{-2}\sim10^{-5}$	1 min	30
尿酸	尿酸酶	O$_2$ 电极	$5\times10^{-3}\sim5\times10^{-5}$	30 s	120
尿素	尿素酶	阳离子电极	$10^{-2}\sim10^{-4}$	1~2 min	120
—	—	pH 电极	$10^{-3}\sim10^{-5}$	5~10 min	20
		NH$_3$ 电极	$10^{-2}\sim10^{-4}$	2~4 min	120
—	—	CO$_2$ 电极	$10^{-2}\sim10^{-4}$	1~2 min	20

22.3.2 免疫传感器

1. 利用抗体的分子识别

免疫传感器是利用抗体对抗原的识别功能和结合功能而构成的。抗体被固定在膜上或固定在电极表面上。固定化抗体识别和其对应的抗原形成稳定的复合体。在膜上或电极表面形成的抗原抗体复合体,会引起膜电位或电极电位的变化。利用这种现象,可构成免疫传感器,其原理如图22-16所示。

免疫传感器不同于酶传感器,它可选择性地检出蛋白质或肽等高分子,这是它的最大特点。这种选择性显然是由于抗体的作用。

已研制了很多种免疫传感器,都表明抗体识别抗原的功能用于生物传感器是有效的。

2. 利用标记酶的化学放大

提高免疫传感器的灵敏度来进行超微量成分测量已经作了很多试验,其代表例子是利用标记酶的化学放大。因为利用了酶,所以叫做酶免疫传感器。

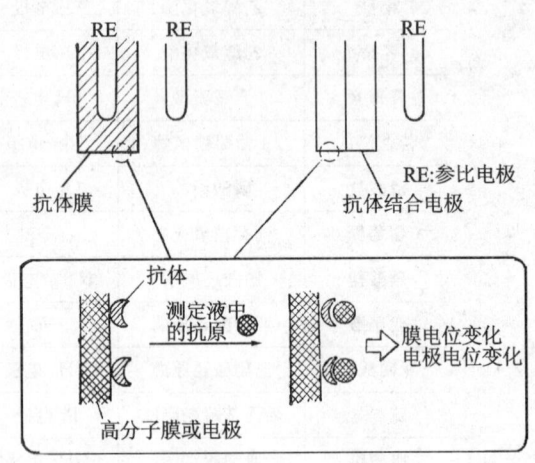

图22-16 免疫传感器原理图

酶免疫传感器的基本结构如图22-17所示,传感器的选择性取决于抗体固定化膜。进行化学放大的酶共价结合在抗原上。以过氧化氢酶为标记酶的酶免疫传感器的测定法如下:

① 在测定液内加入规定量的过氧化氢酶标记抗原,将免疫传感器浸入,使之发生抗原抗体反应。非标记抗原(被测定物质)和标记抗原互相竞争地结合在抗体膜表面上。

② 洗净去掉未反应的抗原。

③ 把免疫传感器浸入酶活性测定液中,传感器则显示出由测定液的溶解酶所产生的电流值。添加规定量的 H_2O_2,结合在抗体膜表面的标记抗原的过氧化氢酶使 H_2O_2 分解,产生 O_2。由于 O_2 的增加,会使传感器的电流值增大。从电流的增加速度或最大变化量可求出标记酶量,即结合于膜的标记抗原量。如求得抗体膜的最大抗原结合量,从这些测定值就可推算出被测的非标记抗原的量。

以上的测定法示于图22-17中,在图中表示的是用过氧化氢酶为标记酶的情况,也可以用葡萄糖氧化酶等为标记酶。

3. 酶免疫传感器的研究

酶免疫电极的原理完全适用于以免疫测定为对象的全部物质。首先报道的是血清免疫球蛋白G,A,M(IgG、IgA、IgM)等的研究。作为典型,研究了测定IgG的酶免疫传感器,讨论了抗体酶的特性和标记酶的种类等对传感器性能的影响。在研究初期阶段,抗体膜用的是溴化醋酸纤维素材料,但是用这些抗体膜测定标记酶活性时,传感器的响应很慢,达到稳定状态需要用30 min;而使用由3-醋酸纤维素、4-氨基甲基1、8-辛烷二胺或戊二醛等制成的抗体膜,其响应时间缩短到30 s以内。

过氧化氢酶是种转换数大的酶,作为标记酶具有优良特性,葡萄糖氧化酶的转换数不如过

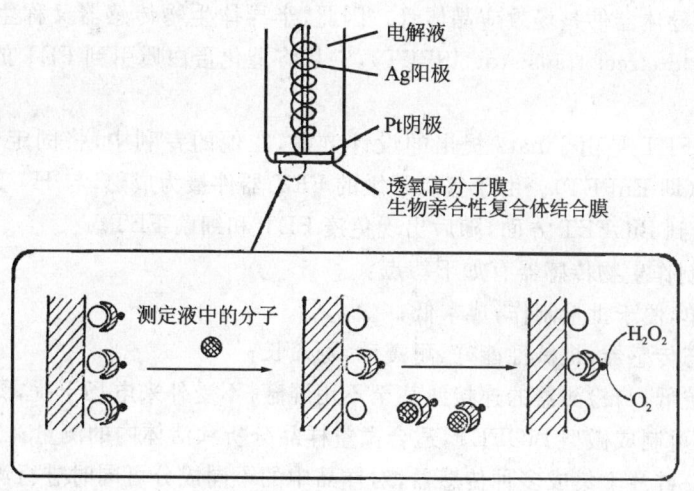

图 22-17 酶免疫传感器原理

氧化氢酶,但也具有可用作标记酶的特性。在选择标记酶时,不仅要考虑酶,还必须考虑所用底物的稳定性。

以上各点在 IgG 测定中已经明确,并且对患者的血清,用以往方法和本法做对比,两者具有很好的相关性。

进而又以血清蛋白为测定对象,对比了酶免疫传感器和膜电位法的免疫传感器的灵敏度。其结果表明,由于把酶用作标记剂,灵敏度提高 3~4 个数量级。

酶免疫传感器是把分子量大的酶作为标记剂使用的。但是也可以测量比标记剂小的分子。有人研究了人的绒毛促性腺激素(hCG)或 α-甲胎蛋白(AFP)等肽的酶免疫传感器。测定 AFP 时,在 $10^{-8} \sim 10^{-12}$ g/ml 范围内做出了标定曲线,可称为超微量测量。以往的酶免疫测定中,测定酶活性常常要数小时,但酶免疫传感器的响应时间仅 30 s 左右,可以在短时间内进行酶活性的测定。

上述的酶免疫传感器使用的是氧电极,因为标记酶的反应中有氧参与。也有人提出不用氧电极的酶免疫传感器,以过氧化物酶为标记酶,以碘电极为基础的酶免疫电极传感器就是一例。还有人采用在氨电极上装上抗体膜,以尿素酶为标记酶的酶免疫传感器,这些都是利用酶的化学放大作用提高灵敏度的研究成果。

4. 利用酶以外的化学放大作用

红细胞或脂质体的补体结合反应也有明显的化学放大作用,可在红细胞或脂质体内充入信息分子。例如,用三甲基苯胺($TMPA^+$)为信息分子设计成的免疫传感器,其检出部分是以对 $TMPA^+$ 有响应的一价阳离子电极。先制备内含 $TMPA^+$ 的红细胞或脂质体。其次作这种红细胞或脂质体的过敏反应,在它们的表面结合上抗体,再作用以补体,红细胞或脂质体则被破坏放出其内部的 $TMPA^+$,$TMPA^+$ 的量和补体结合量有关,用电极检测放出的 $TMPA^+$。这是一种利用补体消耗原理制成的免疫传感器。

22.3.3 半导体生物传感器

1. 特　点

半导体生物传感器(Semiconductive Biosensor)由半导体传感器与生物分子识别器件组

成。通常用的半导体器件是场效应晶体管。因此,半导体生物传感器又称生物场效应晶体管(Insulategate field-effect transistor,ISFET),它是将催化蛋白质引到 FET 的栅极成为所谓的 BiOFET。

最早的 BiOFET 是由 Janata 提出的设计方案,在他的专利中,将固定化酶与 ISFET 结合,称为酶 FET(即 EnFET)。由于氢离子敏的 FET 器件最为成熟,与 H^+ 变化有关的生化反应自然首先被用到 BiOFET 方面,随后出现免疫 FET 和细菌 FET。

利用 FET 制作生物传感器有如下特点:
① 构造简单,便于批量制作,成本低;
② 属于固态传感器,机械性能好,耐震动,寿命长;
③ 输出阻抗低,与检测器的连接线甚至不用屏蔽,不受外来电场干扰,测试电路简单;
④ 体积小,可制成微型 BiOFET,适合微量样品分析和活体内的测量;
⑤ 可在同一硅片上集成多种传感器,对样品中的不同成分可同时进行测量分析得出综合信息;
⑥ 可直接整合到电路中进行信号处理,是研制生物芯片和生物计算机的基础。

2. 原理与器件

由 MOSFET 构成,其栅极常用的金属为钯,它有 4 个末端,当栅极与基片(P—Si)短路时,源和漏之间的电流为漏电流,可忽略不计。如果施加外电压,同时栅极电压对基片为正,电子便被吸引到栅极下面,促进源漏两个 n 区导通。因此,栅极电压的变化将控制沟道区导电性能－漏电流的相应变化。MOS 器件及特性如图 22－18 所示。

根据上述原理,只要设法利用生物反应过程所产生的电位来影响栅极电压,便可设计出半导体生物传感器。

图 22－19 是 EnFET 模式图。酶被固定在离子选择性膜表面,样品溶液中的待测底物扩散进入酶膜,并在膜中形成浓度梯度,则可以通过 ISFET 检测底物或产物。假设是检测产物,产物在胶层中向膜内外扩散,向离子选择性膜扩散的产物分子浓度不断积累增加,并在酶膜和离子选择性膜界面达到衡定。因反应速率基于底物浓度,该稳定浓度则取决于底物浓度。实际上,EnFET 都含有双栅极,一支栅极涂有酶膜,作为指示 EnFET,另一支涂上灵活的酶膜或清蛋白膜作为参比 ISFET。两支 FET 制作在同一芯片上,对 pH 和温度以及外部溶液电场变

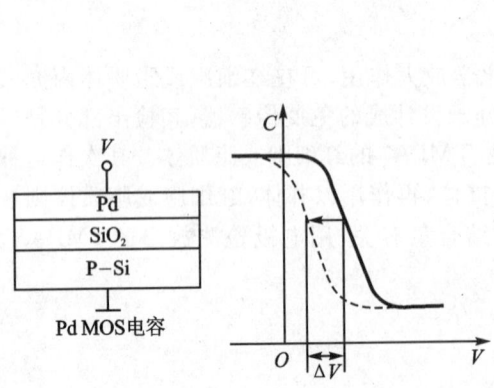

图 22－18 MOS 器件及电特性

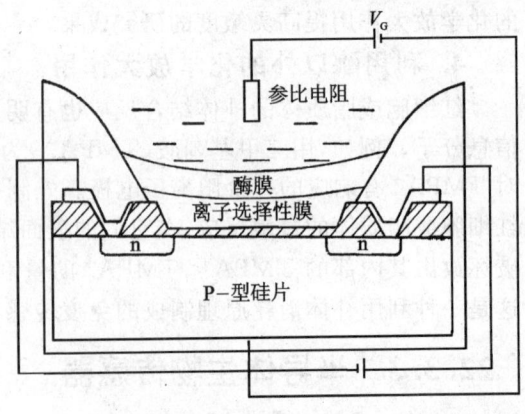

图 22－19 酶 FET 的原理图

化具有同样的敏感性。也就是说，如果两支 FET 漏电流出现了差值，那只能是 EnFET 中促敏反应所致，而与环境温度、pH、加样体积和电场噪声等无关，故其差值即成比例于被测产物的浓度。

3. 尿素酶 FET

1）尿素 FET 的结构

临床检查上，定量分析患者的血清和体液中的尿素对肾功能诊断是很重要的。另外，对慢性肾功能衰竭的患者进行人工透析时，在确定人工透析次数和透析时间从而施行有计划的人工透析时，尿素的定量分析也是必不可少的。

尿素由于尿素酶（脲酶）的催化作用，按下式分解：

$$(NH_2)_2CO + 2H_2O + H^+ \xrightarrow{\text{尿素酶}} 2HH_4^+ + HCO_3^- \qquad (22-16)$$

利用这种反应已制成数种尿素传感器。例如，有的用一价阳离子电极直接测定尿素—尿素酶反应生成的氨离子。因为生成的氨离子在加入氢氧化钠后，使 pH 值上升到 11 以上时，则形成氨气，所以有用氨气电极进行测量的，也有用空气隙型氨气电极进行测量的。尿素—尿素酶反应时消耗溶液中的 H^+，故可以通过玻璃电极检测反应前后的 pH 变化来测量。还可以用检测氢气的 Pd-MOSFET 和尿素酶组成的器件进行测量。

最近出现了一种尿素 FET，其原理是用 ISFET 检测尿素酶反应时溶液 pH 值发生的变化，所用的 ISFET 的构造如图 22-20 所示。其中图 22-20(a) 是芯片的俯视图，图 22-20(b) 则是截面图，基片是用电阻率为 3~7 Ω·cm 晶向 100 的 P 型硅。图 22-20 中的斜线部分是源极和漏极的扩散区，芯片顶部的源极和漏极间形成沟道。此沟道上的绝缘物形成栅极，溶液中的氢离子就是用这部分检测。沟道宽 30 μm，沟道长 1.2 mm，沟道以外部分有一 P^+ 层形成沟道截断环，防止漏极电流流通。栅极绝缘物由 1000 Å 厚的热氧化 SiO_2 层和在其上用 CVD 法形成的 1000 Å 厚的 Si_3N_4 层所形成。ISFET 是在宽 0.45 mm，长 5.5 mm，厚 175 μm

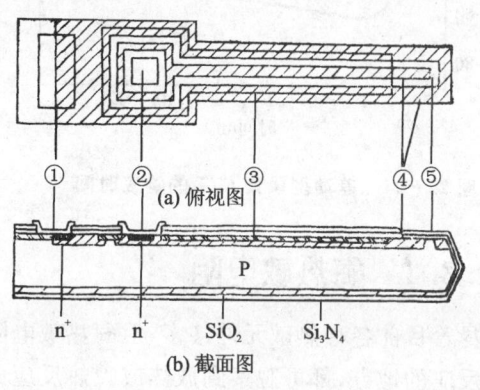

①—源级；②—漏级；③—沟道截断环(P^+)；
④—源纹区和漏极区(n^+)；⑤—沟道

图 22-20 ISFET 的构造

的芯片上，用各向异性刻蚀法加工制成的。FET 是在源极与漏极上焊上导线后，在直径 0.5 mm 的尼龙管内用环氧树脂和硅树脂膜封起 FET 的前端露出，用浸渍涂敷法在其上形成有机薄膜，并把尿素酶固定在膜表面上。

2）尿素 FET 的特性

(1) 响应时间

在 1 mL pH 值为 7.0 的 0.01 mol/L 的磷酸缓冲液中放入尿素 FET 和参比 FET，相距为 2.5 mm。把 Ag/AgCl 电极也放入其中，滴入 $5×10^{-2}$ g/mL 浓度的尿素溶液 1 mL。此时，差动输出随时间的变化如图 22-21 所示。最初 1~2 min 急剧下降之后又缓慢地向原水平恢复。改变尿素的浓度进行同样的实验，随着尿素浓度变低，输出电压的变化及变化速度都变小。

(2) FET 的标定

滴入不同浓度的尿素溶液来研究差动输出的变化。滴入尿素溶液 1 min 后输出电压和尿素浓度的关系如图 22-22 所示。尿素浓度在 $5\times10^{-5}\sim1\times10^{-3}$ g/ml 范围内，输出电压是变化的，说明在这个浓度范围内尿素可以定量测定。将这一响应特性与很多方法作了比较，例如与用共价结合法固定的尿素酶和空气隙氨气电极结合在一起的测量方法相比较和与用包埋法固定的尿素酶和 pH 电极组合在一起的测量方法相比较，其测定结果都是相同的，但是测定速度却明显地降低了。

这种良好的响应特性主要是由于在有机膜表面固定了较多的尿素酶所致。另外，由于用了差动输出进行测量，在滴入尿素浓度时，溶液和 Si_3N_4 界面的电偶层的平衡受到破坏，所产生的不必要的输出变化都互相抵消了，故提高了测量精度。

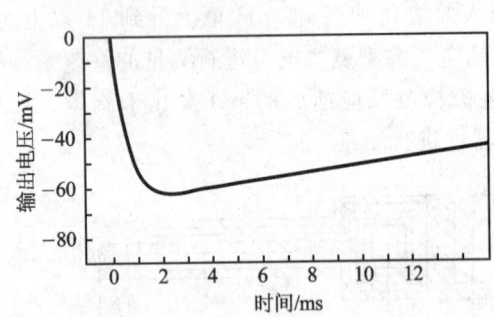

图 22-21 差动型尿素 FET 的响应时间

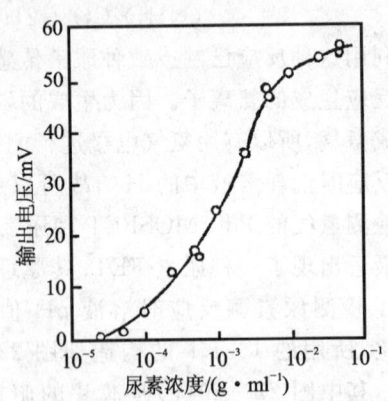

图 22-22 差动型尿素 FET 的标定曲线

22.3.4 酶热敏电阻

尽管目前各种热敏元件甚多，但酶热敏电阻是最富有普遍性的一种传感器。因为凡有生物体反应的地方，都可观察到放热或吸热反应的热量变化（焓变化）。酶热敏电阻就是以测定焓（enthalpy）变化作为测定原理的。因此，可以认为测量对象范围涉及医疗、发酵、食品、环境、分析测量等很多方面。现已在临床化学分析方面用它测定血清和尿等体液中的葡萄糖、尿素和尿酸等。另外，在医疗和发酵食品制作过程中，广泛用于测定青霉素、头孢菌素、酒精、糖类和苦杏仁等。

1. 酶热敏电阻的测量原理

酶热敏电阻是由固定化的生物体物质和简易的热量测定器件（热敏电阻）组合成的流动型物质，如图 22-23 所示。它可用作分子识别元件的不局限于酶、抗原、抗体、细胞器、微生物、动物细胞、植物细胞、组织等的固定化物，因而可根据这些物质作各种选择性检测。在检测时，由于识别元件的催化作用或因构造和物性变化引起焓变化，可借助热敏电阻把其变换为电信号输出。

如果取酶反应为例，焓变化量在 $5\sim100$ kJ/mol 范围内。现在市售的酶已有 200 种以上，因此，在原理上至少可测量与此数相对应的那么多的底物。

用酶热敏电阻，可根据对系统温度变化的测量进行试样中待测成分的测定，也就是将随反应引起的热量变化变成为温度变化。

现设一流动型的热量测定系统,这个系统是一个绝热系统,如果把反应系统中消耗或产生的总热量取为 Q,可得式(22-17)和式(22-18)

$$Q = (-n_p \cdot \Delta H) \quad (22-17)$$
$$Q = C_s \cdot \Delta T \quad (22-18)$$

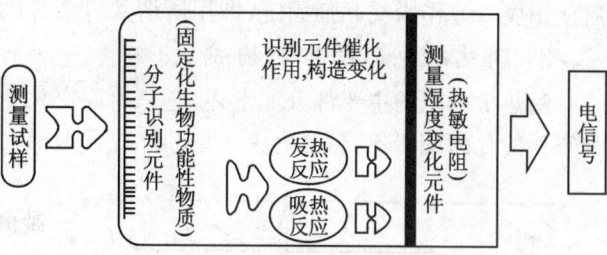

图 22-23　酶热敏电阻的测量原理

式中,n_p——产物的摩尔数;ΔH——焓变化量,ΔT——温度变化;C_s——各自系统的热容量。根据这两个公式可得出

$$\Delta T = (-\Delta H \cdot n_p)/C_s \quad (22-19)$$

因 C_s 是一常量,将已知数值的 ΔH 代入到式(22-19)中,就能测量出系统的温度变化,从而不难算出欲测成分的摩尔数。反之,如果欲测成分的浓度已知,也可求出温度变化。例如,如果 ΔH 为 42 kJ/mol,产物浓度是 1 mmol/L,$C_s = 4.2$ J/mol/K,可算出这个系统的温度变化为 1.0×10^{-2} K。在这种情况下,用 Danielsson 等设计的传感器测定,其热量测定效率为 50%~80%。在上例中,测量精度为 1%,最高可达到 10^{-4} K 的测量精度。

2. 酶热敏电阻的构成

1) 热敏电阻

热敏电阻是由铁、镍、锰、钴、钛等金属氧化物构成的半导体。从构型上分类有珠型、片型、棒型、厚膜型、薄膜型与触点型等。

作为温度传感器的热敏电阻具有如下几个特点:灵敏度高,温度系数为 -4.5 %/K,约为金属的 10 倍;因体积很小,故热容量小;响应速度快;稳定性好;使用方便,价格便宜,所以特别适合作焓测量用。已开发出的酶热敏电阻一般是用珠型的,由于制造厂家不同,在外表上多少有些差别。在室温条件下,阻值约为 10~100 kΩ。温度变化用有斩波放大器的惠斯顿电桥,将温度变化引起的不平衡电位输送给记录器。如果用 Danielsson 等创造的电桥,记录纸满刻度有 100 mV,可达到相当于 1.0×10^{-3} K 的灵敏度。一般用的满刻度为 1.0×10^{-2} K,用它可测量 $0.5 \times 10^{-3} \sim 1.0 \times 10^{-3}$ mol/L 的底物浓度。

2) 分子识别元件用载体

作为对试样中的特定成分能特异地、选择性地检测的元件,常采用固定化生物体物质。所以在这里仅对其热敏电阻常用的载体作一介绍。

色谱法用的载体,最早开发的多孔玻璃使用得最多,有各种大小的颗粒和孔径(平均孔径 50~4000 Å,如 Electro-Nucleonics 公司的市售品)。能成为酶热敏电阻常用的载体具有下列的一些特性:

① 不随温度变化而膨胀和收缩,热容量小;

② 机械强度高,耐压性好,适合流动装置用;

③ 单位质量的表面积大,能大量固化生物体物质;

④ 对酸、碱、有机溶剂等化学试剂和诸如细菌、酶等在生物学方面稳定。除上述之外,改变玻璃的表面物质可提高特异的吸附性,也就是减少与待测物质以外的成分互相作用。

将各种生物体物质固定化到玻璃上时,首先用 γ-氨丙基三乙氧基硅烷进行烷基氨化,然后使用戊二醛作为交联剂固定,即用所谓共价结合法来固定。

3) 酶热敏电阻的基本构成

酶热敏电阻的主要部分如上述,它是由固定化生物体物质和热敏电阻构成的。由于这两种东西的几何配置不同,分为密接型和反应器型两大类,用模式图表示如图 22-24 所示。

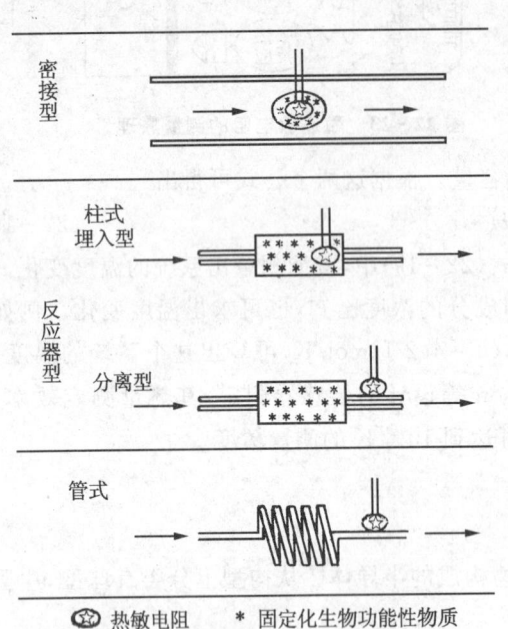

图 22-24 酶热敏电阻的基本构成

密接型是把生物体物质直接固定化在热敏电阻上,或者将固定化物质膜装在热敏电阻上。Tran-Minh 等使用这种类型的传感器测量了过氧化氢、葡萄糖和尿素。它是使用在常温(25℃)下电阻值为 2 kΩ,温度系数为 $-3.9\%/K$ 的热敏电阻,以戊二醛作为交联剂,固定化各种酶和清蛋白的混和物。这种传感器的响应速度快,在 10 s 内就能测定出结果,而且重复性好,精度在 3% 以内。密接型传感器的特点是响应速度快,又因为在热敏电阻上产生热量变化,所以有灵敏度高、压耗小的特点。但是这种传感器,可固定化的酶量受限,所以其标定曲线的直线范围窄,而且在长时间内的响应稳定性差,这是它的弱点。另外,还要求均匀固定化,这点也很难做到。

另一种是反应器型,可分为柱式和管式两种。而柱式的又分为热敏电阻埋在柱中和热敏电阻与柱分开的两类。柱式和密接式相比,因前者固定化生物体物质的量大,所以即使活性低的物质,也适合作生物传感器。此外,因能充填过量的酶,可使标定曲线的直线范围加宽,能长期保持一定水平以上的生物活性的特点。另一方面,埋入型和分离型的压耗都大,由于柱中通过液体的速度不同,则热量变化的检测效率不同。埋入型的传感器因待测量的试样直接接触热敏电阻,如果长期使用,试样中的混杂物就将吸附和堆积在热敏电阻的表面上,因而造成检测灵敏度降低。与之相反,分离型的传感器因热敏电阻和被检测液体不直接接触,反应柱有互换性。由于它能系统化,并具有维修方便等优点,近来几乎都使用柱式分离型的酶热敏电阻。

管式是在毛细管内壁上固定化生物体物质,能固定化的生物体物质量比较少,易受通过液体速度影响,但压耗极小,不易受非特异性吸附物的热影响。因此,管式是适合作含有大量悬浮粒子的培养液的分析。

3. 酶热敏电阻的测量系统

为把酶热敏电阻作生物传感器用,尚需各种附属装置,如图 22-25 所示。依靠蠕动移液泵连续地将作载体溶液的缓冲液运送到系统中,约 20～30 min 后,系统达到稳定状态,测量用试样经过各种阀门引入系统内。把试样和缓冲液一起送到恒温槽内,首先经过热交换器再到反应器。由 Danielsson 等创制的铝恒温槽和以前的不同,是把空气作为温度控制用的介质,最高精度可控制到 $\pm 10^{-3}$ K。另外,由于将水改为空气,使解决缓冲液漏液和保管检修问题变得非常容易。作为日常分析用的测量系统,酶热敏电阻成为实用性较高的器件。

到达反应器的试样中的底物,和反应器内的固定化生物体物质发生反应或相互作用,这时产生焓变化。这种变化传到缓冲液,通过放在反应器出口处的热敏电阻检测温度变化。试样液通过热敏电阻后再流出系统。

图 22-25 所示的测定系统,从温度变化检测方式来看,称其为简单型。所谓简单型是因系统的构成和制作简单。但另一方面,还存在受恒温槽温度控制精度的影响,在记录纸上基线伴有较大的漂移等缺点。为克服这个缺点,又提出了差动型和分离流动型。这三种检测方式的模式如图 22-26 所示。

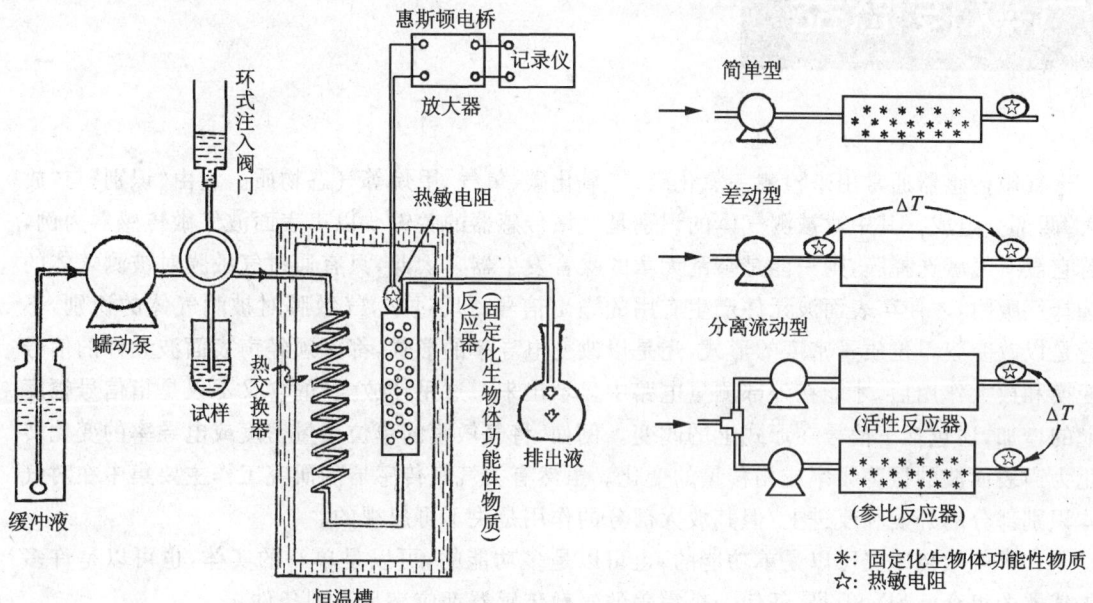

图 22-25 酶热敏电阻的测量系统　　图 22-26 用酶热敏电阻检测温度变化的方式

如果采用差动型的检测方式,基线漂移会明显减小。也就是把参比用的热敏电阻放在反应器的入口处,同时检测它和放在出口处的热敏电阻的温度差,可在短时间内补偿恒温槽温度变化。

另一种是分离流动型,即还需要一个与简单型反应器平行的参比反应器。如果以固化酶为例,此参比反应器充填用加热等手段除去活性的固定化变性酶。有活性的反应器和参比反应器的差异,只是表示活性的有无,以及被测量试样的相互作用或离子强度、pH 值、粘度变化等引起的非特异性的焓变化是相等的。因此,可以检测纯粹是由于欲测量的生物化学反应引起的焓变化。但是,这种方式和简单型与差动型相比较,系统的构成复杂,需要严格控制活性及参比柱中通过液体的速度。

第 23 章

气敏传感器

气敏传感器通常用来检测一氧化碳、二氧化碳、氧气、甲烷等气态物质。它由"识别"与"放大"两部分组成。其中对被测气体的识别是气敏传感器的关键。以声表面波气敏传感器为例,若它没有气敏选择膜,则只能是杂乱无章的噪音发生器。因此,只有通过气敏膜对被测气体的选择性吸附,才使声表面波元件产生有用的输出信号。反过来,气敏膜对被测气体的识别,不管是以改变膜单位质量密度的形式,还是以改变电导率的形式,都必须经声表面波元件的信号变换和放大作用后,才能在外部测量电路中显示出来。这里,"放大"的含义不仅是指信号幅度上的增加,还包括了信号在形式上的改变。例如,将气敏膜的单位质量密度或电导率的变化转化为声表面波的振荡频率或相移量的变化。虽然有关气敏传感器的研究工作主要集中在对气体识别部分的开发和改进上,但其放大部分的作用是决不可忽视的。

一个气敏传感器可以是单功能的,也可以是多功能的;可以是单一的实体,也可以是许多传感器的组合阵列。但是,任何一个完美的气敏传感器都应满足下列条件:

① 能选择性地检测某种单一气体,而对共存的其他气体不响应;
② 对被测气体应具有高的灵敏度,能检测规定允许范围以下的气体浓度;
③ 信号响应速度快,再现性高;
④ 长期工作稳定性好;
⑤ 制造成本和使用价格低廉;
⑥ 维护方便。

由于气体种类繁多,性质差异较大,所以单一种类的气敏传感器不可能检测所有的气体,而只能检测某一类特定性质的气体。例如,固态电解质气敏传感器的主要测量对象是无机气体,如 CO_2, H_2, Cl_2, SO_2 等。其气敏选择性相当好,但灵敏度不高,信号响应速度变化范围较大,且与固态电解质材料的性质及传感器的使用温度都有关,其长期工作稳定性也因材料的选择及使用温度的变化而变化。声表面波气敏传感器虽然也可以测量某些无机气体,但主要的测量对象则是各种有机气体,如卤化物、苯乙烯、碳酰氯、有机磷化合物等。其气敏选择性取决于元件表面的气敏膜材料。它一般用于同时检测多种化学性质相似的气体,而不适宜检测未知气体组分中的单一气体成分。但由于其灵敏度很高,因此也常用作测定已知气体组分中某一特定低浓度气体的浓度变化情况。氧化物半导体气敏传感器的主要测量对象是各种还原性气体,如 CO, H_2,乙醇,以及甲醇等。它虽然可以通过添加各种催化剂及助催化剂在一定程度上改变其主要气敏对象,却很难消除对其他还原性气体的共同响应,并且它的信号响应线性范围很窄,因此一般只能用于定性及半定量范围的气体监测。

但是,由于这类传感器的制造成本低廉,信号测量手段简单,工作稳定性尚好,检测灵敏度也相当高,因此广泛应用于工业和民用自动控制系统,而且是当前最普遍应用、最具有实用价值的一类气敏传感器。

表 23-1 列出了气敏传感器的主要应用领域。

表 23-2 列出了主要气敏传感器的种类。

表 23-1　气敏传感器检测的主要气体

分　类	被测气体	使用场所
爆炸性气体	LPG,城市用气体(制造的气体和天然气体) CH_4 可燃性气体	家庭 煤矿坑道 企业单位
有害气体	CO(不完全燃烧的气体) H_2S,含有机物的硫化合物 卤素、卤素化合物、NH_3 等	气体器具等 (特定场所) 企业单位
环境气体	O_2(防止缺氧) CO_2(防止缺氧) H_2O(湿度调节,防止结霜) 大气污染物质(SO_x、NO_x、醛等)	家庭、办公室 家庭、办公室 电子装置、汽车、温室等
工程气体	O_2(控制燃烧,控制空燃比) CO(防止不完全燃烧) H_2O(食品加工)	发动机、锅炉 发动机、锅炉 电子灶等
其他	挥发酒精、烟	

表 23-2　主要气敏传感器

传感器种类	要注意物体性质	传感器材料	被测气体
半导体气敏传感器	电导率(表面控制)	SnO_2、ZnO	可燃性气体、氧化性气体
	电导率(容积控制)	$\gamma-Fe_2O_3$、$La_{1-x}Sr_xCoO_3$、TiO_2、CaO、MgO	可燃性气体
	表面电位	Ag_2O	硫醇
	整流特性(二极管)	Pd/TiO_2、Pd/CdS	H_2
	阈值电压	Pd-MOS 场效应管	H_2
固体电解质气敏传感器	浓差电极(电动势)	ZrO_2-CaO、KAg_4I_5、硫酸盐	O_2、卤素 含氧化合物
	合成电位	ZrO_2-CaO、质子导体	可燃性气体
电化学式气敏传感器	恒电位电解	恒电位电解池	CO、NO、NO_2、SO_2
	电池电流	氧电极	O_2
接触燃烧式气敏传感器	燃烧热	Pt 丝加上氧化催化剂	可燃性气体

第23章 气敏传感器

23.1 国内外气敏传感器展示

23.1.1 QM-B型薄膜气敏元件

该元件是采用等离子体激活化学气相淀积方法制备的一种新型"气-电"传感器,它用于对可燃性气体的检测、测漏和监控。这种气敏元件的灵敏度,对醇类、液化石油气、煤气、汽油和蒸汽大于5,对一氧化碳气和丁烷小于2。其外形结构如图23-1所示,特性参数如表23-3所列。

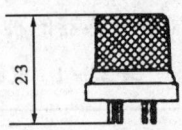
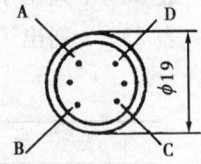

图23-1 外形结构(配7脚电子管管座使用)

表23-3 QM-B型薄膜气敏元件特性参数表

响应时间 /s	恢复时间 /s	工作温度 /℃	工作湿度 /%RH	重现性误差 /%	使用寿命 /年
<5	<15	-10~+40	<85	<10	>1

23.1.2 TGS816型气敏传感器

这种传感器用于工业和家庭检测漏气,其原理和结构如图23-2和图23-3所示,其特性参数见表23-4。

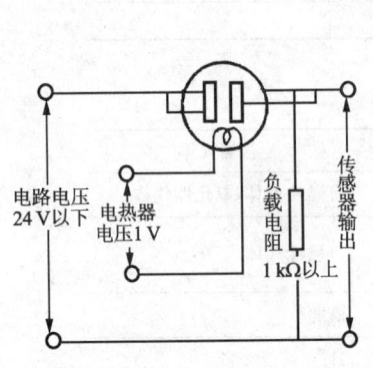
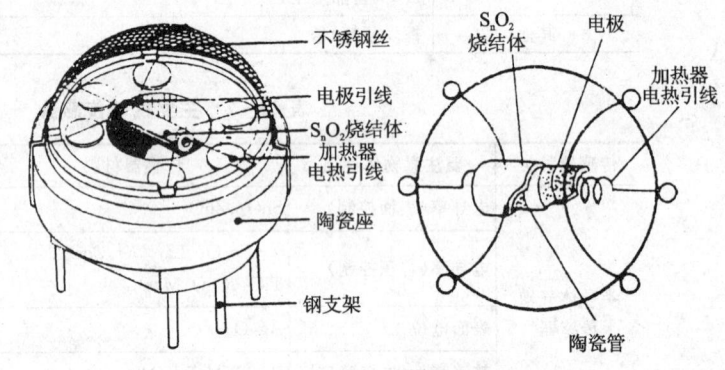

图23-2 TGS816型工作原理图　　　　图23-3 TGS816型结构图

表23-4 TGS816型气敏传感器特性参数表

测定成分	量程 /(%ppm)	输出	重现误差 /%FS	响应时间 /s	电源电压 /V	功耗/mW	
						加热	烧结体
可燃气体	几~几百	电压	<2	<5	5	830	<15

23.1.3 TGS109型气敏传感器

TGS109型气敏传感器用金属氧化物半导体敏感气体,如图23-4所示,是由氧化锡烧结体、内电极及兼作电极的加热线圈组成的。利用烧结体吸附还原气体时电阻减小的特性,即可检测还原气体是否存在。

用加热器加热可得到理想的响应速度。在敏感元件上串联 4 kΩ 负载电阻的回路上加 100 V 电压,测量负载电阻两端的电压即是传感器输出。

TGS109 型气敏传感器的结构如图 23-5 所示,直径 20 mm,高 15.5 mm,质量 4.6 g。其底座使用玻璃纤维强化的聚乙烯对苯二酸酯树脂(热复形温度 240℃)。为了防爆,用 100 目的不锈钢丝网制作成双层结构。其特性参数如表 23-5 所列。

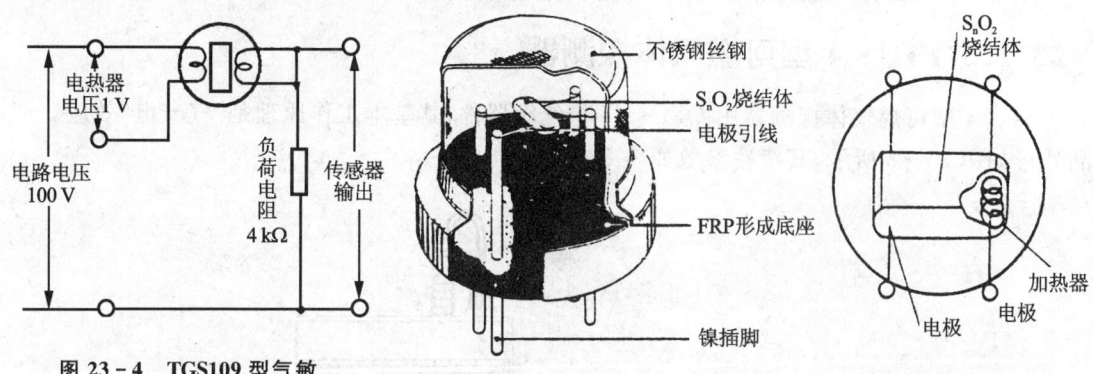

图 23-4 TGS109 型气敏传感器工作原理

图 23-5 TGS109 型气敏传感器结构示意图

表 23-5 TGS109 型气敏传感器特性参数表

测定成分	量程/(%ppm)	输出/V	重复误差/%FS	响应时间/s	电源电压/V		功耗/mW	
					加热	回路	加热	烧结体
甲烷丁烷	几百~几	0~100	<5	<5	1.0	100	430	<625

TGS109 型气敏传感器广泛用于家用漏气报警器、生产用探测报警器和自动排风扇等。

23.1.4 EGS-NO2A 型气敏传感器

α-Fe_2O_3 超微粒构成的氧化物半导体烧结体接触可燃气体时,其电阻值显著下降。EGS-NO2A 型气敏传感器就是利用烧结体的这一特性设计的。其工作原理和结构如图 23-6 和图 23-7 所示,特性参数如表 23-6 所列。

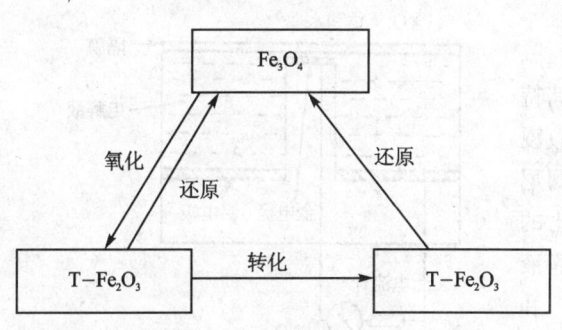

图 23-6 EGS-NO2A 型气敏传感器工作原理图

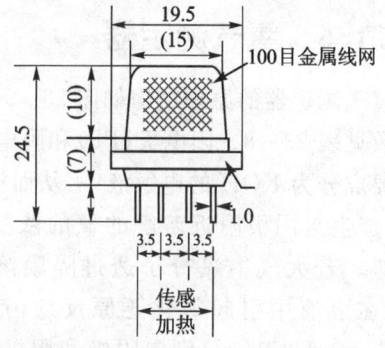

图 23-7 EGS-NO2A 型气敏传感器结构图

第23章 气敏传感器

表 23-6　EGS-NO2A 型气敏传感器特性参数表

测定气体	测定浓度/%	工作温度/℃	储存温度/℃	加热AC电压/V	传感器AC电压/V	稳定时间/min	响应时间/s	浓度分离度
甲烷,氢,异丁烷	0.03~2.0	-10~60	-10~85	3.7	<6.0	10	<10	1.75

EGS-NO2A 型气敏传感器可用于可燃气体报警器、厨房电具装置、防火装置等。

23.1.5　TC-4 型可燃气体探测器

TC-4 型可燃气体探测器用 QM-N5 作气敏器件,其基本工作原理是"气—电"效应。产品外形如图 23-8 所示,其特性参数如表 23-7 所列。

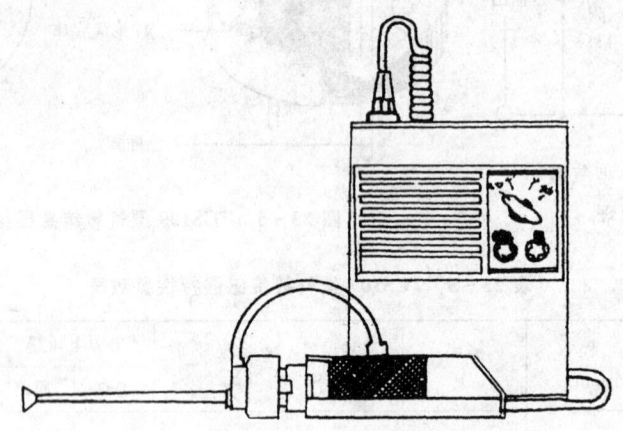

图 23-8　TC-4 型可燃气体探测器

表 23-7　TC-4 型可燃气体探测器特性参数表

报警点/%				响应时间/s	预热时间/min	工作温度/℃	DC电源电压/V	外形尺寸/mm
天燃气	煤气	石油气	氢气					
0.05~0.5	0.04~0.4	0.03~0.3	0.04~0.4	<20	<2	-10~40	6	170×135×50

23.1.6　氧气测定器

氧气测定器的原理结构如图 23-9 所示,其特性参数见表 23-8。阳电极(Pb)和阴电极(Au)浸在主要成分为 KOH 的电解液中,从而构成加阀尼电池,产生与阴极附近溶解的氧的浓度成正比的电动势。若大气中氧分子透过隔膜溶入电解液中,则在溶液中引起氧化还原反应,产生 H^+ 和 OH^-。H^+ 和 OH^- 分别向阴极和阳极移动,在阴

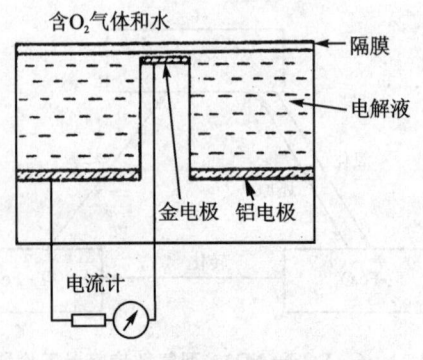

图 23-9　氧气测定器原理结构图

极处引起还原反应 $2H^+ + 2e \rightarrow H_2$,产生还原电流。还原电流与氧的浓度成正比,测定电流即可知道氧的浓度。

表 23-8 氧气测定器特性参数表

测定成分	量程/(%ppm)	输出/mA	精度/%FS	响应时间/s	环境温度/℃	电源AC电压/V	功耗/W	预热时间/s
O_2	0~100	4~20	5	<2	-10~40	100	10	20

氧气测定器用聚四氟乙烯薄膜,响应时间短。指示电极是金的,几乎不受其他气体的影响。在-10~40℃范围能进行自动温度补偿,指示值稳定。

23.1.7 FT626 环境氡氚仪

该仪器是移动式、高灵敏度的绝对测氡仪,采用双滤膜法测氡浓度,测量结果不受氡与其子体之间放射性平衡程度的影响。它适用于环境氡含量的调查研究、事故监测、放射医学、地震监测和气象研究。其结构原理图如图 23-10 所示,特性参数如表 23-9 所列。

表 23-9 FT626 环境氡氚仪特性参数表

灵敏度	氡/(Bn·m^{-3})	0.37(95%置信度)	探测器	φ60 mm ZnS(Ag)闪烁体
	氡氚子体/(10^{-4}MeV·m^{-3})	1.3(0.0001 WL)	采样泵	120 L/min 类型
固有误差/%		<10(典型值)	衰变筒容积/L	≈40
本底/(个·h^{-1})		<18	最大尺寸/mm	≈φ200×1 200
电源		220 V AC;50 Hz	质量/kg	20
工作温度/℃		0~40		

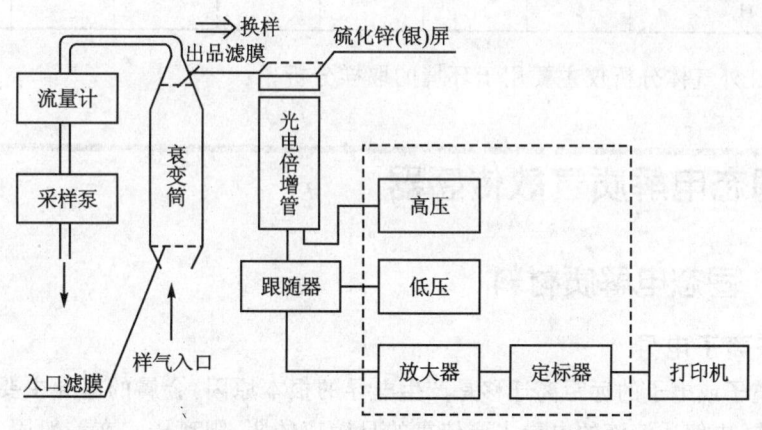

图 23-10 FT626 环境氡氚仪结构原理图

23.1.8 ZAL 型红外气体分析仪

各种气体分子(或原子)都有各自的固有红外线吸收带,吸收量的多少与气体浓度大小成比例,利用气体的这一性质即可测定气体浓度。这种分析仪的工作原理如图 23-11 所示。用分光器将光源分成两束红外线,一束射入标准器被吸收后透过去,另一束被气体试样吸收一部分后透过去,两束透过的光束入射到各自的检测器上。检测器将光量差转换成电信号,电信号经过放大和整流后输出。

ZAL 型红外气体分析仪的结构如图 23-12 所示,其特性参数如表 23-10 所列。接触气体的材料是 SUS304 氯丁橡胶环氧树脂、CaF_2、蓝宝石和聚四氟乙烯等。外壳是钢材加工的,不防爆,质量 22 kg。

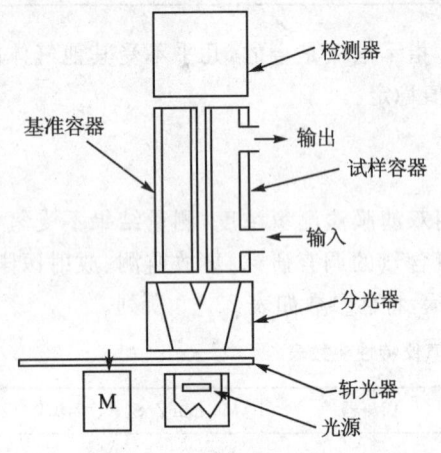

图 23-11 ZAL 型红外气体分析仪工作原理图

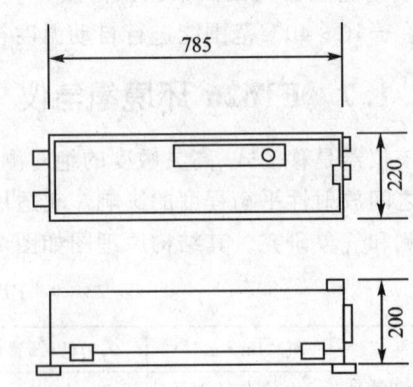

图 23-12 ZAL 型红外气体分析仪结构图

表 23-10 ZAL 型红外气体分析仪特性参数表

测定成分	量程 /ppm	DC 输出 /V	相应时间 /s	重复误差 /%FS	线性度 /%FS	环境湿度 /%RH	功率 /W
NO、CO、CO_2、SO_2、CH_4	0～50	0～1	<40	<0.5	<2	<90	110

ZAL 型红外气体分析仪主要用于环境的取样分析。

23.2 固态电解质气敏传感器

23.2.1 固态电解质材料

1. 固态离子电导

材料中离子或电子的远距离迁移是产生电导的根本原因,金属的电导主要依靠自由电子的迁移来完成,电解质溶液的电导主要依靠的是游离的阴、阳离子。在一般固态无机材料中,离子和电子往往都牢牢地被束缚在晶格和组成晶格的原子内,离子和电子的远距离迁移很难实现,因此导电能力非常弱。只有当温度上升到使它们接近熔融状态时,或者当外加电场高于材料的分解电压时,高温游离出来的离子或高电压释放出来的电子才能使材料具有导电的可能。然而,也有某些固态无机材料,由于其结构的特殊性,部分离子可以相对自由地在晶格结构内移动,表现出一定的导电性能。对这一类固态无机材料通常称为固态电解质,也可称为快速离子导体或超离子导体。

描述固态材料导电能力的参数通常是其电导率,即单位长度、单位截面积固体切片的电导。常用单位是$(\Omega \cdot cm)^{-1}$,$(\Omega \cdot m)^{-1}$或S/m,其中S(西门子)$=1\ \Omega^{-1}$。对任何材料及其载流子,其总电导率为所有载流子的电导率之和,并可由下式给出

$$\sigma = \sum_{j}^{m} n_j q_j e \mu_j \tag{23-1}$$

式中,n_j——单位体积内载流子 j 的总数目(m^{-3});q_j——载流子 j 的价电荷数;e——电子电量$(1.602 \times 10^{-19} C)$;$\mu_j$——载流子 j 的迁移率$(m^2/(V \cdot s))$。

在固态电解质的晶格中,不仅离子要参与导电,部分电子也有可能成为载流子。各载流子的电导率与总电导率的比值,通常称为载流子的迁移数 t_j,即

$$t_j = \sigma_j / \sigma \tag{23-2}$$

由固态电解质构成气敏传感器时,要求其电子迁移数 t_e 远小于迁移数 t_i,即$(t_e/t_i) < 10^{-3}$。否则,电子参与导电会导致传感器内部短路,使传感器输出信号产生偏差。因此,固态电解质在使用温度范围内的电子迁移数是决定其是否适合制作气敏传感器的关键参数之一。离子电导率随温度的变化情况,通常可由阿伦尼亚斯(Arrhenius)方程式表达:

$$\sigma = A e^{(-E_a/RT)} \tag{23-3}$$

式中,A——指前因子,含包括潜流动离子的振动频率在内的多项常数;E_a——流动离子的活化能(J/mol);R——气体常数$(8.314\ J/(mol \cdot K))$;T——绝对温度(K)。

作 $\lg\sigma - T^{-1}$ 曲线,可得斜率为$-0.4343 E_a/R$的直线,这是电导率法测量流动离子活化能的理论基础。由式(23-3)可知,离子的电导率通常随温度的升高而增大。

如果多种离子同时对材料的总电导率有相近的贡献,则可以从统计力学的角度去分析各离子的电导率与温度的单独关系。这种情况下的阿伦尼亚斯方程式则应改写为

$$\sigma_j = (A_j/T) e^{(-E_a/RT)} \tag{23-4}$$

各离子的电导率(σ_j)可由交流阻抗仪测得。在各测量温度下作 $\lg(\sigma_j) - T^{-1}$ 曲线,也可得斜率为$-0.4343 E_a/R$的直线。图23-13为几种固态电解质的离子电导率随温度而变化的特征曲线。其中处于右上方位置,且在整个温度范围内呈直线的固态电解质,在使用过程中不会发生相变,并在常温下仍会有很高的离子电导率。

2. 通用固态电解质

通用固态电解质是指不受被测气体性质所限制,可制成多种气敏传感器的固态电解质。这类材料包括各种β-氧化铝,Nasicon 及沸石。根据气敏传感器参比电极材料的性质或参比气体的化学性质,常选用Na^+或Ag^+离子为固态电解质材料的流动离子,相应称为$Na^+-\beta-$氧化铝或Ag^+

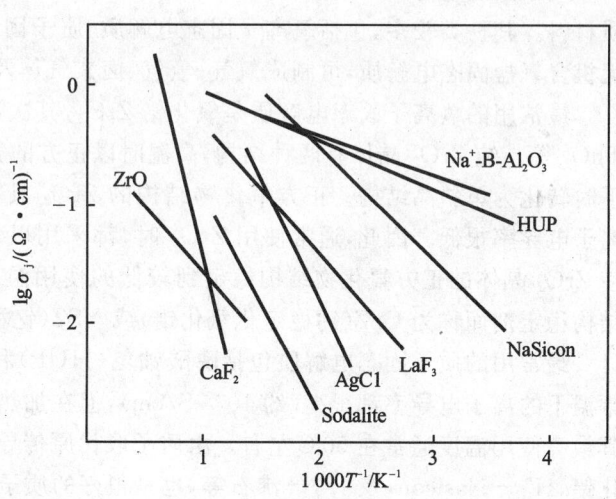

图23-13 几种固态电解质离子电导率的温度特性

—β^-氧化铝等。

通用固态电解质不能单独制作气敏传感器，必须与气敏膜联合使用才能构成加膜型气敏传感器，气敏膜材料通常是低离子电导率的气敏固态电解质，也可能是非固态电解质。它们可直接涂加在通用固态电解质的表面，也可经化学反应来制备。

β-氧化铝是最常用的通用固态电解质，其一般分子式为 $M_2O \cdot nX_2O_3$，其中 M 代表单价阳离子，如碱金属离子、Cu^+离子、Ag^+离子、NH_4^+离子、H_3O^+离子等；O 代表氧离子；X 代表三价阳离子，如 Al^{3+} 离子、Ga^{3+} 离子或 Fe^{3+} 离子；n 代表材料中 X_2O_3 与 M_2O 的组成摩尔比，其数值通常为 5~11。根据 n 值的不同，还可以分为 β''-氧化铝（$n=5$~7）和 β-氧化铝（$n=8$~11）。它们在结构上略有不同，β''-氧化铝的单晶在 C 轴方向上有三个类尖晶石方块，而 β-氧化铝的单晶则只有两个类尖晶石方块。通常情况下，β''-氧化铝的离子电导率要比同类的 β-氧化铝高 2~3 倍。

Nasicon 是 Na^+ 离子 Superionic Conductor（即钠离子超离子导体）的简称，其一般分子式为 $Na_{1+x}Zr_2(SiO_4)_x(PO_4)_{3-x}$ ($0 \leqslant x \leqslant 3$)。Nasicon 晶体是由 ZrO_6 八面体和 $(P, Si)O_4$ 四面体共角相连所形成的三维网络结构，Na^+ 离子位于三维结构的隧道里，因此具有很高的离子电导率。最近已用 Li^+ 和 H^+ 离子取代 Nasicon 结构中的 Na^+ 离子，制成相应的 Lisicon 和 H^+-Nasicon 新型固态电解质。

沸石是由 SiO_4 四面体与 AlO_4 四面体共角相连所形成的三维结构，内含各种形式的笼子，及其由这些笼子构成的三维隧道。金属阳离子通常以水合离子的形式定居在这些笼子内，因此具有很强的离子交换能力。尽管如此，沸石内阳离子的电导率一般不如 β-氧化铝或 Nasicon。这主要是因为沸石内隧道的尺寸相对于阳离子要大得多，因此阳离子往往都紧紧地靠在隧道的壁上，而不易自由流动。

3. 气敏固态电解质

气敏固态电解质是指本身具有气敏功能，而且只对某一种气体具有气敏作用的固态电解质材料。其种类较多，包括氧离子固态电解质、质子固态电解质、卤素离子固态电解质及各类无机含氧盐固态电解质，可制成氧气、氢气、卤素气体及各种无机氧化物气体的气敏传感器。

最常用的氧离子固态电解质是氧化锆 ZrO_2，其次还有氧化铈 CeO_2、氧化铋 Bi_2O_3、氧化钍 ThO_2 等。纯 ZrO_2 晶体有两种结构，高温时以正方的氟化物结构存在，当温度降至 1000℃ 以下时转化为单斜晶结构。正方氟化物结构的 ZrO_2 具有很高的离子电导率，而单斜晶结构的离子电导率很低。因此，通常使用 ZrO_2 时，都采用以氧化钙 CaO 或氧化钇 Y_2O_3 为稳定剂，使 ZrO_2 晶体的正方氟化物结构稳定到较低的使用温度，并称之为"稳定化氧化锆"。按所用结构稳定剂而称为 CSZ（钙稳定化氧化锆）或 YSZ（钇稳定化氧化锆）。

最常用的质子固态电解质包括磷酸铀氢（HUP）和水合锑酸酐（$Sb_2O_5 \cdot 4H_2O$）。它们在常温下的离子电导率都很高（约 10^{-3} S/cm），但在加热时会因失水而丧失离子电导能力，因此其最高使用温度通常在 50℃ 左右。由质子取代原传导离子的通用固态电解质，如 H^+-β-氧化铝，H^+-Nasicon，及 H^+-沸石等，也是很好的质子导体，但它们只有在加热时才具有高的离子电导率，其上限使用温度高达 300℃。钙钛矿类氧化物是目前可使用温度最高的质子固态电解质，其在 900℃ 时的离子电导率约为 10^{-2} S/cm，使用温度可高达 1000℃。

卤素离子固态电解质的种类不多，主要有氯化铅（$PbCl_2$）、氯化锶（$SrCl_2$）及氟化镧（LaF_3）。其中 LaF_3 虽然是 F^- 离子导体，但由于 F^- 离子与 O^{2-} 离子在离子半径上相似，晶格

外 O^{2-} 离子可以与晶格内的 F^- 离子替换而进入晶格,并可在晶格内自由移动。因此 LaF_3 既是 F^- 离子导体,也是 O^{2-} 离子导体,可广泛制作各类氧气传感器。

此外,以金属离子为传导离子的气敏固态电解质可包括 Na_2SO_4,$AgCl$,K_2CO_3 等。它们的气敏基团通常是组成电解质的非金属阴离子,如 SO_4^{2-} 离子是检测 SO_2 及 SO_3 的气敏基团,$AgCl$ 中的 Cl^- 离子则是检测 Cl_2 气体的气敏基团。与前述的其他各类气敏固态电解质相比,这类气敏固态电解质由于其传导离子往往可以与多种气敏基团组成化合物,例如以 Na^+ 离子为传导离子的固态电解质可以有 Na_2SO_4,Na_2CO_3,$NaNO_3$ 等。因此,所构成气敏传感器的气敏选择性往往取决于固态电解质的热稳定性及传感器的工作温度。

23.2.2 电位式气敏传感器

电位式气敏传感器是指输出信号为电位差形式的一类电化学传感器。一般情况下,其测量电路极为简单。但由于多数固态电解质本身在传感器工作温度范围内都存在一定的内阻,理想的电位差测量手段应避免电流在传感器内阻上的消耗所引起的误差,因此实际应用中,常采用高输入阻抗的直接测量法。只要测量电路的输入阻抗远高于传感器内阻(约大于 10^6 倍),测量结果还是相当接近理论值的。

根据固态电解质的性质及其与被测气体的关系,将电位式固态电解质气敏传感器分为共元素型、内含型和加膜型三类。

共元素型气敏传感器采用传导离子与被测气体相同元素的气敏固体电解质,用来测量无机单元素气体,如 O_2,H_2,Cl_2 等。典型的共元素型气敏传感器有以稳定化氧化锆为气敏固态电解质的氧气传感器,以磷酸铀氢、水合锑酸酐为气敏固态电解质的氢气传感器,以及以氯化铅为气敏固态电解质的氯气传感器。

内含型气敏传感器所用的气敏固态电解质,其传导离子与被测气体不属同种元素,而是单价的金属离子,如 Na^+ 离子和 Ag^+ 离子等。但气敏固态电解质的气敏基团则必须与被测气体有着某种联系。例如,测量 SO_2 气体的内含型气敏传感器所用的固态电解质必须是含有 SO_4^{2-} 离子的各种硫酸盐,而测量 NO_2 气体的内含型气敏传感器则必须采用含 NO_3^- 或 NO_2^- 气敏基团的硝酸盐或亚硝酸盐为固态电解质。可见,构成内含型气敏传感器的主要材料是无机盐气敏固态电解质。内含型气敏传感器的种类较多,固态电解质的实际组成有时也较复杂。可采用几种固态电解质的混合物,以提高传感器材料的工作性能。

加膜型气敏传感器采用与被测气体性质无关的通用固态电解质,如 β—氧化铝和 Nasicon 等,并在其两电极端表面各添加一层气敏膜。气敏膜的添加可以通过物理的方法获得,也可以由化学反应获得。物理添加法就是将粉末状气敏膜材料直接压在通用固态电解质的表面,或者将溶有气敏材料的溶液直接涂在通用固态电解质的表面,待溶剂挥发后即形成所需的气敏膜。化学反应添加法则先将固态电解质制成传感器元件,然后置于一定的化学气体中,使其表面形成所需的气敏膜。例如,将仅以 β—氧化铝为固态电解质的传感器元件置于 SO_2 和 O_2 的高温混合气体中,一段时间后,可在 β—氧化铝的表面形成一层极薄的 Na_2SO_4 气敏膜。由化学反应形成的气敏膜与物理法添加的气敏膜具有完全相同的气敏作用,不过由于前者的 β—氧化铝中的 Na_2O 参与了生成 Na_2SO_4 的反应,一定程度上改变了 β—氧化铝的性质,加之所生成的气敏膜太薄,容易产生裂痕。因此,由化学反应法制成的加膜型气敏传感器的工作稳定性往往不太理想。

除上述分类外,还可根据传感器的工作性质,将电位式气敏传感器分为浓差式和化学反应式两种。前者输出信号(电极电位差 E)取决于传感器工作电极和参比电极之间的分压比。它包括所有的共元素型和采用参比气体的内含型和加膜型气敏传感器。后者的参比电极材料与被测气体之间存在一定的化学反应势,其输出信号不仅与被测气体的分压有关,而且还与参比电极和被测气体所生成化合物的生成自由能有关。它包括采用与固态电解质传导离子相同元素的金属材料为参比电极的内含型和加膜型气敏传感器。下面分别介绍浓差式和化学反应式气敏传感器的结构及原理。

1. 浓差式气敏传感器

图 23-14 所示为浓差式气敏传感器的基本结构示意图。它通常由圆片状固态电解质气敏材料、金属工作电极、金属参比电极及气体样品室组成。工作电极一端的气体分压为 p^s 大气压(atm),参比电极一端的气体分压为 p^r 大气压(atm),两端的气体都是 A_2。由于电位式气敏传感器的工作原理与原电池相似,因此可用相同的表示方法。图 23-14 所示结构可表示为

$$A_2(p^r), Me \mid SSE \mid Me, A_2(p^s)$$

其中,Me 代表金属电极,通常采用铂(Pt)、金(Au)等贵金属,且参比电极和工作电极使用同一种金属材料;SSE 是该传感器所用固态电解质的总称,一般要写出全称,如钙稳定化氧化锆(CSZ)、磷酸铀氢(HUP)等,对采用通用固态电解质组成的气敏传感器还需标出气敏膜的化学组成;Me 与 SSE 之间竖线是代表固-固、固-气两相之间的相界面。

由于推导输出信号与两气体分压比值之间的关系要涉及复杂的电化学原理及热力学定律,我们不妨直接采用能斯脱(Nernst)公式,并可简单地表示为

$$E = (RT/2nF)\ln(p^s/p^r) \tag{23-5}$$

式中,E——传感器信号响应值,即传感器工作与参比电极之间的电位差(V);R——气体常数(8.314 J/(mol·K));T——工作温度(K);n——电极反应的电子交换数目;F——法拉第常数(9.648×10⁴C/mol);p^s——被测气体分压值(atm);p^r——参比气体分压值(atm)。

因此,已知传感器的工作环境温度(T)及参比气体的分压值(p^r),并测得传感器的信号响应值(E)后,就可求得被测气体的分压(p^s)。通常情况下,p^r 为已知常数,因此当传感器工作环境温度 T 恒定时,E 与 $\ln(p^s)$ 具有直线线性关系,直线的斜率为 RT/nF,截距为 $-(RT/nF)\ln(p^r)$。图 23-15 是一种以 Nasicon 为通用固态电解质的二氧化硫气敏传感器在 776℃ 工作温度下的 $E-\ln(p^s)$ 曲线,其参比 SO_2 气体的分压分别为 0.17 Pa 和 3.2 Pa,氧气为平衡气体。

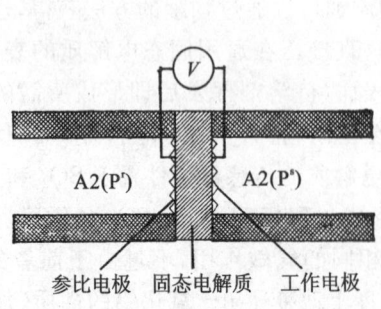

图 23-14 浓差式气敏传感器的基本结构示意图

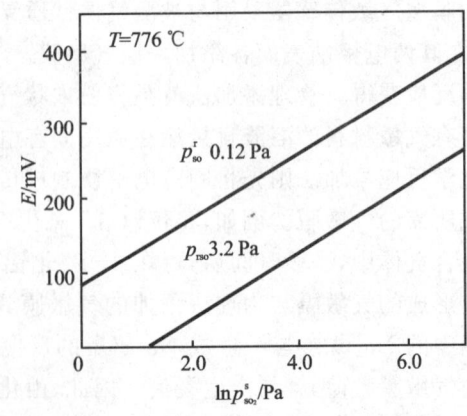

图 23-15 不同 p^r 下二氧化硫气敏传感器的响应曲线

传感器输出信号与被测气体分压的对数成直线关系,这是电位式气敏传感器的共同特点。因此,在一般情况下它们都具有很宽的动态线性范围。浓差式气敏传感器理论上可以测定任意浓度范围的被测气体分压,实际中由于受固态电解质材料性能的限制,通常只能测量几个 ppm 浓度以上的被测气体分压。

限制共元素型气敏传感器低浓度检测极限的主要因素是固态电解质材料的变相渗透性。例如稳定氧化锆氧气传感器,其参比气体通常为空气,干扰空气中的氧气含量一般为体积的 21%,因此参比分压相当于 0.21 atm。当测量过低浓度的氧气分压时,相对为高浓度的参比氧气在固态电解质表面转化为氧离子 O^{2-} 而进入氧化锆晶格内,并产生能导电的空穴。而在低浓度的被测气体一端,氧化锆晶格内的氧离子 O^{2-} 又可以直接离开表面晶格而转化为氧气,并释放出电子。其结果使高浓度一端的氧气变相地向低浓度一端渗透,改变了低浓度一端被测气体的原始分压,使测量结果偏离实际值。采用与被测气体分压相近的低浓度参比气体,可以减少测量时的变相渗透,但会影响气敏传感器的使用寿命和稳定性。这是因为大气中氧气的含量很高,由低浓度参比气体组成的氧气传感器一旦暴露在空气中,空气中的氧气同样会变相地进入低浓度的参比气体一端,从而改变参比气体的标准浓度值,使测量结果失去意义。

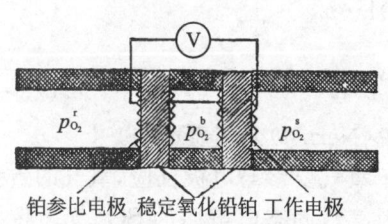

图 23-16 缓冲室结构氧化锆氧气传感器的原理示意图

克服变相渗透的有效办法是以物理的形式将参比气体与被测气体经缓冲室隔离。图 23-16 是一种缓冲室结构氧化锆氧气传感器的原理示意图。它由两个圆片状氧气传感器串联在一起而形成,缓冲室的氧气分压为 $p_{O_2}^b$。由于缓冲室内电极对短路,因此其氧气分压 $p_{O_2}^b$ 不会影响测量结果。当测量低浓度气体时,高浓度参比气体内的 O_2 不能直接进入被测气体一端,而是进入缓冲室,略微改变了与测量结果无关的缓冲室氧气分压 $p_{O_2}^b$,从而保证了被测气体的浓度不受变相渗透的干扰。一般情况下,缓冲室气体分压应选择在 p^r 与 p^s 之间,而且应尽量地靠近被测气体的分压,使 $p^r \gg p^b > p^s$。

2. 化学反应式气敏传感器

图 23-17 所示是采用 AgCl 为气敏固态电解质,以金属银(Ag)为参比电极的化学反应式气敏传感器结构示意图。它可表示为

$$Ag \mid AgCl \mid Pt, Cl_2$$

在气敏铂电极一端,AgCl 中的 Ag^+ 离子与 Cl_2 气体存在如下化学反应趋势

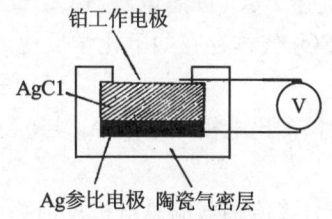

图 23-17 化学反应式气敏传感器结构示意图

$$Ag^+ + \frac{1}{2}Cl_2 + e \longrightarrow AgCl \qquad (23-6)$$

在化学反应势的作用下,AgCl 中的 Ag^+ 离子不断向铂电极附近迁移,造成 Ag 电极附近 Ag^+ 离子浓度的相对缺少,为了维持参比银电极的电位,参比电极一端的 Ag 与 AgCl 中的 Ag^+ 离子存在如下的平衡趋势

$$Ag \longrightarrow Ag^+ + e \qquad (23-7)$$

其总结果是参比电极 Ag 与气敏铂电极一端的 Cl_2 气体存在如下化学反应趋势

$$Ag + (1/2)Cl_2 \longrightarrow AgCl \qquad (23-8)$$

根据热力学定律,这一反应的自由能变化可由下列范特霍夫(van't Hoff)反应方程式表达

$$\Delta G = \Delta G^0 + RT\ln(\alpha_{AgCl}/(\alpha_{Ag} \cdot p_{Cl_2}^{1/2})) \tag{23-9}$$

式中,ΔG——反应自由能变化(J/mol);α_{AgCl}——AgCl 的活度,纯固态 AgCl 的活度为 1;α_{Ag}——参比电极 Ag 的活度,纯固态 Ag 的活度为 1;$p_{Cl_2}^{1/2}$——Cl_2 气体的分压(atm);ΔG^0——标准状态下的反应自由能变化,这里等于 AgCl 的标准生成自由能 ΔG^0_{AgCl};R 和 T 符号含义同式(23-5)。

根据电化学原理,电极反应的电动势 E 与反应自由能变化 ΔG 之间有如下转换关系

$$E = -\Delta G/nF \tag{23-10}$$

或在标准状态下

$$E^0 = -\Delta G^0/nF \tag{23-11}$$

式中,E——电极反应的电动势,即传感器工作电极与参比电极之间的电位差;E^0——标准状态下电极反应电动势;n——电极反应的电子交换数目;F——法拉第常数(9.648×10^4 C/mol)。

因此根据式(23-9)、式(23-10)和式(23-11),并考虑到固态 Ag 及 AgCl 的活度均为 1,可得传感器工作电极与参比电极之间的电位差 E 与被测气体分压 p_{Cl_2} 之间的关系式

$$E = -\Delta G^0_{AgCl}/F + (RT/2F)\ln(p_{Cl_2}) \tag{23-12}$$

或完全写成电位的形式

$$E = E^0 + (RT/2F)\ln(p_{Cl_2}) \tag{23-13}$$

式(23-12)即是该传感器电极总反应式(23-8)的能斯脱(Nernst)公式表示式。

测量无机氧化物气体的化学反应式气敏传感器,由于氧气要参与电极反应,氧气的含量也将影响传感器的输出信号。例如,以 $Ag_2SO_4-Li_2SO_4$ 为气敏固态电解质的 SO_2 气敏传感器的电池结构式为

$$Ag \mid Ag_2SO_4 - Li_2SO_4 \mid Pt, SO_2, O_2$$

SO_2 在工作电极 Pt 表面首先被催化氧化为 SO_3

$$SO_2 + (1/2)O_2 \longrightarrow SO_3 \tag{23-14}$$

与上述 AgCl 固态电解质 Cl_2 气敏传感器相似,气敏铂电极一端$(Ag,Li)_2SO_4$ 中的 Ag^+ 离子与 SO_3 气体存在如下化学反应趋势

$$2Ag^+ + SO_3 + (1/2)O_2 + 2e \longrightarrow Ag_2SO_4 \tag{23-15}$$

同时,参比电极一端的 Ag 与$(Ag,Li)_2SO_4$ 中的 Ag^+ 离子也存在与式(23-7)一样的平衡趋势

$$Ag \longrightarrow Ag^+ + e$$

因此,该传感器的总电极反应为

$$2Ag + SO_3 + (1/2)O_2 \longrightarrow Ag_2SO_4 \tag{23-16}$$

与推导上述 AgCl 固态电解质 Cl_2 气敏传感器的能斯脱表达式相似,并考虑固态$(Ag,Li)_2SO_4$ 中的 Ag_2SO_4 活度 $\alpha_{Ag_2SO_4} \neq 1$,描述总电极反应表达式为式(23-16)的 SO_2 气敏传感器的 $E-P_{SO_3}$ 关系的能斯脱表达式可写成

$$E = -\Delta G^0_{Ag_2SO_4}/2F - (RT/2F)\ln(\alpha_{Ag_2SO_4}) + (RT/2F)\ln(p_{SO_3}) +$$
$$(RT/4F)\ln(p_{O_2}) \tag{23-17}$$

式中,$\Delta G^0_{Ag_2SO_4}$——Ag_2SO_4 的标准生成自由能;$\alpha_{Ag_2SO_4}$——气敏固态电解质中 Ag_2SO_4 的活度;其他符号含义同式(23-12)。

将上式与式(23-12)比较可见,式(23-17)不但增加了被测气体中氧气分压项,而且还包

括了固态电解质中 Ag_2SO_4 的活度项。这是因为混合固态电解质 $(Ag,Li)_2SO_4$ 中的 Ag^+ 离子并非是唯一的传导离子,其化学势要受到 Ag_2SO_4 组份的有效浓度,即活度的影响,通常情况下 $\alpha_{Ag_2SO_4} \leqslant 1$。对于已知混合比的固态电解质,其有效气敏组份的混合摩尔浓度通常认为相当于该组份的活度。但在某些场合,由于几种混合物之间可能存在化学反应,平衡状态的有效气敏组份活度只能通过实验测得。在实际应用中,对于一个已选定固态电解质材料的气敏传感器,其有效气敏组份的活度和标准生成自由能都是常数。因此,实际应用中,式(23-17)常简写成

$$E = 常数 + (RT/2F)\ln(p_{SO_2}) + (RT/4F)\ln(p_{O_2}) \qquad (23-18)$$

固态电解质的品种繁多,由它们组成的电位式气敏传感器的形式也多样,这里不再赘述。表 23-11 和表 23-12 分别列出几种浓差式和化学反应式气敏传感器的电池结构式、被测气体及工作温度范围。

表 23-11 浓差式固体电解质气敏传感器

电池结构式	被测气体	工作温度/℃
空气,$Pt \mid Y_2O_3-ZrO_2 \mid Pt$,$O_2$	O_2	500~1000
Na(蒸汽)$\mid \beta''-Al_2O_3 \mid$ Na(蒸汽)	Na	200~300
$SO_2,O_2,Pt \mid Na_2SO_4-Y_2(SO_4)_3-SiO_2 \mid Pt,SO_2,O_2$	SO_2	700
$SO_2,SO_3,O_2,Pt \mid Nasicon \mid Pt,SO_3,SO_2,O_2$	SO_x	650~950
$CO_2,O_2,Au \mid Na_2CO_3 \mid Nasicon \mid Au,O_2$	CO_2	730~890
Cl_2,石墨$\mid PbCl_2-KCl \mid$ 石墨,Cl_2	Cl_2	室温~300
$CO_2,O_2,Pt \mid Li_2CO_3 \mid Li_{1.3}Al_{0.3}Ti_{0.7}(PO_4)_3 \mid Li_2CO_3 \mid Pt,CO_2,O_2$	CO_2	650
$H_2,Pt \mid H_3O^+ - Nasicon \mid Pt,H_2$	H_2	室温

表 23-12 化学反应式固态电解质气敏传感器

电池结构式	被测气体	工作温度/℃
$Ag \mid SrCl_2-KCl-AgCl \mid Pt,Cl_2$	Cl_2	100~450
$Ag \mid Li_2SO_4-Ag_2SO_4 \mid Pt,SO_2,SO_3$,空气	SO_x	500~750
$Ag \mid Ag^+-\beta-Al_2O_3 \mid Ag_3AsO_4 \mid Pt,AsH_3$,空气	AsH_3	600~740
$Ag \mid AgZr_2(AsO_4)_3 \mid Pt,AsO_x,O_2$	AsO_x	600~900
$Na,Pt \mid Na^+-\beta-Al_2O_3 \mid NaNO_3 \mid Pt,NO_2,O_2$	NO_2	50~160
$Ag/AgCl-SrCl_2 \mid SrHCl \mid Pt,H_2$	H_2	330~430
$PbO_2,Pt \mid HUP \mid Pt,H_2$	H_2	室温
$Ag \mid (Ag,Na)_2(AlSiO_4)_6(NO_2)_2 \mid Au,NO_2$	NO_2	150~250

23.2.3 安培式气敏传感器

安培式气敏传感器通常是指气敏元件的输出信号为电流量的一类电化学传感器。其基本结构与电位式的相似,但由于回路中有电流通过,使组成气敏元件的电极对其电极表面的电化学反应处于平衡状态,因此不能用上述能斯脱关系式来描述。安培式气敏传感器的输出电流,在非平衡状态时,取决于电极表面的化学反应速度,而且与被测气体的浓度成线性关系。

根据产生电流所需电动势的来源,安培式气敏传感器可分为普通安培式和极限电流式两

种。普通安培式的电动势来自气敏元件本身,无需外接电源。极限电流式的电动势来自于外接电路,在外接电压的作用下,互为相反的化学反应分别在组成气敏元件的电极对上进行。电极反应的速率在一定的电压范围内取决于外接电压值及气敏电极表面被测气体的浓度,并决定着推动气敏元件的电流值。通过以一定的形式限制被测气体向气敏电极表面扩散的速度,可使流经回路的电流与外加电压的关系在每一种气体浓度下都有一定相应的极限电流值。此时,回路电流的大小完全取决于被测气体的浓度,而不随外加电压的变化而变化。极限电流式的工作稳定性通常要较普通安培式的高。安培式气敏传感器的动态响应范围虽不如电位式的宽,但其测量精度却较高。

1. 普通安培式气敏传感器

普通安培式的主要测量对象是还原性的 H_2 和 CO 气体,通常以磷酸铀氢气(HUP)、锑酸等质子导体为固态电解质。图 23-18 所示是以锑酸薄膜为固态电解质的安培式气敏传感器的结构示意图。其固态电解质的两对应面都涂有铂金属电极,其中一电极由氧化铝基片将其与外界环境隔离,使该电极上气体的浓度相对低于另一完全暴露在外界环境中的铂电极,从而使两电极间产生一定的电位差。当两电极与外电路形成回路时,H_2 或 CO 在暴露的铂气敏电极上氧化产生 H^+ 离子,其电极反应式分别为

$$H_2 \longrightarrow 2H^+ + 2e$$

及

$$CO + H_2O \longrightarrow CO_2 + 2H^+ + 2e$$

所产生的 H^+ 离子迁移入固态电解质内。而在被氧化铝隔离的铂电极上,固态电解质表面的 H^+ 离子与空气中的氧气结合成为 H_2O,并离开固态电解质。因此,整个过程认为是被测气体 H_2 或 CO 在气敏元件两对应铂电极上的氧化反应 5。它们在两电极上反应的速率差是产生电极电位差的真正原因。在 500~600 ppm 被测气体浓度范围内,传感器的响应值与被测值成直线关系。图 23-19 所示是这种传感器的电流响应与 H_2 浓度的关系。

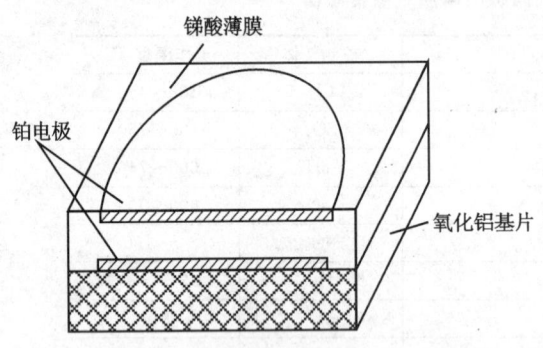

图 23-18 普通安培式氢气传感器结构示意图

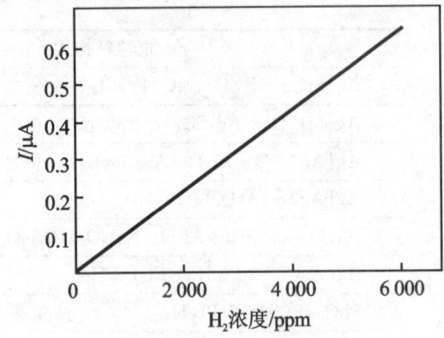

图 23-19 锑酸膜氢气传感器电流响应与气体浓度的关系

2. 极限电流式气敏传感器

氧化锆氧气泵是最典型的极限电流式气敏传感器,其最基本的组成部分是氧化锆固态电解质和沉积在其两对应面的电极对。在两电极上所能发生的电化学反应及速率,取决于外加电源的方向和大小。外加电压增至一定值时,流经回路的电流则达到极限值,该极限值的大小与继续增加的电压值无关,而与被测环境中氧气的含量成正比。图 23-20 所示是氧化锆氧气泵极限电流式气敏传感器的结构示意图。当施加在传感器两定极上的外加电源电压由小到大

逐渐增加时,阴极上的氧气不断地俘获电子而转变为 O^{2-} 离子进入氧化锆晶格内,并在电场的作用下向阳极迁移。同时,与阳极接触的氧化锆晶体的晶格 O^{2-} 离子则在阳极表面失去电子而成为自由态氧气。因此,整个过程相当于一台氧气泵,将氧气从阴电极一端输向阳电极一端,其输送速率随外加电压的增加而加大。但当两电极间的电位差增加到一定值后,氧气的输送速率就不再随外加电压的增加而增加,回路的电流达到一饱和值。

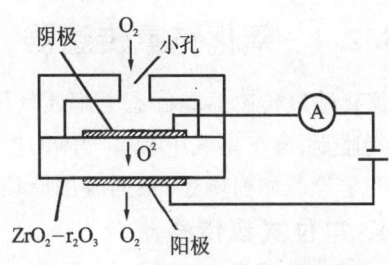

图 23-20　极限电流式氧气传感器结构示意图

图 23-21 所示为极限电流式气敏传感器的电流-电压关系曲线。它可分成三段小区:阻抗电流区、极限电流区和材料分解区。在阻抗电流区内,由于外加电压不高,氧气从阴极输向阳极的速率较慢,因此回路电流的大小取决于固态电解质的离子电导率 $\sigma_{O^{2-}}$ 和外加电压 V,而固态电解质的阻抗则决定着该区域内 I-V 曲线斜率。当外加电压达到并超过某值 V_a 后,氧气从阴极输向阳极的速率开始超过氧气从被测环境经小孔向阴极扩散的速率,此时回路的电流由于受到阴极表面氧气浓度的限制而达到饱和值。这就是极限电流式气敏传感器所利用的极限电流区。其高电压值 V_b 由固态电解质的分解电压所决定。当外加电压超过材料的分解电压后,固态电解质本身发生电解,导致材料分解区的电流随电压的增加而急剧上升。

在极限电流区内,极限电流 I_L 与小孔尺寸及被测气体分压 p_{O_2} 有如下关系

$$I_L = -(4FDAP/RTL)\ln(1 - p_{O_2}/p) \tag{23-19}$$

式中,D——氧气的扩散常数;A——小孔截面积;p——被测气体环境总压;L——小孔长度;R,T 和 F 符号含义同式(23-5)。

图 23-22 所示为这种传感器在不同氧气分压下的极限电流与外加电压之间的关系曲线。从图中可以看出,传感器的极限电流随氧气分压的增大而成正比增加。极限电流氧气传感器的主要应用是作为汽车发动机燃烧室的空气/燃料当量比传感器,用于控制发动机的燃烧效率。

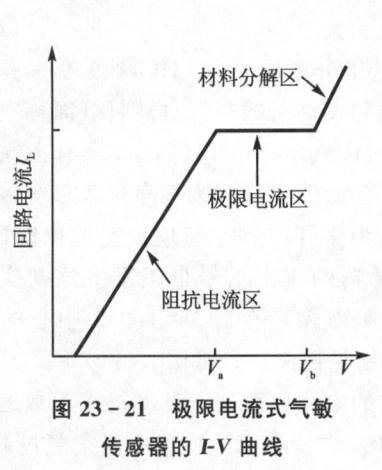

图 23-21　极限电流式气敏传感器的 I-V 曲线

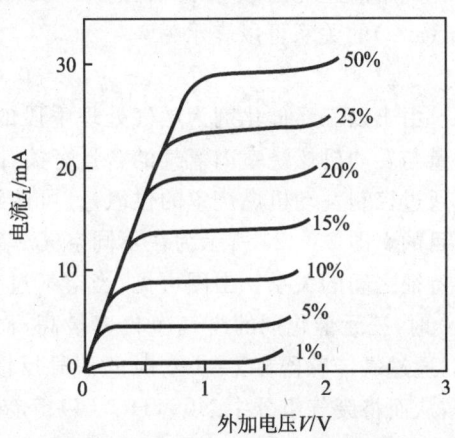

图 23-22　极限电流氧传感器在不同氧气分压下的 V-I_L 曲线

23.2.4 氧化锆氧传感器

氧化锆氧传感器是固态电解质气敏传感器的典型代表,其主要用途可包括各种工业锅炉的废气监测、汽车尾气中有害气体的控制、发动机燃烧效率的提高及炼钢工序中熔融钢水含氧量的测定等。如前所述,根据应用原理的不同,主要有电位式和极限电流式两种传感器形式。

1. 电位式氧传感器

为了减少汽车发动机尾气对大气环境的污染,许多国家都相继制订了有关限制汽车尾气中有害气体排放量的标准。因此,发动机尾气在排出之前都要利用三元催化剂对有害成分进行催化处理。由于三元催化剂的废气净化率不但与催化剂材料有关,还与尾气中氧的含量有关,因此必须控制氧含量,以保证三元催化剂具有最高的废气净化率。

图 23-23 所示为用于在线分析汽车尾气氧含量的电位式氧传感器结构示意图。由于发动机的空间有限,传感器的外形常设计成 U 型结构。该氧传感器的参比气体是空气,其内电极(即参比电极)为用厚膜技术固定的多孔 Pt 膜,外电极(即工作电极)采用在有机悬胶液涂敷 Pt 厚膜上再溅射 Pt 薄膜的特殊方法制备,以提高三相界面的催化活性。同时,为防止 Pt 外电极受废气中腐蚀性气体,如 P 和 S 等化合物的侵蚀,外电极表面需再用等离子体技术喷涂一层厚约 20~80 μm 的多孔镁尖晶石膜 ($MgAl_2O_4$)。为增加传感器的机械强度,整个传感器必须装在不锈钢套筒内,然后再固定在发动机与排气管的连接处。根据发动机的工作状态,其排出尾气的温度可在 300~950℃ 之间变化,为此,还需在 U 型管内插入加热器,保证传感器在稳定的温度下工作。

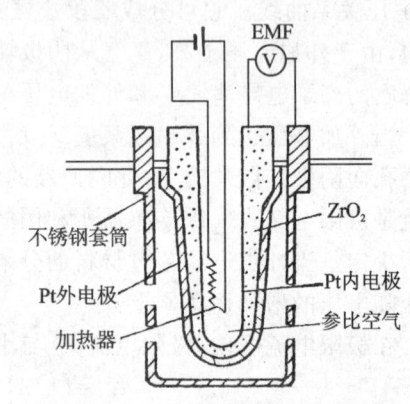

图 23-23 电位式氧传感器结构示意图

应用前述理论,该传感器在 700℃ 工作温度下其电位输出信号 $E(V)$ 与被测废气中氧含量 $p_{O_2}(atm)$ 的关系可以表示为

$$E = 0.033 + 0.048 \lg p_{O_2} \tag{23-20}$$

由于以三元催化剂为尾气处理手段的发动机废气组分中的 NO_x,HC,CO 等有害气体的含量与发动机燃烧室内氧气的含量有关,因此,通过控制发动机的空气/燃料比(简称空燃比),即通过控制发动机燃烧室的供氧量,可达到控制发动机废气中 NO_x,HC,CO 等有害气体含量的目的。图 23-24 所示为在不同空气/燃料比条件下三元催化剂的废气净化率与氧传感器输出特征之间的关系。由图可见,当空气过剩率 λ(定义为实际空燃比与理论空燃比的比值)为 1.0 时,三元催化剂的废气净化率最高,而此时氧传感器的输出信号也正发生急剧变化。因此,通过氧传感器在 λ=1.0 时的信号反馈,使空气过剩率保持在以 λ=1.0 为中心的小窗口内,从而将废气组分中 NO_x,HC,CO 等有害气体的排出量控制在最低限。

图 23-25 所示为控制发动机燃烧室空气/燃料比的电路原理图。发动机在正常运行状况下,氧传感器的输出信号在发动机空气过剩率 λ=1.0 左右发生急剧变化。当空气过剩率 λ<1.0 时,发动机在缺氧状态下工作,氧传感器的输出信号接近于 1.0 V;而当空气过剩率 λ>1.0 时,发动机在富氧状态下工作,氧传感器的输出信号接近于零。氧传感器的这一输出信号

反馈到控制装置后,转变为控制空气流量和燃料注入量的控制信号,从而有效地控制发动机燃烧室的空燃比,达到控制发动机废气中有害气体含量的目的。

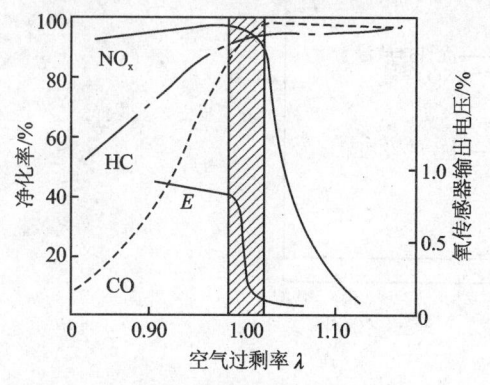

图 23-24 催化剂废气净化率与传感器输出特征的关系

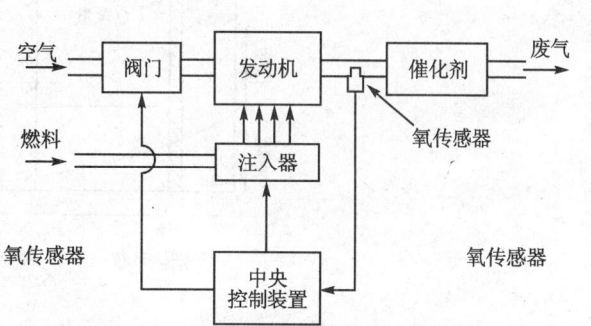

图 23-25 控制燃烧室空燃比的电路原理图

2. 极限电流式氧传感器

除环境污染外,燃料效率也是人们关心的问题。为此,提出了既能提高燃料的使用效率,同时又能降低发动机尾气中有害气体含量的贫燃系统。该系统使发动机燃烧室始终处于空气富余而燃料贫缺($\lambda>1.0$)的极端条件下,利用高温下富余的氧气与CO、CH、NO_x等气体的反应减少这些气体在尾气中的排放量。然而,发动机在过高的空燃比条件下可发生熄火,并导致发动机扭矩的波动,影响汽车行驶时的稳定性。为此,必须使用氧传感器,以有效地将发动机燃烧室的空燃比控制在某一最佳范围。由于贫燃系统的实际空燃比远大于理论空燃比,由图 23-24 可见,电位式氧传感器的输出信号接近于零,而且随氧分压变化的幅度很小,因此电位式氧传感器不可能准确测量贫燃系统下的实际空燃比。使用输出信号与氧分压成直线线性关系的极限电流式氧传感器,则可以实现在贫燃系统下准确测量实际空燃比的目的。

图 23-26 为适用于汽车发动机贫燃系统的极限电流式氧传感器的结构示意图。比较图 23-26 与图 23-23 可见,电位式与极限电流式氧传感器除传感器信号输出形式之间的差异外,两者在结构上非常相似,因此可以采用同样的加工工艺制造。涂在极限电流式氧传感器外电极表面的多孔镁尖晶石膜,此时除了具有保护外电极的作用外,更主要的是限制氧气向阴极(外电极)扩散的速率,即图 23-20 中限流小孔的作用。极限电流式氧传感器在发动机排气管中的位置及信号反馈电路的基本结构也都与电位式相似,这里不再重复。

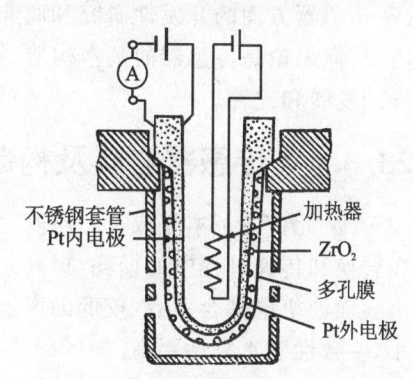

图 23-26 极限电流式氧传感器结构示意图

图 23-27 所示为三元催化系统与贫燃系统在燃料消耗、尾气中有害气体含量及发动机扭矩变化上的比较。可见,通过极限电流式氧传感器的反馈作用,将空燃比保持在一定的贫燃范围,可以同时达到节约燃料和降低有害尾气排出量的目的。

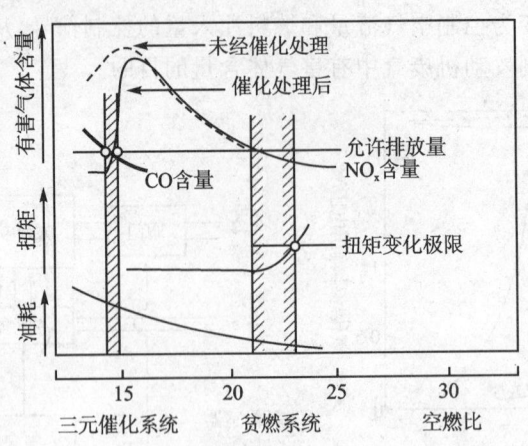

图 23-27　贫燃系统与三元催化系统在性能上的比较

23.3　声表面波(SAW)气敏传感器

声表面波(Surface Acoustic Wave)元件，简称 SAW 元件。由于对外界环境，特别是空气组份及温度和压力具有很高的灵敏度，因此 SAW 元件可以制成各种具有广泛用途的高性能传感器，如 SAW 温度传感器、SAW 压力传感器及 SAW 化学传感器。另外，SAW 生物传感器也已开始有所研究，但尚属萌芽阶段，有待于进一步开发。

1979 年，Wohltjen 和 Dessy 成功地将表面涂有有机聚合物的 SAW 元件用作气相色谱分析仪的检测器，并对其工作性能进行了估价，从而揭开了 SAW 气敏化学传感器的第一页。1985 年，Wohltjen 在美国成立了微传感器系统公司(Microsensor System, Inc.)，专门从事 SAW 传感器方面的开发性研究和商业性服务。SAW 气敏化学传感器发展至今已有 20 多年的历史，但无论是传感器的基本构造、检测方式，还是其气敏化学膜的选择和开发，仍有待于进一步的发展和完善。

23.3.1　传感器材料及构造

SAW 元件的基本组成是压电基片和沉积在基片表面的一双金属叉指电极对。为减少信号在转换和传递过程中的损耗，提高元件的工作效率和稳定性，理想的压电材料应该具有较大的声表面波机电耦合系数，较低的声表面波传播损耗率，良好的温度稳定性，并且材料的晶粒要小，一致性和重复性要高。

常用的压电材料有石英晶体、铌酸锂、钽酸锂晶体，及 ZnO 薄膜等。其中石英晶体具有良好的温度稳定性，较高的材料一致性和重复性，但其机电耦合系数较小。钽酸锂和铌酸锂晶体的机电耦合系数都较大，而且钽酸锂晶体的温度稳定性也较好，是比较理想的基片材料。应该注意的是，由于切型的不同，某些晶体的声表面波特性可能会改变。例如，在室温条件下，ST 切型的石英晶体的机电耦合系数很小，但具有近似于零的声表面波温度系数。而 YX 切型虽然可以提高其机电耦合系数，但会影响其温度稳定性。

由于声表面波的能量主要集中在压电基片的表面层（约距表面一个波长左右的深度），因此，可以使用压电薄膜。这样做不仅降低了 SAW 元件的成本，还提高了传感器的集成度。氧化锌（ZnO）是典型的压电薄膜材料，通常采用化学气相淀积技术制成 $ZnO-SiO_2-Si$ 多层基片，压电薄膜的厚度约为几十 μm。与压电晶体相比，压电薄膜的一致性和重复性较差，压电性能也不如晶体切片。由于压电材料的性质各有差异，所以在基片材料的选择上要根据传感器的应用方向而定。

为减少声表面波在 SAW 元件上传播时因表面散射而导致的能量损耗，压电基片的传播表面必须非常平整和光滑。为此，在沉积金属叉指电极对前，要对基片表面进行光学抛光处理；然后再用真空蒸镀法在已抛光的压电基片表面镀上一层金属薄膜（厚约 $0.1\sim0.3~\mu m$）；最后用显微光刻法制成所需图案和尺寸的叉指电极对。

叉指电极对如图 23-28 所示，它所产生的声表面波的波长（或声表面波频率 f_R）取决于其叉指距离 d，即

$$f_R = V_R/d \qquad (23-21)$$

式中，V_R——声表面波的传播速度。压电基片相同的叉指电极对的阻抗由叉指数和叉指重叠程度决定。SAW 元件的频带宽度 Δf，则与叉指电极的数目 N 有关：$\Delta f = f_R/N$。典型石英基片 SAW 元件上的叉指电极对的叉指数是 50 对，叉指宽度和叉指间隙均为 $25~\mu m$，叉指重叠程度为 $7.25~mm$，基片工作频率为 $30~MHz$，频带宽度为 $0.6~MHz$。叉指电极对的作用是对射频电信号的电能与声表面波信号的机械能进行相互转换，因此在更多的场合将其称为叉指换能器（Interdigital Trasducer），简称 IDT。

最简单的 SAW 元件是如图 23-29 所示的延迟线结构。在压电基片的两端各装有一个叉指换能器，其中一个称为声表面波发射器，它将施加在该叉指换能器上的电信号转换为相同频率的声表面波信号；另一个称为接收器，接收由发射器产生的声表面波经基片表面传递来的声信号，并转换成电信号。发射和接收的叉指换能器应具有相同的图案和尺寸，通常用显微光刻法同时制作。为使 SAW 元件具有气敏传感作用，需在两个换能器之间的空隙所形成的延迟线上添加一层气敏化学膜。为了制作方便，所添加的气敏化学膜常覆盖包括换能器在内的大部分基片表面。最常用的气敏膜是各类有机聚合物材料。能配成溶液的气敏膜材料通常是直接将材料溶液用旋涂的方法涂在元件基片表面，待凉干后经加热除去溶剂即可使用。不能配成溶液的气敏膜材料，则只能采用较复杂的薄膜制作方法，如化学气相沉积法和真空镀膜法等。

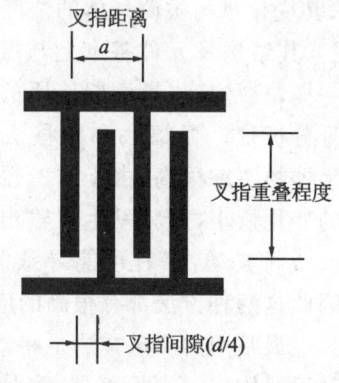

图 23-28　叉指电极对放大示意图

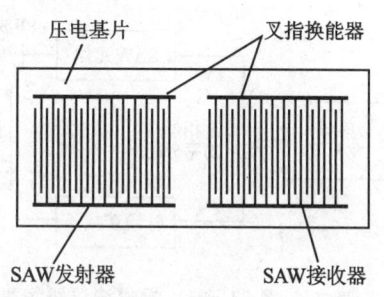

图 23-29　SAW 延迟线结构示意图

23.3.2 传感器工作原理

1. SAW 延迟线振荡器

为便于理解 SAW 延迟线工作原理,将图 23-29 所示换能器的叉指电极数减为两对,并放大延迟线的长度和气敏膜的厚度,如图 23-30(a)所示。当 SAW 元件发射器的两电极上加有射频电压时,因逆压电效应,发射器产生与射频电信号相同频率的 Rayleigh 表面波(图 23-30(b)),并随射频电压的周期变化而周期性地沿着压电基片的表面经延迟线向外传播(图 23-30(c)),直至接收器接收(图 23-30(d)),并因正压电效应而转换为相同频率的电信号。

声表面波在压电基片上传播时,其振幅及传播速度将受到基片上气敏薄膜的各种性质的影响,这些性质有膜的厚度、单位质量密度、粘度、介电常数和应变模量。气敏膜的这些性质在没有外界影响时通常是常数,因此它们对声表面波在传播过程中的振幅及速度变化的影响是固定的。但如果某气体通过在气敏膜上的吸附改变了该气敏膜的某种性质,例如单位质量密度,则该气敏膜对声表面波在传播过程中的振幅及速度的影响将发生变化。因此,通过测量涂有气敏膜的 SAW 元件在接触被测气体前后声表面波振幅及速度的变化情况,即可测得该被测气体的含量。在传播过程中,声表面波的能量由于不断向邻近界面的气敏膜耦合,表面波的振幅要相应地减小。表面波在传播过程中速度的变化,将会导致波相位的偏移,以及由 SAW 延迟线构成的振荡器的振荡频率的变化。因此,在实际应用中,测量 SAW 元件在接触被测气体前后声表面波振幅及速度变化情况的基本方法可以有振幅法、相移法和振荡频率法。

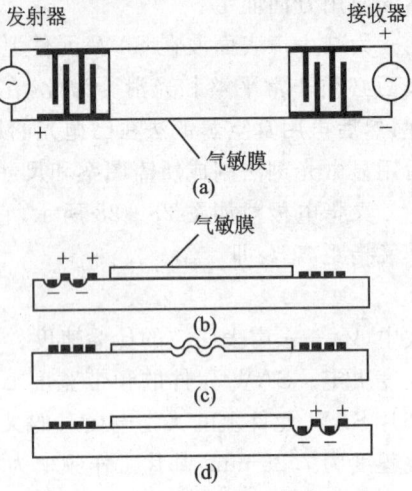

图 23-30 SAW 延迟线工作原理示意图

图 23-31 所示为测量声表面波振幅的线路示意图。由高稳定、高精度射频发生器输出的射频信号,经零相位规律分配器后,分别经 SAW 元件和射频衰减器进入振幅测量电桥。测量前,调整射频衰减器使电桥两端的振幅差为零。测量时,由于气体在气敏膜上的吸附而改变了膜的性质,从而引起 SAW 元件接收器接收的振幅变化,其变化量与被测气体的浓度有关。

图 23-32 所示为测量声表面波相移的线路示意图。其结构及元件基本上与振幅测量法一样,只是其测量端所使用的是相位信号分析仪。振幅法和相移法对射频发生器的要求很高,由于波的振幅和相位的变化量小,射频发生器输出信号的任何微弱波动,都有可能导致测量误差,因此这两种方法都有很高的应用价值。

最常用的测量方法是将 SAW 元件延迟线构成一个振荡器,测量振荡器的

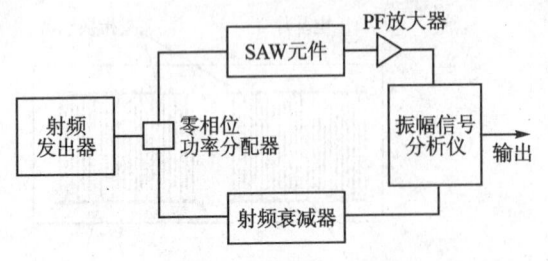

图 23-31 振幅法线路示意图

振荡频率变化,即振荡频率法。由于声表面波在压电基片上的传播速度远低于相同频率的电磁波,因而可在 SAW 元件的发射器与接收器之间产生较大的延迟时间差 τ

$$\tau = L/V_R \qquad (23-22)$$

式中,L——发射器与接收器之间的距离;V_R——声表面波的传播速度。

若将接收器所获得的电信号经放大后反馈回发射器,则可组成振荡回路,其振荡频率 ω 为

$$\omega = (2n\pi - \varphi_e)V_R/L \qquad (23-23)$$

式中,n——自然数;φ_e——电路元件固有相移。

当 SAW 元件及其电路确定后,在外界条件不变的情况下,其 φ_e 及 L 都是常数。因此,回路的振荡频率 ω 仅与声表面波压电基片上的传播速度 V_R 有关。

图 23-33 所示是 SAW 延迟线振荡回路示意图。为使振荡回路起振,射频放大器的增益必须大于整个延迟线的损耗。振荡频率法电路结构虽然简单,但其频率测量精确度则可以很高。

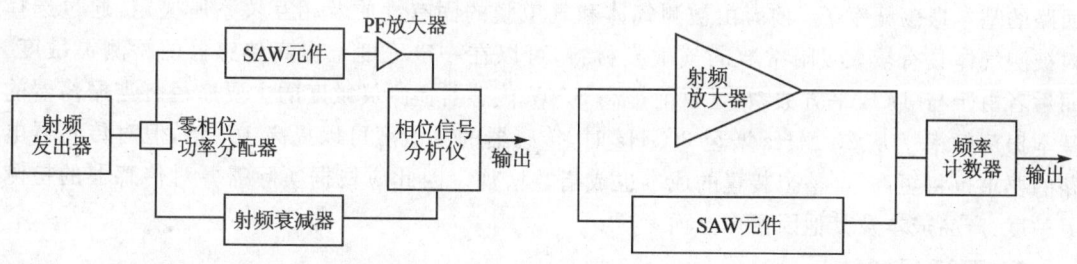

图 23-32 相移法线路示意图　　图 23-33 振荡频率法线路示意图

Auld 从 SAW 延迟线气敏膜的微扰分析推导出完整表达式,用于描述由于在基片表面添加各向同性、非导电性薄膜后对声表面波传播速度的影响情况。Auld 表达式经 Wohltjen 进一步推导并简化后成为

$$\Delta V_R/V_R = (k_1 + k_2)fh\rho - 4k_2 fh\mu'(\lambda' + \mu')/(\lambda' + 2\mu')V_R^2 \qquad (23-24)$$

式中,ΔV_R——声表面波传播速度变化值;k_1 和 k_2——压电材料固有常数;f——回路振荡频率;h——气敏膜厚度;ρ——气敏膜单位质量密度;λ'——气敏膜 Lame 常数。μ'——气敏膜应变模量。

添加气敏膜后,声表面波波速的相对变化与振荡频率相对变化的关系为

$$\Delta V_R/V_R = \Delta f/f \qquad (23-25)$$

式中,Δf——振荡器因添加气敏膜而引入的频率变化。如果频率变化 Δf 相对于振荡频率 f 可忽略,即 $f - \Delta f \approx f$,那么由式(23-24)和式(23-25)可得

$$\Delta f = (k_1 + k_2)f^2 h\rho - 4k_2 f^2 h\mu'(\lambda' + \mu')/[(\lambda' + 2\mu')V_R^2] \qquad (23-26)$$

考虑实际 k_1 和 k_2 值的范围及柔软型聚合物气敏膜的性质,当气体在气敏膜上的吸附并不影响膜本身的机械性能时,式(23-26)可简化为

$$\Delta f = (k_1 + k_2)f^2 h\rho \qquad (23-27)$$

由上式可知,在基本频率 f 不变的情况下,Δf 与气敏膜的厚度 h 及单位质量密度 ρ 成正比。

根据气体吸附关系,某气体在气敏膜上的平衡吸附量取决于该气体的气相浓度、气敏膜的

总体积,以及该气体在气敏膜上的吸附常数,并有

$$m_v = KCV \tag{23-28}$$

式中,m_v——被测气体在气敏膜上的平衡吸附量;K——被测气体在气敏膜上的吸附常数;C——被测气体的气相浓度(kg/L);V——气敏膜的总体积(L)。

多数情况下被测气体在气敏膜上的吸附仅改变膜的单位质量密度ρ。因此,被测气体在单位体积气敏膜上的平衡吸附量m_v/V,就是吸附达到平衡时气敏膜单位质量密度相对于吸附前的变化量Δ_ρ,并可表达为

$$\Delta_\rho = m_v/V = K \cdot C \tag{23-29}$$

则由式(23-27)和式(23-29)可知,由于被测气体在气敏膜上的吸附,气敏膜单位质量密度将相应增加Δ_ρ。而气敏膜单位质量密度ρ的变化又将导致振荡器的振荡频率产生新的变化$\mathrm{d}f$,(注意区别前述的振荡器频率因添加气敏膜而引入的频率变化Δf),并可表达为

$$\mathrm{d}f = (k_1 + k_2) f^2 hKC \tag{23-30}$$

可见,影响SAW气敏传感器检测灵敏度的主要因素是被测气体在气敏膜上的吸附常数K和回路的基本振荡频率f。前者由被测气体和气敏膜的固有性质及相互关系所决定,通过选择对被测气体具有较大吸附常数的气敏膜材料,可以在一定程度上提高传感器的检测灵敏度。而后者由于与$\mathrm{d}f$成平方关系,是目前提高SAW传感器检测灵敏度的主要途径。当振荡器的基本振荡频率f从30 MHz增至3 GHz时,传感器的灵敏度可以提高10^4倍,但对传感器电路的要求也将更高,且整个装置的成本也成指数增加。因此应根据实际需要对传感器的检测灵敏度、产品成本及其他因素作全面考虑。

2. 双延迟线法

在实际应用中,由于SAW元件各组成部分的尺寸和性质都有可能受外界条件,特别是温度和压力的影响,外界的波动势必要影响SAW元件的基本振荡频率。因此,上述单延迟线SAW振荡器的工作稳定性在一定程度上要受到外界条件的影响。其中最明显的是温度和压力对延迟线长度的影响。虽然,这对缩短延迟线的几何长度的要求可以相对降低,但不能消除温度和压力的波动对SAW元件工作稳定性的干扰。消除外界条件干扰的较有效办法是采用基准SAW延迟线的双延迟线结构。

图23-34所示是测量振荡频率的双延迟线结构SAW气敏传感器原理图。它是将两个完全相同的SAW延迟线振荡器制作在同一压电基片上,并采用同样的射频放大器和电路。其中一个延迟线涂有气敏膜,作为气敏延迟线;另一个则空白,作为基准参比延迟线,并将两者输出信号差分处理。由于这两个SAW延迟线振荡器的压电基片及基本结构完全相同,外界条件将对它们产生同样的影响。因此,两者的输出信号经差分处理后能基本消除

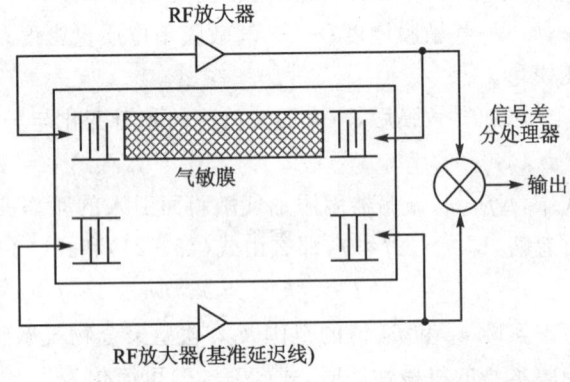

图23-34 振荡频率测量法双延迟线结构原理图

外界条件的波动对测量结果的干扰,从而提高了SAW气敏传感器的工作稳定性和精确度。

23.3.3 气敏选择膜

当气体在裸露的 SAW 延迟线上吸附或沉积时,其含量在某种程度上是可以检测的。薄膜制备工艺中,膜厚度的在线检测就可以采用这种裸露延迟线的 SAW 传感器。但是,作为气敏传感器,SAW 元件实际应用中不可能仅与某一种被测气体相接触,而是同时暴露在众多气体组份的混合物中,因此无法检测其中某一气体的含量。为此,必须通过气敏膜排出其他气体的干扰,有选择性地在 SAW 元件上吸附被测气体,并使被测气体的含量作用于 SAW 元件。通过改变 SAW 元件的相移或 SAW 延迟线振荡频率,达到测量被测气体含量的目的。所以,气敏膜是 SAW 气敏传感器的关键。

被测气体与气敏膜的相互作用可以是较弱的物理吸附,或是较强的化学吸附,有的甚至是更强的化学反应。理想的气敏膜与被测气体之间的相互作用应该是快速的、专一的和可逆的。吸附作用的可逆性是指吸附前及脱附后,被吸附物质具有相同的物理和化学性质。

决定 SAW 气敏传感器响应速度的主要参数,是被测气体与气敏膜之间的相互作用达到平衡时所需的时间。而平衡时间除与膜本身的化学性质有关外,还与膜的厚度及气密性有关。厚膜可以提高传感器的灵敏度,但会延长传感器的响应时间。过分密集的气敏膜对气体的扩散不利,也会导致传感器响应速度的减慢。非晶态聚合物具有较好的气体扩散性能,一般可以获得较快的气敏响应速度,因此是理想的气敏膜材料。液态膜也是很好的气敏膜材料,但液态材料的高挥发性会导致传感器响应基线的偏移,影响传感器的长期稳定性和再现性。

SAW 气敏传感器的气敏选择性取决于所用气敏膜与被测气体之间相互作用的专一性。但由于其对某种气体具有很强选择性的气敏膜,其吸附作用的可逆性一般都很差,有的甚至是不可逆吸附。对被测气体具有非可逆性的 SAW 气敏传感器,一般只能充当剂量仪器使用,以测定某时间范围内暴露在被测气体环境中的累计吸附量。由于 SAW 气敏传感器具有动态测量范围宽,价格低廉的特点,因此作为不可逆剂量仪器是未来发展的一个方向。吸附可逆性好的气敏膜,其与被测气体之间一般仅有较弱的物理吸附,膜的气敏选择性较差。由于多种气体吸附在同一气敏膜上,导致对被测气体测量的干扰。因此,实际应用中通常要根据被测气体的性质、干扰气体的组成和浓度,以及对测量精度的要求,合理选择气敏膜材料。若采用 SAW 气敏传感器的阵列组合形式,并利用电子计算机图像识别技术,则可有效地提高传感器的气敏选择性。

选择某分析环境最合适的气敏膜,往往带有一定的经验性。其中气相色谱法所测得的有关气体与填料之间的相互作用情况,就是个很好的研究经验。表 23-13 列出某些气体在氟代多元醇气敏膜及气相色谱填料上的吸附情况。由表可知,这些气体在 SAW 气敏传感器上的平衡吸附常数 $\lg K_{SAW}$ 和在气相色谱中的平衡吸附常数 $\lg K_{GC}$ 是基本一致的。应该指出,在气相色谱分析中,气体的分离是由许多个平衡过程的重复来实现的,因此气体间的平衡吸附常数只要具有微小的差异就可完全分离这些气体,而在 SAW 气敏传感器上,仅存在单一平衡过程,为达到合适的气敏选择性,各气体的平衡吸附常数间应具有一定的差异。这是分离与检测的重要不同之处。

表 23-14 列出几种制作 SAW 气敏传感器的气敏膜材料及其主要敏感气体。除金属酞菁 NO_2 气敏膜外,其余气敏膜材料与被测气体之间的相互作用,都是通过改变膜的单位质量密度或机械性质,来改变声表面波的传播速度,从而达到检测的目的。

第23章 气敏传感器

表23-13 气体在SAW和GC填料上吸附常数比较

气 体	lg K_{SAW}	lg K_{GC}
二甲基磷酸甲基酯	6.52	7.53
N,N-二甲基乙酰胺	6.33	7.29
1-丁醇	3.83	3.66
水	3.20	2.89
甲苯	2.88	2.64
异辛烷	2.12	1.22

表23-14 气敏膜材料及主要敏感气体

气敏膜材料	可敏感气体
金属钯(Pd)	H_2
二十三烯酸	NH_3,H_2S
盐酸三甲胺	HCl
金属酞菁	NO_2
聚丁二烯	O_3
三乙醇胺	SO_2
聚酰亚胺	H_2
氯化四丁磷	乙二胺
硅油	卤代烷
三甲胺	联胺
聚顺丁烯二酸亚乙基酯	环戊二烯
氟代多元醇	有机磷
二氯化铂乙烯吡啶	苯乙烯

金属酞菁属于半导体材料,当NO_2气体在金属酞菁膜上吸附时,不但改变了膜的单位质量密度,而且还改变了其电导率。而当声表面波在SAW延迟线上传播并与表层的半导体膜发生电场耦合时,波的传播速度不仅受半导体膜的单位质量密度影响,而且还取决于半导体膜的电导率。因此,采用金属酞菁半导体气敏膜的NO_2的SAW气敏传感器的结构应与通常的有所不同。以双延迟线结构为例,其基准延迟线和气敏延迟线上都涂有金属酞菁膜,但在基准延迟线上还增涂一层导电金属膜,使基准延迟线电场短路,以排除电导率变化对基准延迟线振荡频率的影响。由于双延迟线结构的输出信号为气敏延迟线与基准延迟线的振荡频率之差,因此其他气体在金属酞菁上吸附后,所引起的膜单位质量密度的变化是相互抵消的,测量结果仅取决于气敏延迟线上的金属酞菁膜的电导率随NO_2气体浓度的变化量。这种结构有效地排除了由于其他气体在金属酞菁膜上的共吸附而可能引起的误差,提高了SAW传感器的气敏选择性。

SAW元件作为气敏化学传感器,其应用前景是巨大的,但对新型气敏膜材料的设计和开发能力则是限制其更广泛应用的唯一因素。

23.4 半导体气敏传感器

半导体气敏传感器是利用氧化物半导体材料为气体敏感元件所制成的一种传感器装置。由于半导体材料的特殊性质,气体在半导体材料颗粒表面的吸附可导致材料载流子浓度发生相应变化,从而改变半导体元件的电导率。由氧化物半导体粉末制成的气敏元件,具有很好的疏松性,有利于气体的吸附,因此其响应速度和灵敏度都较好。通常所指的氧化物半导体气敏传感器,就是由粉末状氧化物经烧结或沉积而制成的棒式、管式或薄膜式结构。

除氧化物半导体材料外,某些非氧化物半导体材料如MoS_2,LaF_3等的电导率在一定条件下也能对气体的吸附有所响应。但是,由于半导体气敏传感器的理想工作温度通常要高达摄氏几百度(这是因为半导体材料在常温下的阻抗很高,气体吸附所引起的电导率变化在常温下极不明显,需要在高温下工作才能显示出一定的灵敏度。),因此,高温化学性质不稳定的非氧

化物半导体材料如 MoS_2 就很容易与空气中的氧发生化学反应而转化为相应的氧化物。而另一些非氧化物半导体材料如 LaF_3 的高温化学稳定性虽然比氧化物还好,但由于它们在高温下都有一定的挥发性,因此也不适合制作高温条件下使用的气敏传感器。所以,从半导体气敏传感器的工作稳定性和可靠性考虑,一般不采用非氧化物半导体材料,而只采用氧化物半导体材料制作所需的气敏传感器,故此常简称为氧化物气敏传感器。

23.4.1 半导体气敏传感器材料

由前所述可知,适宜制作半导体气敏传感器的材料主要是氧化物。根据材料中导电载流子性质的不同,氧化物半导体可分为 N 型和 P 型两类。最常用的氧化物气敏传感器材料是 N 型氧化物,如 SnO_2,ZnO 和 Fe_2O_3。这是因为当 N 型半导体材料暴露在纯净空气中时,空气中的氧气在其表面产生吸附,因而具有很高的阻值。此时当它一旦再接触到还原性气体,其阻值随即降低,因此其测量还原性气体的灵敏度很高,重现性也较好。而 P 型氧化物除 NiO 外,其他氧化物晶格中的氧含量要同时受到传感器的工作温度、环境气体的氧气分压,以及还原性气体分压的影响,因此所制成气敏传感器的工作稳定性都很差,灵敏度也不高。

在众多的 N 型氧化物材料中,最受重用的是化学性质相对稳定的 SnO_2。SnO_2 的电子迁移率大约是 $200\ cm^2/(V\cdot s)$,其施主密度随材料的配比及热处理过程的不同可以在几个数量级范围内变化。经高温煅烧的 SnO_2 呈现整体缺氧状态,在平带能级条件下具有相当低的阻值,而一旦吸附了 O_2 后,其阻值显著增加。通过控温脱附实验,测得 SnO_2 表面所吸附的 O^- 在大约 560℃ 脱附,而 SnO_2 晶格内的氧则在大约 600℃ 开始逸出,因此可以在有利于充分发挥催化剂氧化活性的理想温度下工作,退场为 200~400℃。

Fe_2O_3 材料的实际应用也相当广,可以制成一系列检测还原性气体的传感器,但目前对其各种性质尚不很清楚。

ZnO 材料的应用也较普遍,但其高温稳定性不如 SnO_2 和 Fe_2O_3。实验表明:ZnO 表面所吸附的 O_2^- 约在 200℃ 转换为 O^-,而 O^- 在 250℃ 左右脱附;晶格内的氧也在略高的温度下逸出;常温下氢在 ZnO 材料内部的扩散速度很快,容易引起材料整体阻值的变化,影响传感器的工作稳定性。

表 23-15 列出了几种常用氧化物材料、与之配合的催化添加剂,以及由这些材料所制成的气敏传感器的最佳工作温度及气敏选择性。

表 23-15 几种常用氧化物气敏传感器

基础氧化物	催化添加剂	使用温度/℃	气敏范围
SnO_2	$PdCl_2$	200~300	还原性气体
SnO_2	Sb_2O_3,Bi_2O_3	500~800	还原性气体
SnO_2	ThO_2	150~200	H_2,CO
SnO_2	Au	常温	H_2S
ZnO	Pd	400~450	H_2,CO
ZnO	Pt	常温	烷烃
Fe_2O_3	—	400~430	还原性气体
Fe_2O_3	TiO_2,Au	常温	CO
V_2O_5	Ag	300	NO_2
WO_3	Pt	260	H_2

23.4.2 半导体气敏传感器构造

氧化物半导体气敏传感器主要有三种基本构造形式:烧结型、薄膜型和厚膜型。对同一氧化物材料,其检测灵敏度和工作机理一般不随构造形式而改变,但传感器的工作稳定性、响应速度,以及制造成本却在很大程度上取决于其构造形式。

1. 烧结型

烧结型传感器通常具有较好的疏松表面,因此响应速度较快。但其机械强度差,各传感器之间的性能差异大。根据传感器加热元件的位置,烧结型传感器又可分为直热式和旁热式两种,如图 23-35 所示。其中图 23-35(a)为直热式烧结型气敏传感器,它是将加热元件与测量电极一同烧结在氧化物材料及催化添加剂的混合体内,加热元件直接对氧化物敏感元件加热。图 23-35(b)为旁热式烧结型气敏传感器,它采用陶瓷管作基底,将加热元件装入陶瓷管内,而测量电极、氧化物材料及催化添加剂则烧结在陶瓷管的外壁,加热元件经陶瓷管壁均匀地对氧化物敏感元件加热。烧结型是氧化物气敏传感器最早使用的一种构造形式,它适合于实验室和小批量工业生产。

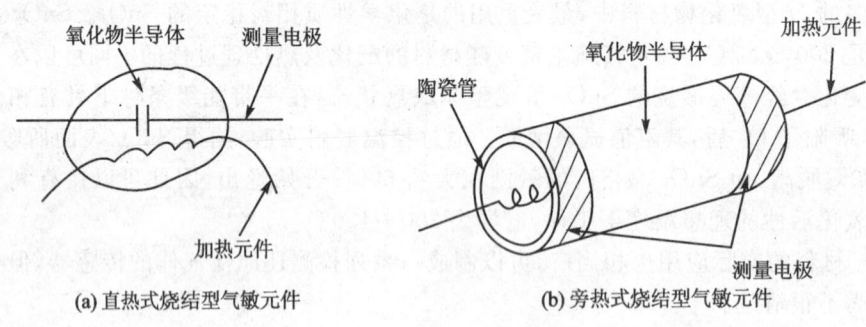

图 23-35 烧结型传感器

2. 薄膜型

薄膜型传感器的制作通常是以石英或陶瓷为绝缘基片,基片的一面印上加热元件,如 RuO_2 厚膜,在基片的另一面镀上测量电极及氧化物半导体薄膜。在绝缘基片上制作薄膜的方法很多,包括真空溅射、先蒸镀后氧化、化学气相沉积、喷雾热解等。薄膜型气敏传感器具有材料用量低,各传感器之间的重复性好,传感器机械强度高等优点,而且很适合大批量的工业生产。但是,薄膜型传感器的制造过程需要复杂、昂贵的工艺设备和严格的环境条件,因此成本较高。

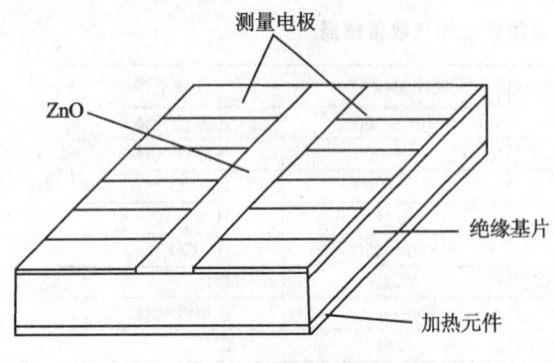

图 23-36 ZnO 薄膜传感器

图 23-36 所示是以先蒸镀后氧化的方法制成的 ZnO 薄膜传感器。其制作工艺大致如下:先利用真空镀膜机在绝缘基片的适合位置上蒸镀金属 Zn 及金属电极膜(通常为铂 Pt),然后置于高温氧气环境中氧化,即可在绝缘基片上获得所需的

ZnO 薄膜元件。SnO$_2$ 薄膜元件的制作工艺与 ZnO 薄膜元件略有不同。为了保持 SnO$_2$ 的氧化活性,必须在 SnO$_2$ 薄膜与绝缘基片之间预先镀上一层 SiO$_2$ 保护膜,然后再采用真空溅射法或喷雾热解法在 SiO$_2$ 保护膜上添加 SnO$_2$ 薄膜及金属电极膜。

3. 厚膜型

厚膜型气敏传感器同时具有烧结型和薄膜型传感器的优点,不仅机械强度高,各传感器间的重复性好,适合于大批量生产,而且生产工艺简单,成本低。

图 23-37 所示是厚膜型气敏传感器的截面图。其基本结构形式与薄膜型气敏传感器相似,但制作工艺却大不相同。厚膜型传感器的制作是先将氧化物材料与一定比例的硅凝胶混合,并加入适量的催化剂制成糊状物;然后将该糊状混合物印刷到已安装好加热元件和电极对的陶瓷基片上,待自然干燥后置于高温中煅烧而成。下面以 SnO$_2$ 厚膜传感器的制作工艺为例给予说明。

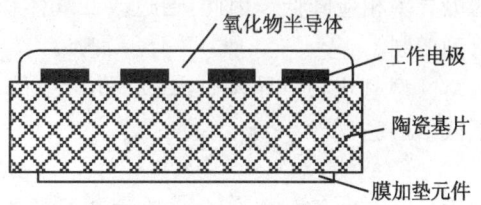

图 23-37 厚膜型传感器截面图

主要材料 SnO$_2$ 可以直接采用 SnO$_2$ 粉末,也可以使用能转化为 SnO$_2$ 的锡盐,如 SnCl$_4$,Sn(SO$_4$)$_2$ 等。若采用后者来制备 SnO$_2$ 粉末,则应先在碱性环境中将这些能分解的锡盐沉析,将沉析物经高温煅烧后即成为新鲜的 SnO$_2$ 粉末。若需要在氧化物加入某种催化剂以提高气敏传感器的选择性和灵敏度,此时就可以混入氧化物粉末中。在氧化物粉末中添加催化剂的方法很多,其中最简单的方法是直接将粉末状的催化剂与氧化物粉末搅拌混合,然后在一定温度下煅烧使两者熔合,但所得催化剂的分散性很差,催化效果不佳。常用的混合方法是浸渍法,即先将所需的催化剂溶解在合适的溶剂中,然后加入氧化物粉末以制成悬浮液,经干燥、还原后即成为均匀混合、催化剂充分分散的混合物。从干燥的粉末混合物到能制作厚膜气敏传感器的糊状混合物,还需添加一定的成型剂,如硅胶、或有机粘合剂等。

厚膜气敏传感器的最佳电极材料应满足以下两个条件:金属材料的功函数要低;金属材料要有强的亲氧性,使金属电极与氧化物晶体内的氧有牢固的化学键。铝被认为是最合适的 N 型氧化物气敏传感器的电极材料。

23.4.3 半导体气敏传感器的气敏机理

由于氧化物气敏传感器所涉及的基本材料和催化添加剂的种类繁多,又都是多晶体的粉末状物质,其气敏过程还包括了气体在固态材料表面的吸附,因此若要全面揭示各类氧化物气敏传感器的工作机理是有困难的。目前已提出的理论模式可归纳为:空间电荷调制理论、体原子价控制电导理论、隧道效应理论、控制栅作用理论、吸附能级理论。

其中,以空间电荷调制理论较为人们接受。该机理认为,当氧化物半导体表面吸附某种气体时,由于被吸附气体在半导体表面所形成的表面能级与半导体本身的费米(Fermi)能级不在同一水平,因此在表面附近形成空间电荷层。该空间电荷区的电导率随被吸附气体的性质和浓度的变化而变化,因而能定性甚至定量地反映出被测气体的存在及含量。下面以 N 型氧化物气敏传感器为例,详细解释空间电荷调制理论。

暴露于大气中的 N 型氧化物半导体,如 SnO$_2$、ZnO 等,其表面总是吸附着一定量的电子施主(如氢原子)、或电子受主(如氧原子)。由此组成能与半导体内部进行电子交换的表面能级,并形成位于表面附近的空间电荷层。该表面能级相对于半导体本身费米能级的位置,取决于被吸附气体的亲电性。如果其亲电性低(即还原性气体),产生的表面能级将位于费米能级下方,被吸附分子向空间电荷区域提供电子而成为正离子吸附在半导体表面。同时,空间电荷层内由于电子载流子密度增加,使电荷层的电导率相应增加。反之,如果被吸附气体的亲电性高(即氧化性气体),产生的表面能级将位于费米能级上方,被吸附分子从空间电荷区域吸取电子而成为负离子吸附在半导体表面。同时,空间电荷层内由于电子载流子密度降低,使电荷层的电导率相应降低。因此,通过改变气体在半导体表面的浓度,空间电荷区域的电导率就可以得到调制。

N型氧化物半导体如SnO_2和ZnO的导电载流子为电子,其表面电导率的变化$\Delta\sigma_s$可由下式给出:

$$\Delta\sigma_s = e\mu_s\Delta n_s \tag{23-31}$$

式中,e——电子电量;μ_s——表面电子迁移率;Δn_s——表面载流子密度变化量。

在厚度为d_s的空间电荷层内,Δn_s可通过积分来求得:

$$\Delta n_s = \int_0^{d_s}[n(z) - n_b]dz \tag{23-32}$$

对规则长方形的空间电荷层,其表面电导的变化为

$$\Delta G_s = \Delta\sigma_s A/L \tag{23-33}$$

式中,ΔG_s——空间电荷层表面电导变化量;A——半导体元件的截面积;L——半导体元件的长度。

同样,对规则长方体的氧化物半导体元件,其内部电导G_b为

$$G_b = en_b\mu_b Ad/L \tag{23-34}$$

式中,μ_b——半导体内部电子迁移率;n_b——半导体内部载流子密度;d——半导体总厚度。

如果电子迁移率受氧化物半导体表面状态的影响极小,即$\mu_b \approx \mu_s$,那么氧化物半导体的相对电导变化可由式(23-31)、式(23-33)和式(23-34)得出

$$\Delta G_s/G_b = \Delta n_s/(n_b d) \tag{23-35}$$

氧化物半导体气敏元件的相对电导变化$\Delta G_s/G_b$,正是该元件的检测灵敏度。因此由式(23-35)可知,若要提高气敏传感器的灵敏度,必须选用本身含载流子密度低的氧化物材料,而且应该尽量降低元件的厚度。而对已选定材料及构造的气敏传感器,其灵敏度则取决于单位浓度气体所能引入的氧化物半导体表面载流子密度的变化量Δn_s。

上述分析同样适合于P型氧化物半导体,只是P型氧化物半导体的载流子是空穴,还原性气体(电子施主)在其表面的吸附将导致空间电荷层表面的载流子密度降低。

23.4.4 半导体气敏传感器的气敏选择性

选择性是检验化学传感器是否具有实用价值的重要尺度。欲从复杂的气体混合物中识别出某种气体,就要求该传感器具有很好的气敏选择性。由前述可知,氧化物半导体气敏传感器的敏感对象主要是还原性气体,如CO、H_2,以及甲烷、甲醇、乙醇等。为了能有效地将这些性质相似的还原性气体彼此区分开,达到有选择地检测其中某单一气体的目的,必须通过改变传感器的外在使用条件和材料的物理及化学性质来实现。

1. 工作温度

由于各种还原性气体的最佳氧化温度不同,因此首先可以通过改变氧化物传感器的工作

温度来提高其对某种气体的选择性。例如,在某些催化剂(如 Pd)的作用下,CO 的氧化温度要比一般碳氢化合物低得多,因此,在低温条件下使用,可提高其对 CO 气体的选择性。而在高温条件下使用时,由于大部分 CO 已在传感器表面转化为 CO_2,因此不会干扰传感器对碳氢化合物的响应,从而提高了其对碳氢化合物气体的选择性。此外,在高温条件下使用时,传感器本身对碳氢化合物的灵敏度也将有所提高。图 23-38 所示是薄膜型 SnO_2 传感器在不同温度条件下对各种还原性气体的选择性情况。可以看出,该传感器在高温(约 500℃)条件下能选择性地检测甲烷和丁烷;而在低温(约 300℃)条件下则可以选择性地检测 CO 和乙醇;其对氢气的选择性检测则

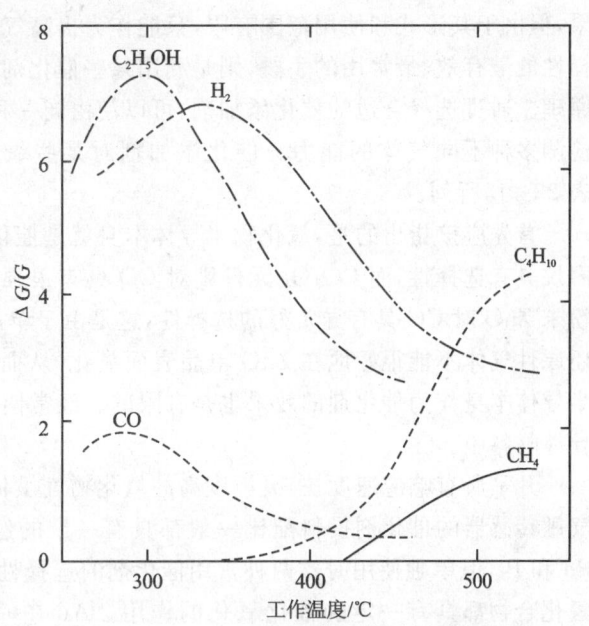

图 23-38 温度对气敏选择性的影响

可以选在中等温度条件下进行(约 400℃)。基于这一现象,可以采用一组具有相同氧化物材料和元件制作工艺的传感器,通过选择不同的工作温度组成传感器阵列,以实现选择性地检测多种气体组份的功能。

2. 气体过滤膜

应该指出,上述 SnO_2 传感器在低温条件下不但对乙醇很敏感,对 CO 和 H_2 也很敏感,因此,仅通过改变传感器工作温度所能达到的气敏选择性是有限的。欲单独检测气体混合物中的某一成分,必须消除其他气体的干扰。其中一个很有效的措施是通过使用某种物理的、或化学的过滤膜,使单一气体能通过该膜到达氧化物半导体元件表面,而拒绝其他气体通过,从而达到选择性检测该气体的目的。

在传感器表面添加气体过滤膜的形式很多。其中有代表性的化学过滤膜是 Heiland 指出的利用涂在厚膜氧化物传感器表面的石墨过滤膜,它可以消除氧化性气体(如 NO_x)对传感器信号响应的干扰。利用增厚的 SnO_2 气敏元件,也可以消除 NO_x 及乙醇对传感器响应的干扰,达到提高其对 CO 气体的选择性。这是因为增厚的 SnO_2 保护层能有效地催化 NO_x 气体的降解反应,降低敏感层中 NO_x 的浓度。

物理过滤膜的代表之一是应用化学气相沉积技术在氧化物传感器表面添加的一层 SiO_2 过滤膜,它阻止了直径比氢气大的其他气体进入受 SiO_2 膜保护的氧化物表面,从而达到选择性检测氢气的目的。如果采用超细的 SnO_2 粉末作为自身的过滤膜,不但可以提高 SnO_2 半导体元件对乙醇的灵敏度,而且还消除了甲醇的干扰。多孔性的沸石通常同时具有化学和物理过滤膜的性质,它可以根据气体的大小及其化学性质,有选择性地吸附干扰性气体,而仅允许被测气体畅通无阻地经过,因而是一类很有潜力和广泛应用前景的气体过滤膜材料。

3. 催化剂

上述两种措施虽然是提高传感器选择性的最明显、最简单的措施,而且也具有一定的效

果，但由于其形式和使用范围有限，只能作为提高气敏选择性的辅助手段。提高传感器气敏选择性的最有效、最常用的手段，则是利用某些催化剂能有选择性地对被测气体进行催化氧化的原理。通过选择合适的催化添加剂，可以使由同一种基本氧化物材料制成的气敏传感器具有检测多种不同气体的能力。催化添加剂对某些氧化物半导体传感器的气敏选择性影响如表 23-15 所列。

首先应该指出的是，氧化物半导体本身就是催化剂。例如热压制成的 In_2O_3/CuO 薄片对丙烷具有选择性，而 CO_3O_4 元件则对 CO 具有很强的气敏选择性。Bott 还发现 ZnO 单晶较粉末 ZnO 对 CO 具有异常好的选择性，这是由于单晶表面的非匀称性低而使 CO 之外的其他还原性气体不能很好地在 ZnO 单晶表面氧化，从而提高了其对 CO 的选择性。但是，氧化物半导体本身作为催化剂的效果也是有限的。经常使用的催化剂则是作为添加剂掺入氧化物半导体材料中。

几乎所有响应速度快、灵敏度高的氧化物气敏传感器都使用了催化添加剂。然而商品化气敏传感器的催化剂投料配比一般都具有一定的经验性和专利性。最常用的金属催化剂是 Pd 和 Pt，但单独使用时这两种常用催化剂的选择性都较差，它们对 CO 和 H_2，以及大部分碳氢化合物都具有一定的催化氧化的作用。Au 在一般情况下不具备催化活性，但对 Fe_2O_3/TiO_2 半导体气敏传感器，Au 的掺入可改进其对 CO 的灵敏度。Yamazoe 发现用 Ag 催化的 SnO_2 传感器比用 Pd 催化的 SnO_2 传感器对 H_2 的灵敏度要高。除 Pd 和 Pt 外，其他金属添加剂在实际应用中并不都是以其金属催化剂的形式出现的。例如，Ag 在还原性气体浓度较高时呈金属 Ag 形式，而当还原性气体浓度降低时则以氧化银（Ag_2O）的形式存在。Morrison 利用 V_2O_5 作为氧化催化剂，与 TiO_2 半导体材料配合制成对二甲苯气体具有很好选择性的气敏传感器。

除使用单独催化剂外，通常还可以与催化剂一同添加某些助催化剂。助催化剂本身并不能改变氧化物传感器的氧化选择性，但它可以推动提高所添加催化剂的催化效率或稳定某种催化剂的催化活性，达到提高传感器的灵敏度、选择性和再现性的目的。例如，Pd 为催化剂的 SnO_2 传感器对 CO 具有一定的选择性，加入氧化钍（ThO_2）助催化剂后，可以进一步提高其对 CO 的选择性；而加入金属锑（Sb）助催化剂，则可使传感器对 CO 的选择性不受工作温度的影响，因而能在常温下选择性地检测 CO 气体。

直接向氧化物半导体材料中添加所需的催化剂及助催化剂以达到改变传感器气敏选择性的方法通常是最有效，也是最简便的。此外，还可以采用化学反应的方式活化氧化物材料本身的催化活性，以求提高传感器对某种气体的气敏选择性。例如，以纯 SnO_2 制成的气敏传感器在 SO_2 气氛中加热处理后，在 100℃ 左右工作温度下对 H_2S 气体具有很好的选择性，而在 400℃ 时则对苯具有选择性。

可见，提高氧化物半导体气敏传感器选择性的最佳手段是利用催化剂及助催化剂来提高传感器对被测气体的氧化活性。寻找最合适的催化添加剂是当前氧化物气敏传感器研究领域的一项活跃课题，其经济价值是很高的。

23.4.5 半导体气敏传感器的分类

半导体气敏传感器有多种分类法，表 23-16 列出了按表面型和体型分类的各种气敏传感器。SnO_2 和 ZnO 等较难还原的金属氧化物半导体接触气体时，在较低温即产生吸附效应，从而改变半导体的表面电位、功函数及电导率等。因为半导体与气体之间的相互作用局限于半导体表面,故称利用吸附效应的这种传感器为表面型半导体气敏传感器。当气体接触低温下 $\gamma-Fe_2O_3$ 等易还原氧化物半导体(或高温下表面型半导体)时,半导体内的晶格缺陷浓度发生变化,从而使半导体的电导率发生变化。因为气体与半导体之间的相互作用使半导体体内性能发生变化,故称利用半导体体内晶格缺陷变化的这类传感器为体型半导体传感器。

表 23-16 半导体传感器的分类

型 号	利用的物理性质	传感器例举	工作温度/℃	被检测的典型气体
表面控制型 (在表面上 吸附和反应)	电导率 表面电位 整流特性(二极管) 阈值电压(三极管)	SnO_2,ZnO Ag_2O Pd/CdS,Pd/TiO_2 Pd门(场效应管)	室温～450 室温 室温～200 150	可燃性气体 硫醇 H_2CO,乙醇 H_2,H_2S
容积控制型 (晶格缺陷)	电导率	$La_{1-x}Sr_xCoO_3$ $\gamma-Fe_2O_3$,TiO_2 $CoO-MgO$,SnO	300～450 700 以上	乙醇,可燃性气体 O_2

半导体气敏传感器也可按电阻式和非电阻式分类。当气体接触半导体时,半导体的阻值发生变化,利用这种现象的传感器称为电阻式半导体气敏传感器。当气体接触 MOSFET 场效应管或金属/半导体结型二极管时,前者的阈值电压 V_T 和后者的整流特性随周围气氛状态而变化。利用这种现象的传感器称为非电阻式半导体气敏传感器,其主要类型是金属栅 MOS 气敏传感器,这种传感器将在下一节作详细论述。此处只介绍电阻式半导体气敏传感器。

电阻式半导体气敏传感器的特点是敏感元件构造简单,信号不需要专门的放大电路放大,故得到了广泛的应用。这种传感器的敏感元件有多种构造,图 23-39 示出了几种构造形式。

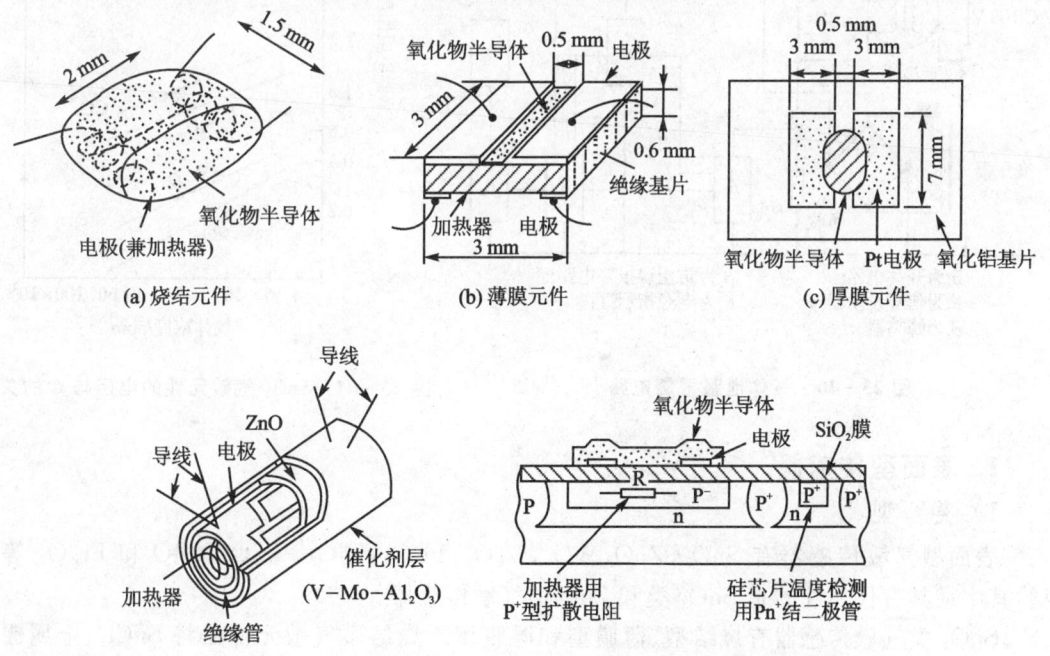

图 23-39 气敏传感器的敏感元件构造

图 23-39(b)所示薄膜敏感元件,是在绝缘基片上蒸镀或溅射一层厚度小于 1000 Å 的氧化物半导体。图 23-39(c)所示厚膜敏感元件,是将氧化物半导体浆料印刷在氧化铝基片上,膜厚几 μm。敏感元件通常在加热条件下才能动作,故传感器应设置加热器。若将气体敏感膜、加热器和温度测量探头集成在一块硅片上,则可构成集成化气敏传感器。图 23-40 示出气体泄漏报警器的电路。当气体接触敏感元件时,敏感元件的电阻值下降,若输出电平高于报警的起始电平,则开关电路动作,蜂鸣器和灯泡接通。通电初期,半导体敏感元件阻值暂时降低而产生高输出。这是因为未通电时,敏感元件吸附有水蒸汽,故敏感元件初始电阻因为温度高而较低,一旦通电,随着温度的再次升高,敏感元件由于水蒸汽的解吸而阻值增加,呈现一种过渡现象。为了防止这种误报警,通常设置防止通电初期的误报警的电路。

电阻式气敏传感器的气敏特性如图 23-41 所示,其中,R_0 是 $i-C_4H_{10}$ 浓度为 1000 ppm 时的电阻值。半导体气敏元件的阻值 R 与空气中待测气体浓度 C 的关系经验地描述为

$$\lg R = m \lg C + n \tag{23-36}$$

式中,m 和 n 是取决于传感器元件、测量气体种类、测量温度等因素的常数。气体浓度高,则 m 值大,而可燃性气体的 m 值为 $1/3 \sim 1/2$。设 R_a 为真空时电阻,则气体灵敏度(响应率)可由 R_a/R 表示。R_a/R 是气体浓度 C 的函数。图 23-41 示出了不同气体灵敏度与 C 的关系。通常含碳量大的易燃气体,相应的灵敏度高。

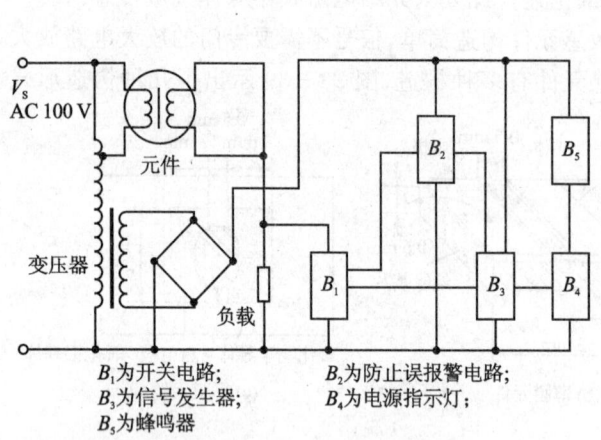

图 23-40 气体泄漏报警电路

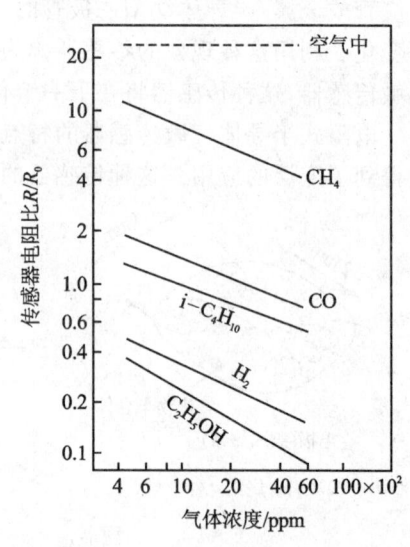

图 23-41 SnO_2 气敏元件的电阻与 C 的关系

1. 表面型传感器

1) 类 型

表面型气敏传感器有 SnO_2,ZnO,WO_3,V_2O_5,In_2O_3,TiO_2,Cr_2O_3,CdO 和 Fe_2O_3 等类型,其中最具有代表性的是 SnO_2 类和 ZnO 类气敏传感器。

SnO_2 类气敏传感器有烧结型、薄膜型和厚膜型。烧结型气敏元件是将 $SnCl_4$、金属锡等进行潮湿处理,制成极细的 SnO_2 粉末,然后在其中加入 $PdCl_2$(<2%Wt)和胶合剂(氧化铝),用分散剂做糊剂,经过成型、干燥和烧结(900℃,5 min)等工艺制成。$PdCl_2$ 用敏化剂烧结后,其主要存在形式是 Pd 和 PdO。这样制成的元件,其 SnO_2 颗粒尺寸小于 $\phi 1 \mu m$,每个颗粒又

由 100~500 Å 的晶粒构成。这样的晶粒尺寸对元件的阻值有影响,而对气体的灵敏度几乎没有影响。将 SnO_2 糊剂印刷在基片上,烧结后即成厚膜型元件,其性能与烧结型气敏元件几乎相同。薄膜型元件可用金属锡蒸镀法(膜厚<200 Å)、RF 溅射法(膜厚 500 Å)、锡盐溶液喷雾热分解法(膜厚 200~1000 Å)等方法制成。薄膜型传感器的性能受薄膜元件的膜组织、氧化状态、均质性等影响,因此,控制热处理的温度、气体介质等条件,即可提高气敏元件性能。薄膜型气敏元件对气体的灵敏度高,而对气体的响应时间通常比烧结型元件短数十 ms。厚膜型和薄膜型气敏传感器还未达到实用化阶段,但其有成本低、体积小和均质等特点,故可望商品化。

ZnO 类气敏传感器已经研究过的有烧结型和薄膜型,这类传感器的缺点是仅适用于在 400℃左右的温度下工作,其他性能可以与 SnO_2 的相应性能相比。在 ZnO 中加入 Ga_2O_3,并再添加 Pt 或 Pd 的气敏元件已经研制成功。添加 Pt 能有选择地提高对丁烷和丙烷的灵敏度,添加 Pd 能有选择地提高对 H_2 和 CO 的灵敏度。在 ZnO 中加入 $V_2O_5 - MoO_3$(Mo/V=0.1)的传感器可用于检测氟里昂气体。

2) 工作原理

半导体气敏传感器其敏感元件的电阻变化,取决于敏感元件表面吸附的气体与半导体之间的电子交换。例如,O_2 和 NO_2 等兼容性大的气体,接收来自半导体的电子而带负电荷。结果使 SnO_2 和 ZnO 等 n 型半导体的表面空间电荷层区域的传导电子减少,故表面电导率降低。同样,可燃性气体使 n 型半导体元件的电阻降低,也是由于可燃性气体的正电荷吸附造成的。在空气中使用的检测煤气泄漏的半导体气敏传感器,当无可燃性气体时,由于氧吸附负电荷(O^{2-},O^-,O_2^- 等),气敏元件处于高阻态,即

$$\frac{1}{2}O_2 + e \longrightarrow O_{ad} \tag{23-37}$$

若气敏元件接触可燃性气体,则与吸附氧起反应。例如气敏元件接触 H_2 时,则

$$O_{ad} + H_2 \longrightarrow H_2O + e \tag{23-38}$$

式(23-38)的表面反应使气敏元件的电阻减小。将式(23-37)和式(23-38)合并,则

$$H_2 + \frac{1}{2}O_2 \longrightarrow H_2O \tag{23-39}$$

这实际是将气敏元件作为催化剂的 H_2 的燃烧反应。加热能促使燃烧反应,故半导体气敏传感器通常在加热条件下使用。

气敏元件的电阻变化与元件的微观结构密切相关。烧结型多孔元件是块状晶粒的集合体,如图 23-42(a)所示。图 23-42(b)示出晶粒边界处的接触情况,以及粗颈部和细颈部结合情况。由于 n 型半导体吸附了氧,从而产生了缺乏电子的表面空间电荷层,使晶粒边界和颈部的电阻在元件中最高,该电阻代表了整个元件的阻值。因此晶粒结合部的形状和数量对传感器的性能影响很大。晶粒是颈部结合时,颈部的表面电导率是主要的。当颈部包含的厚度为整个表面空间电荷层厚度(德拜长度)时,元件接触气体后所引起的电阻变化最大。在晶粒边界接触处,通过晶界的电子必然移动。因为晶界处由于氧的吸附作用而形成电势壁垒,故电子移动必须越过该壁垒。当接触气体时,电势壁垒随着吸附氧的减少而降低,因而电子易于移动,故元件的电阻变小。

H_2 在气敏元件表面上的化学反应模型如图 23-42(c)和图 23-42(d)所示。图 23-42(c)的气敏元件中不含有 Pd,H_2 在其表面的化学反应为式(23-38)。图 23-42(d)是气敏元

第23章 气敏传感器

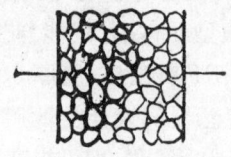
(a) 多晶元件

(b) 各晶粒结合情况，
(白色出表示空间电荷)

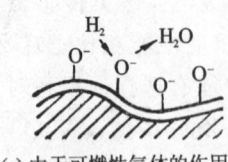
(c) 由于可燃性气体的作用
而消除了氧的吸附

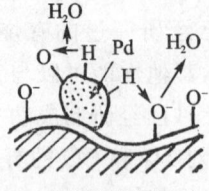
(d) 激活剂的作用

图 23-42　烧结型多孔气敏元件的工作原理

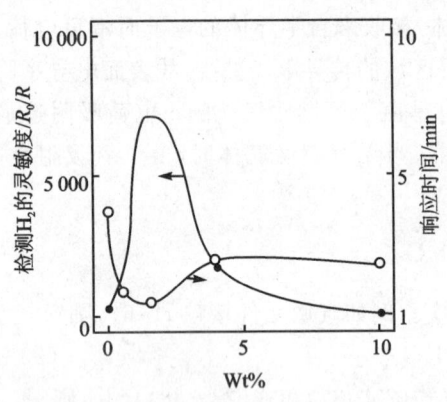

图 23-43　SnO_2 中 Ag 含量对灵敏度的影响

件中添加Pd(贵金属)时，H_2 在其表面上发生化学反应。在反应初期，H_2 在 Pd 表面上分解成氢离子(活化作用)，然后移向半导体表面，并跟氧发生吸附反应。被检测气体的活性化实质上是 Pd 的软化作用，从微观结构看，活化作用是因为在半导体晶粒的结合处存在 Pd。应该注意，Pd 是很好的氧化剂，添加过多会升高温度，从而在 Pd 上燃烧，当半导体表面起活化作用的被测气体(H_2)停止供给时，气体灵敏度会降低。通常 Pd 的最佳添加量是百分之几。

各种气体的相对检测灵敏度随气敏元件中的敏化剂含量而变化。如图 23-43 所示，氢气的检测灵敏度随 Ag 的含量而变化。当 Ag 含量为 1.5%Wt 时，H_2 的检测灵敏度最高，响应时间最短，但这样的敏化效应仅对 H_2 最敏感，而对 CO，C_3H_8 和 CH_4 几乎不起作用。

2. 体型传感器

在较低温度下，易还原的氧化物半导体其体内晶格缺陷(或组成)随易燃性气体而变化。在高温下，离子在晶格内可迅速发生扩散，难还原氧化物半导体的晶格缺陷浓度也会发生变化。半导体的这两种变化都将导致电导率变化，利用半导体的这种性能，用前述同样结构的元件可制作检测可燃性气体的传感器。

$\gamma-Fe_2O_3$ 多孔烧结元件的晶粒直径为 0.2～0.5 mm，孔隙率为 60%～70%，用这种气敏元件可检测异丁烷(LPG)。$\gamma-Fe_2O_3$ 通过还原，在保持晶格原状的条件下转变成 Fe_3O_4，并通过再次氧化而返回原状。当 $\gamma-Fe_2O_3$ 接触 LPG 后，Fe^{2+} 离子增加，如图 23-44 所示。当 LPG 引起 $\gamma-Fe_2O_3$ 部分还原时，就形成了含 Fe^{2+} 和 Fe^{3+} 两种缺陷的尖晶石结构：

$$Fe_x^{3+}[\square_{(1-x)/3} Fe_x^{2+} Fe^{3+}_{(5-2x)/3}]O_4$$

式中，x 是还原率。由于 Fe^{2+} 和 Fe^{3+} 之间的电子交换，故气敏元件的电阻减小。这种元件的最佳工作温度是 400～420℃，其响应特性高，不需要敏化剂。$\gamma-Fe_2O_3$ 的热稳定性差，故不适于检测城市大气。然而，添加 SnO_2 的 $\gamma-Fe_2O_3$ 烧结元件适于检测城市大气，虽其气体灵敏度低，但可通过细化晶粒（表面 130 m²/g）和添加 SnO_2 来改善这一特性。

用 $La_{1-x}SrCoO_3$ 钙钛矿型氧化物（P 型）制作的 20～30 μm 厚膜元件，可用于检测乙醇。这种元件在空气中加热至 600～800℃ 即释放出大量氧气，从而使元件构成缺氧结构。释放出的氧反应性很强，在约 300℃ 接触乙醇蒸汽即被消耗掉，从而使电阻增大。损失的氧由空气中补给，反应式为

$$1/6 C_2H_5OH + O_L + 2\oplus \rightarrow 1/3 CO_2 + 1/2 H_2O + V_o^-$$ （响应）

$$V_o^- + 1/2 O_2 \rightarrow O_L + 2\oplus$$ （还原）

式中，O_L 表示氧离子晶格，$\oplus$ 表示氧空穴，V_o^- 表示不带电荷的氧空穴。

TiO_2（n 型）为主要材料的烧结型气敏元件，其工作温度可达 700℃，可用于控制汽车发动机的空燃比。这种元件的电阻在燃料过剩时阻值减小，而在空气过剩时阻值增大。由于理论空燃比按阶跃函数变化，故发动机空燃比适合控制在理论空燃比附近。但是，空气过剩时，控制特性不好。然而，P 型氧化物元件在空气过剩时阻值减小，故用它提高空气过剩时的控制特性。因此人们研究了在 P 型 CoO 中添加 MgO 的 $Co_{1-x}Mg_xO$ 固溶体（$x>0.5$），从而提高了还原稳定性。

显然，控制燃烧不仅是汽车发动机，如家用煤气灶等也需要监视燃烧，以免不完全燃烧。SnO_2 和 Al_2O_3 的混合物制成的烧结型元件，在其上安装铂丝电极。将这种元件置于火焰中，由元件电阻值的变化即可知道是否完全燃烧。在氧化铝基片上溅射 $LaNiO_3$ 系列氧化物（P 型）构成的薄膜型元件，可用于检测空燃比，测量性能如图 23-45 所示。当比值为 1 时，可观测到电阻阶跃变化。

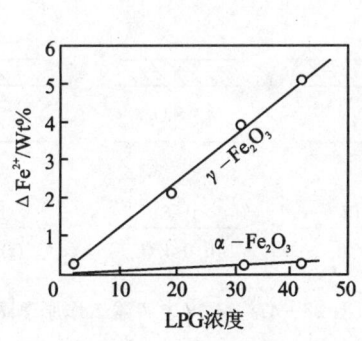

图 23-44　Fe_2O_3 元件的 Fe^{2+} 生成量与气体浓度的关系

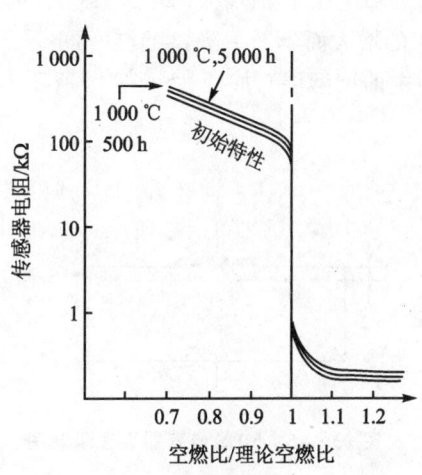

图 23-45　$LaNiO_3$ 薄膜元件的燃烧控制特性

23.5 金属栅 MOS 气敏传感器

1975 年，Lundstrom 采用能溶解氢的金属钯(Pd)作为 MOSFET 的栅极材料，研制成能对氢气及某些无机含氢气体具有敏感作用的气敏 MOSFET，成功地将 MOS 半导体技术引入到气敏传感器领域。继 MOSFET 之后，人们对各种不同的 MOS 元件，如肖特基(Schottky)势垒二极管、MOS 电容器等的气敏特性也进行了研究，开发出一系列的 MOS 元件气敏传感器。

23.5.1 金属栅 MOS 元件基本原理

1. MOS 电容器

作为气敏传感器用的 MOS 电容器，实际上是一种 MOS 二极管。图 23-46 所示是以 Pd 为栅电极，以 p 型硅为衬底的 MOS 电容器原理示意图。当在 MOS 电容器的金属栅 Pd 上施加一负电压时，与 SiO_2 接触的硅表面在电场的作用下由于空穴的富集而带正电荷，因而该硅表面将表现出金属般的导电性，如图 23-47(a)所示。此时，MOS 电容器的作用和通常的平板电容器一样，其电介质为 SiO_2，单位面积电容 C_o 为

$$C_o = \varepsilon_{ox}/d \tag{23-40}$$

式中，ε_{ox}——SiO_2 的介电常数；d——SiO_2 层厚度。

当施加在 MOS 电容器 Pd 栅上的电压转为正值时，硅表面的空穴被排斥走，仅留下表面附近的掺杂阴离子，在电容器的硅一端形成带负电荷的贫化层，如图 23-47(b)所示。此时电容器的总极间距加大（即原来 SiO_2 的厚度外加硅一端贫化层的厚度），MOS 电容器的总电容成为氧化硅层电容 C_o 与贫化层电容的串联，导致总电容值下降。由于贫化层厚度在一定范围内随外加电压 V 的增大而增大，因此，贫化层电容将随 V 的增加而减小，致使电容器的总电容随 V 的增大而不断下降，直至自由电子开始在硅表面富集（即在 p 型硅表面形成了以电子传导为主的反型层），如图 23-47(c)所示。此时，贫化层厚度达最大值，MOS 电容器有最小电容值 C_m。

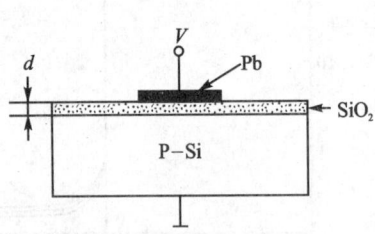

图 23-46 MOS 电容器原理示意图　　　图 23-47 MOS 电容器工作原理图

$$C_m = \varepsilon_{ox}/(d + (\varepsilon_{ox}/\varepsilon_s))D \tag{23-41}$$

式中，ε_s——硅的介电常数；D——最大贫化层厚度；其他符号含义同式(23-40)。

从贫化层厚度随外加电压 V 的变化情况，可以求得贫化层厚度达最大值之前，电容器总电容随外加电压的变化关系，并可表达为：

$$C = C_o/\sqrt{1 + 2\varepsilon_{ox}^2 V/eN_A\varepsilon_s d^2} \tag{23-42}$$

式中,N_A——p 型硅的掺杂受体浓度;e——电子电量;其他符号含义同式(23-41)。

图 23-48 所示为 MOS 电容器总电容随外加电压变化的特征曲线。使半导体表面贫化层厚度达最大值的外加电压,称为 MOS 电容器的阈电压 V_T,它与金属栅的功函数及半导体材料的性质和制造工艺有关。对采用 p 型 Si 衬底的 MOS 电容器,其 V_T 与金属功函数的关系可表达为

$$V_T = \Phi_M - \chi - E_g/2e + \Phi_F + (\sqrt{4e\varepsilon_s N_A \Phi_F} - Q_f)/C_o) \tag{23-43}$$

式中,Φ_M——金属的功函数;χ——半导体的电子亲和力;E_g——半导体的禁带宽度;Φ_F——半导体的费米能级与其本征费米能级之差;Q_f——氧化物的固定电荷;其他符号含义同式(23-42)。

由式(23-43)可见,当被测气体以某种形式在金属与氧化物界面吸附,并改变金属的功函数 Φ_M 时,电容器的阈电压 V_T 也将相应改变 ΔV_T,因此,整个 C-V 曲线沿 V 轴平移。图 23-49 所示为 Pd 栅 MOS 电容器在纯净空气及含氢空气中的 C-V 曲线。由于氢在 Pd/SiO$_2$ 界面的吸附降低了 Pd 的功函数,电容器在含氢空气中的 C-V 曲线要较纯净空气中的 C-V 曲线向左平移 ΔV_T。

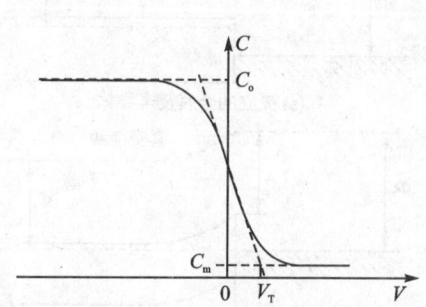

图 23-48 MOS 电容器 C-V 特征曲线

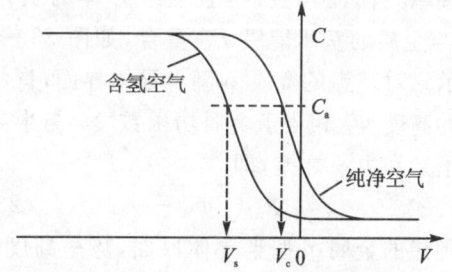

图 23-49 MOS 电容器在纯净和含氢空气中的 C-V 曲线比较

测量阈电压变化值 ΔV_T 的常用方法是选择 C-V 曲线上某一较明显变化的电容值作为基准电容,例如图 23-49 中的 C_a,将其在纯净空气中所对应的电压值 V_a 作为基准电压。当电容器与含氢空气接触时,整个 C-V 曲线沿 V 轴向左平移。因此,必须重新调整电容器两端的电压值,才能保持电容器的电容与原始状态(即纯净空气中)的基准电容 C_a 一致。此时的电压值 V_s 与基准电压 V_a 之差就等于电容器的阈电压变化值 ΔV_T。

2. 肖特基(Schotrky)二极管

由金属-半导体组成的二极管通常具有如图 23-50 所示的整流现象。产生这一不对称电流-电压曲线的原因,是金属半导体相接触界面上存在的接触势垒——肖特基势垒的缘故。具有这种整流现象的二极管称为肖特基二极管。图 23-51 所示为肖特基二极管的原理示意图。它与 MOS 电容器具有极相似的结构,只是在多数情况下肖特基二极管的金属栅直接与半导体接触,半导体表面的绝缘层仅起保护膜的作用。

每一种材料当其孤立存在时都有自身的功函数,如图 23-52(a)所示为孤立的金属和 n 型半导体的能带图。金属的功函数为 Φ_M,半导体的功函数为 Φ_s,E_f^m 为金属的费米能级,并设 $\Phi_M > \Phi_s$;χ 代表半导体的电子亲和力,E_c、E_v 和 E_f^s 分别代表半导体的导带、价带及费米能级。

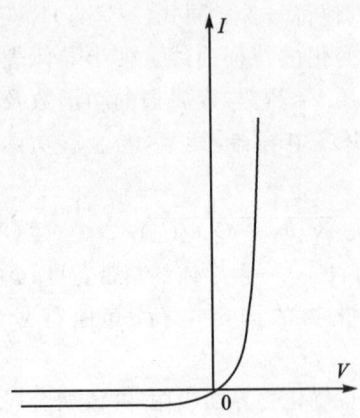

图 23-50 肖特基二极管的整流现象

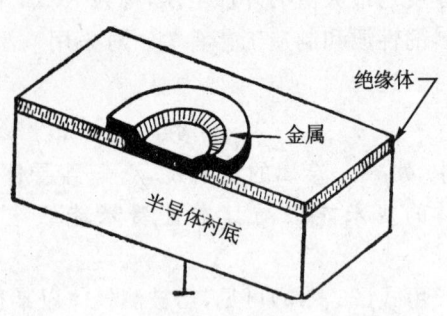

图 23-51 肖特基二极管的原理示意图

当金属与半导体紧密接触后,由于两者之间的功函数不同($\Phi_M > \Phi_s$),半导体中的电子将越过接触界面流向金属,直至半导体的费米能级 E_f^s 与金属的费米能级 E_f^m 重合,如图 23-52(b) 所示。对理想的金属-n 型半导体界面,肖特基势垒的高度 Ψ_n 相当于金属功函数 Φ_M 与半导体的电子亲和力 χ 之差,即

$$\Psi_n = \Phi_M - \chi \tag{23-44}$$

对理想的金属-p 型半导体界面,势垒高度 Ψ_p 还与半导体的禁带宽度 E_g 有关,

$$\Psi_p = E_g - \Phi_M + \chi \tag{23-45}$$

可见,不管是由 n 型还是 p 型半导体与金属接触组成的二极管,其肖特基势垒的高度在理想

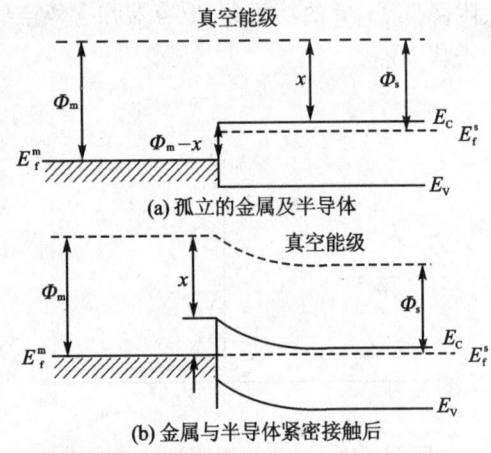

图 23-52 金属和 n 型半导体的能带图

状态下随金属功函数 Φ_M 的变化而变化,反应由于金属功函数的变化而引起二极管势垒变化的参数,可以有电容、正向电流及反向电流。采用 n 型半导体为衬底的肖特基二极管,其电容 C 与金属功数及外加电压 V 之间有如下关系

$$C^2 = e\varepsilon_s N_D / (\Phi_M - \chi - V_n - V) \tag{23-46}$$

式中,N_D——n 型半导体掺杂施主浓度;V_n——费米能级与导带能级之差;其他符号含义同式(23-43)。

对 n 型半导体而言,当金属相对于半导体为正极时,取外加电压 $V > 0$。

与 MOS 电容器相似,二极管的电容-电压特征曲线随金属功函数的变化在电压轴上移动。其正向电流 I 及反向电流 I_b 与金属功函数及外加电压之间的关系分别为

$$I = I_b(e^{qV/nkT} - 1) \tag{23-47}$$

及

$$I_b = -k_2 e^{-q\Psi/kT} \tag{23-48}$$

式中,n 和 k_2 均为常数;指数函数 kT/q 为二极管的热电压。

图 23-53 所示为 Pd/TiO2 肖特基二极管的电流-电压特征曲线随空气中氢气浓度的变化情况。由图可见,随着 H_2 浓度的增大,$I-V$ 特征曲线沿着 V 轴向左平移。这是因为 H_2 的浓

度越高，Pd 的功函数越低，肖特基势垒的高度也越低，因此，整个 I-V 曲线向 V 值减小的方向移动。

应该指出的是，上述理想的金属-半导体触面仅适合于某些离子型半导体如 CdS 与金属形成的肖特基二极管。对于某些由共价型半导体如 Si 形成的肖特基二极管，由于其金属与半导体界面存在大量处于半导体禁带范围的表面能级，而这些表面能级可以同时充当施主与受体。因此，最终决定界面势垒高度的因素不仅仅是金属功函数，而且更主要的是这些表面能级。大多数肖特基硅二极管的势垒高度是固定的，而且其值通常为硅禁带宽度的三分之二。

实验发现，如果在金属与硅半导体之间引入一层极薄（小于 5 nm）的二氧化硅膜，则可以避免表面能级在界面的形成，同时又允许电子穿过界面，这种 MOS 肖特基二极管的势垒高度与金属功函数的关系基本符合上述的理想状况。除二氧化硅外，在金

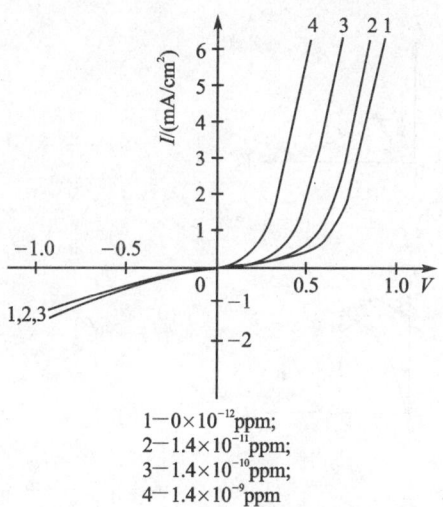

图 23-53　氢气浓度对 Pd/TiO$_2$
二极管 I-V 曲线的影响

1—0×10^{-12} ppm；
2—1.4×10^{-11} ppm；
3—1.4×10^{-10} ppm；
4—1.4×10^{-9} ppm

属栅与半导体之间加入其他的绝缘体，如氮化硅 Si$_3$N$_4$ 也能达到与 SiO$_2$ 同样的作用，此种二极管称为 MIS(Metal Insulator Semiconductor)二极管。

3. MOS 场效应管

MOS 场效应管（MOSFET）是利用半导体表面效应的一种电压控制型元件，可分为 n 沟道和 p 沟道两种。这里以 n 沟道为例说明其工作原理。

图 23-54 所示为 n 沟道 MOSFET 的原理示意图。它由 p 型硅半导体衬底，两个间隔很近（约 10 μm）的 n 区、二氧化硅绝缘层、及覆盖在二氧化硅表面的金属栅组成。两个 n 区分别称为源区和漏区，源区常与地电位相接，而漏区的电位则总高于源区，因此当两区导通时，电子总是从源区流向漏区。

当栅极电压为零时，漏区与源区可视为一对反向连接的 p-n 二极管，因此在漏、源区之间加上电压时，不会有电流出现。然而，当施加于栅

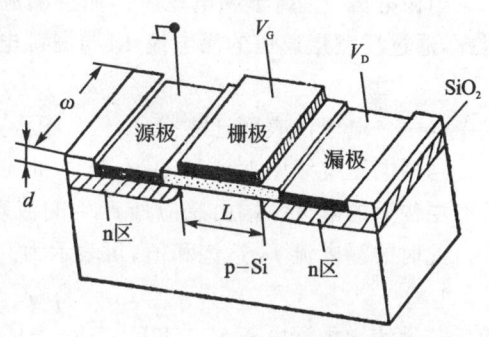

图 23-54　MOSFET 的原理示意图

极的电压由零变正，并逐渐增加到一定值后，两 n 区之间的 p 型硅在电场的作用下形成了如前述 MOS 电容器一样的表面反型层，即在与 SiO$_2$ 接触的 p 型硅表面建立了一条以电子传导为主的，能沟通漏区与源区的 n 型沟道，使电子能在两 n 区之间交换，如图 23-55(a)所示。若此时在漏区之间加上电压 V_D，电子就会从源区经 n 型沟道流向漏区，形成了由漏区流向源区的漏电流 I_D。图 23-56 所示为 MOSFET 的漏电流 I_D 随栅电压 V_G 变化的特征曲线（$V_D > 0$）。由图 23-56 可见，栅极电压一旦超过 V_T 值，由于反型层的产生，漏源区开始导通，漏源电流随栅电压的继续增加而呈线性增大。

这一决定漏源区通道的导通与断开的栅电压 V_T，称为 MOSFET 的阈电压。与前述 MOS

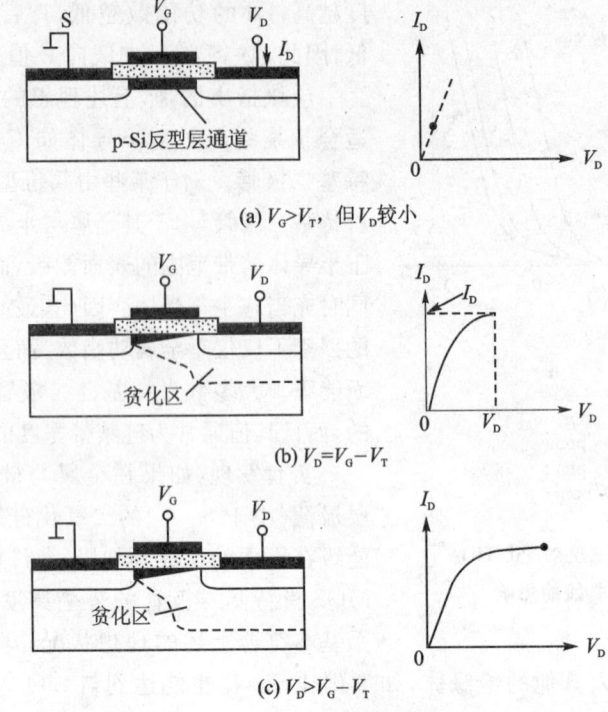

图 23-55 MOSFET 工作原理图及相应 I-V 曲线

电容器相似,决定 MOSFET 阈电压 V_T 值的主要参数是金属栅的功函数及半导体材料的性质和制造工艺过程,并符合式(23-43)所表示的关系。

当栅电压 V_G 高于阈电压 V_T,而且漏源电压 V_D 还较小时,反型层通道相当于普通电阻。因此,通过反型层通道的漏电流 I_D 与漏源电压 V_D 成正比,如图 23-55(a)所示,并可写成

$$I_D = (\mu\omega C_g/L)(V_G - V_T - V_D/2)V_D \tag{23-49}$$

式中,μ——电子的表面迁移率;ω——栅沟宽度;L——栅沟长度;C_g——单位面积的栅电容。

当漏电压继续增大到 $V_D = V_G - V_T$ 时,在漏源电场梯度的作用下,漏区附近出现贫化区,反型层沟道的漏区一端由感应所产生的流动电荷为零,栅沟通道被夹断,如图 23-55(b)所示。此时的漏电流 I_D 达饱和值,可表示为

$$I_D = (\mu\omega C_g/L)(V_G - V_T)^2/2 \tag{23-50}$$

此后若继续增加漏电压 V_D,使 $V_D > V_G - V_T$,漏电流 I_D 也不会再有显著的增加,而是基本上保持在由式(23-50)所给出的常数,如图 23-55(c)所示。MOSFET 的这一工作区域称为电流饱和区。由式(23-49)和式(23-50)可见,无论 MOSFET 是否处于电流饱和区,其漏电流 I_D 在 V_G 和 V_D 都恒定时,随 V_T 的变化而变化。

如果将 MOSFET 与外电路接成如图 23-57 所示的线路,即将 MOSFET 的栅极与漏极短路,使 $V_G = V_D$,从而保证了 $V_D > V_G - V_T$ 条件的满足,MOSFET 此刻处于电流饱和区工作,因此漏电流 I_D 具有式(23-50)所描述的电流特征。此时,若在 MOSFET 两端再加一恒流源,使漏电流 I_D 始终保持恒定,则其在 MOSFET 上所产生的电压降 V_G 与 MOSFET 的阈电压 V_T 成线性关系,并当 I_D 较小时有 $V_G \approx V_T$。可见,通过测量与恒流源连接的栅漏短路 MOSFET 上电压降 V_G 的变化值 ΔV_G,即可求得 MOSFET 的阈电压 V_T 的变化值 ΔV_T。

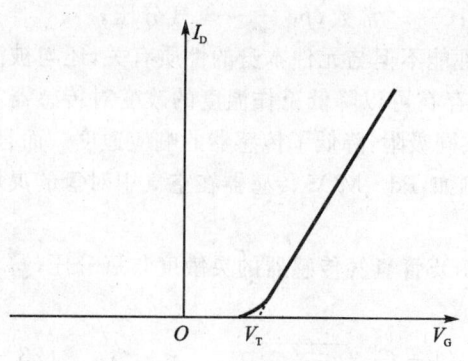
图 23-56 I_D 随 V_G 的变化情况

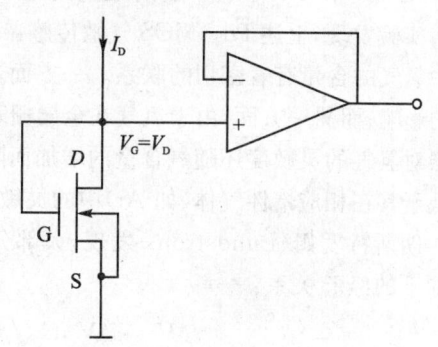
图 23-57 栅漏短路 MOSFET 的测量电路

当上述栅漏短路的 MOSFET 与被测气体接触时,部分被测气体吸附在金属栅-氧化物的界面,降低了金属的功函数,导致 MOSFET 阈电压 V_T 的下降,其变化值 ΔV_T 可从 MOSFET 的电压降变化 ΔV_G 求得,$\Delta V_T = \Delta V_G$。

23.5.2 氢敏 Pd-MOS 传感器

MOS 气敏传感器的最广泛应用是作为检测被测气体环境中 H_2 含量的氢敏传感器。在众多的金属栅极材料中,金属钯(Pd)是最理想的氢敏栅材料。

图 23-58 所示为 Pd 栅 MOS 管的阈电压 V_T 在 150℃温度时随空气中氢浓度的变化情况。在绝对无氢的气氛中,Pd 栅 MOS 管的阈电压约为 1 100 mV(图 23-58 中,V_T^0 所指位置),然而,由于空气中总含有一定量的氢气,因此其空气中的实际值 V_T^a 总低于 V_T^0。而当其与含 21.3 Pa 氢气分压(即 210 ppm 氢气浓度)的空气接触后,由于 H_2 在 Pd 栅上的吸附量增加,MOS 管 V_T 值迅速降低,并很快达到另一稳定值。这一新的稳定值与 V_T^0 值(有时也可直接用 V_T^a 值)之差 ΔV,与空气中氢的含量存在一定的关系。图 23-59 所示是 150℃工作温度下 MOS 管的实验 ΔV 值与氢气分压的平方根 $\sqrt{p_{H_2}}$ 之间的关系曲线,它具有兰格缪尔(Langmuir)等温线的特征,并可表达为

$$\Delta V = \Delta V_M C \sqrt{p_{H_2}}/(1 + C \sqrt{p_{H_2}}) \tag{23-51}$$

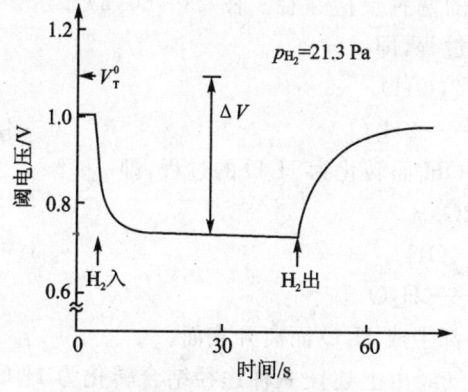
图 23-58 Pd-MOSFET 的 V_T 随氢浓度变化的情况

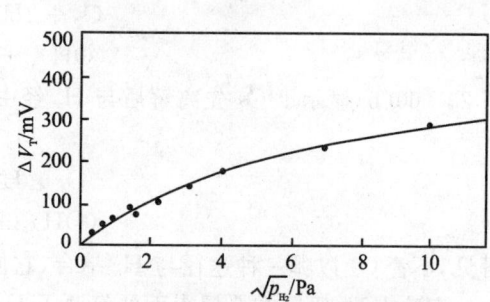
图 23-59 MOSFET 的实验 ΔV 值与 $\sqrt{p_{H_2}}$ 的关系

式中，ΔV_M——Pd-MOS 管的最大阈电压变化值；C——常数；p_{H_2}——氢气分压。

实验发现，上述 Pd-MOS 气敏传感器的工作性能不但与元件本身的性质有关，还与被测气氛中氧气的含量有着密切的联系。一方面，氧气的存在可以降低工作温度的改变对传感器灵敏度的影响；而另一方面，由于氧气在金属栅表面的共同吸附，降低了传感器的响应速度。而且，传感器对氢气的灵敏度还随氧含量的增加而降低。例如，Pd-MOS 传感器在空气中对氢的灵敏度要低于其在相应惰性气体（如 Ar）中的灵敏度。

朗斯特罗姆（Lundstrom）发现，大部分 Pd-MOS 管氢气传感器的灵敏度与氧分压（p_{O_2}）存在如下的经验关系：

$$\Delta V = \Delta V_M C \sqrt{p_{H_2}/p_{O_2}^a}/(1+C\sqrt{p_{H_2}/p_{O_2}^a}) \tag{23-52}$$

式中，a——常数，$0.5 \leq a \leq 1.0$；其他符号含义同式(23-51)。

氢气在 Pd 栅上的吸附之所以能改变 MOS 管的 V_T 值，是因为氢气吸附到 Pd 表面时，氢分子迅速在 Pd 表面离解为氢原子，同时向 Pd 内部扩散。部分氢原子被吸附在 Pd 与氧化物绝缘体交接的内表面。被吸附在 Pd 内表面的氢原子在金属/绝缘体界面具有偶极子的作用，因而导致界面金属功函数的变化。由式(23-43)可知，界面金属功函数的变化必将要改变 MOS 管阈电压 V_T。所以也可以说，偶极子层所产生的是与外加电压相串联的额外电压。界面金属功函数的变化量与吸附在其内表面的偶极子的覆盖度（或浓度）成正比。当偶极子在内表面的覆盖度为 1.0 时，金属功函数的变化量具有最大值，与之相应的阈电压也有最大变化量 ΔV_M。

然而，由于被测气体并非纯氢气，其他共存气体在 Pd 金属栅，甚至 SiO_2 上的共吸附可严重干扰传感器对氢气的响应。在惰性气体环境中，氢气在 MOS 管中仅存在两种平衡过程：氢在金属表面的离解和结合

$$H_2 \rightleftharpoons 2H_a$$

以及氢以体内氢（H_b）的形式由表面（H_a）向 Pd/SiO_2 界面（H_{ai}）和由界面向表面的迁移

$$H_a \rightleftharpoons H_b \rightleftharpoons H_{ai}$$

这里，H_a，H_b 和 H_{ai} 分别代表吸附在金属表面、溶解在金属体内和吸附在 Pd/SiO_2 界面的 H 原子。当有其他气体，特别是氧气共存时，氧可与吸附在金属表面的氢原子结合生成 H_2O 而离开表面，

$$O_2 + 4H_a \rightarrow 2H_2O$$

图 23-60 描述了共存氧气在 Pd 上可能发生的两种反应途径。图 23-60(a)显示了 O_2 直接与 H_a 经由表面 OH 的形成而转化为 H_2O 的过程，即

$$O_2 + 2H_a \longrightarrow 2(OH)_a$$
$$2(OH)_a + 2H_a \longrightarrow 2H_2O$$

图 23-60(b)显示了 O_2 先离解后与 H_a 经由表面 OH 而转化为 H_2O 的过程，即

$$O_2 \longrightarrow 2O_a$$
$$O_a + H_a \longrightarrow (OH)_a$$
$$(OH)_a + H_a \longrightarrow H_2O$$

可见，不管 O_2 以哪一种途径与 H_a 结合，它们最终都生成 H_2O 而离开表面。

实验表明，吸附在金属表面的氢原子 H_a 与氧气经由上述任一种途径结合转化为 H_2O 的速率，要高于其自然结合转化为 H_2 的速率，以及 $2H_a \longrightarrow H_2$ 的速率。而由于 O_2 与 H_a 结合生成 H_2O 的过程至少可以有两种不同的途径，使得 O_2 含量对传感器灵敏度的影响存在一定

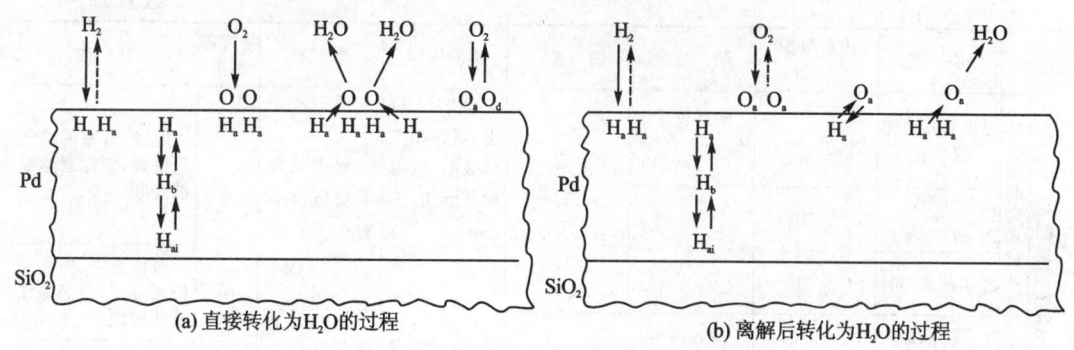

(a) 直接转化为 H_2O 的过程　　　　　　(b) 离解后转化为 H_2O 的过程

图 23-60　共存氧气在 Pd 表面可能发生的反应

的复杂性。这正是经验式(23-52)中的 a 值可随传感器结构及实验条件 0.5～1.0 的范围内变化的原因。

23.6　真空度气敏传感器

真空度气敏传感器是指敏感稀薄气体压力（1 atm 以下）的真空计。该真空计实际上是检测在一定温度和压力下气体容器的气体量传感器，其原理和性能列于表 23-17 中。

由表 23-17 可知，敏感气体真空度的传感器，按其敏感的物理量可分为三类：直接敏感气体压力的真空计，其适用于较高的压力范围；通过检测气体分子的浓度，从而知道气体的真空度；检测与压力有关的物理量，然后得到气体的真空度。前一类中的大多数是人所共知的常用真空计，故这里简介后两类。

表 23-17　真空计的工作原理与特征

	名称	测量范围/Torr	精度①	偏差②	响应时间	原理	与气体种类	其他
测量压力	U 形管压力计（汞）	760～1	0.5Torr	0.5Torr	数 s	根据液柱差测量压力	无关	用作校正的标准
	U 形管压力计（油）	20～10^{-2}	0.05Torr	0.05Torr	数十 s～数 min			油需除气，若已知油的密度，则不需校正
	麦克劳真空计	10^{-11}～5	百分之几～百分之几十	百分之几	测量一次需几 min	通过加压装置及液柱差来测量压力		用作校正的标准。测量可凝性气体有困难。用于高真空时需加另外装置
	膜片式真空计（机械式）	760～1	百分之几十	百分之几十	从原理上可为 10^{-3} s，为了防止损坏，常调节为几 s	通过压力差，利用弹性变形		
	膜片式真空计（电流式）	10^{-4}～10	百分之几	百分之几				必须校正
	波登真空计	760～10	百分之几～百分之几十	百分之几～百分之几十				

续表 23-17

	名称	测量范围/Torr	精度①	偏差②	响应时间	原理	与气体种类	其他
测量气体分子的密度	热阴极电离真空计 三极管式电离真空计	$10^{-3} \sim 10^{-7}$	根据校正装置，一般为 $10\% \sim 20\%$		10^{-3} 以下，当存在气体吸附、脱附时，为几十 min	利用热电子残留气体的电离作用	有关	电极、管壁的除气很重要，要注意丝极被烧断
	B—A式真空计	$10^{-3} \sim 10^{-10}$		1%				
	舒尔茨真空计	$10^{-1} \sim 10^{-4}$						对低真空、中真空使用方便，但必须注意放射线
	冷阴极电离真空计 α放射性真空计	$760 \sim 10^{-4}$	根据校正装置一般约10%	百分之几	10^{-3} 以下，通过测量电路指示约为0.1 s	利用α射线对残留气体的电离作用		灵敏度随气体的种类而异，抽气作用大
	彭宁真空计	$10^{-2} \sim 10^{-7}$	$20\% \sim 50\%$	10%以上	约0.1 s，当有气体吸附、脱附时，约数 min	利用磁场中的放电产生的离子流		
	超高真空用磁控管真空计	$10^{-4} \sim 10^{-13}$	$10\% \sim 100\%$	10%以上				
测量与压力有关的物理量	热导式真空计 皮拉尼真空计	$100 \sim 10^{-4}$	约10%，一般为 $10\% \sim 100\%$	10%以上	定温式为1 s以内其他为数 s	利用气体分子的热传导	有关	由于热射线的状态，使零点和灵敏度变化
	热电偶真空计	$1 \sim 10^{-3}$			数 s			灵敏度易于变化
	热敏电阻真空计	$1 \sim 10^{-3}$			数 s			
	克努森真空计	$10^{-3} \sim 10^{-7}$	百分之几	百分之几	几 s～几十 s	利用由于热而产生的气体分子的动量差	无关	从原理上讲，可测绝对压力
	粘滞性真空计	$10^{-3} \sim 10^{-6}$	百分之几十	百分之几十		气体的粘滞性	有关	

注：① 相对于测量绝对压力的精度；② 测量的偏差。

23.6.1 热导式真空计

在气体中加热的固体，气体的热传导系数越大，则加热固体温度上升越少，而气体的热传导系数随气压而变。因此，通过测量在一定加热条件下固体上升的温度，或测量由于一定温度上升产生的电流，就能知道真空度。例如表 23-17 中的皮拉尼真空计，其基本构造是将钨、铂丝等加热拉紧 $\phi 2 \text{ mm} \times 10 \text{ cm}$ 玻璃管的轴线方向，并加热到 $100 \sim 300 ℃$；测量在一定加热电流条件下电阻变化的恒电流型真空计，其灵敏度高，但测量范围窄；调整外加电压使温度一定的恒温型真空计，其测量范围宽，而灵敏度低。

热电偶真空计是应用热电偶测量电阻线的温度变化，从而检测出气压的真空计；热电阻真空计，实际上是用热敏电阻代替皮拉尼真空计中电阻丝的真空计。

23.6.2 热阴极电离真空计

热阴极电离真空计的基本结构是真空三极管，使用时，与待测压力的真空系统连接起来。真空三极管与三极管的区别是：三极管的栅极作真空三极管的阳极，加 $180 \sim 250 \text{ V}$ 电压；三极管的板极作真空三极管的离子收集极，加 $-10 \sim +45 \text{ V}$ 电压。热阴极发射的热电子穿越栅极后被收集极排斥,从而往返于收集极与热阴极之间,使气体分子电离。电离产生的阳离子被收集极吸收,从而产生离子电流 I_i。若电子电流为 I_e,则在真空系统压力 p 可能测量的范围 $(10^{-1} \sim 10^{-6})$ Pa 内,

$$I_i = Kpl_e \tag{23-53}$$

式中,K——灵敏度系数,其值通常为 $0.075 \sim 0.38$ Pa^{-1}。

表 23-17 中舒尔茨真空计即是根据上述原理设计的,压力 p 可由式(23-53)求出,结构如图 23-61(a)所示。若对调收集极与热阴极位置,并将收集极设置在中央位置,如图 23-61(b)所示,这就构成表 23-17 中的 B—A 式真空计,其测量下限可达 $10^{-2} \sim 10^{-8}$ Pa。

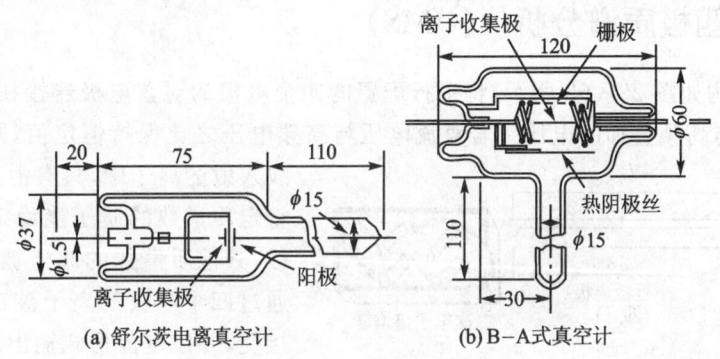

图 23-61 电离真空计的结构

23.6.3 冷阴极电离真空计

表 23-17 中彭宁真空计是冷阴极电离真空计的代表,其阴极不加热,故称冷阴极。在轮形阳极与圆板形阴极之间加上几 kV 电压,当沿对称轴方向再加上百分之几特斯拉～十分之一特斯拉磁场时,由冷阴极发射而产生的电子因磁场作用而转动,使气体分子离子化,从而产生几 μA～几 mA 的放电电流。通过放电电流可测定气体的密度,从而求出真空度。

23.6.4 粘滞性真空计

在低压时,气体粘滞产生的力与压力成正比,粘滞性真空计即是根据气体的这一性质设计的。若将金属丝在磁场中拉紧,同时用交流电激励,则金属丝振动。通过使金属丝产生一定振幅所需电流值,可检测出真空度。

23.7 气体成分传感器

通过质谱仪对气体进行化学分析,这样即可检测出气体成分。

23.7.1 质谱计

离子质量 m 与电荷 e 之比(m/e),按其大小顺序排列即质谱。用电的方法检测离子的仪器称质谱计,用照相干片直接接受离子并记录的装置称质谱仪。常用的质谱仪如图 23-62 所

示，对于同样磁场的离子束，透镜和棱镜使其质量分散与方向聚束，从而获得质谱。磁场 B 为扇形，其顶角为 $180°$、$90°$ 和 $60°$。用排气至 $10^{-6} \sim 10^{-8}$ 的离子源产生离子，被电压 V 加速的离子沿半径为 r 的轨道扫过。m/e 与 r^2B^2/V 成比例，满足这一关系的离子才能到达分析管的离子收集极，从而以电流形式检测出来。扫描 B 或 V 即可得到质谱，分辨率 $m/\Delta m < 1\,000$。

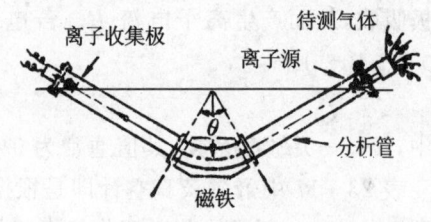

图 23-62　正交磁场单聚束质谱分析仪

23.7.2　四极质谱分析仪(QMS)

QMS 的结构如图 23-63 所示，将平行配置的四个电极的对置电极连接在一起，并给两组电极加上直流与高频叠加的电压。若直流电压与高频电压之比保持恒定值，则沿四极中心轴线入射的离子中，只有由高频电压决定的特定质谱数的质子能稳定地通过四个电极，其他质谱数的离子被四个电极捕获。通过四个电极的离子被二次电子倍增管接受，并以电流形式输出。若扫描高频电压 V，则得到与 V 成比例的质谱数从小到大顺序排列的质谱。通过电子冲击使待测气体离子化时，在离子源中有：原来

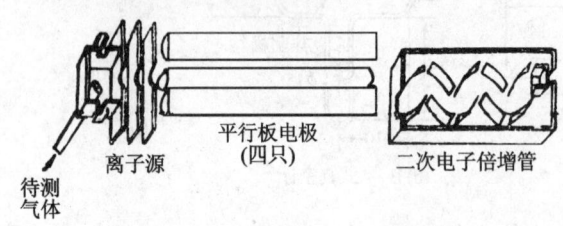

图 23-63　QMS 结构图

的分子和两种被离子化的分子离子（M^+），由分子的结合被分裂而生成的组合矩离子和带两个以上电荷的离子。QMS 可通过电压变化而得到质谱，故便于高速扫描和选择质谱峰值，适合同时检测多种成分的气体。在 1 atm 和 1 ml 的待测气体中，QMS 能检测出 10 ppb 的 CH_4、CO_2、100 ppb 的 N_2、CO 和 O_2，信噪比均大于 3。QMS 可获得 m/e 值：$1 \sim 150$、300、$2 \sim 500$。

23.7.3　氦检漏器

用氦射流可进行气体泄漏试验，完成这种泄漏试验的装置称氦检漏器，其结构如图 23-64 所示。氦射流从待测气体的泄漏处进入其内部，用低真空泵将氦抽吸到质谱分析仪内。为便于比较泄漏量的大小，在待检漏气体一侧置标准泄漏器（$6.6 \times 10^{-5} \sim 1.3 \times 10^{-6}$ Pa·s^{-1}）。氦检漏器已实用化，氦的最小检测浓度是 0.8 ppm，最小检测泄漏值为 $3 \sim 7 \times 10^{-9}$ Pa·s^{-1}。

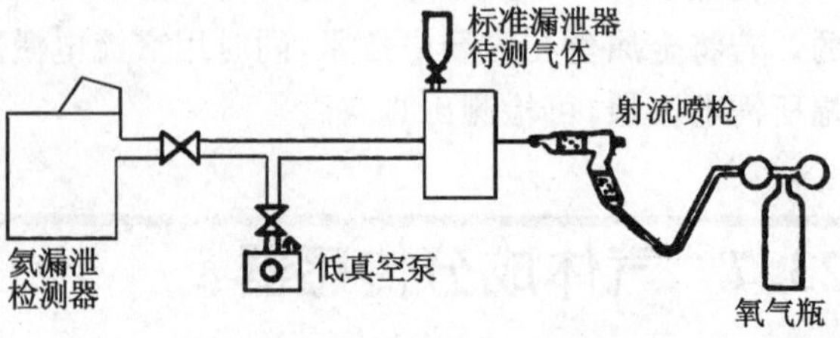

图 23-64　氦检漏器的结构

23.7.4 气相色谱分析仪

气相色谱分析仪的结构如图 23-65 所示,在色谱柱内充满与载气 H_2、He、N_2、Ar 等不起化学反应的填充物,该填充物将待分析试样(气态、液态或固态)散开,从而使各种成分分离。气体通过色谱柱和玻璃毛细管,然后进入放置于真空槽内的 QMS,从而检测出气体的各种成分。图 23-66 示出有恶臭气味的一些物质(有机硫化物)的色谱,使用氦为载气,流量 15 ml/min,色谱柱温度 70～100℃。图中 2～9 试样中恶臭物质含量为 10 ppm,加入氦,取样 1 ml。

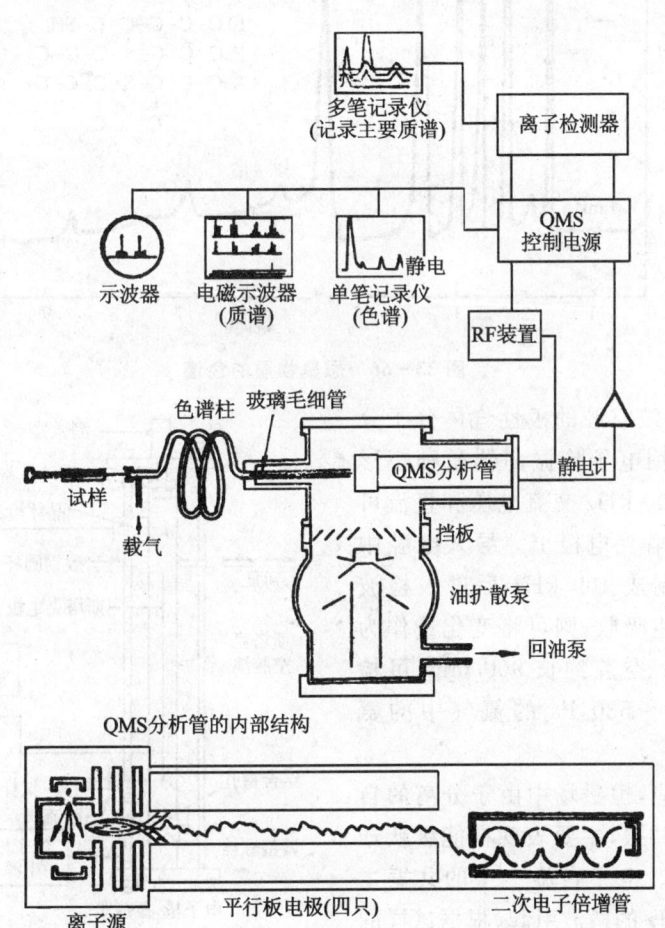

图 23-65 气相色谱分析仪

除上述 QMS 成分的检测方法外,还有许多其他检测方法。如热传导式检测法、火焰电离检测法、电子俘获检测法、热离子氮和磷检测法、火焰光度检测法、霍尔电解离子检测法。

23.7.5 微波气体成分传感器

分子中原子能级间的跃迁多半与电磁波发生共振,利用这种现象可分析物质的成分。

在微波范围内,极性气体能吸收与其转动能级间隔对应的微波,利用极性分子的这一特性可构成对其他成分不起干涉作用的分析仪。图 23-67 示出检测氨的微波传感器,通过斯塔克

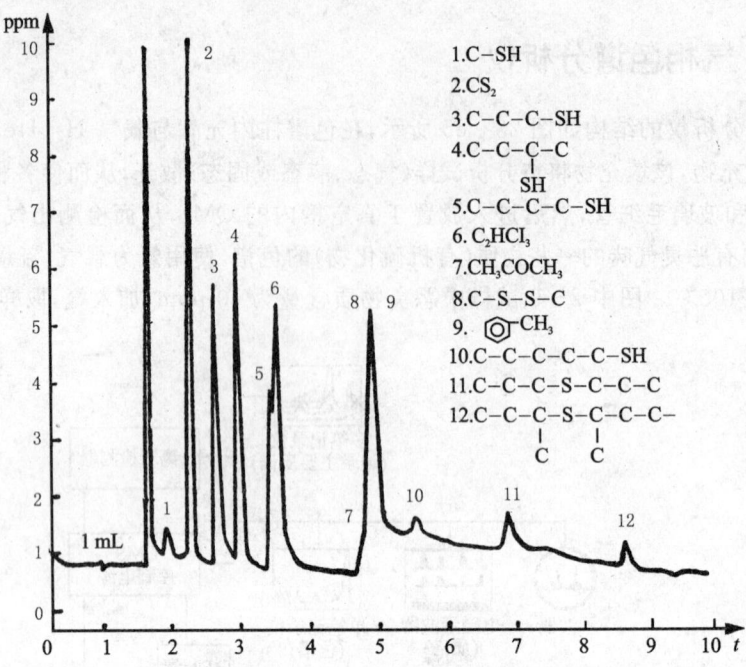

图 23 - 66　恶臭物质的色谱

电极配置,进入微波空腔的极性气体分子分离成两种能级。用电子枪振荡器激励矩形波导管空腔,将 100 kHz 交流电压和直流可变电压叠加在斯塔克电极上。导入空腔中气体的微波,调制成 100 kHz 后进入检波器。一旦空腔产生吸收,则可将变化量作为 100 kHz 检测出。空腔约长 900 mm,可检测出减压至 $400\sim530$ Pa 的氮气中的氨（~10 ppm）。

根据塞曼效应,恒磁场中由于分离的自旋能级产生的磁共振,主要表现在能级跃迁引起的光子吸收。电子自旋产生的共振主要由 $9.5\sim35$ GHz 的微波引起,根据试样的磁性称其为电子顺磁共振。由原子核自旋产生的核自旋共振称核磁共振,通常由约

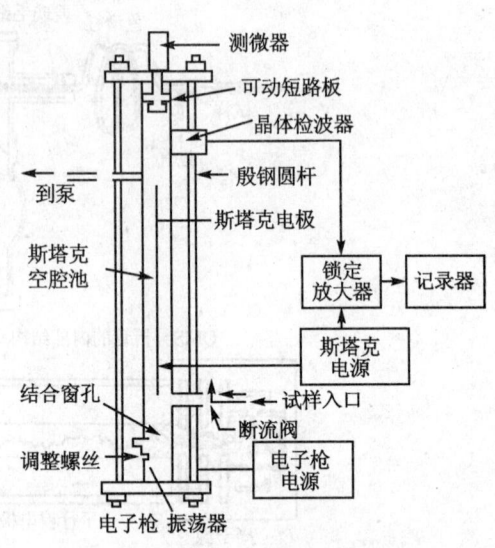

图 23 - 67　微波传感器的结构

10 MHz 的短波引起。自旋共振主要用于固体、液体试样,若欲用于气体试样,还需提高灵敏度和降低成本。

23.8　光成分分析传感器

光成分分析传感器是用光学方法分析试样成分的装置。

23.8.1 原子吸收光分析法

当光线通过原子蒸汽层时,基态原子被激励,利用原子的吸收强度可构成分析成分的传感器。这种传感器的光学系统和原子蒸汽系统结构如图23-68所示,光学系统分单光束和双光束两种,原子蒸汽系统使试样在火焰中喷射成雾状。这种方法主要用于碱金属、碱土金属和贵金属的微量分析。

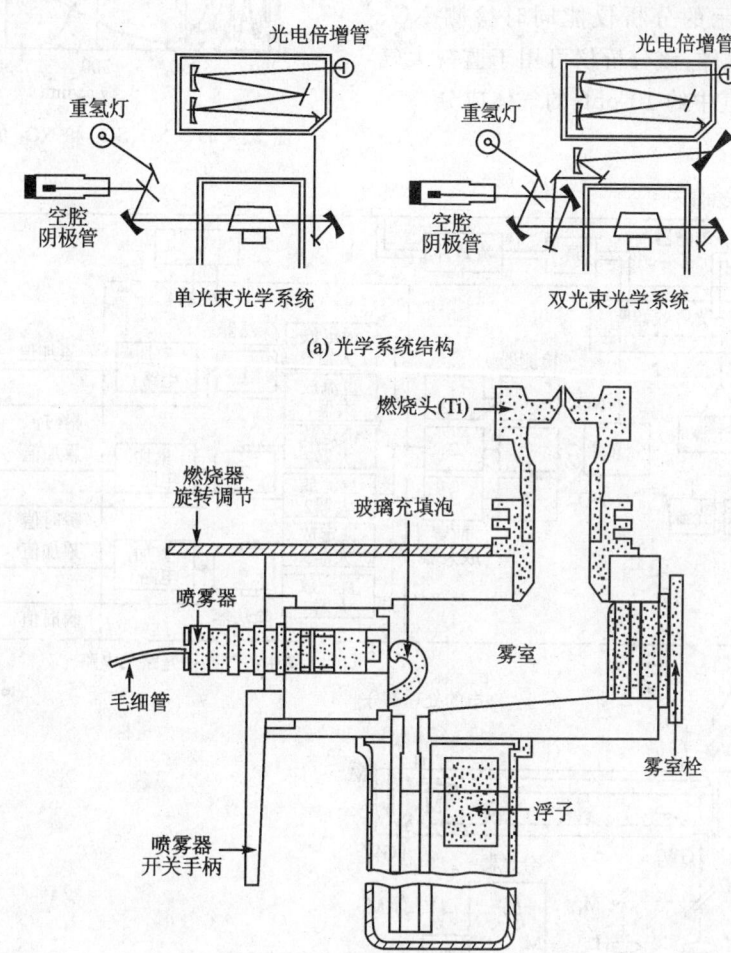

图23-68 光学法气体成分传感器的结构

23.8.2 化学发光法

在化学反应过程中,与化学反应有关的物质被激发,这种被激发分子(或原子)与其他分子(或原子)碰撞而发光。利用这种现象已研制出分析 NO 和 O_2 等的传感器。这种传感器由使待测物质产生化学变化的变换器,以及检测光的光电倍增管等光电变换器构成。

第23章 气敏传感器

23.8.3 吸光度分光法

各种气体分子均具有固有的光吸收谱,如图 23-69 所示,利用气体的吸收谱可构成检测气体浓度的分光仪。检测气体浓度的方法有多种,其中图 23-70 所示的调制分光法较实用。用图 23-70 所示的分析仪能同时检测 NO、NO_2、SO_2 三种气体,该分析仪可用于监视大气污染,能测定大气中约 10 ppb 的气体成分。

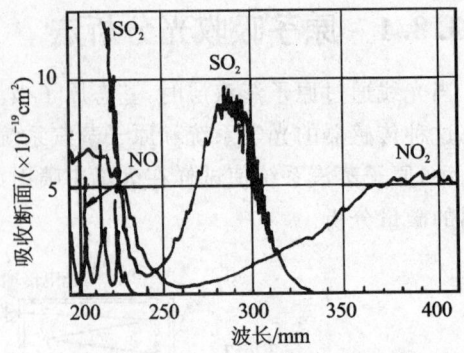

图 23-69 NO、SO_2 和 NO_2 的吸收谱

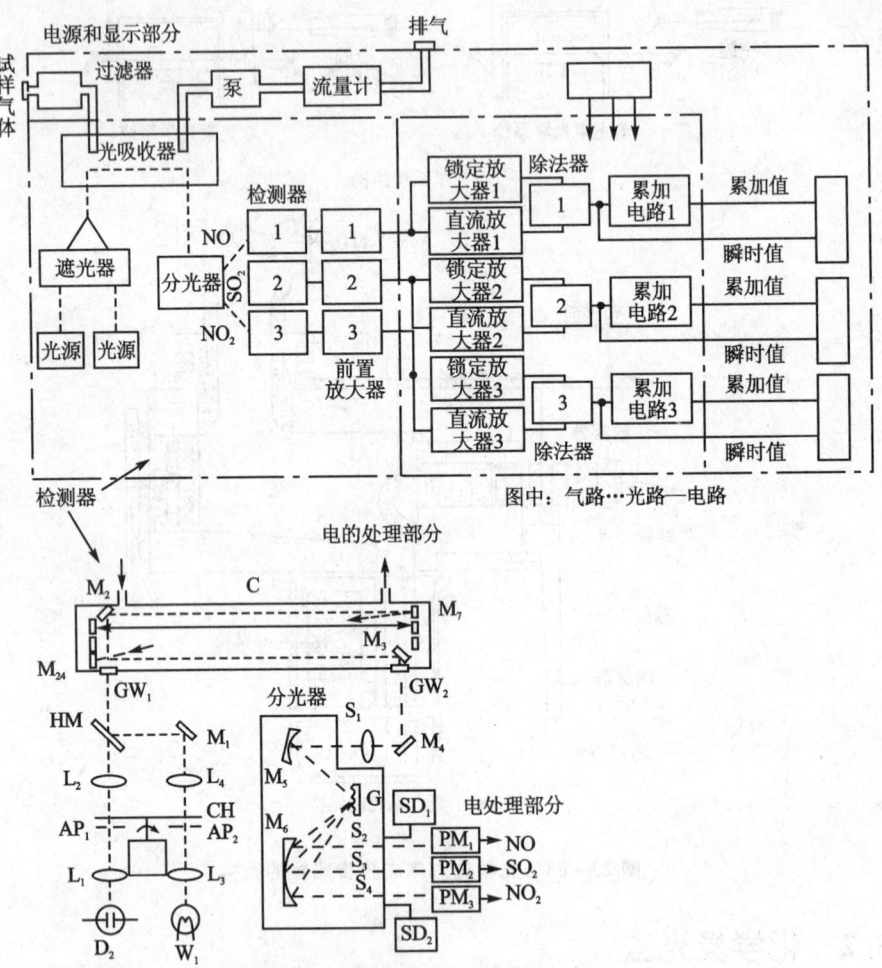

AP_1,AP_2—小孔；C—光吸收槽；G—衍射光栅；CH—遮光器；
D_2—重氢放电管；HM—半透镜；$L_1 \sim L_4$—透镜；$M_1 \sim M_4$—平面反射镜；
$M_5 \sim M_7$—球面反射镜；$PM_1 \sim PM_3$—光电倍增管；SD_1、SD_2—缝的驱动装置；
S_1—入口缝；$S_2 \sim S_4$—出口缝；W_1—碘钨灯；GW_1、GW_2—窗玻璃

图 23-70 调制分光法的 NO、NO_2 和 SO_2 成分分析仪

第 24 章 湿敏传感器

湿敏传感器用来检测环境的湿度,它由对湿度敏感的材料做成。在工农业生产和人类生活中,保持适当的湿度是十分重要的。例如,温室栽培若不控制湿度势必影响产量,工业生产若不控制湿度则产品质量下降,空调房间湿度控制在 40%～70%RH 才能令人舒适。为此,表 24-1 列出各种场合要求控制湿度的范围供使用时参考。

表 24-1 需测湿度的主要场合与测量范围

行 业	使用场合	测湿范围 湿度/(%RH)	备 注
工业	纤维工业	50～100	缫丝
	精密电子元件	0～50	磁头、LSI、IC
	干燥机	0～50	陶瓷、木材干燥
	粉体水分	0～50	陶瓷、窑业原料
	干燥食品	0～50	
	精密机械	—	钟表组装、光学仪器
	空调机	40～70	房间空调
	干燥机	0～40	衣物烘干
	电子锅	2～100	制熟与保温食品
	录像机	60～100	防止结露
	风挡除霜器	50～100	防止结霜
农林牧	温室(大棚)空调	0～100	空气调节
	茶田防霜	50～100	防霜防冻
	牛等仔畜保育	40～70	健康保护、管理
气象	恒温恒湿槽	0～100	精密测量、特定环境
	气象观测	0～100	气象台、气球精密测量
	温度计	0～100	控制记录装置
医疗	治疗、理疗、	80～100	呼吸系统疾患
	保育器	50～80	空气调节器
其他	土壤中水分	—	植物栽培、水土保持

检测湿度有多种方法,日本工业标准(JLSZ8806)湿度检测方法分:毛发湿度计法、干湿球湿度计法、露点计法、电阻式湿度计法。不同检测方法要求不同性能的湿敏传感器,各种传感器的优缺点不同,故选用合适的传感器十分重要。表 24-2 列出各种传感器的优缺点。表中,干湿球湿度计法和露点计法的时效变化小,故可用于精确检测湿度,但难以实现自动化。电阻式湿度计的优点是将湿度变换成电信号非常简单,缺点是稳定性差,耐 SO_2 的腐蚀性也不好。

所以它虽然引起人们的极大兴趣,但还需作许多工作才能实用化。

表 24-2　各种湿度计的优点和缺点

种　类	优　点	缺　点
毛发湿度计	1. 直接指示相对湿度 2. 结构简单 3. 可用于自动控制	1. 精度低 2. 稳定性差
简易干湿球湿度计	结构简单	1. 不能直接指示相对湿度 2. 精度低 3. 必须用水
气象站式通风干湿球湿度计	常温下精度高	1. 不能直接显示相对湿度 2. 必须用水
电阻湿度计式干湿球湿度计	1. 直接指示相对湿度 2. 可连续记录与远距离测量 3. 可用于自动控制 4. 用一台显示仪表就可切换测量几个地方的湿度	1. 由于要使用简单的公式,才能直接示出相对湿度,所以当涉及太大范围的温度和湿度时,误差较大 2. 必须用水
光电管式露点计	1. 能测定低湿度 2. 常温与低温下精度高 3. 能连续记录及远距离测量 4. 可用于自动控制 5. 用一台显示仪表,就可切换测量几处的湿度	1. 必须进行冷却 2. 结构复杂 3. 露点与霜点的区别,要用肉眼进行判断
氯化锂露点计	1. 能连续记录与远距离测量 2. 用一台显示仪表可切换测量几处的湿度	1. 必须加热 2. 必须要在没有风的环境下测量
电阻式湿度计	1. 能连续记录及远距离测量 2. 可用于自动控制 3. 用一台显示仪表可切换测量几处的湿度 4. 由于感湿部分体积小,所以可测小空间的湿度 5. 电阻随湿度的变化大	1. 因电阻的温度系数大,所以必须精确测定温度 2. 高温下不稳定 3. 不能测量侵入感湿部分的气体的湿度 4. 用单个感湿部分测量的湿度范围,温度越低,范围越狭 5. 互换性不好

尽管人们很早就认识到湿度的重要性,但至今还不能正确控制大气湿度,原因是没有高可靠性的湿敏传感器。发展湿敏传感器遇到的困难:一是大气中水蒸汽的含量极少,且难以集中在敏感元件表面;二是暴露于大气中的敏感元件还不能预防由于附着离子污染和氧化还原作用,从而使敏感材料发生变化;三是湿敏功能材料的敏感物理过程和化学反应十分复杂,故其敏感机理还只能定性说明,敏感元件的设计参数只能实验确定。随着工农业生产的发展和人们对居住条件的要求越来越高,精确检测和控制湿度的要求会越来越强烈。

24.1　国内外湿敏传感器展示

24.1.1　EYH-HO1C 型湿度传感器

多孔金属氧化物陶瓷的导电性随吸附的湿气量增减而变化,这种多孔金属氧化物陶瓷如图 24-1 所示。EYH-HO1C 型湿度传感器就是利用多孔陶瓷的这种特性设计的。其结构尺寸如图 24-2 所示,特性参数如表 24-3 所列。

第24章 湿敏传感器

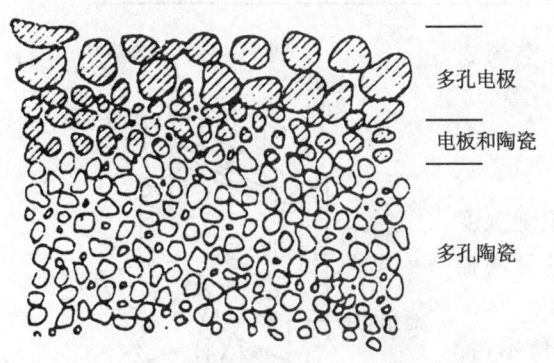

图 24-1 EYH-HO1C 型湿度传感器原理示意图

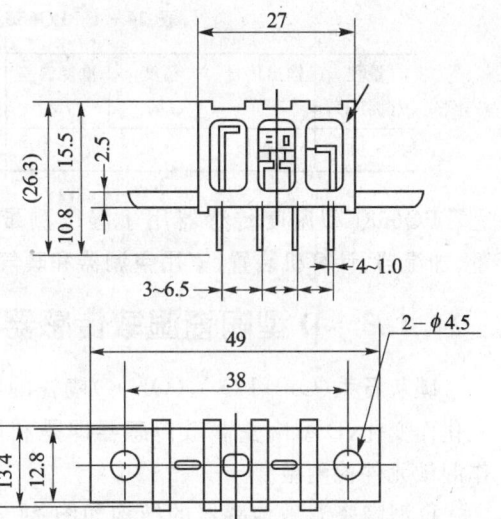

图 24-2 EYH-HO1C 型结构尺寸图

表 24-3 EYH-HO1C 型湿度传感器特性参数

工作温度 /℃	工作湿度 /(%RH)	储存温度 /℃	AC 外电压 /V	加热电压 /V	连续电压 /V	加热电阻 /Ω	储存湿度 /(%RH)
1~80	5~90	-40~125	<3.0	<10	<1.0	6.1(±10%)	-1~95

EYH-HO1C 型湿度传感器可用于检测和控制烹调机、空调机、烘干机和医疗器械的湿度。

24.1.2 PQ653J 型湿度传感器

湿敏膜是吸水性高分子单体与特定高分子单体聚合成的一种导电高分子膜,其电阻值随相对湿度变化成指数函数变化。PQ653J 型湿度传感器即是利用湿敏膜的这一性质构成,其结构如图 24-3 所示,特性参数如表 24-4 所列。

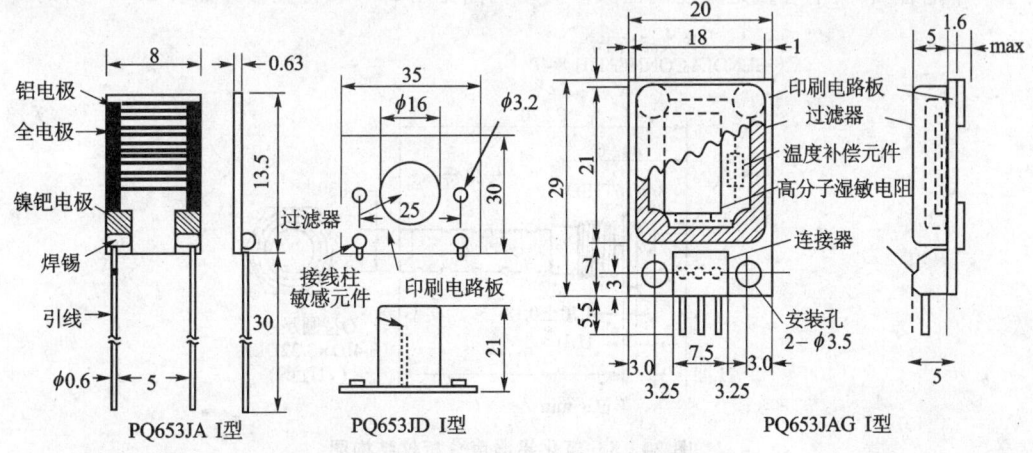

图 24-3 PQ653J 型湿度传感器结构尺寸图

表 24-4 PQ653J 型湿度传感器特性参数表

量程/(%RH)	输出信号	精度/%	重复误差/%	响应时间/s	线性度/%/	测量对象温度/℃	AC 电流/V	功耗/mW
30~99.9	电阻值	<5	<5	<60	<4	0~50	<1.5	<0.4

PQ653J 型湿度传感器用于湿度测量仪、空调装置、加湿器、计算机装置、家用空调器和暖气设备等。

24.1.3 D 型陶瓷湿敏传感器

碳灰石系($Ca_{10}(PO_4)_6(OH)_2$)陶瓷的电阻随湿度变化而变化,D 型陶瓷湿敏传感器即是利用这种陶瓷作湿敏元件检测湿度。

D 型陶瓷湿敏传感器的结构如图 24-4 所示,特性参数如表 24-5 所列。它能自身加热除掉尘埃、烟、油等污垢,故性能稳定,可长期多次使用,尺寸 16 mm×16 mm×26 mm。

D 型陶瓷湿敏传感器可用于检测或控制湿度。

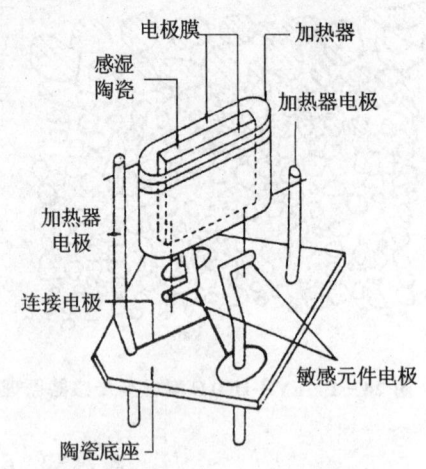

图 24-4 D 型陶瓷湿敏传感器结构图

表 24-5 D 型陶瓷湿敏传感器特性参数表

量程/(%RH)	重复误差/(%RH)	响应时间/s		测定对象温度/℃	AC 电源电压/V	
		94%~50%RH	0~50%RH		传感器	加热器
5~99	3.5	15	2	1~99	3	6~10

24.1.4 氧化铝湿度分析仪

该分析仪是由一个 O 型密封圈、带有螺纹的不锈钢外壳和一个可现场更换的高灵敏度敏感元件所组成。这种敏感元件是将一个多孔氧化铝介质薄膜夹在镀有特殊合的两电极之间,它相当于一个电容器,其电容量是湿度的函数。其结构图见图 24-5,特性参数如表 24-6 所列。

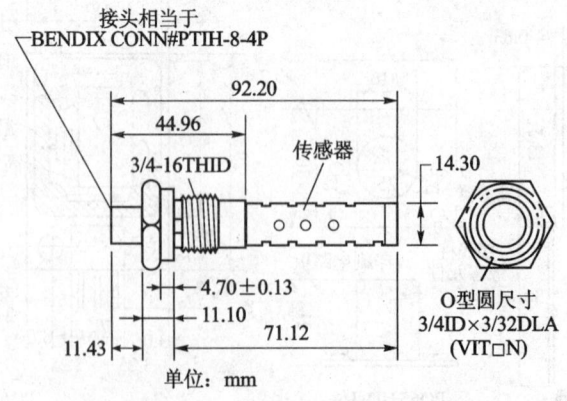

图 24-5 氧化铝湿度分析仪结构图

表 24-6 氧化铝湿度分析仪特性参数表

露点范围/℃	精确度/℃	重复性/℃	操作压力/(kg·cm^{-2})	流速范围/(cm·s^{-1})	
				气体	液体
-80～+20	±2.0	±1.0	351	5000	5

24.1.5　M 系列氧化铝湿度传感器

这种湿度传感器属电容式结构。如图 24-6 所示，在一块铝片的一面用阳极氧化的处理工艺形成一层多孔的氧化物，再在上面被覆一层极薄的金膜，这样，铝基片和金膜作为两个电极，氧化物作为介质，组成一个电容器结构。当它处于湿度环境时，氧化物层上会吸附一定量的水分子，这样通过氧化物层的导电率变化可以直接测出水蒸汽的压力。

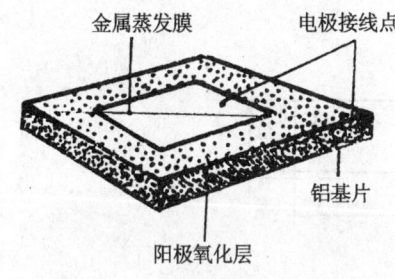

图 24-6　M 系列氧化铝湿度传感器原理图

M 系列氧化铝湿度传感器可以在气相或液相中使用，它不但可以测出相对湿度，而且还可以测出绝对湿度，弥补了陶瓷湿度传感器大多只能测出相对湿度的不足。该系列产品具有很高灵敏度，响应速度快，校准稳定性好以及动态范围宽特点。它与湿度表、校准仪、报警器等仪表相配套，已形成了一套完整的湿度分析系统，被广泛应用于化学和电化学工艺过程，天然气处理和输送，发电，半导体制造，金属生产和加工，塑料制品成型，瓶装气体生产、储存和冷冻，空气和其他气体的干燥等工业。可以说，几乎所有的气相和液相中的湿度测量都可以用 M 系列氧化铝湿度传感器来完成。

24.1.6　HC-1 型电容式湿敏器件

该器件用于测量环境、国防工程及各类仓库的相对湿度。其结构尺寸见图 24-7。其特性曲线见图 24-8，特性参数如表 24-7 所列。

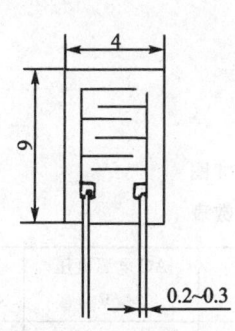

图 24-7　HC-1 型电容式湿敏器件结构尺寸图

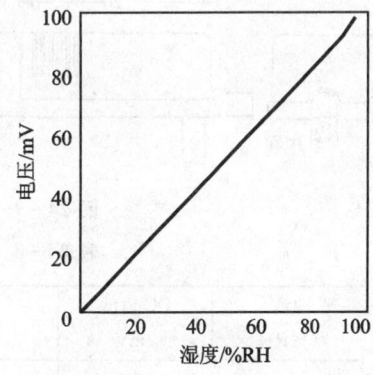

图 24-8　HC-1 型电容式湿敏器件特性曲线

表 24-7 HC-1 型电容式湿敏器件特性参数表

感湿电容量/pF		响应时间/s	线性度/%
上限	下限		
65±5(20℃;90%RH)	40±5(20℃;10%RH)	<10	<5

24.1.7 HN 电子湿度计

亲水性高分子膜作为湿敏膜,在膜的两面设置金属电极,通过测量膜处于吸湿状态时静电容量的变化,即可知道相对湿度,同时可用 P_t 测温电阻测量温度。这种湿度计可测量湿度 0～90%RH,温度 5～55℃,结构尺寸如图 24-9 所示,特性参数见表 24-8。

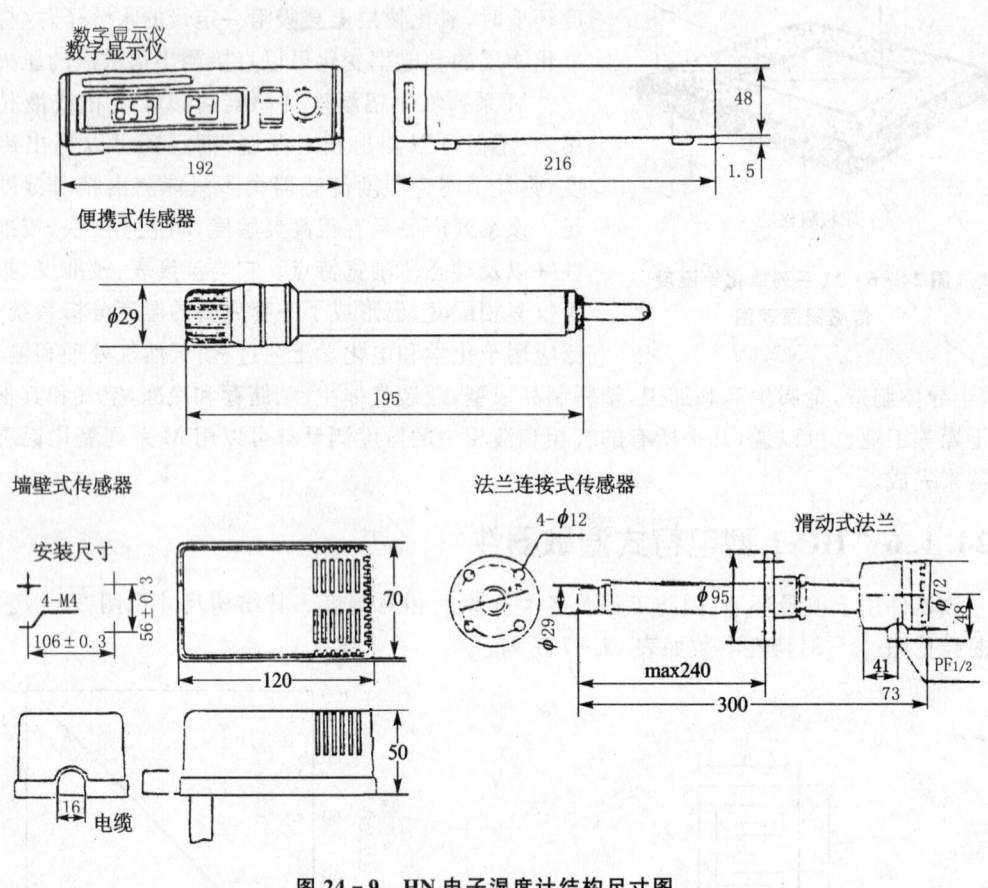

图 24-9 HN 电子湿度计结构尺寸图

表 24-8 HN 电子湿度计特性参数表

量程 /(%RH)	DC 输出 /mV	精度 /(%RH)	响应时间 /min	AC 电源电压 /V	功耗 /W
0～90	0～10	3	<1	100	0.2

HN 型电子湿度计有如下用途:

① 测量生产线的湿度,控制环境试验室的温度和湿度;

② 测量饲料仓库的温度和湿度,控制恒温恒湿槽的温度和湿度;
③ 管理农作物的温度和湿度,气象观测、高大建筑物的温度和湿度控制。

24.1.8　MC741-HP 型 RANAREX 湿度校准仪

该校准仪可作为检测气体中水蒸汽的标准。其气流示意图如图 24-10 所示,特性参数如表 24-9 所列。

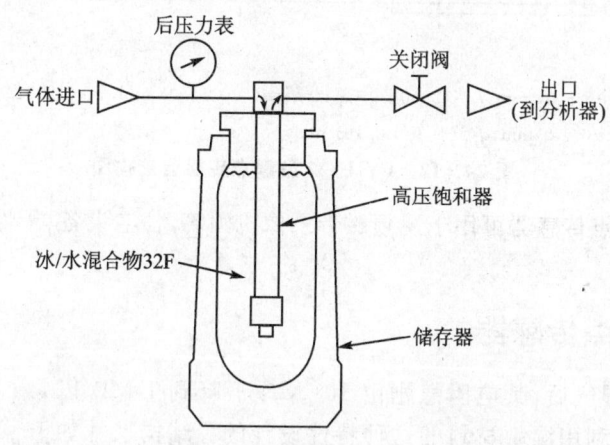

图 24-10　MC741-HP 型 RANAREX 湿度校准仪气流示意图

表 24-9　MC741-HP 型 RANAREX 湿度校准仪特性参数表

精度/(pmvol·vol^{-1})	范围/(pmvol·vol^{-1})	质量/kg	尺寸/mm	流速/(L·min^{-1})
±4×10^{-12}	2×10^{-10}～3.57×10^{-9}	7.7	413×305×191	0～2

24.1.9　EYH-S22 型露点传感器

湿敏膜吸湿后膨胀(或脱湿后收缩),从而使碳粒子之间的接触电阻发生变化。露点传感器由树脂湿敏膜和碳粒组成,它就是利用接触电阻变化这一特性检测露点。工作原理如图 24-11 所示,特性参数如表 24-10 所列。

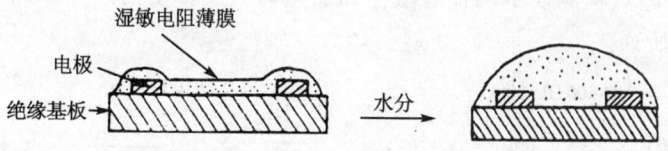

图 24-11　EYH-S22 型露点传感器工作原理图

表 24-10　EYH-S22 型露点传感器特性参数表

DC 工作电压/V	工作温度/℃	工作湿度/(%RH)	相对湿度/(%RH)			电阻值/kΩ			量程/(%RH)
<0.8	-10～60	0～100	75	94	100	<10	0.1～70	>200	94～100

EYH-S22 型露点传感器的结构如图 24-12 所示。

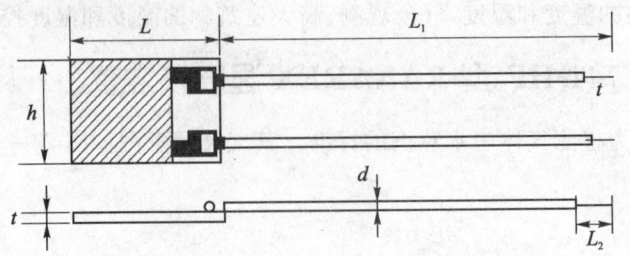

注：$L_1=(60.0\pm5.0)$ mm，$L=(20.0\pm0.5)$ m，$L_2=(5.0\pm2.0)$ mm，$h=(12.0\pm0.5)$ mm，$t=(0.82\pm0.10)$ mm，$d=(1.30\pm0.10)$ mm

图 24-12　EYH-S22 型露点传感器结构图

EYH-S22 型露点传感器可用于视频磁带录像机圆筒、住宅设备、干燥机、医疗器械等的露点检测和控制。

24.1.10　露点传感器

湿敏材料吸附湿气后，其电阻急剧由 10^3 MΩ 下降到 1 MΩ 以下，露点传感器即是利用湿敏材料的这种特性设计的。结构尺寸如图 24-13 所示，特性参数如表 24-11 所列。其在 12 mm×14.5 mm 的氧化铝基片上制作电极和湿敏膜。

露点传感器可用于视频磁带录像机磁头的露点检测和模拟信号处理。

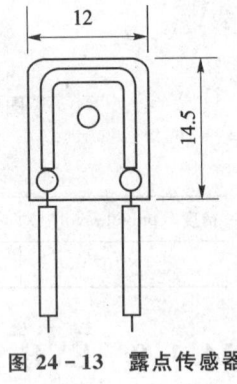

图 24-13　露点传感器结构尺寸图

表 24-11　露点传感器特性参数表

测定对象	测定范围	输出信号	响应时间/s	AC电源电压/V
露点	露点	电压	<2	<3

24.1.11　HD 型湿度和露点检测仪

HD 型湿度和露点检测仪由陶瓷湿敏体和加热器组成。结构尺寸如图 24-14 所示，特性参数如表 24-12 所列。

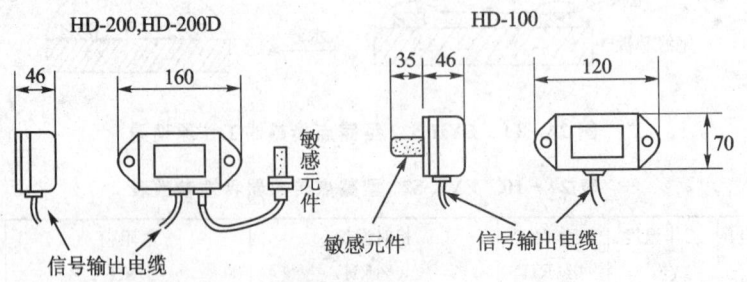

图 24-14　HD 型湿度和露点检测仪结构尺寸图

表 24-12 HD 型湿度和露点检测仪特性参数表

测量范围			DC 输出 /V	精度		测量对象的温度		功耗 /W	取样气流量
HD-100 型 /(%RH)	HD-200 型 /(%RH)	HD-200D 型 /(%RH)		温度 /℃	湿度 /(%RH)	HD-100 型 /℃	HD-200 型 /℃		
—15	15~95	—30~30	0~1	±2	±2	10~40	0~30	<7	不受影响

陶瓷湿敏体的电阻值随湿度变化而成指数变化,通过内装的放大器将指数输出转换成线性输出(DC 0~1V)。在湿敏体上的潮气只要在 500℃下加热 1 min 就可清洗干净。HD 型湿度和露点检测仪有如下用途:

① 用于鱼类干燥和塑料制品的除湿干燥的生产过程;

② 用于食品、水果、罐头、制茶、海苔和烟草等制造工艺;

③ 用于种子仓库、塑料仓库和肥料仓库等的管理。

24.2 湿敏传感器的分类

由于水分子有较大的偶极矩,故其易于吸附在固体表面并渗透入固体内部。水分子这种吸附和渗透特性称水分子亲合力,利用水分子这一特性制作的湿敏传感器称水分子亲合力型传感器。与水分子亲合力无关的传感器称非水分子亲合力型传感器。图 24-15 列出了湿敏传感器的分类。当前广泛使用的湿敏传感器是水分子亲合力型传感器。

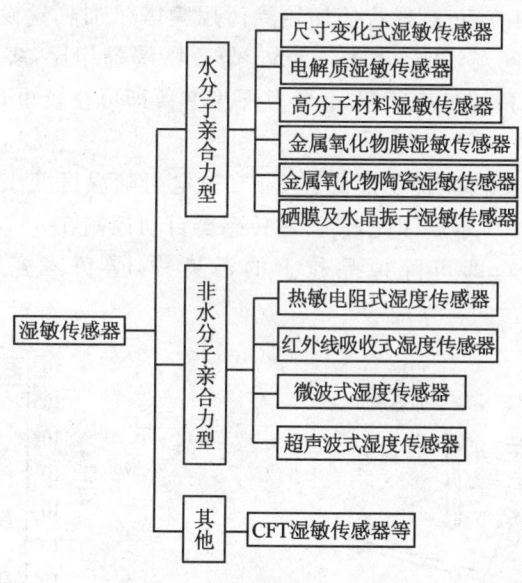

图 24-15 湿敏传感器的分类

水分子吸附在物体表面或渗入物体内部后,物体的电气物理性能发生变化,利用这种变化可构成多种水分子亲合力型湿敏传感器。例如,利用毛发受水分子作用发生长度变化构成毛发湿度计,利用 LiCl 受水分子作用发生电阻变化构成电阻式湿敏传感器,利用水分子作用后引起一些物体介电常数变化构成电容式湿敏传感器等。

离子性结合的金属氧化物有很强的吸水性,许多这种材料不仅有物理吸附,而且还有化学吸附。但物体吸附水分子后,其表面发生结构变化,致使吸入的水分子不能完全脱出,从而使湿敏元件的测湿重复性差或产生滞后,当温度剧变导致结露或结霜时,还会损坏敏感元件。这种传感器用于灰尘较多的恶劣环境时,若清洗方法不恰当,还会降低敏感元件的寿命。近年来出现的金属氧化物陶瓷有很好的物理和化学性能,用其制作的湿敏元件可用加热清垢法消除上述缺点,这是一种很有发展前途的湿敏功能材料。

水分子亲合力型湿敏传感器的响应速度慢,且可靠性差。因此,人们研制了图 24-15 中的非水分子亲合力型湿敏传感器。显然,开发非水分子亲合力型湿敏传感器是发展方向之一。

24.3 水分子亲合力型湿敏传感器

24.3.1 陶瓷湿敏传感器

金属氧化物构成的多孔陶瓷吸收水分子后,其电阻、电容等性能发生变化。利用多孔陶瓷构成的湿敏传感器有工作范围宽,响应速度快,耐环境能力强等特点,它是当今湿敏传感器的发展方向。当今,$MgCr_2O_4$-TiO_2-V_2O_5,TiO_2-V_2O_5,$ZnCrO_4$ 等陶瓷湿敏传感器已实用化。

1. $MgCr_2O_4$-TiO_2 陶瓷湿敏传感器

$MgCr_2O_4$-TiO_2 传感器的结构如图 24-16 所示,RuO_2 电极和 Pt-In 引线固定在 $MgCr_2O_4$-TiO_2 陶瓷片两表面,放射状的加热除污用康塔尔加热丝设置在陶瓷片周围。这种陶瓷的气孔率为 25%~30%,孔径小于 $1~\mu m$。与致密陶瓷相比,多孔陶瓷的表面积显著增大,故其吸湿性强。多孔陶瓷的表面积大,将其厚度变薄即可在较短时间内达到吸湿和脱湿的平衡状态。

多孔陶瓷虽然也是半导体,但温度低于 150℃时电阻随温度变小,高于 150℃时则具有热敏电阻特性,如图 24-17 所示。因此,使湿敏传感器自动控制在 450℃时的电阻值(即将加热除污后温度定为 450℃),即可除掉晶粒上的污染物,避免陶瓷湿敏传感器质量下降。图 24-18 示出了加热除污的特性曲线。

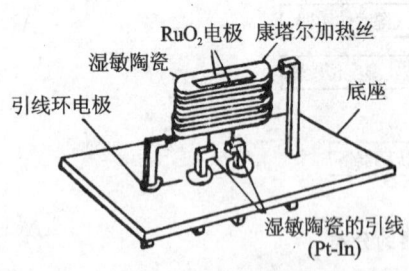

图 24-16 $MgCr_2O_4$-TiO_2 陶瓷湿敏传感器的结构

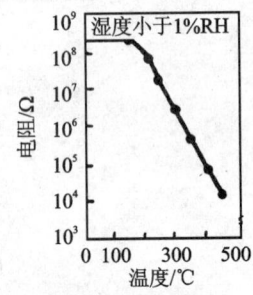

图 24-17 $MgCr_2O_4$-TiO_2 陶瓷湿敏传感器的电阻-温度特性

图 24-19 示出 $MgCr_2O_4$-TiO_2 陶瓷湿敏传感器的湿敏特性,其中Ⅰ型和Ⅱ型敏感器件的尺寸分别为 4 mm×4 mm×0.25 mm 和 2 mm×2 mm×0.20 mm,特性曲线可随尺寸平移。由图可知,该传感器敏感湿度的下限约 1%RH,用它可控制整个相对湿度范围。

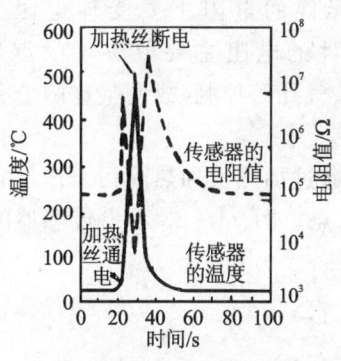

图 24-18 $MgCr_2O_4$-TiO_2 陶瓷湿敏传感器的加热除污特性

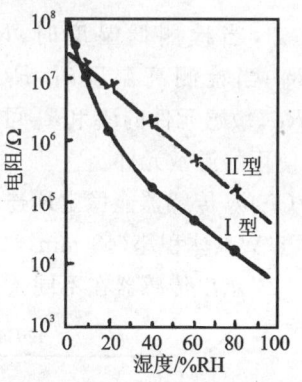

图 24-19 $MgCr_2O_4$-TiO_2 陶瓷湿敏传感器的湿敏特性

2. ZnO-Cr_2O_3 陶瓷湿敏传感器

ZnO-Cr_2O_3 传感器的结构如图 24-20 所示,多孔材料的电极烧结在多孔陶瓷圆片的两表面上,并焊上 Pt-In 引线。敏感元件装入有网眼过滤器的方形塑料盒中,用树脂固定。陶瓷敏感元件的截面如图 24-21 所示,感湿物质由多孔尖晶石结构的陶瓷晶粒构成,而多孔尖晶石由 $ZnCr_2O_4$ 的 2~3 μm 的晶粒构成。晶粒表面由 $LiZnVO_4$ 形成的均匀金属氧化物薄膜被覆,该薄膜有 LiO_2 感湿点。LiO_2 牢靠地固定在 V-O 基体上,形成稳定的感湿层。感湿层表面有稳定结构的 OH 根,在 OH 根上形成多分子层的水分子吸附层,故其导电性与湿度有关。感湿过程的等效电路如图 24-22 所示。

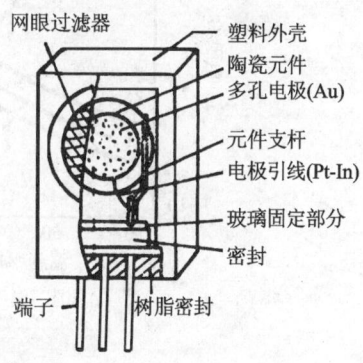

图 24-20 ZnO-Cr_2O_2 陶瓷湿敏传感器的结构

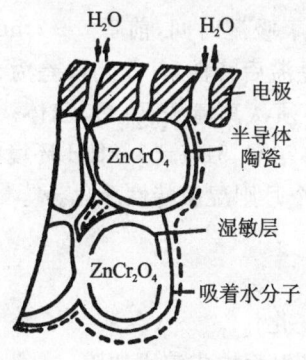

图 24-21 ZnO-Cr_2O_3 湿敏元件的截面

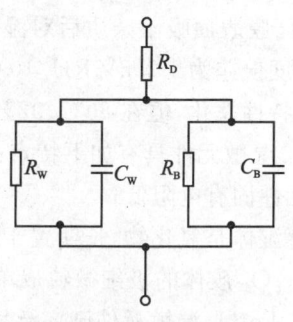

图 24-22 等效电路

图 24-22 中，R_D 是电极与接触面的电阻，C_B 是体电容，R_B 是体电阻，C_W 是吸湿电容，R_W 是吸湿电阻。敏感元件的总电阻

$$R = R_D + \left(\frac{1}{R_B} + \frac{1}{R_W}\right)^{-1} \tag{24-1}$$

由上式可知，当检测低湿度时，$R_B \ll R_W$，因为敏感元件的电阻主要受体电阻支配，故 $R \approx R_D + R_B$；当检测高湿度时，$R_B \gg R_W$，因此敏感元件的电阻主要取决于吸湿电阻，故 $R \approx R_D + R_W$。敏感元件的 R_B 和 R_W 可通过陶瓷配方、粒径、气孔等控制，故调整这两个参数即可得到便于使用的湿敏元件。

$ZnO\text{-}Cr_2O_3$ 传感器能稳定地连续检测湿度，不需要通过加热丝加热除污。该传感器还有功耗低（0.5 W）、体积小（$\phi 8\ mm \times 2\ mm$）和成本低等优点。图 24-23 示出传感器的基本特性，图 24-24 示出传感器在不同条件下的寿命试验结果。

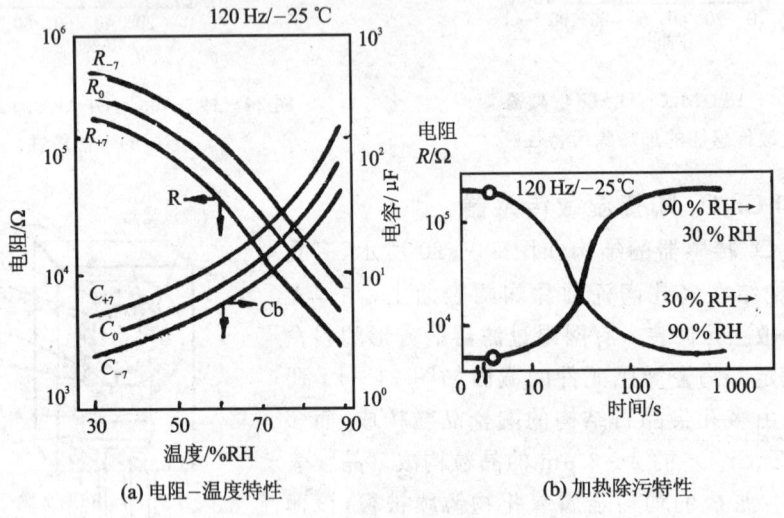

(a) 电阻-温度特性　　(b) 加热除污特性

图 24-23　传感器的基本特性

3. Fe_3O_4 湿敏元件

Fe_3O_4 胶体膜湿敏元件的构造如图 24-25(a) 所示，在滑石块或氧化铝基片上设置一对梳状金电极，然后涂布约 $30\ \mu m$ 厚的 Fe_3O_4 胶体膜。Fe_3O_4 吸湿后极间电阻降低，脱湿后电阻升高，其湿敏特性如图 24-24(b) 所示。元件的脱湿时间大于吸湿时间，前者 5~7 min（98%→12%RH），后者 2 min（60%→98%RH）。元件在高湿区呈滞后特性，其检测误差为 ±4%RH。Fe_3O_4 胶体膜表面吸附杂质后对湿敏特性影响极大，故必须认真清洗 Fe_3O_4 胶体。一般检测湿度的温度误差为 ±2.5%RH/10℃。Fe_3O_4 湿敏元件在 70℃、91%±3%RH 环境中，一年无明显湿敏特性恶化，但在 80℃、92%±3%RH 环境中，三个月则湿敏特性恶化。

Fe_3O_4 湿敏元件具有如下特点：

① 元件固有电阻低；

② 感湿体是氧化物，长期置于大气环境其表面不起变化；

③ Fe_3O_4 胶体的极细微粒成单磁畴，故各颗粒相互吸引而构成牢固的膜。

因此，Fe_3O_4 湿敏元件已广泛用于湿度检测和控制。其缺点是湿度的响应速度慢，湿敏特性随时间变化。

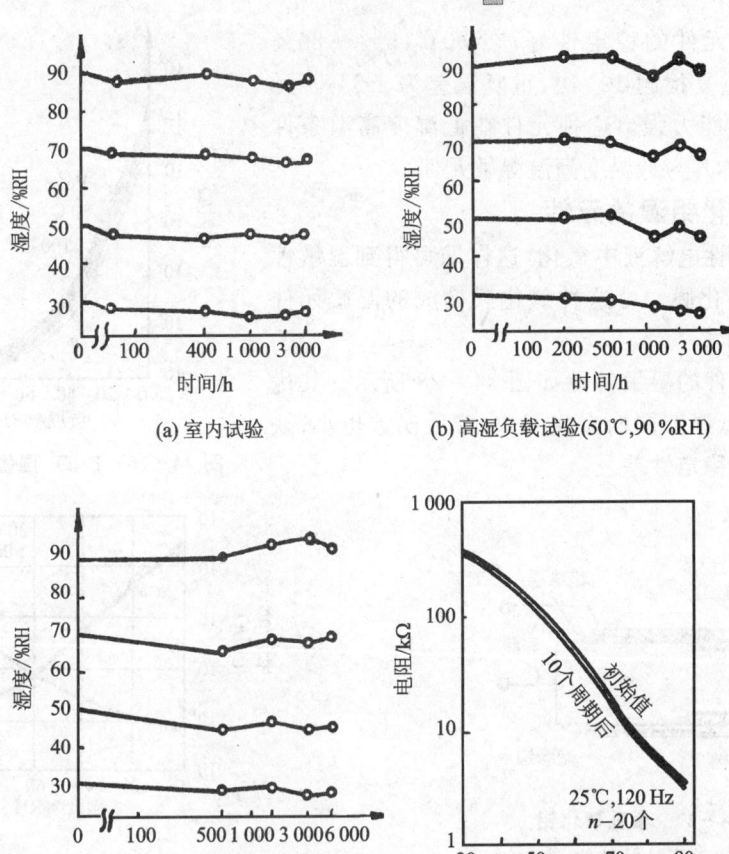

图 24-24 传感器的寿命特性

4. Fe_2O_3 湿敏元件

α-Fe_2O_3 中添加 13%(mol) 的 K_2CO_3 后在 1 300℃ 焙烧,烧结块粉碎成平均粒径小于 $\phi1~\mu m$ 的颗粒后加入有机粘合剂,并调成糊状,然后印刷在有梳状电极的基片上,最后再加热烘烤。这样构成的湿敏元件,当湿度低于 50%RH 时,在 20~100℃ 其湿敏特性几乎不变,如图 24-26 所示。

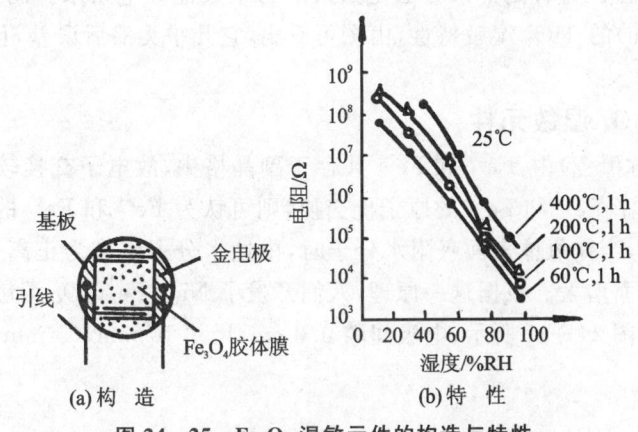

图 24-25 Fe_3O_4 湿敏元件的构造与特性

Fe_2O_3 湿敏元件的稳定性好,在 80℃,5%→80% RH 的环境中,重复检测 10^4 次,重复误差为±5%。元件耐恶劣环境的能力强。这种元件在低湿度高温条件下性能良好,故称其为低湿度高温湿敏元件。

5. 多孔氧化铝湿敏元件

铝片置于酸性电解液中氧化,这样即可得到湿敏性能良好的多孔氧化膜。由这种氧化膜构成的湿敏元件如图 24-27 所示。

这种湿敏元件的湿敏特性如图 24-28 所示。其优点是互换性好,低湿范围响应速度快,滞后误差也小;缺点是元件的长期稳定性差。

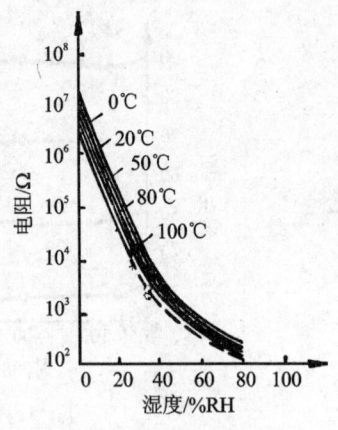

图 24-26 Fe_2O_3 湿敏元件的特性

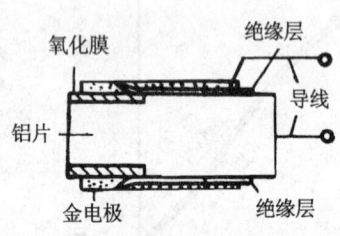

图 24-27 多孔氧化铝湿敏元件的结构

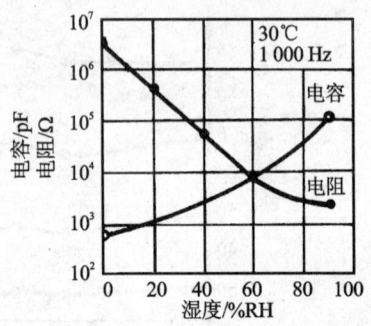

图 24-28 多孔氧化铝膜湿敏元件的特性

6. 金属氧化物涂布膜湿敏元件

Cr_2O_3,Fe_2O_3,M_2O_3,Al_2O_3,ZnO 及 TiO_2 等金属氧化物细粉,它们吸附水分后呈现出极快的速干特性,利用这种现象先后开发了多种金属氧化物涂布膜湿敏元件。它们的湿敏特性和制法大致相同:在绝缘基片上设置梳状电极,将用水调制好的金属氧化物的糊状物涂布或喷射在基片及电极上,自然干燥后加温到 100℃ 左右使之固化成膜。

图 24-29 示出 Cr_2O_3,Fe_2O_3 和 Al_2O_3 涂布膜的湿敏特性,由图可看出,当湿度小于 50% RH 时,它们的阻值高达 10^4 MΩ,故不宜做湿敏元件,这类元件检测湿度的范围在 50%~100% RH。扩展低湿区量程的一般方法是掺杂矿粉或其他导电粉末。图 24-30 示出光刻梳状电极(间隔 50 μm)的 TiO_2 湿敏特性,由图可看出,它几乎无滞后误差,且对数电阻与湿度间呈良好的线性关系。

7. $Ni_{1-x}Fe_{2+x}O_4$ 湿敏元件

在铁氧体(也称黑瓷)中,Fe^{3+} 和 Fe^{2+} 共存于副晶格中,故电子交换较容易。若假定铁氧体的导电机理是由于 Fe^{2+} 和 Fe^{3+} 的原子价交换,则可认为 Fe^{2+} 和 Fe^{3+} 的电子移动会在晶格内产生空穴。例如,当铁氧体表面吸附水分子时,中性水分子将作为正离子被吸附,铁氧体的电阻由于吸附水分而增大。根据这一原理,人们开发了 $Ni_{1-x}Fe_{2+x}O_4$ 湿敏元件。这种湿敏元件的结构和特性如图 24-31 所示,电极间隙 0.3 cm,尺寸 10 mm×5 mm×1 mm。

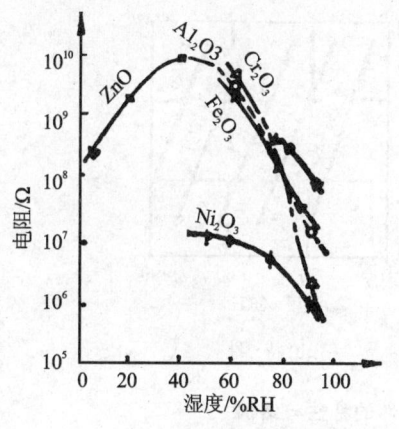

图 24-29　金属氧化物涂布膜湿敏特性

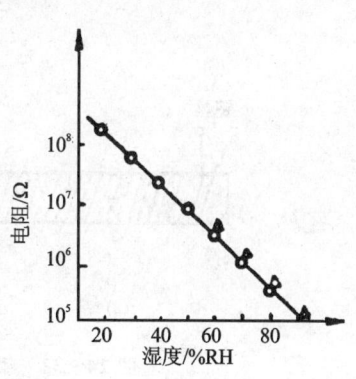

图 24-30　TiO_2 涂布膜湿敏特性

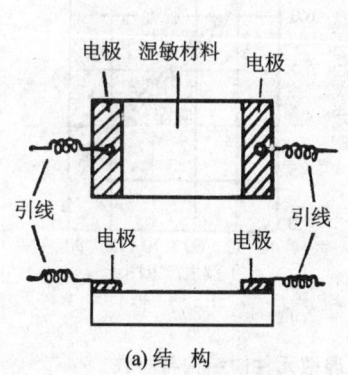

(a) 结　构

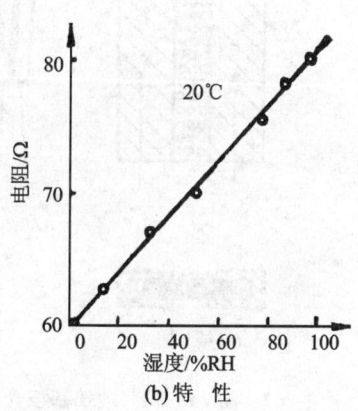

(b) 特　性

图 24-31　$Ni_{1-x}Fe_{2+x}O_4$ 湿敏元件的结构和特性

这种湿敏元件具有性能重复性好和受温度影响小等优点,但存在成品率低和互换性差等许多问题,故至今还没有实用化。

24.3.2　电解质湿敏元件

电解质湿敏元件的代表是 LiCl 湿敏元件,它既可以敏感湿度,也可以敏感露点。LiCl 湿敏元件分顿蒙式和含浸式两种,二者均是离子导电,故仅能用交流电源,以防极化。

顿蒙式 LiCl 湿敏元件的结构如图 24-32(a)所示,它是在聚苯乙烯圆筒上平行地绕上钯丝电极,然后把皂化聚乙烯醋酸酯与 LiCl 水溶液(0.5%～1.0%Wt)的混合液均匀涂于圆筒表面,使其成膜。通常单元件敏感范围仅 30%RH 左右(如 10%～30%,20%～40%,40%～70%,70%～90%,80%～99% 等),多个元件配合使用可检测 20%～90%RH 的湿度。这种元件的湿敏特性如图 24-32(b)所示。

含浸式 LiCl 湿敏元件可通过用 LiCl 水溶液浸泡天然树皮制成,也可用两种不同浓度的 LiCl 水溶液浸泡多孔无碱玻璃基板(平均孔径 500 Å)制成。后者的结构如图 24-33(a)所示,特性如图 24-33(b)所示。

第24章 湿敏传感器

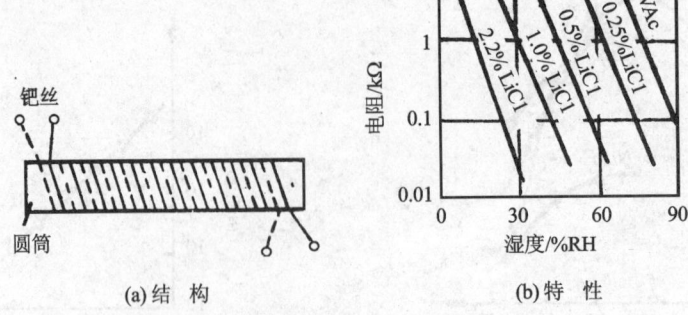

图 24-32 顿蒙式 LiCl 湿敏元件的特性与结构

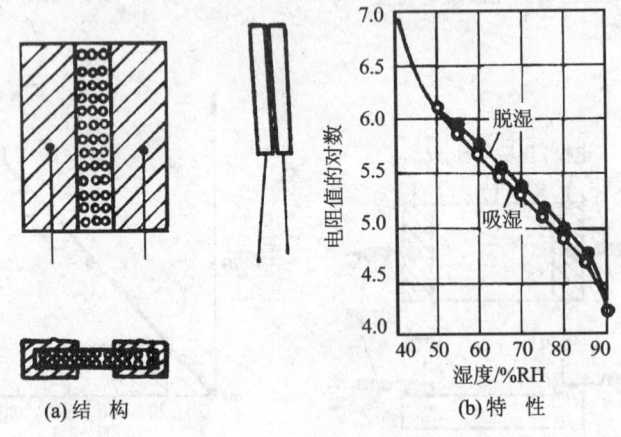

图 24-33 玻璃基板含浸式湿敏元件的结构与特性

LiCl 湿敏元件的优点：滞后小；不受测试环境风速影响；不影响和破坏被检测湿度的环境；检测精度高达±5%。其缺点：耐热性差；不能用于露点以下；用作露点敏感元件时，必须三个月左右清洗一次和涂敷 LiCl，故维护麻烦。

24.3.3 高分子湿敏传感器

1. 高分子电容式湿敏元件

高分子薄膜电容式湿敏元件的结构如图 24-34(a)所示，在玻璃基片上蒸镀一层梳状下电极，然后在电极上均匀涂敷醋酸纤维素高分子介质，再在有机膜上蒸镀上电极。当高分子介质吸湿后，电容发生变化，这种湿敏元件的特性如图 24-34(b)所示。由于高分子薄膜可以做得很薄，故元件能迅速吸湿和脱湿，所以元件有滞后小和响应速度快等特点。

2. 高分子电阻式湿敏元件

将石墨粉加入吸湿性树脂中，从而形成导电性物质，或把可导电的高分子作为湿敏层，检测高分子介质的电阻随湿度变化，这就是高分子介质电阻式湿敏元件。这种元件的制作工艺重复性好，滞后也小，图 24-35 示出其湿敏特性。

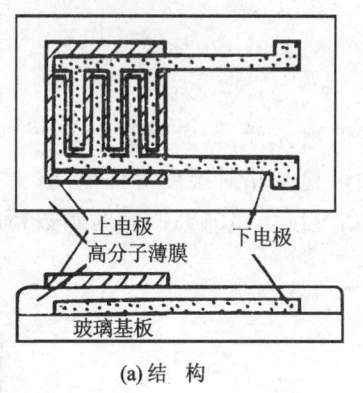
(a) 结 构

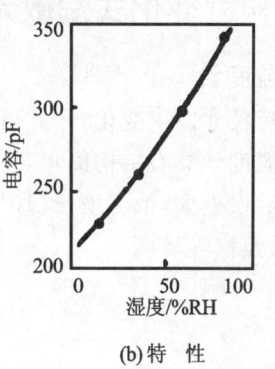
(b) 特 性

图 24-34 高分子介质电容式湿敏元件的结构和特性

3. 高分子石英振动式湿敏元件

在石英振子的电极表面涂敷聚脂胺高分子膜,当膜吸湿时,由于膜的重量变化而使石英振子共振频率变化,这样即可检测湿度。图 24-36 示出石英振动式湿敏元件的结构及特性。在 0~50℃,元件的检测范围是 0~100%RH,误差为 ±5%RH。

当石英振子表面结露时,振子的共振频率会发生变化,同时共振阻抗增加。例如,在干燥空气环境中,AT切型石英振子在 10 MHz 时的共振阻抗为 50 Ω,而结露时共振阻抗大于 200 Ω。利用石英振子的这种性能即可做成检测露点的湿敏元件。

4. 高分子碳膜式湿敏元件

涂布碳粉微粒的树脂吸湿后发生膨胀,由于体积增加而使碳粉的密度降低,从而引起电阻增加,利用涂布树脂的这种性能可检测湿度。碳膜式湿敏元件的性能如图 24-37 所示。这种湿敏元件在 0~40℃检测 ±2%RH 时不需要温度补偿,在低湿度下响应特性好,故被用于气象气球的湿敏元件。

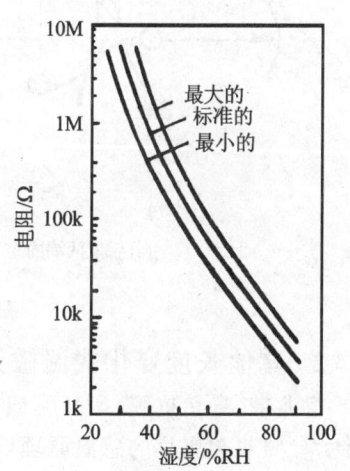

图 24-35 高分子介质电阻式湿敏元件的特性

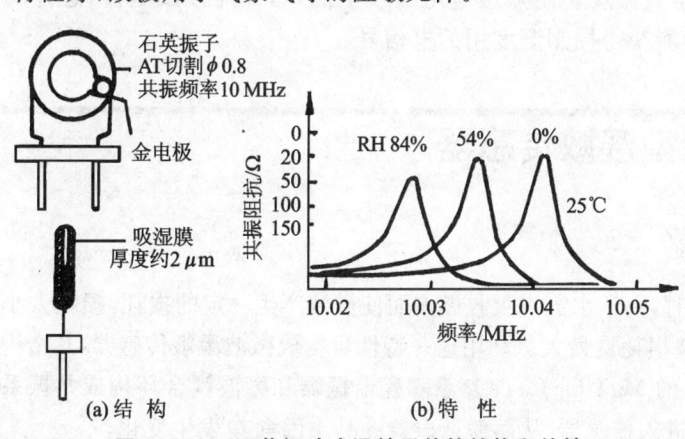

图 24-36 石英振动式湿敏元件的结构和特性

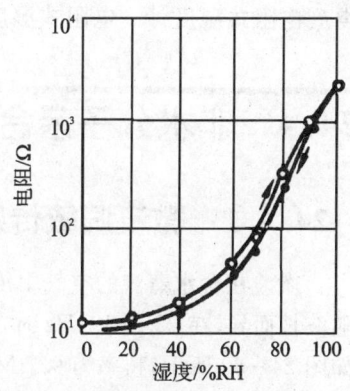

图 24-37 碳膜式湿敏元件的特性

24.3.4 尺寸变化式湿敏元件

1. 毛发湿度计

毛发受潮后尺寸发生变化，因此可用毛发作湿敏元件，构成如图 24-38 所示的毛发湿度指示计。毛发湿度计具有结构简单，使用方便和可检测相对湿度等优点，故由 18 世纪沿用至今。缺点是滞后误差大，低湿度（＜10％RH）和高湿度（～100％RH）时示数精度差，不能用于有风、氨气和酸蒸汽等环境。

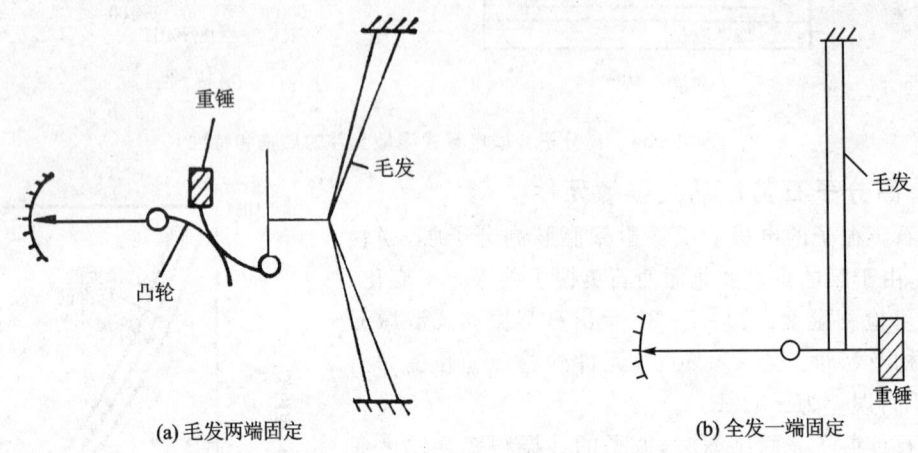

图 24-38　毛发湿度计的指示机构

2. 其他长度变化式湿敏元件

尼龙带、乌鱼皮膜、印壳膜或竹质纸等经泡制后，其受潮后的伸缩性能可超过优质毛发。因此，参照双金属片的感温原理，选用不同物质的两种薄片，一种薄片受潮时伸长，另一种薄片受潮时长度几乎不变，将它们贴合在一起则构成双片式湿敏元件。若将这种湿敏元件卷成钟表发条状，一端固定而另一端带动指针或继电器触点，则可构成多种形式的湿敏传感器。

24.3.5 干湿球湿度计

干湿球湿度计是人所共知的在过程控制中广泛使用的温度计。这种湿度计可检测空气的相对湿度，但一般不用它直接控制空气湿度。用热敏电阻置换干湿球，并连接成电桥，这样就得到电阻式湿度计。电阻式湿度计能获得控制湿度用的电信号。

24.4 非水分子亲合力型湿敏传感器

24.4.1 微波湿敏传感器

微波在含水蒸汽的空气中传播时，由于水蒸汽吸收微波而使微波产生一定的损耗，损耗大小随波长而异，在 22.235 GHz 时，微波损耗量最大。利用这一特性可构成微波湿敏传感器，其结构如图 24-39 所示，频率为 9.7 MHz 的 $MgTiO_3$-$CaTiO_3$ 系陶瓷谐振器和微波耦合环构成共振系统。待检测的含湿气体经过屏蔽罩进入传感器，从而使谐振器的品质因素 Q 发生变化。

含湿气体进入传感器后，导致的微波损失量为

$$L_a = \frac{1}{Q_m} - \frac{1}{Q_0} = \frac{1}{Q_0}\left(\frac{Q_0}{Q_m} - 1\right) \quad (24-2)$$

式中，Q_0——干燥气体时系统 Q 值；Q_m——含湿气体时系统 Q 值。

式(24-2)可简化为

$$L_a = F_2(T)\mathrm{e}^{F_1(T)RH} \quad (24-3)$$

式中，T——温度(℃)；$F_1(T)$ 和 $F_2(T)$——温度补偿函数；RH——待测气体的相对湿度(%)。

图 24-40 示出传感器的输出特性。

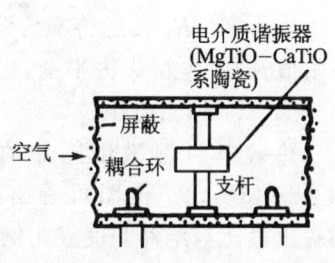

图 24-39　微波湿敏传感器的结构

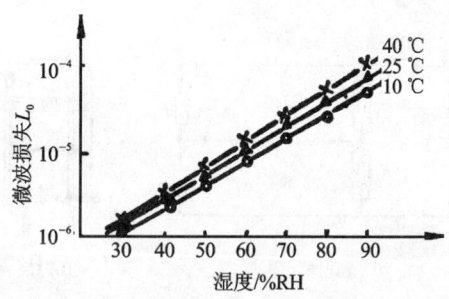

图 24-40　微波湿敏传感器的输出特性

微波湿敏传感器的优点：
① 在露点温度以下，传感器性能不变；
② 在高温、高湿下能长期工作；
③ 使用温度范围宽；
④ 有互换性；
⑤ 可通过加热清洗，且坚固耐用。

缺点是当微波增益变化大时，微波损失也随之变化，从而造成较大的误差。解决的办法是提高微波电路的稳定性。

24.4.2　红外湿敏传感器

水蒸汽能吸收特定波长的红外线，利用这种现象可构成红外湿敏传感器。红外湿敏传感器的原理如图 24-41 所示，从光源 A 发出强度 I_0 的红外光束，经过吸收系数为 ε 和浓度为 c 的含湿大气后，抵达光敏元件 B 时强度衰减为 I。设光路长为 l，则

$$I = I_0 \mathrm{e}^{-\varepsilon l c} \quad (24-4)$$

显然，若已知 ε 和 l，并测出 I_0 和 I，则由式(24-4)可求出含湿大气浓度 c。吸收系数仅仅是红外线波长的函数，故固定红外线则 ε 即为定值，l 很容易测出。

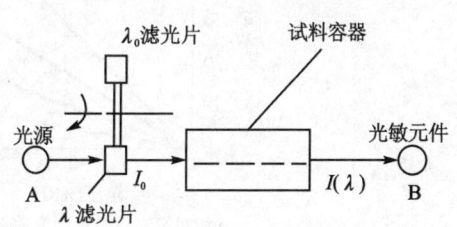

图 24-41　红外湿敏传感器的原理

红外湿敏传感器的优点：
① 能检测高湿、密封、大风速和通风孔道等场所的气体湿度；

② 动态范围宽。

其缺点：

① 光学系统的温度稳定性差；

② 结构复杂，难以普及。

24.4.3 热敏电阻湿敏传感器

热敏电阻湿敏传感器的原理和结构如图 24-42 所示。热敏电阻 R_1 和 R_2 是电桥的两个臂，电源 E 使它们维持在 200℃ 左右。R_1 置于接触大气的开孔金属盒内，R_2 置于密封的金属盒内(图中未示出)。R_3 和 R_4 是电桥的另外两个臂，R_5 是调电流的电阻。将 R_1 置于干燥空气中，调节电桥，使输出端 A 和 B 之间的电压为零。R_1 接触待测含湿空气时其阻值升高，电桥失去平衡，出现 B 端高于 A 端的输出电压。

热敏电阻湿敏传感器的性能如图 24-43 所示。由图可看出，传感器的输出电压与绝对湿度成比例，故可用其测量大气绝对湿度。这种传感器不用湿敏功能材料，故不存在滞后误差。

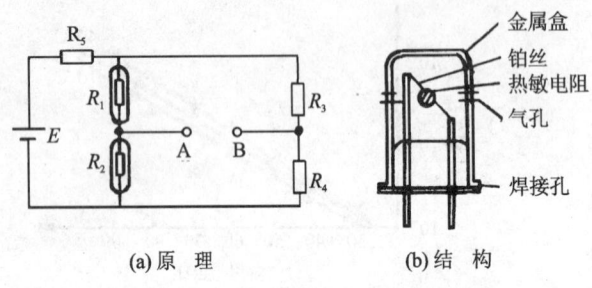

图 24-42 热敏电阻湿敏传感器的原理和结构

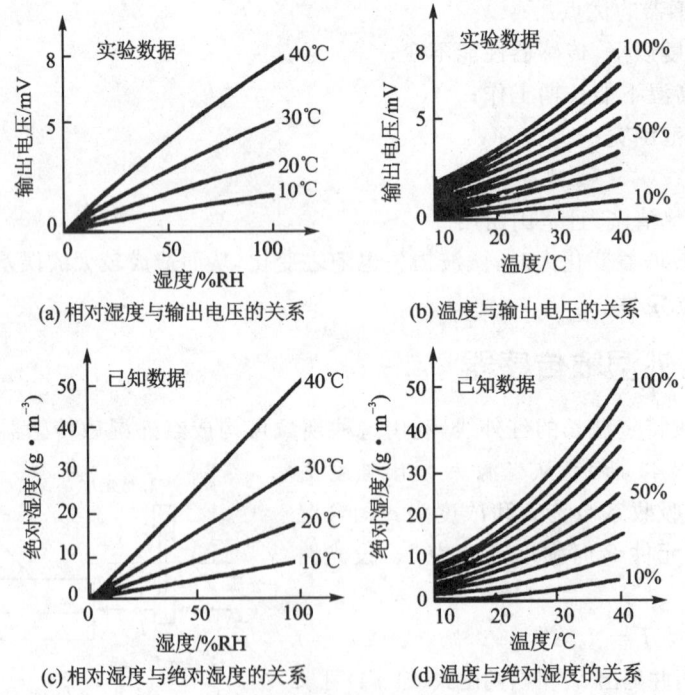

图 24-43 热敏电阻湿敏传感器的性能

热敏电阻湿敏传感器可用于空调机中自动控制湿度，还可作便携式绝对湿度表、直读露点计、相对湿度表、水分表、绝对湿度自动记录仪及绝对湿度调节器等。

第 25 章

热敏传感器

我们平常使用的各种材料、元件的性能都将或多或少地随温度而变化,因而它们几乎都能当作热敏传感器使用。然而,一般能获得实际应用的热敏传感器必须全部或大部分地满足下列条件:

① 特性与温度的依赖关系较强;
② 特性和参数应易于测量;
③ 性能误差及老化应小;
④ 对温度之外的物理量不敏感;
⑤ 外型尺寸小;
⑥ 耐机械的、化学的以及热的作用;
⑦ 与被检测物的温度范围和精度相适应;
⑧ 适合批量生产,价格低。

与温度有关的特性(即物理量)包括热膨胀、电阻、热电动势、磁性、电容量、光学特性、弹性(固有振动频率),以及热噪声等。如表 25-1 所列,根据温度区域的不同可分别加以选用。

热敏传感器有多种分类法:表 25-2～表 25-4 列出常见的几类分类法。表 25-2 列出按功能转换分类的热敏传感器,这种分类的传感器在工业上占主导地位的是利用热电动势(塞贝克效应)的热电偶、利用电阻温度特性的电阻温度计及热敏电阻,其次是利用硅 PN 结温度特性的集成化热敏传感器。

用热电偶和热敏电阻等检测温度时,传感器接触被测物体。接触方式检测物体温度的缺点是:难以检测热容量小的物体的温度分布和运动物体的温度。因此,人们开发了检测被测物体的热辐射的非接触式热敏传感器,表 25-3 列出接触式和非接触式热敏传感器的特性比较。

在选用热敏传感器时,人们首先关心的是传感器的检测温度范围、输入-输出特性及检测精度,因此,热敏传感器也可按特性分类,如表 25-4 所列。通常,检测温度在 1500℃ 以上时选用热辐射非接触传感器;而检测极低温度时则用半导体和金属电阻随温度变化的传感器和热电偶;在常温附近,主要用热敏电阻和半导体热敏传感器。

选用热敏传感器时要注意,并不是传感器的输出越大越好,有的传感器当输出变大时其输入-输出特性变坏。热电偶和电阻温度计的输出虽小,但线性度好;而热敏电阻虽输出大,可是其输入-输出特性为指数函数。不过,也有输出变高时,线性随之变好的热敏传感器,如硅集成传感器。当选用开关温度传感器时,则传感器的非线性度越大越好。

第25章 热敏传感器

表 25-1 不同温度使用的热敏传感器

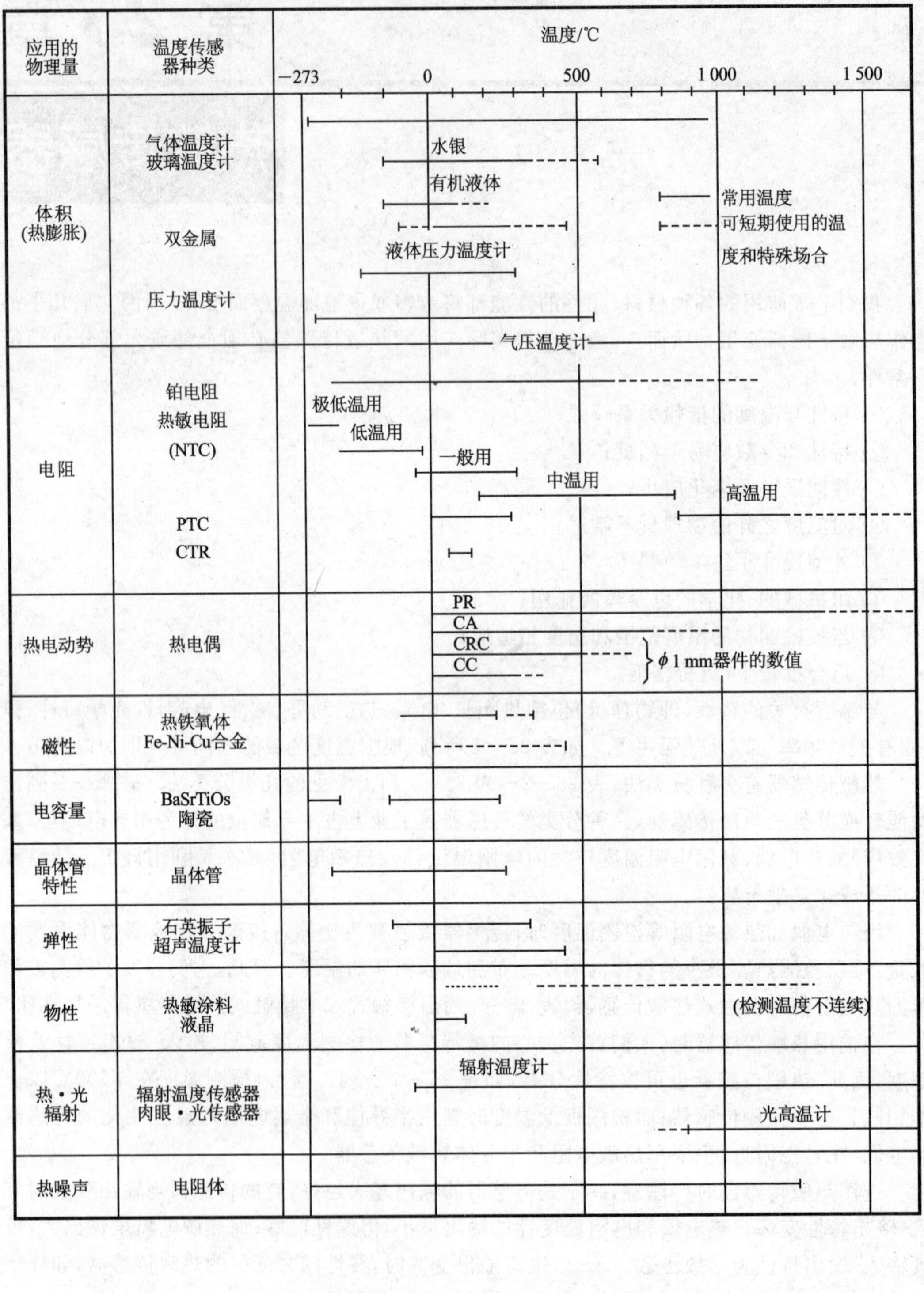

应用的物理量	温度传感器种类	温度/℃ (-273 ~ 1500)
体积(热膨胀)	气体温度计 玻璃温度计	水银；有机液体；液体压力温度计
体积(热膨胀)	双金属	—
体积(热膨胀)	压力温度计	气压温度计
电阻	铂电阻 热敏电阻(NTC)	极低温用；低温用；一般用；中温用；高温用
电阻	PTC	—
电阻	CTR	—
热电动势	热电偶	PR；CA；CRC；CC（$\phi 1\,mm$ 器件的数值）
磁性	热铁氧体 Fe-Ni-Cu合金	—
电容量	BaSrTiO₃ 陶瓷	—
晶体管特性	晶体管	—
弹性	石英振子 超声温度计	—
物性	热敏涂料 液晶	(检测温度不连续)
热·光辐射	辐射温度传感器 肉眼·光传感器	辐射温度计；光高温计
热噪声	电阻体	—

备注：常用温度；可短期使用的温度和特殊场合

表 25-2　根据功能转换进行分类的热敏传感器

	元件名称	应用的物理效应	材　料	备　注
实用传感器	热电偶	塞贝克效应	Pt/Rh、C、A、Cu/康铜等	可用于1000℃以下(Pt/Rh除外),薄膜状矩阵,响应快,高精度
	电阻温度计	电阻值随温度变化	Pt,Cu,Mn 康铜等	1000℃以下,极低温(碳)
	热敏电阻	电阻值随温度变化	Mn,Ni,Co,Cu,Cr 等的混合氧化物	薄膜状
		电阻值随温度变化	含掺杂的 $BaTiO_3$	多用于电子保温瓶等制品
	PTC	正特性	半导体	—
	CTR	负特性	VO_2 系列	厚膜技术
新型传感器	晶体管热敏传感器	PN 结的温度特性	Si	可以集成化
	磁热敏传感器	在居里温度附近磁特性的变化	热敏铁氧体 Mn-Cu-Fe、Mn-Zn-Fe 等	用于电、瓦斯、饭煲的自动开关
	电容型热敏传感器	在居里温度附近电容量的变化	陶瓷电容器(BaSr)TiO_3	可以在极低温度下检测,精度高
	压电型热敏传感器	振动频率与温度的依赖关系	水晶	分辨率 $10^{-2} \sim 10^{-3}$℃
	热电型热敏传感器	热电效应	$PbTiO_3$,$LiTaO_3$	
	光型红外线传感器	光电效应	PbS,Ge,InSb,HgCdTe	
	NQR 型热敏传感器	核四极矩共振吸收	$KClO_3$	分辨率 0.001 K　范围为 10~450 K
	热噪声温度计	约瑟夫逊效应	Nb	$10^{-6} \sim 10$ K
	光纤热敏传感器	双折射变化等	石英玻璃	正在开发

表 25-3　接触式热敏传感器和非接触式热敏传感器

	接触方法	非接触方法
必要的条件	1. 要使被测对象和检测元件充分接触 2. 当被测对象和检测元件接触时,前者的温度(测定量)不应发生变化	1. 被测对象发出的热辐射应完全到达检测元件 2. 被测对象的有效辐射功率要明确知道或者可以再现
特征	1. 当检测元件与热容量小的被测对象接触时,测定量容易发生变化 2. 难以检测运动物体的温度 3. 可以任意指定检测地点	1. 因为不需要接触检测元件,故所得测定量一般没有什么变化 2. 能检测运动物体的温度 3. 一般是检测表面温度 4. 容易检测温度分布情况
温度范围	容易测定 1000℃以下的温度	一般适于检测高温
精度	一般是标度的 1% 左右	一般误差是 10℃左右
滞后	较大	较小
传感器名	电阻温度计、热敏电阻、热电偶、晶体管温度计	热释电型温度传感器、光电红外线传感器

表25-4 根据热敏测温传感器的特性进行分类

特性	分类	特征	传感器的分类
温度范围	超高温用传感器	1500℃以上	光、辐射传感器
	高温传感器	1000～1500℃	光、辐射、热电偶、塞氏测温熔锥
	中高温传感器	500～1000℃	辐射、热电偶
	中温传感器	0～500℃	热电偶、测温电阻器、热敏电阻、热敏铁氧体、水晶、晶体管、双金属、压力式、玻璃制温度计、辐射、噪声和NQR
	低温传感器	-250～0℃	测温电阻器、热敏电阻、压力式、玻璃制温度计、辐射、噪声和NQR
	极低温传感器	-273～-250℃	Ge,Si,C(半导体电阻型)热电偶
温度特性	线性	检测范围大,输出小	热电偶、测温电阻器、噪声、晶体管、水晶、压力式、玻璃制温度计
	指数	测定范围狭窄,输出大	热敏电阻
	临界	只能检测特定温度,输出大	CTR,RTC,热敏铁氧体、双金属
检测精度	标准	测定精度±0.1～±0.5℃	水晶、铂测温电阻器、PR热电偶、气体温度计、玻璃温度计、光高温计和NQR
	检测绝对值	±0.5～±5℃	热电偶、测温电阻器、热敏电阻、双金属、玻璃制温度计、光高温计、压力式
	检测管理温度	相对误差±1～±5℃	同上

25.1 国内外热敏传感器展示

25.1.1 热敏电阻系列

图25-1示出了一些热敏电阻的外形。图25-2示出了TH系列热敏电阻结构尺寸。

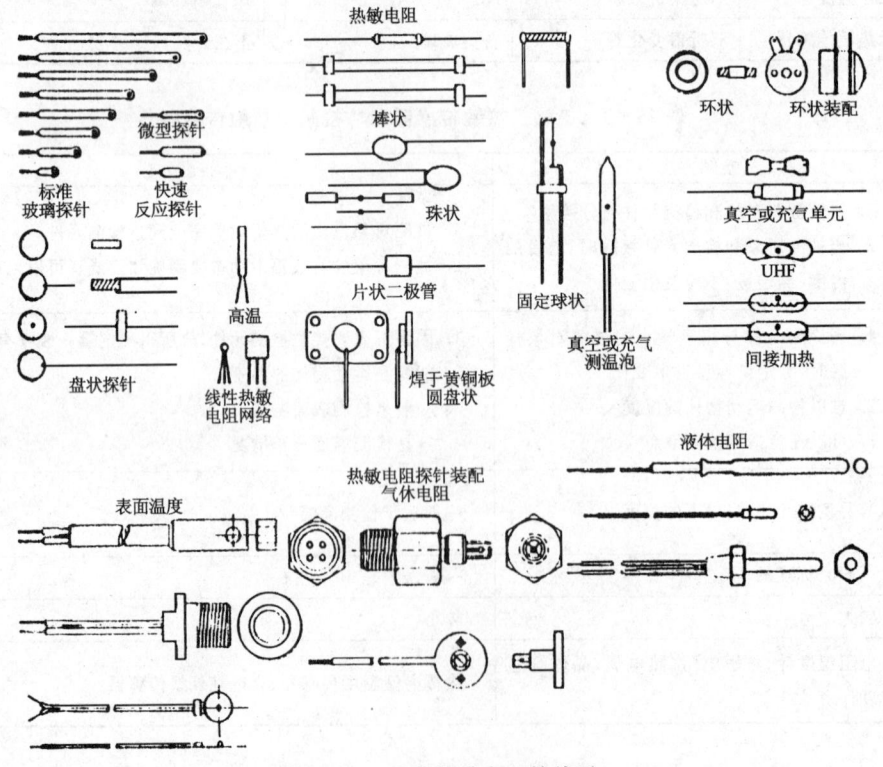

图25-1 某些热敏电阻的外形

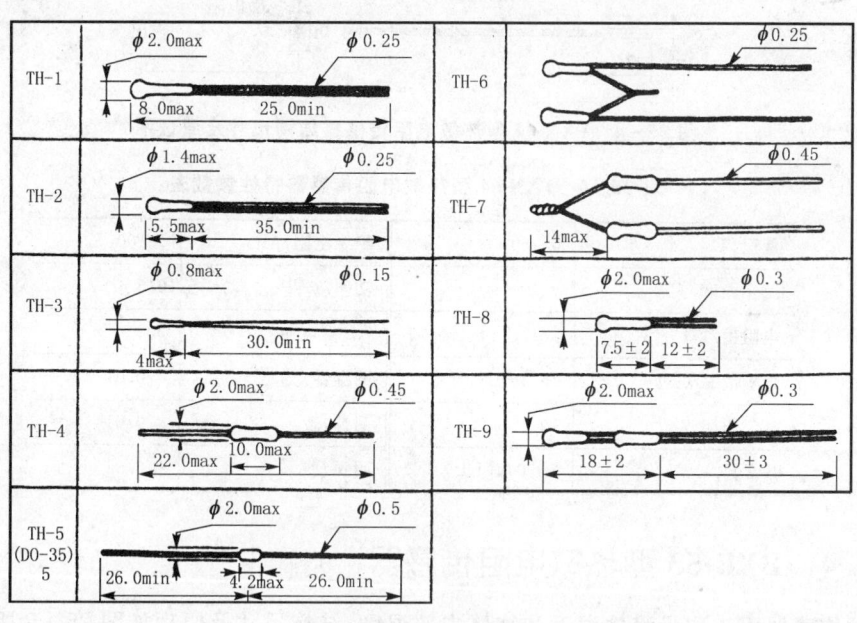

图 25-2　TH 系列热敏电阻的结构尺寸(单位:mm)

25.1.2　E-R35 型极细式测温电阻

温度升高,纯金线的电阻增大,利用这种特性可测量温度。其结构如图 25-3 所示,外径 $\phi 1\sim 2$ mm,长 500 mm(最长 2000 mm),特性参数如表 25-5 所列。

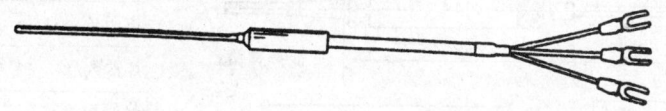

图 25-3　E-R35 型极细式测温电阻外形图

表 25-5　E-R35 型极细式测温电阻特性参数表

量程 /℃	工作温度 /℃	电阻值 /Ω	时间常数 /s	绝缘电阻 /MΩ	AC 耐电压 /V
−200～350	−200～350	100	0.7	5	250

25.1.3　PXN-64 型热敏电阻传感器

这种型号的热敏电阻是一种半导体,其电阻值随温度升高而下降,温度系数是白金的 10 倍,约为 4％。它的热响应性、再现性和稳定性良好,利用热敏电阻的温度特性构成工业测温用的温度传感器,也可用它作家用温度调节器及微型计算机的温度传感器。其结构尺寸及原理如图 25-4 所示,特性参数见表 25-6。

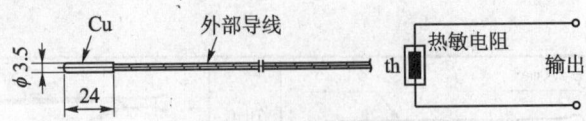

图 25-4 PXN-64 型热敏电阻传感器结构尺寸及原理图

表 25-6 PXN-64 型热敏电阻传感器特性参数表

量程/℃	0～60	绝缘电阻/MΩ	>100
工作温度/℃	-10～90	功率/mW	0.5
电阻值/kΩ	5.4	AC 耐电压/V	500
电阻范围/(kΩ·℃$^{-1}$)	15.1～33	耐湿性/%	<0.01
60℃电阻误差/%	10	耐冲击/%	<0.01
B 常数/K	3390×(1±0.02)	耐振动/%	<0.01

25.1.4 BXB-53 型热敏电阻传感器

这种传感器用于测量液体温度和物体内部温度,结构尺寸及原理如图 25-5 所示,特性参数如表 25-7 所列。

表 25-7 BXB-53 型热敏电阻传感器特性参数表

量程/℃	0～150
工作温度/℃	-50～250
电阻值/kΩ	10.67
B 常数/K	3450×(1±0.02)
热幅射常数/(mW·℃$^{-1}$)	≈3
绝缘电阻/MΩ	>100
功率/W	0.5
AC 耐电压/V	500
耐湿性/%	<0.01
耐冲击/%	<0.01
耐振动/%	<0.01

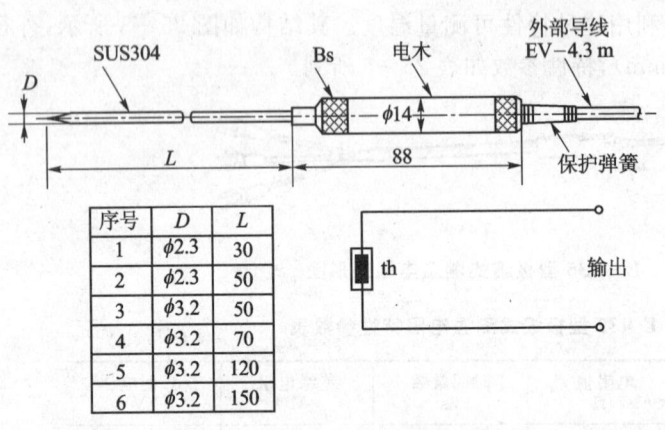

序号	D	L
1	φ2.3	30
2	φ2.3	50
3	φ3.2	50
4	φ3.2	70
5	φ3.2	120
6	φ3.2	150

图 25-5 BXB-53 型热敏电阻传感器结构尺寸及原理图

25.1.5 BYE-64 型热敏电阻传感器

这种传感器用于测量物体的表面温度。其结构如图 25-6 所示,特性参数如表 25-8 所列。

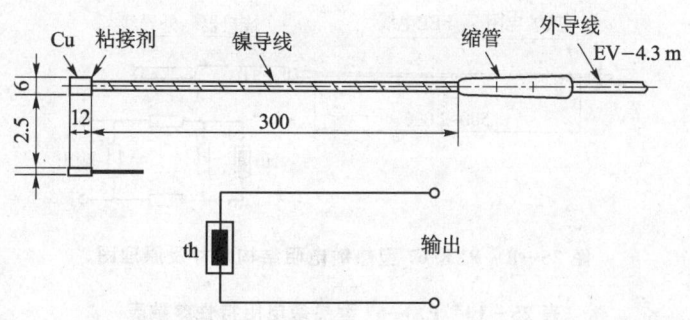

图 25-6　BYE-64 型热敏电阻传感器结构尺寸及原理图

表 25-8　BYE-64 型热敏电阻特性参数表

量程 /℃	工作 温度 /℃	电阻值 /kΩ	电阻 差值 /%	热辐射常数 /(mV·℃$^{-1}$)	绝缘 电阻 /MΩ	功率 /mW	AC 耐电压 /V	耐振动 /%
50～200	−30～230	34.1	4	≈2.5	>1000	0.5	500	<0.01

25.1.6　PXA-24 型热敏电阻传感器

这种传感器可用于控制热水温度、浴池温度及暖气设备温度。结构尺寸及原理如图 25-7 所示，特性参数如表 25-9 所列。

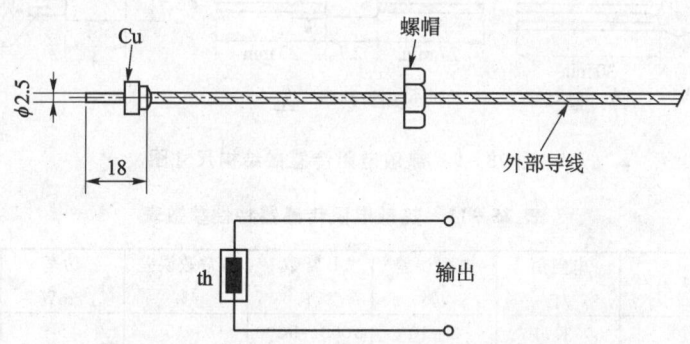

图 25-7　PXA-24 型热敏电阻结构尺寸及原理图

表 25-9　PXA-24 型热敏电阻特性参数表

量程 /℃	工作温度 /℃	电阻值 /kΩ	B 常数 /K	电阻 误差 /%	热辐射常数 /(mW·℃$^{-1}$)	绝缘 电阻 /MΩ	AC 耐电压 /V	耐振动 /%
0～100	−30～230	8.536	3450	10	3	>100	500	<0.01

25.1.7　PXK-67 型热敏电阻传感器

这种传感器用于高精度测量液体温度。其结构尺寸及原理如图 25-8 所示，特性参数如表 25-10 所列。

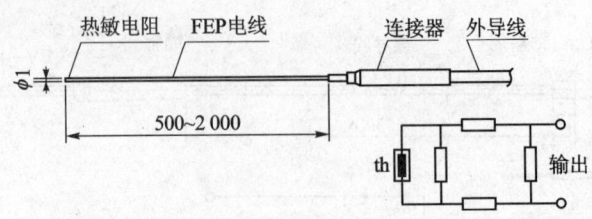

图 25-8 PXK-67 型热敏电阻结构尺寸及原理图

表 25-10 PXK-67 型热敏电阻特性参数表

量程 /℃	工作温度 /℃	电阻值 /kΩ	B 常数 /K	热辐射 常数 /(mW·℃$^{-1}$)	AC 耐电压 /V	耐湿性 /%	耐冲击 /%	耐振动 /%
0～100	−30～230	8.536	3450	3	500	<0.01	<0.01	<0.01

25.1.8 热敏电阻传感器

电阻值随温度升高而急剧减小,利用热敏电阻的这种温度特性可构成温度传感器。热敏电阻传感器的结构尺寸如图 25-9 所示,特性参数如表 25-11 所列。

热敏电阻传感器适用于家用电器和空调设备的温度控制,检测汽车水温、排气温等。

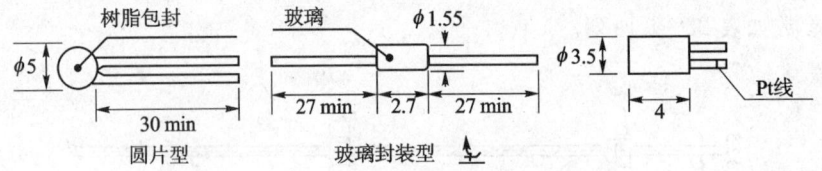

图 25-9 热敏电阻传感器结构尺寸图

表 25-11 热敏电阻传感器特性参数表

类 型	电阻值 /Ω	电阻误差 /%	B 常数 /K	B 常数误差 /%	功率 /mW	工作温度 /℃
通用型	$5×3×10^5$	3～10	3000～5000	3～5	5	−40～300
高温型	400	5～10	10.000	5	5	−20～1000

25.1.9 热敏电阻线性换向器

热敏电阻是电阻值随温度变化的元件。热敏电阻插在惠斯顿电桥的一边,变换器将温度-电阻值的变化特性变换成温度-电压值的变化特性。电桥输出采用理想直线折点近似法,共有折点 16 个。通过这种方法换算温度,误差在 5% 以内。

热敏电阻线性换向器的结构如图 25-10 所示。采用集成电路,整个元件装在塑料壳内,安装在电路板上,其特性参数如表 25-12 所列。

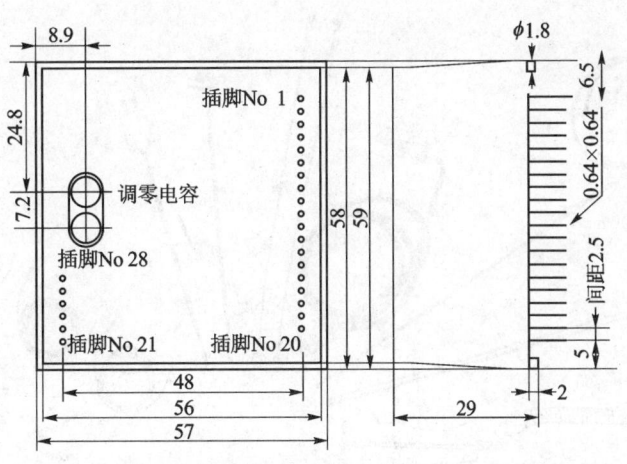

图 25-10　热敏电阻线性换向器结构尺寸图(单位: mm)

表 25-12　热敏电阻线性换向器特性参数表

量程 /℃	精度 /℃	响应时间 /ms	工作温度 /℃	功耗 /W	温度系数 /℃$^{-1}$	储存温度 /℃
−50～50	0.3	6±1.5	10～40	120	<0.01	−20～70

热敏电阻线性换向器可用于调节器、温度检测器和电子计算机的转换装置。

25.1.10　热偶组合式传感器

热偶组合式传感器套式热电偶有 K(CA),E(CRC),T(IC),R(PR$_{13}$),S(PR$_{19}$),B(PR$_{6\sim30}$),WRe$_{5\sim36}$(镍铬硅-镍硅)等。其结构如图 25-11 所示。套外径为 0.25/0.34/0.5/1.0/1.5/2.0/3.0 mm,套材料为 SU304/310/321/347/镍铬铁合金。

热偶组合式传感器特别适用于实验室和原子能计测,也可用于高热密度的管式加热炉。其量程为 −200～2 300 ℃,响应时间约 6 ms。

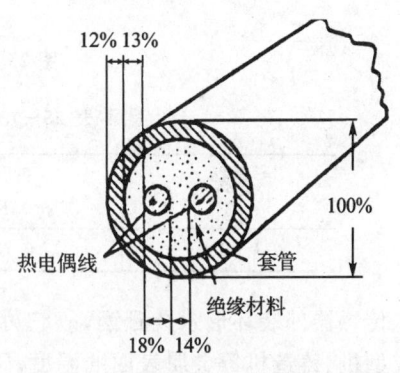

图 25-11　热敏组合式传感器结构图

25.1.11　热电偶系列

图 25-12 示出了不同类型的热电偶外形图。PCE 型测量表面温度的热电偶如图 25-13(a)所示。它是用极薄的条状热电偶装在四脚陶瓷支座上,四脚以一定的触压直接靠近物体,故能准确地测出平面物体的表面温度。其特性参数如表 25-13 所列。

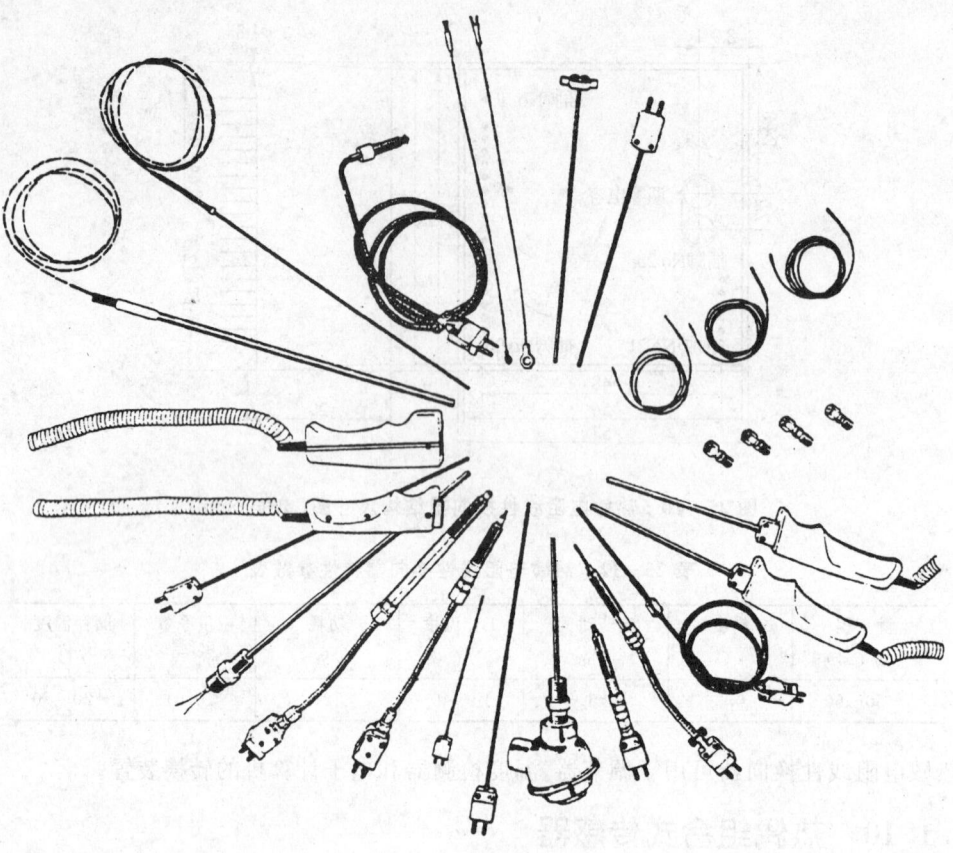

图 25-12 不同类型的热电偶

表 25-13 PCE 型热电偶特性参数表

量程 /℃	精度 /(%FS)	响应时间 /s	工作温度 /℃
0~600	0.75	2.5	0~150

传感器外装环形永久磁钢,故它可吸附在金属表面,用数字显示温度。PCE 型可用于测量成型机、铸造机等金属表面的温度。热电偶纸片如图 25-13(a)所示,它是在绝缘纸上制成铁-康铜(J)、铜-康铜(T)、镍铬-镍铝(K)等热电偶,从而构成热电偶纸片。将其贴在被测物的表面,可测温-200~300℃。其特性参数如表 25-14 所列。

热电偶纸片可贴附或压在被测物体的表面上,在低温时用橡皮夹持住,能准确测温。

表 25-14 热电偶片特性参数表

量程 /℃	工作温度 /℃	时间常数 /s	绝缘电阻 /MΩ
-200~300	-200~300	≈50	>100

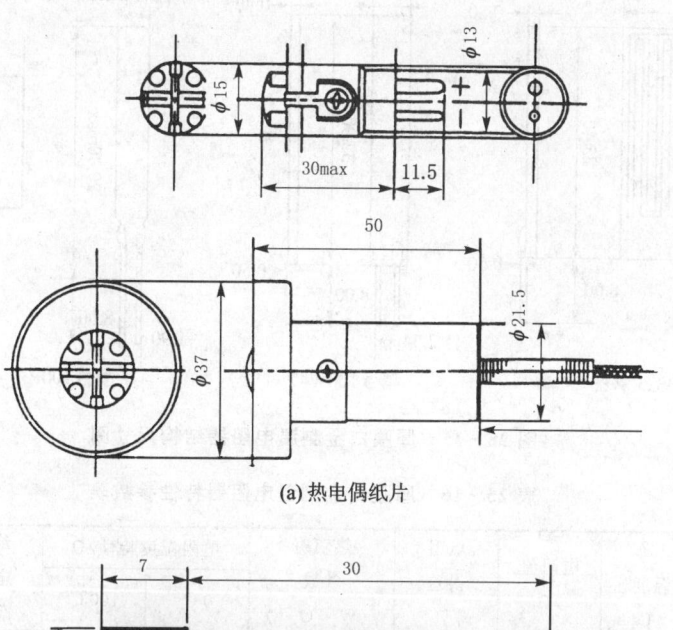

(a) 热电偶纸片

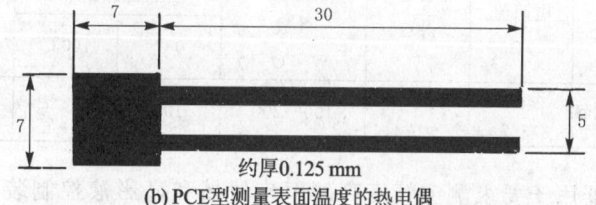

(b) PCE型测量表面温度的热电偶

图 25-13　热电偶结构尺寸图

25.1.12　5901(STP-1000)型粘贴式测温片

该测温片是采用特制的镍铬-镍硅丝制成的微型薄片式测温敏感元件,其广泛用于测量金属和非金属物体表面的温度。使用时用导热性能良好的耐高温胶粘贴于被测物体表面,该测温片结构尺寸如图 25-14 所示,其特性参数如表 25-15 所列。

表 25-15　5901 型粘贴式测温片特性参数表

工作温度 /℃	可承受 最高温度 /℃	静态测 温精度 /%	快速响 应时间 /s	外形尺寸 /mm	质量 /g
-50~100	1250	±0.5	<0.013	8×5×0.1	0.05

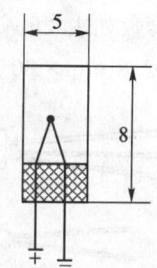

图 25-14　5901 型粘贴式测温片结构尺寸图

25.1.13　厚膜白金测温电阻器

测量方法同线圈式白金测温电阻,即利用温度变化使电阻值改变的现象测量温度。电阻与温度的关系为 $R_T=R_0(1+\alpha T)$。显然,α 越大,电阻值的变化越大,从而测温精度越高。白金是贵金属中化学稳定性最好的,故能准确地测量-200~600℃的温度,IPTS 中规定必须用白金测温电阻器。其结构尺寸如图 25-15 所示,特性参数如表 25-16 所列。

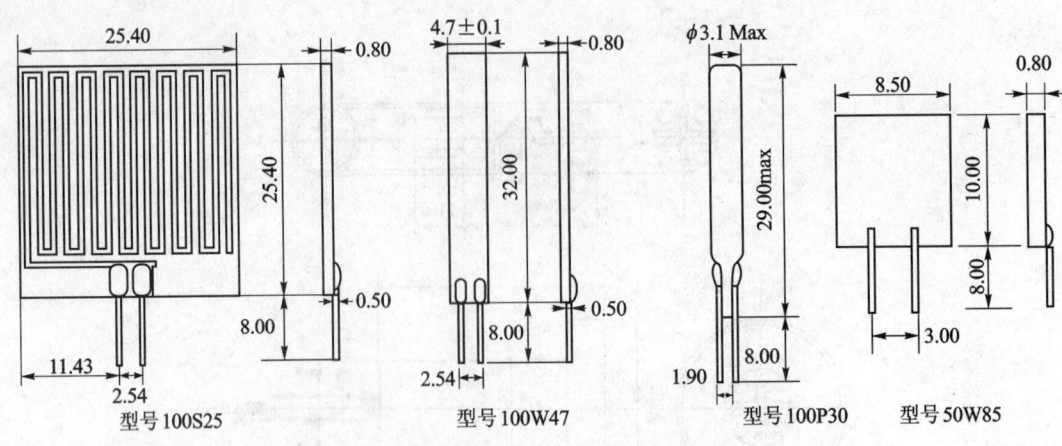

图 25-15　厚膜白金测温电阻器结构尺寸图

表 25-16　厚膜白金测温电阻器特性参数表

量程 /℃	工作温度 /℃	电阻值 /Ω	电阻误差 /%	热辐射常数 /(W·℃$^{-1}$)	电阻温度特性/Ω		绝缘电阻 /MΩ	响应时间 /s
					0℃	100℃		
-70~600	-70~600	72.35~313.72	0.075~0.1	100~200	100	138.5	1~10	0.15~0.3

厚膜白金电阻器用于要求测温精度高的医疗器械和显影液控制装置,直接测量平面物体的表面温度。

25.1.14　CR 和 CRF 型铂测温电阻

当温度升高时纯金属线电阻增大,利用这种现象可测量温度。其结构如图 25-16 所示,特性参数如表 25-17 所列。单元件有 ϕ1.6 mm×20 mm、ϕ2 mm×20 mm、ϕ2.8 mm×20 mm、ϕ2.8 mm×30 mm 等。双元件有 ϕ2×20 mm、ϕ2.8×20 mm、ϕ2.8 mm×30 mm 等。

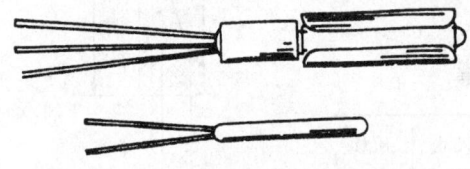

图 25-16　CR 和 CRF 型铂测温电阻结构图

表 25-17　CR 和 CRF 型铂测温电阻特性参数表

量程 /℃	工作温度 /℃	时间常数 /s	绝缘电阻 /Ω	AC 耐电压 /V
-200~600	-200~600	2	∞	500

25.1.15　薄膜热敏传感器

SiC 薄膜的电阻随温度变化,利用这种现象可检测温度。此传感器结构如图 25-17 所示,其特性参数如表 25-18 所列。

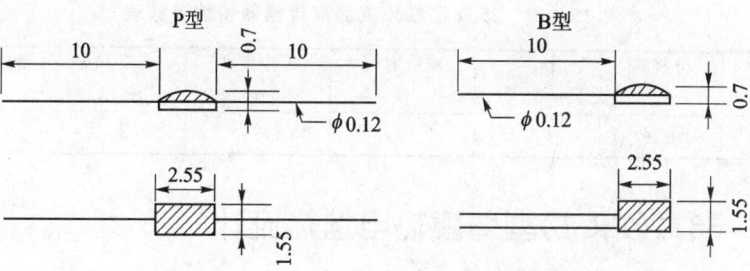

图 25-17 薄膜热敏传感器结构尺寸图

表 25-18 薄膜热敏传感器特性参数表

电阻 /kΩ	阻值误差 /%	B常数 /K	B常数误差 /%	功耗 /mW	工作温度 /℃	散热系数 /(mW·℃$^{-1}$)	热时间常数 /s	容许功率 /mW	质量 /mg
100～500	10	2100	2	5	<300	0.9	2.5	<20	13

薄膜热敏传感器有如下用途：
① 测量烤箱、烹调器械及石油、煤气炉等暖气设备的气温；
② 测量蒸汽锅炉和热水锅炉等液体温度；
③ 测量复印机、烹调器等加热器的表面温度。

25.1.16 2541型袖珍式温度传感器

如图 25-18 所示，晶体管基极、发射极之间的电压 V_{be} 与集电极电流 I_c 的关系可用下式表示

$$V_{be} = V_{go} - (KT/q)\ln(KT^r/I_c)$$

式中，V_{go} 是硅的禁带宽度；K 是玻耳兹曼常数；q 是电子电荷；r 是由晶体管决定的常数；T 是绝对温度。根据这种关系即可检测温度，经过 A/D 变换可线性化，并数字输出。

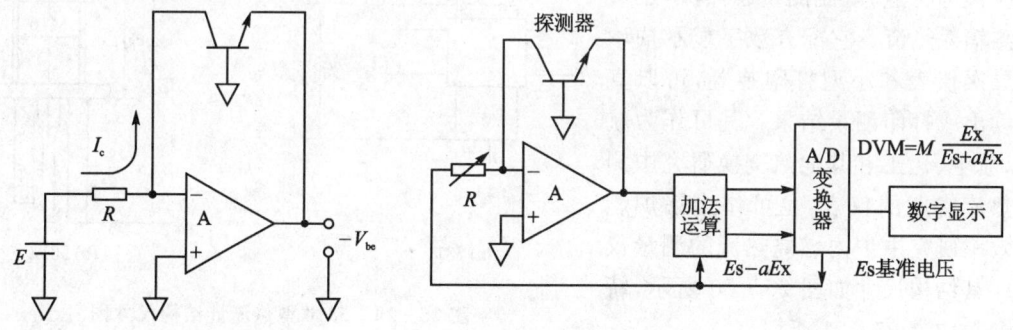

图 25-18 2541型袖珍式温度传感器原理图

该传感器特性参数如表 25-19 所列。

表 25-19 2541 型袖珍式温度传感器特性参数表

量程/℃	分辨率/℃	精度/℃	响应时间/s	工作温度/℃	采样频率/(次·s^{-1})	连续使用时间/h
−50～99.9	0.1	0.1	5	5～40	2.5	～70

25.1.17 5821(FR-1)型薄膜热电堆热流计

该热流计在气候环境研究的日照模拟试验中可作为太阳辐射能量的检测元件,也可用来测量温室及管道辐射的热损失。这种热流计分固定和手握两种方式,配有数字袖珍仪表,可直接读出热流密度值。热流计输出与敏感元件吸收的净热量成正比。其结构尺寸如图 25-19 所示,特性参数如表 25-20 所列。

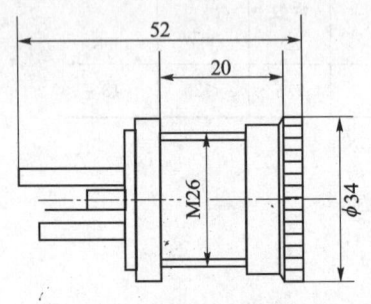

图 25-19 5821(FR-1)型薄膜热电堆热流计结构尺寸图

表 25-20 5821(FR-1)型薄膜热电堆热流计特性参数表

测量范围/(W·cm^{-2})	灵敏度/mV/(W·cm^{-2})	时间常数/s	工作环境温度/℃	精度/%	线性度/%
0～2	10～15	1.7～2	−20～200	±5	±2

15.1.18 5810 系列圆箔式辐射热流计

该热流计是一种测量瞬态热流密度的传感器,具有线性度和重复性好、响应快等特点,既能测量总热流,也可单测辐射热流。它配有数字显示袖珍型二次仪表和小型打印装置,可以直接读出或打印测量结果。其可作为航天、航空、化工和其他热交换研究中测量热流密度的仪表,也可作为锅炉燃烧效率研究中炉内燃烧热流的测量仪表。其结构尺寸如图 25-20 所示,特性参数如表 25-21 所列。

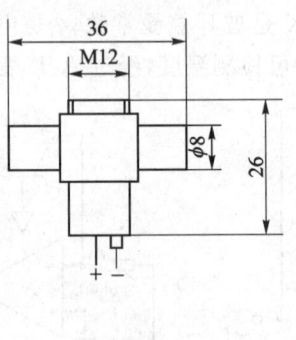
(a) 5811

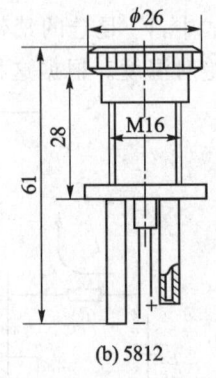
(b) 5812

图 25-20 5810 型热流计结构尺寸图

表 25-21 5810 型热流计特性参数表

测量范围/(W·cm^{-2})	可选用量程/(W·cm^{-2})	时间常数/s	精度/%	重复性/%	冷却方式
2～125	10,30,50,80,125	0.1～0.3	±5	±2	水冷或气冷

25.1.19　5831(ELE-1)型电子束能量计

该能量计由 25 个敏感元件组成,能将瞬时的电子束能量转换成电信号,便于记录和分析,其可用于测量高速粒子的能量分布,以及电子束、激光束在平面内的能量分布测量。其结构尺寸如图 25-21 所示,特性参数如表 25-22 所列。

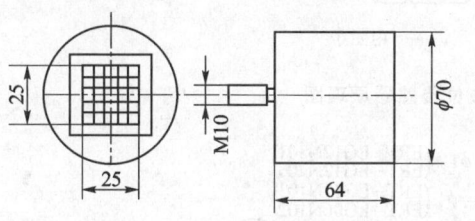

图 25-21　5831(ELE-1)型能量计结构尺寸图

表 25-22　5831 型能量计特性参数表

总高电子束能量 /J	输出电压 /mV	测量面积 /mm²	精度 /%
5 000	0~30	25×25	±5

25.1.20　SYSTEM3 无接触式温度测量系统

该系统的温度测量范围为 0~2 000℃,误差 0.5%,重复率 0.3%。它可用于检测初生钢、有色金属、金属加工与制造、玻璃、水泥、沥青块、纺织物与地毯、塑料、纸、化工与石油、食品与糖果等的温度。其原理如图 25-22 所示。

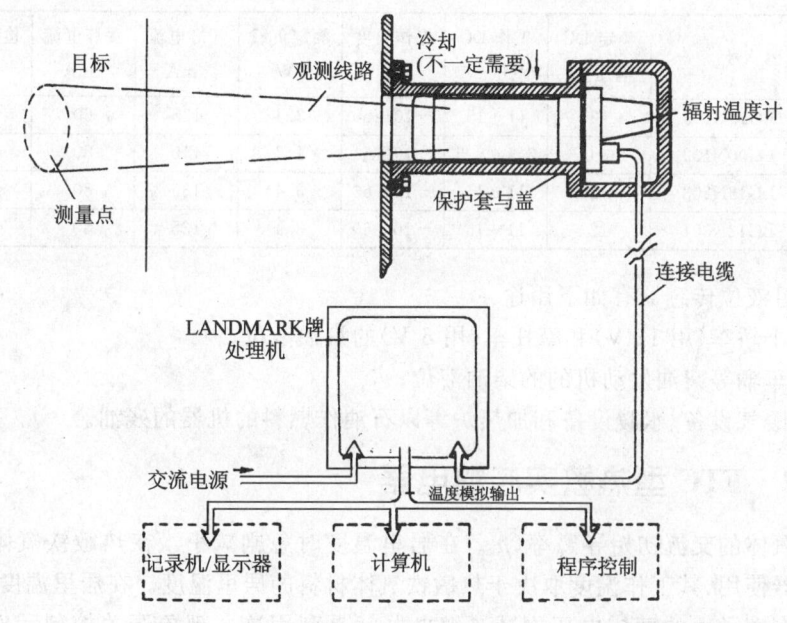

图 25-22　SYSTEM3 温度测量系统原理图

25.1.21　热敏电阻液位传感器

热敏电阻液位传感器的原理和结构尺寸分别如图 25-23 和图 25-24 所示,其特性参数如表 25-23 所列。将热敏电阻在液体中与空气中的散热差变换为电阻值的变化,从而进行检测。

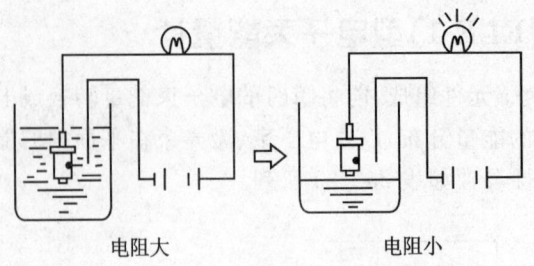

图 25-23　热敏电阻液位传感器原理图

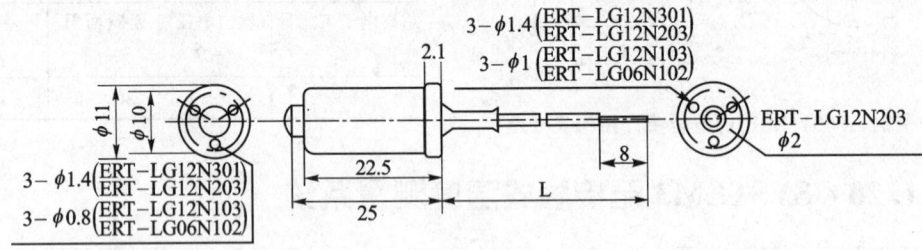

图 25-24　热敏电阻液位传感器结构尺寸图

表 25-23　热敏电阻液位传感器特性参数表

型　号	额定 DC 电压/V	工作 DC 电压/V	工作温度 /℃	额定负载 /W	开灯电流 /mA	关灯电流 /mA	检测时间 /s
ERT-LG12N103	12	11～15	−10～60	3.4	135	60	<180
ERT-LG06N102	6.0	5.5～8.5	−10～50	1.7	110	80	<180
ERT-LG12N203	12	11～15	−10～60	3.4	135	80	<400
ERT-LG12N301	12	11～15	−10～60	3.4	135	80	<400

热敏电阻液位传感器有如下用途：

① 检测小轿车(用 12 V)和摩托车(用 6 V)的汽油液位；
② 检测车辆等柴油发动机的的柴油液位；
③ 检测暖气设备、水暖设备和加热炉等以石油作燃料的机器的残油。

25.1.22　FTC 型热敏实芯继电器

热敏铁氧体的交流初始导磁率(μ_{iac})在居里温度时急剧减小。在热敏铁氧体上绕上线圈即可当继电器使用，其工作温度取决于热敏铁氧体材料的居里温度。在居里温度时，通高频电流的继电器在端子上的感应电压剧减。继电器就是利用这一现象开关控制元件。其结构如图 25-25 所示，特性参数如表 25-24 所列。

表 25-24　FTC 热敏实芯继电器特性参数表

工作温度/℃		温度误差 /℃	绝缘电阻 /MΩ	温度滞后 /℃	AC 耐压 /V	耐湿 /(%RH)
敏感元件	电路					
−50～300	0～60	±2.0	>100	0	600	98

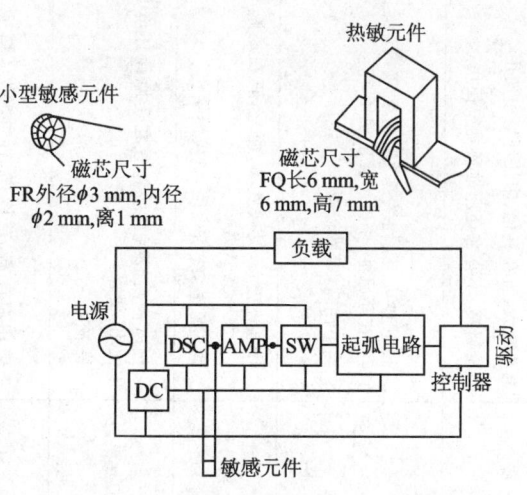

图 25-25 FTC 型热敏实芯继电器结构图

FTC 型热敏实芯继电器可用于控制石油炉的燃烧温度、复印机和调节器的温度。

25.2 热电偶型传感器

在许多测温方法中,热电偶测温应用最广。因为它的测量范围广,一般为 $-180 \sim 2800℃$,准确度和灵敏度较高,且便于远距离测量,尤其是在高温范围内有较高的精度,所以国际实用温标规定,在 $630.74 \sim 1064.43℃$ 范围内用热电偶作为复现热力学温标的基准仪器。

热电偶的类型很多,材料不同,其特性也不相同。表 25-25 列出了常用热电偶的特性。

热电偶型传感器是将热电偶细丝排列在受热平面上,以热电动势的方式检测出微弱温升的一种热敏传感器。

25.2.1 热电偶型传感器的理论基础

1. 热电效应

1821 年塞贝克发现:把两种不同金属导体 A 与 B 串接成一闭合回路(图 25-26),如果两结合点 1 和 2 出现温差,在回路中就有电流产生。这种由于温度不同而产生电动势的现象称为热电效应,或称塞贝克效应。这两种不同导体的组合称为热电偶,接点 1 通常用焊接的方法连接在一起,测温时置于被测温场中,称为测温端或工作端。接点 2 一般要求恒定在某一温度,称参考端或自由端。热电偶产生的温差电动势 $E_{AB}(T, T_0)$ 是由两种导体的接触电势和单一导体的温差电势所组成。有时又把接触电势称为珀尔帖电势,单一导体的温差电势称为汤姆逊电势。

第25章 热敏传感器

表 25-25 常用热电偶特性表

热电偶名称	型号	分度号	极性	热电极材料 化学成分	与磁作用	电阻系数 20℃时 (Ω·mm²/m)	100℃时电势/mV	使用温度范围/℃ 长期使用	使用温度范围/℃ 短期使用	允许误差/℃ 温度	允许误差/℃ 误差	允许误差/℃ 温度	允许误差/℃ 误差	主要优缺点
铂铑₁₀-铂	WRLB	LB-3	正	Pt 90%,Rh 10%	无	0.24	0.643	1300	1600	≤600	±3	>600	±0.5%·t*	使用温度范围广,性能稳定,精度高,热电势较大,宜在氧化、中性环境中使用,电阻高,不宜在还原性环境中使用
			负	Pt 100%	无	0.16								
镍铬-镍硅 (镍铬-镍铝)	WREU	EU-2	正	Cr 9~10%, Mn 0.3% Si 0.6%, Co 0.4~ 0.7% Ni 余量	无	0.68	4.10	900	1200	≤400	±4	>400	±0.75%·t*	热电势大,线性关系好,均匀性差,中性环境中使用宜,直在还原性、线质较硬
			负	Mn 0.6%, Si 2~3% Co 0.4~0.7%, Ni余量	有	0.25/0.33								
镍铬-考铜	WREA	EA-2	正	Ni 90%, Cr 9.7% Si 0.3%	无	0.68	6.95	600	800	≤400	±4	>400	±1%·t*	热电势更大,灵敏度高,便宜,中性环境中使用,均匀性差、线质较硬、负极性氧化
			负	Ni 44%, Cu 56%	无	0.47								
铁-康铜	WRTA	TA	正	Fe 100%	有	0.13	5.27	600	800	≤400	±3	>400	±0.75%·t*	热电势大,灵敏度高,便宜中使用,易氧化
			负	Ni 40%, Cu 60%	无	0.45								
铂铑₃₀-铂铑₆	WRLL	LL-2	正	Pt 70%, Rh 30%	无	0.245	0.034	1600	1800	≤600	±3	>600	±0.5%·t*	使用温度高,范围广,性能稳定,精度高,宜在氧化、中性环境中使用,冷端在40℃以下,不用修正,价格高,热电势小,不宜在还原性环境中使用
			负	Pt 94%, Rh 6%	无	0.215								

* t 为热电偶工作端温度值(℃)。

1) 两种导体的接触电势

各种导体中都有大量的自由电子,不同金属自由电子的密度是不同的。例如,金属 A 和 B 的自由电子密度分别为 n_A 和 n_B,并且 $n_A > n_B$,当 A 和 B 金属接触在一起时,A 金属中的自由电子向 B 金属中扩散,这时 A 金属因失去电子而具有正电位,B 金属由于得到电子而带负电。这种扩散一直到动态平衡为止,而得到一个稳定的接触电势(图 25-27)。它的大小除和两种材料有关外,还与接点温度有关,它的数学表达式可写为

$$E_{AB}^j(T) = \frac{kT}{e}\ln\frac{n_A}{n_B} \tag{25-1}$$

式中,E_{AB}——A 和 B 二种金属材料在温度 T 时的接触电动势;k——玻尔兹曼常数;e——电子电荷;n_A 和 n_B——金属材料 A 和 B 的自由电子密度。

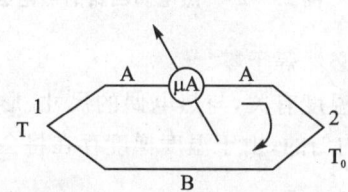

图 25-26 热电效应示意图

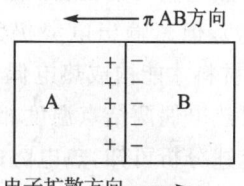

图 25-27 两种导体接触电热(珀尔贴电势)

对于 A 和 B 两金属材料的闭合回路,另一端为 T_0 时,则接触电势将为

$$E_{AB}^j(T_0) = \frac{kT_0}{e}\ln\frac{n_A}{n_B}$$

又

$$E_{AB}^j(T_0) = -E_{BA}^j(T_0)$$

所以在闭合回路中,总接触电势将为

$$E_{AB}^j(T) - E_{AB}^j(T_0) = \frac{K}{e}(T-T_0)\ln\frac{n_A}{n_B}$$

显然,当 $T = T_0$ 时,回路中总的电势将等于零。

2) 单一导体的温差电势

对一根均质的金属导体,如果两端温度不同,分别为 T 和 T_0($T > T_0$),则在两端也会产生电动势 $E_A(T, T_0)$,这个电势叫做单一导体的温差电势,或称汤姆逊电势。这个电势的形成是由于在导体内自由电子在高温端具有较大的动能,因而向低温端扩散。高温端由于失去电子而带正电,而低温端由于得到电子而带负电,从而形成了汤姆逊电势(图 25-28)。这个电势可以由下式计算

$$E_A^s(T, T_0) = \int_{T_0}^{T}\sigma_A dT \tag{25-2}$$

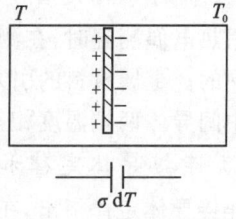

图 25-28 汤姆逊电势

式中,σ_A——汤姆逊系数。

对于 A 和 B 导体构成的闭合回路,总的汤姆逊电势将为

$$E_A^e(T,T_0) - E_B^e(T,T_0) = \int_{T_0}^{T}(\sigma_A - \sigma_B)dT$$

这个电势的大小只与热电材料（A 和 B）和两接点温度（T 和 T_0）有关（如果 $T=T_0$，则上述积分等于零）。总的热电偶电势将为

$$E_{AB}(T,T_0) = E_{AB}^e(T) - E_{AB}^j(T_0) + \int_{T_0}^{T}(\sigma_A - \sigma_B)dT \qquad (25-3)$$

图 25 - 29 为 A 和 B 金属导体组成的热电偶回路。

由式(25-3)可以得出结论：

① 如果热电偶两电极材料相同，则虽两端温度不同（$T \neq T_0$），但总输出电势仍为零。因此必须由两种不同的材料才能构成热电偶。

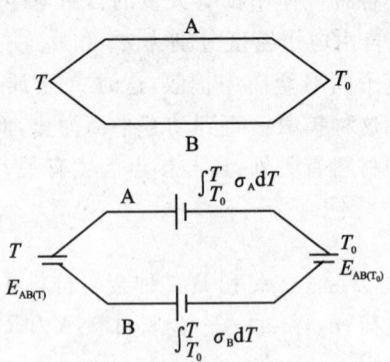

图 25 - 29 热电偶回路的热电势

② 如果热电偶两结点温度相同，则回路中的总电势必然等于零。

③ 由上述分析可知，热电势的大小只与材料和结点温度有关，与热电偶的尺寸、形状及沿电极温度分布无关。应注意，如果热电极本身性质为非均匀的，由于温度梯度存在将会有附加电势产生。

2. 热电偶基本定律

1) 均质导体定律

均质导体定律指出：由一种均质导体组成的闭合回路，不论导体的截面和长度多少，都不能产生热电势。如图 25 - 30 的闭合回路，接点 1 和 2 由于都是均质导体 A，因此不能产生玻尔帖电势，即

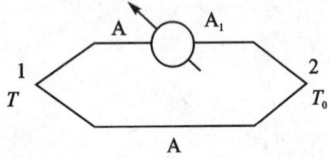

图 25 - 30 均质导体闭合回路

$$E_{AA}^j(T) = \frac{kT}{e}\ln\frac{n_A}{n_A} = 0$$

$$E_{AA}^j(T_0) = \frac{KT_0}{e}\ln\frac{n_A}{n_A} = 0$$

均质导体 A 两端存在温差（$T > T_0$），所产生的汤姆逊电势，回路上半部和下半部的电势大小相等，方向相反，回路中总的汤姆逊电势等于零。即 $\int_{T_0}^{T}(\sigma_A - \sigma_A)dT = 0$。

2) 中间导体定律

用热电偶测温时，在测量回路中总要引入测量仪表和连接导线，而这些材料与热电极材料是不同的。金属材料的引入，是否对测温有影响，可由中间定律得出答案。在热电偶回路中，只要中间导体两端温度相等，接入中间导体后，对热电偶回路的总热电势是没有影响的。

3) 连接导体定律和中间温度定律

连接导体定律指出，在热电偶回路中，如果热电极 A 和 B 分别与连接导线 A′和 B′相连接，接点温度分别为 T，T_n 和 T_0，那么回路的热电势将等于热电偶的热电势 $E_{AB}(T,T_n)$ 与连接导线 A′和 B′在温度 T_n 和 T_0 时热电势 $E_{A'B'}(T_n,T_0)$ 的代数和（见图 25 - 31），即

$$E_{ABB'A'}(T,T_n,T_0) = E_{AB}(T,T_n) + E_{A'B'}(T_n,T_0)$$

上式可引出重要结论：当 A 与 A′，以及 B 与 B′材料分别相同，且接点温度为 T，T_n 和 T_0 时，

根据连接导体定律可得该回路的热电势
$$E_{AB}(T,T_n,T_0) = E_{AB}(T,T_n) + E_{AB}(T_n,T_0) \tag{25-4}$$

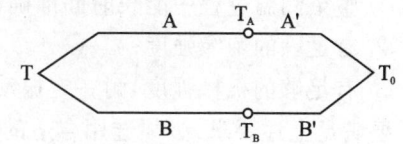

图 25-31　用连接导线的热电偶回路

式(25-4)表明,热电偶接点温度为 T,T_n 和 T_0 时的热电势 $E_{AB}(T_n,T_0)$,等于热电偶在 (T,T_n) 和 (T_n,T_0) 时相应的热电势 $E_{AB}(T,T_n)$ 与 $E_{AB}(T_n,T_0)$ 的代数和。这就是中间温度定律,其中 T_n 称为中间温度。

同一种热电偶,当其两接点温度 T 和 T_n 不同时,其产生的热电势也不同。要将对应各种 (T,T_n) 温度的热电势-温度关系都列成图表是不现实的。中间温度定律为热电偶制定分度表提供了理论根据。根据这一定律,只要列出参考温度为 0℃ 时的热电势-温度关系,那么参考端温度不等于 0℃ 的热电势都可按式(25-4)求出。

4) 参考电极定律

如图 25-32 所示,已知热电极 A 和 B 分别与参考电极 C 组成的热电偶在接点温度 T 和 T_n 时的热电势,则在相同接点温度 (T,T_0) 下,由 A、B 两种热电极配对后的热电势可按下面公式计算

$$E_{AB}(T,T_0) = E_{AC}(T,T_0) - E_{BC}(T,T_0) \tag{25-5}$$

式中,$E_{AB}(T,T_0)$——由 A 和 B 两热电极组成的热电偶在接点温度为 (T,T_0) 时的热电势;
$E_{AC}(T,T_0)$,$E_{BC}(T,T_0)$——接点温度在 (T,T_0) 时,热电极 A 和 B 分别与参考电极 C 配对时的热电势。

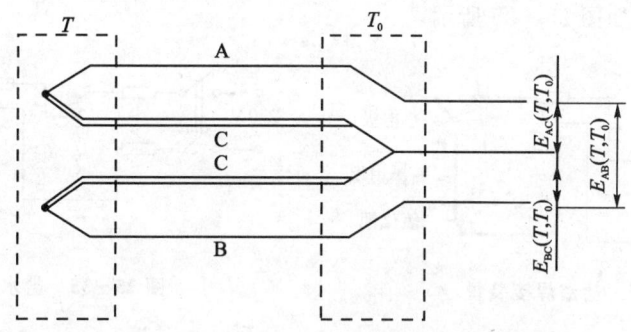

图 25-32　参考电极回路

参考电极定律大大简化了热电偶的选配工作。只要我们获得有关热电极与标准铂电极配对的热电势,那么任何两种热电极配对时的热电势便可按式(25-5)求得,而不需逐个进行测定。

25.2.2　热电偶传感器的结构及所用材料

1. 热电偶的基本结构

热电偶的种类很多,其结构和外形也不相同,但其基本组成部分大致相同。通常由热电极金属材料、绝缘材料、保护材料及接线装置等部分组成。

1) 对热电偶的基本要求

如前所述,对热电偶我们要使它满足:

① 整个测温过程中能长时间准确可靠地工作；
② 有足够的绝缘强度；
③ 有足够的机械强度,耐一定振动和热冲击等。
要满足上述要求,必须选用合适的材料、结构和工艺。

2) 热电偶工作点的焊接方法

对焊接工艺,除要求焊接牢固外,还应当使焊点具有金属光泽,表面圆滑,无沾污变质、夹渣和裂纹等。焊点的形状通常有点焊、对焊、绞状焊（麻花状）等,如图 25-33 所示。

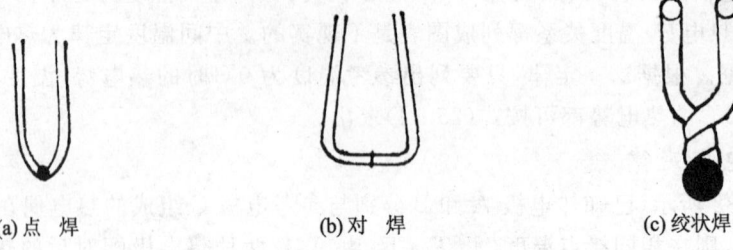

图 25-33 热电偶工作端点的形状

对于焊接工艺,根据热电偶的大小和材料不同,可采用不同的方法焊接,一般有
① 电弧焊和乙炔焰焊。
② 盐浴焊。此方法适用于焊廉金属材料的热电偶,如图 25-34 所示。
③ 盐水焊接。这种方法焊点质量较好,焊接电流可用调节器控制,宜焊接直径较细(0.03～0.3 mm)的热电偶,如图 25-35 所示。

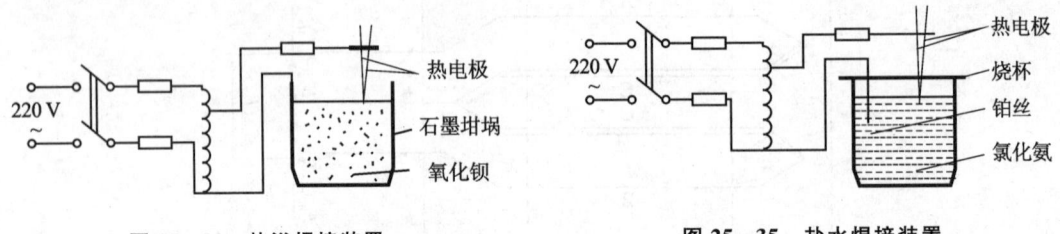

图 25-34 盐浴焊接装置　　　　　图 25-35 盐水焊接装置

④ 激光焊。该方法是比较先进的新方法,对热电偶焊点质量较其他方法优良,特别适用于超细丝的焊接,如小于 0.01 mm 以下直径的热电偶。

2. 热电偶的热电极材料

1) 对热电极材料的一般要求

① 配对成的热电偶应有较大的热电势和热电势率,并且热电势与温度有良好的线性关系,或有近似线性的单值函数关系；
② 能在较宽的温度范围内应用,并且在长时间工作后,不会发生明显的化学及物理性能的变化；
③ 电阻温度系数小,电导率高；
④ 易于复制,工艺性与互换性好,便于制定统一的分度表,材料要有一定的韧性,焊接性能好,以利于制作。

2) 热电极材料分类

① 一般金属。如镍铬-镍硅、铜-康铜、镍铬-镍铝、镍铬-考铜等。

② 贵金属。这类热电极材料主要是由铂、铱、铑、钌、锇及其合金组成。如铂铑$_{10}$-铂、铂铑$_{30}$-铂铑$_6$、铱铑$_{60}$-铱等。

③ 难熔金属。这类热电极材料系由钨、钼、钽、铌、铼、锆、铪等难熔金属及其合金组成。如钨铼$_5$-钨铼$_{20}$、铂铑$_{30}$-铂铑$_6$等热电偶。其他各种热电偶材料如表 25-26 所列。

3. 热电偶的绝缘材料

热电偶测温时,除测量端以外,热电极之间和连接导线之间均要求有良好的电绝缘,否则会有热电势损耗而产生测量误差,甚至无法测量。

1) 有机绝缘材料

这类材料具有良好的电气性能、物理及化学性能和工艺性,但耐高温、高频和稳定性较差。常用的有机绝缘材料如表 25-27 所列。

表 25-26 常用的热电偶材料

名　称	化学成分	测温范围/℃	特点及用途	标准编号
标准用铂铑$_{10}$-铂热电偶丝	(+)铂铑$_{10}$ (-)纯铂丝	419.58～1084.88	适用于制造铂铑$_{10}$-铂各级标准热电偶	
标准用铂铑$_{30}$-铂铑$_6$热电偶丝	(+)铂铑$_{30}$ (-)铂铑$_6$	1200～1600	适用于制造铂铑$_{30}$-铂铑$_6$各级标准热电偶	
工业用铂铑$_{10}$-铂热电偶丝	(+)铂铑$_{10}$ (-)纯铂丝	0～1600	适用于制造工业用各种热电偶	IEC 标准及 JB116—72
工业用铂铑$_{13}$-铂铑$_6$热电偶丝	(+)铂铑$_{30}$ (-)铂铑$_6$	600～1700	适用于制造工业用各种热电偶	IEC 标准及 GB2902—82
工业用铂铑$_{13}$-铂热电偶丝	(+)铂铑$_{13}$ (-)纯铂丝	0～1600	适用于制造工业用各种热电偶	IEC 标准
双铂钼热电偶丝	(+)铂钼$_5$ (-)铂钼$_{0.1}$	0～1700	具有低的中子俘获截面,适用于核场测温	YCQ/JB204—73
铱铑$_{10}$-铱热电偶丝	(+)铱铑$_{10}$ (-)铱	0～2100	主要用于科学研究中测量温度	YCQ/JB203—73
铱铑$_{40}$-铂铑$_{40}$热电偶丝	(+)铱铑$_{40}$ (-)铂铑$_{40}$	0～1900	适用于氧化、中性环境测温	
钨铼$_3$-钨铼$_{25}$热电偶丝	(+)钨铼$_3$ (-)钨铼$_{25}$	300～2800	主要用于还原惰性、真空环境中测温	
镍铁、镍铜热电偶丝	(+)镍铁 (-)镍铜	50～500	50℃以下热电势几乎等于零,在 300℃ 以上热电势迅速增大,适于作火警信号系统的温度传感器	YCQ/JB205—73

续表 25-26

名　称	化学成分	测温范围/℃	特点及用途	标准编号
镍铬-镍硅热电偶丝	（＋）镍铬 （－）镍硅	－50～1312	适用于制造各种热电偶	IEC 标准
镍铬-康铜热电偶丝	（＋）镍铬 （－）康铜	－200～900	适用于制造各种热电偶	ZEC 标准
铜-康铜热电偶丝	（＋）铜 （－）康铜	－200～400	适用于制造各种热电偶	ZEC 标准及 GB2903—82
镍铬(铜)-金铁$_3$低温热电偶丝	（＋）镍铬（或铜） （－）金铁$_3$	与镍铬配对 2～300K，与铜配对 2～20K	电势大、灵敏度较高，用于低温测量	YCQ/JB206—73
镍铬-(铜)-金铁$_7$低温热电偶丝	（＋）镍铬（或铜） （－）金铁$_7$	与镍铬配对 3～273K，与铜配对 3～77K	电势大、灵敏度较高，用于低温测量	GB2904—82
镍铬(铜)-铜铁低温热电偶丝	（＋）镍铬（或铜） （－）铜铁	与镍铬配对室温～4.2K，与铜配对 4.2～140K	适用于强磁场下低温测量	

表 25-27　有机绝缘材料

名　称	长期使用温度上限/℃	抗湿性	耐磨性
天然橡胶	60～80	良	良
聚乙烯	80	良	良
聚氯乙烯	90	良	良
棉纱	100	次	次
丝绸	110～120	次	次
聚四氟乙烯	250	良	良
氟橡胶	250～300	良	良
硅橡胶	250～300	良	良

2）无机绝缘材料

有较好的耐热性，常制成圆形或椭圆形的绝缘管，有单孔、双孔、四孔以及其他特殊规格。其材料有陶瓷、石英、氧化铝和氧化镁等，如表 25-28 所列。除管材外，还可以将无机绝缘材料直接涂敷在热电极表面，或者把粉状材料经加压后烧结在热电极和保护管之间。

表 25-28　无机绝缘材料

名　称	化学符号	最低纯度/%	适用上限温度/℃	长期使用温度/℃
玻璃釉	—	—	250	150
石棉	—	—	500	400
玻璃和玻璃纤维	—	—	500	400
云母	—	—	600	500
石英	SiO	99.0	1200	1100
陶瓷			1400	1200
氧化铝	Al_2O_3	99.5	1800	1600
氧化镁	MgO	99.4	2400	2000
氧化铍	BeO	99.8	2400	2100
氧化钍	ThO_2	99.5	2700	2500

4. 热电偶的保护管材料

1) 保护材料(壳体或外罩)

对该类材料的要求是：

① 气密性好，可有效地防止有害介质渗入而侵蚀损坏接点和热电极；

② 应有足够的强度及刚度，耐振，耐热冲击；

③ 物理化学性能稳定，在长时间工作中不与介质、绝缘材料和热电极互相作用，也不产生对热电极有害的气体；

④ 导热性能好，使接点与被测介质有良好的热接触。

2) 金属保护管材料

常用的有铝、铜、铜合金、碳钢、不锈钢、镍基高温合金及贵金属，如表 25-29 所列。

表 25-29 金属保护管材料特性

材料	熔点/℃	空气中适用的上限温度/℃	适用范围	
			气氛	长期工作上限温度/℃
Cr18Ni18	1406	1050	氧化、还原、中性、真空	900
Cr25Ni12			氧化、还原、中性、真空	1100
Cr25Ni20	1406	1100	氧化、还原、中性、真空	1150
Cr18Ni12Mo3	1373	900	氧化、还原、中性、真空	930
Cr18Ni18-Ti	1400	900	氧化、还原、中性、真空	870
Cr18Ni19-Ti	1400	900	氧化、还原、中性、真空	870
Cr18Ni18-Nb	1429	920	氧化、还原、中性、真空	870
Cr17	1484	840	氧化、还原、中性、真空	650
Cr28	1484	1100	氧化、还原、中性、真空	1100
铜	1084	350	氧化、还原、中性、真空	350
黄铜	1012	370	氧化、还原、中性、真空	
铝	660	430	氧化、还原、中性、真空	370
镍铬合金	1401	1200	氧化、还原、中性、真空	1100
镍铝合金	1401	1150	氧化、中性、真空	1100
镍	1455	1100	—	—
铁	1540	315	—	—
铂	1772	1650	氧化、中性	1650
铂铑$_{10}$	1853	1700	氧化、中性	1700
锆合金	1846	913		
钴	1495	870	真空、中性	
钼	2615	200	真空、中性、还原	
钽	3002	400	真空	2770
钛	1670	315	真空、中性	1100
铱	2447	2100	真空、中性	2000

3) 非金属套管材料

① 石英。它具有良好的抗震性、气密性、耐腐蚀性和工艺性。一般用在 1100℃ 以下，在氧化型环境中，在高温下长期使用后，透明度会逐渐消失，机械强度也会随之下降，甚至脆裂。

② 高温陶瓷。价格低，但气密性和抗热震性较差，可长期使用于 1200℃ 以下，温度再高易变形。

③ 氧化铝。是最常用的热电偶绝缘材料，可长期使用于 1600℃，短时间使用于 1700℃。高纯度氧化铝(99.4%~99.8%)，短时间可使用于 1900℃，它具有良好的高温电绝缘性及高

温强度,导热率大,热膨胀率小。在1700℃以上不与空气、水汽、氢、一氧化碳和氦等起作用,但它易受氟侵蚀,高温下会在氟中蒸发。在2000℃不与钨和铱反应,但与含铪及锆的合金不相容,氧化铝和镍铝丝在高温下起化学反应,严重时可能使热电极折断。

④ 氧化镁。在高温下有良好的绝缘性能,它具有较高的导热系数,在空气中使用于1700℃仍很稳定,是铠装热电偶常用的绝缘材料。其缺点是抗热震性差,在还原环境中1700℃以上不宜长期使用,在1800℃以上受卤素和含硫气体侵蚀,容易受潮,使绝缘电阻下降,同时引起晶型转变,体积膨胀,造成铠装热电偶的套管损坏。此外,它的机械强度较差。

⑤ 氧化铍。具有与氧化镁相似的电气性能,有极高的导热系数(与金属相似),抗热震性和气密性都较好,它在空气、氢、一氧化碳、氩、氮和真空中于1700℃以下均很稳定。与钨、钼和铼相容,但在含硫环境和卤素中不稳定。在1200℃时若存有水汽,氧化铍会蒸发,超过2200℃,将产生毒气,并且制造困难,价格昂贵。

⑥ 氧化锆。电阻率和导热率较小,超过1000℃以上电阻急剧下降。高温时在卤素、含硫和含碳环境中不稳定。但在氧化型环境中至2400℃仍很稳定。

⑦ 氧化钍。具有放射性,价格高,高温时在卤素、含硫和含碳环境中不稳定。高温时电阻率高。

⑧ 碳化硅。用在1700℃以下,当温度超过1200℃时,碳化硅所含的碳逐渐被燃烧,生成一部分一氧化碳。当超过1400℃时,所含的硅逐渐变成蒸汽。其气密性和机械强度均较差,但具有良好的导热性和较小的热容量,且抗热震性能好。

⑨ 石墨。一般用于2000℃以下,其导热性和抗热震性较好,耐腐蚀性强,常用于熔融金属温度测量。缺点是极易氧化使周围形成还原性气氛,测温时,易造成部分碳的离子沾污热电极,改变热电偶的热电性能。另外,它的机械强度差,绝缘电阻较小。

5. 热电偶的接线装置

接线装置供连接热电偶和补偿导线用,其接线盒多采用铝合金制成。为防止有害气体进入热电偶,接线盒出孔和盖应尽可能密封(一般用橡皮、石棉垫圈、垫片以及耐火泥等材料来封装),接线盒内热电极与补偿导线用螺钉紧固在接线板上,保证接触良好。接线处有正负标记,以便检查和接线。

25.2.3 热电偶型传感器的类型

根据热电偶的用途、结构和安装形式可以分为各种类型的热电偶。

1. 标准化热电偶

标准化热电偶如表25-30所列。

2. 非标准热电偶

① 钨铼系热电偶。目前受到绝缘材料限制,可以用到2400℃的温度测试,不宜在氧化性环境中使用。我国开始研究钨铼系热电偶较早,并已产生了钨铼$_5$-钨铼$_{20}$、钨铼$_5$-钨铼$_{26}$、钨-钨铼$_{26}$等热电偶。

② 铱铑系热电偶。它是当前在真空和中性气体中,特别是在氧化性环境中惟一可以测量到2000℃的高温热电偶,是高温试验及火箭技术、航空和宇航技术中极其重要的测温传感器。

③ 铁-康铜热电偶。其主要优点是可以在氧化性或还原性气氛中使用,因此在石油和化工等部门应用较广泛。缺点是极易锈蚀,用法蓝处理可提高抗锈能力,但未从根本上解决问

表 25-30　国产标准热电偶

热电偶名称	分度号	热电极材料 极性	热电极材料 识别	热电极材料 化学成分①	电阻系数(20℃时)/(Ω mm²·m⁻¹)	100℃时热电势/mV	使用温度/℃ 长期	使用温度/℃ 短期	允许误差/℃③ 温度	允许误差/℃③ 允差	允许误差/℃③ 温度	允许误差/℃③ 允差
铂铑₁₀-铂	LB-3	+ -	该硬 柔软	Pt 90%,Rh 10% Pt 100%	0.24 0.16	0.643	1300	1600	≤600	±2.4	>600	±0.4%
铂铑₃₀-铂铑	LL-2	+ -	较温 稍软	Pt 70%,Rh 30% Pt 96%,Rh 6%	0.245 0.215	0.034	1600	1800	≤600	±3	>600	±0.5%
镍铬-镍硅② (镍铬-镍铝)	EU-2	+ -	不亲磁 稍亲磁	Cr 9%~10% Si 0.4% Ni 90% Si 2.5%~3.0%	0.68 0.25~0.33	4.10	1000	1200	≤400	±4	>400	±0.75%
镍铬-考铜	EA-2	+ -	色较暗 银白色	Cr 9%~10% Si 0.4% Ni 90% Cu 5%~6%	0.68 0.47	6.95	600	800	≤400	±4	>400	±1%
铜-康铜		+ -	红色 银白色	Cu 100% Cu 55% Ni 45%	0.017 0.49	4.26	200	300	-200~-40	±2	-40~400	±0.75%

注：①化学成分均指名义成分。
②镍铬成分相同于上面，镍铝:Al 2%；Mn 2.5%；Si 1.0%；Ni 94.5%。
③允许误差是指热电偶的热电势与分度表之偏差。

题。在纯铁中增加其他元素，是可以解决以上矛盾的。

④ 镍铬-金铁热电偶。它是较为理想的低温热电偶，温度为 4 K 时，其热电势率大于 10 mV/℃，可以在 2~273 K 低温范围内广泛使用。其热电极材料易于复制。

⑤ 镍钴-镍铝热电偶。它在 0~200℃时热电势小，在 300℃时热电势仅 0.38 mV。因此当热电偶参考端温度在 300℃以下测温时，不需要修正；在 1000℃时，热电势约为 13.39 mV。所以该热电偶的热电势率小，稳定性、均匀性和热电极材料的复制性都差。

⑥ 双铂钼热电偶。广泛用于核试验测温，其热电势在 1600℃时为铂铑热电偶的 2~3 倍，因此可降低对测温仪表灵敏度的要求。

3. 普通型热电偶

该类型的热电偶外形如图 25-36 所示，主要用于测量气体、蒸汽和液体等介质的温度，根据测温范围和环境不同，可选择合适的热电偶和保护管。安装时的连接可用螺纹或法兰方式连接，根据使用状态可适当选用密封式普通型或高压固定螺纹型。

4. 铠装热电偶

铠装热电偶是由热电极、绝缘材料和金属套管组合加工而成的坚实组合体，也称为套管热电偶。

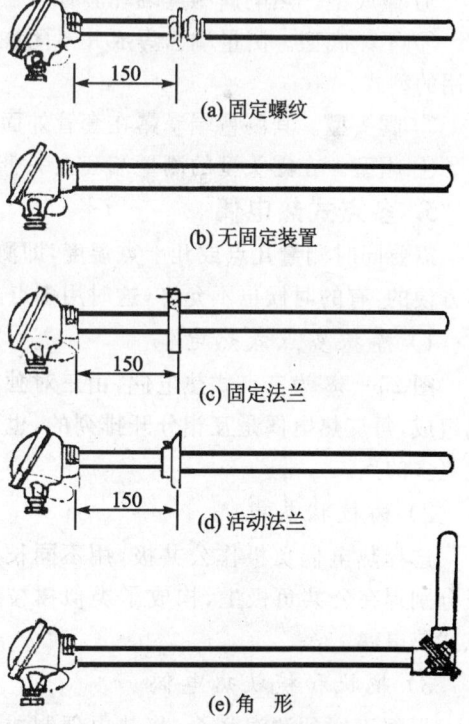

图 25-36　普通型热电偶外形
(a) 固定螺纹
(b) 无固定装置
(c) 固定法兰
(d) 活动法兰
(e) 角形

1) 铠装热电偶的主要特点

① 动态响应快。

② 测量端热容量小。由于铠装热电偶外径可以做得很细,在热容量较小的被测物体上,也能测得较准确的温度。

③ 挠性好。套管材料经退火后有良好的柔性。

④ 强度高。铠装热电偶结构坚实,机械强度高,耐压、耐强烈震动和冲击,适于多种工作条件使用。

⑤ 种类多。铠装热电偶的长度达 100 m 以上,套管外径最细达 0.25 mm,可制成双芯、单芯和四芯等铠装热电偶。

2) 铠装热电偶的测量端型式

各种测量端型式如图 25-37 所示。

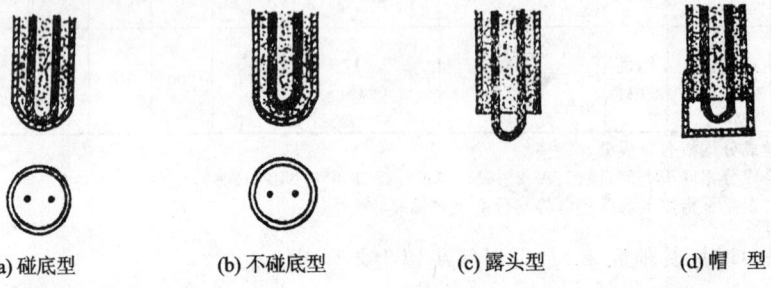

(a) 碰底型   (b) 不碰底型   (c) 露头型   (d) 帽型

图 25-37 铠装热电偶测量端类型

① 碰底型。热电偶测量端和套管焊在一起,其动态响应比露头型慢,但比不碰底型快。

② 不碰底型。测量端已焊成并封闭在套管内,热电极与套管之间相互绝缘,这是一种最常用的型式。

③ 露头型。其测量端暴露在套管外面,动态响应好,仅在干燥的非腐蚀性的介质中使用。

④ 帽型。在露头型的测量端套上一个套管材料做保护帽,用银焊密封起来。

5. 多点式热电偶

需要同时测量几点或几十点温度,即测量温度场的分布,用很多支普通型热电偶来测量是不方便的,有的时候也不允许,这时用多点式热电偶测量较为方便。

1) 棒状多点式热电偶

图 25-38 为三点式热电偶,由三对独立热电偶组成,每支热电偶是互相分开排列的,也可以设置更多的点。

2) 树枝状热电偶

选择热电偶负极作公共极,用不同长度的正极分别焊在公共负极上,构成了类似树枝状的多点式热电偶。

3) 耙状和梳状热电偶

根据不同的测温场合,将热电偶制成外形类

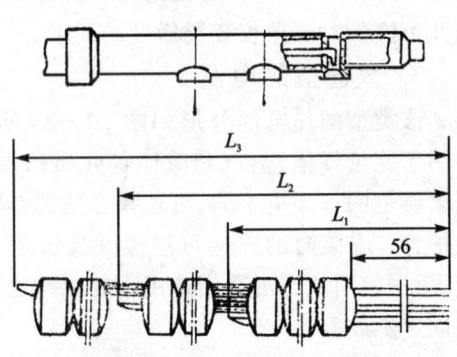

图 25-38 三点式热电偶

似耙状或梳状,制作方式和三点式热电偶基本相同。

6. 微型热电偶

其特点是热电偶的热惯性小,响应时间快,可用作瞬态温度变化的测量。又称为小热惯性热电偶。

1) 普通型

热电偶的测量端直接焊在保护管内的顶部,而保护套管端部尺寸较小,所以它比一般热电偶响应快。但其外部结构仍较大,只适于工业生产中响应不很快的测量。

2) 特殊型

热电极材料的直径为 0.1 mm,有的甚至为 0.01 mm。根据测量场合的特定情况而直接安装在测量部位,多采用裸露型。常用于燃烧温度的测量,如用于固体火箭推进剂燃烧波温度分布、燃烧表面温度及温度梯度的测试。将精细(直径 0.03 mm)的热电偶嵌入推进剂(图 25-39),试样由端面燃烧,随着燃烧面的平移,热电偶测量端接近升温区。到达升温区后,有热电输出。该类热电偶响应时间可以短于几百 ms。主要缺点是一次性使用,每测量一次要更换一支热电偶。

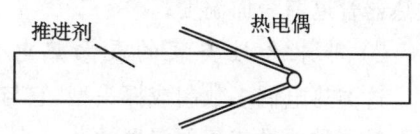

图 25-39 热电偶嵌入推进剂中位置

7. 薄膜热电偶

1) 片状热电偶

其外形与应变计相似,一般规格为 60 mm×60 mm×0.2 mm,用云母或浸渍酚醛塑料片作绝缘衬架和保护层。测温范围受到粘结剂和衬架材料限制,一般为 −200~300℃。我国现使用的铁-镍薄膜热电偶如图 25-40 所示,其测温范围为 0~300℃。

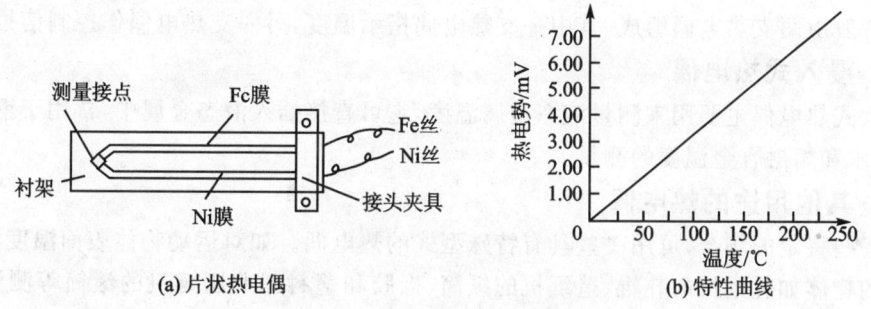

(a) 片状热电偶　　　　(b) 特性曲线

图 25-40 铁-镍薄膜热电偶

2) 针状热电偶

选取一种材料将热电极做成针状,另一种热电极材料用蒸镀等方法覆盖在针状热电极表面,两热电极之间用涂层绝缘,仅以针尖镀层构成测量点,时间常数约为几 ms,如用来测量火炮内壁温度的即是该种热电偶。

3) 表面热电偶

热电极材料直接镀在被测表面的热电偶,在测量各种非金属表面温度时,可以不用衬架和保护管,因此响应极快,热惯性可到 μs 量级。

8. 表面热电偶

表面热电偶用来测量各种状态（静态、动态和带电物体）的固体表面温度，如测量轧辊、金属块、炉壁、橡胶筒和涡轮叶片等表面温度。

1) 永久性安装的表面热电偶

该类型热电偶已经生产定型的有以下几种。

① WREA-830M 型表面热电偶。用来测量静止固体平面的表面热电偶，如测量工艺装备金属表面温度。

② WREA-500M 型表面热电偶。用来测量金属圆柱体或球体表面温度，特别适用于测量金属管子的表面温度。

③ WREA/U001M 型表面热电偶。用于测量 900℃（EU）或 600℃（EA）以下锅炉设备中过热器管道壁表面温度。

2) 非永久性安装的表面热电偶

这类热电偶多数制成探头型，它与显示仪表装在一起，便于携带，称为便携式表面温度计。以下是几种便携式表面温度计。

① WREA-890M 型。便携式凸形表面热电偶。

② WREA-891M 型。便携式弓形表面热电偶。

③ WREU-892M 型。便携式针状表面热电偶。

9. 测量气流温度的热电偶

屏罩式热电偶　为了减小速度和辐射误差，给测量气流温度的热电偶装上屏罩。现应用于测量喷气发动机排气温度。

抽气式热电偶　测量高温气流温度时，采用抽气方法，有效地减小热电偶的传热误差。

采样热电偶　在自动控制中，通常需要测量不同位置的平均温度，这时可采用采样热电偶。它一般由两支热电偶组成，其中一支热电偶指示温度，另一支热电偶作控制信号用。

10. 浸入式热电偶

浸入式热电偶主要用来测量液态金属温度，它可直接插入液态金属中，常用于钢水、铁水、铜水、铝水和熔融合金温度的测量。

11. 其他用途的热电偶

在一些特定的场合，可用一些具有特殊型式的热电偶。如对运动物体表面温度测量，对低速旋转的物体如轧钢机的轧辊、造纸机的纸筒、橡胶和塑料工业压延机的滚筒等测温，可选用弹簧加压型探头和带滚子的表面热电偶。测量高速旋转物体表面温度（如测汽轮机和航空发动机涡轮叶片的表面温度）时，可将热电偶敷设在被测部，随着被测物体一起转动。为使显示仪表指示出温度值，可将热电信号用控测方式输出，或将旋转的线路转为静止线路，将信号引向指示仪表。

下面给出一些热电偶的特性参数，如表 25-31 所列，以供选用。

第25章 热敏传感器

表25-31 WR系列热电偶特性参数表

产品名称	型号 现用	型号 参考	防溅式/防水式	结构	测量上限/℃ 长期	测量上限/℃ 短期	分度号	工作压力/MPa	热响应时间/s	保护管 材料	保护管 外径/mm	保护管 插入长度/mm	用途	备注
铂铑-铂铑热电偶	WRR-120		防溅式	无固定装置	1600	1800	B 按用户要求可供 LL-2	常压	<90	单层刚玉质瓷管	φ16	300,400 500,750 1000,1250 1500	各种热电偶作为温度测量和调节装置的感温元件,主要用来和显示仪表、变送器等配套,直接测量液体、气体或蒸气等介质的温度	凡在型号右下角注有"2"字的为双支式
	WRR-320		防水式	活动法兰										
	WRR-130		防溅式	无固定装置										
	WRR-330		防水式	活动法兰										
	WRR$_2$-120		防溅式	无固定装置										
	WRR$_2$-320		防水式	活动法兰										
	WRR$_2$-130		防溅式	无固定装置										
	WRR$_2$-330		防水式	活动法兰										
铂铑-铂热电偶	WRP-120		防溅式	无固定装置	1300	1600	S 按用户要求可供 LB-3			单层高铝质瓷管				
	WRP-320		防水式	活动法兰										
	WRP-130		防溅式	无固定装置										
	WRP-330		防水式	活动法兰										
	WRP$_2$-120		防溅式	无固定装置										
	WRP$_2$-320		防水式	活动法兰										
	WRP$_2$-130		防溅式	无固定装置										
	WRP$_2$-330		防水式	活动法兰										
铂铑-铂铑热电偶	WRP-121		防溅式	无固定装置	1300	1600	S 按用户要求可供 LB-3	常压	<300	双层瓷管	φ25	300,400 500,750 1000 1250 1500 2000	主要用来和显示仪表或变送器等配套,直接测量液体、气体等介质或蒸气等介质的温度	凡在型号右下角注有"2"字的为双支式
	WRP-321		防水式	活动法兰										
	WRP-131		防溅式	无固定装置										
	WRP-331		防水式	活动法兰										
	WRP$_2$-121		防溅式	无固定装置										
	WRP$_2$-321		防水式	活动法兰										
	WRP$_2$-131		防溅式	无固定装置										
	WRP$_2$-331		防水式	活动法兰										

第25章 热敏传感器

续表 25-31

产品名称	型号	结构		测温范围/℃	分度号	工作压力/MPa	热响应时间/s	保护管			用途	备注
								材料	外径/mm	插入长度/mm		
镍铬-考铜热电偶	WRK-120	防溅式	无固定装置	0~800	EA-2	常压	<90	1Cr18Ni9Ti 不锈钢或20号钢	φ16	100	各种热电偶作为温度测量和调节装置的感温元件,主要用来和显示仪表或变送器等直接配套,直接测量液体、气体或蒸气等介质的温度	1. L_1 为角型热电偶连接线盒一边的长度,L_2 为插入长度 2. 多点式热电偶 L_0 为公用负极,L_1~L_6 为正极,根据各个测量点的长度分别焊接在负极上 3. 规格长度以外的产品,可以生产,另议
	WRK-220		固定螺纹			10				150		
	WRK-320		活动法兰			常压				200		
	WRK-420		固定法兰			6.4				250		
	WRK-130	防水式	无固定装置			常压				300		
	WRK-230		固定螺纹			10				400		
	WRK-330		活动法兰			常压				500		
	WRK-430		固定法兰			6.4				750		
双支式镍铬-考铜热电偶	WRK$_2$-120	防溅式	无固定装置	0~600		常压				1000		
	WRK$_2$-220		固定螺纹			10				1250		
	WRK$_2$-320		活动法兰			常压				1500		
	WRK$_2$-420		固定法兰			6.4				2000		
	WRK$_2$-130	防水式	无固定装置			常压						
	WRK$_2$-230		固定螺纹			10						
	WRK$_2$-330		活动法兰			常压						
	WRK$_2$-430		固定法兰			6.4						
直角形镍铬-考铜热电偶	WRK-520	防溅式				常压				$L_1 \times L_2$ 500×500 ~1500		
	WRK-530	防水式				常压						

续表 25-31

产品名称	型号	结构		测温范围/℃	分度号	工作压力/MPa	热响应时间/s	保护管		插入长度/mm	用途	备注
								材料	外径/mm			
高压镍铬-考铜热电偶	WRK-620	防溅式	固定螺纹	0~600		30	<90	1Cr18Ni9Ti		75	主要用来和显示仪表或变送器等装配测量液体、气体或蒸气等介质的温度	
	WRK-630	防水式	固定螺纹							100		
双支高压镍铬-考铜热电偶	WRK₂-620	防溅式	固定螺纹							150		
	WRK₂-630	防水式	固定螺纹							200		
										250		
										300		
镍铬-镍硅热电偶	WRN-120	防溅式	无固定装置	0~1200	K	常压		1Cr18Ni9Ti	φ16	100		按用户要求可供EU-2
	WRN-220		固定螺纹			10				150		
	WRN-320		活动法兰			常压				200		
	WRN-420		固定法兰			6.4				250		
	WRN-130	防水式	无固定装置			常压				300		
	WRN-230		固定螺纹			10				400		
	WRN-330		活动法兰			常压				500		
	WRN-430		固定法兰			6.4				750		
双支式镍铬-镍硅热电偶	WRN₂-120	防溅式	无固定装置	0~900		常压		不锈钢或20号钢		1000		
	WRN₂-220		固定螺纹			10				1250		
	WRN₂-320		活动法兰			常压				1500		
	WRN₂-420		固定法兰			6.4				2000		
	WRN₂-130	防水式	无固定装置			常压						
	WRN₂-230		固定螺纹			10						
	WRN₂-330		活动法兰			常压						
	WRN₂-430		固定法兰			6.4						

第25章 热敏传感器

续表 25-31

产品名称	型号	结构		测温范围/℃	分度号	工作压力/MPa	热响应时间/s	保护管			用途	备注
								材料	外径/mm	插入长度/mm		
镍铬-镍硅热电偶	WRN-122	防溅式	无固定装置	0~1300	K 按用户要求可供 EU-2		<90	高铝质瓷管	φ16	300	主要用来配套、直接测量液体、气体或蒸气等介质的温度	各种热电偶凡在型号注有"2"字的为双支式,接线盒一边为 L_1 为连接的长度,L_2 为插入长度
	WRN-322	防水式	活动法兰							500		
	WRN-132	防溅式	无固定装置							750		
	WRN-332	防水式	活动法兰							1000		
双支式镍铬-镍硅热电偶	WRN$_2$-122	防溅式	无固定装置	0~900		常压						
	WRN$_2$-322	防水式	活动法兰									
	WRN$_2$-132	防溅式	无固定装置									
	WRN$_2$-332	防水式	活动法兰									
高压镍铬-镍硅热电偶	WRN-620	防溅式	固定螺纹	0~600		30		1Cr18Ni9Ti 不锈钢或20号钢		75 100 150 200 250 300		
	WRN-630	防水式										
双支式高压镍铬-镍硅热电偶	WRN$_2$-620	防溅式		0~1200		常压						
	WRN$_2$-630	防水式										
直角形镍铬-镍硅热电偶	WRN-520	防溅式	三重式	0~900		常压		瓷柱	φ16	$L_1 \times L_2$ 500×500 ~1500		
	WRN-530	防水式	三对式									
多点式镍铬-镍硅热电偶	WRN$_3$-100		三重式						φ8	规格按订货要求		
	WRN$_3$-002		三对式									
	WRN$_6$-100		六重式									

续表 25-31

产品名称	型号		结构	测量上限/°C		分度号	工作压力/MPa	惰性时间/min	保护管			用途	备注
	现用	参考		长期	短期				材料	外径/mm	插入长度/mm		
镍铬-考铜热电偶	WRK-010	WREA-010	无保护管	600	800	EA-2	常压		20号钢或1Cr18Ni9Ti不锈钢	φ16	150,200,250,300,350,400,500,600,750,1000,1250,1500,2000	各种热电偶配为温度测量和调节装置的感温元件,主要用来和显示仪表或变送器配套,直接测量液体,气体或蒸气等介质的温度	各种热电偶凡在型号右下角注有"2"字的为双支式
	WRK-121		无固定装置		700								
	WRK$_2$-121				800								
	WRK-222		活动法兰		700								
	WRK$_2$-222				800								
	WRK-420	WREA-420	固定螺纹 G3/4"		700		4.0	4					
	WRK$_2$-420	WREA$_2$-420			800								
	WRK-520		固定法兰		700		2.5						
	WRK$_2$-520	WREA$_2$-220											
镍铬-考铜热电偶 (角型)	WRK-620	WREA-620	直角	600	800	EA-2	常压	4	20号钢或1Cr18Ni9Ti不锈钢	φ16	$L_1=500$(注1), $L_2=500,750,1000,1250,1500$	热电偶是测量和调节装置的感温元件。通常用来或变送器等仪表配套,以直接插入套,测量液体,气体或蒸气等介质的温度	注1: 角型热电偶接线接盒一边的长接入长度为L_2 注2: 多点式热电偶 L_0 为公用负极, $L_1 \sim L_3$ 为正极, L_6 为负极, 根据各个测量点的长度分别焊接在负极上
	WRK-621		钝角										
高压小惰性镍铬-考铜热电偶	KRKX-720		固定螺纹 G1"		700		25.0	1	1Cr18Ni9Ti不锈钢		75,100,150,200,250,300,400		
	WRKX$_2$-720												
多点式镍铬-考铜热电偶	WRK$_3$-001		三重式				常压		瓷柱	φ8	按用户要求(注2)		
	WRK$_3$-002		三对式								$L_0, L_1 \sim L_3$		
	WRK$_6$-001		六重式								$L_0, L_1 \sim L_6$		

续表 25-31

产品名称	型号		结构	测量上限/℃		分度号	工作压力/MPa	惰性时间/min	保护管			用途	备注
	现用	参考		长期	短期				材料	外径/mm	插入长度/mm		
镍铬-镍硅热电偶	WRS-010	WREU-010	无保护管	1000	1200	EU-2	常压	4	20号钢或1Cr18Ni9Ti不锈钢	φ16	150,200,250,300,350,400,500,600,750,1000,1250,1500,2000	各种热电偶作为温度调节装置的感温元件,主要用来和仪表或变送器等配套,直接测量液体、气体或蒸气等介质的温度	
	WRS-121		无固定装置	800	1000								
	WRS$_2$-121			1000	1200								
	WRS-222		活动法兰	800	1000		4						
	WRS$_2$-222			1000	1200								
	WRS-420	WREU-220	固定螺纹G3/4"	800	1000		2.5						
	WRS$_2$-420	WREU$_2$-220		1000	1200								
	WRS-520		固定法兰	800	1000		常压						
	WRS$_2$-520			1000	1200								
镍铬-镍硅热电偶（角形）	WRS-620		直角	800	100						同产品计划分配号1010503(注1)		
	WRS-621		钝角	1000	1200								
高压小惯性镍铬-镍硅热电偶	WRSX-720		活动法兰	800	1000		25	1	1Cr18Ni9Ti不锈钢	锥形	75,100,150,200,250,300,400		
	WRSX$_2$-720		固定螺纹G1"										
多点式镍铬-镍硅热电偶	WRS$_3$-001	WREU-002	三重式				常压		瓷柱	φ8	同计划分配号1010505(注2)		
	WRS$_3$-002		三对式										
	WRS$_6$-001		六重式										

•1050•

第25章 热敏传感器

续表 25-31

产品名称	型号 现用	型号 参考	结构	测量上限/℃ 长期	测量上限/℃ 短期	分度号	工作压力/MPa	惰性时间/min	保护管 材料	保护管 外径/mm	保护管 插入长度/mm	用途	备注
铂铑-铂铑热电偶测温元件	WRL-010	WRLL-010	无保护管	1600	1800	LL-2	常压					各种热电偶作为温度测量和调节装置的感温元件,主要用来仪表和显示变送器等	凡在型号右下角注有"2"字的为双支式
铂铑-铂铑热电偶	WRL-120		无固定装置					2	单层高纯氧化铝瓷管	φ16	500,750,1000,1250,1500		
	WRL-220		活动法兰										
铂铑-铂热电偶测温元件	WRB-010	WRLB-010	无保护管	1300	1600	LB-3		5	双层瓷管	φ25	300,500,750,100,1250,1500	配套,直接测量液体、气体或蒸气介质的温度	
	WRB₂-010	WRLB₂-010	活动法兰										
铂铑-铂热电偶	WRB-220							2	单层瓷管	φ16			
	WRB₂-220												
	WRB₂-221												
	WRB₂-221												

25.2.4 热电偶的分度法及主要特性

1. 热电偶分度法

热电偶的分度,就是将热电偶置于给定的温度条件下,测定其热电势,并确定热电势与温度的对应关系。因温度给定和热电势测定方法的不同,热电偶的分度方法有以下几种。

1) 纯金属定点法

该方法是用某些符合一定要求的纯金属或其他物质,在熔化或凝固过程中,其熔化或凝固温度不随环境温度的变化而变化,形成一个相对平衡点。这些平衡点在国际实用温标中,已规定了统一的温度数值,如表25-32 所列。根据获得平衡点方法的不同,该方法又可分为如下的不同方法。

表 25-32 《1968年国际实用温标》定义固定点

平衡状态	T68/K	T68/℃	新届温标差值 $t_{68}-t_{48}$/℃	用热力学温标规定的温度值的可靠性/K
平衡氢三相点	13.81	-259.34	—	0.01
平衡氢在 25/76 标准大气压下的沸点	17.042	-256.108	—	0.01
平衡氢沸点	20.28	-252.87	—	0.01
氖沸点	27.102	-246.048	—	0.01
氧三相点	54.361	-218.789	+0.008	0.01
氧沸点	90.188	-182.962	0	0.01
水三相点	273.16	0.01	—	定义
水沸点	373.15	100	0	0.005
锌凝固点	692.73	419.58	+0.075	0.3
银凝固点	1235.08	961.94	+1.13	0.2
金凝固点	1337.58	1064.43	+1.43	0.2

注:(1) 除各三相点与平衡氢(17.042 K)外,温度值都是指在一个标准大气压下的平衡态;
(2) 锡的固态和液态的平衡温度(锡凝固点)给定值为 $t_{68}=231.9681℃$,可用来代替水沸点。

① 坩埚定点法。这种方法主要用来分度基准和一等标准热电偶。分度前先将纯金属(纯度为 99.999% 以上)置于坩埚中熔化,然后将保护管插入熔化的金属内,再将套有绝缘管的被分度热电偶插入保护管底部。当液态金属凝固时,由于纯金属的凝固特性,冷却时会出现非常平稳的平衡温度,如图 25-41 所示。平衡温度(曲线 AB 段)可持续几十 min,通过电测系统,可测出热电偶在该平衡点时的热电势。坩埚定点是热电偶各种分度法中精度最高的一种,整个操作过程要求严格,分度装置费用也较高。

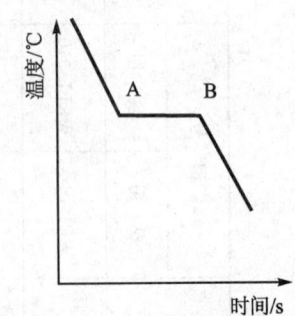

图 25-41 热电偶温度-时间曲线

② 熔丝法和熔片法。所谓熔丝法是在两热电极顶端之间,用焊接或机械夹紧方法牢固地连接一段长约 8 mm 的纯金属丝,或者在热电偶测量端绕上几圈细直径的金属丝。熔片法是将细丝改为金属小圆片,将热电偶放入立式电阻炉内。然后,利用纯金属丝和金属小圆片在熔化时温度不变的特性,测得热电偶在平衡温度时的热电势值。

2) 比较法

比较法是利用高一级的标准热电偶和被分度热电偶直接比较的一种分度方法。操作方法是将被分度热电偶与标准热电偶捆扎在一起,送入电阻炉内,热电偶测量端置于电阻炉内均匀的高温区域中,电阻炉内的温度恒定整百度点上,分别测出被检热电偶和标准热电偶的热电势值。比较法由于标准热电偶和被检热电偶的连接法不同,又可分为以下几种。

① 双极法。将被分度热电偶和标准热电偶捆扎在一起,放入电阻炉内,置于同一温度下,分别测出被分度热电偶和标准热电偶的热电势值。标准化工业中的热电偶对分度的偏差

$$\Delta t = t' - t$$

式中,t'——根据被检热电偶在某分度点的热电势(参考端温度为 0℃)读数的算术平均值,从相应分度表查得的相应温度;t——根据标准热电偶在同一分度点的热电势(参考端温度为 0℃)读数的算术平均值的修正值(指对分度表修正),从分度表查得的相应温度。

双极分度法操作简便,对电测装置要求不高,被检热电偶与标准热电偶可以不属同类型号的热电偶。热电偶测量端只要处于同一温度,捆与不捆均可。对电阻炉温度控制要求较严格,数据处理时,要把参考端温度补正到 0℃。

② 同名极法。将同型号的标准热电偶和被检热电偶捆扎在一起,放入管状电阻炉内,置于同一温度下,分别测出标准热电偶正极与被检热电偶正极、标准热电偶负极与被检热电偶负极的微差热电势,再用计算方法得到分度偏差。同名极法又称单极法,常用于标准和工业的铂铑$_{10}$-铂和铂铑$_{30}$-铂铑$_6$ 热电偶的分度。

该方法对炉温控制可允许在 ±10℃ 内波动,参考端只要恒定在常温(可以不为 0℃)可不必补正,标准热电偶和被检热电偶必须是同型号的热电偶,两者的测量端必须牢固捆扎。

③ 微分法。将同型号的标准热电偶与被分度的热电偶反向串联后置于同一温度的管状电阻炉内,直接测量热电势差值。标准化工业用热电偶对分度表的偏差 Δt 由下式确定

$$\Delta t = \Delta t' - c$$

式中,$\Delta t'$——标准热电偶与被检热电偶反向串联后,根据在某分度点的微差热电势的算术平均值查相应的分度表得到的温度值;c——标准热电偶在某温度时对某分度表的修正值(一般在检定书中给出)。

标准热电偶和被检热电偶必须是同一种型号的热电偶,其测量端应尽可能靠近,并置于同一温度下,不能捆扎,互相之间不能接触。因为测量的热电势是差值,所以对电势测量仪器要求较高。

3) 黑体空腔法

在卧式电阻炉最高温区的均匀温场内,放一个黑体空腔,一端插入被检热电偶,另一端为光学窗口,用标准光学高温计瞄准,用它作为温度标准。分度时,任意选取温度点,用标准光学高温计测量黑体空腔底部的亮度温度,同时测出被检热电偶的热电势。该分度方法受到黑体腔的黑度及标准光学高温计精度影响,而黑度计算较复杂。

4) 恒温槽分度

将被检热电偶放在恒温槽中与标准温度装置相比较。由于使用温度范围不同,恒温槽中使用的介质也不同。常用的恒温槽有低温槽、水槽、油槽和盐槽,如表 25-33 所列。该方法简便,一个温度点,可同时分度若干支热电偶,但分度的温度范围受到恒温槽中介质的限制。

第 25 章 热敏传感器

表 25-33 恒温槽

恒温槽类型	加热元件或冷却剂	使用温度范围/℃
低温槽	液氮	-60~-200
	干冰	0~-60
水槽	镍铬合金丝	0~100
油槽	镍铬合金丝	100~300
盐槽	镍铬合金丝	300~600

5) 成套分度法

被检热电偶与显示仪表配套连接,标准热电偶和被检热电偶的测量端同时置于管状电阻炉内。炉温恒定在整百度上,炉温由标准热电偶读出,显示仪表读数即为热电偶和仪表配套后的分度值,仪表指示误差即为对分度表的偏差。该分度法可以确定热电偶、补偿导线以及仪表连接导线与仪表配套后的综合偏差。但线路连接较麻烦,工作效率较低,不能确定显示仪表和热电偶各单独的偏差数值。

热电偶的分度表如表 25-34 所列,供读者查用。

表 25-34 热电偶温度与毫伏对照表(分度表)

分度号:LB-3	铂铑-铂热电偶分度表 (自由端温度为0℃)								
工作端温度/℃	0	1	2	3	4	5	6	7	8	9
	/mV(绝对值)									
0	0.000	0.005	0.011	0.016	0.022	0.028	0.033	0.039	0.044	0.050
10	0.056	0.061	0.067	0.073	0.078	0.084	0.090	0.096	0.102	0.107
20	0.113	0.119	0.125	0.131	0.137	0.143	0.149	0.155	0.161	0.167
30	0.173	0.179	0.185	0.191	0.198	0.204	0.210	0.216	0.222	0.229
40	0.235	0.241	0.247	0.254	0.260	0.266	0.273	0.279	0.286	0.292
50	0.299	0.305	0.312	0.318	0.325	0.331	0.338	0.344	0.351	0.357
60	0.364	0.371	0.377	0.384	0.391	0.397	0.404	0.411	0.418	0.425
70	0.431	0.438	0.445	0.452	0.459	0.466	0.473	0.479	0.486	0.493
80	0.500	0.507	0.514	0.521	0.528	0.535	0.543	0.550	0.557	0.564
90	0.571	0.578	0.585	0.593	0.600	0.607	0.614	0.621	0.629	0.636
100	0.643	0.651	0.658	0.665	0.673	0.680	0.687	0.694	0.702	0.709
110	0.717	0.724	0.732	0.739	0.747	0.754	0.762	0.769	0.777	0.784
120	0.792	0.800	0.807	0.815	0.823	0.830	0.838	0.845	0.853	0.861
130	0.869	0.876	0.884	0.892	0.900	0.907	0.915	0.923	0.931	0.939
140	0.946	0.954	0.962	0.970	0.978	0.986	0.994	1.002	1.009	1.017
150	1.025	1.033	1.041	1.049	1.057	1.065	1.073	1.081	1.089	1.097
160	1.106	1.114	1.122	1.130	1.138	1.146	1.154	1.162	1.170	1.179
170	1.187	1.195	1.203	1.211	1.220	1.228	1.236	1.244	1.253	1.261
180	1.269	1.277	1.286	1.294	1.302	1.311	1.319	1.327	1.336	1.344
190	1.352	1.361	1.369	1.377	1.386	1.394	1.403	1.411	1.419	1.428
200	1.436	1.445	1.453	1.462	1.470	1.479	1.487	1.496	1.504	1.513
210	1.521	1.530	1.538	1.547	1.555	1.564	1.573	1.581	1.590	1.598
220	1.607	1.615	1.624	1.633	1.641	1.650	1.659	1.667	1.676	1.685
230	1.693	1.702	1.710	1.719	1.728	1.736	1.745	1.754	1.763	1.771
240	1.780	1.788	1.797	1.805	1.814	1.823	1.832	1.840	1.849	1.858
250	1.867	1.876	1.884	1.893	1.902	1.911	1.920	1.929	1.937	1.946
260	1.955	1.964	1.973	1.982	1.991	2.000	2.008	2.017	2.026	2.035
270	2.044	2.053	2.062	2.071	2.080	2.089	2.098	2.107	2.116	2.125
280	2.134	2.143	2.152	2.161	2.170	2.179	2.188	2.197	2.206	2.215
290	2.224	2.233	2.242	2.251	2.260	2.270	2.279	2.288	2.297	2.306

续表 25-34

工作端温度/℃	0	1	2	3	4	5	6	7	8	9
	/mV(绝对值)									
300	2.315	2.324	2.333	2.342	2.352	2.361	2.370	2.379	2.388	2.397
310	2.407	2.416	2.425	2.434	2.443	2.452	2.462	2.471	2.480	2.489
320	2.498	2.508	2.517	2.526	2.535	2.545	2.554	2.563	2.572	2.582
330	2.591	2.600	2.609	2.619	2.628	2.637	2.647	2.656	2.665	2.675
340	2.684	2.693	2.703	2.712	2.721	2.730	2.740	2.749	2.759	2.768
350	2.777	2.787	2.796	2.805	2.815	2.824	2.833	2.843	2.852	2.862
360	2.871	2.880	2.890	2.899	2.909	2.918	2.928	2.937	2.946	2.956
370	2.965	2.975	2.984	2.994	3.003	3.013	3.022	3.031	3.041	3.050
380	3.060	3.069	3.079	3.088	3.098	3.107	3.117	3.126	3.136	3.145
390	3.155	3.164	3.174	3.183	3.193	3.202	3.212	3.221	3.231	3.240
400	3.250	3.260	3.269	3.279	3.288	3.298	3.307	3.317	3.326	3.336
410	3.346	3.355	3.365	3.374	3.384	3.393	3.403	3.413	3.422	3.432
420	3.441	3.451	3.461	3.470	3.480	3.489	3.499	3.509	3.518	3.528
430	3.538	3.547	3.557	3.566	3.576	3.586	3.595	3.605	3.615	3.624
440	3.634	3.644	3.653	3.663	3.673	3.682	3.692	3.702	3.711	3.721
450	3.731	3.740	3.750	3.760	3.770	3.779	3.789	3.799	3.808	3.818
460	3.828	3.838	3.847	3.857	3.867	3.877	3.886	3.896	3.906	3.916
470	3.925	3.935	3.945	3.955	3.964	3.974	3.984	4.994	4.003	4.013
480	4.023	4.033	4.043	4.052	4.062	4.072	4.082	4.092	4.102	4.111
490	4.121	2.131	4.141	4.151	4.161	4.170	4.180	4.190	4.200	4.210
500	4.220	4.229	4.239	4.249	4.259	4.269	4.279	4.289	4.299	4.309
510	4.318	4.328	4.228	4.238	4.358	4.368	4.378	4.388	4.398	4.408
520	4.418	4.427	4.437	4.447	4.457	4.467	4.477	4.487	4.497	4.507
530	4.517	4.527	4.537	4.547	4.557	4.567	4.577	4.587	4.597	4.607
540	4.617	4.627	4.637	4.647	4.657	4.667	4.677	4.687	4.697	4.707
550	4.717	4.727	4.737	4.747	4.757	4.767	4.777	4.787	4.797	4.807
560	4.817	4.827	4.838	4.848	4.858	4.868	4.878	4.888	4.898	4.908
570	4.918	4.928	4.938	4.949	4.959	4.969	4.979	4.989	4.999	5.009
580	5.019	5.030	5.040	5.050	5.060	5.070	5.080	5.090	5.101	5.111
590	5.121	5.131	5.141	5.151	5.162	5.172	5.182	5.192	5.202	5.212
600	5.222	5.232	5.242	5.252	5.263	5.273	5.283	5.293	5.304	5.314
610	5.324	5.334	5.344	5.355	5.365	5.375	5.386	5.396	5.406	5.416
620	5.427	5.437	5.447	5.457	5.468	5.478	5.488	5.499	5.509	5.519
630	5.530	5.540	5.550	5.561	5.571	5.581	5.591	5.602	5.612	5.622
640	5.633	5.643	5.653	5.664	5.674	5.684	5.695	5.705	5.715	5.725
650	5.735	5.745	5.756	5.766	5.776	5.787	5.797	5.808	5.818	5.828
660	5.839	5.849	5.859	5.870	5.880	5.891	5.901	5.911	5.922	5.932
670	5.943	5.953	5.964	5.974	5.984	5.995	6.005	6.016	6.026	6.036
680	6.046	6.056	6.067	6.077	6.088	6.098	6.109	6.119	6.130	6.140
690	6.151	6.161	6.172	6.182	6.193	6.203	6.214	6.224	6.235	6.245
700	6.256	6.266	6.277	6.287	6.298	6.308	6.319	6.329	6.340	6.351
710	6.361	6.372	6.382	6.392	6.402	6.413	6.424	6.434	6.445	6.455
720	6.466	6.476	6.487	6.498	6.508	6.519	6.529	6.540	6.551	6.561
730	6.572	6.583	6.593	6.604	6.614	6.624	6.635	6.645	6.656	6.667
740	6.677	6.688	6.699	6.709	6.720	6.731	6.741	6.752	6.763	6.773
750	6.784	6.795	6.805	6.816	6.827	6.838	6.848	6.859	6.870	6.880
760	6.891	6.902	6.913	6.923	6.934	6.945	6.956	6.966	6.977	6.988
770	6.999	7.009	7.020	7.031	7.041	7.051	7.062	7.073	7.084	7.095
780	7.105	7.116	7.127	7.138	7.149	7.159	7.170	7.181	7.192	7.203
790	7.213	7.224	7.235	7.246	7.257	7.268	7.279	7.289	7.300	7.311
800	7.322	7.333	7.344	7.355	7.365	7.376	7.387	7.397	7.408	7.419
810	7.430	7.441	7.452	7.462	7.473	7.484	7.495	7.506	7.517	7.528
820	7.539	7.550	7.561	7.572	7.583	7.594	7.605	7.615	7.626	7.637
830	7.648	7.659	7.670	7.681	7.692	7.703	7.714	7.724	7.735	7.746
840	7.757	7.768	7.779	7.790	7.801	7.812	7.823	7.834	7.845	7.856
850	7.867	7.878	7.889	7.901	7.912	7.923	7.934	7.945	7.956	7.967
860	7.978	7.989	8.000	8.011	8.022	8.033	8.043	8.054	8.066	8.077
870	8.088	8.099	8.110	8.121	8.132	8.143	8.154	8.166	8.177	8.188
880	8.199	8.210	8.221	8.232	8.244	8.255	8.266	8.277	8.288	8.299
890	8.310	8.322	8.333	8.344	8.355	8.366	8.377	8.388	8.399	8.410

续表 25-34

工作端温度 /℃	0	1	2	3	4	5	6	7	8	9
					/mV(绝对值)					
900	8.421	8.433	8.444	8.455	8.466	8.477	8.489	8.500	8.511	8.522
910	8.534	8.545	8.556	8.567	8.579	8.590	8.601	8.612	8.624	8.635
920	8.646	8.657	8.668	8.679	8.690	8.702	8.713	8.724	8.735	8.747
930	8.758	8.769	8.781	8.792	8.803	8.815	8.826	8.837	8.849	8.860
940	8.871	8.883	8.894	8.905	8.917	8.928	8.939	8.951	8.962	8.974
950	8.985	8.996	9.007	9.018	9.029	9.041	9.052	9.064	9.075	9.086
960	9.098	9.109	9.121	9.132	9.144	9.155	9.166	9.178	9.189	9.201
970	9.212	9.223	9.235	9.247	9.258	9.269	9.281	9.292	9.303	9.314
980	9.326	9.337	9.349	9.360	9.372	9.383	9.395	9.406	9.418	9.429
990	9.441	9.452	9.464	9.475	9.487	9.498	9.510	9.521	9.533	9.545
1000	9.556	9.568	9.579	9.591	9.602	9.613	9.624	9.636	9.648	9.659
1010	9.671	9.682	9.694	9.705	9.717	9.729	9.740	9.752	9.764	9.775
1020	9.787	9.798	9.810	9.822	9.833	9.845	9.856	9.868	9.880	9.891
1030	9.902	9.924	9.925	9.937	9.949	9.960	9.972	9.984	9.995	10.007
1040	10.019	10.030	10.042	10.054	10.066	10.077	10.089	10.101	10.112	10.124
1050	10.136	10.147	10.159	10.171	10.183	10.194	10.205	10.217	10.229	10.240
1060	10.252	10.264	10.276	10.287	10.299	10.311	10.323	10.334	10.346	10.358
1070	10.370	10.382	10.393	10.405	10.417	18.429	10.441	10.452	10.464	10.476
1080	10.488	10.500	10.511	10.523	10.535	10.547	10.559	10.570	10.582	10.594
1090	10.605	10.617	10.629	10.640	10.652	10.664	10.676	10.688	10.700	10.711
1100	10.723	10.735	10.747	10.759	10.771	10.783	10.794	10.806	10.818	10.830
1110	10.842	10.854	10.866	10.878	10.889	10.901	10.913	10.925	10.937	10.949
1120	10.961	10.973	10.985	10.996	11.008	11.020	11.032	11.044	11.056	11.068
1130	11.080	11.092	11.104	11.115	11.127	11.139	11.151	11.163	11.175	11.187
1140	11.198	11.210	11.222	11.234	11.246	11.258	11.270	11.281	11.293	11.305
1150	11.317	11.329	11.341	11.353	11.365	11.377	11.389	11.401	11.413	11.425
1160	11.437	11.449	11.461	11.473	11.485	11.497	11.509	11.521	11.533	11.545
1170	11.556	11.568	11.580	11.592	11.604	11.616	11.628	11.640	11.652	11.664
1180	11.676	11.688	11.699	11.711	11.723	11.735	11.747	11.759	11.771	11.783
1190	11.795	11.807	11.819	11.831	11.843	11.855	11.867	11.879	11.891	11.903
1200	11.915	11.927	11.939	11.951	11.963	11.975	11.987	11.999	12.011	12.023
1210	12.035	12.047	12.059	12.071	12.083	12.095	12.107	12.119	12.131	12.143
1220	12.155	12.167	12.180	12.192	12.204	12.216	12.228	12.240	12.252	12.263
1230	12.275	12.287	12.299	12.311	12.323	12.335	12.347	12.359	12.371	12.383
1240	12.395	12.407	12.419	12.431	12.443	12.455	12.467	12.479	12.491	12.503
1250	12.515	12.527	12.539	12.552	12.564	12.576	12.588	12.600	12.612	12.624
1260	12.636	12.648	12.660	12.672	12.684	12.696	12.708	12.720	12.732	12.744
1270	12.756	12.768	12.780	12.792	12.804	12.816	12.828	12.840	12.851	12.863
1280	12.875	12.887	12.899	12.911	12.923	12.935	12.947	12.959	12.971	12.983
1290	12.996	13.008	13.020	13.032	13.044	13.056	13.068	13.080	13.092	13.104
1300	13.116	13.128	13.140	13.152	13.164	13.176	13.188	13.200	13.212	13.224
1310	13.236	13.248	13.260	13.272	13.284	13.296	13.308	13.320	13.332	13.344
1320	13.356	13.368	13.380	13.392	13.404	13.415	13.427	13.439	13.451	13.463
1330	13.475	13.487	13.499	13.511	13.523	13.535	13.547	13.559	13.571	13.583
1340	13.595	13.607	13.619	13.631	13.643	13.655	13.667	13.679	13.691	13.703
1350	13.715	13.727	13.739	13.751	13.763	13.775	13.787	13.799	13.811	13.823
1360	13.835	13.847	13.859	13.871	13.883	13.895	13.907	13.919	13.931	13.943
1370	13.955	13.967	13.979	13.990	14.002	14.014	14.026	14.038	14.050	14.062
1380	14.074	14.086	14.098	14.109	14.121	14.133	14.145	14.157	14.169	14.181
1390	14.193	14.205	14.217	14.229	14.241	14.253	14.265	14.277	14.289	14.301
1400	14.313	14.325	14.337	14.349	14.361	14.373	14.385	14.397	14.409	14.421
1410	14.433	14.445	14.457	14.469	14.480	14.492	14.504	14.516	14.528	14.540
1420	14.552	14.564	14.576	14.588	14.599	14.611	14.623	14.635	14.647	14.659
1430	14.671	14.683	14.695	14.707	14.719	14.730	14.742	14.754	14.766	14.778
1440	14.790	14.802	14.814	14.826	14.838	14.850	14.862	14.874	14.886	14.898
1450	14.910	14.921	14.933	14.945	14.957	14.969	14.981	14.993	15.005	15.017
1460	15.029	15.041	15.053	15.065	15.077	15.088	15.100	15.112	15.124	15.136
1470	15.148	15.160	15.172	15.184	15.195	15.207	15.219	15.230	15.242	15.254
1480	15.266	15.278	15.290	15.302	15.314	15.326	15.338	15.350	15.361	15.373

续表 25-34

工作端温度/℃	0	1	2	3	4	5	6	7	8	9
					/mV(绝对值)					
1490	15.385	15.397	15.409	15.421	15.433	15.445	15.457	15.469	15.481	15.492
1500	15.504	15.516	15.528	15.540	15.552	15.564	15.576	15.588	15.599	15.611
1510	15.623	15.635	15.647	15.659	15.671	15.683	15.695	15.706	15.718	15.730
1520	15.742	15.754	15.766	15.778	15.790	15.802	15.813	15.824	15.836	15.848
1530	15.860	15.872	15.884	15.895	15.907	15.919	15.931	15.943	15.955	15.967
1540	15.979	15.990	16.002	16.014	16.026	16.038	16.050	16.062	16.073	16.085
1550	16.097	16.109	16.121	16.133	16.144	16.156	16.168	16.180	16.192	16.204
1560	16.216	16.227	16.239	16.251	16.263	16.275	16.287	16.298	16.310	16.322
1570	16.334	16.346	16.358	16.369	16.381	16.393	16.404	16.416	16.428	16.439
1580	16.451	16.463	16.475	16.487	16.499	16.510	16.522	16.534	16.546	16.558
1590	16.569	16.581	16.593	16.605	16.617	16.629	16.640	16.652	16.664	16.676
1600	16.688									

铂铑$_{30}$-铂铑$_6$ 高温热电偶分度表

分度号：LL-2　　　　　　　　（自由端温度为 0℃）

工作端温度/℃	0	1	2	3	4	5	6	7	8	9
0	0.000	0.000	0.000	0.000	0.000	−0.001	−0.001	−0.001	−0.001	−0.001
10	−0.001	−0.002	−0.002	−0.002	−0.002	−0.002	−0.002	−0.002	−0.002	−0.002
20	−0.002	−0.002	−0.002	−0.002	−0.002	−0.002	−0.002	−0.002	−0.002	−0.002
30	−0.002	−0.002	−0.001	−0.001	−0.001	−0.001	−0.001	−0.001	0.000	0.000
40	0.000	0.000	0.000	0.001	0.001	0.001	0.002	0.002	0.002	0.002
50	0.003	0.003	0.003	0.004	0.004	0.004	0.005	0.005	0.006	0.006
60	0.007	0.007	0.008	0.008	0.008	0.009	0.010	0.010	0.010	0.011
70	0.012	0.012	0.013	0.013	0.014	0.015	0.015	0.016	0.016	0.017
80	0.018	0.018	0.019	0.020	0.021	0.021	0.022	0.023	0.024	0.024
90	0.025	0.026	0.027	0.028	0.028	0.029	0.030	0.031	0.032	0.033
100	0.034	0.034	0.035	0.036	0.037	0.038	0.039	0.040	0.041	0.042
110	0.043	0.044	0.045	0.046	0.047	0.048	0.049	0.050	0.051	0.052
120	0.054	0.055	0.056	0.057	0.058	0.059	0.060	0.062	0.063	0.064
130	0.065	0.067	0.068	0.069	0.070	0.072	0.073	0.074	0.076	0.077
140	0.078	0.080	0.081	0.082	0.084	0.085	0.086	0.088	0.089	0.091
150	0.092	0.094	0.095	0.097	0.098	0.100	0.101	0.103	0.104	0.106
160	0.107	0.109	0.110	0.112	0.114	0.115	0.117	0.118	0.120	0.122
170	0.123	0.125	0.127	0.128	0.130	0.132	0.134	0.135	0.137	0.139
180	0.141	0.142	0.144	0.146	0.148	0.150	0.152	0.153	0.155	0.157
190	0.159	0.161	0.163	0.165	0.167	0.168	0.170	0.172	0.174	0.176
200	0.178	0.180	0.182	0.184	0.186	0.188	0.190	0.193	0.195	0.197
210	0.199	0.201	0.203	0.205	0.207	0.210	0.212	0.214	0.216	0.218
220	0.220	0.223	0.225	0.227	0.229	0.232	0.234	0.236	0.238	0.241
230	0.243	0.245	0.248	0.250	0.252	0.255	0.257	0.260	0.262	0.264
240	0.267	0.269	0.272	0.274	0.276	0.279	0.281	0.284	0.286	0.289
250	0.291	0.294	0.296	0.299	0.302	0.304	0.307	0.309	0.312	0.315
260	0.317	0.320	0.322	0.325	0.328	0.331	0.333	0.336	0.339	0.341
270	0.344	0.347	0.350	0.352	0.355	0.358	0.361	0.364	0.366	0.369
280	0.372	0.375	0.378	0.381	0.384	0.386	0.389	0.392	0.395	0.398
290	0.401	0.404	0.407	0.410	0.413	0.416	0.419	0.422	0.425	0.428
300	0.431	0.434	0.437	0.440	0.443	0.446	0.449	0.453	0.456	0.459
310	0.462	0.465	0.468	0.472	0.475	0.478	0.481	0.484	0.488	0.491
320	0.494	0.497	0.501	0.504	0.507	0.510	0.514	0.517	0.520	0.524
330	0.527	0.530	0.534	0.537	0.541	0.544	0.548	0.551	0.554	0.558
340	0.561	0.565	0.568	0.572	0.575	0.579	0.582	0.586	0.589	0.593
350	0.596	0.600	0.604	0.607	0.611	0.614	0.618	0.622	0.625	0.629
360	0.632	0.636	0.640	0.644	0.647	0.651	0.655	0.658	0.662	0.666

续表 25-34

工作端温度/℃	0	1	2	3	4	5	6	7	8	9
					/mV(绝对值)					
370	0.670	0.673	0.677	0.681	0.685	0.689	0.692	0.696	0.700	0.704
380	0.708	0.712	0.716	0.719	0.723	0.727	0.731	0.735	0.739	0.743
390	0.747	0.751	0.755	0.759	0.763	0.767	0.771	0.775	0.779	0.783
400	0.787	0.791	0.795	0.799	0.803	0.808	0.812	0.856	0.820	0.824
410	0.828	0.832	0.836	0.841	0.845	0.849	0.853	0.858	0.862	0.866
420	0.870	0.874	0.879	0.883	0.887	0.892	0.896	0.900	0.905	0.909
430	0.913	0.918	0.922	0.926	0.931	0.935	0.940	0.944	0.949	0.953
440	0.957	0.962	0.966	0.971	0.975	0.980	0.984	0.989	0.993	0.998
450	1.002	1.007	1.012	1.016	1.021	1.025	1.030	1.034	1.039	1.044
460	1.048	1.053	1.058	1.062	1.067	1.072	1.077	1.081	1.086	1.091
470	1.096	1.100	1.105	1.110	1.115	1.119	1.124	1.129	1.134	1.139
480	1.143	1.148	1.153	1.158	1.163	1.168	1.173	1.178	1.182	1.187
490	1.192	1.197	1.202	1.207	1.212	1.217	1.222	1.227	1.232	1.237
500	1.242	1.247	1.252	1.257	1.262	1.267	1.273	1.278	1.283	1.288
510	1.293	1.298	1.303	1.308	1.314	1.319	1.324	1.329	1.334	1.340
520	1.345	1.350	1.355	1.369	1.366	1.371	1.376	1.382	1.387	1.392
530	1.397	1.403	1.408	1.413	1.319	1.424	1.429	1.435	1.440	1.446
540	1.451	1.456	1.462	1.467	1.473	1.478	1.484	1.489	1.494	1.500
550	1.505	1.510	1.516	1.521	1.527	1.533	1.539	1.544	1.549	1.555
560	1.560	1.565	1.571	1.577	1.583	1.588	1.594	1.600	1.605	1.611
570	1.617	1.622	1.628	1.634	1.639	1.645	1.651	1.656	1.662	1.668
580	1.674	1.680	1.685	1.691	1.697	1.703	1.709	1.714	1.720	1.726
590	1.732	1.738	1.744	1.750	1.755	1.761	1.767	1.773	1.779	1.785
600	1.791	1.797	1.803	1.809	1.815	1.821	1.827	1.833	1.839	1.845
610	1.851	1.857	1.863	1.869	1.875	1.881	1.887	1.893	1.899	1.905
620	1.912	1.918	1.924	1.930	1.936	1.942	1.948	1.955	1.961	1.967
630	1.973	1.979	1.986	1.992	1.998	2.004	2.011	2.017	2.023	2.029
640	2.036	2.042	2.048	2.055	2.061	2.067	2.074	2.080	2.086	2.093
650	2.099	2.106	2.112	2.118	2.125	2.131	2.138	2.144	2.151	2.157
660	2.164	2.170	2.176	2.183	2.190	2.196	2.202	2.209	2.216	2.222
670	2.229	2.235	2.242	2.248	2.255	2.262	2.268	2.275	2.281	2.288
680	2.295	2.301	2.308	2.315	2.321	2.328	2.335	2.342	2.348	2.355
690	2.362	2.368	2.375	2.382	2.389	2.395	2.402	2.409	2.416	2.422
700	2.429	2.436	2.443	2.450	2.457	2.464	2.470	2.477	2.484	2.491
710	2.498	2.505	2.512	1.519	2.526	2.533	2.539	2.546	2.553	2.560
720	2.567	2.574	2.581	2.588	1.595	2.602	2.609	2.616	2.623	2.631
730	2.638	2.645	2.654	2.659	2.666	2.673	2.680	2.687	2.694	2.702
740	2.709	2.716	2.723	2.730	2.737	2.745	2.752	2.759	2.766	2.773
750	2.781	2.788	2.795	2.802	2.810	2.817	2.824	2.831	2.839	2.846
760	2.853	2.861	2.868	2.875	2.883	2.890	2.897	2.905	2.912	2.919
770	2.927	2.934	2.942	2.949	2.956	2.964	2.971	2.979	2.986	2.994
780	3.001	3.009	3.016	3.024	3.031	3.039	3.046	3.054	3.061	3.069
790	3.076	3.084	3.091	3.099	3.106	3.114	3.122	3.129	3.137	3.145
800	3.152	3.160	3.168	3.175	3.183	3.191	3.198	3.206	3.214	3.221
810	3.229	3.237	3.245	3.252	3.260	3.268	3.276	3.283	3.291	3.299
820	3.307	3.314	3.322	3.330	3.338	3.346	3.354	3.361	3.369	3.377
830	3.385	3.393	3.401	3.409	3.417	3.424	3.432	3.440	3.448	3.456
840	3.464	3.472	3.480	3.488	3.496	3.504	3.512	3.520	3.528	3.536
850	3.544	3.552	3.560	3.568	3.576	3.584	3.592	3.600	3.608	3.616
860	3.624	3.633	3.641	3.649	3.657	3.665	3.673	3.682	3.690	3.698
870	3.706	3.714	3.722	3.731	3.739	3.747	3.755	3.764	3.772	3.780
880	3.788	3.796	3.805	3.813	3.821	3.830	3.839	3.846	3.855	3.863
890	3.871	3.880	3.888	3.896	3.905	3.913	3.921	3.930	3.938	3.947
900	3.955	3.963	3.972	3.980	3.989	3.997	4.006	4.014	4.023	4.031
910	4.039	4.048	4.056	4.064	4.073	4.082	4.090	4.099	4.108	4.116
920	4.124	4.133	4.142	4.150	4.159	4.168	4.176	4.185	4.193	4.202
930	4.211	4.219	4.228	4.237	4.245	4.254	4.262	4.271	4.280	4.288
940	4.297	4.306	4.315	4.323	4.332	4.341	4.350	4.359	4.367	4.376

续表 25-34

工作端温度 /℃	0	1	2	3	4	5	6	7	8	9
					/mV（绝对值）					
950	4.385	4.493	4.402	4.411	4.420	4.429	4.437	4.446	4.455	4.464
960	4.473	4.482	4.490	4.499	4.508	4.517	4.526	4.535	4.544	4.553
970	4.562	4.570	4.579	4.588	4.597	4.606	4.615	4.624	4.633	4.642
980	4.651	4.660	4.669	4.678	4.687	4.696	4.705	4.714	4.723	4.732
990	4.741	4.750	4.760	4.769	4.778	4.787	4.896	4.805	4.814	4.823
1000	4.832	4.842	4.851	4.860	4.869	4.878	4.887	4.896	4.906	4.915
1010	4.924	4.933	4.942	4.952	4.961	4.970	4.979	4.988	4.998	5.007
1020	5.016	5.026	5.035	5.044	5.053	5.063	5.072	5.081	5.091	5.100
1030	5.109	5.119	5.128	5.137	5.147	5.156	5.166	5.175	5.184	5.194
1040	5.203	5.212	5.222	5.231	5.241	5.250	5.260	5.269	5.279	5.288
1050	5.297	5.307	5.316	5.326	5.335	5.345	5.354	5.364	5.373	5.383
1060	5.393	5.402	5.412	5.421	5.431	5.440	5.450	5.459	5.469	5.479
1070	5.488	5.498	5.507	5.517	5.527	5.536	5.546	5.556	5.565	5.575
1080	5.585	5.594	5.604	5.614	5.624	5.634	5.644	5.653	5.663	5.673
1090	5.683	5.692	5.702	5.712	5.722	5.731	5.741	5.751	5.761	5.771
1100	5.780	5.790	5.800	5.810	5.820	5.830	5.839	5.849	5.859	5.869
1110	5.879	5.889	5.899	5.910	5.919	5.928	5.938	5.948	5.958	5.968
1120	5.978	5.988	5.998	6.008	6.018	6.028	6.038	6.048	6.058	6.068
1130	6.078	6.088	6.098	6.108	6.118	6.128	6.138	6.248	6.158	6.168
1140	6.178	6.188	6.198	6.208	6.218	6.228	6.238	6.248	6.259	6.269
1150	6.279	6.289	6.299	6.309	6.319	6.329	6.340	6.350	6.360	6.370
1160	6.380	6.390	6.401	6.411	6.421	6.431	6.442	6.452	6.462	6.472
1170	6.482	6.493	6.503	6.513	6.523	6.534	6.544	6.554	6.564	6.575
1180	6.585	6.595	6.606	6.616	6.626	6.637	6.647	6.657	6.668	6.678
1190	6.688	6.699	6.709	6.719	6.730	6.740	6.750	6.760	6.771	6.782
1200	6.792	6.802	6.813	6.823	6.834	6.844	6.854	6.865	6.875	6.886
1210	6.896	6.907	6.917	6.928	6.938	6.949	6.959	6.970	6.980	6.991
1220	7.001	7.012	7.022	7.033	7.043	7.054	7.064	7.075	7.085	7.096
1230	7.106	7.117	7.128	7.138	7.149	7.159	7.170	7.180	7.191	7.202
1240	7.212	7.223	7.234	7.244	7.255	7.265	7.276	7.287	7.297	7.308
1250	7.319	7.329	7.340	7.351	7.361	7.372	7.383	7.393	7.404	7.415
1260	7.426	7.436	7.447	7.458	7.468	7.479	7.490	7.501	7.511	7.522
1270	7.533	7.544	7.554	7.565	7.576	7.587	7.598	7.608	8.619	7.630
1280	7.641	7.652	7.662	7.673	7.684	7.695	7.706	7.716	7.727	7.738
1290	7.749	7.760	7.771	7.782	7.792	7.803	7.814	7.825	7.836	7.847
1300	7.858	7.869	7.880	7.890	7.901	7.912	7.923	7.934	7.945	7.956
1310	7.967	7.978	7.989	8.000	8.011	8.022	8.033	8.044	8.054	8.065
1320	8.076	8.087	8.098	8.109	8.120	8.131	8.142	8.153	8.164	8.175
1330	8.186	8.197	8.208	8.220	8.231	8.242	8.253	8.264	8.275	8.286
1340	8.297	8.308	8.319	8.330	8.341	8.352	8.363	8.374	8.385	8.396
1350	8.408	8.419	8.430	8.441	8.452	8.463	8.474	8.485	8.497	8.508
1360	8.519	8.530	8.541	8.552	8.563	8.574	8.586	8.597	8.608	8.619
1370	8.630	8.642	8.653	8.663	8.675	8.686	8.697	8.709	8.720	8.731
1380	8.742	8.753	8.765	8.776	8.787	8.798	8.809	8.820	8.832	8.843
1390	8.854	8.866	8.877	8.888	8.899	8.911	8.922	8.933	8.945	8.956
1400	8.967	8.978	8.990	9.001	9.012	9.023	9.035	9.046	9.057	9.069
1410	9.080	9.091	9.103	9.114	9.125	9.137	9.148	9.159	9.170	9.182
1420	9.193	9.204	9.216	9.227	9.239	9.250	9.261	9.273	9.284	9.295
1430	9.307	9.318	9.329	9.341	9.352	9.363	9.375	9.386	9.398	9.409
1440	9.420	9.432	9.443	9.455	9.466	9.477	9.489	9.500	9.512	9.523
1450	9.534	9.546	9.557	9.569	9.580	9.592	9.603	9.614	9.626	9.637
1460	9.649	9.660	9.672	9.683	9.695	9.706	9.717	9.729	9.740	9.752
1470	9.763	9.775	9.786	9.798	9.809	9.821	9.832	9.844	9.855	9.866
1480	9.878	9.890	9.901	9.913	9.924	9.936	9.947	9.959	9.970	9.982
1490	9.993	10.005	10.016	10.028	10.039	10.051	10.062	10.074	10.085	10.097
1500	10.108	10.120	10.131	10.143	10.154	10.166	10.177	10.189	10.200	10.212
1510	10.224	10.235	10.247	10.258	10.270	10.281	10.293	10.304	10.316	10.328
1520	10.339	10.351	10.362	10.374	10.385	10.397	10.408	10.420	10.432	10.443
1530	10.455	10.466	10.478	10.490	10.501	10.513	10.524	10.536	10.547	10.559

续表 25-34

工作端温度 /℃	0	1	2	3	4	5	6	7	8	9
	/mV(绝对值)									
1540	10.571	10.582	10.594	10.605	10.617	10.629	10.640	10.652	10.663	10.675
1550	10.687	10.698	10.710	10.721	10.733	10.745	10.756	10.768	10.779	10.791
1560	10.803	10.314	10.826	10.838	10.849	10.861	10.872	10.884	10.896	10.907
1570	10.919	10.930	10.942	10.954	10.965	10.977	10.989	11.000	11.012	11.024
1580	11.035	11.047	11.058	11.070	11.082	11.093	11.105	11.116	11.128	11.140
1590	11.151	11.163	11.175	11.186	11.198	11.210	11.221	11.233	11.245	11.256
1600	11.268	11.289	11.291	11.303	11.314	11.326	11.338	11.349	11.361	11.373
1610	11.384	11.396	11.408	11.419	11.431	11.442	11.454	11.466	11.477	11.489
1620	11.501	11.512	11.524	11.536	11.547	11.559	11.571	11.182	11.594	11.606
1630	11.617	11.629	11.641	11.652	11.664	11.675	11.687	11.699	11.710	11.722
1640	11.734	11.745	11.757	11.768	11.780	11.792	11.804	11.815	11.827	11.838
1650	11.850	11.862	11.873	11.885	11.397	11.908	11.920	11.931	11.943	11.955
1660	11.966	11.978	11.990	12.001	12.013	12.025	12.036	12.048	12.060	12.071
1670	12.083	12.094	12.106	12.118	12.129	12.141	12.152	12.164	12.176	12.187
1680	12.199	12.211	12.222	12.234	12.245	12.257	12.269	12.280	12.292	12.303
1690	12.315	12.327	12.339	12.350	12.362	12.373	12.385	12.396	12.408	12.420
1700	12.431	12.443	12.454	12.466	12.478	12.489	12.501	12.512	12.524	12.536
1710	12.547	12.559	12.570	12.582	12.593	12.605	12.617	12.628	12.640	12.651
1720	12.663	12.674	12.686	12.698	12.709	12.721	12.732	12.744	12.755	12.767
1730	12.778	12.790	12.802	12.813	12.825	12.836	12.848	12.859	12.871	12.882
1740	12.894	12.906	12.917	12.929	12.940	12.952	12.963	12.974	12.986	12.998
1750	13.009	13.021	13.032	13.044	13.055	13.067	13.078	13.089	13.101	13.113
1760	13.124	13.136	13.147	13.159	13.170	13.182	13.193	13.205	13.216	13.228
1770	13.239	13.250	13.262	13.274	13.285	13.296	13.308	13.319	13.331	13.342
1780	13.354	13.365	13.376	13.388	13.399	13.411	13.422	13.434	13.445	13.456
1790	13.468	13.479	13.491	13.502	13.514	13.525	13.536	13.548	13.559	13.571
1800	13.582									

镍铬-镍硅(镍铬-镍铝)热电偶分度表

分度号:EU-2　　　　　（自由端温度为0℃）

	0	1	2	3	4	5	6	7	8	9
−50	−1.86									
−40	−1.50	−1.54	−1.57	−1.60	−1.64	−1.68	−1.72	−1.75	−1.79	−1.82
−30	−1.14	−1.18	−1.21	−1.25	−1.28	−1.32	−1.36	−1.40	−1.43	−1.46
−20	−0.77	−0.81	−0.84	−0.88	−0.92	−0.96	−0.99	−1.03	−1.07	−1.10
−10	−0.39	−0.43	−0.47	−0.51	−0.55	−0.59	−0.62	−0.66	−0.70	−0.74
−0	−0.00	−0.04	−0.08	−0.12	−0.16	−0.20	−0.25	−0.27	−0.31	−0.35
+0	0.00	0.04	0.08	0.12	0.16	0.20	0.24	0.28	0.32	0.36
10	0.40	0.44	0.48	0.52	0.56	0.60	0.64	0.68	0.72	0.76
20	0.80	0.84	0.88	0.92	0.96	1.00	1.04	1.08	1.12	1.16
30	1.20	1.24	1.28	1.32	1.36	1.41	1.45	1.49	1.53	1.57
40	1.61	1.65	1.69	1.73	1.77	1.82	1.86	1.90	1.94	1.98
50	2.02	2.06	2.10	2.14	2.18	1.23	1.27	2.31	2.35	2.39
60	2.43	2.47	2.51	2.56	2.60	2.64	2.68	2.72	2.77	2.81
70	2.85	2.89	2.93	2.97	3.01	3.06	3.10	3.14	3.18	3.22
80	3.26	3.30	3.34	3.39	3.43	3.47	3.51	3.55	3.60	3.64
90	3.68	3.72	3.76	3.81	3.85	3.89	3.93	3.97	4.02	4.06
100	4.10	4.14	4.18	4.22	4.26	4.31	4.35	4.39	4.43	4.47
110	4.51	4.55	4.59	4.63	4.67	4.72	4.76	4.80	4.84	4.88
120	4.92	4.96	5.00	5.04	5.08	5.13	5.17	5.21	5.25	5.29
130	5.33	5.37	5.41	5.45	5.49	5.53	5.57	5.61	5.65	5.69
140	5.73	5.77	5.81	5.85	5.89	5.93	5.97	6.01	6.05	6.09
150	6.13	6.17	6.21	6.25	6.29	6.33	6.37	6.41	6.45	6.49

第 25 章 热敏传感器

续表 25 - 34

工作端温度 /℃	0	1	2	3	4	5	6	7	8	9
					/mV(绝对值)					
160	6.53	6.57	6.61	6.65	6.69	6.73	6.77	6.81	6.85	6.89
170	6.93	6.97	7.01	7.05	7.09	7.13	7.17	7.21	8.25	7.29
180	7.33	7.37	7.41	7.45	7.49	7.53	7.57	7.61	7.65	7.69
190	7.73	7.77	7.81	7.85	7.89	7.93	7.97	8.01	8.05	8.09
200	8.13	8.17	8.21	8.25	8.29	8.33	8.37	8.41	8.45	8.49
210	8.53	7.57	8.61	8.65	8.69	8.73	8.77	8.81	8.85	8.89
220	8.93	8.97	9.01	9.06	9.10	9.14	9.18	9.22	9.26	9.30
230	9.34	9.38	9.42	9.46	9.50	9.54	9.58	9.62	9.66	9.70
240	9.74	9.78	9.82	9.86	9.90	9.95	9.99	10.03	10.07	10.11
250	10.15	10.19	10.23	10.27	10.31	10.35	10.40	10.44	10.48	10.52
260	10.56	10.60	10.64	10.68	10.72	10.77	10.81	10.85	10.89	10.93
270	10.97	11.01	11.05	11.09	11.13	11.18	11.22	11.26	11.30	11.34
280	11.38	11.42	11.46	11.51	11.55	11.59	11.63	11.67	11.72	11.76
290	11.80	11.84	11.88	11.92	11.96	12.01	12.05	12.09	12.13	12.17
300	12.21	12.25	12.29	12.33	12.37	12.42	12.46	12.50	12.54	12.58
310	12.62	12.66	12.70	12.75	12.79	12.83	12.87	12.91	12.96	13.00
320	13.04	13.08	13.12	13.16	13.20	13.25	13.29	13.33	13.37	13.41
330	13.45	13.49	13.53	13.58	13.62	13.66	13.70	13.74	13.79	13.83
340	13.87	13.91	13.95	14.00	14.04	14.08	14.12	14.16	14.21	14.25
350	14.30	14.34	14.38	14.43	14.47	14.51	14.55	14.59	14.64	14.68
360	14.72	14.76	14.80	14.85	14.89	14.93	14.97	15.01	15.06	15.10
370	15.14	15.18	15.22	15.27	15.31	15.35	15.39	15.43	15.48	15.52
380	15.56	15.60	15.64	15.69	15.73	15.77	15.81	15.85	15.90	15.94
390	15.98	16.02	16.06	16.11	16.15	16.19	16.23	16.27	16.32	16.36
400	16.40	16.44	16.49	16.53	16.57	16.62	16.66	16.70	16.74	16.79
410	16.83	16.87	16.91	16.96	17.00	17.04	17.08	17.12	17.17	17.21
420	17.25	17.29	17.33	17.38	17.42	17.46	17.50	17.54	17.59	17.63
430	17.67	17.71	17.75	17.79	17.84	17.88	17.92	17.96	18.01	18.05
440	18.09	18.13	18.17	18.22	18.26	18.30	18.34	18.38	18.43	18.47
450	18.51	18.55	18.60	18.64	18.68	18.73	18.77	18.81	18.85	18.90
460	18.94	18.98	19.03	19.07	19.11	19.16	19.20	19.24	19.28	19.33
470	19.37	19.41	19.45	19.50	19.54	19.58	19.62	19.66	19.71	19.75
480	19.79	19.83	19.88	19.92	19.96	20.01	20.05	20.09	20.13	20.18
490	20.22	20.26	20.31	20.35	20.39	20.44	20.48	20.52	20.56	20.61
500	20.65	20.69	20.74	20.78	20.82	20.87	20.91	20.95	20.99	21.04
510	21.08	21.12	21.16	21.21	21.25	21.29	21.33	21.37	21.42	21.46
520	21.50	21.54	21.59	21.63	21.67	21.72	21.76	21.80	21.84	21.89
530	21.93	21.97	22.01	22.06	22.19	22.14	22.18	22.22	22.27	22.31
540	22.35	22.39	22.44	22.48	22.52	22.57	22.61	22.65	22.69	22.74
550	22.78	22.82	22.87	22.91	22.95	23.00	23.04	23.08	23.12	23.17
560	23.21	23.25	23.20	23.34	23.38	23.42	23.46	23.50	23.55	23.59
570	23.63	23.67	23.71	23.75	23.79	23.84	23.88	23.92	23.96	24.01
580	24.05	24.09	24.14	24.18	24.22	24.27	24.31	24.35	24.39	24.44
590	24.48	24.52	24.56	24.61	24.65	24.69	24.73	24.77	24.82	24.86
600	24.90	24.94	24.99	25.03	25.07	25.12	25.15	25.19	25.23	25.27
610	25.32	25.37	25.41	25.46	25.50	25.54	25.58	25.62	25.67	25.71
620	25.75	25.79	25.84	25.88	25.92	25.97	26.01	26.05	26.09	26.14
630	26.18	26.22	26.26	26.31	26.35	26.39	26.43	26.47	26.52	26.56
640	26.60	26.64	26.69	26.73	26.77	26.82	26.86	26.90	26.94	26.99
650	27.03	27.07	27.11	27.16	27.20	27.24	27.28	27.32	27.37	27.41
660	27.45	27.49	27.53	27.57	27.62	27.66	27.70	27.74	27.79	27.83
670	27.87	27.91	27.95	28.00	28.04	28.08	28.12	28.16	28.21	28.25
680	28.29	28.33	28.38	28.42	28.46	28.50	28.54	28.58	28.62	28.67
690	28.71	28.75	28.79	28.84	28.88	28.92	28.96	29.00	29.05	29.09
700	29.13	29.17	29.21	29.26	29.30	29.34	29.38	29.42	29.47	29.51
710	29.55	29.59	29.63	29.68	29.72	29.76	29.80	29.84	29.89	29.93
720	29.97	30.01	30.05	30.10	30.14	30.18	30.22	30.26	30.31	30.35
730	30.39	30.43	30.47	30.52	30.56	30.60	30.64	30.68	30.73	30.77

第 25 章 热敏传感器

续表 25-34

工作端温度/℃	0	1	2	3	4	5	6	7	8	9
	/mV(绝对值)									
740	30.81	30.85	30.89	30.93	30.97	31.02	31.06	31.10	31.14	31.18
750	31.22	31.26	31.30	31.35	31.39	31.43	31.47	31.51	31.56	31.60
760	31.64	31.68	31.72	31.77	31.81	31.85	31.89	31.93	31.98	32.02
770	32.06	32.10	32.14	32.18	32.22	32.26	32.30	32.34	32.38	32.42
780	32.46	32.50	32.54	32.59	32.63	32.67	32.71	32.75	32.80	32.84
790	32.87	32.91	32.95	33.00	33.04	33.09	33.13	33.17	33.21	33.25
800	33.29	33.33	33.37	33.41	33.45	33.49	33.53	33.57	33.61	33.65
810	33.69	33.73	33.77	33.81	33.85	33.90	33.94	33.98	34.02	34.06
820	34.10	34.14	34.38	34.22	34.26	34.10	34.34	34.38	34.42	34.46
830	34.51	34.54	34.58	34.62	34.66	34.71	34.75	34.79	34.83	34.87
840	34.91	34.95	34.99	35.03	35.07	35.11	35.16	35.20	35.24	35.28
850	35.32	35.36	35.40	35.44	35.48	35.52	35.56	35.60	35.64	35.68
860	35.72	35.76	35.40	35.44	35.48	35.52	35.56	35.60	35.64	35.68
870	36.13	36.17	36.21	36.25	36.29	36.33	36.37	36.41	36.45	36.49
880	36.53	36.57	36.61	36.65	36.69	36.73	36.77	36.81	36.85	36.89
890	36.93	36.97	37.01	37.05	37.09	37.13	37.17	37.21	37.25	37.29
900	37.33	37.37	37.41	37.45	37.49	37.53	37.57	37.61	37.65	37.69
910	37.73	37.77	37.81	37.85	37.89	37.93	37.97	38.01	38.05	38.09
920	38.13	38.17	38.21	38.25	38.29	38.33	38.37	38.41	38.45	38.49
930	38.53	38.57	38.61	38.65	38.69	38.73	38.77	38.81	38.85	38.89
940	38.93	38.97	39.01	39.05	39.09	39.13	39.16	39.20	39.24	39.28
950	39.32	39.36	39.40	39.44	39.48	39.52	39.56	39.60	39.64	39.68
960	39.72	39.76	39.80	39.83	39.87	39.91	39.94	39.98	40.02	40.06
970	40.10	40.14	40.18	40.22	40.26	40.30	40.33	40.37	40.41	40.45
980	40.49	40.53	40.57	40.61	40.65	40.69	40.72	40.76	40.80	40.84
990	40.88	40.92	40.96	41.00	41.04	41.08	41.11	41.15	41.19	41.23
1000	41.27	41.31	41.35	41.39	41.43	43.47	41.50	41.54	41.58	41.62
1010	41.66	41.70	41.74	41.77	41.81	41.85	41.89	41.93	41.96	42.00
1020	42.04	42.08	42.12	42.16	42.20	42.24	42.27	42.31	42.35	42.39
1030	42.43	42.47	42.51	42.55	42.59	42.63	42.66	42.70	42.74	42.78
1040	42.83	42.87	42.90	42.93	42.97	43.01	43.05	43.09	43.13	43.17
1050	43.21	43.25	43.29	43.32	43.35	43.39	43.43	43.47	43.51	43.55
1060	43.59	43.63	43.67	43.69	43.73	43.77	43.81	43.85	43.89	43.93
1070	43.97	44.01	44.05	44.08	44.11	44.15	44.19	44.22	44.26	44.30
1080	44.34	44.38	44.42	44.45	44.49	44.53	44.57	44.61	44.64	44.68
1090	44.72	44.76	44.80	44.83	44.87	44.91	44.95	44.99	45.02	45.06
1100	45.10	45.14	45.18	45.21	45.25	45.29	45.33	45.37	45.40	45.44
1120	45.48	45.52	45.55	45.59	45.63	45.67	45.70	45.74	45.78	45.81
1130	46.23	46.27	46.30	46.34	46.38	46.42	46.45	46.49	46.53	46.56
1140	46.60	46.64	46.67	46.71	46.75	46.79	46.72	46.86	46.90	46.93
1150	46.97	47.01	47.04	47.08	47.12	47.16	47.19	47.23	47.27	47.30
1160	47.34	47.38	47.41	47.45	47.49	47.53	47.56	47.60	47.64	47.67
1170	47.71	47.75	47.78	47.82	47.86	47.90	47.93	47.97	48.01	48.04
1180	48.08	48.12	48.15	48.19	48.22	48.26	48.30	48.33	38.37	38.40
1190	48.44	48.48	48.51	48.55	48.59	48.63	48.66	48.70	48.74	48.77
1200	48.81	48.85	48.88	48.92	48.95	48.99	49.03	49.06	49.10	49.13
1210	49.17	49.21	49.24	49.28	49.31	49.35	49.39	49.42	49.46	49.49
1220	49.53	49.57	49.60	49.64	49.67	49.71	49.75	49.78	49.82	49.85
1230	49.89	49.93	49.96	50.00	50.03	50.07	50.11	50.14	50.18	50.21
1240	50.25	50.29	50.32	50.46	50.39	50.43	50.47	50.50	50.54	50.59
1250	50.61	50.65	50.68	50.72	50.75	50.79	50.83	50.86	50.90	50.93
1260	50.96	51.00	51.03	51.07	51.10	51.14	51.18	51.21	51.25	51.28
1270	51.32	51.35	51.39	51.43	51.46	51.50	51.54	51.57	51.61	51.64
1280	51.67	51.71	51.74	51.78	51.81	51.85	51.88	51.92	51.95	51.99
1290	52.02	52.06	52.09	52.13	52.16	52.20	52.23	52.27	52.30	52.33
1300	52.37									

续表 25-34

镍铬-考铜热电偶分度表

分度号：EA-2　　（自由端温度为 10℃）

工作端温度/℃	0	1	2	3	4	5	6	7	8	9
					/mV(绝对值)					
-50	-3.11									
-40	-2.50	-2.56	-2.62	-2.68	-2.74	-2.81	-2.87	-2.93	-2.99	-3.05
-30	-1.89	-1.95	-2.01	-2.07	-2.13	-2.20	-2.26	-2.32	-2.38	-2.44
-20	-1.27	-1.33	-1.39	-1.46	-1.52	-1.58	-1.64	-1.70	-1.77	-1.83
-10	-0.64	-0.70	-0.77	-0.83	-0.89	-0.96	-1.02	-1.08	-1.14	-1.21
-0	-0.00	-0.06	-0.13	-0.19	-0.26	-0.32	-0.38	-0.45	-0.51	-0.58
+0	0.00	0.07	0.13	0.20	0.26	0.33	0.39	0.46	0.52	0.59
10	0.65	0.72	0.78	0.85	0.91	0.98	1.05	1.11	1.18	1.24
20	1.31	1.38	1.44	1.51	1.57	1.64	1.70	1.77	1.84	1.91
30	1.98	2.05	2.12	2.18	2.25	2.32	2.38	2.45	2.52	2.59
40	2.66	2.73	2.80	2.87	2.94	3.00	3.07	3.14	3.21	3.28
50	3.35	3.42	3.49	3.56	3.63	3.70	3.77	3.84	3.91	3.98
60	4.05	4.12	4.19	4.26	4.33	4.41	4.48	4.55	4.62	4.69
70	4.76	4.83	4.90	4.98	5.05	5.12	5.20	5.27	5.34	5.41
80	5.48	5.56	5.63	5.70	5.78	5.85	5.92	5.99	6.07	6.14
90	6.21	6.29	6.36	6.43	6.51	6.58	6.65	6.73	6.80	6.87
100	6.95	7.03	7.10	7.17	7.25	7.32	7.40	7.47	7.54	7.62
110	7.69	7.77	7.84	7.91	7.99	8.06	8.13	8.21	8.28	8.35
120	8.43	8.50	8.53	8.65	8.73	8.80	8.88	8.95	9.03	9.10
130	9.18	9.35	9.33	9.40	9.48	9.55	9.63	9.70	9.78	9.85
140	9.93	10.00	10.08	10.16	10.23	10.31	10.38	10.46	10.54	10.61
150	10.69	10.77	10.85	10.92	11.00	11.08	11.15	11.23	11.31	11.38
160	11.46	11.54	11.62	11.69	11.77	11.85	11.93	12.00	12.08	12.16
170	12.24	12.32	12.40	12.48	12.55	12.63	12.71	12.79	12.87	12.95
180	13.03	13.11	13.19	13.27	13.36	13.44	13.52	13.60	13.68	13.76
190	13.84	13.92	14.00	14.08	14.16	14.25	14.34	14.42	14.50	14.58
200	14.66	14.74	14.82	14.90	14.98	15.06	15.14	15.22	15.30	15.38
210	15.48	15.56	15.64	15.72	15.80	15.89	15.97	16.05	16.13	16.21
220	16.30	16.38	16.46	16.54	16.62	16.71	16.79	16.86	16.95	16.03
230	17.12	17.20	17.28	17.37	17.45	17.53	17.62	17.70	17.78	17.87
240	17.95	18.03	18.11	18.19	18.28	18.36	18.44	18.52	18.60	18.68
250	18.76	18.84	18.92	19.01	19.09	19.17	19.26	19.34	19.42	19.51
260	19.59	19.67	19.75	19.84	19.92	20.00	20.09	20.17	20.25	20.34
270	20.42	20.50	20.58	20.66	20.74	20.83	20.91	20.99	21.07	21.15
280	21.24	21.32	21.40	21.49	21.57	21.65	21.73	21.82	21.90	21.98
290	22.07	22.15	22.23	22.32	22.40	22.48	22.57	22.65	22.73	22.81
300	22.90	22.98	23.07	23.15	23.23	23.32	23.40	23.49	23.57	23.66
310	23.74	23.83	23.91	24.00	24.08	24.17	24.25	24.34	24.42	24.51
320	24.59	24.68	24.76	24.85	24.93	25.02	25.10	15.19	25.27	25.36
330	25.44	25.53	25.61	25.70	25.78	25.86	25.95	26.03	26.12	26.21
340	26.30	26.38	26.47	26.55	26.64	26.73	26.81	26.90	26.98	27.07
350	27.15	27.24	27.32	27.41	27.49	27.58	27.66	27.75	27.83	27.92
360	28.01	28.10	28.19	28.27	28.36	28.45	28.54	28.62	28.71	28.80
370	28.88	28.97	29.06	29.14	29.23	29.32	29.40	29.49	29.58	29.66
380	29.75	29.83	29.92	30.00	30.09	30.17	30.26	30.34	30.43	30.52
390	30.61	30.70	30.79	30.87	30.96	31.05	31.13	31.22	31.30	31.39
400	31.48	31.67	31.66	31.74	31.83	31.92	32.00	32.09	32.18	32.26
410	32.34	32.43	32.52	32.60	32.69	32.78	32.86	32.95	33.04	33.13
420	33.21	33.30	33.39	33.49	33.56	33.65	33.73	33.82	33.90	33.99
430	34.07	34.16	34.25	34.33	34.42	34.51	34.60	34.68	34.77	34.85
440	34.94	35.03	35.12	35.20	35.29	35.38	35.46	35.55	35.64	35.72
450	35.81	35.90	35.98	36.07	36.15	36.24	36.33	36.41	36.50	36.58
460	36.67	38.76	36.84	36.93	37.02	37.11	37.19	37.28	37.37	37.45
470	37.54	37.63	37.71	37.80	37.89	37.98	38.06	38.15	38.24	38.32
480	38.41	38.50	38.58	38.67	38.76	38.85	38.93	30.02	39.11	39.19
490	39.28	39.37	39.45	39.54	39.63	39.72	39.80	39.89	39.98	40.06
500	40.15	40.24	40.32	40.41	40.50	40.59	40.67	40.76	40.85	40.93

续表 25-34

工作端温度/℃	0	1	2	3	4	5	6	7	8	9
	/mV(绝对值)									
510	41.02	34.11	41.20	41.28	41.37	41.46	41.55	41.64	41.72	41.81
520	41.90	41.99	42.08	42.16	42.25	42.34	42.43	42.52	42.60	42.69
530	42.78	42.87	42.96	43.05	43.14	43.23	42.32	43.41	43.49	43.57
540	43.67	43.75	43.84	43.93	44.02	44.11	44.19	44.28	44.37	44.46
550	44.55	44.64	44.73	44.82	44.91	44.99	45.08	45.18	45.26	45.35
560	45.44	45.53	45.62	45.71	45.80	45.89	45.97	46.06	46.15	46.24
570	46.33	46.42	46.51	46.60	46.69	46.78	46.86	46.95	47.04	47.13
580	47.22	47.31	47.40	47.49	47.58	47.67	47.75	47.84	47.93	48.02
590	48.11	48.20	48.29	48.38	48.47	48.56	48.65	48.74	48.83	48.91
600	49.01	49.10	49.18	49.47	49.36	49.45	49.54	49.63	49.71	49.80
610	49.89	49.98	50.07	50.15	50.24	50.32	50.41	50.50	50.59	50.67
620	50.76	50.85	50.94	51.02	52.11	51.20	51.29	51.38	51.46	51.55
630	51.64	51.73	51.81	51.90	51.99	52.08	52.16	52.25	52.34	52.42
640	52.51	52.60	52.69	52.77	52.86	52.95	53.04	53.13	53.21	53.30
650	53.39	53.48	53.56	53.65	53.74	53.83	53.91	54.00	54.09	54.17
660	54.26	54.35	54.43	54.52	54.60	54.69	54.77	54.86	54.95	55.03
670	55.12	55.21	55.29	55.38	55.47	55.56	55.64	55.73	55.82	55.91
680	56.00	56.09	56.17	56.26	56.35	56.44	56.52	56.61	56.70	56.78
690	56.87	56.96	57.04	57.13	57.22	57.31	57.39	57.48	57.57	57.66
700	57.74	57.83	57.91	58.00	58.08	58.17	58.25	58.34	58.43	58.51
710	58.57	58.69	58.77	58.86	58.95	59.04	59.12	59.21	59.30	59.38
720	59.47	59.56	59.64	59.73	59.81	59.90	59.99	60.07	60.16	60.24
730	60.33	60.42	60.50	60.59	60.68	60.77	60.85	60.94	61.03	61.11
740	61.20	61.29	61.37	61.46	61.54	61.63	61.71	61.80	61.89	61.97
750	62.06	62.15	62.23	62.32	52.40	62.49	62.58	62.66	62.75	62.83
760	62.92	63.01	63.09	63.18	63.26	63.35	63.44	63.52	63.61	63.69
770	63.78	63.87	63.95	64.04	64.12	64.21	64.30	64.38	64.47	64.55
780	64.64	64.73	64.81	64.90	64.98	65.07	65.16	65.24	65.33	65.41
790	65.50	65.59	65.67	65.76	65.84	65.93	66.02	66.10	66.19	66.27
800	66.36									

2. 热电偶的主要特性

国家标准规定了标准化工业用的普通热电偶技术条件及测试方法,而非标热电偶的技术条件则根据实际使用要求而定,可以参考标准技术条件来规定。

1) 稳定性

热电偶的热电特性通常会随测温时间长短而变化,如果变化显著,则失去使用意义。热电偶的稳定性是描述热电偶的热电特性相对稳定的重要参数。短期稳定性是用现场测温前后的热电势变化值来表示的。一般是在实验室里对热电偶加热,测量在某一温度下加热前后的热电势变化值。长期稳定性是指热电偶使用一段时间(一个月、二个月、半年甚至几年)后,在实验室里测得的该热电偶在同一温度下热电势的变化值。

2) 均匀性

均匀性是指热电极的均匀程度。若热电极材料是不均质的,两热电极又处于温度梯度中,则热电偶回路中产生一个附加热电势——不均匀电势。不均匀电势的大小取决于沿热电极长度的温度梯度分布状态、材料的不均匀形式和不均匀程度,以及热电极在温场所处的位置。不均匀电势的存在会使热电偶的热电特性发生变化而降低测温的准确度,有时引起的附加误差可到 30℃ 左右,严重影响热电偶的稳定性和互换性。所以均匀性也是评定热电极质量的重要参数之一。

造成热电极不均匀的因素较多,主要有化学成分方面(如杂质分布不均匀和成分的偏析、局部表面金属的挥发和氧化,局部的沾污和腐蚀等)和物理状态方面(如应力分布的不均匀,晶体结构不均匀等)。一般说来,物理状态的影响比化学成分的影响稍小些。

3) 热电偶的时间常数(热惰性)

热电偶的时间常数是指被测介质从某一温度跃变到另一温度时,热电偶测量端的温度上升到整个阶跃的63.2%所需的时间。工业使用的普通型热电偶的时间常数分类如表25-35所列,而特殊用途热电偶的时间常数按具体情况来定。

工业用普通型热电偶的惰性级别,是对由室温到沸腾的水所规定的热交换条件而言的(特殊产品例外)。相同构造的热电偶在不同的热交换条件下(包括使用介质及工况),其时间常数是不相等的。

4) 绝缘电阻

① 常温下的绝缘电阻:当环境空气温度为(20 ± 5)℃和相对湿度不大于80%时,热电偶保护管与热电极之间,以及两热电极之间(测量端开路时)的绝缘电阻应大于2 MΩ。

② 高温下的绝缘电阻热电极与保护管之间,以及两热电极测量端开路时的绝缘电阻按1 m计算,应符合表25-36的规定。高温下绝缘电阻是将热电偶插入管状电阻炉中进行测试,配有瓷保护管的热电偶,用耐热电阻丝绕在保护管的加热部分上,用电桥或兆欧表测量电阻丝与热电极之间的电阻值。

表25-35 时间常数分类

热电偶的惰性级别	时间常数/ms
Ⅰ	≤20
Ⅱ	20~90
Ⅲ	90~240
Ⅳ	>240

表25-36 高温绝缘电阻表

连续使用的最高温度/℃	试验温度/℃	绝缘电阻/Ω
<600	规定的连续使用最高温度	>70000
600~800	600	>7000
800~1000	800	>25000
>1000	1000	>5000

5) 热偶丝电阻率

热偶丝电阻率应符合表25-37的规定。

6) 绝缘强度

当周围空气温度为(20 ± 5)℃,相对湿度不大于80%时,热电偶的热电极与保护管之间,以及两热电极(测量端开路时)之间,应能承受频率为50 Hz、电压为500 V的正弦交流电60 ms的绝缘强度试验。

其他参数视其具体使用条件不同可特别提出要求,如抗疲劳、耐振性、抗湿性等。

表25-37 热偶丝电阻率

偶丝名称	20℃时电阻率/$(\Omega\cdot mm^2\cdot m^{-1})$
铂铑$_{10}$	0.196
铂	0.098
镍铬	0.68
镍硅(镍铝)	0.25(0.33)
考铜	0.47
铁	0.13
康铜	0.45

25.2.5 热电偶自由端温度

热电偶使用中一个重要的问题是如何解决自由端(冷端)温度补偿的问题。一般工程测量中,热电偶自由端处于室温或波动的温区,此时要测得真实温度,就必须进行修正或采取补偿等措施。

1. 用冰点器使自由端温度恒定在 0℃

在标准大气压下,冰和纯水的平衡温度为 0℃。在实验室中,通常用清洁的水与冰屑混合体放在保温瓶中,使自由端保持在 0℃。近年来,已生产一种半导体致冷器件,可恒定在 0℃。热电偶的自由端插入冰点器中有两种方法。

① 将热电偶的两电极自由端分别插入冰点器中两根玻璃试管的底部,并与底部存有的少量水银相接触,水银上面存放少量蒸馏水(或变压器油)。最好再用石蜡将管口封结,以防水银蒸汽逸出。插入水银的自由端分别由铜线引出,接往温度仪表,这样铜导线和热电偶的电极相接的两点温度均在 0℃(见图 25-42(a))。根据中间导体定律可将图 25-42(a)等效为图 25-42(b)。

② 将热电偶的两电极自由端插在冰点器中同一根玻璃试管中,如图 25-43(a)所示。由于铜导线两接点均为室温 t_1,根据中间导体定律,可以将图 25-43(a)等效为图 25-43(b)所示的线路。

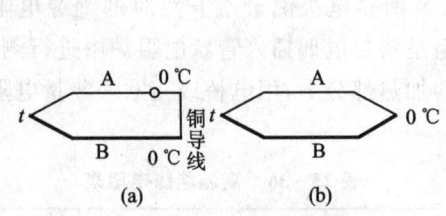

图 25-42 参考端连接示意图

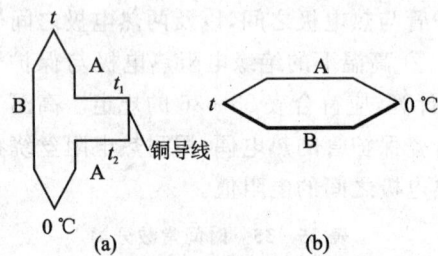

图 25-43 参考端连接示意图

2. 热电偶自由端温度不为 0℃ 时的补正方法

1) 热电势补正法

热电偶中的热电势不仅与工作端温度有关,而且与自由端温度有关,常表示为 $E_{AB}(t,t_A)$。这个符号的意思是工作端温度为 t,自由端温度为 t_A 的热电势。例如,镍铬-镍硅热电偶 $E_{AB}(700,0)=29.13$ mV。在热电偶分度法部分已列出了几种不同热电偶的分度表,即温度毫伏对照表。它们都是在自由端温度为 0℃ 时分度的。使用时只要测出热电偶的 mV 数就可以从表中查出对应的工作端温度值。但是我们日常使用热电偶时,自由端温度往往不是 0℃,测出的毫伏数就不能直接用分度表查出工作端的真实温度,而要用下面的公式来算出

$$E_{AB}(t,0) = E_{AB}(t,t_n) + E_{AB}(t_n,0) \qquad (25-6)$$

例如,自由端温度 $t_A=21$℃,热电偶为镍铬-镍硅,测出的是 $E_{AB}(t,21)=28.29$ mV,而 $E_{AB}(21,0)$ 一项可从热电偶温度与 mV 对照表中的"镍铬-镍硅"分度表中查出,$E_{AB}(21,0)=0.84$ mV,于是

$$E_{AB}(t,0) = 28.29 + 0.84 = 29.13 \text{ mV}$$

再从同一表格中可查出 $t=700$,用式(25-6)可换算成自由端温度为 0℃ 的毫伏数 $E_{AB}(t,0)$,以便从分度表中查出工作端真实温度来。这种补正热电偶自由端温度不为 0℃ 时所引入的误差的方法,称为热电势补正法。热电偶的热电势补正法,通常在设计各种与热电偶配用的显示仪表时应用。

式(25-6)还可以写成一般形式

$$E_{AB}(t,t_0) = E_{AB}(t,t_n) + E_{AB}(t_n,t_0)$$

即自由端温度从任意规定 t_0 起变到 t_1，此公式仍然成立。

2）温度补正法

如果自由端温度 $t_1 > 0℃$，则热电偶输出的热电势将比 $E_{AB}(t_n,t_0)$ 小，其值为

$$E_{AB}(t,t_n) = E_{AB}(t,t_0) - E_{AB}(t_n,t_0)$$

这一热电势输入仪表后，仪表的指示温度 $t_{指}$ 将比被测温度 t 低 Δt，即

$$t = t_{指} + \Delta t$$

仪表示值 $t_{指}$ 对应的热电势为 $E_{AB}(t_{指},t_0)$，即 $E_{AB}(t,t_n)$，而 Δt 对应的热电势为 $E_{AB}(t,t_{指})$，若 $t_{指} \sim t$ 的平均热电势率为 $\left(\dfrac{\mathrm{d}E}{\mathrm{d}t}\right)_{指}$，则

$$\Delta t = \frac{E_{AB}(t,t_{指})}{\left(\dfrac{\mathrm{d}E}{\mathrm{d}t}\right)_{指}}$$

而

$$E_{AB}(t,t_{指}) = E_{AB}(t_n,t_0) = t_n\left(\frac{\mathrm{d}E}{\mathrm{d}t}\right)_n$$

式中，$\left(\dfrac{\mathrm{d}E}{\mathrm{d}t}\right)_n$——$t_0 \sim t_n$ 的平均热电势率，最后得

$$t = t_{指} + Kt_n$$

$$K = \frac{(\mathrm{d}E/\mathrm{d}t)_n}{(\mathrm{d}E/\mathrm{d}t)_{指}}$$

测试温度的校正系数 K 值随热电极材料和温度范围不同而变化，常用的 5 种热电偶 K 值见表 25-38 和表 25-39。

表 25-38　5 种热电偶 K 值表

测量端温度/℃	热电偶类别				
	铜-康铜	镍铬-考铜	铁-康铜	镍铬-镍硅	铂铑$_{10}$-铂
0	1.00	1.00	1.00	1.00	1.00
20	1.00	1.00	1.00	1.00	1.00
100	0.86	0.90	1.00	1.00	0.82
200	0.77	0.83	0.99	1.00	0.72
300	0.70	0.81	0.99	0.98	0.69
400	0.68	0.83	0.98	0.98	0.66
500	0.65	0.79	1.02	1.00	0.63
600	0.65	0.78	1.00	0.96	0.62
700		0.80	0.91	1.00	0.60
800		0.80	0.82	1.00	0.59
900			0.84	1.00	0.56
1000				1.07	0.55
1100				1.11	0.53
1200					0.53
1300					0.52
1400					0.52
1500					0.52
1600					0.52

表 25-39 5 种热电偶的近似 K 值

热电偶类别	铜-康铜	镍铬-考铜	铁-康铜	镍铬-镍硅	铂铑$_{10}$-铂
常用温度/℃	300~600	500~800	0~600	0~1000	1000~1600
近似 K 值	0.7	0.8	1	1	0.5

对于直读式温度仪表采用温度补正法比较方便。但由于 K 值不甚准确,因而它补正的准确度要比热电势补正法稍低。

3) 调仪表起始点法

采用直读式仪表时,也可先测出 t_n,并在测量线路开路的情况下将仪表起始点调到 t_n 处,即相当于先给仪表输入一个电势 $E_{AB}(t_n,t_0)$,然后再闭合测量线路,这时仪表示值即为被测温度 t。

3. 热电偶补偿导线

根据中间温度定律,热电偶回路的热电势

$$E_{AB}(t,t_0) = E_{AB}(t,t_n) + E_{AB}(t_n,t_0)$$

若将 t_n 和 t_0 之间的热电极换成导线 A′和 B′(图 25-44),根据连接导线定律,则有

$$E_{ABB'A'}(t,t_n,t_0) = E_{AB}(t,t_n) + E_{A'B'}(t_n,t_0)$$

如果

$$E_{A'B'}(t_n,t_0) = E_{AB}(t_n,t_0)$$

则

$$E_{ABB'A'}(t,t_n,t_0) = E_{AB}(t,t_0)$$

由此可见,当 $E_{AB}(t_n,t_0)=E_{A'B'}(t_n,t_0)$ 时,图 25-44(b) 与图 25-44(c) 等效。即当热电极 A 和 B 与导线 A′ 和 B′ 相连接后,仍然可以看作仅由热电极组成的回路,此时自由端已由 t_n 延伸到 t_0 处了。这种在一定温度范围内热电性能与热电偶相吻合的导线称热电偶的补偿导线。

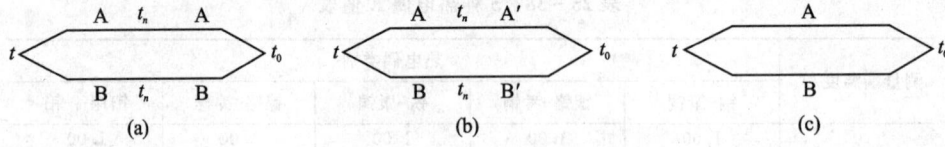

图 25-44 补偿导线原理图

我们知道,热电偶的热电势大小与工作端温度和自由端温度的差有关。从测量温度的观点看,希望自由端温度不变。但一般热电偶的自由端都距热源较近,因而其温度的波动较大。为避免这种影响,通常采用补偿导线与热电偶连接。补偿导线的作用就是将热电偶的自由端延长至距热源较远、温度比较稳定的地方。当显示仪表带有自由端温度自动补偿时,则要将补偿导线一直接到仪表上。因此,要求补偿导线在一定温度范围内(例如,0~100℃或更大一点的范围内),其热电特性与热电偶一致,即好像又接了一段热电极,但其价格要低廉得多。这时自由端已移至补偿导线的另一端(见图 25-45)。

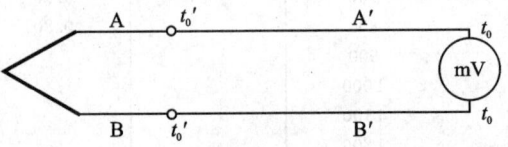

A 和 B—热电偶的电极;A′ 和 B′—补偿导线;
t_0'—热电极和补偿导线接连处的温度;
t_0—热电偶自由端的温度

图 25-45 补偿导线在测温回路中的连接

选用补偿导线应注意以下几点：

① 各种热电偶和所配套的补偿导线，其热电特性在一定温度范围内必须一致。常用补偿导线如表 25-40 所列。

② 补偿导线与热电偶一样有正负极性之分，使用时正负极不可接错，且连接热电偶两电极处应在同一温度下。

③ 补偿导线使用的温度范围不应超过规定范围，例如 100℃。

④ 补偿导线使用前应进行校验。100℃热电势应符合表 25-40 中所列数值。

对规格和极性不清楚的补偿导线的简易判断法：将补偿导线的一头剥去绝缘层，然后将其两根导线（热电偶有两根线：一根是导线，另一根是补偿导线）胶合在一起放在沸水中，导线的另一端与直流电位计连接，如果测出的热电势符合表 25-40 中的数值，则与直流电位差计正端连接的电极即为正极。

表 25-40　补偿导线色别及热电特性

补偿导线种类		EU	EA	LB		其 他	
配用热电偶		镍铬-镍铝 镍铬-镍硅	镍铬-考铜	铂铑$_{10}$-铂	钨铼$_5$-钨铼$_{20}$	铁-考铜	铜-康铜
导线线芯用材料	正极	铜	镍铬	铜	铜	铁	铜
	负极	康铜	考铜	铜镍	铜 1.7%～1.8%镍	考铜	康铜
导线线芯绝缘颜色规定	正极	红	红	红	红	红	红
	负极	蓝	黄	绿	蓝	白	白
测量端为 100℃，参考端为 0℃时的热电势/mV		4.10±0.15	6.95±0.30	0.643±0.023	1.337±0.045	5.75±0.25	4.10±0.15
测量端为 150℃，参考端为 0℃时的热电势/mV		6.13±0.020	10.59±0.3	$1.025^{+0.024}_{-0.055}$			
20℃时的电阻率不大于/($\Omega \cdot mm^2 \cdot m^{-1}$)		0.634	1.25	0.0484			

注：配钨铼$_5$-钨铼$_{20}$热电偶的补偿导线还有铜 12%镍-铜 28%镍，它的特点是耐热性好，可使用到 300～400℃。

4. 热电偶自由端温度波动的补正方法

热电偶自由端温度波动补正的方法，除前面介绍的最常用、最重要的补偿导线法之外，还有如下几种方法，现作一简单介绍。

1) 冷端温度补偿器

热电偶冷端补偿本质上就是一支直流 mV 发生器，输出的电压正好为 $E_{AB}(t_n, t_0)$，所以将它串接在热电偶回路中，使参考端不是 0℃，得到自动补偿。令 $U = E_{AB}(t_n, t_0)$

则
$$E_{AB}(t, t_n) + U = E_{AB}(t, t_0)$$

冷端温度补偿器的直流信号应随自由端温度 t_n 的变化而变化，并且在补偿的温度范围内，直流信号和 t 的关系应与配用的热电偶的热电特性一致。国产的几种常用的冷端温度补偿器如表 25-41 所列。

表 25-41 几种常用的冷端温度补偿器

型号	配用热电偶	电桥平衡温度/℃	补偿范围/℃	电源/V	内阻/Ω	消耗	外型尺寸 长×宽×高/mm	补偿误差/mV
WBC-01	铂铑-铂	20	0~50	~220	1	<8 W	220×113×72	±0.045
WBC-02	镍铬-镍硅 镍铬-镍铝							±0.16
WBC-03	镍铬-考铜							±0.18
WBC-57-LB	铂铑-铂	20	0~40	4	1	4~60 mA	150×115×50	±(0.015×0.0015t)
WBC-57-EU	镍铬-镍硅 镍铬-镍铝							±(0.04×0.004t)
WBC-57-EA	镍铬-考铜							±(0.065×0.0065t)

注：1. 表中 t 为与20℃之差的温度值。
2. WBC-01,WBC-02,WBC-03 型带有使交流 220 V 转变为直流 4 V 的装置，WBC-57 型不带该装置。

2) 恒温器

恒温器通常有油浴、金属盒等，它们具有较大的热惯性，因而可保持恒温。必要时也可采用电加热自动控温的恒温器。

3) 补偿热电偶

就是在热电偶回路中，反串一支同型号的热电偶。连接时注意极性，正接正，负接负。

4) 自由端温度不需要补正的热电偶

有些热电偶在一定温度范围内，不产生热电势或热电势很小。例如，镍钴-镍铝热电偶在 0~200℃时的热电势极小，在 300℃时也只有 0.38 mV；镍铁-镍铜热电偶在 0~50℃以下的热电势几乎等于 0；铂铑$_{30}$-铂铑$_6$热电偶在 0~50℃只有 -2~3 μV 的热电势。如果自由端温度在这一温度范围内变化，将不改变热电偶输出的热电势，所以就不需要对自由端进行温度补正。

25.2.6 热电偶实用测温线路

合理安排热电偶的测温线路，对提高测温精度、效益和维修方面都有意义。本节介绍的实用测温线路实为热电偶的连接线路，其详细的测量电路参见《传感器应用电路 200 例》[3]。

1. 一支热电偶配一台显示仪表的测量线路

如图 25-46 所示是一支热电偶配一台仪表的测量线路。显示仪表如果是电位差计，则不必考虑测量线路电阻对测温精度的影响；如果是动圈式仪表，就必须考虑测量线路电阻对测温精度的影响。

2. 几支热电偶共用一台显示仪表的测量线路

在需要测量多点温度时，为了节省显示仪表，可通过转换开关将各支热电偶的信号依次接到同一台显示仪表，如图 25-47 所示。测温时，为了使接线盒位于温度波动较小的场合，每支热电偶都要接相当长的补偿导线，这样既不经济，又不利于使用。因此，在多支热电偶共用一台显示仪表的线路中，可采用补偿热电偶。补偿热电偶的材料一般与所用热电偶材料相同，有时也用相应的补偿导线代替。

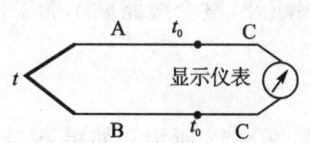

图 25-46 一支热电偶配一台显示仪表

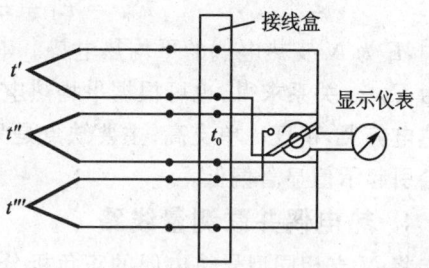

图 25-47 几支热电偶共用一台显示仪表

补偿热电偶有两种方法，一是将补偿热电偶的测量端置于恒温器，其温度为 t_n，参考温度恒定在 t_0，通过连接导线接入测量线路中，如图 25-48 所示。当转换开关在某位置时，图 25-48 简化为图 25-49。

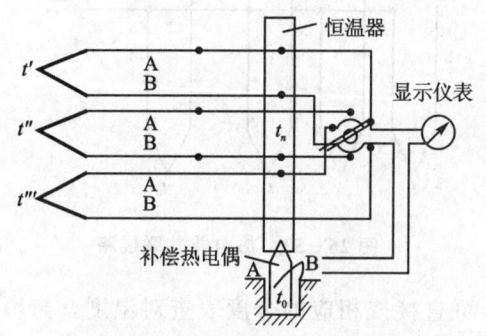

图 25-48 补偿热电偶连接示意图

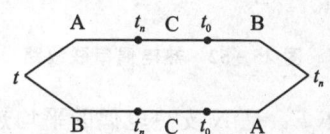

图 25-49 补偿热电偶连接简图

另一种方法是将补偿热电偶按图 25-50 所示连接，补偿热电偶的测量端温度恒定在 t_0，参考端置于温度为 t_n 的恒温器内。图 25-50 可简化为图 25-51。多点式仪表本身带有转换机构，不需要另加转换开关。多支热电偶还可由计算机控制自动选择采样。

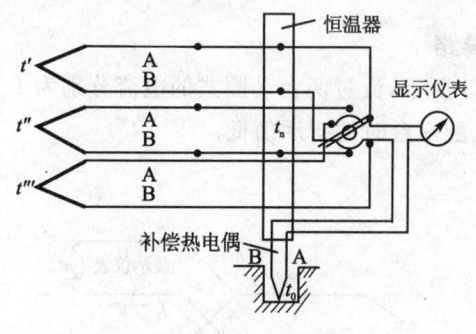

图 25-50 补偿热电偶连接示意图

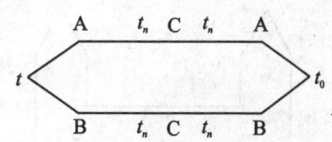

图 25-51 补偿热电偶连接简图

3. 热电偶串联测量线路

将 N 支相同型号的热电偶正负极依次相连接，如图 25-52 所示。若 N 支热电偶的各热电势分别为 $E_1, E_2, E_3, \cdots, E_N$，则总热电势为

$$E_{串} = E_1 + E_2 + E_3 + \cdots + E_N = NE$$

式中，E 为 N 支热电偶的平均热电势。串联线路的总热电势为 E 的 N 倍，$E_{串}$ 所对应的温度可由 $E_{串} - t$ 关系求得，也可根据平均热电势 E 在相应的分度表上查对。串联线路的主要优点是热电势大，精度比单支高；主要缺点是只要有一支热电偶断开，整个线路就不能工作，个别短路会引起示值显著偏低。

4. 热电偶并联测量线路

将 N 支相同型号热电偶的正负极分别连在一起，如图 25-53 所示。如果 N 支热电偶的电阻值相等，则并联电路总热电势为

$$E_{并} = \frac{E_1 + E_2 + E_3 + \cdots + E_N}{N}$$

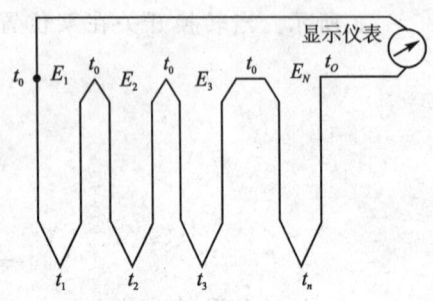

图 25-52　热电偶串联线路

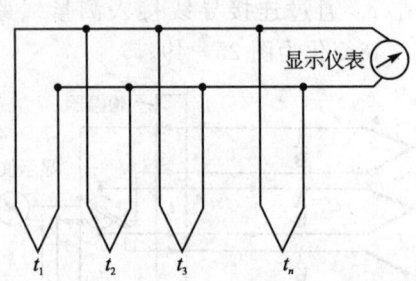

图 25-53　热电偶并联线路

由于 $E_{并}$ 是 N 支热电偶的平均热电势，因此，可直接按相应的分度表查对温度。与串联线路相比，并联线路的热电势小，当部分热电偶发生断路时不会中断整个并联线路的工作。

5. 温差测量线路

实际工作中常需要测量两处的温差。可选用两种方法测温差：一种是两支热电偶分别测量两处的温度，然后求算温差；另一种是将两支同型号的热电偶反串连接（图 25-54），直接测量温差电势，然后求算温差。前一种测量比后一种测量精度低，对于要求较精确的小温差测量，应采用后一种测量方法。

6. 一支热电偶配用两台显示仪表测量线路

① 一支热电偶配两台动圈式仪表，如图 25-55 所示，流过两台动圈式的电流分别为 I_1 和 I_2，都小于 I，因此这两台动圈式仪表的指示值都比配一台时的指示值低。

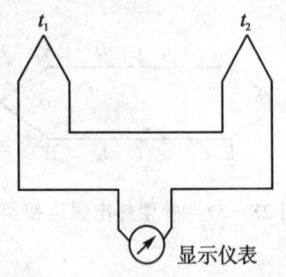

图 25-54　热电偶反串连接测温差

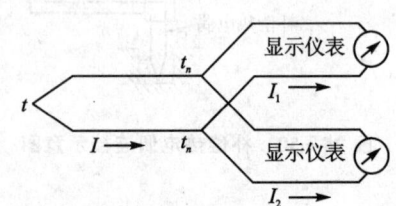

图 25-55　一支热电偶配用两台显示仪表

② 一支热电偶配用一台动圈式仪表和一台电子电位差计。如图25-55所示,只要在热电偶与显示仪表之间接上转换开关,工作时只与一台显示仪表连接,就可消除指示值偏低或不稳定的现象。

③ 一支热电偶配用两台电子电位差计。当两台电子电位差计的指示稳定后,测量线路的电流都等于零,因此仪表的工作状态与一支热电偶配一台仪表相同。这种接法不经济,因此很少采用。

7. 桥式电位差计测量线路

如要求高精度测温并自动记录,常采用自动电位差计线路。图25-56为XWT系列自动平衡记录仪表采用的线路。图中R_W为调零电位器,在测量前调节它使仪表指针置于标度尺起点;R_H为精密测量电位器,用于调节电桥输出的补偿电压;U_r为稳定的参考电压源;R_c为限流电阻。桥路的输入端滤波器是为滤除50 Hz的工频干扰。热电偶输出的热电势E_x经滤波后加入桥路,与桥路的输出分压电阻R两端的直流电压U_s相比较,其差值电压ΔU经滤波、放大,驱动可逆电机M,通过传动系统带动滑线电阻R_H的滑动触头,自动调整电压U_s,直到$E_x=U_s$为止,桥路处于平衡状态。根据滑动触头的平衡位置,在标度尺上读出相应的被测温度。图25-57为一个具体实用的桥式电位差计测量线路。

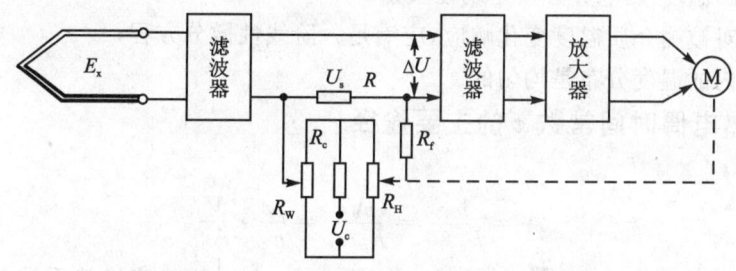

图25-56 自动电位差计线路

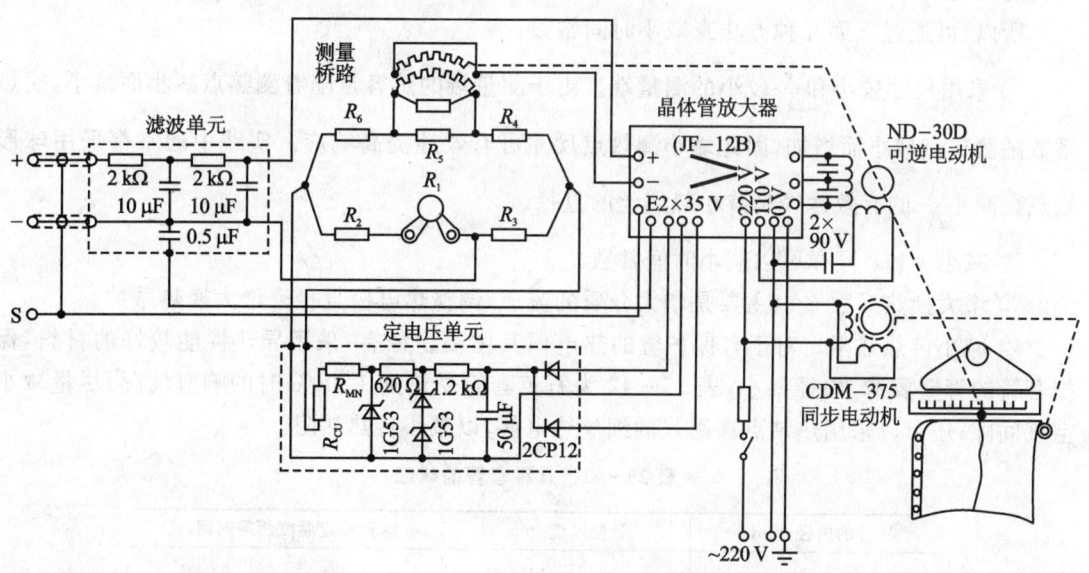

图25-57 XWT型电子电位差计电气原理线路

25.2.7 热电偶动态时间误差及校正

用接触法测量快速变化的温度时,指示的温度值始终跟不上被测介质温度的变化值,并且比实际温度低。这种测量瞬变温度时由滞后引起的误差,即为动态测温误差。误差的大小与热电偶的时间常数 τ 有关。

1. 热电偶的时间常数 τ

热电偶的时间常数 τ 称为热电偶的"特征时间",通常为

$$\tau = \frac{T_j - T_0}{T_g - T_0} = 1 - \frac{1}{e} = 0.632 \qquad (25-7)$$

式中,T_j——测热点温度;T_0——被测介质在 $t=0$ 时刻的温度;T_g——被测气体(介质)的有效温度;0.632——热电偶的温度达到被测介质温度 63.2% 所需要的时间。这是热电传感动态响应的重要参数,也是用实验方法确定时间常数的依据,见图 25-58。通常将 τ 看作常数,一般说来它是温度的函数。所以,热电偶在实际测量时,还必须满足:

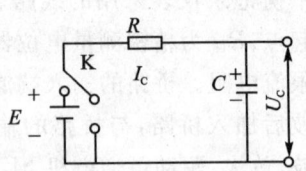

图 25-58 RC 等效电路

① 热电偶的温度-热电势必须是线性关系;
② 热电偶对被测介质温度变化响应,应满足一阶线性微分方程;
③ 测热点内的温度分布是均匀的。

2. 减小热电偶时间常数 τ 的主要途径

由于

$$\tau = \frac{mc}{h_c A_0} = \frac{\rho V c}{h_c A_0} = \frac{\rho c}{h_c} \cdot \frac{V}{A_0} \qquad (25-8)$$

式中,m——感温元件的质量;c——感温元件的比热;h_c——对流换热系数;ρ——感温元件材料的密度;V——感温元件材料的体积;A_0——感温元件测热点的表面积。

所以,可通过下面几种方法来减小时间常数。

① 采用尺寸较小和 $\frac{V}{A_0}$ 较小的测量端。由于测量端的热容量随着测热点减小而减小,换热系数随测热点减小而增加,因此缩小测热点尺寸可有效地提高响应。实践中通常都采用球形接点。减小 $\frac{V}{A_0}$ 的有效途径是减小热偶丝的直径。

② 减小 ρ 和 c 同样可以减小时间常数。

③ 增大换热系数 h_c。主要是增大介质的流速,调整热电极直径来增大换热系数。

④ 减小传热热阻。对于有保护管的热电偶其主要途径有:采用导热性能较好的材料,保护套管的管壁要薄,内径要小,表 25-42 为石英套管受热到 1500℃ 时的响应情况;尽量减小空气间隙;还可以采用热结点裸露式的细丝热电偶,以减小传热热阻。

表 25-42 几种套管的响应

管的内径/mm	管壁厚度/mm	达到额定温度所需时间/s
4~5	0.5~0.7	6~7
6~7	0.8~1.0	10~12
8~10	1.1~1.3	12~15

3. 外电路补偿

试图采用缩小热电偶丝直径的方法来提高热电偶的动态响应,是有一定困难的。因为这不但给制造带来困难,而且热电偶机械强度极差,使用寿命短,安装工艺复杂,动态响应也不能提得很高。采用外电路补偿方法,可在原来热电偶基础上有效地降低热电偶的动态测量误差。

1) 热电偶等效电路

热电偶的等效电路,可以用一阶线性微分方程来描述:

$$\tau \frac{dT_j}{dt} + T_j = T_g \tag{25-9}$$

式中,T_j——热电偶指示温度;T_g——被测介质温度;τ——热电偶时间常数。

上述过程可以用 RC 充电电路等效模拟(参见图 25-58)。因此有

$$RC \frac{dU_c}{dt} + U_c = E \tag{25-10}$$

其中 $RC=\tau$ 为充电时间常数。

2) 动态实时修正网络

在测量系统中,可以引入近似为热电偶传递函数倒数的网络,来实现热电偶动态误差实时修正。这种网络的实现较多,下面介绍其中较简单的两种。

① RL 网络。图 25-59 为 RL 网络,其传递函数为

$$H_a(S) = \frac{1+\tau_L S}{K\left(1+\frac{\tau_L}{K}S\right)} \tag{25-11}$$

为使式(25-11)便于分析,令 $K=\frac{R_1}{R_2}+1$,$\tau_L=\frac{L}{R_2}$,当 $\frac{\tau_L}{K} \ll 1$ 时,式(25-11)简化为

$$H_a(S) = \frac{1}{K}(1+\tau_L S) \tag{25-12}$$

② RC 网络。图 25-60 为 RC 网络,传递函数为

$$H_b(S) = \frac{1+\tau_C S}{K\left(1+\frac{\tau_C}{K}S\right)} \tag{25-13}$$

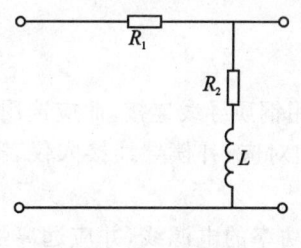

图 25-59　RL 网络

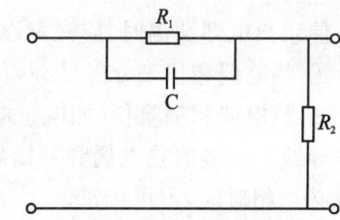

图 25-60　RC 网络

式(25-13)中,令 $K=\frac{R_1}{R_2}+1$,$\tau_C=R_1 C$,当 $\frac{\tau_C}{K} \ll 1$ 时,式(25-13)可简化为

$$H_b(S) = \frac{1}{K}(1+\tau_C S) \tag{25-14}$$

若校正网络的时间常数等于热电偶的时间常数,即 $\tau=\tau_L$(或 τ_C),那么在理论上测试系统的传递函数应为

$$H(S) = H_\tau(S)H_c(S) = \frac{1}{1+\tau S} \frac{(1+\tau_c S)}{K} = \frac{1}{K} \qquad (25-15)$$

在实际条件下,$\frac{\tau_c}{K}$ 不可忽略,因此,在条件 $\tau=\tau_c$ 时,测试系统的传递函数为

$$H(S) = H_\tau(S)H_c(S) = \frac{1}{K} \cdot \frac{1}{1+\tau S} \cdot \frac{1+\tau_c S}{1+\frac{\tau_c}{K}S} = \frac{1}{K} \cdot \frac{1}{1+\frac{\tau_c}{K}S} \qquad (25-16)$$

综上所述,图 25-59 中,K 的取值越大,也就是 R_2 取值越小,测量系统的时间常数减小,则测量系统校正后动态特性越好,动态误差越小。但是,随之带来的是信号衰减越大,信噪比越来越小。然而这在工程上可以用增强前置放大和末级放大的措施来克服。

4. 热电偶时间常数 τ 的测试方法

用外电路补偿法来实现动态误差修正,必须知道热电偶的时间常数,因此必须用实验方法将它测量出来。其测量方法较多,主要是给热电偶一个温度阶跃,记录下热电偶的响应曲线,取其幅值的 0.632 处对应的时间为热电偶的时间常数值。用这种方法确定时间常数,必须考虑热电偶使用介质的影响,即必须注意热交换的形式。一般热交换形式有三种(对流、传导和辐射),其中应注意哪一种方式是主要的,否则将影响时间常数曲线,使之偏离指数特性。

可由以下方法获得温度阶跃:

① 沸水法。将水温保持恒温状态,然后将热电偶迅速投入水中,此时热电偶获得一个温度阶跃,由热电偶的输出热电势-时间曲线,便得到热电偶的时间常数。这是最常用的一种方法,工业热电偶的响应时间,就是用此方法测得的。

② 激波管法。用此方法可以获得较理想的温度阶跃,同时还可以获得较为理想的压力阶跃。

③ 激光法。它也是一种理想的温度阶跃源。将热电偶的热结点置于激光光斑上,远离焦点,在焦点上会使热偶丝熔化,光斑消失,就能获得由热变冷的温度阶跃。

④ 各种风洞实验。可将热电偶的热结点置于风洞口,或者在风洞口给予冷气,也可获得温度阶跃。

25.2.8 热电偶使用中的注意事项

使用热电偶测温时,应注意以下事项:

① 热电偶和仪表分度号必须一致。

② 热电偶和测量仪(如电子电位差计)不允许用铜质导线连接,而应选用与热电偶配套的补偿导线。安装时热电偶和补偿导线正负极必须相对应,补偿导线接入仪表中的输入端正负极也必须相对应,不可接错。

③ 热电偶补偿导线的安装位置应尽量避开大功率的电源线,并应远离强磁场和强电场,否则易给仪表引入干扰。

④ 热电偶的安装。

- 热电偶不应装在太靠近炉门和加热源处。
- 热电偶插入炉内深度可按实际情况而定。其工作端应尽量靠近被测物体,以保证测量准确。另一方面,为了装卸工件方便,并不至于损坏热电偶,又要求工作端与被测物体有适当距离,一般不少于 100 mm。热电偶的接线盒不应靠到炉壁上。

- 热电偶应尽可能垂直安装,以免保护管在高温下变形。若需要水平安装,则应用耐火泥和耐热合金制成的支架支撑。
- 热电偶保护管和炉壁之间的空隙,用绝热物质(如耐火泥或石棉绳)堵塞,以免冷热空气对流而影响测温准确性。
- 用热电偶测量管道中的介质温度时,应注意热电偶工作端有足够的插入深度,如管道直径较小,可采取倾斜或在管道弯曲处安装。
- 在安装瓷和氧化铝这一类保护管的热电偶时,其所选择的位置应适当,不致因加热工件的移动而损坏保护管。在插入或取出热电偶时,应避免急冷急热,以免保护管破裂。
- 热电偶工作端的安装位置应尽可能避开强磁场和强电场,以免引入干扰。
- 使用热电偶时,除特殊情况外,一般不允许将热电偶从保护管中抽出而直接与测温介质接触。同时在使用时应经常检查保护管的情况,发现其表面侵蚀严重的应予更换。
- 用热电偶测量盐炉温度时,测温前应将热电偶放在炉旁先预热。插入盐炉中严禁与炉壁或电极相碰,插入深度约为盐炉深度的 1/3~1/2。热电偶在使用后,自然冷却,然后用碱水将热电偶保护管洗净,放在干燥处以备下次再用。
- 为保证测试准确度,热电偶应定期进行校验。

25.2.9 热电偶的故障及其修复

热电偶在使用中可能发生的故障及排除方法如表 25-43 所列。

表 25-43 热电偶的故障及其修复

序号	故障现象	可能的原因	修复方法
1	热电势比实际应有的小(仪表指示值偏低)	1. 热电偶内部电极漏电	1. 将热电极取出,检查漏电原因。若是因潮湿引起,则应将电极烘干;若是绝缘管绝缘不良引起,则应予更换
		2. 热电偶内部潮湿	2. 将热电极取出,把热电极和保护管分别烘干,并检查保护管是否有渗漏现象,质量不合格则应予更换
		3. 热电偶接线盒内接线柱短路	3. 打开接线盒,清洁接线板,消除造成短路的原因
		4. 补偿线短路	4. 将短路处重新绝缘或更换补偿线
		5. 热电偶电极变质或工作端霉坏	5. 把变质部分剪去,重新焊接工作端或更换新电极
		6. 补偿导线和热电偶不一致	6. 换成与热电偶配套的补偿导线
		7. 补偿导线与热电极的极性接反	7. 重新改接
		8. 热电偶安装位置不当	8. 选取适当的安装位置
		9. 热电偶与仪表分度不一致	9. 换成与仪表分度一致的热电偶
2	热电势比实际应有的大(仪表指示值偏高)	1. 热电偶与仪表分度不一致 2. 补偿导线和热电偶不一致 3. 热电偶安装位置不当	1. 更换热电偶,使其与仪表一致 2. 换成与热电偶配套的补偿导线 3. 选取正确的安装位置

续表 25-43

序号	故障现象	可能的原因	修复方法
3	仪表指示值不稳定（仪表本身无故障的情况下）	1. 接线盒内热电极和补偿导线接触不良 2. 热电极有断续短路和断续接地现象 3. 热电极似断非断现象 4. 热电偶安装不牢而发生摆动 5. 补偿导线有接地、断续短路或断路现象	1. 打开接线盒,重新接好并紧固 2. 取出热电极,找出断续短路和接地的部位,并加以排除 3. 取出热电极,重新焊好电极,经检定合格后使用,否则应更换新的 4. 将热电偶牢固安装 5. 找出接地和断续的部位,加以修复或更换补偿导线

25.3 热敏电阻型传感器

热敏电阻是用一种半导体材料制成的敏感元件,其特点是电阻随温度变化而显著变化,并能直接将温度的变化转换为电量的变化。可测温度范围为-50～350℃,体积小,寿命长,价格低,因此,它广泛应用于需要进行温度控制,如冰箱、空调机、锅炉、汽车、工农业、医疗等各种检测仪表。

25.3.1 热敏电阻的主要特性

1. 热敏电阻的电阻-温度特性($R_T - T$)

电阻-温度特性与热敏电阻的电阻率 ρ_T 和温度 T 的关系是一致的,它表示热敏电阻 R_T 随温度的变化规律,一般用 $R_T - T$ 特性曲线表示,如图 25-61 所示。

1) 负温度系数热敏电阻的 $R_T - T$ 特性

负温度系数热敏电阻的电阻-温度关系的一般数学表达式为

$$R_T = R_{T_0} \exp\left[B_n\left(\frac{1}{T} - \frac{1}{T_0}\right)\right] \tag{25-17}$$

式中,R_T 和 R_{T_0}——温度为 T 和 T_0 时热敏电阻的电阻值;B_n——负温度系数热敏电阻的材料常数。

式(25-17)仅是一个经验公式。由测试结果表明,不管是由气化物材料,还是由单晶体材料制成的负温度系数热敏电阻,在不太宽的温度范围内(小于450℃),都适用该式。

为了使用方便,常取环境温度为25℃的温度为参考温度(即 $T_0 = 25$℃),则负温度系数热敏电阻的电阻-温度关系常用下式表示:

$$\frac{R_T}{R_{25}} = \exp\left[B_n\left(\frac{1}{T} - \frac{1}{298}\right)\right]$$

如取 R_T/R_{25} 和 T 分别表示纵、横坐标,则负温度系数热敏电阻的 $R_T/R_{25} - T$ 曲线如图 25-62 所示。$R_T/R_{25} - B_n$ 关系如表 25-44 所列。

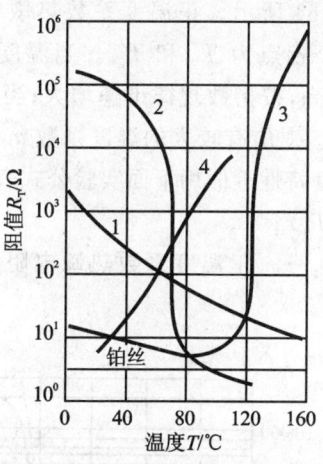
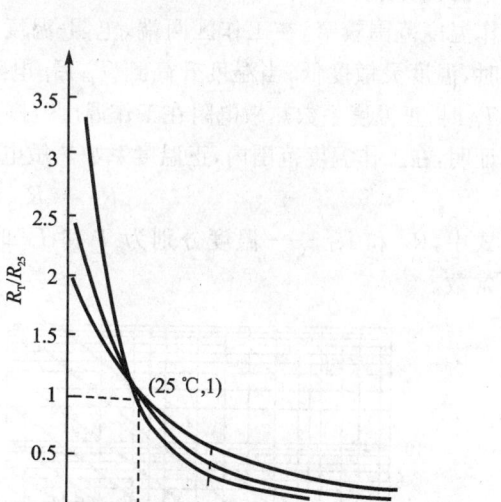

1—负温度系数热敏电阻的 $R_T - T$ 曲线；
2—临界负温度系数热敏电阻的 $R_T - T$ 曲线；
3—开关型热敏电阻的 $R_T - T$ 曲线；
4—缓交变型正温度系数热敏电阻的 $R_T - T$ 曲线

图 25-61　热敏电阻的电阻-温度特性曲线

图 25-62　$R_T/R_{25} - T$ 特性曲线

表 25-44　$R_T/R_{25} - B_n$ 系数表

B_n/K	R_T/R_{25}					
	R_{-20}/R_{25}	R_0/R_{26}	R_{50}/R_{25}	R_{75}/R_{25}	R_{100}/R_{25}	R_{150}/R_{25}
2 200	3.715	1.963	0.565	0.347	0.227	0.113
2 600	4.720	2.221	0.509	0.286	0.173	0.076
2 800	5.319	2.362	0.483	0.259	0.149	0.062
3 000	5.993	2.512	0.458	0.236	0.132	0.051
3 200	6.751	2.671	0.435	0.214	0.115	0.042
3 400	7.609	2.840	0.413	0.194	0.101	0.034
3 600	8.571	3.020	0.392	0.176	0.088	0.028
3 800	9.660	3.211	0.372	0.160	0.077	0.023
4 000	10.88	3.414	0.354	0.146	0.067	0.019
5 000	19.77	4.642	0.273	0.092	0.034	0.007

如果将式(25-17)的两边取对数,则得

$$\ln R_T = B_n \left(\frac{1}{T} - \frac{1}{T_0} \right) + \ln R_{T_0} \tag{25-18}$$

如果以 $\ln R_T$ 和 $\frac{1}{T}$ 分别作纵坐标和横坐标,可知式(25-18)代表斜率为 B_n、通过点 $\left(\frac{1}{T_0}, \ln R_{T_0} \right)$ 的一条直线,如图 25-63 所示。材料的不同或配方的比例和方法不同,则 B_n 也不同。用 $\ln R_T - \frac{1}{T}$ 表示负温度系数热敏电阻的电阻-温度特性,在实际应用中比较方便。

2) 正电阻温度系数的 $R_T - T$ 特性

正温度系数热敏电阻的特性是利用正温热敏材料在居里点附近结构发生相变而引起导电

第25章 热敏传感器

率的突变来取得的,其典型电阻-温度特性曲线如图 25-64 所示。正温度系数热敏电阻的工作温度范围较窄,在工作区两端,电阻-温度曲线上有两个拐点为 T_{p1} 和 T_{p2}。当温度低于 T_{p1} 时,温度灵敏度低;当温度升高到 T_{p1} 后,电阻值随温度增高,按指数规律迅速增大;当温度升到 T_{p2} 时,正温度系数热敏电阻在工作温度范围内存在温度 T_c,对应有较大的温度系数 a_{tc}。经实验证明,在工作温度范围内,正温度系数热敏电阻的电阻-温度特性近似用下面实验公式表示:

$$R_T = R_{T_0} \exp[B_p(T - T_0)] \tag{25-19}$$

式中,R_T 和 R_{T_0}——温度分别为 T 和 T_0 时的电阻值;B_p——正温度系数热敏电阻器的材料常数。

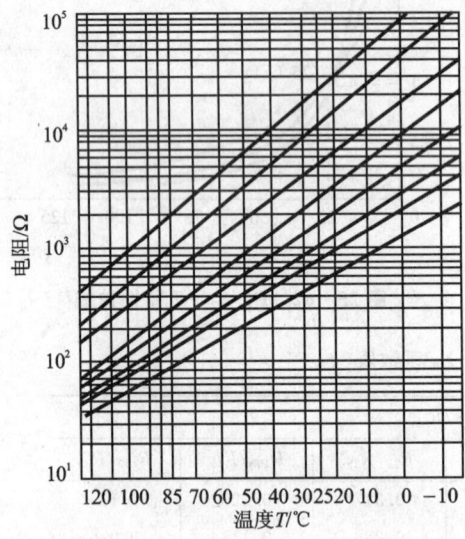

图 25-63 用 $\ln R_T - \dfrac{1}{T}$ 表示的负电阻温度系数热敏电阻器的电阻-温度曲线

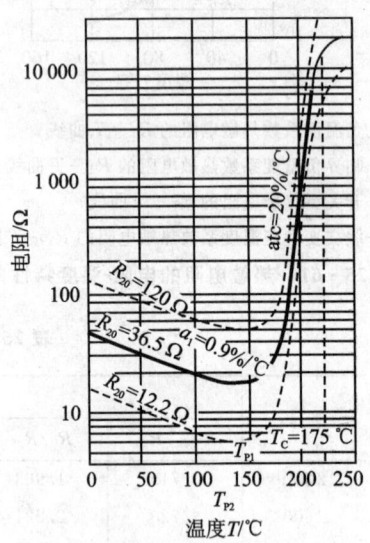

图 25-64 正温度系数热敏电阻器的电阻-温度曲线

式(25-19)取对数表示为

$$\ln R_T = B_p(T - T_0) + \ln R_{T_0} \tag{25-20}$$

以 $\ln R_T$ 和 T 分别为纵坐标和横坐标,得到图 25-65。微分式(25-19),可得正温度系数热敏电阻的电阻温度系数 α_{tp}

$$a_{tp} = \frac{1}{R_T} \cdot \frac{dR_T}{dT} = \frac{B_p R_{T_0} \exp[B_p(T - T_0)]}{R_{T_0} \exp[B_p(T - T_0)]} = B_p \tag{25-21}$$

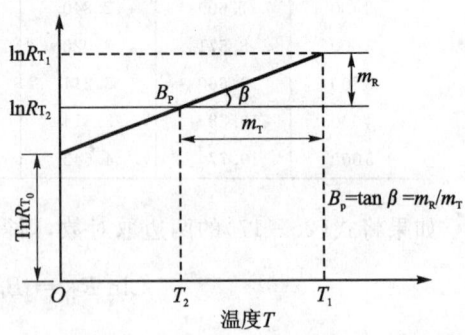

图 25-65 $\ln R_T - T$ 表示的正温度系数热敏电阻器电阻-温度曲线

可见,正温度系数热敏电阻的电阻温度系数 α_{tp},正好等于它的材料常数 B_p 值。

2. 热敏电阻的伏-安特性($U-I$)

伏-安特性表示加在热敏电阻两端的电压和通过的电流,在热敏电阻和周围介质热平衡时,即加在元件上的电功率和耗散功率相等时的相互关系。

1) 负温度系数热敏电阻的 $U-I$ 特性

特性曲线如图 25-66 所示。该曲线是在环境温度为 T_0 时的静态介质中测出的静态 $U-I$ 曲线。

热敏电阻的端电压 U_T 和通过它的电流 I 有如下关系：

$$U_T = IR_T = IR_0 \exp\left[B_n\left(\frac{1}{T} - \frac{1}{T_0}\right)\right] \cong IR_0 \exp\left[B_n\left(\frac{\Delta T}{T - T_0}\right)\right] \quad (25-22)$$

式中，T_0——环境温度；ΔT——热敏电阻的温升。

2) 正温度系数热敏电阻的 $U-I$ 特性

特性曲线如图 25-67 所示，它与负温度系数热敏电阻一样，曲线的起始段为直线，其斜率与热敏电阻在环境温度下的电阻值相等。这是因为流过电阻电流很小时，耗散功率引起的温升可以忽略不计。当热敏电阻温度超过环境温度时，引起电阻值增大，曲线开始弯曲。当电压增至 U_m 时，存在一个电流最大值 I_m，如电压继续增加，由于温度升高引起电阻值增加速度超过电压增加的速度，电流反而减小，曲线斜率由正变负。

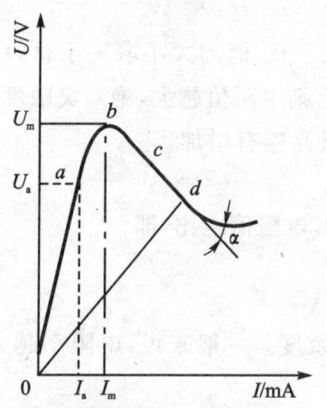

图 25-66 负温度系数热敏电阻器的静态伏-安特性

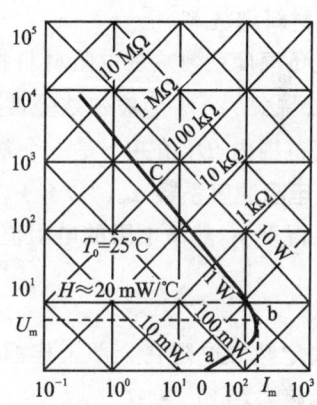

图 25-67 正温度系数热敏电阻器的静态伏-安特性

3. 热敏电阻的动态特性

因为热敏电阻的电阻值的变化完全是由热现象引起的，因此它的变化，必然有时间上的滞后现象，这种电阻值随时间变化的特性叫做热敏电阻的动态特性。可分为 3 种：周围温度变化所引起的加热特性、周围温度变化所引起的冷却特性、热敏电阻通电加热所引起的自热特性。

当热敏电阻由温度 T_0 增加到 T_u 时，其电阻值 R_{T_t} 随时间 t 的变化规律为

$$\ln R_{T_t} = \frac{B_n}{T_u - (T_u - T_0)\exp(-t/\tau)} - \frac{B_n}{T_a} + \ln R_{T_a} \quad (25-23)$$

式中，R_{T_t}——时间为 t 时热敏电阻的阻值；T_0——环境温度；T_u——介质温度（$T_u > T_0$）；R_{T_a}——温度 T_a 时，热敏电阻的电阻值；t——时间。

当热敏电阻由温度 T_u 冷却到 T_0 时，其电阻值 R_T 与时间的关系为

$$\ln R_{T_t} = \frac{B_n}{(T_u - T_0)\exp(-t/\tau)} - \frac{B_n}{T_a} + \ln R_{T_a} \quad (25-24)$$

25.3.2 热敏电阻的基本参数

(1) 标称电阻值 R_{25}（冷阻）

标称电阻值是热敏电阻在25℃时的阻值。是指在规定温度25℃时,用使电阻值变化不超过0.1%的测量功率所求得的电阻值,电阻值大小由热敏电阻的材料和几何尺寸所决定。如果环境温度不符合(25±0.2)℃而在23～27℃之间,则可按下式换算成25℃时的电阻值

$$R_{25} = \frac{R_T}{1 + \alpha_{25}(T - 298)} \qquad (25-25)$$

式中,R_{25}——温度为25℃时的电阻值;R_T——温度为T时的实际电阻值;α_{25}——被测热敏电阻在25℃时的电阻温度系数。

如果环境温度T偏离25℃过高,则按下式换算成25℃时的电阻值。

对正温度系数热敏电阻:

$$R_{25} = R_T \exp[B_p(298 - T)] \qquad (25-26)$$

(2) 材料常数 K

它是负温度系数热敏电阻材料物理特性的一个常数。B_n值的大小取决于材料的激活能 ΔE,且 $B_n = \Delta E/2k$,k 为玻尔兹曼常数。一般 B_n 值越大,则电阻值越大,绝对灵敏度越高。在工作温度范围内,B_n值并不是一个常数,而是随温度的升高略有增加。

(3) 电阻温度系数 α_{tn}(%/℃)

在某温度下,热敏电阻的电阻值随温度的变化率与其电阻值之比,即

$$\alpha_{tn} = \frac{1}{R_T} \cdot \frac{dR_T}{dT}$$

α_{tn}决定热敏电阻在全部工作温度范围内的温度灵敏度。一般来说,电阻率越大,电阻温度系数也越大。

(4) 时间常数 τ

时间常数 τ 定义为热容量 C 和耗散系数 H 之比,即

$$\tau = \frac{C}{H}$$

其数值等于热敏电阻在零功率测量状态下,当环境温度突变时,电阻的温度变量从起始到最终变量的63.2%所需的时间。

(5) 耗散系数 H

它是热敏电阻温度变化1℃所耗散的功率的变化量,即

$$H = \Delta P / \Delta T$$

在工作温度范围内,当环境温度变化时,H值的大小与热敏电阻的结构、形状和所处介质的种类及状态有关。

(6) 额定功率 P_E

额定功率 P_E 是热敏电阻在规定的技术条件下长期连续负荷所允许的消耗功率。在此功率下,热敏电阻自身温度不应超过 T_{max}。

(7) 测量功率 P_c

它是在规定的环境温度下,热敏电阻受到测量电流加热而引起的电阻值变化不超过

0.1%时所耗消的功率,即

$$P_c \leqslant \frac{H}{1000\alpha_{tn}}$$

(8) 热电阻值 R_H

该电阻值是指旁热式热敏电阻在加热器上通过给定的工作电流时,电阻达到热平衡状态时的电阻值。

(9) 最大加热电流 I_{max}

它是指旁热式热敏电阻上允许通过的最大电流。

(10) 标称工作电流 I

标称工作电流是指:在环境温度 25℃ 时,旁热式热敏电阻的电阻值稳定在某一规定值时加热器的电流。

(11) 标称电压

它是稳压热敏电阻在规定温度下与标称工作电流所对应的电压值。

(12) 绝缘电阻 R_j

它是指热敏电阻的电阻体与加热器或电阻体与密封外壳之间的绝缘电阻值。

(13) 最大允许电压波动

它是稳压热敏电阻在规定温度和工作电流范围内允许电压波动的最大值。

(14) 最大允许瞬时过负荷电流

这种电流是指热敏电阻在规定温度和保持原特性不变的条件下,瞬时所能承受的最大电流值。

25.3.3 热敏电阻的应用

热敏电阻主要用作检测元件和电路元件。

1. 热敏电阻用作检测元件

热敏电阻用作检测元件,其工作点的选取,由热敏电阻伏-安特性决定,如表 25-45 所列。

表 25-45 热敏电阻用作检测元件在仪器仪表中的应用分类

对伏-安特性的位置	在仪器仪表中的应用
U_m 的左边	温度计、温度差计、温度补偿、微小温度检测、温度报警、温度继电器、湿度计、分子量测定、水分计、热辐射计、红外探测器、热传导测定、比热测定
U_m 的附近	液位报警、液位检测
U_m 的右边	流速计、流量计、气体分析仪、气体色谱仪、真空计、热导分析
旁热型热敏电阻器	风速计、液面计、真空计

注:U_m 为峰值电压。

2. 热敏电阻用作电路元件

作为电路元件用的热敏电阻如表 25-46 所列。

表 25-46　热敏电阻用作电路元件在仪器仪表中的应用分类

对伏-安特性的位置	在仪器仪表中的应用
U_m 的左边	偏置线圈的温度补偿、仪表温度补偿、热电偶温度补偿、晶体管温度补偿
U_m 的附近	恒压电路、延迟电路、保护电路
U_m 的右边	自动增益控制电路、RC 振荡器、振幅稳定电路

此外，为方便读者选用，图 25-68 给出了各种热敏电阻探头的外形结构，表 25-47 给出了部分国产热敏电阻新旧型号对照表。

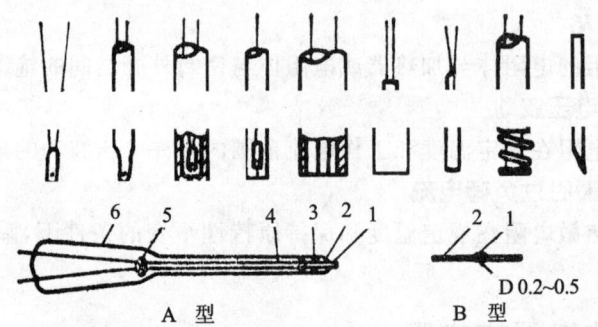

1—热敏电阻；2—铂丝；3—银焊；4—钍镁丝；5—绝缘柱；6—玻璃

图 25-68　温度检测用的各种热敏电阻器探头

表 25-47　国产热敏电阻新旧型号对照表

新型号	相应旧型号	新型号	相应旧型号	新型号	相应旧型号
MF_{11}	RRB_1	MF_{12-1}	RB_{3-3}	MF_{16}	RC_{4-2}
MF_{11}	R_{501}	MF_{13}	RRC_{3-1}	$MF_{22-2-0.5}$	RRW_{1-1}
$MF_{12-0.25}$	RB_{3-1}	MF_{14}	RRC_{3-2}	MF_{22-2-2}	RRW_{1-2}
$MF_{12-0.5}$	RB_{3-2}	MF_{15}	RRC_{4-1}	MF_{41}	RRP_{-2}

下面再给出一些热敏电阻型传感器的型号参数，见表 25-48～表 25-53。

第25章 热敏传感器

表 25-48 温度用热敏电阻

型号	主要用途	标称阻值	材料常数 K	额定功率 /W	测量功率 /mW	时间常数 /s	耗散系数 /(mW·℃$^{-1}$)
MF$_{-11}$		10 Ω~15 kΩ	2200~3300	0.5	0.13	≤60	≥5
MF$_{12-0.25}$		1 kΩ~1 MΩ	3900~5600	0.25	0.04	≤15	3~4
MF$_{12-0.5}$		0.1 kΩ~1.2 MΩ	3900~5600	0.5	0.47	≤35	5~6
MF$_{12-1}$	温度补偿	56 Ω~5.6 kΩ	3900~5600	1	0.2	≤80	12~14
MF$_{13}$		820 Ω~300 kΩ	2200~3300	0.25	0.1	≤85	≥4
MF$_{14}$		880 Ω~330 kΩ	2200~3300	0.5	0.1	≤115	7~7.6
MF$_{15}$		10 kΩ~1000 kΩ	3900~5600	0.5	0.1	≤85	≥7
MF$_{16}$		10 kΩ~1000 kΩ	3900~5600	0.5	0.1	≤115	7~7.6
RRC$_2$		6.8 kΩ~1000 kΩ	3900~5600	0.4	0.1	≤20	7~7.6
RRC$_5$	测温和控温	8.2 kΩ~1000 kΩ	2200~3300	0.6	0.05	≤20	
RRC$_{7B}$		3 kΩ~100 kΩ	3900~4500	0.03		≤0.5	
RRW$_2$	稳定振幅	6.8 kΩ~500 kΩ	3900~4500	0.03		≤0.5	≤0.2

表 25-49 电路常用热敏电阻器 Ⅰ

型号	主要用途	时间常数 /s	标称电压 /V	稳压范围 /V	标称电源 /mA	工作电流范围 /mA	最大允许电压 /V	最大允许瞬时过负荷电流 /mA
MF$_{22-2-2}$	稳定输出电压和振幅的自动增益调节	≤35	2	1.6~3	2	0.4~6	0.4	62
MF$_{22-2-0.5}$		≤35	2	1.6~3	0.5	0.2~2	0.4	22
MF$_{22-2-2}$		≤40	2	1.6~3	2	0.4~6	0.4	62
RRW$_{1-2A}$		≤10	2	1.5~2.5	0.6~6	2	0.4	12

表 25-50 电路常用热敏电阻器 Ⅱ

型号	主要用途	标称阻值 /kΩ	材料常数 K	时间常数 /s	耗散系数 /(mW·℃$^{-1}$)	加热器阻值 /Ω	最大加热电流 /mA	耦合系数	绝缘电阻 /Ω
MF$_{41}$	在自动控制和遥控电路中用作无滑动接点的可变电阻器，稳定高低频振荡的振幅，自动调节放大器放大率	20~35	3900~4100	40±1	0.25	90~110	22	≥0.5	≥10^7
RRP$_3$		20~40	3900~4100	15±5	0.25	200~300	13	≥0.5	≥10^7
RRP$_7$		30~50	3900~4500	30±20	0.25	350~420	12	≥0.5	≥10^7
RRP$_8$		40~60	3900~4500	40±10	0.25	180~240	13	≥0.5	≥10^7
RRP$_9$		≤25	3900~4100	15±5	0.25	360~440	10	≥0.5	≥10^7

表 25-51　CW6 系列热敏电阻温度传感器特性参数表

型　号	量程/℃	精度/℃	测量对象
CW6-1-2	−10～100	±0.3	容器
CW6-2-1	−183～−133	±0.2	低温介质
CW6-2-2	−253～−223	±0.2	低温介质
CW6-3-1	−120～−20	±0.2	低温介质
CW6-3-2	−60～40	±0.2	低温介质
CW6-3-3	−183～−133	±0.2	低温介质
CW6-3-4	−253～−223	±0.2	低温介质
CW6-3-5	−253～−223	±0.2	低温介质
CW6-3-6	−253～−223	±0.2	低温介质
CW6-4-1	0～100	±0.3	表面
CW6-5-1	0～100	±0.5	表面
CE6-5-2	−80～20	±0.5	表面
CW6-6-1	−30～70	±0.4	空气(大气)
CW6-6-2	0～100	±0.4	空气(大气)
CW6-6-3	50～150	±0.4	空气(大气)
CW6-6-4	80～180	±0.4	空气(大气)
CW6-6-5	100～200	±0.4	空气(大气)
CW6-8-1	−30～70	±0.5	表面
CW6-8-2	0～110	±0.5	表面
CW6-8A-1	−30～70	±0.5	表面
CW6-8A-2	0～110	±0.5	表面
CW6-8A-3	50～160	±0.5	表面
CW6-8A-4	80～180	±0.5	表面
CW6-8A-5	100～210	±0.5	表面
CW6-8B-1	−30～70	±0.5	表面
CW6-8B-2	0～110	±0.5	表面
CW6-8B-3	50～160	±0.5	表面
CW6-8B-4	80～180	±0.5	表面
CW6-8B-5	100～210	±0.5	表面
CW6-8B-6	−50～70	±0.5	表面
CW6-9	40～60	±0.3	表面
CW6-10-1	0～250	±0.5	空气(大气)
CW6-10-2	0～250	±0.5	空气(大气)
CW6-11	0～300	±0.5	空气(大气)
CW6-13	0～50	±0.4	空气(大气)
CW6-14-1	0～250	±0.5	管道
CW6-14-2	0～250	±0.5	管道
CW6-15-1	−20～30	±0.4	空气(大气)
CW6-15-2	−30～20	±0.4	空气(大气)
CW6-15-3	−20～50	±0.4	空气(大气)

续表 25-51

型号	量程/℃	精度/℃	测量对象
CW6-15-4	−30~70	±0.4	空气(大气)
CW6-15-5	0~100	±0.4	空气(大气)
CW6-16	−40~70	±0.3	空气(大气)
CW6-17	−20~70	±0.4	容器
CW6-18	−253~−153	±0.2	低温介质
CW6-19-1	−183~−160	±0.2	低温介质
CW6-19-2	−253~−203	±0.2	低温介质
CW6-20-1	−253~−243	±0.2	低温介质
CW6-21-1	0~100	±0.5	表面
CW6-21-2	100~210	±0.5	表面
CW6-25	−40~60	±0.4	高压气体

表 25-52　RR901 型负温度系数热敏电阻器特性参数表

参　数	RR901-1 型	RR901-2 型	RR901-3 型
标称阻值及偏差/kΩ	10(±5%)	10(±10%)	5(±3%)
B_h 值及偏差/K	4 200(±5%)	3 900(±5%)	4 000(±5%)
电阻温度系数/($\times 10^{-2} \cdot ℃^{-1}$)	−4.7	−4.4	−4.4
时间常数/s	≤40	≤30	≤10
测温范围/℃	0~40	−20~+70	−10~25

表 25-53　MF57 型测温用负温度系数热敏电阻器特性参数表

型号	标称阻值 阻值/Ω	允许偏差/%	材料常数 B_h 值/K	允许偏差/%	温度系数/($\times 10^{-2} \cdot ℃^{-1}$)	额定功率/W	测量功率/mW	耗散系数/(mW·℃$^{-1}$)	时常常数/s	使用温度范围/℃
MF$_{57-1}$	220~470	±3	3000	±5	−3.86 ~ −4.25	0.5	≤15	≥8	≤50	−55 ~ +125
MF$_{57-2}$	220~5k	±5	3600							
MF$_{57-3}$	300~1k	±10	3900							
MF$_{57-4}$	1~10k		4300							

阻值比-温度特性(B_h 值 3600K)

R_{25}/R_{35}	温度/℃								
	−55	−25	0	25	50	76	100	125	
	R/R$_{25}$								
7.65	83.95	11.40	3.023	1.00	0.392 6	0.716 3	0.088 09	0.048 07	
11.99	199.0	18.30	3.749	1.00	0.327	0.126	0.055	0.027	

25.4 热膨胀型热敏传感器

利用物质膨胀效应构成的热敏传感器,除人们广泛使用的水银温度计外,还有双金属片式热敏传感器和压力式热敏传感器。

25.4.1 双金属片式热敏传感器

双金属片式热敏传感器由两种不同热膨胀系数的金属片构成,如图 25-69 所示,通常由膨胀系数接近零的铁镍合金和黄铜(或铁)粘合而成。它是利用双金属片受热产生的位置偏移指示温度,双金属片的位置偏移和力与温度的关系如图 25-69 所示。由图可知,提高灵敏度的方法是使双金属片的薄厚度 h 减少和长度 l 增加,通常灵敏度为 $0.01 \sim 0.03$ mm/℃。

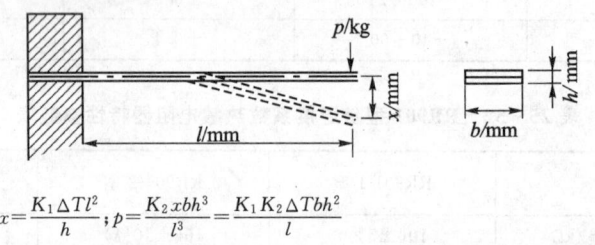

$$x = \frac{K_1 \Delta T l^2}{h}; \quad p = \frac{K_2 x b h^3}{l^3} = \frac{K_1 K_2 \Delta T b h^2}{l}$$

K_1:由两种金属热胀系数之差、弹性系数之比和厚度比所决定的常数;
K_2:与双金属的弹性系数成正比的常数

图 25-69 双金属片的位置偏移与温度的关系

25.4.2 压力式热敏传感器

压力式热敏传感器是利用液体、气体或蒸汽随温度上升而体积膨胀产生的压力进行工作的,图 25-70 示出由热敏筒、毛细管和波尔洞管构成的液体压力温度计,其中热敏筒充入热敏液体。液体体积随热敏筒的温度上升而膨胀,从而导致波尔洞管的端部产生

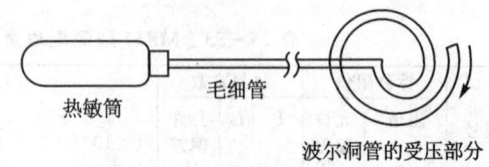

图 25-70 液体压力温度计的构造

偏移,利用这种偏移效应能指示温度高低。压力式热敏传感器用作恒温器时,由于液体膨胀而压迫膜片,使与传感器连接的开关动作。充入热敏筒的液体可用煤油(最高温 315℃)、乙醇(150℃)和水银(550℃)等。

热敏筒充入惰性气体,最高使用温度可达 550℃。充入惰性液体的热敏筒(筒留有空隙)即是蒸汽压力温度计,热敏液是丙烷(-45～10℃)、正丁烷(10～105℃)、甲苯(50～315℃)和液氧(-185～135℃)等。

压力式热敏传感器和前述双金属片式热敏传感器一样,其结构简单,无需特殊电路,故迄今仍被广泛使用。这种传感器的分类和实用温度范围如图 25-71 所示。

$$\text{压力式温度计}\begin{cases}\text{充液压力式温度计}\begin{cases}\text{充有机液体的压力式温度计}(-50\sim400℃)\\\text{充水银的压力式温度计}(-50\sim550℃)\end{cases}\\\text{蒸汽压力式温度计}(-50\sim250℃)\\\text{气体膨胀压力式温度计}(-200\sim550℃)\end{cases}$$

图 25-71　传感器的分类和实用温度范围

25.5　电容量变化型热敏传感器

以 $(BaSr)TiO_3$ 为主要成分的陶瓷电容器,其介电常数 ε 在居里温度 T_c 附近急剧增大。当温度超过居里温度时,ε 随温度升高而降低,其变化规律遵从居里-外斯定律,如图 25-72 所示。若将这种电容器与电感器组成谐振电路,则构成谐振频率随温度变化的热敏传感器。这种传感器的特点是分辨率高,但高温、高湿下电容器的容量会变化,故必须防潮。

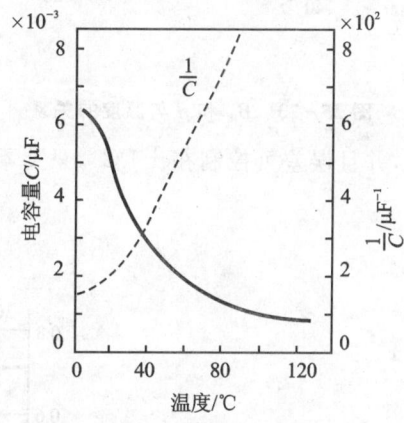

图 25-72　$(Ba\,Sr)TiO_3$ 陶瓷电容器的容量与温度的关系

25.6　铁氧体型传感器

热敏铁氧体的居里温度 T_c 取决于材料配方和烧结温度。在 T_c 附近铁氧体发生相变,从而使铁氧体的最大磁通密度 B_m 和磁导率 μ 在 T_c 处剧变,图 25-73 示出不同热敏铁氧体的 B_m 和 μ 随温度变化的关系。

由图 25-73(b)可知,当温度超过 T_c 时,热敏铁氧体的铁磁性消失。显然,若在 T_c 以下热敏铁氧体被磁铁吸住,当温度超过 T_c 时,热敏铁氧体则会自动脱离磁铁。利用热敏铁氧体的这一热敏特性已制作电和煤气饭锅等自动热敏开关。如图 25-74 所示,将磁铁、热敏铁氧体和舌簧开关组合在一起,在 T_c 时舌簧开关即动作,这是一种恒温开关,已广泛用于汽车和各种恒温器。

利用图 25-73(b)所示热敏铁氧体的 μ 随温度变化这一特性,若在环状热敏铁氧体绕制线圈,在 T_c 附近,电感量必然急剧变化,如图 25-75 所示。其变化幅度可达每升高 1℃,电感量约下降一半。若用脉冲电源,可获得 1 V/℃ 的输出。热敏铁氧体与前述 CTR 热敏传感器

(表25-1)相比,虽然它们的输出相等,但是,前者的T_c在$-40\sim200$℃范围可通过调整配方和烧结温度任意选择,而后者的可调范围仅$50\sim85$℃。于是,前者必须用交流电源,故检测电路复杂,而后者可用直流电源。

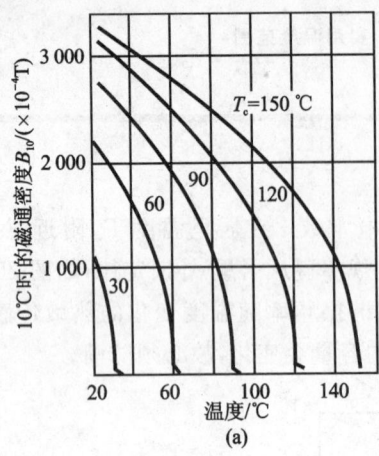
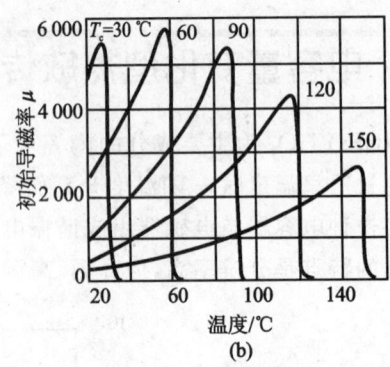

图25-73 B_m和μ与温度的关系

热敏铁氧体的T_c可选择,并且误差可控制在±1℃,只要不出现裂缝,其磁特性不变,故可用它制作稳定的恒温开关。

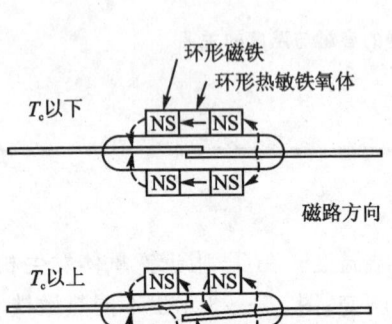

图25-74 热敏舌簧开关的结构原理

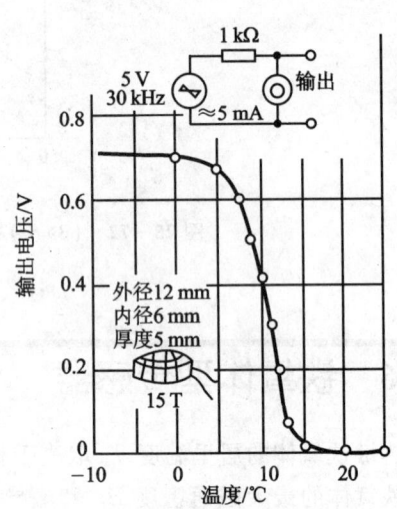

图25-75 热敏铁氧体电感线圈的输出与温度的关系

25.7 压电型热敏传感器

25.7.1 压电石英热敏传感器

压电石英晶体的弹性模量随温度变化,故其频率也随温度变化。利用压电石英晶体的这一特性,1971年制作了可作温度标准用的压电石英热敏传感器,其稳定性如图25-76所示。这种传感器在0℃时的谐振频率为28.208 MHz,灵敏度为1 kHz/℃,分辨率为10^{-4}℃。这种传感器的特点是可靠性高;缺点是机械强度差,使用时应在冰点温度定期检查。

25.7.2 压电超声热敏传感器

气体中声波传输的速度与气体的种类、压力、密度和温度有关,故可通过超声干涉仪求出传输速度,从而检测气体温度。超声干涉仪如图25-77所示。压电石英换能器产生的超声波经反射板反射,从而产生干涉。由于声速与温度有关,故通过检测这种干涉即可求出温度。这种传感器的精度:在常温时为±0.18℃,在430℃时为±0.42℃。在有热辐射的地方,要检测急剧变化的气温极为困难,而用这种传感器则十分方便。

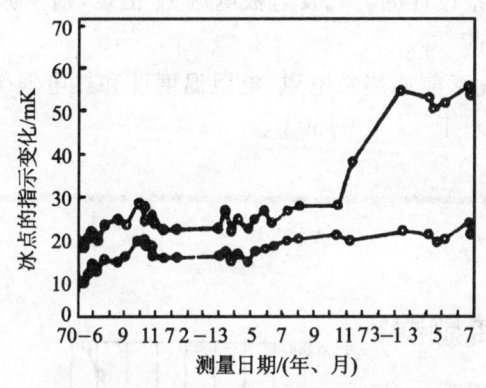

图25-76 压电石英热敏传感器的稳定性

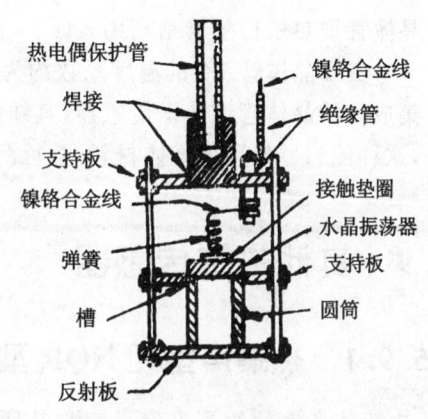

图25-77 超声干涉仪

25.7.3 压电SAW热敏传感器

压电SAW(表面波)振荡器的振荡频率$f(T)$随温度T变化,其函数关系为

$$f(T) = f(T_0)[1 + a_0(T - T_0) + b_0(T - T_0)^2 + \cdots] \quad (25-27)$$

式中,a_0和b_0——一阶和二阶温度系数。

利用SAW振荡器频率随温度变化的这一特性可制作压电SAW热敏传感器。显然,用于制作热敏传感器的石英切片希望式(25-27)中的a_0尽可能大,而b_0尽可能小。表25-54给出热敏传感器用两种切型石英切片的a_0和b_0,切角φ和θ,以及表面波传播速度v。

表25-54 石英晶片的切角、温度系数及表面波传播速度

切型	切角/℃		a_0 /(ppm·℃$^{-1}$)	b_0 /(10^{-9}·℃$^{-1}$)	v /(m·s^{-1})
	φ	θ			
JCL	0	42.1	18	-1.5	3271
LST	11.4	59.4	28	-2.0	3347

压电SAW热敏传感器有热传导型和热辐射型两种。前者是将石英晶片用弹性胶粘在铜盒上,使晶片与铜盒有良好的热传导性。其性能:灵敏度为2800 Hz/℃,分辨率为10^{-4}℃,非线性度为7×10^{-4}℃,时间常数为0.3 s,尺寸为11 mm×6 mm×2 mm。后者是用晶片构成的

SAW振荡器作热敏元件,当红外线照射到SAW传播的路径上时,SAW波速发生变化,使振荡器的相位条件也发生变化,从而导致振荡器的频率改变。其性能:灵敏度在100~140℃时为8.4 Hz/℃,在60~100℃时为4.8 Hz/℃,在0~60℃时为3.3 Hz/℃,分辨率为0.2~0.6℃。

25.8 晶体管型热敏传感器

二极管和三极管半导体器件对温度十分敏感,利用半导体器件的温度特性可检测温度。如双极型晶体管的发射极和基极之间的电压 V_{BE} 和温度 T 的变化为

$$V_{BE} \propto \ln[(I_B + I_{E0})/I_{E0}]T \tag{25-28}$$

式中,I_E——发射极电流;I_{E0}——发射极反向饱和电流。

晶体管型热敏传感器是利用式(25-28)的关系设计的。若发射极电流 I_E 恒定,则 V_{BE} 正比于 T。实际晶体管 V_{BE} 的温度系数约为 -2.3 mV/℃。

集成化的晶体管型热敏传感器,其线性度远优于前述热敏电阻、电阻温度计和热电偶等。但是,这种传感器使用半导体材料,其检测范围仅限于 -100~150℃。

25.9 其他热敏传感器

25.9.1 热噪声型和NQR型热敏传感器

电阻体产生的约瑟夫逊噪声与其所处的绝对温度密切相关,热噪声功率与温度的关系如图25-78所示。利用热噪声与温度的这种关系可构成热噪声型热敏传感器,这种传感器若能提高重复性,则有可能用作温度标准。

另外,利用 $KClO_3$ 晶体中 Cl^{35} 的NQR(核四极谐振)的谐振频率测量温度,5 kHz/℃,在 -100~100℃检测温度,分辨率为 10^{-3} ℃。采用高频线圈中装入 $KClO_3$ 晶体的 $\phi 10$ mm×35 mm 传感器检测温度时,为了避免磁场影响,必须屏蔽传感器。

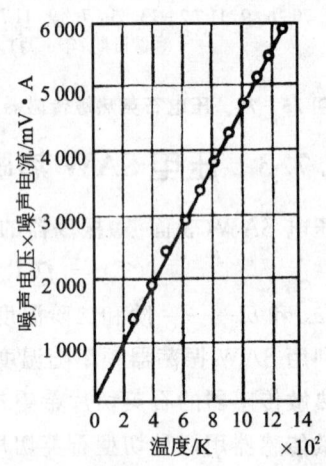

图25-78 热噪声功率与温度的关系

25.9.2 热或光辐射型热敏传感器

任何物质都辐射出其波长与所处温度相对应的电磁波。当温度超过700℃时,肉眼可观察到发光;当温度低于700℃时,肉眼看不见,检测温度要用检测辐射热的检测器。

1. 辐射热测量器

电阻器因热辐射引起的温升使电阻值发生变化,利用电阻器的这一特性可构成辐射热测量器。电阻器的结构可分为线圈型、箔型和薄膜型等。在常温使用的辐射热测量器中,采用金属或半导体电阻。其中,金属膜为Ni、Pt和Au的蒸发膜或电镀膜,而半导体电阻则使用热敏电阻薄膜。

2. 示温涂料型和液晶型热敏传感器

当温度达到一定值时示温涂料会变色,液晶是一种反射光随温度不同而产生颜色变化的物质,故可构成示温涂料型和液晶型热敏传感器。用示温涂料和液晶能获得大面积的温度分布,从而克服了上述一个传感器仅能检测一个场所温度的缺点。示温涂料应无毒、颜色变化明显而可靠,涂敷方法应简便易行,价廉和不损伤被测物体。

液晶是一种在一定条件下具有晶体性质的液态有机物,其中用于检测温度的胆甾醇液晶的分子排列成层状螺旋结构,排列的层间距离接近于可见光的波长,故干涉会使反射光着色。其间距随温度升高而扩大,从而使反射光的颜色从低温时的紫色变成高温时的红色。变色的温度随液晶种类和配比而变,目前变色温度可在 $-20\sim250$℃ 范围内选择,可观察到精确的温度分布。但由于变色温度的幅度仅几度,故不宜用于大温差场合。

25.9.3 电阻温度计

铜、镍和铂等金属的电阻值随温度变化,电阻温度计即是利用金属的这一性质构成的。通常,金属的电阻值随温度升高而增大,这是因为温度越高,晶格振动越剧烈,从而使电子和晶格的相互作用越强。金属电阻温度计中常用的是铂电阻式热敏传感器,其特点为:电阻值与温度成对应关系,不像热电偶那样需要基准点温度,如图 25-79 所示;和热电偶相比,输出电压更高,线性度更好。在使用温度范围内,铂电阻值 R 与温度 T 的关系为

$$R = R_0(1 + AT + BT^2) \qquad (25-29)$$

式中,$A = 0.3975 \times 10^{-2}$;$B = -0.59 \times 10^{-6}$。

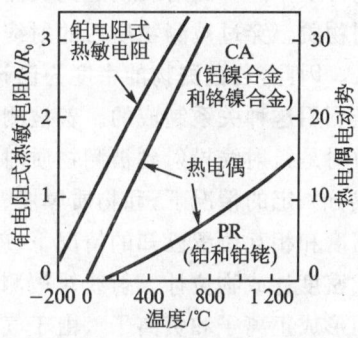

图 25-79 铂电阻式热敏传感器和热电偶的比较

第 26 章

核传感器

核传感器是核辐射传感器的简称，它是核辐射式检测仪表的重要组成部分。核检测仪是利用同位素来进行测量的。因此，核辐射式检测仪表也称放射性同位素仪表。

核辐射传感器是根据被测物质对射线的吸收、反散射或射线对被测物质的电离激发作用而进行工作的。当射线投射到被测物以后，一部分射线为被测物质吸收，而另一部分射线穿过被测物质。穿过被测物质后的射线强度，在物质成分一定的情况下和被测物质的厚度和密度有关。因此，若被测物的密度为已知，则可以根据射线强度来测出被测物质的厚度。厚度仪表就是利用这种关系制成的。若被测物质的厚度已知，则可以制成密度计。被测物质对射线的反散射是指射线投射到被测物质时，有一部分射线反散射回来。反散射回来的射线强度在物质成分一定的情况下，和物质厚度、密度以及射线源与被测物的相互位置有一定关系。因此，在密度和相互位置已知的情况下，就可以制成反射式厚度计。根据同样的道理，也可以制成反射式密度计或物位计。射线对被测物质的电离作用是指射线穿过气体时，可以使气体原子电离而形成正离子和负离子。由于气体原子电离而形成的电离电流，其大小与被电离气体的气体压力成正比，因此根据这种原理可以测量出电离气体流过已知距离所需要的时间，并且可以做出气体压力计和气体流量计。若用一个合适的初级射线去照射被测量样品时，样品中的物质受到激发而产生各种元素的特征 X 射线。由于特征 X 射线的能量和元素种类有关，强度与该元素的含量有关，根据这种关系就可以做出用来分析物质成分的 X 荧光分析仪。

利用核辐射式传感器做成的核检测仪，可以用来检测情况特殊、环境恶劣而其他传感器无法检测的板料厚度、覆盖厚度、密闭容器的液位、转速、压强、温度、流量以及材料的成分、流体的密度、线位移、角位移等参数。同时，可用于无损探伤，且精确、迅速、自动、非接触。

值得一提的是，核传感器已经在医学领域得到了极为广泛且重要的应用。本章将从核传感器基本原理出发，着重讲述核传感器在医学及工业等领域中的应用。

26.1 国内外核传感器展示

26.1.1 核传感器总汇

核传感器件总汇如图 26-1 所示。

图 26-1 核传感器外形图总汇

26.1.2　FJ377型热释光剂量仪

FJ377型热释光剂量仪外形如图 26-2(a)所示,其原理如图 26-3 所示。

1. 用途及特点

本仪器能测量 β,γ,n 或 X 射线照射过程的热释光元件,并读出累计剂量值,如测量放射性工作人员佩戴的热释光元件,便可以确定所受剂量。本仪器是热释光技术的基本仪器,主要用于个人剂量监督,也可用于核医学、环境监测及科学研究等方面。

本仪器是 FJ369 型的改进型,采用新型集成电路,灵敏度校准,零点调节,本底扣除全自动,重新设计结构,性能、外形均有进一步提高。

2. 使用环境条件

温度为 0～40℃;相对湿度不大于 90%;电源为 220 V,50 Hz。

3. 主要技术性能

① 适用 5 mm×5 mm×0.8 mm 方片,ϕ10 mm×1 mm 圆片,ϕ13 mm×1 mm 圆片,ϕ2 mm×12 mm 圆棒或粉末这五种热释光元件。

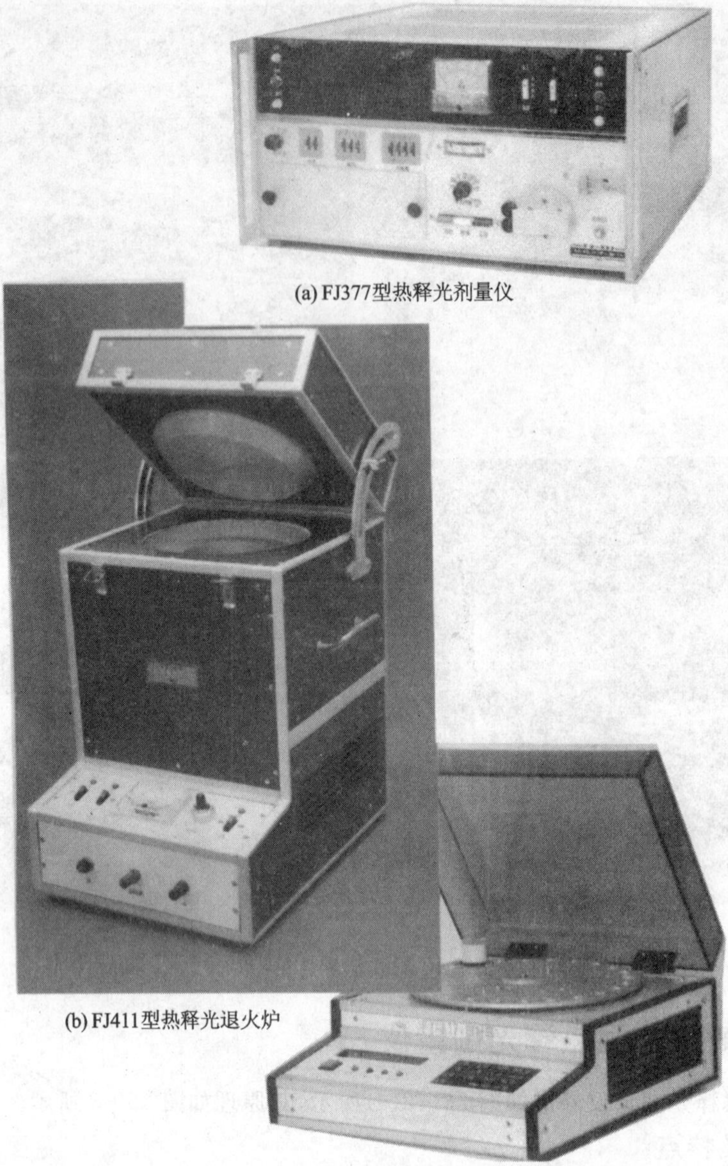

(a) FJ377型热释光剂量仪

(b) FJ411型热释光退火炉

(c) FJ417型热释光照射器

图 26-2 FJ 型热释光器件

② 测量范围为 10 mr～1 kr(2.58×10^{-6}～0.258 C/kg),可扩展或缩小,误差不大于 30%（对 10～50 mr)或不大于 10%（对不小于 50 mr）。

③ 预热、测量、退火各阶段升温速度在 1～40℃/s 内可调；恒温温度在室温至 500℃ 内连续可调；温度的持续时间可选用 0～90 s 或无限。

④ 仪器中光电倍增管的高压可根据标准光源产生的计数率自动进行调整,使整机灵敏度保持不变；计数率范围为 20～20×10^3 脉冲/s,高压变化范围为 500～1500 V。

⑤ 仪器的零点每隔 15 min 自动调整一次,每次 1 min。

⑥ 测量结果中,可自动扣除本底,预置本底值为 0～99 个计数。

第26章 核传感器

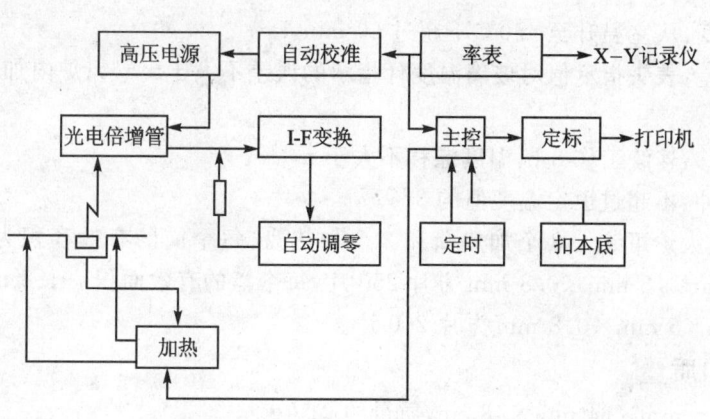

图 26-3　FJ377 型热释光剂量仪原理方框图

⑦ 测量时可通氮气,可以外接 X-Y 记录仪、数字打印机,可给出剂量片编号。

4. 尺寸和质量

尺寸为 440 mm×240 mm×520 mm,质量约 25 kg。

26.1.3　FJ411 型热释光退火炉

FJ411 型热释光退火炉外形如图 26-2(b)所示,其原理如图 26-4 所示。

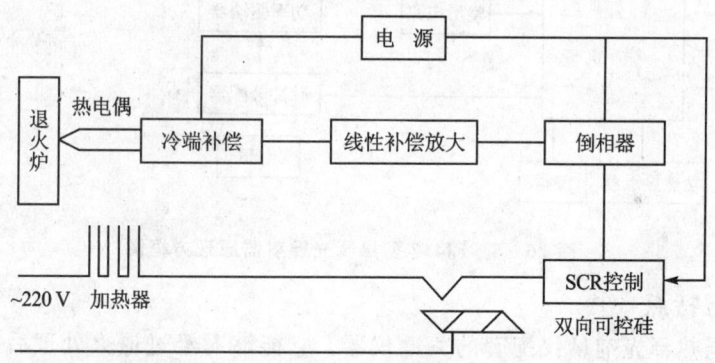

图 26-4　FJ411 型热释光退火炉原理方框图

1. 用途与特点

本退火炉与 FJ377 型热释光剂量仪配套使用。对 β、γ 或 X 射线照射过的热释光剂量元件进行高温退火,能消除残留本底和低温峰,减小衰退的影响,提高测量精度。

本退火炉采用负反馈连续调节的控制系统。在室温至 450℃ 范围内,可自动选择预置温度,可长时间保持恒温。退火炉线路的最大优点是采用了比例微积分原理,因此温度调整过程平稳,无超调现象,在恒温阶段保持较高的精度。

2. 使用环境

① 220 V,50 Hz 工作电网供电,功耗不大于 1 kV·A。
② 可在常温下连续工作。

3. 主要技术性能

① 炉温:室温至 450℃,退火炉表面温度不高于 70℃。

② 升温速度:从室温升至 450℃不超过 60 min。

③ 温度误差:表头指示值对玻璃温度计指示的误差不大于±5%;炉内加热筒的各孔温度差异不大于 3%。

④ 温度漂移:连续工作 8 h,温度漂移不大于±3%。

⑤ 温度上冲:不超过恒定温度值的 3%。

⑥ 容量:退火炉可装入 8 个加热筒和 2 个加热盘;每个筒的有效容积为 $\phi 15$ mm×85.5 mm,可混装 5 mm×5 mm×0.8 mm 方片 250 片,每个盘的有效面积 $\phi 91.8$ mm×5.2 mm,可顺序排列 5 mm×5 mm×0.8 mm 方片 200 片。

4. 尺寸和质量

尺寸为 44.5 mm×34 mm×48 cm,质量约 21 kg。

26.1.4　FJ417 型热释光照射器

FJ417 型热释光照射器外形如图 26-2(c)所示,其原理如图 26-5 所示。

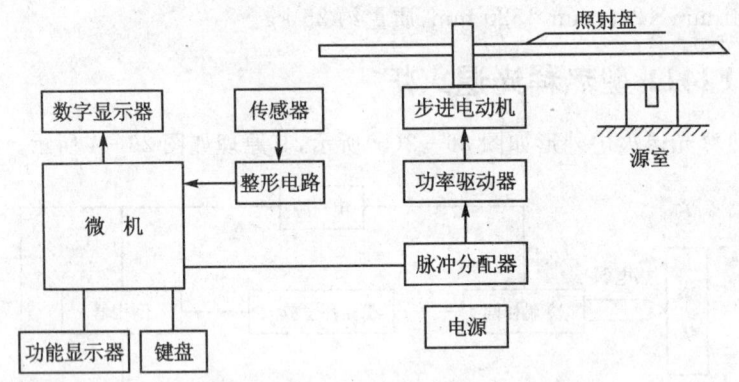

图 26-5　FJ417 型热释光照射器原理方框图

1. 用途与特点

本仪器是与热释光剂量仪配套的关键仪器。它能够对经过退火处理后的热释光探测器(即剂量元件)进行辐照,以便进行热释光探测器的筛选和刻度热释光剂量仪,提供相对标准辐射,起到标定剂量之用。对于已有热释光剂量仪和热释光退火炉的用户,再配置本仪器,可使热释光测量形成一个完整系统,可以独立完成热释光剂量测定的全部工作。同时也可供其他小型样品(例如对地矿系统石英粉样本的照射)作小剂量辐照用。

本仪器采用了微机化设计方法,使用了 Z80A 型微机作为智能控制的核心,通过接口电路和专用软件设计,将微机与仪器设计为一体,体积小,便于使用。特别对不具备标准辐射场的用户,更为方便。同时具有自动处理放射源的衰减、照射的时间和照射盘的转速与选定照射量之间计算和控制功能,减少了操作人员的繁琐计算与操作。还采用了新旧两种照射单位并存,由用户自己选择使用的设计特点。

2. 使用环境

① 环境温度:5～40℃。

② 相对湿度:95%(30℃)。

③ 供电电源:交流 220 V,50 Hz。

3. 主要技术性能

① 照射量范围：$1\times 10^{-7} \sim 1\times 10^{-3}$ C/kg。
② 照射量的精密度：优于 8%（包括剂量片的重复性误差）。
③ 照射量的标准：优于 10%（参考指标）。
④ 照射样品的规格及数量：
- 5 mm×5 mm×0.8 mm 方片，37 片；
- ϕ10 mm×0.8 mm 圆片，37 片；
- ϕ2 mm×12 mm 玻璃管，37 支。

⑤ 照射器可以连续工作 8 h 以上。
⑥ 照射器最大功耗不超过 100 V·A。

4. 仪器成套设备

① 热释光照射器 1 台。
② 电源电缆 1 条。
③ 样品盘 111 个。
④ 专用摄子 1 把。
⑤ 使用说明书 1 本。
⑥ 产生合格证 1 份。

5. 外形尺寸和质量

外形尺寸：长×宽×高为 400 mm×330 mm×175 mm；净重 13 kg。

26.1.5 碘化钠（铊）闪烁探测器

NaI(Tl)闪烁探测器在科学技术的很多方面得到广泛应用。如在核物理方面，对 γ 放射性核素作能谱分析和活度测量；在核医学方面，可作 ^{125}I 放免测量、^{131}I 的测量和肾扫描测量等；还可用于反应堆控制和安全监测、地质调查、石油测井、宇宙 γ 射线测量等方面。其外形如图 26-6 所示。

图 26-6 碘化钠（铊）闪烁探测器

NaI(Tl)闪烁探测器由一个高分辨率的 NaI(Tl)晶体和一只光电倍增管组成。采用有高导磁率的镀铬外壳作光磁屏蔽体。该组合体有较好的能量分辨率、有高的量子效率、低的暗电流、好的收集效率和稳定性,可配 QF1101 和 QF1105 型带管座和分压器的前置放大器。

1. SG1301 型

- 闪烁体:NaI(Tl)ϕ50 mm×50 mm。
- 井:ϕ20 mm×35 mm。
- 光电倍增管:GDB44F ϕ51 mm。
- 分辨率:≤9%(对^{137}Cs 662 keV γ 射线)。

外形尺寸如图 26-7 所示。

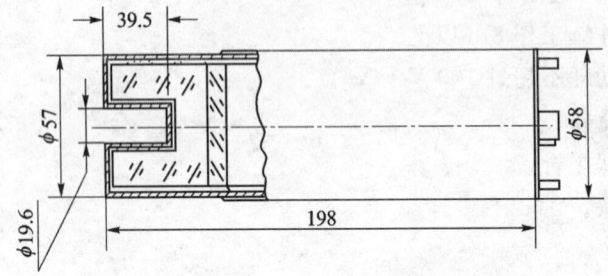

图 26-7 SG1301 型 NaI(Tl)闪烁体结构尺寸图

2. SG1101 型

- 闪烁体:NaI(Tl)ϕ50 mm×50 mm。
- 光电倍增管:GDB44F ϕ51 mm。
- 分辨率:≤8.5%(对^{137}Cs 662 keV γ 射线)。

外形尺寸如图 26-8 所示。

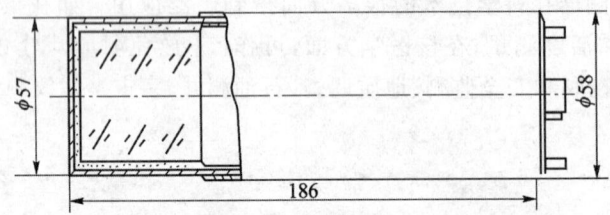

图 26-8 SG1101 型 NaI(Tl)闪烁体结构尺寸图

3. SG1102 型

- 闪烁体:NaI(Tl)ϕ45 mm×25 mm。
- 光电倍增管:GDB44F ϕ51 mm。
- 分辨率:≤8.5%(对^{137}Cs 662 keV γ 射线)。
- 外形尺寸如图 26-9 所示。

4. SG1103 型

- 闪烁体:NaI(Tl)ϕ45 mm×25 mm。
- 光电倍增管:GDB44Fϕ51 mm。
- 分辨率:≤8.5%(对^{137}Cs 662 keV γ 射线)。

与 SG1102 型相比,只是外形结构不同。外形尺寸如图 26-10 所示。

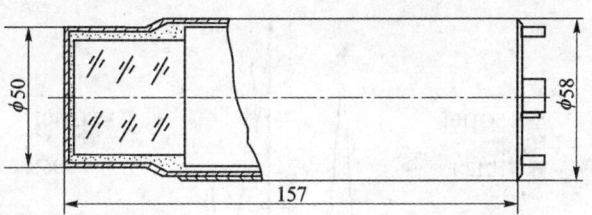

图 26-9　SG1102 型 NaI(Tl)闪烁体结构尺寸图

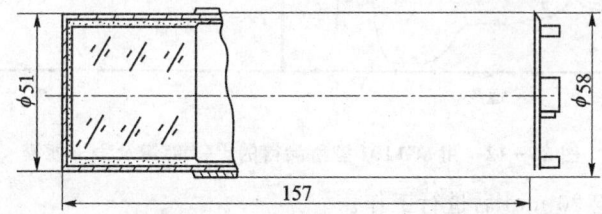

图 26-10　SG1103 型 NaI(Tl)闪烁体结构尺寸图

5. SG1105 型

- 闪烁体：NaI(Tl)ϕ75 mm×75 mm。
- 光电倍增管：GDB76F ϕ80 mm。
- 分辨率：≤8%（对 ^{137}Cs 662 keV γ 射线）。

SG1105 型分普通型和低本底型，外形尺寸如图 26-11 所示。

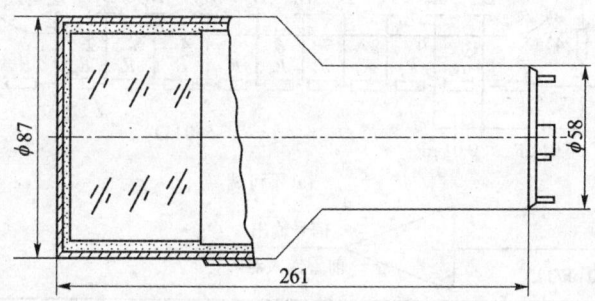

图 26-11　SG1105 型 NaI(Tl)闪烁体结构尺寸图

6. 其他类型

如测 X 射线用的铍窗薄片 NaI(Tl)闪烁体探测器，对 MnKa 5.9 keV 分辨率≤55%，以及石油测井用的耐 100℃和 150℃高温 NaI(Tl)闪烁探测器都可提供。

图 26-12 是用 SG1101 型所测得的 ^{137}Cs 能谱及 ^{60}Co 能谱图。

其他技术性能：

① 工作高压：参考电压+800 V 直流。

② 能量非线性：<2%。

③ 稳定性：好于±2%（8 h 工作）。

④ 使用环境：温度：0～+40℃。

⑤ 相对湿度：≤90%（+30℃）。

第 26 章 核传感器

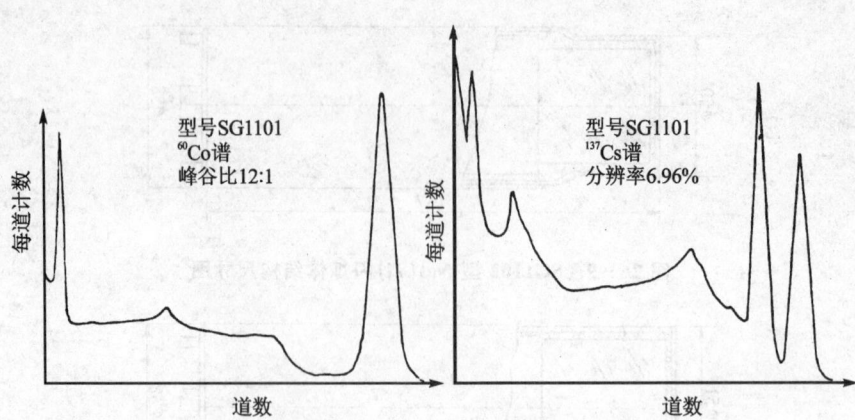

图 26-12 用 SG1101 型所测得的 ^{137}Cs 能谱及 ^{60}Co 能谱

⑥ 开启电源稳定 30 min 后进行工作。

配用前置放大器 闪烁探测器配套用的 QF1101 型前置放大器,其线路图如图 26-13 所示。用户也可自配前置放大器。

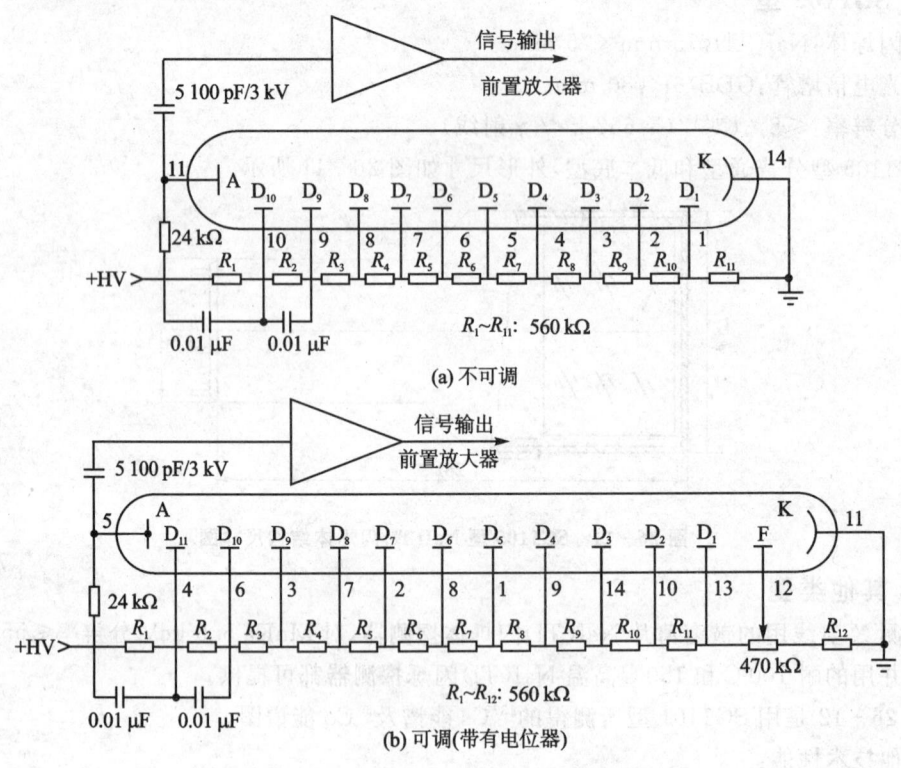

图 26-13 QF1101 型前置放大器线路图

26.1.6 FH458 型甲状腺功能仪

FH458 型甲状腺功能仪如图 26-14 所示。其原理如图 26-15 所示。

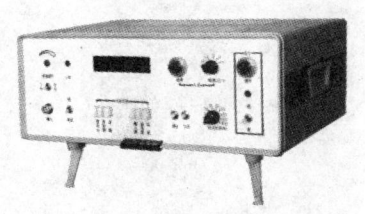

图 26-14 FH458 型甲状腺功能仪

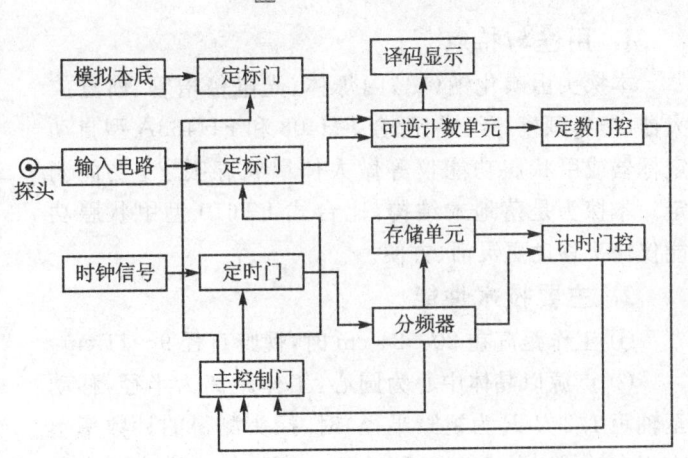

图 26-15 FH458 型甲状腺功能仪原理方框图

1. 用途及特点

本仪器与 FT604 型铅准直 γ 闪烁探头或 FT610 型甲状腺功能仪探头配套使用,供医院测定人体甲状腺吸碘功能,也可用于测量 γ 射线活度。

本仪器用于 γ 射线活度测量时,显示脉冲计数。用于测定甲状腺吸碘功能时,可直接显示出人体甲状腺吸碘功能百分数。

2. 使用环境

① 环境温度:0~+40℃。

② 相对湿度:≤90%(+30℃)。

③ 供电电源:交流 220 V,50 Hz。

3. 主要技术性能

① 输入脉冲极性:负极性。

② 输入脉冲幅度:550 mV~2 V。

③ 最高计数率:500 kHz。

④ 最大计数容量:10^5~1。

⑤ 预置本底的调节范围:120~10^4 计数/min。

⑥ 直流高压输出:

电压极性为负,电压范围为 500~1500 V;额定输出电流为 500 mA;在正常条件下,连续工作 8 h,输出电压漂移≤±0.1%;0~40℃范围内,输出电压变化的平均温度系数≤±0.01%/℃。

4. 仪器联配

本仪器应与 FT604 型铅准直探头或 FT610 型甲状腺功能探头联用。

5. 外形尺寸和质量

外形尺寸为 400 mm×300 mm×150 mm;质量约 6 kg。

26.1.7 FT604 型铅准直 γ 闪烁探头

FT604 型铅准直 γ 闪烁探头外形如图 26-16 所示,其原理方框图如图 26-17 所示。

1. 用途与特点

本探头由碘化钠（铊）闪烁体、光电倍增管、前置放大器、塑料颈模等组成，配合 FH408 和 FH463A 型自动定标器或甲状腺功能仪等做人体甲状腺吸 ^{131}I 功能测定。本探头是落地式结构，比台式 FT610 型甲状腺功能仪探头移动更灵活、方便。

2. 主要技术性能

① 工作距离在 20～24 cm 时，视野直径 9～11 cm。

② 点源以晶体中心为圆心，工作距离为半径，移动至轴距 $1.2R$（R 为视野半径）时，探头测得的计数率不大于在轴线时的 50%。移动至 $1.4R$ 时，计数率不大于在轴线时的 5%。

③ 在垂直晶体平面，且通过晶体中心的水平面上，点源以晶体中心为圆心，以 24 cm（工作距离 22 cm，晶体实际中心至晶体背面距离 2 cm）为半径移动，当移至与准直器中心垂直时，探头测得计数率应不大于在轴线时的 1%。

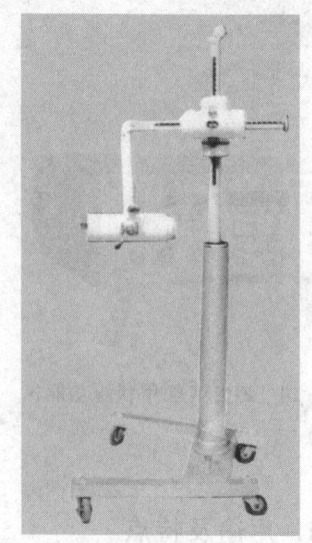

图 26-16　FT604 型铅准直 γ 闪烁探头

④ 点源沿探头准直器中心轴反方向移动，至距离晶体中心 1 m 处时，计数率应不大于在工作距离时的 1%。

⑤ 标准源是 74 kBq（2 μCi）的 ^{131}I，体积为 30 ml，容器为 $\phi 2.5$ cm×18 cm 的玻璃试管。

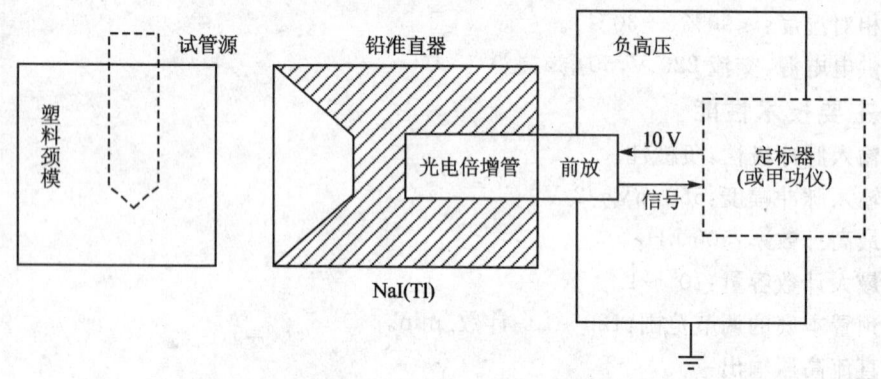

图 26-17　FT604 型铅准直 γ 闪烁探头原理方框图

⑥ 在正常工作条件下，自然本底小于 1000 计数/min。

⑦ 工作距离为 22 cm 时，探头测得标准源计数（扣本底）与本底计数之比应不小于 8。

⑧ 在 0～40℃ 内，计数率的温度系数不超过 1%/℃。

⑨ 连续工作 8 h，计数率变化不超过 ±5%（统计误差小于 1%）。

⑩ 在相对湿度 90%（+30℃）条件下停放 48 h，探头能正常工作。

3. 使用环境条件

① 温度：0～+40℃。

② 相对湿度：不超过 90%（+30℃）。

③ 供电：高低压由所配仪器供给，所配仪器如定标器、甲功仪需另行订货。

4. 尺寸和质量

- FT604 型：750 mm×720 mm×1820 mm，120 kg。
- FT604G$_2$ 型：750 mm×720 mm×1060 mm，65 kg。

26.1.8　FT610 型甲状腺功能仪探头

FT610 型甲状腺功能仪探头外形如图 26-18 所示，其原理如图 26-19 所示。

1. 用途与特点

本探头配合 FH408 型和 FH463A 型自动定标器，或配合 FT1901 型和 FT1901G$_1$ 型医用 γ 谱仪，或 FH458 型甲状腺功能仪，均能测出人体甲状腺功能。它与医用 γ 谱仪或甲状腺功能仪配套使用时，能直接读出人体甲状腺吸碘百分数。

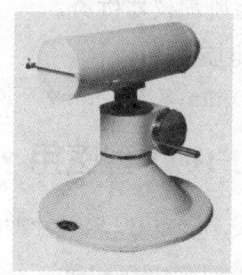

图 26-18　FT610 型甲状腺功能仪探头

本探头是台式结构，在桌上能上下、前后移动，它保持了 FT604 型铅准直 γ 闪烁探头的性能，降低了成本，减轻了质量。

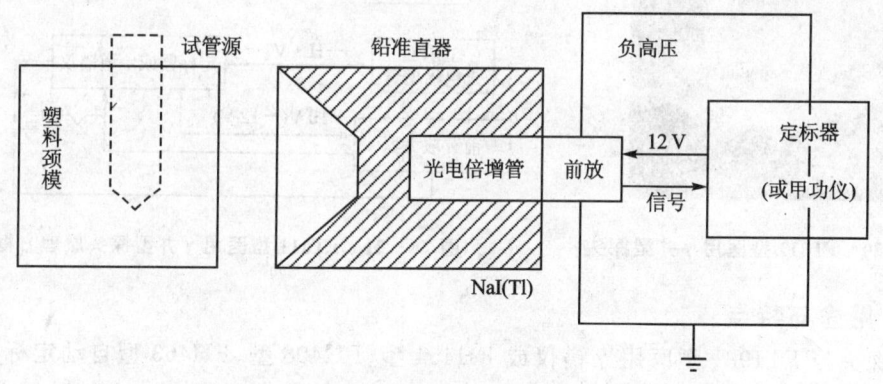

图 26-19　FT610 型甲状腺功能仪探头原理框图

2. 主要技术性能

① 工作距离（晶体表面至源的距离）为 20 cm，22 cm，24 cm 时，视野直径相应为 9 cm，10 cm，11 cm。

② 以晶体中心为圆心，工作距离为半径，点源移动轴距 1.2R（R 为视野半径）时，探头测得的计数不大于轴线时的 50%，移动至 1.4R 时，计数率不大于轴线的 5%。

③ 在垂直晶体平面，且通过晶体中心的水平面上，点源以晶体中心为圆心，24 cm（工作距离 22 cm，晶体实体中心至晶体背面距离为 1.5 cm）为半径，移动至与准直器中心轴线垂直位置时，探头测得计数率不大于在轴线时的 1%。

④ 点源沿探头准直器中心轴反方向移动，至距离晶体中心 1 m 处时，计数率不大于工作距离时的 3%。

⑤ 标准源是 74 kBq(2 μCi) 的 ^{131}I，体积为 30 ml，容器为 ϕ2.5 cm×18 cm 的玻璃试管。

⑥ 在正常工作条件下，用全积分测量，自然本底<1000 计数/min。

⑦ 在工作距离 22 cm 处放 74 kBq 的标准源,探头测得标准源计数(扣除本底)与本底计数之比应大于 8。若用区域积分测量,本底可以大大减小,计数和本底之比还可以提高。

3. 使用环境条件

① 温度:0～40℃。

② 相对湿度:低于 90%(+30℃)。

③ 供电:由所配仪器供给。

4. 尺寸和质量

尺寸为 450 mm×265 mm×550 mm,质量约 35 kg。

26.1.9 FT611 型医用 γ 井型探头

FT611 型医用 γ 井型探头外形如图 26-20 所示,其原理如图 26-21 所示。

图 26-20 FT611 型医用 γ 井型探头

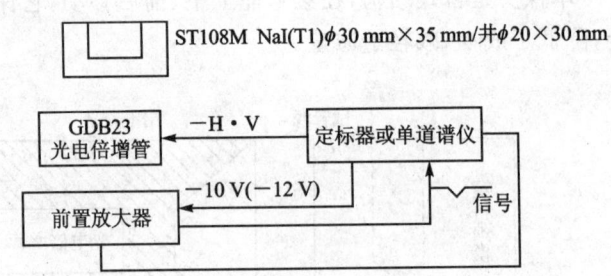

图 26-21 FT611 型医用 γ 井型探头原理方框图

1. 用途与特点

本探头与 FT1901 型医用 γ 谱仪或 FH454 型、FH408 型、FH463 型自动定标器配合使用,可供医疗卫生系统作放射免疫测量或工农业、科研等单位作低能 γ 测量。特点是:

① 采用 ST108M ϕ30 mm×35 mm/井 ϕ20 mm×30 mm。薄壁井型 NaI(Tl) 对低能 γ 射线有较高的探测效率,同时本底较低。

② 采用 GDB23 型光电倍增管和较小的晶体,铅屏蔽后,总体积小,质量轻,便于移动。

2. 主要技术性能

① 常温下,对于 ^{125}I 的探测效率(η),区域积分测量时,$\eta \geqslant 75\%$;积分测量时,$\eta \geqslant 78\%$。

② 区域积分测量,自然本底 $n_0 \leqslant 50$ 计数/min;积分测量 $n_0 \leqslant 250$ 计数/min。

③ 温度由 0～40℃,计数率的温度系数<0.5%/℃。

④ 常温下,开机预热 30 min,连续工作 8 h,附加误差<3%(统计涨落应小于 1%)。

3. 使用环境条件

① 温度:0～+40℃。

② 相对湿度:90℃(+30℃)。

③ 供电电源:负高压和负低压均由所配仪器供给。

4. 尺寸和质量

高 225 mm,最大直径 ϕ180 mm,井口尺寸 ϕ19 mm;质量为 15 kg;定标器或 γ 谱需另行订货。

26.1.10　FD603 型井型 γ 闪烁探头

FT603 型井型 γ 闪烁探头外形如图 26-22 所示,其原理如图 26-23 所示。

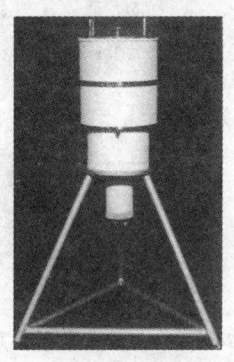

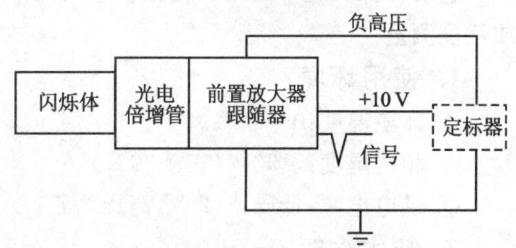

图 26-22　FT603 型井型 γ 闪烁探头　　　图 26-23　FT603 型井型 γ 闪烁探头原理方框图

1. 用途及特点

本探头配合 FH408 型或 FH463A 型自动定标器或 γ 谱仪,供工业、农业、医疗卫生和科研等单位作 γ 放射性活度和能谱测量。

2. 主要技术性能

① 对 $1\times10^6 \sim 1\times10^8$ 衰变/4π·分的 ^{137}Csγ 源,放在井型晶体(ST103B 型)中心位置,在自然本底<1000 计数/min 时,其灵敏度≥0.15 脉冲/衰变数(扣除本底)。

② 当使用 ST108 型晶体和医用 γ 谱仪(或 FH463 型自动定标器)时,探头对 ^{125}I 的探测效率≥75%,本底≤60 计数/min。

当使用 ST108 型晶体和 FH408 型定标器时,对 ^{125}I 探测效率≥75%,本底≤200 计数/min。

③ 由室温到 0℃ 或到+40℃ 时,计数率变化<1%/℃。

④ 在相对湿度 90%(+30℃) 的条件下,能正常工作。

⑤ 在正常条件下,开机预热 30 min 后,可连续工作 8 h。当统计误差<1% 时,其最大相对误差≤±5%。

3. 使用环境

① 环境温度:0~+40℃。

② 相对湿度:≤90%(+30℃)。

③ 供电电源:由定标器(或谱仪)供给直流高、低压。

4. 外形尺寸和质量

外形尺寸为 400 mm×450 mm×700 mm;质量 65 kg。

26.1.11　FJ374 型 γ 能谱探头、FJ374A 型 X 能谱探头

这两种探头都是用来做能谱分析或活度测量的辅助仪器。其外形如图 26-24 所示。

FJ374 型 γ 能频谱探头是 FH1901 型通用 γ 谱仪和 FH1902 型高计数率 γ 谱仪的组成部分。

FJ374A 型 X 能谱探头是 FH1909 型流线单道谱仪的组成部分。

这两种探头结构类似,只是晶体座不同。需要时,FJ374 型 γ 能谱探头也可另订 X 晶体座,FJ374A 型 X 能谱探头也可另订 γ 晶体座。另外,FJ374 型有探头架,而 FJ374A 型没有探头架。

这两种探头也可配用其他谱仪或定标器作能谱分析或活度测量。

1. 使用环境

① 环境温度:0~40℃。
② 相对湿度:≤90%(在+30℃)。
③ 供电电源:低压-12 V,高压为正。

2. 技术性能

① 怀特跟随器:输入极性和输出极性均为负。
② 能量分辨率:对 ^{137}Cs 的光电峰好于 11%,对 ^{239}Pu 的 16 keV X 射线峰好于 65%。
③ 能量线性:好于 1%。
④ 能量范围:6 keV~3 MeV。
⑤ 稳定性:^{137}Cs 的光电峰,8 h 连续工作,峰位漂移小于满度的±2%。
⑥ 温度系数:≤1%/℃。

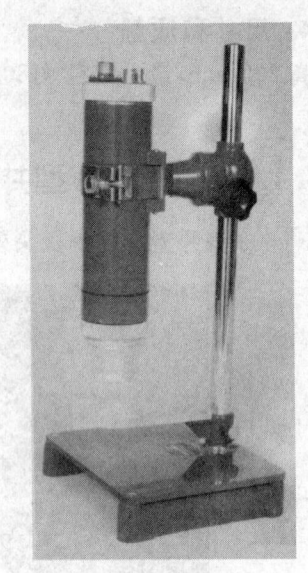

图 26-24　FJ374 型/FJ374A 型能谱探头

26.1.12　FJ367 型通用闪烁探头

1. 用途及特点

本探头可配 FH408 型、FH463A 型自动定标器以及其他类型的定标器。供工业、农业、医疗卫生和科学研究等单位作放射性活度测量。其外形如图 26-25 所示,原理如图 26-26 所示。

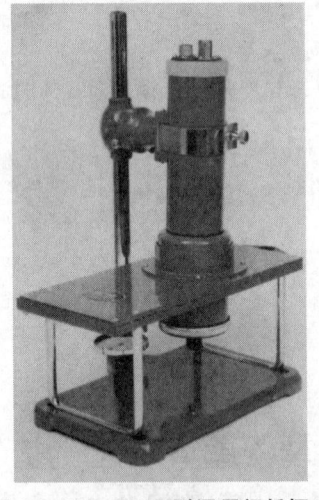

图 26-25　FJ367 型通用闪烁探头

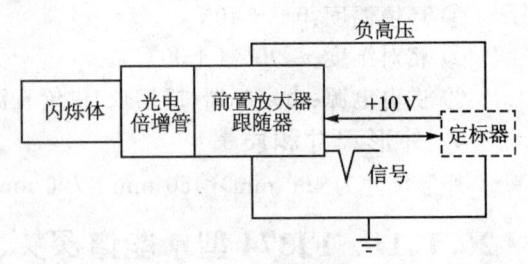

图 26-26　FJ367 型通用闪烁探头原理方框图

2. 主要技术性能

① 作 α 测量。用 ST201 型 ϕ65 mm 硫化锌(银)闪烁体,不带铝箔时探测效率≥60%(对 ^{239}Puα,ϕ20～30 mm 面源);带铝箔时探测效率≥30%(对 ^{239}Puα,ϕ20～30 mm 面源)。其自然本底均≤5 脉冲/10 min。测量窗口为 ϕ55 mm。

② 作 β 测量。用 ST401 型 ϕ65 mm×0.7 mm 塑料闪烁体,自然本底≤60 脉冲/min,其探测效率≥40%(对 ^{90}Srβ,ϕ20～30 mm 面源)。测量窗口为 ϕ55 mm。

③ 作 γ 测量。用 ST101 型 ϕ40 mm×40 mm 碘化钠(铊)晶体,可作 γ 放射性活度测量。

④ 由室温到 0℃ 或到 +40℃,计数率变化≤1%/℃。

⑤ 在正常条件下,开机预热 30 min 后,连续工作 8 h,当统计误差<1% 时,其最大相对误差≤±5%。

⑥ 其前置放大器的放大倍数有×1、×10 两档,用钮子开关转换。

3. 使用环境

① 环境温度:0～+40℃。

② 相对湿度:≤90%(+30℃)。

③ 供电电源:由定标器供给直流高压、低压。

4. 外形尺寸

外形尺寸为 360 mm×225 mm×425 mm。

26.1.13 BH1220 型自动定标器

BH1220 型自动定标器外形如图 26-27 所示,原理如图 26-28 所示。

1. 用途及特点

本插件是一种脉冲自动计数装置,配合有关探头及设备,可作 α、β、γ 等放射性计数的测量,也可作为一般的频率计使用。此外,本仪器与 FH464 型、GLS-1 型或同类型打印机联配,可实现数据自动打印记录。

本插件是新一代的主要采用中规模集成电路的通用核仪器插件,具有线路先进,体积小,逻辑可靠,显示清晰,耗电低,计数周期固定,定时准确,范围宽等特点。采用同步控制逻辑,因而重复测量精度高。

图 26-27 BH1220 型自动定标器

2. 主要技术性能

① 甄别阈可调范围:0.1～5 V,带保护±2.5 V。

② 输入脉冲极性:正或负(前后面板均可输入)。

③ 输入脉冲宽度:0.1～100 μs。

④ 双脉冲分辨时间:≤300 ns。

⑤ 定时范围:$K \times 10^n$(K 为 1～9;n 为 0～3)。

⑥ 最高计数率:≥2 MHz。

⑦ 甄别阈温度系数:1 mV/℃(0～50℃)。

⑧ 甄别阈过载能力:5 倍。

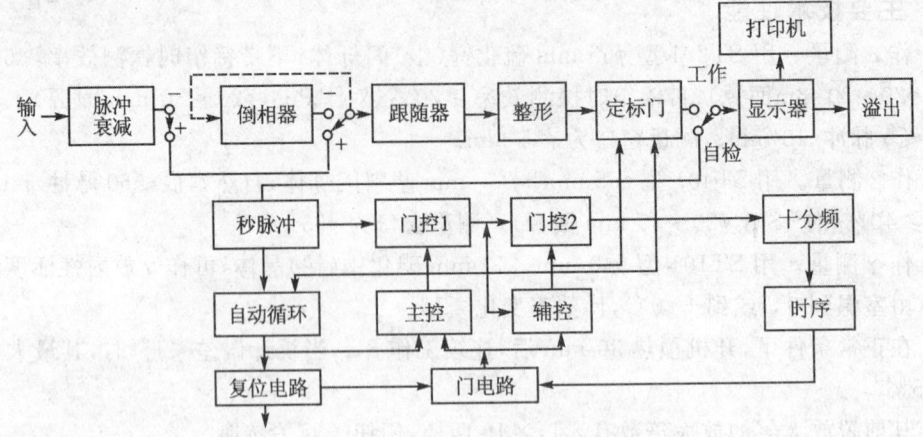

图 26-28　BH1220 型自动定标器原理方框图

⑨ 计数容量：$10^6 \sim 1$。

⑩ 有打印输出（8421 正码输出），命令信号输出为正脉冲，脉宽约 5 ms，振幅大于 3 V。回答信号为负脉冲，宽度大于 100 μs，幅度大于 3 V。

⑪ 插件消耗最大瞬时功率：2.7 W。

⑫ 插件为 2 个单位 NIM 插宽。

3. 使用环境

① 温度范围：0～50℃。

② 相对湿度：≤90%（在 40℃情况下）。

③ 电源：NIM 电源（有 -6 V，+6 V，+12 V，+24 V）。

26.1.14　FJ391A 放射性活度计

FJ391A 型放射性活度计是按 GB10256—88《放射性活度计国家标准》设计的新产品。其外形如图 26-29 所示，原理如图 26-30 所示。

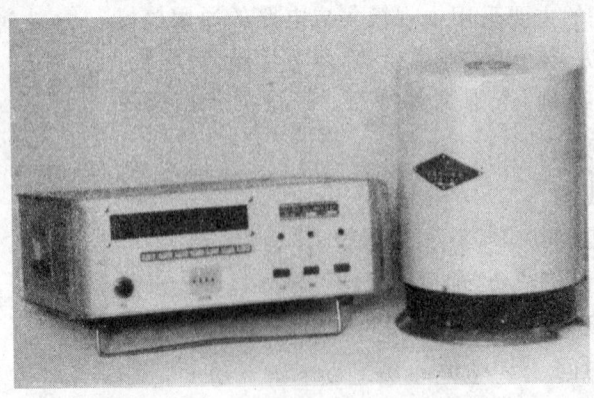

图 26-29　FJ391A 型放射性活度计图

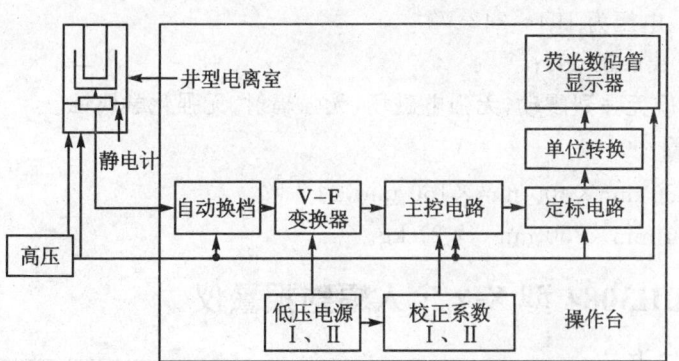

图 26-30　FJ391A 型放射性活度计原理方框图

该产品的技术性能、指标要求均符合放射性活度计"国家标准"规定,也符合"国际原子能机构"(IAEA)所公布的质量控制指标。

1. 用途及特点

本仪器主要用于核医学临床对核素的活度进行简便、准确、快速的测量,特别适合于对短半衰期的 ^{99m}Tc 及 ^{113m}In 等核素的测量。

也广泛用于工业、农业和科研中对已知核素样品的放射性活度测量。它不仅能测量 γ 放射性核素,也可以测量 ^{32}P 等 β 射线核素。

本仪器具有结构简单,操作方便,精度高,量程宽,长期稳定性好等优点。本仪器包括探头和操作台两部分,它们之间用 2 m 电缆相联结。本仪器采用数值显示,读数清晰。面板上设有 6 种核医学常用核素按键,还有"自选"按键配合"校正系数"拨码开关,可对其他核素进行测量。

本仪器设有活度"单位转换"按键,能显示 MBq,GBq 或 μCi,mCi。还设有"自检"按键检查操作台,并用 ^{137}铯监督源检查整机系统。

2. 主要技术性能

① 能量范围。光子辐射能量范围为 25 keV～3.0 MeV。

② 测量核素。仪器设有 6 种常用核素按键,即:^{32}P,^{125}I,^{99m}Tc,^{131}I,^{113m}In 和 ^{137}Cs。其他核素经标定后,可用"自选"键配合"校正系数"拨盘开关进行测量。

仪器还给出了 ^{51}Cr,^{198}Au,^{67}Ca,^{57}Co,^{226}Ra,^{60}Co 等核素的"校正系数"。

③ 测量范围。仪器分两个量程,可自动换档:

▶ 0.10～37.00 MBq(2.7～1000.00 μCi);

▶ 0.037～10.000 GBq(1.00～270.00 mCi)。

④ 重复性:≤3‰e,固有误差:≤±10%。

⑤ 仪器连续工作 7 h,其稳定性误差≤5%。

⑥ 仪器设有放射性活度的"单位转换"键,活度单位可以用国际单位制(SI)贝可〔勒尔〕Bq 或原用单位居里 Ci。

3. 使用环境

① 环境温度:0～+40℃。

② 相对湿度:≤90%(+40℃)。

③ 供电电源：电压为 194～242 V；
④ 频率：(50±0.5) Hz；
⑤ 工作室内应无强烈震动，无强电磁场，无强辐射，无强化学腐蚀。

4. 尺寸质量

① 操作台：380 mm×400 mm×160 mm，约 7 kg。
② 探头：ϕ240 mm×350 mm，约 27 kg。

26.1.15　BH3084 型 X-γ 个人辐射报警仪

1. 用途及特点

本仪器为袖珍 X-γ 个人辐射报警仪，适于在 X-γ 辐射场中工作人员，或一般公众随身佩戴作辐射监测，或核电站、核设施周围作环境监测之用。

本仪器具有灵敏度高，耗电低，体积小等特点，是一种理想的普及型辐射防护仪器。本仪器外形如图 26-31 所示。

本仪器用 G—M 计数管探测 X-γ 射线，将射线转化为电脉冲，并发出相应的蜂音信号，以达到防护监测的目的。

图 26-31　BH3084 型 X-γ 个人辐射报警仪

计数管采用补偿技术，低能部分能量响应特性得到很大改善。

2. 主要技术性能

① 探测射线：0.05～1.3 MeV X-γ 射线。
② 测量范围剂量当量率：0.001～0.35 μSv/min。
③ 响应方式：仪器接通电源后，即能对本底辐射响应，发出间断蜂音。每分钟蜂音次数随 X-γ 剂量当量率的增加而增加。

对本底响应＜5 次/min。剂量当量率为 0.01 μSv/min 时，(16±5)次/min；剂量当量率为 0.35 Sv/min 时，蜂音密集连响(约 150 次/min)。

由于辐射的统计涨落引起的计数波动是正常的，所以至少取 5 min 计数平均值作为每分钟蜂音次数。

④ 报警声强：距仪器 30 cm 处不小于 65 dB。
⑤ 电源及功耗：使用 R6 型(1.5 V)电池 2 节，功耗约 2 mW。
⑥ 体积 $l×b×h$：120 mm×55 mm×26 mm；质量约 117 g。

3. 使用环境

① 环境温度：0～40℃。
② 相对湿度：≤90%。
③ 大气压强：不受海拔高度影响。

4. 使　用

① 打开电源后，能听到间断蜂音，说明仪器工作正常。

② 本仪器对放射点源有方向性。仪器长边朝向放射源时灵敏度最大。

③ 电源接通后,按动电源检查按钮"CHECK",应发出蜂音,说明电源工作正常。若电源接通后 3 min 后无蜂音,说明须更换电池,或有其他故障。

26.1.16 半导体探测器

半导体探测器外形如图 26-32 所示,其型号命名和主要用途如表 26-1 所列。

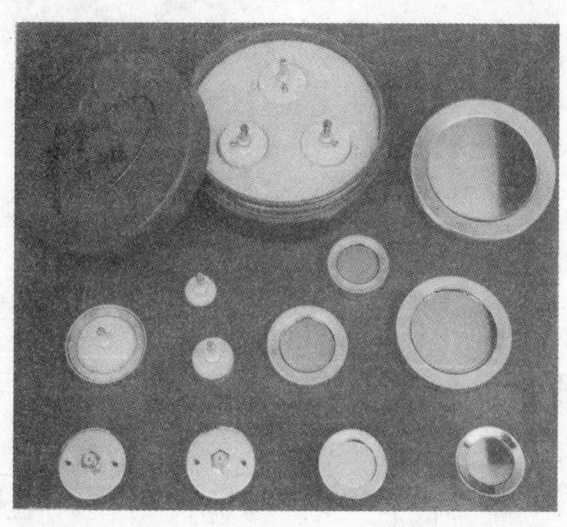

图 26-32 半导体探测器

表 26-1 半导体探测器型号命名和主要用途

型 号	名 称	特 点	主要用途
GM	部分耗尽金硅面垒型探测器	薄窗,分辨率好	用于 α,P,β 等带电粒子能谱测量,及低本底弱放射性测量
GM1101	部分耗尽金硅面垒型探测器(GM 改进型)	同 GM 型,标准化	同 GM 型
GM1401	部分耗尽环形金硅面垒探测器	中心孔直径 4 mm	用于核物理实验角分布,背散射电子和电子束曝光中的反散射电子测量
GM1501	金硅面垒离子探测器	噪声低,对磁场不灵敏	用于测量激发态的氢原子和氢、氘、氚离子
GM1601	钯硅面垒探测器	灵敏区薄,稳定性好	用于重带电粒子和 β 射线测量
GM1801	全耗尽硅面垒探测器	灵敏区薄,全耗尽	用于粒子类型甄别或做成望远镜探测器
GL	锂漂移金硅面垒探测器	灵敏区宽,分辨率好	用于测量长射程带电粒子和 γ 射线
GL1221	硅(锂)X 射线探测器	对 X 射线分辨率高	用于测量 X 射线和低能 X 射线谱
ZL1301	锗(锂)γ 射线探测器	对 γ 射线分辨率高	用于测量 γ 射线能谱及活度
ZC1101	高纯锗平面型 X 射线探测器	对 X 射线分辨率高,低温使用,室温保存	用于测量 X 射线谱
ZC1201	高纯锗平面型 γ 射线探测器	对 γ 射线分辨率高,低温使用,室温保存	用于测量 X-γ 射线能谱

26.1.17　BH1216型低本底α、β测量装置

BH1216型低本底α、β测量装置是FH1914型低本底β测量装置的改进型。其外形如图26-33所示，原理如图26-34所示。

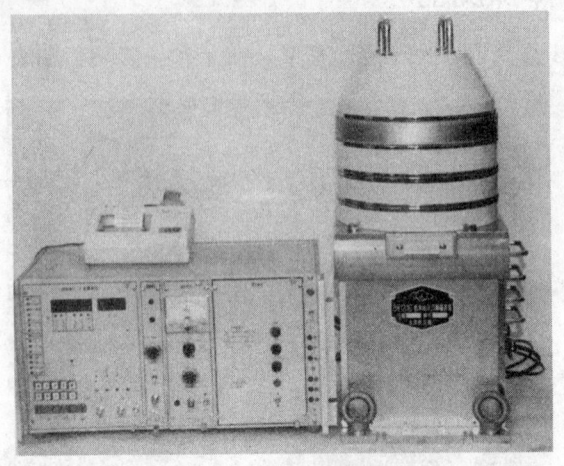

图26-33　BH1216型低本底α、β测量装置

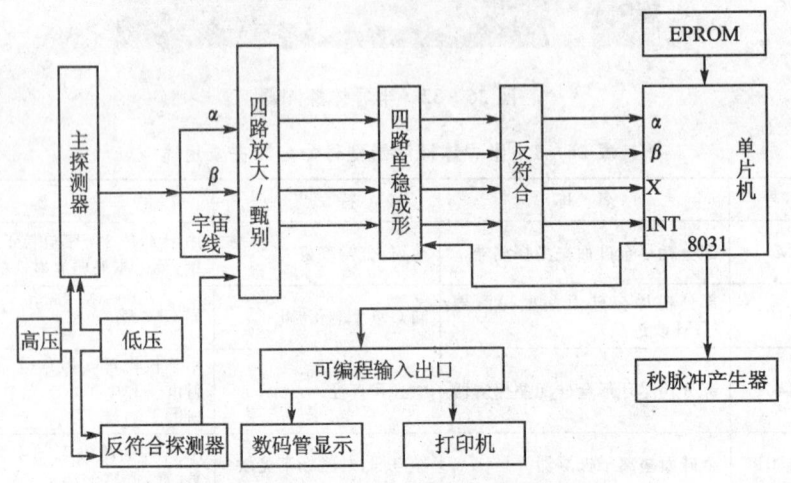

图26-34　BH1216型低本底α、β测量装置原理方框图

FH1914型低本底β测量装置，广泛应用于环境样品、核医学、进出口商品检验、卫生、核电站、食用水、农业等领域中的α、β总放射性的测量。改进后的BH1216型装置，其功能比FH1914型装置更加完善，并扩大了应用范围，性能指标好于国家规定的该类仪器的二级标准，接近一级标准。它是当前国内较理想的低本底α和β测量装置。

1. 主探测器

BH1216型装置的主探测器是由GDB52LD型低噪声光电倍增管和ST1221型低本底α、β闪烁体组成的。

其特点如下：

① ST1221型闪烁体是由低本底α闪烁体和低本底β闪烁体用新工艺制成的。它可同时

测量α,β辐射,α,β响应的输出脉冲幅度相差30～50倍,因此,很容易用幅度甄别的方法将样品中的α和β粒子分开。

② 面积大,灵敏度高。每台仪器配有直径30 mm、45 mm、52 mm三种尺寸的闪烁体,备有相应尺寸的压样器和样品盘。用户可根据自己样品量的多少,选择闪烁体的尺寸。由于探测器的面积大,灵敏度高,可测量 $0.5\times10^{-3}\sim3\times10^{-2}$ Bq的极弱放射性。

③ ST1221型闪烁体表面可擦洗,不怕污染,经久耐用,价格便宜。

2. 反符合探测器

BH1216型装置的反符合探测器是由ϕ200 mm×30 mm的塑料闪烁体和GDB44F型光电倍增管组成的。它对主探测器的张角为164°。这样,来自大角度的宇宙射线也能反掉,从而降低了本底,提高了反符合效率。

3. 电子学线路

BH1216型装置计数单元,采用了较先进的线路和较可靠的组件。线路中应用了8031单片机,它可帮助判别各路信号。各单元之间采用内部连线,整个计数单元只有两根信号线,即信号输入端和反符合输入端。仪器出厂时,将性能调至最佳状态,用户只要通电后,接通两根信号输入线就可进行工作。线路采用集成块,一般不易损坏,维修方便,使用牢靠。

4. 工作方式

▶ 该装置可单独测α或单独测β,也可同时测量α和β放射性。

▶ 工作方式为自动和手动,自动定时时间为60 s、600 s、60 000 s。手动定时可自由选择。

5. 打印输出

BH1216型装置通过前面板的功能键,通过8031单片机打印输出下列数据:① 样品测量年、月、日;② 样品效率和装置本底测量时间;③ 测量过程中时间显示;④ 标准源活度;⑤ 样品尺寸和样品量;⑥ α和β的本底计数;⑦ 被测样品中的总α和总β计数;⑧ 装置对于标准源的效率计算结果;⑨ 计算出样品中总α和总β活度等。

6. 技术指标

① 对 ^{90}Sr—^{90}Y β源的 2π 效率>40%时,本底0.1 计数/(cm·min)。

② 装置对于500 mg KCl 效率>60%时,本底0.1 计数/(cm·min)。

③ 装置对于^{239}Puα源 2π 效率>70%时,本底0.18 计数/(cm·h)。

④ α和β交叉性能:α进入β的计数效率<2%;β进入α的计数效率<0.1%。

⑤ 反符合效率>99%。

7. 外形尺寸和质量

① 操作台为标准NIM机箱 $l\times b\times h$,480 mm×221 mm×366 mm。

② 铅室:$\tau\times b\times h$,320 mm×245 mm×360 mm。

③ 质量:仪器约20 kg,铅室约200 kg。

26.1.18 直读式低能X、γ射线袖珍剂量仪

1. 用途与特点

本仪器采用最新结构设计,其主要性能均达到或超过国际ISO标准,外形如图26-35所示,主要供从事放射性工作的人员作为X、γ射线辐射的个人剂量监测使用,也可用于X光机

输出量和半值层的监测。

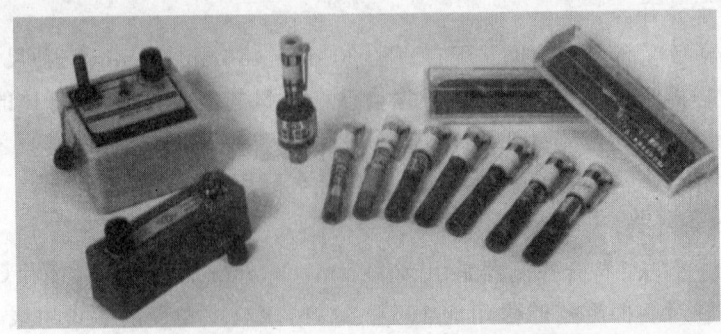

图 26-35　直读式低能 X、γ 射线袖珍剂量仪

仪器的特点是读数直观，性能可靠，携带方便，操作简单。它是个人剂量防护监测的较好器材。

2. 主要技术性能

① 探测射线：X，γ 射线。

② 测量准确度：用 ^{60}Co 放射源标定，其误差小于全刻度的 ±10%。

③ 测量量程：BH3110 型，0～5 mGy；BH3111 型，0～1 mSv；BH3112 型，0～2 mSv。

④ 能量响应：在 X 光机输出量为 60～250 kV（峰值）范围内，相对于 100 kV（峰值）的 X 射线输出量，其测量响应误差小于 ±10%。

⑤ 自漏电：在正常条件下，24 h 的自漏电小于全刻度的 2%。

⑥ 使用环境：−10～+50℃；相对湿度≤95%（+40℃）。

⑦ 仪器具有良好的密封性和耐腐性，其灵敏度不受海拔气候的影响。

⑧ 仪器结构牢固，能经受各种运输条件的振动。

⑨ 供电电源：使用专为剂量仪配套的 FJ300 型充电器或国际上通用的其他型号充电器。

⑩ 尺寸和质量：ϕ13.5 mm×104 mm；约 30 g。

3. 使用方法

使用前必须将仪器进行充电调零，其步骤是：

① 取下下端保护套，将剂量仪插入充电器充电插孔中，均匀地向下压使剂量仪的充电触头与充电器的电极接触良好。

② 缓慢旋转电压调节钮，从目镜中可观察到仪器内指示丝的偏移。

③ 逆时针将指示丝调节至"零"左边一小分格左右，然后缓慢地提起剂量仪。

④ 查看指示丝是否与"零"线重合，若不重合，可根据实际偏移量重新进行充电调零，最终使指示丝与"零"线重合。

注意：读数时，指示丝应与地面呈垂直位置。

26.1.19　BH-6012 型二维骨密度仪

BH-6012 型新一代二维骨密度仪外形如图 26-36 所示。它具有高精密度、自动定位、图像显示、超远端测量的特点。克服了目前一维扫描对超远端（小梁骨即松质骨的 60%）测定难以重复定位的致命弱点。测量过程自动化，引入数字图像处理技术，对骨形态图进行处理，给出更合理、更有效的测量数据。软件系统全部采用菜单操作,层次分明,并具有先进的文件服务功能,可查看病历表,使用户感到得心应手。

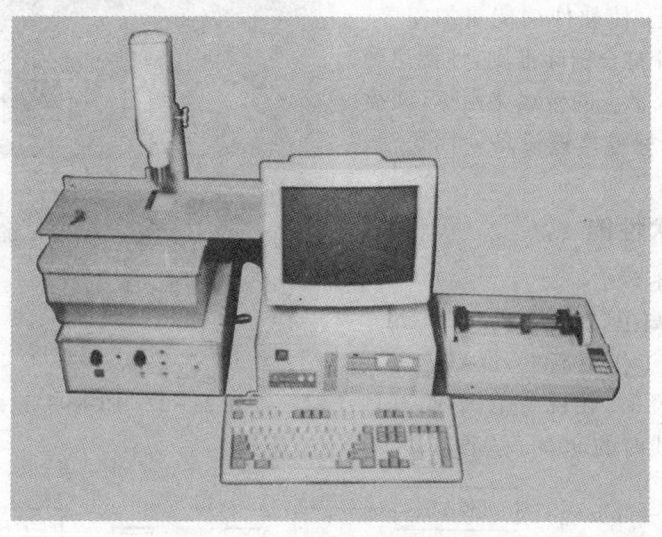

图 26-36　BH-6012 型二维骨密度仪

1. 技术指标

软件:扫描面积:(8×3) cm^2;程序功能:扫描宽度可调 3~8 cm;扫描长度可调 2~3 cm。

硬件配置:计算机 AT286(或 PC386);扫描台 36 cm×33.5 cm×58 cm;操作台 35 cm×37 cm×15.5 cm;放射源 ^{241}Am 3.7×10^9 Bq。

2. 技术参数

① 精密度<2%。

② 准确度<2%。

③ 稳定性:连续工作 8 h,标准器的 BMC(g/cm)的相对百分误差<2%。

3. 使用环境

① 温度:10~30℃。

② 相对湿度:85%。

③ 电源:交流 220×(1±0.1) V,50 Hz。

4. 尺寸和质量

① 扫描台 36 mm×34 mm×58 mm,15 kg。

② 仪器 35 mm×37 mm×15.5 mm,17 kg。

26.1.20　FT-638G 型微机肾图仪

1. 用途与特点

FT-638 型微机肾图仪用于测定人体肾脏功能,能实时显示肾图曲线,自动计算肾图各项参数和指标并打印。它可对肾脏疾病的诊断、治疗提供准确、可靠的资料,还可对移植肾进行监测。其外形如图 26-37 所示,原理如图 26-38 所示。

FT-638G 型微机肾图仪为 FT-638 型的改进型。该仪器数据采集和数据处理采用 286 微机系统,将 FT-638 型 Apple II 微机系统的肾图程序、速尿肾图程序、肾血流程序移植到 286 微机系统上,使软件功能更加完善。铅准直探头的设计符合国际准则,性能达到国外同类产品的水平。测量线路由 NIM 插件组成,符合国际标准。该设备使用灵活,维修方便。

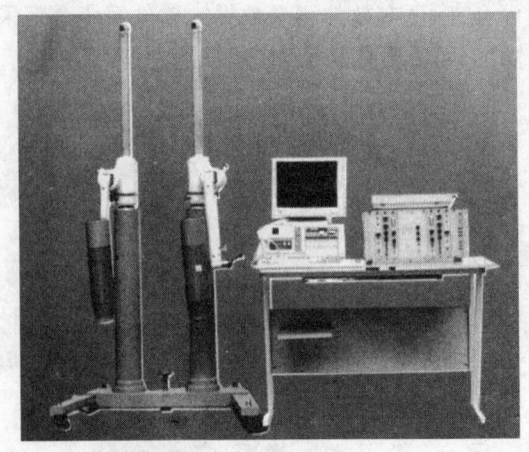

图 26-37　FT-638G 型微机肾图仪

2. 主要技术性能

1) 铅准直探头

① 在工作距离上,视野直径为 10 cm。

② 当点源在工作距离上,以晶体中心为圆心沿弧线移动时,在视野范围内,其计数率不小于在轴线时的 90%;移至 $1.2R$(R

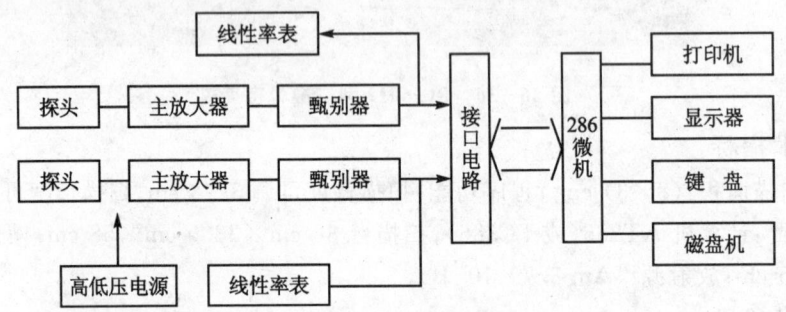

图 26-38　FT-638C 型微机肾图仪原理方框图

为视野半径)时,其计数率不大于在轴线时的 50%;移至 $1.4R$ 时,其计数率不大于在轴线时的 5%。

③ 对 ^{131}I 点源灵敏度大于 8000 脉冲/(min·37 kBq)$^{-1}$(晶体端面至准直器端面的距离 $d=17.5$ cm)。

④ 在正常工作条件下,自然本底不大于 1300 脉冲/min。

2) 微机和软件

① 肾图程序、肾血流程序适用的硬件环境和软件环境:286 微机系统(内存 1 MB,硬盘 40 MB,彩显,9 针打印机),DOS 3.3 操作系统。

② 肾图程序、肾血流程序的主要功能:

- 校准两侧探头探测效率的一致性。
- 可实现自动启动、自动换量程、自动扣除本底。
- 实时显示左肾、右肾曲线,还可显示双肾肾图曲线。
- 可进行肾有效血浆流量的测量。
- 自动分析计算肾图各项指标(包括肾脏指数 R1,C 段下降半时间 $T_{c/2}$,峰值 B,峰时 T_b,15 min 残留率、分浓缩率,肾脏指数差 DRI、峰值差 DB、峰时差 DT_b 及利尿剂排泄指数 DEl 等)。

- 可计算总肾 ERPF 值和分肾 ERPF 值。
- 对特殊病人,操作相应的功能键,可延长测量时间到 30 min,或提前结束。
- 手移光标。
- 可做速尿肾图。
- 测量结果存盘,永久保存,在需要时可读盘,重新显示和打印。
- 打印病例报告,给出肾图曲线、各项参数和指标。

3) 机械性能

两探头均可单独自由升降,升降范围:水平位置 75～131 cm,垂直位置 53～109 cm,旋转角度水平 360°,垂直 360°。

3. 使用环境条件

▷温度为 5～30℃,相对湿度＜90％(30℃),电源为 220 V,50 Hz。
▷室内应安装空调设备,保证微机系统正常工作。

4. 尺寸和质量

铅准直探头:ϕ102 mm×453 mm,33 kg×2;
操作台:1200 mm×700 mm×800 mm,50 kg。

26.1.21 FH463A 自动定标器

1. 用途与特点

本仪器是全部采用集成电路的自动计数装置,内设简易单道分析器、电源抗干扰电路、打印控制、打印信息输出电路等。它配合 GM 计数管探头或闪烁探头,可测量 α、β、γ 射线的强度,也可粗略地分析能谱,与打印机联配可实现数据自动记录。仪器工作稳定可靠,显示清晰,省电,质量轻,维修方便;定时范围宽且准确;测强度时,用窄窗找峰,用宽窗测量,可减小本底计数 3～5 倍;借助十圈电位器能准确地调节高压,改变探头输出的脉冲电压。

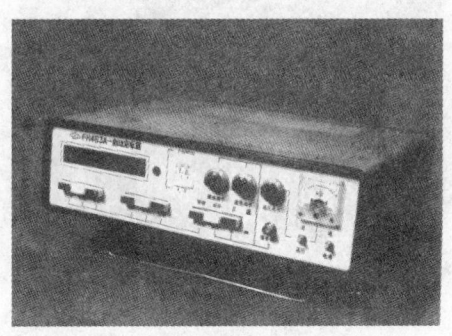

图 26-39　FH463A 型自动定标器

本仪器外形如图 26-39 所示,原理如图 26-40 所示。

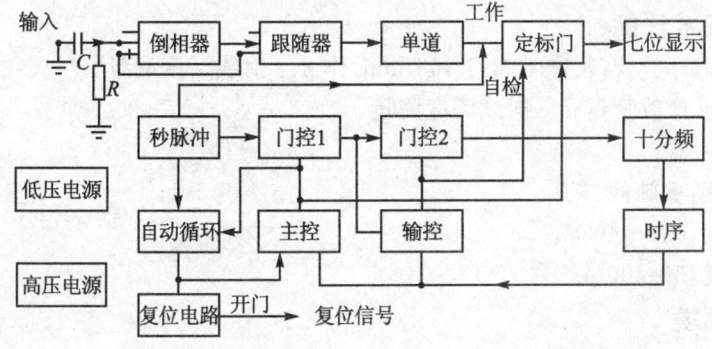

图 26-40　FH463A 型自动定标器原理方框图

2. 技术性能

① 甄别阈:0.1～5 V,线性偏差≤0.5%。

② 道宽:0.1～3 V。

③ 输入脉冲:极性正或负,宽度 0.1～100 μs。

④ 双脉冲分辨时间:≤200 ns。

⑤ 最高计数率:2 MHz 以上。

⑥ 定时时间:$10^n k$ s($k=1～9,n=0～3$)。

⑦ 最大计数容量:10^7-1。

⑧ 高压输出:300～2 000 V,连续可调;电流≥300 μA;瞬时稳定性≤0.3%,8 h 长稳≤0.3%。

⑨ 使用环境条件:温度 0～40℃;相对湿度≤90%(30℃);电源 220×(±10%) V,50 Hz。

⑩ 配用探头:FT604 型铅准直 γ 闪烁探头,FT603 型井型闪烁探头,FT611G1 医用井型探头,FJ367 型通用闪烁探头,FJ365 型计数管探头。

⑪ 尺寸质量:320 mm×110 mm×400 mm,6 kg。

26.1.22　FJ365 型计数管探头

FJ365 型计数管探头外形如图 26-41 所示,其原理如图 26-42 所示。

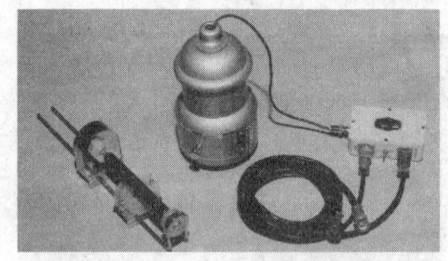

图 26-41　FJ365 型计数管探头

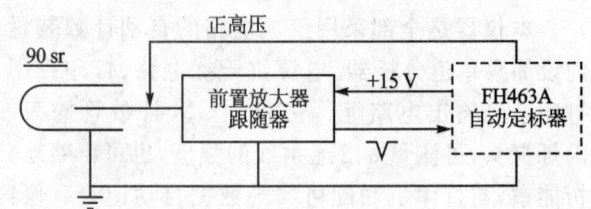

图 26-42　FJ365 型计数管探头原理方框图

1. 用途及特点

FJ365 型计数管探头可配合 FH463A 型自动定标器,供工业、农业、医疗卫生及科学研究等单位对 α、β、r 射线进行活度测量。

2. 主要技术性能

① 用圆柱形计数管(长度不超过 365 mm)作 β、γ 射线活度测量。

② 用钟罩形计数管作 α、β 射线活度测量。

③ 前置放大器:

➤ 输入极性:负脉冲。

➤ 输入幅度:0.2～40 V。

➤ 输入宽度:5～400 μs。

3. 使用环境

➤ 环境温度:0～+40℃。

➤ 相对湿度:≤85%(+30℃)。

➢ 供电电源：由定标器供给直流高、低压。

26.1.23　FJ373 型携带式 n-γ 辐射仪

1. 用途与特点

本仪器用于剂量防护，能测快中子、中能中子、慢中子的注量率兼测 γ 辐射剂量率。

它的主要优点是能量响应好，操作简便，对不同的射线，不用换探头。其外形如图 26-43 所示。

2. 主要技术性能

① 测量中子范围：从热中子至 5 MeV 快中子。

② 测量范围：

中子注量率：$0\sim10$，$0\sim30$，$0\sim300$，$0\sim10^3$，$0\sim3\times10^3$，$0\sim10^4$，$0\sim3\times10^4$，$0\sim10^5/(cm^2 \cdot s)$，共 9 个量程。

γ 剂量率：$0\sim0.3$ mR/h($0\sim77.4$ nC/kg·h)；$0\sim1$ mR/h($0\sim258$ nC/kg·h)；$0\sim3$ mR/h($0\sim774$ nC/kg·h)；$0\sim10$ mR/h($0\sim2.58$

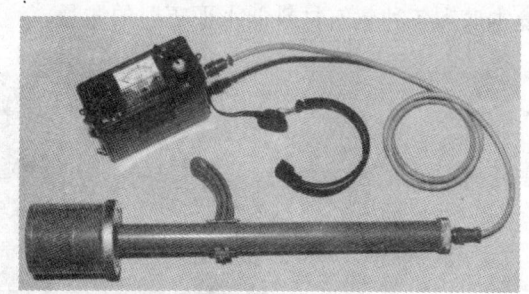

图 26-43　FJ373 型携带式 n-γ 辐射仪

μC/kg·h)；$0\sim30$ mR/h($0\sim7.74$ μC/kg·h)；$0\sim100$ mR/h($0\sim25.8$ μC/kg·h)；$0\sim300$ mR/h($0\sim77.4$ μC/kg·h)；$0\sim1$ R/h($0\sim0.258$ mC/kg·h)；$0\sim3$ R/h($0\sim0.774$ mC/kg·h)。共 9 个量程。

③ 读数建立时间：上升至满刻度值的 95%，快档约 30 s，慢档约 2 min。

④ 误差在 30 ± 5℃，相对湿度 50%～80% 条件下：

➢ 对中子注量率的测量，误差不大于满刻度值的 ±15%（不包括能量变化造成的误差）。

➢ 当 γ 剂量率不大于 1 R/h(2.58×10^{-4} C/kg·h)时，误差不大于 ±20%；当 γ 剂量率大于 1 R/h 时，误差不作考核。

⑤ 附加误差：

➢ 在 n-γ 混合场，γ 场不大于 1 R/h 时，测量中子注量率，附加误差不超过满刻度值的 ±15%。

➢ 在 0～45℃ 中工作，相对于(30 ± 2)℃时的附加误差不超过满刻度值 ±20%。

➢ 在温度(30 ± 2)℃、相对湿度 90%×(1 ± 0.03) 环境中工作，相对(30 ± 5)℃、相对湿度 50%～80% 时的附加误差不超过满刻度值的 ±15%。

3. 使用环境条件

➢ 温度：0～45℃。

➢ 相对湿度：90%(1 ± 0.03)((30 ± 2)℃)。

➢ 电源：3 V（一号电池 2 节），工作电流不大于 60 mA。

4. 尺寸和质量

➢ 尺寸：箱体 172 mm×80 mm×140 mm，探头长约 500 mm，最大直径约 50 mm。

➢ 质量：约 3 kg。

26.1.24 热释光探测器和剂量计

1. 原理和用途

热释光探测器是一种固体储能探测器,其外形如图 26-44 所示。其型号规格及参数如表 26-2 所列。它是利用加热的方法,使探测器受辐照时储存的能量以光的形式释放出来,其发光的强度在一定的范围内与照射量成正比。利用这个原理来作照射量的测量。该探测器广泛应用于 X,γ,β 等射线个人剂量监测,事故剂量测定,放射性场所监测,放射医学与放射生物学剂量监测,核爆炸、反应堆、空间剂量监测,考古、地质年龄研究等方面。另外,还可作天然环境本底和各种建筑材料低水平辐射的测量。

图 26-44 热释光探测器和剂量计

表 26-2 热释光探测器型号、规格、参数

产品名称	型号	规格	主要技术指标	主要用途
LiF(Mg,Ti)方片	JR1152	尺寸: 5 mm×5 mm×0.8 mm 其他尺寸面议	能量响应: 30 keV 时的响应为 1.25 MeV 时响应的 1.25 倍 线性范围: $2.58×10^{-6}\sim7.74×10^{-2}$ C/kg(10 mR~300 R)	测量 X,γ 射线的累积剂量
^{6}LiF(Mg,Ti)方片	JR1153	同上	能量响应:30 keV 时的响应为 1.25 MeV 时响应的 1.25 倍 线性范围: 对 γ 射线:$2.58×10^{-6}\sim1.29×10^{-1}$ C/kg(10 mR~500 R) 对热中子:$2×10^{-4}\sim1$ Sv(20 mrem~100 rem)	测量热中子累积剂量,用于反照中子剂量计
^{7}LiF(Mg,Ti)方片	JR1154	同上	能量响应: 30 keV 时的响应为 1.25 MeV 时响应的 1.25 倍 线性范围: $2.58×10^{-6}\sim1.29×10^{-1}$ C/kg(10 mR~500 R)	在 n-γ 混合场中测量 γ 累积剂量。用于反照中子剂量计

续表 26-2

产品名称	型号	规格	主要技术指标	主要用途
$CaSO_4:Dy$ 玻璃管	JC1241	尺寸： $\phi2\ mm\times$ 12 mm	可探测下限： 1.29×10^{-7} C/kg(0.5 mR) 线性范围： $2.58\times10^{-7}\sim7.74\times10^{-2}$ C/kg(1 mR～300 R) 信息稳定性：半年衰退 5%	用于低剂量率的 β，X，γ 射线累积剂量测量，尤其适用于环境贯穿辐射测量。
$CaSO_4:Tm$ 玻璃管	JR1242	同上	可探测下限： 1.29×10^{-7} C/kg(0.5 mR) 线性范围： $2.58\times10^{-7}\sim7.74\times10^{-2}$ C/kg(1 mR～300 R) 信息稳定性： 半年衰退 5%	用于低剂量率的 β，X，γ 射线累计剂量测量，尤其适用于环境贯穿辐射测量。也可作 n-γ 混合场中 γ 射线累计剂量测量
$Mg_2SiO_4:$ Tb 方片	JR1352	尺寸： 5 mm×5 mm ×0.9 mm	可探测下限： 7.74×10^{-8} C/kg(0.3 mR) 能量响应： 28 keV 时的响应为 1.25 MeV 时响应的 4.2 倍 线性范围： $2.58\times10^{-7}\sim7.74\times10^{-2}$ C/kg(1 mR～300 R) 信息稳定性：三个月衰退≤4%	用于低剂量率的 β，X，γ 射线累计剂量测量，也用于事故剂量测量
$CaSO_4:Tm$ 薄膜	JR1271	直径：10 mm 质量厚度： $2\sim10\ mg/cm^2$	可测下限：2.58×10^{-6} C/kg(10 mR)	用于 β 射线累计剂量测量，作四肢剂量计。也可用于氡及其子体测量，制成双卡

2. 特点

① 测量对象广，可测 α，β，γ，n，p，X 等射线，基本上无剂量率影响。

② 量程范围宽，能量响应好。

③ 体积小，质量轻，牢固结实。

④ 信息稳定，可测较长时间的累积剂量。

⑤ 可重复使用多次。

3. 探测器型号及其表示法

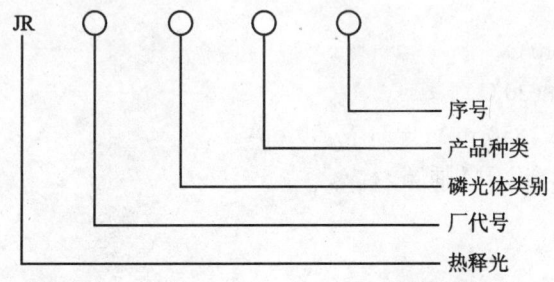

数字代号的意义

磷光体代号
(1) 表示氟化锂(镁、钛)
(2) 表示硫酸钙(镝或铥)
(3) 表示硅酸镁(铽)

产品种类代号
(1) 表示剂量计 (5) 表示方片
(2) 表示圆片 (6) 表示粉末
(3) 表示棒状 (7) 表示薄膜
(4) 表示玻璃管

26.1.25 FH1073A 型 3 kV 高压电源

1. 用途及特点

本仪器主要是供核探测器(如光电倍增管、正比计数管和 G-M 计数管等)使用的多功能 NIM 插件式直流高压稳压电源。其外形如图 26-45 所示。

本仪器除主输出以外,设有三路分配输出端,可同时供给四路以下略有参差的光电倍增管探头作多路测量及符合测量使用。它还设有供控制机或稳谱系统对高压输出进行监测及微调的"检测输出"和"外控输入"插孔。

本仪器可与 FH1074A 型低压电源组合成台式高压电源。

2. 主要技术性能

① 输出电压:300 V～3 kV 连续可调,输出电压范围分 0～1 kV、0～2 kV 及 0～3 kV 三档。输出电压极性正或负。

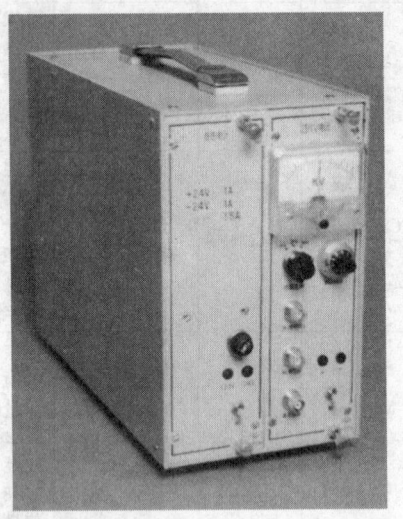

图 26-45　FH1073A 型 3kV 高压电源

② 输出电流:0～2 mA。

③ 内阻:≤300 Ω。

④ 纹波电压:≤30 mV(有效值)。

⑤ 温度系数:≤0.01%/℃(平均值)。

⑥ 工作稳定性:8 h 漂移≤±0.1%±300 mV(预热 30 min)。

⑦ 电表指示误差:≤满度值的±5%。

⑧ 检测输出为 1:1000,误差≤±0.15 V。

⑨ 外控输入灵敏度:约 100 V/V。

⑩ 分配输出调节量:约 200 V(1 mA)。

3. 使用环境

① 环境温度:0～+40℃。

② 相对湿度:≤90%(30℃)。

③ 供电电源:+24 V,850 mA;-24 V,50 mA。

④ 外形尺寸:2 个标准 NIM 插宽。

⑤ 质量 1.8 kg。

4. 仪器成套

① FH1073A,3 kV 高压电源 1 台。

② 高压输出电缆线(DLX-008)2 根。

③ 单芯插头(Q9-J4Y)2 个。

26.2 核传感器基本理论

核辐射式检测仪表一般由放射源、探测器、电信号转换电路和显示装置四部分组成。放射源是这种仪表的特殊部分,它是由放射性同位素做成的。探测器即核辐射检测器,它可以探测出射线的强弱及变化,并将射线信号转变为电信号。电信号转换电路由各种电路单元所组成,它将电信号进行各种变换和处理。显示装置可以是电流表或指示灯,也可以是数字显示装置,它的作用是把被测参数显示出来。

核辐射传感器包括放射源、探测器以及电信号转换电路部分。其中主要是指各种探测器及其有关电路。

26.2.1 放射源

我们知道各种物质都是由一些最基本的物质所组成。人们把这些最基本的物质称为元素,如碳、氢、氧等。当不同种类的元素在一定条件下按不同的数量进行化合后,就形成了很多较复杂的物质。

组成每种元素的最基本单元就是原子,每种元素的原子都不是只存在一种,如氢气就有三种:氢^1、氢^2、氢^3。具有相同的核电荷数 Z 而有不同的质子数 A 的原子所构成的元素称同位素,它们在元素周期表中占有同一位置。例如,$_{27}Co^{60}$(钴)就是$_{27}Co^{59}$的同位素,$_6C^{14}$(碳)就是$_6C^{13}$的同位素。表 26-3 列出了常用的放射性同位素。

假如某种同位素的原子核在没有任何外因的作用下,它的核成分自动变化,这种变化称为放射性衰变。在这种衰变过程中,将放出射线的同位素称为放射性同位素。原子核成分不发生自动变化的同位素称为稳定的同位素。

原子序数在 83 以下的每一种元素都有一个或几个稳定的同位素,原子序数在 83 以上的同位素则只有放射性同位素。放射性同位素分天然的和人工的两种。原子序数大于 83 的天然放射性同位素分为三个放射性系,即钍系、铀系和锕系。从天然矿石中提出的天然放射性同位素,量少、品种少而且价格贵。目前,知道的可以利用的放射性同位素有二百多种,这些放射性同位素是用原子能反应堆和回旋加速器等办法制造出来的。原子能反应堆是用人工办法制备放射性同位素的"加工厂"。物质被反应堆中的中子流照射而变为放射性物质,这种方法产量高,品种多,成本低。从反应堆用过的铀棒中也可以用化学方法分离出许多种有用的放射性同位素。利用回旋加速器也可以制备一些反应堆所不能制备的放射性同位素。

1. 辐射的种类和性质

放射性同位素的原子核进行变化时放出 α 粒子、β 粒子或 γ 射线,变为另外的同位素,这种现象称为核衰变(也叫放射性蜕变)。核衰变是不稳定同位素的必然现象,它不受外界条件的任何影响。有的衰变后变为稳定的同位素,有的衰变后仍然是不稳定的,并且继续衰变直到变为稳定的同位素为止。核衰变中放出不同的带有一定能量的粒子或射线的放射性现象称为核辐射。核辐射的种类可以分为 α 辐射、β 辐射、γ 辐射和中子辐射。

核衰变中,核辐射粒子或量子具有能量。为了估计这个能量的大小,在原子物理中使用了专用的单位电子伏特(eV)。电子伏特是一个电子在 1 V 电压的作用下被加速所获得的能量数值。

1) α辐射

从放射性同位素原子核中可以放射出 α 粒子，α 粒子的质量为 4.002 775 原子质量单位（1 原子质量单位 = 1.6599×10^{-24} g）。它带有正电荷，实际上即为氦原子核。放射出 α 粒子后，同位素的原子序数将减小 2 个单位而变为另一个元素。

α 粒子一般具有 $4 \sim 10^7$ eV 能量，平均寿命为几 μs 到 10^{10} 年。它从核内射出的速度约为 2×10^4 m/s。作 α 衰变的放射性同位素有 $_{84}Po^{210}$（钋）、$_{88}Ra^{226}$（镭）等。人造同位素大部分不放出 α 粒子，只有少部分人造同位素放出 α 粒子，如 $_{88}Ra^{226}$、$_{93}Na^{233}$（镎）等。α 粒子的射程长度在空气中为几~十几 cm。用 α 粒子来使气体电离比其他辐射强得多。

2) β辐射

β 粒子的质量为 0.000 549 原子质量单位，带有一个单位的电荷。它所带的能量为 100 keV~几 MeV。β 粒子的运动速度都比 α 粒子的运动速度高得多，约 20 多万公里每秒。β 粒子是具有高速的电子。放射 β 粒子的原子核衰变过程可以认为是由一个中子变为一个质子而放射出一个电子。β 粒子的能量从零到最大值成连续分布，如图 26-46 所示。纵坐标表示测得的 β 粒子的计数率，即单位时间内的 β 粒子数，横坐标表示 β 粒子所带的能量。从图中可以看出，β 粒子的能量在 $0.3E_m$ 时计数率最大。对于某些同位素衰变时不仅放出一组 β 粒子，而是放出 K 组 β 粒子，而且每组的最大能量是不相同的。

β 衰变的结果，由于放出一个 β 粒子，原子核的正电荷数就增加 1 个，因此原子序数也增加一个。如 $_{81}Tl^{204}$（铊）放出一个 β 粒子后，就变成 $_{82}Pb^{204}$（铅）。该核的质量变化极小，因此可以认为质量保持不变。

β 粒子在气体中的射程可达 20 m。在自动检测仪表中，主要是根据 β 辐射吸收来测量材料的厚度、密度或质量，根据辐射的反散射来测量覆盖层的厚度，利用 β 粒子很大的电离能力来测量气体流。

3) γ辐射

γ 射线是一种从原子核中发出的电磁辐射。它的波长较短，为 $10^{-8} \sim 10^{-11}$ cm。它是原子核从激发态变到基态时的产物。γ 射线的发射对原子核的原子序数和质量没有影响。它的发射常伴有 α 和 β 射线。发生 γ 辐射常是 β 衰变或其他衰变的产物。

某种同位素从激发态变到基态就发出 γ 射线。γ 射线的能量是单色的，它可用能级图来表示。如常用的同位素 Co^{60}，可用图 26-47 来表示它的衰变。它先放出一个 β 粒子变为激发态的 $_{28}Ni^{60}$，然后激发态的 $_{28}Ni^{60}$ 依序放出两个 γ 光子，而变为基态的 $_{28}Ni^{60}$。

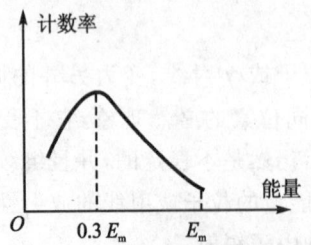

图 26-46　β 粒子的能量分布

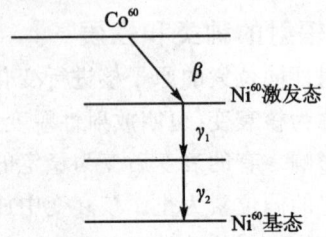

图 26-47　Co^{60} 衰变图

γ辐射在物质中的穿透能力比较强。它在气体中的射程为几百 m,并且能穿透几十 cm 的固体物质。γ辐射广泛应用在各种测量仪表中,特别是需要辐射穿透力强的仪表,如探伤仪、金属厚度计和物位计等。

4) 中子辐射

根据中子本身的能量可以分为快中子、中能中子、慢中子和热中子。中子所具有的能量大于 100 keV 称快中子,小于 100 keV 的称为中能中子,小于 100 大于 1/40 eV 称慢中子,具有较小能量,在 1/40 eV 以下的中子则称为热中子。绝大多数的中子源都辐射出快中子。中子的质量是 1.6747×10^{-24} g,比氢核的质量略重一些。中子是不带电的粒子,它和原子核之间不存在电排斥力,因此常利用它来产生原子核反应。人们用中子打击各种原子核,使它们发生原子核反应,从而得到上千种同位素。

在自动检测技术中,中子辐射可以用来测量湿度、含氢介质的物位或物质的成分。

2. 常用放射性同位素和放射源

从元素周期表看,放射性同位素种类很多。由于核辐射式检测仪表要采用的放射性同位素的半衰期应该比较长,对放射出来的射线能量也有一定要求,因此常用的放射性同位素只有二十种左右,如表 26-3 所列。

β放射源一般为圆盘状,γ放射源一般为丝状、圆柱状或圆片状。如 Tl^{204}(铊)镀在铜片上,上面覆盖云母片,然后装入铝或不锈钢壳内,最后用环氧树脂密封,即成为仪表用铊^{204} β放射源。利用 $Cs^{137}Cl$ 吸附在多孔陶瓷上,烘干后装在不锈钢外壳中,然后用氩弧焊密封即成为仪表用的铯^{137} γ放射源。

表 26-3 常用的放射性同位素

同位素	符号	半衰期	辐射种类	α粒子能量/MeV	β粒子能量/MeV	γ射线能量/MeV	X射线能量/keV
碳^{14}	^{14}C	5720 年	β		0.155		
铁^{55}	^{55}Fe	2.7 年	X				59
钴^{57}	^{57}Co	270 天	γ,X			136.14	6.4
钴^{60}	^{60}Co	5.26 年	β,γ		0.31	1.17,1.33	
镍^{63}	^{63}Ni	125 年	β		0.067		
氪^{85}	^{85}Kr	9.4 年	β,γ		0.672,0.159	0.513	
锶^{90}	^{90}Sr	199 年	β		0.54,2.24		
钌^{106}	^{106}Ru	290 天	β,γ		0.039,3.5	0.52	
镉^{109}	^{109}Cd	1.3 年	α,γ	0.022		0.085	
铯^{134}	^{134}Cs	2.3 年	β,γ		0.658,0.09,0.24	0.568,0.602,0.794	
铯^{137}	^{137}Cs	33.2 年	β,γ		0.523,0.004	0.6614,0.0007	
铈^{144}	^{144}Ce	282 天	β,γ		0.3,2.97	0.03~0.23 0.7~2.2	
钷^{147}	^{147}Pm	2.2 年	β		0.229		
铥^{170}	^{170}Tm	120 天	β,γ		0.884,0.004	0.0841,0.0001	
铱^{192}	^{192}Ir	747 天	β,γ		0.968		
铊^{204}	^{204}Tl	2.7 年	β		0.67	0.137~0.651	
钋^{210}	^{210}Po	138 天	α,γ	5.3	0.753	0.8	
钚^{238}	^{238}Pu	86 年	X				12~21
镅^{241}	^{241}Am	470 年	α,γ	5.44,0		5.48,0.027	

放射源的强度单位是"居里(Ci)"(在 SI 制单位中,放射性强度用"贝可(Bq)"作单位,1 Ci = $3.7×10^{10}$ Bq)。一居里的放射源有 $3.7×10^{10}$ 次每秒核衰变。仪表常用毫居里(mCi)为单位,1 mCi 的放射源有 $3.7×10^7$ 次每秒衰变。放射源的强度是随着时间按指数定律而递减的,即

$$\alpha = \alpha_0 e^{\lambda t} \qquad (26-1)$$

式中,α_0——开始时的放射源强度;α——经过时间为 t 秒以后的放射源强度;λ——放射性衰变常数。

3. 射线源的结构

射线源的结构应使射线从测量方向射出,而其他方向则必须使射线的剂量尽可能小,以减少对人体的危害。β辐射源一般为圆盘状,γ辐射源一般为丝状、圆柱状或圆片状。将 ^{204}Tl 镀在铜片上,上面覆盖云母片,装入铝或不锈钢壳内,再用环氧树脂密封,即成为检测仪表用铊(^{204}Tl)β辐射源。

图 26-48 所示为β厚度计辐射源容器,射线出口处装有耐辐射薄膜,以防灰尘浸入,并能防止放射源受到意外损伤而造成污染。

图 26-49 是 ^{90}Sr 的β射线源结构示意图,图中标注了容器的尺寸、大小,可见放射源容器体积很小。

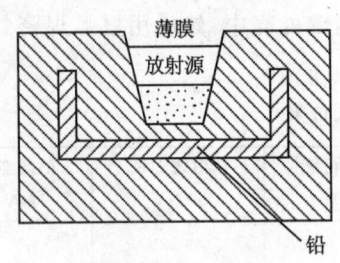

图 26-48 放射源容器

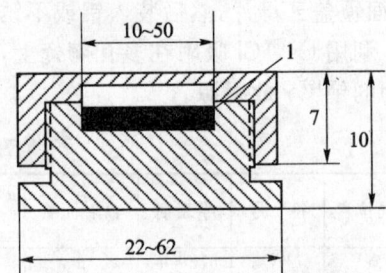

图 26-49 ^{90}Sr 的β射线源结构示意图

图 26-49 中 1 是圆形锶片,直径为 10～50 mm。锶片放在硬铝或黄铜的安瓿中,安瓿前面有一个薄壁窗口。源强度分别为 5、10、20、50、100 mCi。

26.2.2 探测器

射线和物质的作用是探测射线存在和强弱的基础,也是核辐射检测仪表工作的基础。探测器就是以射线和物质的相互作用为基础而设计的。

1. 射线和物质的作用

1) 带电粒子和物质的作用

如果不考虑带电粒子深入到原子核的核力场以内时,则带电粒子和物质的作用,主要是电离、散射和吸收,其次是次级射线,如轫致辐射等。

① 电离和激发。带电粒子通过物质时,将逐渐损失自己的能量而逐渐减速以致停止,其能量主要是消耗到对物质中原子的电离和激发上。所谓电离就是当入射粒子靠近原子时和物质中的原子发生静电作用,使原子中的束缚电子产生加速运动而变为自由电子。若入射粒子

距原子远、束缚电子所获得的能量还不够使它逃出来,则原子核由低能级跳到高能级而处于激发状态。若束缚电子变成自由电子所获得能量是从入射粒子得来的,则叫直接电离;若是从入射带电粒子打出的较高能量电子得来的,则叫间接电离。

根据计算可知,穿过气体时有 60%～80% 的入射带电粒子是属于次级电子的电离作用。一般在空气中产生一对离子所需的能量为 32.5 eV。α 粒子比 β 粒子的电离本领大,它在空气中 1 cm 的路程上可以产生 30 000 离子对,而 β 粒子只能产生几十到几百个离子对。α 带电粒子在空气中的电离情况如图 26-50 所示。图中纵坐标代表电离比度,电离比度是指每厘米径迹中离子对的多少。电离比度的大小只与介质和粒子的性质有关,而与粒子能量无关。α 粒子与气体分子相互作用的结果,将失去自己的能量而停止运动。

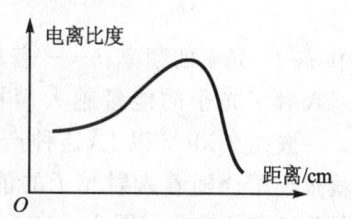

图 26-50　α 粒子在空气中的电离比度与距离的关系曲线

② 散射。带电粒子穿过物质因受原子核的电场作用而改变方向称为散射。假如带电粒子垂直地射到散射体上,经散射后大部分粒子的散射角都是比较小的。当散射角大于 90°时,即经过散射之后,粒子将折返回去,这样的散射称为反射或反散射。β 粒子的散射较 α 粒子的散射复杂得多,β 粒子由于质量较 α 粒子小,故容易被散射,并常常产生多次散射。对于单位面积质量不超过 $\frac{1}{2}$ mg/cm² 的薄片,可以考虑只有一次散射。对于较厚物质则必须考虑多次散射。

③ 吸收。电离、激发和散射的结果就表现为入射粒子被吸收。α 粒子在通过物质时的电离和激发几乎可以代表 α 粒子所损失的全部能量。它们被阻止以前,各 α 粒子的总射程是差不多的,即在较短射程内 α 粒子总数不变,到了一定射程 α 粒子很快就被阻止了,如图 26-51 所示。β 粒子的穿透本领较 α 粒子强,但它无明确的射程,就是同一能量的粒子在通过物质后,它们所走的轨迹也不一样。有的 β 粒子在比较短的射程内就被散射或吸收了,而有的却没有被散射或吸收。β 射线物质中的吸收和 α 射线不一样,它可以近似地用指数曲线来表示,如图 26-52 所示。

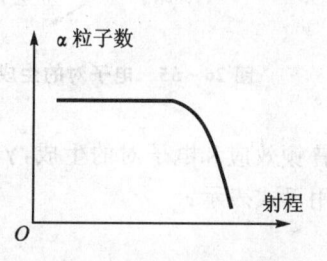

图 26-51　α 粒子在物质中的射程

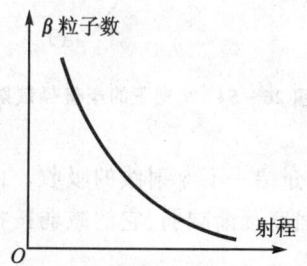

图 26-52　β 粒子在物质中的射程

④ 轫致辐射。轫致辐射就是快速电子被物质阻止突然减速,而有一部分动能转变为连续能量的电磁辐射。例如高能 β 射线打到高原子序数的物质时,就产生轫致辐射。

2) γ 射线和物质的作用

γ 射线和物质的作用效应主要有三种,即光电效应、康普顿效应和电子对的生成。γ 射线和物质的作用不像带电粒子和物质的作用那样逐渐损失自己的能量,而是整个 γ 光子的丢失。

① 光电效应。当γ光子穿过物质时，γ光子和物质中的原子发生碰撞而把自己的能量交给原子核外的一个电子使它脱离原子而运动，而γ光子本身则被吸收，这种反应称为光电效应。光子所带走的能量 E_y 为

$$E_y = h\nu - \varepsilon_i \qquad (26-2)$$

式中，ν——光子的频率；h——普朗克常数；ε_i——从 i 层移去一个电子所需的能量。

入射γ光子的能量越大而被吸收的机率越小。一般在 2 MeV 以上，这种产生光电效应的机率就很小了。随着入射光子的能量增高，光电效应吸收机率的变化如图 26-53 所示。当能量增加时，内层电子也逐渐吸收能量，当能量相当于某一层电子的结合能时，吸收特别强烈。

② 康普顿效应。随着入射γ光子能量的增加，能量损失主要表现在康普顿散射。它实际上是入射γ光子和物质中的电子发生弹性碰撞，即γ

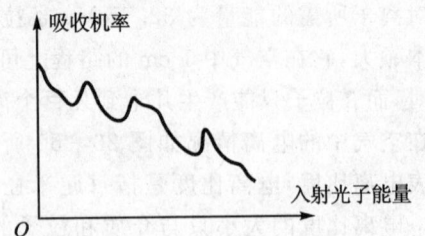

图 26-53 入射光子能量与吸收机率的关系

光子偏离它原来的方向，失去一部分能量，然后将能量转让给了电子。电子以与光子按初始运动成 φ 角的方向射出，随着入射光子能量的逐渐增加，散射角 θ 大于 90°的机率减小，如图 26-54 所示为散射情况。

③ 电子对的生成。当γ光子的能量大于所形成的电子对的静止能量（大于 1.002 MeV）时，这时就在物质中形成电子-正电子对，而γ光子则消失了。电子和正电子的运动方向和光子运动的方向成一个角度，当光子的能量大时，角度变得很小。电子对生成的概率是随着γ辐射能量增加而增大的，且与该种物质的原子序数平方成正比关系增加。如图 26-55 所示为电子对的生成情况。

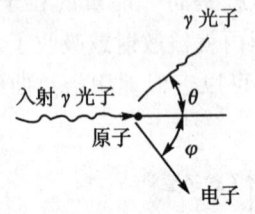

图 26-54 γ光子的康普顿散射

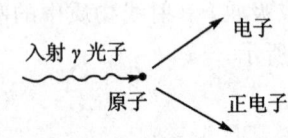

图 26-55 电子对的生成

下面介绍一下γ射线的吸收。由于光电效应、康普顿效应和电子对的生成，γ射线通过物质时，其强度逐渐减弱，它的减弱按指数曲线下降，可用下式表示：

$$I = I_0 e^{-\mu x} \qquad (26-3)$$

式中，I_0——没有通过物质以前的辐射强度；I——通过物质以后的辐射强度；x——物质的厚度；μ——物质对γ射线的线性吸收系数。

μ 值随着吸收物质的材料和γ射线的能量而改变。它是三种效应的结果，故可以用下式表示：

$$\mu = \tau + \sigma + k \qquad (26-4)$$

式中，τ——光电吸收系数；σ——康普顿散射吸收系数；k——电子对生成吸收系数。σ,τ,k 和

入射 γ 光子能量的关系如图 26-56 所示。

3) 中子和物质的作用

中子与物质相互作用的概率是以各种相互作用现象的有效截面来表示的，有效截面 σ_s 由下式表示：

$$\sigma_s = \frac{n_b}{n_a} \quad (26-5)$$

式中，n_b——在单位路程中相互作用的次数；n_a——在单位体积中的原子数。

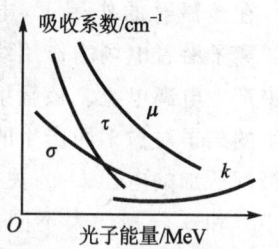

图 26-56 吸收系数与入射 γ 射线能量的关系

中子与原子核相碰击后，由于损失了一部分能量而减速。越是轻的物质越能使中子损失能量。因此当中子与氢原子核相碰击时，中子的速度大大减慢，中子的能量也损失很多。经过若干次碰击后，快中子就变成热中子，这就叫做中子的慢化过程。

慢中子与物质相互作用时，中子受到物质中原子核的俘获，从而使得慢中子很容易被很多物质所吸收。俘获了中子的原子核通常便射出各种核子和 γ 射线。

中子与物质的原子核作用基本上有以下几种过程。

① 弹性散射。弹性散射是中子与原子核作用的最简单形式。散射以后，原子核从中子动能中得到一部分能量而形成反冲核。原子核越轻，得到的能量越多。

② 非弹性散射。非弹性散射过程主要是快中子产生的。非弹性散射有以下几种情况：散射后反冲核处于亚稳态；散射后激发核在很短时间内放出 γ 射线；散射后产生两个中子。

③ (n,γ)俘获。(n,γ)俘获是指原子核俘获中子而放出一个 γ 光子的过程，放出的 γ 能量一般是几 MeV。在热中子作用下，几乎所有元素都能产生这种反应。

④ 放出带电粒子的反应。对于轻核和快中子来说，放出带电粒子的反应作用机率比较大，尤其是(n,α)反应截面最大。

⑤ 核裂变反应。核裂变反应是重核吸收中子而裂变成两个碎片的过程。在这过程中将放出一个或几个中子，同时发出约 200 MeV 能量。

⑥ 高能中子的作用。高能中子的作用是指能量大于 100 MeV 的中子与复杂核作用将引起核的散裂，而放出很多轻核粒子。

2. 核辐射探测器

核辐射探测器又称核辐射接收器，它是核辐射传感器的重要组成部分。核辐射探测器的用途是将核辐射信号转换成电信号，从而探测出射线的强弱和变化。由于射线的强弱和变化与测量参数有关，因此它可以探测出被测参数的大小及变化。这种探测器的工作原理或者是根据在核辐射作用下某些物质的发光效应，或者是根据当核辐射穿过它们时发生的气体电离效应。

目前，核辐射检测仪表常采用三种核辐射探测器，即电流电离室、盖革计数管和闪烁计数器，有时也采用正比计数管和中子计数管。

1) 电流电离室

电流电离室是利用射线对气体的电离作用而设计的一种辐射探测器，它的重要部分是两个电极和充满在两个电极间的气体。气体可以是空气或某些惰性气体。电离室的形状有圆柱体和方盒状。

第 26 章 核传感器

在核辐射的作用下，电离室中的气体介质即被电离。离子沿着电场的作用线移动，这时候在电离室的电路中产生电离电流。核辐射的强度越大，在电离室中所产生的离子对愈多而产生的电流亦愈大。电流 I 与两个电极间所加的电压 U 的关系曲线如图 26-57 所示（曲线 1,2 和 3 分别代表不同的辐射强度下的特性曲线）。图中线段 OU_1 称为线性段，在这一线段上，当电压不大时，电离室中的离子的移动速度也不大，有部分离子在移动时就重新复合，而只有余下的部分离子能够到达电极

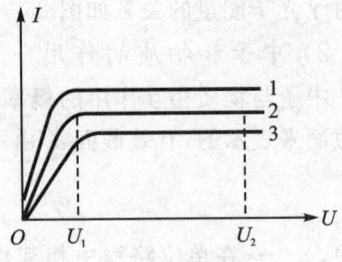

图 26-57 电离室的特性曲线

上。电极上电压越高，离子移动速度越快，离子复合就愈少，电流就会增加。线段 U_1U_2 称为饱和段，这段上的工作电压很大，所以实际上全部生成的离子都能到达电极上。此时电流将与所加的电压无关。

在电离室上所加的电压一般为几百 V。一般是在其特性曲线的饱和电流段，即图 26-57 的 U_1U_2 段上选择电压的大小，以使输出电流正比于射到电离室上的核辐射强度。

在核辐射式检测仪表中，有时也用两个电离室。为了使两个电离室的性质一样以减小测量误差，故通常设计成差分电离室，如图 26-58 所示。在高电阻上流过的电流为两个电离室收集的电流之差，这样可以避免高电阻、放大器、环境温度等变化而引起的测量误差。

电离室内所充气体的压力、极板的大小和两极的距离对电离电流都有较大的影响。例如，增大气体压力或增大电极面积都将会使电离电流增大，电离室的特性曲线也将向增大电离电流的方向移动。

电离室的结构如图 26-59 所示。电离室内有彼此绝缘得很好的两个电极，其间为有效灵敏体积。在集电极周围通常都有一个保护环，它的主要作用是把集电极上的漏电流分路掉，它的电位和集电极电位相等，并且与高压电极和集电极很好地绝缘。集电极、高压极以及保护环都利用高质量的绝缘体来固定，它可以防止高压漏电到集电极上去。高压电流绝对不漏是很难做到的，但是应使漏电电流远小于信号电流。常用的高质量绝缘材料有聚四乙烯和陶瓷等。

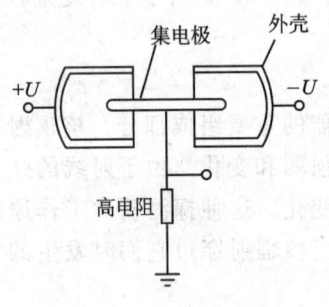

图 26-58 差分电离室

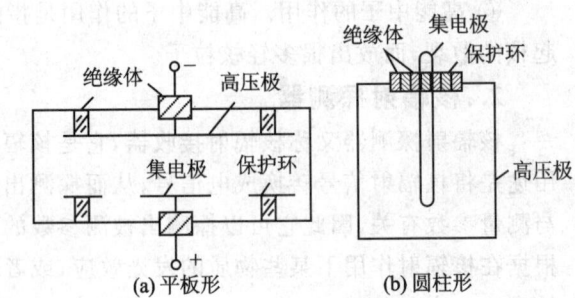

图 26-59 电离室结构示意图

电离室接收到射线后所产生的离子流一般是很小的，其数值可以这样估计：如每秒进入电离室内的放射性粒子数为 n，则这样的粒子在路程 R 上产生的离子流强度 i 为

$$i = K' \cdot n \cdot R \times 1.6 \times 10^{-19} \text{A} \tag{26-6}$$

式中，K'——辐射粒子在 1 cm 路程上所产生的离子对数；1.6×10^{-19}——一个电子的电荷数

量(库仑)。

在同样的条件下,进入电离室的α粒子比β粒子所产生的电流大100多倍。利用电离室测量α和β粒子时,其效率可以接近100%,而测量γ射线则效率却很低。这是因为γ射线没有直接电离的本领,它是靠从电离室的壁上打出二次电子,而由二次电子起电离作用。若增加壁的厚度可以增加二次电子的数量,但当增到一定数量时,由于电子被壁吸收而效率不再提高。一般γ电离室的效率只有1%～2%。

β射线的电离室容积比α射线的大得多。β源一般放在电离室外面,电离室在对准源处有薄窗口。窗口一般用5～10 μm厚的铝箔做成。图26-60是β射线的多电极电离室结构简图。圆柱电极5和6接到端子1,电极3和4接到端子2。电极间距离不太大,电压不必太高。电离室的容积和窗口面积要足够大,窗口直径为100 mm。

γ射线的电离室和α、β射线的电离室大不一样。γ射线电离室的电离过程主要是室壁上形成二次电子。为了提高γ光子与物质作用的有效性,室内气体压力较高,因此外壳要很好密封。图26-61是压入式γ电离室的结构简图。

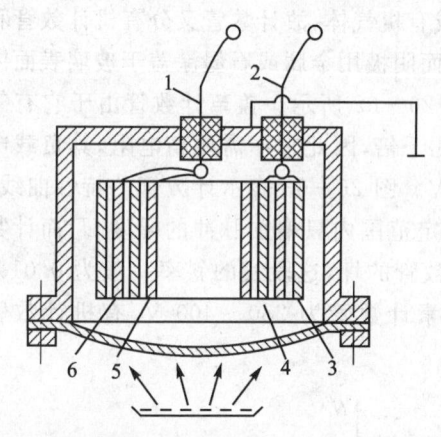

图26-60 β射线多极电离室

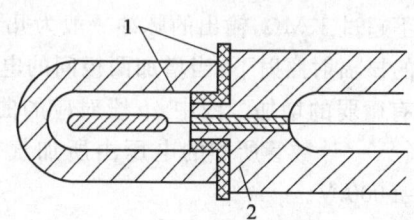

1—绝缘;2—接地保护环
图26-61 压入式γ电离室

2) 盖革计数管

盖革计数管也是根据射线对气体的电离作用而设计的辐射探测器。它与电离室不同的地方主要在于它工作在气体放电区域,具有放大作用。

当入射粒子在管中产生原始电离后,电离电子在电场作用下向正电极漂移。由于在正电极附近具有很强的电场,故当电子漂移到正极附近时,就能在很短距离内得到很大动能。这样电子在经过多次电离碰撞后,结果在接近正电极的小区域内,离子很快地增多起来,形成所谓的电子雪崩。在离子增多过程中,同时产生大量光子,这些光子被猝灭气体吸收或射到阴极时打出光电子。这些光电子被电场加速后又能引起粒子增加,以后再产生光子,再打出光电子,如此不断继续,使离子越来越多。离子的增加主要发生在整个阳极附近。在这些粒子中,电子很快被阳极收集掉,而在很短时间内,阳极附近留下了大量正离子。这些正离子保卫中央阳极而形成一个正离子鞘。正离子鞘的形成使阳极附近的电场下降,直到不能再产生离子的增殖,此时原始电离的放大过程就停止了。放大过程停止后,在电场作用下,正离子鞘向阴极移动。正离子鞘移动的结果,就在串联电阻上产生一个电压脉冲。这个脉冲既然是正离子运动所引起的,所以脉冲大小就只取决于正离子鞘的总电荷,而与原始电离无关,因此输出脉冲都一样大。在第一次放大过程停止,以及电压脉冲出现后,计数管并不回到原始的状态。由于正离子鞘到达了阴极,中央阳极电场已恢复,因此这些次级电子能引起新的离子增殖,像原先一样再产生离子鞘,再产生电压脉冲,造成所谓连续放电现象。为了克服这个问题,在充惰性气体的计数管中加入少量有机分子蒸汽或卤族气体,这样就可以避免正离子在阴极上产生次级电子,这样放电就自动地猝灭了。这是因为,若惰性气体为氩气,有机分子为酒精蒸汽,则氩的正离子鞘向阴极漂移时与酒精蒸汽相碰撞。由于酒精分子的电离电势比氩原子的电离电势低,氩的正离子很容易夺走酒精分子中的电子而还原成氩原子,酒精分子则变成正离子。又由于计数管中酒精分子相当多,最后到达阴极的实际上都是酒精离子,而酒精离子在阴极上打出次级电子的可能性是非常小的。从阴极拉出电子中和后,受激的酒精分子主要是通过自身的离解而释放多余的能量,这样放电就自动停止了。若是加入微量的卤素气体,由于卤素分子的电离电势比惰性原子的电离电势低得多,因此与有机蒸汽一样可以达到自动猝灭的目的。

计数管以金属圆筒为阴极,以筒中心的一根钨丝或钼丝为阳极,筒和丝之间用绝缘体隔开。计数管内充以惰性气体,并加少量的卤素气体或有机气体,故计数管又分有机计数管和卤素计数管。为了便于密封,计数管常用玻璃作外壳,而阴极用金属或石墨涂盖于玻璃表面内部或在外壳内用金属筒作阴极。盖革计数管接线如图 26-62 所示。盖革计数管由于它有气体放大作用,则所产生的电流比电离室的离子流大好几千倍,因此它不需要高电阻,其负载电阻一般不超过 1 MΩ,输出的脉冲一般为几 V 到几十 V。图 26-63 表示计数管的特性曲线,在一定的核辐射照射下,当增加两极间的电压时,在一定范围内只增加脉冲的幅度 U,而计数率 N 只有微弱的增加。图中 ab 段对应的曲线称为计数管的坪,这段线的斜率一般为 0.01%~0.1%/V。计数管所加的电压由所加气体决定,卤素计数管为 280~400 V,有机计数管为 800~1000 V。

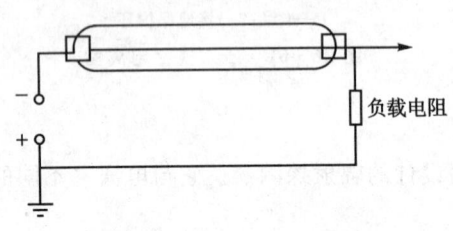

图 26-62 盖革计数管接线图

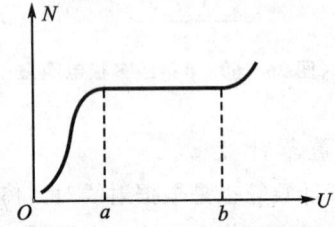

图 26-63 盖革计数管特性曲线

计数管输出脉冲可以为正或为负。若将输出电阻接在计数管的阴极端,则输出为正脉冲。不过一般线路都是取负脉冲。计数管的输出也可以按电流法连接,即在输出端不用射极输出器,而用积分线路,其连接情况如图 26-64 所示。它所产生的电流 i 可用下面公式来表示:

$$i = Kn(U_c - U_0) \tag{26-7}$$

式中,n——平均计数率;U_c——加在计数管上的电压;U_0——开始计数的电压;K——取决于计数管的系数。

计数管是常用的辐射探测器。它的优点是结构简单,缺点是记录了辐射粒子后计数管内形成了电子云,从而影响了电场的分布。在这种影响没消除前,计数管不能记录入射粒子或所产生的脉冲很小。计数管不记录粒子的时间称为死时间,图 26-65 中的 t_D 即为死时间。计数管的分辨时间是接上记录装置后记录两粒子间的最短时间,它在 t_D 和 t_D+t_R 之间(t_R 为恢复时间)。计数管的死时间一般为几十 μs,最大计数率为 $10^3 \sim 10^4$ 数量级。它探测 γ 射线的效率为 0.5%~1.5%,探测 α 和 β 粒子的效率接近 100%。

3) 闪烁计数器

闪烁计数器先将辐射能变为光能,然后再将光能变为电能而进行探测,它由闪烁晶体、光电倍增管和输出电路所组成,如图 26-66 所示。

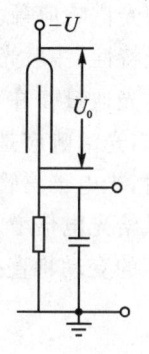

图 26-64 计数管输出按电流法接线图

闪烁晶体分为有机和无机两大类。同时又有固体、液体和气体等形态。放射性同位素仪表中现在常用固体晶体,如无机晶体 NaI(Tl)(铊激活的碘化钠),有机晶体 $C_{14}H_{10}$(蒽)等。它们大多数为无色透明晶体。入射粒子进入晶体后,晶体发光的持续时间一般为 $10^{-16} \sim 10^{-3}$ s 或者更短。有机和无机晶体的发光过程不一样,但总的来讲都是由于晶体中的原子受到带电粒子的激发,当原子由激发态回到基态时即发光。若入射粒子为 γ 射线,则由 γ 射线和晶体作用先产生光电子、康普顿电子或电子对,然后由这些带电粒子激发晶体中的原子。

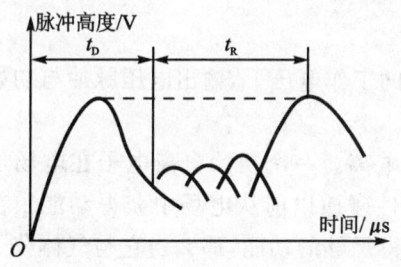

图 26-65 在示波器上看到的计数管死时间

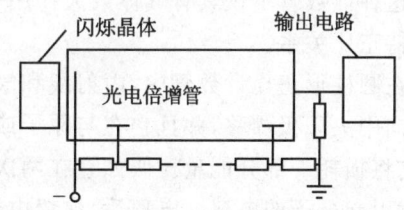

图 26-66 闪烁计数器示意图

测量 γ 射线常用的碘化钠(铊激活)晶体,是具有很大光能输出的闪烁体。它无色透明,体积可以作得很大,通常采用的尺寸 ϕ3.0 cm×2.5 cm;ϕ4.0 cm×4.0 cm;ϕ5.0 cm×4.0 cm 等。晶体的大小必须和光电倍增管的光阴极大小相配合,若两者大小不一样,则可以在中间加光导体。碘化钠晶体的发光时间为 0.25 μs,它的缺点是十分容易潮解,因此需把它装在密封的匣子内。

由晶体中发射的光子投到光电倍增管的光阴极上,根据光电特性而打出光电子,光电子打到下一级上则发射出次级电子。依此类推,当到达阳极时则电子数增加 δ_i^n 倍,δ_i 为倍增极的发射系数,n 为级数,一般 δ_i^n 为 $10^5 \sim 10^8$。δ_i^n 叫做光电倍增管的倍增系数,并常用 M 来表示,即 $M=\delta_i^n$。

光电倍增管可以分电场聚焦型和无聚焦型两类。在每一类中,按照次阴极的几何形状及排列方式的不同又分成几种。放射性同位素检测仪表中常用的 GDB-19 和 GDB-10 分别为直线聚焦型和百叶窗式无聚焦型。光电倍增管的基本特性有:光特性、阳极的电流电压特性、光阴极的光谱响应等。入射到光阴极上的光通量 Φ 与阳极电流 i_A 之间的关系称为此光电倍增管的光特性，一般光电倍增管的 i_A 与光通量 Φ 成正比（在 Φ 为 $10^{-13} \sim 10^{-4}$ 流明条件下）。在一定的光通量 Φ 中，光电倍增管的阳极电流随工作电压的增加而急剧上升，到某一值后就达到饱和，光谱响应是指光阴极发射光电子的效率随入射光波长而变化的关系。在组合闪烁计数器时，光电倍增管的光谱灵敏度范围必须和闪烁晶体发出的光谱相配合。

供给光电倍增管的阴、阳两极的电压一般为 800～2 000 V，对电压的稳定性要求很高，极间电压的变动将直接引起倍增极二次发射能力的变化，因而造成总增益的变化，其关系如下

$$\frac{\mathrm{d}M}{M} = n \frac{\mathrm{d}u}{u} \tag{26-8}$$

式中，M——总放大倍数；u——每级所加电压；n——倍增极级数。

一般倍增极的级数为 13 级左右，因此若高压电源变动 0.1%，则光电倍增管的总的增益将变化约 1%，故要求高压电源的稳定性在 0.1% 以内。

闪烁计数器负载电阻上产生的脉冲，其幅度一般为零点几 V 到几 V，较盖革计数管的输出脉冲的幅度为小。闪烁计数器的输出脉冲与入射粒子的能量成正比，它探测 γ 射线的效率在 20%～30% 以上，比盖革计数管和电离室高得多；它探测 α、β 射线的效率接近 100%。由于闪烁中一次闪烁的持续时间很短，并且电子飞过电场到达阳极的时间也很短（约为 10^{-8} s 左右），故最大的计数率一般为 $10^6 \sim 10^8$ 数量级。若输出采用电流法，则记录的辐射强度一般不受限制。

4）正比计数管

这种计数管不仅具有气体放大作用，而且在一定的工作电压下，输出电压脉冲与初始总电离保持正比关系。

在圆柱形正比计数管中，由射线和气体作用产生电离。一个初始电离电子在电场加速作用下向中央阳极漂移，并且它在与原子或分子做非弹性碰撞以前从电场中获得动能。在碰撞时，它将损耗一部分能量。假如它在两次碰撞之间获得足够的动能，那么当它与气体分子碰撞时，就引起分子的电离。电离后，次级电子再获得能量和气体碰撞时，又将引起分子电离，这样下去就将发生离子增殖现象，或称为"气体放大"。外加电压越大时，气体放大越强，气体放大过程的空间也越大，因而最后形成脉冲也越大。电子在漂移中能否获得使气体分子电离所需的能量，除了与电场有关外，还与气体的性质和压力有关。

正比计数管大多是圆柱形、球形、半球形的。阳极很细，阴极直径较大。这主要是为了在外加电压较小的情况下，使阳极附近仍能有很强的电场，以便有足够大的气体放大倍数。

正比计数管可以在很宽的能量范围内测定入射粒子的能量，能量分辨率相当高，分辨时间很短，并且可作快速计数。

5）中子计数管

中子探测器分为快中子探测器和慢中子探测器。电离室和闪烁计数器都可以改成中子探测器。自动检测仪表中常用的是测量慢中子的中子探测器。

三氟化硼正比计数管是用来记录慢中子的探测器。在它的输出脉冲信号中，能有效地区分 γ 射线脉冲和中子脉冲，从而消除 γ 射线的影响。这种计数管的特点是脉冲信号比较大，分辨时间很短。因此它用作脉冲计数比较合适，其效果与盖革计数管基本上一样，不同的是管内充了三氟化硼气体。与盖革计数管类似，三氟化硼计数管在某一段电压范围内计数率也不随

电压改变,形成曲线中的坪。在屏蔽得好以及选择甄别阈合适的条件下,坪长可达600~700 V,坪斜每100 V小于1%。

因为三氟化硼是化学性质活泼的气体,很容易与金属起作用,所以三氟化硼正比计数管必须采用高纯度的稳定金属作电极。同时,为了消除γ射线对记录的影响,这种计数管大多采用低原子序数的阴极材料,而且计数管工作在气体放大不太大的正比区。

对于内部充氪和氮的正比计数管,阳极为不锈钢丝,工作电压为1 200~1 900 V。目前国际上常采用这种计数管。这种计数管和三氟化硼正比计数管比较,其优缺点为:充氪气和氮气的计数管灵敏度高,抗γ线射的能力强,体积较小,但是价格较贵;三氟化硼正比计数管的价格较便宜,但它的灵敏度低,抗γ射线的能力差,而且体积也较大。因此在选用这两种计数管时要全面进行考虑。

26.2.3 核传感器测量电路

核传感器测量电路的种类很多,它随着所用探测器的不同而不同。尽管用于不同的核辐射检测仪表中的前置放大器略有不同,但不管对哪一种结构的探测器来说,前置放大电路都是必不可少的。前置放大电路工作的好坏对仪表的影响很大。

1. 用于电离室的前置放大电路

因为一个电离粒子每损失1 MeV的能量,约产生3万个电子或$5×10^{-15}$C(即A·s)电荷。当电离室的积分电容取20 pF典型数值时,其脉冲幅度也只有0.25 mV/MeV,因此所得脉冲必须放大。放大电路中系统的噪声,限制了仪表的能量分辨率及灵敏度。

通常放大过程由低噪声前置放大器和主放大器两部分承担。低噪声前置放大器是基本输入电路。图26-67中给出了两种典型前置放大电路。增益为A的差分放大器有一个倒相输入端(一)和一个不倒相输入端(+)。

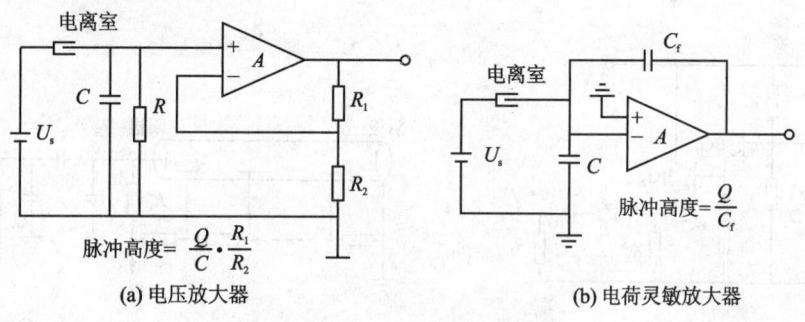

图26-67 前置放大器的电路图

从图26-67(a)可以看出,电容C两端的电压脉冲被放大。C代表电离室输出端的总电容,由分压器R_1及R_2组成反馈回路,当$R_2 \ll R_1$和$AR_2 \gg R_1$时,使增益稳定在近似R_1/R_2值上。脉冲形状一方面由电离室几何形状决定,另一方面由输入网络的时间常数RC所决定。前置放大器的输入阻抗包括在R内。通常选择$RC \gg t_{电子}$(电子收集时间),同时在主放大器的第一级进行微分,这样可以得到比较好的信号噪声比。

由于回路增益较高,这类前置放大器的电压增益能保持恒定,并与元件的寿命无关。但是由于最后还是要从总的脉冲电荷Q来得知能量信息,而电压脉冲幅度又由Q/C决定,所以系统增益的稳定性最终依赖于电容 C 的稳定性。在电离室中,从结构上讲电容是不变化的,除非发生撞击或是振动。如果采用图 26-67(b) 的电路,可以避免这种影响。电路中加一个电容反馈,这时前置放大器就变成电荷灵敏型前置放大器。具有反馈电容 C_f 的电荷灵敏放大器,其输出脉冲幅度为 Q/C_f。当回路增益很高即 $A \to \infty$ 时,系统增益的稳定性不依赖于 C。

2. 用于正比计数管的前置电路

正比计数管脉冲的总电荷必须保持低于临界电荷 Q_c。总电荷若大于 Q_c,其正比关系即被破坏。在电容量约为 10 pF 的电容两端的脉冲幅度最大值相应为 10~100 mV,这样小的脉冲必须进行放大。由于脉冲幅度大大超过噪声电平,所以无需采取特殊措施来保证低噪声工作。如同电离室一样,输入电容 C 相当稳定,完全可以使用电压灵敏前置放大器。假如要求更加稳定的工作条件,特别是在气体倍增系数较低时,可以采用电荷灵敏低噪声前置放大器。

在正比计数器系统中,前置放大器通常是由一个简单的发射极跟随器组成,其功用像一个阻抗变换器。使计数管的高电阻输出能与输至主放大器的低电阻连接电缆(50~100 Ω)相匹配,为了获得低电容 C,前置放大器常常直接安装在计数管的外壳盒(即探头)中。图 26-68 是一个简单的发射极跟随电路。

3. 用于闪烁计数器的前置放大电路

在以闪烁计数器作为探测器时,信号脉冲幅度比一般前置放大器的噪声电平往往高很多,所以前置放大器就不需要是低噪声型的。它往往只起一个作用,就是让光电倍增管的输出阻抗与所连接的屏蔽电缆的特性阻抗相匹配。图 26-69 中给出了光电倍增管输出端的情况。假如阴极接地,大约有 1000 V 高压全部加在阳极上,因此前置放大器必须通过一个高压耦合电容 C_1 与之连接。C_a 和 C_b 分别表示光电倍增管输出端和前置放大器输入端的寄生电容,$C_p = C_a + C_b$ 表示总的寄生电容。大多数的情况下 $C_a \approx C_b = 10$ pF。假如阳极电路接地,负高压 $-U_s$ 加于阴极上,就不再需要专门的高压电容 C_1。R_a 代表阳极电阻,R_b 代表前置放大器的输入阻抗。

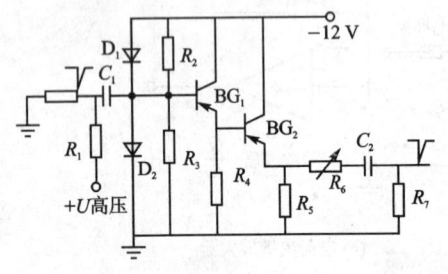

图 26-68 简单的发射极跟随器

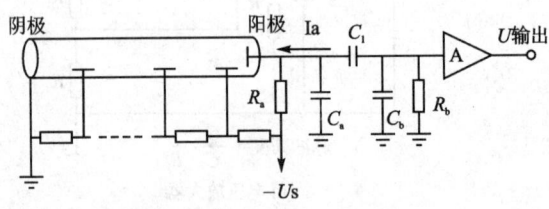

图 26-69 光电倍增管的信号输出

由于这种前置放大器的计数时间常数 τ 较大,而且在主放大器内完成脉冲成形,许多脉冲叠加起来后,通常使输出电压的脉冲幅度可达 10 V 左右,所以前置放大器的线性范围必须足够大。真空管前置放大器的线性范围通常大于 50 V。如果用晶体管前置放大器,则利用的线性范围大约只有 10 V。这样就必须减小光电倍增管的增益,使其输出脉冲幅度能够与之配合。

对信号脉冲幅度 U,希望具有足够高的幅值,以便输至甄别器、模拟-数字变换器等器件中作进一步的处理而无需再放大。适当选择光电倍增管的增益 A 以后,只有模拟-数字变换器的电压范围需要与辐射能量所要求的范围相配合。但是光电倍增管电源电压 U_s 的变动,要影响到光电倍增管的增益 A，所以电压 U_s 应该保持稳定。在前置放大器的后面装一个可变的电压分压器，以实现总增益的改变，损失的增益可以由低倍数的主放大器来补偿。通常主放大器的首要作用是脉冲成形，放大只是它的次要作用。

图 26-70 是一个用于闪烁计数器的前置放大器电路图。它是用负脉冲输入的。假如从光电倍增管引出的是正脉冲，则使用 NPN 型晶体管比较有利。前置放大器的电源电压是从主放大器通过信号电缆送过来的。

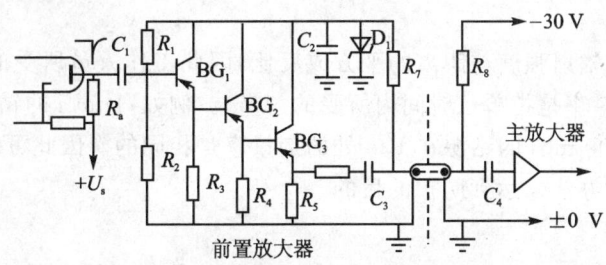

图 26-70 用于闪烁计数器的前置放大器

用于核辐射传感器的各种特殊测量电路很多，大概可以分为两大类。一类是属于信号处理电路，包括对脉冲信号的甄别、分频、整形、计数、显示等，以数字量显示出被测量的数值，或通过数模变换电路，以模拟量的形式给出测量结果。另一类是为了使检测仪表提高测量精度、灵敏度或改善性能的辅助电路，它包括猝灭电路、稳定电路、线性化电路以及各种补偿电路等。

26.2.4 放射性辐射的防护

放射性辐射过度照射人体，会引起多种放射性疾病，例如皮炎、白血球减少症等，影响人体健康。若防护工作注意不够，则危害不仅限于本单位，因为放射性物质可以通过各种途径（如风流、地下水等）进行散布，影响周围环境。

随着原子能应用的发展，需要很好地解决射线的防护问题。在目前，防护工作已随着同位素的应用相应地逐步完善起来。很多问题已经形成专门的学科，如辐射医学、辐射生物学、剂量学、防护学等。我们了解射线的危害，目的是能积极地去进行防护，从而使放射性同位素更好地为国民经济服务。

物质在射线照射下所发生的反应（如照射人体所引起的生物效应）与物质吸收射线的能量有关，而且常常是与吸收射线的能量成正比。直接决定射线对人体生物效应的是被吸收剂量，简称剂量。它是指某位体积内物质最终吸收的能量。当确定了吸收物质后，剂量只取决于射线的强度及能量，因而剂量是一个确定量，它可以表示对人体的伤害程度。

并不是受到任何一点射线的照射都会对人体产生很大的伤害。实际上任何人都不可避免地受到宇宙射线、大地或空气中所含放射性物质的照射。日常生活中带有夜光表、去医院透视人体，都要受到射线的辐射，对于这些，人们会很自然地适应而不致影响健康。在考虑到核辐射所造成伤害的程度时，既要考虑辐射强度，也要考虑辐射类型与性质。例如，α 射线比 β 和 γ 射线所引起的破坏更严重，内照射比外照射要严重，特别要注意眼部腹部的防护。我们国家规定，安全剂量为 0.05 仑/日。

从事同位素仪表工作的人员主要是防止射线的照射。放射性物质进入体内的机会是很少的，因为仪表使用的放射源都是属于封闭型源，只有加工放射源和倒装放射源的人员可能接触开放型源。

一般防护的办法有：缩短接触时间；远离射线；在射线和人体之间加上屏蔽物。

1) 时间防护

在接近放射源工作时，受到外界照射的累计剂量是和时间成正比的。也就是说，接触放射性的时间越长，接受的累计剂量越大。为了减小工作人员所受剂量，应缩短接近放射源工作的时间，一般是工作需要才接近放射源，工作完后就远离放射源。

2) 距离防护

放射性同位素的辐射强度与距离的平方成反比，因此工作人员所受的剂量率也和距离的平方成反比（所谓剂量率是指单位时间内所受的剂量）。例如，1 mCi 的钴源，在 10 cm 处产生的 γ 射线剂量率和 100 mCi 的钴源在 1 m 处的剂量率是相同的。因此可以采取使工作地点与放射源有一定距离的办法来达到防护的目的。

3) 屏蔽防护

单靠缩短时间和增加距离是不够的。放射源一般都装在金属容器中，使人和放射源间隔一屏蔽物以减少射线的照射。由于不同的材料对于不同的射线屏蔽效果不同，因此应该根据射线的性质选择适宜的屏蔽材料，以便获得较好的防护效果。例如屏蔽 γ 射线常用铅、铁、水泥等；屏蔽 β 射线常用有机玻璃或铅板。

因此，只要我们掌握一定的防护知识，控制被照射的剂量，就可以不受射线的伤害，而让射线在检测技术中发挥作用。

26.3 核传感器在人体器官功能诊断中的应用

26.3.1 甲状腺功能测定仪

吸碘试验是医学上进行甲状腺功能检查的常用方法之一。它主要是根据甲状腺对碘具有选择吸收的生物化学特点，借助于对碘的核素 ^{125}I、^{131}I 和 ^{132}I 等放出 β 和 γ 射线的测量，达到甲状腺功能检查的目的。其方法是将碘放射性核素标记物注入人体，碘就会在甲状腺逐渐积聚，积聚量将随时间变化及各人甲状腺功能不同而变化。若在不同时间内测量甲状腺所含放射性的情况，便可诊断出人体甲状腺功能正常、亢进或低下。

图 26-71 为甲状腺吸碘功能测试曲线。

对于甲状腺功能的测试，其仪器类型较多，更新换代亦快，下面简介一些常用仪器。

CN-104 型吸碘功能仪由核辐射检测器、γ 闪烁探头及单道脉冲分析器等组成，能在线自动扣除本底，并能直接读吸碘功能的百分数。44-1B 型闪烁甲状腺功能测定仪由 γ 闪烁探头、单道分析器、计数率仪电路、模-数转换、定标单元、程序控制、高压和低压电源等组成，也能直读吸碘功能的百分数。

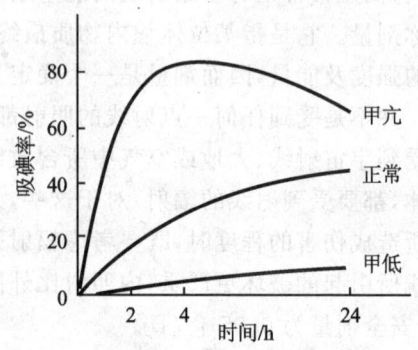

图 26-71　甲状腺吸碘(^{131}I)曲线

SWY-3 型直读式甲状腺功能测定仪,其探头、支架、操作台(主机)设计为一整体。该仪器由闪烁探头、前置跟随器、前置放大器、甄别成形电路、线性率表电路、桥电路、定时电路和电源等部分组成。其电路原理图如图 26-72 所示。

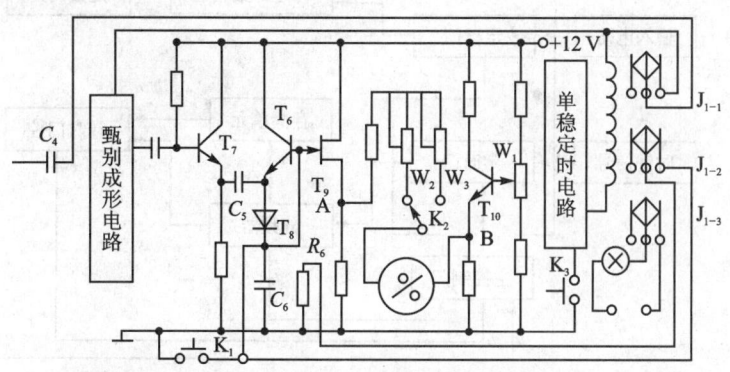

图 26-72 SWY-3 型直读式甲状腺功能测定仪电原理图

该仪器把病员服用的碘的核素 ^{131}I 剂量的标准源测得计数率"归一"为 100%。事先标定好仪器,然后将探头测量病员甲状腺部位,其 γ 射线进入探头,产生脉冲信号。经 C_4 和 J_{1-1} 送入甄别成形电路,产生一矩形脉冲。脉冲通过 T_7 送至 C_5、C_6、R_6 和 T_8 组成的线性率表电路,将输入脉冲线性地转换为直流电平 V_{c6},并把直流电平 V_{c6} 加入 T_9 与 T_{10} 组成的桥电路,由桥电路中的表头读出计数百分率。

图 26-72 中,W_1 为零点调节和扣除本底电位器,测量前按一下"复位"按纽 K_1,调节 W_1 使 A 和 B 两点电位相等,表示指示为零,实现了桥电路零点调节。接着测量本底,由于本底计数表头显示本底计数的读数,再调节 W_1 使 A 和 B 两点电位再相等,表头指示为零,这样就扣除了本底。K_2 为"常规"或"抑制"测量转换开关,"常规"测量置于"1","抑制"测量置于"2"。W_2 和 W_3 分别为"常规"测量计数百分率,用于"归一"调节电位器和"抑制"测量计数率调节电位器。K_1 和 K_3 分别为复位和测量按钮,单稳态电路主要控制测量时间。按一下 K_3,单稳态电路翻转,输入信号经 J_{1-1} 送入甄别成形电路。R_6 通过 J_{1-2} 接入线性率表电路,装置便开始测量。经 50 s 后,单稳态电路又回到原始状态,输入信号线通过 J_{1-1} 被截断。R_6 通过 J_{1-2} 与率表电路断开,线性率表电路中 C_6 上累积的电压被保持。由表头显示出计数百分率,按一下 K_1 电路还原,一次测量结束,电路恢复到待测状态。

该仪器的特点是核探头接受的信号经电路进行处理,直接读出吸碘率。与一般甲状腺功能仪采用"定时计数"然后计算吸碘率的方案不同,它以直接充电型晶体管泵电路为核心,省去定标器或单道分析器,电路结构简化,与计数式甲状腺功能仪相比测量差异不显著。

FH-458 型甲状腺功能仪也可直接显示出人体甲状腺功能百分数。仪器面板上给出一组存储器,供预置并在运算中自动扣除本底,仪器内设置一组存储器,可预置除数。仪器原理方框图如图 26-73 所示。

该仪器电路要比前面已述的几种型号同类仪器复杂一些,但性能指标更好。它应与 FT-604 型铅准直探头或 FT-610 型甲状腺功能探头配套使用。探头设计了一定形状的铅准直器来减小本底和身体其他部位吸碘后杂散射线影响,同时减小测量时的定位误差。采用"颈模型"作校准状态刻度,按规定条件探测器在颈模型表面测得标准为 N_0,病人吸碘后甲状腺计数

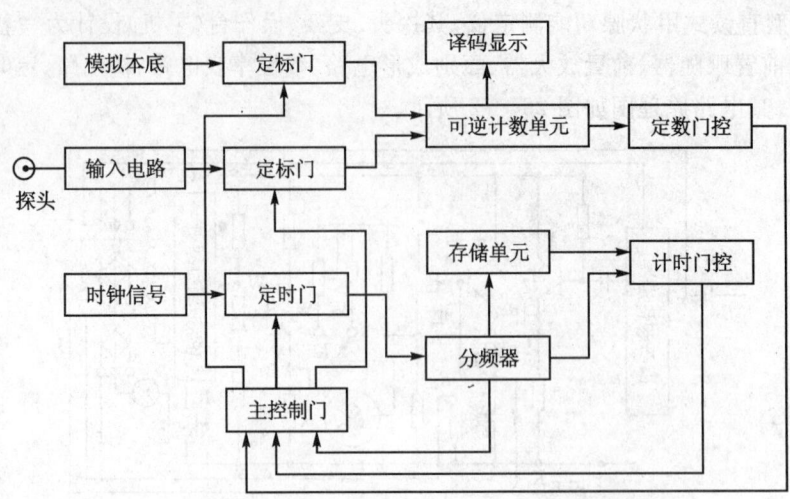

图 26-73　FH-458 型甲状腺功能仪原理方框图

为 N，则甲状腺功能百分数 $Q=N/N_0$。仪器先把测得的颈模型标准计数 N_0 存入计算装置，然后将 N 置入，经自动运算后直接显示 Q 值。

26.3.2　肾功能测定仪

肾功能仪是专为人体肾功能进行测定检查的专用仪器。当放射性核素 ^{131}I-邻碘马尿酸钠注入人体后，便随着血液循环流入肾脏开始聚集贮留在左右两肾之中，放射性核素药物射出 γ 射线，此种 γ 射线的强度不断随时间改变（肾脏过滤排泄过程），这一变化过程用电子仪器接收并描记成图，即肾图。肾图可反映出总肾功能、左右肾脏生理功能的变化差异及输尿管道通常情况等，为肾脏疾病诊断治疗提供了可靠的依据，还可对移植肾进行监测等。

国产肾图仪品种繁多，从电子管肾图仪直至微机肾图仪都有商品化产品。如 ST-121 型肾放射图描迹仪是电子管化仪器；又如 FJS-401 型晶体管双通道计数率仪（又称肾图仪）为晶体管化仪器。这里仅以下列集成电路化肾功能仪为实例作典型阐述。

1. FT619 型肾图仪

该肾图仪如图 26-74 所示，由铅准直探头、电子测量线路、记录装置及探头支架等组成。

将 ^{131}I-邻碘马尿酸钠注入人体，^{131}I 随血流进入肾脏，经肾小管、肾盂随尿液排出体外。当肾脏内聚集贮留的药物发出 γ 射线照在 NaI(Tl) 晶体上时，发出荧光，经光电倍增管转换成电脉冲；再

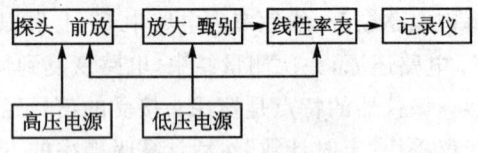

图 26-74　FT619 型肾图仪方框图

经前置放大器和主放大器放大送到甄别电路，把大部分宇宙射线的本底脉冲和噪声脉冲去掉，经整形后送入计数率电路；然后将脉冲信号转变成连续变化的直流信号，由自动平衡记录仪描绘出动态曲线，即肾图。

铅准直探头由铅准直器、铅屏蔽罩和探头体组成。探头体包括 NaI(Tl) 晶体、光电倍增管和前置放大器。前置放大器为串接式怀特跟随器，传输系数稳定，线性好，输入阻抗大于 30 kΩ，输出阻抗小于 50 Ω，有良好的匹配特性。

电子测量线路由 NIM 标准插件组成。放大器由两级电压负反馈放大器组成:第一级是一个固定增益的差分输入运算放大器,经互补的射极跟随器输出,该放大倍数为 10 倍;改变第二级输入电路可达到增益粗调的目的,改变反馈电阻可以细调放大倍数。两级放大都具有很深的交流负反馈和直流负反馈,使整个放大器线性良好。甄别器由差分输入运算放大器、电压比较器、单稳态成形及驱动电路构成。电压比较器由 BG307 接成的交流耦合施密特触发器组成。

线性率表由输入放大器、双稳态成形、驱动器与积分电路构成。积分器电路实际上是二极管泵电路,用 F001C 固体组件放大器构成有源积分器,以提高泵电路的线性。积分器输出电压通过 1 mA 表头指示,并有如下关系式:

$$E = V_m CRN = AN \qquad (26-9)$$

式中,E——积分器输出的直流电压;V_m——驱动器输出的脉冲幅度;C——定量电容;R——积分器积分电阻;N——双稳态输出的脉冲率,它是输入脉冲率的一半。

$A=V_m CR$ 是一个常数,因此率表输出的直流电压与输入计数率成线性关系。量程调节可以通过改变 V_m,C 或 R 来实现,但最方便的是改变 C,因此改变量程就用改变 C 来实现,而改变 R 则引起时间常数改变。量程的校准是通过改变 V_m 来实现的。时间常数的变换只能改变积分电容,因为改变积分电阻 R 则引起灵敏度的变化。

记录装置采用 XWT-204 型台式自动平衡记录仪,双笔记录仪有两套各自独立的测量系统。为了得到一式两份病例,该仪器在每个轨道上装上一支同时移动的记录笔,即双臂四笔,同时描记两份肾图。

该仪器的铅准直探头设计符合国际上同类产品的设计准则,设计合理,点源响应曲线好,点源灵敏度高,自然本底小,屏蔽效应好,其性能达到国外同类产品的水平。肾图仪是基于示踪原理设计的,其关键在于准直器的性能如何。准直器设计合理,才能保证对肾脏各个部分的探测效率的一致性、准确性和可靠性。

准直器有各种类型,其中张角型准直器的全敏感区大,视野角度大,灵敏度高,适合于脏器功能的检查,因此本仪器采用张角型准直器。

准直器的作用是在探测器的前方限定一定的空间(即准直器视野),使该区域内被探测的脏器或部位的 γ 射线通过准直器孔道进入闪烁探头,而该区域外的脏器或部位的 γ 射线尽量被挡住而不能进入闪烁探头,这就要求准直器的点源响应曲线满足以下要求:将一个 ^{131}I 点源置于晶体前面 H cm 处(H 为工作距离,$H=d+h$,其中 d 为晶体与准直器的距离,h 为准直器与放射源的距离,单位为 cm)。点源沿弧线移动,当移动到铅准直器内层延长线上时,即距中心轴线为 R 时(R 为视野半径,单位为 cm),此时所测计数率应小于中心轴线时计数率的 90%;当移到 $1.2R$ 时,计数率应小于中心轴线时计数率的 50%;当移到 $1.4R$ 时,计数率应小于中心轴线时计数率的 5% 左右;点源继续远离中心轴线时,计数率应不小于中心轴线时计数率的 1%。对于满足上述要求的准直器所探测到的 γ 射线就是受检者在视野范围之内的放射性强度所记录的结果。在准直器的设计中,还应考虑以下几点:

① 视野范围要大而适当,应包括全部被测脏器,以探测到全部脏器的 γ 射线。如果视野直径小,只包含部分脏器,则将带来对位不准造成的测量误差。据资料报道,我国成年人正常肾脏纵向为 10~12 cm,横向为 6~6.5 cm。

② 灵敏度要高,自然本底要低,以提高信噪比,提高测量准确性。

③ 肾脏可看作体源，从体表看进去，有个深度变化，要求深度响应好，即探测到的计数率随深度变化要小。

④ 要求两肾之间的相互影响越小越好。

总之，上述原则要全面权衡，才能得到合理的、性能良好的准直器。

铅屏蔽的屏蔽效应也是设计中必须考虑的问题之一。它对于降低自然本底和减小肾相互影响是很重要的。所谓屏蔽效应好即指屏蔽漏出量小。通常在屏蔽罩外部最少选测 10 点，特别是屏蔽罩连接处的漏出量必须测试。将放射源放置在与探头屏蔽罩外部任何相接触的地方，探测器的计数率即表示该点的屏蔽漏出量，以基准计数率的百分数形式表示。基准计数率是指当放射源放置在特定准直器中心轴线上时，对于聚焦型准直器是在有效焦距上，对于其他准直器是在距准直器前端面 10 cm 处所测得的计数率。该仪器在屏蔽厚度及结构方面作过特殊考虑，从而大大降低了自然本底和屏蔽漏出量。

提高探测效率，尽量减少患者用药剂量，这也是设计必须考虑的问题。

该仪器选用高灵敏度、低噪声的光电倍增管和发光效率高的碘化钠 NaI(Tl) 晶体作探测器。NaI(Tl) 探测器的探测效率一般分为入射本征效率和源本征效率。入射本征效率 $\varepsilon(E)$ 就是对能量为 E 的各向同性单色辐射光子而言，被探测到的部分与入射到晶体表面上光子的百分比。源本征效率 $\Omega\varepsilon(E)$ 是对能量为 E 的各向同性单色辐射光子而言，被探测部分与源全部辐射光子的百分比。表 26-4 为该仪器碘化钠 NaI(Tl) 核探头的源本征效率的实测结果，它与理论值的碘化钠晶体的计算效率列于表 26-5。比较两表可知，实测值与理论值很接近，这说明该仪器核探头的探测效率是高的。与国外同类仪器（西门子公司肾图仪）对比测试，其主要性能指标（点源灵敏度、自然本底、视野直径、两肾相互影响、屏蔽漏出量）也非常相近。

表 26-4 实测值的碘化钠 NaI(Tl) 晶体的源本征效率表

晶体尺寸/mm	能量/MeV	源与晶体间的距离/cm	源本征效率（点源）/%
$\phi 50 \times 50$	0.364	5	2.94
$\phi 50 \times 50$	0.364	10	1.10

表 26-5 理论值的 NaI(Tl) 晶体的计算效率

晶体尺寸/mm	能量/MeV	源与晶体间的距离/cm	源本征效率（点源）/%
$\phi 50.8 \times 50.8$ ($\phi 2'' \times 2''$)	0.333	5	3.42
$\phi 50.8 \times 50.8$ ($\phi 2'' \times 2''$)	0.333	10	1.11

2. BYF-27 型国产肾功能仪

它由双探头悬臂、单立柱平衡式支架与仪器测量车两大部分组成，电器原理图如图 26-75 所示。为对该仪器进一步了解，下面对其图中主要部分予以介绍。

1) 探　头

它采用 GDB-38 型光电倍增管和 $\phi 40$ mm $\times 40$ mm NaI(Tl) 晶体及电荷灵敏放大器组成。

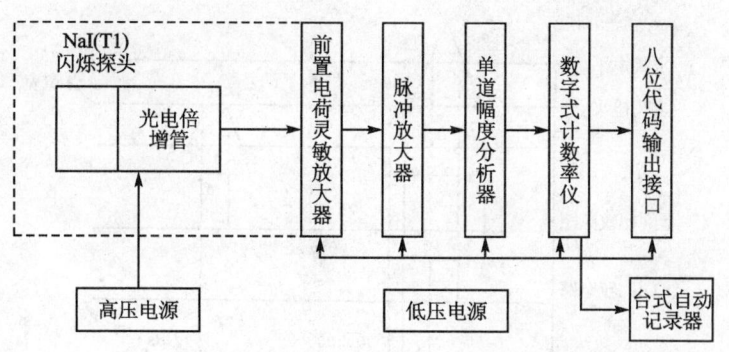

图 26-75　BYF-27 型肾功能仪方框图

2) 放大器

它由一级运算放大器组成同相脉冲放大器,总放大倍数 $K=20$,分为 1,2,4,6,8,10,12,14,16,18,20,共 11 档选择(输入采用 1∶20 衰减器)。最大输出脉冲幅度为 6 V。

3) 单道分析器

它由上、下甄别器、单稳态、RS 触发器、门电路、反符合电路及电平转换器等电路组成,其电路方框图如图 26-76 所示。

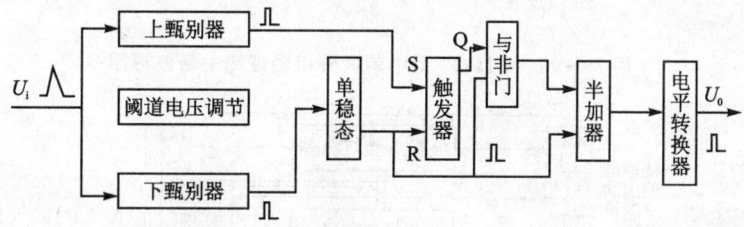

图 26-76　BYF-27 型中单道分析器方框图

其中上、下甄别器采用高速电压比较器 J630 与 T065"与非门"组合而成,从而提高了甄别灵敏度。阈值电压调节电路是一个恒流源电路,因而阈道电压稳定性好。单道幅度分析逻辑如图 26-77 所示。

图中电压信号实际上是很窄的钟形脉冲,为了示意逻辑关系,用三角波近似代替。延迟单稳态电路输出脉宽 2 μs 的矩形脉冲。该单道分析器的分辨时间为 2 μs。从上、下甄别器输出脉冲作用于下一级直至最后输出均是波形的下降沿起作用,这是该电路的特点。其半加器输出脉冲宽度与单稳态相同;半加器与门电路组成反符合电路;半加器逻辑功能为 $Q=A\cdot\overline{B}+B\cdot\overline{A}$;半加器输出为 TTL 电平,为配合计数率仪 CMOS 电路,进行电平转换。

4) 数字计数率仪

它的方框图如图 26-78 所示。由单道分析器输出幅度大于 7 V,脉宽 2 μs 的脉冲进入数字率表单元。该电路逻辑时序如图 26-79 所示,把来自加权电路波动直流电压加至 RC 滤波网络进行平滑处理(因其时间常数不同,可分 5 档:0.1 s,0.5 s,1 s,2 s,5 s),再经直流放大器放大。该电路采样时钟为 1~1/64 s,用采样时间改变作为量程的选择,共有 7 档。

采样时间 1 s 对应量程 125 C/s;$\frac{1}{2}$ s 对应量程 250 C/s;$\frac{1}{4}$ s 对应量程 500 C/s;$\frac{1}{8}$ s 对应

第26章 核传感器

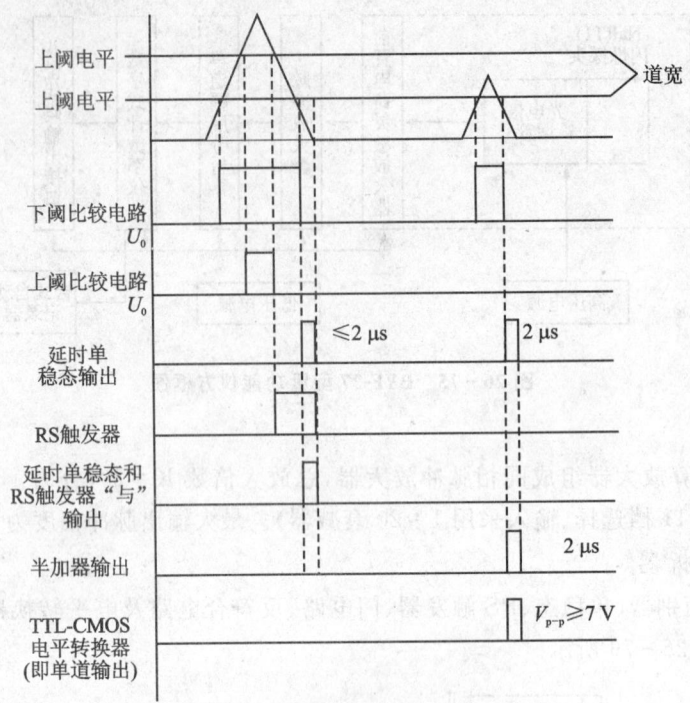

图 26-77　BYF-27 型中单道分析器逻辑关系波形图

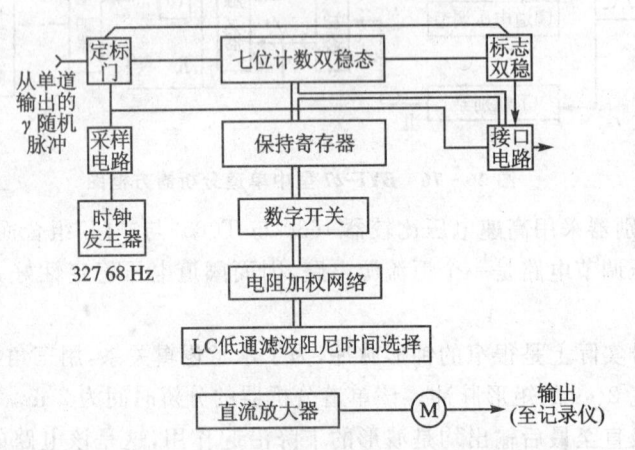

图 26-78　BYF-27 型中数字计数率仪方框图

量程 1000 C/s；$\frac{1}{10}$ s 对应量程 2000 C/s；$\frac{1}{32}$ s 对应量程 4000 C/s；$\frac{1}{64}$ s 对应量程 8000 C/s。

在逻辑时序中，计数、开门、关门、寄存、消除共占用了 2.7 μs，比起计数采样时间可忽略不计。该电路主要误差来自电子开关内阻和加权电阻，其电路设计线性度优于 5%。

该电路采样时间为 1～1/64 s，计数器有 8 位，作计数用 7 位，第 8 位为溢出标志位。正常计数为 0～128 个脉冲，超过此范围计数时，有可能输出为零，或者计数超过量程反而输出指示变小，从而错误记录。因此，在计满 128 个脉冲后，再输入一个脉冲，所有计数器将变为零，此时有进位脉冲，(编码为 10000000)使标志触发器为高电平，同时也将定标门封住。在一个采

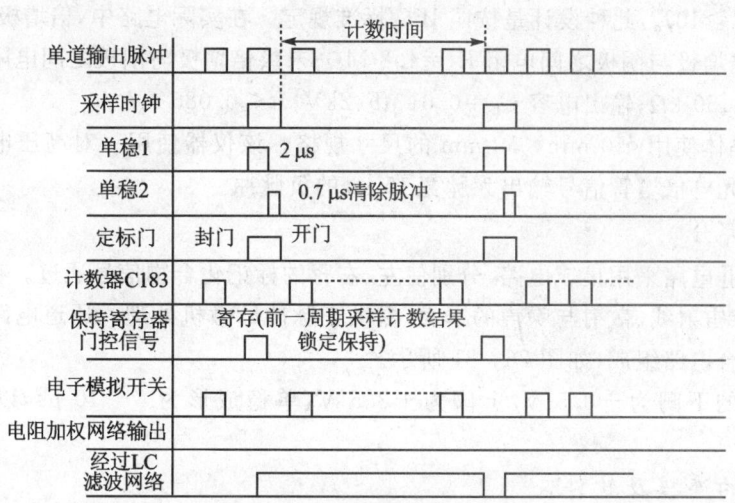

图 26-79　BYF-27 型数字计数率仪逻辑时序图

样时钟周期内,凡输入脉冲超过计数量程范围,电路都有最大输出,从而可以在率表和记录仪得到一个最大满量程输出电压标记,以此提示更换量程选择。

该电路给出一个与外部数据处理系统 TTL 电路兼容的反码输出接口,7 位数据,1 位标志和一个读时钟脉冲。该电路为 CMOS 电路,还为单道分析器提供一个 512 C/s 频率、3 μs 脉宽、7 V(p-p) 幅度的自检信号。

该仪器使用 MXT-204 型台式平衡记录仪与主机配套,并改装成双臂同步四笔记录仪。近年来该仪器不用台式记录仪,而配用 WF-1 型肾功能数据处理机,即用微处理机和软件设计达到自动分析肾脏放射图的功能,用微型打印机打印出所记录的字符、数据及图形。

3. GNW-601 型微机肾功能仪

它具有功能全,质量轻,工作稳定性好的特点,并且比非微机化的肾功能仪价格高不多,因而仪器性能价格比高。该仪器整机方框图如图 26-80 所示。

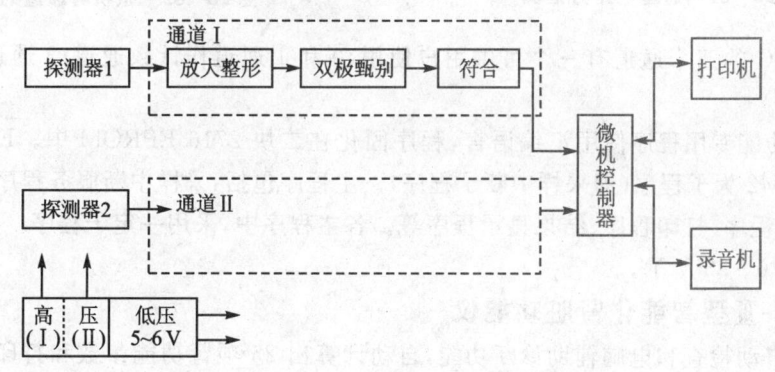

图 26-80　GNW-601 型微机肾功能仪方框图

1) 探头部分

探测器 1 和 2 及准直器都采用非微机化肾功能仪 ST-1 型的原有结构,但对光电倍增管电路作了新的设计,使噪声小,耗电少,使用 GDB-52 型 50.8 mm(2 in)的管子。静态工作电流:

$I_0 < 0.1$ mA，$I_a \geq 10 I_d$，此种设计是按照 IEC 标准规定。在实际电路中，倍增极分压电阻 $R_d = 910$ kΩ；第一倍增极与阴极之间电阻 $R_k = 1.8$ MΩ；末级倍增极与阳极之间电阻 $R_A = 820$ kΩ；负载电阻 $R_L = 150$ kΩ；输出电容 $C_L = 0.01$ μF，2kV；$I_d \leq 0.085$ mA。

NaI(Tl)晶体使用 $\phi 50$ mm×50 mm 的尺寸规格。该仪器使用一对高压电源分别供光电倍增管使用。光电倍增管信号输出为脉宽 15 μs 的负脉冲。

2) 通道部分

通道Ⅰ和Ⅱ电路采用集成电路，分别使左、右肾的标记化合物信号通过。在此电路放大整形，剔除部分宇宙射线、散射与噪声的本底，提供正脉冲给微机处理。通道电路由放大、整形、双极甄别和符合电路组成，如图 26-81 所示。

双极甄别的下阈为 +0.5 V，上阈为 +3.5 V，单稳成形为 8~10 μs，以保证数据处理可靠。

3) 微机的连接及软件

通道Ⅰ和Ⅱ分别接微机的 CTC_0 CLK/TRG，CTC_1 CLK/TRG 和 CTC_3 CLK/TRG 用于计数/计时，如图 26-82 所示。

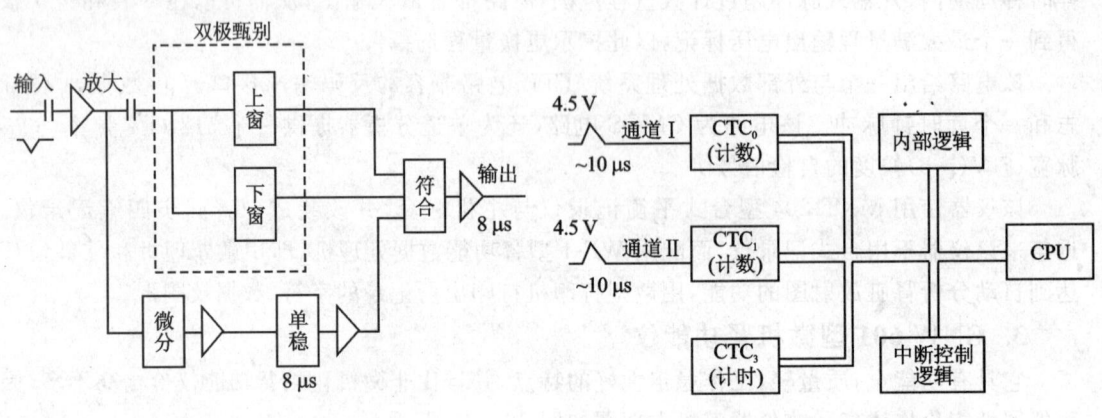

图 26-81　通道电路方框图　　　　图 26-82　微机与通道的连接

微机 CTC 的四个通道有三个可供用户使用，0 和 1 通道作计数通道；3 通道作采样定时通道。

微机肾功能专用程序使用汇编语言，程序固化在二块 2716 EPROM 中。EPROM1 为主程序，EPROM2 为子程序（即采样中断子程序）。主程序包括：采样中断服务程序、计时显示程序、数字处理程序、打印程序、结果显示程序等。各主程序中，采用一定子程序。整个微机程序流程图如图 26-83 所示。

4. YSG-Ⅲ型智能化肾脏功能仪

它具有自动检查和电脑辅助诊断功能，自动计算出 25 项肾功能参数和打印双侧肾图，诸如峰时值、半排时、15 min 残留率、分浓缩率、聚积常数、消除常数、肾脏指数差、峰时差、面积比等参数。

该仪器微电脑时钟 4 MHz，内存容量 64 KB，采用 DOS BASIC 语言，软磁盘存储方式。

5. FT638 型微机肾图仪

它是在前面已述的 FT-619 型肾图仪基础上，配以微机系统及肾图软件而成，从而实现了

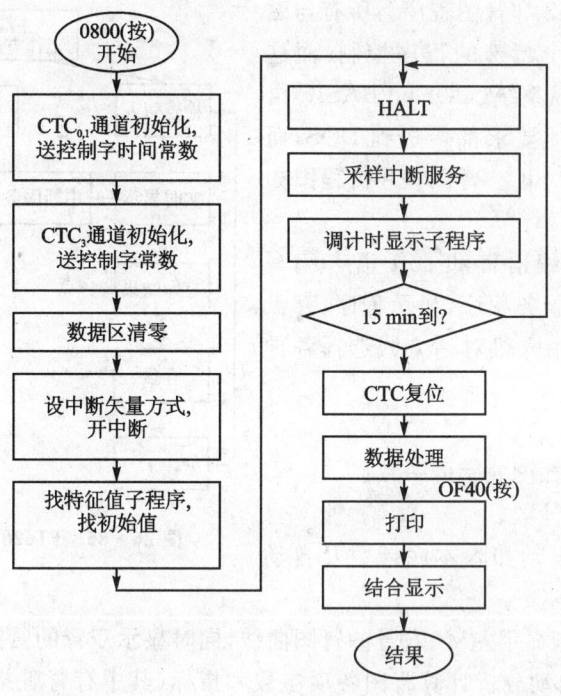

图 26-83 GNW-601 型微机程序流程图

肾图测量过程中肾功能曲线的实时显示及自动分析计算肾图各项参数指标,并打印输出测量结果。该仪器不仅使传统的肾图仪模拟描记方式有了质的飞跃,而且比一般的配用单板机的肾图仪有明显的优点:软件丰富,功能强,通过 CRT 可监测整个测量过程,还可作某些必要的特殊处理。

该仪器由两套测量系统(探头和二次仪表)、微机系统、接口电路、软件及探头支架等组成。其方框图如图 26-84 所示。

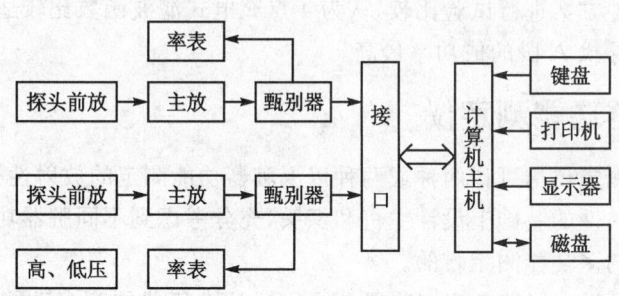

图 26-84 FT638 型微机肾图仪框图

该仪器所配微机的基本装置为:主机(6502CPU,48 KB RAM、12 KB ROM,键盘等);31 cm(12 in)彩色监视器;80 行打印机(带接口卡)。接口电路可自行设计。

采用 6800 系列标准接口芯片 MC6840 可编定时器组件及其他集成电路构成接口电路。两个探头所测得两肾的放射性强度变化信号经放大甄别,然后送到 MC6840 中的 16 位计数器去。通过程序送控制字到 MC6840,以确定计数和定时。定时时间到,发出中断请求。在中断服务程序中,CPU 分别将两个计数器的计数取到内存数据区进行累加计算。

仪器软件包括 DOS 和肾图程序。所有与磁盘相关的作业都由一个特殊的程序控制,而这个程序就称为磁盘操纵系统(DOS)。BASIC 语言将任何对磁盘操作的要求都传送到 DOS,而 DOS 将结果传回给 BASIC。肾图程序流程图如图 26-85 所示。

肾图程序是用汇编语言和 soft 语言编写的,包括主程序、中断服务程序、显示程序、存盘程序、读盘程序等,采用人机对话方式选择各种不同的工作方式。

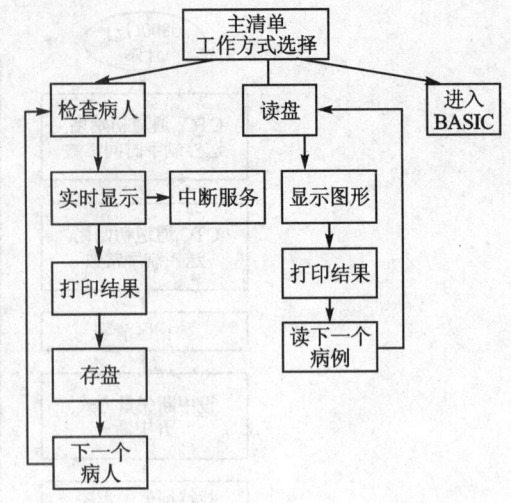

图 26-85 FT628 型肾图程度流程图

软件功能如下:

① 校正两侧探头探测效率的一致性。

② 自动测量本底计数。

③ 自动启动,可自动扣除本底计数及自动转换量程。

④ 实时显示,分别显示左肾、右肾的肾图曲线,同时显示双肾的肾图曲线。

⑤ 数据处理,可自动分析计算肾图各项参数和指标(其中有肾脏指数 RI,c 段下降半时间 $t_{o1}/2$,峰时 t_b,15 min 残留率,分浓缩率,肾脏指数差 RID,峰值差 BD,峰时差 t_{bD} 及 a,b,c 值)。

⑥ 特殊处理。对特殊病人可延长测量时间到 30 min 或提前结束,也可中间暂停离去,回来后继续测量,这些都通过按键即可实现。

⑦ 自动移动光标。

⑧ 测量结果存盘,具有永久性保存病例的作用,需要时可读盘,重新显示和打印。

⑨ 打印肾图曲线及各项参数指标,给出一式两份病例。

计算机处理肾图的主要技术关键在于找好合适的平滑滤波函数和找准 A 段。国内有的单位为此设计过多种方案进行试验比较,认为 4 点充电式滤波函数比较适于肾图曲线的平滑;而二次增量斜率法寻找 A 段的成功率最高。

26.3.3 脏器功能测定仪

所谓脏器功能测定仪指可作两种或两种以上脏器功能测定的放射性核素多功能仪。在不同脏器功能测定有共性的基础上设计主机和探头,充分考虑到不同脏器功能测定的特殊要求,可以达到一机多用的多功能测定目的。

FT-3101 型核医学功能综合测定装置是 20 世纪 70 年代国产多功能仪的产品之一,可对心、肺、肝、胃、甲状腺等脏器作静态或动态功能定量测定。该装置有四个探头及其相应的四套带有率表电路的单道谱仪,并有运算电路可作简单的数据处理。

GN 系列多功能仪品种很多,有 GN-301、GN-302、GN-303、GN-501 型等。GN-301 型可用于测量泌尿系统;GN-302 型可用于测量泌尿系统、心血流、肝脾血流与肺功能;GN-303 型测量脑血流、肢体血流、心血流与肺功能;而 GN-501 型具有 8 个探头及对应的 8 个测量道和 8 个自动平衡记录仪等。

上述的多功能仪整机庞大,不易推广使用。以后出现一些以一种功能测定为主兼作其他功能测定的小型多功能仪。例如 KD-401 型同位素功能测定仪主要用于肾功能测定,也可兼作其他脏器的功能检查(如测定冠状循环指数、脾功能等),它与定标器配合也可作甲状腺吸碘率的测定。整机由两个闪烁探头、双立柱臂式支架、测量线路和记录仪等部分组成。测量线路与记录仪组成控制台。双探头是为了肾功能测定的需要,其他脏器功能测定只需用单探头。测量线路主要由甄别电路与率表电路构成。该仪器简单实用,价格低廉。

近年来在充分开发微机功能潜力的前提下,正研制成一些新一代的多功能仪。

1. HL-2918 型核多功能测量仪

它是近年来研制成功的核医学功能诊断测量系统,可提供肾放射图、脑放射图、肾血浆流量测定和色层分析等功能软件,还可以根据需要不断扩充功能软件。整机系统框图如图 26-86 所示。

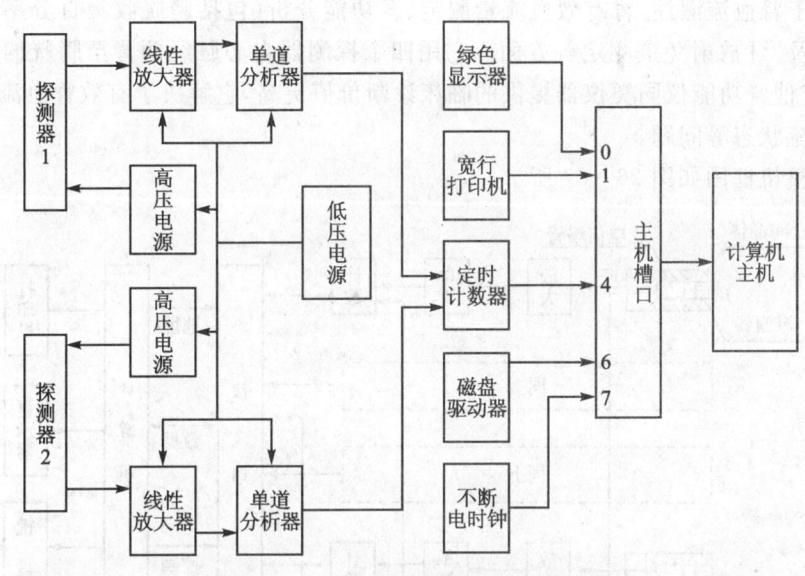

图 26-86　HL-2918 型核多功能测量仪框图

整机由三个探头、电子线路和微机组成。微机有三路计数单元,可以同时记录和处理来自三个探测器的电信号(图 26-86 仅绘出二个探头作肾放射图的情况)。主机进行实时程序控制和数据处理,能自动调节量程,对测量曲线进行平滑、拟合回归、自动计算等常用临床数据处理;由软磁盘提供功能软件及存储数据资料。值得指出的是,该仪器的特色在于仪器诊断和检验上。它带有一个诊断盘片和一个检验盘片。前者可以对主机和外部设备作一些主要诊断,有些微机系统往往是各自具备的;后者可以对各电子通道的计数脉冲进行检测、计算和作图,也可对 +5 V 的其他脉冲信号进行计数。对于用户至关重要的是测量系统的稳定性、重复性和精确性,通过 X^2 检验公式,即

$$X^2 = \frac{\sum_{i=1}^{k}(X_i - X)^2}{\overline{X}} \qquad (26-10)$$

也就是本批各计数值 N_i 与平均值 N_0 的随机差值平方总和与平均值 $\overline{N}_0$ 之商,为

$$X^2 = \frac{\sum_{i=1}^{n}(N-\overline{N}_0)^2}{\overline{N}_0}$$

然后求标准偏差

$$SD = \sqrt{\left[\sum_{i=1}^{n}(N_i-\overline{N}_0)^2\right]/(n-1)} \qquad (26-11)$$

再求变异系数

$$CV = SD/\overline{N} \qquad (26-12)$$

随后求本次平均值与首次平均值之比 $ED = \overline{N}_{0i}/\overline{N}$ (26-13)

2. RBF-Ⅰ型核素多功能仪(原名多功能微机四探头肾血流量功能分析器)

它可用于肾血流灌注、肾有效血流量测定、肾功能分析(包括膀胱收集百分率)、甲状腺吸碘功能测定及 ^{125}I 放射免疫测定等方面。它用四个探测器自心脏经两肾至膀胱的肾血流动力学研究,比其他肾功能仪同类仪器提供的临床诊断价值更高,它解决了有效肾血流量测定及心肾间动脉血流状态等问题。

该仪器整机框图如图 26-87 所示。

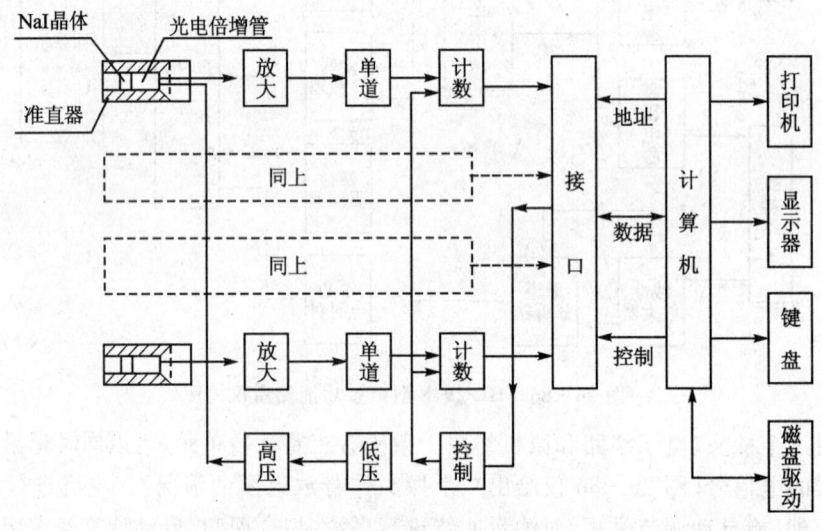

图 26-87 RBF-Ⅰ型核素多功能仪框图

它由四探头床与操作台组成。探头支架与床连成一体,探头都用 $\phi 40\ mm \times 40\ mm$ 的 NaI(Tl)晶体和 GDB-44 光电倍增管。因不同脏器要求,左、右肾准直器为长方形,其视野与肾脏大小适配,心前区和膀胱区准直器为圆锥形。膀胱探测器可兼用甲状腺功能测定。操作台中层是 NIM 标准机箱,电子线路均用标准插件。微机系统及其外部设备均置于操作台上。其软件现有下列内容:

① 心前区、双肾、膀胱四条 20 min 核素时间-放射性动态曲线;
② 左心至左右肾血流灌注时间;
③ 心前区测定法测定总肾有效血流量等;
④ 总肾有效血浆流量等;
⑤ 两侧肾图功能曲线及分析(即通常肾图仪的主要功能);

⑥ 膀胱 15 min 收集百分率；
⑦ 甲状腺吸碘功能；
⑧ γ 放免测定数据处理。

进一步开发其软件可用于快速甲状腺功能吸碘试验、脾功能、心功能、肝血流量、肢体血流量、脑血流量、胎盘血流量等检查。

3. CI 智能 γ 多功能仪

它是最近研制成的新型核医学仪器，它以 CI 中心机柜为核心，可配以相应探头，实现多能检测，并可与放免仪、扫描机交联进行控制，实现一机多用。其主要性能及特点如下：

① CI 中心机柜。六路 γ 射线测量，共用一台计算机总线，其中四路用于多功能测量，其余两路可处理如下信息：接扫描机处理打印彩色图形；接放免仪进行数据打印处理；配有转换开关，进行同位素多标记测量。

② 多功能探测器。张角形、圆柱形和半圆柱准直器一套；$\phi 40$ mm×40 mm NaI(T1) 晶体及光电倍增管 GDB-44 各三只。

③ 硬件。除具有一般电气性能参数外，单道窗宽选择四档：三档（^{131}I，^{113m}In，^{99m}Tc）为固定窗宽，一档为自由窗宽；采样间隔 10 μs。

④ 电脑系统(486Dx2-66)。内存 8MB，时钟 66 MHz，硬盘 520 MB，文字显示和图形显示齐全，还有图打印机。

⑤ 该仪器的软件功能如下：

^{131}I 肾图、分肾功能测定、肝血流测定、甲状腺 24 h 摄碘试验、脑通过时间测定、心脏首次通过法、同位素管理程序、^{169}Yb 肾图、肾移植图、肾有效血浆流量测定、肾小球过滤测定、甲状腺兴奋抑制试验、胃半排空测定、肝图、心脏平衡法测定。

26.3.4 心功能测定仪

核医学诊断是心血管疾病诊断的重要手段，γ 心功能仪（又称核听诊器）是无创伤性直接测定心功能的有力工具。

FT-1908G1 型 γ 心功能仪是 FT-1908 型 γ 心功能仪的改进型，在硬件和软件方面都作了一些改进。该仪器配有微机和较高分辨率的彩色显示器，可通过人机对话，自动输出病历表和诊断书，可以存在软盘上，并长期保存诊断曲线和医学参数。它适用于多种医用放射性核素，如 ^{99m}Tc 和 ^{113m}In 等，并能在最佳位置方式中，较准地测定左心室射血分数。它能实时地观察病人的心电图，还能测量首次通过曲线、单次心动图、综合心动图和心率统计直方图，并给出多个医学参数。

注入体内的 ^{113m}In 或 ^{99m}Tc 洗脱液放射出 γ 射线，如闪烁探头在病人体外对准左心室位置，心脏是一个容积泵，当示踪剂在血液内均匀混合后（称平衡），左心室舒张和收缩，心脏内血容量随之变化，心脏的放射性强度也发生同样的变化，则测到的放射性强度-时间变化曲线就是心室血容量-时间变化曲线。微计算机可对这些信息进行处理和分析计算出各心脏参数。

该仪器原理方框图如图 26-88 所示。

该仪器主要有三部分，分述如下。

1. γ 闪烁探头

晶体为 $\phi 40$ mm×40 mm NaI(Tl)，光电倍增管为 GDB-44。考虑到国外 B10S 核听诊器的

第 26 章 核传感器

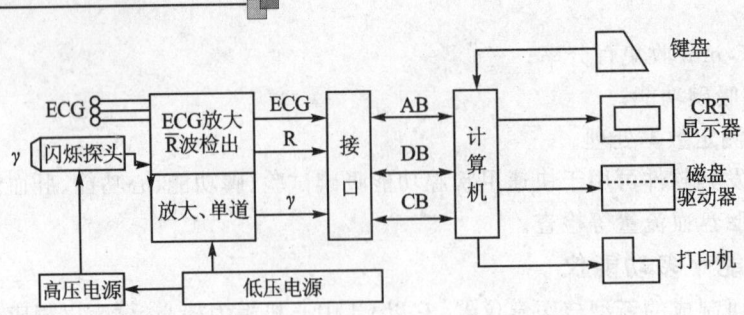

图 26-88　FT1908G1 型 γ 心功能仪原理方框图

不足,该仪器在其晶体周围增加铅屏蔽,使首次通过法更方便。

2. 电子线路

按照 NIM 标准,低压电源、1.5 kV 高压电源和 γ 心功能器插件等都插在 NIM 标准机箱内,而接口电路也制成一块标准板插在计算机内的插槽中。图 26-89 所示为 γ 心功能器电路框图。

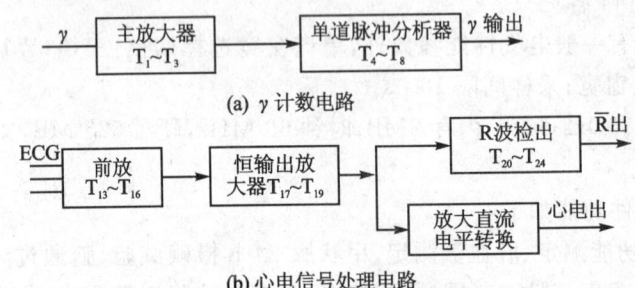

图 26-89　γ 心功能器电路框图

主放大器输入幅度≤500 mV,宽度为 1.5 μs 的负脉冲,输出幅度≤5 V 的正极性脉冲,负载阻抗约 800 Ω,主放大器放大倍数最大为 100 倍,连续可调。T_2 是一级共射放大电路,倒相输出。为提高输入阻抗和输出驱动能力,T_2 前后各加 T_1 和 T_3 构成的射极跟随器。前级射极跟随器之前设有微分成形电路,防止堆积;后有箝位电路,把输出脉冲的基线固定在单道的阈电压上。

单道输入幅度＜5 V 的正极性脉冲;输出脉宽 200 ns 的负脉冲,TTL 电平。阈值在 0～5 V 范围可调,道宽 1～2 V 可调。单道仅作窗口用,以获得较佳的信噪比。分压器采用最简单的电阻串联分压线路。T_4 和 T_5 为 J631B 型电压比较器,构成上、下阈甄别器;T_6 为 RS 触发器;T_7 为单稳态成形电路;T_8 的第 4 门起反符合作用。它们均采用 TTL 与非门。

心电信号处理电路主要完成检出 R 波和把心电信号数字化两项任务。心电是高内阻信号,心电极回路有电容性成分。因电极安放情况不同以及病人皮肤情况不同,心电幅度在 10 μV～5 mV 范围内变化。为了在 CRT 上得到固定幅度的 ECG 以及正确检出 R 波,心电放大器应有自动增益控制电路。心电信号常常混有工频干扰、肌电干扰(高频)、病人活动引起的基线波动(低频)和各电极极化电位差别造成的直流成分,这些频率范围很宽的干扰往往比心电信号大得多,所以放大器应有很强的抗干扰能力。病人的心电往往不正常,要求在 R 波倒置、T 波幅度大于 R 波等反常情况下,R 波检出电路也能工作。

前置级应是低噪声的,因共模性质的干扰比心电大几百倍,所以要求它的共模抑制比 CMRR

>1000。它的输入阻抗应高于1 MΩ，以保证来自电极的信号不失真地传到输入端。前置级的增益为10，频率范围是0.08～60 Hz。T_{13}是成对的场效应管，T_{14}是恒流源管，它们共同构成具有高CMRR的差动放大器。T_{13}栅极上的10 kΩ电阻有三个作用：与500 pF电容构成射频滤波器；输入过电压时限制电流，保护T_{13}；发生漏电流时限制流向电极的电流，保证病人安全。

恒输出放大器包括T_{17}，T_{18}和T_{19}。T_{17}为差动输入，单端输出，增益20倍，10 kΩ电位器用来调整输出信号的基线。T_{18}是增益控制管，用R波的直流分量控制它的栅极，从而改变漏-源极电阻R_{DS}。T_{18}是T_{19}反馈电路的一部分，用于控制T_{19}的增益。

R波检测器由T_{20}～T_{24}组成。T_{20}是二阶有源带通滤波器，中心频率定在R波的基频—18 Hz上，带宽4 Hz。它强烈抑制肌电、基线波动、T波等干扰成分，并使R波变成双向信号，倒置的R波也有合乎要求的输出。二极管D_6，D_7和D_{21}组成全波包络线检波器，能在不同形态的心电信号下输出不变的负脉冲。D_8与T_{22}构成二极管箝位和整形电路，D_8把输入信号顶部箝在0.7 V上，经T_{22}放大，得到近似矩形的负脉冲。由于输入信号中R波幅度最大，所以只有R波能得到输出。T_{23}的第1和4门与T_{24}组成微分型单稳电路，输出脉宽为300 ms的负脉冲。在这300 ms期间内，即使有T波或其他干扰漏过来，也不会再触发它，输出脉冲前沿对应R波出现的时刻。T_{23}的第2和3门组成单稳态是由负跳变触发的，R波出现时，它输出脉宽1 μs的负脉冲送到接口。

心电信号数字化由变换精度较高的ADC0809集成器件来完成，该组件在接口板上。为能显示心电信号的全貌，心电信号输出先经直流电平转换，再送入接口进行A/D转换。

接口电路中主要有一片PTM6840和一片8位A/D转换器ADC0809。PTM6840包含有三个可编程序的16位计数器/定时器（C_1～C_3）。C_3用作定时器，在程序控制下，通过它可按一定时间间隔请求计算机做中断处理、采集数据；C_2则用作单道脉冲计数。ADC0809用来对心电信号定时进行电压-数字变换。利用MC6840的C_2做时间间隔测量，有三种时间间隔：100 ms，50 ms和10 ms，时钟频率为1 MHz。由于C_2本身有预除8的功能，如在程序中向C_3锁存器写入了数3D04，即相当于$(12500)_{10}$，这就相当于定时100 000 μs=100 ms。

3. 微机系统

微机的MPU是6502微处理器，执行一条指令时间为3～8 μs；数据总线8位；地址总线16位；ROM 12K，RAM 48K。

显示器采用彩色显示器，显示特性曲线精细（图形容量192行、280列）。配两个磁盘驱动器，一个放专用工作程序的软盘；另一个存储病人诊断的特性曲线和医学参数，它存储速度快（随机存储）。配CP-80打印机，打印速度快，双向打印，噪声小。工作程序是在操作系统DOS的支持下运行的。它由BASIC语言程序与汇编语言程序构成，采用了模块化的结构。

人机对话、各种功能的后处理等都是由BASIC语言来完成的，而数据的实时采集和处理，则由汇编语言程序完成。

BASIC语言程序可以"CALL<地址>"语句随时调用汇编语言目的程序，而数据采集、平滑及其他实时处理程序则由中断请求而自动进行的。

各模块间的连接：微机系统提供了一个实用程序CHAIN，可用来实现两个BASIC语言程序间的连接，同时保留前一个程序中建立起来的所有数组、字符串和简单变量，完成两个程序间的数据传送。

中断方式：如在BASIC语言的程序上设置一个循环程序，在这里等待，中断请求信号一到，MPU 就发出信号响应中断，开始执行机器语言程序。完毕后，即返回到 BASIC 程序。这样程序精练、速度快。

医生往往要把诊断结果存入软盘中，以利长期保存，这就要求程序有读和写入软盘的功能。该程序使用了 DOS 提供的程序存取正文文件，系统工作时，两个磁盘驱动器中，D_1 放入本系统提供的工作程序盘；D_2 中插入读/写数据盘，同时记录上述档案。

程序文本文件的存取方式主要优点是节省软盘空间。该程序中每个文件各以病历号为标志。记录号是与其功能号 $N(1\sim4)$ 相对应的，由于微机每张软盘用户可用空间约 124 KB，对单面双密度的软盘可存 20 多份病历数据。

软件粗框图如图 26-90 所示。

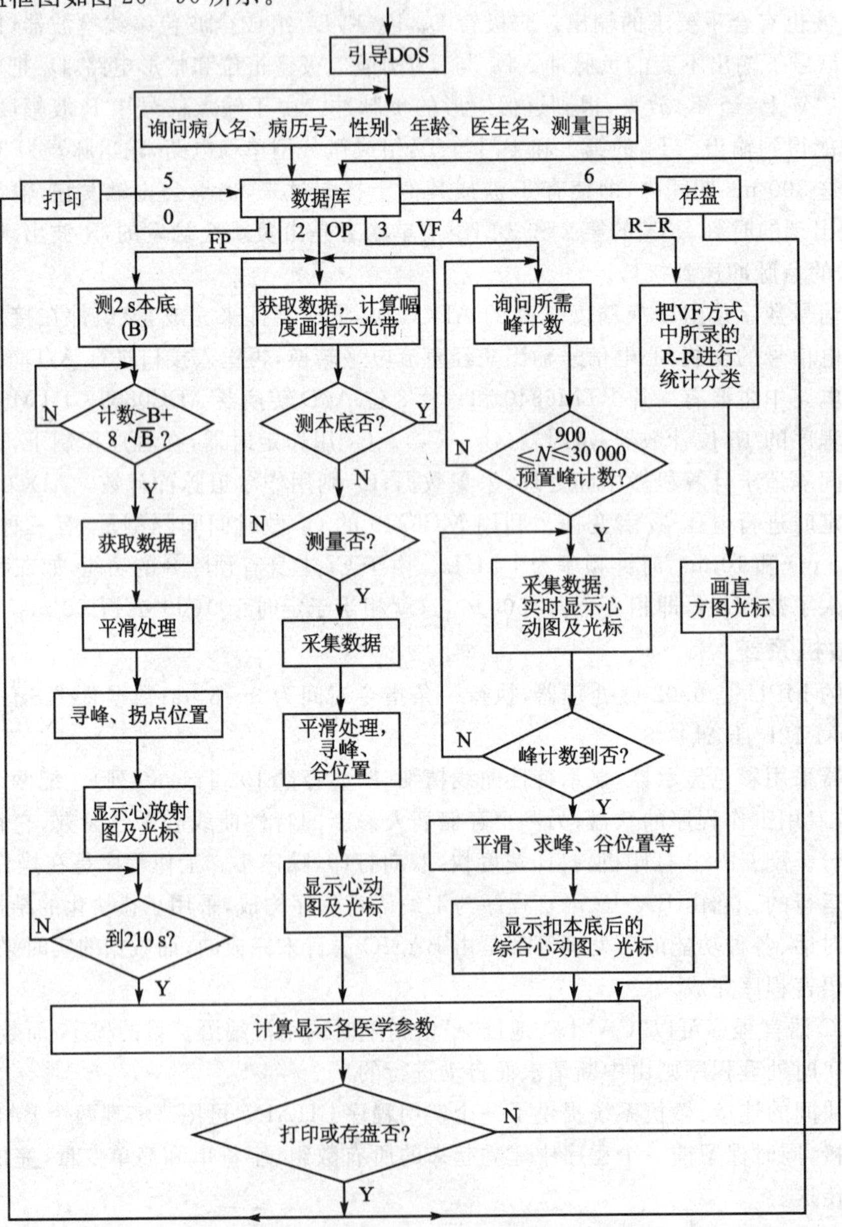

图 26-90　FT-1908G1 型 γ 心功能仪软件框图

该仪器只要增加少量硬件和相应的计算机软件,就可扩展成微处理机肾图仪、放免分析仪、心脏压力容积环仪等,即扩展成γ多功能仪。

26.3.5　γ射线肺密度图测定仪

肺密度随呼吸而变,吸气时密度减小,呼气时密度增大。医学上称肺密度随呼吸时间的变化曲线为肺密度图,它表征肺脏的换气功能,是临床医学的一种诊断方式。早期通过 X 射线检查肺脏各个不同部位的换气情况,但效果不佳。现代医疗器械中,肺功能测定装置很多,高级的如γ照相机,不但能作功能测定,还可进行动态观察,但仪器十分昂贵;而γ射线肺密度图仪是一种无损伤性诊断仪器,它采用核技术和核电子学的方法,以γ射线源取代 X 射线发生器,用辐射探测器取代荧光屏,可以克服 X 射线透视技术的缺点。该种仪器具有下列优点:灵敏度高,对肺脏病变可以定位诊断;人体接受剂量小,每次检测 3～5 min,剂量不超过 $2.5 \times 10^{-5} \sim 3 \times 10^{-5}$ Gy(2.5～3 mrad);结构简单,操作方便;制造成本低廉。

利用γ射线与肺组织的相互作用来测定肺功能,有康普顿散射法和吸收法两种。前者由于多次散射的干扰,要达到足够的精确度技术上相当困难;后者技术简单,只需测定肺密度的相对变化,因而更具有实用价值。该仪器采用吸收法,其原理如下。

呼吸过程中,肺密度变化,透过肺脏的γ射线强度也随之变化。设病人处于γ源与探头之间,射线经准直后透过胸部。由于肺血管和肺泡远小于射线束直径,故被照射部位(肺单元)可近似看作均匀物质。按γ射线的吸收规律,有

$$L_n(I_o/I) = \mu_L \rho_L K_L \qquad (26-14)$$

$$L_n(I_o/I_C) = \mu_C \rho_C K_C \qquad (26-15)$$

$$L_n(I_o/I_T) = \mu_L \rho_L K_L + \mu_C \rho_C K_C$$
$$= \mu_L \rho_L K_L + L_n(I_o/I_C) \qquad (26-16)$$

式中,I——射线强度。μ——质量减弱系数;ρ——密度;K——射线透过人体的平均长度;下标 L——肺脏;下标 C——胸臂;下标 O——射出前;下标 T——射出后。

将式(26-16)化简改写后可得肺密度与γ射线强度的关系如下:

$$\rho_L = \frac{L_n(I_C/I_T)}{\mu_L K_L} \qquad (26-17)$$

由于(I_o/I)在呼吸过程中随时间而变,因而式(26-14)描写了肺密度随时间的变化,即该式是肺密度图仪工作的基本方程式。两种特殊情况:一是一次呼吸中的肺密度比;二是暂停呼吸(屏息)时的肺密度变化。前者是衡量肺脏换气功能的依据;后者曲线能得到局部肺脏血流灌注的定量结果。

按核医学的常规方法,采用水模体校准图仪。

γ射线的能量大小直接影响到肺密度测量的精度和灵敏度。当能量小时,由于呼吸系数大,因而测量灵敏度高,但此时散射线较强。探测器接受过多散射不仅影响测试精度,而且因为屏蔽散射也会使灵敏度随之降低。如果选用高能量γ射线,则吸收减小,灵敏度很低,甚至无法测量。

提高灵敏度的方法之一是增大源的γ束强度,然而使用太强的源给防护带来麻烦,并提高了仪器成本。

按上述要求,γ源能量选在几十至几百 keV 较宜,活度选在 3.7 GBq(100 mCi)左右,采用^{137}Cs。

γ射线束从准直孔出来要逐渐发射成圆锥状,为了保证有准确的照射野,射束宽度应满足下列条件:

① 肋骨进出照射野不影响结果。为满足这个要求,病人胸部所接受的束宽应等于一条肋骨加一个肋间隙的宽度,这样一条肋骨进入照射野时,另一条肋骨就刚好移出照射野,不影响肺密度变化的测量。

② 束宽刚好覆盖探测器面积,这样可以减少散射干扰影响探测效率。

上述两个条件的满足由准直孔、孔面与探测器间的距离以及探测器直径等因素决定。

如果采用 ^{137}Cs 源和直径 4.5 cm 的 NaI(Tl) 晶体,估算结果两者相距 70 cm 时,其空间位置能满足临床需要。

呼吸时肋骨移动的特点是前胸肋骨移动大,后背肋骨移动小。由于射线束从准直器到探测方向逐渐扩散,所以 γ 射线束从后背射入较为理想,这样,前后肋骨的运动刚好能互相补偿。

对测量系统总的要求是测量快速,结果准确。该仪器采用探测效率高、噪声水平低的闪烁晶体。如果采用 3.3 GBq(90 mCi)的 ^{137}Cs 源,当源-皮距为 30 cm 时,闪烁探头产生的脉冲电流经积分后,电流大于 0.01 μA,信噪比已能达到要求。因此,测呼吸时,放大器时间常数在 0.5 s 左右即可;测肺部血流灌注(肺密度快速变化)时,放大器时间常数应减小到 0.1 s 以下。

采用 X-Y 函数记录仪和打印机两套记录装置,前者可直接获得肺密度-时间曲线;后者则可给出有关肺密度变化的数据。

仪器的总体安排如图 26-91 所示。

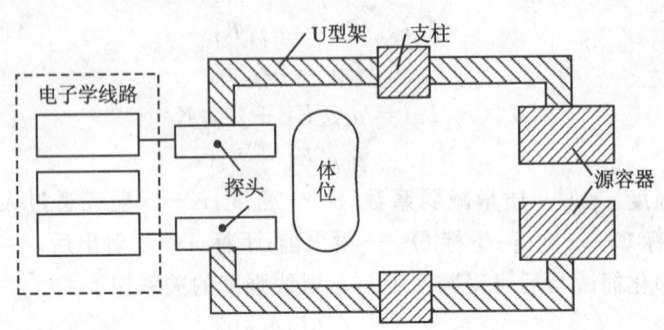

图 26-91 γ 射线肺密度图仪总体安排

源容器(包括准直器系统)和探头各安装在 U 型架两端,准直孔轴线与闪烁晶体的轴对准,两个 U 型架对称地固定在左右支柱上,并可同步地上下、左右移动,两 U 型架间的距离应使得 γ 射线束能对准病人的左右肺。为了比较两个肺相同部位的肺密度,为诊断提供可靠的依据,该图仪采用双道结构,两个道的 γ 源和探测器经过严格筛选配对,使它们具有相同的状态。为了同时测定两个肺脏的相同部位(上部、中部或下部),控制线路应控制两个探头的输出,通过补偿调节使两个道具有相同的灵敏度,两台记录仪的记录笔偏移一致,起点相同。

为了扩大仪器的应用范围,如测绘心脏波动曲线,仪器可采用电子计算机分析处理肺功能曲线。

23.3.6 局部大脑血流量测定系统

^{133}Xe 载带技术可以诊断脑血管疾病及其他脑部病变(包括脑瘤)。其原理基于 ^{133}Xe 标记

物注入体内(颈动脉注入)或吸入体内,^{133}Xe 会迅速扩散集中到脑部,脑血流可逐渐带走 ^{133}Xe,在大脑不同功能区位置监测 ^{133}Xe 放射性活度变化,即可估计脑血流量,并可对灰质与白质、病侧与健侧明显区分。由于吸入法测量局部大脑血流量(rCBF)方法具有无创伤性、可重复测量、病人受照剂量小等优点,对脑部疾病特别是缺血性脑血管疾病的诊断、病情估计、疗效和愈后观察、神经科检查及某些疾病病因学研究具有重要意义。

^{133}Xe 生理盐水溶液或气体能自由通过血脑屏障,并在脑实质内扩散,在脑组织与脑静脉之间达到扩散平衡状态。其后 ^{133}Xe 随血液流动被清除,因为吸入的 ^{133}Xe 随着流向脑组织的血流而被清除,所以从测定的清除曲线分析上即可算出局部脑血流量。这时,被清除的 ^{133}Xe 一次通过肺时,其95%由呼气排出,所以再循环几次可以忽略不计。以 RI 清除曲线计算局部脑血流量的方法,一般有三种:

① Hight Over Area 法(以 Zieler 氏随机分析为基础的计算方法,利用平均通过时间)。

② 二分钟法(若以对数表示清除率曲线最初二分钟内的部分,正常脑大致呈直线状,利用这部分及有关公式可得到 rCBF 的一个指标)。

③ 双区分析法 它是最常用的方法,下面详述。

双区分析法基于脑组织可区分为灰质和白质,在病理状态下,虽然这两个部分很难区分,但一般认为曲线有两个区域。测定脑的清除曲线,即头部探测器在时间 t 测量的计数率。根据 Fick 原理,$N(t)$ 与大脑灰、白质中放射性浓度的加权和成比例,即

$$N(t) = \alpha \sum_{i=1}^{2} W_i C_i(t) \tag{26-18}$$

式中,α——与测量几何条件有关的比例常数;W_i——第 i 个组织的相对组织权($i=1$ 和 2,分别代表灰质和白质);$C_i(t)$——时间 t 组织中的 ^{133}Xe 的浓度。

$$C_i(t) = F_i e^{-k_i t} \int_0^t C_A(\mu) e^{k_i \mu} d\mu \tag{26-19}$$

所以
$$N(t) = \alpha \sum_{i=1}^{2} W_i F_i e^{-k_i t} \int_0^t C_A(\mu) e^{k_i \mu} d\mu$$

或
$$N(t) = \sum_{i=1}^{2} \overline{P}_i e^{-k_i t} \int_0^t C_A(\mu) e^{k_i \mu} d\mu \tag{26-20}$$

式中,$\overline{P}_i = \alpha W_i F_i = P_i K_i, P_i = \alpha W_i \lambda_i$;$t$ 为吸 ^{133}Xe 开始后经过的时间;$C_A(\mu)$ 为任一时间 t 动脉血中 ^{133}Xe 的浓度(等于末潮中 ^{133}Xe 浓度);F_i 为第 i 个组织的血流量,$F_i = K_i \lambda_i$;K_i 和 λ_i 分别是 ^{133}Xe 在组织 i 中的清除速率常数和分配系数(血红蛋白含量正常时,$\lambda_1 = 0.80$;$\lambda_2 = 1.50$)。

从头部及呼出气 ^{133}Xe 饱和-去饱和曲线上得到相应时间 t 的 $N(t)$ 和 $C_A(\mu)$ 值,其输入由式(26-20)编制成差分-拟合曲线计算程序,并由微型计算机解出参数 $\overline{P}_1$、$\overline{P}_2$、K_1 和 K_2,则可计算出大脑灰质和白质血流量 F_1 和 F_2,相对组织权 W_1、W_2,加权平均血流量 MF 及血流分数 FF_1 和 FF_2。

与上述计算方法类似的双区分析法亦可基于 Fick 氏原理按 Kety 的理论,用下式表示:

$$C(t) = I_g \cdot \exp\left(\frac{f_g}{\lambda_g} \cdot t\right) + I_w \cdot \exp\left(\frac{f_w}{\lambda_w} \cdot t\right) \tag{26-21}$$

测定曲线如图 26-92 所示。该曲线分成两条曲线,可求出各自的系数。式(26-21)中,I_g 和 I_w 分别代表在半对数坐标上所求出的 0 时间值;f_g 和 f_w 分别代表灰质和白质的组织重量的平均血流量(mL/(g·min^{-1}));λ_g 和 λ_w 分别代表各灰质和白质的组织血流分配常数。

使用 ^{133}Xe 时，当为正常的 h_i 值时，λ_g 为 0.80，λ_w 为 1.50（h_i 为血红蛋白含量）。

f_g 和 f_w 根据在坐标上所求的这两个成分的半减期 T_{1z2g} 和 T_{1z2w}，很容易从下式算出：

$$f_g = \frac{0.693\lambda_g}{T_{1z2g}} \quad (26-22)$$

$$f_w = \frac{0.693\lambda_w}{I_{1z2w}} \quad (26-23)$$

其次，设 W_g 和 W_w 为灰质和白质的相对质量（$W_g+W_w=1$），平均血流量 f 拟为下式：

$$f = \frac{f_g \cdot W_g + f_w \cdot W_w}{W_g + W_w}$$

W_g 和 W_w 实测虽不可能，但按 Lassen 氏原则，其近似公式可成立：

$$\frac{I_g}{I_w} = \frac{W_g \cdot f_g}{W_w \cdot f_w} \quad (26-24)$$

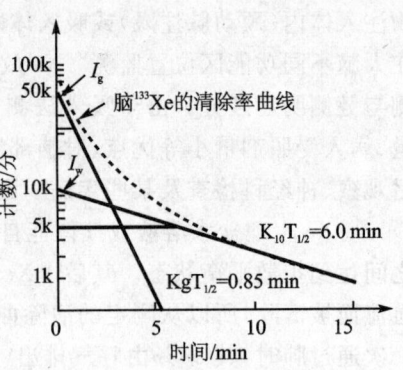

图 26-92 用双区分析法的 γCBF 测定曲线

因此，由上述公式可得

$$f = \frac{I_g + I_w}{I_g/f_g + I_w/f_w} \quad (26-25)$$

当组织重为 100 g 时，可换算为

$$\gamma CBF = 100 \times \frac{I_g + I_w}{I_g/f_g + I_w/f_w} \quad (26-26)$$

γCBF 的单位为 mL/(100 g·min)。

图 26-92 的一例测定值如下：

$f_g = 65.2$ mL/(100g·min^{-1})；

$f_w = 17.3$ mL/(100g·min^{-1})；

$W_g = 62\%$；

γCBFcomp = 47 mL/(100g·min^{-1})。

基于上述测量原理和计算方法的测量仪器即为局部大脑血流量测定系统，国外也有称作为脑图。如美国 Harshaw 公司的 TASC 脑血流分析系统采用 16 个 NaI(Tl) 探测器对大脑各部位同时进行 ^{133}Xe 监测，通过 PDP-11 计算机对刻度、数据获取、数据处理用户程序等常规软件进行控制，通过 CRT 终端在屏幕上显示，一旦启动后，数据采集就自动进行。又如丹麦 NOVO 公司的 NOVO32C 型有 32 个，有的型号有 64 个 NaI(Tl) 探测器。我国研制生产的有 JNX-85 型和 HYS-I 型，下面仅以一种型号为例简述。

JNX-85 型 ^{133}Xe 多探头局部脑血流分析仪测量原理按前面已述的两室法。由于动脉血中瞬时 ^{133}Xe 浓度不能在体外直接测定，因此采用测定呼气末端的 ^{133}Xe 浓度来表示，这是因为呼气末端的 ^{133}Xe 浓度能反映肺泡与肺动脉中 ^{133}Xe 浓度达到平衡时的量。设头部某一路 γ 探测器实测计数率为 $N(t_j)$，其中 $j=1,2,\cdots,n$，如能找到 A_i 和 K_i 值，使 $\sum_{j=1}^{n}[N(t_j) - \sum_{i=1}^{2}A_i e^{-k_i t_j}\int_0^{t_j}C_A(\mu)e^{k_i u}d\mu]^2$ 为最小，则 A_i 和 K_i 值即为欲求值。其中，m 为呼气末端曲线下降到峰值的 20% 时的计数次数，t_m 为清除段拟合起始时间。

根据 A_1，A_2，K_1 和 K_2 值，可得到一系列重要参量：

① 灰质血流量 $F_g = (K_1 \times \lambda_1 \times 100)$ mL/(100g·min^{-1})；

② 白质血流量 $F_w = (K_2 \times \lambda_2 \times 100)$ mL/(100g·min^{-1})；

③ 灰质相对权重 $W_g = \left(\dfrac{A_1/F_g}{A_1/F_g + A_2/F_w} \right) \%$；

④ 白质相对权重 $W_w = (1 - W_g) \%$；

⑤ 平均血流量 $MF = (W_g \times F_g + W_w \times F_w)$ mL/(100g·min^{-1})；

⑥ 灰质相对血流量 $FF_1 = \dfrac{A_1}{A_1 + A_2} \%$；

⑦ 白质相对血流量 $FF_2 = (1 - FF_1) \%$；

⑧ 初始血流量 $IS = (FF_1 \times K_1 + FF_2 \times K_2)$ mL/(100g·min^{-1})；

⑨ 初始斜率指数 $|S| = [\ln N(t_{2\min}) - \ln N(t_{s\min})] \times 100$。

整机分为多探头信号检测电路、计算机软硬件和 ^{133}Xe 呼吸系统三部分，现分述如下。

1. 多探头信号检测电路

该部分共由 33 路探测器、33 路放大器、单道分析器、计数率仪等组成，它们都采用 NIM 标准插件。其中 1 路气道探测器对准病人气道呼出口，头盔 32 路探测器按大脑半球各叶或功能区分配，其中额叶（主管运动机能）7 路，顶叶（主管感觉机能）10 路，枕叶（主管视觉机能）12 路，颞叶（主管运动机能）3 路。

探测器中 NaI(Tl) 晶体为 $\phi 20$ mm $\times 20$ mm；光电倍增管为 GDB-23；铅屏蔽层厚度为 2 mm；准直器内径 $\phi 18$ mm，长 35 mm。当准直器内径一定时，其长度与大脑分区数、^{133}Xe 吸入浓度、探测效率等因素有关。准直器几何设计应使相邻探头视野非重叠区大于半吸收层（81 keV，考虑颅骨的吸收），因此大脑分区越多，准直器相对越长。

2. 计算机软硬件

硬件包括 IBM/PC 型微机，内存容量 256 KB；中分辨率彩色显示器；FX-100 宽行打印机。微机在该仪器中发挥的功能为测量过程自动控制，γCBF 数据采集、运算，彩色图像显示，输出数据、曲线等结果，原始数据外存及再处理。应用软件提供 10 种方式给用户使用。例如左、右侧灰质血流值显示，如图 26-93 所示。

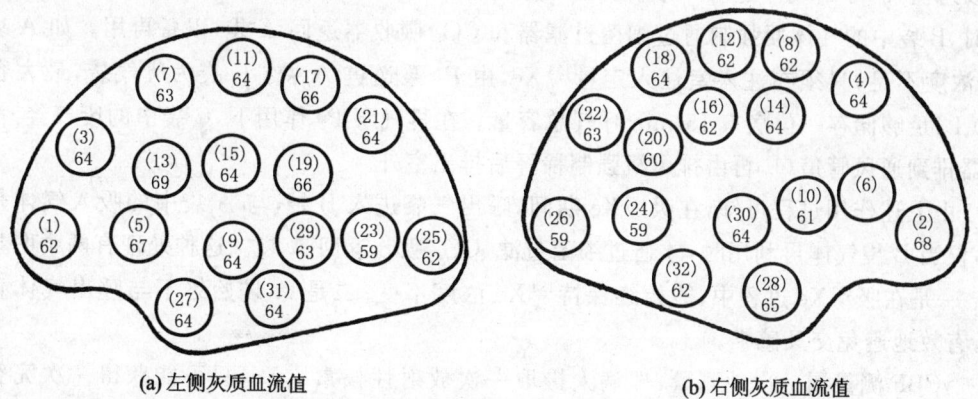

图 26-93 局部脑血流值显示

3. ^{133}Xe 呼吸系统

目前,国内外通常使用的 ^{133}Xe 呼吸系统大致可分为两类:一类是一次性使用式,即定量 ^{133}Xe 配置在气袋中,病人从气袋中吸入,呼出气体不再回收,处理后排放;第二类是混合再利用式,即定量 ^{133}Xe 配置在气袋中,病人从气袋吸入,呼出气体仍返回原气袋中。一次性利用式优点在于完全避免交叉感染的可能性,且吸入的 ^{133}Xe 浓度稳定;其不足之处是耗气量大,排放处理要求高。混合再利用式的优点是耗 ^{133}Xe 量小,且排放处理要求低;其缺点在于呼出气体直接返回原气袋,虽经细菌过滤处理,只可能减少交叉感染机会,另外,原气袋中 ^{133}Xe 浓度将不断降低,如回收的呼出气体与原有气体不能混合均匀,吸入的 ^{133}Xe 浓度起伏将增大。

该仪器采用的隔离再利用式,既保持了上述两种方法的优点,又有效地克服了其缺点。该仪器中 ^{133}Xe 呼吸系统如图 26-94 所示。

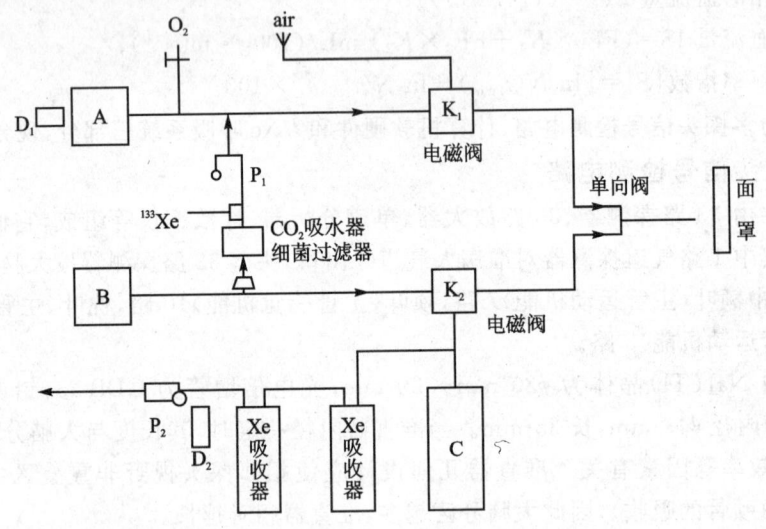

图 26-94 ^{133}Xe 呼吸系统

该种装置实际上是一套气体处理系统。测量开始时,先测 40 s 本底计数,空气通过 K_1 被吸入,呼出气体通过 K_2 进入 C 袋。接着的 1 min 为吸 ^{133}Xe 阶段,此时 K_1 和 K_2 电磁阀自动转换,使从 A 袋吸入已配置一定浓度的 ^{133}Xe,呼出气体进入 B 袋。吸 ^{133}Xe 结束后,再自动转换吸入空气,呼出气体进入 C 袋,直到测量完成。B 袋中 ^{133}Xe 是要回收再利用的,当启动 P_1 泵时,B 袋中的气体便强制通过细菌过滤器和 CO_2 吸收器返回 A 袋,以备再用。如 A 袋中 ^{133}Xe 浓度不足,只须在注入室注入定量 ^{133}Xe,由 P_1 泵送进 A 袋。C 袋为废气袋,最大容量为 160 L,足够储存一位病人 15 min 呼气总容量。在排气泵 P_2 作用下,C 袋中的废气经 ^{133}Xe 吸收器排到通风管道口,再由排风机强制稀释后排出室外。

由上述作用过程可知,在吸 ^{133}Xe 期间,呼出气袋进入 B 袋,与 A 袋中的吸入气体是隔离的,仅当 B 袋气体再利用时,才通过细菌过滤、CO_2 吸收返回 A 袋。这种处理有两个明显的优点:一是在吸 ^{133}Xe 过程中,能始终保持 ^{133}Xe 浓度不变;二是 A 袋始终不与呼出气体直接接触,有效地避免交叉感染。

γCBF 测量属一次性测量,即病人摄取一次放射性核素 ^{133}Xe,只可能获得一次完整的数据。如测量过程一旦失控,即对事先可能控制的系统性因素(非偶然性因素)未加控制,将可能造成不可挽回的失误。此外,因被测对象是活体人,存在一些偶然的难以控制的因素,如头部移位、潮气量不稳定等都将不同程度地影响实验结果。因此,还须对一系列中间结果进行检验,才能对最终结果质量作出判断。质量控制和检查项目如下:

① 测量前对 32 路测量系统稳定性检验——X^2 检验。该法较泊松分布理论次数与实验次数的对比法要精确,测量系统各环节如探测器件,电路分析单元,高、低压电源等只要出现少量次数不稳事件即能反映出来。其方法如下:在头盔中间放置 ^{133}Xe 源,使 32 路测量系统作定时计数 30 次。设第 i 路第 j 次计数为 N_{ij},第 i 路 30 次计数均值为 N_i,$i=1,2,\cdots,32$

$$N_i = \frac{\sum_{j=1}^{30} N_i^3}{30}$$

第 i 的 X^2 值为

$$X_i^2 = \frac{\sum_{i=1}^{30} N_i^3}{30}$$

从 X^2 表查 P 值后作如下判别:

当 $0.02 < P < 0.98$ 时,为"好";当 $P < 0.01$ 或 $P > 0.99$ 时,为"坏";当 $0.01 < P < 0.02$ 或 $0.98 < P < 0.99$ 时,为"再次测试"。

该仪器已将 X^2 检验列入应用软件,实际使用时可自动完成采数、运算、查表和判别全过程,然后打印输出。

② 测量前本底检查。在正常情况下,该仪器每路本底计数约为 3 cps,但当 ^{133}Xe 呼吸系统发生漏气或头盔附近有 γ 源时,都将导致某些探测器本底计数增加,必须排除故障源后进行 γCBF 测量。检查方法如下:使 32 路测量系统作 40 s 定时计数一次,换算为 cps 值后显示或打印。

③ 吸气袋 ^{133}Xe 浓度监督。该仪器要求吸 ^{133}Xe 浓度为 185 MBq(5 mCi)/L,使头部曲线峰值计数率可达 200~500 cps。每次测量前需定量补充 ^{133}Xe,为了避免耗 ^{133}Xe 量差异而造成补气过量或不足,另有一套计数率仪专用于直接监督吸气袋 ^{133}Xe 浓度。当 ^{133}Xe 浓度为 185 MBq/L 时,计数率仪指示约 13 kcps。根据监督指示值再进行加氧或加 ^{133}Xe 修正。

④ 气道曲线质量控制——呼吸监护。病人在吸 ^{133}Xe 期间和停止吸 ^{133}Xe 后数分钟,其呼吸频率和潮气量要保持相对稳定,则呼气末端曲线呈现一定的规律性。为了尽可能使气道曲线形态不受或少受干扰,在 γCBF 测量期间前数分钟,操作人员应根据实时显示的呼吸监护资料及时嘱咐病人调整呼吸频率和潮气量。此外,可利用呼吸监护粗略判断病人生理状态,以及对垂危病人的呼吸监护。

⑤ 32 路头部曲线质量检查。

⑥ 计算方法的质量检验。γCBF 数学分析的任务主要是解决好呼气末端曲线与头部曲线的拟合问题。因此,拟合曲线质量成为检验结果值及其采用数学手段是否正确合理的标准。

该仪器通过上述一系列质量控制和检验的有效措施,使用户测得准,判得明,将"疑区"压缩到最小程度。该仪器具有的一套较完整的质量保证手段在国内核医学仪器领域也是不多见的。该仪器临床应用效果较佳,如对急性脑梗塞诊断的定位阳性率 93%,优于 XCT 检查。

26.3.7　骨密度测定仪

骨密度测定对了解人体骨盐的生理病理改变,对某些疾病的诊治有重要意义。

目前对骨密度的物理测量有三种:其一是光密度仪扫描 X 线片;其二是 γ 光子散射法;其三是 γ 光子吸收扫描法。后者具有速度快、灵敏度高、方法简便安全等优点,而且它是一种非损伤性检查。

人体骨骼被皮肤、肌肉等软组织包绕,且它本身又是一种密度非均匀的组织,因此骨密度测定比其他物质的密度测定更难些。利用 γ 光子吸收扫描法进行骨密度测量基本要求如下:

① 测量时应对整个被测量骨断面进行放射性测量扫描。

② 由于骨骼是密度非均匀体,且骨断面是非规则的几何体,要求用积分方法求得其密度的积分值。

③ 认为前臂中、下 1/4 处的骨断面的宽度和高度是相近的,用仪器测量得到的宽值去除以上述积分密度值,得出线密度和面密度。

从上述的要求出发,用 γ 光子吸收扫描法测量探头部分原理如下:放射源与探头在一条直线上,探头与放射源固定在同一可移动的支架上,因此,探头与放射源可同步左右移动,在一次骨密度测量时只需向一个方向前进。测量时探头和放射源的移动速度、γ 射线光粒子数的采样时间由测量控制电路决定。

基于 γ 光子吸收扫描法原理的骨密度测量仪国内外都有商品化仪器,如瑞典 Gambro 公司、匈牙利 Gamma 公司的骨密度测定仪、国产的 GMY-1 型和 FT-647 型等,以下仅举一种为例简述。

骨密度仪是由扫描探测系统、测量控制电路系统和微计算机系统三部分组成的。FT-647 型单能光子骨密度仪原理方框图如图 26-95 所示。

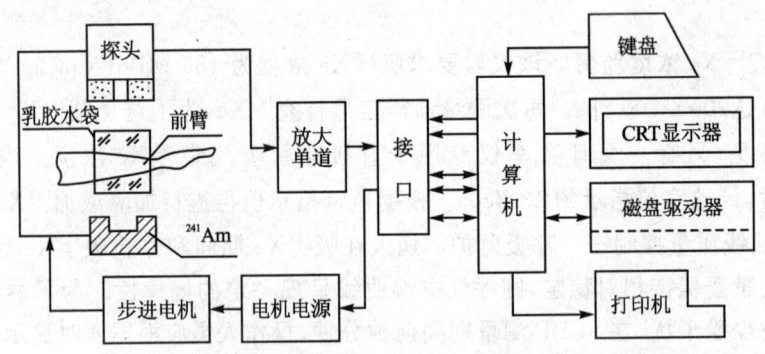

图 26-95　FT-647 型单能光子骨密度仪原理方框图

该仪器也是一种微机化智能核医学功能仪,其灵敏度高,重复性好;采用体外吸收源 ^{241}Am,其半衰期 $T_{1/2}=433$ 年,安全可靠,无须注射和更换吸收源;诊断快速,10 min 以内可得到诊断结果。该仪器主要技术性能如下:

① 采用通用的微机系统,通过人机对话,自动输出病历表和诊断书(中文或英文),数据可存放软盘上,长期保存骨吸收曲线和医学参数。

② 连续工作 8 h,计数率的标准偏差<2%。

③ 对"标准件",连续工作 8 h,线密度(BMC)的标准偏差<3%,变异系数<2%。

国产 GMY-1 型骨密度仪与上述的 FT-647 型是同类仪器,它参照瑞典 Gambro 公司的同类仪器研制而成,采用 IBM PC 微机系统,因而软件功能丰富。

26.4 核传感器在医学显影诊断中的应用

26.4.1 闪烁扫描机

测定人体器官逐点放射性强度的仪器,医学上称为闪烁扫描机(或闪烁扫描仪,也称同位素扫描仪),它用于人体各脏器的扫描显影。从核技术角度而言,它是记录人体各点所发生的 γ 射线强弱的仪器,属于探测器移动型体的内放射性分布测定装置大类,是根据探测器在受检者体表进行扫描所收集的体内 RI 分布资料并以二维图像予以描记的装置。其基本原理是借助于对 γ 射线的探测实现脏器显影,把放射性核素标记药物引入人体内,扫描机在体外对其产生的 γ 射线进行逐点扫描、探测并记录放射性药物在体内的分布情况,形成闪烁图。由于各种脏器对药物的选择性吸收,正常组织与病变组织的吸收差异,血液循环情况对药物吸收的影响,核医学科医师根据闪烁图可诊断某些脏器的占位性病变和功能性变化。

一般扫描机原理框图如图 26-96 所示。

就一般而言,扫描机基本上分成 4 个部分。

① 探头部分将射线能量转化为电能,它也是将射线的辐射能转变为电能的一种换能装置。其作用是将 γ 射线转变为电压脉冲信号,该电压脉冲的幅度与入射 γ 射线的能量成正比,其计数率与 γ 射线的强度成正比。

② 电子测量线路部分将探头输出的脉冲信号进行加工处理。这部分包括放大器、脉冲甄别器、分频器和计数率表等。

③ 机械扫描部分主要是一个电动的机械扫描引架,支撑着探头使其在一定面积内按照"弓"字形的轨道匀速移动(即扫描)。

④ 机械打印部分,它是记录扫描结果的装置。

也有人把电子测量线路部分称为信息的传输及处理系统,把机械打印称为显示系统,把机械扫描部分称为机械驱动系统。不管如何称呼,它总是由上述几部分组成的。

扫描机按其用途划分,有甲状腺扫描机、脑肿瘤扫描机、肝扫描机和全身扫描机等。按其本身机型和技术方法上又可分为很多种类。

总之,闪烁扫描机的基本组成包括闪烁计数器、用于传动探测部分的装置以及显示探测结果的装置。下面就其主要组成部分简述。

探头部分是一个闪烁探测器,它由 NaI(Tl) 晶体、光电倍增管以及前放大器等组成,如图 26-97 所示。

显然,探头内还有供光电倍增管工作的高压及其分压器(通常 800~1 000 V 左右)。由于扫描机是对人体器官作逐点扫描,除要求仪器有一定灵敏度外,还需要对几何位置有一定的分辨率,这就要求在探头上装有使射线聚焦的准直器。

第26章 核传感器

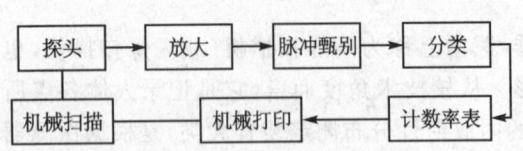

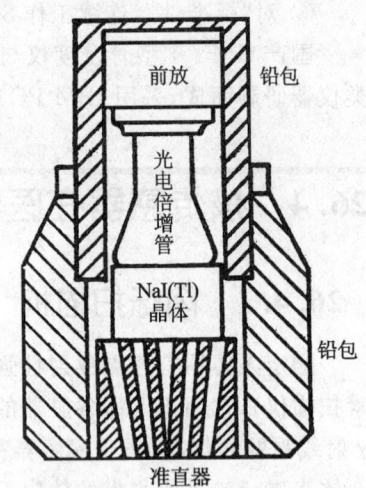

图 26-96 扫描机的基本构成

注：图中两方框之间的连线表示同步，箭头表示信号传递。

图 26-97 探头部分示意图

光电倍增管输出电脉冲信号幅度只有 0.1 V 数量级，先经放大器放大，然后通过甄别器将干扰信号、噪声和无用信号去掉，它相当于一个简单的"单道脉冲幅度分析器"。为了提高仪器灵敏度，仪器要集中记录对应于所测放射性核素的特征峰区间的电脉冲信号，甄别器的作用就在于此。

分频器作用在于扩大计数率表的量程，它将甄别器输出脉冲数成倍地减少，从而达到扩大率表量程的目的。

计数率表是以电流表头作指示的，由此来自甄别器-分频器的脉冲在计数率表电路中将被"积分"，而变为电流。当探头对准人体某脏器的某一位置时，该位置的放射性强度越大，输入计数率表电路的脉冲数目就越多，此时计数率表的电流也就与这个脏器的某一位置的放射性强度成正比。

由于机械扫描引架有规则地在某脏器上方扫描，使探头逐点对准脏器的各个位置，所以计数率表电流的变化即反映出该脏器的各部位放射性强度的变化。

机械打印部分是记录扫描测量结果的装置，它与机械扫描引架同步动作，即扫描引架逐步向右扫描时，打印部分打头也向右打点；反之亦然，引架向左扫描时，打头也向左打点。打头打点的快慢则受计数率表电流控制，率表电流越大（即该脏器某位置放射性强度越大），打头打点就越快。这样，打头在纸上打出来的图像便可以反映该脏器各部位的放射性强度的大小。放射性强度大的部位，在纸上相应部位点的密度就大；放射性强度小的部位，纸上相应部位的点就稀疏。

利用纸上疏密点组成的图像，就可以判断人体某脏器是否健康。如正常人作肝扫描时得到的图像应该是疏密均匀的；如果疏密不均匀，甚至某一部位明显稀疏，则说明此人的肝脏患有疾病。

目前，闪烁扫描机在医学领域中已得到广泛的应用，出现了许多先进的新型产品，这里选取 SMC-4 型扫描机作为典型事例叙述。

SMC-4 型是一种双探头的放射性核素扫描机，具有结构简单、灵活，分辨率高，图形层次清晰，边界整齐，色彩鲜明等特点。它是一种典型的双探头扫描机，有两个探头、两个测量道、加减运算和黑白、彩色两种记录装置。来自待测部位的 γ 射线，经过一系列转换、放大，形成

A,B,A+B 和 A-B 四种记录信号,可选择得到黑白或彩色两种记录图。该仪器采用数字扫描技术和电子计数储存线路,九色打印,图形对比度强。

1. 仪器主要特点

1) 探头特点

具有两个探头,安装在可以旋转的弓形支架上,探头本身相对弓架可以自旋任意角度。两个探头可同时探测深部脏器的前后部分,也可以同时探测病人的左右侧位。这两个探头也可以平行放置,同时分部进行全身扫描;两个探头斜向放置,使其轴线相交可以实现简易断层扫描。

2) 电路特点

具有两个完全相同,但又相互独立的电子测量通道(A 道和 B 道),并设有加减运算器,配合双探头使用。

采用双探头单标记扫描运算电路作"相加"处理,可使灵敏度和深度响应有较大提高。采用单探头双标记扫描运算电路,可实现一般单探头扫描机所不能进行的胰腺扫描。该机采用数字式扫描技术,以机械装置补偿积分时间的滞后,大大减小了记录图的锯齿效应。

采用最简单的数据处理,即采用在扫描线上 2 mm 计数储存,4 mm 计数取平均的电子线路,使统计涨落的影响降低,提高了主观分辨率。

采用记录点密度的速度归一化技术:对 A,B,A+B,A-B 四种记录信号在输入显示系统之前都设有"扩展",进行热点归一化处理,然后进行点密度的速度归一化处理和点密度调节控制,使热点处的记录点密度可方便地调节在最佳情况,与扫描速度选择无关,保证热点处有最佳的记录点密度。为便于热点的精确寻找,设有对数计数率仪,活性强度可从上探头的率表和监听器的声频变化得到鉴别。

备有各种常用核素的固定插件,使更换核素时脉冲幅度分析器的窗口设置能半自动调节。

以彩色抑制方式进行本底减除。除九色彩色打印和黑白打印两种记录方式外,另备有 5 种彩色律插件供选用。

2. 仪器主要指标

① 有效扫描面积为 (35×40) cm^2。
② 准直器设有九对,分高、中、低能三组,其性能如表 26-6 所列。

表 26-6 SMC-4 型扫描机的准直器

型 号	孔 数	焦距/mm	分辨率/mm	适合能量
DN-100-10	313	100	10	低能(^{99m}Tc)
DN-100-15	139	100	15	低能
DN-100-18	85	100	18	低能
DN-120-15	187	12	15	低能
ZN-70-6	199	70	6	中能(^{131}I)
ZN-100-12	85	100	12	中能
ZN-120-15	85	120	15	中能
ZN-150-18	85	150	18	中能
GN-100-8	267	100	8	高能(^{198}Au)

③ 加减运算单元精度优于 2%,扩展倍数 1~11 档。
④ 打印器频率响应可达 100 次/s。
⑤ 热点记录点密度 1~4 点/mm,连续可调,与扫描速度无关。
⑥ 色抑制数 0~8 色,即可显示 1~9 色。活性－颜色关系设有 4 种彩色律供选择。
⑦ 去本底范围 0~100% 连续可调。

3. 仪器工作原理

探测器输出的脉冲信号经测量道选择开关,送至两个结构完全相同,但相互独立的测量道(A、B 道)。通过道的选择开关,可以同时对一种或两种放射性核素进行测量、分析和运算。

脉冲信号经放大器线性放大,至脉冲幅度分析器进行能量分析,再送入数字计数运算单元进行分频、计数、储存及数-模转换,使脉冲信号转变为模拟量。此模拟量经运算单元进行相加、相减运算,形成 A,B,A+B 和 A－B 四种记录信号。这四种记录信号经过"记录点密度的扫描速度归一化"装置送入记录系统。

模拟记录信号经点密度调节、模-数变换器,转为数字脉冲,经输出控制器驱动打印器进行记录。通过记录系统的道选择开关,可选择用黑白或彩色记录方式记录下来,同时得到两种记录图。整机方框图如图 26-98 所示。

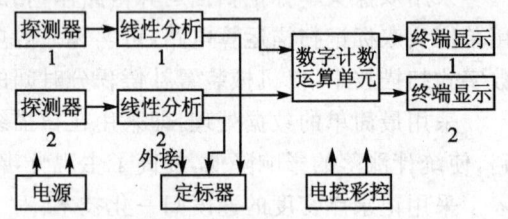

图 26-98 SMC-4 型扫描机方框图

4. 仪器电路结构

1) 探 头

探头由铅屏蔽外壳,光、磁屏蔽壳,准直器、NaI(Tl)晶体,光电倍增管,射极跟随器等组成。射极输出器采用怀特跟随输出器。

2) 直流高压稳压电源

它由差值放大器、调整管、直流变换器、整流滤波等组成。其原理框图如图 26-99 所示。

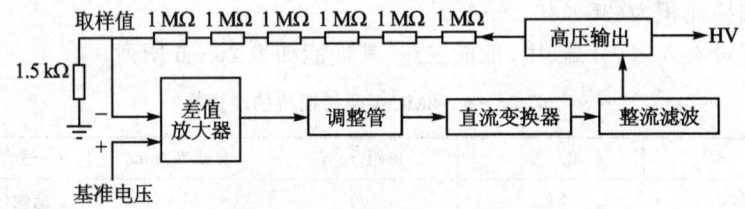

图 26-99 高压稳定电源原理框图

差值放大器由运算放大器 FC3 组成,其正向输入端是基准电压,由稳压管 2DW7C 提供;负向输入端为取样电压,它由高压输出端分压提供。

3) 脉冲放大器

它由混合器、微分电路、衰减器、放大器、倒相器、射极输出器等组成。

混合器控制来自上、下探头的信号,分别或同时进入 A 和 B 道。微分电路的时间常数为 0.2 μs 至几个 μs,它使从探头来的底部较宽的脉冲变为较窄的脉冲。衰减器是为适应不同核素从探测器输出的幅度不同,要求放大倍数不同而设置的。放大器分为两级,每级放大倍数均为 5 倍,采用深度负反馈电路。

4) 单道分析器

其中上、下甄别器分别由两个差值比较器 BG307 组成。

5) 计数器

它由成形级、置"0"信号、分频、计算控制等部分组成,其主要作用是分频。线路分"×1"、"×2"和"×10"三档,一般应用"×2"档,其他两档是保证仪器在计数率过高或过低时使用的。此外,该线路中产生置"0"信号和转换信号 α 与 β 作为 DAC 中的时钟信号。图 26-100 所示为计数器原理图。

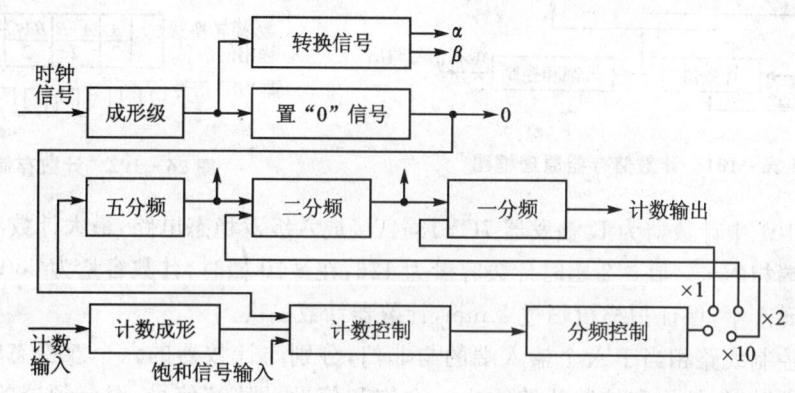

图 26-100 计数器原理图

周期 $T=2$ mm/V(V 为扫描速度)的时钟脉冲输入至成形级,成形级线路为两个与非门构成的单稳态电路,其输出脉冲宽度为 5 μs,周期和相位均与时钟脉冲一致。此输出信号分为两路,一路形成置"0"信号,其周期为 2 mm/V,宽度为 5 μs,但此时钟脉冲延迟 35 μs;另一路形成转换信号 α 和 β,其周期均为 4 mm/V,宽度均为 5 μs,但 α 与 β 信号在时间上相差 π 相位。

来自单道分析器的信号通过计数成形级成为幅度均为 5 V 的脉冲信号进入计数控制级,该级由一个与非门组成,它有三个输入端,分别为计数输入、置"0"信号输入和饱和信号输入。因此,计数输入受到置"0"信号与饱和信号的控制。置"0"信号周期与时钟脉冲一致,所以计数器每隔一周期计数一次。如果在周期内计数率超过计数器的容量,则由数-模转换器送来一个饱和信号("0"信号)将计数器关闭,而在计数器上读的即是最大计数容量。

分频部由三个 D 触发器 7CY13a4 反馈连接构成,二分频部由一个 D 触发 7CY13a4 构成。

6) 计数储存器

它由计数器、储存器和 D/A 转换器组成。其原理框图如图 26-101 所示。

该扫描机中,每根扫描线路被分成长 2 mm 的很多小段,$A,B,C,D\cdots$ 当 A 段扫描开始时,计数器开始计数,当 A 段扫描结束时,转换信号 β 到来,使 B 路储存器打开,将计数器记录的计数 A 存储并送至 D/A 转换网络。根据 D/A 转换器的性能,其输出的模拟量与计数的一半即 $A/2$ 有关。当 B 段扫描结束时,转换信号 α 到来,使 A 存储器打开,B 段扫描的计数 B 存储,并送至 D/A 转换器。这时,D/A 转换器输出的模拟量与 $\dfrac{A+B}{2}$ 有关。以此类推,即实现了在扫描线上 2 mm 计数存储,4 mm 计数求平均的方案,如图 26-102 所示。

第26章 核传感器

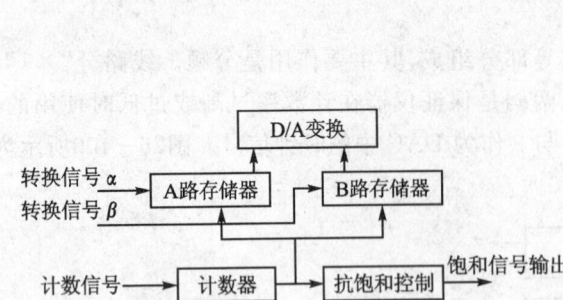

图 26-101 计数储存器原理框图

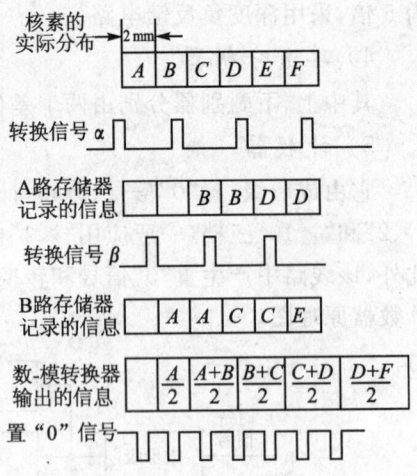

图 26-102 计数存储过程

图 26-101 中计数器为 D 触发器 7CY13a4，接成六级双稳态电路，最大计数容量为 63，与分频器输出端相配合。在×2 档时计数容量为 126；在×10 档时，计数容量为 630。置"0"信号由分频器单元产生，保证扫描机扫过 2 mm，计数器计数一次。

抗饱和控制线路相当于六个输入端的与非门，分别与计数器的六个双稳态输出端相接。当计数器计数满时，抗饱和控制线路输出一个饱和信号，即"0"信号，至分频器的计数控制单元，将门关闭，停止计数。

A 和 B 路存储器分别由 8 个 D 触发器 7 CY13a4 构成，其数据输入端（D 端）接计数器输出端，A 路存储器的 C_p 端接转换信号 α，B 路存储器 C_p 端接转换信号 β。其输入端 $\overline{Q}$ 接 D/A 转换器。当 C_p 端有信号输入时，其 $\overline{Q}$ 端状态才由 D 端状态决定，所以计数器每扫过 2 mm 计数一次，而存储器输出状态每扫过 4 mm 变化一次。

D/A 转换器由晶体管 3AK9×16 及权电阻网络组成，该部分的功能是实现模拟电压输出，模拟电压 $V = r \cdot n$，其中 n 为计数器计数，r 为常数。

7）加减运算器

从 A 和 B 道输出的模拟电压输入到本电路，在此完成热点归一化和加减运算，形成 A，B，A+B 和 A−B 四个模拟电压，进入记录显示系统。此外，该线路还设有基准电压源，作为 D/A 转换器中的恒压源。其原理图如图 26-103 所示。

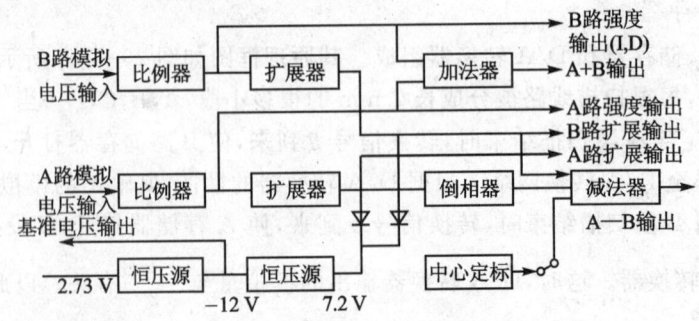

图 26-103 加减法运算原理

比例器由运算放大器 FC3 组成,其作用是使强度表头直接反映计数 n。扩展器结构与比例器完全一样,只不过其反馈电阻由外接 100 kΩ 电位器串联而成,因此调节此电位器就可使其放大倍数在 1~11 之间变化。扩展器的作用是实现热点归一化,即将热点的强度扩展到 100 处,从而保证每次扫描能打出全部颜色。

加法器、减法器、倒相器均由运算放大器 FC3 组成,其工作原理均可归结为有 N 个信号输入的比例器。

中心定标的作用是当 A 道和 B 道扩展输出的模拟电压相等时,如打到中心定标位置,则表头指示在 50 处,即为表头中心。这有利于作脑扫描时判断哪一路的信息量较大。

两个恒压源均由运算放大器 FC3 及晶体管 3DG12A 组成。第一个恒压源输出电压为 2.73 V,作为数-模转换器的基准电压;第二个恒压源输出 7.2 V,是 A,B,A+B 和 A−B 输出之箝位电压,保护表头不过载。

8) 对数计数率仪

它用来指示输入脉冲的计数率,读数按对数关系刻度,因而有较大量程,同时设有监听器,以音调高低鉴别输入脉冲的计数率。

对数计数率仪由输入级、成形级、泵电路、加法器、压控振荡器、输出级等组成。其原理框图如图 26-104 所示。

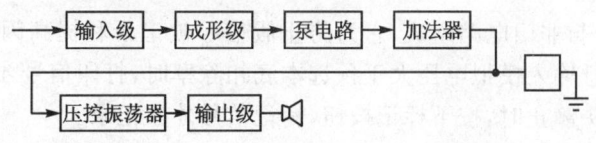

图 26-104 对数计数率仪原理方框图

输入及成形级由输入、倒相、二分频(7CY13a4)及电压比较器(FC3)组成。其作用是满足泵电路输入脉冲幅度须保持恒定,频率又不宜过高的要求。当改变比较器输出端箝位电压时,可以相应改变泵电路的输入幅度,以供校表头之用。泵电路作用是当幅度为 U_1 的脉冲输入时,得到输出电压 $U_2 = t \cdot U_1 \cdot n$($t$ 为泵电路的时间常数;n 为输入脉冲的计数率)。泵电路共有五级,并联使用,每级时间相差 10 倍,输出送到由运算放大器 FC3 组成的加法器相加,总的输出电压与输入脉冲的计数率在对数坐标中成线性关系。

压控振荡器由单结晶体管 BT33D 等组成。其振荡频率随加法器之输出电压,即输入脉冲计数率 n 而变。当计数率 n 上升时音调增高。

9) 点密度的扫描速度归一化装置

其作用是对热点的记录信号按扫描速度选择,进行正比例处理,使热点之点密度与扫描速度无关。

10) 黑白打印控制器

它由热点密度调节器、本底扣除、A/D 转换器、输出成形等组成。其原理框图如图 26-105所示。

热点点密度调节器由运算放大器 FC3 组成的两级直流放大器 A_1 和 A_2 组成。通过适当的参数安排和 A_1 的放大倍数 K_1 的设置,使热点的点密度等于 A_2 的放大倍数 K_2。K_2 在 1~4 的范围内可调,K_2 的调节和指示即为热点点密度的调节和指示。

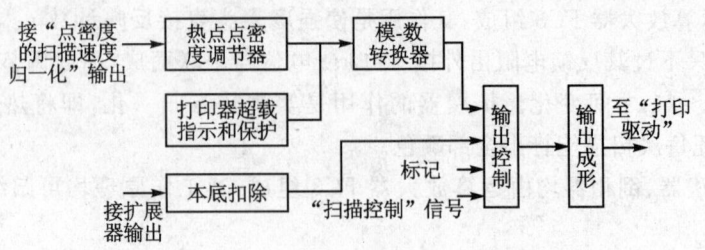

图 26-105　黑白打印控制器原理框图

A/D 转换器由积分器(FC3)、比较器(FC3)、积分电路放电开关(3DK2A)及脉冲成形级构成。其作用是把来自点密度调节级的模拟电压正比例地变换为电脉冲数,以形成驱动打印器的打印脉冲。

打印器本身存在一个最高工作频率 f_{max},当打印器接收到的驱动脉冲超过 f_{max} 时,打印器超载,于是出现漏记或停记现象,使闪烁图出现假象,失去诊断意义。打印器超载指示和保护部分由比较器、3DG12 构成的指示灯开关和基准电压源组成。当打印器超载时,指示灯报警,并自动将模-数转换器输出脉冲箝于 f_{max},从而避免超载发生。

本底扣除调节即改变比较器的门限电压。门限电压的适当设置,使本底扣除刻度与射线强度相一致。

输出控制由三个与非门电路组成,它为防止假信号被记录和提高闪烁图对比度而设。只有当探头正常扫描,且输入模拟电压大于预选本底扣除率时,打印信号才能送到成形级并被记录。此外,只有当探头静止时,按下标记按钮,标记信号才被记录。

输出成形级将窄脉冲展宽,以提高打印器打印力量。

11) 色选与色计

其方框图如图 26-106 所示。

它由加减运算单元输出时,未经"点密度扫描速度归一化"处理的四种记录模拟电压输到色选器,色选器由 FC3 九级并接成的再生比较器和彩色律插件组成。每个比较器的门限电压顺序增高,其值由 6.4 V 基准电压源经彩色律插件图分压电阻分压所决定。色选器输出的状态决定了输入模拟记录电压所处的颜色。色计由

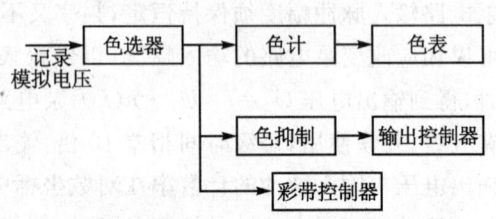

图 26-106　色选与色计原理框图

加法器(FC3)组成,其反相输入端与色选器输出相连;同相输入端为一可调负电压,其输出端接色表,直接指示打印的颜色。色抑制单元产生对某些颜色(0~8 色)的抑制信号,以控制打印器工作。

12) 彩带控制器

其作用是将色选器的颜色信号参照彩带瞬时所处的色位,变换为控制步进电机的升色或降色脉冲信号。其原理方框图如图 26-107 所示。

彩带控制运算器起控制彩带的作用。这是一个有限位输出的加法器(A_1),它的两个输入端,一个与色选器的输出相连;另一个与反馈平衡放大器输出相连。这两种信号输入,当 A_1 输出为 0 V 时,彩带处于平衡状态;当 A_1 输出为 -5 V 时,控制升色脉冲使彩带升色,直到平

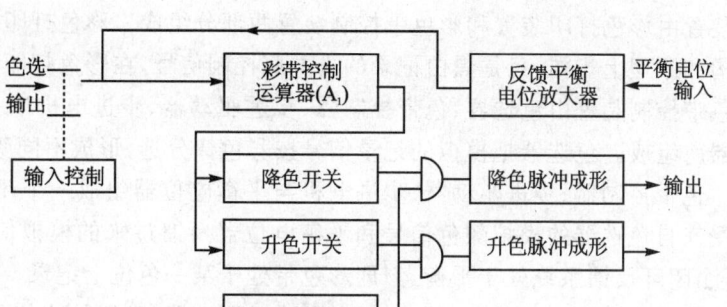

图 26-107 彩带控制器原理框图

衡状态。当 A_1 输出为 +5 V 时,控制降色开关,输出降色脉冲,使彩带降色直到平衡状态。

反馈平衡电位放大器是一个放大倍数为 1、平衡电位输入于反相端的直流放大器,起隔离平衡电位器(在彩头中与步进电机轴直接相连)和彩带控制运算器的作用,形成一个电压可变的基准电压源。

升色与降色开关均由再生比较器组成。升色开关门限电压接反相输入端的 −4 V,降色开关门限电压接反相输入端约为 +4 V。当彩带控制运算器(A_1)输出为 +5 位时,降色开关输出为"1"态,时基脉冲输出至成形级,输出降色脉冲。当 A_1 输出为 −5 V,升色开关输出为"1"时,时基脉冲输出至成形级,输出升色脉冲。当 A_1 输出为 0 V 时,时基脉冲不能输出,彩带处于平衡状态。

时基脉冲发生器由单结晶体管组成,产生振荡脉冲,由升、降色开关控制成形级产生升、降色脉冲,驱动步进电机。

输入控制级的作用是控制"彩带运算控制器"A_1 的输入信号,当扫描控制信号为"1"(即正常扫描,记录状态)时,A_1 接受色选器输出信号;扫描控制信号为"0"时(即非正常扫描,非记录态时),A_1 接受 −12 V 电压,彩带恢复到第一色位的平衡态。

13) 彩带驱动器

其作用是把来自"彩带控制"的升色(或降色)脉冲,通过电压脉冲门分配到步进电机的图相,控制步进电机的正转(或反转),实现彩带的升色(或降色)摆动。

14) 彩色打印控制器

其功能和结构与"黑白打印控制器"基本一致,不同在于无本底扣除器,"输出控制"的控制信号由"色抑制信号"代替,并增设一个 9.4 V 基准电压源,以作为色选中的彩色律的各色门电压及作为等频信号输出电压源。

15) 彩色及黑白打印驱动器

两者结构完全相同,其作用是对记录脉冲进行功率放大,以形成足够的功率去驱动打印器的打印头,从而获得清晰的打印点。

综上所述,在了解该机电路结构的基础上进一步阐述其工作原理如下。

黑白记录装置由模-数转换器、本底扣除器、输出控制和打印驱动器所组成。模-数转换器接受经点密度处理过的模拟记录信号并转换成与其成正比的数字量(脉冲数),再经打印驱动器进行功率放大,驱动黑白打印器。为提高记录图的对比度和清晰度,记录脉冲在输入打印驱动器前受到扫描状态信号的控制和本底扣除器的控制。

彩色记录装置由彩色打印装置和彩色带控制装置两部分组成。彩色打印装置与黑白打印装置在线路结构和原理上相同,只是黑白记录的去本底控制信号,在彩色打印装置中由色抑制信号所代替。色带控制装置由色选器、色带控制器、步进驱动器、步进电机以及与步进电机同轴的平衡电位器所组成。色选器把模拟的记录信号按彩色律分选,形成不同颜色信号,并输入色带控制器中。色带控制器、步进驱动器、步进电机与平衡电位器组成一个闭环的反馈系统。色带控制器接受来自色选器的模拟颜色信号和平衡电位器反馈过来的模拟信号,当这两个信号相对应时,整个闭环反馈系统处于平衡态,即彩色带处于某一色位上记录。当这两个信号不对应时,色带控制器产生升色(或降色)脉冲,并送入步进驱动器,进行脉冲分配,控制步进电机的绕组通断,驱动色带的摆动,将改变平衡电位器的负反馈信号,使闭环反馈系统建立新的平衡,色带处于新的色位上记录。根据记录信号,使闭环反馈系统在平衡-不平衡-平衡相互转换的过程中工作。

26.4.2 医用 γ 照相机

γ照相机是一种极其重要的核医学仪器,在核医学的诊断和研究中是一种不可缺少的重要手段和工具。它与闪烁扫描机一样都是核医学显影诊断仪器,但两者相比较有下列异同:

① 由于通常机电式扫描机是通过"顺序定点"扫描方式获得人体器官的静态图像,其成像时间较长;而 γ 相机显影时间短,并与显影面积无关,静态显影一般比扫描机快几至几十倍,因而工作效率高,可以常规进行多体位显影,脏器运动对影像的干扰小,特别适合于短半衰期放射性核素。

② 扫描机不能进行快速动态显影,即使勉强进行慢速动态显影也会丢失很多信息;而 γ 相机适合于快速动态显影,它把形态与功能结合起来观察,开创了核医学新的重要领域,这是 γ 相机最突出的优点,测定功能时,探头与脏器对位误差比一般功能仪小得多。

③ γ相机探头灵活,因此可进行多体位显影,显像体位可以标准化,有利于进行脑和其他脏器的各种角度斜位显影;而扫描机则很受限制。

④ γ相机可借助数据处理装置获得很多数据,提供更多的诊断资料,而扫描机的扫描图只能借助数据处理装置改善图形和提高分辨率。

⑤ γ相机一旦调试好,使用简单,技术上的影响较小。

⑥ 二者分辨率相似,γ相机一般静态显影并不优于扫描机。

⑦ γ相机价格远高于扫描机,大晶体易裂,影像太小,使用和维修费用也高。

总之,γ 相机比扫描机具有更突出的优点,其不足之处也不断被克服、改进与完善。

世界上迄今已被采用的主要医学影像诊断手段可以归纳为七种系统:X 光成像、荧光成像、数字减影心血管造影(DSA)、X 射线计算机断层成像(X-CT)、超声、核医学成像(γ 相机及 ECT)和磁共振成像(MRI)。其中,前五种都只反映人体系统的结构形态,而 γ 相机和磁共振成像还可进行功能信息成像,两者兼有,具有独特优点。核医学成像是临床价值很高的医学诊断手段,它是利用核素在人体内的密度分布及其变化来成像,因此不仅可获得形态上的也可获得功能上的图像。γ相机通过测定核素在体内的分布得到各器官的结构形态,而且放射性核素标记的药物也参加到新陈代谢,即参加到人体的生理及生化过程中,可显示这些过程的变化情况以及变化速度。此外,不同器官组织可以利用不同的放射性药物来分开成像,所以 γ 相机具备了核医学的三种基本能力:空间分辨、功能分辨和时间分辨,使它广泛应用于各种医学目的。

1. 医用γ相机的结构原理

γ相机一般由探头立架、准直器、操作台等组成。其主体部分也称主机,由探测器、电子线路和显示记录装置三个部件组成。其基本系统组成如图26-108所示。

探头立架包括探头、立架及运动系统。准直器移动架有若干个,可分别安装小孔准直器和几种不同孔数的准直器。操作台上装有能量选择器、显示选择器、控制器、定时器、定标器、摄影显示器、储存器、各种高、低压稳压电源等。

γ相机探测器也是一种γ闪烁探测器,与扫描机不同在于其 NaI(Tl)晶体大而薄,一般直径 ϕ292 mm～407 mm(11.5～16 in),厚度分 6 mm、9 mm、12.7 mm(1/4 in、3/8 in、1/2 in)。晶体上方置光导,其上按正六角形排列直径各为 50～75 mm(2～3 in)的几十个光电倍增管。在前置放大器后面接定位电路。γ相机探头部分如图26-109所示。

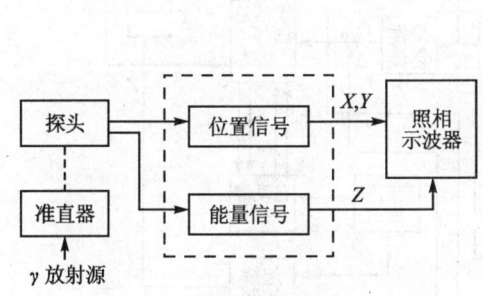
图 26-108 γ相机基本系统构成

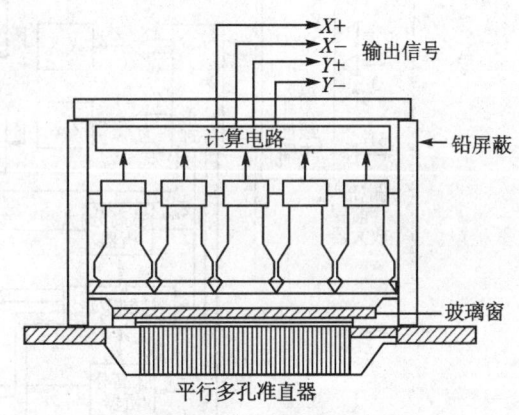
图 26-109 γ相机探头部分

γ射线通过铅准直器孔道投射到晶体上,晶体产生的闪烁光子可以同时经光导传输到所有光电倍增管上。最靠近闪光点的光电倍增管接收到的光点数最多;离得越远,接收的光点数将越少。由每个光电倍增管输出的脉冲信号分别经4个电阻或电容器输到4个输出端,即 X^+、X^-、Y^+ 和 Y^- 端。传到每个输出端信号的强弱与电阻值或电容量成比例(若采用延迟电路,结果类似)。这4个输出信号的物理含义是该光电倍增管所在部位收到的光点数有多少。综合分析所有光电倍增管的信号,即可确定闪光点的位置和光亮点。综合的方法是,各光电倍增管的4个输出信号,分别输入到4个总和放大器中,经过相加线路,由探测器输出4个总和信号: X^+、X^-、Y^+ 和 Y^- 信号。这4个总和信号输入电子线路,经过相加线路、相减线路与比分电路得 X、Y 和 Z 三个信号。

$$X = (X^+ - X^-)/Z \tag{26-27}$$

$$Y = (Y^+ - Y^-)/Z \tag{26-28}$$

$$Z = X^+ + X^- + Y^+ + Y^- \tag{26-29}$$

X 和 Y 为坐标信号,由它可以确定闪光点在显像示波管上的相应位置,即使示波管上的光点位置与晶体内发生闪光位置相对应,它与闪光的亮点无关。Z 信号与闪光点的亮点成正比,即与能量成正比。Z 信号输入脉冲高度(亦即幅度)分析器进行能量选择并扣除本底。若属所选择能量范围的信号,则输入显像示波管,在 X 和 Y 相应位置显示出光亮点,散射和本底不予显示。

使用的能量范围大致为 50~700 keV,其上限像由高能量 γ 射线的准直效应及 NaI(Tl) 晶体所决定;其下限由统计涨落现象所决定。

凡有一个 γ 量子投射到晶体上,都经过上述过程在显像示波器相应位置上显示一个亮点(不在能量选择范围者除外)。整个结构和线路的分辨时间一般情况为 3~4 μs,最快接收 20 万~40 万个计数每秒,故漏记的机率小。经过一定时间,显示出很多亮点,即形成一幅闪烁图像,如实地反映体内放射性分布。

为了定性地了解 γ 相机原理,不同型号的 γ 相机具体电路各有异同,但基本组成大同小异,它的主要任务是最终产生 X,Y 和 Z 三个信号送到示波管(或照相底片)显示(或曝光)。这里以 PICKER γ 相机为例,以便了解其工作原理及各部分功能,其原理简化框图如图 26-110 所示。

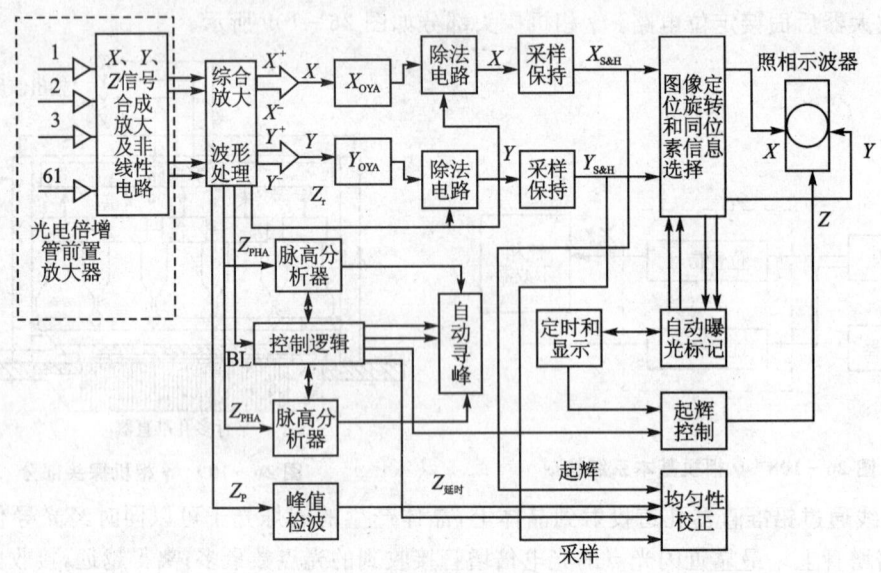

图 26-110 PICKER γ 相机简化框图

在医用放射性核素范围,因其 γ 光子能量一般小于 1 MeV,所以 γ 光子打到晶体上可不考虑电子偶生成,主要是光电效应,康普顿效应也有一定的影响。晶体视野内任何闪烁事件,同时被若干个光电倍增管所接收,不过其所接收信号随接收距离而衰减。实验证明:50 mm 直径的光电倍增管用薄光导耦合,37 只管子排成六角形,中心为 1 号管,2~7 号、8~18 号、20~37 号管按六角形排列,测量结果其信号幅度比为 30:5:1:0.1,按此分配关系,每个光电倍增管的前置放大器将信号放大变换后分别送至探头变增益电路,加权综合放大,变换为 X^+,X^-,Y^+ 和 Y^- 和 Z 五个信号送到控制台进一步处理。根据 X 和 Y 坐标的符号和大小就可以将闪烁点显示在照相示波器上。为此目的,大部分 γ 相机是将有效视野分成四个象限,晶体中心为坐标原点,其示意图如图 26-111 所示。

若有一个 γ 事件在晶体中心发生,则电路产生的 X^+、X^-、Y^+ 和 Y^- 都为零。当这一事件能量在所选能量窗口内时,于是在示波管图像中心产生一亮点,这一亮点也能在照相底片上曝光。

若 γ 事件发生位置如图 26-111 所示在第三象限,X^- 和 Y^- 的绝对值要分别比 X^+ 和 Y^+ 大。若这一事件 γ 光子能量也在所选能量窗口内,它也一定在示波管相应位置显示出来。

Z信号是能量信号，与γ光子能量成比例，代表所有光电倍增管所接收信号的总和。脉冲高度分析器通过设定不同窗口，选择放射性核素的能峰来鉴别何种核素。Z信号在γ相机中作为起辉控制信号，它的另一个作用是送到除法器，将相应的X和Y信号除以Z，这样得到的坐标信号与γ光子的能量无关。这样既能提高分辨率，而且对不同核素都能得到一个同样大小的归一化图像。

信号在电路中处理变换，需一定的时间，为使这些信号在时间上配合一致，经过归一化的X和Y信号，还要进行采样保持，这就是要把信号的大小保留一段时间，等待

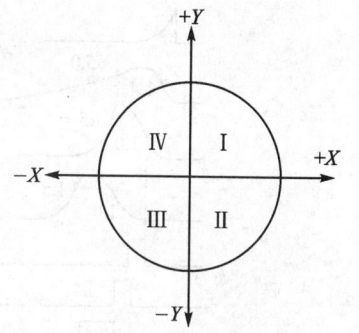

图26-111　γ相机有效视野四象限图

能量起辉信号的到来，才能起辉示波器。在送至示波器之前，X和Y信号还要经过图像方位控制电路。它有四个位置，相差90°，其作用是变换图像的象限，不管病人头朝何方向，操作者总可以通过图像方位旋转开关，使病人的图像在示波器上头总是朝上的，便于医生观察。

自动曝光电路是控制照相停机时间的，现在多数γ相机有四种控制照相方式：动态、预置定时、预置计数和信息密度。

所有γ相机都有生理标记电路，感兴趣电路包括在这部分电路中。

起辉控制和计数指示电路具有两项功能，其一是根据能量Z信号是否进窗口直接决定是否起辉，如用均匀性校正系统(μZ)，则受μZ的控制决定是否产生起辉信号给示波器；其二是将测得的计数变成模拟信号控制计数率表，指出1/s内接收的计数。

时间和计数显示器把机器累积的时间或计数用数码形式显示出来。

为了对γ相机电路工作原理有个时序观念，PICKER γ相机的主要波形见图26-112。

2. 医用γ相机的类型及性能指标

γ相机的类型很多，若按临床应用分，大致有通用γ相机和专用γ相机两大类。前者常配有较多的功能附件，整个设备比较庞大，适合综合性医院之用；后者则是小型可移动的装置，它是专为解决某一类疾病而制作的，例如美国PICKER公司的"Dyna6"型就是一种可移动在病房为诊断心脏疾病而设计制作的专用γ相机。就γ相机数量而言，前者占绝大多数，后者仅占少数。若按探测器类型分，可分为单一闪烁晶体的γ相机、镶嵌晶体闪烁γ相机、自动荧光图形照相机、火花室型照相机、多丝正比计数管型照相机、半导体照相机和菲涅耳(Fresnel)区板照相机等。

γ相机作为一种大型的精密核医学仪器设备，评价其性能指标有许多项，现将几项主要性能指标作简要叙述。

1) 分辨率

γ相机应用目的首先在于获得清晰的图像，以此来分辨人体脏器中可能出现的变异，因此作为技术指标的首项是图像分辨力。这项指标有几种提法：其一是描述γ相机对于入射γ事件(有用视野内某点X-Y)进行再显(X-Y再定位)的能力，反映对原有γ事件分布的位置分辨本领；其二是表示线源空间或位置的分辨率，临床上指清晰分辨出两个点或线状源间的最小距离；其三是表示注入人体内某一核素在某时间内相对于某距离和某一位置所探测到的闪烁信息，统计平均值幅度的半高宽，称其分辨力为FWHM。与闪烁扫描机一样，可用两个点线源的分辨距离、半宽度、MTF等来进行测定，分辨率距离与半宽度值基本相等。

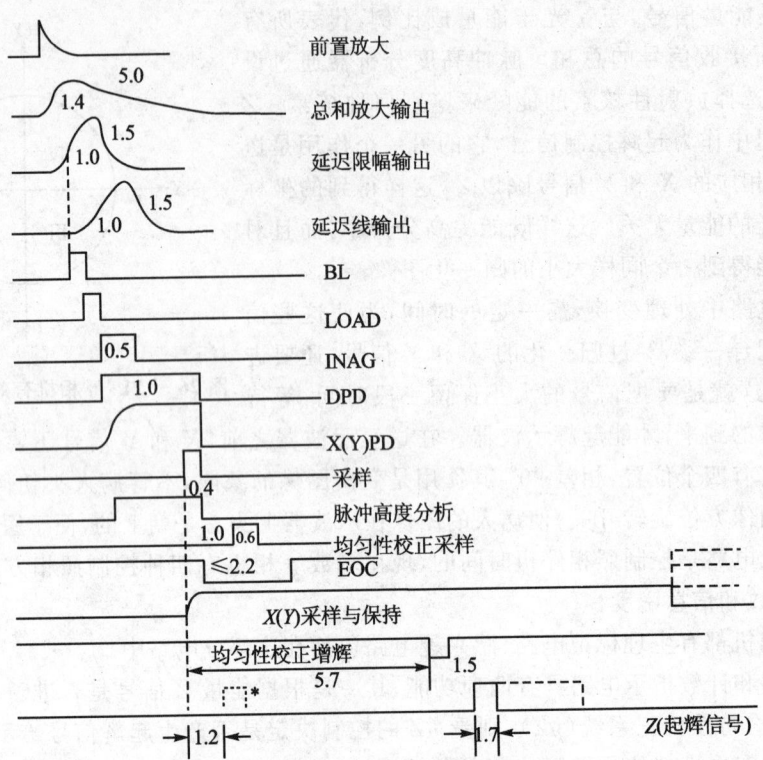

注：虚线方波为不用均匀性校正时的 E 信号。

图 26-112　PICKER γ 相机主要时序波形

γ相机的图像分辨力主要受放射性核素药物的三方面影响，即放射性核素 γ 能量大小、峰值单一性及能量分布曲线特性的影响。一般而言，核素能量越高，γ 相机的本征分辨力越高，即 FWHM 值越小。然而作为 γ 相机系统的分辨力指标，为了便于对各种型号的水平进行比较，往往按 NEMA 标准统一规定利用核素 ^{99m}Tc，因此对图像分辨力的讨论只限于后两个方面，即 γ 相机的总分辨率由准直器的分辨率与 γ 相机的固有分辨率（或称 γ 相机主机的本征分辨率）所构成。由于这两者各自的数值都具有随机统计特性，故利用其均方根值来表示系统（总的）分辨率 R。设准直器的分辨率指标为 R_g，γ 相机的本征分辨率为 R_i，则计算平行孔准直器时 γ 相机的总分辨率为

$$R = \sqrt{R_g^2 + R_i^2} \qquad (26-30)$$

当使用针孔准直器时，设 A 表示孔径开口至晶体表面的距离；B 表示线源至孔径口的距离，则

$$R = \sqrt{R_g^2 + \left(R_i \frac{B}{A}\right)^2} \qquad (26-31)$$

从设计准直器的角度来看，能量越高，准直器孔间的相互屏蔽越困难。实验表明，对于铅材料制作的平行孔准直器，如果使用的核素能量大于 400 keV，则图像空间分辨率的提高在很大程度上取决于准直器分辨率的限制，即说明不同能量的核素必须选用不同特性的准直器。

准直器分辨率类型大体上可分为两类：一是平行孔准直器的分辨率 R_{g1}；二是针孔准直器的分辨 R_{g2}。这里介绍设计准直器的经验公式如下：

$$R_{g1} = \frac{D(A_0 + B + C)}{A_0} \quad (26-33)$$

式中,A_0——有效的准直器厚度,$A_0 = A - 2\mu^{-1}$,而其中 A 为准直器厚度,μ^{-1} 值如下：

$\mu^{-1} = 0.38$ mm(Pb,^{99m}Tc);

$= 3.23$ mm(Pb,^{131}I);

$= 5.94$ mm(Pb,^{18}F)。

B——准直器表面至实物距离；

C——准直器表面至闪烁晶体平均作用点的距离；

D——准直器孔口直径。

对于针孔准直器又有

$$R_{g2} = \frac{(A+B)D_g}{A} \quad (26-33)$$

式中,A——孔径至闪烁晶体作用点的距离；B——实物至孔径口的距离；D_g——有效的孔直径,$D_g = \sqrt{D\left(D + 2\mu^{-1}\tan\frac{\alpha}{2}\right)}$（其中,$D$ 为实际的孔口直径；$\tan\frac{\alpha}{2} = 0.667$；$\mu^{-1} = 0.28$ mm(W,^{99m}Tc) $= 2.41$ mm(W,^{131}I)）。

由上述经验公式可知,针对不同核素、不同临床应用必须选择不同的准直器。

本征分辨率 R_i 是 γ 相机探头的固有性能,影响它的因素有统计涨落、γ 射线乱散射和发光点的深度变化。具体而言,为闪烁晶体的厚度、光导的材料及其形状、光电倍增管本身的形状、噪声、分辨力以及它们之间的间隙,还有图像位置信号的产生掺入统计起伏噪声等因素。

一般而言,闪烁晶体的厚度越薄越好,这是因为晶体过厚必引起同一作用方向线上出现来自各个不同方位的 γ 量子作用。为了使晶体上产生的闪烁光子均匀而有效地传送到光电倍增管,要求使用良好的光导。通常光导是由较薄的透光性能良好的光学玻璃或有机玻璃附有各种图像的白漆花纹制成。光电倍增管内光阴极上接受到的光量子及其转变成电脉冲信号后出现的倍增过程中,存在着各种统计起伏对信息传输的影响。为了减少光电倍增管彼此之间的缝隙,最好选用六角形以便清除信息传输过程中的死区。信息通过光电倍增管便进入电子电路,接受各种形式的处理。首先是图像位置的产生,标准的 Anger 型照相机采用电阻矩阵加权原理,由于某一瞬间出现在某一位置的闪烁光量子信号中通过这种解码电路后必然会掺入各种统计起伏噪声,因此还必须附加各种抑制噪声电路。例如,利用比率电路消除核素能量高低对位置信息产生的影响；利用"门限电路"克服各种方位的固态角光量子及其他统计起伏产生的噪声信息混到位置信号去；利用"减散射"电路改变分析器窗口的宽度以改善位置信息的准确性等。

延迟线型 γ 相机对于本征分辨率也有独特的优点,由于它采用确定双极性零跨越点的位置来给出两维的位置信号,因此与晶体上闪烁光位置保持一定固态角的光电倍增管送给延迟线产生的位置信号,对于闪烁光量子真实位置的确定无影响。

对于空间分辨率简单实用的测定方法有以下两种：

① 铅栅模型照相法。^{99m}Tc 点源悬吊于探头面中央至少 5 倍 UFOV(有用视野直径),计数率 10 kcps 左右(四象限不同间隔密度),模型置于探头面上,预置总计数 2 Mc 以上。设置好曝光条件,用波拉片照相,铅栅模型每次旋转 90°,共照 4 张。对照片肉眼评价其分辨率,如

果能分辨的铅栅间隔的最小值记为 1 min,则对应的 FWHM 值(标准的线源伸展函数半宽度)约为 1.85～21 min,取决于人眼的灵敏度。铅模法测分辨率直观、有效,缺点在于与照相技术和条件有关。

② 点源伸展函数半宽度法。将准直器点源 ^{99m}Tc 沿 X(或 Y)轴方向间隔一定距离测量多点,用多道脉冲幅度分析器测出沿 X(或 Y)方向的"计数-道(位置)"分布,峰值处计数不小于 1 kc。这样在每点的一个分布峰上可求出半高宽 FWHM,多点结果求其平均值。"道-几何位置"的刻度可由点与点之间的距离和相应的峰外的道数差来求得(mm/道)。最终的半宽度值 FWHM 应以毫米为单位来表示。用该法可以定量地得到 γ 相机的空间分辨率,它的值近似铅栅分辨率的二倍。与铅栅模型法相比,比较麻烦,一般调试仍用后者居多,但它鉴定仪器能给出较准确的结果。

该法仍有一些误差因素。首先,由于用点源且准直孔厚度有限,所以将带入源的几何扩展,即从孔辐射出的 γ 射线将有一个张角,实际到达晶体表面乃至晶体内真正产生闪烁处的受照面积将比准直孔大。当然这种由于孔的几何张角引起的源的扩展程序可以通过加厚准直孔的厚度来减少,但受到计数率不能太小的制约所以是有限的;另外,还可以通过尽量减小准直点源与晶体表面的距离来减少,但无法削除延伸到晶体内部去的部分。源的这种几何扩展显然将给测量带入正的误差,即所得的半宽度 FWHM 值将增大。另一方面也有带入负误差的因素,因为点源的辐射面呈圆形,显然在圆心部分累积的计数最多,向两边逐渐减少,结果将使"计数-道(位置)"分布峰形趋于变窄,测得的半宽度减小。上述的这些误差在点源法测空间分辨率中是不可避免的,根据需要可对数据酌情修正。无论如何,点源伸展函数半宽度法是一种简便有效的方法,完全可以用于一般定量测试、鉴定对比、质量控制等方面。

2) 灵敏度

闪烁照相机的灵敏度,包括准直器和 γ 相机主机,是对特定放射性核素的灵敏度高低程度而言,有助于单位放射性核素图像的形成,用计数率表示。

如考虑体内 γ 射线的吸收,其灵敏度 S 为

$$S = 2.2 \times 10^6 f\eta\varepsilon \cdot \varepsilon_d \tag{26-34}$$

式中,f——γ 射线透过机体的机率;η——放射性核素衰变率的特定能量的 γ 射线放射率;ε——准直器的效率;ε_d——照相机固有频率。该式 S 的单位为 cpm/μC_i。

对于新的法定计量制,式(26-34)可改写为

$$S = 5.94 \times 10^2 f\eta\varepsilon \cdot \varepsilon_d \tag{26-35}$$

该式 S 的单位为 cpm/Bq。

也有以每 3.7 Bq(1 μCi)放射性核素药物由人体在每分钟内通过 γ 相机所能探测到的"事件"总数(即记录亮点数)为灵敏度 S 的定义。设闪烁体的光电峰的探测效率为 ε,每衰变一次时释放出该能量的 γ 射线比例为 η,则上述公式可直接写成

$$S = 5.94 \times 10^2 \eta\varepsilon \tag{26-36}$$

因此,使用针孔准直器时的灵敏度,对其中心轴上的点,则成为

$$S = 5.94 \times 10^2 \varepsilon\eta \frac{d^2}{16b^2} \tag{26-37}$$

对中心轴以外点的灵敏度,可写成

$$S = 5.94 \times 10^2 \varepsilon\eta \frac{d^2 \cdot \sin^3\theta}{16b^2} \tag{26-38}$$

对平行多孔准直器的灵敏度,可以写成

$$S = 5.94 \times 10^2 \varepsilon \eta [kd^2/\alpha_e(d+t)]^2 \tag{26-39}$$

上述几式都以 cpm/Bq 为单位表示灵敏度。

使用不同准直器的 γ 相机的灵敏度,与 γ 射线能量的关系如图 26-113 所示。

一般而言,灵敏度以针孔准直器最差,以 4 000 孔的平行多孔型准直器最好。但近距离时,即使针孔准直器也与平行多孔型相差无几。4 000 孔准直器灵敏度虽高,但对高能量 γ 射线探测时,因准直效率差、分辨率低而不能使用,只可用于探测 200 keV 以下的 γ 射线。在此能量以上的 γ 射线探测,可使用 1 000 孔的准直器。平

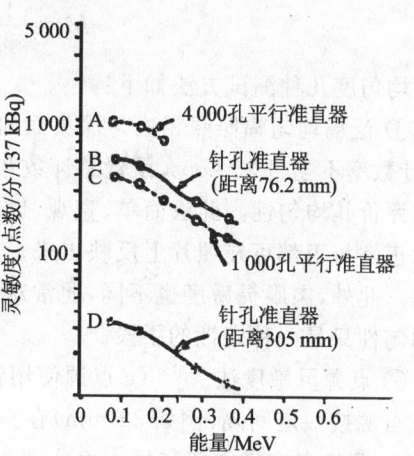

图 26-113 γ 相机的灵敏度

行多孔型准直器,因线源与检查对象之间的距离,对灵敏度基本不受影响。

总之,准直器是影响灵敏度的首要因素。在满足屏蔽的条件下,准直器孔多而密,则信息灵敏度高;其次就是闪烁晶体的厚度越厚,则信息灵敏度越高。对于单块晶体结构的 γ 相机,往往固定闪烁晶体的厚度在 12.7 mm(半英寸)左右。闪烁晶体太薄难以制作(如 6 mm 以下厚度的大晶体难制),这样的信息灵敏度也就受到明显的限制。多块晶体和光学纤维导引定位系统就是设法增加传导隔绝的多块晶体厚度来提高信息灵敏度,并取得了良好的效果。最后就是光电倍增管以及其后的各种模拟电路和数字电路对信息灵敏度也有影响。一般把 γ 相机处理一个事件所占用仪器的工作时间称其为"死时间"。单块晶体结构的 γ 相机引进"模拟缓冲延迟电路"可以使仪器的"死时间"减少,系统的死时间减少是提高灵敏度的措施之一。

因为在计数率不太高的情况下,晶体中产生一次闪烁,图像上就有一个闪烁光点,如果计数率提高,超过了死时间的限制就会出现"堆积"现象。这些"堆积"的闪烁点就会被特定的电子线路所剔除,结果减少了图像上的光点数目,降低了灵敏度。

实际测定可将点源或面源(常用 20 cm 直径)置于离准直器表面中心 10 cm 处,选择全能峰,道宽 1.5 FWHM,测得每 3.7 kBq、每分钟的计数为该准直条件下对该核素的灵敏度。由此可见,灵敏度与最大计数率有一致之处,但概念不同。灵敏度除了与准直器有关外,也与能量有关,在 γ 相机适用的能量范围(70~500 keV)内,以 120 keV 左右灵敏度最高,全能峰计数效率可达 75% 左右,且随能量增高而降低,至 400 keV 左右为 20% 左右。

3) 均匀性

该指标描述 γ 相机对入射 γ 事件响应的一致性,或把整个视野范围内的信息灵敏度一致性的衡量尺度称为图像的均匀度。

测定等强度的面线源时,获得的理想图像应显示出同样的浓度。可是,实际上由于效率的不均匀性、图像的失真等都显示不出同样的浓度。因此,将有效视野内浓度的均匀性称为灵敏度的均匀性。由于系统信息的灵敏度最终是由其最大计数反映出来,通常以计数密度的不均匀度来表示均匀性。因此,将视野分成许多面积相等的小区域分别探测其计数率。假设探测到的最大计数率为 C_{max},最小计数率为 C_{min},则图像均匀度 M 为

$$M = \frac{1}{2} \frac{C_{max} - C_{min}}{C_{max} + C_{min}} \times 100\% \tag{26-40}$$

均匀度几种测试方法如下:

① 泛场均匀辐照照相法。探头面向上,^{99m}Tc 点源悬吊于中央上方至少 5 倍有效视野直径,计数率不超过 30 kcps,预置总计数 2 Mc 以上。设置好曝光条件,用波拉片照相,对照片用肉眼评价其均匀性。此法简单、直观,也较有效,可以作为日常常规检查手段,γ 相机多项性能指标正常与否都可在照片上反映出来。但是,此法易受照相机曝光条件及显示器本身工作等影响。此外,肉眼灵敏度也不同,通常对小于 15%～20% 以内的不均匀度将不能分辨,照相法测均匀性只是一种定性的手段。

② 点源灵敏度法。^{99m}Tc 点源使用铅准直套,推荐尺寸厚 6 mm,计数率 10 kcps 左右。将准直点源按一定间隔(例如 30 mm)在探头面上逐点测量,每点测量时间相等,每点计数大于 100 kc,测量点中最大值和最小值分别为 C_{max} 和 C_{min},然后按公式 $\pm(C_{max}-C_{min})/(C_{max}+C_{min})$ 以 % 单位给出,此即 γ 相机的均匀性。一般而言,这种结果符合积分均匀性的定义。测试的精确性还在于测试点的多少以及对源衰变的修正。为减少或免去源衰变的修正,推荐使用较长寿命的 ^{141}Ce 源,其半衰期为 32 天,能量 145 keV 也较接近 ^{99m}Tc 能量 141 keV。点源灵敏度可以定量地测出 γ 相机的均匀性,尽管比较粗糙,但相当实用。

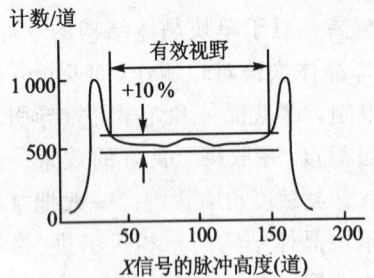

图 26-114 用多道分析器测均匀性的试验

③ 用多道分析器作均匀性试验。测量 X 轴向和 Y 轴向每一通道内的计数率值,再将最大计数率和最小计数率代入式(26-40)计算 X 轴和 Y 轴间的均匀度。灵敏度的均匀性,若在有效视野内 ±10% 时,^{57}Co 制成辐射点源沿着 X 轴向(Y 轴向)移动,由多道分析器在相同的时间间隔内采集到的计数率数据如图 26-114 所示。

由于光电倍增管性能的差异及其存在的老化系数,以及所有影响信息灵敏度元件性能的变异等因素存在,因此随着使用时间的延长和环境条件的变化,γ 相机灵敏度将会明显地下降,事实上这就是 γ 相机定期校正的重要内容。为了改善图像均匀度,通常将光电倍增管高压分压器电路设计得易于调节。但随着视野的增大,光电倍增管及其电路的数量增多,加上它们彼此之间还存在相互影响,均匀度的调节也就变得复杂。随着计算机技术的发展,可通过软件与硬件配合,对图像信息采集之时加入两维的均匀度校正系数,或者直接利用微程序控制的"固件"引进两维校正系数。

4) 线性度(或称空间线性)

该指标描述 γ 相机对入射 γ 事件(在有效视野内)的原有分布进行再显的能力,反映对原有 γ 事件分布的位置畸变程度,也指一个直线放射源在显像装置上同样重现为直线形图像的水平。它决定核素空间分布重现的能力,线性不好则脏器图像失真。

闪烁晶体中央至闪烁光量子作用的距离 D 与显示图像屏幕相应亮点折合到闪烁晶体中央的实测距离 R 之差,相对于距离的比值,定义为 γ 相机的线性度,记为

$$M_{axi} = \frac{D_i - R_i}{D_i} \times 100\% \tag{26-41}$$

测定线性度方法有下列几种:

① 铅栅模型照相法。设置条件与"空间分辨率"照相法相同,只是模型不同。测线性的模型是等间隔直线排列型,铅栅方向可平行 X 及 Y 方向,各照一张。从照片上直观评价铅栅直线影像的弯曲程度。

② 点源峰点位置偏离法。该法可与"空间分辨"点源半宽度法测试同时进行,从中获得数据。这里需要注意的是,各个测量点必须严格按一条直线排列,平行 X 或 Y 轴。同时,为了数据处理方便,最好各点间距离相等。将所得的各峰值点(以多道道数表示)按各点相应几何位置绘出其分布曲线,即"峰点道数-几何位置"曲线,然后对它作线性拟合,绘出一条直线。之后找出对该直线的最大偏离点,以"道数"表示的偏离值可以通过"道-几何位置"刻度(mm/道)换算成 mm 数。该法结果符合绝对线性的定义。

线性度主要取决于位置加权电路矩阵的直线性和混合器、比率电路的线性工作范围。以技术的难度而言,单块晶体 γ 相机中的比率电路是关键,这是因为完成除法运算的比率电路要求选用宽频带、高精度的乘法器和运算放大器。

5) 能量分辨率

该指标描述 γ 相机对放射性核素中产生光电效应的那部分 γ 事件的鉴别能力,包括两个相邻光电峰之间的分辨以及一次发射与二次发射或散射事件之间的分辨。也可认为该指标为 γ 相机鉴别原 γ 闪烁事件和散射事件的能力,定义为能谱响应的半宽度与峰值之比。

^{99m}Tc 点源悬吊探头面中央上方至少 5 倍有效视野处,用多道分析器测量 γ 事件的能谱(注意应使半宽度 FWHM 内有 50 道以上),所测光电峰值处的计数大于 10 kc,然后将半宽度(以道数表示)除以峰位处道数,以 ‰ 表示即可得到能量分辨率。若要求较精确,可以在相同条件换用 ^{57}Co 源测出其光电峰位道数,通过 ^{99m}Tc 与 ^{57}Co 源的能量差及它们相应的道数差求得"道-能量"刻度(keV/道)。此后,将 ^{99m}Tc 的光电峰半宽度换算为能量值,再除以 ^{99m}Tc 的能量即可得到结果。

能量分辨率在决定 γ 相机的图像转移性能乃至整个 γ 相机性能方面是十分重要的。一般情况下,能量分辨率与 γ 射线的能量有关,能量越高其分辨率越好。

6) 最大计数率(或计数率容量)

该指标描述 γ 相机所能探测到或记录到的最大计数率,它反映了 γ 相机对入射 γ 事件的响应能力。

^{99m}Tc 点源强约 74 MBq(2 mCi),将源由远至近再由近至远接近探头探测面,观察 γ 相机能够记录到的最大计数率。

由于 γ 相机对闪烁计数有一定的线性度,真实计数与观察计数有一定的差异,且在某一计数率达到最大值,超过这一点,强度增大,计数率反而下降。除了测量最高计数率和容量外,还应测量在该计数率时真实计数与观察计数间的差异。

7) 死亡时间 τ

该指标描述 γ 相机对两个相邻入射 γ 事件能够分辨的能力。通常,能分辨开的最小时间间隔即定义为死时间。

死时间的测量采用双源法比较简单。用两个点源,计数率分别记为 R_1 和 R_2,相差 ±10% 内,合在一起时的计数率为 R_{12},它应接近指标规定的 $R-20\%$(20% 计数损失时计数率)。对所测结果按 NEMA 标准规定(即国际上目前普遍应用的"闪烁照相机性能的测试")的公式计算如下：

$$\tau = \frac{2R_{12}}{(R_1+R_2)^2}\ln(\frac{R_1+R_2}{R_{12}}) \quad (26-42)$$

τ 单位用 μs 表示。

$$R-20\% = \frac{1}{\tau}\ln\left(\frac{10}{8}\right) = \frac{0.2231}{\tau} \quad (26-43)$$

计数率单位用 cps 表示。

8) 有效视野(有用视野)

γ 相机视野中，效率、分辨率、线性、灵敏度和均匀性等一切性能，在使用的允许范围之内称为有效视野。它定义为平均均匀度不超过 $\pm10\%$ 的视野。对圆形视野一般小于几何视野的 10%。标准型 γ 相机其有效视野为 $\phi25$ cm 左右；大视野 γ 相机为 $\phi35\sim40$ cm。

9) 象限数

γ 相机不能辨认分辨距离以内的微细部分的密度变化，所以，将分辨距离作为直径，认为该圆是形成图像的最小单位，将此称为象限。因此，在有效视野内含有的象限数成为表示 γ 相机精细度所达的程度，能将图像显示为信息量。

分辨距离为 d，以有效视野的直径 D 作圆时，象限数 N 以下式表示：

$$N = \left(\frac{D}{d}\right)^2 K \quad (26-44)$$

但是，K 为与象限排列有关的常数。一般认为象限排列成直角的格子形时，$K=\pi/4$；象限排列成正六角形的龟甲状时，$K=\pi/(2\sqrt{3})$。

普通 γ 相机的象限数为 $10^2\sim10^3$；而电视图像约为 2.5×10^5。显然，γ 相机的信息量比电视图像少。

关于 γ 相机性能指标的定义和测试，国际上目前普遍使用 NEMA 标准。整个标准指标比较全面、完善，但是测试手段比较复杂，包括双参数、高道数多值分析器，精制的铅模（NP 模型）以及包含分辨率精确定位图像获取及数据处理软件的一个完整的计算机系统，这些测试手段并非一般用户所具备。本节上述的测试方法和手段是从用户角度出发而提出的一些比较简单、实用的方法，分别在不同程度上符合 NEMA 的规定，对 γ 相机的几个主要指标作一些定性的、定量的测试，以备常规检查和质量控制之用。

综上所述，γ 相机的性能指标包括一组参数，它们反映了 γ 相机的空间特性、计数特性和能量响应特性。所谓空间特性系指 γ 相机对成像物体原始位置的鉴别能力和畸变大小，如空间分辨本领、空间线性和均匀度。计数特性反映 γ 相机对闪烁事件的响应能力，包括灵敏度、最大计数容量等。能量特性描述 γ 相机的能量分辨本领以及对不同能量产生的位置偏差。从医学应用上讲，空间非线性和均匀度不佳会引起影像畸变，空间分辨率低会降低对病灶的鉴别能力，灵敏度低会要求病人所用剂量增大。

γ 相机的性能指标为一组参数，它们之间互相制约，在改善某一性能指标时往往要影响一个或几个其他的性能指标。例如，空间分辨本领与灵敏度之间有逆反关系。又如放射性药物剂量的大小也是一个问题，注射剂量太小不仅引起过高的统计误差，还会产生位置畸变；剂量太大会造成计数率饱和，引起计数线性失调，均匀度、非线性和空间分辨率均会变坏。γ 相机的性能指标反映了它的使用限度和可能达到的最佳状态，其性能指标在研制生产时已定下来，测定和调试其性能指标是为了使仪器达到最佳值,以便进行同机的时间跟随和不同机的相互比较。

为了便于了解和比较国内外γ相机性能指标,以下分别列出表26-7～表26-15。

表26-7　几种国外型号γ相机性能指标比较

性能＼型号＼厂商	CCA-101	GCA-202	PHO/GAMMAI	P/G/HP
	日本东芝公司	日本东芝公司	美国核芝加哥公司	美国核芝加哥公司
位置解码电路型式	电阻矩阵原理	延迟性矩阵原理	电阻矩阵原理	电阻矩阵原理,门限电路
本征分辨力(FWHM)/mm	>11.5	>8.5	11.0±0.5	8.25±0.25
图像空间分辨力(铅模幻影)/mm	6.4	4.8	6.4	4.8

表26-8　几种国外型号γ相机"死时间"比较

性能＼型号＼厂商	GCA-101	NE8900V	Jum60	DC-4/15	BAIRD77
	日本东芝公司	美国NE公司	日本东芝公司	美国PICKER公司	美国伯尔德公司
电气特点	分立元件电路	集成电路,分立元件	延迟线型分立元件	模拟缓冲延迟	多块晶体,光学纤维传导定位
死时间/μs	≤20	≒10	≒5	≒6.66	≒4

注:"≒"表示值等于。

表26-9　日本标准型γ相机的规格和性能

性能＼型号＼厂商	阿罗卡片	阿姆可	岛津	东芝	东芝
	RVE-207	CE-1-7	P/GIV-B	GCA-102S	GCA-301
晶体大小/mm	φ305×12.7	φ343×12.7	φ311×12.7	φ311×12.7	φ311×12.7
有效视野/mm	400	387	250	250	250
光电倍增管大小/mm	50.4	76.2	50.4	50.4	50.4
光电倍增管数/个	61	37	37	37	37
位置计算方式	电阻矩阵	电阻矩阵	电阻矩阵	延迟电路	延迟电路
能量选择范围/keV	10～600	50～680	50～680	50～610	50～610
窗宽/%	0～100连续可变	0～95连续可变	5,10,15,20,25,30,35	5～40,平分为5,共8级	5～40分8级,50,80
分辨时间/μs	1.5	2	<1	5	2
最高计数率/kcps	200	200	75(20%窗)100(35%窗)	80	100
均匀性/%线性	—	±8 1.8	±10	±8 ±5	±10 ±3

表 26-10 日本的几种大视野 γ 相机的规格和性能

厂商 性能 \ 型号	阿姆可 DYMAX-LF 标准型 A	岛津 P/GLFOV (searle)	东芝 GCA-401	日立 RC-IC-1635LD
晶体大小/mm	$\phi 508 \times 12.7$	$\phi 457 \times 12.7$	$\phi 445 \times 12.7$	$\phi 406.4 \times 12.7$
有效视野/mm	400	387	350	330
光电倍增管大小/mm	50.4	76.2	50.4	50.4
光电倍增管数/个	61	37	61	61
位置计算方式	电阻矩阵	电阻矩阵	延迟电路	延迟电路
能量选择范围/keV	10～600	50～680	50～610	50～680
窗宽/%	0～100 连续可调	0～95 连续可调	30 连续可调	连续可调
分辨时间/μs	1.5	2	5	5
最高计数率/kcps	200	200	80	80
均匀性/%	±3	±10	±10	±8
线性/%	1.5	3	1.43	3
棒型模型分辨率(^{99m}Tc)	2.4	3.6	2.8	2

表 26-11 若干同类 γ 相机的性能比较(按 NEMA 标准)

国别 性能 \ 型号	美国 Sigma 438HR	美国 GE-400A	美国 PICKER Dyna5	美国 PIKER Dyna5	德国 Siemens 370	德国 Siemens 750	日本 Toshiba GCA-40A
空间分辨率(CFOV) FWHM(典型值)/mm	3.8	3.8	3.5	4.0	4.9	3.8	～4
FWTM(典型值)/mm	7.6	7.6	7.6	8.0	9.8	7.6	
能量分辨率(CFOV)典型值/%	11.5	12.5	12.2	11.2	11.5	11.5	14
绝对线性(CFOV)典型值/mm	2.0	2.0	3.8	3.8	0.9	0.90	～8(3%)
微分线性(CFOW)典型值/mm	0.75	0.6	3.8	3.8	0.4	0.45～8	
校正均匀性(CFOV)/%	±5	±6	±5	±5	±6	±6	
积分(UFOV)/%	±5	±6	±10	±10	±9.5	±10	
微分(CFOV)/%	±3	±5	±3	±3	±3.9	±4	±10
(UFOV)/%	±3	±5	±5	±5	±4.5	±8	
晶体厚度/mm	9.5	9.5	6.35	9.5	9.5	6.35	
光电倍增管/个	37	61	61	61	37	75	61

注：UFOV 为有用视野，CFOV 为 75% 有用视野。

第26章 核传感器

表 26-12 美国几种 γ 相机的规格和性能

厂商 型号 性能	Ohio-Nuclear ON-100	Ohio-Nuclear ON-410	PICKER DYNA5	TECHNICARE Sigma438HR
晶体大小/mm	φ336-12.7	φ508×12.7	晶体厚度为 9.5 或 6.35	φ503×9.5
有效视野/mm,φ	250	六角形外接圆 425	—	368
—	—	六角形内接圆 368	—	—
机型大小/mm	50.4	76.2	50.4	76.2
光电倍增管数/个	37	3	61	37
位置计算方式	电阻矩阵	电阻矩阵		
能量选择范围/keV	44～660	44～660	—	44～511
窗宽/%	0～50 连续可变	0～100 连续可变	—	—
分辨时间/μs	1.5	1.5	—	—
最高计数率/kcps	100	200	—	100
均匀性/%	±15	±3	积分±10, 微分±5	积分±5, 微分±3 2 mm
线性	1.5%	1.5%	3.8 mm	
棒型模型分辨率(^{99m}Tc)/mm	内藏 128 道分析器	2.5		1.9～2.1
能量分辨率/%	15	12	11.2	11.5
固有分辨率(FWHM)/mm	实测值 6.5	4.5	4(典型 3.5)	3.8

表 26-13 常见的 γ 相机主要性能

国别 型号 厂商 性能	日本			德国	中国		匈牙利
	东芝	日立		西门子	航天部二院		GAMMA 工厂
	GCA-70	GCA-40	RC-1C	ZLC-750	GZA	GZ	MB-9200
有效视野/mm	φ350	φ350	φ387	φ387	φ270	φ380	φ381
固有分辨率/mm FWHM	13.7	4	3.7	3.8	4(接近 3)	优于 3	几何转化 5 幻影区 几何转化 2.5
最高计数率/kcps	200	200	200	200	100	100	85(20%窗宽) 108(50%窗宽)
均匀性/%	±5	±10	±5	积分±10, 微分±8	±10	±5	±2.5
能量分辨率/%	14	14		11.4	14		
能量范围/keV	50～610	50～610	50～530	50～480	60～420	60～420	50～620

表 26-14 国内常见的几种 γ 相机性能及其比较

厂商 型号 性能	东芝 GCA-40A	Technicare Sigma438HR	GE Maxicamera-400A	岛津(西门子) ZLC-3700
有用视野/mm	φ350	φ368	φ370	φ387
固有空间分辨力/mm	2(铅模法^{99m}Tc) 约 4(FWHM)	140 keV(FWHM) 3.8(典型值) 4.0(最大值)	4.0(FWHM) (有效视野) 3.9(FWHM) (75%有效视野)	5.0(FWHM) (有效视野内); 4.9(FWHM) (75%有效视野)

续表 26-14

厂商 型号 性能	东芝 GCA-40A	Technicare Sigma438HR	GE Maxicamera-400A	岛津（西门子） ZLC-3700
源照场 均匀性/%	10(80%有效视野)	140 keV,积分±5 微分±3	积分：±7,±5 微分：±4,±4 (有效视野) (75%有效视野)	积分：±9.5,±6.0 微分：±4.5,±3.9 (有效视野) (75%有效视野)
固有空间线性/mm	图像线性度±3% (80%有效视野)	140 keV 2.0(典型值) 2.5(最大值)	绝对值：1.0（有效视野），0.8（75%有效视野）； 微分值：0.3（有效视野），0.5（75%有效视野）	绝对值：0.8,0.5 微分值：0.4,0.4 (有效视野) (75%有效视野)
固有能量分辨率/%	14(^{99m}Tc)	140 keV 11.5(典型值) 12.5(最大值)	FWHM 11.9(有效视野) 11.7(75%有效视野)	11.4 (^{99m}Tc)
最大计数率容量/kcps	200(20%窗宽)	140 keV 200(最大) 100(20%窗宽)	200(20%窗宽)	200(20%窗宽)
能量范围/keV	50～610	44～511	50～400	500～511
配用核医学数据处理系统	CMS-80A55A 16位小型机 TOSHIBA-CPU	MCS-560（双总线多处理器结构） ①8位微处理器，(M6800—管理)； ②32位浮点运算器—运算处理； ③双总线，DMA—数据获取速度，相当16位机	STAR SYSTEM 16位小型机 NOVA4XCPU	SCINTIPAC-2400 或 70 16位小型机 SHIP-9CPU

表 26-15　几种主要配用的计算机系统性能特点及其比较

厂商 型号 软件	东芝 CMS-55A	岛津 SCINTIPAC-240	TECHNICARE MCS-560	GESTAR SYSTEM
临床应用程序	心输出量； 心分流量； 时相分析； 室壁边缘显示； 射血分数； 心肌分割显示； 肾功能曲线； 脑功能血流量； 肺功能图像； ECT重建； 常规宏指令程度块	首次通过法； 多门心脏采集； 心肌外形、计数； 心脏相位分析； 脑血流、局部脑血流； 肾功能； 肺功能； ECT重建	多门心脏采集分析； 右心室容积； 局部射血分数； 首次通过法分析； 铊定量分析； 分流量确定； 常规宏程序块（30个以上）； 肝-胰分析中扣除肝； 从镓分析中扣除肝； 氙清洗分析； 脑血流量； 肾血浆流量； 插值法扣本底； ECT重建	多门法心脏分析； 左心室容积曲线； 室壁边缘显示； 功能图像显示； 射血分数； 相位谱分析； 肺功能：换气/灌注； 首次通过法心脏分析； 容积曲线，射血分数； 动态重现； 肾功能； 肾血浆流量； 肾小球滤过率； 单、双肾过滤分数； ECT重建

续表 26-15

软件 \ 厂商型号		东芝 CMS-55A	岛津 SCINTIPAC-240	TECHNICARE MCS-560	GESTAR SYSTEM
通用程序	采集程序	动态、静态、多门首次通过、ECT、双核素等	动态、静态、多门、首次通过、ECT、双核素等	动态、静态、多门、首次通过、ECT、双核素等	动态、静态、多门首次通过、ECT、双核素等
	感兴趣区(ROI)分析	ROI 程序、曲线生成等	ROI 分析、定区、移动、曲线生成等	30 个以上程序,包括区的设置、重现、显示、本底扣除等	ROI 分析,曲线生成等
	曲线处理	曲线显示、运算等	曲线运算、微分、积分等	曲线刻度、扩展、平滑、运算、统计、积分、存储可变基线及可变显示格式等;时间-放射性谱分析	曲线运算、平滑、统计等
	图像处理	图像增强、画面运算、功能图像、图像存储器数据打印等	图像增强平滑、灰度调节等)、图像处理(扩大微分扣本底等)	图像增强(灰度调节、对比度增强、平滑等)、图像定位控制等	图像增强(平滑、边缘锐化等,图像反转、缩小、列表等
	照相显示	照相、注释说明;电影方式显示;多幅方式显示	照相、注释说明;电影方式显示;多幅方式显示	照相、注释说明;电影方式显示;多幅方式显示	照相、注释说明;电影方式显示;多幅方式显示
语言		C++;MATLAB 等(选件)	C++;MATLAB 等(选件)	C++;MATLAB 等 ① 全部 MCS 命令可加入用户 C 程序; ② 加快核医学软件运行; ③ 易编,易修改	C++;MATLAB 等(选件)

目前,国内现有的 γ 相机中,约 1/3 是国产的。其中 GZ-A 型 γ 相机是国产 γ 相机的几种型号之一,也是迄今为止能提供商品仪器稳定小批量生产的惟一机型,生产量约占国内 γ 相机总拥有量的 40%以上,该机的简化框图如图 25-115 所示。

3. 医用 γ 相机的准直器

在 γ 相机中,准直器是重要的成像部件,起决定脏器所发射的 γ 射线的位置的作用。它主要由铅组成,目前有针孔型、张角型和聚焦孔型等数种类型。鉴于准直器在 γ 相机中的重要作用,下面将详细介绍这些类型。

1) 针孔型(单针孔型)准直器

单针孔型准直器的单一孔径约为 3~6 mm。为了提高分辨率,针孔部分使用密度高的钨合金,周围用铅接合铸成,其成像大小随与受检体的距离成比例地变化,距离近则成像大,反之成像小。因此,根据被检脏器的大小,有能使图像缩小或扩大的优点。分辨率比一般平行准直器好,但分辨率与孔径大小有关,孔径缩小,分辨率佳;反之,孔径增大,分辨率差。探测灵敏度与距离的平方成反比,分辨率亦随距离的增加而变坏。可应用于脏器显像。在物体某面上的准直器效率,越是边缘部位灵敏度越低。当脏器为立体时,因部位越深,图像的扩大率越低而产生失真,故不能获得正确的图像。针孔准直器如图 26-116 所示。

针孔准直器的几何分辨距离 R_g,其定义为两个点摄像时,在晶体上相连接的两个圆形的

第26章 核传感器

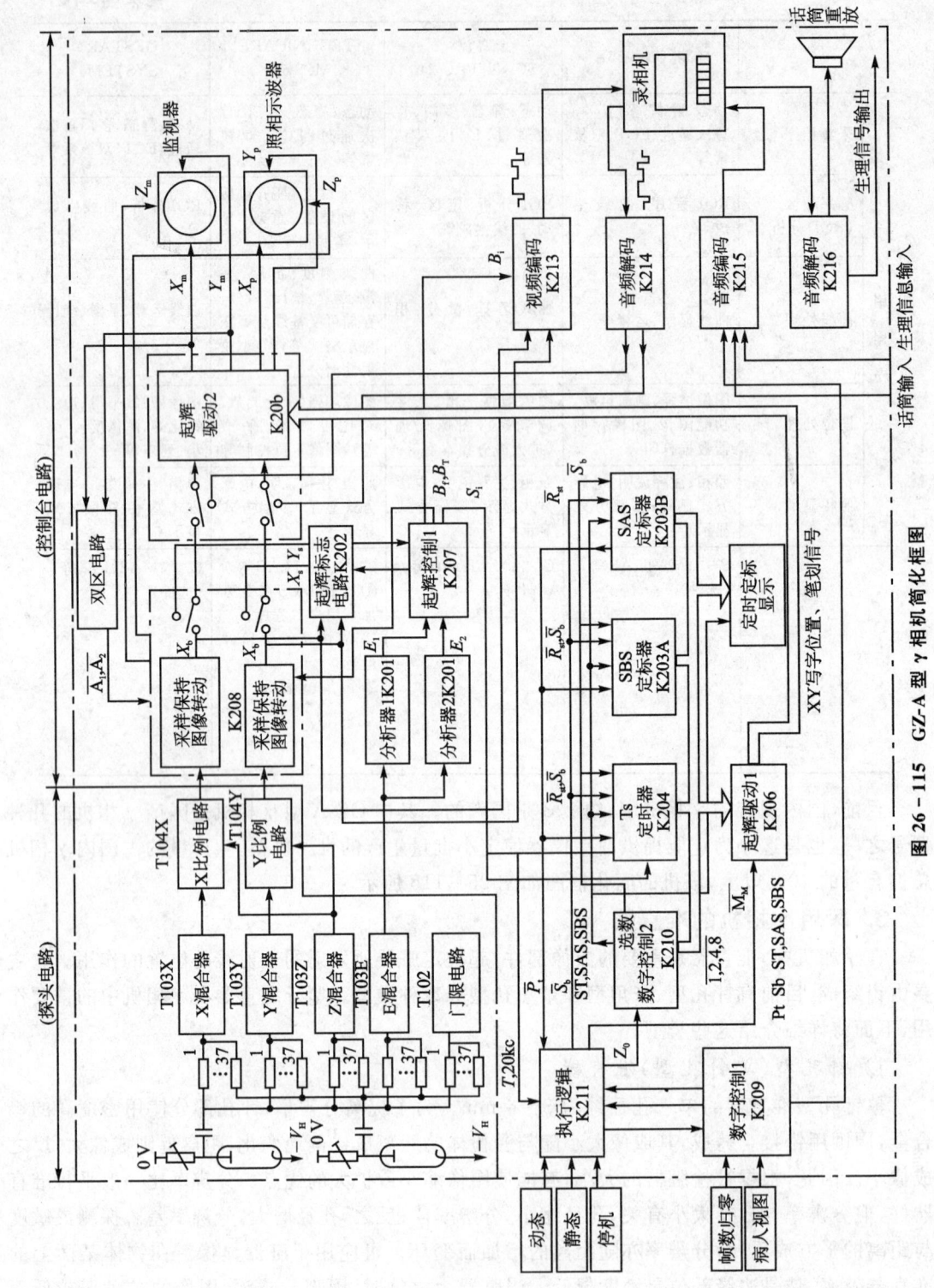

图26-115 GZ-A型γ相机简化框图

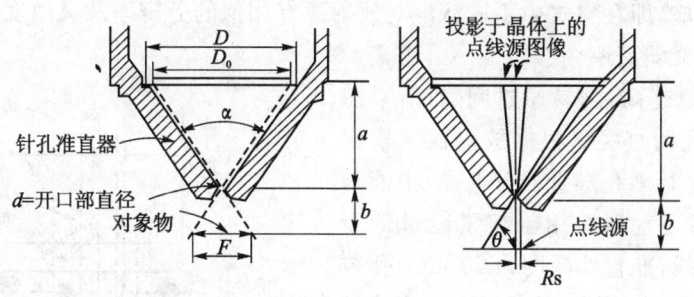

图 26-116　针孔准直器与分辨距离

两点间的距离。其计算公式如前述式(26-33)。针孔的有效直径因 γ 射线多少能透过孔周边壁部,故一般比实际孔的直径 D 大,其计算公式如前述式(26-33)。式中,μ 为开口部的 γ 射线吸收系数;μ^{-1} 为开口部材料的 γ 射线的平均自由射程。各种 γ 射线能量的 μ^{-1} 值如表 26-16 所列。

表 26-16　γ 射线的平均自由射程 μ^{-1}　　　单位:cm

物　质	γ 射线能量/MeV						
	0.14	0.2	0.28	0.36	0.41	0.51	0.66
铅	0.038	0.094	0.22	0.32	0.42	0.59	0.84
钨合金	0.029	0.071	0.15	0.24	0.30	0.42	0.55

注:铅与钨合金的密度分别为 11.4 与 18.5。

式(26-33)中,α 为针孔准直器开口部为顶部、晶体面为底边的三角形开口部的角度。针孔准直器中心轴上点的几何效率 g,可由下式求出:

$$g = \frac{d_e^2}{16b^2} \tag{26-45}$$

式中,d_e 即式(26-33)中的 D_g;b 即式(26-33)中的 B。

偏离中心轴上的点的效率,可由下式求出:

$$g = d_e^2 \sin^3\theta/(16b^2) \tag{26-46}$$

$\theta=60°$ 时,效率比轴上低 0.65 倍。当 γ 射线能量高时,因射线斜着通过闪烁体,光电效应的效率增加而抵消了灵敏度的降低,图像边缘的效率降低。虽肉眼观察不明显,但数值显示时则有必要考虑。

斜孔准直器在视野大小一定时,α 越大的准直器,其效率和分辨距离就越好。但若 α 过大,则物体与准直器的实用间隔极度变小,视野边缘的效率和分辨率降低,在开口部散射的 γ 射线增加,与被检体的距离根据场所有很大不同。

2) 平行多孔准直器

平行多孔准直器是在铅等金属中平行地开了许多正方形、圆形或六角形孔的物体。此种准直器的特征是图像的大小与距离无关而保持一定,一般可获得与实物等大的图像。

平行多孔准直器的孔径越小,分辨率越佳。准直器间隔厚度减小时,即孔的面积与间隔面积的比值增加时,灵敏度随之增加。被检部位距准直器越近,分辨率越佳。平行多孔准直器具有均匀的深度响应,即在空气中不同深度对放射源有相似的分辨率及灵敏度,但在组织内深度响应会因组织的减弱而改变。

γ射线的能量越高,越易通过间隔,所以需加厚间隔,加大孔的直径。根据放射性核素辐射能量的不同,平行多孔准直器分低能、中能与高能三种。低能准直器适用于核素能量低于150 keV 的 γ 射线,准直器厚度为 20 mm,孔数为 20000～42000;高能准直器适用于核素能量高于 550 keV 的 γ 射线,准直器厚度为 100 mm,孔数为 1000～4000;中等能量准直器适用于核能量为 150～410 keV 的 γ 射线,准直器厚度为 80 mm,孔数为 8000～16000。此外,根据准直器孔径和孔数不同又有高分辨率或高灵敏度准直器之分。平行多孔准直器的分辨距离如图 26-117 所示。

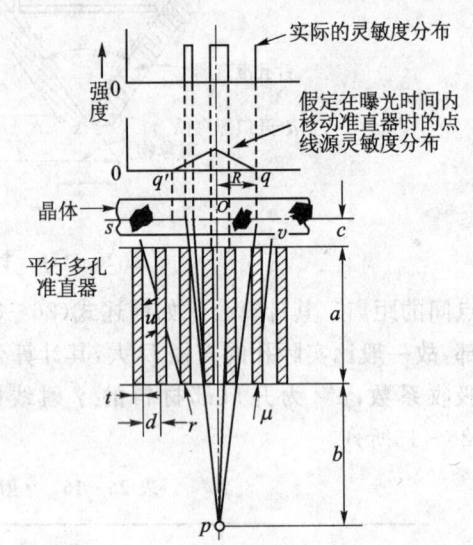

图 26-117 平行多孔准直器的分辨距离

准直器静止不动时,由点状 γ 源放射出的 γ 射线的强度分布具有不规则的形状,但若准直器直角地移向轴位,则投影在闪烁晶体上的 γ 源即呈三角形。假设点状源放射性强度最大值为 o 点,最大值呈直线下降到零点处为 q 点和 q' 点,则距离 oq 等于 γ 射线强度曲线上最大值全宽度的一半,它的长度为几何分辨距离 R_g(单位为 cm),R_g 计算公式如前述式(26-32)。由公式可知,当距离 A,B 和 C 为最小时,分辨率距离 R 也最小,即分辨能力最强。

多孔准直器的几何效率 g,如不计散射的 γ 射线和间隔的透过量,则公式为

$$g = [Kd^2/\alpha e(d+t)]^2 \tag{26-47}$$

式中,K——根据孔的形状和排列决定的常数,将正方形的孔按方形排列时,$K=0.282$;将圆形的孔按六角形排列时,$K=0.238$。

间隔厚度,应以邻近孔吸收最少而穿透的 γ 射线(图中 $r \to s$)至少衰减到 5% 以下的程度进行设计,即透过图的几率 W 因等于 $e^{-\mu w}$,所以,上述条件可为 $e^{-\mu w}<0.05$ 或近似地为

$$W > 3^{\mu-1}$$

3) 张角准直器(发射孔型准直器)

它是多孔准直器的一种,但孔的形状从晶体面看,是一扩大的锥形物体,如图 26-118 所示。

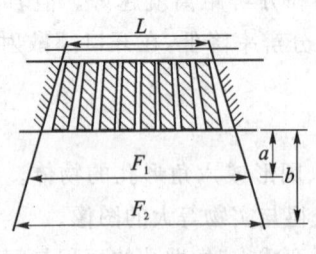

图 26-118 张角准直器

按物体至准直器的距离,即使比晶体直径大的被测物也可纳入有效视野内,它可以扩大视野 10%～20%,适用于大器官摄影,有时也可用于拍摄高能 γ 射线在人体内的分布图像。其灵敏度和分辨率均较平行多孔准直器差。由于被测物与准直器间的距离而致缩小率不同,所以与针孔准直器一样有图像失真现象。张角准直器与 4000 孔平行准直器的缩小率和灵敏度之比如表 26-17 所列。

4) 聚焦孔型准直器

它是多孔准直器的一种,但与张角准直器相反,各孔配置在缩小型的锥形上,可以说是 γ 相机的聚焦型准直器,具有与针孔准直器同样的作用,因其多孔,所以灵敏度高。

如用大型 γ 相机进行小脏器摄影时,因视野内不能获得小的图像,故应用聚焦型准直器来获得放大的图像。其结构与上一章扫描机用的聚焦准直器相似,对深变病变有较高的分辨率,所获图像较平行孔型准直器的图像清晰。常用的几种准直器剖面图如图 26-119 所示。

几种类型准直器性能比较如表 26-18 所列。

表 26-17 张角准直器与 4000 孔平行准直器的缩小率和灵敏度

物体与准直器间的距离/cm	张角准直器		4000 孔平行准直器	
	缩小率	灵敏率	缩小率	灵敏度
0	0.85	0.57	1	1
2.5	0.82	0.53	1	1
10.1	0.73	0.42	1	1
20.2	0.64	0.34	1	0.99

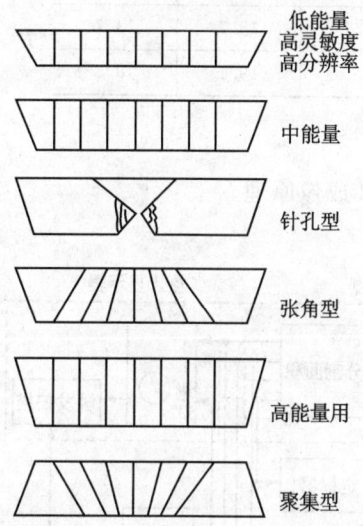

图 26-119 γ 相机使用的准直器

表 26-18 几种类型准直器性能的比较

准直器类型	平行孔	高灵敏度	高分辨率	张角型		单针孔型
孔数	1000	8200	2000	1400		1
厚度/mm	75		24	75		
视野/mm	φ250	φ250	φ250	φ240	φ340	φ140
分辨率(FWHM)/mm		13	8	22		6.5
探测效率/%		3	1.4	0.5		0.5
适用于核素的能量范围/keV	>150	<150	<150	120~140		

国外一些平行多孔准直器的规格性能如表 26-19 所列。

表 26-19 国外一些平行多孔准直器的规格及性能

准直器 N_e	1	2	3	4	5
可使用的最大 γ 射线能量/MeV	0.20	0.28	0.28	0.36	0.41
孔的长度 a/cm	2.5	3.8	3.8	5.6	6.6
孔的直径 d/mm	2.82	5.72	3.81	4.90	5.41

第26章 核传感器

续表 26-19

	间隔厚度 t/mm		0.76	2.28	1.52	2.26	2.70
	25 cm 直径准直器的孔数/个		4600	960	2090	1160	900
性能	核素能量/MeV		^{99m}Tc (0.14)	^{203}Hg (0.28)	^{203}Hg (0.28)	^{131}I (0.36)	^{198}Au (0.41)
	灵敏度(数/分·3.7 kBq)		750	500	224	101	85
	分辨距离	$b=25$ mm	7.1	12.2	8.1	8.6	8.9
		$b=75$ mm	13.0	20.8	13.7	13.7	13.7
		$b=125$ mm	29.1	20.2	19.5	19.1	18.5

4. 医用 γ 相机的成像原理

为了更加深入地了解、掌握和使用 γ 相机，下面再阐述其成像原理。

一种典型的 γ 相机整机原理图如图 26-120 所示。

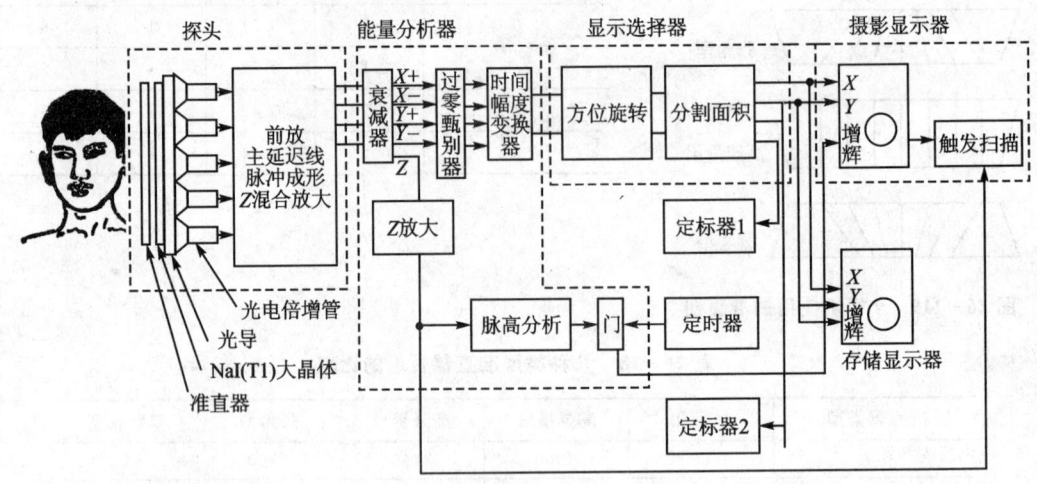

图 26-120 典型 γ 相机整机原理图

γ 相机把人体脏器的放射性核素的三维分布变成一张二维分布照片，成像原理包括下列 7 步程序，其程序方框图如图 26-121 所示。

1) $I(X,Y,Z) \rightarrow S(X,Y)$ 变换

由于脏器中每一小部分的放射性都是各向同性地发射 γ 射线，整个闪烁体都受其照射，而闪烁体内每一点也接收到来自整个脏器的射线，这样一张闪烁图呈现了一片混乱的闪烁点，不能得到脏器中放射性分布的形象信息。为此，需将 γ 源进行准直。如用平行孔准直器，准直成像就是把体内放射性三维分布 $I(X,Y,Z)$ 转换成 NaI(Tl) 晶体中闪烁点的二维分布 $S(X,Y)$。

2) $S(X,Y) \rightarrow C(n_1, n_2, \cdots, n_M)$ 变换

这一变换是把闪烁图中每一点的 X 和 Y 坐标变成排列坐标的 X 和 Y 的 M 个光电倍增管的光电子数代码 $(n_1, n_2, \cdots, n_M)$（各种 γ 相机的光电倍增管数 M 不同，分别为 19,30,37,43,61,75,91 等）；或者是光电倍增管阳极输出代码 $(G_1 n_1, G_2 n_2, \cdots, G_M n_M)$，其中 G_i 是光电倍增管的倍增系数，n_i 由光导的光子收集效率、光阴极的光电子效率 ε_i 所决定。通过对光电倍增

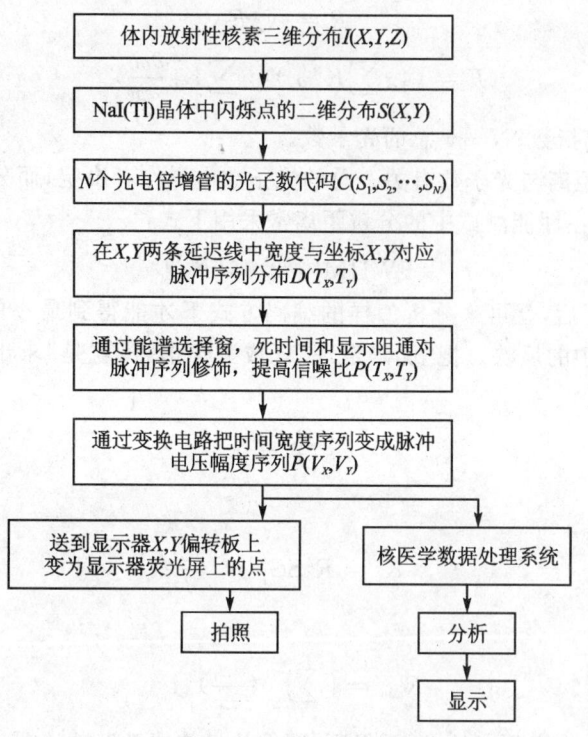

图 26-121 成像变换程序方框图

管的调节,使 $G_1=G_2=\cdots=G_M$,则 $I(X,Y,Z) \to S(X,Y) \to C(n_1,n_2,\cdots,n_M)$。这两步变换将主要决定 γ 相机的指标,以后几步变换都是通常的电子学变换,精度都比这两级高。这两级实际上是核电子学的换能器装置。

因光子数 n_i 有统计涨落,对于相同的两个 γ 闪烁,得到的 n_i 有标准偏差,$\Delta n_i = \sqrt{n_i}$。这就形成了码元 n_i 的涨落偏差,结果使位置 X,Y 也出现偏差 $\Delta X, \Delta Y$,而

$$X + \Delta X = \sum_i \frac{\partial X}{G \partial n_i} \Delta G n_i + \sum_{i<j} \frac{\partial^2 X}{G^2 \partial n_i \partial n_j} G^2 \Delta n_i \Delta n_j + \cdots$$

取一级近似的标准偏差:

$$\Delta X(n_i) = \left(\sum_i K_i^2 G^2 n_k\right)^{\frac{1}{2}}$$

$$K_i = \frac{\partial X(n_i)}{G \partial n_i} \quad (26-48)$$

式中,K_i——代码 n_i 对闪烁图中某个点坐标 X 编码时的贡献,称为"编码因子"。$\Delta X(n_i)$ 决定这一变换的分辨距离。

位置变换灵敏度可定义为

$$S(X) = \frac{\partial X}{\partial x} = \sum_i K_i G \frac{\partial n_i}{\partial x} \quad (26-49)$$

分辨距离应为

$$R = \frac{\Delta X}{S} = \left(\sum K_i n_i\right)^{\frac{1}{2}} \left(\sum K_i G_i\right)^{-1} \quad (26-50)$$

因光子数 n_i 正比于光电倍增管 i 阴极对闪烁所张的立体角 ω_i,故(26-50)式可改写成

$$R = N^{\frac{1}{2}} F \quad (26-51)$$

$$F = (4\pi \sum_i K_i^2 \omega_i)^{\frac{1}{2}} (\sum_i K_i \frac{\partial \omega_i}{\partial x})^{-2} \quad (26-52)$$

式中，F——分辨距离指数；N——总的光子数。

由此可知，分辨距离与光子数有关。总的光子数由操作者决定，而分辨距离指数则完全由 γ 相机设计所决定。在性能测试中的分辨距离常采用下式：

$$\text{FWHM} = 2.36 F N^{-\frac{1}{2}} \quad (26-53)$$

得到分辨距离 R 后，就可来分析怎样的编码方式下才能得到最小的分辨距离。即"优码定理"在核电子系统中的反映。把"优码定理"译成数学语言，就是"求出使 R 为极小的 K_i 表示"，即

$$\frac{\partial R}{\partial K_i} = 0 \quad (26-54)$$

由式(26-50)得

$$K_i = R^2 S G^{-1} n^{-1} \frac{\partial n_i}{\partial x} \quad (26-55)$$

并得最小分辨距离

$$R_{\min} = \left[\sum_i n_i^{-1} \left(\frac{\partial n_i}{\partial x} \right)^2 \right]^{-\frac{1}{2}} \quad (26-56)$$

除了要得到最小分辨距离外，还要得到"图像的最佳线性"，这一要求的数学语言即

$$S(X) = C \quad (26-57)$$

式中，C——常数。从而得

$$K_i = C R_{\min} n^{-1} \frac{\partial n_i}{\partial x} \quad (26-58)$$

所以，无论是最佳分辨还是最佳线性要求：

$$K_i \propto n_i^{-1} \frac{\partial n_i}{\partial x} \quad (26-59)$$

即当编码因子正比于光电子数随放射性核素位置的相对变化率时才是最优编码，这是变换中设计的依据。

3） $C(n_1, n_2, \cdots, n_M) \rightarrow D(T_x, T_y)$ 变换

在这一步变换中，把晶体空间中每个闪烁点的 $S(X,Y)$ 的一组由 M 个码元 $n_i (i=1,2,\cdots,M)$ 组成代码，变成与 X,Y 相对应的两个时间序列中的脉冲 T_x, T_y。每一对脉冲代表一个闪烁点，其中脉宽 T_x, T_y 分别对应于闪烁点的坐标 X, Y。图 26-120 为例的 γ 相机中这一要求分别由对应 X 和 Y 的两条延迟线来实现，如图 26-122 所示。

采用延迟线的优点是位置信号的值不依赖于信号幅度的值。后者是一个不易做到高稳定的模拟量，这样可以尽量摆脱位置变换精度受信号幅度精度的影响而提高其精度。

用延迟线中的脉冲时延在对应闪烁点的坐标后，就可得到

$$S(X,Y) = (X_0, Y_0) + \frac{\partial S}{\partial x} dx + \frac{\partial S}{\partial y} dy + \frac{\partial^2 S}{\partial x^2} dx^2 + 2 \times \frac{\partial X \partial Y}{\partial^2 S} dx dy + \frac{\partial^2 S}{\partial y^2} dy^2 + \cdots\cdots$$

$$(26-60)$$

采用两条延迟线分别代表 X 与 Y，实际是在上式中仅取了位置展开式的一级近似，忽略

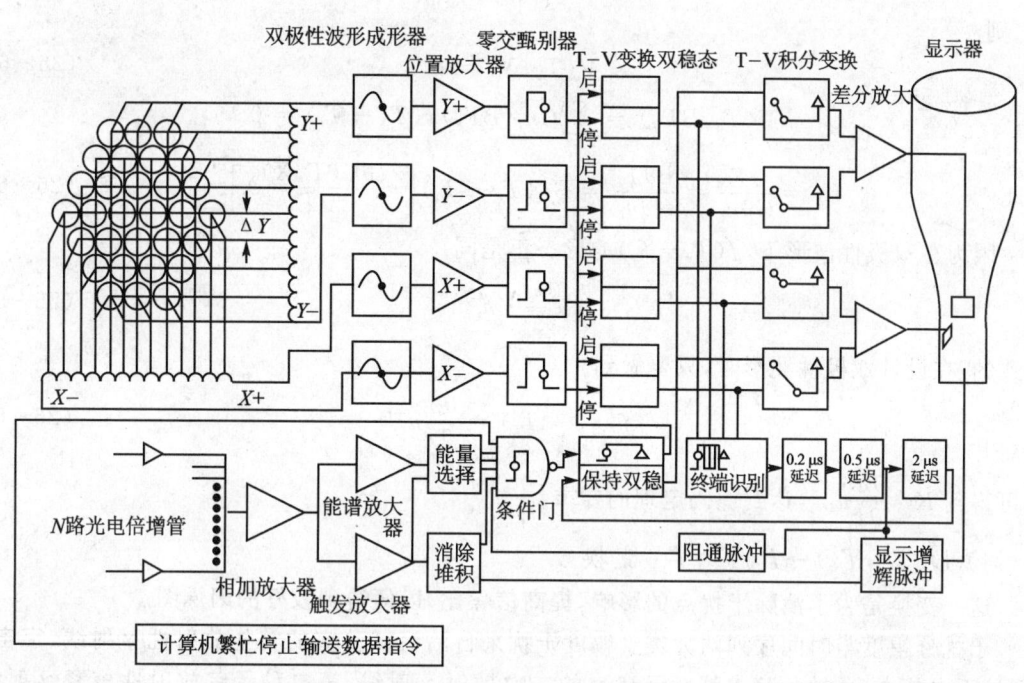

图 26-122 成像变换方框图

了高次项造成的成像误差。

设光电倍增管行与列之间的距离分别为 Δx 和 Δy，则从线性变换出发，使图 26-122 中每段延迟线中的延迟时间选为 $\dfrac{\Delta T_x}{\Delta T_y} = \dfrac{\Delta x}{\Delta y}$，这个比例应与光导尺寸匹配，于是

$$T_x \infty X, T_y \infty Y$$

选择一级线性近似的延迟联线法后，就可以研究如何实现最优编码。下面证明：通过光电倍增管 X 和 Y 列阵分段注入延迟线来把 $C(n_1, n_2, \cdots, n_M)$ 集变换成一个时间序列中的脉冲宽度集时，如采用双极性波形的过原点来作为 $D(T_x, T_y)$ 集的 T_x 与 T_y，则 K_i 将满足最优编码因子的条件。

在图 26-122 的连法中，假定采用的时间序列波形为 $f(T)$，那么，在 X 延迟线中诸光电倍增管的混合波形为

$$V(T, X) = \sum_i G n_i(X) f(T - T_i) \qquad (26-61)$$

$$T_i = X_i B^{-1} \qquad (26-62)$$

式中，B 是常数，为广义速度，表示光电倍增管输出脉冲通过延迟线路径，在时间 T_i 内走完距离 X_i。为在实际 γ 相机中有调整的余地，在每个光电倍增管输出中串权电阻，以改变各管子间波形混合的比例。以 h_i 表示权重因子，则闪烁在 X 延迟线上的混合输出为

$$V(T, X) = \sum_i G h_i(X) n_i(X) f(T - T_i) \qquad (26-63)$$

可以看出，只要 $f(T)$ 取双极性波形就可得到

$$K_i \infty \dfrac{\partial n_i}{\partial x} \cdot n_i^{-1} \qquad (26-64)$$

式(26-64)为最优编码条件，下面就是最优编码的充分性证明。双极性波形的过零时刻为

T_0，则
$$V(T_e, X) = 0 \quad (26-65)$$

即
$$V(T_e, BT_0) = \sum_i Gn_i(BT_e) f(T_0 - T_i) = 0$$

由此
$$K_i = \frac{\partial X}{G \partial n_i} = \frac{B\partial T_e}{G\partial n_i} = Bf(T_e - T_i)\left[-\frac{\partial V(T,X)}{\partial T}\right]_{T=T_0}^{-1} \quad (26-66)$$

因为在双极性波形下，$f(T_e - T_i)$ 的形态正是同

$$\frac{\partial n_i}{\partial x} \cdot n_i^{-1} \quad (26-67)$$

一致的，在设计双极性波形时，只要做到

$$f(T_0 - T_i) = \frac{\partial n_i}{\partial x} n_i^{-1} \quad (26-68)$$

就可得到 $K \propto \frac{\partial n_i}{\partial x} n_i^{-1}$，达到优码定理的要求。

4) $D(T_x, T_y) \rightarrow P(T_x, T_y)$ 变换

这一变换是为了消除干扰点的影响，提高信噪比，以便得到较好的闪烁图。

干扰分幅度与时间序列两大类。幅度干扰来自沾污试验室的其他放射性γ射线、宇宙射线、地下自然本底、被示踪内脏对示踪γ的二次散射γ射线、第二种示踪放射性核素γ射线。其中二次散射能造成位置的虚假计数，但该虚假脉冲的特点是散射γ的能量较低，脉冲幅度较小，故与所有的脉冲幅度干扰一样，可由脉冲幅度的分析器消去。用脉冲幅窗，只让选能幅度的脉冲通过，即示踪幅度的脉冲通过。在γ相机中窗宽可在脉冲幅度的 5%～40% 内调节。

时间序列中的干扰分两种，一种是放射性衰变在时间间隔上分布的指数，紧接的两个脉冲的机率很大，如第一个闪烁脉冲还在延迟线及其后的变换电路中换算，紧接的第二个脉冲势必扰乱分析变换过程。延迟线方案的一个缺点是每个脉冲变换的时间较长，约需 5 μs，因此线路上要出现脉冲堆积阻通。另一种是在显示时，因后面的时间幅度变换对每个不同位置闪烁脉冲有不同的时间，故显示时，统计性也造成对前一个脉冲的干扰，要作显示阻通。阻通虽保持了前一个闪烁点的位置信息，但失去了后一点的信息，这比不阻通而失去两个信息好。阻通时间越长，损失越大。因此γ相机采用了比较复杂的阻通手段，以尽量争取在图像中部取得较高的信息量。

5) $P(T_s, T_y) \rightarrow P_0(V_X, V_Y)$ 变换

这一变换是为使整个变换链具有一定的精确度和稳定度。它把延迟线中代表闪烁图点子的脉冲延迟时间变成相对应的脉冲电压。因一张 250 mm 的闪烁图，变化成时延的尺度小于 2.5 μs，即每 mm 小于 10 ns，所以对时间的直接测量必须采用较烦的毫微秒技术。为克服延时元件参数随环境和时间变化所存在的很大的系统误差，X 和 Y 两条延迟线都是取正、负两端输出，经过双极性成形、放大、零交甄别，在电容上作恒流放电，实现 T-V 变换成电压脉冲；最后正、负两极通过差分放大器消除系统误差，送到显示器上再现出点的 X, Y 坐标。

6) $P(V_X, V_Y) \rightarrow P(X, Y)$ 变换

对应于一个闪烁点的 V_X 和 V_Y 在显示器上显示出一个荧光点来，包括摄影显示器与储存显示器，V_X 和 V_Y 分别加在它们的 X 和 Y 偏转板上。于是一张反映内脏二维图像信息的显示图就逐点地被显示出来了。至此，一个早期的典型γ相机就完成全部工作过程。

7) $P(V_X, V_Y) \to$ 计算机变换

$P(V_X, V_Y)$ 变换成 $0 \sim 5$ V，$1.5\ \mu$s 的两路脉冲送计算机接口的数据通道，此外还有一个停送数据指令通道的计算机。

在诊断过程中，要对图像进行分析。把由能量分析器输出的 $X,\overline{X},Y$ 和 $\overline{Y}$ 增辉1、增辉2 信号送到显示选择器、定标器、功能扫迹仪进行分析，并由控制器、定时器等控制工作。图像分析程序分四步，图像可作八个方位的任意旋转；图像中某些可疑部位即诊断中的"感兴趣区域"用分割线框出，分割线有多种形式，且可任意移动，分割出的两个"感兴趣区域"中的图像点可以分别送进两台定标器和功能仪中显示数字或动态功能。此外，对连续摄影机还作同步控制。

4. 医用 γ 相机的位置计算

γ 相机之所以能快速成像，是因为采用了适用的位置计算。

位置计算的准确与否，对临床诊断而言，将直接影响对患者病变位置和大小诊断的正确性。

位置计算常用的几种方法为：电阻矩阵方法、电容矩阵方法和延迟线时间变化方法等。下面将分别叙述。

1) 电阻矩阵方法

由一个闪烁点发出的闪光，分配到各光电倍增管，再由各光电倍增管输出相应的脉冲，通过定位网络（此处是电阻矩阵）来控制示波管的偏转板。设水平偏转板的电位差为 $\overline{X}$，垂直偏转板的电位差为 $\overline{Y}$，则 $(\overline{X}, \overline{Y})$ 荧光屏上就代表了像点的位置。显然，闪光点 (X,Y) 在示波管荧光屏上的象点位置 $(\overline{X}, \overline{Y})$，由各光电倍增管输出的电脉冲来确定，即 $\overline{X}, \overline{Y}$ 是 $Z_1, Z_2, \cdots, Z_i$, $\cdots, Z_n$ 的函数（Z_i 是第 i 个光电倍增管输出脉冲）。若有 37 个光电倍增管以正六角形排列，则其排列图和定位网络示意图如图 26-123 所示。

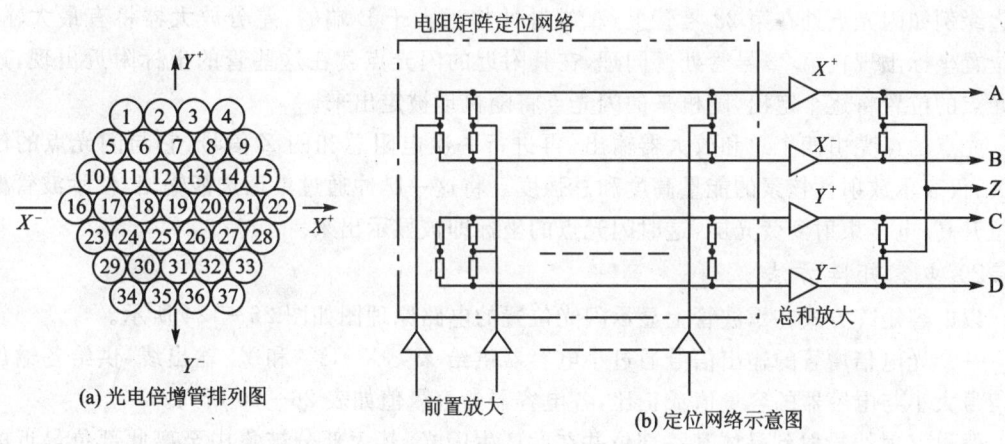

(a) 光电倍增管排列图　(b) 定位网络示意图

图 26-123　电阻矩阵方法

每个电脉冲用线性分压器分成 X 向和 Y 向两部分，然后将 37 个 X 向信号叠加成 $\overline{X}$，把 23 个 Y 向的信号叠加成 $\overline{Y}$，于是有

$$\overline{X} = h_1 Z_1 + h_2 Z_2 + \cdots + h_i Z_i + \cdots + h_{37} Z_{37}$$
$$\overline{Y} = v_1 Z_1 + v_2 Z_2 + \cdots + v_i Z_i + \cdots + v_{37} Z_{37}$$
$$Z = Z_1 + Z_2 + \cdots + Z_i + \cdots + Z_{37}$$

为简便起见,假定只有第 1 个光电倍增管接受到闪光点,而其余各光电倍增管的光强几乎为零(因为光导厚度很小),而第 1 个光电倍增管的输出就近似为总输出,于是就有

$$Z_2 = Z_3 = \cdots = Z_{37} = 0, Z_1 = Z$$

由此可见,$\overline{X}_i = h_i Z, \overline{Y}_i = v_i Z$。即系数 $h_1, h_2, \cdots, h_i, \cdots, h_n$ 应该与各光电倍增管的 X 坐标成正比;$v_1, v_2, \cdots, v_i, \cdots, v_n$ 应该与各光电倍增管的 Y 坐标成正比。

简化单管近似下有

$$\overline{X} = \overline{X}_1 \frac{Z_1}{Z} + X_2 \frac{Z_2}{Z} + \cdots + \overline{X}_i \frac{Z_i}{Z} + \cdots + \overline{X}_{37} \frac{Z_{37}}{Z}$$

$$\overline{Y} = \overline{Y}_1 \frac{Z_1}{Z} + \overline{Y}_2 \frac{Z_2}{Z} + \cdots + \overline{Y}_3 \frac{Z_3}{Z} + \cdots + \overline{Y}_{37} \frac{Z_{37}}{Z}$$

以上两式说明,每一光电倍增管送到示波管的信号,都把电子束(像点)控制到与自身位置的相对应的像点上来,但拉动的能力有大小之分,因为各光电倍增管接受的光强不同,输出脉冲也有大小。Z_i/Z 代表第 i 个光电倍增管的相对大小,即是第 i 个光电倍增管把像点拉到 $(\overline{X}_i, \overline{Y}_i)$ 的几率,这样 $(\overline{X}, \overline{Y})$ 就是闪光点在示波管荧光屏上的期待位置。

系数 $h_1, h_2, \cdots, h_i$ 和 $v_1, v_2, \cdots, v_i$ 之间的比例关系可以直接从光电倍增管的位置坐标定出。

定位网络设计是用电导(即电阻的倒数)值来确定系数 h 和 v 的具体数值,并把 h 和 v 分成 h^+, h^-, v^+ 和 v^-。网络的结构是由各光电倍增管(每个光电倍增管的前置放大器接上四个电阻)终接成四条输出线分别送进四个运算放大器总和起来。

总和放大后的四个输出信号即用来定出闪光点的坐标,称为位置信号。A,B,C,D 四个端子输出的脉冲视闪光点的位置而定。假定闪光点处于中心管坐标,即 37 个管子中第 19 号管,定位网络将输出四个幅度相等的位置脉冲,接在 A,B,C,D 端子的差分放大器输出相抵消。在边缘例如闪光点处在第 22 号管上,A 端脉冲将远大于 B 端的,差分放大器将有最大输出,使位置坐标出现在第 22 号管处。同理,在其附近的闪光点就在这些管的坐标附近出现,这样闪光点的位置将逐个定出,随机来的闪光点将随机地被定出来。

光点的点亮由四个总和放大器输出,再进行一次电阻总和的 Z 信号,它与闪光点的位置无关,仅表示放射性核素的能量高度和总强度。将这一脉冲通过单道选能输出,使示波管栅极电位升高,电子束射到荧光屏,这时闪光点的坐标即被显示出来。

2) 电容矩阵方法

以电容矩阵方式在示波管上显示闪光位置的电路原理图如图 26 - 124 所示。

一个光电倍增管的输出信号通过小电容器供给 X^+, X^-, Y^+ 和 Y^- 输出线,供给各输出线的信号大小与电容器的容量值成正比,各电容器的容量值如表 26 - 20 所列。

假设 γ 射线投射到晶体某一部位并在此产生闪光,其大部分被集中至离此部位最近的光电倍增管上,但也有一部分被集中至其他光电倍增管上,由 19 个光电倍增管的电容器容量值成正比信号合成。例如 X^+ 信号则可根据

$$X^+ = 0.03P_1 + 0.035P_2 + 0.04P_3 + 0.035P_4 + 0.03P_5 + 0.02P_6 +$$
$$0.01P_7 + 0.005P_8 + 0.006P_9 + 0.005P_{10} + 0.01P_{11} + 0.02P_{12} + 0.025P_{13} +$$
$$0.03P_{14} + 0.025P_{15} + 0.015P_{16} + 0.01P_{17} + 0.015P_{18} + 0.02P_{19}$$

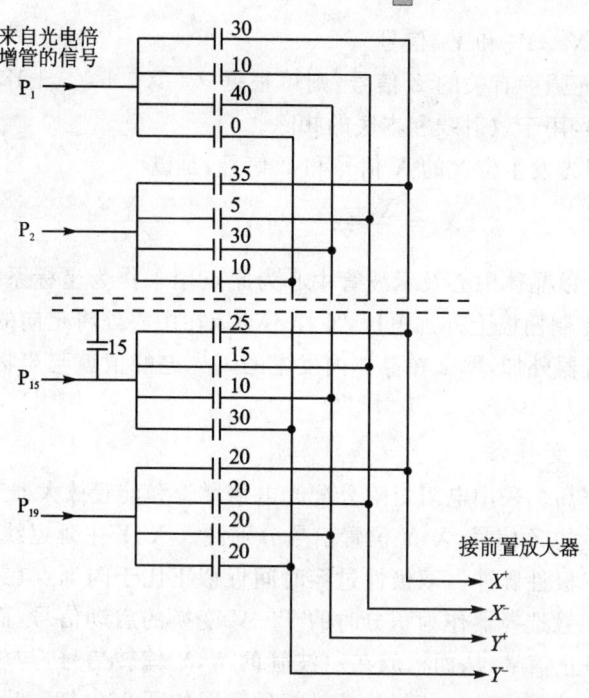

图 26-124　位置决定电路(计算电路)方框图(部分)

表 26-20　19 个光电倍增管电容的容量值　　　　　单位：pF

光电倍增管号数	X^+	X^-	Y^+	Y^-	P_{16}	P_{17}	P_{18}
P_1	30	10	40	10			
P_2	35	5	30	10			
P_3	40	0	20	20			
P_4	35	5	10	30			
P_5	30	10	0	40			
P_6	20	20	0	40			
P_7	10	30	0	40			
P_8	5	35	10	30			
P_9	0	40	20	20			
P_{10}	5	35	30	10			
P_{11}	10	30	40	0			
P_{12}	20	20	40	0			
P_{13}	25	15	30	10	15		
P_{14}	30	10	20	20		15	
P_{15}	25	15	10	30			15
P_{16}	15	25	10	30			
P_{17}	10	30	20	20			
P_{18}	15	25	30	10			
P_{19}	20	20	20	20			

获得,同样也可形成 X^-,Y^+ 和 Y^- 信号。

另一方面,与闪光强度有关的 Z 信号,则可根据 $Z=X^+ + X^- + Y^+ + Y^-$ 而获得,此信号驱动脉冲高度分析器,用于散射线和本底的扣除。

由此信号决定闪光发生位置的 X 信号和 Y 信号,是以

$$X = \frac{X^+ - X^-}{Z} \quad \text{与} \quad Y = \frac{Y^+ - Y^-}{Z}$$

的比率电路形成的。以晶体中心及示波管中心为原点用来作为坐标系统的位置信号,即此种 X,Y 信号在示波器控制栅极上外加电压,原样不动地在中心处将定向的射束偏转。如果 Z 信号通过脉冲高度分析器外加,那么在晶体内发生的闪光电峰值就与坐标系部位相同而显示于示波器上。

3) 延迟线时间变换法

这种方法分辨率高。采用电阻矩阵分配光电倍增管和前置放大器来的信号,分出 X,Y 位置信号和与能量有关的 Z 信号,X,Y 位置信号分别注入 X,Y 主延迟线各抽头上,从延迟线两端混合输出被形成双极性脉冲。双极性过零时间近似正比于闪烁点在晶体中的位置坐标。Z 信号混合输出通过能量选择器作为积分时的 T-V 变换的启动信号,而过零时间的位置信号作为 T-V 变换的停止信号,从而构成在示波管的 X,Y 偏转信号,与放射图位置分布一一对应。延迟线时间变换法的一种 γ 相机位置计算原理图如图 26-125 所示。

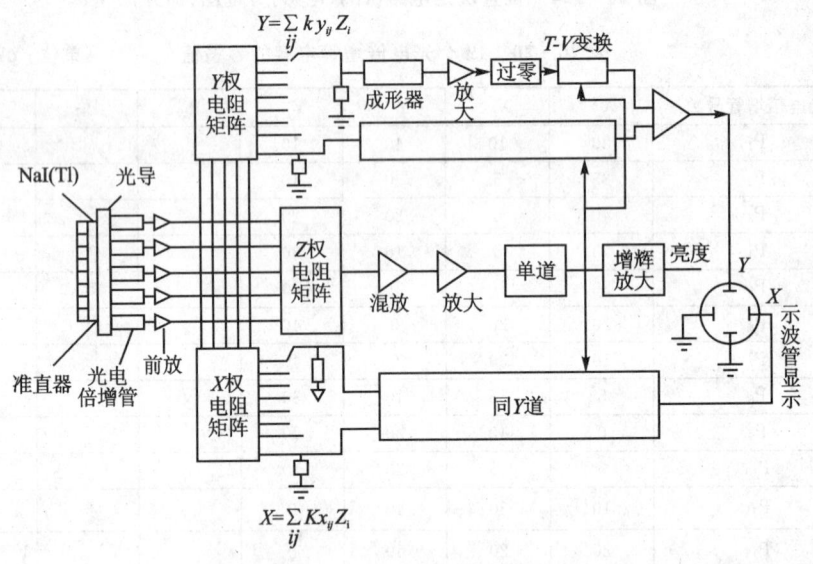

图 26-125 延迟线变换法位置计算原理图

(1) Z 权电阻矩阵

Z 信号是与能量有关的。在一定的能量条件下,对于实例 30 个光电倍增管来观测直径为 300 mm 的 NaI(Tl)晶体,如果各光电倍增管的特性完全一致,所观测到的晶体的条件也完全一致,那么各管输出信号幅度应当相同,但由于:

① 各光电倍增管对高压的灵敏度不同。

② 通过光导 3 个光电倍增管观测到的晶体几何位置不相同,如有的全部观测到晶体,有的部分地观测到晶体。

③ 晶体边缘效应等原因,造成30个光电倍增管在同样入射γ射线能量E下,即使加在管子上的高压相同,各管输出的脉冲幅度仍然不等,通常光电倍增管输出的脉冲幅度U正比于γ射线能量E,即U∝E。为了克服各管的不一致性,采用权电阻矩阵来调整各级输出幅度,使它在同一能量E下有相同的幅度U输出。光电倍增管排列如图26-126所示。

为方便估计权电阻比值(γ_i)按光电倍增管的排列,由灵敏度和分辨率从高至低的顺序,从晶体中心至边缘分别把权电阻比值列于表26-21中。

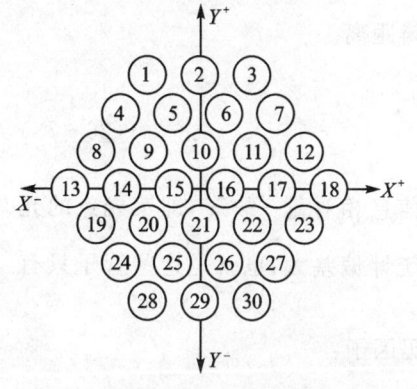

图26-126 光电倍增管排列编号

表26-21 权电阻比值

组 别	电阻比值	光电倍增管编号
1	0.6	1,3,28,30,13,18
2	0.8	4,7,8,12,19,23,24,27,28,29
3	0.9	10,21
4	1.0	15,16
5	1.1	14,17
6	1.2	9,11,20,22
7	1.4	5,6,25,26

表26-21按直角坐标轴对称管子六角形排列,给出权电阻比值γ_i,而编码因子为

$$K_i \propto \frac{1}{\gamma_i} \tag{26-69}$$

式中,K_i——第i个光电倍增管及对应前置放大输出的编码因子;γ_i——对应的权电阻比值。

权电阻值为

$$R_i = c\gamma_i \tag{26-70}$$

式中,c——电阻常数,由前置放大输出幅度U_i和Z混合放大器的放大倍数而定。对Z信号为

$$Z = \sum_i K_i U_i = \sum_i Z_i \tag{26-71}$$

上式中,假设各光电倍增管放大系数相同,Z_i正比于γ射线的能量,则Z提供了能量信息。在实际线路中,Z_i和式(26-70)中的c都是一定的。调整K_i,即是在同一能量下,U_i一定,故调整γ_i,采用可变电阻R_i来使第i个光电倍增管输出信号Z_i进入能量选择器的窗口内,使第i个光电倍增管所观测的闪烁光得到最大的转换效率。这样,Z信号就成为一个与位置坐标信号无关的常数(Z_i为常数),它要求探测器件所张的立体角要尽量大。对平面管阵而言,六角形是最好的排列。值得指出的是,最佳的Z值对图像的均匀性是不灵敏的,故初调均匀性,实质上使用了一些高的转换效率光电倍增管与一些转换效率低的管子进行平均。一般采用调整管子的第五、第六倍增极,使它的光峰偏离窗口。

要有足够的带宽和0.05~9 V的动态范围保持线性,使Z权电阻矩阵相加的信号互不干扰。Z混合放大的信号提供能量选择器的单道脉冲幅度分析器,选择γ射线的能量光峰进入窗口;提供$T-V$变换中的起始信号;提供通过增辉放大后供示波管显示的亮度增辉信号。

(2) 位置信号 (X,Y) 权电阻矩阵

① 位置信号 X,Y 的计算。可以把位置信号 X（或 Y）作为输出 Z_i 的函数，$Z=X(Z_1,Z_2,\cdots,Z_n)$，并且 γ 射线在 NaI(Tl) 晶体中产生的光子数目 n_i（对第 i 个光电倍增管的第一倍增级上接受的光子数）是服从泊松统计分布的，因此对于第 i 个光电倍增管输出位置信号 Z_i 的编码因子 K_{x_i} 为：

$$K_{x_i} = \frac{\partial X}{\partial Z_i} = cR_{\min}^2 \left(\frac{\mathrm{d}n_i/\mathrm{d}x}{n_i}\right) \tag{26-72}$$

式中，c——常数；$R_{\min}$——位置灵敏度归一化的理论最小分辨距离。

$R_{\min}$ 表示为

$$R_{\min}^2 = \sum_i \frac{kn_i/\mathrm{d}x}{n_i} \tag{26-73}$$

由上述两式可知，无论是 K_{x_i} 还是 $R_{\min}^2$，都正比于位置信息相对量 $\frac{\mathrm{d}n_i/\mathrm{d}x}{n_i}$，即荧光点的光电倍增管 K_{x_i} 大，远离荧光点的 K_{x_i} 小，接收的光子数 n_i 的统计偏差大，也就是这些管子只有很少的位置信息量。

从实际线路出发，引进权电阻比值 $\gamma_{x_{ij}}$，得 X 坐标的编码因子：

$$K_{x_{ij}} = \frac{cR_{\min}^2 \dfrac{\mathrm{d}n_i/\mathrm{d}x}{n_i}}{\gamma_{x_{ij}}} \tag{26-74}$$

式中，$\gamma_{x_{ij}}$——在 X 主延迟线第 j 个抽头上，第 i 个光电倍增管的前放输出电阻比值，它与 X 和 Y 权电阻矩阵是同一比值。

位置信号可写成

$$X = \sum_{ij} K_{x_{ij}} Z_i \tag{26-75}$$

同理，对于 Y 主延迟线第 j 个抽头第 i 个光电倍增管的位置信号为

$$Y = \sum_{ij} K_{y_{ij}} Z_i \tag{26-76}$$

关于 30 个管的 $\gamma_{x_{ij}}$（或 $\gamma_{y_{ij}}$）在表 26-21 中列出，并且与 z 矩阵比例相同。

② 位置信号 X、Y 的修正。考虑到边缘效应，对排列为六角形光导的光电倍增管的输出，对 X,Y 权电阻矩阵分别在 X,Y 方向作了补偿，如图 26-127 所示。

图 26-127(a) 表明，在 Y 主延迟线中心抽头处的 13~18 号管对应的权电阻不作边缘补偿，其余，部分地看到 NaI(Tl) 晶体的管子对应的权电阻，在 Y^+ 或 Y^- 方向上作了补偿，并且注入到 Y^+ 或 Y^- 方向邻近抽头上。对 1，2，3 和 28，29，30 号管，对应的权电阻，在 Y^+，Y^- 另增加一个抽头。

同理，在图 26-127(b) 中，对 X 权电阻矩阵，也在 X^+，X^- 方向作了"边缘补偿"。

补偿的权电阻比值见图 26-127，X,Y 权电阻比值，是根据光电倍增管的分辨率和灵敏度，由高到低，由管子的中心到边缘，并以 X、Y 轴对称排列的几何位置而定的。

(3) 延迟线

① 对于 γ 相机，X,Y 主延迟线是位置计算原理的关键，要求 X,Y 主延迟线满足以下条件：

a. 按光电倍增管的几何排列，能作相互的延迟时间分段和抽头；

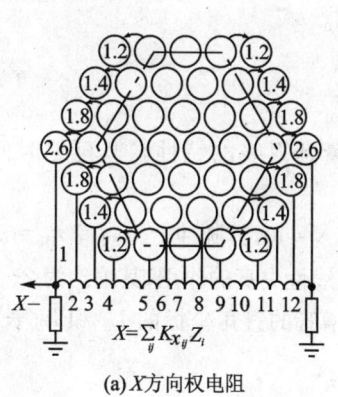
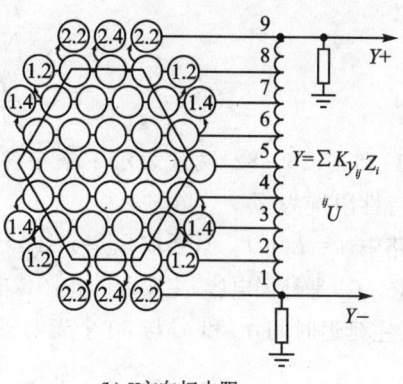

(a) X 方向权电阻　　　　　　(b) Y 方向权电阻

图 26-127　X,Y 权电阻矩阵

b. 输入与输出脉冲互不干扰；
c. 从前置放大器输入的脉冲上升时间不得低于 $0.2~\mu s$；
d. 在位置计算中，不得有非线性失真。

② 主延迟线的计算。为了满足上述条件 a，采用集中参数延迟线，既便于分段，又便于抽头。对于条件 b，磁环磁路闭合，干扰较小，所以使用磁环，不用磁棒。

可用经验公式分析输入脉冲电压的瞬时过程。延迟线原理图如图 26-128 所示。假设电磁波在长线 l 中的传播速度 v 的延迟时间 t_d 为

$$t_d = \frac{l}{v} = \frac{l}{\sqrt{L_1 C_1}} \tag{26-77}$$

若集中参量延迟线的节数为 N，则

$$lL_1 = NL, lC_1 = NC$$

故

$$t_d = l/\sqrt{C_1 L_1} = N\sqrt{LC} \tag{26-78}$$

特性阻抗

$$Z_0 = \sqrt{\frac{L_1}{C_1}} = \sqrt{\frac{L}{C}} \tag{26-79}$$

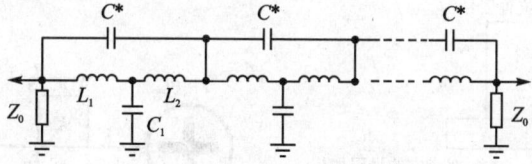

图 26-128　延迟线原理图

从经验公式中得到延迟线的上升时间为

$$t_b = 1.2 N^{\frac{1}{2}} \sqrt{LC} \tag{26-80}$$

这样，可根据要求延迟线的精度取延迟线的节数 N。

由式(26-78)和式(26-79)得：

$$N = 1.2 \left(\frac{t_d}{t_H}\right)^{\frac{1}{2}}$$

又从式(26-78)和式(26-79)得

$$L = \frac{t_d}{N} Z_0 \quad (26-81)$$

$$C = \frac{t_d}{N Z_0} \quad (26-82)$$

式(26-81)和式(26-82)两式表示了集中参量延迟线的特性。其延迟时间为 t_d,节数为 N,电容为 C,特性阻抗为 Z_0。

在实际电路中,$L = L_1 + L_2$,只要取 $Z_0 = 1 \text{ k}\Omega$,若 $N = 10$,其脉冲上升时间 $t_H = 0.5 \text{ μs}$,这就满足了条件 c 的要求。C^* 是补偿电容,主要起防止图像非线性失真的作用,其值约为 2~15 pF。

关于 X,Y 主延迟时间,t_x 和 t_y 与 30 个光电倍增管的直角坐标的 L_x 和 L_y 长度成比例,即

$$\frac{t_x}{t_y} = \frac{L_x}{L_y} \quad (26-83)$$

根据延迟线的特点和 γ 相机空间分辨率要求,X 和 Y 轴分别为 5 ns/mm 和 5.7 ns/mm 为佳。

为了适应 X,Y 每排管子的输入情况,将 X 主延迟线分为 12 段、13 个抽头;将 Y 主延迟线分为 8 段、9 个抽头,如图 26-127 所示。由于边缘补偿的要求,Y 主延迟线两端一段的延迟时间只是中间各段延迟时间的一半,X 主延迟线各段延迟时间相等。

5. γ 相机的数据采集

了解 γ 相机的数据采集过程是掌握使用 γ 相机的重要环节。

γ 相机的数据采集(每隔一定时间一次)方式有帧式和肘节式。

帧式(矩阵式或直方图式)是将照相机的有效视野分帧为 64×64 或 128×128 的矩阵,将输入信号连续不断地加到电子计算机相应地点的一种方式,即将 γ 相机的闪烁图细分成棋盘样方格,细分化一个格,也即象限与储存装置号码相对应,采用使入射在各象限上的 γ 射线储存于对应号码的方法。

γ 射线每入射 γ 相机一次,其入射位置 X,Y 分别由 ADC 数字化,由这一组信号所决定的号码加上 1。64×64 矩阵细分化时的原理图如图 26-129 所示。帧式数据采集示意图如图 26-130 所示。

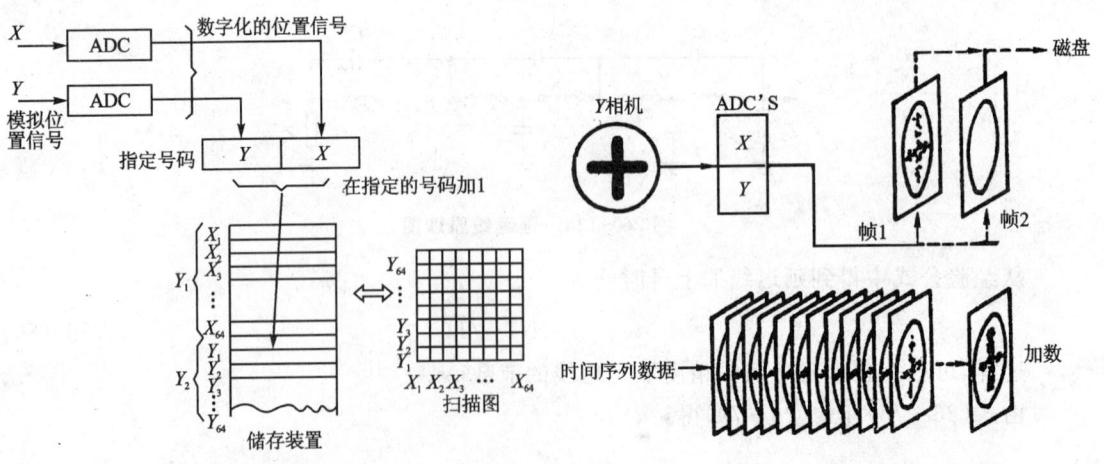

图 26-129　γ 相机接收的原理　　　　图 26-130　直方图式数据的收集

根据所利用的数据区的储存量大小决定多少矩阵数以及一个矩阵内能储存多少计数值。一定时储存在数据区的信息,被连续地输送到辅助储存装置。

γ相机的另一种数据采集方法是肘节方式。所谓肘节方式是连续记录输入 Z 信号的 X，Y 信号,显示时再分帧成 256×256 细小矩阵,其原理图如图 26-131 所示。

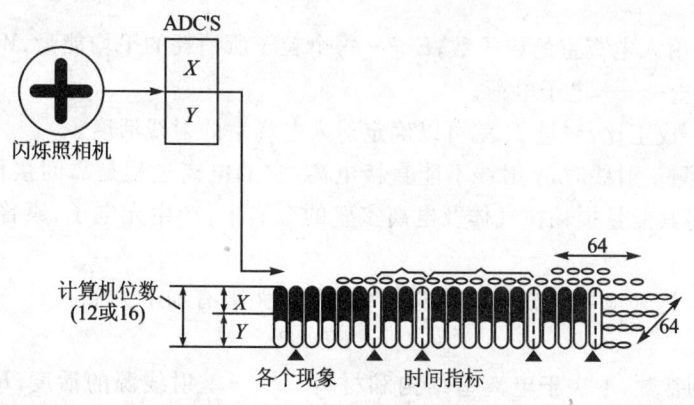

图 26-131 肘节式的数据收集

26.5 核传感器在医学实验仪器中的应用

1. 应用原理

核传感器在核医学实验中有着重要的地位,核医学实验室仪器基本都要用到核传感器。例如,用于放射性药物活度测量的放射性核素活度计,用于放射性防护检测的场所剂量监测仪、个人剂量监测仪、表面沾污监测仪等,这里仅以放射性核素活度计为例说明。

放射性核素活度计,曾称强度计,又称活度仪、同位素刻度仪、刻度器和居里计等。该仪器主要用来测量核素的活度,是放射性核素在生产和应用中的计量仪器,尤其是核医学部门临床应用放射性核素活度测量的精密校正,所以它是各医学单位核医学科常用的实验室基本仪器设备之一。

国内外大多数医用核素活度计的探测器采用电离室,也有个别采用塑料闪烁体。核辐射探测器设计的最重要指标是探测效率,即探测器记录粒子数与射进探测器粒子总数的比值。医用电离室应用于核素的活度测量,从结构上采用了井型,电离室能探测到放置于井中核素 4π 立体角的辐射。这时电离室的几何效率最高,常称 4π 电离室,它较其他方法具有结构简单、操作方便、精度高、量程宽、长期稳定性好等优点,特别是电离具有室密封充气结构,所以无需对环境气候影响作相应的修正。井型电离室示意图如图 26-132 所示。

被测核素置于电离室井中,以接近 4π 立体角照射电离室。γ射线进入电离室的灵敏体积后,与物质发生相互作用,产生次级电子,使工作气体电离,所产生的电子、离子在外加电场的作用下,各自沿着电场方向,向极性相反的电极运动。这种定向漂移运动使收集极上感应出一些电荷被累积下来,构成电离

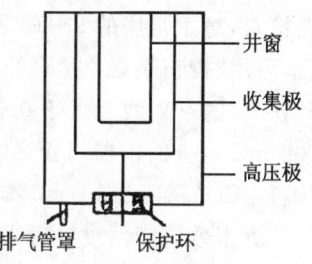

图 26-132 井型电离室示意图

电流,使输出回路产生电流信号。井型电离室是一种电流电离室(又称累积电离室),它记录在一定时间间隔内进入电离室的大量带电粒子所引起的总电离效应。当外加电压足够大,电离电流达到饱和时,饱和电流

$$I_s = \eta_i \cdot \frac{E}{W} \cdot e \tag{26-84}$$

式中,η_i——每秒射入电离室的粒子数;E——每个粒子所消耗的平均能量;W——产生一对离子所需的平均能量;e——电子电荷。

因为 I_s 与 η_i 成正比,测量 I_s 就可以确定射入电离室的射线活度。

电离室用作测 γ 射线时,γ 射线不能直接电离,它的电离过程是靠间接作用,即当 γ 射线进入电离室时,将其能量损耗在气体及电离室壁的金属上,产生光电子、康普顿电子等次级电子来产生电离。

对 γ 射线源,饱和电离电流与源至电离室之间的距离有如下关系:

$$I_s = KD/R^2 \tag{26-85}$$

式中,K——比例常数,取决于电离室结构和材料;D——γ 射线源的活度;R——源至电离室灵敏体积间的距离。

一般采用不锈钢作为电离室材料以保证低的 α 本底,电离室内充以一定压力的氩气,可改善电离室能量响应,保证有较高的灵敏度,并使室壁发射 α 离子造成的本底电流限制到最小。从式(26-85)可知,位于电离室外的 γ 源,饱和电流 I_s 与源的距离 R 平方成反比关系。为此,内井尺寸设计应尽可能小,使饱和电流有较大增加,但也受到放置样品尺寸的限制。内井缩小,使电离室的灵敏体积增大,从而使探测效率有较大提高。为了减弱井壁对低能 γ 射线及 β 射线的吸收,提高对 β 射线的探测灵敏度,有的国产医用电离室将井壁用铜丝网制成。实验证明,用铜丝网作井壁筒比金加工井壁筒效果要好。

电离室的加压由实验确定。如有的国产电离室在大约 150 V 时开始接近饱和,一直到 750 V 之内有一"坪区"。在这个区域内测量误差为 ±1%。为此,工作电压可选在 300 V 左右。

活度计的灵敏度随 γ 能量变化曲线如图 26-133 所示。

可从图 26-133 中的曲线计算对任何已知衰变数据的放射性核素响应。通过调节放大器的反馈、增益等参数,可使活度计直接显示放射性活度。由图 26-133 可知,当 $E_\gamma > 200$ keV 时,电离室内电离主要是康普顿散射光子与室壁、工作气体相互作用而产生的电子所造成的。随着光子能量的减少,光电效应截面急剧增加,同时样品容器、电离室衬套等又吸收低能 γ,二者竞争过程导致在低能端出现峰值。截止能量为 13 keV 左右。

国产放射性核素活度计的用途和技术性能基本接近。它们都能用于测量所有的医用放射性核素,对于常用的 9~10 种医用核素设有固定的按键,机内自行校正。对于其他核素经刻度后,可用"校正系数"拨码开关进行测量:能量范围为 25 keV~1.3 MeV(有的仪器给出至 3 MeV)的 γ 射线及大于 0.3 MeV 的 β 射线核素;量程一般为 3.7 kBq~3.7 GBq(0.1 μCi~100 mCi),有的仪器可至 11.1 GBq(300 mCi)或 22.2 GBq(600 mCi),灵敏度可达 3.7 kBq(0.1 μCi),精度 ±3~±5%。

大多数国产活度计都采用充气 4π 井型电离室,电离室所产生的电离电流由静电计来测量,MOS 场效应管静电计灵敏度高达 10^{-17} A,用于测量微弱电流,但要避免静电感应引起的栅极击穿。有的仪器静电计采用结型场效应管,其方便简单,工作稳定可靠。

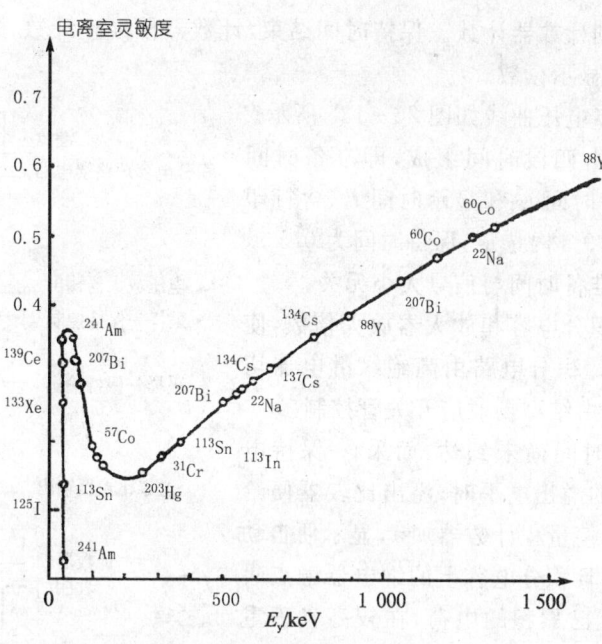

图 26-133　典型的活度计灵敏度曲线

2. CD101 型 γ 活度计

国产各种活度计性能大同小异，但各有特色。本节着重介绍它们各自的特点。国产 CD-101 型 γ 活度计，除了前面已述的基本性能外，采用 $3\frac{1}{2}$ 位数字读出，直接用微居单位刻度，测量范围宽，自动换量程，不需调零点，本底可以补偿，采用标准机箱，插件式结构，便于维修。

国产 CD-101 型 γ 活度计方框图如图 26-134 所示。

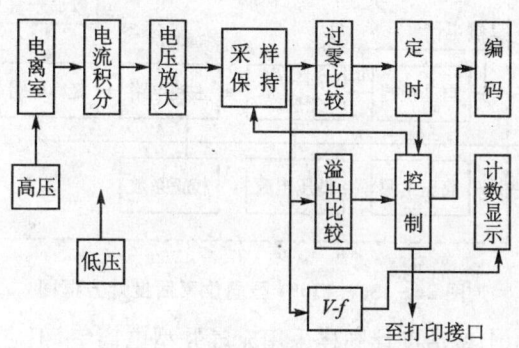

图 26-134　CD-101 型 γ 活度计方框图

仪器开启后，电离室放射性核素输出电流经积分成电压后，通过放大与采样保持电路，再由 $V-f$ 变换器转换成与活度成正比的脉冲频率，送入计数器计数。测量值以 μCi 或 mCi 为单位从显示器直接读出。

电路启动时，电流积分器积分电容上的短接继电器触点断开，积分开始。采样-保持电路处于采样状态，它的输出电压由正电平开始线性下降。当其下降到零时，过零比较器给出正阶跃电压启动定时器，开始积分计时。积分时间一到，采样-保持电路转入保持状态，同时 $V-f$

变换器输出脉冲送到计数器计数。保持时间结束，计数器便停止计数，采样-保持电路恢复采样状态，此时显示器显示读数。

工作过程中各点电压曲线如图26-135所示。

整个工作循环由四段时间组成，即准备时间t_1、积分时间t_2、保持时间t_3和显示时间t_4（含打印时间）。积分时间在9 s内选定，保持时间为0.5 s，显示时间固定5 s，准备时间与信号大小无关。

通过变换两个积分电容和放大器放大倍数，使仪器具有四个量程。积分电路由高绝缘继电器切换，放大倍数的变换由结型场效应开关管控制。

当预定的积分时间尚未到达，而采样-保持电路输出都已到规定的溢出电平时，溢出比较器便给出一个正阶跃信号，使量程计数器加1，显示便自动切换到高量程状态，且积分电容上的继电器触点吸合一次，放掉电容上已累积的电荷，在较高量程重新开始积分。每次测量均以最低量程自动变换到较高量程。显示时间结束，计数器复原。

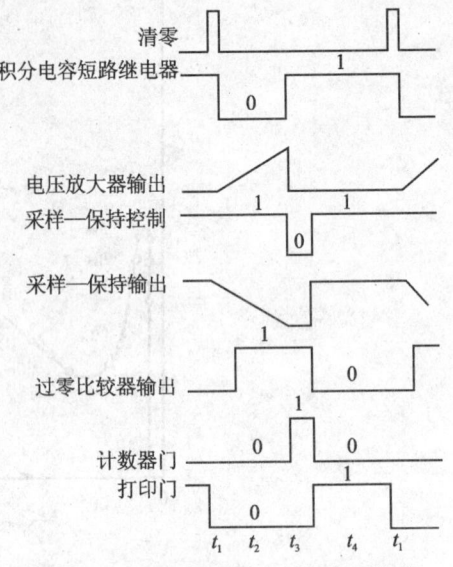

图26-135　工作过程中各点电压曲线

过零比较定零点可以免除调零操作，长时间的缓慢零漂对于积分结果毫无影响，而且积分器的延时及短路继电器放开时零点的小跳变对结果无影响。

3. FJ391型同位素活度计

国产FJ391型同位素活度计方块图如图26-136所示。

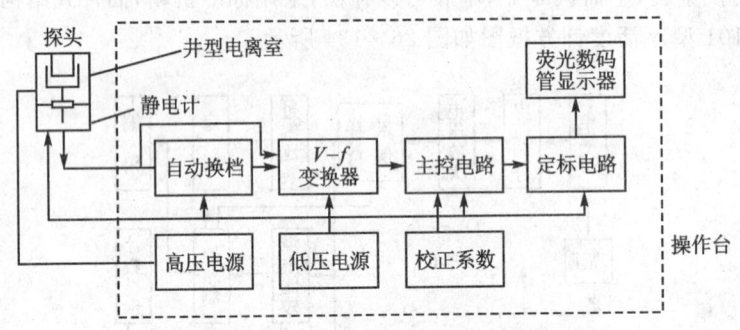

图26-136　FJ391型同位素活度计方框图

与前面已述的CD-101型活度计同样采用充气井型电离室，但它采用结型场效应静电计。静电计由JFET场效应对管(3DJ15B)与运算放大器(F032B)组成。为了减小温度变化对线路的影响，提高运算放大器的输入阻抗，在运算放大器输入端，采用了高输入阻抗JFET场效应对管源极跟随器，这样组成了一个高灵敏度静电计。

JFET场效应管，具有输入阻抗高，噪声低，动态范围大等优点，采用这种器件组成的静电计，其方法简单，工作稳定可靠。因为这种器件的输入栅极是反向P-N结，耐压在25 V以上，而且对管是在同一衬底的两只性能一致的场效应管封在同一管壳内的成对器件，所以有良好的温度补偿性能，极适于作直流差动放大器。此外，它不像MOS场效应管易被静电感应引起栅极击穿而使仪器损坏，比较稳定可靠。

静电计电路采用并联电压负反馈的形式，其优点是可缩短读数建立时间，改善放大器的线性及放大倍数的稳定性。

高阻 R_f 不是接在输入回路，而是作为负反馈接在放大器输入端与输出端之间。

随着输入信号的大小，由"自动换档"电路给出控制信号使串联在反馈电阻回路的开关接通来改变量程。

为了适应测量同位素时产生大范围变化的约 $10^{-14} \sim 10^{-7}$ A 的电流，放大器采用了"自动换档"电路。随着被测同位素活度的大小，也就是电离室输出电流的大小，可自动改变弱电流放大器的放大倍数、V-f 变换器的变换比以及显示器的活度单位[μCi(MBq)、mCi(GBq)]和有小数点的位置。当所测量的活度值超过 100 mCi(37 GBq)时发出报警信号。

前面已述活度计的灵敏度随 γ 能量而变化，通过调节放大器的反馈、增益等参数使其直接显示活度，即同一活度值的各种同位素在电离室中产生的总的电离效应不同。该仪器采用测量时间校正，而不是放大器反馈、增益参数调节。用各种同位素的标准源进行刻度，以确定同一活度时每种同位素的测量时间，即"校正系数"。该"测量时间"是以主控电路上晶体振荡器为基准，从而保证了"测量时间"的准确可靠。仪器已设有核医学常用的 9 种同位素按键，即这 9 种同位素已经刻度"校正系数"，方便使用。而这 9 种以外的同位素测量，需用其标准源刻度确定"校正系数"，用拨码开关控制测量时间即可完成。这种"测量时间"校正精度较高。

4. KD402 型 γ 活度计

国产 KD402 型 γ 活度计与前面已述的两种活度计用途及测量量程相近，但不采用前者的电离室探测法，而采用塑料闪烁体及小立体角方法，克服了采用高压电离室所存在的一些固有缺陷。国产 KD402 型 γ 活度计的缺陷主要表现在测量结果的非线性，因此对探测结果要进行繁琐、复杂的修正，使用不便，探测效率不高，特别是对常用的低能同位素的探测结果误差较大，低端受到限制。然而，该仪器线性较好，而且低能端稳定，高能端也可满足使用要求。

在电路方面，该仪器采用集成电路，还采用小型带打印的电子计算器，充分开发其运算功能，使仪器具有自动测量、自动运算、自动显示、自动打印等功能，使用方便。

测量源强时，先测本底，然后把本底值以负值方法存储到计算器内；再测源强时，将原来存进去的本底值减去，故能直接得到"净源强"值。这样，提高了测量结果的准确度，对于低能和低活度的核素测量有明显的优越性。

该仪器框图如图 26-137 所示。

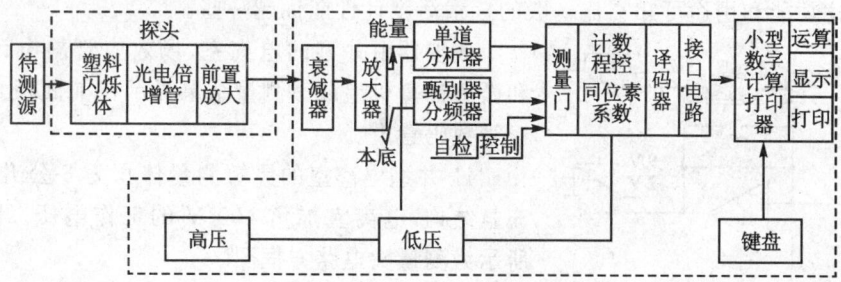

图 26-137　KD402 型 γ 活度计方框图

整机分探头和仪器本体两大部分。探头由塑料闪烁晶体、光电倍增管 GDB-44D 和前置放大器（$K=3\sim 5$）组成。仪器本体由衰减器、放大器、单道分析器、甄别器、计数器、程序控制器、同位素系数只读存储器、译码器、接口电路、计算、显示打印（VOESA 1871P/D）以及电源等部分构成。

衰减器对于不同的核素所对应的脉冲信号幅度加以不同程度的衰减，使在主放大器前幅度基本上保持一致，可使主放大器对表征不同核素能量大小的脉冲信号均能加以线性放大。主放大器 K 约 20 倍左右。

在仪器内程序控制器的控制下，配合"能量"、"本底"、"源强"、"自检"等功能开关和 10 μCi～100 mCi 等量程开关进行各种运算。

测量时间取决于量程，不同的量程测量时间也不一样，二者相应关系为：10 ms－3.7 GBq (100 mCi)；100 ms－0.37 GBq(10 mCi)；1 s－37 MBq(1000 μCi)；10 s－3.7 MBq(100 μCi)；100 s－0.37 MBq(10 μCi)。与前面已述的两种活度计的校正系数方法不同，机内设置有一块同位素系数 ROM。同位素种类不同，其衰变亦不同，而且不一定是整数，故须在计数值上乘以一个同位素系数。

VOESA1871P/D 小型数字计算打印器，是一种供人手动按键操作来进行各种运算的台式计算打印器。该仪器专门为此设计的接口电路，即可模拟人的按键动作，自动对仪器进行各种运算操作，从而将仪器与计算打印器融为一体，使操作方便，可靠性提高。

5. FT-3104 型核素活度计

FT-3104 型核素活度计是 1987 年研制成功的微机化活度计，其功能和用途比一般的活度计更多，除了测核素活度外还具有下列主要功能：

① 测量已知液体放射性溶液的放射性浓度（比活度）。

② 获得给定的核素活度所需要的被测放射性溶液的体积。

③ 对于 ^{32}P、^{51}Cr、^{99m}Tc、^{113m}In、^{125}I、^{131}I、^{137}Cs、^{169}Yb、^{198}Au 九种核素，其核素活度、浓度和需要体积可进行放射性衰变修正。

④ 计算机内设置 91 个存储器，可存储核素名称、活度、浓度等测量值。

⑤ 所有的测量值和 91 个存储器的核素数据都可由打印机打印。

⑥ 测量值能自动扣除放射性本底。

⑦ 仪器读数能任意选择 Bq 或 Ci 二种单位制，而前者是国家标准的计量单位，即国际单位制；后者是人们习惯应用的原有单位制，两者任意选择十分便利。

从上述功能和用途可知它比一般的核素活度计性能优越一些。

该仪器由井型的电离室、场效应管静电计的测量头和微型计算机组成。测量结果显示在前面板六位发光二极管数码管上。

4π 井型电离室的灵敏测量体积为 8 公升，采用密封充氩结构，电离室加负 400 V 的工作电压。图 26-138 所示为测量头电路方框图。

电离室收集极上的测量电流流向静电计，在测量前继电器 J_D 的线圈无电流，常闭触点闭合，仪器自动给出调零电压使放大器输出电压为零伏。进行测量时，继电

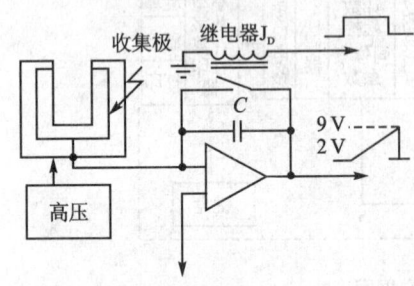

图 26-138　FT3104 型核素活度计测量头电路方框图

器 J_D 的线圈通电,继电器触点打开,电离室收集极上与放射源活度成正比的测量电流在静电计的积分电容 C 上进行积分,放大器输出电压从零伏开始上升。到 9 V 时,继电器线圈断电,常闭触点闭合,放大器输出电压回到 0 V。放大器输出电压从 2～9 V 所需时间称为积分时间,积分时间与测量电流成反比,因此积分时间与放射源的活度成反比。

$$核活度 A = \frac{核素因子 K}{计时时间 T}$$

计时时间即上述的积分时间。核素因子 K 对于不同的放射性核素有不同的值,常用九种核素的核素因子由仪器自动向计算机输入。其他核素的核素因子需通过"核素因子"键输入。

该仪器主要技术性能如下。

① 放射性本底:对 ^{226}Ra$\leqslant$0.01 MBq(0.3 μCi)。

② 灵敏度:0.004 MBq(0.1 μCi)(对 ^{226}Ra,^{131}I,^{113m}In,^{169}Yb,^{198}Au,^{99m}Tc);0.04 MBq(1 μCi)(对 ^{125}I,^{32}P)。

③ 量程:0.004 MBq～4 GBq(0.1 μCi～100 mCi)(对 ^{226}Ra);0.004 MBq～13 GBq(0.1 μCi～350 mCi)(对 ^{131}I,^{113m}In,^{198}Au,^{99m}Tc);0.04 MBq～26 GBq(1 μCi～700 mCi)(对 ^{125}I,^{32}P)。

④ 测量精度:对于 ^{226}Ra$\leqslant$400 MBq(10 mCi)时,不大于±2.5%(±700 Bq);对于 ^{226}Ra$\geqslant$400 MBq时,不大于±5%。

⑤ 温度误差:相对于 20℃的读数平均值,温度误差小于或等于±3%。

⑥ 电离室轴向响应:相对灵敏中心±3 cm,读数偏差小于或等于±1%。

6. FHD-201 型 γ 活度计

国产 FHD-201 标准活度测量仪是微机化的高精度 4π γ 充气电离室活度计。它由电离室和操作台组成,操作台包括电流积分器、电压积分器、微机和打印机等。微机功能包括数据统计处理,自动扣除本底,进行半衰期修正,给出"将来活度值",用标准源自动校准测量值,自动显示和打印出各种数据。其主机已校准核素 23 种,活度测量范围 0.37 MBq～37 GBq,示值重复性±0.1%,示值稳定性＜0.1%(10 小时内变化),温度影响＜±0.2%(15～35℃范围内变化)。该装置的关键部分 TC-1C 型 4π γ 井型高压充气电离室与美国 CRC-7 型电离室、英国 IG11 型电离室、IG12 型电离室对比测试,全部指标达到和部分超过它们。该装置可用于核素活度的精密测定,可作为核素活度量值传递的标准仪器,但比前面已述的工作型活度计价格高很多。

26.6 核传感器在工业领域中的应用

26.6.1 厚度计

图 26-139 所示为透射式厚度计,它是利用射线穿透物质能力制成的检测仪表。

它的特点是放射源和核辐射探测器分别置于被测物体的两侧,射线穿过被测物体后射入核辐射探测器。由于物质的吸收,使得射入核辐射探测器的射线强度降低,降低的程度和物体的厚度等参数有关。射到探测器的透射射线强度 I 和物体厚度 t 的关系为

$$I = I_0 e^{-\mu_m \rho t}$$

或

$$t = \frac{1}{\mu_m \rho} \ln \frac{I_0}{I} \qquad (26-86)$$

式中，ρ——被测材料的密度；μ_m——被测材料对所用射线的质量吸收系数；I_0——没有被测物体时射到探测器处的射线强度。

对于一定的放射源和一定的材料就有一定的 μ_m 和 ρ，则测出 I 和 I_0 即可计算确定该材料的厚度 t_0。放射源一般用 β，X，或 γ 射线。图 26-140 所示为一种 β 透射式厚度计。

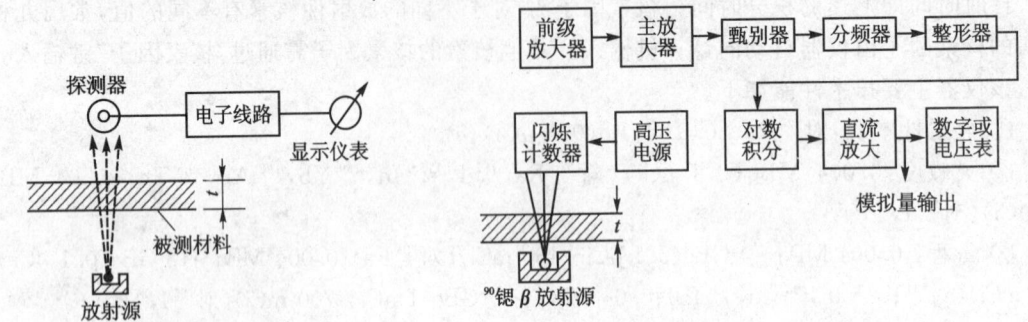

图 26-139　透射式厚度计　　　　图 26-140　β 透射式厚度计

放射源是 20 mCi 的 ^{90} 锶 β 放射源，探测器是闪烁计数器。所用电路与通常的计数率计的区别，只是把线性积分电路换成为对数积分电路。这是为了把原来与厚度成指数关系的脉冲率变成与厚度成线性关系的电压值，使仪表的刻度变成为线性。它的测厚范围是 0.10～0.80 mm 的钢带。图 26-141 所示为零位法的透射式厚度计。放射源的 β 射线穿过被测物体射入测量电离室 1，β 射线也穿过补偿楔射入补偿电离室 2。这两个电离室接成差式电路，流过电阻上的电流为两个电离室的输出电流之差。该差电流在电阻上的电压降，由振荡器变为交流，再经放大加在平衡电动机上，使电动机正转或反转，带动补偿楔移动，直到两个电离室接受的射线强度相等，使电阻上电压降等于零为止，根据补偿楔的移动量可测知厚度。如将放大后的输出信号输给执行机构，还可对生产过程中钢板厚度进行自动控制。

也可以用散射法测量厚度。散射法是指利用核辐射被物质后向散射的效应制成的检测仪器。这种仪器的一个特点是放射源和核辐射探测器置于被测物质的同一侧，射入被测物质中的射线，由于和被测物质的相互作用，而使得其中的一部分反向折回，并进入位于与放射源同侧的核辐射探测器而被测量。射到核辐射探测器处的后向散射射线强度与放射源至被测物质的距离、被测物质的成分、密度、厚度和表面状态等因素有关。因此改变其中的一个参数而保持其他参数不变，则测得的射线强度将仅随该参数而变化。利用这种方法可测薄板的厚度、覆盖层厚度、材料的成分、密度等参数。这种方法的优点为非接触测量，不损坏被测物质和同侧测量等。

图 26-142 所示为后向散射测量厚度的示意图。射线强度与散射体厚度之间的关系式为

$$I_{散} = I_{饱}(1 - e^{-k_1 \rho t}) \qquad (26-87)$$

式中，t 和 ρ——散射体的厚度和密度；$I_{散}$ 和 $I_{饱}$——厚度为 t 和厚度"无限大"时的后向散射 β 射线强度；k_1——与射线能量有关的系数。

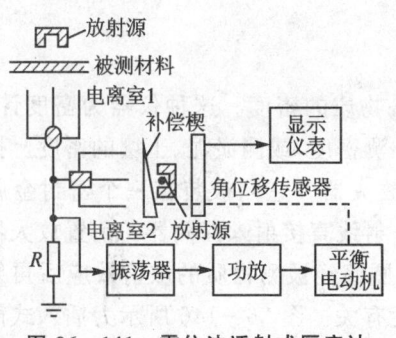

图 26-141　零位法透射式厚度计

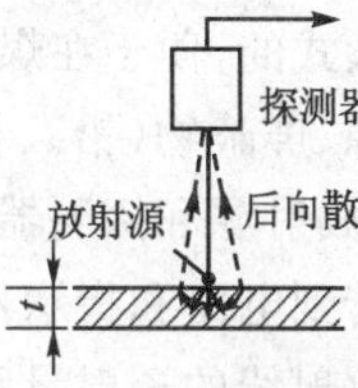

图 26-142　β 散射式厚度测量

26.6.2　液面计及雪量计

核辐射透射型液面计很适用于通常方法难以完成的高温、高压、易爆、有毒容器内液体或粉状体的料位测量。

相对于容器,放射源和核辐射探测器的配置可多种多样。可以是一个放射源一个探测器,如图 26-143 所示。图中 S 为放射源,一般为 γ 射线;D 为核辐射探测器,可用闪烁计数器或盖革-弥勒计数管。也可以是有一定长度的放射线源(或沿一定直线布置的数个放射源)和一个探射器,这样指示器 M 就可有线性刻度。

另一种表示法的核辐射液面计,如图 26-144 所示。它是一种基于物质对射线的吸收程度的变化而对液位进行测量的物位计。当液面变化时,液体对射线的吸收也改变,从而就可以用探测器的输出信号大小来表达液位的高低。

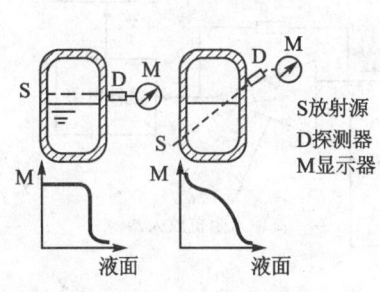

图 26-143　透射式液面计

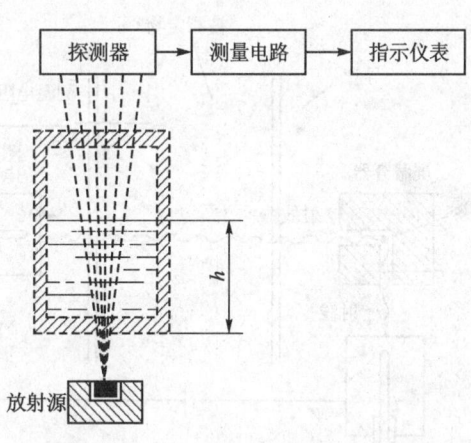

图 26-144　核辐射液面计原理图

图 26-145 所示为透射式雪量计,是一种气象仪器,可以是一种远距离测量仪器,测量深山中某地的积雪量。地上放置 ^{60}Co γ 射线源,在其铁架上放置着核辐射探测器(可为闪烁计数器)。γ 射线穿过积雪射入探测器。积雪愈厚,γ 射线被吸收愈多,计数率愈低,是密度计的一个变种。积雪量值通过译码器、无线电发射设备和天线发射出去。

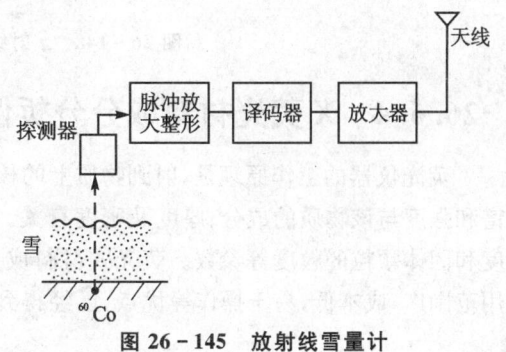

图 26-145　放射线雪量计

26.6.3 密度计

可以利用物质对γ射线的散射效应测量各种疏松物质的密度。这种仪器为密度计，它可将探头做成插入式的，便于在煤田、油田等地质勘探中测密度，或测淤泥、土壤的密度。探头中包括γ放射线源、屏蔽物(铅)、核辐射探测器及前置放大器。它们被装在一个密封金属圆筒内，屏蔽物置于放射源和探测器之间，用来防止原始γ射线直接射入探测器。前置放大器的输出脉冲经电缆传到电路和指示器。γ放射线射出金属圆筒经被测物质的散射效应后再射到核辐射探测器。放射线的透射量和散射量与物质的密度有关。图26-146所示为插入式散射型密度计，在工业上可测液体、粉体或液体中混有各种物质的浆体的密度。图26-147是透射式γ射线密度计，在被测物流经的管子的一侧安装包含有γ射线源的屏蔽容器，另一侧安装检测器。γ射线被测定物部分吸收后射入检测器，并被转换成电信号之后再由放大器放大，以直流电压或电流的形成输出。图26-148是利用γ射线密度计测量液体密度的实例。

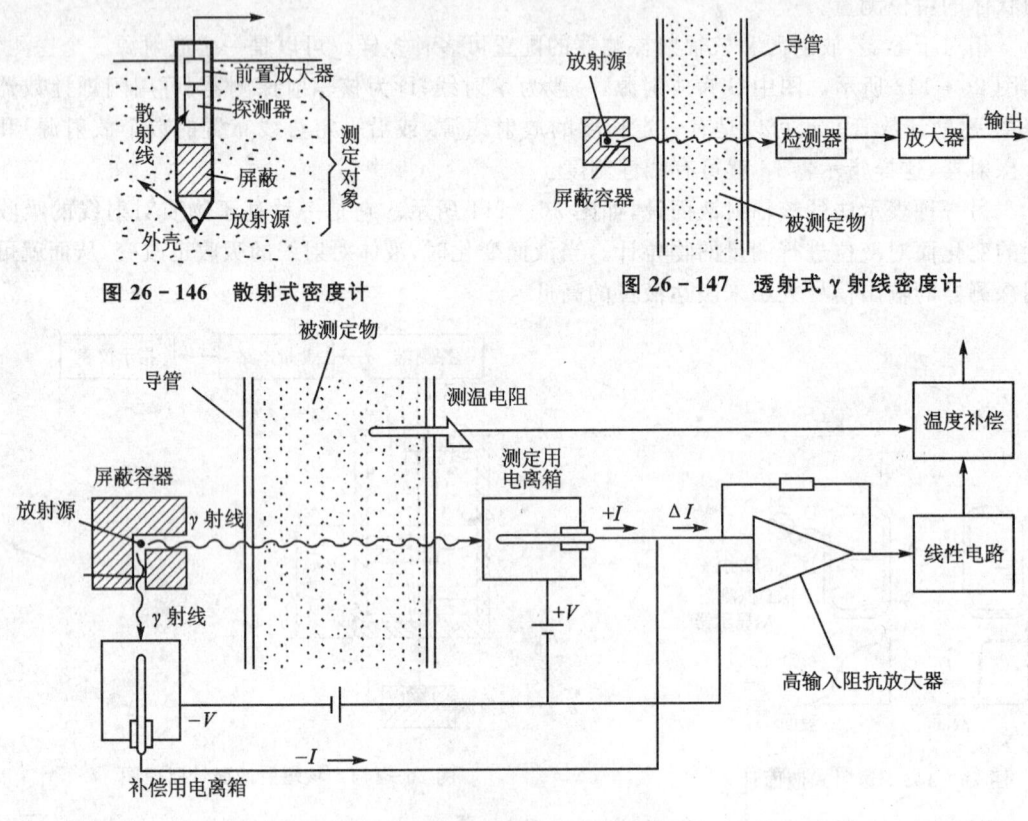

图 26-146 散射式密度计　　　　图 26-147 透射式γ射线密度计

图 26-148 γ射线密度计测液体密度实例

26.6.4 X荧光材料成分分析仪

荧光仪器的工作原理是，射到物质上的核辐射所产生的次级荧光射线(如特征X射线)的能谱和强度与该物质的成分、厚度及密度有关。利用荧光效应可以检测覆盖层厚度、物质成分、密度和固体颗粒的粒度等参数。荧光式材料成分分析仪具有分析速度快，精确度高，灵敏度高，应用范围广，成本低，易于操作等优点，已经得到广泛应用。荧光式覆盖层厚度计可以精确地测量薄镀层或深层的厚度,对于一些镀层厚度的测量,有取代β散射式覆盖层厚度计之势。

X荧光材料成分分析仪是根据初级射线从样品中激发出来的特征 X 射线荧光,对材料成分进行定性分析和定量分析的核辐射检测仪器。由于样品中不同元素的 KX 射线或 LX 射线是同时激发的,它们混在一起离开样品,向四周飞去,故必须用分光的办法设法把它们按波长或能量的大小分开,才能进行样品组成元素的定性分析和定量分析。有两种分光方法,一种称为波长色散法,另一种称为能量色散法。能量色散 X 射线荧光分析仪的工作原理是:初级射线从样品中激发出来的多种能量的各组成元素的特征 X 射线射入探测器,该探测器输出一个和射入其中的 X 射线能量成正比的脉冲。这些脉冲输给脉冲高度分析器、定标器和显示记录仪器,给出以 X 射线荧光能量为横坐标的能谱曲线,由谱线的峰位置及峰面积的大小,就可求出样品中含有什么元素及其含量。

因为波长色散 X 射线荧光分析仪是利用分光晶体将不同波长的 X 射线分开,而能量色散 X 射线荧光分析仪则无需庞大而精密的分光装置,因其结构简单可做成轻便型的。波长色散 X 射线荧光分析仪一般要用 X 射线管提供 X 射线;能量色散 X 射线荧光分析仪无需使用 X 射线管,而用同位素 X 射线源,放射源的成本低,体积小,质量轻,发射的 X 射线强度稳定,能量不变,且能谱的单色性好。能量色散 X 射线荧光分析法越来越占重要地位。

图 26-149 所示为能量色散型 X 射线荧光分析仪的探头部分示意图。它由放射源、探测器、样品台架孔板、滤光片和安全屏蔽快门等组成。在 X 荧光分析仪中,低能 γ 射线源和 X 射线源用得最多。最常使用的有 ^{55}铁、^{238}钚、^{109}镉、^{241}镅、^{57}钴、^{133}钆。常用的探测器有正比计数管、闪烁计数管和锂漂移硅半导体探测器。要根据具体使用场合,合理选用。

X 射线荧光分析仪的应用范围很广,可以分析原子序数大于 13 的任何元素,而原子序数小于 13 的元素的特征 X 射线不易被激发,即使激发出来也因能量很低,难以用一般方法测量。X 射线荧光分析法可以分析固态、液态、粉末状和糊状样品。固体样品靠近放射源的那个表面应相当平整。粉末状、糊状和液态样品则需有特制样品盒,样品盒底面靠近放射源的那一面应是一个薄膜。粉末样品的密度和颗粒度应均匀,否则将会产生误差。

放射源、样品和探测器间的几何布置也是一个重要问题。如图 26-150 所示,将放射源表面中心点和样品表面中心点的连线方向与表面中心点和探测器窗中心点的连线方向间的夹角当作散射角度 θ。散射角的选择取决于所用射线能量、探测器型式和所测样品。选择合适的散射角可以使能谱曲线上的散射峰和散射光子的逃逸峰对所测荧光峰的干扰最小。最常用的散射角为 90°～180°,这种布置可使探头结构简单,尺寸较小,使用方便。

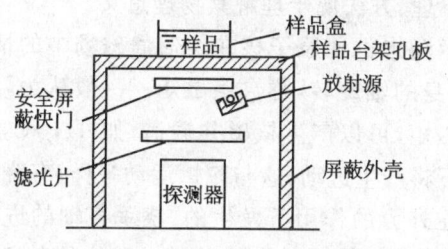

图 26-149 X 射线荧光分析仪的探头示意

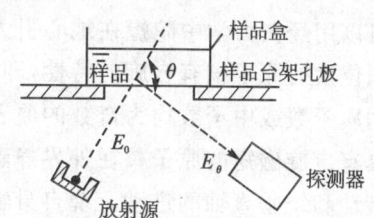

图 26-150 散射角

通常被激发出来的 X 射线荧光的能谱是相当复杂的,而正比计数器和闪烁计数器的能量分辨力又有限。因此,常在探测器附近放置滤光片,使待测元素的特征 X 射线能充分通过,其他射线又充分地被吸收，以减少干扰射线。

26.7 核医学中的磁共振成像

磁共振成像（MRI），原名核磁共振成像。现在一般称为磁共振计算机断层摄影装置（MRCT），简称 MR-CT，是指利用磁共振成像原理制成的医学影像装置。

现代医学影像技术中，X 线机、X 线 CT 及超声仪仅能反映出脏器的解剖形态结构，γ 相机和 ECT 等虽然能同时反映出脏器的解剖形态及生理、生化的动态功能，但病人及操作人员总会受到一定剂量的辐射，而 MRI 技术兼顾了 X 线及核医学的优点，目前被认为是 21 世纪医学上最先进的、最有前途的显像方法。

早在 1946 年，美国科学家布劳克（F. Bloch）和柏塞尔（E. M. Purcell）同时分别发现了核磁共振现象，并因此获得 1952 年的诺贝尔奖金。直至 1971 年，(MRI)医学显像的概念和方法才被提出来。1976 年，P. Mansfield 等人利用行扫描技术第一次获得了人体手指的图像，显示了 MRI 技术具有很好的软组织分辨能力。1978 年，MR-CT 头部断层摄影成功。1981 年，MRI 全身断层摄影成功。目前，MRI 已成为商品仪器，世界上至少已有 18 家以上的厂商生产 MRI 仪器，其中有美国、德国、英国、荷兰、日本、法国等国的主要制造医疗设备的厂商，并且出现了一些专门生产 MR-CT 的工厂（如美国的 FONAR 公司）和专门生产磁体的工厂（如英国的 Oxford 公司）等。据 1983 年不完全统计，国外已有 136 台 MR-CT 装置投入研究和临床应用，近几年增长更快。本节简要叙述 MRI 有关原理、方法及其优缺点、现状及发展方向。

26.7.1 成像原理

MRI 技术与通常 X 射线成像技术在某些方面有其相似之处，但两者所依据的物理过程、接收和分析信息的方法，以及所获得信息的内容却完全不同。X 射线和放射性核素成像原理都是利用光子流作为射线源，射线穿透人体或从人体中发射出来形成影像；磁共振成像则利用内原子核固有的自旋转特性，在外界射频场的作用下产生磁共振，由于所用的射线源为射频场，所以又称为射频成像。这种成像对人体无损伤，无放射性，其有一组与原子核的共振性能相关的参数作为成像的变量，这样构成的图像称为 MRI 图像。目前常用的是质子成像。

磁共振现象涉及物质微观相互作用的过程，只有利用量子力学才能进行确切的阐释。但是，就其某些宏观效应而言，利用经典力学和磁学原理、方法便于理解其物理意义。

可以用经典力学中陀螺在地心引力作用下的运动来类比原子核在均匀静磁场中的情况。有些同位素的原子核有自旋的特性，即原子核绕自身的轴旋转，称自旋磁矩。一般认为，原子核中的质子数或中子数均为奇数的原子核有自旋磁矩，可以产生核磁共振谱，如 ^1H，^{13}C，^{23}Na 等。具有自旋磁矩的原子核在外界静磁场的作用下将产生进动，这与陀螺运动一样，有绕自身轴的转动和绕垂直轴的进动。绕自身轴的转动是在外力的作用下发生的；绕垂直轴的进动是重力作用的结果。原子核在外界静磁场作用下也产生原子核本身的自旋运动和绕外磁场方向的进动，这种运动的结果使原子核的方向逐渐趋向于外磁场的方向。一组原子核的行为可视为各个原子核自旋的叠加，因而也有类似单个原子核一样的运动。

共振是人们熟悉的现象。事实上，任何一振动的物体在周期变化的外力作用下，当外力变化频率与物体振动频率一致时,都会发生共振。原子核也有共振现象。具有自旋磁矩的原子核在外磁场作用下的运动也可视为一种振动,其振动频率即拉莫(Lamor)进动频率:

$$\omega = rH$$

式中,H——外加均匀磁场,单位高斯(Gs);r——转磁比,又称回磁比或称旋磁比,它等于原子核的磁矩与角动量之比。如果在垂直于静磁场的方向再加"一"干扰场——射频场,当射频场的频率与拉莫频率相等时,原子核的自旋矩与射频场将同步地绕静磁场旋转。相互作用的结果是原子核的磁场偏离静磁场的方向,即振动加剧,称为磁共振,如图26-151所示。

干扰场的频率与拉莫频率不等,则原子核时而靠近静磁场,时而离开静磁场,无共振发生。

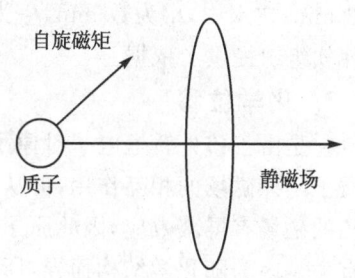

图 26-151 磁矩 μ 的质子在外磁场 B 作用下进动

在强度为 B_0 的均匀静磁场中,特定的元素只对特定频率的射频脉冲产生磁共振响应,相应的频率即共振频率或拉莫频率。共振频率 f 直接与静态磁场 B_0 成正比,这就是所谓的共振方程:

$$f = rB_0/2\pi \tag{26-88}$$

式中,r——回磁比,对于特定的核为一个常数。例如氢核(质子)的 $r = 2.675 \times 10^{-8}$ rad·s^{-1}·T^{-1}(T 为磁通密度单位特斯拉 Tesla,或 $r = 2.675 \times 10^{-4}$ rad·s^{-1}·Gs^{-1})。因此 $B_0 = 1$T,可以求出质子的共振频率为 42.574 MHz;如果 $B_0 = 0.2$ T(2000 Gs),则氢核的共振频率为 8.5 MHz。同理类推可以求得在 $B_0 = 1$ T 时,^{19}F 原子核的 $\omega_0 = 40.055$ MHz;^{23}Na 原子核的 $\omega_0 = 11.262$ MHz;^{31}P 的原子核 $\omega_0 = 17.237$ MHz。

磁共振信号的波形是很复杂的,其中同时存在许多不同的频率。为了产生图像,必须测出每种频率的信号强度。这可以通过傅里叶变换,把以时间为函数的波形转换成以频率为函数的波形来实现,也就是可以把 FID 通过傅里叶变换而得到 MRI 频率谱。

26.7.2 磁共振成像中的有关参数

常用的 MRI 主要参数如下。

1. 纵向释放时间 t_1

它又称纵向驰豫时间,描述的是原子核与周围分子或点阵的相互作用(有时又称自旋-晶格相互作用)。外加一个 180°的脉冲射频场使原子核的净磁场偏离原方向 180°,由于原子核周围分子的不规则运动产生的涨落变化场将作用在原子核上,使其回复到平衡位置。原子核在回复到平衡态的过程中向周围分子或点阵释放能量,核磁场减弱,称纵向释放,相应的时间常数称纵向释放时间,用 t_1 表示。t_1 是平行于外部磁场的磁化强度矢量分量 M 的指数衰减时间常数,它反映原子核为了传递能量到周围环境或晶格所需要的时间。

2. 横向释放时间 t_2

它又称横向驰豫时间,描述的是原子核与原子核的相互作用(有时又称自旋-自旋释放)。外加一个 90°的脉冲射频场使原子核的净磁场偏离原方向 90°,由于临近原子核间的相互作用,原来偏离的原子核将回复到平衡态,这一过程称横向释放。在水和一般溶液中,这一释放过程为指数衰减,对应的时间常数称横向释放时间,用 t_2 表示。t_2 是垂直于外部磁场的磁化

强度矢量分量 M 的指数衰减时间常数,它反映通过自旋-自旋相互作用过程而传递能量所需要的时间。

一般而言,$t_1 \geqslant t_2$。在液体中,$t_1 > t_2$;在固体中,t_1 与 t_2 近似相等。在固体中,t_1 和 t_2 大约为 3 min;在水中,t_1 为数 min,t_2 为数 μs。在液体和固体中,t_1 和 t_2 的明显差异为 MRI 鉴别各种软组织提供了依据。

3. 化学位移

它是由于核外轨道电子对原子核的作用而产生的。通常认为电子的磁性可以忽略,仅考虑质子与外磁场的相互作用,但从核磁共振的角度考虑,电子也有不可忽视的作用。电子对原子核的磁场有屏蔽效应,因此原子核所受的外磁场为 $(1-\sigma)H$,σ 称屏蔽常数,与核外电子的环境有关。因为随化学结构而异,所以 σ 又称化学位移,单位 ppm。氢原子的 σ 为 10^{-5} ppm,多电子的原子 σ 可以远大于 10^{-5}。

当静磁的均匀性高于 10^6 时,酒精的核磁共振谱中有三个峰,分别对应于 CH_3,CH_2 和 CH,这是由于它有三个不同的 σ 所致。如果低于 10^6,三个峰将重合在一起;如均匀性高于 10^8,则 CH_3 和 CH_2 还可分得更细。由此可知,磁共振率是化学物质的很好鉴别器,称为化学物质的"指印"(Fingerprinter)。

4. 核感应信号

在进动的原子核周围垂直静磁场 H 的方向绕上一组线圈,则线圈中将产生感应电动势,称核感应信号。这种信号可以放大、处理、显示在荧光屏上。如外加一射频场,核感应信号将随时间衰减,叫做自由感应衰减,其衰减的时间常数就是横向释放时间 t_2。在零时刻的强度(即无射频场时)正比于质子的密度。

26.7.3 成像方法

磁共振成像产生的图像,描述核发射 MRI 信号的位置和特性。自旋密度 ρ、驰豫时间 t_1 和 t_2,对于图像对比度的贡献,在一定程度上取决于射频脉冲的顺序。脉冲顺序最常用的有两种:一种是"单纯的"(Simple)脉冲法,或称反复激发衰减法,脉冲间隔 t 是样品的平均驰豫时间($t - t_1, t_2$);一种是稳定态自由进动(SSFP 或 SFP),脉冲间隔小于样品的平均驰豫时间($t \ll t_1, t_2$)。

在第一种方法中,通过对 t 的选择,突出 t_1 或 t_2 对信号强度的贡献,增强图像的对比度,这在质子成像是十分有用的。因为驰豫时间对于软细胞组织的对比度比纯的流动的质子浓度要灵敏得多,所以有人在成像实验时,把 t_1 的贡献与自旋密度的贡献分开。事实上,在有些情况下,t_1 包含更多更有用的临床信息。例如,灰、白质神经组织就含水量而言仅差 10%,但是它们的 t 值可相差 1.5 倍。在这种方法中,又分为"饱和-回收"顺序(或称"饱和-恢复"脉冲序列)和"反向-回收"顺序(或称"翻转-恢复"脉冲序列)。"饱和-回收"顺序所加的 RF 脉冲是等间隔的 90°脉冲,脉冲间隔约为样品的平均值 t_1 值。如果 $t_1 \gg t_2$,成像强度可由下式给出

$$I \infty \rho [1 - e^{(-t/t_1)}] \quad (26-89)$$

同样,不同的 t 值可以获得不同的数据组,通过数学处理,把它们组合成 t_1 图和自旋-密度图。"反向-回收"比"饱和-回收"更加能显示出样品中 t_1 的变化,但是扫描时间较长,空间分辨率较低。

在 SSFP 方法中,成像强度是自旋密度 ρ、驰豫时间 t_1 和 t_2 及射频脉冲长度的更为复杂的

函数。若使用90°脉冲,则信号强度正比于$\rho/[(t_1/t_2)+1]$。因此,对样品的纯液体区域($t_1/2 \sim 1$),信号强度仅是自旋密度ρ的函数。对于分子运动受到限制的区域($t_1/t_2 \sim 1$),信号强度就被减弱。可见,这种方法中,软细胞组织的对比度参数有3个,即t_2/t_1比、自旋密度ρ和脉冲强度。因此,对于这种图像的解释较为复杂,然而利用这种方法已经得到某些质量很高的图像。

成像平面的选择通常有两种类型:一种使用振荡磁场梯度;另一种使用选择辐照。两种方法中,以与所要求的平面成90°角施加磁场梯度。磁场梯度由二个环形线圈来产生,它们的电流相反,所以只有在它们的中线处的磁场等于主磁场B_0。在选择辐照情况下,用特定形状的、频率单纯的射频脉冲辐照样品。由于频率窄,那些在垂直于磁场力度方向的区域内的核被激发,因为只有这个区域内的核位于符合于脉冲共振频率的磁场之内,如图26-152所示。

在振荡场平面选择的情况下,梯度线圈的电流周期地变换方向,所以在两个线圈之间只有一个平面的磁场是不随时间变化的,来自这个平面之外的核的磁共振信号随时间迅速变化,因此对成像无贡献,如图26-153所示。

磁共振成像的目的是获得一断面磁共振信号的空间分布,成像的变量可以是质子密度或释放时间。质子密度成像的优点是反应的解剖关系清晰;释放时间成像的优点是对比度好。信号的探测系统主要包括一个垂直于外磁场的线圈,它可以接收来自磁共振中产生的感应信号。在射频场作用下,核感应信号的变化与释放时间和质子密度有关。探测线圈可以是射频线圈,也可另加接收线圈。磁共振的探测原理如图26-154所示。

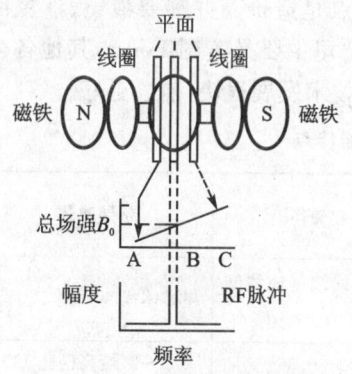

图 26-152　辐照平面选择

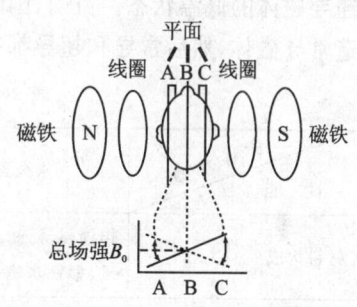

图 26-153　振荡场平面选择

为了得到MRI信号的空间分布,均匀磁场是不能实现的。为此在沿空间某一方向的均匀场上调制一个线性变化的梯度场,这样可得到一个沿梯度方向分布的一维MRI信号剖面,如图26-155所示。

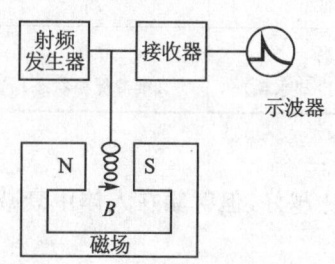

图 26-154　磁共振成像的探测原理

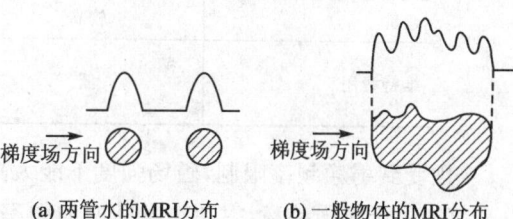

(a) 两管水的MRI分布　　(b) 一般物体的MRI分布

图 26-155　梯度场作用下的MRI空间分布

为了得到一个二维的平面图像,可以在平面内的不同方向上施加梯度场,从而得到不同方向的 MRI 投影剖面,这与 CT 中旋转不同角度获得一断层面完全一致。

MRI 的图像重建与 CT 相同,可以把成像物体的断面和对应的图像用 $n \times n$ 的二维矩阵来表示。图像重建的目的是求出 n^2 个矩阵单元中的每一单元 A_{ij} 的 MRI 响应。每个梯度方向投影剖面实际上是 n 个数据的和或积分。如果知道 n 个方向的投影剖面,就可列出 n^2 个独立方程,从中解出 n^2 个未知数来,这样图像重建的任务也就完成了。方程求解可用迭代法、反向投影法或其他方法。

MRI 成像装置主要由磁场和计算机两部分组成。磁体是建立静磁场的部件,它所产生的静磁场其磁场强度要求一定的均匀性和稳定性。从临床要求出发,均匀性要不低于 10^{-4},稳定性不低于 10^{-5}。磁体有三类,即永久磁体、常导磁体和超导磁体。下面将三类磁体性能特点列于表 26-22 中。

如表 26-22 所列出的分类特点,永磁的优点是价格低,表中指出的造价较高仅说明永久磁体本身,其维持费用低,但质量大、体积大,如美国 Fonar 公司的铝镍钴永磁质量高达100 t。常导磁体的优点是磁场强度可调,均匀性、稳定性和成像质量都比永磁好,表中所列其造价低仅指常导磁体本身,为了排除热量,还需要热交换装置维持冷却水等系统(造价并不低);其缺点是维持费用大,如 0.2 t 的常导磁体,功耗为 60 kW,冷却水耗 60 L/min,还需要热交换装置等质量为 4~6 t,有些常导磁体功耗高达 100 kW。超导磁体的优点是耗电量小,一般产品其磁场强度可达 2 T 左右,分辨率高,图像质量好;但其缺点是造价高并需要液氮、液氮冷却装置来保持超导磁体的低温状态。目前,国际上制造永磁的公司主要是美国 Fonar,其他各公司开始主要制造常导磁体,然后常导和超导都有。近年来,超导技术发展很快,前景更好。

表 26-22 磁体分类性能特点

性能 \ 磁体类型	永久磁体	常导磁体	超导磁体
材料构成	铝镍钴永磁、铁氧体永磁、钐钴永磁	铜或铝导线绕制成线圈磁体	超导体线圈
磁场强度/T	≤0.3	0.2~0.3	0.5~2(最高已达 11)
均匀性	差	较好	好
稳定性	差	较好	好
成像质量	差	较好	好
电耗	无	大	小
造价	较高	低	高
维持费用	低	高(电耗及冷却水耗)	较高(维持低温状态)

因受到射频频率限制,磁场强度不能太高,这是因为:

① 由于场强越高,射频激发脉冲的频率越高,信噪比越好,但射频在人体中衰减严重,还会使射频信号在穿过组织时产生相移。

② 在使用空芯线圈时,过高的场强将因太大电流使磁体的功率消耗和散热都成为问题。

③ 太高的场强在人体中产生不同程度的伤害和引起高的温升。

基于上述几点考虑，通常选射频上限频率不引起严重的衰减为准，一般用 10～15 MHz。

MRI 中的关键技术之一是静磁场（主磁场）的建立。MRI 的信噪比会随着所加的场强而增加。对于大的成像物品，要求有均匀的场强（一般要求 10^{-5}～10^{-4} T）。在场强为 0.2 T 以下（共振频率为 8.5 MHz）的质子成像中，由于功耗不大（约 50 kW），冷却要求不高，常导磁体可以采用制造较易、造价较低的四线圈空气芯阻抗磁铁（其中二个为梯度磁场线圈）。但是，要获得回磁比较低的核的恒定频率（例如在频率为 8.5 MHz 时观察 ^{31}P 核）的数据，则要求的磁场强度较高，此时最好使用超导磁体。

梯度场线圈的功能是产生梯度场，X,Y,Z 轴三个方向的梯度场线圈相互正交地装在磁体里面，对它的要求是线性好，开关快，能随时间变化。

射频线圈也放在磁体里，其功能是产生一个与静磁场 B_0 相垂直的射频场 B_1，其频率要与 B_0 相匹配，并且由公式 $\omega_0 = rB_0$ 来决定。整个射频系统不仅要激励磁共振，而且要接收通过核进动发射出来的自由感应衰减信号。发射器和接收器可以采用同一个射频线圈，因为两者的工作时间不同。当然，也可以另用一个正交于发射线圈的专用线圈来接收 MRI 信号。一般采用石英振荡器来产生高频脉冲，并且由计算机控制的调制器来获得一定形状和时间的脉冲序列。当脉冲的脉空比为 1∶100 或更多时，射频脉冲的功率约为 100～1000 W。MRI 使用的射频频率为 2～15 MHz，其中心频率是磁场强度的函数，频率是空间梯度的函数。对于 0.15 T 系统，MRI 信号的中心频率为 6.25 MHz，频带为 15.30 kHz。一个常导磁体型的 MRI 装置的结构框图如图 26-156 所示。

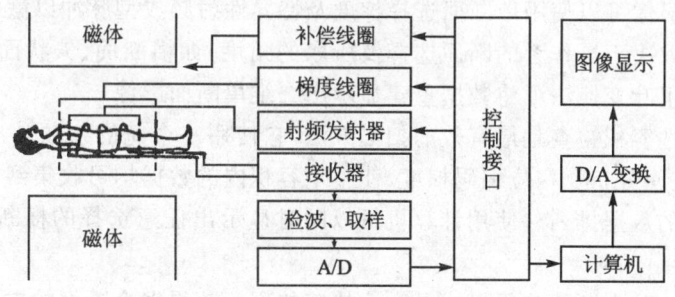

图 26-156 MRI 的结构框图

MRI 装置的工作过程基本如下：将受检部位置入静磁场内，用脉冲射频磁场激励人体的受检部位，然后用接收器（接收线圈）测量输出的磁共振信号并放大；再经过相敏整流器整流、检波取样和 A/D 变换数字化，经接口送入计算机进行处理。下面结合有关原理来阐述其工作过程。

质子密度用于测量被显像的样品内共振原子核的数目，质子浓度高，MRI 的信号强。人体内运动、流动及扩散不产生 MRI 信号，或产生得很少，因为射频脉冲施加于血液内的受激原子核，当信号返回时它已离开此区域。

t_1 是前面已述的纵向释放时间，它是原子核被射频脉冲激励后指数驰豫的组成参数。驰豫的类型主要取决于原子核将射频能量转移至晶格内，即原子核与周围环境（介质）的相互作用。因此，t_1 亦称为"自旋晶格驰豫时间"。

MRI 工作时，原子核置于静磁场，它们即沿磁场方向排列成行，并以一定的频率沿轴心旋进。原子核旋进的频率依据拉莫公式可以计算出，它与主磁场强度成正比。当质子位于主磁场中时,自旋系统即进入各种不同的能量水平,大多数处于低能量水平。因此产生的静磁信号其方向与磁场的方向一致。

当一个射频脉冲以直角的方式施加于原子核,使其处于激发态时,其自旋的角度即增加。脉冲停止后,原子核即旋进返回其原来的排列状态,同时有无线电信号释放出。

使用梯度线圈线性改变磁场强度以及空间编码信号,可以得到空间分布的信息。磁场强度由一端变化至另一端,原子核将以不同的频率旋进,频率取决于它在梯度的位置。由此可以提供图像信息,描绘出 MRI 信号的空间分布,否则即不能识别它的空间位置。

MRI 系统使用各种不同的射频脉冲序列所得到的影像,包括质子分布及 t_1 和 t_2 驰豫时间信息。饱和恢复、逆转恢复及自旋回波的区别在于施加的脉冲序列。每种增强或抑制特异的 MRI 信息。

饱和恢复增加序列间歇延迟 SQI,可以减少 t_1 驰豫时间的信息。SQI 间歇(0.5 s)可以由 0.05 s 变化至 10.0 s,增量为 ms。SQI 的变化可以增强质子分布的信息,减少 t_1 的信息。

逆转恢复的影像与饱和恢复的影像相反,使用一个 180°的脉冲,其平均时间间歇延迟相当于平均的 t_1 值。它施加于 90~180°脉冲序列之前,可以增强 t_1 信息。此方法可以区别短的 t_1 值与长的 t_2 值。180°及 90°、180°脉冲之间相隔 450 ms,SQI 延迟 1.5 s 即相当于平均 t_1 值的 3 倍,可以得到理想的图像。

自旋回波显像与前两者不同,它可以增强 t_2 驰豫时间的信息。脉冲序列的改变是改变 90°脉冲与 180°脉冲之间的时间间隔。

二维单断面显像可以使用单断面选择梯度及特异性射频成型脉冲以激发对此有兴趣的断面。数据的获得取决于操作者的断面选择及所取的角度,如横断面、矢状面、冠状面或任意角度的斜面。用傅里叶变换法可将数据重建显示出二维单断面影像。

三维各向同性容积检查是最有效的扫描方法,它使用一个宽的射频脉冲激发整个容积的质子,通过使用空间分布及相位编码梯度,使整个容积内的数据均可收集到。用傅里叶转换重建法可产生影像的数据排列。使用计算机可以同时显示出任意选择的横断面、矢状面及冠状面影像。

三维各向异性的多断面获得模式是一个快速的用于获得多个断面的方法。此方法的数据获得与三维各向同性容积检查相似,但沿轴平面收集的信息较少,故得到的断面较厚,反向投射法投影的数目增多,其分辨率也将增加。

计算机系统除了控制与协调整个 MRI 成像系统的工作外,主要进行数据采集、处理、图像重建和图像的后处理等。该系统需要不同类型的计算机和处理机来完成各项功能,如有的系统采用六种不同功能的计算机,即主计算机、阵列处理机、两台图像计算机、控制脉冲用计算机、控制梯度场计算机等。

计算机软件主要包括成像软件包和图像处理软件包。前者又包括对患者参数登记、成像条件选择、数据采集与处理、图像重建、图像存储与图像显示等;后者主要用于图像的后处理,包括将储存在磁带或磁盘上的图像通过显示器显示出来,并对图像进行窗口处理、滤波处理、放大处理、感兴趣区处理,还可以对有关参数进行计量、绘图,或对图像进行检索、编辑,以可将其他图像输入到磁性存储器中储存起来,并通过调整显示器上的图像与 MRI 图像一起进行综合处理以取得更多的诊断信息等。

MRI 系统的控制操作台及其他设备与 ECT、PET 等大型仪器类似,有各种输入输出设备及储存和存档用装置。

前面已述国外不少厂商都生产 MRI 仪器,下面简介一些主要型号的商品仪器。

1. 永磁型 MRI 系统

这类系统商品仪器及其制造厂商不多,主要有美国泰桑尼克(Diasonics)公司和 Fonar 公司,而后者是只生产永磁型 MRI 系统惟一的厂商。

永磁型比其他类型(常导型和超导型)维持费用低。永磁体无须启动,使其工作时间增加,典型的永磁型 MRI 系统时间利用率达到 95%。该型主磁体不需要电力,这就使电力稳定性问题对整个系统的影响大大降低。该类型系统仅耗电 20 kVA,大大低于其他类型 MRI 系统的耗电量。其他类型系统一般都需要另加磁场屏蔽,可能要耗资 10 万美元以上。永磁型系统(如 Fonar 公司的)永磁体没有逸散磁场,其主磁场是沿垂直方向的,因而磁体对周围铁磁性物体无磁力作用,所以,一则省去磁场屏蔽,二则扩大永磁成像系统所能适用的病人范围。也只有永磁型 MRI 才允许将某些急救用具,如呼吸器、电振发生器等带入扫描室。由于只有在永磁型 MRI 中才能得到鞍形和螺旋形两种形式的表面线圈,而采用螺旋形表面线圈的优点在于其所能得到的信噪比是鞍形表面线圈的二倍,这样,即使采用场强较低的磁体,也能得到相同或更高的空间分辨力。永磁型 MRI 系统占地少(如 Fonar 系统只需占用 92.9 m³ 的空间),而超导型系统大约要占 207 m³ 的空间。永久磁体可拆成散件运输,然后现场组装成整件,比常导型和超导型系统预先组装、整体运输方便、节省。永久磁体的磁场强度 10 万年才衰减 2%,几乎永不改变,整个系统的可靠性高。其他类型 MRI 系统只能推算 t_1 和 t_2,而只有永磁型 MRI 系统才能用聚焦法对 t_1 和 t_2 作较为准确的测量。

Fonar 公司的永磁型 MRI 系统已达到 2 mm 图像分辨力的技术指标,还具有心脏门控、血管造影等功能,并配置激光硬盘存储器等外围设备。

2. 常导磁体 MRI 系统

生产该类型 MRI 系统的厂商较多,如 Brucker、Diasonics、Zamox(原 Elscint)、GE、M&D、Philips、Picker、Siemens(原 Technicare、Toshiba)等公司,下面列举几个典型产品。

日本东芝公司的 MRT-15 型 MRI 装置,其成像方式为选择激励法及投影重建法。成像时间为 5~10 min;断层厚度为 5 mm,10 mm,20 mm;空间分辨率 2 mm 以下。采用计算机型号是 TOSBAC 系列 7/20E。

日本东芝公司的 MRT-22A 型 MRI 装置,其磁场强度为 0.22 T,成像时间为 2~10 mm;断层厚度 5 mm,10 mm,15 mm;空间分辨率 1.5 mm。

3. 超导磁体 MRI 系统

生产超导磁体 MRI 系统的厂商日趋增多,如德国 Siemens 公司、Bruker 公司,美国 GE 公司、日本东芝公司和岛津公司等。

德国 Siemens 公司的 Magnetom 系列 MRI 装置。它的主磁体是超导磁体,场强有四种,分别为 M5 型(0.5 T)、M10 型(1.0 T)、H15 型(1.5 T)和 H20 型(2.0 T);磁场均匀度为 5 ppm,磁场均匀度的时间稳定度为 0.1 ppm/h;断层厚度为 3 mm,5 mm,10 mm,20 mm;累加模式可达 128 mm 和 256 mm;分辨率为 2 mm(纵身 ϕ50 cm 时),1 mm(头部 ϕ25 cm 时);测量时间为 0.7~8.5 min,回收时间为 0.3~1.6 s;射频线圈额定频率为 15 MHz。梯度线圈产生所需的给定梯度场强。计算机系统中,主计算机为 VAX11/730 型处理机带 1 MB 存储器、10 MB 可清除的磁盘子系统和 121 MB 硬磁盘子系统和键盘。图像计算机为 BSP11/MR 阵列处理机,用于快速图像重建,两个软磁盘驱动器装在控制台内,每个软磁盘每面存储量为5 MB。图像重建方法采用快速傅里叶变换技术,图像矩阵为 256×256 像点。后处理包括计算 t_1 图像、计算 t_2 图像、窗口技术、局部图像放大技术、测量距离与角度、图像位置交换与旋转、选择与测量感兴趣区、减影技术、直方图、多幅图像显示、在图像上叠加基准线或基准格等项功能。

美国 GE 公司的 SIGNA 型 MRI 装置也是超导型,正常使用时磁体的磁场强度为 1.5 T。采集模式可分为二维单层、二维多层和三维(体积)三种;断层厚度为 3 mm,5 mm,10 mm,15 mm,20 mm;图像数据采集矩阵为 128×128,256×256,图像显示矩阵为 512×512 像点。计算机系统包括:DataGeneraEclipseMV4000,32 位;快速浮点阵列处理机;16 位微处理机。该装置在体外加上一个小线圈,可以测量活体的 ^{31}P 和 ^{13}C 的频谱。

日本东芝公司的 MRT-50A 型 MRI 系统也是超导型的,超导磁体磁场强度为 0.5 T。断层厚度为 2.5 mm,5 mm,10 mm,15 mm;分辨率<1.0 mm(头部 ϕ250 mm 时),<1.4 mm(全身 350 mm)时;图像显示矩阵为 512×512 像点;成像时间 9 s(512×512 矩阵时),3 s(256×256 矩阵时)。计算机系统采用 TOSBAC 系列机,东芝制造的高速图像计算机(AFRU)。

日本岛津公司的 SMT-50 型 MRI 系统也是超导型的,其磁场强度为 0.5 T。断层厚度为 2~50 mm,测量时间 3.2 s~30 min。图像重建方法为二维/三维傅里叶变换技术,成像时间约 1 s/每一断层(在数据采集矩阵 128 时)。磁场均匀度小于 10^{-5},磁场稳定性小于 10^{-7}/h。计算机系统采用各自独立的 CPU 以完成其不同的功能:扫描部分的处理器为 SCLIPSEs/120,辅助计算机为快速图像重建处理机,辅助存储器为磁盘 42 MB;图像诊断部分的处理器为 E-CLIPSEs/120,辅助计算机为专用图像处理机,辅助存储器为 147 MB 的磁盘和 2.4 GB 的光盘。图像显示矩阵为 1024×1024。

德国 Bruker 公司的 BNT1100 型 MRI 装置所采用的计算机系统是 ASPECT3000。

美国 Diasonics 公司的超导型 MRI 系统其成像速度快(0.1 s),分辨率高,腹部、心脏成像为其他各家公司所不及。该公司的 MRI 装置已在我国上海、西安等地医院投入使用。

总之,MRI 技术是一个崭新的领域,从前面所述的工作原理、过程、装置及典型产品介绍以及目前临床和实验结果中已能看出下列特点:

① 图像的信息丰富。X 线只能对人体的吸收系数 μ 成像,而 MRI 能对人体中核子自旋密度(目前主要是质子密度)ρ、驰豫时间 t_1 和 t_2 等成像;图像的灰度和对比度是 B_0,B_1,ρ,t_1,t_2 等有关因子的函数。从原子、分子水平上了解人体组织成分与结构,从而不仅可以显示形态学,而且可以了解生命的生理、生化功能和动态过程,早期发现病理变化和癌变。

② 它对软组织的对比度好,在质子成像中可明显区别脑灰质和白质,并能穿过骨骼成像,穿过骨骼时无明显衰减。

③ 能广泛用于流体测定,临床上能测定血流量。血液流速快,一般不显像;而当有血栓使血流受阻时,即显像。利用血液驰豫时间长的特点,在一定距离的另一个层面,通过磁性标志来测量时间并求出血流速度等。在肿瘤和心血管病的早期诊断方面很有发展前途。

④ 从仪器结构上而言,它无机械扫描装置,通过电子学方法调节梯度场的变化进行扫描和选择断层面,可以得到无限的切面像,进行三维显像而且不必移动患者。

⑤ 仪器设计牢固,不易损坏。MRI 的发展不像 CT,因其发展仅局限于计算机的软件功能,所以无一代、二代的问题存在。

⑥ 采用新型的造影剂,例如锰离子 Mn^{2+} 那样的顺磁离子具有不成对的电子磁矩,如将它们注入人体,能稍微增加局部磁场并能改变敏感核的驰豫时间。它们作为示踪物能起到类似 X 线的造影剂或放射性示踪物的作用。利用顺磁离子的分布形成的图像,可以测量血流或显示心脏周期各阶段的活动情况。

⑦ 非电离辐射,因此对人体无害。

MRI 系统的缺点如下:

① 成像时间较长,如一般全身成像 39 个断层面需要 13 min,较 X-CT 慢。不过前面已述,先进的 MRI 系统成像速度提高很快。

② 由于 MRI 磁场强度高,对周围环境有影响,并且不宜对体内植有心脏、假牙和金属移植物的患者进行检查。为防止外来磁场及含铁物对成像系统的影响,要求把 MRI 装置安装在无铁房间和远离电梯、机动车辆的地方。不过该缺点已被克服,MRI 系统可设置安装在一般实验室或诊察室内,磁屏蔽和射频屏蔽的问题也得到了解决,0.5 T 磁场的室外强度可小于 0.0005 T。

③ 一般而言,MRI 系统造价高,如前述的其价格为 SPECT 的 5 倍,为 X-CT 近 2 倍,并且运行维持费用也高。不过随着超导技术近年突破性的进展,若全部使用液氮而不使用液氦,则超导磁体系统的冷却费用大为降低。有的学者预言,MRI 装置的价格将仅为现在价格的 2%～5%,则 MRI 装置可普及推广应用。其前景十分乐观。

目前 MRI 深入研究的主要课题如下:

① 安全性的进一步研究。目前尚未发生静磁场和高频场对人体的危害,但长期效应尚有待研究。首要的是确定最佳的磁场强度,磁场强度越高,图像质量越好,但随之而升高的高频磁场对趋肤效应的影响如何?有的厂商认为 0.5 T 最好,有的则认为 1.5 T 较好,目前尚无定论。

② 为了获取不同部位、不同诊断目的所需的脉冲序列参数的最佳匹配,对不同序列形成的图像进行判读标准的研究与制定。

③ 提高扫描速度和图像质量。

④ MRI 技术目前主要是对质子密度成像,扩大到对人体中其他核子自旋密度的研究,如 ^{31}P 的信号弱但对人体生理功能有重要作用。

这些都是 MRI 技术深入研究有待解决的课题和发展方向。

第 27 章

陀螺传感器

陀螺传感器是以自身为基准,用来检测运动物体的摆动方位及偏移基准的一种装置。因此,通常用在飞机、船舶、汽车、机器人等运动物体的方位检测、摇摆度检测、位置距离检测等。尤其是在无人驾驶飞机、汽车、电船、机器人等的自动稳定、自动操纵(自动转弯)、自动判别方位等的控制系统中更显示出它自己独特的优越性。

27.1 国内外陀螺传感器展示

27.1.1 角速率陀螺系列

1. PFRS 型压电射流速率陀螺传感器

PFRS 型压电射流速率陀螺传感器的工作原理如图 27-1 所示。射流是由压电泵激励产生的一种气态层流束,它对哥氏加速度特别敏感。射流束以恒速度 v_j 运动,当沿传感器壳体的输入轴加上角速率 ω_j 时,射流束即偏离中心位置。偏离的量值和方向取决于与外加角速率的矢量特性。设偏离的量值为 y,则哥氏加速度

$$y = 2\omega_j v_j$$

经过两次积分可得偏离量

$$y = \omega_j v_j t^2 \tag{27-1}$$

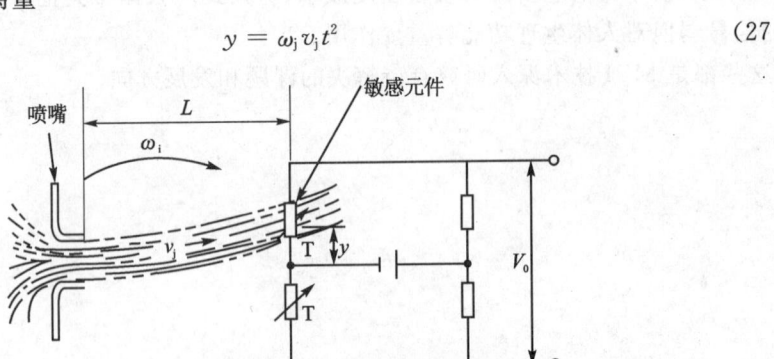

图 27-1 PFRS 型陀螺传感器工作原理图

敏感元件(一对导线)设置在距离喷嘴 L 处,显然,$L=v_j t$,故还可得到偏离量的另两种表达式

$$y = \omega_j L t \tag{27-2}$$

$$y = \omega_j \frac{L^2}{v_j} \tag{27-3}$$

由上述偏离量 y 的三种表达式可知,流束位置的偏离量正比于垂直射流轴外加的输入角速率的量值。由式(27-2)可看出。在恒输入角速率 ω_j 的条件下,射流的偏离量正比于射流的长度 L 和射流迁移时间 t 的乘积。由式(27-3)可看出,当射流长度 L 一定时,偏离量反比于射流速度 v_j。

由图 27-1 可看出,角速率使射流偏离中心位置并作用到敏感元件 T 上,敏感元件因受射流冷却而发生电阻变化,使电桥失去平衡,输出正比于角速率的电信号。

PFRS 型压电射流速率陀螺传感器的结构剖面图如图 27-2 所示。在传感器中连续循环地通过喷嘴的恒速层流由压电泵产生,压电泵是由两片薄的压电晶片和一片周界弹性安装环组成的,压电晶片用作调节元件使泵以固有频率振动。

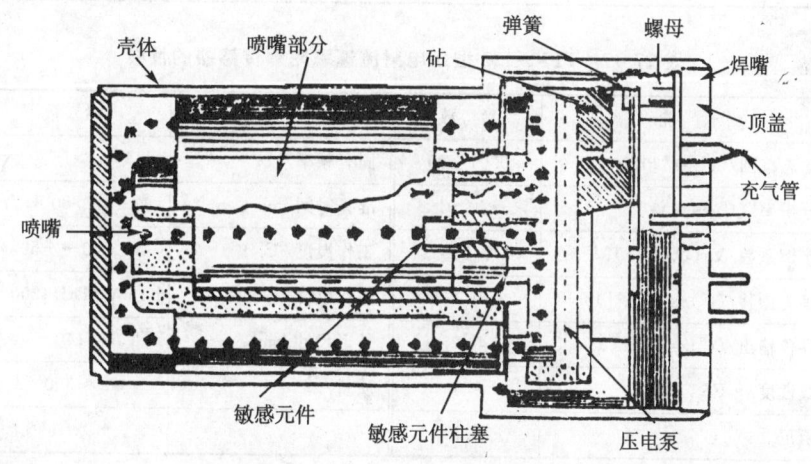

图 27-2 PFRS 型陀螺传感器结构剖面图

PFRS 型压电射流速率陀螺传感器实际上是一种固态速率陀螺。它具有陀螺的功能而没有传统陀螺的高速转子,因此这种固态速率陀螺的耐高冲击和高可靠性等特点是传统陀螺不可相媲美的。

固态速率陀螺的寿命至少比传统陀螺的寿命长 100 倍,其 MTBF>250 000 h。这种固态速率陀螺能承受 16 000 g 的冲击,比传统陀螺能承受的冲击加速度高 100 倍以上。

PFRS 型压电射流速率陀螺传感器可用于导弹、飞机、舰船、工业自动化和机器人等技术领域,是测量和控制角速度、角加速度和角位移等角参数的关键部件。它是末制导炮弹和耐高冲击高可靠机器人姿态控制不可缺少的惯性器件,用于末制导炮弹滚控系统,储存可靠度>0.9906,工作可靠度>0.999 999 5。

其性能如表 27-1 和表 27-2 所列。

表 27-1 PFRS-18.2.3.39 型压电射流速率陀螺传感器的性能

性能	参数	性能	参数
动态范围/((°)·s^{-1})	500±100	比例系数/V·((°)·s^{-1})$^{-1}$	0.0062±0.002
线性度/%FS	<1	噪声灵敏度	可忽略不计
灵敏限/((°)·s^{-1})	<0.1	耐冲击/g	纵向16000,横向5000
分辨率/((°)·s^{-1})	<0.1	MTBF/h	250000
零位输出/((°)·s^{-1})	<1	准备时间/ms	<80
固有频率/Hz	40	工作温度/℃	-40~50
零位漂移/((°)·(s·min)$^{-1}$)	<0.1	电源	±15 V(DC);200 mA
滞后/((°)·s^{-1})	0.6	体积/cm^3	172
g灵敏度/((°)·s^{-1})	1.0	质量/g	340
振动灵敏度/((°)·s^{-1})	2(≈2000 Hz)		

表 27-2 PFRS-123 型压电射流速率陀螺传感器的性能

性能	参数	性能	参数
动态范围/((°)·s^{-1})	0.01~30	固有频率/Hz	>15
分辨率/((°)·s^{-1})	<0.01	准备时间/ms	>80
比例系数/V·((°)·s^{-1})$^{-1}$	0.150	工作温度/℃	-40~+50
零为漂移/((°)·s^{-1}·h^{-1})	0.1	工作电源	±15 V(DC);200 mA
零位输出/((°)·s^{-1})	0.2	外形尺寸/cm^2	140
线性度/%FS	<1	质量/g	≈300
阻尼	0.5		

2. PCRG 型角速率陀螺传感器

PCRG 型角速率陀螺传感器的工作原理如图 27-3 所示。在恒弹性合金或晶体梁上贴上两对压电换能器,当给驱动换能器加电压时,则梁在驱动方向的质点产生位移速度 v。若沿梁纵轴(z 轴)方向输入角速度 ω,那么,在垂直于驱动换能器的读出换能器上必然受到惯性力 F 作用,该力正比于 ω,即

$$F \propto \omega \times v$$

由于压电效应,读出换能器输出正比于 ω 的电压。

能敏感 x,y,z 轴向角速度的传感器的总体结构如图 27-4 所示。

PCRG 型角速率陀螺传感器有能敏感单轴(z)向、双轴(x,y)向和三轴(x,y,z)向角速度

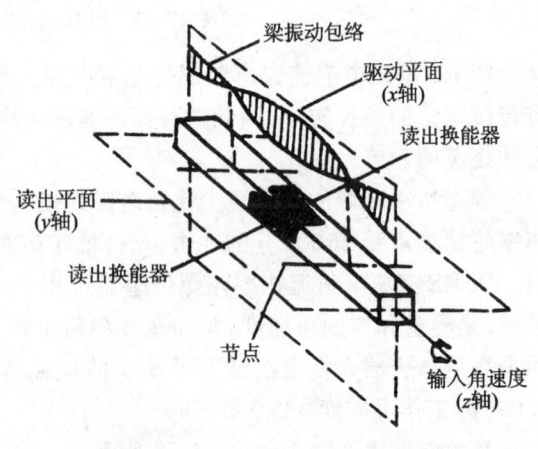

图 27-3 PCRG 型角速率陀螺传感器工作原理

三种类型,其典型产品的主要性能列于表 27-3 中。

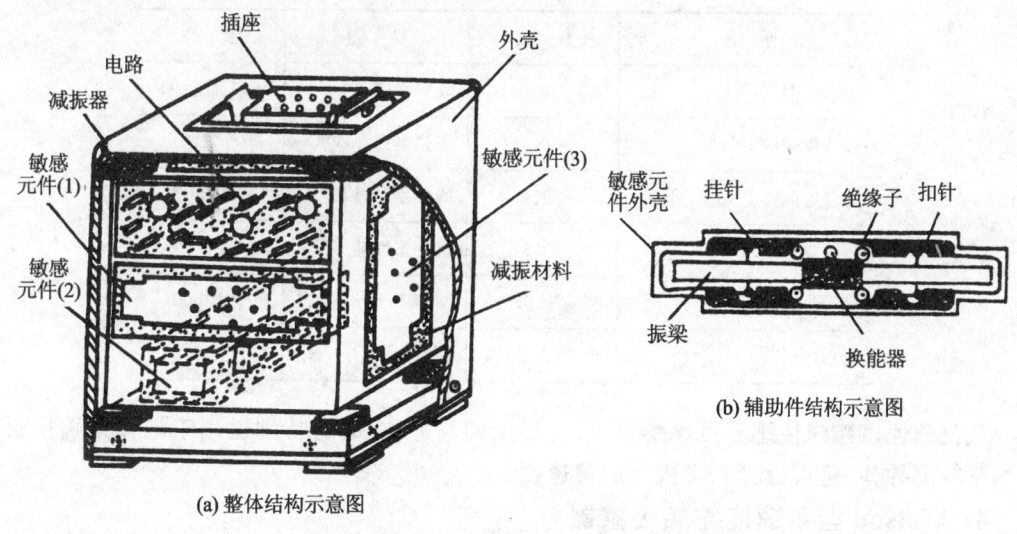

(a) 整体结构示意图

图 27-4 PCRG 型陀螺传感器结构示意图

表 27-3 PCRG 型陀螺传感器特性参数表

型号		动态范围 /((°)·s^{-1})	灵敏度 /((°)·s^{-1})	准备时间 /min	零位漂移 /(mV·h^{-1})	固有频率 /Hz	阻尼比	比例系数 /(mV·(°)$^{-1}$·s^{-1})
IY931-4	x	±600	3	<30	<30	>25	>0.2	5
	y							
	z	±60						

3. 气流角速度陀螺传感器

如图 27-5 所示,当喷嘴喷出的气流直线进入空间时,热敏电阻丝 W_1 和 W_2 处于均匀冷却状态,电桥输出 V_0 为零。当输入角速度为 ω 时,气流在热敏电阻丝之间发生偏转,偏转的多少与 L 的平方成正比,这时冲击到 W_1 的气流增强,而冲击到 W_2 的气流减弱,电桥失去平衡,从而输出 V_0。结构见图 27-6 所示,特性参数见表 27-4。

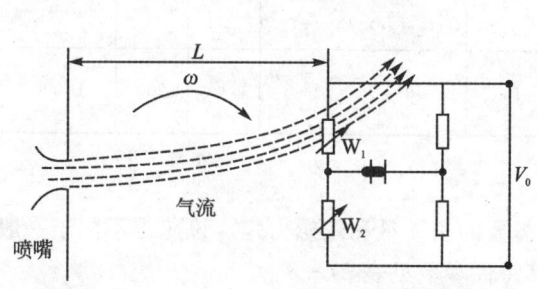

图 27-5 气流角速度陀螺传感器工作原理图

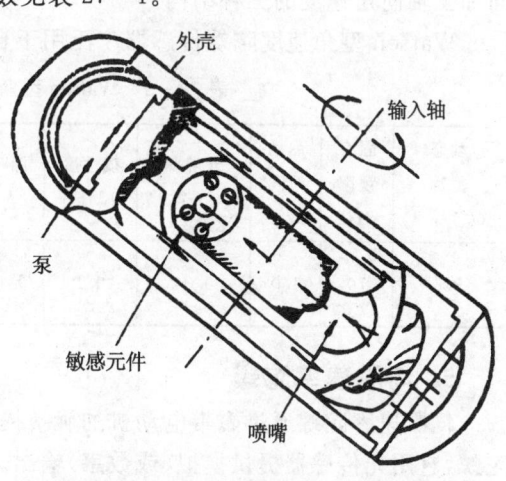

图 27-6 气流角速度陀螺传感器结构示意图

表 27-4 气流角速度陀螺传感器特性参数表

性 能	参 数	性 能	参 数
动态范围/((°)·s⁻¹)	100	频率响应	4511 滞后 91°
加速度响应/%FS=g	<0.1	零位电压/mV	<10
启动时间/s	<1.0	线性度/%FS	<0.5~1
零位误差/%FS	<10	抗冲击性能	200 g, 11 ms
分辨率/%FS	<0.05	MTBF/h	>10 000
滞后/%FS	<0.2	质量/g	250

气流角速度陀螺传感器可承受 1000 g 以上的高冲击,故它特别适用于炮弹末端控制,也可用于检测导弹、鱼雷、船舶、飞机等的角速度。

4. Watson 型角速度陀螺传感器

这种传感器的工作原理如图 27-7 所示,特性参数见表 27-5。两块弯曲振动的压电元件彼此端拉开构成 90°角。固定在基座上的压电元件以其基波频率驱动,使敏感元件产生一个角振荡。当敏感轴向处于零角速度时,敏感元件不产生弯曲,故没有输出信号。当存在旋转速度时,哥氏力引起力矩,该力矩引起敏感元件弯曲。敏感元件产生的信号,其幅度正比于角速度,而相位取决于旋转的方向。

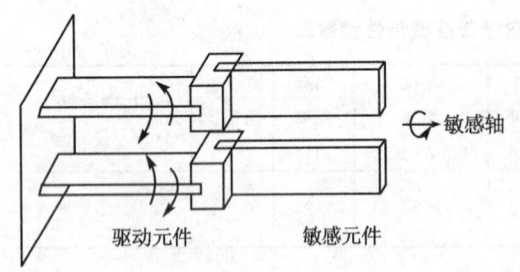

图 27-7 Watson 型角速度陀螺传感器工作原理图

Watson 型角速度陀螺传感器的结构与前述 PCRG 型类似,差别在于前者的敏感轴是双晶片,后者的敏感轴是矩形振梁。和 PCRG 型一样,Watson 型亦有能敏感单轴向、双轴向和三轴向角速度的三种结构。

Watson 型角速度陀螺传感器广泛用于自控系统,它是较好的速率反馈元件。

表 27-5 Watson 型角速度陀螺传感器特性参数表

动态范围/((°)·s⁻¹)	固有频率/Hz	启动时间/s	分辨率/((°)·s⁻¹)	线性度/%FS	滞后	温度漂移/%FS	加速度漂移/((°)·(s·)⁻¹)	工作温度/℃	交叉耦合/(°)	冲击/g	MTBF/h
300	70	1.0	0.04	0.1	无	10	0.1	−40~70	1	200	10 000

5. 伺服速率陀螺

伺服速率陀螺通过磁带电动机的旋转提供需要的角动量和陀螺力矩。该陀螺不同于一般陀螺,它用光传感器提供模拟(或数字)输出。其特性参数见表 27-6。

表 27-6　伺服速率陀螺特性参数表

动态范围 /((°)·s⁻¹)	固有频率 /Hz	阻尼比	起动时间 /s	分辨率 /((°)·s⁻¹)	滞后 /%FS	线性度 /%FS	零位输出 /((°)·s⁻¹)	冲击	工作温度 /℃	工作高度 /m	质量 /g
400	>80	0.1±0.05	<30	<0.02	<0.025	0.5	<0.3	100g	−40～90	18 288	250

这种伺服速率陀螺可用于军用飞机和导弹,特别适用于控制飞行器和自动驾驶仪。

27.1.2　角加速度陀螺系列

1. PCAG 型角加速度陀螺传感器

这种传感器是 PCRG 型角速度陀螺传感器的派生产品。PCRG 型角速度陀螺传感器的输出端加上一个特制的微分器即构成角加速度传感器,其特性参数见表 27-7。

表 27-7　PCAG 型陀螺传感器特性参数表

动态范围 /((°)·s⁻²)	输出DC电压/V	零位电压 /mV	灵敏限 /((°)·s⁻²)	线性度 /%	工作温度 /℃
360	10	10	0.01	2	−30～70

角加速度和角速度陀螺传感器是敏感运动体角参数的部件,它们广泛用于导弹、飞机、船舶和工业自动控制系统。

2. Watson 型角加速度陀螺传感器

Watson 型角速度陀螺传感器的输出端串联上一个微分电路,即构成 Watson 型角加速度陀螺传感器。由于微分电路的固有性质,当有角加速度输入时,Watson 型角加速度陀螺传感器输出的角加速度模拟量,其零位偏差小而稳定,量值正比于输入角加速度。

这种传感器的结构和前述 Watson 型角速度陀螺传感器的结构基本一样,差别仅在于前者增加了一个微分电路。

Watson 型角加速度陀螺传感器可用于遥测和控制系统,其特性参数见表 27-8。

表 27-8　Watson 型角加速度陀螺传感器特性参数表

比例系数 /((°)·s⁻²·V⁻¹)	输出DC电压/V	启动时间 /s	分辨率 /((°)·s⁻²)	线性度 /%FS	MTBF /h
2	5	1.0	0.04	0.1	10 000

27.1.3　角度陀螺系列

1. TN 型调谐挠性陀螺

这种陀螺可用于导航系统、火炮稳定装置、石油钻井、铁路工程和汽车试验等。其特性参数见表 27-9。

第27章 陀螺传感器

表 27-9 TN 型调谐挠性陀螺特性参数表

型号	随机漂移/((°)·h^{-1})	外形尺寸/mm	质量/g
TN-02	0.1	$\phi 50 \times 65$	232
TN-03	0.01	$\phi 51 \times 65.5$	380

2. YT-3 型角度陀螺仪

这种陀螺仪特性参数见表 27-10，用于测量平行于陀螺仪外环轴的飞行器的第一坐标轴的转角，它可遥测飞行器的姿态角。

表 27-10 YT-3 型角度陀螺仪特性参数表

量程/(°)	直流电流/A	交流电流/A	开锁电压/V	外形尺寸/mm
-170~170	0.35	0.28	18	100×100×118

3. Watson 型增稳器

这种增稳器实际上是角度传感器，其工作原理是在 Watson 型角速度陀螺传感器的输出端串联一个特定的积分器，将角速度输出信号积分，从而得到角度输出信号。其特性参数见表 27-11。

Watson 型增稳器的结构和 Watson 型角速度陀螺传感器的结构基本相同，差别仅在于前者加了一个积分器。

Watson 型增稳器不仅能输出一个正比于其敏感轴向的角位移的模拟量，同时还能输出正比于同一敏感轴向的角速度和角加速度的模拟量。

表 27-11 Watson 型增稳器特性参数表

动态范围/((°)·s^{-1})	启动时间/s	固有频率/Hz	线性度/%FS	分辨率/((°)·s^{-1})	滞后	温度漂移/((°)·s^{-1})	加速度漂移/((°)·(s·g)$^{-1}$)	交叉耦合/%	工作温度/℃	冲击/g	MTBF/h
75	1.5	12	0.1	0.04	无	15	0.2	1	0~50	200g	10000

Watson 型增稳器在遥测和控制系统中广泛应用

27.1.4 激光陀螺系列

激光陀螺是 20 世纪六七十年代发展起来的一种新型陀螺，其特性参数见表 27-12。由于这种陀螺具有许多突出特点，如数字输出、测量角速度的范围大、耐高加速度、承受振动能力强等，它适用于导弹、飞机等惯性导航系统、数字式火控系统、精密测角，尤其用于捷联式惯导系统等，有其独特优点，因此引起世界各国的重视。

表 27-12 激光陀螺特性参数表

随机漂移/((°)·h^{-1})	比例因子的线性	寿命/h
0.1~0.01	10^{-4}	>10000

激光陀螺能克服常规陀螺由于结构复杂带来的一系列问题，如动态范围小、启动准备时间长、维修周期短、环境适应能力差等。由于它结构简单，便于成批生产，不需什么维修，价格低，因此对于取消平台的捷联式惯导系统来说，采用它是极为合适的。

27.2 陀螺传感器基本理论

27.2.1 陀螺

高速旋转的物体都有一个转轴(此转轴亦称该旋转物体的旋转中心),转轴在空间都有一个方位(即该转轴的空间的方向位置),这种特性称为刚性。如图 27-8 所示,当有一个外力 F 作用在此转轴上时,转轴(中心轴线)就会在原来的基准方位上随作用力 F 的方向偏摆,同时沿原转轴中心线的垂直方向移动(即在原转轴基准线垂直方向上移动一段距离 S),也称进动。具有这种刚性和进动的物体称为陀螺。

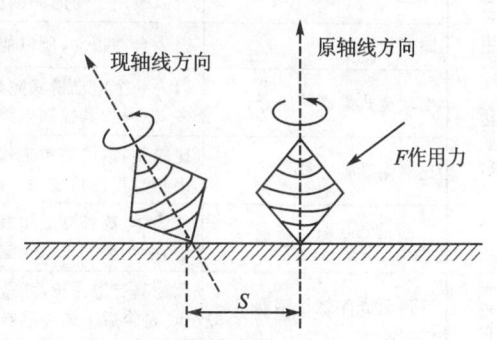

图 27-8 陀螺示意图

根据这一原理,用能围绕以陀螺的重心为中心的轴(即轴线)旋转 360°的框架(万向架)来支撑陀螺,便构成了陀螺传感器,此传感器称为一自由度陀螺传感器。若以转动方向相互垂直的二层万向架来支撑陀螺,便构成了二自由度陀螺传感器。

27.2.2 陀螺传感器的分类

陀螺传感器可分为:陀螺式陀螺传感器、光陀螺传感器及其他陀螺传感器三类。

其中,陀螺式陀螺传感器又可分为:一自由度陀螺传感器和二自由度陀螺传感器。一自由度陀螺传感器包括:比例陀螺传感器和比例积分陀螺传感器。二自由度陀螺传感器包括:垂直陀螺传感器、定向陀螺传感器、陀螺指南针(俗称螺盘)和电动链式陀螺传感器。

光陀螺传感器包括:环形激光陀螺传感器和光纤陀螺传感器。

其他陀螺传感器包括:压电射流陀螺传感器、静电悬浮陀螺传感器、气体比例陀螺传感器、振动陀螺传感器、核磁共振陀螺传感器等。

27.2.3 陀螺传感器的特性

运动的物体通常有倾斜、摇摆、偏摆三个轴的动作,可将各个希望检测的轴和陀螺传感器的输入轴组合安装。这三根轴根据定义方法可以是运动物体中心坐标的三轴,也可以是以地球坐标为基准的三轴。通常运动物体都是在二轴和三轴方向上同时动作。

二自由度陀螺传感器和静电悬浮陀螺传感器都是以地球坐标为基准来检测角度的装置,其他的陀螺传感器则是以运动物体的中心坐标为基准来检测角速度。将以运动体中心坐标为基准变为以地球坐标为基准时,必须使两个或三个输出相互补偿。实际上在陀螺式陀螺传感器中,由于轴承的摩擦、陀螺和万向架的不平衡,方向要随时间改变,这种现象称为偏移。地球自转对所有的陀螺传感器都有影响,陀螺传感器的各种情况都要随其方向改变。

因此,要在考虑使用目的、使用条件、价格、寿命、启动时间、要求精度之后,再选择陀螺传感器。下面叙述主要的陀螺传感器的特性,见表 27-13。

第27章 陀螺传感器

表 27-13 陀螺传感器的主要特性

类型		主要特性
二自由度陀螺传感器	垂直陀螺传感器	最适用于倾斜和摇摆角度的检测,因为具有经常保持铅直的结构,所以没有偏移,但由于受立起精度的影响,在左旋和右旋时会有误差
	定向陀螺传感器	用于检测相对方位,因为方向不同时地球自转的影响也不同,此外还有偏移的影响,所以被用于短时间的检测和控制
	陀螺指南针	因为自动指北,所以能够进行绝对方位检测,但有快的动作时要产生误差
	电动链式陀螺传感器	因为一个电动链式陀螺传感器就可以进行二轴的检测,比较廉价,所以使用场合很多,但因为其控制电路复杂,故还未普及
	比例陀螺传感器	比较便宜,能简单地检测角速度,所以被用于汽车、船等的动特性分析中,但是将输出积分得出角度的方法只适用于极短的时间
	比例积分陀螺传感器	作为中、高精度的陀螺传感器很实用,但价格较高,需要控制电路,在高精度的检测中,必须使用二三个进行相互补偿
光陀螺传感器	环形激光陀螺传感器	因为具有寿命长,可靠性高,启动时间短,动态范围宽,数字输出,没有加速影响等优点,是今后陀螺传感器的主流,但价格高,且是最尖端技术,还没有在一般市场上出售
	光纤陀螺传感器	具有与环形激光陀螺传感器同样的优点,价格低廉,将仅次于环形激光陀螺传感器成为陀螺传感器的主流
其他陀螺传感器	静电悬浮陀螺传感器	精度高价格也非常高,而且维护费也高,只用于特殊场合
	核磁共振陀螺传感器	目前正在研究中,但价格可能较低
	气体比例陀螺传感器	因为价廉,最近被用在无人搬运车上,但使用者必须注意,它的温度特性容易变化且精度不太高
	振动陀螺传感器	因为价格低,比陀螺式寿命长,作为低精度陀螺传感器,将与气体比例陀螺传感器一同普及

27.3 陀螺式陀螺传感器

27.3.1 垂直陀螺传感器

垂直陀螺传感器如图 27-9 所示,它装入了使自由陀螺传感器(利用刚性,使陀螺保持开始转动时的方向的陀螺传感器称为自由陀螺传感器)的陀螺的旋转轴经常保持垂直的装置。

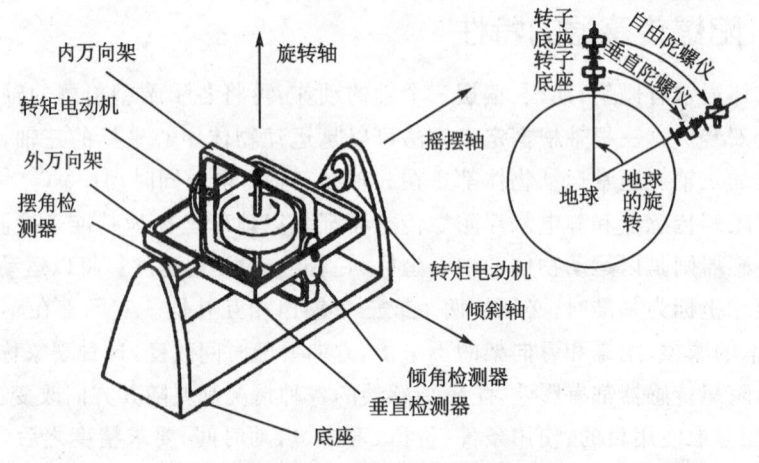

图 27-9 垂直陀螺传感器

这种传感器能对低速运动(如像地球自转这样的低速运动)始终保持垂直,对高速运动也能始终保持(仍由刚性保持)垂直。

27.3.2 定向陀螺传感器

定向陀螺传感器如图27-10所示,它装入了使自由陀螺传感器的陀螺的转轴经常保持水平位置的装置,这种传感器能使转轴始终保持一定方向。

27.3.3 陀螺指南针

陀螺指南针是在万向架上安装重锤,使自由陀螺传感器的陀螺的转轴保持水平。在地球自转的影响下,水平万向架将会发生倾斜,但由于作用在重锤上的重力的缘故,又要使水平万向架回复到原来的位置。这时就发生了进动,迫使陀螺的旋转轴指向北方,即陀螺指南针。

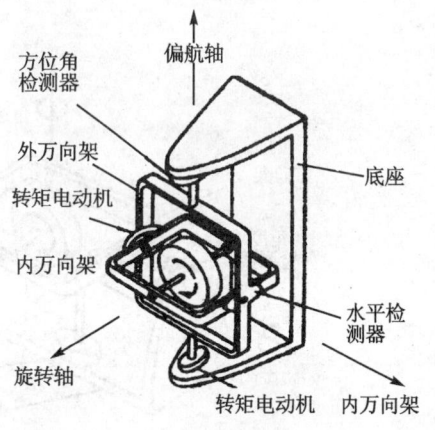

图27-10 定向陀螺传感器

27.3.4 电动链式陀螺传感器

电动链式陀螺传感器如图27-11所示。转动陀螺的电动机在陀螺的外部(而垂直、定向陀螺传感器转动陀螺的电动机是在陀螺的内部),从功能上讲,它是由比例积分陀螺传感器转换变成二根轴式的陀螺传感器。

27.3.5 比例陀螺传感器

比例陀螺传感器如图27-12所示。它是在万向架上安装机械弹簧所构成的,陀螺传感器在没有自由度的方向上转动时,终将停止在由于进动产生的转矩和传动系统的力平衡的地方。这个位置与输入角速度成比例。

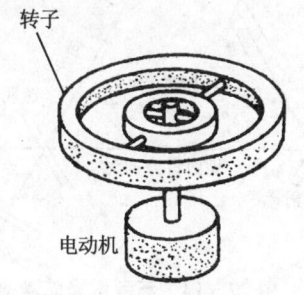

图27-11 电动链式陀螺传感器

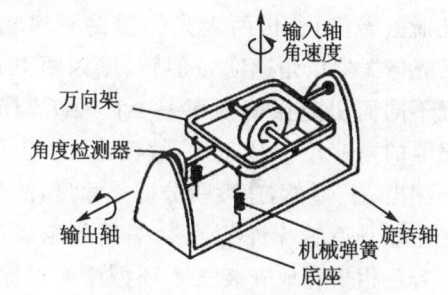

图27-12 比例陀螺传感器

27.3.6 比例积分陀螺传感器

在比例陀螺传感器中,若没有安装机械弹簧,当输入角速度时万向架就转动,其转动的角度等于角速度的积分值,即是积分陀螺传感器。

若在积分陀螺传感器上附加转矩,便构成比例积分陀螺传感器,如图27-13所示。从结构上说与积分陀螺传感器是相同的,但它是用伺服放大器的电气传动装置代替比例陀螺传感器的机械传动装置而使万向架经常保持在零位置的。因为此电气传动装置中流过的电流与输入角速度成正比。所以,实质上它是一种高性能的比例陀螺仪。

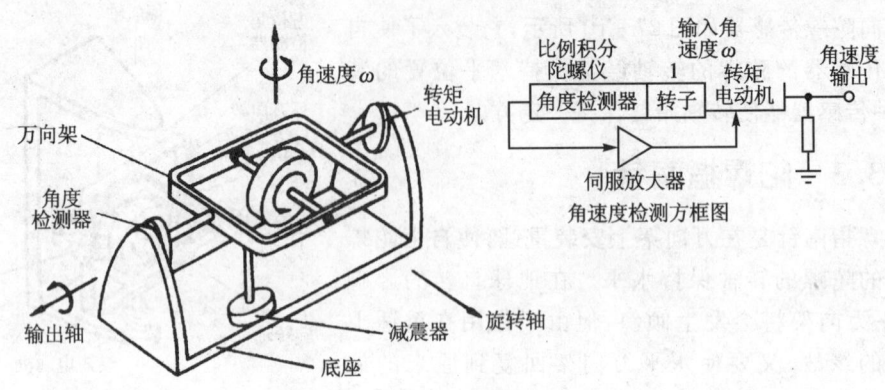

图 27-13　比例积分陀螺传感器

27.4　光陀螺传感器

27.4.1　环型激光陀螺传感器

环型激光陀螺传感器是光陀螺传感器的一种。光陀螺传感器因为没有陀螺式陀螺传感器中那些机械运动部分,所以寿命长,可靠性高。

环型激光陀螺的工作原理如图 27-14 所示,它是一个闭合光路激光谐振器。环型激光器中激励起顺时针和逆时针旋转的两束光,当激光谐振器静止时,两束光的振荡频率相同。若激光谐振器以角速度 ω 旋转,则因两束光的光程不同而引起振荡频率差 Δf。Δf 与激光谐振器的角速度 ω 成正比,故测出 Δf 也就相当于测出 ω。显然,速度积分即是角度,故环型激光陀螺具有速率陀螺和速率积分陀螺的功能。若互相垂直地安装三个环型激光谐振器,则可同时敏感三维的旋转。

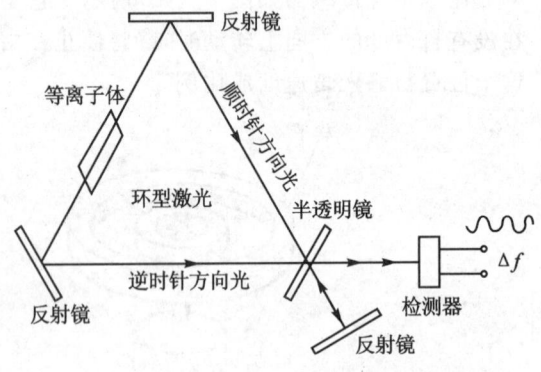

图 27-14　环型激光陀螺的工作原理

目前,激光陀螺传感器常见的有如图 27-15 所示的环型激光陀螺传感器。它是在三角形或四边形的角的位置安放镜,使光旋转,用光通过的光路本身作为激光的振荡管。当这个陀螺传感器顺时针旋转的时候,顺时针旋转的光的光路长度就增加,激光的振荡频率就要相应变低。反之,逆时针旋转的光的光路长度会缩短,激光振荡频率就会相应增高。当使这两束光一齐照射时观测频率差的差拍,这个差拍就与角速度成比例。

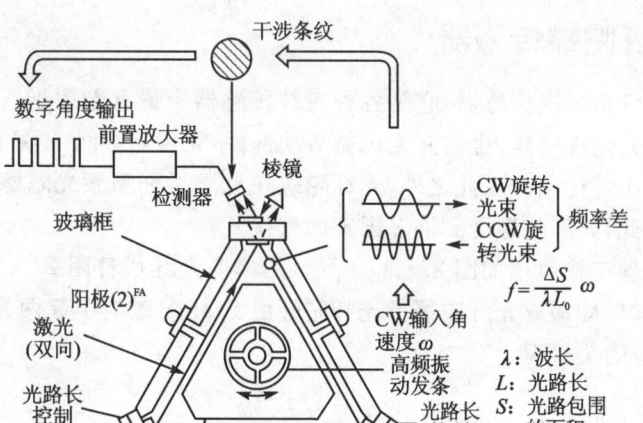

注：控制电路用移动反射镜来校正由于玻璃框的热膨胀所引起的光路长的变化。

图 27-15　环型激光陀螺传感器

环型激光陀螺具有结构简单，体积小，没有可动部分等优点，已在波音 757 和 767 等飞机上使用。但环型激光陀螺有闭锁现象，即低速旋转时两方向的振动同步，$\Delta f = 0$，故其灵敏度受到限制。为了避免这种现象，人们研制了下述的干涉型激光陀螺。干涉型激光陀螺的工作原理如图 27-16 所示。它是将激光谐振器和其他装置组合成干涉系统。在该系统中，由于 Sagnac 效应，左右两束光产生与旋转速度成比例的相位差 $\Delta\theta$。取出有相位差的两束光，并使它们干涉，可以把相位差直接变换成光强度变化。系统旋转角速度 ω 与 $\Delta\theta$ 之间的关系为

$$\Delta\theta = \frac{8\pi A}{c\lambda}\omega \qquad (27-4)$$

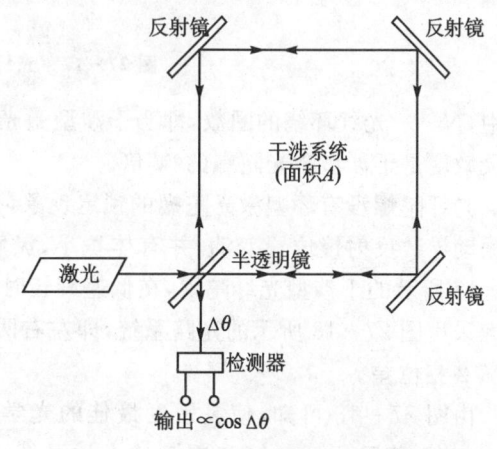

式中，A——四方形光路系统包围的面积；
c 和 λ——光在干涉系统介质中的光速和波长。由该式可知，$\Delta\theta$ 与 A 成正比。前述环型激光陀螺的振荡频率差 Δf 也与 A 成正比，这说明提高激光陀螺的灵敏度必须加大 A，即扩大系统。

图 27-16　干涉型激光陀螺的工作原理

干涉型激光陀螺处于静止状态时，左右两束光的光路长度相同，输出功率与 $\cos\Delta\theta$ 成比例，故不存在输出为零的锁定现象。但低速旋转时灵敏度低，光路中空气波动及环境振动导致反射镜位置变动而产生不稳定，解决这些问题的主要途径是开发干涉型光纤陀螺。

27.4.2 光纤陀螺传感器

光纤陀螺即光纤角速度传感器,它是各种光纤传感器中最有希望推广应用的一种。光纤陀螺不仅和环型激光陀螺一样,也具有无机械活动部件,无预热时间,不敏感加速度,动态范围宽,数字输出,体积小等优点。除此之外,光纤陀螺还克服了环型激光陀螺的成本高和闭锁现象等致命缺点。因此,光纤陀螺受到许多国家的重视。

光纤陀螺传感器工作原理如图 27-17 所示,用单模光纤代替图 27-16 所示干涉型激光陀螺的干涉系统,这样即构成光纤陀螺。光纤陀螺由 Sagnac 效应引起两光束间的相位差 $\Delta\theta$,其与式(27-4)相应的关系为

$$\Delta\theta = \frac{8\pi NA}{c\lambda}\omega \tag{27-5}$$

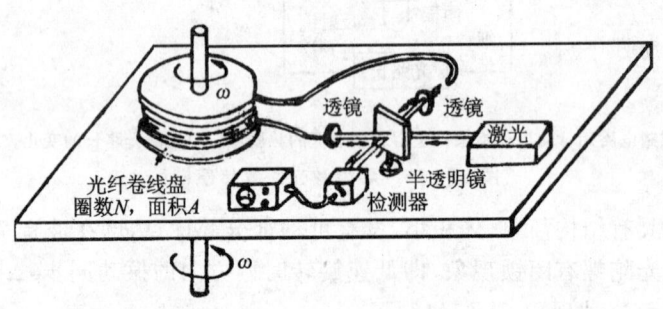

图 27-17 光纤陀螺的工作原理

式中,N——光纤环绕的圈数,即当干涉型激光陀螺和光纤陀螺有相同的面积 A 时,光纤陀螺的灵敏度是干涉型激光陀螺的 N 倍。

光纤陀螺没有环型激光陀螺的锁定现象,也避免了干涉型激光陀螺光路中空气波动和环境振动导致反射镜位置变动,并有体积小,灵敏度高等优点,因此它十分引人注目。但是,图 27-17 所示的干涉型光纤陀螺,在低速旋转时,它有灵敏度低的缺点。为了提高灵敏度,光纤陀螺采用图 27-18 所示的光路系统,即左右两束光引入各自的光路,然后用移相器使它们产生 $\pi/2$ 相位差。

由图 27-18 可知,使灵敏度最佳的光学系统相当复杂,若采用反射镜和透镜的光学系统,这样必有损于光纤陀螺的优点。因此,光纤以外的部分用光集成电路,整个系统用单模光纤构成。另外,温度变化会使光纤极化面旋转,从而使输出变化。解决这一问题的办法是采用偏振片,仅取出与入射光同一方向的分量。采取这些措施,灵敏度最佳化的光纤陀螺,若用 2 dB/km 损耗的光纤,其灵敏度可达 10^{-8} rad/s。

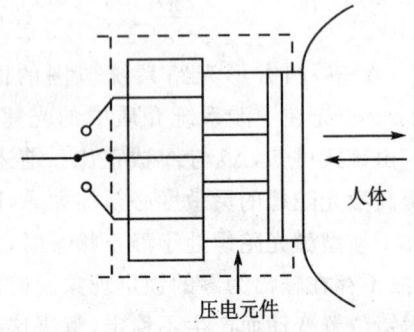

图 27-18 带移相器的光纤陀螺

27.5 其他类型的陀螺传感器

27.5.1 压电射流陀螺传感器

目前,国内外各种类型的陀螺有100多种,但压电射流陀螺仍受到美、日等发达国家的极大重视。原因是这种陀螺有着其他陀螺不可媲美的特点:

① 该陀螺消除了机械陀螺的可动部件,也没有压电晶体陀螺的悬挂系统,因此,其承受过载的能力比一般陀螺高约一个数量级,经16000 g以上的冲击后还能正常工作,是末制导炮弹不可缺少的关键部件。

② 该陀螺属过阻尼系统,响应时间远低于现有各种陀螺,约50~80 ms,是名副其实的快速响应陀螺。

③ 该陀螺实际上是一种固态速率传感器,其寿命主要取决于半导体器件,平均无故障时间可达250000 h,可靠性为0.999995,即其寿命和可靠性比一般陀螺高1~2个数量级。

④ 该陀螺不需要精密机械加工,所用半导体器件的价格低,其成本约为一般陀螺的1/3~1/2。

海外开发压电射流陀螺的国家是美国和日本。美国1975年开始研制铜斑蛇炮弹末制导用压电射流陀螺,1983年批量生产。日本1981年报导了多摩川精机株式会社研究压电射流陀螺,1985年本田技研开发的这种陀螺用于汽车惯导系统。北京信息工程学院1985年开始研制压电射流陀螺,先后得到国家自然科学基金委员会、机械电子工业部和国防科工委的资助,1990年舰船、坦克和炮弹用压电射流陀螺先后通过设计定型鉴定。我国研制的这种陀螺,其性能、用途、结构和制作工艺有许多独道之处,故先后申报了两项国家发明专利。

1. 压电射流陀螺的工作原理

和所有陀螺一样,压电射流陀螺也是利用惯性力的原理敏感角速度。和传统陀螺相比,压电射流陀螺用射流的线性动量mv代替传统陀螺的角动量$m\omega$。图27-19示出压电射流陀螺和传统陀螺的工作原理类比,图中右边的坐标轴代表传统陀螺的力矩$\vec{M}$、角动量$\vec{H}$和输入角速度$\vec{\omega}$;左边的坐标轴代表压电射流陀螺的哥氏力$\vec{F}_C$、线性动量$m\vec{v}$和输入角速度$\vec{\omega}$。

压电射流陀螺的工作原理如图27-20所示,射流是由压电泵激励的一种气态层流束。射流束以恒速度v_j运动,当沿陀螺的输入轴输入角速度ω_i时,射流束偏离中心位置,偏离的量值和方向取决于外加角速度的矢量特性。设偏离的量值为Y,则哥氏加速度

$$\ddot{Y} = 2\omega_i v_j \tag{27-6}$$

经两次积分后可得偏离量

$$Y = \omega_i v_j t^2 \tag{27-7}$$

一对热敏电阻(敏感元件)设置在距离喷嘴L处。显然,$L = v_j t$,故还可得到偏离量的另两种表达式为

$$Y = \omega_i L t \tag{27-8}$$

和

$$Y = \omega_i \frac{L^2}{v_j} \tag{27-9}$$

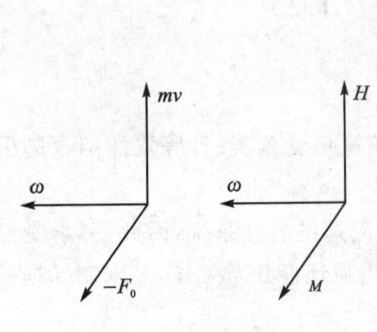

图 27-19 工作原理类比

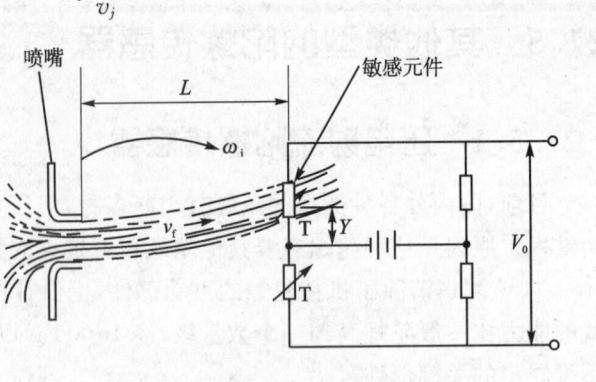

图 27-20 压电射流陀螺的工作原理

由上述偏离量 Y 的三种表示式可知,流速位置的偏离量正比于垂直射流轴外加的输入角速度的量值。由式(27-8)可以看出,在恒输入角速度 ω_i 的条件下,射流的偏离量正比于射流的长度 L 和射流迁移时间 t。由式(27-9)可看出,当射流长度 L 一定时,偏离量反比于射流速度 v_j。

由图 27-20 还可看出,哥氏力使射流束偏离中心位置,并作用在热敏电阻 T 上。热敏电阻受射流冷却而发生电阻值变化,从而使电桥失去平衡,输出正比于角速度的直流电压 V_0。

2. 压电射流陀螺传感器的结构

压电射流陀螺的恒速层流由压电泵的振膜周期振动,从而使陀螺中的压缩气体通过精密喷嘴连续循环。压电泵的振膜是安装在圆环上的压电陶瓷双晶片,其受电压驱动而以自身的固有频率振动,它是压电射流陀螺中的惟一"运动"元件,寿命非常长。压电泵的剖视图如图 27-21 所示。振膜驱动气体,受压气体通过泵上的孔压入排气腔。气流通过气流馈送管到进气集流腔,然后由喷嘴射入射流腔。喷嘴产生的流束的中心层流射向热敏电阻,然后通过热敏电阻插座上的一些排气孔返回排气腔。

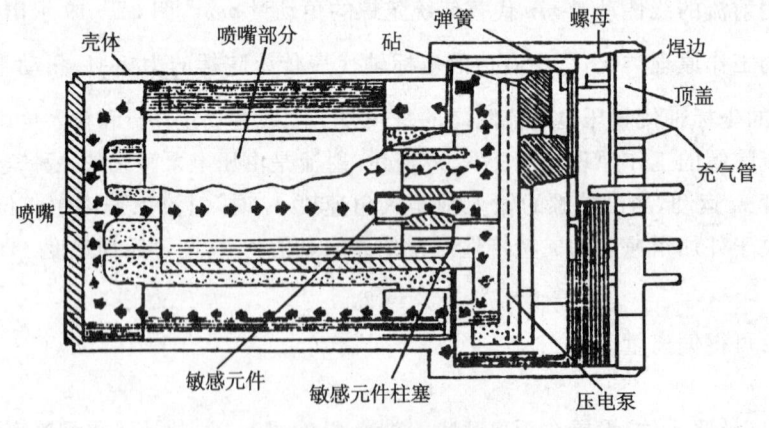

图 27-21 压电泵的剖视图

压电射流陀螺的结构如图 27-22 所示。泵由压电双晶片和弹性圆垫圈构成,双晶片作为泵驱动电路的调谐元件。砧是用作泵工作时支撑冲力的构件,它紧靠泵中支撑双晶片的边缘,厚度取决于双晶片与砧接触面之间的脉冲压力。蝶形弹簧和防松螺母使泵与砧紧靠喷嘴座的边缘。喷嘴座是圆柱形，外表有宽环形槽，当其跟外壳装在一起时，即形成送气管，接收泵产生的压缩气体。喷嘴座和外壳间的空隙使气流转向射流喷嘴的入口管道。敏感插头安装在泵的喷嘴座内，一对平行的热敏电阻安装在敏感插头上。为了使进入泵内的射流能循环，在插头上设计一些小孔。

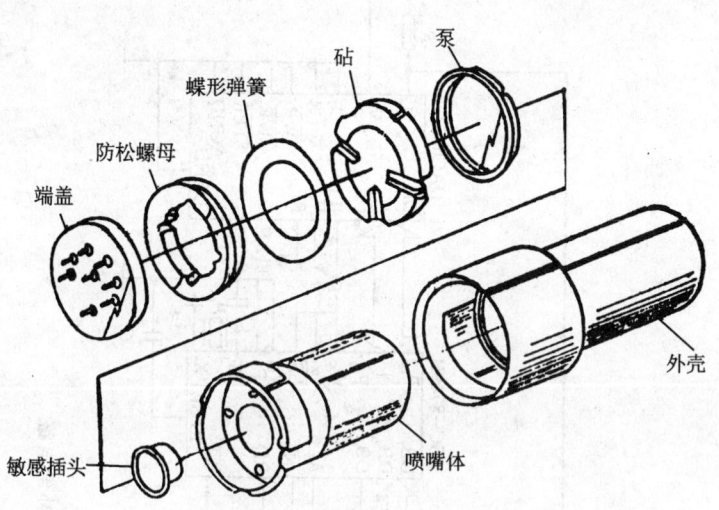

图 27-22 压电射流陀螺的结构

热敏插头安装上热敏电阻后，在插头的外部装上精密电阻，从而构成电桥。泵和砧装在插头后面的喷嘴座内，然后放入外壳内。蝶形弹簧装在砧后，并用防松螺母加预压力，使砧和泵固定在喷嘴上。电连接之后，焊上顶盖。然后，充入氮、氖、氦等惰性气体，或使内部空气干燥，最后使整个结构密封。

3. 压电射流传感器的电路

压电射流陀螺由角速度敏感元件及其附属电路两部分组成，其性能在很大程度上取决于后者。电路包括驱动电路、电桥电路和补偿电路三部分。驱动电路提供压电双晶片所需的驱动电压，并使其在自身固有频率振动。电桥电路如图 27-23 所示，其功能是提供热敏电阻所需的控制电压，并将电桥输出的角速度模拟信号维持在所需量值。

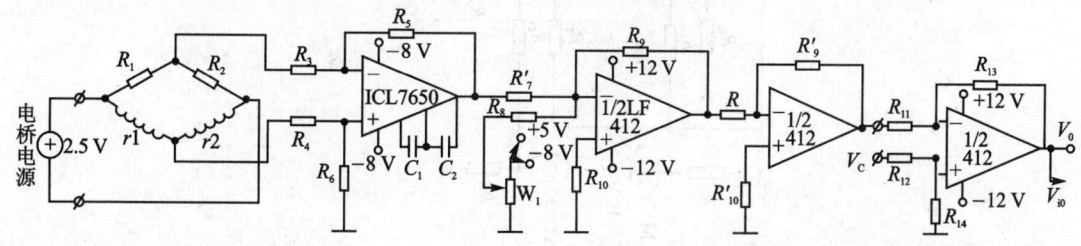

图 27-23 电桥电路

补偿电路如图 27-24 所示，其功能是补偿静态零位、动态零位和比例系数随温度的变化。由于电路老化及其他不稳定因素使陀螺零位电压发生变化，由电路提供一补偿电压，将零位电

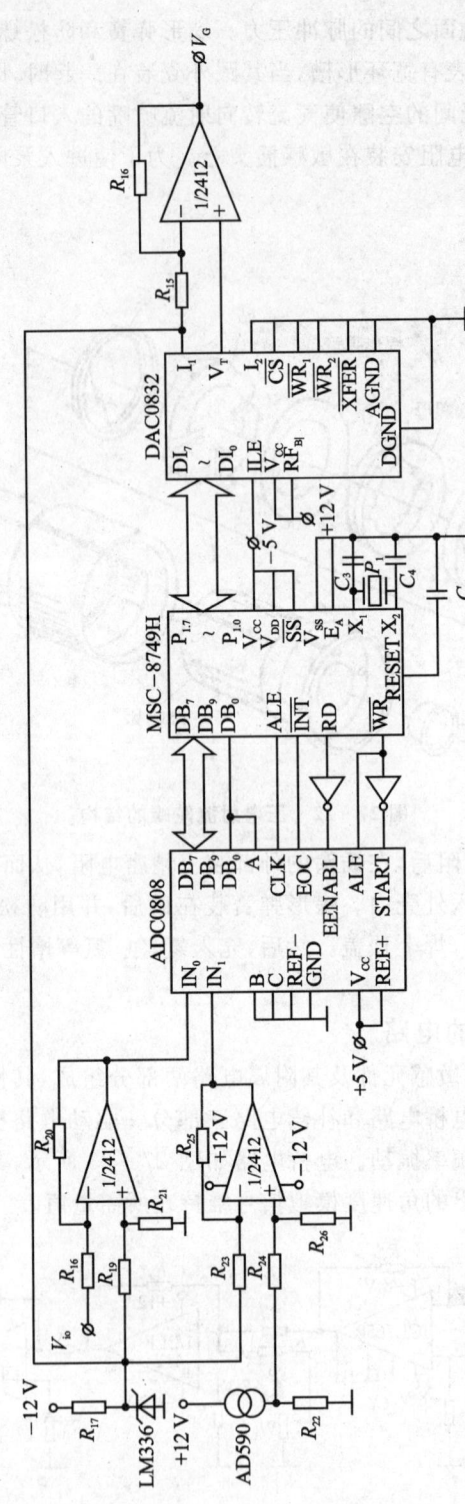

图 27-24 补偿电路

压补偿到零或规定值,这种零位补偿称静态零位补偿,在泵未工作前进行。由于机械加工和装配等原因,泵工作后,射流和敏感插头的几何轴线不重合而导致零位电压受温度影响,通过电路提供的零位校准电压对其进行补偿。这种补偿称动态零位补偿,其补偿量的大小取决于装调陀螺时实验室的校正量(假定使用期间校正量不变)。

比例系数随温度的变化通过电路自动补偿。根据热敏电桥的温度读数改变增益,从而补偿敏感插头和电桥网络电阻随温度变化所产生的比例系数的变化。比例系数的补偿电压在陀螺校正和调试时确定。

4. 压电射流传感器的性能

由前述式(27-9)可知,压电射流陀螺属一阶惯性环节,故表征其动态特性的重要参数是响应时间。图 27-25 示出笔录仪记录的压电射流陀螺的时间响应特性,由图可看出,该陀螺的响应时间小于 80 ms。

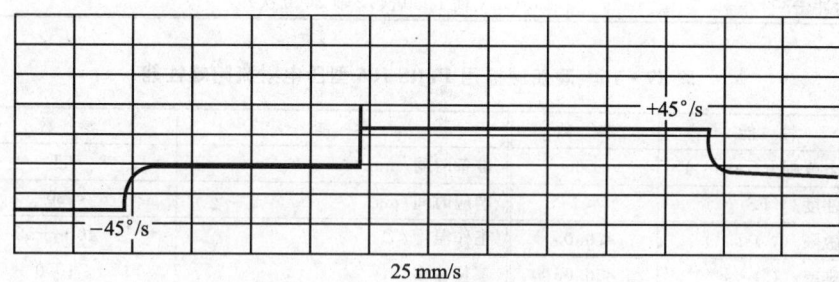

图 27-25 时间响应特性

压电射流陀螺能承受高过载。经实验室纵向 16 000 g 和横向 5 000 g 的模拟过载试验,以及 16 000 g 的实弹发射试验表明,承受高过载后,产品还能正常工作。

压电射流陀螺的性能可调范围宽,可装调出满足不同使用要求的产品。表 27-14~表 27-16分别列出炮弹、坦克和舰船用压电射流陀螺的性能,它们的敏感轴向和插座接点分配如图 27-26 所示。

表 27-14 炮弹末制导用 PFRS-18.2.3.39 型压电射流陀螺性能

性能	参数	性能	参数
动态范围/((°)·s^{-1})	500±100	比例系数/(V·((°)·s^{-1})$^{-1}$)	0.006±6002
线性度/%FS	<2	噪声灵敏度	可忽略不计
灵敏限/((°)·s^{-1})	<0.1	耐冲击	纵向 16 500g,横向 5 000g
分辨率/((°)·s^{-1})	<0.1	MTBF/h	>50 000
滞后/((°)·s^{-1})	<0.1	响应时间/ms	<80
零位输出/((°)·s^{-1})	<2	工作温度/℃	-4~+50
零位漂移/((°)·s·h)$^{-1}$	1	体积/mm^3	φ67×67
g 灵敏度/((°)·s^{-1})	1.0	质量/g	390
振动灵敏度/((°)·(Hz·s)$^{-1}$)	2~2 000 Hz	电源	±15 V DC;250 mA
交叉耦合/%	1.0	功耗/W	<3

第27章 陀螺传感器

表27-15 坦克火控系统用 PFRS-123 型压电射流陀螺性能

性能	参数	性能	参数
动态范围/((°)·s^{-1})	±30	MTBF/h	>50 000
线性度/%FS	<1	g灵敏度/((°)·s^{-1})	1.0
灵敏限/((°)·s^{-1})	<0.01	噪声灵敏度	可忽略不计
分辨率/((°)·s^{-1})	<0.01	响应时间/ms	<80
滞后/((°)·s^{-1})	<0.01	工作温度/℃	-40~+50
零位输出/((°)·s^{-1})	0.2	体积/mm³	72×57×50
比例系数/mV·((°)·s^{-1})$^{-1}$	>150	质量/g	420
零位漂移/((°)·(s·h)$^{-1}$)	1.0	电源	±15 V(DC);250 mA
交叉耦合(%)	1.0	功耗/W	<3
振动灵敏度/mV	10(20~70 Hz,1.5 G,3 h)		
耐冲击	40g(x,y轴1000次,z轴2000次)		

表27-16 舰船减摇用 PFRS-106 型压电射流陀螺性能

性能	参数	性能	参数
动态范围/((°)·s^{-1})	±60	准备时间/min	<1
线性度/%FS	<1	响应时间/ms	<80
灵敏限/((°)·s^{-1})	<0.05	工作温度/℃	-40~+50
分辨率/((°)·s^{-1})	<0.05	零位输出/mV	≤10.0
滞后/((°)·s^{-1})	<0.05	比例系数/(mV·((°)·s^{-1})$^{-1}$)	40±2
MTBF/h	>50 000	电源	±15 V DC;300 mA
交叉耦合/%	1.0	功耗/W	<3
体积/mm³	72×57×50	质量/g	420
振动灵敏度/(Hz·s)	10(20~70 Hz,1.5 g,3 h)		
耐冲击	40g(x,y轴1000次,z轴2000次)		

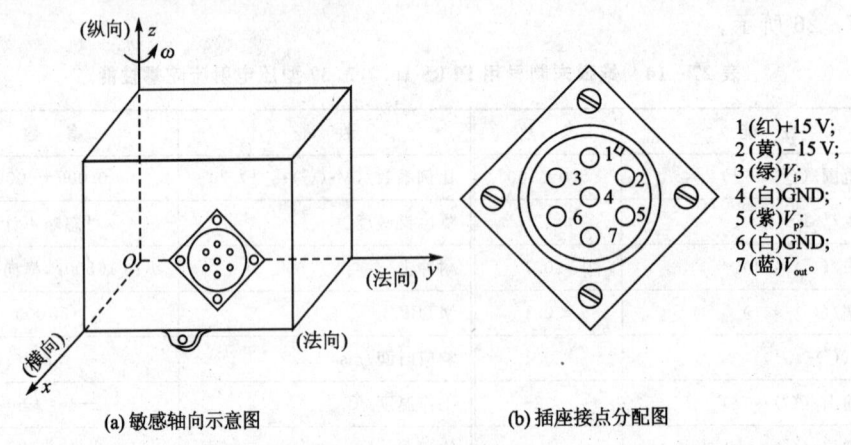

(a) 敏感轴向示意图 (b) 插座接点分配图

图27-26 压电射流陀螺的敏感轴向和插座接点分配

5. 压电射流传感器的可靠性分析

压电射流陀螺的 MTBF(平均无故障间隔),其设计值可达 250 000 h。假设先后将 13 套陀螺在实验室通电工作,13 套产品均未发生故障,累计工作 132 912 h。按时间截尾法评定

MTBF 下限，即

$$\text{MTBF}_{下限} = \frac{2t}{x^2(\alpha, 2\gamma+2)}$$

式中，t——总试验时间；α——风险率；γ——故障数。在本试验中，$t=24\,352$ h，$\gamma=0$，设 $\alpha=0.1$，因此，MTBF 下限 $=\dfrac{2\times132\,912\,\text{h}}{4.61}=10\,564$ h。

27.5.2　静电悬浮陀螺传感器

静电悬浮陀螺传感器如图 27-27 所示。它将陀螺部分放在真空中，由于静电作用而呈现悬浮状旋转，这种陀螺传感器，其使用方法与自由陀螺传感器相同。

27.5.3　气体比例陀螺传感器

气体比例陀螺传感器如图 27-28 所示。它是用泵将气体喷出，在该气流两侧安装加热器，当加上角速度时，气流的方向将会发生改变，检测气流两侧加热器的温度变化就可以测出角速度。

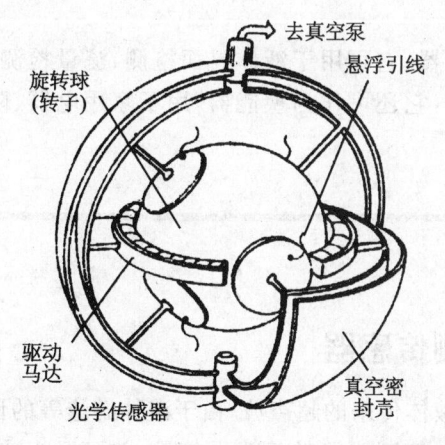

图 27-27　静电悬浮陀螺传感器

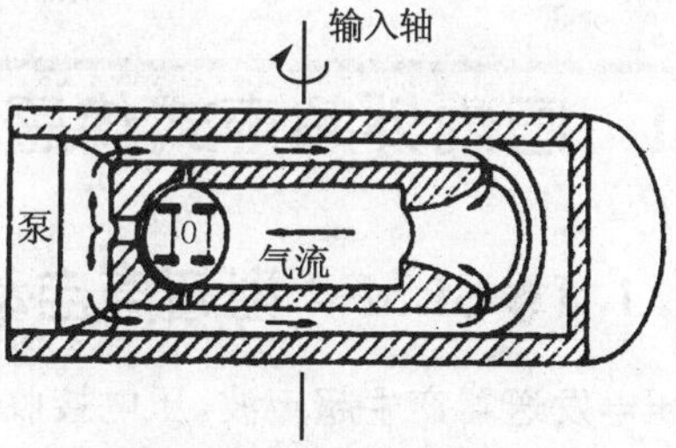

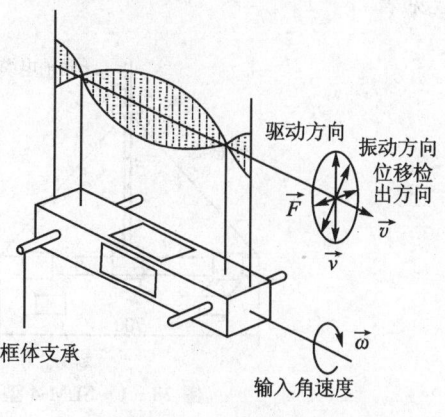

图 27-28　气体比例陀螺传感器

27.5.4　振动陀螺传感器

振动陀螺传感器如图 27-29 所示。当使棒状物上下振动时，如沿棒的长度方向对轴施加角速度，棒的振动就会向斜的方向偏转，其横向偏转幅度与角速度成正比。

27.5.5　核磁共振陀螺传感器

核磁共振陀螺传感器是利用具有奇数个核子的原子核（或原子、分子）的自旋来代替陀螺检测角速度。

图 27-29　振动陀螺传感器

第 28 章

超声式传感器

超声式传感器是靠超声波的特性进行自动检测的,它的输出量是电参数。

声波是一种机械波。声的发生是由于发声物体的机械振动,引起周围弹性介质中质点的振动由近及远地传播,这就是声波。声波的频率高低不同,人的听觉有一定的限度,频率在 20~20000 Hz 范围内的声波为可闻声,频率在 20~20000 Hz 以外的声波不能引起声音的感觉。频率超过 20000 Hz 的叫超声波,频率低于 20 Hz 的叫次声波。超声波的频率可以高达 10^{11} Hz,而次声波的频率可以低达 10^{-8} Hz。

超声波传感器是近些年来发展起来的新型传感器,它可用于液体界面检测、流量检测、水下作业、煤烟浓度、积雪厚度检测等多个领域。此外,它还可作为换能器,用于家用电器、防盗报警系统等。

28.1 国内外超声式传感器展示

28.1.1 SLM-4 型超声自动界面检测传感器

压电发送器产生超声波,压电接收器接收通过液体传来的超声波,由于液体游渣等的性质和状态不同,故通过它们的超声波有不同的衰减度。衰减度可转换为电信号,并显示为浓度。这种检测装置可自动检测液体界面和深度方向的浓度分布。其结构如图 28-1 所示,特性参数见表 28-1。

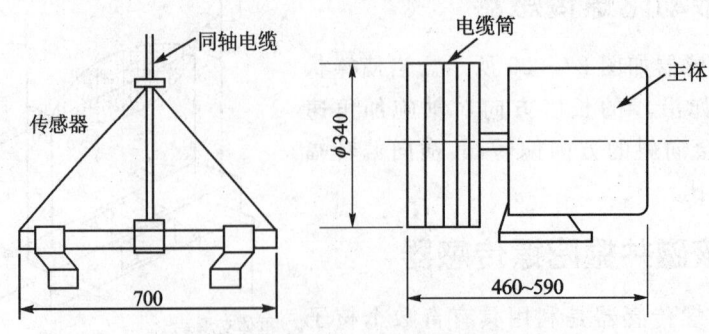

图 28-1 SLM-4 型超声自动界面检测传感器结构示意图

表 28-1 SLM-4 型超声自动界面检测传感器特性参数表

量程/m	精度/%FS	响应时间/s	输出/mA	温度/℃	湿度/%RH	压力/(kgf·cm^{-2})	AC电源电压/V	功耗/W
0~15	5	0.5~5	4~20	0~90	<90	3	100	20

SLM-4 型超声自动界面检测传感器可用于上下水处理场沉淀浓度分布和污泥液位的控制；排水处理中排液体固态成分浓度分布和槽界面的控制；化学处理中各种液体的浓度分布和界面的控制。

28.1.2　400 型液体界面传感器

400 型液体界面传感器的工作原理和结构如图 28-2 和图 28-3 所示，特性参数见表 28-2。当超声波从一种液体以适当角度进入另一种液体时，超声信号在液体界面上反射和折射，接收器基本上接收不到信号。当发射器和接收器之间是同种液体时，接收器接收到的超声信号变大，利用这种差异检测液体界面的方法称反射法。利用两种液体的超声波衰减度不一样可检测液体界面，这种检测方法称衰减法。

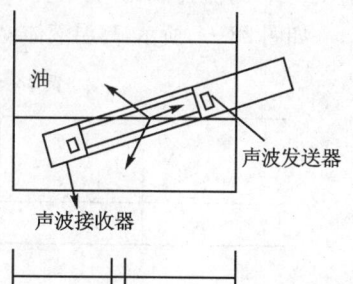
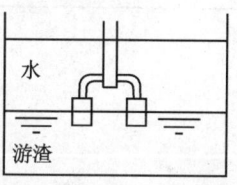

图 28-2　400 型液体界面传感器原理示意图

表 28-2　400 型液体界面传感器特性参数表

响应时间/s	温度/℃	湿度/%RH	压力/(kgf·cm^{-2})	AC电源电压/V	功耗/W
0.5	-40~120	<90	100	100	6

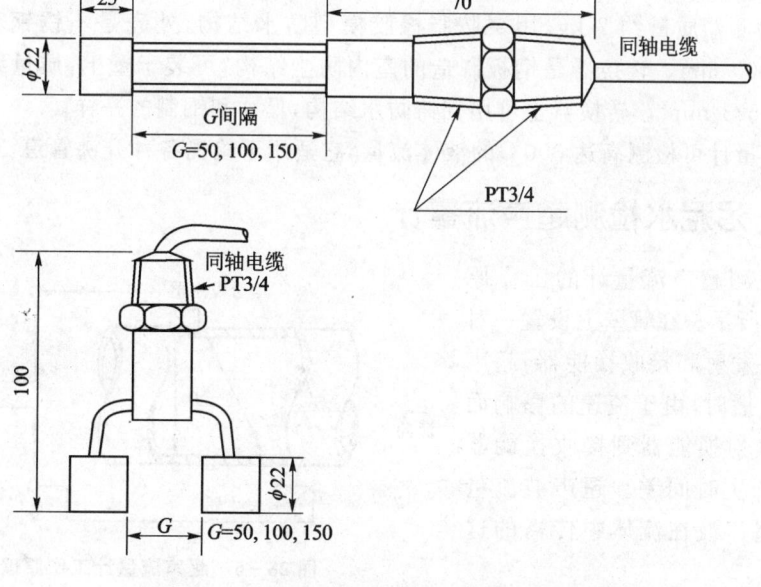

图 28-3　400 型液体界面传感器结构示意图

400 型液体界面传感器可用于检测油和水、水和泥浆、水和游渣等界面。

28.1.3 高温液体检测超声流量计

高温液体检测超声流量计的工作原理如图 28-4 所示。脉冲超声波在上游侧和下游侧的两个超声换能器之间传播,由上游侧往下游侧的传播时间 t_1 与由下游侧往上游侧的传播时间 t_2 之差 (t_2-t_1) 与流速成比例。将测出的时间差变换成流速,该流速乘以管的截面积则可得到流量。

如图 28-5 所示,高温液体检测超声流量计由检测器和转换器构成。其特性参数见表 28-3。

表 28-3 高温液体检测超声流量计特性参数表

量程 /m·s^{-1}	精度 /%	DC 输出 /mA	工作温度 /℃	环境湿度 /%RH	AC 电源电压 /V	功耗 /W
0~10	1~1.5	4~20	-10~60	<95	100	2

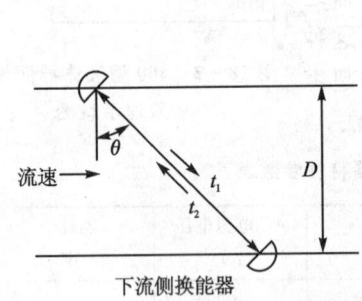

图 28-4 超声流量计工作原理图

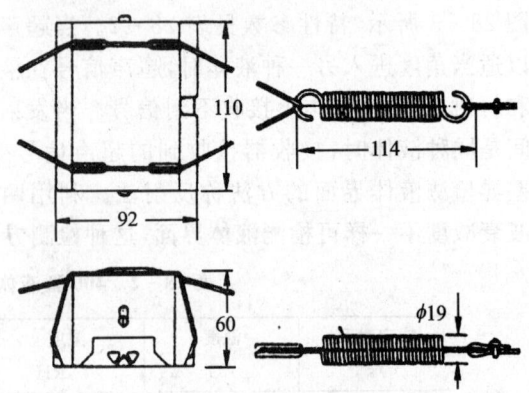

图 28-5 超声流量计结构尺寸图

FLG 型检测器质量约 2 kg,用聚胺脂橡胶模型防水结构,外壳是不锈钢套。适用口径 ϕ200 mm~3 000 mm。转换器是钢板制造的室内防尘结构,可装于壁上,质量约 14 kg,体积 $(470\times320\times153)$ mm^3。转换器也可用铝铸防水结构,尺寸和钢制的一样。

该超声流量计可检测高达 300℃ 的液体流量,它适用于检测各种开沸管道。

28.1.4 污泥水检测超声流量计

污泥水检测超声流量计的工作原理如图 28-6 所示。在管壁上设置一对相对的超声波发射和接收换能器,超声波在流体中传播时,由于流速的影响而使超声波由发射换能器到接收换能器的传播时间产生时间差。超声波流量计即是根据超声波在流体中传播的这种特性设计的。

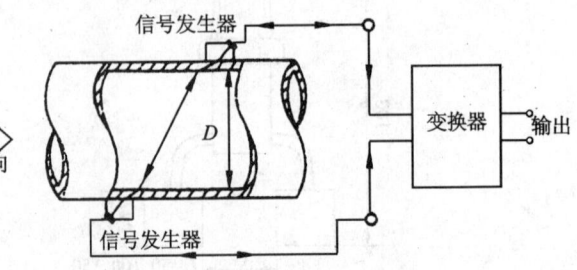

图 28-6 超声流量计工作原理图

污泥水检测超声流量计的结构尺寸如图 28-7 所示,其特性参数见表 28-4。流量计的信号发生器和转换器都是防水结构,信号发生器质量 3 kg(2 个),转换器质量 15 kg,装配件质量 3 kg。

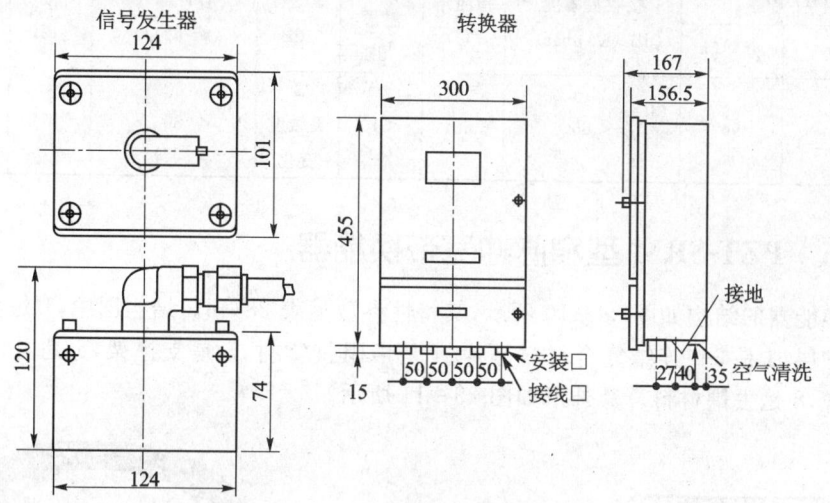

图 28-7　超声流量计结构尺寸图

表 28-4　超声流量计特性参数表

量程 /m·s^{-1}	液体温度 /℃	精度 /%	重复误差 /%	零位漂移 /%	线性度 /%	DC 输出 /mA
0～10	0～40	1～1.5	0.5～1.0	<0.5	<0.2	4～20

污泥水检测超声流量计用于检测污泥水或其他固态物质的流体流量很有效。

28.1.5　MA40LIR/S 型超声传感器

MA40LIR/S 型超声传感器的工作原理如图 28-8 所示,它是利用压电效应工作的。振子用压电陶瓷制成,加上共振喇叭可提高灵敏度。当处于发射状态时,外加共振频率的电压能产生超声波;当处于接收状态时,能很灵敏地探测共振频率的超声波。它可用于电视遥控和防盗等装置。其结构尺寸如图 28-9 所示,特性参数见表 28-5。

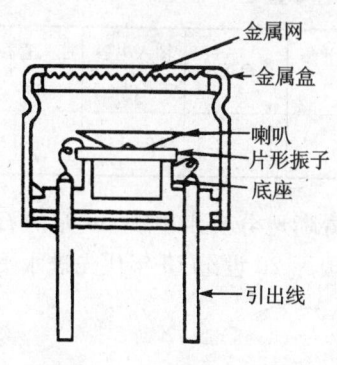

图 28-8　MA40LIR/S 型
超声传感器工作原理图

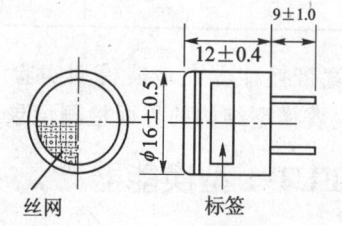 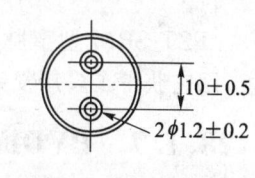

图 28-9　MA40LIR/S 型
超声传感器结构尺寸图

表 28-5　MA40LIR/S 型超声传感器特性参数表

量程/dB		接收灵敏度 /(dB·(V·μbar)$^{-1}$)	指向角 /(°)	灵敏度温漂 /dB	耐湿性 /dB	容许输入（峰-峰）/V	耐振动 /dB	耐冲击 /dB
接 收	发 射							
−73 dB/(V·μbar^{-1})	96	<65	60	<10	3 灵敏度变化	80	<3 灵敏度变化	<3 灵敏度变化

28.1.6　PZT-SRM 型窄脉冲宽带换能器

这种换能器的结构如图 28-10 所示，其特性参数见表 28-6。结构图中，1 是金属外壳，2 是透声保护层，3 是 3-3 连结复合材料晶片，4 是声阻抗背衬，5 是支撑架，6 是电极引出线，7 是末端电缆，8 是去耦材料。其外形如图 28-11 所示。

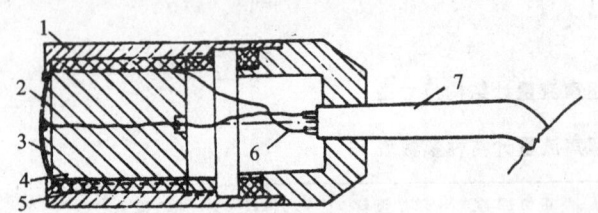

图 28-10　PZT-SRM 型
窄脉冲宽带换能器结构图

图 28-11　PZT-SRM 型
窄脉冲宽带换能器外形图

PZT-SRM 型窄脉冲宽带换能器的主要特点：
① 声阻抗率(4.5×10^6 kg/(m^2·s))接近水的声阻抗率(1.5×10^6 kg/(m^2·s))；
② 静水压灵敏度(10000×10^{-15} m^2/N)比实芯压电陶瓷的静水压灵敏度(178×10^{-15} m^2/N)高；
③ 机械品质因素低；
④ 抗机械冲击能力强。

表 28-6　PZT-SRM 型窄脉冲宽带换能器特性参数表

电压发送响应/dB	承受脉冲电压/V	电声转换效率/%	中心频率/kHz	脉冲宽度/μs	输入阻抗/kΩ	方向开角/(°)	Q值	输入电容/pF	控头直径/mm
120～149.7	1000～2000	7.7～22	200～400	2～5	9～80	47	1.2～2.1	34～138	φ10～12

PZT-SRM 型窄脉冲宽带换能器在地震模型实验中，能清晰地分辨水中 1 cm 厚的石腊板，用它获得了多层复杂地震模型结构的界面检测记录，达到国际 20 世纪 80 年代先进水平。

28.1.7　PVDF-BFUT-1 型换能器

这种换能器的结构和产品外形如图 28-12 和图 28-13 所示，其特性参数见表 28-7。结构图中，1 是金属外壳，2 是透声保护层，3 是多层叠合 PVF$_2$ 压电薄膜，4 是球冠曲面（球半径

$R \gg 12$ mm)的高阻抗硬背衬,5是支撑架,6是电极引线,7是电缆。

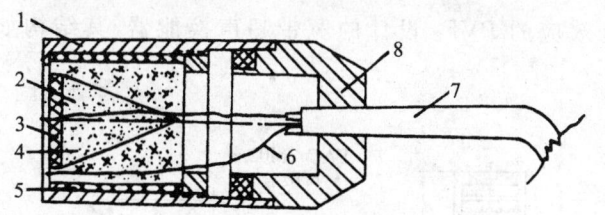

图 28-12 PVDF-BFUT-1 型换能器结构图

图 28-13 PVDF-BFUT-1 型换能器外形图

表 28-7 PVDF-BFUT-1 型换能器特性参数表

发射电声效率/%	发射电压响应/dB	谐振频率/kHz	声阻抗/(kg·(m²·s)⁻¹)	脉冲电压/V$_{(P-P)}$	输入阻抗/kΩ	Q值	接收电压灵敏度/dB	工作频段/kHz	外形尺寸/mm
10	140.2	640	3.7×10^6	100~400	1.6~5.0	1~1.5	−200	160~1000	$\phi 18 \times 50$

28.1.8 PVDF-ST-1-P 型水听器

PVDF-ST-1-P 型水听器的结构和产品外形如图 28-14 和图 28-15 所示,其特性参数见表 28-8。结构图中,1 是保护层,2 是 PVDF 压电薄膜换能器,3 是粘接层,4 是高阻抗基底,5 是声学背衬,6 是 DMOS 栅极。

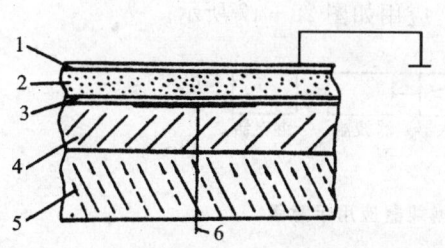

图 28-14 PVDF-ST-1-P 型水听器水听器结构图

图 28-15 PVDF-ST-1-P 型水听器外形图

表 28-8 PVDF-ST-1-P 型水听器特性参数表

电压灵敏度/dB	灵敏度偏差/dB	平坦区频段/kHz	电缆输出端阻抗/kΩ	输出电缆长度/m	有效接收直径/mm	电源电压/V	质量/kg	外形尺寸/mm
−210	±1.8	100~1000	2	2.5	$\phi 5.4$	12±0.2	0.15	$\phi 6 \times 300$

28.1.9 EAC-2M 型超声换能器

EAC-2M 型超声换能器是用强压电效应的 PVF_2 设计的宽带超声换能器，其结构如图 28-16 所示，其特性参数见表 28-9。

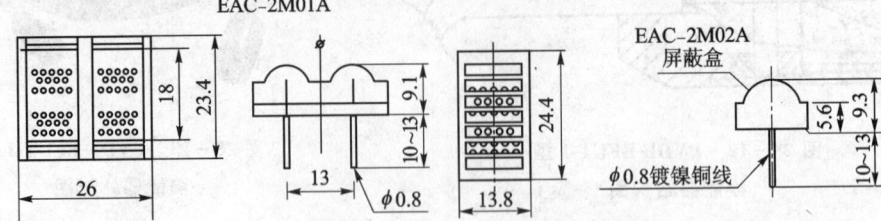

图 28-16 EAC-2M 型超声换能器结构图

表 28-9 EAC-2M 型超声换能器特性参数表

参　数	EAC-2M01A	参　数	EAC-2M01A
尺寸和形状/mm	26×23.4×9.1	尺寸和形状/mm	13.8×24.4×9.3
输出声压电平/V_{rms}	106 dB(50 Hz),30 输入距离 30 cm	阻抗/kΩ	18(50 Hz 时)
阻抗/kΩ	4(50 Hz 时)	灵敏度/dB	−70(50 Hz 时)
频率特性/kHz	40～60(100 dB 以上)	频率/kHz	40～57(7 dB)
元件静电容量/pF	800	元件静电容量/pF	180
允许输入 V_{rms}/V	500	—	—

EAC-2M 型超声换能器可用于遥控电视机、磁带机、唱机、空调机、调光机和幻灯装置。它还可用作防盗报警器、自动门和照相机的传感器。应用如图 28-17 所示。

图 28-17 EAC-2M 型超声换能器应用示意图

28.1.10 EFE-HEM 型超声探头

EFE-HEM 型超声探头的工作原理和结构如图 28-18 和图 28-19 所示，其特性参数见表 28-10。它是用于探测人体内部器官状态的传感器。压电换能器发射和接收超声波，并转换为电信号输出。这种换能器的频带宽，分辨率高。

表 28-10 EFE-HEM 型超声探头特性参数表

性　能 型　号	频率 /MHz	压电元件 个数	压电元件长度 /mm	音响匹配层	音响聚焦
35DSX 型	3.5	80	120	附设匹配层	附设聚焦
50FSX 型	5.0	80	80	附设匹配层	附设聚焦

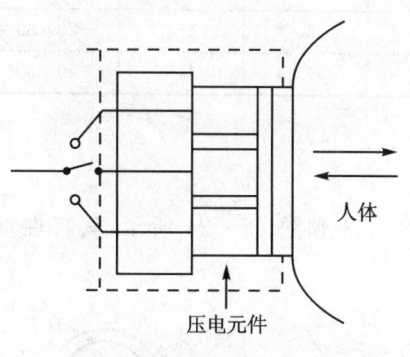

图 28-18 EFE-HEM 型
超声探头工作原理图

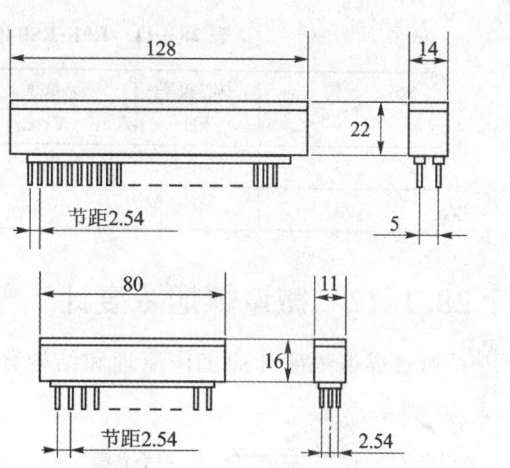

图 28-19 EFE-HEM 型
超声探头结构示意图

28.1.11 EFR-RSB40K 型超声陶瓷话筒

EFR-RSB40K 型超声陶瓷话筒的工作原理和结构如图 28-20 和图 28-21 所示,其特性参数见表 28-11。当电信号输入发射器时,发射器发射超声波,其反射波由接收器接收。接收器的输出电压与入射声压的大小成比例。

EFR-RSB40K 型超声陶瓷话筒可用于遥控、防盗器、自动门、汽车后探测器、流量计等。检测距离 7~10 m。应用示例如图 28-22 所示。

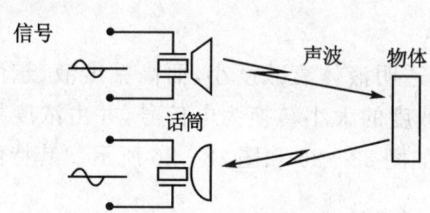

图 28-20 EFR-RSB40K 型超声
陶瓷话筒原理图

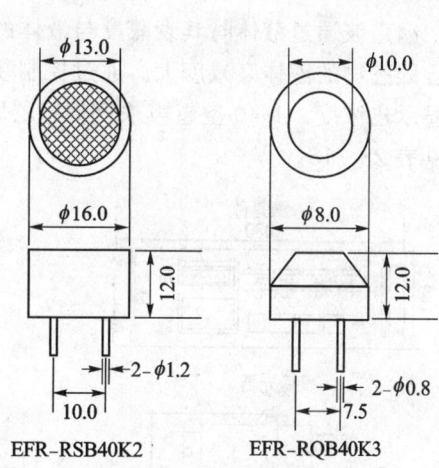

EFR-RSB40K2 EFR-RQB40K3

图 28-21 EFR-RSB40K 型超声
陶瓷话筒结构示意图

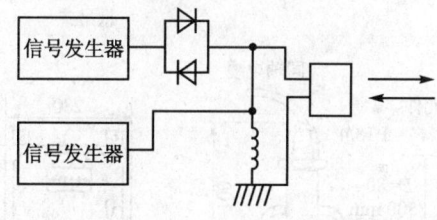

图 28-22 实用示意图

第28章 超声式传感器

表 28-11 EFR-RSB40K 型超声陶瓷话筒特性参数表

特性 型 号	中心频率 /kHz	灵敏度 /(dB·(V·bar)$^{-1}$)	−6dB 带宽 /kHz	指向角 /(°)	输出电压级差 /dB	工作温度 /℃
2 型	40	−60	4.0	80	118	−20~80
3 型	40	−67	1.2	75	113	−20~80

28.1.12 微量煤烟浓度计

微量煤烟浓度计的工作原理和结构分别如图 28-23 和图 28-24 所示,其特性参数见表 28-12。

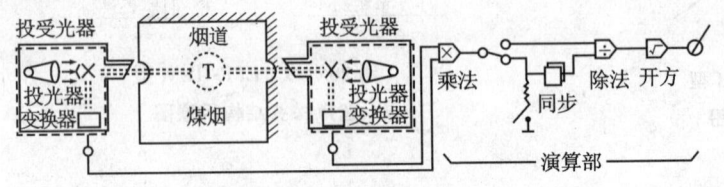

图 28-23 微量煤烟浓度计工作原理图

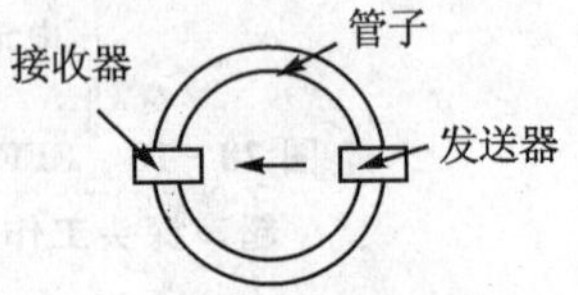

图 28-24 微量煤烟浓度计原理示意图

表 28-12 微量煤烟浓度计特性参数表

精度/%FS	测量时间/mm	AC 电源电压/V	功耗/W
4~20	2	0~60	100

28.1.13 4940 型超声浓度传感器

超声波通过液体时其衰减度与液体的浓度有关,透明液体衰减度小,而高粘度液、悬浊液和含固态物的液体衰减度大。通过控制装置可将衰减度的大小转换为电信号,并由浓度指示计显示出浓度。4940 型超声浓度传感器原理和结构如图 28-25 和图 28-26 所示。其特性参数见表 28-13。

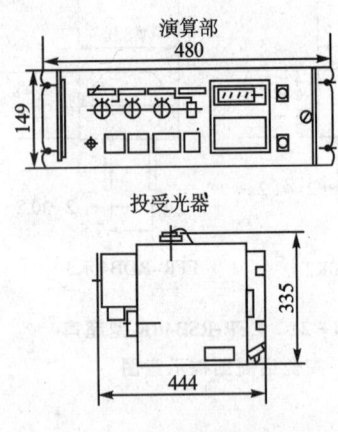

图 28-25 4940 型超声浓度传感器结构图

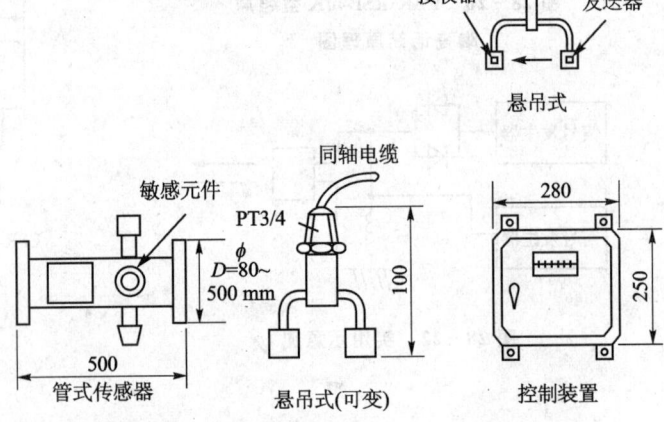

图 28-26 4940 型超声浓度传感器结构示意图

表 28 – 13 4940 型超声浓度传感器特性参数表

精度 /%FS	温度 /℃	湿度 /%RH	压力 /(kgf·cm^{-2})	输出 /mA	报警 AC 输出 /V	响应时间 /s	电源 AC 电压 /V	功耗 /W
5	0~50	<90	3~10	4~20	>200	1~30	100	12

4940 型超声浓度传感器可用于测定泥浆、游渣和污泥等的浓度。

28.1.14 超声积雪计

超声积雪计的工作原理如图 28 – 27 所示。每间隔一定时间,超声接收发射器向雪面发射超声波,同时接收由雪面反射回来的超声波。测定从发射超声波到接收到反射回来的超声波所需时间,将声波的传播时间乘以声速即得到积雪深度。因为声速随温度变化,故用感温头测量气温,并对声速进行修正。

超声积雪计的结构如图 28 – 28 所示,其特性参数见表 28 – 14。积雪计装置质量 15 kg,超声发射接收器质量 3 kg,感温头质量 2 kg。

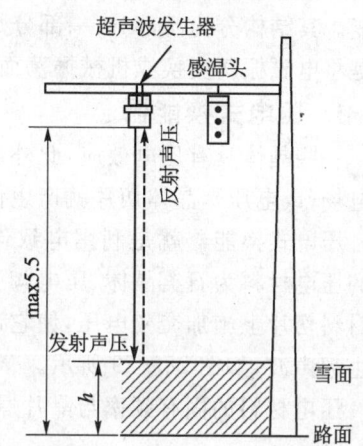

图 28 – 27 超声积雪计原理示意图

表 28 – 14 超声积雪计特性参数表

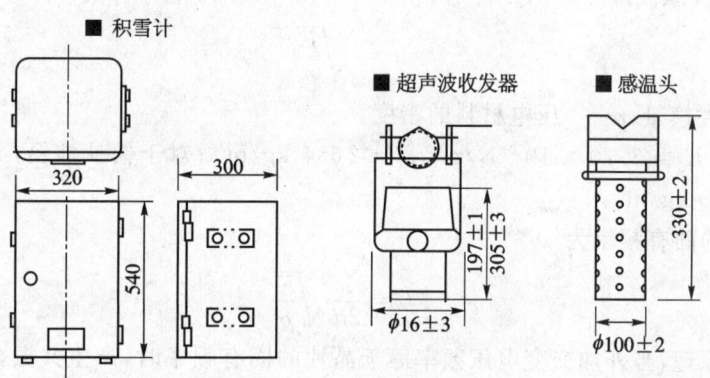

图 28 – 28 超声积雪计结构示意图

量程 /m	精确度 /cm	温度 /℃	湿度 /%RH	功耗 /W	电源 AC 电压/V	输出信号	
						积雪深/cm	雪质信号
0~1	±3	−30~60	<90	35	100	BCD3 位数	新雪/旧雪

超声积雪计能用于测定道路上的积雪深度。

28.2 超声式传感器基本理论

28.2.1 超声波的发生

超声波是由超声波发生器产生的。超声波发生器主要是电声型,它是将电磁能转换成机械能。其结构分为两部分:一部分是产生高频电流或电压的电源;另一部分是换能器,它的作用是将电磁振荡变换成机械振荡而产生超声波。

1. 压电式换能器

一些晶体具有压电效应,此外还有逆效应。逆压电效应就是在晶体切片的两对面上加交变电场(或电压),晶体切片就产生伸长与缩短的现象。这种现象也叫电致伸缩。

压电式换能器就是利用电致伸缩现象制成的。常用的压电材料为石英晶体、压电陶瓷锆钛酸铅等。在压电材料切片上施加交变电压,使它产生电致伸缩振动而产生超声波,如图 28-29 所示。

压电材料的固有频率与晶片厚度 d 有关,即

$$f = n\frac{c}{2d} \qquad (28-1)$$

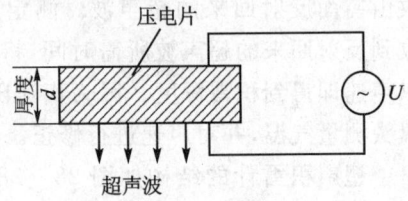

图 28-29 压电式换能器

式中,n——谐波的级数,$n=1,2,3\cdots$;c——波在压电材料里的传播速度(纵波)。

$$c = \sqrt{\frac{E}{\rho}} \qquad (28-2)$$

式中,E——弹性模量;ρ——压电材料的密度。

对于石英,$E = 7.70 \times 10^{10}$ N/m²,$\rho = 2\,654$ kg/m³;对于锆钛酸铅,$E = 8.30 \times 10^{10}$ N/m²,$\rho = 7\,400$ kg/m³。

因此压电材料的固有频率为

$$f = \frac{n}{2d}\sqrt{\frac{E}{\rho}} \qquad (28-3)$$

根据共振原理,当外加交变电压频率等于晶片的固有频率时,产生共振,这时产生的超声波最强。

压电效应换能器可以产生几十 kHz 到几十 MHz 的高频超声波,产生的声强可达几十 W/cm²。

2. 磁致伸缩换能器

铁磁物质在交变的磁场中,在顺磁场方向产生伸缩的现象,叫做磁致伸缩。

磁致伸缩效应的大小,即伸长、缩短的程度,不同的铁磁物质情况不同。镍的磁致伸缩效应最大,它在一切磁场中都是缩短的。如果先加一定的直流磁场,再通以交流电,则它可工作在特性最好区域。

磁致伸缩换能器是把铁磁材料置于交变磁场中,使它产生机械尺寸的交替变化,即机械振动,从而产生超声波。

磁致伸缩换能器是用厚度为 0.1～0.4 mm 的镍片叠加而成的,片间绝缘以减少涡流电流损失。其结构形状有矩形、窗形等,如图 28-30 所示。

换能器的机械振动固有频率的表达式与压电式的相同,即

$$f = \frac{n}{2d}\sqrt{\frac{E}{\rho}}$$

如果振动器是自由的,则 $n=1,2,3\cdots$
如果振动器的中间部分固定,则 $n=1,3,5$
$\cdots$

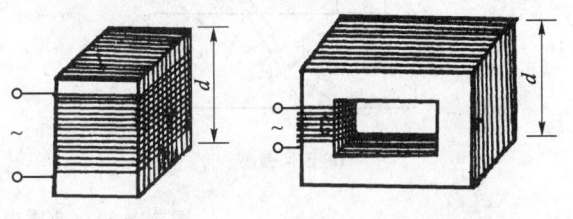

图 28-30　磁致伸缩换能器

磁致伸缩换能器的材料除镍外,还有铁钴钒合金(铁 49％,钴 49％,钒 2％)和含锌、镍的铁氧体。

磁致伸缩换能器只能用在几 Hz 的频率范围以内,但功率可达 10 万 W,声强可达几 kW/cm²,能耐较高的温度。

28.2.2　超声波的接收

在超声波技术中,除了需要能产生一定的频率和强度的超声波发生器以外,还需要能接收超声波的接收器。一般的超声波接收器是利用超声发生器的逆效应而进行工作的。

压电式超声波接收器是利用正压电效应进行工作的。当超声波作用到压电晶片上时,使晶片伸缩,在晶片上的两个界面上便产生交变电荷。这种电荷先被转换成电压经过放大后送到测量电路,最后记录或显示出结果。它的结构和超声波发生器基本相同,有时就用同一个换能器兼作发生器和接收器两种用途。

磁致伸缩超声波接收器是利用磁致伸缩的逆效应而进行工作的。当超声波作用到磁致伸缩材料上时,使磁致材料伸缩,引起它内部磁场(即导磁特性)的变化。根据电磁感应,磁致伸缩材料上所绕的线圈里便获得感应电势。将此电势送到测量电路及记录显示设备。它的结构也与发生器差不多。

28.2.3　超声波的传播特性

超声波是一种在弹性介质中的机械振荡,它是由与介质相接触的振荡源所引起的。设有某种弹性介质及振荡源,如图 28-31 所示。振荡源在介质中可产生两种形式的振荡,即横向振荡(如图 28-31(a)所示)和纵向振荡(如图 28-31(b)所示)。横向振荡只能在固体中产生,而纵向振荡可在固体、液体和气体中产生。为了测量在各种状态下的物理量多采用纵向振荡。

超声波的传播速度与介质的密度和弹性特性有关。

对液体及气体,其传播速度 c 为

$$c = \sqrt{\frac{1}{\rho B_g}} \tag{28-4}$$

式中,ρ——介质的密度;B_g——绝对压缩系数。

对于固体,其传播速度 c 为

$$c = \sqrt{\frac{E}{\rho} \frac{1-\mu}{(1+\mu)(1-2\mu)}} \tag{28-5}$$

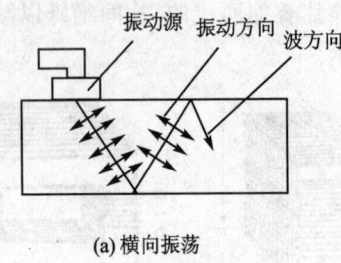
(a) 横向振荡

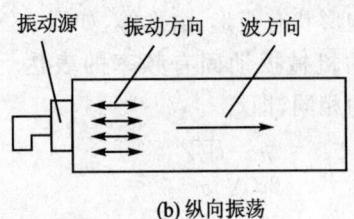
(b) 纵向振荡

图 28-31　介质中的振荡形式

式中，E——固体的弹性模量；μ——泊松系数。

超声波的一种传播特性是在通过两种不同的介质时，产生折射和反射现象，如图 28-32 所示。图中具有下列关系

$$\frac{\sin \alpha}{\sin \beta} = \frac{c_1}{c_2} \tag{28-6}$$

式中，c_1 和 c_2——超声波在两种介质中的速度；α——入射角；β——折射角。

当 $\alpha = \alpha_{临界}$ 时，$\beta = 90°$，则

$$\sin \alpha_{临界} = \frac{c_1}{c_2} \tag{28-7}$$

$\alpha_{临界}$ 为临界入射角。当 $\alpha > \alpha_{临界}$ 时，产生反射波。超声波由液体进入固体的临界入射角 $\alpha_{临界} \approx 15°$。当入射角 $\alpha > 15°$ 时，产生反射。

超声波的另一种传播特性是在通过同种介质时，随着传播距离的增加，其强度因介质吸收能量而减弱。设超声波进入介质时的强度为 I_0，通过介质后的强度为 I，如图 28-33 所示。则有

$$I = I_0 e^{-Ad} \tag{28-8}$$

式中，d——介质的厚度；A——介质对超声波能量的吸收系数。

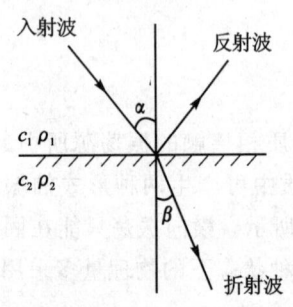

图 28-32　超声波的反射和折射

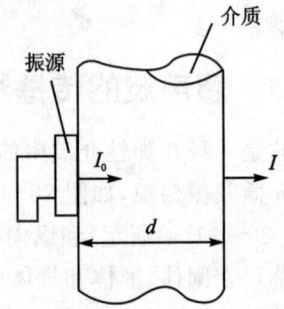

图 28-33　超声波的强度变化

对于液体介质：

$$A = \frac{4\pi^2 f^2}{c^3 \rho}\left[\frac{4}{3}\eta + \frac{k-1}{c_p}\lambda\right]$$

式中，f——超声波频率；c——超声波速度；η——介质粘度；λ——导热系数；k——$k = c_p/c_v$；c_p 及 c_v——恒压及恒容积情况下的热容量。

对于固体介质：

$$A = \frac{2\pi f}{Qc}$$

式中,Q——介质的质量因数。

介质的吸收程度与频率及介质密度有很大关系。气体 ρ 很小,故超声波在其中衰减很快,尤其在 f 较高时衰减更快。故超声波仪表主要用于固体及液体中。

28.3 超声式传感器的应用

超声波已广泛地应用于工业领域中。下面举几个例子说明它在检测中应用的测量原理。

28.3.1 超声探伤

高频超声波,其波长短,不易产生绕射,碰到杂质或分界面就会有明显的反射,而且方向性好,能成为射线而定向传播,在液体、固体中衰减小,穿透本领大。这些特性使得超声波成为无损探伤方面的重要工具。

1. 穿透法探伤

穿透法探伤是根据超声波穿透工件后,能量变化状况,来判断工件内部质量的方法。穿透法用两个探头,置于工件相对两面,一个发射声波,一个接收声波。发射波可以是连续波,也可以是脉冲。其结构如图 28-34 所示。

在探测中,当工件内无缺陷时,接收能量大,仪表指示值大;当工件内有缺陷时,因部分能量被反射,接收能量小,仪表指示值小。根据这个变化,就可把工件内部缺陷检测出来。

2. 反射法探伤

反射法探伤是以声波在工件中反射情况的不同来探测缺陷的方法。下面以纵波一次脉冲反射法为例,说明检测原理。

结构图 28-35 是以一次底波为依据进行探伤的方法。高频脉冲发生器产生的脉冲(发射波)加在探头上,激励压电晶体振动,使之产生超声波。超声波以一定的速度向工件内部传播。一部分超声波遇到缺陷 F 时反射回来;另一部分超声波继续传至工件底面 B 后,也反射回来。由缺陷及底面反射回来的超声波被探头接收时,又变为电脉冲。发射波 T、缺陷波 F 及底波 B 经放大后,在显示器荧光屏上显示出来。荧光屏上的水平亮线为扫描线(时间基准),其长度与时间成正比。由发射波、缺陷波及底波在扫描线上的位置,可求出缺陷位置。由缺陷波的幅度,可判断缺陷大小;由缺陷波的形状,可分析缺陷的性质。当缺陷面积大于声束截面时,声波

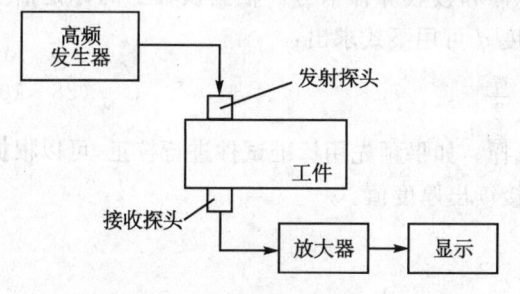

图 28-34 穿透法探伤结构图

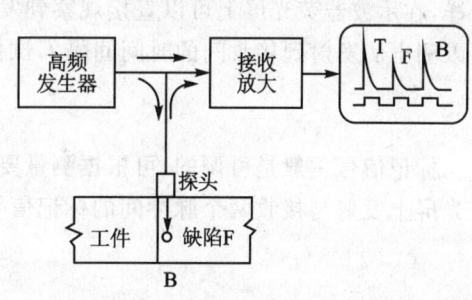

图 28-35 反射法探伤结构图

全部由缺陷处反射回来,荧光屏上只有 T 和 F 波,没有 B 波。当工件无缺陷时,荧光屏上只有 T 和 B 波,没有 F 波。

28.3.2 超声测液位

超声测液位是利用回声原理进行工作的,如图 28-36 所示。当超声探头向液面发射短促的超声脉冲,经过时间 t 后,探头接收到从液面反射回来的回音脉冲。因此探头到液面的距离 L 可由下式求出。

$$L = \frac{1}{2}ct \qquad (28-9)$$

式中,c——超声波在被测介质中的传播速度。

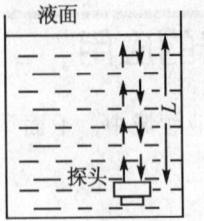
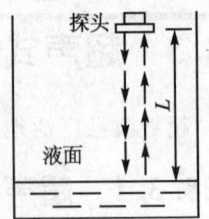

图 28-36　超声测液位原理示意图

由此可见,只要知道超声波速度,就可以通过精确地测量时间 t 的方法来精确测量距离 L。

声速 c 在各种不同的液体中是不同的,即使在同一种液体中,由于温度和压力不同,其值也不相同。液体中其他成分的存在及温度的不均匀都会使 c 发生变化,引起测量误差,因此在精密测量时,要考虑采取补偿措施。

28.3.3 超声测厚度

在超声波测厚技术中,应用较为广泛的是脉冲回波法,其原理框图如图 28-37 所示。

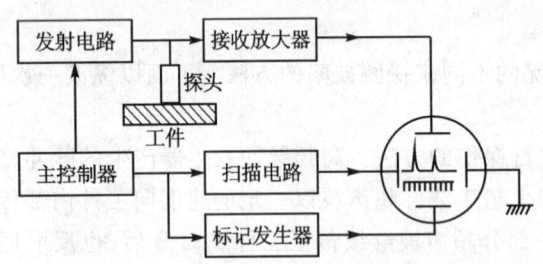

图 28-37　脉冲回波法测厚方框图

脉冲回波法测量试件厚度原理主要是测量超声波脉冲通过试件所需的时间间隔,然后根据超声波脉冲在试件中的传播速度求出试件的厚度。

主控制器产生一定频率的脉冲信号,并控制发射电路把它经电流放大接到换能器上去。换能器激发的超声脉冲进入试件后,到底面反射回来,并由同一换能器接收。收到的脉冲信号经放大器加至示波器垂直偏转板上。标记发生器输出一定时间间隔的标记脉冲信号,也加到示波器的垂直偏转板上。扫描电压加到示波器的水平偏转板上。这样,在示波器荧光屏上可以直接观察到发射脉冲和接收脉冲信号。根据横轴上的标记信号可以测出从发射到接收间的时间间隔 t,试件厚度 d 可用下式求出:

$$d = \frac{ct}{2} \qquad (28-10)$$

标记信号一般是可调的,可根据测量要求选择。如果预先用标准试件进行校正,可以根据荧光屏上发射与接收两个脉冲间的标记信号直接读出厚度值。

参考文献

[1] 张洪润,张亚凡.传感器技术与应用教程[M].北京:清华大学出版社,2005.
[2] 张洪润,张亚凡.传感器技术实验[M].北京:清华大学出版社,2005.
[3] 张洪润,傅瑾新.传感器应用电路200例[M].北京:北京航空航天大学出版社,2006.
[4] 张洪润,刘秀英,张亚凡.单片机应用设计200例[M].北京:北京航空航天大学出版社,2006.
[5] 张洪润,等.电工电子技术教程[M].北京:科学出版社,2007.
[6] 张洪润,杨指南,陈炳周,等.智能技术[M].北京:北京航空航天大学出版社,2007.
[7] 张洪润.电子线路与电子技术[M].北京:清华大学出版社,2005.
[8] 张洪润,吕泉,等.电子线路及应用[M].北京:清华大学出版社,2005.
[9] 张洪润,马平安,张亚凡.单片机原理及应用[M].北京:清华大学出版社,2005.
[10] 张洪润,等.最新办公自动化教程[M].成都:四川科学技术出版社,1999.
[11] 张洪润.智能系统设计开发技术[M].成都:成都科技大学出版社,1997.
[12] 张洪润.实用自动控制[M].成都:四川科学技术出版社,1993.
[13] 张洪润.单片机应用技术教程[M].北京:清华大学出版社,1997.
[14] 张洪润.计算机操作装配与维修[M].成都:四川大学出版社,1996.
[15] 张洪润.介绍一种防震相位监视器[J].冶金自动化,1980.
[16] 张洪润.重力与电量关系的探讨[J].潜科学杂志,1986.
[17] 张洪润.多功能微静电测量仪的研制与应用[J].实验科学与技术,1989.
[18] 张洪润.SQMI型气相色谱仪气路控制的改进[J].仪器制造,1985.
[19] 张洪润,傅瑾新,张亚凡.计算机基础与操作教程[M].成都:成都科技大学出版社,1998.
[20] 张洪润,周立峰.计算机应用基础教程[M].成都:电子科技大学出版社,2000.
[21] 张洪润,张亚凡.计算机最新软件使用技术(A-B卷)[M].成都:四川大学出版社,1998.
[22] 张洪润,吕泉,冯玉芬.高级编辑教程[M].成都:四川科学技术出版社,1999.
[23] 张洪润,张亚凡,傅涛.高级信息日常事务管理教程[M].成都:四川科学技术出版社,1999.
[24] 张洪润,王川.高级投影幻灯演示教程[M].成都:四川科学技术出版社,1999.
[25] 张洪润,等.高级电子表格处理教程[M].成都:四川科学技术出版社,1999.
[26] 张洪润,林大全.电脑排版编辑手册[M]呼和浩特:内蒙古大学出版社,2002.
[27] 张洪润,林大全.电脑软硬件故障排除手册[M].呼和浩特:内蒙古大学出版社,2002.
[28] 森村正真,山崎弘郎[日].传感器工程学[M].孙宝元,译.大连:大连工学院出版社,1988.
[29] HKP纽伯特[英].仪器传感器[M].中国计量科学院,等译.北京:科学出版社,1985.
[30] 铃木周一[日].传器传感器[M].霍纪纹,姜运海,译.北京:科学出版社,1985.
[31] 南京航空航天大学,北京航空航天大学.传感器原理[M].北京:国防工业出版社,1980.
[32] 厦.B诺维茨基.生物传感器[M].翻译组,译.北京:机械工业出版社,1983.
[33] 梯尔 R[西德].非电量电测法[M].鲍贤杰,译.北京:人民邮电出版社,1981.
[34] 常健生.检测与转换技术[M].北京:机械工业出版社,1981.
[35] 吉林工业大学农机系,农业机械科学院.应变片电测技术[M].北京:机械工业出版社,1978.
[36] 金篆芷,王明时.现代传感器技术[M].北京:电子工业出版社,1985.
[37] 贾伯年,俞朴.传感器技术[M].南京:东南大学出版社,1992.
[38] 王绍纯.自动检测技术[M].北京:冶金工业出版社,1988.
[39] 强锡富.传感器[M].北京:机械工业出版社,1991.
[40] 花铁森.核医学仪器[M].北京:中国医药科技出版社,1991.
[41] MOTOROLA[美].摩托罗拉线性与接口电路手册[M].刘仁普,等译.北京:机械工业出版社,1994.

[42] 陈立周. 电气测量[M]. 北京:机械工业出版社,1988.

[43] 徐爱钧. 智能化测量检测控制仪表原理与设计[M]. 北京:北京航空航天大学出版社,1995.

[44] 江岳. 智能仪表[M]. 北京:中国科学技术大学出版社,1989.

[45] 王淦昌. 机器人[M]. 成都:四川教育出版社,1991.

[46] 郭鼎力,等. 化学与生物敏感膜电极[M]. 成都:成都科技大学出版社,1989.

[47] 机械工业部仪器仪表局. 传感器装校工艺学[M]. 北京:机械工业出版社,1989.

[48] 王化祥,张淑英. 传感器原理及应用[M]. 天津:天津大学出版社,1991.

[49] 汲长松. 核辐射探测器及其实验技术手册[M]. 北京:原子能出版社,1990.

[50] 张福学. 传感器电子学[M]. 北京:国防工业出版社,1992.

[51] 汤普金斯 W J,威伯斯特 J G[美]. 传感器与 IBMPC 接口技术[M]. 林家瑞,罗述谦,等译. 武汉:华中理工大学出版社,1993.

[52] 刘良惠,程皓,等. 标准电子电路实用手册[M]. 长沙:湖南科学技术出版社,1992.

[53] 袁希光. 传感器技术手册[M]. 北京:国防工业出版社. 1992.

[54] 张福学. 实用传感器手册[M]. 北京:电子工业出版社,1991.

[55] 美国电子电路精选[M]. 冯世常,译. 北京:电子工业出版社,1990.

[56] 吴训一,等. 材料力学[M]. 北京:人民教育出版社,1980.

[57] 孙训方,等. 材料力学[M]. 北京:人民教育出版社,1980.

[58] Johnson G E. Control Engineering. 20(1973)8,47—49. 或见:国外计量,1976,No. 4. 35 - 37.

[59] 铁道部科学研究院换道建筑研究所. 电阻应变式压力传感器[M]. 北京:人民铁道出版社,1979.

[60] 辛格 M G[英],埃伊 J P[法],等. 应用工业控制导论[M]. 吴观诗,等译. 北京:科学出版社,1987.

[61] 戈登 G[美]. 系统仿真[M]. 杨金标,译. 北京:冶金工业出版社,1982.

[62] 高木升[日]. 可靠性技术——设计、制造与使用[M]. 五所,译. 北京:国防工业出版社,1980.

[63] 荒木庸夫[日]. 电子设备的屏蔽设计——干扰的产生及其克服办法[M]. 赵清,译. 北京:国防工业出版社,1977.

[64] 鲍敏杭,等. 集成传感器[M]. 北京:国防工业出版社,1987.

[65] 施因果德 D H[美]. 传感器的接口及信号调理电路[M]. 徐德炳,译. 北京:国防工业出版社,1984.

[66] 黄长艺,卢文祥. 机械制造中的测试技术[M]. 北京:机械工业出版社,1981.

[67] 严钟豪,谭祖根. 非电量电测技术[M]. 北京:机械工业出版社,1983.

[68] 严普强,黄长艺. 机械工程测试技术基础[M]. 北京:清华大学出版社,1984.

[69] 蔡其恕. 机械量测量[M]. 北京:机械工业出版社,1982.

[70] Brokowski C J,Blalock T V. A new method of Johnson noise thermomeiry[J]. Rev. Sci. Instrum,1974,Vol. 2. No,45.

[71] 刘瑞复,史锦珊. 光纤传感器及其应用[M]. 北京:机械工业出版社,1987.

[72] Post E J. Sagnac Effect. Rev. of Modern phys. ,1967(39):475 - 493.

[73] Chen P L. et al. . IEEE Trans on Electron Devices. 1982,Vol. ED - 29,1,78.

[74] 石来德,袁礼平. 机械参数电测技术[M]. 上海:上海科学技术出版社,1981.

[75] 强锡富. 几何量电测量仪[M]. 北京:机械工业出版社,1981.

[76] 郭振芹. 非电量电测量[M]. 北京:计量出版社,1984.

[77] 天津大学材料力学教研室电测组. 电阻应变仪测试技术[M]. 北京:科学出版社,1980.

[78] 刘元扬,刘德溥. 自动检测和过程控制[M]. 北京:冶金工业出版社,1980.

[79] 吴宗岱,陶宝祺. 应变电测原理及技术[M]. 北京:国防工业出版社,1982.

[80] 四川省建筑科学研究所,成都科技大学,重庆建筑工程学院. 电阻应变测试技术[M]. 北京:中国建筑工业出版社,1983.

[81] 铁道部科学研究院铁道建筑研究所. 振动测试和分析[M]. 北京:人民铁道出版社,1979.

[82] 别里涅茨 B C[苏]. 冲击加速度测量[M]. 董显铨,等译. 北京:新时代出版社,1982.

[83] 胡时岳,朱继海. 机械振动与冲击测试技术[M]. 北京:科学出版社,1983.

[84] 布歇 R R[美]. 冲击与振动传感器的校准[M]. 杜德昌,等译. 北京:计量出版社,1984.

[85] 郑君里,杨为理,应启珩. 信号与系统[M]. 北京:人民教育出版社,1981.

[86] 袁希光. 传感器原理[M]. 太原:太原机械学院,1981.

[87] 许大才. 机械量测量仪表[M]. 北京:机械工业出版社,1980.

[88] 何铁春,周世勤. 惯性导航加速度计[M]. 北京:国防工业出版社,1983.

[89] 史玖德. 光电管与光电倍增管[M]. 北京:国防工业出版社,1981.

[90] 上海计量测试管理局. 自动快速计量检测[M]. 上海:上海人民出版社,1977.

[91] 王君荣,蒋台南. 光电子器件[M]. 北京:国防工业出版社,1982.

[92] 航空部三零四所. 热电偶[M]. 北京:国防工业出版社,1978.

[93] West, A. R. Solid State hemistry and its Applications. Jonh Wiley & Sons,1984.

[94] Weppner W. Solid-state electrochemical gas sensor. Sensors & Actuators,1987(12):107.

[95] Maskell W C,Steele B. C. H. ,J. APPC. Electrochem,1987(16):475.

[96] Miura N. Yamazoe N. Chemical Sensor Technology,1988(1):123.

[97] Steele B C H. Solid State lonies. 1984(12):391.

[98] Imanaka N,Yamaguchi Y,Adachi G,Shiokawa, J. ,Bull. Chem. Soc. Japan,1985(58):5.

[99] Maruyama T,Sakito Y,Matsumoto Y. Yano Y. Solid State Lonies,1985(17):281.

[100] Imanaka N,Kawasato T,Adaehi G. Chem. Letter,1990:497.

[101] Chehab S F,Canaday J D Kuriakose Wheat T. A. ,Ahmad A. Solid State lonics,1991(45):299.

[102] Worrell W L,Liu Q G J. Electroanal Chem. ,1984(168):355.

[103] KirchnerovaJ,Bale C W,Skeaff J M. Sensors & Actuators B,B2,1990(7).

[104] Kumar R V,Fray D J. Solid State Lonies,1988(26)1688.

[105] Seiyama T. (Editor) Chemical Sensor Technology,Vol. 1,Kodansha Ltd,1988.

[106] 刘广玉. 几种新型传感器——设计和应用[M]. 北京:国防工业出版社,1988.

[107] 虞丽生. 光导纤维通信中的光耦合[M]. 北京:人民邮电出版社,1979.

[108] 丹塞 J B. 光电子器件[M]. 云南光学仪器厂技术情报室,译. 北京:国防工业出版社,1974.

[109] 巴甫洛夫 A B[苏]. 光电装置理论与计算基础[M]. 赖叔昌,杨文库,译. 北京:国防工业出版社,1981.

[110] 末松安晴,伊贺健一[日]. 光纤通信入门[M]. 刘时衡,梁民基,译. 北京:国防工业出版社,1981.

[111] Wohltjen H. Dessy R. Anal. Chem. ,1979(51):1458.

[112] Wohltjen H. Sensors & Actuators,1984(5):307.

[113] Grate J W,Snow A. Anal. Chem,1988(60):869.

[114] Alder J. F. ,McCallum J. J. Analyst,1983(108):1169.

[115] Nieuwenhuizen M S,Nederlof A J,Barendsz A W. Anal. Chem. ,1988(60):230.

[116] Brace J G,Sanfelippo T S,Joshi S G. Sensors & Actuators,1988(14):47.

[117] D'Amico A,Verona E. Prog. Solid State Chem. 1988(18):177.

[118] Madou M J,Morrison S R. Chemical Sensing with Solid State Devices. Academic Press,1989.

[119] 郑伟中. 机床的振动及其防治[M]. 北京:科学出版社,1981.

[120] 庄德恩. 实验应力分析的若干问题及方法[M]. 北京:科学出版社,1979.

[121] 许煜寰. 铁电与压电材料[M]. 北京:科学出版社,1978.

[122] 谷口修[日]. 振动工程大全[M]. 尹传家,译. 北京:机械工业出版社,1983.

[123] 赵正旭. 半导体晶体的定向切割[M]. 北京:科学出版社,1979.

[124] 许顺生.金属 X 射线学[M].北京:科学出版社,1962.

[125] 亚当斯[英].工程测试与检测仪表[M].邓延光,胡大纮,译.北京:机械工业出版社,1980.

[126] 黄俊钦.压力传感器的动态标定[J].航空测试技术,1982(2).

[127] 黄俊钦.仪表与传感器各种动态性能指标的换算方法[R].北京航空航天大学科研参考资料,BH—C361,1979.

[128] 黄俊钦.由非随机任意输入作用下的过渡过程求频率特性的阶梯线法[R].北京航空航天大学研究报告,HBH—B380,1978.

[129] 铁建所.电阻应变式压力传感器[M].北京:人民铁道出版社,1979.

[130] 马洛夫 B B,[苏].压电谐振传感器[M].公翁臣,等译.北京:国防工业出版社,1984.

[131] 秦自楷,等.压电石英晶体[M].北京:国防工业出版社,1980.

[132] 贝克威思 T G,巴克 N L[美].机械测量[M].朱钦铨,译.北京:中国农业机械出版社,1984.

[133] 费业泰.误差理论与数据处理[M].北京:机械工业出版社,1981.

[134] 谢联先 C B[苏].机械制造者手册[M].辛一行,等译.北京:1963.

[135] 伍尔活特 G A[英].数字式传感器[M].于汉秋,蒋学忠,译.北京:国防工业出版社,1981.

[136] 工洪业.传感器技术[M].长沙:湖南科学技术出版社,1985.

[137] 奥萨奇 E N[苏].机械测量用传感器的设计[M].傅烈堂,鲍建忠,译.北京:计量出版社,1984.

[138] 吴彝尊.光通信[M].北京:人民邮电出版社,1979.

[139] Jones B E. Instrumentation Measurement and feedback. Mcgraw-Hill Book Company (UK) Limited,1977.

[140] Erenst Z Jr. Fundamentals of phvsical measuerment. Wadsworth publishing Company,Inc.,1979.

[141] 渡辺理,日刊工业闻社,昭和 52 年 4 月.

[142] 富山一马(日).加速度セソサ,电子科学,1980.

[143] 塩田健,新レムトンスデヘサ(加速计),(日)计测技术,1981.

[144] ENDEVCO,product development news,Vol. 16,ISSUE 3 1980.

[145] Oliver F J. Practical Instrumentation Transducers. 1971.

[146] Neubert H K. P. Instrument transducers An introduction to their performance and desigh. 1975.

[147] Jones B E. Instrumentation Measurement and Feedback. 1977.

[148] Robinson R E. Liu. C Y. Resonat system for dynamic transducer evaluation. NASA CR—72435,1968.

[149] 王志正,金世增,等.高精度剪幅式测力称重传感器结构研究[J].钢铁学院学报,1980.

[150] 徐启华,电阻的测量与非电量测[M].西安:陕西科学技术出版社,1981.

[151] 刘烈全.实验应力分析中的电测法[M].北京:国防工业出版社,1979.

[152] 柯留耶夫 B B[苏].振动、噪声、冲击的测量仪器与系统手册(上册)[M].郭营川,等译.北京:国防工业出版社,1983.

[153] 材料与试验协会温度测量 E—20 委员会[美].测量热电偶应用手册[M].卢锦宝,译.北京:机械工业出版社,1983.

[154] 刘古,季达人,蒋全锁,金建民.集成电路在仪器仪表中的应用[M].北京:机械工业出版社,1983.

[155] 徐灏.安全系数和许用应力[M].北京:机械工业出版社,1981.

[156] Noton H N. Handbook of transducers for electronic measuring systems. Prentice-Hall,Inc.,1969.

[157] Kailath T. Linear systems. Prentice-Hall,Inc.,1980.

[158] 童诗白,徐振英.现代电子学及应用[M].北京:高等教育出版社,1994.

[159] 康华光.电子技术基础[M].北京:高等教育出版社,1989.

[160] 自动化技术编辑部[日].传感器应用[M].张旦华,肖盛治,译.北京:中国计量出版社,1992.

[161] 渡辺克司.放射性同位素检测技术[M].注允干,等译.北京:人民卫生出版社,1982.